U0225060

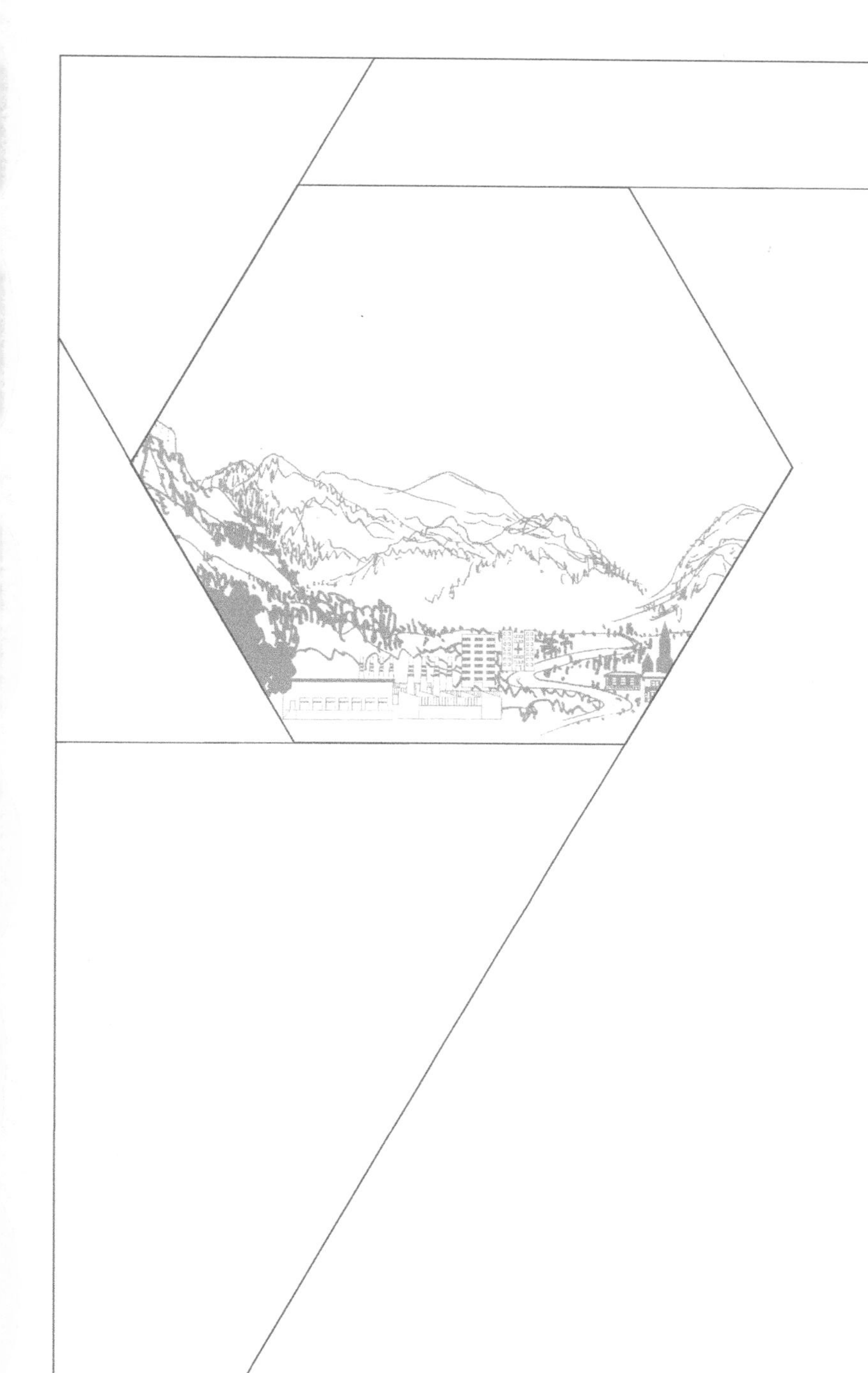

「十二五」普通高等教育本科国家级规划教材
普通高等教育土建学科专业「十二五」规划教材
高校风景园林专业指导委员会规划推荐教材
上海市高校二〇一一年度优秀教材

景观生态规划原理

（第二版）

王云才 编著

中国建筑工业出版社

图书在版编目(CIP)数据

景观生态规划原理/王云才编著．—2版．—北京：中国建筑工业出版社，2013.3（2022.9重印）
“十二五”普通高等教育本科国家级规划教材．普通高等教育土建学科专业“十二五”规划教材．高校风景园林专业指导委员会规划推荐教材．上海市高校2011年度优秀教材．
ISBN 978-7-112-15226-1

Ⅰ．①景… Ⅱ．①王… Ⅲ．①景观生态环境－生态规划
Ⅳ．①X32

中国版本图书馆CIP数据核字（2013）第050182号

为更好地支持本课程的教学，我们向采用本书作为教材的教师免费提供教学课件，有需要者请与出版社联系，邮箱：jgcabpbeijing@163.com。

责任编辑：杨 虹
责任校对：肖 剑 赵 颖

“十二五”普通高等教育本科国家级规划教材
普通高等教育土建学科专业“十二五”规划教材
高校风景园林专业指导委员会规划推荐教材
上海市高校2011年度优秀教材
景观生态规划原理（第二版）
王云才 编著
*
中国建筑工业出版社出版、发行(北京西郊百万庄)
各地新华书店、建筑书店经销
北京嘉泰利德公司制版
北京建筑工业印刷厂印刷
*
开本：787×1092毫米 1/16 印张：22 字数：550千字
2014年7月第二版 2022年9月第十六次印刷
定价：49.00元（赠教师课件）
ISBN 978-7-112-15226-1
(23308)

(邮政编码 100037)

前　言

（第二版）

景观规划的过程就是帮助居住在自然系统中或利用系统中有限资源的人们找到最适宜的生活与生产途径（麦克哈格，1969）。它是物质空间规划，有别于社会发展、公共政策和经济规划的就是它的空间特征。景观规划的总目标是通过土地和自然资源的保护与利用规划，实现可持续的景观或生态系统。景观是生态系统，一个好的或是可持续的景观规划，必须是一个基于生态学理论和技术的规划。生态学与景观规划设计有着许多共同关心的问题，但生态学更关心分析问题，而景观规划设计则更关心解决问题的途径。两者有机结合，创造性开拓景观规划设计的生态学途径是景观规划设计走向可持续的必由之路。

生态、文化、艺术是景观的三个本质特征。景观规划设计的生态学意味着规划设计的科学性，科学性意味着规划的知识性；而艺术性则意味着规划设计的技巧性和规划设计的直觉和本能。正如麦克哈格所说，在景观规划设计中，没有知识性和科学性的形态设计是不可想象的；同时知识性和科学性又需要熟练的技巧性进行景观形态设计与表达。在20世纪80年代后，生态规划设计已经形成了综合自然生态和人文生态为一体的整体系统规划。生态教学、科研和实践不仅仅是指对自然生态系统特有的生态关系的揭示；同时，文化作为人类适应和改造自然的有效工具，人文生态成为生态规划发展的另一个潮流，它以不同尺度规划空间内的自然与人文生态系统形成的有机整体——“整体人文生态系统”作为景观规划设计的对象，为现代景观生态规划设计指明了发展方向。无论是自然生态还是人文生态，景观作为客体，具有完整的视域范围，人在其中形成独有的认知和体验。与此同时，景观具有自己独特的语言，记录和述说着人与环境相互作用的关系。因此景观生态理论、人文生态理论和景观的语言成为景观生态规划设计的三大理论基础。

在此基础上，景观生态规划设计将自己的适用范围从花园、场地、道路、广场、公园扩展到城市、风景名胜区、自然保护区、资源保护、土地利用规划、绿道系统、流域、区域与国土等广泛的空间，成为景观规划设计积极融于国际发展潮流和参与国家重大发展方向建设的桥梁。

《景观生态规划原理》（第一版）由中国建筑工业出版社2007年出版，它是在同济大学建筑与城市规划学院景观学专业5年教学探索的基础上，广泛吸收和借鉴国内外经验的基础上完成的。2007年后经过近4年的使用，结合景观生态规划设计研究的新进展和新成果，在第一版的基础上完成了《景观生态规划原理》（第二版）的修改。本版仍立足景观生态规划的基本理论与方法、空间类型、关键切入点和效果评价四个层面展开，形成清晰的4大板块教学体系。

景观规划设计生态化是当今风景园林（景观学）学科发展的重要趋势。“景观生态规划原理”是指导景观规划设计的基础理论和基本途径之一。建立系统的生态观和生态规划设计知识储备和技能准备是学科专业人才培养的保障。“景观生态化设计和生态设计语言”是在原理学习和研究的基础上，探寻生态景观设计的基本方法和技能，是生态规划设计原理的实践应用体系。本书旨在抛砖引玉，以期更多的学子能够加入到生态规划设计的实践中，推动可持续景观的设计和健康环境的营造。

王云才

目　录

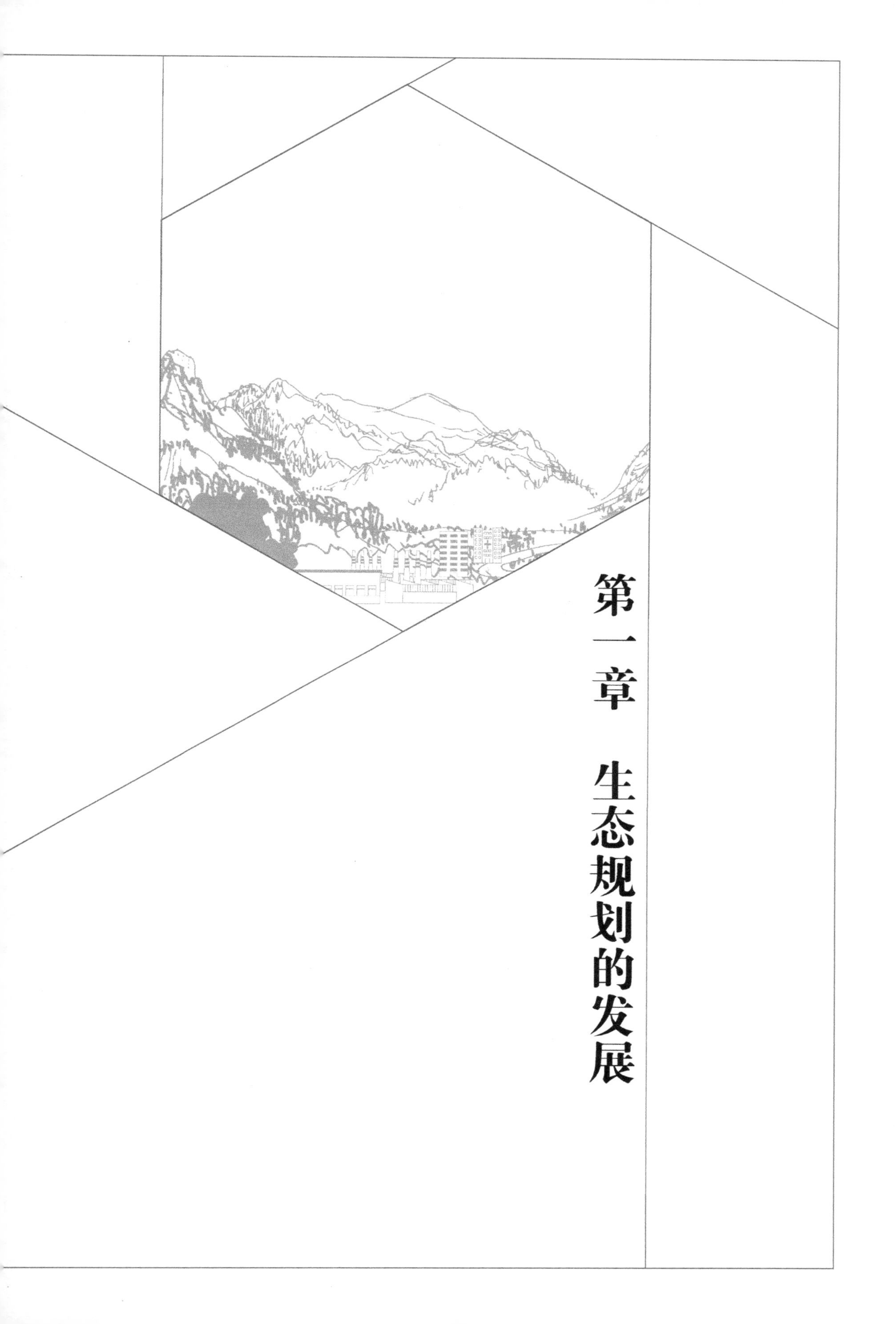

第一章　生态规划的发展

第一节　景观规划设计的生态学透视

一、景观的生态学内涵

1. 景观的定义

景观（landscape）一词在英、德、俄语中颇为相似，都是自然风光、地面形态和风景画面，近代作为科学名词被引入地理学和生态学，具有地表可见景象的综合与某个限定性区域的双重含义。它具有明确的边界和统一的外貌，可辨识性、空间重复性和异质性是其主要特征。

景观是一系列生态系统或不同土地利用方式的镶嵌体，在镶嵌体内部存在着一系列的生态过程。从内容上分，有生物过程、非生物过程和人文过程。生物过程如某一地段内植物的生长、有机物的分解和养分的循环利用过程，水的生物自净过程，生物群落的演替，物种进化的过程，物种的空间运动等。非生物过程如风、水和土及其他物质的流动，能流和信息流等。人文过程则是城市景观中最复杂的过程，包括人的空间运动，人类的生产和生活过程及与之相关的物流、能流和价值流。从空间上分，景观中的这些过程可分为垂直过程和水平过程。垂直过程发生在某一景观单元或生态系统的内部而水平过程发生在不同的景观单元或生态系统之间。

景观具有多种含义，也是多个学科的研究对象。这些含义包括：①景观作为视觉审美的对象，在空间上与人、物分离，景观所指表达了人与自然的关系、人对土地、人对城市与乡村的态度，也反映了人的理想和欲望；②景观作为生物的栖息地，是体验的空间，人在空间中的定位和对场所的认同，使景观与人、物融为一体；③景观作为系统，物我彻底分离，使景观成为科学客观的解读对象；④景观作为符号，是人类历史与理想，人与自然、人与人相互作用与关系在大地上的烙印。景观是一个有机的系统，是一个自然生态系统和人类生态系统相叠加的复合生态系统。任何一种景观：一片森林，一片沼泽地，一个城市，都是有物质、能量及物种在流动的，是有功能和结构的。

2. 景观的生态含义

在一个景观系统中，至少存在着五个层次上的生态关系。①景观与外部系统的关系。根据詹姆斯·拉夫洛克（James Lovelock）的盖娅假说（Gaia hypothesis，1972），"大地本身是一个生命体：地表、空气、海洋和地下水系等通过各种生物的、物理的和化学的过程，维持着一个生命的地球"。②景观内部各元素之间的生态关系，即水平生态过程。包括水流、物种流、营养流与景观空间格局的关系，是景观生态学的主要研究对象。③景观元素内部的结构与功能的关系。如丛林作为一个森林生态系统，水塘作为一个水域生态系统，梯田作为一个农田系统，内部结构与物质和能量流的关系是在系统边界明确情况下的垂直生态关系，其结构是食物链和营养级，其功能是物质循环和能量流动，这是生态系统生态学的研究对象。④生态关系则存在于生命与环境之间。包括植物与植物个体之间或群体之间的竞争与共生关系，是生物对环境的适应及个体与群体的进化和演替过程，是植物生态，动物生态、个体生态、种群生态所研究的对象。⑤生态关系则存在于人类与其环境之间的物质、营养及能量的关系，这是人类生态学所要讨论的。人类社会、文化、政治性以及心理因素都使人与人、人与自然的关系变得十分复杂，已远非人类生态本身所能解决，因而又必须借助于社会学、文化生态、心理学、行为学等学科对景观进行研究。

二、景观规划设计的生态学途径

1. 景观规划与生态规划

在景观规划设计中，景观规划的生态性意味着规划设计的科学性，科学性意味着规划的知识性；而艺术性则意味着规划的技巧性和规划设计的直觉与本能。在景观规划中没有知识性和科学性的形态设计是不可想象的；同时知识性与科学性又需要熟练的技巧性进行景观形态的设计与表达。景观规划设计是运用景观生态学原理解决景观水平上生态问题的实践活动，是景观管理的重要手段，集中体现了景观生态学的应用价值。景观规划设计涉及景观结构和景观功能两方面，其焦点在于景观空间组织异质性的维持和发展。在景观规划设计中，把景观作为一个整体单位来考虑，协调人与环境、社会经济发展与资源环境、生物与生物、生物与非生物及生态系统之间的关系。尽管景观规划设计脱胎于早期的风景园林设计，但随着景观生态学的发展，其应用范围已扩展到多种多样的景观类型。

景观规划的过程就是帮助居住在自然系统中，或利用系统中的资源的人们找到一种最适宜的途径（麦克哈格 McHarg，1969）。它是一种物质空间规划，它有别于其他三大规划流派（包括社会、公共政策和经济规划）的一个主要方面是它的空间特征。景观规划的总体目标是通过土地和自然资源的保护和利用规划，实现可持续性的景观或生态系统。既然景观是个生态系统，那么，一个好的或是可持续的景观规划，必须是一个基于生态学理论和知识的规划（塞东 Sedon，1986；莱塔 Leita 和埃亨 Ahern，2002）。生态学与景观规划有许多共同关心的问题，如对自然资源的保护和可持续利用，但生态学更关心分析问题，而景观规划则更关心解决问题。两者的结合是景观规划走向可持续的必由之路。但关于景观规划与生态学之间的相互关系是经历了一个相当长的学科争论后才明确的，同时伴随生态科学的发展，景观规划的生态学途径将更加明确和系统。

2. 生态规划设计的内涵

生态规划是在景观规划过程中，依据生态学原理和景观生态学理论与方法对生物环境和社会相互作用过程的全面深入的综合，客观认识并揭示该规律，寻求资源和空间利用的最适宜途径与方式，并通过生态规划的把握与应用，降低规划对生态规律的干扰和降低未来发展的不确定性。生态设计是在生态规划的基础上，通过视觉想象力的扩展与创新技术的应用，对最适宜的材料、区位、生态过程、地方性以及景观设计形态的表达。从景观规划设计的内在本质来看，生态规划注重规律的提炼与生态规律的把握，而生态设计则注重生态规律下的景观创新与创造。景观生态规划需要更多的科学性，而设计则意味着技巧性和直觉与本能。正如 **McHarg** 所论述的："技巧性需要知识性就如同解题的人需要一个问题一样，艺术与科学、知识与技巧、规划与设计是应当有机结合的两个方面"。只有这样景观规划设计才能在生物圈保护、规划、管理、恢复和进一步设计人类生活环境的过程中作出巨大的贡献。

3. 生态规划设计的对象

景观规划设计是以整体人文生态系统为对象，经历了由对抗的景观到满意的景观，再到整体人文生态系统规划设计的发展规程。不同尺度整体人文生态系统对应相应尺度的景观环境。自然与人文生态系统的特征和过程是景观环境系统的重要特征。景观环境所具有的格局、过程、节律、恢复、容量等自然规律和生态系统阈限特征成为规划行为体系的关键问题。在景观综合体中，人的行为既是形成人工景观的源泉和动力，又是景观的重要组分，同时又是强烈冲击并改变景观的扰动因素。景观既是一个历史过程，又是一个现实过程，充分体现在景观继承、保护与利用和规划设计的创新过程中。整体人文生态系统规划设计以人与环境作用的机理与过程为着眼点，核心是：①整体人文生态系统是自然——人文——产业、社会——经济——环境的复合系统，是复杂系统的一种；②整体人文生态系统将生态圈景观划分为建设景观和开放景观两大类型。将建设景观划分为乡村和半城市化生态系统景观和城市与工业技术生态系统景观；将开放景观划分为自然和半自然的生物生态系统景观和农业或半农业的生物生态系统景观；③建设景观和开放景观具有差异明显的景观特征、过程和生态系统运行规律，景观规划设计以此为基础；④景观规划设计是对自然——人文社会——经济产业复合生态系统的设计，是生态规划设计。重点对物种及生态系统、生态与自然过程、文化与行为健康三个核心进行规划设计（图 1-1）。

三、景观生态规划的 NPH 体系

1. 景观生态规划三个系统

从景观规划设计所面对的人居环境整体来看，可以将其划分为自然景观系统、人造（人文）景观和整体人文生态系统三大系统。①自然景观系统。自然景观系统是景观规划设计的本底系统。它由地形、地貌、植被、土壤、水文、地质等自然景观要素在特定的水热系统下形成的具有内在系统结构和特定景观属性的生态系统。自然生态系统在空间上的复合形成自然景观系统。自然景观系统有着完整而独特的自然过程、自然格局和自然界面。自然景观系统的规划必须坚持以自然生态规律的协调和景观生态系统的稳定为原则，来实现自然生态系统的平衡与保护。②人造（人文）景观系统。人文景观系统是耦合在自然景观系统之上的人文活动与人文遗迹，人文景观系统是一个历史过程，景观具有历史的延续、文脉的继承和精神之变革的特征。地方性是人文景观的核心，是景观体系中最为生动的景观要素。③整体人文生态系统。整体人文生态系统是人文景观系统在特

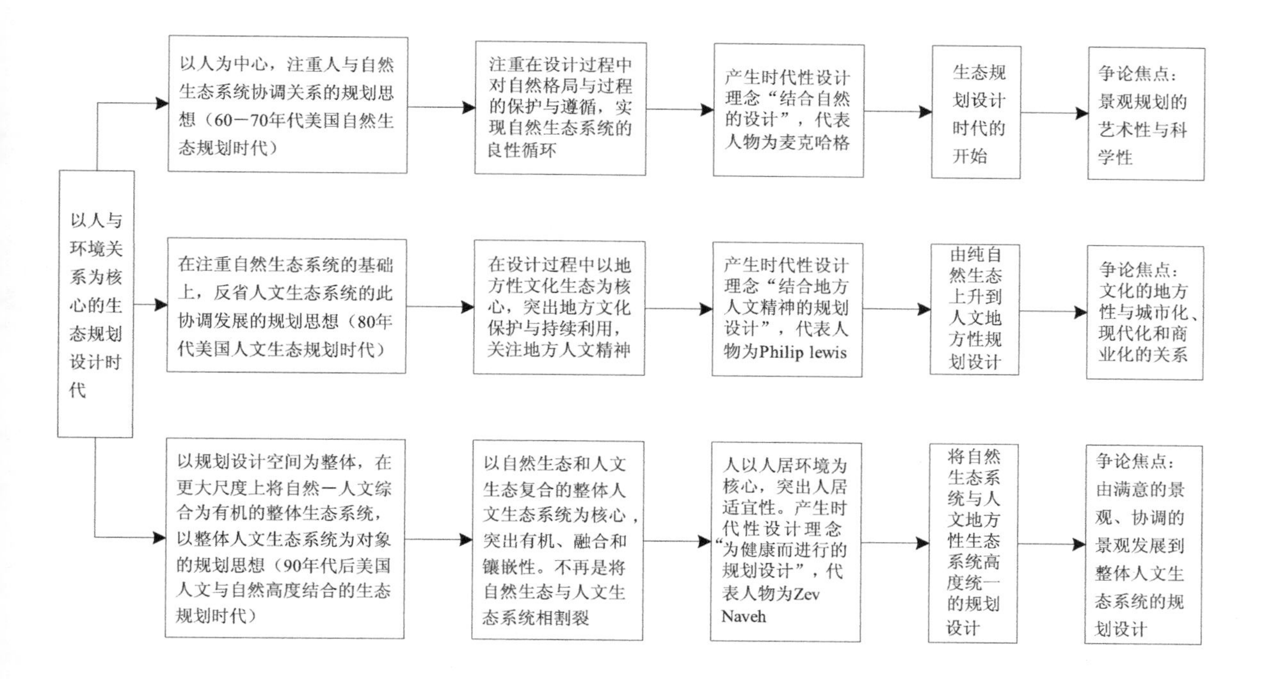

图1—1 景观生态规划设计发展过程

定的自然景观系统的基础上经过长期的历史过程，经过人们对自然环境的独特的理解和认识，形成的对自然景观的独特利用方式以及在利用过程中创造性的改造自然形成天人合一，完整有机的自然——人文复合系统。

2. 景观生态规划三个理念

面对人居环境存在的三大类型系统，从生态学角度和原理出发景观规划设计引申出三个规划设计理念：①设计结合自然（Design With Nature）。设计结合自然的宗旨在于在理解和认识自然过程、自然格局和自然界面特征和规律的基础上，使自己的规划设计能够保证自然格局的整体性，自然过程的完整性和自然界面的原生性。要避免出现"不知自然如何结合自然"的规划设计怪圈。②结合地方性的设计（Design With Place）。地方性是对规划区域史脉、文脉的延续和继承，往往是形成协调景观的内在因素，也往往成为规划设计思想的灵魂。正如，一些规划设计会面对"舶来品"的质问。③为和谐健康的设计（Design For Health Living）。整体人文生态系统的规划设计是立足复合生态系统的结构与功能，对系统要素及其结构的设计，实现整体人文生态系统的平衡性、和谐性和健康性。

3. 景观生态规划的三个体系

景观规划设计的生态性特征是在确定生态规划设计内涵和以整体人文生态系统设计为对象的基础上，以生态过程和规律为指导，全面揭示整体人文生态系统景观规划设计中高度结合自然的设计（Design With Nature），融合地方精神的设计（Design With Place）和为健康生活的设计（Design For Healthy Living）等生态规划设计的各个层面。景观规划设计的生态性设计重点实现三个体系九个基本特征（表 1-1）。

景观规划设计生态性评价体系 **表1-1**

目标层	系统特征层	基准层	专项体系
NPH生态规划体系	景观生态	格局——过程——界面	自然骨架的整体性
			自然过程的完整性
			自然界面的延伸性
	生物与生态	物种——通道——生境	生物物种的多样性
			生物通道的连接性
			景观生境的原生性
	人地作用与人居环境	扰动——足迹——健康	景观干扰的有限性
			生态足迹的平衡性
			规划设计的健康性

四、景观规划设计是景观生态学深度应用

1. 景观生态规划与设计

景观生态规划与设计是在风景园林学（景观学）、地理学和生态学等学科基础上孕育和发展起来的，并深深扎根于景观生态学，从中不断吸取营养，成为景观生态学的有机构成，属于景观生态学的应用部分。景观生态规划与设计主要应用在城市景观生态规划、农村景观生态规划、旅游风景区的景观生态规划和自然保护区的景观生态规划。景观生态设计类型包括多层利用的桑基鱼塘系统、和谐共生的农林复合经营、综合利用的农草林立体景观设计、循环利用的庭院景观生态设计和风景园林设计。

2. 景观生态学与生物多样性

保护生物多样性是人类生存的基础。景观生态学通过流动和过程的研究来保护整个景观中的生物多样性。景观生态学强调在无机环境为基础上，以生物为中心，以人类为主导，正确处理天、地、人、文的相互关系，合理调控现有景观生态系统和规划设计与建造的景观生态系统。景观生态区域的划分、景观空间格局变化的研究以及景观生态干扰的研究，都将成为生物多样性保护的基础研究。

3. 景观生态学与土地利用规划

景观生态学的理论为土地持续利用评价提供了一条新的途径，对土地持续利用评价概念、原则、理论基础、指标选择、评价方法与过程都有重要影响。根据景观生态学理论，土地持续利用规划主要表现在以下几个方面：①综合整体性，不仅包括环境、经济与社会等多因素评价，还指土地利用方式、土地利用系统与景观或区域等多等级评价；②尺度性，包括土地利用的时间尺度、空间尺度和重点尺度；③空间格局与土地生态过程，景观格局与生态过程的关系分析是土地持续利用的基础；④干扰与人类影响，干扰是景观或区域的必然因子，而且有助于发展土地利用系统与景观的适应性机制，人类土地利用的历史经验和教训，对土地的持续利用有借鉴作用；⑤多重价值与多目标，景观生态学强调土地持续利用的目标是多重的，因而追求多目标之间的优化，而不是单目标的最大化。

4. 景观生态学与全球变化

全球变化是指可能改变地球承载生物能力的全球环境变化，包括气候变化、森林减少和退化、荒漠化、水资源减少以及生物多样性丧失等。在斑块、景观和区域 3 种尺度上对全球变化进行研究是必要的。通过利用模型来模拟和预测未来生态系统的变化，有助于弄清全球变化的机理，从而更好地预测全球变化对生态系统的影响及其反馈作用。

第二节　景观规划设计的发展过程

一、景观规划设计的内涵

景观规划的理念和实践由来已久，但作为一个专业术语的出现并开始被普遍使用则是 20 世纪 70 年代初期（塞东 Sedon，1986）。1973 年 Derek Loviejoy 主编了《土地利用和景观规划》一书，提出在较大范围内为某种使用目的安排最合适的地方和在特定地方安排最合适的利用途径，这便是景观规划。从中可看出对特定地方的设计就是景观设计。但不同的人对景观规划有不同的理解（塞东 Sedon，1986），较为普遍的共识是"景观规划是在一个相对宏观尺度上，基于对自然和人文过程的认识，协调人与自然关系的过程"（Steiner and Frederick Osterman，1988；塞东 Sedon，1986；Langevelde，1994）。如果把景观规划设计理解为是一个基于对任何有关于人类使用户外空间及土地问题的分析，提出解决问题的方法以及监理这一解决方法的实施过程，则景观规划设计师的职责就是帮助人类使人、建筑物、社区、城市以及人类的生活同地球和谐相处。景观规划设计是整体人文生态系统的设计，是一种最大限度的借助于自然力的最少设计，一种基于自然系统自我有机更新能力的再生设计，即改变现有的线性物流和能流的输入和排放模式，是在源、消费中心和汇之间建立一个循环流程。景观规划设计的发展也经历了从定性描述到定量模型，从景观分化到景观综合，从局部分析到整体优化，从传统美学到生态美学，从常规方法到现代化技术的过程，在景观开发保护和管理中的作用不断增强。

二、景观规划设计的发展过程

1. 从朦胧意识到个体生存适应的景观

从原始社会到农业社会时期，人类与自然环境的关系是一个不对称的依存关系，由于对自然的了解和科学技术的制约，人类充分显示出对自然环境的敬畏。人类对自然环境的认识确定在不同景观类型对人生存具有不同的作用和意义。同时不同的景观也存在不同的威胁，因此在依照食物丰富，饮水方便和居住安全原则谋求生存的原始人群，居住在山前丘陵地带不仅具有很好"瞭望——庇护——防灾"结构，保证了生存的安全性，同时靠近水源的食物，形成良好的生存空间（图 1-2）。随着农业生产的发展，

图1–2 原始社会人群选择理想的居住地

图1–3 现代人的居住空间与环境的关系

农业社会和农业文明得到了充分的发展，人类对自然了解不断深化，充分认识到了与自然和谐相处达到“天人合一”境界对人类的重要性，是人居环境健康性、安全性和稳定性的充分体现。进入农业社会后期，人类不仅利用自然而且在有限的影响下改造自然，通过对自然过程的充分认识，规划设计具有较强自然特性和与自然高度和谐的生存空间。从现有的遗留下来的古村落、古民居和传统园林、古代水利工程、古代城镇遗址等来看，与自然界具有紧密的联系，相互间呈现出对自然的尊敬、对自然的利用和对自然的改造，形成巧夺天工的人类文化遗产。在传统文化中，中国的分水学就是农业社会时期人与自然相互作用过程中人类总结出的理想的人居环境营造格局。在从原始人群到农业社会后期，完成从自然的朦胧意识到个体和群体生存适应的景观适应的转变。

2. 从对抗的景观到满意的景观

工业革命源于英国而盛于美国。大工业生产使社会因此发生了一个巨变（图 1-3），城市迅速形成并不断扩大，工业化带动了现代化和城市化的发展。在此出现了推动景观规划设计快速发展的几个领域：

（1）城市化带来的是城市居住和生活方式，与原来的田园式乡村生活形成截然不同的景观，城市化使人与自然的距离更远。因此人们在生活中对田园和自然空间的渴望，推动了城市广泛的造园运动，就是著名的“公园运动”。

（2）工业化的迅猛发展依托于广泛存在的自然资源，资源掠夺式开发利用导致生态环境的大规模破坏；同时，工业生产排放出的废水、废气和废渣，严重污染环境，人们的生存居住环境越来越差，形成很多直接或间接的生态灾害。由于人们对自然过程了解十分有限，根据自己的需求随意破坏自然景观和文化景观，导致以流域、区域生态整治与生态规划的出现。在此过程中人们逐步认识到不同的自然条件决定了不同景观的存在，不同的景观类型具有不同最适宜的景观利用价值，开始了景观适宜性的研究和规划利用，由过去与自然对立的规划设计思路逐步转变为以自然为基础，建立在适宜性评价基础上的生态协调规划。

（3）自然遗产与文化遗产的保护。在工业化和城市化过程中形成城市建设用地、农业发展用地、工业生产与矿业开采等土地利用与自然林地、草地、水体等形成竞争格局，导致自然景观和农业文明遗产受到巨大的冲击。开发利用与建设面积不断扩大，自然空间与文化遗产保留空间逐步萎缩。为了有效保护这些景观和景观资源，景观规划设计由过去片面的空间利用设计转化为保护、维持与可持续的景观规划设计。

（4）森林管理开展的风景资源评价与管理体系。森林进行风景资源的评价目的是对森林景观资源进行有效的管理，美国国家森林管理局开展了此项开创性的工作。在世界快速工业化过程中，景观规划设计由过去单纯追求的唯美和与自然对抗的阶段逐渐吸收生态学理论与方法开展规划设计，进入到寻求满意景观的规划设计的阶段。西蒙（Simon）在研究人类理性问题时证明了人的理性是有限的，这种有限性就是导致满意原则的基础。满意原则指出，真实的人是有限理性的人，是寻求满意者，他的思考以及决策和选择过程要遵从满意法则，也就是：①根据产生欲望并以境况优劣程度调整欲望水平的机制，确定什么是"满意"或"好"的景观；②寻找备选方案，直至找到一个"足够好"和"大家都满意"的景观方案为止。

3. 从满意的景观到整体人文生态系统

第二次世界大战之后，西方的工业化和城市化发展达到了高潮，对资源、土地和环境的破坏成为社会的共同危机，孤立有限的公园绿地已不足以改善城市的环境。特别是到了后工业时代，对城市的恐惧加之交通与通信的发展和工业生产方式的改变促使郊区化恶性发展，使大地景观被切割得支离破碎，自然的生态过程受到严重威胁，生物多样性在消失，人类自身的生存和延续受到威胁。随之而来的国际化使千百年来发展起来的文化多样性遭受灭顶之灾，也湮没了人类对自然的适应途径的多样性。因此，维护自然过程和其他生命最终是为了维护人类自身的生存。同时，随着生态学发展和景观生态规划的应用，人们对生态系统的认识由过去单纯的自然生态系统发展到人文生态系统，景观规划设计不仅形成以自然生态系统为主导的结合自然的设计，同时对结合地方人文精神（Place）对人文生态系统进行合理的规划设计。随着景观生态规划的深入发展，景观规划由过去的公园、场地逐步扩展到流域规划、区域规划、国土规划以及生态整治与恢复的领域，景观规划直接面对的对象已扩展到大地综合体，是多个生态系统和多种景观类型的镶嵌体，由人类文化圈与自然生物圈交互作用而形成，担负起调合不同空间尺度上的文化圈与生物圈之间的相互关系的作用，并形成人文生态系统与自然生态系统的有机组合，成为具有独立景观结构和功能的新的区域系统。麦克哈格（I.McHarg）首先提出生态规划的理念，标志了景观规划设计承担后工业时代重大的人类整体生态环境规划设计的重任。生态规划或人类生态规划（McHarg，1981）成为20世纪规划史上最重要的一次革命。麦克哈格一反以往土地和城市规划中功能分区的做法，强调土地利用规划应遵从自然的固有价值和自然过程，即土地的适宜性。并因此完善了以因子分层分析和地图叠加技术为核心的规划方法论，麦克哈格称之为“千层饼模式”。景观规划师所服务的对象是整体人类和其他生物物种，研究和创作的对象是景观综合体，指导理论是人类发展与环境的可持续论和整体人文生态系统理论，评价标准是景观生态过程和格局的连续性和完整性、生物多样性和文化多样性，创造的人居环境是一种可持续景观。

三、景观规划设计的研究领域

1. 城市景观规划

城市景观规划的开拓者佛雷德里克·奥姆斯特德（F.L.Olmsted）于1863年提出“景观规划设计”（landscape Architecture）的概念，将生态思想与景观规划设计相结合，使自然与城市环境变得自然而适于居住。他所设计的纽约中央公园至今仍是城市公园绿地系统的典范。其后西尔维娅·克劳（D.S.Crowe）将景观规划设计定义为从事创造性保护的工作，既要最佳利用地域内的有限资源，又要保护其美景度和丰厚度。麦克哈格所著的《设计结合自然》与斯卖泽（C.A.Smyser）所著的《自然的设计》详细讨论和介绍了将生态规划应用于城市环境空间设计的案例。目前在美国Landscape Architecture的内容更加拓宽，包括了公园设计、居住区规划、土地利用规划、城市设计、区域景观规划、国家公园规划、国土规划等生态规划和设计以及文化景观规划设计等内容。

景观规划是城市规划重要内容之一。城市居住环境的优化设计应注意：①通过生态调查制定土地利用规划，限定应保全的地区，指定需保护地段，勾画开发区的轮廓；②土地开发要考虑水源、大气、生物、噪声和侵蚀等环境问题；③建立区域开放空间系统，使城镇内部有均匀的绿地或旷地分布；④使城市具有紧凑的空间结构，在城市核心之间分隔以有自然风景的活动区；⑤尽可能把市区的文化娱乐设施转移至城郊或卫星城；⑥组织和谐一致的土地利用，取消功能混杂、相互干扰的布局，如工厂和住宅商业楼的混杂；⑦使住宅离开交通干道，至少使建筑正面离开街道，以减少噪声干扰；⑧在道路终端周围或庭院设计住宅群，将住宅从面向热闹的街道转向面对安静的庭院或休闲活动空间；⑨居住小区应避免单调划一，努力提供方便舒适、多种多样和各具特色的生活场所。

2. 乡村景观规划

农业景观的发展通常分为四个阶段，即农业前景观、原始农业景观、传统农业景观和现代农业景观。原始农业和传统农业是一个自给自足、自我维持的内稳定系统，人地矛盾尚不突出，人们未意识到乡村合理土地利用的必要性，乡村景观规划更无从谈起。在由传统农业景观向现代农业景观的转变过程中，巨大的人口压力，大量人工辅助能流的导入，使现代农业景观中人类活动过程和自然生态过程交织在一起，导致生态特征和人为特征的镶嵌分布。化肥、农药、除草剂及现代农业工程设施的使用，使土地生产率提高，农业景观异质性，土地利用向多样化和均匀化方向发展，同时又通过土壤流失、有机质减少、土壤板结及盐碱化对农业景观变化产生影响。农村各产业的蓬勃兴起，在有限的自然资源和经济资源的条件下，各业相互竞争，物质、能量、信息在各景观要素间流动和传递，不断改变区域内农业景观格局，农业资源与环境问题日益突出。

理想的乡村景观规划应能体现出乡村景观资源提供农产品的第一性生产、保护及维持生态环境平衡及作为旅游观光资源三个层次的功能。传统农业仅仅体现了第一个层次的功能，而现代农业的发展除立足于第一个层次功能外，将越来越强调后两个层次功能。不同国家和地区基于经济发展水平、人口资源状况的差异，乡村景观规划设计的目的也各有侧重。欧美注重生态保护及美学观光价值，如高强度农业景观生物多样性与陆地表面覆盖物空间异质性关系，农田树篱结构变化对鸟类多样性影响，促进哺乳类和鸟类自由运动与水土流失调节的景观规划设计等。对应于美学观光价值，农村景观规划设计强调由有机农业、生态农业、精细农业等构成相应的观光农业和农业示范观光的资源基础。

理查德·福尔曼（Forman）基于生态空间理论提出一种最佳生态土地组合的乡村景观规划设计模型，包括大型自然植被斑块、粒度、风险扩散、基因多样性、交错带、小型自然植被斑块与廊道七种景观生态属性；通过集中使用土地以确保大型植被斑块的完整，充分发挥其生态功能；引导和设计自然斑块以廊道或碎部形式分散渗入人为活动控制的建筑地段或农耕地段；沿自然植被斑块和农田斑块的边缘，按距离建筑区的远近布设若干分散的居住处所；在大型自然植被斑块和建筑斑块之间可增加些农业小斑块。显然，这种规划原则的出发点是立足管理景观中存在着多种组分，包含较大比重的自然植被斑块，通过景观空间结构的调整，使各类斑块大集中小分散，确立景观的异质性来实现生态保护，达到生物多样性保持和视觉多样性的扩展。这种景观模式是根据美国和欧洲的农村情况，融合生态知识与文化背景的一种创新，故称之为"可能景观设计"（Possible Landscape Designing）。但是我国的国情不同，在长时期高度利用土地之下，农村景观中自然植被斑块所剩无几，人地矛盾突出。景观规划所要解决的首要问题是如何保证人口承载力又要维护生存环境。生态保护必须结合经济开发来进行，通过人类生产活动有目的地进行生态建设。

3. 风景名胜区景观规划

景观的视觉多样性与生态美学原理是风景园林区规划建设的重要依据与理论基础。优美的、吸引力强的风景区通常都是自然景观与人文景观的巧妙结合，由地文景观、水文景观、森林景观、天象景观和人文景观构成的风景资源景观要素，通过适当的安排与组合，赋予其相应的文化内涵，以发挥其旅游价值，可供人们进行游览、探险、康体休闲和科学文化教育活动。人类对景观的感知、认识和评价直接作用于景观，同时也受景观的影响。关于景观美学质量的量度，人类行为过程模式研究认为，人类偏爱具有植被覆盖和水域特征，并具有视野穿透性的景观。信息处理理论则认为，人类偏爱可供探索复杂性和神秘性的景观，有秩序的、连贯的、可理解的和易辨别的景观。美国的园林景观设计以使用简洁明快的乔木-草坪搭配为特色，纽约中央公园设计的绿草坪（Greensward）方案就是这一观点的代表。满足了各方面游人的娱乐需要，提供度周末和节假日的优美环境，设计方便周到的道路，充分考虑自然美和环境效益，将各项活动和服务设施尽可能溶化在自然环境中。

4. 自然保护区景观规划

建立自然保护区是生物多样性保护的主要途径。20 世纪 70 年代中期，迪安吉罗（Diamond）依据岛屿生物地理学的"平衡理论"提出了一套自然保护区设计原则，据此形成的自然保护区圈层结构（核心区、缓冲区、过渡区或实验区）的功能区划模式成为现代自然保护区设计的基础。与群落生态学途径（岛屿生物地理方法）并行的种群生态途径，如种群生存力分析（PVA，Population viable analysis）和复合种群（Metapopulation）理论 80 年代发展起来，由于 PVA 技术研究小种群的随机绝灭过程，得出的主要结论是最小可成活种群（MVP），使其成为目前自然保护区设计的重要理论基础之一。同时，人为干扰导致的栖息地破碎化使不少物种都以复合种群形式存在，复合种群理论成为近年来保护生物学研究的热点之一。

福尔曼（Forman）认为，景观生态规划设计原则包括：①考虑规划区域外较广阔的空间背景；②考虑保护区较长的历史背景，包括生物地理史、人文历史和自然干扰状况等；③要考虑对未来变化的灵活性；④未来 5 年、10 年或 20 年内可预料的保护区面积变化是规划关键部分；⑤规划应有选择余地，其中最优方案应基于规划者明智的判断，而不涉及现实政策，这样其他可供选择的交易性（Trade-off）方案才能清晰而明确。因此，景观生态规划设计中有 5 个要素必不可少：时空背景、整体景观、景观中的关键点、规划区域的生态特性和空间属性。据此他还提出了一个土地规划中协调保护与开发矛盾的"空间解决途径"（Spatial Solution），此方案主要包括如下组成："必要的格局"（Indispensable Patterns）、"集中与分散相结合的格局"（Aggregate With Outlines Pattern）及"战略点"（Strategic Points）。波亚尼（Poiani）和卡伦（Karen）探讨了自然保护区的生态区域规划，提出一个新的自然保护计划框架，这个框架通过设计和保存生态区的一系列立地以保护所有现存的本地种和群落。包括关注所有物种和群落，不仅仅是稀有种，取决于生态因子的大尺度规划单元而非行政边界；生境选择及种群生存力分析等。包括：①建立绝对保护的栖息地核心区；②建立缓冲区以减少外围人为活动对核心区的干扰；③在栖息地之间建立廊道；④增加景观异质性；⑤在关键部位引入或恢复乡土景观斑块；⑥建立动物运动的踏脚石（Stepping Stone），以增强景观的连接性；⑦改造栖息地斑块之间的质地，减少景观中的硬性边界频度以减少动物穿越边界的阻力。

景观规划是景观管理的基本手段，它包括的内容非常丰富，应用领域也很广泛，景观规划主要特点体现在规划思想上的多角度、多层次的综合性、宏观性及开放性，景观规划原理是在对各种设计思想兼收并蓄的基础上形成的，地理学的格局研究与生态学的过程研究相结合作为原理的核心，吸收园林及建筑美学思想，综合考虑各种社会学、经济学、环境学、文化人类学等因素，并强调规划设计的动态调整。景观规划应注重规划客体的价值多重性及空间分异，人地矛盾使这两点更显突出。不少自然景观（森林、湿地等）都具有生态保护、旅游及经济开发等多重价值。同时，不少人类管理景观，如农业景观等除了提供农产品外也具有生态保护及旅游观光等多种潜在价值。

第三节　国外景观生态规划的发展

一、景观生态规划设计前期发展及代表人物

1. 植物学家奠定生态规划基础

在 1865 年北美语言学家乔治·帕金斯·马什（George Perkins Marsh）发表了具有划时代意义的著作《人与自然》，首次用科学的观点提出了快速的土地开发利用给自然系统带来的影响，告诫城市和土地规划师应谨慎地对待自然系统。在这种警告面前，早在生态概念和生态学出现之前，科学家（特别是植物学家和土壤学家）和一些规划师就力图将自然作为生命的有机系统考虑到规划中。一些科学家个人身份的转变成为规划师，来实现自然科学与规划的结合。典型的例子是苏格兰植物学家派特里克·格迪斯（Patric Geddes），他提出科学的景观调查方法和自然资源分类系统，并提出在此基础上的土地规划方法，来协调人类活动与自然系统的关系。派特里克·盖迪斯（Patrick Geddes）不仅是一位哲学家和生物学家，而且还是一位规划师。作为一名进化论者和宏观思想家，盖迪斯对于人的行为与周围环境的相互关系非常感兴趣，他用“流域垂直分区图”来表达这类关系，根据海拔从山顶一直延伸到海滨，在海拔最高的地区，通常是矿工工作的地方；在次高的地区分布着森林，那里是伐木工人工作的地方；再往下则是猎人和牧羊人工作的环境；靠近低地的地方则是农人和园艺工作耕耘的地方；海拔最低的海岸附近则是渔民的生活场所。盖迪斯认为如果不

遵从这种人地关系，其最后结果要么是失败，要么就是将花费大量的能量并且冒很大的危险。同时在《城市开发：园林绿地和文化设施研究》的规划中认为城市的最基本结构是受到园林绿地和文化设施的设计的影响而形成的，而工业区、商业区和居住区则是次重要的。与格迪斯（Geddes）同时代的北美生物学家是本顿·麦克凯（Benton MacKay，1928），他是最早用区域规划的理念进行规划的科学家之一，他确定了大波士顿地区山脊、陡坡地带、河谷、河漫滩、沼泽湿地、河流和湖泊、海岸线等区域对维护脆弱的自然系统具有关键性的意义，是防止城市扩展的天然屏障，在城市扩张过程中应加以保护（法博什 Fabos，1985）。

2. 规划师推动新城市主义

在美国，弗雷德里克·劳·奥姆斯特德（Frederick Law Olmsted）被认为是景观规划设计的创始人的关键是他首先使用了"Landscape Architecture"这个名词。他与卡尔沃特·沃克斯（Calvert Vaux）合作完成了纽约中央公园设计。查尔斯·艾略特（Charles Eliot）是波士顿非常著名的景观规划设计师。在 19 世纪 90 年代末，在美国公园运动的过程中，波士顿作为一个工业老城市，很少有空闲土地来建设城市公园绿地。因此艾略特征用湿地、陡坡、崎岖山地等没有人要的土地，并利用这些土地规划公园系统，在闲置土地上建立一个开放空间系统，将这些土地设计成了引人入胜的休闲娱乐公园。

19 世纪的英国正处在工业化时期，埃比尼泽·霍华德（Ebenezer Howard）、雷蒙·温翁（Raymond Unwin，1863~1940）等认为人不应该居住在拥挤、危险且污染严重的环境中，为此提出了人居环境建设的新思想。霍华德提出的"花园城市"是要减小主要城市规模，降低主要城市的人口密度，而以郊区环带包围中心城市，并将人口安置在小型的近郊区新城镇里。所有地区用高效的公共交通系统连接起来。20 世纪的早期，花园城市概念是影响英美及部分欧洲国家城市开发最重要的思想。随着时代进步，这个思想促使了对建设近郊区的重视，今天，这个"新城市主义"再次得到体现。花园城市思想虽然对生活在城市近郊区的人们来说是个很好的思想，但是也造成了中心城市的衰退。沃伦·H·曼宁（Warren H.Manning）1912 年首次使用透射板进行地图叠加以获得新的综合信息，并为马萨诸塞州比勒里卡（Billerica）编制了开发与保护规划。在此基础上，曼宁收集了数百张关于全美国的土壤、河流、森林和其他景观要素的地图，将其叠在透射板上，编制了全美国的景观规划。他规划了未来的城镇体系、国家公园系统和休憩娱乐区系统，还规划了今天所使用的主要高速公路系统和长途旅行步道系统。荷兰拥有典型的低海拔地区景观，经常受到洪水困扰，一方面要沿河流修筑堤岸，另一方面要填海造田，从而使整个国家的景观充满了直方格特征的高度结构化和机械制造的痕迹。

3. 公园路与环境廊道

1935 年，美国建成了从波士顿到纽约的第一条全封闭高速公路"Merritt Parkway"。他是专门为提高交通效率而修建的，但却被称作"Parkway（风景道路）"而不称作高速公路（图 1-4）。由景观规划设计师而不是工程师完成的道路规划设计尽量与景观环境相融合，不破坏周围景观的整体性和自然性。整个公

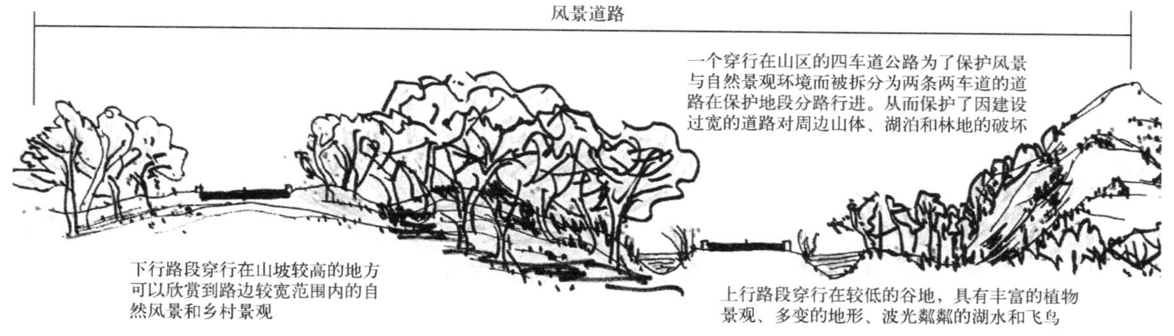

图1-4　公园路综合概念图

路中很少有桥梁和隧道。道路不仅考虑到交通特性，还充分考虑到舒适性，将道路与周边的景观环境高度统一起来，开创了"Parkway"的新时代。在20世纪20~30年代，英国学者G·E·赫特金斯（G.E.Hutchings）和C·C·法格（C.C.Fagg）推动了景观规划设计方法的重大变革。作为测量师和地理学家认识到景观是由许多复杂要素相联系而构成的综合系统。如果对系统某部分进行大的变动，将不可避免地影响系统中的其他要素。因此，景观规划师必须拥有广博的知识，以做出理想的规划方案。J.B. 杰克逊（J.B.Jackson）作为文化景观研究的教授和景观地理学家推动了一场重视并保护文化景观——具有独特性的日常景观的运动，但是直到1986年，美国才建立一整套系统来保护文化景观。凯文·林奇（Kevin Lynch）的《城市的意象（The Image of the City）》主张设计应该使一个城市具有更明晰的结构，以方便普通人理解。他认为好的城市应该具有可让人理解的结构及意象，而且这种结构意象并非规划师强加的，而是从那些使用者的感知中获得的。劳伦斯·哈普林（Lawrence Halprin）在滨海农场住宅开发项目中通过调查区域景观并试图理解形成区域的自然过程，再通过设计反映这个自然过程的规划设计方法取得了开创性成功。威斯康星州立大学的菲利普·路易斯教授（Phlip Lewis）长久以来投身研究美国中西部的北部地区约1600km^{2}的土地。他曾为这片地区作了很多规划，其中最著名的是威斯康星州公园系统规划。他通过分析表明，沿着州内河流分布的廊道地区是最需要保护的地区。因此，成为第一位以环境廊道概念为核心进行景观规划设计的规划师。

二、景观生态规划的发展及代表人物

1. 设计结合自然的兴起

安·L·麦克哈格（Ian L.McHarg）写了著名的《设计结合自然（Design with Nature）》一书，这本书可能是在景观规划领域最具影响力的书。在书中他开创性研究自然过程引导土地开发的机制，并探索出一条生态规划的方法，这个方法一直沿用到今天。20世纪60年代，巴尔的摩市希望扩展到凡利斯地区，面对凡利斯地区多样化的自然景观和人文景观特征，麦克哈格和他的同事们认识到有多种开发模式可供选择，于是研究了不同污水排放方式下的四种可行方案。他们知道规划师应该做出不只一个方案，最好可以有多个方案比较，以决定哪个是最佳方案。鉴于河边洼地不适于城市发展用地，因此凡利斯地区的农业用地得到了保护；同时，城市开发用地也不能在陡峭的山坡地和山顶地区，城市开发呈组团分布在缓坡地和一些高地上。由于麦克哈格对景观、工程、科学和开发之间关系的深刻把握，使凡利斯规划成为了一个杰出的景观规划，是城市生态规划时代的标志。希尔维亚·克劳（Sylvia Crowe）花费了很多时间作为英格兰政府林业政策的顾问，试图避免单一树种以及方块状的种植方式，建议采用自然形态种植混交林。在《森林与林地景观（The Landscape of Forests and Woods）》的报告中，她列举了从生态价值、经济价值、娱乐价值和美学价值的角度进行重新造林的生态规划思想。

2. 风景价值与管理

在20世纪70年代早期，加利福尼亚大学的R·伯顿·利顿（R.Burton Litton）和美国森林管理处的爱德华·斯通（Edward Stolle）拟定了一项重要的新法律——国家环境政策法案（NEPA，the National Environmental Policy Act）。美国国会要求大项目必须进行环境影响评价，以评估大气、水质和生物等受到的影响以及景观美学评价，从而推动了景观视觉影响评估的研究。1974年美国森林管理处提出了视觉管理系统（the Visual Management System），使美国每个重要项目都进行了视觉影响评价。20世纪80年代早期，理查德·福尔曼（Richard Forman）和米切尔·戈登（Michel Godron）合作出版了《景观生态学》，为生态学家、地学家与规划设计师紧密合作奠定了基础。地学家同规划师合作从建立理解景观到进行改造的过程中，景观生态学通过观察空间结构帮助人们理解景观改造的作用。1986年美国政府提出了评估乡村历史景观的导则。政府认识到乡村文化景观应该被记录并保护下来，在美国形成了声势浩大的运动，来推动认识和保护具有区域特色的景观。

3. 人文生态系统规划设计的发展

John Tillman Lyle（1934~1998年）是生态设计领域的领先者之一。其代表著《人文生态系统设计》首次发表于1985年，用自然生态系统可持续设计的方式探索景观规划设计。它提供了一个思考和理解生态设计的框架。莱利认为尺度、设计过程和潜在的规律是人文生态系统设计的基本要素。探讨每个要素的重要性、表现方式和有效的设计方法，并建立起有效的植物生态、动物生态、物质和能量流动控制、格局与景观适宜性和规划设计环境影响评价的规划设计体系。

到20世纪后期，Naveh和Lieberman（1994）以及Naveh（2000）提出了代表整体论和以生态为中心的整体人文生态系统理论，目的在于应用一体化系统理论的和多学科的方法研究人类生态和改善土地利用规划与环境管理。整体人文生态系统理论将人文系统（技术圈）和自然系统（地球的生物圈）以及在全球生态尺度上形成的高度协调进化的整体环境统一起来。Naveh（2005）认为整体人文生态系统是将人类与其他生命及其环境在全球最高尺度上统一起来的综合所有生态法则的整体性范式。

(a)

(b)

(c)

(d)

图1-5 景观生态规划的代表人物
(a) Frederick Law Olmsted；
(b) Ian L.McHarg；
(c) Nev Naveh；
(d) Phlip Lewis

作为对 McHarg 生态规划所依赖的垂直生态过程分析方法的补充和发展，景观生态学着重于对穿越景观的水平流的关注，包括物质流、物种流和干扰，如火灾的蔓延、虫灾的扩散等。这种对土地的生态关系认识的深入，为景观生态规划提供了坚实的科学基础。景观生态规划（Landscape Ecological Planning）模式是继麦克哈格的“自然设计”之后，又一次使城乡规划方法论在生态规划方向上发生了质的飞跃。如果说 McHarg 的自然设计模式摒弃了追求人工的秩序（Orderliness）和功能分区（Zoning）的传统规划模式而强调各项土地利用的生态适应性（Suitability and Fitness）和体现自然资源的固有价值，景观生态规划模式则强调景观空间格局（Pattern）对过程（Process）的控制和影响，并试图通过格局的改变来维持景观功能流的健康与安全，它尤其强调景观格局与水平运动和流（Movement and Flow）的关系。景观生态学与规划的结合被认为是走向可持续规划最令人激动的途径，也是在一个可操作界面上实现人地关系和谐的最合适的途径，已引起全球科学家和景观规划师们的极大关注（图 1-5）。

第四节 中国景观生态规划的发展

一、摸索与发展阶段

1. 景观生态理论的引进

从 80 年代初期开始，我国的学术刊物上才正式出现了景观生态学方面的文章。1981 年，黄锡畴在《地理科学》上发表了《德意志联邦共和国生态环境现状及保护》一文，同期还发表了刘安国的《捷克斯洛伐克的景观生态研究》，这是国内首次介绍景观生态学的文献；1983 年林超在《地理译报》的第 1 期、第 3 期上发表了 Troll 的“景观生态学”和 E. 纳夫的“景观生态学发展阶段”两篇景观生态学的译文；1985 年《植物生态学与地植物学丛刊》第 3 期发表了陈昌笃《评介 Z. 纳维等著的景观生态学》一文，这是国内首次对景观生态学理论问题的探讨；1986 年《地理学报》第 1 期发表了景贵和《土地生态评价与土地生态设计》，这是国内景观生态规划与设计的第一篇文献；1988 年《生态学进展》第 1 期发表了李哈滨《景观生态学－生态学领域里的新概念构架》一文，扼要地介绍了北美学派景观生态学的主要概念、理论及其在北美的研究状况，对景观生态学在我国的普及起了很重要的作用；同年的《生态学杂志》第4、6期发表了金维根的《土地资源研究与景观生态学》和肖笃宁等的《景观生态学的发展与应用》；1990年肖笃宁主持翻译了理查德·福尔曼（R.Forman）和戈登（M.Godron）的《景观生态学》一书。这一阶段可以说是我国景观生态学研究的起步阶段，侧重于国外文献的介绍。

2. 应用探索与推广

我国景观生态学研究工作的真正起步开始于1990年以后。1990年，肖笃宁等在《应用生态学报》第1期上发表了《沈阳西郊景观结构变化的研究》一文，该文是我国学者参照北美学派的研究方法而开展的景观格局研究的典范著作。同年景贵和出版了《吉林省中西部沙化土地景观生态建设》论文集。从1992~1995年的4年间，论文主要有：伍业钢和李哈滨的《景观生态学的理论发展》（1992）和《景观生态学的数量研究方法》（1992）、傅伯杰的《黄土区农业景观空间格局分析》（1995）、《景观多样性分析及其制图研究》（1995）、《景观多样性的类型及其生态意义》（1996）、王仰麟《渭南地区景观生态规划与设计》（1995）、《景观生态分类的理论方法》（1996）、陈利顶《景观连接度的生态学意义及其应用》（1996）、《黄河三角洲地区人类活动对景观结构的影响分析》（1996）、王宪礼等《辽河三角洲湿地的景观格局分析》（1997）、马克明等《景观多样性测度：格局多样性的亲和度分析》（1998）、邵国凡等《应用地理信息系统模拟森林景观动态的研究》（1991）。在大批论文涌现的同时，也出版了几本景观生态学研究的专著，先是在1989年10月举行的我国首届景观生态学学术讨论会之后，1991年出版了这次讨论会的论文集《景观生态学—理论、方法及应用》，之后1993年又相继出版了三本景观生态学的专著，它们分别是许慧、王家骥编著的《景观生态学的理论与应用》、董雅文编著的《城市景观生态》以及宗跃光编著的《城市景观规划的理论与方法》，1995年林业出版社出版了徐化成主编的《景观生态学》教材。1996年5月又于北京举行了“第二届全国景观生态学术讨论会”，在会议召开的同时，成立了“国际景观生态学会中国分会”。1998年又在沈阳成功举行了“亚洲及太平洋地区景观生态学国际会议”。这一时期景观生态学的发展进入了对我国景观生态学的自主研究及其应用的初步探讨阶段。随着我国社会经济进入快速发展阶段，土地、资源与环境、城市与乡村发展发生了大的变化。城市规划、乡村规划、土地规划、区域规划、流域规划、生态整治等工作大量涌现，为景观生态理论研究提供平台的同时，也催生了景观生态规划的快速成长，景观生态理论成为规划学科的重要基础。

二、研究实践与深度应用阶段

进入21世纪，我国景观生态学及其应用研究进入一个新的阶段。完成了80~90年代的基础研究积累，适应我国经济建设快速发展需要，理论研究在深入的同时，实践研究进入新的实践需求和深度应用阶段。不仅为景观生态学的发展提供了机遇，而且为景观生态规划、景观规划设计等规划学科的发展提供了理论支持和技术提升平台。从 2001~2006 年期间所发表的研究成果来看，我国目前景观生态学研究受北美学派的影响很大，主要集中于景观生态的结构、功能、动态研究上；同时又具有自主创新研究的新领域。

1. 理论创新与方法变革

在景观生态学理论研究方面，我国一批学者在追踪国际景观生态学理论研究前沿的同时，积极推动研究理论的创新和研究方法的变革。肖笃宁的"景观生态学的学科前沿与发展战略"（生态学报，2003/08）、马克明的"区域生态安全格局：概念与理论基础"（生态学报，2004/04）、黎晓亚的"区域生态安全格局：设计原则与方法"（生态学报，2004/05）、沈泽昊的"景观生态学的实验研究方法综述"（生态学报，2004/04）、黄奕龙的"我国城市景观生态学的研究进展"（地理学报，2006/02）的研究成果展示了景观生态研究的前沿和焦点。景观生态安全格局是近年来理论研究与景观生态规划研究与应用的重点理论。在实践方面，利用景观生态分析技术，在景观生态过程与格局研究的基础上，判定景观源、汇、景观通道与生态廊道，确定景观战略点，规划景观生态安全格局。

2. 城市景观生态理论及应用

城市是改革开放后发展最快，对周边土地及景观影响最大的景观。在城市疯狂的扩展过程中，不仅存在着城市内部的景观生态问题，还对外部生态系统形成较大的生态依存性，直接影响区域景观生态格局。城市景观生态研究与城市景观生态规划成为城市生态建设的重要内容，也是生态城市建设与发展的重要途径。欧阳志云的"北京市环城绿化隔离带生态规划"（生态学报，2005/05）、彭建的"城市景观功能的区域协调规划——以深圳市为例"（生态学报，2005/07）、王云才的"都市郊区游憩景观规划与景观生态保护——以北京市郊区游憩景观规划为例"（地理研究，2003/03）、肖荣波的"城市热岛的生态环境效应"（生态学报，2005/08）和"武钢工业区绿地景观格局分析及综合评价"（生态学报，2004/09）、俞孔坚的"快速城市化地区遗产廊道适宜性分析方法探讨——以台州市为例"（地理研究，2005/01）、臧淑英的"资源型城市土地利用变化的景观过程响应——以黑龙江省大庆市为例"（生态学报，2005/07）、李卫锋的"城市地域生态调控的空间途径——以深圳市为例"（生态学报，2003/09）、郭怀成的"城市水系功能治理方法及应用"（地理研究，2006/04）等成果以城市景观生态为对象，关注城市内部的河流的景观生态效应、城市热岛的生态环境效应、城市绿地系统景观格局的变化、城市土地利用和城市文化遗产走廊的保护以及城市郊区景观生态格局与变化等城市生态的焦点。在城市景观生态规划研究中，城市郊区、城市绿地系统、城市河流与城市文化遗产廊道、城市土地利用成为城市景观生态规划的重点。

3. 乡村景观生态理论及应用

乡村是我国国土面积最大的景观空间，乡村经济和社会形态的快速发展，推动了乡村景观生态格局的变化。在乡村景观生态格局变化中最重要的变化集中在乡村土地利用变化和乡村聚落景观的变化两个方面，其中乡村土地利用景观变化对乡村景观具有决定性的作用。乡村景观生态研究与乡村景观生态规划立足乡村土地利用变化的机制，确定乡村土地利用结构和规模，通过土地资源的合理利用和土地利用斑块和廊道体系的建立，形成乡村高效合理的景观生态系统。同时，以乡村聚落为核心研究乡村整体人文生态系统的形成、演变和发展，通过结构调整和功能规划，实现乡村人居环境的可持续发展。谢花林的"乡村景观功能评价"（生态学报，2004/09）和"乡村景观评价研究进展及其指标体系初探"（生态学杂志，2003/06）、叶学华的"中国北方农牧交错带优化生态-生产范式"（生态学报，2004/12）、刘黎明的"城市边缘区乡村景观生态特征与景观生态建设探讨"（中国人口.资源与环境，2006/03）、张晋石的"荷兰土地整理与乡村景观规划"（中国园林，2006/05）、刘滨谊的"论中国乡村景观评价的理论基础与指标体系"（中国园林，2002/05）、王云才的"沟谷生态经济区的创意与景观规划设计——以北京市西部山区的规划实践为基础"（山地学报，2002/02）和"论中国乡村景观评价的理论基础与评价体系"（华中师范大学学报自然科学版，2002/03）以及"论中国乡村景观及乡村景观规划"（中国园林，2003/01）等成果集中在乡村景观的基本理论问题和乡村景观的评价上，主要原因是我国乡村景观研究起步晚，乡村景观规划缺乏必要的实践平台。

4. 流域景观生态理论及应用

流域与大地景观规划是景观生态学应用的重要领域，也是国土规划的重要基础。在我国新一轮国土规划中流域规划和大地景观规划成为国土规划的重要组成。陈跃中的"大景观——景观规划与设计的整体性框架探索"（建筑学报，2005/08）、李晓文的"辽河三角洲滨海湿地景观规划各预案对指示物种生态承载力的影响"（生态学报，2001/05）、"辽河三角洲滨海湿地景观规划各预案对指示物种生境适宜性的影响"（生态学报，2001/04）、"辽河三角洲滨海湿地景观规划预案设计及其实施措施的确定"（生态学报，2001/03）、郭明的"黑河流域酒泉绿洲景观生态安全格局分析"（生态学报，2006/02）、李阳兵的"不同石漠化程度岩溶峰丛洼地系统景观格局的比较"（地理研究，2005/03）、吕一河的"县域人类活动与景观格局分析"（生态学报，2004/09）、罗格平的"从景观格局分析人为驱动的绿洲时空变化——以天山北坡三工河流域绿洲为例"（生态学报，2005/09）、蒙吉军的"河西走廊土地利用/覆盖变化的景观生态效应——以肃州绿洲为例"（生态学报，2004/11）、彭建的"海岸带土地持续利用景观生态评价"（地理学报，2003/03）、王根绪的"黄河源区景观格局与生态功能的动态变化"（生态学报，2002/10）、"干旱荒漠绿洲景观空间格局及其受水资源条件的影响分析"（生态学报，2000/03）、王云才的"巩乃斯河流域游憩景观生态评价及持续利用"（地理学报，2005/04）、徐丽宏的"天山北麓典型地段植被对景观格局和动态的指示意义"（生态学报，2004/09）、张小飞的"基于景观功能网络概念的景观格局优化——以台湾地区乌溪流域典型区为例"（生态学报，2005/07）、甄霖的"泾河流域分县景观格局特征及相关性”（生态学报，2005/12）等成果充分揭示了大地景观过程与格局之间内在的必然性，是景观生态规划的重要领域。

5. 游憩景观生态理论及应用

旅游是以景观资源为基础开展的活动，景观与旅游不可分割。旅游规划是以区域旅游和景区空间规划为主体的规划类型，景观生态规划在旅游区规划中的深度应用具有广阔的发展前景。何东进的“武夷山风景名胜区景观空间格局变化及其干扰效应模拟”（生态学报，2004/08）、江波的“森林风景功能的计量评价”（生态学报，2005/03）、王云才的“文化遗址的景观敏感度评价及可持续利用——以新疆塔什库尔干石头城为例”（地理研究，2006/03）、赵清的“南京幕燕风景名胜区景观生态评价与规划”（地理科学，2005/01）宗跃光的“景观规划模式与景观韵律学”（生态学报，2006/01）这方面的研究成果还有刘忠伟等的“景观生态学与生态旅游规划管理”（2001 年），刘家明的“旅游度假区的景观生态设计思路”（2004 年）阐述了旅游度假区的景观生态设计等。旅游区景观生态规划多是建立在旅游行为与旅游区景观类型关系研究的基础上对景观干扰机理与程度、景观的价值评价、景观韵律与欣赏、景观资源管理的研究，从而指导旅游区景观生态规划的发展。

6. 景观生态恢复与生态建设

景观生态恢复与景观生态建设是我国景观生态学发展中结合我国实际情况而发展起来的应用领域。关文彬的“景观生态恢复与重建是区域生态安全格局构建的关键途径”（生态学报，2003/01）、曹世雄的“在黄土丘陵区土质路面种草”（生态学报，2005/07）、刘海龙的“采矿废弃地的生态恢复与可持续景观设计”（生态学报，2004/02）、王红的“贵州“西江苗岭”景观的评价、规划与利用”（建筑学报，2004/12）、王绪高的“1987 年大兴安岭特大火灾后北坡森林景观生态恢复评价”（生态学报，2005/11）、徐磊青的“广场景观：美学介于宜人和兴奋之间”（建筑学报，2004/09）、俞孔坚的“追求场所性：景观设计的几个途径及比较研究”（建筑学报，2000/02）、宗跃光的“道路生态学研究进展”（生态学报，2003/11）等成果广泛关注矿迹废弃地、矿山、森林火灾遗迹地、废弃荒地等景观类型的景观生态恢复。同时，关注景观生态规划在道路建设与绿化、城市广场建设、场地规划建设、河道规划建设、居住区规划建设等小尺度空间景观生态学的实践应用。

因此，今后我国该领域的研究，一方面应重视格局－过程研究，但还须同时重视应用研究，因为我们所处的时代与自然环境本底，与北美有着很大的差别，一来现在我们处于一个高速发展经济、增强综合国力的环境中；与此同时，人地关系的矛盾仍将是我们相当长一个时期内所面对的现实问题。任何科学研究，如果不与社会的生产实践密切结合，那对它自身的发展将是极为不利的。

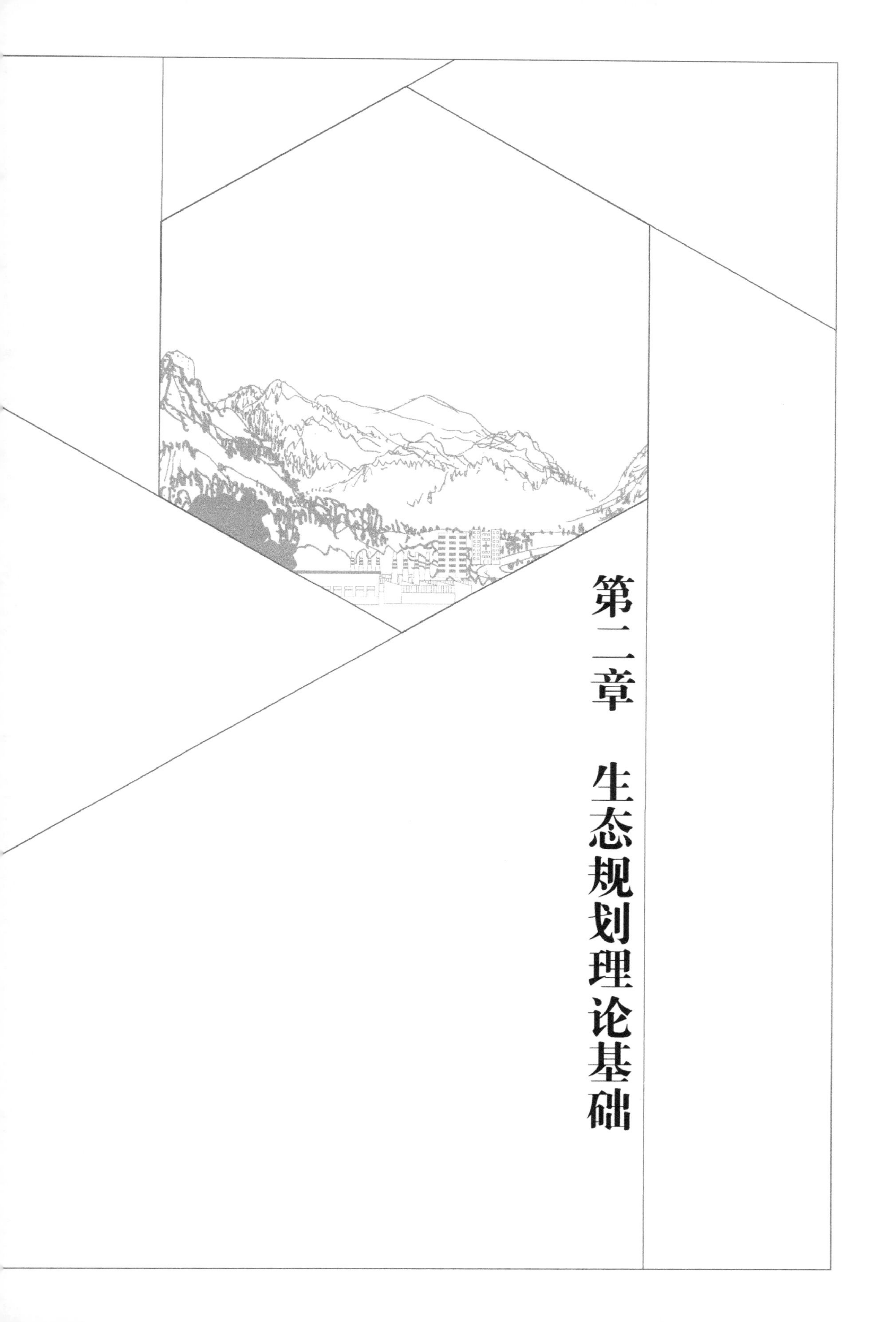

第二章　生态规划理论基础

第一节　生态规划设计的概念内涵与意义

一、生态规划设计的内涵

1. 生态规划与生态设计

生态规划是"运用生物学及社会文化信息就景观利用的决策提出可能的机遇及约束。"伊恩·麦克哈格认为："某一地区借此而得以在法规及时间的运作中被解读为一个生物物理及社会过程"；也可以被解释为"就任何特定的人类利用方式明确地提出面临的机会和约束，调查能够揭示出最合适的区位与过程"。景观生态规划是将生态性原则与景观规划相结合的科学规划方法，通过研究景观格局——生态过程以及人类活动与景观的相互作用，在景观生态分析、综合及评价的基础上，提出景观最优利用方案、对策及建议的景观规划途径。广义上是景观规划的生态学途径，将生物生态学、系统生态学、景观生态学和人类生态学等各方面的生态学原理、方法和知识作为景观规划的基础，是景观的生态规划。它可以追溯到19世纪下半叶，苏格兰植物学家和规划师派特里克·格迪斯（Patrick Geddes）的"先调查后规划"和美国奥姆斯特德（Olmsted）及埃利奥特（Eliot）等在城市与区域绿地系统和自然保护系统的规划。直到20世纪60年麦克哈格的《设计结合自然》中提出的景观规划途径；同时也包括80年代迅速崛起的景观学在规划中的应用。狭义的景观生态规划是基于景观格局和空间过程（水平过程或流）的关系原理的规划，是由多个相互作用的生态系统所构成的异质的土地嵌合体（Land Mosaic）。1939年德国地理学家提出景观生态的概念，通过纳维（Naveh）和利伯曼（Lieberman，1984），蔡尔博（Shreiber，1988），庄纳德（Zonneveld，1990），等被欧洲所广泛接受。到20世纪80年代末，在北美通过里泽（P.G.Risser，1987），福尔曼（Forman）和戈登（Godron，1986）以及特纳（Turner，1987）等人的工作，景观生态观念广泛地被美国所接受。在20世纪90年代之前，将现代意义上的景观生态学应用于规划则尚不普遍。在此之后景观生态学为解决水平过程与景观格局的关系提供了强有力的理论依据，使景观生态规划进入了生态规划时代。景观生态强调水平过程与景观格局之间的相互关系，它把"斑块－廊道－基质"分析景观的空间组合模式；与此同时，任何与生态过程相协调，尽量使其对环境的破坏影响达到最小的设计形式都称为生态设计，协调意味着设计尊重物种多样性，减少对资源的剥夺，保持营养和水循环，维持植物生境和动物栖息地的质量，有助于改善人居环境及生态系统的健康。

2. 生态规划的目标

景观规划设计的共同目标是人与自然关系的协调，时空过程上的永续。景观规划通过经济规划、环境规划与景观设计的结合，使区域开发、资源利用与生态保护相衔接与配合，生产建设、生活建设与生态建设相适应，达到经济效益、社会效益与生态效益的高度统一，实现整体人文生态系统的整体最优化。生态规划设计的内涵在于尊重生态过程和生态格局。自然环境中的地质、土壤、水文、植物、动物和基于环境而发生发展的文化历史决定了特定地段地方性的景观特征。从17世纪英国规划学家帕特里克·格迪斯（Patrick Geddes）的"先调查后规划"到20世纪50年代麦克哈格的《设计结合自然》，生态规划发展了一整套的从土地适应性分析到土地利用规划的方法和技术，以垂直生态过程的连续性为依据，使景观改变和土地利用方式适应于生态过程，揭示地质、水文、土壤、植被、动物和人类活动之间的生态过程与土地利用的关系，但很难反映水平生态过程与景观格局之间的关系。

二、生态规划设计的意义

（1）景观生态规划是实现资源永续利用和社会、经济与生态可持续发展的一条重要途径，也是景观规划师所追求的目标。面对破碎孤立、多样性缺失、异质性降低的人居环境，强调景观资源利用的合理性，维持和恢复景观生态过程及格局的连续性（Connectivity）和完整性（Integrity），保护生物的多样性和景观的多样性。具体地讲在景观中要维护自然残遗斑块之间的联系，如残遗山林斑块，湿地等自然斑块之间的空间联系，维持城市内部残遗斑块与作为城市景观背景的自然山地或水系之间的联系。这些空间联系的主要结构是廊道，如水系廊道，防护林廊道，道路绿地廊道。岛屿生态学和景观生态学都有大量的科学观察证明维护自然与景观格局连续性对人类生态环境可持续性的意义。

（2）生态规划把景观作为一个整体考虑，协调人与环境、社会经济发展与资源环境生物与非生物环境、生物与生物及生态系统之间的关系，使景观空间格局与生态特性及其内部的社会文化活动，在时间和空间上协调，达到景观优化功能。合理规划和管理景观，对生态系统、区域乃至全球的持续发展具有重要意义。

三、生态规划设计发展趋势

1. 区域景观整体性与区域景观生态工程

自世界环境与发展委员会的报告《我们共同的未来》发表以来，持续发展的概念与内涵不断拓展。首先，可持续的发展应能与自然和谐共存，维护生态功能的完整性，而不是以掠夺自然和损害自然来满足人类发展的需求；其次，持续的发展应能协调当前发展的要求与未来世代发展要求的关系；最后，持续发展还能不断满足人类的生存、生活及发展的需求，使整个人类公平地得到发展。持续发展的内涵规定了生态规划的目标。生态规划的重要特征就是运用生态学、经济学以及地理学等相关学科的知识，改善城市与区域发展及其与自然环境和自然资源的关系，增强持续发展能力，使区域朝着既具有较高社会经济发展水平，使人们的生活得到保障，同时也具有较大的发展潜力和生态完整性。区域性的景观生态规划通常以自然因素作为规划边界的依据，例如河流流域、平原地区等，其范围往往达到几百或者几千平方公里，甚至在整体国土范围内进行宏观的景观生态规划，例如日本在 1995 年进行了针对全国范围内农场和林地的生态评估，并将其运用在乡村景观规划和保护中。区域性的景观生态规划一方面关注区域内的景观环境营建，另一方面则更加注重规划范围内的生态环境建设。其研究范围大体可以分为景观生态学的基础研究、生态评价、景观管理等几类。

2. 生态过程与景观过程——格局综合体规划

在生态规划的发展过程中，人们越来越重视景观生态学的基础理论研究，特别是在对象、任务、结构、功能、动态变化、生态控制等方面的拓展。20 世纪 60 年代以来的生态规划，虽然在理论和方法上得到了较大的发展，但基本上仍承袭着 20 世纪初的传统，偏重于生态学思想的应用，强调人的活动对自然环境的适应，在规划中，通过深入分析城市与区域生态系统景观生态的结构与功能，物流、能流特征、空间结构、生态敏感性以及发展与资源开发所带来的生态风险等，维护与改善城市与区域的生态完整性。其中重点分析区域生态过程与景观生态格局的内在关系，建立过程与格局之间内在机理的分析系统，对所有生态过程进行系统的监控，在规划中建立过程——格局的有机综合体，是景观生态系统具有稳定的发展能力，成为生态规划的重要发展趋势。

3. 不同尺度空间生态规划的现实性

景观生态规划的重要特点就是规划对象整体人文生态系统具有不同尺度的特征。由于尺度不同，整体人文生态系统所具有的空间过程和格局就不同，在不同尺度水平上呈现出不同的生态过程和生态规律。①尺度不同，生态规划的特征不同。在自然界中尺度越大，自然景观的水平分异和垂直分异就越呈现出地带性分异特征，水平分异结构就越明显。随着高度差异的加大，垂直结构也越发突出。同时景观形态的几何特征越来越少，几乎不存在大尺度的规则的自然景观。而形态特征更多的是呈现出自然、随即、无序的特征。相反，尺度越小，规划对象的生态性需求就越低，当尺度小到一定程度时，没有足够的空间形成完整的群落和生态系统，也没有空间建立完整的生态结构和系统功能。面对小尺度的空间规划，就呈现出高度人工化和艺术化特征。因此，宏观上和大尺度上景观的生态特征强于景观的艺术特征，微观上和小尺度上景观的艺术性和人工化强于景观的生态特征。②尺度不同，生态规划的内容和方法不同，解决的问题也不同。大尺度空间规划依据是大尺度的主导生态过程和地带性的生态格局，建立适合于大尺度共同特征的景观生态规划。地方尺度空间规划依据是区域性生态过程和区域景观生态格局特征，这种景观生态规划是地方性的，具有所在地带性生态特征，但更重要的是区域地方性生态特色。以场地规划为例，小尺度空间规划的生态规划关注的是场地的地形、地质环境、地下水、地表水、地方物种、风、微地貌以及日照等影响场地生态的主要因素，通过对动植物群落、景观材料、空间布局的合理性、生态建筑、立体绿化等的规划设计，体现出与自然环境的协调性和对自然生态的尊重。

4. 景观生态规划的生态合理性与实效性

图2-1　伦敦温莎城堡内用芦苇作为景观植物

在景观生态规划中，可以看到以人工植物群落取代自然生物群落，以人工生态系统取代自然生态系统，以人工景观材料取代大多数的自然景观材料，以人工艺术化设计取代和谐的自然美，从而出现了景观规划就是"景观人工化"的现象，出现"绿色沙漠"的单一生态群落，出现"万亩荷花"的单一景观格局。在城市绿化过程中，典型的生态不合理现象就是把植物人工划分为"园林植物"体系，决定了城市绿地系统建设中不是以生态群落和生态系统内在联系进行植物选择，而是"以貌取植物"的歧视现象，绿地建设关注了植物景观的美的因素，而忽视了生态的合理性。"杂草也是美的"，芦苇也可以作为景观植物进行绿化建设（图 2-1）。生态合理性是一个合理规范人类生态行为的科学实践概念。景观生态规划强调生态合理性，但不是无条件遵守自然规律，也不是以人类活动为中心，而是相对符合自然规律合理以达到符合人类生态的长远利益。在规划中，深入分析区域及景观生态系统的结构、能流与物流特征以及规划实施后的生态风险等，维护改善景观的生态完整性，达到生态合理性。

5. 新技术与新方法的应用

在城市化、现代化和工业化发展过程中，无论是自然景观还是人工景观都在发展变化，没有一个景观规划设计可以长期符合社会审美的需求，因此景观研究、景观再现、景观表达的方法和技术同样发生快速的发展。但回想现代景观规划方法的特点，不难看出规划的是发展中的现代景观，但规划方法和技术大多数延续的是传统的规划方法，只不过将手工的制图和表达改变为计算机的制图过程。现代景观技术使用非常有限，仅局限在一些问题的应用上，如简单的景观数据库管理、三维地形生成、坡向和坡度分级等基本技能。新方法和新技术主要着力于研究经济消耗、社会效果、自然环境保护、自然美化、潜力保持、恢复和扩大等动态景观模拟与管理，探讨景观生态系统的最佳结构和各种利用类型（即：综合利用、多层利用、补缺利用、循环利用、自净利用、和谐共生、景观保护等类型）。在规划的实施上由不合理→合理→最优的多方案比较。景观稳定性是相对的，景观变化是绝对的，无论是量变还是质变，无论是渐变还是突变，景观始终处于动态过程中，它是景观的一个重要特征。这就要求景观生态规划具有

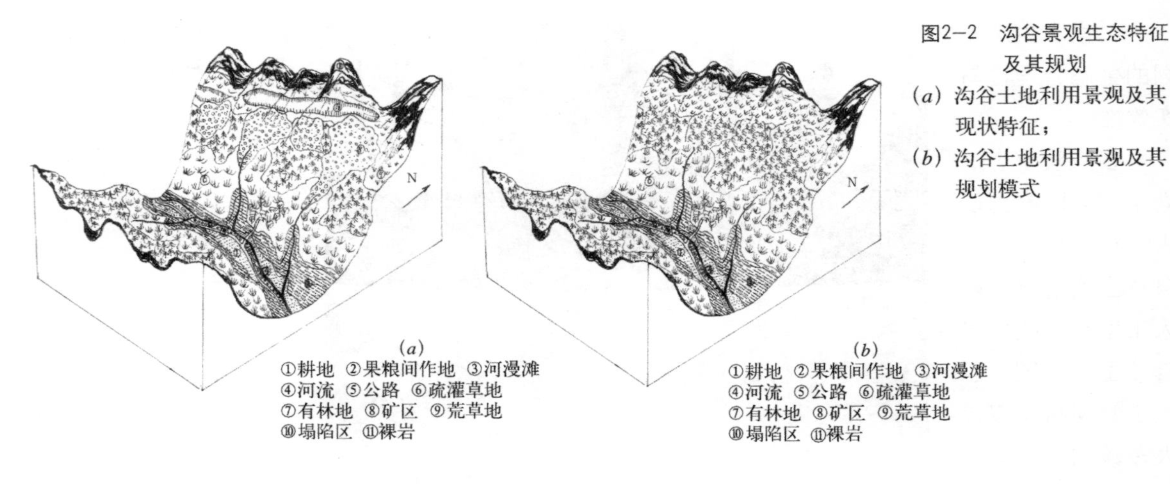

图2–2 沟谷景观生态特征及其规划
(a) 沟谷土地利用景观及其现状特征；
(b) 沟谷土地利用景观及其规划模式

动态特性，把景观状态作为时间的函数，预测预报规划后景观变化的结果（图 2-2），并提出对应的管理对策，为未来决策者提供调整景观结构与功能的必要信息，以保证变化的景观生态系统结构合理，增强其自调节和自修复能力。景观生态规划在预测预报能力方面有待进一步发展与完善。

第二节 景观生态规划的理论基础

一、景观生态学理论

1. 生态进化与生态演替理论

达尔文提出了生物进化论，主要强调生物进化；海克尔提出生态学概念，强调生物与环境的相互关系，开始有了生物与环境协调进化的思想萌芽。应该说，真正的生物与环境共同进化思想属于克里门茨。他的五段演替理论是大时空尺度的生物群落与生态环境共同进化的生态演替进化论，突出了整体、综合、协调、稳定、保护的大生态学观点。坦斯里提出生态系统学说以后，生态学研究重点转向对现实系统形态、结构和功能和系统分析，对于系统的起源和未来研究则重视不够。但就在此时，特罗尔却接受和发展了克里门茨的顶级学说而明确提出景观演替概念。他认为植被的演替，同时也是土壤、土壤水、土壤气候和小气候的演替，这就意味着各种地理因素之间相互作用的连续顺序，换句话说，也就是景观演替。毫无疑问，特罗尔的景观演替思想和克里门茨演替理论不但一致，而且综合单顶极和多顶极理论成果发展了生态演替进化理论。生态演替进化是景观生态学的一个主导性基础理论，现代景观生态学的许多理论原则如景观可变性、景观稳定性与动态平衡性等，其基础思想都起源于生态演替进化理论，如何深化发展这个理论，是景观生态学基础理论研究中的一个重要课题。

2. 空间分异性与生物多样性理论

空间分异性是一个经典地理学理论，有人称之为地理学第一定律，而生态学也把区域分异作为其三个基本原则之一。生物多样性理论不但是生物进化论概念，而且也是一个生物分布多样化的生物地理学概念。二者不但是相关的，而且有综合发展为一条景观生态学理论原则的趋势。地理空间分异实质是一个表述分异运动的概念。首先是圈层分异；其次是海陆分异；再次是大陆与大洋的地域分异等。地理学通常把地理分异分为地带性、地区性、区域性、地方性、局部性、微域性等若干级别。生物多样性是适应环境分异性的结果，因此，空间分异性生物多样化是同一运动的不同理论表述。景观具有空间分异性和生物多样性效应，由此派生出具体的景观生态系统原理，如景观结构功能的相关性，能流、物流和物种流的多样性等（图 2-3）。

图2-3 地形比较破碎的丘陵地区景观斑块

3. 景观异质性与异质共生理论

景观异质性的理论内涵是：景观组分和要素，如基质、镶块体、廊道、动物、植物、生物量、热能、水分、空气、矿质养分等，在景观中总是不均匀分布的。由于生物不断进化，物质和能量不断流动，干扰不断，因此景观永远也达不到同质性的要求（图 2-4）。日本学者丸山孙郎从生物共生控制论角度提出了异质共生理论。这个理论认为增加异质性、负熵和信息的正反馈可以解释生物发展过程中的自组织原理。在自然界生存最久的并不是最强壮的生物，而是最能与其他生物共生并能与环境协同进化的生物。因此，异质性和共生性是生态学和社会学整体论的基本原则（图 2-5）。

4. 岛屿生物地理与空间镶嵌理论

岛屿生物地理理论是研究岛屿物种组成、数量及其他变化过程中形成的。达尔文考察海岛生物时，就指出海岛物种稀少，成分特殊，变异很大，特化和进化突出。以后的研究进一步注意岛屿面积与物种组成和种群数量的关系，提出了岛屿面积是决定物种数量的最主要因子的论点。1962 年，Preston 最早提出岛屿理论的数学模型。后来又有不少学者修改和完善了

（左下）图2-4 垂直分异过程形成的景观在垂直方向上的分层现象

（右下）图2-5 景观格局的水平分异形成地表景观的多样性

(a)

(b)

图2–6 孤立的斑块似岛屿一样：不稳定的格局
(a) 山间洼地形成的孤岛系统；
(b) 平原突起的山峰形成的孤岛系统

这个模型，并和最小面积概念（空间最小面积、抗性最小面积、繁殖最小面积）结合起来，形成了一个更有方法论意义的理论方法。所谓景观空间结构，实质上就是镶嵌结构。生态系统学也承认系统结构的镶嵌性，但因强调系统统一性而忽视了镶嵌结构的异质性。景观生态学是在强调异质性的基础上表述、解释和应用镶嵌性的。事实上，景观镶嵌结构概念主要来自孤立岛农业区位论和岛屿生物地理研究。但对景观镶嵌结构表述更直观、更有启发意义的还是岛屿生物地理学研究（图 2-6）。

5. 尺度效应与自然等级组织理论

尺度效应是一种客观存在而用尺度表示的限度效应，只讲逻辑而不管尺度无条件推理和无限度外延，甚至用微观实验结果推论宏观运动和代替宏观规律，这是许多理论悖谬产生的重要哲学根源。有些学者和文献将景观、系统和生态系统等概念简单混同起来，并且泛化到无穷大或无穷小而完全丧失尺度性，往往造成理论的混乱。现代科学研究的一个关键环节就是尺度选择。在科学大综合时代，由于多元多层多次的交叉综合，许多传统学科的边界模糊了；因此，尺度选择对许多学科的再界定具有重要意义。等级组织是一个尺度科学概念，自然等级组织理论有助于研究自然界的数量思维，对于景观生态学研究的尺度选择和景观生态分类具有重要的意义。

6. 生物地球化学与景观地球化学理论

现代化学分支学科中与景观生态学研究关系密切的有环境化学、生物地球化学、景观地球化学和化学生态学等。B.E. 维尔纳茨基创始的生物地球化学主要研究化学元素的生物地球化学循环、平衡、变异以及生物地球化学效应等宏观系统整体化学运动规律。以后派生出水文地球化学、土壤地球化学、环境地球化学等。波雷诺夫进而提出景观地球化学、科瓦尔斯基更进一步提出地球化学生态学，这就为景观生态化学的产生奠定了基础。景观生态化学理应是景观生态学的重要基础学科，在以上相关理论的基础上，综合景观生态学研究实践，景观生态化学日益发挥出自己的影响。

7. 生态建设与生态区位理论

景观生态建设是指通过对原有景观要素的优化组合或引入新的成分，调整或构造新的景观格局，以增加景观的异质性和稳定性，创造出优于原

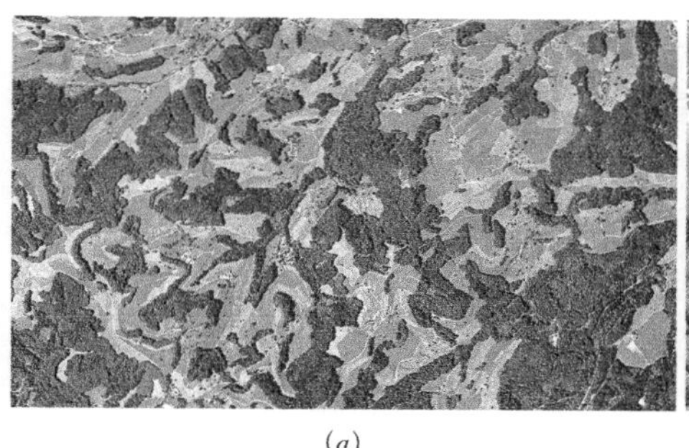

(a)

(b)

图2—7 西方开展的景观生态建设
(a) 瑞士乡村特有的相互融合的景观镶嵌体特征；
(b) 澳大利亚牧场特有的枝状景观镶嵌体特征

有景观生态系统的经济和生态效益，形成新的高效、和谐的人工——自然景观（图 2-7）。生态区位论和区位生态学是生态规划的重要理论基础。区位是一个竞争优势空间或最佳位置的概念，区位论是一种富有方法论意义的空间竞争选择理论。现代区位论还在向宏观和微观两个方向发展，生态区位论和区位生态学就是特殊区位论发展的两个重要微观方向。生态区位论是以生态学原理为指导将生态学、地理学、经济学、系统学方法统一起来重点研究生态规划问题的新型区位论。区位生态学是具体研究最佳生态区位、最佳生态方法、最佳生态行为、最佳生态效益的空间生态学和生态经济规划。从生态规划角度看，生态区位是景观组分、生态单元、经济要素和生活要求的最佳生态利用与配置；生态规划是按生态规律和人类利益统一的要求，贯彻因地制宜、适地适用、适地适产、适地适生、合理布局的原则，对环境、资源、交通、产业、技术、人口、管理、资金、市场、效益等生态经济要素的生态经济区位分析与综合，合理进行自然资源的开发利用、生产力配置、环境整治和生活安排。因此，生态规划应该遵守区域原则、生态原则、发展原则、建设原则、优化原则、持续原则、经济原则 7 项基本原则。景观生态学建设就是深化景观生态系统空间结构分析与设计，有效规划、组织和管理区域生态建设。

二、人文生态学理论

1. 理论背景

生态学研究的是物种与生物物理环境之间的互动关系。当这里的物种包括人类在内时，生态学就是成为人文生态学。人文生态应用人类与生物物理环境之间的相互作用的信息指导建成环境与自然景观的最优化利用决策。具体来说，该理论重点研究人类影响环境并被环境影响，以及完成与环境相关的决策影响人类的机理和特征。

早在 20 世纪中叶，思想家帕特里克·格迪斯（Patrick Geddes）、罗德尼·麦克肯尼（Rodney McKenzie）、本顿·麦克凯恩（Benton MacKaye）、刘易斯·芒福德（Lewis Mumford）、阿罗德·利奥波德（Aldo Leopold）等人即提出并倡导人文生态规划。他们主张，应当理解人与生物物理环境之间复杂的互动关系，并据此引导出规划设计决策。20 世纪六七十年代，重新出现对人文生态规划的呼唤，回应了当时的极盛的环境运动。美国国家环境政策法案以及其他国家类似法律法规重新燃起了人们审视自身与自然环境互动关系的兴趣。然而，此时的生态规划有的强调生物物理系统，有的侧重于人文系统，将生物物理系统和人文系统两者相互对立。

麦克哈格（Ian McHarg）指出若人类是生态中不可或缺的组成部分，而生态又被看作规划的一部分，那么规划一词就足以代表“人类”、“生态”与“规划”三者的涵义。虽然人文生态学被广泛看作是人文生态规划的概念基础，但任何单一的理论都不足以稳定支撑整个人文生态规划体系。人文生态规划产生于社会学、地理学、心理学以及人类学等众多学科的交叉。在大多数人文生态规划研究中，文化适应和场所构建是两个关键环节。文化适应是一个使用文化—生态复合视角的关键主题。场所是由自然力量与人类行为相互作用而产生的特定文化空间。

2. 文化适应

人类文化学家主张文化是人类与生物物理环境相互作用的媒介。人类与环境的相互作用中，首要的联系机制就是文化适应，主要表现在实现目标或维持现状的过程中，社会形式及规则的调整以及个人或群体行为的改变，使景观适应社会行为、物质需求和人工制品生产的需求，从而提高人类生活质量。麦克哈格（Ian McHarg）将环境（景观）对于个人或群体的适宜性定义为“所需改变最小”。景观生态规划设计的目标就是景观的可持续利用，寻求或保持景观对于人类各种使用的最优适宜性。人文生态规划的任务就是确定及加强人类在景观中可持续的适应性。

人类学家约翰·本奈特（John Bennett）在其著作《生态的变迁》（1976）中简要总结了人类学家对人与环境互动的决定论、相互论和适应论 3 种认知方式。①在决定论中，生物物理环境决定文化或被文化决定，环境提供了一组机会与限制，人类从中做出选择，满足自身需求。而正是文化决定了特定地域内人类的感知及需求。②相互论应用“反馈”的概念来解释文化与环境间的相互影响。文化生态学家朱莉安·斯杜德（Julian Steward）是著名的持相互论观点的学者。他通过研究人与自然环境联系最紧密的文化现象来“确定是否相似的环境中会产生相似的文化适应方式”。斯杜德（Steward）相互模型的中心原则是文化核心，文化核心成为了解释人类适应环境的首要机制。③适应论与斯杜德（Steward）提出并由盖尔茨（Geertz）详细阐述的文化核心概念基本保持一致，但是确立了人类与环境关系形成中人类承担的关键角色。许多人文生态规划都应用相互论或适应论或者两者的变体作为初始的理论基础。

20 世纪七八十年代在宾夕法尼亚大学或受到宾大思潮影响的景观设计师、规划师和人类学家则用文化适应模型作为生态规划设计的概念基础，其中的著名人物包括乔纳森·博格（Jonathan Berger）、耶胡迪·科恩（Yehudi Cohen）、麦克合格（Ian McHarg）、乔尼·杰克逊（Joanne Jackson）、丹·罗斯（Dan Rose）和佛里德里克·斯坦纳（Frederick Steiner）。

在规划设计中整合人类过程的尝试和努力虽然不够体系化，却多种多样。景观规划设计师格兰特·乔斯（Grant Jones）、伯德·立顿（Burt Litton）、莎莉·斯卡霍曼（Sally Schauman）、理查德·司马顿（Richard Smardon）和埃文·朱比（Ervin Zube）大大地推进了对景观感知的认识。景观感知是人类与景观之间的相互作用。场所构建大大丰富了我们对景观感知的理解。

3. 场所构建

空间和场所两个词在日常使用中常常互换。空间是一个抽象概念，仅仅当它向使用者传递特定意义时才被定义为场所。场所是环境因素与人类活动互动的结果。根据金柏莉·杜威（Kimberly Dovey）的观点，场所是"人文生态结构中拥有意义的节点。场所在人文活动中渐渐发展而成，它不停地生长，充满生命，像人一样可能健康，可能不健康，也可能死亡。"当场所的自然和文化过程继续运行，场所就是健康的，并且能维持自身的完整性。哲学家马丁·海德格尔（Martin Heidegger）将场所视作"生命的真实所在"。环境心理学家戴维·坎特（David Canter）认为由于场所这一概念能应用于所有环境尺度，因此它能有效弥合研究人类环境关系的各学科之间的差距。

鲁克尔曼（F.Lukerman）更为精准的辨识出场所的特征：

（1）场所均存在于特定位置，这一位置可以用场地的内部特征或场地与外部地点的关联来描述；

（2）场所是自然和文化元素的融合；因此每个场所都有其独特性；

（3）尽管每个场所都独一无二，但并非孤立存在。它们相互联系形成一个互动和流通的空间体系；

（4）场所是属于地方的，但也属于更大范围的区域；

（5）场所是有意义的；他们以使用者的价值观和信仰为特征；

（6）场所会渐渐成为特定历史的组成部分。

因此，人类对场所的认知已经超越了特定的场地，扩展到与周边地理、社会和历史背景的联系。在人类改造场所及自身的过程中，场所不是静态的，而是处在不断地改变之中。场所的历史、现在和未来相互作用，相互加强。他们的时间跨度和包含内容不断受到外部因素的影响，如传统体验的稳定和传承度，现有环境的安全性及对未来期望的合理性。

戴维·坎特（David Canter）对鲁克尔曼（Lukerman）所叙述的场所特征进行了精炼。场所是由人类活动、概念与环境等物质属性之间的对话而产生的一种和谐状态。人类活动的种类和方式取决于人类积累的知识、文化背景、价值观以及各种常规和偶然的控制因素。加拿大地理学家爱德华·瑞夫（Edward Relph）认为，场所之中所具有的想象和体验空间的部分使人类天性中的本能和想象未得到完整体现。场所不是一成不变的，而是与时间（自然和人文历史）和空间（与更大场所的相连）相联系。自然和人文历史是场所审美体验的源泉。

大多数规划设计师都会认为，只有在理解场所之后才能形成有效的设计方案（图 2-8）。在规划设计中使用场所构建，主要用来确定人类体验、自然过程和物质环境空间三者之间是否存在持续的匹配关系。建筑师阿莫斯·兰普珀特（Amos Rapoport）及规划师凯文·林奇（Kevin Lynch）认为，只有当这种匹配存在，环境（景观）才对居民和使用者有意义。因此，规划设计师的任务就是寻求或维持这种适宜与匹配，确保场所维持其完整性，保持自然、文化过程和时空联系，给予使用者和居民认同感和归属感。

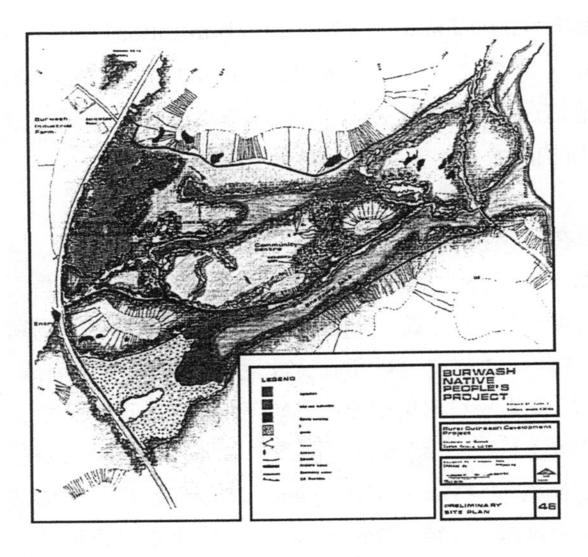

图2–8 Ndubisi 完成的美国印第安人Burwash社区（加拿大）设计采用现象学途径

场所的概念也被用作统一主题来整合文化生态学、文化地理学和环境心理学中的人文生态概念。麦克哈格（McHarg）的学生加拿大景观规划设计师米歇尔·霍夫（Michael Hough）在《场所之外：恢复地域景观的认知感》（1990）中使用了文化生态学和场所理论中的概念，帮助理解人类和自然过程之间辩证关系的本质，探究在当代景观中如何从自然和文化过程的视角重建场所的认知感和独特性。霍夫（Hough）建议创造场所应从理解地区特征开始。但是人们对区域的认知感在时空中不是一成不变的，因此场所构建的设计原则是：通过自然和文化过程的方式理解一个场所，通过景观确立独一无二的特性，为不同的人群创造不同的场所；通过人们的使用及新老融合保持历史感；推动环境教育，鼓励人们维持自然和文化景观的完整性；必要时才进行干预，以最少的资源和能量产出最大的环境和社会效益；在增加景观的生产能力和多样性上投入，聚焦于可能完成的事物性和记忆性。

根据戴劳·莫里森（Darrel Morrison）的观点，场所构建是一个格局设计过程，通过自然生长的植物群落、使用者价值观和期望的表达以及视觉特征反映其历史和生态特征。宾夕法尼亚大学一直处于整合规划与人文生态概念方面的前沿。从 20 世纪 70 年代早期到 80 年代晚期，宾大的规划师、景观设计师和人类学家成功实践了多个人文生态规划研究，成为人文生态学理论应用和人文生态规划设计的典范。

4. 人文生态规划

人类及其与土地间的互动是人文生态规划的首要关注点。为了使规划师和设计师更便捷地应用人文生态学理论，开展人文生态规划，斯坦纳（Steiner）在《生命的景观》（1991）一书提出的生态规划方法中列出了社区信息分析清单，主张将社会经济分析与生物物理信息联系起来。从现有的规划来看，很多规划方法都不同程度地强调了人文生态。麦克哈格（McHarg）在20世纪70年代早期为新泽西Medford镇做的规划毫无疑问是在生态规划中整合社会价值的创新工作。赛佛·纳维（Zev Naveh）和亚瑟·利伯曼（Arthur Lieberman）提出的"整体人文生态系统"理论也具有人文生态偏向，其基础理念就是"从本质上看，人类与环境是一个独一无二的整体，应该作为一个整体进行研究。"人文生态规划设计的基础理念是综合自然和人文过程信息以指导规划设计决策，不管人们看待人类和环境之间关系的种种观点不同，人文生态规划者和设计者的中心论点是寻求生态适宜和文化空间之间的最佳匹配，将区域利用类型的适应优势最大化。

三、景观的语言

1. 背景与基础

"景观的语言"是由美国宾夕法尼亚大学景观规划设计教授安妮·维斯顿·斯派恩（Anne Whiston Spirn）在其所著的《景观的语言》一书中提出的。她认为"景观的语言"是所有生物的母语。认为景观是语言的结论来自于景观规划设计最核心的工作领域，在由花园到区域的多层次规划设计中，景观规划设计都在尝试着进行充实功能和表达思想的艺术化塑造过程。景观的语言扎根于人类学、地理学、地质学、生态学、历史学、艺术史学、文学、语言学和景观学等领域。"景观是一所物质构成的"家"，而景观的语言就是思想的栖息地，人就寄居在其中"（安妮·斯派恩）。早在人类学会用语言来描述自己的故事以前，就在尝试着阅读自己所居住着的景观；早在其他信号和符号产生以前，景观就成了人类最早的教科书。文字、图式和数学等其他的语言都是由景观的语言衍生出来的。景观的语言也可以言传、书写、阅读和想象。在自然景观中一棵树的形状和结构记录了物种和环境循序渐进的对话；树木的年轮讲述了树木一生中每个生长季节的水和养料状况；人造景观揭示了建造者和建造地之间的关系，述说降水和屋顶坡度、耕种方法和耕种地大小、家庭结构和定居方式等之间的必然性。在我国，景观语言的研究前前后后出现了一些零星的研究，如欧洲景观设计语言（王向荣）、地形设计的语言（李迪华）、文化景观的图式语言（王云才，2009）、景观生态化设计的图式语言（王云才，2010）等，但都缺乏对景观语言系统全面的研究。

2. 景观语言的构成

（1）语言的基本构成：景观语汇。景观语言的构成是由景观的要素和景观独立的基本空间单元构成，以及由这些单元组合形成的空间基本格局。"land"的含义是指空间场所和生活在其中的人，因此景观的语言就是将场所及生活在其中的人连接起来的动态纽带。景观要素主要包括自然景观要素和人文景观要素。分别由地形、地貌、土壤、水体、岩石、植物、动物和天象等自然要素以及建筑、劳作、人群、构筑物、活动以及地方性语言与文化景观等人文要素。要素依照特殊的过程和关系组合成基本的景观空间类型，并复合成典型的空间格局。

（2）景观要素的秩序：空间组织。不是所有的景观都是和谐的，缺乏秩序会造成杂乱，但造成杂乱也有可能不是因为秩序的缺乏，而是太多秩序的冲突。景观中以很复杂的结合方式将很多秩序整合在一起（图 2-9）。但复杂而无序使人迷惑，有序而单一使人乏味。达到秩序化的最简单的办法就是重复使用和谐的景观元素，而赖特（Wright）尝试过 4 种秩序：均质（homogeneous）、层级（hierarchical）、协调（coordinated）、混乱（chaotic），用它们来设计高秩序、高复杂性的景观。在美国威斯康辛州的北塔里埃森（Taliesin North），他用均质的材料、本地的石灰石和沙石来建造房屋，而构架是由一个个正交的网格组合而成。然而，这种网格可能会在陡峭的斜坡上，或不规则的地形上出现问题。到 20 世纪 20 年代，赖特通过对地形的研究，渐渐采用一种适应不规则地形的结构策略。当他在 1925 年为北塔里埃森的花园及农场规划画新的草图时，建筑物及场地被布置在一组与等高线垂直的网格中，新的网格与原来的网格成 45 度，从而使建筑物能够更好地契合等高线的态势。赖特在奥克塔拉（Ocatilla）的一个临时帐篷里住了几个月，根据沙漠的环境和地形，用同样的手段绘制出能够适应更复杂地形的、由两套网格叠加而成的规划草图（图 2-10）。

（3）塑造上下文关系：景观的环境。景观元素和上下文构成关系时的表达重点。华盛顿越战纪念碑就可以分成几个语素成分，墙本身是名词，沿着路径移动是动词，墙和移动都被限定，墙是被石材限定的，运动是被路径的下沉和上升这样的副词限定的。和任何一个景观一样，纪念碑是由许多这样的语素构成的。景观中含有许多上下文关系，相互作用或各自独立，它们之间紧密联系，或联系松散，甚至没有联系。这些复杂关系可以被融为一体，或者互相平行，或者互相叠加。景观与环境的关系突出体现

（左）图2–9 用石子构造的河流：河流的语言应用

（右）图2–10 亚利桑那州沙漠营地的设计：人与自然的对话（Frank Wright）

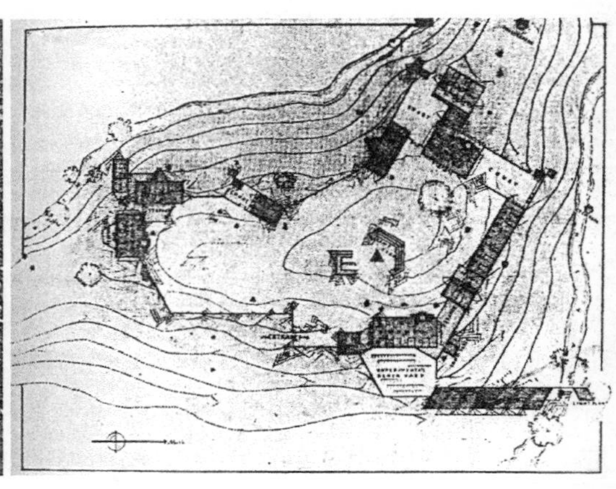

在树木、河流、云朵、山脉、人类和鸟等基本景观构成，人与环境的对话体现出的地方性以及维持地方性的结构。

（4）环境（上下文）的法则：景观语法。景观的语法就是把这所有景观素排列起来以表达各种不同的含义的规则。人们有时会遵守这些规则，有时也会打破规则，创造出新的语法，从而使人造景观变得有趣和复杂。景观语法本身无所谓对错，只是有时会被误用。语法的原则是描述性的，我们可以利用它们来帮助解读和创造景观。语法原理主要包括尺度与时态（tense）、语法的改造与继承以及法则的延续与革新。当然，在空间连续体中，道路、花园、街坊、城市地区、国家是一种嵌套的上下文关系。这种景观上的部分与整体的连续关系，就赋予景观语言嵌套结构。景观模式必须从人的尺度出发，将大者化小，小者化大。设计师的图纸就体现了放大或缩小了的景观，尺度的选择取决于他们要表达什么。规划师和建筑师所关注的尺度是不同的，当设计师过分关注于他们自己的那一部分狭小范围内的尺度时，他们可能会引进一些与环境不协调的因素，景观语言就会不通顺。景观语言的语法是在特定的景观中，经过几代人的智慧而积累下来的，我们不应该忽视它们。但语法是灵活的系统，它并不是景观语言运用的准则。设计师在构建景观的过程中，还会有自己的意识形态，以及各种修辞手法，从而使景观语言系统变得异常丰富。

3. 景观语言的应用：语用学、诗学和辩证法

（1）超越景观本身（景观的诗学）。景观的诗学强调语言重复、比喻、反论、反语、直白等修辞传达和谐、不和谐、语气、神秘等环境关系。景观有其潜在的修辞能力，并不只是建筑的背景和框架。强调一个事物需要贬抑另一事物，无意义的强调令人厌烦，没变化的重复单调无聊，滥用重点会导致混乱。把事物放在开头或结尾都会建立一种等级，就像一座位于林荫尽头的宅邸，把纪念碑或建筑物摆在高山或丘陵之巅，能强调构筑物的重要性（例如中国的塔或阁、圣地上的希腊圣庙和基督教堂），把喷泉放在公园中心或者城镇中央广场也是这个道理。还有用框景来强调，景框从场景中脱离出来，通过遮蔽不美观或不相干的景物、通过指引视线来引起注意力。门框、围墙、篱笆、树丛都能以特殊的色彩、肌理、声音或者气味来框定物体或场景。日本茶室低而深的屋顶压低了人的视线，引发的是一种谦卑感；而阿尔罕布拉宫的建筑上的窗洞和拱廊框出一片远山和天空的壮丽景象，传递的是一种权利感。通过元素的重复组合，也是一种强调的好办法。例如鸟鸣中的音符，叠句中的单词或者阿尔罕布拉宫里形形色色的喷泉——它们低矮的涌泉、弧形的水线都在声和形上相似。涌泉汇集于狭小的天井内或柱廊的阴影下。在那里它们轻柔的声音得到了扩充，它们流转的形态消散在涟漪中，弧形的水线在宽大开阔的庭院里幻化成弯曲的光线；墙上的喷泉从台面上迸射出来，跌落在盆池里。古代西亚人通过对水的艺术化处理，寄托他们的精神。

托马斯·杰斐逊（Thoms.Jefferson）精通景观的修辞特性，他曾经为美国弗吉尼亚大学做了景观设计。设计中运用两排平行的柱廊，限定一块中心绿地，同时又框住了远山的视景。柱廊一头开放，一头围以大型建筑——图书馆面向远山。杰斐逊借此隐喻了书本和自然两种知识来源。19 世纪 90 年代，大学的视察委员会决定用新建筑来围合空间开放的那端，结果远山的景色被抹去了，草地成了一个内聚的封闭空间，从此失去了杰斐逊原先展现的那种与自然的联系。建筑师甚至主张为了使建筑显得更清晰，必须移走草地上的树，但正是这些树增加了建筑的美感和沧桑感。每逢清晨和傍晚，斜晖将枝影投到光滑的白色圆柱上，在树桠错乱细碎的形态和建筑中，运用简洁的几何学之间的对比，发生了一场对话——一场有机和无机、浪漫和古典、隐喻和溯源的对话。我们还可以把更多的修辞手法运用到景观语言中，通过这些手法，人们在景观中注入了丰富的情感，表达了自身的价值与信念，令思想可触摸，令想象成为可能。

（2）辩证的景观。景观语言也有方言，这就是景观的本土性。不仅需要注意当地的植物、地质等情况，还要注意日常的光、气温、水文等，那些显示并与当地本土文化相和谐的设计，往往更实用、更经济、更能经受时间的考验。20 世纪流行的高楼、玻璃外墙和混凝土，其实在任何地方都是不适合的。在纽约，塔楼阻挡了海上吹来的和风，还出现了很多无人的广场。墨西哥城的建筑物和人行道，由 3 种颜色的火山岩组成——红色石头多用来砌墙，灰石用来做细部，黑石做人行道。但是国际流行的大楼和当地的火山岩很不协调，他们只好在摩天大楼上也采用当地的石头。以取得和谐。在欧洲的一些乡村，直到今天我们还是能看到中世纪的风景。那古老的村庄，俨然是大地的景致。而且，每个国家、每个区域都具有可识别的本土风格，构筑成现代城市人向往的生活和风景。景观的本土性是记忆、再创造、历史毁灭三个过程在时间空间过程中的统一。是自然、历史、功能、艺术和权力在景观过程中相互作用的结果，也成为景观人与自然之间永恒的富有争议性的对话。景观规划设计就要求景观的语言能够具有超越争议，实现景观可持续设计的目标。

第三节　景观生态规划的主要流派与核心

一、景观生态规划的主要流派

1. 以景观格局和功能为主的美国流派

Vansereau 是美国景观生态学的先驱，在 1957 年就开始对景观进行地理学和生态学的综合研究。后期形成以 Forman、Risser、Turner 等人为代表着重研究景观的结构、功能、动态变化，并以规划管理为中心成为当今景观生态学的重心和主流。福尔曼等认为景观生态学是一门新兴的交叉学科，它以景观为对象，以人类和自然协调共生的思想为指导，研究景观在物质、能量和信息交换过程中形成的空间格局、内部功能和各部分的相互关系；探讨其发生、发展的规律，建立景观时空动态模型，达到合理保护和优化利用的目的。这一流派研究的特点是：

（1）他们把景观生态学研究建立在现代科学和系统生态学基础上，形成了从景观空间结构分析、景观生态功能研究、景观动态变化分析，直到景观控制和管理的一整套方法，从而奠定了景观生态系统学的基础。这是当今景观生态学研究的中心与主流。

（2）在区域生态规划方面的应用研究，根据编制地区自然生态目录和社会生态规划，以生态学观点制定环境政策，特别是土地利用方针和政策。

2. 以荷兰和德国土地生态设计为代表的西欧流派

荷兰的 I.S.Zonneveld 和德国的 W.Haber 为代表，应用景观生态学思想进行土地评价利用、规划设计以及自然保护区和国家公园的景观设计，强调人的作用，注重生态。他们的工作主要是应用景观生态学思想进行土地评价、利用、规划、设计以及自然保护区和国家公园的景观规划设计。他们强调人是景观的重要组分并在景观中起主导作用，注重宏观生态工程设计和多学科综合研究。以荷兰为例，从 15 世纪开始就将水排干以获得土地。荷兰拥有典型的低海拔地区景观，"Netherlands" 就是 "低地"，经常受到洪水困扰，为此他们做出了两个关于景观规划的重要决定，一是要沿河流修筑堤岸，二是要填海造田。整个国家的景观成了这两个决定的产物（图 2-11）。荷兰景观规划丝毫不掩饰其机械制造的痕迹。荷兰的景观设计师尊重方格状土地和笔直的线条。由于这些直方格形成了高度结构化的景观（图 2-12），如果加上不规整的线条或曲线型的设计就会与现状冲突。荷兰对大面积新开垦土地的需要是通过机械和景观规划得以满足，这样的景观规划不仅

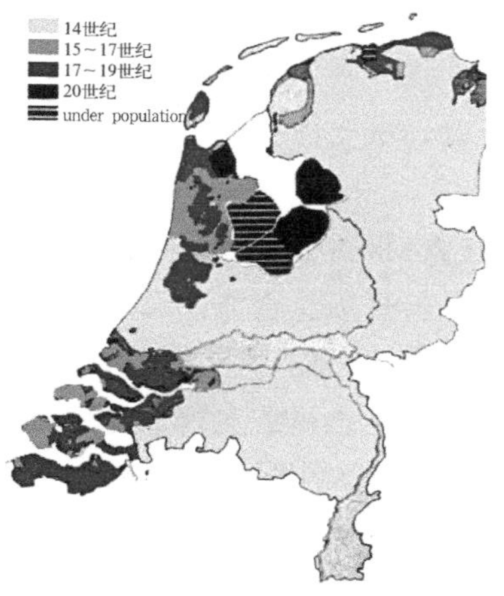

图2-11　荷兰不同时期填海造地的进程

(*a*)

(*b*)

(*c*)

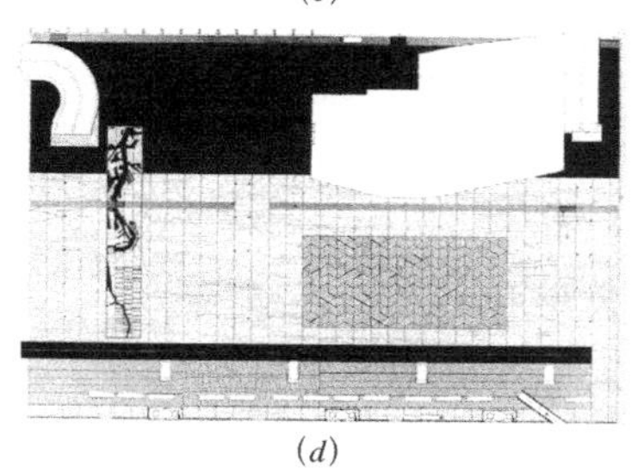

(*d*)

图2-12　荷兰大地上形成的高度结构化的景观
（*a*）高度结构化的城效土地景观；
（*b*）高度结构化的乡村土地利用景观；
（*c*）居民点分散地区的高度结构化的土地景观；
（*d*）高度结构化的城市广场景观

要考虑社会经济目的，同时还要考虑视觉效果的一致性。

3. 以景观综合研究和景观生态规划为主的东欧流派

代表人物是捷克斯洛伐克 Mazur 和 M.Ruzicka，立足景观综合研究与应用，将景观综合方法和景观生态应用到区域规划和开发上，应用生态信息和生态平衡原则对人类经营的生态系统实行最优设计，形成了较成熟的景观生态规划理论与方法。Mazur 发展了特罗尔的景观综合研究思想，并于1971 年成立了第一个景观生态研究所，共主持召开了 9 次国际景观学术讨论会，为中西方沟通作出了贡献。

4. 以土地生态分类为核心的加拿大和澳大利亚流派

以加拿大 G.Merriam 和澳大利亚 P.Bridgewater 为主要代表，主要研究土地生态分类，加拿大在 1969 年成立生物自然土地分类委员会，1976 改为土地生态分类委员会。该委员会着力于用生态学原则和标准对土地生态分类，主要理念是地理学上的综合思想与生态学中的生态属性和生态功能相融合。他们形成了一套用生态学原则和标准对土地分类的方法，特别强调土地的生态属性和生态功能，以此作为土地利用的依据。

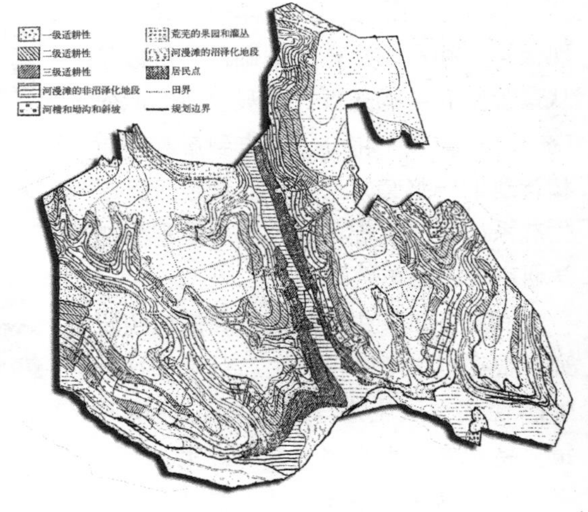

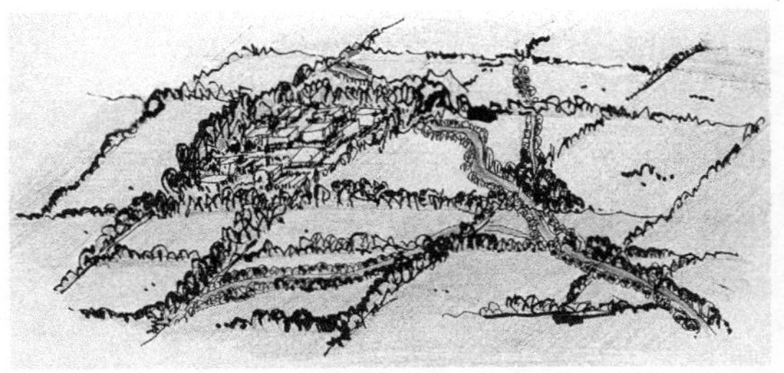

我国北方平原地区为配合三北生态防护林体系建设，开展了并创造了“围宅、围屯、围城、围田”的四围景观生态格局建设，其中围田形成500m × 500m的防护林方格，成为我国景观生态建设的重要成就。

（上）图2–13　前苏联的开放空间景观生态规划

（下）图2–14　中国在北方平原开展的“四围”景观生态建设

5. 以景观地球化学分析和区划为主的苏联流派

以“维尔纳茨基的生物地球化学和生物圈说”、“苏卡切夫的生物地理群落学说”和“索恰瓦的地理系统学说”构成前苏联流派的三大理论支柱。主要是从地球化学发展而来的景观地球化学分析和区划，成为国际景观生态研究的重要流派，得到国际景观生态研究的借鉴（图 2-13）。

6. 以生态建设与生态工程建设为主的中国流派

80 年代初，地理学家林超、黄锡畴大力介绍和倡导景观生态学；植物学家侯学煜倡导大农业；生态学家马世骏倡导生态工程与建设；经济学家许涤新提出生态经济学。这些理论在建设、工程、经济农业等方面取得较大成绩，使中国的景观生态学研究一开始就有生态设计、生态规划、生态建设、生态管理的应用实践特点（图 2-14）。

二、景观生态规划的六大核心

1. 景观生态的整体性

景观是由一系列生态系统组成的具有一定结构和功能的整体，是由大气、水、岩石、生物和土壤五个地理要素组成的，通过水循环、生物循环和地质循环等物质运动和能量交换过程，五个地理要素间发生着密切的相互渗透和相互作用，从而形成了一个整体。每一要素通过与其他要素进行物质能量交换，改变着其他要素的性质，对自然地理环境形成和演化起着重要作用。景观是一个具有整体性特征的生态共同体，生物的不同层次是由具有特定功能的，相互间具有有机联系的许多要素所构成的一个生态整体，组成生态整体的各个要素总是综合地发挥作用。包括人在内的所有存在物都是这一生态系统的内在组成部分，都参与了自然生态系统的进化，自然生态系统的内在价值决定了其组成部分的所有存在物都具有内在价值。从系统论的视角来看，整个地球是个有机的生态系统，是由人类社会系统和自然系统构成的有机整体，在这个庞大的复杂系统内，全球的物质循环和能量流动依固有的规律不断进行，任何一个环节受到破坏，都会带来整个地球生态系统的不稳定，整个生态系统就会失衡。将整体性作为景观生态规划的核心，应将维持和保护生态系统的完整、和谐、稳定、平衡和持续存在作为衡量设计成败的根本尺度。

2. 景观生态的异质性

异质性是指在一个区域里（景观或生态系统）对一个物种或更高级生物组织的存在起决定性作用的资源（或某种特性）在空间上（或时间上）的变异程度。景观空间异质性的发展、维持和管理是景观生态规划的重要原则。景观生态规划强调异质性为其核心，因为景观生态系统本质上就是一个异质系统，正是时空两种异质性的交互作用导致景观生态系统的演化发展与动态平衡。空间异质性是指生态学过程和格局在空间分布上的不均匀性及其复杂性，一般可理解为空间缀块性和梯度的总和。

景观多种结构单元，如镶块体、廊道、基质等，乃是由不同生态系统组成的异质成分，廊道是景观要素中异质性表现最突出、最明显的组分，是物流、能流、物种流、信息流、价值流最活跃的所在。景观边缘带、脆弱带、过渡带也是如此。因此，廊道网络和景观边缘带的生态结构与异质功能，就成为许多景观生态学者最感兴趣的问题。景观异质性首先来源于系统和系统要素的原生差异，如时间差（进化度）、空间差（进化位与生态位）、质量差、数量差、形状结构差、功能差、信息差等，统称系统差。其次，异质性也来源于显示系统运动的不平衡与外来干扰，特别是人类错误生态行为的干扰。景观生态系统的结构、功能、性质和地位主要决定于它的时空异质性。因此，景观异质性原理是景观生态规划的核心理论之一。

3. 景观生态的多样性

景观多样性是指景观要素在结构与功能方面的多样性，反映了景观的复杂程度。景观多样性包括斑块多样性、组分种类多样性与格局多样性，斑块多样性指景观中斑块的数量、大小和形状的复杂程度，组分种类多样性指景观中组分类型的丰富度，格局多样性指斑块间的空间关联性和功能联系性。景观多样性对于物质迁移、能量交换、生产力水平、物种分布、扩散和觅食有重要影响，景观组分类型多样性与物种多样性的关系呈正态分布，景观多样性的评定对于生物多样性研究具有重要意义。

生物多样性是人类生存的基础，人类对自然的过度利用导致生物多样性的大量、快速丧失，保护生物多样性成为景观生态规划的核心。景观生态规划保护生物多样性可大致分为两种途径：一种是以物种为中心的传统保护途径，另外一种是以生态系统为中心的景观生态保护途径。前者强调对濒危物种本身的保护，而后者则强调对景观系统和自然栖息地的整体保护，试图通过保护景观的多样性，来实现对物种多样性的保护。鉴于生物多样性的日益丧失，各国的景观生态学家结合本国的实际情况，纷纷提出了一系列生物多样性保护的景观规划途径。

4. 景观生态的复杂性

复杂性是指生态系统内不同层次上的结构与功能的多样性，自组织及有序性，由许多不同的单元组成，且单元之间有紧密联系的系统所具有的特征和属性。生态复杂研究的显著特征是它是应用复杂学的理论、方法和观点来研究生态和进化问题。其研究方法主要有元胞机法和遗传算法，认为生态系统是一个适应复杂系统，处于混沌的边缘或临界态，内部作用是生态系统复杂化，有序化及自组织的主要推动力。复杂学是研究自然界中各类系统复杂性的一门科学，研究的热门领域主要有人工智能，神经网络，免疫系统，人工生命，自催化反应等。复杂系统是指由大量相互作用的不同单元组策划的自适应系统，而复杂性就是复杂系统的行为，组织特性。复杂系统概括起来大致有 4 个基本特征：①组成单元数量庞大；②单元之间有大量联系；③具有自适应性和进化能力；④具有动力学特性。显然，复杂系统的第 3 个特征表明复杂学在很大程度上吸收了生态和进化的思想，因而复杂学对生态系统的研究具有一定参考意义。

生态系统就是一个典型的复杂系统。例如，从群落或生态系统水平上看，生态系统由大量的物种构成，物种之间存在捕食和被捕食，寄生，互惠共生等复杂的种间关系，这些物种直接或间接地联结在一起，形成一个复杂的生态网络。而生态复杂性就是生态系统结构和功能的多样性，自组织性及有序性，其研究的主要任务是利用复杂学的原理和方法，探讨生态系统复杂化的机理及发展规律，为认识生态系统提供一条新的途径。生态复杂性是目前生态和进化研究的前沿领域之一。它在研究的方法和思路上与系统生态学有明显的不同，有自己的独特性。它设计的组分是巨大的，整个系统具有自我调整能力。

5. 景观生态的连通性

包德瑞（Baudry）于 1984 年提出了景观连通性的概念，分析了景观连接度和景观连接性的区别，认为景观连通性是指景观元素在空间结构上的联系，而景观连接度是景观中各元素在功能上和生态过程上的联系。景观连通性测定景观的结构特征，景观连接度测定景观的功能特征，反映了景观特征的两个不同方面；景观连通性可以从景观元素的空间分布得到反映，而景观连接度的水平一方面取决于景观元素的空间分布特征，另一方面还取决于生物群体的生态行为或研究的生态过程和研究目的，仅研究景观元素的空间分布特征，不足以反映景观连接度的水平。景观连通性可从下述几个方面得到反映：斑块的大小、形状、同类斑块之间的距离、廊道存在与否、不同类型树篱之间相交的频率和由树篱组成的网络单元的大小。

景观生态规划的设计原理可以从景观连接度和景观连通性的概念中得到正确理解，其目的不仅仅是提高景观中各元素之间的连通性，关键是增强景观元素相互间的连接度。作为规划，通常情况下是增加一些景观元素或是减少一些景观元素，由此将导致景观结构的变化，进而影响到景观生态功能的变化。通过研究景观结构和生态过程之间的关系，设计不同的景观结构而达到控制景观生态功能的目的。

6. 景观生态的稳定性

景观的稳定性本质上应是景观各要素即气候、地貌、岩石和土壤、植被、水文的稳定性。由于受到外界的不断干扰和系统内部自身的进化与演替，景观无时无刻不在发生着变化。绝对的稳定是不存在的，景观稳定性只是相对于一定时段和空间的稳定性：景观又是由不同组分构成的，这些组分稳定性的不同，影响着景观整体稳定性；景观要素的空间组合也影响着景观的稳定性，不同的空间配置影响着景观功能的发挥，人们总是试图寻找或是创造一种最优的景观格局，从中获益最大并保证景观的稳定和发展。频繁的和高强度的外界干扰，会使景观中的生物受到巨大的影响甚至趋于灭绝。只有在具有一定稳定性的景观或生态系统中，生物才可能良好地生存繁衍。

稳定景观是一种典型的自然或半自然状态，通常由森林、肥沃的草原和树篱组成。景观稳定性强调景观的要素，在保护和加强生物多样性及景观效果的作用，将特殊的重点放在景观要素的“防护”功能上，例如水和土壤保护、空气净化和土壤侵蚀管理等。景观的“稳定性”应符合景观的容量的要求，从而使景观在受到外界干扰时保持稳定，或者在人类或自然干扰后迅速恢复与重建。捷克和斯洛伐克等东欧国家提出的“景观稳定性”规划途径的步骤是，首先通过对景观各种数据的收集，在各种尺度上绘制出景观中原本就稳定或者不稳定的要素，然后从绘制的图中，确定一个景观要素网络，作为“生物中心”和“生物廊道”。最后，对现存的网络加以分析，以鉴别哪里需要创造新的景观，或对景观进行恢复，以弥补其不足。

第四节　景观生态化设计与生态设计语言

一、生态设计的发展与困惑

1. 生态设计的内涵与困惑

风景园林师作为土地的守望者、资源的守护者和景观环境的营造者，是有效协调人地作用机理与从事生态规划设计的主体之一。生态设计是对自然过程有效地适应和统一，sim van der ryn 认为它具有五个基本特征：①由地方性衍生的设计方法和途径（Solution from place）；②生态账户的设计（Ecological accounting informs design）；③设计结合自然（Design with nature）；④每个人都是设计师（Everyone is a designer）；⑤使自然可视化的设计（Make nature visible）(2007)。生态设计是设计师在深入了解我们周围世界的基础上营造出具有生态本质及其内在联系的景观与环境。设计师和科学家一起以多种形式参与其中，在此过程中，设计师的职责不是将两者的分歧统一起来，而是在寻求共同设计目标时担当起强有力的支撑角色。规划设计是被用来改造自然景观的文化工具（佛里德里克·斯坦纳 Frederick steiner，2002）。因此，加尼佛尼亚大学伯克利分校的波顿·立顿（R.Burton Litton）教授认为：在面对生态设计自然——文化复合系统复杂性的时候，规划设计需要超越经验之上的更加科学的方法并因此产生较好的实践价值。麦克哈格（Ian McHarg）认为生态规划是"在时间和规律综合作用下的关于自然、生活、过程一体化的方法体系"，也可以视为"对人类土地利用形成显著机会的同时所形成的制约条件"（佛里德里克·斯坦纳 Frederick Steiner，1990）；麦克哈格（Ian McHarg）将生态设计定义为"在生态规划基础上的形态设计，它需要设计师的视觉形象以及对图形富有创造性的技巧"。

风景园林作为人类保护地球最早的工具之一，是以土地和地球自然生态系统管理为主，从事生态系统恢复和改善日益增加的城乡环境压力的学科。面对机遇与挑战，宾夕法尼亚大学教授 James corner 提出了风景园林存在的四大困惑：

（1）风景园林如何才能真正实现自然与文化相互作用，塑造更高水平的居住环境，构建人群行为与自然过程协调共存和相互作用的连续体，将现代文化建设成为更新的文化连续体与自然文化社区之间健康关系的写照。

（2）在文化持续异化的过程中，风景园林如何在景观连续性和整体性的显著性上发挥作用？

（3）风景园林如何在单一尺度和全球复杂性之间建立联系，更好地施展自己的影响？

（4）在现代景观营造过程中，景观的生产功能和抽象功能的本质是什么？如何营造诗意的景观和居住环境丰富的生境？

与此同时，罗德岛设计学院教授 Margaret McAvin 认为生态是后工业化文化的标志，在后工业化时代风景园林的角色是什么？世界上是否存在原始的自然环境？保护和恢复的景观是自然的吗？由于人类对自然的干扰是明显的和巨大的，那么风景园林的态度和角色又是什么？这些问题成为困扰风景园林生态设计发展的基本问题。

2. 生态设计存在的问题

（1）认识不足是制约生态设计发展的思想诟病。从风景园林学科发展的整体水平来看，与取得了较大发展的环境科学相比，环境设计类学科（建筑、风景园林、规划以及其他设计领域）并没有取得相应的发展，也没有发挥应有的潜力和价值。

从北美的实践来看，哈佛大学教授佛里德里克·斯坦纳（Frederick steiner）认为主要是由于：①北美用景观化（landscaping）取代景观（landscape）所导致的混乱造成的；②作为最早从事景观变革的风景园林师很少出版或开展深入的学术研究，导致风景园林师不断地追逐时尚的潮头，而不是探索科学和艺术相互之间有机的结合和准确的表达。③由于规划设计师很少关注生态规划设计，很多私人机构或公共机构并没有认识到可持续设计的经济可行性。从经济学的角度看，生态是超越供需关系的生物与非生物环境构成的综合体（复合体），供给的成本不仅超越金钱本身，还会以物种及其后代为代价，因此随着可持续能力的广泛关注和景观生态学的快速发展以及环境艺术家和环境作家所取得的更加显著的成就，生态设计成为当今设计师最基本的概念和法则。

（2）研究不足使生态设计缺乏动力。与其他环境设计类学科相比，风景园林更强烈地认识和感受到自然的重要性，但是什么样的自然是好的？自然是基础还是扮演重要的角色？密歇根大学教授斯蒂芬·卡普兰（Stephen Kaplan）认为诸如此类问题一直困扰着风景园林。由于不同环境中的自然具有不同的特征，尽管城市环境中也存在一些非常特殊的、极易被忽视又极易破坏的自然空间，但这些空间几乎不构成城市自然环境的重要因素。风景园林师也知道自然在人们生活环境中扮演着重要的角色，但问题在于对自然的类型、质量、组织缺乏系统的研究，对自然知之甚少。人类影响自然，自然反过来对人类形成巨大的冲击，这些都集中在土地利用、环境设计、视觉体验和城市废弃地等领域。认识独特环境中的自然，研究其特点和规律，成为生态设计的必然。

（3）理论提升和总结不足使生态设计缺乏依据和范式。基于风景园林学科基础的多元性和解决问题的复杂性以及目标对象的相同性，马里兰大学的鲍比·斯卡夫（Bob Scarf）教授提出了"地理学是理论的风景园林，风景园林是应用的地理学"的理论观点；同时由于风景园林与人类学、经济学、政治学、资源学等学科高度相关，他认为"生态是动态的连续体，人类作为其重要构成并维持这个连续体的可持续性；生活是一个连续的、相互依存的行为流"，只有依据詹姆斯·刘易斯（J.O.Simond）所建立起来的规划理论、经验和积累[①]，才能建立和支撑更庞大的生态规划与设计。

二、生态设计语言的缺失

1. 设计语言是制约生态设计应用的瓶颈

风景园林是在自然与文化之间平衡并塑造我们生活环境的学科。长期以来在艺术与生态、花园与区域之间徘徊，虽然这种争论仍然在持续，

---

① J.O.Simond 是大地景观环境规划的先驱，其代表著为 Earthscape：a manual of environmental planning and design，VA：Van Nostrand Reinhold，1978；中文版为程里尧译．大地景观：环境规划指南，北京：中国建筑工业出版社，1990。

但正因为如此，风景园林学科形成了现今多元化的发展方向和格局。在风景园林学科发展中有的研究夸张地从其他学科大幅度地借用理论、方法和词汇，但我们知道自然与文化的交织才是风景园林学科发展的源泉，然而风景园林并没有从这一源泉获得内在的发展。宾夕法尼亚大学教授安妮·斯派恩（Anne Spirn）认为：由于建筑语言和传统强调静态且忽视自然，因此对风景园林来说是不够的；由于生态学渗透着对文化的质疑并将人类看做是干扰的外力和因素，因此纯粹的生态语言和方法对风景园林也是不充分的。生态设计语言不仅会产生结果，而且揭示风景园林独特的思想体系、方法、模式以及风景园林能够表现的事物和对象。风景园林生态化设计正是缺少一种融汇形式、功能、感觉和意图的生态设计语言，风景园林需要一种能够表现学科领域的设计语言，能够统一自然过程和人类目标的设计语言，能够强化体验与理解景观与景观设计的关系；能够评价景观质量的语言，有效连接日常生活与艺术、过去与未来、花园与区域的语言。因此，生态设计语言的缺失是今天学科发展的最根本问题。

2. 设计语言是生态设计的基本范式

生态设计语言的形成必须建立在以下三个方面：

（1）生态学必然成为规划设计的核心基础。詹姆斯·卡尔（James R.Karr）认为规划设计中应当基于健康性与整体性（integrity and health）、系统与尺度（system and scale）、景观与语境（landscape and context）、组成与过程（parts and process）、自然史与生命周期（natural history and life cycle）、恢复力与抵抗力（resilience and resistance）、扰动与均衡（disturbance and equilibrium）、可能性与演变（chance and change）、轨迹与循环（trajectory and cycles）、连接性——有限性——系统崩溃（connection-limits-collapse）、根本因素和格局（root causes and pattern）、效益——结果——后效（effect-consequence-aftermath）、间接性——复杂性——多样性（simplification-complexity-diversity）、不确定性和突变性（uncertainty and surprise）等最重要的生态概念；这些概念是构建生态设计语言的重要基础。

（2）理论必须要阐述清楚并应用到规划设计中，必须通过大胆尝试和探索，研究生态设计语言并建立生态设计的语言图式，进而构建三个重要议题（理查德·福尔曼 Richard Forman，2002）：①生态规划设计成为解决土地加速退化等问题的重要途径；以土地为核心的生态系统在自然生态与人文生态之间建立起一体化的途径和媒介，是生态设计语言描述的核心对象。②多学科理论引入风景园林、生态学富有成果的发展、人类文化的多元性以及大胆的尝试和多样化途径有助于营造自然与人类共同繁荣的土地空间；场地生态学就是野生动物学、水生物学、植物结构与动态微气候学、土壤学、水文学、城市生态学、人文生态学以及景观生态学等学科的综合应用。③景观生态学为营造自然与文化网络空间一体化提供了理论基础，是探讨空间生态格局与图式语言的基本途径，有助于建立生态设计的语言。因此，以土地为核心，以多学科发展成就为基础，以空间生态格局为框架可以奠定生态设计语言的基本范式。

3. 生态设计语言缺失难以形成有效的设计方法

生态设计语言是表达生态景观的基本特征、基本形态、基本空间组合以及维持这些组合稳定发展的内在生态过程。自然生态景观是在自然过程支配下形成的由自然生态因子决定的景观整体，描述自然景观的语言是自然景观构成的要素、因子决定下的要素复合形成的生境和由生境组合形成的景观空间组合。文化景观语言是在人——地作用过程中不断认识、利用和改造自然所形成的描述文化景观的基本要素、文化基本单元空间和具有文化群体性特征的空间组合构成。生态设计语言就是通过揭示生态景观的基本构成、典型图式和内在过程，通过对自然的模仿和文化的传承，依据独特的生态过程（生态流）将不同的景观要素、典型的空间组合进行耦合，设计出符合生态规律、生态特点和生态空间形态的生态景观。生态设计语言是生态景观表达的基本语汇，是生态设计的基础。生态语言的缺失难以形成有效的生态设计方法，这也就是在生态设计时找不到切入点和抓手的重要原因。

三、生态设计与传统设计的比较

1. 生态与设计的基本特征

生态是以揭示人地复合系统内在有机联系为中心的，而规划设计是以这些关系为基础设计师开展的遵循和适应生态并满足特定功能的创新性恢复、改造和营造工作。自然空间和规划设计形成的空间格局的基本特征虽然不同，但并不能依就形态特征判定生态设计，因此形态是生态设计的必要条件，而不是充分必要条件（表 2-1）。

自然空间与规划设计空间的基本特征 **表2-1**

自然空间的格局特征（By nature）	规划设计空间的格局特征（By design）
集聚（aggregate）	方形（square）
曲线美（curvy）	长方形（rectangle）
弯曲且相互残绕（Convoluted by lobes & coves）	栅格状（grid）
延伸（Elongated）	平行线（Two paralled lines）
规模的多样性（Variable in size）	光滑曲线（Smooth curves）
结构丰富多样（Richly textures）	带辐射线的圆环（Circle with radiating line）
分形或者树枝形（Fractal or dendritic）	

2. 生态设计与传统设计的差异

生态设计与传统设计不仅仅是设计中的形态特征的差异，还涉及能源与材料、环境污染、平衡性与持续性、敏感性、多样性、整体性、设计师的条件、人与自然的关系和系统内部关系等方面。领域涵盖自然与文化、生态与经济、生态与社会、人地关系以及设计师的环境伦理与设计技能，是一个全方位的生态伦理、价值和技能的储备与应用（表 2-2）。

传统设计与生态设计的特点对比 **表2–2**

对比项		传统设计	生态设计
动力与材料	能源	不可再生和有害的，依赖化石能源和原子能，设计消耗自然资本。	利用具有可行性的可再生能源（太阳能、风能、小水利或生物量等）。
	材料	粗放利用高品质材料，忽视有毒的材料和低品质材料所形成的不良影响	健康的材料，循环利用设计，可以重复利用，具有循环性、适应性、易维护性和耐用性的特点
环境污染	污染类型	多样的和地方性的。	强调污染最小化，废物再生规划以及成分与生态系统吸收污染物的能力相一致。
	有毒物质	从杀虫剂到绘画颜料等具有广泛性和破坏性	在环境中最小低程度地使用
平衡性与持续性	生态账户	受强制性需求的制约。	具有复杂性和内在性；从材料到组成的生命周期终极循环中广泛存在生态冲击。
	生态经济设计标准	强调短期的经济观、习俗观和便捷性	强调相容性、具有长期的人文观、生态系统健康性和生态经济性。
	可持续危机响应	视文化和自然相对立，试图通过温和方式保护和减缓破坏速度	视文化和自然为共生的，研究人类与自然复合生态系统的健康性及其形成条件
敏感性	生态环境敏感性	复制标准模板，很少关注文化的地方性。	设计与地方性土壤、植被、材料、文化、气候、地形相一致的地方性设计。
	文化景观敏感性	建设全球均质化的文化趋势，地方性文化遭到破坏	尊敬和培育地方性传统知识与材料应用技术
多样性	生物、文化与经济多样性	基于高耗能和高产出的标准化设计，导致生物、文化和经济多样性降低	保护生物多样性和地方性文化和经济
整体性	整体系统	依据边界划分子系统，忽视系统的潜在自然过程	以整体生态系统为设计对象，最大限度地实现内在的整体性和连续性
设计师条件	知识基础	集中在较窄的学科领域。	学科基础综合，将多种设计学科理论与科学方法广泛结合在一起。
	参与程度	取决于专业术语和关键设计决策中的专家。	明确而广泛地讨论和争论，每一个人都有效加入到设计过程中。
	学习种类	设计学科不学习隐藏在景观背后的自然和技术	设计将自然和技术融合并塑造为可视景观，成为生态系统的一部分
人与自然的关系	空间尺度	单一的时间和单一的尺度。	多种尺度的结合，反映大尺度对小尺度的影响，以及小尺度对大尺度的影响。
	自然角色	设计强加在自然之上，满足狭窄的人类需求	视自然为伙伴，尽可能用自然的设计，更富智慧地减少对材料和能源的依赖
系统内关系	形象比喻	机器、产品和零部件	细胞、有机体和生态系统

四、生态设计的语言构成

1. 生态设计语言的基本构成

生态设计语言的基本构成是由景观要素（自然景观要素和文化景观要素）、景观空间单元（自然景观空间单元、文化景观空间单元和复合空间单元）、基本组合与空间格局（自然景观空间组合、文化景观空间组合和整体人文生态系统空间组合）与生态过程（自然生态过程和人文与社会经济过程）构成的生态设计的基本框架和范式。景观要素和景观空间单元是生态设计的基本单位和构成，基本组合和空间格局是生态设计的基本模式和范式；生态过程是生态设计必须遵循的规律和句法。以生态过程为核心，融合生态要素和空间单元，有效组织基本组合范式和空间单元模式，形成自然与人文一体化的具有整体性、连续性和有机性的景观整体或整体人文生态系统的设计。生态设计的基本构成（表 2-3）是生态规划设计的基础，也是构成生态设计理论和方法论体系的基础。

生态设计语言的基本构成 **表2–3**

基本语境	层次与尺度、时间与空间、地方性与全球性		
字	景观要素	自然景观要素	植物、动物、地形地貌、土壤、裸露岩石、水体、天气
		文化景观要素	人、建筑与构筑物、公共空间、道路、农作物、土地、家禽家畜、生产工具、交通工具
词	基本空间单元	自然景观空间单元	树丛、草滩、湖塘、溪流/河谷、山丘、谷地、沙地、天象、生境（动物种群）
		文化景观空间单元	建筑庭院、田亩/园地、厂房/作坊、店铺、寺庙/教堂/祠堂、人群
		复合空间单元	居家景观（复合建筑、庭院、花园等景观，是生活景观的最小单元）、田园/养殖小区/牧场（农业生产的基本单元）、工矿小区
词组	空间组合与格局	自然景观空间组合	湿地、河流、沙地/石滩、林地、草地、荒地、栖息地（动物群落）
		文化景观空间组合	街道、广场、公园、社区、祭祀区、园区、土地镶嵌体
		整体人文生态系统空间组合	古村落与古民居、乡土景观区域、区域代表性景观、乡村景观、生态村镇和生态城市（江南水乡、古徽州、绿洲、基塘体系等）
句法	生态过程	自然生态过程	物种扩散与迁移过程、生态系统物质循环过程、生态系统能量转换过程（光合作用与食物链）、种间生态关系、生态因子的空间分异过程、水循环、水动力与湿地过程、风与大气动力过程、物质重力过程、生命过程、扰动过程
		文化与社会经济过程	人群及其集聚与扩散过程、生产及其产业链过程、生活与居住空间组织过程、人地作用地方性机理、整体人文生态系统过程

2. 生态设计空间图式语言

空间图式是自然生态空间或人文生态空间共同呈现出的高度的共性特征，充分体现在空间组织和空间高效优化上的基本特征。空间图式也是生态规划设计必须遵循的空间法则。

（1）三种基本空间的共生。在以人为中心的风景园林规划设计中，居住与生活空间、生产空间和生态空间是空间组织中必须协调统一的三种空间类型，在任一尺度空间中这三类基本空间单元以不同的结构和方式组合，形成既具多样性又具完整性的空间图式。

（2）最优先的 4 种空间图式（Top-priority Indispensable Pattern）：①大型完整的自然植被斑块；②植被丰富的溪流和河流；③采用廊道和踏脚石系统在大型斑块间建立连接；④在基质内部建立小型自然斑块，创建异质性。

（3）集聚间有离析图式（Aggregate-With-Outlier Model）。边界集聚图式是土地利用多样性的有效图式，它反映了风险扩散、遗产改变、边界地带、廊道、大型自然植被斑块和小型自然植被斑块等重要的生态特点。它说明土地利用应相对集中，建成区保护小型自然植被斑块和廊道以及沿主要边界规划人群活动区域，其间的距离随大型建成区的距离而增加。

（4）完整与渗透图式。在保存大型斑块完整性的前提下，异质性的斑块和线性通道在大型斑块边缘和内部进行多种形式的渗透，形成既具完整性又具有相互渗透的空间图式。

（5）融合与生长图式。生长的景观空间是历史过程形成的，具有与自然环境和人文社会环境的高度统一，生长的景观的形态与肌理是自然过程和社会过程共同作用的结果，是自然景观和文化景观的融合共生的结果。

3. 自然景观图式语言

自然景观是自然生态的直接反映和生态系统的载体，模仿自然景观格局与图式是生态设计重要的一种方式和途径。但是仅仅模仿自然格局是不稳定的，没有建立自然过程和流支撑的格局很快就会被自生的潜在过程所改变。提供水平生态流或自然过程是生态规划设计最为重要的环节，与水平生态流和自然过程一致的建设具有更高的可持续性。主要包括：①生境与群落图式。森林群落、草地群落、农田群落、庭院群落和界面群落。②界面与生物集聚地（Bio-rich Place）图式。每一个项目都要规划设计"生物集聚地"，有助于强化生态效益，如本土物种集聚区或小的斑块，能够充当'源'。③溪流河川等通道图式。④垂直分异图式。⑤由整体到零星的蚕食（Jaws-and-Chunks Model）图式。景观变化的生态最佳序列能够为规划设计提供时空导向。"Jaws-and-Chunks" Model 是描述景观变化的有效方式，是景观变化中生态最优的镶嵌体序列。通过模仿由自然形成的格局营造人类空间格局要比规划设计中出现的高度几何化的格局更能保护溪流、蓄水层和具有生物多样性特征的栖息地。

4. 文化景观图式语言

文化景观是人类在认识自然、适应自然和改造自然的过程中形成的与环境高度统一的经验、价值观和行为体系，是在继承与变革中不断发展的景观。①建筑形态、组合与村落增长图式。建筑与聚落是地方性文化景观最直接的体现，建筑形态、建筑组合和特定环境中村落空间历史生长的过程与肌理成为文化景观图式语言的集中体现。②土地形态与肌理。土地肌理是人类社会生产性景观自我创造和自我维持系统在环境上形成的记忆，集中反映人类对自然的认识、应用和改造成果，是文化景观的核心反映，是人地作用系统的集中体现。③居住模式图式。居住模式是在长期历史过程中在地方性知识体系支撑下综合考虑自然环境、土地资源与利用、建筑与聚落形态以及水资源利用方式后形成的整体景观特征和格局。这三者结合在一起综合揭示地方性文化景观的核心特征，成为人文生态和文化景观继承、保护与发展的关键。

5. 网络化图式语言

网络化是地球表层生态系统的最基本特征，人类生产生活在这个网络之中。网络图式是生态设计语言的重要构成。无论在任何一个尺度空间中，网络都是空间中最重要的生态特征。①水景树网络图式。水景树是立足于尺度空间中存在的水系网络而形成的〝汇集形〞网络或〝扇形辐射状〞网络，这种网络的分级和相互连接的关系明确，网络不存在相互的交织。②林盘网络图式。林盘网络是纵横相互交织的网络，网络结构和连接度十分复杂。在实际中单一类型的林盘状网络既具有独立性又与其他网络相互交织，形成十分复杂的复合网络。③景观生态安全格局图式。由景观〝源〞、〝汇〞、廊道、踏脚石系统、战略点等点、线构成的网络系统是维持区域生物稳定和生态系统稳定的重要特点，在这个网络中，融合了生物栖息地、取食范围、领地、通道、植物群落以及生境特点等重要特征，是生态设计生态空间网络化的重要类型。景观生态安全格局是水景树网络和林盘网络两者相互复合形成的高度综合和复杂的网络系统。

6. 生态流与生态过程

生态流与生态过程是生态设计语言中最为关键的构成，是组织生态设计语言基本构成和空间图式语言的依据和章法，也可以说是生态设计语言的句法。生态设计是对生态流和生态过程的适应与利用，生态过程的调查和规律研究成为任一尺度空间规划设计中必须完成和掌握的规划设计基础信息；与此同时，在结合场地中生态过程的基础上，根据人类对规划设计的需要和景观的需要设计符合和支撑景观稳定持续生长的生态过程，通过生态过程的设计形成一个具有可持续特征的生长的景观体系和稳定的景观体系。生态流与生态过程可以划分为自然生态过程和人文社会经济过程。

（1）自然过程重点包括物种扩散与迁移过程、生态系统物质循环过程、生态系统能量转换过程（光合作用与食物链）、种间生态关系、生态因子的空间分异过程、水循环、水动力与湿地过程、风与大气动力过程、物质重力过程、生命过程和扰动过程。

（2）人文社会经济过程主要包括人群及其集聚与扩散过程、生产及其产业链过程、生活与居住空间组织过程、人地作用地方性机理和整体人文生态系统过程。在生态设计中常见的生态过程有湿地过程与湿地景观设计、碳循环与低碳景观设计、扰动过程与景观承载力设计、生命过程与绿地网络设以及绿色基础设施设计、重力过程与坡地景观设计、人群集聚与公共性开放空间设计、生态循环与生态经济产业设计、人地作用机理与土地肌理设计、整体人文生态系统与古村落设计等。

长期以来，生态设计语言是景观生态化设计中所忽视的一个环节和理论与方法研究。生态设计语言的缺失是设计师不知道如果开展生态设计，如何区别于传统设计。从生态设计语言的初步探讨来看，可以得出以下结论：

（1）生态设计语言研究是景观生态化设计的基础理论与方法，是指导风景园林规划设计的重要内容，也是学科发展的重要方向。

（2）生态设计语言的构成包括生态设计的语境、基本构成、图式语言和生态过程四个基本环节，他们分别是生态设计的前提、要点、范式和依据。生态设计语言有自己独特的语言构成和句法，有助于形成完整的、有机的生态景观。生态景观设计依赖于生态设计语言的独立性。

（3）景观的生态化存在于任一尺度景观空间之中，生态设计语言也将广泛应用于任一空间的风景园林规划设计中，成为指导规划设计的基本体系。

与此同时，我们也清楚地看到生态设计语言存在以下几个研究难点：①由于风景园林规划设计的多尺度和多层次性特点，在每一个尺度和层次中都存在自己独特的生态特征，因此生态设计语言应当是一个具有不同尺度特征的语言体系还是一个统一的语言体系？②生态图式的建立应当具有一般性、通用性和典型性，能够适应不同景观空间的应用规律，如何确定生态图式的通用性和典型性成为图式研究的核心。景观生态化设计与生态设计语言的研究是过去很少关注，但今天必须研究的重要学科问题。

第三章　生态调查与景观生态分析

第一节　生态调查

一、生物物理环境调查

1. 地质环境的调查

地质环境与条件是大地景观形成的基本动力，地质过程是生态过程中最为重要的过程之一。区域工程地质条件包括岩土体工程地质分类及其特征、冻土类型、冻土结构及地下冰、冻土地貌及外动力地质现象、水文地质条件、新构造运动与地震。区域地质调查是对一定地区内的岩石（沉积岩、岩浆岩、变质岩）、构造、矿产、地下水、地貌等地质情况进行重点不同的调查，包括按标准图幅进行的区域地质调查和对选定区域进行的综合性或专项性区域地质调查。矿产地质调查包括石油、天然气、煤层气等地质调查。水文地质和工程地质调查包括区域的或者国土整治、国土规划区的水文地质和工程地质调查，大中型城市、重要能源和工业基地、县以上农田（牧区）的重要供水水源地的地质调查；地质情况复杂的铁路干线，大中型水库、水坝，大型水电站、火电站、核电站、抽水蓄能电站，重点工程的地下储库、洞（硐）室，主要江河的铁路、公路特大桥，地下铁道、六公里以上的长隧道，大中型港口码头、通航建筑物工程等国家重要工程建设项目的水文地质、工程地质的调查以及重要的小型水文地质与工程地质调查（图 3-1）。环境地质灾害调查包括地下水污染区域、地下水人工补给、地下水环境背景、地方病区等水文地质情况调查；地面沉降、地面塌陷、地面开裂及滑坡崩塌、泥石流等地质灾害调查；建设工程引起的地质环境变化的专题调查，重大工程和经济区的环境地质调查等。

2. 地形地貌调查

（1）调查以地貌形体有重要代表性地貌类型的发育、成因、特征、分布与组合、资源与环境特征，人类活动和人类需要对自然地貌的改造和地貌资源利用，以及由此产生的地貌的发育、新地貌的形成、产生的环境地貌以及地貌对国民经济建设的影响等问题。

（2）区域地貌综合调查。内容包括地貌形成因素和地貌动力的调查、地貌类型的调查、地貌组成物质的调查。

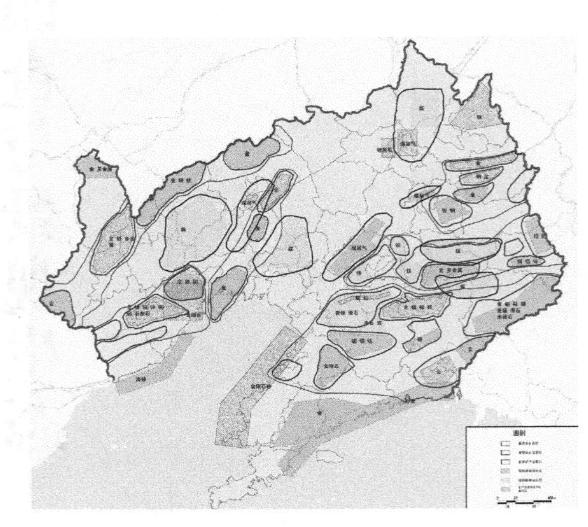

图3–1　辽宁省矿产资源地质勘查评价图

（3）地貌发育史的调查。确定地貌发育过程与演变。测定地貌发育年龄，分析地貌发育史，从构造运动和外力过程调查地貌发育的历史过程，包括调查分析不同时期新构造运动的形式、速度、幅度及其在地貌形成中的作用。

（4）地貌条件调查。不同地貌条件对于土地利用、工程建设、农业生产等常有明显的影响。一般着重从形态、地表组成物质和灾害性地貌、景观地貌等几个方面来评述它们对人类生产和生活的影响，分析其有利条件和不利条件。

（5）调查地貌之间的相互关系。地貌是在一定自然条件下形成的，但随着时间的推移而发生变化，因此地貌既有新生性，也有继承性，它们之间有一定的成因关系。

3. 水文调查

（1）河流水情要素调查：对河流水量、河道冲淤、风、潮汐、结冰、植物、支流的汇入、人工建筑物、地壳升降等影响河流的因素进行调查。对5年、10年、20年、25年、50年、100年以内最大瞬时水位及其径流量、最大日径流量、最大月径流量、最大年径流量、平均日径流量、平均月径流量、平均年径流量等流速和流量进行调查。对河水化学组成、性质、时空分布变化，以及它们同环境之间的相互关系，河水温度年变化与冰情进行调查。调查河流雨水补给、融水补给、湖泊和沼泽水补给、地下水补给等类型及其变化。对影响着防洪、灌溉、航运、发电、城市供水等事业，以及人们的生命财产的安全的河川径流运动变化进行调查。

（2）湖泊和沼泽调查。调查湖泊的成因、湖水温度和化学成分、湖水运动与水量、沼泽的成因、沼泽所属类型（低位沼泽、中位沼泽、高位沼泽）、沼泽的水文特征（沼泽水的存在形式、沼泽水量、沼泽水的运动、沼泽的温度、冻结和解冻、沼泽水质特征）、沼泽的利用改造状况等。

（3）地下水调查。地下水是埋藏在地面以下，土壤、岩石空隙中的各种状态的水，主要包括气体状态、固体状态、液体状态等形态。调查地下水的蓄水构造与岩石的水理性质、地下水来源、地下水的理化性质、地下水的化学性质、地下水的类型（上层滞水、潜水、承压水）、特殊地下水和泉情况（地下热水情况调查、矿水及矿水成分调查、肥水成因及成分调查、泉水与井水）（图3-2）。

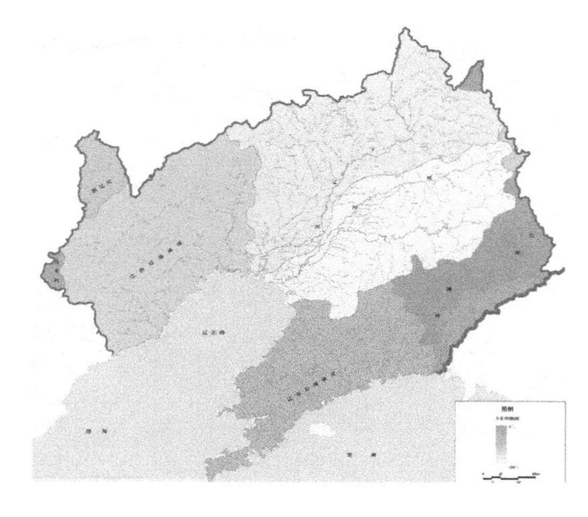

图3–2 辽宁省水资源利用程度调查图

4. 气候调查

气候是降水与温度的决定因素，是景观生态调查的重点。主要包括：

（1）降水调查。气候所属区的调查、降水日数、降水量的空间分布和季节变化、降水量调查、降水强度调查（最大日降水量、暴雨资料）。

（2）风情调查。年平均风速，最大风速，各级风速出现的频率、类型、风向、风压；

（3）气温调查。调查平均气温、极端气温、初终霜日期和无霜期长短等。其他气象要素资料调查包括气压、空气湿度、云（平均云量、云量频率、云状和云高）、日照和日射、地温（不同深度的平均地温、土壤冻结和解冻日期以及最大冻土深度）、积雪（积雪深度、积雪的初、终期和积雪日数、积雪密度）、天气现象（调查各种现象的日数、天气现象的频率和持续时间、天气现象的初、终期和初期间日数）调查。

5. 土壤与土地资源调查

（1）土壤类型调查。地带性土壤（热带森林土壤—砖红壤、热带草原土壤—燥红土、亚热带森林土壤—红、黄壤、温带森林土壤—棕壤、温带湿草原土壤—湿草原土、温带典型草原土壤、温带干草原土壤、荒漠土壤—荒漠土、寒带森林土壤—灰化土、苔原土壤—冰沼土）；隐地带性土壤（水成土壤、盐成土壤、钙成土壤）；非地带性土壤（冲积土、石质土和粗骨土、风沙土、火山灰土）。

（2）土地资源调查。土地资源特点、土地资源价值、土地资源与人类文明关系、土地资源丧失与退化、土地荒漠化、土地沙化、土地污染、土地的改良与资源保护等情况（图 3-3）。

6. 自然灾害调查

（1）自然灾害调查包括灾害发生的位置、时间、伤亡人数、已造成的直接经济损失，可能的间接经济损失，地质灾害类型、规模、成因、发展趋势，已采取的防范和救助措施，针对灾害体的种类、性质、规模及其对国民经济和人民生命财产的可能危害程度等。

（2）调查灾害体的地质环境条件及其内部结构特征，确定灾害体

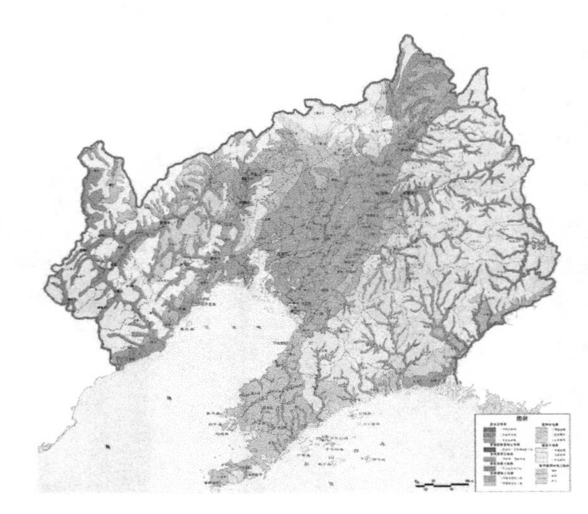

图3–3 辽宁省土地资源调查图

范围、规模，分析灾害形成、发生、发展的原因、机理及控制因素，评价灾害体稳定状态，预测发展趋势及危害性。

（3）灾情信息调查。包括灾害发生的时间、地点、背景、范围、程度，灾害后果（包括人员受灾情况、人员伤亡数量、农作物受灾情况、房屋倒塌、损坏情况及直接经济损失等）。

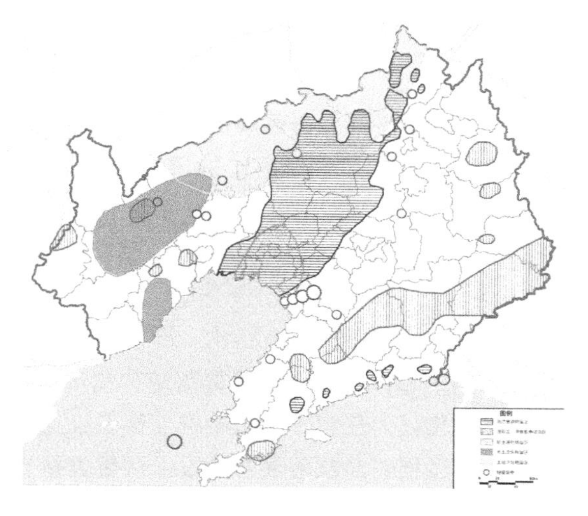

图3–4 大尺度空间自然扰动：辽宁省自然灾害防治规划

（4）灾害损失情况调查。包括受灾人口、因灾死亡人口、因灾失踪人口、因灾伤病人口、紧急转移安置人口、受淹县城、饮水困难人口；农作物受灾面积、绝收面积、毁坏耕地面积；倒塌房屋、损坏房屋、直接经济损失、农业直接经济损失等（图 3-4）。

二、生态系统特征调查

1. 物种调查

"物种"（Species）或又简单地称为"种"，是生物分类上的基本单位。物种种数调查统计、单个物种规模调查、物种生活习性调查、物种的空间分布调查、种内关系调查、物种多样性调查、物种丰富度情况调查、物种相对多度情况调查、乡土物种及外来种入侵调查、物种均匀度（生物量、盖度）情况调查、物种的濒危状况、灭绝速率及原因调查、濒危物种的保护措施调查、物种的地理分布和分布区的自然条件的调查、某一物种的数量及分布、生境特征的调查、优势种与劣势种分布面积调查、群落物种组成和地理成分调查。

2. 种群调查

（1）种群的基本特征调查。调查种群的大小、种群密度、种群的年龄结构和性别比、种群的出生率与死亡率、种群的生命表和生存曲线和种群的环境纳量。

（2）种群的数量动态及调节情况的调查。调查种群增长的有利与不利条件（环境、气候、人为因素）、种群的衰落和灭亡情况等。

（3）种群的种内关系调查。调查种群内个体的空间分布、种内竞争与自疏情况、种群的社会等级及分工情况。

（4）种群之间关系调查。调查种间正相互作用（原始合作、偏利共生、互利共生）、种间负相互作用（竞争、捕食、寄生、种间协同进化）和种间关系的类型。

3. 群落调查

(1) 群落的组成调查。物种组成的性质、群落成员的优势种和建群种、亚优势种、伴生种调查；偶见种或罕见种等在某个群落中的情况，群落的生活型组成情况调查。

(2) 物种组成的密度、多度、盖度、频度、高度、重量、体积数量特征调查。

(3) 群落外貌、群落的水平结构、群落的垂直结构、群落的时间结构、群落交错区及边缘区、群落结构有影响的相关因素调查等群落结构情况调查。

(4) 群落演替状况调查。机体论认为任何一个植物群落都要经历一个从先锋阶段到相对稳定的顶级阶段的演替过程，对群落演替阶段、演替类型、群落演替相关影响因素等进行调查。

(5) 生物多样性与群落稳定性调查。生物多样性是主要有遗传多样性、物种多样性、生态系统多样性以及三个层次群落多样性的影响因子（时间因子、空间异质性因子、气候稳定因子、竞争因子、捕食因子、生产力因子的调查）（图 3-5）。

4. 生态系统调查

(1) 生态系统中的能量流动情况调查。根据能流发端、生物成员取食方式及食性的不同，可将生态系统中的食物链分为以下几种类型：捕食食物链、腐食食物链、寄生食物链、混合食物链、特殊食物链等，摸清各食物链、食物网及营养级的具体情况。从而了解生态系统中的能量流动的渠道与大概情况。

(2) 生态系统中的物质循环情况调查。生物地球化学循环根据物质循环的路径不同，从整个生物圈的观点出发，可分为气相型循环和沉积型循环两种类型：气相型循环的贮存库主要是大气圈和水圈。氧、二氧化碳、水、氮、氯、氟等都属于气相型循环类型；沉积型循环的贮存库主要是岩石圈和土壤圈。磷、钙、钾、钠、镁、铁、锰、碘、铜、硅等都属于沉积型循环。

(3) 生态系统的信息传递情况调查。首先应了解生态系统中信息的类型，植物间的信息传递情况调查、动物间的信息传递情况调查。

(4) 生态系统的结构状况调查。生态系统的层次结构调查和生态系统的时空形态结构调查（图 3-6）。

三、社会产业调查

1. 人口调查

人群是整体人文生态系统的关键，是干扰自然景观并创造性形成新景观的主体，人群调查对理解景观过程与格局具有重要意义。人口调查内容包括年末总人口、出生人数、分性别人口数、自然增长率、总和生育率、人口年龄构成、人口平均预期寿命、婴儿死亡率、领取独生子女证率、人均国内生产总值、城镇居民家庭人均可支配收入、农村居民家庭人均纯收入、城镇就业人员、城镇

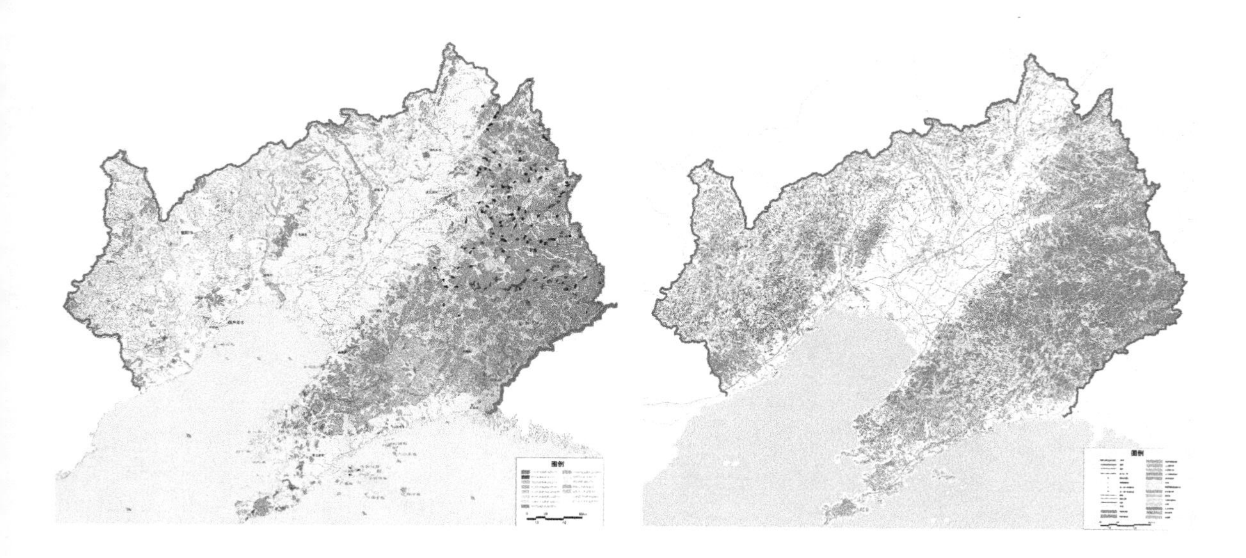

（左）图3-5　辽宁省森林生态群落调查图

（右）图3-6　辽宁省森林资源分布图

私营企业从业人员和个体劳动者、城镇登记失业率、职工平均工资、城乡居民储蓄存款余额、社会消费品零售总额、医疗机构病床数、卫生技术人员、学龄儿童入学率、采取各种避孕措施分布、土地面积和人口密度、全国历年人口数等特征。

2. 聚落调查

（1）调查某地区的聚落起源和发展以及水源充足、交通便利、土壤肥沃、适于耕作、地形平坦、自然资源丰富等自然、社会经济、文化对聚落发展的影响。

（2）调查聚落所在地的土壤、水源、地形、交通、自然资源等地理条件和聚落产生的自然、历史、社会和经济原因。

（3）调查聚落的组成要素、聚落个体的平面形态、聚落的分布形态、聚落形态的演变、自然地理因素（地形和气候）以及人文因素（历史、民族、人口、交通、产业）对聚落形态的影响。

（4）调查聚落在不同历史时期所形成的建筑风格和聚落内部结构，分析聚落经济活动对聚落内部结构的影响，具体研究在平原、山地、沿海、城郊等不同环境条件下聚落内部的组成要素和布局。

（5）城市聚落与乡村聚落比较。调查聚落人口的文化素质、生活方式差异以及人口从事的职业、人口规模上的差异、乡村和城市的景观差异等。

（6）调查聚落内部社区生活和人际关系的协调、交通状况、民居特点、生活习俗、历史、文化、宗教信仰、生活水平、就业条件、教育环境、经济发展水平、占地大小以及主要的经济活动等（图 3-7）。

3. 文化调查

文化分类标准较多，依照文化的主题和专题划分，包括服饰、禁忌文化、宗教文化、景观文化、另类文化、名胜文化、企业文化、通俗文化、

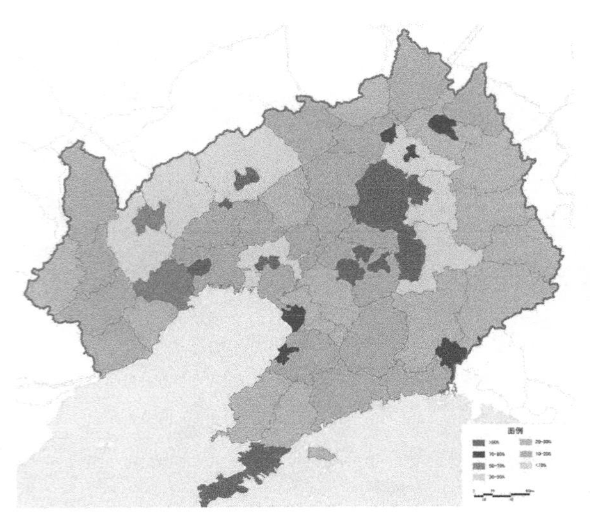

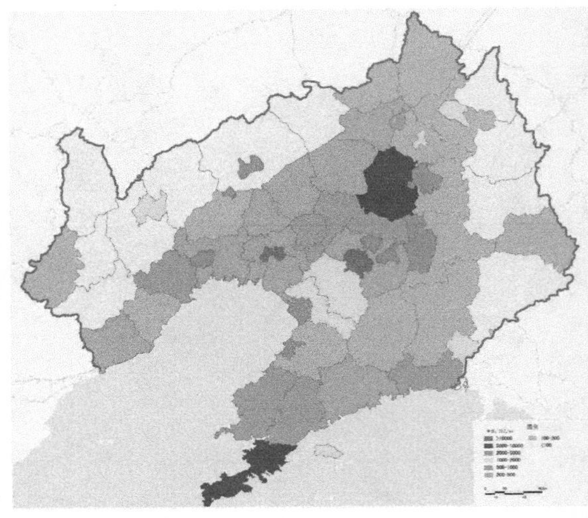

（左）图3−7　辽宁省城市化水平调查图

（右）图3−8　辽宁省国土经济密度调查图

饮食文化、政治文化等文化类别。主要调查：

（1）饮食文化包括佳节食俗、菜系、药膳食谱以及地方性特色饮食。

（2）服饰文化包括服饰特点、古代服饰、当代服饰、时尚前沿、美容装扮、珠宝首饰等。

（3）传统文化包括绘画、文化、书法、服饰、陶瓷、戏曲、雕塑、民俗民间文化以及广场文化。

（4）特色的当地企业文化。

（5）景观文化包括文化景观的类型、文化景观的特征以及通俗文化。

4. 产业活动调查

（1）调查第一、二、三产业的总体发展规模、结构和效益状况，掌握了各行业的区域分布、组织形式、经济构成、行业构成、规模类型、劳动力等生产要素的配置情况。

（2）经济结构的特点。调查基本单位情况，如调查法人单位中公有经济数量，非公有经济数量。在企业法人中，私营企业数量，集体企业数量，股份合作企业数量，国有企业数量。三次产业结构内部比重，调查各行业就业状况和存在问题等（图3-8）。

5. 社会管理与政策调查

社会管理与政策虽不构成景观本身，但通过对资源、环境、社会、经济政策的引导，作用于自然景观环境和社会经济景观的形成过程与格局。

（1）社会管理的目标和任务主要应包括社会发展、社会安定、社会公正、社会民主、社会诚信和社会幸福。社会管理的核心是社会政策。社会政策是政府调节社会的主要手段和基本措施。社会政策是指政府为管理社会公共事务、实现公共利益而制定的公共行为规范、行为准则和活动策略。

（2）各级政府综合经济管理工作。依照层次分类原则，主要包括经济与社会发展战略与规划领域（中长期规划和年度计划、国民经济发展和优化重大经济结构的目标和政策）、宏观经济政策、产业政策、价格政策、投资政策的制定与实施领域、社会政策的制定与管理领域、市场管理领域等。

（3）社会政策是国家为解决社会问题所采取的原则和方针。依对象给社会政策分类主要包括工业政策、农业政策、财税政策、环保政策、教育政策、住房政策和社会保障政策等。

6. 环境污染调查

（1）空气污染调查。包括空气构成及大气组成比重的调查，空气中悬浮微粒，金属熏烟、黑烟、酸雾、落尘等粒状污染物状况的调查，空气中氨气、硫化氢、硫化甲基、硫醇类、甲基胺类的气体含量的调查。

（2）水污染调查。包括水体外观、水温、味、色度、浊度、固体物等物理性参数调查，pH、容氧、生化学氧量、总有机碳、氮、磷酸盐、硫氯盐、电导度、油脂、重金属、农药、清洁剂、放射性物质等化学性参数调查，病原体、大肠菌类、有氧生物、水生物、中数可忍值等生物性指标调查。

（3）土壤污染调查。有机物质、重金属、放射性元素、污泥、矿渣、粉煤灰及肠寄生虫、大肠菌、结核杆菌等有害的微生物形成土壤污染物调查。

（4）植物中污染物的含量。植物中某有害元素或污染物的量与土壤中相应毒害物的量应成比例关系，以植物中污染物的含量作为土壤污染的指标。

（5）生物指标。调查生物对土壤污染物的反应。例如植物生长发育受到抑制或促长，或生态发生明显变迁，或土壤微生物的种类和数量发生改变，或人误食受污染植物后发生危害人体健康等，以此判断土壤受污染的程度（图 3-9）。

图3—9　综合环境调查

7. 人文灾害调查

非自然因素引起的灾害，一般指因人类自身行为的过失或盲目性，给生产、生活和生命财产造成的危害或损失。主要包括：生产性事故、交通事故、民间生活事故以及战争或社会暴力、动乱造成的灾害等。近年来，人们将社会意识形态、经济制度、人类社会行为等因素对人类自身造成的各种危害，如生态毁灭、环境污染、酸雨、吸毒、人口过剩、过度使用化肥造成的土地化学化，人为引起的火灾和交通事故、毒剂外泄，玩忽职守造成的恶性事故等也列入人文灾害。

（1）调查灾情具体信息。内容包括灾害发生的时间、地点、背景、范围、程度、灾害类型、规模、成因、发展趋势，灾害后果（包括人员受灾情况、人员伤亡数量、农作物受灾情况、房屋倒塌、损坏情况及直接经济损失等），已采取的救灾措施和灾区的需求。

（2）调查灾害损失情况。包括受灾人口、因灾死亡人口、因灾失踪人口、因灾伤病人口、紧急转移安置人口、饮水困难人口；农作物受灾面积、绝收面积、毁坏耕地面积；倒塌房屋、损坏房屋、直接经济损失、农业直接经济损失等。

第二节　景观生态分析体系

一、景观生态分析目的与原则

1. 景观生态分析的内涵

景观生态分析是通过对景观要素的空间格局与异质性分析，建立空间格局与景观过程之间的相互映射关系以加深对景观过程的理解。景观生态分析是空间分析的具体化，赋予了空间要素的生态解释。在分析中及对分析结果的解释中认为景观要素是空间要素的具体化，具有结构和功能特征并赋予了生态学含义且与一定生态功能相联系的空间要素。如斑块是由于自然扰动、环境资源的异质性或人为扰动产生的面状要素，它的大小与形状直接影响到景观单位面积生物量生产力和养分贮存及景观的生物多样性。无论是对景观空间要素的分析还是对景观要素的生态分析，都是为了在一定的景观尺度上，通过对景观要素的分析揭示景观空间结构与空间异质性，合理解释景观过程，建立格局、过程、尺度之间的相互映射关系。

由此可见，景观生态分析界定为在以地理信息系统和遥感技术为基本手段的生态调查的基础上，以景观生态学的基本原理为指导，基于景观要素的空间位置和形态特征，反映景观格局与过程之间相互关系为基本目的的景观要素的生态分析。

2. 景观生态分析的目的

（1）了解环境系统所包含的资源数量、质量及其时空分布特征，做出定性和定量的分析和评价，确定资源的开发利用价值和合理利用限度。

（2）分析环境对系统的限制、约束的因素和程度，特别是不利影响和障碍因子及其作用大小，确定约束的临界值或极值等；预测环境的发展变化，特别是人类活动对于环境产生的积极和消极影响，如对环境污染及破坏的分析和趋势预测，寻求趋利避害、利用和保护相结合的环境政策和对策。

（3）找出造成系统现实状态、功能和理想状态、功能之间差距及其原因，提出要解决的关键问题和问题的范围，初步提出系统的发展方向和目标。

3. 景观生态分析的原则

（1）整体优化原则。景观是由相互作用的生态系统组成的、在一定区域内以类似方式重复出现的、具有高度异质性的陆地区域。景观生态分析应把景观作为一个整体单位来管理，达到整体最优，而不必苛求限定于局部的优化。

（2）多样性原则。景观多样性是描述景观中嵌块体复杂性的指标。它包括斑块多样性、类型多样性和格局多样性。多样性对于景观的生存和发展具有重要意义，它既是景观规划与设计的准则，又是景观管理的结果。

（3）综合性原则。景观是自然与文化的载体，其结构异常复杂。景观生态分析需要应用多学科的知识，来综合分析景观各要素。

（4）科学性原则。近年来，生态学家们越来越多地将大量地面样地调查与遥感和地理信息系统等方法结合起来作为景观生态研究中基础数据获得的重要技术手段。通过该方法可以及时获得大范围、多时相、多波段的地表信息，得到准确的相关信息并采用计算机对其进行进一步的处理。

二、景观生态格局分析

1. 景观生态格局分析内容

景观是空间异质性很强的景观单元在区域上由相互作用的斑块、廊道、基质以一定的规律镶嵌而成的综合体。斑块是在外貌上与周围地区（本底）有所不同的一块非线性地表区域。斑与斑的区别表现在大小、形状、边界线、异质性、复杂性等多个方面，其中斑块面积大小是最基本而重要的特征，直接影响控制着系统单元抗扰动、过程及产生功能。廊道是两边均与本底有显著区别的狭带状土地空间，一方面它将景观不同部分隔离开，另一方面又将景观另外某些不同部分连接起来，形成矛盾与统一的整体。基质是占面积最大，连接度最强，对景观的功能所起的作用最大的本底景观要素。基质的空间形态及特征取决于其中斑、廊分布状况。基质的特征在很大程度上制约着整个区域的发展方向和管理措施的选择。由此可见，斑块——廊道——基质是描述所有景观格局的共同语言（图 3-10）。

图3–10　成都平原完整均匀的斑块格局

（1）斑块是景观结构中最简单的一种形式。在整个区域范围内，大型生态斑块是唯一具有完整的景观结构并保存有完整的植被，足以保护水源及溪流廊道，维持斑块内生物多样性为脊椎动物提供栖息地的区域。许多观点认为生态保护就是保护所有未开发的大型斑块，但从景观生态学的角度出发，原始斑块的保护并不一定是维护生态多样性的最佳方案。许多小型的斑块或小斑块间相互串接而成的踏脚石系统特别适于某些物种散布其间。小型斑块的存在使得以林地为基质的大型斑块间产生更多样化的纹理，可补充大型斑块的不足。由此可见，既满足各种生态功能又符合生态原则的斑块具有的特点应是：以较大的斑块作为核心保护区，在其周围地区辅以许多小型斑块并各自与核心斑块相接。斑块形式受到当地地形与气候条件、坡向与风向关系的影响。

（2）廊道定义为一种狭长型的带状栖息地，许多廊道的形成和地形、气候与植被的分布密切相关。主要包括植被廊道、踏脚石系统、河谷廊道和交通廊道等四种。①植被廊道。通常发生在线型的空间结构中，以边界空间为例，通常是已建成的城市开发区与大型生态斑块之间的缓冲带，其线型以不规则形式较佳，在较为完整的植被生态系统中，从先锋期到成熟期的植物能够在此稳定发展。并为生物提供更宽的运动腹地和物种分化与景观分异。②生态踏脚石系统。位于大型斑块之间由一连串的小型植被斑块组成。连接程度的高低是踏脚石系统稳定性的重要因素。连接度高的踏脚石系统具有类似于廊道的作用。许多特殊的小型生物可在其间移动。某些位于关键位置的踏脚石由于人类活动或自然扰动而破坏，可能会因此完全阻断踏脚石系统的运作，因此以簇群模式发展的踏脚石组合，才是一种最为稳定的系统。对于许多靠视觉来移动的鸟类或哺乳动物而言，踏脚石之间的间距必须在可视距离范围内才具备连接功能，因此踏脚石系统的最大有效间距须视不同的生物保护目标而定。对于人类活动而言，邻里公园的网络可规划成城市建成区的踏脚石系统。③河谷廊道是一种受地形支配的线型或带状的空间形态，狭义而言是河道水体及其周边的带状植被生境。广义则包括河谷空间范围涵盖的河道两侧的行水区、河岸带状植被、坡地及带状山陵等。作为一种线型的栖息地，河谷廊道剖面可划为河道、带状行水区、坡地以及带状高地 4 种分区。河谷廊道内最上方的带状高地通常排水良好，许多物质由此冲刷而下并影响河川水质。通常从整个河谷而言，每一处带状高地对于河川本身的影响程度并不均等，在负面影响较大的河段应规划较宽的河道为宜。就景观生态过程而言，河谷廊道随着时间的变化，包含了水文流动，物质流动，生物流动以及人类活动四个方面的景观生态过程（图 3-11）。④交通廊道。交通廊道由于其线型空间的特性往往与植被或河谷廊道有极大的不兼容性。交通廊道往往起到阻隔空间和妨碍生物运动的作用。交通廊道也很少成为除人类以外的生物的移动廊道。此外，交通廊道本身也会对环境造成噪音、污染、水文阻断、土壤流失等影响。从区域生态的观点来看，在路网布设的早期阶段就必须要同时考虑交通廊道的规划对于区域景观上各种生物与生态过程、物质与景观格局等的影响，并需考虑营建一个安全且高效的可及性系统，处理廊道交错中的空间节点问题。以澳洲为例，许多公路两侧

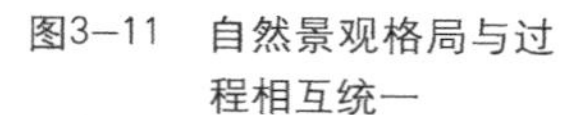

图3-11 自然景观格局与过程相互统一

需保持一定宽度的原生植被保护带以建立生物多样性的保护网络；在荷兰必要时则采取隧道或高架方式，以保证区域及景观空间内的生态流动。交通廊道是人类土地利用模式中基本的循环系统。在区域与景观生态的基础上整合生态系统与交通廊道是景观生态规划设计中提高景观生态连接度的重要途径。

2. 景观生态格局分析方法

（1）早在 20 世纪 50 年代，景观格局分析进行了大量的描述性研究，数量化研究直到 70 年代才逐渐发展起来的。景观格局分析常常需要运用各种定量化的指标来进行景观结构描述与评价以构建有关模型。对景观生态系统空间特征的度量及其指标体系的建立是空间结构研究的深化方向。近年来，随着计算机技术的发展，数据处理和分析能力的提高，地理信息系统、遥感技术和模型方法的进步，提供了多分辨率、多光谱、多角度、多时相和多平台的各种影像数据，在此基础上分析、监测和管理景观环境变化；同时，在实践上也要求从许多新领域和新方法上去改进传统景观结构指标和发展新的景观结构指标，从而推动了国内外对景观格局定量研究所取得的重大发展，出现了大量的数量分析方法。其中那些随遥感数据特征和空间分辨率变化而具有可预测性并对景观结构变化十分敏感的指标，成为景观结构指标研究的活跃领域。

（2）景观生态学本身有一套较为成熟的景观结构测定、描述和统计的指标体系。70 年代开始的从定性分析向定量方法的拓展出现了很多的景观结构指标，如景观多样性、均匀度、优势度、镶嵌度、聚集度、分离度、破碎度等，这些指标在景观生态学中都有明确的定义，被用来证明景观空间结构与生态过程之间的定量关系，是景观生态分析的基础。王宪礼、肖笃宁等选用斑块密度指数、廊道密度指数、破碎化指数、聚集度指数分析辽河三角洲湿地的景观破碎化特征；傅伯杰（1995）利用斑块大小、分维数、伸长指数、多样性、优势度、相对丰富度、破碎度等研究陕北米脂县泉家沟流域农业景观的空间格局；卢玲等（2001）选用景观面积、斑块类型及面积等 22 个指标研究黑河流域的景观结构。邬建国认为景观格局的特征应该从单个斑块（Individual patch）、由单个斑块组成的斑块类型（Patch type 或 class)，及斑块类型组成的景观镶嵌体（landscape mosaic）3 个层次上分析。王仰麟认为景观格局分析还应该包括格局动态变化的指数。

景观生态空间格局分析的数据来自于大量的野外调查，由于景观生态学研究的尺度较大，涉及复杂的自然和人为过程的影响，景观组分数量较多，时空格局和动态变化过程复杂，因此需要采集和处理大量的数据。遥感、地理信息系统和计算机技术的广泛应用，让准确地处理大规模空间数据成为可能，为景观水平上的监测与评价提供了有效的手段。

3. 景观生态格局的指标体系

目前对景观生态格局的分析已提出了许多指标。初步建立了具有科学性、系统性和全面性以及可获取性的评价指标体系。基于对区域景观生态空间格局的意义和充分反映区域生态环境最主要特征的原则，可以选取表征景观单元特征和景观异质性的景观分离度、分维数、多样性、均匀性、破碎性、优势度等指标作为景观空间格局特征基本指标。

研究景观指数的重要作用在于用来准确描述景观格局，进而建立景观结构与过程或现象的联系，更好地解释与理解景观功能。景观生态学在利用和发展景观指数进行景观格局分析的同时，也注意到景观指数中存在的问题。

（1）自 20 世纪 80 年代以来，渗透理论在景观生态学中广为应用并形成景观中性模型（Neutral model)。中性模型是指不包含任何具有生态进程或机理的只产生数学或统计学上所期望的时间或空间格局的模型。中性模型为检验景观指数对景观格局的描述能力提供了有效的工具。

（2）许多学者发现一些景观指数来自单纯的数理统计或拓扑计算公式，有些景观指数的生态学意义并不明确，甚至相互矛盾。如在生物多样性保护问题上，生境破碎化（Habitat fragmentation）是衡量物种多样性的减少与生境消失和破碎化之间存在直接联系，不但要注意对生境数量的维持，还要关注生境的空间配置，数量化破碎生境是联系景观生态学与保护生物学的桥梁。因此，生境的连续性（Habitat connectivity）要比破碎化指数更有意义。休梅克（Schumaker）曾用斑块数目、面积、面积周长比、形状指数、周长、最邻近斑块距离、斑块核心面积、蔓延度、分维数 9 个常用指数建立格局与生境分布变化的相互关系。但结果发现，所用景观指数与生境分布变化的联系十分薄弱。李秀珍曾经运用空间模型的模拟结果研究景观指数与湿地生态功能之间的关系，发现廊道连接度、湿地面积、源点到几何中心的距离等指数与湿地的养分去除效率呈显著相关性，而目前常用的分维数、蔓延度、形状指数、镶嵌度指数等却没有多大的指示作用。

（3）一些指数在不同的条件下会呈现不同、甚至相反的特点。在湿地面积不变且廊道密度改变时，廊道连通度指数（Circuitry index）与湿地总的去除效率呈显著正相关；而当湿地面积成倍缩小时它又与净化效率呈显著负相关。这种差异主要是由不同条件下决定湿地去除效果的主导因子所造成的。

（4）作为联系景观格局与生态过程的手段，景观空间聚合程度对景观生态学研究十分重要。景观蔓延度常用于对聚合程度的描述。蔓延度由于同时受空间配置与景观组合的影响，它反映的聚合程度并不总是与实际相符合，出现了蔓延度不总是随景观聚合程度增加而增大的不合理现象。

图3–12 人工规划设计的斑块与过程同样高度一致

三、景观生态过程分析

1. 景观生态过程分析

一方面景观格局是由自然或人为形成的大小和形状各异，排列不同的景观要素共同作用的结果，是各种复杂的物理、生物和社会因子相互作用的结果。另一方面，景观格局也深深地影响并决定着各种生态过程，如斑块的大小、形状和连接度会影响到景观内物种的丰度、分布及种群的生存能力及抗干扰能力。因此，理解景观格局变化的生态学原则是建立景观格局与过程之间的相互联系，是景观生态学应用研究中至关重要的任务（图3-12）。景观生态学常常涉及的生态学过程包括种群动态、种子或生物的传播、捕食者和猎物的相互作用、群落演替、扰动扩散、养分循环等。建立格局与过程之间相互联系的首要问题是：如何将景观格局数量化，使景观格局的表示更加客观和准确，可通过文字描述、图表描述和运用景观指数 3 条途径来实现。在景观生态规划中影响工作科学性和准确性的生态过程主要包括生物物种扩散与迁移过程、生态系统物质循环过程、生态系统能量转换过程、物种与物种的生态关系、自然分异过程、水循环过程、大气过程、物质重力过程、生命过程、扰动过程等。每一种过程都在景观生态系统承担各自的作用，具有不可替代的生态意义（图 3-13）。一种景观

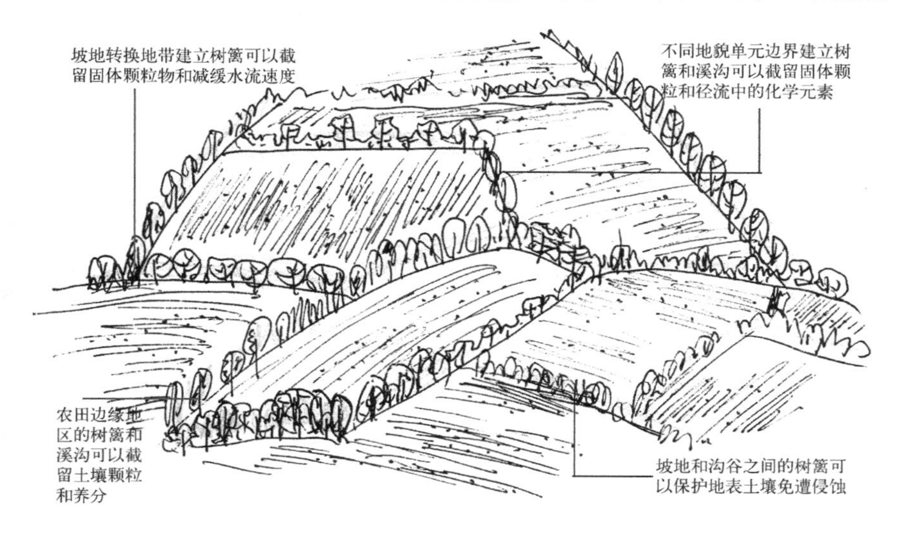

图3–13 在景观生态过程多样化地区树篱具有不同的景观生态功能

格局的形成可能是多个生态过程综合作用的结果，但在形成过程中会存在一个主导的自然生态过程。同时，一旦格局形成之后就会反过来对景观生态过程形成影响，甚至改变原有的生态过程（表 3-1）。

影响景观生态规划的十大生态过程一览表 **表3-1**

生态过程	细分的生态过程
物种扩散与迁移过程	空间扩散过程
	物种迁移过程
生态系统物质循环过程	炭循环过程
	氮循环过程
	磷循环过程
	硫循环过程
生态系统能量转换过程	光合作用
	食物链与营养级
物种与物种的生态关系	竞争、偏害、寄生、捕食、偏利、合作、互利共生
	种群动态过程
	群落演替过程
空间分异过程	水平水分主导分异过程
	水平温度主导分异过程
	垂直温度再分异过程
	垂直湿度再分异过程
水循环过程	地表径流与河流流动过程
	地下水补给与流动过程
	水分海陆循环
大气动力过程	水平风过程
	垂直湍流过程
	微地貌涡流过程
物质重力过程	崩塌、滑坡过程
	泥石流过程
	冰川过程
	沉淀分异过程
生命过程	生命周期
	生物生长过程
	自然生态恢复过程
扰动过程	火灾、火山爆发、洪水等自然干扰
	开荒、修路、筑坝、伐林人为干扰

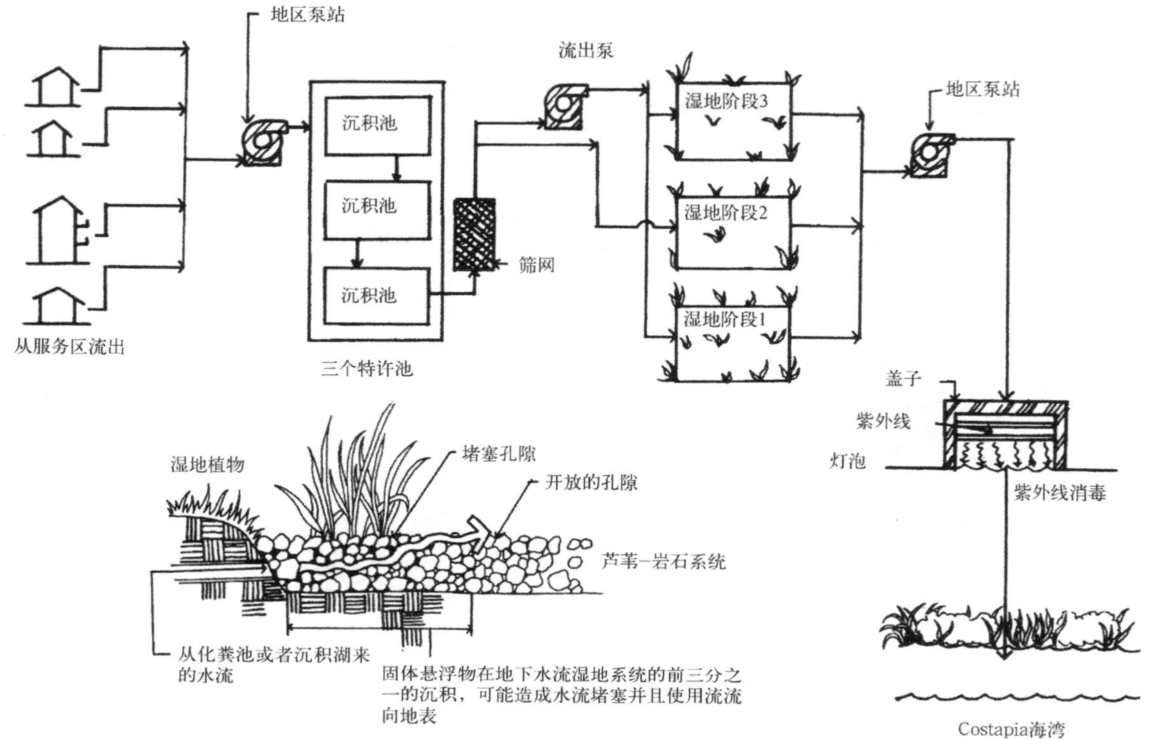

图3–14 人造湿地处理系统过程设计

（1）生物物种扩散与迁移过程。生物扩散与迁移是一个依据动植物水平过程为主导的自然过程，在景观生态学和景观生态规划中具有重要的生态意义。扩散与迁移过程存在主动和被动两种方式，在不同属性的基质内发生，从而导致基质分化和形成斑块。斑块形成后，不同物种在斑块内部进一步通过扩散与迁移进行分化，形成斑块生境的多样性，群落生态的多样性，景观生态的多样性，并奠定了生物扩散与迁移的廊道格局。生物扩散与迁移是景观生态过程最基本的过程之一。

（2）生态系统物质循环过程。生态系统物质循环过程是生态系统维持的重要过程，不仅具有较强的垂直过程，而且同样具有较强的水平过程。水平过程决定了生态系统在空间上的分异和联系，成为景观生态格局形成的重要过程（图 3-14）。

（3）生态系统能量转换过程。生态系统能量转换过程以垂直生态过程为主，是生态系统研究的核心内容。但生态系统能量转换过程决定了生态系统种群、群落及其生态系统结构与功能，同样反映在生态系统的景观生态结构与格局上。

（4）物种与物种的生态关系。种群是最小的景观生态单元，物种与物种之间存在的竞争、偏害、寄生、捕食、偏利、合作、互利共生等决定

图3-15 成都活水公园水体净化过程设计

种群相互镶嵌的空间格局。同时种群动态和群落演替成为景观格局变化的重要内在机制。

（5）自然分异过程。空间分异是景观生态异质性格局形成的基本生态地理过程。空间分异的机理由于水分、温度等基本生态因子的空间差异和组合形成的（图 3-15）。

（6）水循环过程。水是重要的景观要素，水体是重要的景观，往往成为景观格局中占据重要空间位的景观实体。水过程决定景观格局，同时景观格局又进一步影响水过程，形成一个生态效应突出的复杂过程（图 3-16）。

（7）大气过程。风既是景观形成的塑造力，又是改变景观生态因子的重要环境，具有水平和垂直的生态过程。

（8）物质重力过程。重力过程是垂直过程和水平过程的统一，重力过程多是景观灾害发展的重要原因，如滑坡、泥石流、土壤侵蚀、崩塌等灾害（图 3-17）。

（9）生命过程。生命过程是生物圈生物共同的特征，生物的生长过程不仅是生物体本身，而且与环境发生紧密的联系，成为景观生态过程中最典型的生态过程。以森林树木生长为例，代表了景观生态学中生命过程全过程。

（10）扰动过程。扰动是影响景观格局的重要过程，认为干扰是今天对景观影响最广、最深远的过程。在此基础上，景观生态规划的重要出发点就是对各种扰动，特别是人为扰动进行有效的监控与管理，降低扰动作用，实现景观的稳定持续发展（图 3-18）。

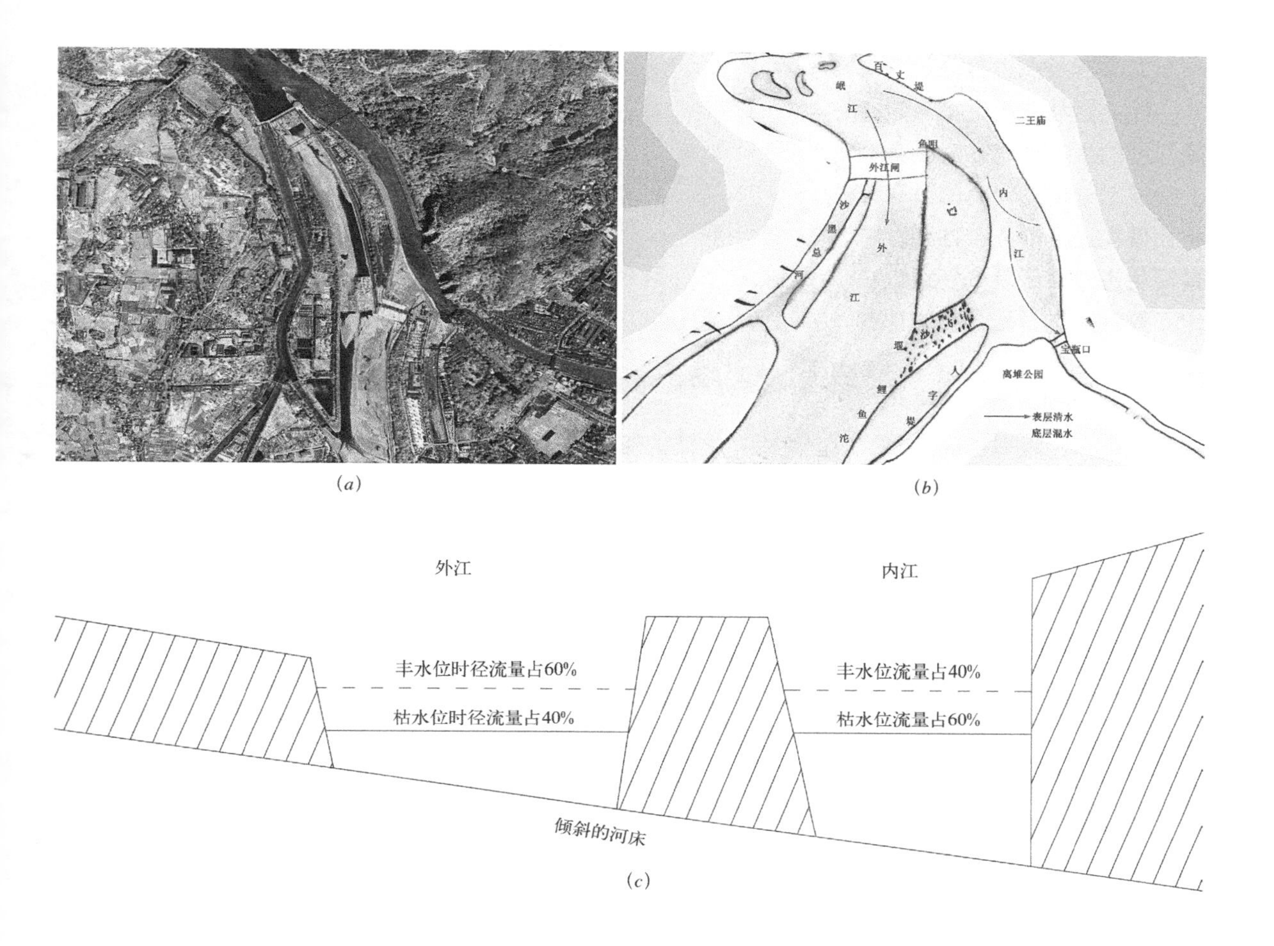

（上）图3–16 都江堰水利工程自然过程设计原理

(a) 都江堰水利工程影像图；

(b) 都江堰水利工程分沙工作原理图；

(c) 都江堰水利工程流量调节原理图

（下）图3–17 重力作用过程与道路坡面的生态处理

2. 景观生态过程分析方法

生态过程分析是指一定空间尺度的生态系统在时空尺度上发展、进化、演变的过程分析。景观过程的复杂性和影响景观生态过程因素的复杂性决定了景观生态过程分析方法的复杂性。

图3–18 风浪较大的湖岸依据水作用过程设计防护

（1）景观生态过程分析与模拟。由于过程与格局之间的对应关系，格局的形成依赖于特定的生态过程，格局的研究依赖于对过程的分析和模拟。传统的景观过程采用实验室环境模拟来实现，现代的景观生态过程可以通过计算机模拟来实现，因此景观模型和计算机模拟成为景观规划设计的重要发展趋势。

（2）规划学科常用的图谱对照与动态分析。在传统景观过程调查与分析中，将同一景观在不同时期的地图进行纵向对比，通过不同时期景观格局的叠加，获得景观格局的变化状况，并通过变化分析，得到景观过程及其未来发展的总体趋势。这是对"图层叠加"分析方法的创新运用，由于该方法并不需要太复杂的数据库系统，也不需要太先进的分析设备，同时比较易学并方便运用，被广泛应用。

3. 景观生态过程衡定指标

基本生态过程包括生物生产力、生物地球化学循环、生态控制及生态系统间的相互关系等方面。生态控制包括稳定性（阻抗和恢复）和干扰（多样性、再生演替趋势和生态系统的新陈代谢），生态系统间的相互关系包括过程输入和过程输出，前者有人类与动物活动的季节性变化，偶尔干扰和干扰循环以及敏感性；后者有迁移、竞争、群落密度、关键种构成、病虫害和多样性等。影响基本生态过程的空间格局参数如下：

（1）斑块大小。影响单位面积的生物量、生产力、养分储存、物种多样性，以及内部种的移动和外来种的数量。大的自然植被斑块在景观中可以发挥多种生态功能，起着关键作用。

（2）斑块形状。影响生物种的发育、扩展、收缩和迁移。与几种关键功能相适应，一个生态上理想的斑块形状通常是具有一个大的核心和某些曲线边界及狭窄的回廊，其方向角与周围的"流"有关。

（3）斑块密度。影响通过景观的"流"的速率。

（4）斑块的分布构型。影响干扰的传播和扩散。R.T.Forman 按结构特征划分出斑块散布的景观、网络状景观、指状景观和棋盘状景观 4 种景观类型。其关键空间特征在散布景观中为基质的相对面积、斑块大小、斑块间距离、斑块分散度（聚集、规则或随机）；在网络状景观中为廊道密度、连接度、网络路径、网眼大小及结点的大小和分布；在指状景观中为各组分的相对面积，"半岛形"组分的丰度和方向性，其长和宽；在棋盘状景观中为景观的粒度（斑块平均面积或直径），网络的规则性或完整性及总边界长度。

四、景观生态演化分析

1. 景观演化与人类活动

将人类及其活动视为景观的综合组分，更加重视人类活动对景观演化的作用，已成为愈来愈多研究者的共识，人与环境的相互作用使人类对景观变化产生巨大的影响（图3-19）。现存的景观起源于地貌、气候、动植物定居、土壤发育和自然干扰（Forman 和 Godron，1986）五个主要的自然过程。景观在此自然基础的发育过程中又受到人类活动的深刻影响。在比较大的空间尺度上，地貌和气候对景观过程常常起主导作用，而在中小尺度上，植被土壤及人类活动等的分异作用更为明显。由于在景观组成要素中，斑块和廊道的性质和功能在相当程度上受景观基质的性质和功能影响和制约，因而导致一个地区景观演化的首要原因往往是该地区景观基质的分异。景观基质、斑块和廊道间的相互转化是诱发区域景观生态演化的一个重要因素。以北方农牧交错带景观演变为例，这种转化具有鲜明的特征，即景观斑块—牧草地，林地，农耕地和农村聚落

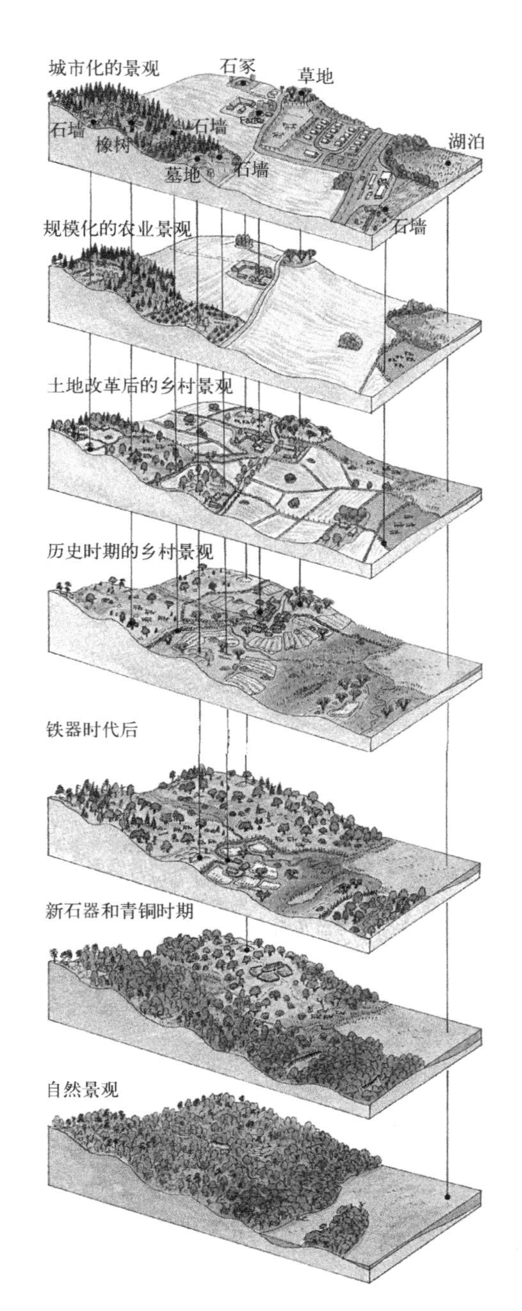

图3—19　景观由自然景观到城市景观的演变

与景观廊道一人造防护林带、河流渠系、道路等向景观基质一沙地的强烈转化，伴随上述景观斑块与廊道间的弱转化，形成了土地沙漠化的景观生态机制；同时，景观基质向景观斑块廊道间的强烈转化，伴随着景观斑块与廊道间的转化，形成了土地沙漠化逆转的景观生态机制，土地沙漠化及其逆转两种变化机制相互影响相互作用，深刻影响着地区景观生态的演化特性。由此可见，景观基质分异与景观组成要素间相互转化是形成景观生态演化过程最主要的两方面因素，前者是当前景观格局形成的基础，后者是引起区域景观生态演化最为明显的原因，也是今后进行景观生态建设和土地规划的重点所在。

2. 景观生态扰动分析

干扰生态已成为当代生态学研究的活跃领域，干扰生态学是以研究影响生态系统自然干扰事件为主的科学，重点研究影响生态系统结构与功能的自然现象，开发能够预测长期或景观水平的经营管理活动对自然干扰发生频度、强度影响模型。随着干扰生态学的发展，生态学家发现自然生态系统展示了植被变化的多个途径以及常常有多个稳定的状态，而不是共同的演替。自然干扰在影响物种的相似性和演替途径中起到了重要作用。

（1）生态扰动的类型。①按扰动产生的来源可分为自然扰动和人为扰动。自然扰动指无人为活动介入的在自然环境条件下发生的扰动，如火、风暴、火山爆发、地壳运动、洪水泛滥病虫害等；人为扰动是在人类有目的行为指导下，对自然进行的改造或生态建设，如烧荒种地、森林砍伐、放牧、农田施肥、修建大坝、道路土地利用结构改变等（图 3-20）。②依据扰动的功能可以分为内部扰动和外部扰动。内部扰动是在相对静止的长时间内发生的小规模扰动，对生态系统演替起到重要作用。外部扰动（如火灾风暴、砍伐等）是短期内的大规模扰动，打破了自然生态系统的演替过程。③依据扰动的机制可以分为物理扰动、化学扰动和生物扰动。森林退化引起旧局部气候变化和土地覆被减少引起的土壤侵蚀土地沙漠化是物理扰动；土地污染、水体污染以及大气污染引起的酸雨等是化学扰动。生物扰动主要为病虫害爆发、外来种入侵等引起的生态平衡失调和破坏。④根据扰动传播特征，可分为局部扰动和跨边界扰动。前者指扰动仅在同一生态系统内部扩散，后者可以跨越生态系统边界扩散到其他类型的斑块。

（2）主要扰动与生态意义。①火扰动是自然界中最常见扰动类型，火扰动可以提高生物生产力，机制在于消除了地表积聚的枯枝落叶层，改变区域小气候和土壤结构与养分。同时火扰动在一定程度上可影响物种的结构和多样性。放牧是人类历史以来一种重要的人为扰动，不仅可以直接改变草地的形态特征，而且还可以改变草地的生产力和草种结构。但对于已有较长放牧历史的草原，放牧已经不再成为扰动，草地的物种已经适应了放牧行为。②土壤物理扰动包括土地翻耕平整等，改变了土壤的结构和养分状况。对于具有长期农业种植历史的地区，大多物种已经适宜了这种扰动，影响往往较小。同时土壤物理扰动可以导致地表粗糙度增加，为外来物种提供一个安全的场所。土地翻耕有利于外来物种的入侵，可以减少物种的丰富度。③土壤施肥扰动是改变土壤养分或化学成分，化肥和农

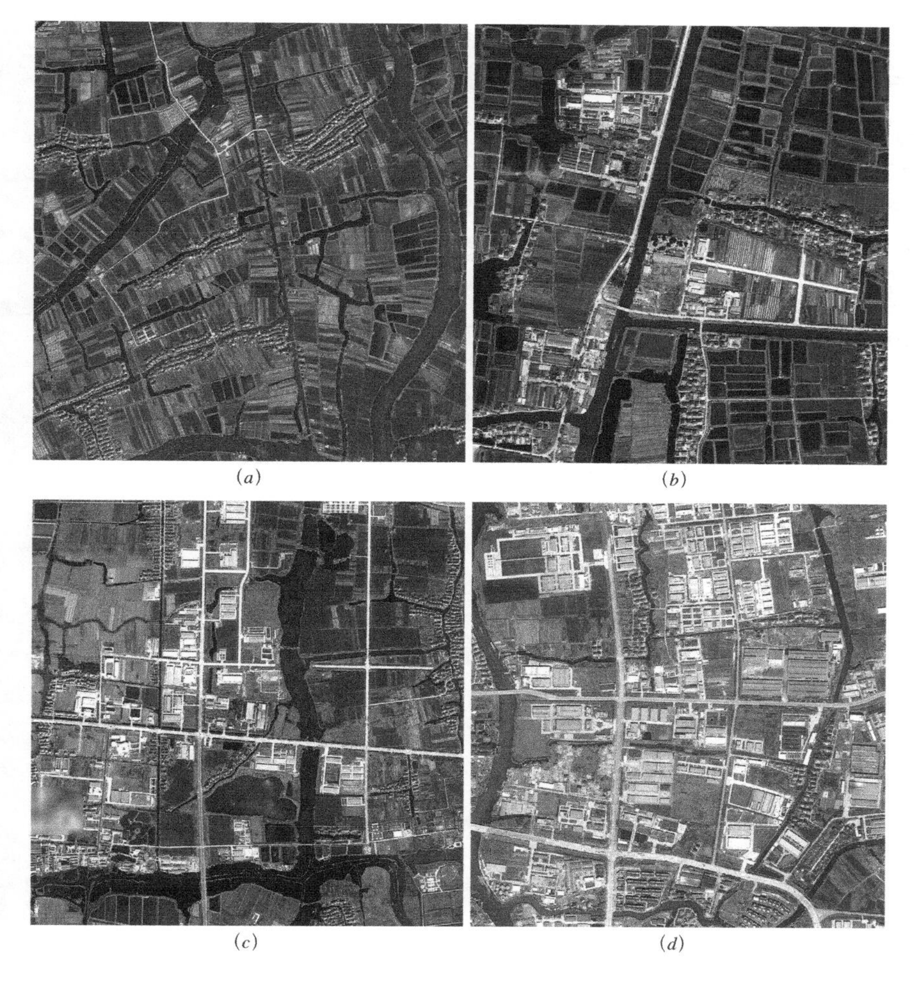

图3-20 工业化进程中的景观变化
(*a*) 标准样本空间——零破碎化；
(*b*) 标准样本空间——低破碎化；
(*c*) 标准样本空间——中度破碎化；
(*d*) 标准样本空间——高度破碎化

药施用导致淡水水体的富营养化，促进某些物种的快速生长，而导致其他物种的灭绝，造成物种丰富度的急剧减少。对于比较贫缺土地更为有利于外来物种的入侵，增加土壤中的养分。践踏是造成生态系统产生空地，为外来物种侵入提供场所，阻碍原来优势种的生长。适度的践踏减缓优势种的生长可促进自然生态系统保持较高的物种丰富度。但不适合季节和时机对物种结构的恢复生长的影响具有显著负面影响。④外来物种入侵往往是由于人类活动或其他一些自然过程而有目的或无意识的将一种物种带到一个新的地方，外来种入侵的结果是对本地种的扰动，最终成为对当地生物造成危害的一个物种，对生态环境产生深远的消极作用。

(3) 扰动的影响是复杂的。一方面，对自然扰动的人为干涉的结果往往产生较多负面影响。适度的火灾和洪水在较大程度上可以促进生物多样性保护，但由于火灾和洪水常常会对人类活动造成巨大经济损失，常常受到人类的直接干涉。人类对自然扰动的人为再扰动，不仅仅导致生物多样性减少，同样会导致人文景观多样性的减少。另一方面，扰动在物种多样性形成和保护中起着重要作用，适度的扰动不仅对生态系统无害，而且可以促进生态系统的演化和更新，有利于生态系统的持续发展。扰动可以看作是生态演变过程中不缺少的自然现象。

通过以上分析，扰动的性质和特征总结如下：①扰动对于许多生态系统来说是一种常见的现象；②扰动的一个突出作用是导致景观中各类资源的改变和景观结构的重组；③扰动对生态环境的影响有利有弊，一方面决定于扰动本身的性质，另一方面取决于扰动作用的客体；④无论如何，扰动对于人类活动来说，是一种不期望发生的事件，但由于适度的扰动具有较高的生态学价值，因而要求在进行人类干涉时，必须从多方面考虑。景观生态规划应特别关注扰动的性质、扰动的生态影响及利弊、扰动对人类活动的影响的大小、扰动造成的社会经济损失与生态价值评价、扰动的适度规模的确定以及将各种扰动（包括人为扰动）有机地结合起来对自然生态系统进行优化管理的机制与途径。

第四章　景观生态评价

第一节　景观生态评价体系

一、景观生态评价目的与原则

1. 景观生态评价的目的

景观生态评价既是景观生态规划的基础，也是规划过程的有机组成部分，目的在于对景观生态格局和过程进行合理的认识，建立景观资源合理利用的原则与途径，规定人类对不同景观类型的干扰程度与干扰方式，提高人类行为与景观环境的相容性，进行景观生态格局的合理规划、整治与建设，提交科学可行的景观生态规划设计方案，建设美好的人居环境，推动可持续景观的延续、创造与发展。

2. 景观生态评价的原则

（1）景观生态过程——格局高度一体化原则。景观是自然——人文生态复合形成的景观综合体，是复杂的地域空间生态系统。景观生态是景观综合体的基本特征，是保证景观环境高质量存在的基本规律。在区域景观综合体中景观生态过程与景观格局具有高度统一和一致性特征，无论是自然景观还是人文景观，以及人为干扰下的自然景观，对景观生态格局的评价都必须兼顾景观生态过程。景观生态过程——格局高度一体化是景观生态评价、景观生态规划设计的基本原则。

（2）以生态美为主兼顾其他美学的综合原则。美学特征是景观的基本特征，任何人工的美和艺术的美都无法与真正的自然生态美相比。生态美是以和谐、有序、充满生机的美。景观是众多景观要素组成的景观客体，人既是景观的组成部分，也是景观感受与体验的主体。在特定的美学价值观的支配下，对周围的景观环境形成美学价值判断，获得特定的自然或人文美的感受。景观生态规划设计的本质就是创造在获得应用、保护的基础上的综合美学价值。

（3）生态的合理性与健康性评价原则。对景观生态的评价应是科学的和准确的，建立在科学性和准确性基础上的生态是合理的。生态的合理性要求景观生态规划必须保持准确和景观生态过程、正确认识物种与物种、种群之间、群落之间的生态关系，科学反映生物与非生物环境之间的相互作用机制。生态的合理性决定了生态系统的健康性和景观生态的健康性，也决定了景观生态格局中人群行为、人居环境健康性。

（4）景观资源化与资源持续利用的评价原则。景观环境是客体，人是景观的主体，也是景观的有效构成。景观为人类不仅提供直接或间接食物及居住场所，也为所有的生命体提供了基本环境。大地景观中各种景观体是资源，人群居住的聚落环境也是资源，无论是自然资源，还是经济资源或建设资源，都是未来发展所依托的基础。在景观生态规划中推倒一切和没有继承的规划是没有生态性的。景观资源化是景观规划设计、开发利用、建设管理的核心。树立景观资源概念来开发、利用和保护，以实现景观资源的可持续利用。

二、景观生态评价的理论基础

1. 景观资源与可持续发展理论

景观是资源体系中具有宜人价值的特殊类型，具有资源保护、开发、利用的产业化过程。传统的资源概念将水、生物、矿产、土地、人力、资本、技术和风景看作是资源。资源观念狭窄，忽视了能够推进更全面、更健康和更持续发展的资源类型。景观是可以开发利用的综合资源，是经济、社会发展与景观环境保护的宝贵资产，具有多重价值属性的景观综合体，具有效用、功能、美学、娱乐和生态五大价值。景观资源的开发有利于发挥优势，摆脱传统观和产业对发展的制约，重新塑造功能，构建产业发展模式，推动可持续发展和城乡景观一体化建设的重要途径。景观作为资源同时为其利用设定了前提，能够利用的景观存在利用方式和方法，该限制的景观在利用上必须设定严格的利用条件，该保护的景观就绝对加以保护，使景观资源具有明确的发展方向，实现景观资源的可持续利用。

2. 空间生态与空间分异理论

景观是时空过程加上人类认知的五维空间系统，景观格局呈现出复杂的三维镶嵌、多变但稳定的景观演变过程和高度适宜的人群行为在空间上的有机耦合和叠加。一个种群在适生的环境中生长，整个环境又适宜于另一个种群的生长，从而在一个环境中存在多个种群共生的格局，相互竞争又相互稳定，形成与环境对应的生态群落。在同一个地理环境单元中存在多个条件不同的环境，产生多个生态群落共同生长在同一个地理环境单元中，共同形成生态系统。从种群到群落再到生态系统都依附空间特征，形成空间生态系统的直接反映。在空间生态系统中，由于水平方向水热的分异，形成空间生态在水平方向的差异；由于垂直方向高度对水热的再次分配与组合，空间生态以高度的不同而不同，形成高度分层的空间现象。同时阴阳坡的差异同样是水热再分配的机理。正是生态因子空间分异过程决定了空间生态的格局。

3. 人居环境与人地协调理论

景观是人居环境的整体，依据刘滨谊教授对人类聚居环境的研究，人类聚居环境是一个广义的概念，突破了传统的人居环境概念，与可持续发展结合起来，扩展了人居环境的内涵。人类聚居环境不仅描述了人类特有的社会形态、居住形态和产业形态，还描述了以居住空间为核心形成的广阔的城市——乡村腹地和自然山水景观，使城市景观、乡村景观与城乡人居环境一体化，构建区域景观协调发展与可持续人居环境。在区域景观整体性形成过程中人地关系与相互作用应建立在科学、合理、健康、永续的基础上，形成人地协调、共生互赢的格局。人居环境和人地协调是对景观环境中人群行为的充分规定，人群行为的合理或不合理性及其程度都通过人居环境和人地作用行为体现出来，是景观生态评价的重要内容。

三、景观生态评价的七度体系

1. 从传统七度到现代七度评价

景观生态评价是景观生态分析的深入和景观生态规划的基础，是景观生态规划设计的理论核心。在生态规划发展的历程中，不同发展阶段对生态认识和应用不同，形成景观生态评价不同的侧重点。总体来说，从景观生态评价的内容体系上可以将景观生态评价内容确定为两个体系。

（1）景观的传统七度评价体系。景观生态评价的传统七度评价体系是早期生态规划评价的核心，景观生态评价集中在自然度、旷奥度、美景度、敏感度、相容度、可达度、可居度的评价上；

（2）景观的现代七度评价体系。随着景观评价的深入，景观生态评价发展到现代七度评价，集中在相容度、敏感度、适宜度、连通度、地方性（原生度）、持续度、健康度的评价上。

从评价的立足点来看，传统的景观生态评价立足在景观生态特征和人类合理利用上，而现代景观生态评价立足于景观生态特征、人地作用特征和生态系统可持续发展能力的评价。从传统七度到现代七度的评价是景观生态研究与规划发展的必然结果。

2. 自然度与原生度评价

在人类活动广泛干扰自然环境的情况下，自然景观环境呈现急剧减少的现象。相反人工环境呈现快速扩大趋势。越来越多的自然景观环境被开发利用成为农业用地、人工林地、牧场地、人工水库以及旅游休闲用地。城市扩张以惊人的发展趋势在继续，吞食大量的自然景观环境和优质的农业用地。对于越来越珍稀的自然景观也存在人类活动不同程度的影响，呈现出不同自然度和原生度的特征。自然度是衡量具有自然环境特征的景观实体在人地相互作用和影响过程中受到扰动的程度和自然景观环境被逐步人工化的程度。它的景观生态意义在于评价自然景观环境受到人工干扰的程度和自然景观斑块保留的格局特征。原生性是景观环境在自然度逐步降低的过程中所具有原始生境生态系统特征的保留程度。自然度关注的是景观非人工化程度，原生性关注的是特定生物生存环境的变化状况，由最适宜的原始生境逐步变化成为低适宜性或不适宜的过程，从而使生物因生境改变而消亡或迁移到其他适宜生存的生境中。自然度和原生度的改变是生态系统垂直过程变动而引发景观生态水平过程发生大的变化，直接导致景观生态格局的变化。

自然度与原生度的评价主要包括：

（1）在大型景观斑块中自然景观斑块所占的比例。在景观格局中自然景观斑块面积的比例直接反映出自然景观斑块的完整性和人工活动对自然景观的侵蚀程度，为揭示景观自然度的重要量度。

（2）在自然景观斑块中人工植被所占的比例。在景观格局中仅存的自然景观生境的原生性的重要方面表现在自然斑块中人工植物和外来侵入物种在群落中的比例。

（3）在区域景观格局中，人工景观斑块与自然景观斑块相间分布形成高度破碎化的景观格局。人工斑块与自然斑块都比较小，呈零星分散状态，表明过去高度完整的自然景观受到外来活动的影响后逐步分割，呈现深度影响和高度人工化特征。

3. 旷奥度与美景度

现代景观质量评价中，既要突出景观的客观性，全面反映景观的特征（复杂性、旷奥度等），同时要突出景观的认知程度，反映景观的主观性。因人的个性化特征和景观偏好的不同，不同的人对同一景观具有不同的认知感受和价值判断，进而影响景观质量的评价结果。由于人是景观环境的最终评价者和消费者，人的感受有时会超越景观的客观性。因此，考虑景观质量、吸引力、认知程度、人造景观协调度和景观视觉污染等影响景观美景度评价的因素，才能评价出代表绝大多数人群的美景度评价结果。景观美景度评价主要包括：

（1）景观客体质量评价。主要指标有地形破碎度、相对高差的变化程度；山地陡峻度、绵延程度、地貌的区域组合（山体、平原或其他类型的结构）；植被覆盖度、类型（森林、灌丛和草地）、群落特征（植物的地带区系特征、植物造景），人工植被和自然植被的覆盖比例；水域景观面积比例、水体的形态、质量、稳定性、多种水体共存程度；天象变化、自然季节特征、天象奇观、多种天象发生且集中程度；聚落规模、形态；建筑特色、古建筑与传统民居的保存程度；景深、视野、景观变化、景观层次。

（2）景观吸引力。是指景观客体对景观消费者形成的特殊魅力，在“刺激——反映”过程中形成较强的心理反应。对景观的心理和行为冲动评价指标有自然景观质量（美景度）、奇特性、稀缺性和特殊价值；景观的文化品位、风俗民情、民间节庆、历史传说、名人遗迹、传奇经历、宗教圣地、宗教活动、宗教信仰；个人的爱好和社会时尚。

（3）景观认知程度。取决于景观客体的深奥程度和认知能力两个方面。不同认知能力和认知角度能够发现同一景观的不同吸引力所在，这就是往往对同一景观形成不同评价结果的原因。主要评价指标有景观易解性、奥秘性、直觉认知、知觉认知和意象认知。

（4）人造景观协调度的评价。从人造景观规模和容积率、形态与色彩、建筑特征等与景观环境的协调和景观的隐藏性、集中性和高度上的协调性等指标来评价整体协调特征。评价指标有景观的扩散范围、容积率、形态（分维数）、色彩、景观的自然化和乡村化、用材的自然化、空间透视、高度上的协调性（通视走廊）、分布的集中度和隐藏性。

（5）景观视觉污染评价。主要从空间、文字、广告、垃圾、民间信仰和不文明行为六个方面全面评价视觉污染程度。视觉污染会大大降低和误导对乡村景观美景度的感知程度。评价指标有人流密度、空旷度、错字率；随意书写的指示牌、通知和标语在视域中的出现概率、广告语言和画面健康程度、制作水平；生活垃圾的清理率、即时性；建筑物的迷信色彩和迷信建筑的多少、文明语言的普及程度、社区稳定程度和友善好客程度等。

4. 敏感度与脆弱性评价

景观敏感度评价通常有两个含义，就是基于景观生态保护的景观生态敏感度评价和基于景观认知和游憩产业开发的景观视觉敏感度评价，是在满足特定景观功能的前提下所进行的敏感度评价。从我国发展来看，敏感度评价主要包括了景观生态敏感度评价、视觉敏感度评价和古聚落建筑环境的敏感度评价三方面：

（1）景观生态的稳定性和敏感性因景观类型不同而不同，决定景观敏感度的关键是景观生态群落的特征。景观稳定性与景观敏感度有着内在的联系，景观生态的稳定性愈强，景观对外界的扰动的敏感度就愈低；景观的敏感度愈低，景观容量愈大，景观稳定性愈高。

（2）视觉敏感度评价是以景观感知者移位换景的角度对景观环境的视觉敏感性进行评价，在于区别景观空间在视觉感受中的不同作用，保护和提高具有高敏感度景观质量，增强美景度，并慎重开发与建设，避免破坏或视觉污染。道路是感知乡村景观的重要廊道，是视觉敏感度较高的景观空间。道路和观景台成为视觉敏感度评价空间感知的依据。以廊道与观景台为据点，依据景观吸引力、可视程度、空间感知距离、象形特征和醒目程度对每一个观景点视域景观敏感度进行评价并复合成观光线路和敏感度空间，主要指标有景观廊道密度、曲率；廊道和观景台的分布特征、数量；景观美景度、动感特征、陡峭程度、可视景观面的大小、景域层次分化、近景的景群比例；象形石的逼真程度、可视程度与可视概率、含义的价值重要性；色彩与对比度、奇特性与创新性、寓意的深刻程度等。

（3）古聚落建筑环境的敏感度评价。对古聚落和传统民居的建筑环境的评价从地方文化的继承保留程度与发扬程度、地理环境的独立性、对外联系条件、人口的流动特征，旅游或商贸客人的进入特征、现代建筑的普及程度与住民的认同感、工业发展水平、城镇化水平和传统产业的就业比例、国家和地方的保护政策等方面进行评价。评价指标涉及地方文化的继承与保留程度、地方文化的传播与发扬程度、住民对传统文化的荣誉感、地理环境的封闭性、聚落的边远性、交通的便捷程度、住民的向外流动率、游客的进入率、现代建筑的普及程度、住民对现代建筑的认同感、传统建筑的修建与维修成本同现代建筑成本的比率、就业结构、工业发展水平、城市化水平、区域保护政策、古聚落翻新的建设政策、土地置换与房屋置换的政策等。

5. 相容度与适宜度评价

在景观综合体中行为与景观之间存在相容与冲突两种关系，由于景观环境具有容量特征，故在容量限度以内的行为具有相容与冲突的恒定特征，而超越容量的行为则会破坏景观平衡，使景观环境退化。依据景观环境容量和景观资源的保护、协调、可持续利用与社区可持续发展的客观要求，对人类行为可能对景观形成的作用进行判断。景观相容度评价的关键在于对行为可能性评估的基础上，对每一种景观类型所能够接受的，既具有良好的景观保护功能，又具有良好社会经济效益行为进行选择，有效管理资源，促进可持续发展。

以乡村景观相容度评价为例，从30种景观类型与34种行为的相容性初步判断过程和结果来看，景观相容度评价主要从三个方面来衡定（王云才，2001）。①行为与景观价值功能的匹配特征。景观具有多重性的价值功能特征，能够满足特定的需求结构。行为与景观价值的匹配特征表现在景观资源的合理开发与利用程度和景观满足城乡居民引致需求行为的程度和能力。②行为对景观的破坏性。相互冲突的行为导致景观的质量（如美景度等）下降，景观生态破坏，自然生产性降低和景观类型退化等结果。减少或杜绝破坏性是相容度评价在景观生态规划上的积极意义。③行为对景观的建设性。相容度较高的行为会促进景观的建设，在有效保持景观的自然生产性的同时形成效益更高的整体人类生态系统，景观多样性和可达度提高，景观遗产得到有效保护和继承。评价指标主要有景观资源的合理开发利用程度、满足城乡居民引致需求的程度、美景度变化、景观生态质量（环境破坏或生态污染）变化、自然生产性、类型与景观多样化、可达度指数和景观遗产保护率。

6. 连通度与可达度评价

连通度是景观生态系统网络与生物可达途径的重要基础。景观的可达度评价是对景观网络特征和区域组合特征的客观恒定，通常是在确定景观源、景观廊道的基础上，依据可达度的内涵和标准进行评价的。在景观空间中，人们的流动特征并不是在一个统一的景观源上开始的，而是在多个景观源之间随意流动且具有内在流动规律。一方面，景观廊道是可达度评价的重要内容，主要包括各个等级的道路、河流以及其他类型的景观空间。另一方面景观的区域组合也是影响景观可达度的重要因素，通常受到空间距离、时间、费用和地形特征等因素的综合作用。同时大的景观格局会成为影响可达度特征的重要因素。由于景观类型的多样性和空间距离特征的复杂性，交通工具的便捷程度不同，如何在统一技术参数下进行可达度评价成为评价中最为重要的环节。评价指标取决于所采用的可达度评价模式和可达度的内涵特征。人们在认知过程中不仅会对景观质量形成特殊的认知和特意的意象，而且会产生心理距离的影响，大大降低景观的可达度程度。在由景观阻力面和距离矩阵确定的景观可达度评价模型来看，景观可达度评价只包括影响景观可达度的客观因素，而不包括影响可达度特征的主观因素。鉴于此，景观可达度的评价指标主要包括景观类型与特征和人工廊道网络特征两项指标群体。评价指标有地形形态、坡度；植被覆盖度和穿越程度；廊道穿越程度和准入程度、里程、平均密度、交通方式和路况等。

7. 健康度与持续度评价

生态系统健康是以符合适宜的目标为标准定义的生态系统的状态、

条件和表现。一方面具有满足社会合理需求的能力，另一方面具有自我维持与更新的能力。针对生态系统健康性的特征，健康性评价存在三种评价体系：

（1）采用驱动力——压力——状态——暴露——影响——响应（DPSEEA）的评价体系。

（2）选择生态系统活力、组织结构、恢复力生态系统功能维持、人群健康状况 5 个方面的评价体系。

（3）采用压力——状态——响应模型的评价体系。

压力是表明生态系统环境恶化的原因；状态是指衡量人类行为而导致的生态系统的变化；响应是指显示社会所建立起来的制度机制为减轻环境污染和资源破坏所做的努力。依据压力——状态——响应评价模型，生态系统健康性评价将系统用地划分为生态用地子系统、农业用地子系统和生产生活用地子系统三大系统。在此基础上划分出林地和水域（生态用地子系统）、耕地（农业子系统）和经济、社会、环境（生产生活子系统）六大类型。将每一个类型用地选取压力、状态、响应三个方面的指标群，建立健康性评价的指标体系。主要指标包括：

（1）林地类主要包括压力指标（病虫害影响面积比例、人均木材采伐量）、状态（森林覆盖率、森林郁闭度）和响应指标（人均造林面积）。

（2）水域类主要包括压力（工业废水排放强度、工业废水排放达标率、COD 排放强度、氨氮排放强度、围垦滩涂面积）、状态（水质综合指数、叶绿素 a 含量、底栖生物多样性、饮用水源水质达标率、湿地物种多样性指数）和响应指标（城市污水处理率、湿地保护区面积覆盖率）。

（3）耕地类主要包括压力（农药施用强度、化肥施用强度、养殖粪便排放强度）、状态（人均耕地面积、单位面积产量）和响应（秸秆综合利用率、规模化畜禽粪便综合利用率、农村生活新能源所占比例）。

（4）经济类主要包括压力（单位 GDP 能耗、工业经济效益综合指数）、状态（人均 GDP、第三产业占 GDP 比例）和响应（固定资产投资比例、R&D 占 GDP 比例）。

（5）社会类主要包括压力（人口自然增长率、人口密度）、状态（人均期望寿命、城镇失业率、人均居住面积、基尼系数、恩格尔系数）和响应（万人大学生数、每万人医生数、教育经费支出占 GDP 比例）。

（6）环境类主要包括压力（废气排放强度、固体废物排放强度）、状态（人均公共绿化面积、空气质量大于等于 2 级标准天数、噪声达标区覆盖率）和响应（环保投入占 GDP 比例、自然保护区覆盖率、固体废弃物综合利用率和废气处理率）。

8. 可居度与和谐度评价

从当前理论界对人类聚居环境的评价来看，存在三种评价思想，无论是"可居度"评价，生态环境评价，还是可持续发展评价，都是侧重于人类聚居环境的某一方面。由于具有可持续发展的特征和需求，人类聚居环境评价应当兼顾人居环境的居住适宜性、生态性和可持续发展能力以及人居环境所具有的推动社会经济的高成长性。可居度评价从可持续人居环境出发，结合人与居住环境以及相互作用形成的景观综合体的特征，形成聚居能力、聚居条件、聚居环境、生态环境、社区社会环境、社区经济条件、成长性和可持续能力的评价体系。主要评价指标包括：

（1）聚居能力。反映人对聚居环境的需求水平，是拉动人居环境建设的重要因素。包括住民年可支配收入和受教育程度两个指标。

（2）聚居条件。主要指现有的居住条件，包括人口密度、人均居住面积、建筑密度、住宅结构、一二类居住用地比重和人畜共处程度等。

（3）聚居环境。主要指围绕住民生活所消耗的日用品的供给状况，包括人均年用电量、人均年消耗水量、生活和生产用水的供给保障率、能源结构、电话普及率、电视普及率等。

（4）生态环境。主要包括自然生态环境和人工生态环境两个指标群。其中自然生态环境主要包括自然景观的比例、多样性和稳定性、林木覆盖率、自然灾害发生频率和毁灭性灾害的发生频率，以及自然景观质量和美景度等指标。人工生态环境主要包括大气质量综合评价指数、地表水综合评价指数、噪声污染指数、垃圾与人畜排泄物的处理率、乡镇工业的达标排放率、光污染与热污染以及异质性视觉污染等指标。

（5）社会环境。主要包括可达度指数、零售商店的数量、距离中心镇或城市服务区的距离、入学率、升学率、万人拥有的床位数、距离城市服务区医院的距离、文盲半文盲人口比例、民俗节庆年举办的次数、外出打工人口的比例、人口大学生数比例、人均公共用地面积、道路硬化率、公园面积和社区犯罪率等指标。

（6）经济条件。主要包括人均年 GDP 收入、人均年纯收入、三大产业结构比例、三大产业就业比例、劳动生产率、旅游业收入比例等指标。

（7）成长性。主要着眼于全面发展的可能性和潜力，成长性的高低和快慢直接决定人居环境的建设与改善程度和进展。包括产业先进性、信息的流动量和生产技术的创新与新技术的应用等指标。

（8）可持续能力。主要是对经济、社会和生态环境长期投入的积累，是可持续发展的重要物质基础，长期以来对人力资本的建设成为可持续发展的重要智力基础。在发展过程中对资源、环境的合理利用成为可持续发展的资源支撑。主要包括固定资产年投资增长率、人均 GDP 的增长率、住宅投资占 GDP 的比例和增长率、环保投资占年 GDP 的比例和增长率、公共基础设施年投资增长率、科技贡献率等指标。

第二节　景观相容度评价

一、景观相容度概念与内涵

景观环境是整体人文生态系统（Total Human Ecosystem，Naveh，1994），生态系统的特征和过程是景观环境系统的重要特征。由于景观环境存在着节律、恢复、包容与容量的自然规律和生态系统阈限，为人类活动设定了有限程度，而不是无限满足。在都市郊区开放空间景观综合体中行为与景观之间的关系存在两种作用，分别是相容与冲突。人类活动的不同行为特征与不同类型景观之间的相容性和冲突性决定了景观对人类行为的相容程度。由于景观环境具有容量特征，故在容量限度以内的行为具有相容与冲突的恒定特征，而超越景观环境容量的行为特征，则会破坏景观平衡，使景观环境退化，对开放空间景观与人类环境造成严重的损失。由于开放空间景观相容——冲突评价是在行为不超越景观环境容量的限度内对开放空间人类活动行为的适宜性和景观相容性的评价，在开放空间景观类型的差异使不同类型的景观容量不相同，由于人类的行为对景观的影响不相同。根据作者在"乡村景观规划设计与乡村可持续发展"项目中研究，都市郊区开放空间景观类型依照独立景观形态分类的原则和方法，主要划分为居民点景观、网络景观、农耕景观、休闲景观、遗产保护景观、野生地域景观、湿地景观、林地景观、旷野景观、工业景观和养殖景观 11 大类 30 个景观类型。人类干扰行为则主要包括农业生产行为、采矿业、加工业、游憩产业、服务业和建筑业六大行为体系。具体行为类型为粮食种植（耕地）、经济作物种植（园地）、养殖行为、地下开采、露天开采、农产品加工、重化工业、机械加工制造、建筑材料工业、大型工厂建设、乡村野营、游泳、划船、骑马、自行车野外运动、高尔夫运动、登山、滑雪、自然探险、乡村生活体验、乡村风俗民情旅游、古聚落旅游、农产品销售市场、公共交通服务、零售服务、住宿服务、餐饮服务、娱乐服务、交通道路建设、公共设施建设、居民住宅建设、乡村公园建设、乡村高层建筑建设和乡镇规划共 34 种行为。因此，对景观类型与行为进行景观——行为相容或冲突的关系分析，在建立相容——冲突矩阵的基础上进行评价，核心在于在景观保护与产业发展之间建立协调和可持续发展的均衡模式。

二、景观相容度评价体系与方法

依据在都市郊区开放空间景观环境容量范围内，开放空间景观资源的保护、协调、可持续利用与郊区社区社会经济的可持续发展的客观要求，对郊区人类行为可能对开放空间景观形成的作用进行判断（表 4-1）。景观——行为相容性评价的目的关键在于在对各种行为可能性评估的基础上，对每一种景观类型所能够接受的，既具有良好的景观保护功能，又具有良好的社会经济效益的行为进行选择。在郊区社会经济发展过程中，有目的和有效管理开放空间产业，促进开放空间的保护性开发利用和可持续发展。设定在相容性判断矩阵中，判断值为 0、1、3、5、7、9，分别是指景观类型与行为类型具有相容性特征的不相容、几乎不相容、弱相容、中等相容、相容性较强和完全相容六个等级。设定景观类型在景观中的比例为 P_i，行为——景观相容度判断值为 B_{ij}，某一行为在行为体系中的权重为 P_i，P_j 可以是行为在经济中的比重，如可以是产值比例。行为对某一景观类型的相容度为 C_i，景观——行为相容度为 C，则：

$$C_i = \sum_{j=1}^{34} B_{ij} P_j \qquad C = \sum_{i=1}^{30} P_i \sum_{j=1}^{34} B_{ij} P_j \qquad \sum_{i=1}^{30} P_i = 1 \qquad \sum_{j=1}^{34} P_j = 1$$

开放空间景观——行为相容度评价指标 **表4–1**

景观——行为相容度评价三因素	评价指标
行为与景观价值功能的匹配程度	景观资源的合理开发利用程度
行为对景观的破坏性	景观满足城乡居民引致需求行为的程度
	景观美景度质量下降幅度
	景观生态质量（环境破坏或生态污染）下降
	景观的自然生产性降低
	景观类型退化
行为对景观的建设性	景观美景度增加
	生态环境改善程度
	保持景观自然生产性特征
	保持或促进景观多样化
	景观的可达性提高
	景观遗产得到保护

三、北京市郊区开放空间的典型剖面

都市郊区开放空间是都市郊区稀缺的景观资源，以北京市为例，以建成区都市景观为中心，都市郊区的开放空间通常呈现出都市乡村（city′s countryside）的近郊景观、中郊平原乡村景观和远郊的山地景观，山地景观进一步分化为人类扰动严重的丘陵区景观、扰动较轻的中山景观与高山区的原始景观。都市郊区开放空间的游憩娱乐功能和生态保育功能决定了都市郊区开放空间的利用方向、方式和强度。因此，开放空间的保护性利用必须坚持：①开放空间内的产业应当是自然资源消耗小，人类扰动程度低，废弃物产出少的产业；②依据景观的适宜性，选择景观相容性高的人类行为；③保持自然生态系统的相对完整性；④发展生态产业，如生态旅游业、生态农业、生态性工业和生态性矿业。由此可见，都市郊区开放空间景观保护性开发利用必须建立在景观相容性评价的基础上。有鉴于此，在北京市西部房山区内依次由近郊区到远郊区分别选择了韩村河镇、周口店镇、史家营乡和蒲洼乡为典型（图 4-1），形成对北京市西部郊区开放空间景观保护性利用的典型剖面研究（表 4-2）。

四、北京西部郊区开放空间景观相容性评价

从对开放空间 30 种景观类型与 34 种郊区行为的相容性初步判断过程和结果来看，开放空间景观——行为相容性评价主要从三个方面来衡定（表 4-3）。

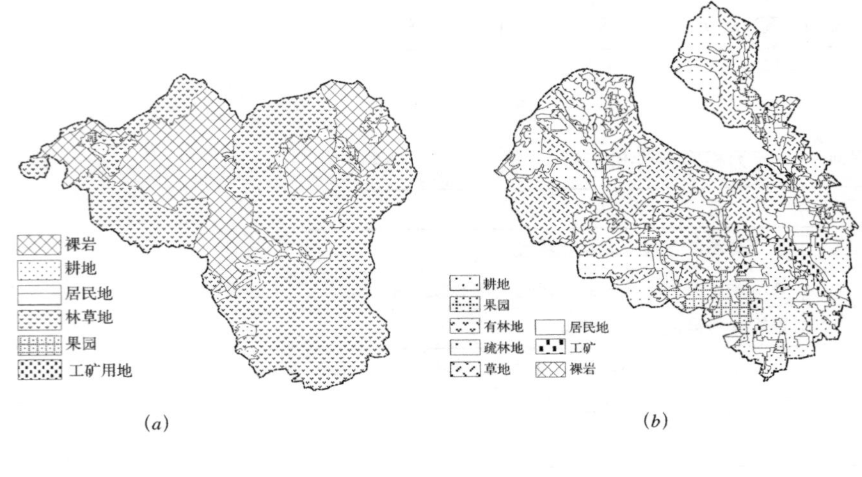

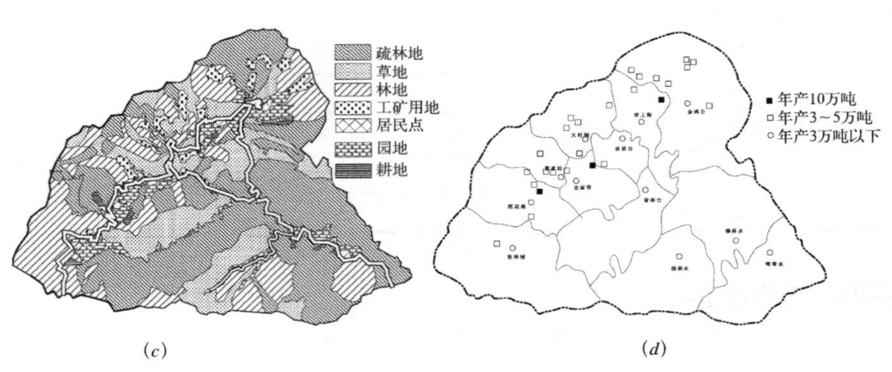

图4–1　北京西部典型案例的土地利用景观图
(*a*) 蒲洼乡土地利用景观图；
(*b*) 北京近郊区周口店乡土地利用图；
(*c*) 北京远郊区史家营土地利用现状图；
(*d*) 史家营乡乡级煤矿分布图

案例研究乡镇的发展条件对比 **表4–2**

对比项	周口店地区	韩村河镇	蒲洼乡	史家营乡
区位	北京西南，房山中部，距离市区为46km	北京西南，房山南部，距离47km	北京西南，房山区最西部，距离市区为120km	北京西南，房山西北，百花山南鹿，距离市区为61km
土地面积	126km^2	22.6km^2	96km^2	108.8km^2
总人口	4万人	1.48万人	0.55万人	1万人
自然条件	山区平原交接带，中低山、丘陵、平原占18%、45%、25%、12%；山前暖区，降水650mm，水较缺乏。矿产较丰富，石灰石、煤炭、大理石。人均耕地0.56亩	房山南部平原，土地平坦，土层深厚，土壤肥沃。山前暖区，降水量600mm，水资源较丰富。矿产资源缺乏，有一定面积的黏土。耕地面积2.46万亩	中高山区，山高坡陡谷深，沟壑密度大于2km/km^2，山地占95%，海拔高，年降水610mm，多暴雨，水源不足，林木覆盖率66.7%，耕地240ha^2，人均耕地0.64亩，凉爽，环境优美	地势西北高，东南底，属于中低山地区，山体陡峻河谷狭窄。降水量600~650mm，水资源较为缺乏。有较为丰富的煤炭资源，储量1.1亿吨。山体沟谷发育，耕地面积0.6万亩

续表

对比项	周口店地区	韩村河镇	蒲洼乡	史家营乡
社会经济条件	农村经济总收入近14亿元，人均平均纯收入4392元，最高5600元。工农业总产值7亿元。经济结构以工业为主，占工农业总产值的93%；工业以水泥工业为主，占60%。第三产业发展水平较高。农业机械化水平较高，呈高投入，高产出，低效益	农村经济收入13亿元，曾达到17亿元，人均纯收入4382元，最高韩村河村7600元，最低东营村2500元三大产业比例为：3.96%：87.3%：8.74%；农业粮食种植占95%；第二产业中，建筑业占94%，劳务输出型经济占主体。农业机械化水平高，达到95%。生态环境质量好	农村经济总收入1亿元，人均纯收入1500元，农村三产结构为：19.44%：62.5%：18.06%。劳动力三产就业结构为59.14%：23.09%：17.77%，人均占有粮食171kg，公路密度为0.9km/km^2，交通条件较差，畜牧业基础好，林果优势明显，矿产资源较丰富，生态环境好	农村经济收入3.7亿元，人均纯收入5810元，最高金鸡台村11000元，最低2500元。三大产业结构为2.73%：59.26%：38.01%。农村经济以资源型采煤业为主，煤炭收入占全乡的59.26%，以煤炭运输为主的运输业产值28.28%和87.54%。农业基础薄弱。劳动力素质低。基础服务和城镇基础建设薄弱

北京市西部山区景观与行为相容——冲突判断表　　　　表4–3

景观类型 ＼ 乡村行为		农业生产			采矿		乡村加工业					乡村游憩业													乡村服务业						乡村建筑业				
		1	2	3	4	5	6	7	8	9	10	11	12	13	14	15	16	17	18	19	20	21	22	23	24	25	26	27	28	29	30	31	32	33	34
居民点	居民点、住宅形态	0	0	3	0	0	1	0	0	0	0	5	1	1	1	5	1	1	0	3	9	9	7	7	5	7	7	7	5	5	3	7	7	0	9
乡村网络	道路	0	0	0	0	0	5	3	5	5	7	3	0	0	3	5	1	1	1	3	3	3	3	7	9	5	5	3	5	9	7	7	5	1	7
	河流	1	0	3	0	0	1	0	0	0	0	7	9	9	1	0	0	0	0	5	7	5	3	3	3	1	0	1	5	1	1	1	5	0	5
	林网	1	1	3	0	0	0	0	0	0	0	5	0	0	5	3	1	1	0	5	5	5	3	0	1	0	3	1	3	0	0	0	7	0	5
农耕景观	大田景观	9	9	7	3	1	1	0	0	0	0	5	0	0	7	5	3	0	0	3	7	5	3	1	1	1	0	1	3	3	1	1	5	0	5
	设施农业	5	7	7	0	0	3	0	0	0	0	1	0	0	0	0	0	0	0	0	1	1	0	5	0	3	0	1	0	0	0	0	1	0	3
	农场景观	9	9	9	1	1	5	0	0	0	1	5	3	3	7	7	3	0	1	1	1	5	3	3	1	3	3	3	3	1	1	3	3	0	3
乡村休闲景观	田园公园	3	3	5	0	0	1	0	0	0	0	7	5	7	5	3	1	1	1	1	3	7	1	5	0	1	0	3	5	0	1	0	9	0	7
	观光农园	9	9	9	0	0	3	0	0	0	0	5	1	1	3	3	1	0	0	1	5	5	1	3	0	3	0	3	3	0	1	0	9	0	7
	自然保护区	0	0	0	0	0	0	0	0	0	0	7	3	3	5	5	0	5	5	7	3	1	1	0	0	1	0	1	1	0	1	0	5	0	5
	森林公园	3	3	3	0	0	0	0	0	0	0	7	3	3	3	1	0	7	3	7	1	1	1	3	0	1	0	1	3	0	1	0	5	0	5
	乡村风景名胜地	5	5	5	0	0	0	0	0	0	0	7	3	3	3	5	1	7	5	7	3	3	3	0	3	1	1	1	3	1	1	1	7	0	5
遗产保护景观	生态示范区	7	7	7	0	0	0	0	0	0	0	5	5	5	3	3	0	5	5	7	3	3	1	3	1	1	0	1	1	1	1	1	7	0	7
	遗产遗迹	0	0	0	0	0	0	0	0	0	0	3	1	1	1	1	0	5	3	7	3	3	5	1	1	1	1	1	1	1	3	0	5	0	9
	古聚落	0	0	0	0	0	0	0	0	0	0	1	1	1	1	1	0	1	0	1	5	5	7	1	1	1	1	1	1	0	1	0	5	0	9
	民俗村	3	3	3	0	0	0	0	0	0	0	7	5	5	7	5	1	1	1	3	7	7	3	5	1	5	1	3	5	1	1	0	7	0	9

续表

乡村行为 / 景观类型		农业生产			采矿		乡村加工业					乡村游憩业													乡村服务业						乡村建筑业				
		1	2	3	4	5	6	7	8	9	10	11	12	13	14	15	16	17	18	19	20	21	22	23	24	25	26	27	28	29	30	31	32	33	34
野生地域	保护性荒地景观	0	0	0	0	0	0	0	0	0	0	7	0	0	0	0	0	0	0	7	3	3	0	0	0	0	0	0	0	0	0	0	7	0	7
	边缘荒地景观	0	0	0	0	0	0	0	0	0	0	7	0	0	0	0	0	0	0	7	1	1	1	0	0	0	0	0	0	0	0	0	7	0	7
湿地景观	低地	0	0	0	0	0	0	0	0	0	0	3	0	0	0	0	0	0	0	5	1	1	0	0	0	0	0	0	0	0	0	0	7	0	9
	湖沼	0	0	0	0	0	0	0	0	0	0	3	0	0	0	0	0	0	0	3	0	0	0	0	0	0	0	0	0	0	0	0	7	0	7
林地景观	果树景观	0	7	5	0	0	0	0	0	0	0	5	0	0	5	0	0	0	0	0	7	7	1	5	0	3	0	3	0	0	0	0	7	0	7
	人工经济林景观	0	7	5	0	0	0	0	0	0	0	5	0	0	0	0	0	0	0	5	1	1	1	0	0	0	0	0	0	0	0	0	5	0	7
	人工生态林景观	0	0	0	0	0	0	0	0	0	0	5	0	0	0	0	0	0	0	0	1	1	1	0	0	0	0	0	0	0	0	0	5	0	7
旷野景观	开放空间	7	7	7	3	3	5	1	1	1	1	7	3	3	5	5	7	5	3	3	5	5	5	3	3	3	1	1	5	5	3	3	7	0	7
	公共空间	0	0	5	0	0	0	0	0	0	0	7	5	5	5	1	5	5	5	5	3	3	3	1	3	1	0	0	0	5	5	3	7	0	7
	私人领地	3	3	5	0	0	0	0	0	0	0	1	1	1	0	1	0	1	1	1	0	1	1	0	0	0	0	0	0	0	0	0	3	0	3
工业景观	工业大院	0	0	0	0	0	5	5	5	5	5	0	0	0	0	1	0	0	0	0	0	0	0	0	1	0	0	0	0	0	0	0	3	3	7
	矿山采矿	0	0	0	9	9	0	0	0	5	3	0	0	0	0	0	0	0	0	0	0	0	0	0	5	3	3	3	3	5	5	0	0	3	7
养殖景观	养殖小区	0	0	9	0	0	0	0	0	0	0	0	0	0	0	0	0	0	0	0	7	7	0	5	3	3	0	0	0	3	3	1	3	0	5
	库区和湖区景观	0	3	5	0	0	0	0	0	0	0	0	7	7	0	0	0	0	0	0	1	0	0	1	0	0	0	0	0	0	0	0	7	0	7

（1）郊区行为与开放空间景观价值功能的匹配特征。开放空间景观是有价值的，而且景观价值具有多重性的特征；同时开放空间景观能够满足特定的需求结构。人们对开放空间景观价值的开发利用就是对景观的行为干扰过程；同时在开放空间景观综合体中，每一类型的景观都具有特定的环境容量和景观价值。某种郊区行为对于某一种或几种景观类型是具有积极意义的，而对于别的景观类型就具有破坏性。因此，行为与景观价值的匹配特征表现在开放空间景观资源的合理开发与利用程度及景观满足城乡居民引致需求行为的程度和能力中。

（2）行为对开放空间景观的破坏性。郊区行为对景观具有破坏性就是景观——行为相互冲突，相互冲突的行为易使开放空间景观的景观质量（如美景度等）下降、景观生态质量下降（如郊区环境污染和生态破坏），开放空间景观的自然生产性降低和景观类型发生退化等结果。减少或杜绝这种行为对景观的破坏性是相容度评价在乡村规划上的积极意义。

（3）行为对开放空间景观的建设性。相容度较高的行为会促进景观的建设，使开放空间景观的美景度提高，不会造成郊区环境污染和生态破坏，有效保持了景观的自然生产性特征，在人工有效干预下形成效益更高的整体人类生态系统，景观多样性和景观可达性提高，同时乡村景观遗产得到有效保护和继承。

采用景观相容度评价方法，结合北京西部山区的实际情况，进行景观——行为的相容度评价分析（表 4-4）。在表中可以清楚地了解景观——行为的相容度分布情况，总体来看，北京西部山区的景观——行为相容度程度并不高，相容度指数为 0.22，其中完全相容的占 3%，相容性较强的占 9%，中等相容的占 12%，弱相容的占 13%，几乎不相容的占 16% 和完全不相容的占 47%。从产业经济行为来看，农业生产与景观环境的相容度为 0.03，采矿业的相容度为 0.0102，加工业的相容度为 0.0083，建筑业的相容度为 0.0406，游憩休闲产业相容度为 0.0958，服务业的相容度为 0.0272。不高的相容度表明在北京西部开放空间景观中存在着严重景观生态与景观环境危机，就是相容度相对最高的游憩休闲业受各种不合理因素的影响而呈现出整体相容度不高的特征。从典型乡镇的相容度分布来看，韩村河镇的景观行为相容度为 0.2315，其中农业生产相容度为 0.042，加工业为 0.009，建筑业为 0.0743，旅游业为 0.0432，服务业为 0.063；史家营相的相容度为 0.201，其中种植业相容度为 0.015，养殖业为 0.027，采矿业为 0.005，旅游业为 0.098，服务业为 0.056；蒲洼乡的相容度为 0.1895，其中种植业相容度为 0.009，林草养殖业 0.056，工业为 0.002，旅游业为 0.0765，服务业为 0.046。从相容度分析来看，每个乡镇有独特的景观环境和经济特征，但存在着资源利用不合理和生态破坏等共同的问题。

五、基于相容性评价的都市郊区景观生态规划

1. 北京市郊区开放空间游憩景观区域规划

在综合分析北京市景观环境和在景观行为相容度分析的基础上，结合北京市游憩地在城市近郊区、中郊区和远郊区三个地带中的空间特征（图 4-2、图 4-3），将北京市郊区开放空间游憩景观区域规划为（图 4-4）。

（1）城市近郊区的都市旅游观光带，以城市文化旅游和居住休闲为主。

（2）城市中郊区大众旅游休闲带，主要集中在北京市西部、北部和南部的平原和丘陵地带，是景观类型最丰富，人地作用过程最复杂，经济类型最多，可达性条件最好，也是人文旅游资源和自然旅游资源最富集的地区，是大众旅游最适宜开展的地带。旅游业的发展成为这一地带经济发展的替代产业和前景产业，逐步替代资源消耗大、污染大和效率低的产业，以提高整个地带景观行为的相容度，中高山地景观区是

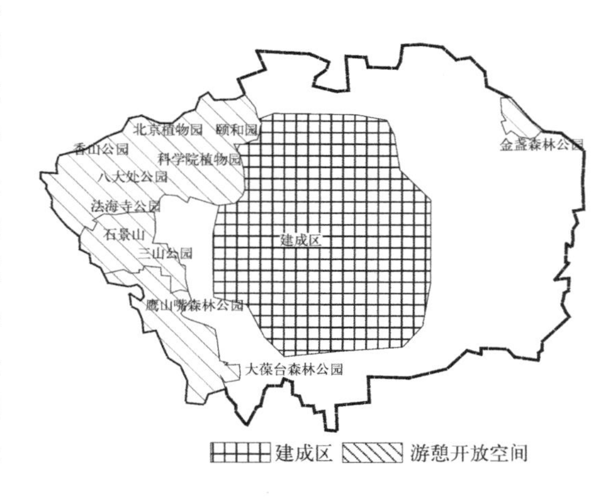

图4－2　北京市近郊区游憩地建设

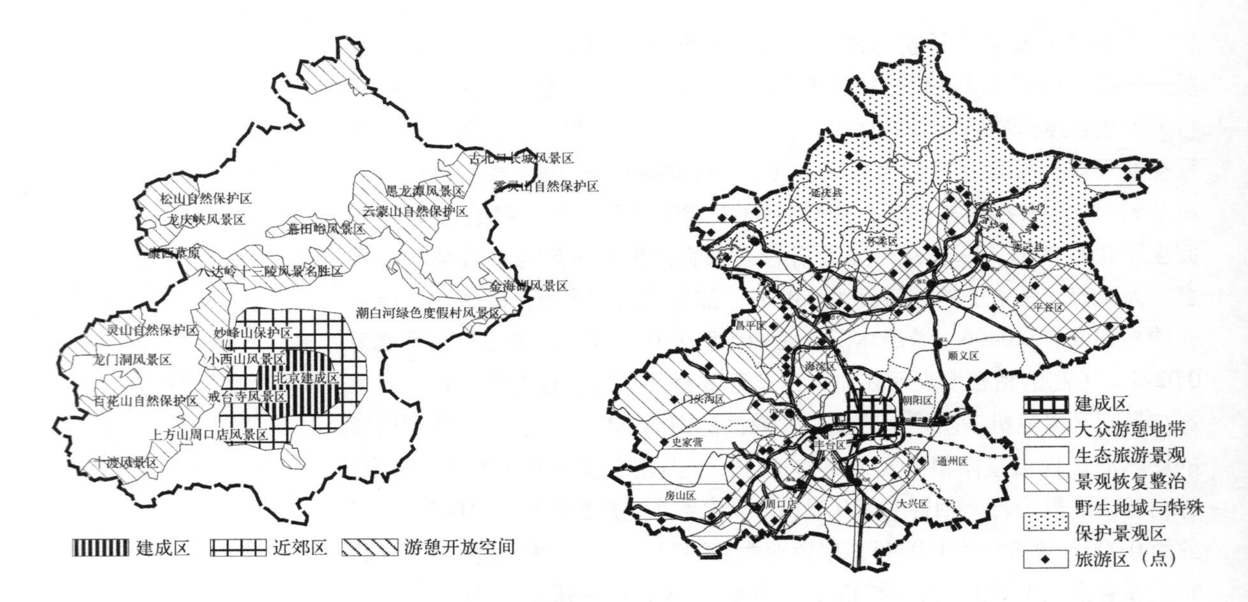

（左）图4-3　北京市郊区开放空间游憩地建设空间特征

（右）图4-4　北京市郊区开放空间游憩景观区域规划

湖泊、河流、山地、林地、草地广泛发育的区域。由于远郊区不同的区域点，进而，建设成为协调、和谐和可持续发展的经济地带。

（3）在大众旅游的外围是北京市的远郊区，这一地带多被分化为三种游憩景观区域，分别是生态旅游景观区、景观生态恢复与整治区和野生地域与特殊保护景观区域。生态旅游区是自然生态条件保存较好，具有较便利的交通条件并进行了较长时间生态旅游开发的区域，主要集中分布在密云县的东部地区、延庆县以松山保护区和八达岭旅游区和房山区的西部和南部山区以及门头沟的南部部分地区。景观生态恢复与整治区主体是北京市西部门头沟区的矿山开采区域和房山区的部分矿区。野生地域与特殊保护区是指受人类活动影响比较轻的北部山地区，主要分布在延庆县、怀柔区和密云县，分别是密云水库和官厅水库的水源区，因此，成为重要的水源保护区域。

2. 建设大都市郊区的绿地景观（都市森林）系统

大都市郊区的绿地系统是以开放空间为主体以各种类型的绿地景观相互镶嵌而形成的大绿带景观，绿地类型包括了自然生态系统和农业生态系统，是生产性、生态性和风景化的价值功能的综合。大绿带景观建设主要是基于有效控制都市郊区传统产业规模，合理开发开放空间和土地资源，保护大都市生态环境为目的。大绿带的建设并非完全排斥传统产业活动，而是鼓励和限定生态化产业发展（如生态旅游、生态农业等）的新模式。大绿带的建设多是大都市郊区的重点生态保护区，保护区的发展必须走生态发展道路。大绿带的建设常常以山区建设为主体，兼顾平原绿地系统。大绿带中的农田生态系统应实现高效和无害化，生产绿色农产品，严格限制农业强度和土地利用强度，控制郊区的围湖造田，开垦河道和湿地，保护大绿带中的自然生态系统的完整性。

3. 确定大都市郊区景观留存与保护区体系

景观保存与保护区的确定一方面是基于景观自身的特征和生物多样性特征；另一方面则是针对景观在大都市发展过程中所担负的重要使命和对城市发展的重要保障作用；三是针对人类对景观的破坏而确定的景观整治与重建。基于以上原则，大都市应划定景观保护与整治区的范围，因考虑到景观的系统性。景观保存与保护区在景观重点划定以下几个景观区域：

（1）景观特殊保护区域（Special Protection Region）。针对如大都市的水源保护地、城市周边的山林生态系统、风景名胜区，划定景观区域为景观特殊保护地域，严格限定产业发展性质与产业规模，实施特殊的发展政策。

（2）划定野生地域（Wildness Areas）。野生地域是自然景观的重要类型，野生地域的划定是在可达性较差，外来人口很少进入，当地居民人口极其稀少的地区，保留一份大自然原始景观的保护区。这是城市化过程中大都市圈中稀缺的自然景观遗产。

（3）划定对大都市郊区的矿区景观进行整治与恢复。针对区矿山开采形成大面积采空区、生态破坏区等景观破坏的严重地区，划定矿区景观整治与重建区，进行长时间的封育和人工恢复。

（4）确定国家和地方森林公园体系。

4. 确定大都市郊区的游憩地带

在郊区开放空间中，虽然游憩土地利用是最合理的利用方式之一，但并不是所有的开放空间都完全适宜于游憩活动，而且在不同的景观中，相适宜的游憩活动也不相同。游憩活动虽然是开放空间景观的重要价值和功能，但并非所有的景观功能都服从于游憩目的，对于城市可持续发展而言，存在更为重要的生态价值和生存价值。游憩带的确定和建设目的在于将游憩业发展与大都市生态环境保护统一起来，规定大都市郊区开放空间开发的游憩强度和规范游憩行为，从游憩地建设和游憩者两个角度控制游憩行为对景观和生态环境的影响。从游憩带的划分来看，兼顾游憩资源、景观特征和可达性，以中郊平原景观区和低山丘陵景观区为游憩景观的核心地带，它的范围和景观保护与整治区有部分重合地带。游憩地带是城乡游憩地系统配置一体化的重要体现。在平原乡村景观区充分利用微地貌特征和田园景观环境，建设田园公园，利用农业景观发展观光农业和其他休闲、娱乐、野营等游憩场所，以及服务于各个不同层次需求的游憩设施。

5. 筛选、保护和建设大都市保护性乡村村落

保护性乡村村落是选择具有地方文化特色和古老文化传统的村落以法律形式进行的古村落保护与建设，它是乡村文化在现代文明演进过程中的见证，是历史文化的集聚，是地方文化景观的深刻透视，是人地协调共进，人类行为与自然景观高度融合的和谐产物。建立保护性乡村村落评价指标，客观全面评价其保护价值和市场价值，在大都市郊区选择保护性乡

村村落，进行重点保护与建设，将其建设成为具有鲜明自然或半自然社区特征的游憩村（Semi-natural Community and Tourism Village），成为大都市郊区重要的游憩地类型之一。保护性村落的选择与建设既保护了古老的地方文化景观；同时，由于保护性政策的实施有效制约了破坏性产业的发展，使此类社区生产与生态保护区建设以及保护区内产业发展融为一体。

第三节　景观生态适宜性评价

一、景观生态适宜性评价概念与内涵

流域是大地景观中广泛存在的完整的地理单元与景观单元。流域不仅具有河流上游的山地峡谷、丘陵平原和下游的摆荡水网等完整的景观生态格局；而且具有山地峡谷——森林草坡——湖泊水塘——河流弯曲——人文精神——文化遗迹等地景组合，往往成为自然景观宜人，文化景观深厚的大地景观单元。流域景观生态的完整性和多样性是在历史的长河中景观协调演变的结果，流域景观生态格局的延续需要对景观资源的合理利用作出规范，并通过景观生态评价和规划实现流域景观生态的完整性与多样性。从景观生态学的角度来看，景观生态评价主要集中在景观生态分类方法的评价、景观生态系统功能评价、生态系统健康评价、生态系统综合评价等几个方面，是景观生态学的重要研究内容。

从国内外的研究发展来看，游憩景观生态评价的相关成果主要集中在景观资源的适宜性评价、景观干扰与协调、旅游开发对植物的影响、旅游开发对社会的影响、旅游对环境的影响、游憩生态学研究、旅游区环境质量评价、自然保护区生态设计、可持续旅游研究、景观视觉敏感度评价、景观相容度评价、乡村景观评价、流域景观评价与规划等方面。综合来看，景观生态适宜性评价的理论与方法主要有两个阶段：

（1）第一代适宜性评价理论与方法（LSA1）。景观适宜性试图解决土地与其用途之间的适宜性。第一代景观适宜性方法多依赖于景观的自然特征，实现鉴别适宜性的目的。该方法可以追溯到19世纪，艾默生（Emerson）、奥姆斯特德（Olmsted）、乔治·马什（George Marsh）和20世纪初的曼宁（Manning）、格迪斯（Geddes）、希尔（Hill）、麦克哈格（Macharg）和斯坦尼兹（Steinitz）。第一代适宜性评价方法主要包括格式塔（Gestalt method）、自然资源保护与服务能力体系、安格斯·希尔斯提出的自然单元法（physiographic unit）和菲利普·刘易斯提出的资源模式法（resource-pattern method）以及以麦克哈格为代表的宾夕法尼亚大学开展的适宜性评价方法。"千层饼"模式是生态适宜性评价的早期研究理论与方法。IAN L.Mcharg以美国费城大河谷区域为典型进行区域土地资源和景观资源的生态最佳利用方式和利用模式研究。通过对每一类型土地适宜性进行研究，并通过不同类型土地适宜性评价的叠合，寻找到最佳土地利用的综合评价方案。在评价的基础上，依据生态与地理环境的差异将费城大河谷区划分为高原、山脊与河谷、大河谷、山麓地带和滨海带进行景观生态规划。这种方法在80年代我国进行的各

种适宜性评价和规划中被广泛运用。

（2）第二代适宜性评价理论与方法（LSA2）。20 世纪 60~70 年代，由于资源管理面临的持续增长的压力，景观适宜性评价主要形成了系统化、技术化、环保性和制度化的第二代适宜性评价方法。在第二代方法中，在概念基础、程序原则和评价技术等方面得到了深刻发展。第二代适宜性评价在寻求景观最优利用的过程中，不仅考虑生态因素，而且变化中的经济环境所呈现出的土地供求关系、人类需求和价值观的变化以及政治现实与技术革新等因素，将适宜性定义为优化。价值观成为区别于第一代评价方法的主要特征。承载力、景观机遇与制约条件、影响评价和景观再生成为第二代评价的基本概念。第二代适宜性评价方法主要包括景观单元和景观分类法、景观资源调查与评价以及战略适宜性评价方法。代表人物有约翰·莱利（John Lyle）、刘易斯·霍普金斯（Lewis Hopkins）、布鲁斯·麦克当格尔（Bruce Mcdongell）、卡尔·斯坦尼兹（Carl Steinitz）、麦克哈格（McHarg）、冯·伍德特克（Von Woodtke）、鞠丽斯·法布什（Julius Fabos）和佛里德里克·斯坦纳（Frederick Steiner）。

二、景观生态适宜性评价体系

1. 景观生态适宜性评价结构

游憩景观生态适宜性评价是在景观生态与游憩行为之间进行的综合评价，其目的是实现景观资源的可持续利用。游憩景观生态适宜性评价是基于景观环境特征、人地关系特征和资源潜在利用方式三个方面的综合评价（图 4-5）。

（1）景观环境特征评价。鉴于游憩景观价值特征，在重点评价景观自然度、美景度的基础上，对景观环境旷奥度进行评价。旷奥度直接决定景观利用的行为方式。

（2）人地关系特征评价。基于景观适宜性评价的关键问题，以景观敏感度评价为基础，重点评价人的行为体系与景观类型之间的相容性特征。相容度是游憩景观生态适宜性评价的核心。

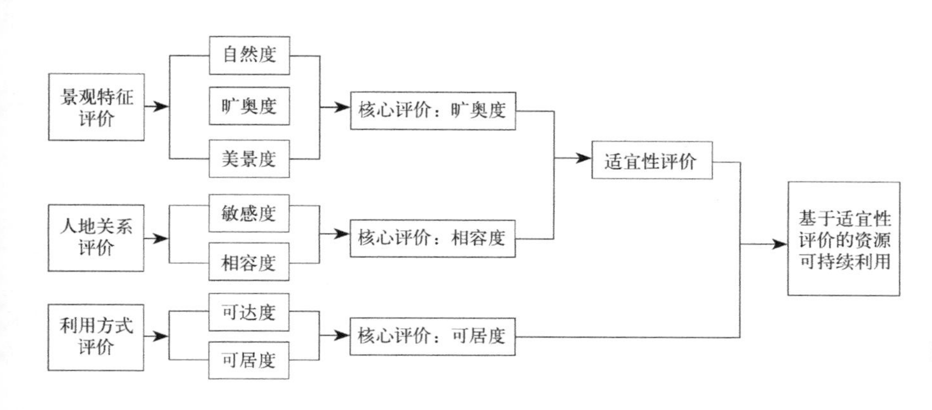

图4-5 景观生态适宜性评价体系

（3）在景观旷奥度、相容度评价的基础上对景观生态适宜性进行综合评价。景观生态适宜性呈现出相容度较高的旷景观、相容度较高的奥景观和相容度较高的过渡景观类型。不同的景观相容性类型直接决定景观资源的利用特征。

2. 景观生态适宜性评价指标

评价的指标体系具有多学科指标的融合特征。指标选择在于突出将游憩行为与景观生态之间建立内在联系并具有全面性、代表性和典型性的评价指标（表 4-4）。

游憩景观生态适宜性评价指标 **表4-4**

评价指标		指标说明
景观资源环境特征	美景度	是对景观和风景质量的量化评价，景观美景度高是开展游憩活动的重要基础
	旷奥度	是对景观开阔性和幽密性的评价，深幽的景观适宜于静态游憩行为，应严格限定游客容量和设施建设，规定特殊的游路，严格执行生态旅游的开发标准；而旷景观在空间尺度较大，适宜于动态行为和人流集聚，并适宜在动态转换中完成游憩活动和行为
	自然度	景观的自然性和景观环境的原生性程度是限定尤其活动类型和强度的重要指标，游憩景观生态适宜性在于保护景观的自然性和原生性不被破坏
人地作用关系特征	敏感度	是指景观生态环境的单一性和脆弱性。敏感度较高的景观环境具有较强的限制性
	相容度	特定景观类型对不同游憩行为形成的行为——响应评价，有的行为对某类景观的破坏性较大，而对其他景观破坏性较小。景观相容度在于筛选一系列相容度较高的游憩活动
景观潜在利用方式	可达度	可达度是对景观可达性能力的评价，可达度高利于游憩活动开展，但不利于景观生态保护
	可居度	是恒定人流在特定的景观环境中能够停留的时间长短。有的景观环境不适宜进行长时间停留，更不宜居住；而有的景观环境则需要居住下来才能够体验

三、巩乃斯河流域整体人文生态系统的特征

1. 景观格局与自然过程的统一性

巩乃斯谷地是一个陷落谷地，沿河形成较大的河漫滩。河床年年增高，水流分散，岔道较多。过去河漫滩生长着茂密的次生林，近年来由于次生林被砍伐破坏，水流不断冲蚀河岸，造成严重的水土流失，使两岸草场遭受破坏。巩乃斯河主流在哈拉苏与其主支恰甫河汇合，最终与特克斯河汇合后注入伊犁河，全长 258km。集水面积 3532km^2，多年平均流量为 50.4m^3/s，多年平均径流量 1.589×10^9m^3。属于季节性融雪型河流，径流量变化不大。河谷和低阶地地势低、水位高，沼泽化和盐碱化较重，主要为牧业用地。高阶地和扇形地土层厚且排水好，是巩乃斯河流域主要农业用地（图 4-6）。

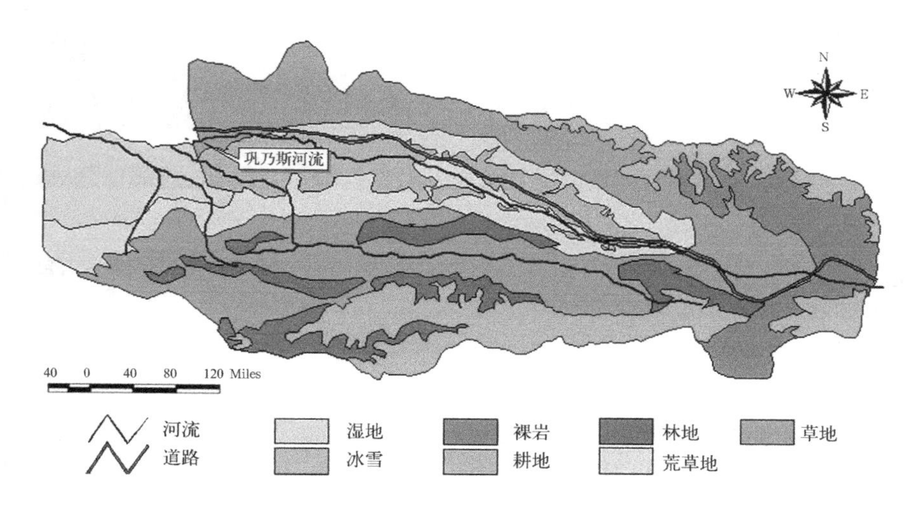

图4–6 巩乃斯河谷流域土地利用图

2. 流域景观生态干扰与灾害的整体性

（1）草场退化，森林面积减少。巩乃斯河流域四季草场分布不平衡，草场载畜能力不平衡，春秋场严重超载，草场退化已由春秋场发展到冬草场和夏草场。草场退化面积达 786.7km^2，占全流域可利用面积的 14.1%。雪岭云杉林分布在海拔 1300~2800m 之间，出现了森林上限下降，下限上升的严重情况。河谷次生林分布于河漫滩，次生林中乔木以榭树为主，以沙棘居首的灌木丰富。河谷次生林随着巩乃斯河谷定居人数的增加，烧柴和建材需用量越来越多，破坏十分严重。原有大量稠密的山麓次生林和河谷次生林被砍光烧尽。

（2）水土流失增加，沼泽面积扩大。巩乃斯河流年平均含砂量 0.343kg/m^3，年平均输砂量 5.23×10^8kg，4~6 月的汛期输砂量占全年的 73.2%，年侵蚀模数 1.27×10^5kg/km^2。就过境的特克斯河而言，其年输沙量 5.46×10^9kg，含砂量较高，出山口到与巩乃斯河汇合处流速变缓，泥沙淤积，河床抬高。在汛期对巩乃斯河下游造成回水顶托，河水漫堤而灌入草场，使大片的优良草场被淹没，沼泽化趋势加剧，沼泽面积扩大。

3. 流域人文景观生态的地方性

以巩乃斯河典型景观那拉提草原为例，北部为农田耕作景观，南部为放牧草原景观，沿河谷带状东西向展布，形成了半农半牧的农业景观与哈萨克少数民族集中的乡村景观。巩乃斯河从谷地中间曲折穿行，云杉茂密，形成巩乃斯河流绿色生态通道。同时，在谷地的两侧由南向北形成高寒雪山——山前云杉林——高山草场——森林河谷——农田居民点——高山的谷地景观组合（图 4-7）。在巩乃斯河谷中由于草场多分布在海拔 2500~3000m 的地区，形成了以夏牧场为主导的坡地——河谷草地景观。在高山草场、河谷、雪山和富有特色的少数民族共同组成草原与民俗旅游的度假胜地，呈现出游憩景观镶嵌在森林——草场——河谷形成的景观整体之间（图 4-8）。

（左）图4–7 巩乃斯河谷自然景观整体性

（右）图4–8 巩乃斯河谷人文生态景观

四、巩乃斯河流域景观生态适宜性评价

1. 巩乃斯河流域游憩景观旷奥度评价

旷奥景观分析评价是基于风景质量美景度的评价，是流域游憩景观生态适宜性评价的基础评价。不同的景观旷奥度特征对应于不同的游憩行为的适宜性，从而决定了流域游憩景观建设的行为组合。景观的旷奥度不仅取决于地形的破碎度和封闭性，还取决于植被的郁闭度和森林化特征。一方面是基于景观开发为导向的价值评价，另一方面是对景观生态特征的一种认知评价。因此，对流域景观生态的旷奥度评价可以通过构建旷奥度指数来衡量景观旷奥特性。以 S_f 表示研究单元的地表面积，以 S_v 表示研究单元的垂直投影面积，γ 为研究单元林地覆盖率，则景观旷奥度为：

$$\varepsilon = \gamma \frac{S_f}{S_v}$$

景观旷奥度 ε 的计算以 500m × 500m 为测定单元，巩乃斯河流域 ε 分布在 0 和 3 之间。景观旷奥度 ε 的计算是绝对值，但由于旷奥景观划分缺乏严格的 ε 界值标准，巩乃斯河流域依据 ε 划分旷景观和奥景观的结果是相对的。只是在流域范围内景观的相对旷奥划分。巩乃斯河谷宽阔，*U* 形谷地特征明显，宽阔的谷地，平缓起伏的草场，林地覆盖较低的岩石山体呈现出以旷景观为主体，并成为整体景观的特征。奥景观则主要以小空间和微地貌的特征镶嵌在旷景观的主体中，主要分布在巩乃斯河流两侧多变的缓坡地带、草地、林间，以及谷地两侧高山与草甸之间的森林地带，组合成为奥化程度很高的景观空间。旷奥景观是游憩景观生态系统的重要特征。巩乃斯河流域景观旷奥度 ε 指数分布特征与巩乃斯河流域特征比较吻合，依据 ε 指数巩乃斯河流域的景观空间划分为旷景观（$\varepsilon<1$）、奥景观（$\varepsilon>2.5$）和过度景观空间（$1 \leqslant \varepsilon \leqslant 2.5$）三种，其中旷景观占 38.5%，奥景观占 16.3%，过度景观空间占 45.2%。

2. 景观生态适宜性评价

景观——行为相容度评价是景观适宜性评价的核心。巩乃斯河流域景观生态特色和景观资源特色决定了适宜的游憩景观行为组合。不同的景观组合决定不同的游憩景观组合特征。并且从景观生态评价与规划的角度来看，一部分原生景观只适宜于远看，而不适宜游客进入，也就是形成不适宜发展游憩行为的景观地带。与此相对应，在巩乃斯河谷流域形成最适宜的游憩景观地带，在景观生态、游憩行为之间形成高度协调的生态——经济空间。鉴于西部干旱半干旱地区高寒山地区别于东部山地的景观特征，巩乃斯河谷的山地景观结构呈现出高度垂直分异的结构特征。因此，奠定了景观——行为适宜性评价的主要思想和主导指标以垂直分异为核心的地位。设定在相容性判断矩阵中，判断值为 0、1、3、5、7、9，分别是指景观类型与行为类型具有相容性特征的不相容、几乎不相容、弱相容、中等相容、相容性较强和完全相容六个等级。以 B_{ij} 为判断值、S_{sl} 为单项行为对一种景观的适宜度、S_{xw} 为一种行为对河谷景观整体的适宜度、S_{lx} 为一组行为对一类景观的适宜度。评价模型为：

$$S_{sl}=\frac{B_i}{9J} \qquad S_{xw}=\sum_{\substack{i=1\\J=5/5/5/3/13}}^{i=6}\frac{B_i}{9J} \qquad S_{lx}=P_J\sum_{\substack{i=1\\J=5/5/5/3/13}}^{i=6}\frac{B_i}{9J}$$

通过对巩乃斯河谷流域现有的人类行为进行调查，初步统计共有 31 种行为（表 4-5）直接与景观环境相互作用，主要包括骑马、夏季放养、冬季圈养、季节打草、农田耕作、开山采石、采矿、伐木为薪、淀粉加工、酒厂生产、修建区际公路、修建景区公路、电信信号设施、电力设施建设、牧民定居、民族市场交易、民族体育运动、民族节庆活动、登山探险、滑雪、滑草、打猎、山地自行车越野、空气动力伞、滑翔、漂流、高山缆车、高尔夫休闲、民俗体验、营地建设、度假村建设，是对景观生态起决定作用的因素。从巩乃斯河谷行为与景观生态适宜性的分析评价来看（图 4-9）：

（1）农牧业生产在河谷景观生态体系中适宜度为 27.94%，尤其适宜于平原草地（适宜度为 62.2%）和山地草坡景观（适宜度为 60%）。其中传统牧业适宜性较好，农田耕作适宜性很低，在巩乃斯河谷宜广泛退耕还草。

（2）巩乃斯河谷内加工制造业的整体适宜性较低，适宜度仅为 4.13%，除在居民村镇具有较好的适宜性外（适宜度为 22.2%），尤其不适宜于其他六大景观类型。

（3）对于基础设施建设来说因局限性大而适宜性较低，适宜度为 9.92%。对居民村镇景观具有较好的适宜性，适宜度为 61.1%。尤其不适宜在其他六大景观内进行大规模基础设施建设。

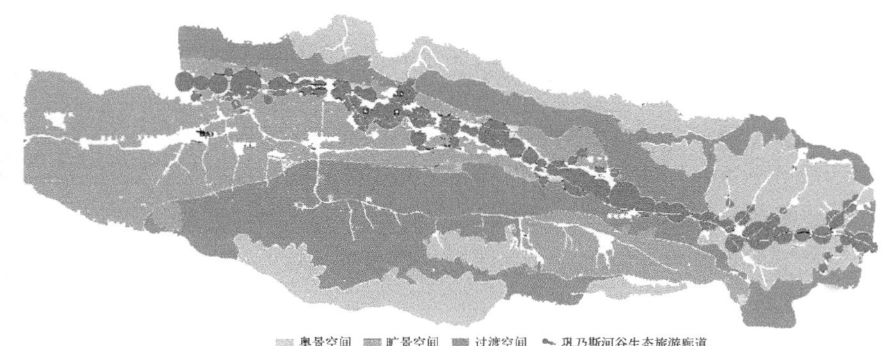

图4—9　巩乃斯河谷旷奥景观评价图

（4）社会公共活动是巩乃斯河谷少数民族人文景观的特色，整体来说具有较高的适宜性，适宜度为 27.8%。对于村镇景观、山地草场景观和平原草地景观具有较高的适宜性，适宜度分别为 100%、27.8%、33.3%；而对于其他景观类型适宜性很低。

（5）对于游憩景观行为来说，现状游憩行为的整体适宜性为 22.59%，具有一定的局限性。总体来看，居民村镇景观、平原草地景观和山地草场景观对现有的游憩景观行为具有较好的适宜性，适宜度分别为 42.7%、29.1% 和 49.6%。而对于河谷生态保护地带、高山森林、高寒草甸和冰雪原生景观具有很强的保护性，不能随意规划游憩行为，成为景观生态保护的核心。

（6）对于景观类型来说，在一个类型的景观空间中有一组行为存在，景观类型对一系列行为的适宜性也反映出景观生态与行为结构的相互关系。同时揭示对景观生态破坏的主导因素。对巩乃斯河谷流域景观生态来看，河谷景观对不同行为的适宜度较低为 7.48%，是需要全面保护的景观类型；平原草地、山地草场和山地林地景观适宜性较好。适宜度分别为 24.61%、26.44% 和 18.03%，相对来讲是具有较强选择性适宜的景观类型；对于高山草甸和冰雪景观来讲，景观的适宜性很低，适宜度分别为 3.07% 和 2.79%，不宜开展各种人类活动，是需要严格保护的景观。在所有景观类型中居民地是对各种行为适宜性最高的一种类型，适宜度为 52.58%，因此对巩乃斯河流域游憩景观规划尽量结合居民点进行集中开发，有效控制行为的扩散范围，保护景观原生性。

依据巩乃斯河流域景观的适宜性特点，立足于景观保护与合理开发，巩乃斯河流域游憩景观生态适宜性存在以下空间规律（图 4-10）：海拔 1500m 以下的平原河谷游憩景观区、海拔 1500~2000m 山地草场主导游憩景观区、2000~2500m 山地林地主导游憩景观区、海拔 2500~3000m 山地草甸主导原生景观区和海拔 3000m 以上的冰雪主导原生景观区五个类型区域。其中将游憩景观行为严格限制在 2500m 以下的景观空间，以平原河谷、草场和林地为主体，而 2500m 以上的空间只适宜于旅游者瞭望观赏，而不适宜于游客进入。

从游憩行为来看，巩乃斯河流域景观与游憩景观行为的相容性组合形成以下适宜性特征（表 4-6）：

（1）适宜性形成大众旅游行为、生态旅游行为和特色行为需求空间三个景观地带。

（2）在平原河谷区适宜较广，开展大众旅游行为如旅游接待基地、民族餐饮与购物、民俗娱乐、停车系统、酒店与度假设施。

（3）在山地草场和山地林地两个景观带中适宜开展生态行为，分别为草地骑马、放羊、体验牧民生活、空气动力伞等。部分民俗传统娱乐（阿肯弹唱）和体育活动以及高山休闲度假、部分登山线路等。

（4）在山地草甸和高山冰雪景观两个景观空间中，不适宜开展游憩活动，只适宜进行少量而具有特色目的的科学考察和登山活动。

巩乃斯河谷流域景观与行为适宜性评价表 **表4–5**

景观行为	流域景观	河谷景观	平原草地	山地草场景观	山地林地景观	高山草甸	冰雪景观	居民村镇
农牧业生产（权重0.1）	骑马	5	9	9	5	3	1	5
	夏季放养	0	9	9	0	5	0	0
	冬季圈养	0	0	0	0	0	0	9
	季节打草	0	9	9	0	0	0	0
	农田耕作	0	1	0	0	0	0	0
	农业生产行为适宜度	11.1%	62.2%	60%	11.1%	17.8%	2.2%	31.1%
加工制造（权重0.2）	开山采石	0	0	0	0	0	0	0
	采矿	0	0	0	0	0	0	0
	伐木为薪	0	0	0	0	0	0	0
	淀粉加工	0	3	0	0	0	0	5
	酒厂生产	0	0	0	0	0	0	5
	加工行为适宜度	0	6.7%	0	0	0	0	22.2%
基础设施建设（权重0.2）	修建区际公路	0	3	0	0	0	0	5
	修建景区公路	0	0	0	0	0	0	7
	电信信号设施建设	0	0	0	0	0	0	5
	电力设施建设	0	0	0	0	0	0	5
	适宜度	0	8.3%	0	0	0	0	61.1%
社会活动（权重0.2）	牧民定居	1	3	0	0	0	0	9
	民族市场交易	0	0	0	0	0	0	9
	民族体育运动	3	5	5	3	0	0	9
	民族节庆活动	1	5	5	3	0	0	9
	适宜度	13.9%	33.3%	27.8%	16.7%	0	0	100%
游憩行为（权重0.3）	登山探险	1	1	1	5	5	7	0
	滑雪	0	0	5	3	0	0	5
	滑草	0	3	5	0	0	0	5
	打猎	0	0	0	0	0	0	0
	山地自行车越野	3	5	7	3	0	0	3
	空气动力伞	0	7	9	0	0	0	5
	滑翔	0	7	9	0	0	0	0
	漂流	7	0	0	0	0	0	0
	高山缆车	0	0	0	0	0	3	0
	高尔夫休闲	0	0	5	0	0	0	5
	民俗体验	3	5	7	3	0	0	9
	营地建设	0	3	5	0	0	0	9
	度假村建设	0	3	5	0	0	0	9
	适宜度	11.97%	29.1%	49.6%	11.97%	4.3%	8.55%	42.7%
景观类型的适宜度		7.48%	24.61%	26.44%	18%	3.07%	2.79%	52.58%

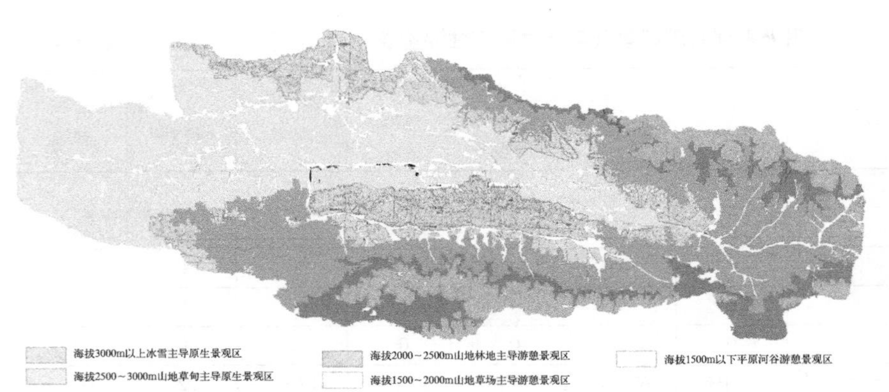

图4–10 巩乃斯河谷游憩景观适宜性评价图

巩乃斯河谷流域景观生态特征与游憩景观行为组合 **表4–6**

游憩景观适宜地带	景观组合特点	景观生态特征	游憩行为组合
1500m以下平原河谷游憩景观带	河谷（水流——滩地森林）——平原农田，动态景观与静态景观相组合	河谷形成主体的自然生态通道，沿河道延伸的公路是人文生态通道，形成复合通道体系。平原中农田、居民点斑块交错镶嵌	大众旅游行为：旅游接待基地、民族餐饮与购物、民俗娱乐、停车系统、酒店与度假设施、漂流、滑雪和滑草
1500~2000m山地草场主导游憩景观带	丘陵坡地——肥沃的草场——马群与羊群——白色的毡房，以静态景观为主体，感受到景观的永恒。旷景观为主体，局部形成奥景观	低缓状如高尔夫场地的缓坡丘陵，草地如绿毯，形成几乎均质化的草地生态景观，孤植和丛植的树木零星点缀在草地上，部分微地貌形成的树林是草地上唯一的斑块景观	生态旅游：草地骑马、放羊、体验牧民生活、空气动力伞、山地自行车与越野等。民俗传统娱乐（阿肯弹唱）和体育活动
2000~2500m山地林地主导游憩景观带	是巩乃斯河谷山地与河谷平原的过渡景观地带，林地沿阴坡地形或小溪谷地向下延伸。以静态景观和奥景观为主体	林地成带状空间分布在山前过渡地带，边界呈现出锯齿状与草地景观交错镶嵌。在景观生态学上具有景观边缘效应。林地树种为雪岭云杉，类型单一。垂直结构一层	生态旅游行为体系：高山休闲度假、部分登山线路
2500~3000m山地草甸主导原生景观带	单一的高山草地景观，地形平坦，局部起伏，低洼地因地下水出露，而形成草甸湿地。以静态和旷景观为主体	高山草甸草地景观生态系统，局部形成草地湿地景观。生态系统单一脆弱	科学考察、少量的登山活动
3000m以上的冰雪主导原生景观带	永久积雪和季节积雪带景观，以静态景观为主，感受到景观的永恒	极为脆弱的景观生态系统，不稳定，景观单一	科学考察、少量的登山活动

五、基于适宜性评价的巩乃斯河流域景观生态规划

1. 严格限定游憩活动开展空间，确定适宜的游憩活动序列

根据游憩景观生态评价结果，在巩乃斯流域景观垂直分异中，平均森林下线为 2000m，2500m 以上为草甸、冰雪原生景观区。因此将流域大众游憩活动严格限制在 2000m 以下，而对脆弱的森林带和冰雪带只对科学考察、登山等特种活动开放。依托城镇、平原河谷区和 2000m 以下草山草坡开展大众游憩活动。与此同时，要科学认识冬春季对景观环境的修复和恢复功能，不要盲目开发冬季游憩活动项目，有利于流域景观资源可持续利用。

2. 建立流域游憩景观生态保护体系

从巩乃斯河流域横剖面来看，巩乃斯河谷是以自然河流为骨架的景观生态廊道、结合河谷两侧的带状延伸的草原、农田、山地形成十分完整的景观生态体系（图 4-11）。从巩乃斯河的纵向结构上来看，形成了山地峡谷、草原牧区、平原农区、野果林景观、湿地景观和哈萨克民族聚居六个景观类型的演进序列。从现阶段来看，巩乃斯河流域游憩景观生态具有较高的整体性。依据流域游憩景观生态区域特色和游憩景观适宜性评价，巩乃斯河流域游憩景观生态保护应重点落实到以下几个专项保护措施：

（1）那拉提草原景观生态保护。那拉提草原位于巩乃斯河流的上游，由山地河谷与草原河谷两个谷地景观类型组成。是巩乃斯河谷草地和山地草场景观的典型景观生态区域和草原生态旅游区。

（2）野果林景观生态保护。在巩乃斯河中游，与那拉提草原相连，是巩乃斯中游河谷平原农业的集中区域。在巩乃斯河流南部山前结合地带分布大量成片的野生果林资源，主要有野苹果等多个品种，是水果植物的基因宝库，具有很高的科学价值和生态教育价值。

（3）哈萨克民族人文生态地方性保护。

（4）湿地景观生态保护。

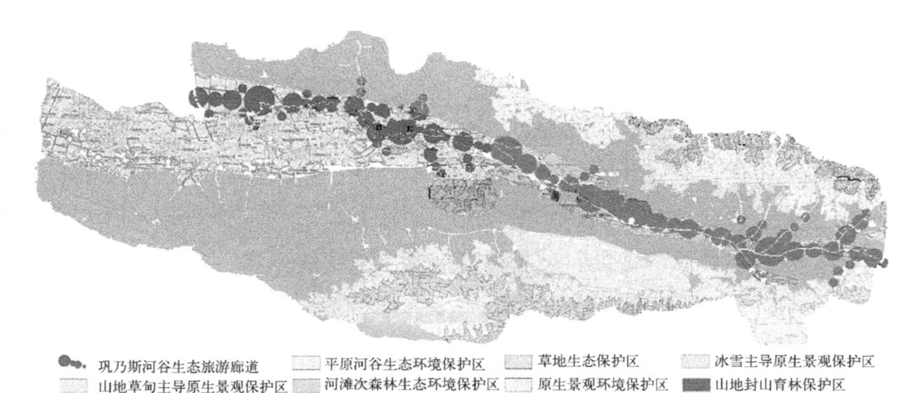

图4—11　巩乃斯河流域游憩景观生态保护图

3. 保护流域多民族融合形成的人文生态特色

巩乃斯河流域游憩景观开发目的是在景观利用、生态保护、社会协调进步、经济发展、牧民致富等多目标之间建立可持续的资源利用与产业体系。游憩景观资源保护是协调可持续旅游发展与流域景观生态保护的重要环节。要重点进行高山草甸原生景观保护、冰雪主导原生景观保护、草原生态资源保护、珍稀野生动植物资源保护、民族特色村镇资源保护和生态湿地景观资源保护、河滩次生林景观生态资源保护。在众多的资源体系中，流域多民族融合形成的人文生态特色成为具有重大游憩价值的特色资源。保持流域以村镇为中心的多民族聚居景观和分散的少数民族游牧景观的连续性和持续性，成为满足流域新兴经济行为和需求的重要资源。

第四节　景观敏感度评价

一、景观敏感度的概念与内涵

景观敏感度是指在人与景观相互作用以及人对景观认知的过程中景观处在一个极易发生变化并呈现在景观及其环境系统中的特征。景观敏感度通常包含景观生态敏感度、景观认知的景观视觉敏感度和景观建筑及其环境敏感度三个方面。景观敏感度评价是从景观认识的特殊视角或功能进行评价，其作用和角色各不相同。景观敏感度评价是建立在景观生态敏感度、视觉敏感度和建筑及其环境敏感度的评价体系之上的对某一特定景观进行的景观敏感度综合评价。

二、景观敏感度评价体系与方法

1. 景观敏感度评价体系

（1）景观生态敏感度评价

遗址景观生态特征根据不同地理环境存在较大的差异，景观生态的敏感性也存在较大的差异，这是由遗址景观生态组成要素的稳定性与敏感性所决定的。在景观生态系统中遗址景观生态的稳定性和敏感性因遗址景观类型不同而不同，决定遗址景观敏感性的关键是景观生态群落的特征。景观稳定性与景观敏感度有着内在的联系。从遗址景观生态系统来看，遗址景观生态愈多样化，结构愈复杂，规模愈大，人造景观的成分愈低，自然条件的适生性愈好，水热光条件配置丰富，地质环境愈稳定，地表植被覆盖度愈好，土壤愈肥沃，景观的稳定性就更好，敏感度更低。反之则如生态脆弱带地区，景观生态的敏感度较强，轻微的人为干扰，就会导致景观大面积和较大幅度的破坏。因此，在重力作用、重力灾害、土壤侵蚀、风沙盐碱和寒旱作用频繁发生的地区，景观的敏感度就大。景观生态敏感度重点选取生态系统脆弱性特征、地表水资源稀缺性、林木覆盖率和自然灾害发生频率四个指标进行评价（表 4-7）。以 p_i^e 代表指标权重，f_i^e 代表景观生态敏感度评价指标等级值，则 E 为景观生态敏感度指数。根据景观敏感度评价方法和指标特征，景观生态敏感度指数分布特征在 $E \in [1, 9]$。

（2）遗址景观视觉敏感度评价

遗址景观视觉敏感度评价是从以景观感知者移位换景的角度对景观环境的视觉敏感性进行评价。区别不同景观空间在视觉感受中的作用，对视觉敏感度高的遗址景观进行景观保护与提高景观质量；同时，对景观视觉敏感度高的景观进行慎重开发与建设，以避免景观的破坏，或形成景观视觉污染。在众多视觉景观敏感度评价因素中，针对遗址景观的特点选定通道中的景观、景观吸引力和景观空间感知特征三个核心指标进行评价（表4-7）。以 p^{v}_{i} 代表指标权重，f^{e}_{i} 代表景观生态敏感度评价指标等级值，则 V 为景观视觉敏感度指数。根据景观敏感度评价方法和指标特征，景观视觉敏感度指数分布特征在 $V\in[1,9]$。

（3）遗址建筑及环境的敏感度评价

遗址景观敏感性的一个重要特征就是遗址构筑物的特征和人类活动对遗址景观的干扰程度两个方面。构筑物的特征主要表现在其历史特征上，而景观遗址的可达性、周边人工活动的干扰性和遗址允许进入程度和形成的破坏性等方面（表4-7）。以 p^{a}_{i} 代表指标权重，f^{e}_{i} 代表景观生态敏感度评价指标等级值，则 A 为景观建筑敏感度指数。根据景观敏感度评价方法和指标特征，景观建筑敏感度指数分布特征在 $V\in[1,9]$。

景观生态敏感度、景观视觉敏感度和景观建筑敏感度评价模式为：

$$\begin{cases} E=\sum\limits_{i=1}^{4} p_i^{e} f_i^{e} \\ \sum\limits_{i=1}^{4} p_i^{e}=1 \end{cases} \qquad \begin{cases} V=\sum p_i^{v} f_i^{v} \\ \sum\limits_{i=1}^{3} p_i^{v}=1 \end{cases} \qquad \begin{cases} A=\sum\limits_{i=1}^{4} p_i^{a} f_i^{a} \\ \sum\limits_{i=1}^{4} p_i^{a}=1 \end{cases}$$

遗址景观敏感度评价的指标体系 **表4—7**

	单因子评价	指标	权重	指标说明
景观敏感度评价	景观生态敏感度评价	生态系统脆弱性	0.25	依据寒旱生态系统、草地生态系统、农耕生态系统、森林生态系统和雨林生态系统五个级别衡定生态系统的脆弱性特征
		地表水资源稀缺性	0.34	依据湿润指数评价水资源的稀缺性
		林木覆盖率	0.23	依据林木覆盖率
		自然灾害频发率	0.18	以冬春季大于6m/s的大风天数为主导灾害特征
	景观视觉敏感度评价	通道中的景观	0.24	以通道水平宽度与主体景观垂直高度之比为参数
		景观客体吸引力	0.45	以珍稀、奇特、特色、大众和贫乏五个级别评价景观吸引力特征
		景观空间感知特征	0.31	以景观距离为参数，太近和太远的景观敏感度都较低，适度距离敏感度较高
	景观建筑及其环境敏感度评价	景观建筑的牢固性	0.31	将景观建筑的历史特征中体现的历史价值划分为遗址建筑、悠久建筑、近代建筑、传统建筑和现代建筑五个等级
		遗址的可达性	0.26	以交通方式为参照，划分出不可达、徒步可达、畜力交通、间接可达和现代交通直达五个级别
		周边人工活动的干扰性	0.21	以景观遗址周边聚居人口规模为参数评价人工活动的干扰性
		进入性与破坏性	0.22	以每年进入遗址区的人次数为参照评价进入遗址区造成的景观破坏程度

2. 景观敏感度评价方法

（1）指标分级与评价标准。由于景观敏感度评价是关系到景观的自然特征、文化特征和认知特征，因此景观敏感度评价是兼顾自然——人文活动的综合评价。依据景观遗址评价的指标体系，对指标采取五级划分，采用定性指标与定量指标相结合，对指标进行分级赋值。评价指标主要要有两类：①定量指标。主要指采用的自然特征比较明确的指标，如地表水稀缺程度、林木覆盖率、自然灾害发生率、景观空间感知特征、周边人工活动的干扰性和景观遗址进入性特征指标；②定性指标。是对景观遗址敏感度具有重要的衡定价值，但多属于文化特征和认知特征指标，定性分级后与定量指标一起形成系统全面的评价体系。主要有生态系统的脆弱性特征、景观吸引力、景观建筑的历史特征、景观可达性等指标；③在定量指标分级赋值中，介于两个敏感度分级之间的敏感度特征分别赋值为2、4、6和8（表4-8）。

（2）景观敏感度评价模型。依据遗址景观敏感度评价体系和指标分级标准，以石头城为例进行景观敏感度综合评价。由于景观生态敏感度、景观视觉敏感度和景观建筑与环境敏感度三者之间相互作用，对遗址景观敏感度形成协同作用，因此遗址景观敏感度评价采用三个因子等权重的协同评价方法。以 LS 代表遗址景观敏感度综合评价指数，它与景观生态敏感度 E、景观视觉敏感度 V、景观建筑与环境敏感度 A 之间的关系为：

$$LS = \sqrt[3]{E \cdot V \cdot A}$$

由于 $E \in [1,9]$、$V \in [1,9]$、$A \in [1,9]$，故 $LS \in [1,9]$。因此将 LS 划分为 1.0~2.0、2.1~4.0、4.1~6.0、6.1~8.0、>8.0 共 5 个敏感度分级标准，分别对应景观不敏感、低敏感、中度敏感、高度敏感和极敏感五个类型。

遗址景观评价指标分级与评价标准 **表4—8**

敏感度分级	景观生态敏感度				景观视觉敏感度			景观建筑敏感度				分级赋值	分级标准
	f_1^e	f_2^e	f_3^e	f_4^e	f_1^v	f_2^v	f_3^v	f_1^a	f_2^a	f_3^a	f_4^a		
不敏感	雨林生态	>0.65	>0.6	<10	>100或<10	贫乏	>5km或<100m	现代建筑	不可达	<10人	<10	1	1.0~2.0
低度敏感	森林生态	0.5~0.65	0.4~0.6	10~20	10~20	大众	10~1000m	传统建筑	徒步可达	10~100人	10~500	3	2.1~4.0
中度敏感	农耕生态	0.2~0.5	0.2~0.4	20~40	20~50	特色	1~2km	近代建筑	畜力交通	100~500人	500~1000	5	4.1~6.0
高度敏感	草地生态	0.05~0.2	0.1~0.2	40~60	50~70	奇特	3~5km	悠久建筑	间接可达	500~1000人	1000~3000	7	6.1~8.0
极敏感	寒旱生态	<0.05	<0.1	>60	70~100	珍稀	2~3km	遗址建筑	现代直达	>1000人	>3000	9	>8.0

三、石头城文化遗址景观及区域特征

1. 文化遗址景观的概念与内涵

文化遗址景观是人类社会所共同拥有的文化和文明延续的载体，是历史文化和文明的窗口。遗址景观通常具有被破坏后不再"原生"存在的特征，因此，遗址景观通常被文化和文物管理部门确定为"文物"或"文化遗址"，有的还进入联合国教科文组织认定的人类文化遗产目录，成为遗址景观中最为珍稀的文化遗址。遗址景观只是"文物"或"文化遗址"中的一个类型。"遗址景观"通常是古代人类活动的场地、事件发生地、建筑群等，原有的景观经过历史的演变已不再完整存在，留下来的只是景观的一些"残影"，时过境迁，这些景观只是"孤独"地屹立在时空中成为永恒，与周边的景观形成巨大的反差。遗址景观主要包括以下要素：建筑遗址、人类活动遗迹、景观场景、特定的历史遗留物、遗址出土的文物、遗址流传的口头传说和特有的文化形式等。随着时代的发展，历史愈加久远，遗址将更加稀少，遗址景观的价值也就正在被人类广泛发觉。遗址景观不仅记录了历史、文化与艺术价值，展现了特有的人类文明，而且成为现代人了解过去特定历史时期，了解特定事件的原委，了解文化的形成与演变，成为理解其他民族独特文化的载体，成为国际和国内旅游业发展中最具吸引力的文化资源类型。

2. 石头城景观环境与文化特征

石头城位于新疆塔什库尔干县城东北角，是古丝道上一个著名的古城遗址，据守在叶尔羌河西岸。它是汉代西域三十六国中蒲犁国的王城，唐朝开元年间朅盘陀国和安息都护府的"葱岭守捉"，清朝的"色勒库尔回庄"和"蒲犁厅"，一直是这一带政治、经济、文化和交通的枢纽。2001 年列为国务院第五批全国重点文物保护单位。石头城是塔吉克文化的典型代表。"塔吉克"传说为"汉日天种，鹰的传人"。突厥语塔什库尔干为"石头城"之意，人们不仅住石头房屋，还以石头传情表意。鹰是塔吉克人的图腾，"鹰舞"更是塔吉克人生活的灵魂。石头城不仅是中国四大石头城之一，也是世界四大石头城之一（图 4-12）。

图 4-12 石头城景观系列（自上而下分别是叶尔羌河谷、石头民居、塔吉克民俗和石头城）

石头城分为内城和外城两个部分，内城 3600m^2，保存比较完整，主要是王宫，由官府、军政官员宅第和佛庙组成，从石丘脚下砌起，与顶齐高，充分利用石丘下宽上窄的自然结构，形成壮观的城楼。城垣周长1285m，城基石砌，城墙用泥和石块砌成。目前，大部分城墙、城垛、女墙、角楼和东北角大门保存完好，除内城墙兼作屋壁，可见神龛、壁橱及烟囱槽道外，城中建筑物全部坍塌，地面布满石块，还存有少量巨石和土墙。外城部分破坏严重，其形态和结构已有了明显变化，只可见到部分露出地面的城墙和居民住宅的遗址轮廓。

四、石头城文化遗址景观敏感度评价结果

从石头城景观敏感度评价结论来看，主要有以下特征：

（1）由于石头城所处的叶尔羌河谷宽阔，两侧为遥望的雪山，石头城就位于由河谷形成的通视走廊的中央，具有较强的标志性和敏感性；

（2）景观生态敏感度评价。石头城景观生态敏感度呈现出两个极敏感度区域，一是石头城遗址核心区范围，二是叶尔羌河河谷中摆荡的水体中保存完整的沙洲景观；摆荡的水体景观属于景观生态高度敏感区，河谷草滩属于景观生态中度敏感区，石头城北部的荒滩戈壁属于低敏感度区，南部县城属于景观生态不敏感区（图4-13）。

（3）景观视觉敏感度评价。由于石头城处在叶尔羌河谷通视走廊之中，石头城遗址和明亮闪光的水体景观成为视觉敏感度极高的类型，河谷草滩和牛羊成为敏感度较高的景观，而周边荒地和林地视觉敏感度较低。同时与石头城形成视觉反差的是南部的县城成为视觉最不敏感度的景观。因此，石头城成为整个视觉范围内的景观焦点。

（4）景观建筑及其环境敏感度评价。在建筑及其环境的敏感度上石头城景观本体周边散布的石头民居和石头城松动的基地、通过石头城下的公路成为石头城建筑及其环境敏感度极高的区域。

（5）景观敏感度综合评价。由景观视觉敏感度、景观生态敏感度、景观建筑及其环境敏感度三者决定的景观敏感度具有特征相近的敏感度特征。石头城遗址景观核心区和叶尔羌河谷成为景观敏感地带，而周边的荒地、戈壁、林地景观敏感度相对较低，县城是整个景观空间中敏感度最低的景观空间（图4-14）。

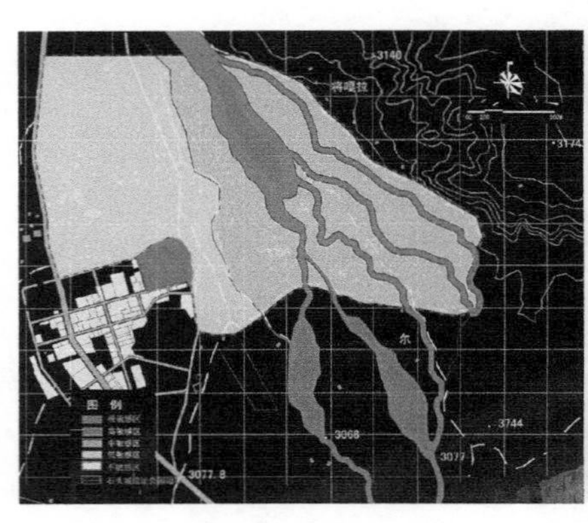

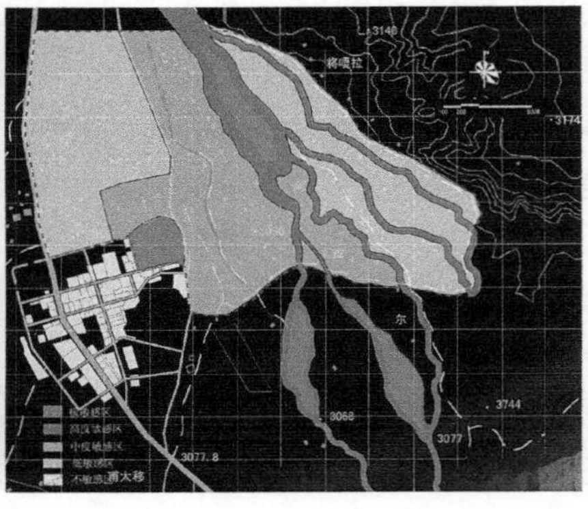

（左）图4–13　景观生态敏感度评价

（右）图4–14　景观敏感度评价

五、基于敏感度的遗址可持续景观规划设计

1. 保护性利用的原则与总体思路

保护性利用以完整读取历史信息为前提，坚持历史真实性，风貌完整性、生活延续性和景观原生性，展示其自身的独特魅力。尊重石头城所处的高原的气候条件和山地的地形特征的自然条件，这是建筑与景观体现当地风格的关键。将乡土人的生活过程完整地保留在场地之中，使外在的游客在一个内在人的场所中体验浓郁的民族文化。尊重和理解地方精神，充分解读塔什库尔干独特的文化底蕴和人文景观。在敏感度特征指导下，石头城保护性利用思路集中在遗址保护和有效利用两个方面。

（1）遗址保护。不改变原有格局、面貌和环境。必要的遗址修缮，应在文物专家的指导下按原样修复，做到“修旧如旧”，并严格按审查手续进行。除保护设施外，非遗址固有的构筑物必须予以拆除。遗址保护不仅保存遗址的物质形态，而且要保存延续遗址周边传统社区环境和生活场景。同时，由于石头城所处为典型的高原寒旱环境，大风灾害天气、剧烈的温差变率和严重的水土流失对遗址形成巨大的威胁，应通过生态隔离带和保护体系来降低不利的环境影响。

（2）有效利用。①扩容利用。立足景观空间的完整性和保护景观的延续性出发，将石头城以东的叶尔羌河谷草滩、北部的传统民居、荒地和林地纳入遗址保护范围，扩大空间保护范围。②运用多媒体等现代高科技手段，把历史文化积淀转化为旅游观赏体验的一系列文化项目，增加旅游功能。

2. 景观遗址保护区体系核定

划定核心保护区、建设控制区、环境协调区和原生景观保护区，严格控制周边建筑高度与风格（表 4-9）。

（1）核心保护区实行绝对保护。遗址景观环境均要按文物保护法的要求进行保护，不允许随意改变原有状况、面貌和环境。非遗址固有部分应坚决拆除。限制游人直接进入。

（2）建设控制区可以进行适当开发利用，但建筑形式、风格上与当地风貌相协调，功能上与遗址公园的文化性质相吻合；停车场外围应作景观协调处理。可开展参与性、竞争性的活动。

（3）环境协调区是指核心保护区外围的 200~500m 范围或者更多。此区用于控制文物周围的环境，保护整体空间环境，严格控制区内建设活动，尽量保持原有的建筑形式和风貌。建设活动不对遗址造成干扰，建筑高度以一层为宜，材料选用石材、土坯或木材，且以毡房、石头垒砌的民居等不同类型地区所具有民族特色的建筑形式出现，杜绝现代的与环境不协调的建筑形式。整治与清理不符合风貌的建筑设施以及一些物件，特别注重其空间环境的传统氛围的保护。

（4）原生景观保护区。对距离景观遗址有一定距离但在景观遗址周边的景观环境进行保护，保持原始风貌，控制开发建设和游人的进入。

景观遗址区旅游利用游客密度与强度控制 表4-9

保护区	密度控制				强度控制			
	保护力度	开发密度	游人密度	活动类型	保护力度	开发强度	建设强度	原生景观趋势
核心保护区	高	低	低	参观	高	低	严格限制	原生和原始
建设控制区	中	中	中	观光	中	中	容积率低	缓慢变化
环境协调区	低	高	高	参与、竞技	低	高	容积率较高	城镇化和商业化
原生景观保护区	高	低	低	观光	高	严格限制	容积率中	观光

3. 景观容量与游客行为标准

通过限制高、中、低不同游人密度区，来控制与引导游客。通过控制开发建设强度来控制遗址保护区整体景观。通过划定紫线、绿线、蓝线和红线确定各类不同性质土地利用和遗址景观保护特征。尤其突出紫线对遗址景观保护区的划定，蓝线对水体景观的保护与控制，绿线对自然林地景观的保护与人工林地的建设，红线对允许建筑的有效控制（表 4-10）。

控制范围类型与景观遗址保护与利用 表4-10

控制色线	保护区类型	保护力度	开发建设密度	游人密度
紫线	遗址核心保护区	绝对控制	基本不允许	低
蓝线	水体景观控制区	高	中	中
绿线	林地景观区	保护中等	控制	高
红线	建设控制区	协调控制	较高	高

4. 进入方式与人工设施规划控制

基于遗址保护目的存在三种可能的进入方式：

（1）游人可以直接登上遗址，近距离感受和接触，但是规定参观游览路线并严格限定日接待人次数。

（2）在不破坏遗址结构的前提下，先通过长距离地下甬道，然后登上遗址特定的观景区进行遗址全景观赏并在允许的小范围进行游览。

（3）采用空中交通工具在空中进行进入和观赏遗址。人工设施规划的内容包括景区内各主要人工设施，具体内容包括入口及游客中心、高技术支持的博物馆、服务网点、休憩观景亭和平台、停车场、游道、环保设施和解说系统。景观遗址区中的设施需审慎、适度的规划设计和建设，避免喧宾夺主，强调人文景观的首要地位；要与周边自然景观，自然生态协调，满足旅游活动的需要；具有完善合理的服务功能；具有自身的特色和统一协调的风格，能体现一定的地域特色。材料考虑使用石头与原木，尽量利用原有的民居、毡房等。

5. 文化挖掘与历史文化景观再现

石头城文化内涵主要包括石头文化、冰山文化、水文化、太阳文化、雄鹰文化和民俗文化。

（1）石头文化是石头城及其周边环境建筑的主要文化特性，成为建筑和其他构筑物的景观意象特征，是民居文化的典型。

（2）民俗文化是塔吉克人的生活文化，与石头文化共同构成人文生态的整体特征。

（3）冰山与水文化是石头城遗址景观环境特征与人文生态相互融合的地方文化，是文化挖掘的重要内容。

（4）太阳文化和鹰文化是塔吉克人的文化崇拜，是文化景观再现的重要方面。

6. 保护性利用方式

从保护性利用角度来看，

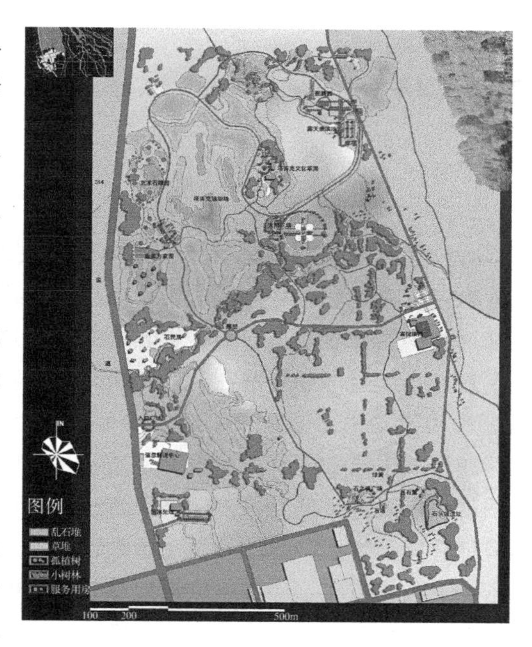

图4—15 石头城遗址公园规划图

（1）建立主题型景观遗址公园（图 4-15）。主题型景观遗址公园是通过建设占地面积较大的公园，通过场景的恢复与保护来保护景观遗址和景观遗址环境。适宜于场地型景观遗址的保护与开发。聘请专家详细考察景观遗址的范围，确认景观遗址的历史原貌，在此基础上绘制昔日古代景观场景平面图，制成较大比例尺现状遗址模型和复原模型，然后在遗址公园的游客中心复原其中典型的局部建筑与设施，让游客游览时一目了然，了解景观遗址昔日的风貌。在遗址核心区进行适度围栏，设立说明，标立各种指示，设立专人进行专业解说，让游客在经历模型仿真感受后，真正体验遗址带给历史的沧桑感。

（2）建设专用主题型博物馆。通常来讲博物馆是景观遗址开发建设最为常用的一种模式。也往往是主题型景观遗址公园内附设的保护与开发相结合的产品和设施。同时，对于遗址规模相对来讲比较小的景观遗址的开发可以直接以主题型博物馆的形式直接呈现在博物馆内，形成景观遗址的室内保护和室内开发利用。由于博物馆占地较少，将景观遗址保存在博物馆内，使得民俗风情、生活习惯等非物质的文化与包括遗址在内的整个社区环境整合在一起，使博物馆内丰富而生动同时使文化不脱离文化生态背景，实体和非实体相得益彰，作为供人参观、学习和观光旅游的重要设施。而博物馆外部成为大量的旅游服务和商业化空间，兼顾了环境、经济、社会三者的整体效益。

（3）主题场景恢复的主题景园。结合景观遗址区的保护，紧邻遗址保护区建设人工恢复的主题景园区，将遗址所反映的特殊历史时期、事件进行场景型恢复，甚至建设发展成为特殊含义的影视基地。对基地内传统的古民舍进行保护和设施维修，以及部分场景进行复原，复原时所采用的建筑风格和特色就是用当地石料整理出民舍等建筑雏形，亦可承担部分接待服务工作。

第五节　景观连接度评价

一、连接度与连通性

1. 连接度

景观连接度（connectivity）是对景观空间结构单元之间连续性及生态过程、功能联系的度量，是描述景观中廊道或基质在空间上如何连接和延续的指标，包括结构连接度和功能连接度。生物多样性保护的一个重要研究领域是对片段化生境的保护。各生境之间连接的潜在作用，特别是在促进斑块之间生物的运动、种群局部灭绝后的重新定居和基因流动方面的作用引起景观生态学者的广泛关注。景观连接度大时，生物群落在景观中迁徙觅食、交换、繁殖和生存较容易，相反生物运动阻力大，生存较困难。景观连接度对种群动态、水土流失过程、干扰蔓延等生态学过程的影响具有临界阈值特征，这就涉及渗透理论。渗透理论最突出的特点是当媒介的密度达到某一临界值时，渗透物突然能够从媒介的一端到达另一端。对于生态系统内各生态过程而言，景观连接度达到临界值时是否也存在渗透过程？如生境面积占整个景观面积多大时生物才能免遭生境破碎化影响而长期存在？这对于生物多样性保护来讲也是一个很有趣味又极富挑战的课题。景观连接度是一个抽象概念，而廊道是景观连接度的一种表现方式。斑块之间的连接度除廊道外，斑块之间的距离只要限定在物种、物质、能量可达的距离内或景观中斑块与相邻景观要素之间在生态功能上具有相似性。

2. 连通性

自 20 世纪 60 年代初以来，连通性已作为一种数学工具被运用于许多研究领域，并解决了一系列有关问题。20 世纪 80 年代初，连通性首次被运用于景观生态学研究，Haber 及其研究所将连通性分析作为一个重要步骤纳入了他们土地规划的整体研究方法。景观连通性（connectedness）的定义很多。梅利亚姆（Merriam）将景观连通性定义为景观功能的一个参数，用于量度一个景观中种群与其他功能单元联系在一起的过程。福尔曼（Forman）和戈登（Godron）将连通性定义为廊道在空间上连续性的量度。Schreiber 将景观连通性概括为生态系统中和生态系统之间关系的整体复杂性，它不仅包括群落中和生物之间的相互关系，而且包括生态系统生物和非生物单元之间物、能流及其相互关系网。吉森斯（Janssens）和 Gulinck 将景观连通性定义为可接近性。Haber 将景观连通性定义为一个区域所有景观单元空间关系的一种评价，它强调邻接性和相互依赖性。泰勒（Taylor）等将景观连通性定义为景观对斑块中运动的便利或阻碍程度。福尔曼（Forman）将连通性定义为廊道、网络或基质空间连续性的度量。维特（With）等将景观连通性描述为栖息斑块间由于斑块的空间蔓延和生物体对景观结构的运动反应所产生的功能关系。景观连通性模型可区分为线连通性、点连通性、网连通性和斑块连通性模型。点连通性、线连通性和网连通性在数学和人文地理等领域已有很长的研究历史，相应的连通性模型已比较成熟。因此，斑块连通性可定义为斑块中动物迁徙或植物传播运动的平均效率。也就是说，如果动物迁徙或植物传播运动的距离固定，则所达到的斑块数越多，其斑块连通性越佳。景观连通性可以从斑块大小、形状、同类斑块之间的距离、廊道存在与否、不同类型树篱之间相交的频率以及由树篱组成的网络单元的大小判断。由相互联系较多的相似景观元素组成的景观单元比相互联系较少的景观元素组成的景观单元相比，具有较高的景观连接度水平；景观连接度概括了空间连接性和可近性两方面的含义。具有较高连通性的基质，但不一定具有较好的景观连接度。景观连通性测定景观的结构特征，景观连接度测定景观的功能特征。连通性可以从景观元素的空间分布得到，而连接度一方面取决于景观元素的空间分布特征，另一方面取决于生物群体的生态行为和生态过程。

二、景观生态网络连接的典型范式

城市景观生态网络的典型图式

（1）典型图式一：市域尺度上的水景树空间生态模式

从空间形态上说，水景树是枝状模式的具体体现，是以纵向维度为主展开的空间网络形式。水景树的空间生态模式可以从两个层面展开。一是大尺度的区域生态网络结构。完整的水景树空间在区域范围内保持完整的生态过程和格局，通过河流网络实现对区域功能性空间的划分和生态网络的建立。二是城市内部的河流网络系统空间。城市中存在的不同等级的河流水系将城市生态形成一个不可分割的整体的同时，对城市空间进行分割，这种分割奠定了城市中多样化镶嵌状态的土地单元，为城市功能区规划奠定了自然空间格局。该格局既是大地景观的母体，也是城市生态规划必须尊重的基本格局（图 4-16）。

水景树空间生态模式的要点不仅仅是奠定完整空间生态的基本格局，同时水景格局的存在也在一定程度上限定了人类活动的空间范围和活动方式。在水景树的框架中，水系体系分割的半包围和包围空间都是镶嵌在整个水景树结构中的特殊用地类型，为人类活动提供了必要的相对集中的区域，同时也使人与水的作用达到安全前提下的最大化。水景体系的存在将区域生态连接为一个完整过程和格局的同时，也具有自身的完整性和稳定性。在两个被分割的生态空间中，河流从中穿过成为作用于两个空间的重要的景观生态界面。该界面不仅要保持完整性、延伸性和自然性，还要保持一定宽度的缓冲性，从而才能够

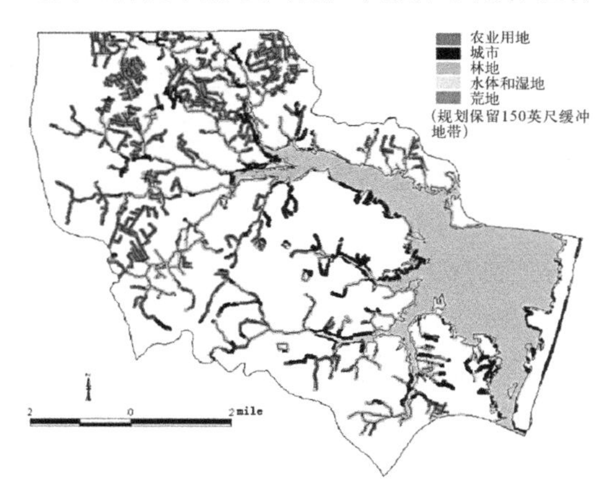

图 4–16　水景树是河流廊道体系的典型特征

在自然稳定的前提下有效发挥区域的生态功能。因此，水景树空间生态模式要求：①保护各级水系的连续性和完整性；②对不同级别水系设置不同宽度的生态缓冲空间。③在城市中生态缓冲空间不仅仅提供足够的生态效应，还成为重要的公共游憩休闲空间，还是重要的城市防灾避灾空间。在区域生态格局中，界面往往不是安全的人居空间，只有在半包围和包围空间的内部才是安全和稳定的区域。水景树的空间生态模式为城市景观生态规划和格局建立提供了全新的模式。

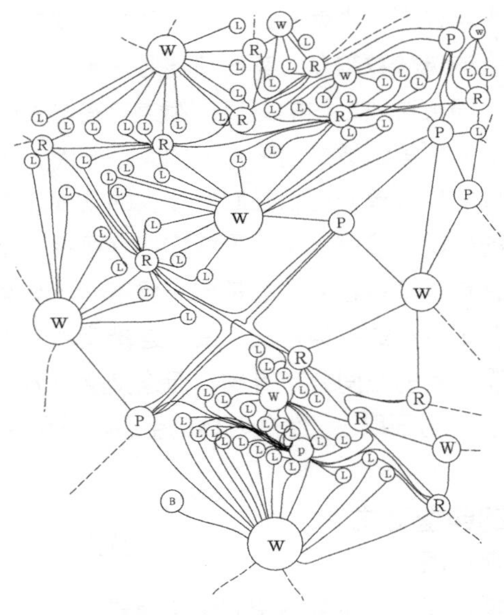

图4–17　森林——道路——住宅复合网络

（2）典型图式二：以居住为核心的“森林—道路—住宅”复合网络

马格特·坎特维（Margot D.Cantwell）和理查德·福尔曼（Richard T.T.Forman1993）在对美国南方马萨诸塞州的研究中提出的一个森林—道路—住宅复合网络。该景观图样表达“居住——田园森林”景观区域（图4-17）。结点代表景观元素，连线代表两个元素间共有的边界和指向。景观元素为 **W**（森林）、**F**（农田）、**L**（住宅空旷地）、**R**（道路）、**P**（输电线）、**B**（沼泽），虚线表示图片区域外可能存在的连接。在图样中项链模式阐明对角线输电线和道路，蜘蛛模式表达森林；图样细胞模式说明道路和输电线围成的三角形的区域。而卫星模式表达孤立的沼泽。该网络中共有道路 12 个、住宅空旷地 64 处、森林 11 片、输电线 12 条，农田 1 片、湖泊 1 个。从网络空间上看，形成了以 4 片较大面积森林为依托，以两条主干道路为轴线的“4 片 2 廊”的网络结构；同时在片区内部。依托较小面积的森林绿地形成了次级居住组团的镶嵌特征。从图中可以看出连接性最好的森林可以和所有景观类型相连。既可以在纵向维度上沿河流等大型廊道和道路通道延伸，也可以在横向维度上依托多条廊道向外渗透，为人类活动和居住提供了良好景观环境、便捷交通条件和高品质人居空间和生态安全的人居环境。

（3）典型图式三：平原城市自然半自然景观为主的“农田—灌木丛—河流”交叉网络

马格特·坎特维（Margot D.Cantwell）和理查德·福尔曼（Richard T.T.Forman1993）在对美国西部大平原普兰特河区域（The Platte River Area）的研究后提出的平原城市郊区形成的农田—灌木丛—河流交叉网

络（图 4-18）。该景观图样表示半自然的农田景观、河流漫滩和灌木林地三种景观融合交叉的区域。景观元素为 **RV**（河流）、**FP**（漫滩）、**F**（农田）、**H**（灌木篱墙）和 **S**（灌木丛 / 森林）。在图样中灌木丛斑块围绕的农田基质的蜘蛛模式是该图样的中心。卫星模式描述了一个仅与基质相连的孤立的灌木丛斑块，右侧是一片很大的相交叉的由一系列灌木丛围绕的农田。枝状模式描述了与左侧河流相连并与右侧其他元素相连的漫滩。该网络共有交叉农田有 3 片、交叉灌木丛 1 片，独立农田 3 片，残余灌木丛 17 片、灌木篱墙 15 个、河流 3 条。从图式可以看出城市、河道景观、农田——灌木丛——森林景观三大景观单元相对独立又相互依托形成一个整体。在城市外围主体上形成了以农田为中心，农田外围是灌木丛或森林景观，河流及其形成的大片湿地漫滩在城市和农田之间形成了宽阔的生态通道。该模式可以作为城市中心残余自然和半自然景观以及城市郊区广泛存在的城市生态缓冲空间的规划模式。以农业生产为主，高度融合河流漫滩、湿地、灌木林地和低密度居住的生态景观空间，形成具有较高连接性特征的城市绿色空间。

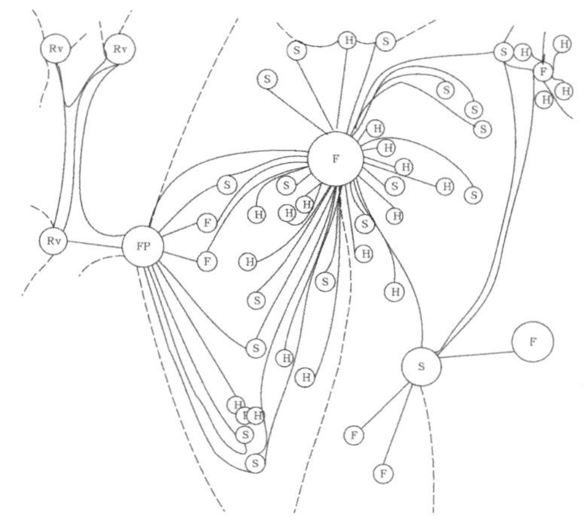

图4-18 农田—灌木丛—河流交叉网络

（4）典型图式四：岛屿城市的绿地——道路生态网络

王海珍等在厦门本岛绿地系统规划的基础上，构建了相对封闭环境下的岛屿景观生态网络（图 4-19）。在岛屿特殊的空间形态和生态联系中，

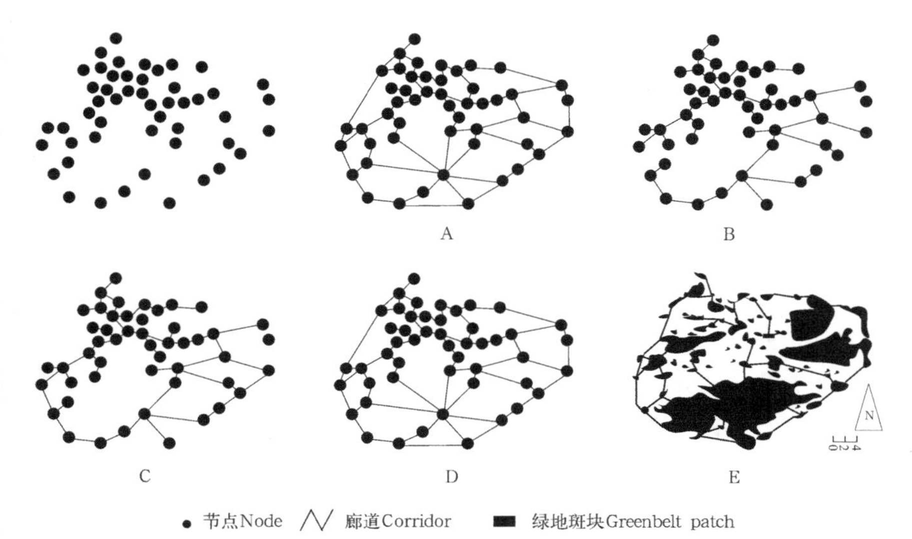

图4-19 岛屿环线的绿地——道路生态网络

将岛屿绿地系统进行空间分析，对生态网络存在的主要问题进行归类，其中岛屿主要存在的问题是生态网络 A 和 B 没有形成封闭的环。若将生态网络 B 中的主通道闭合，通过网络设计可构建为生态网络 C。再者，该网络中廊道数量较少。通过有效连接，在生态网络 C 的基础上，运用主通道和次通道理论将所有结点连接起来，构建具有较高复杂性的生态网络 D。在生态网络 D 的基础上，结合现状，将一些廊道由短直线分散连接设计为沿道路干线连接的绿化廊道，而与结点相连的廊道设计为与边界连接，经调整后得到生态网络 E。从 A 到 E 的过程揭示了先环路连接，再主次廊道连接；先自然格局调整，再人工道路优化的规划过程，从而完成岛屿城市绿地——道路相结合的网络模式。

三、景观生态网络连接度评价体系

1.γ、α、β 指数

γ、α、β 指数是以拓扑空间为基础产生的，是一种非常有用的抽象概念。主要揭示节点和连接数的关系，反映网络的复杂程度，但并不能反映实际距离、线性程度、连接线的方向及节点的确切位置。尽管这些因素对景观中的某些流也具有十分重要的影响。

γ 是网络中连线的数目与该网络最大可能的连线数之比。以 L 表示网络中实际存在的连线数，V 表示网中实际的节点数，则通过 V 可以确定最大可能的连线数 L_{max}。γ 取值在 0 到 1 之间，0 表示节点间没有连线，1 表示每个节点间都相互连通。对于网络连接来说，γ 多取值在 $1/3<\gamma<1$。当 γ 接近 1/3 时，网络呈树状；当 γ 接近 1 时，网络近似于最大平面网络。γ 指数为：

$$\gamma=L/L_{max}=L/3（V-2）$$

α 指标为网络环通路的量度，又称环度，是连接网络中现有节点的环路存在的程度。巡回路线是能为流提供的可选择的环线；网络连接度的 α 指数的变化范围在 0（网络无环路）和 1（网络具有最大环路数）之间。α 指数为：

$$\alpha=\text{实际环线数}/\text{最大可能环线数}$$
$$=（L-V+1）/（2V-5）$$

β 指数是度量一个节点与其他节点联系难易程度的指标。以 L 表示网络中实际存在的连线数；V 表示网中实际的节点数，则 β 指数为：

$$\beta=\frac{2L}{V}$$

2. 节点度数与廊道密度

每个节点的度数是对所给的每个节点所具有的连接线数量的度量。在景观图中，任何给定的景观元素的节点度数表示这个元素的易接近性和所具有的网络连接特征。一个节点具有的节点度数越大对外连接途径越高。在景观生态网络中往往成为重要的战略点或生态源，是反映网络点具有的连接性特征。同时，廊道密度是直接度量单位面积廊道的长度，反映景观生态网络连接线具有的通达特征。以 L_i 为某一类型景观的总廊道长度，A_i 为景观的总面积，L_i 定义为廊道长度，A_i

为研究区面积。则廊道密度为：

$$T_i=L_i/A_i$$

3.*C* 指数

在城市景观生态网络连接度评价中，尝试性引入交通网络有关模型。城市景观生态网络记作 $G=(V, E)$，其中 V 为网络图 G 的节点集，E 为 G 的边集。规划区域内各节点依靠廊道相互连通的强度，称为城市景观生态网络的连接度为 C。其计算公式为：

$$C=\frac{L/\xi}{\sqrt{nA}}$$

其中 L 为研究区域内廊道的总长度（km）、A 为区域面积（km^2），n 为区域内应连接的节点数，ξ 为规划区域内城市景观生态网络的变形系数，是各节点间实际廊道总长度与直线总长度之比。由于在理想状态时，廊道是直线形的，$\xi=1$，所以 $C=e/n$（式中：e 为城市景观生态网络的边数）。因此城市景观生态网络连接度计算公式可以由比较简单但近似程度较高的城市景观生态网络中边数与节点数之比来表示，即 C 约等于 e/n。

4. 指数的生态价值导向

通过 γ、α、β 和 C 指数对城市景观生态网络特征进行描述，由于网络在对城市景观生态进行连接的同时，也加强了对城市景观的分割作用。通过指数计算，描述城市景观生态网络在空间上的耦合关系及其生态效能，强调网络之间的生态耦合途径及其生态功能的整体性和有机性，并不强调网络自身的结构特征。

四、上海市城市景观生态网络连接度评价

1. 区域基本特征与技术标准

（1）上海市城市景观生态网络特征

在老上海时期，上海可以说是河网纵横，随着城市建设和发展，大量的河道和湖塘成为城市发展的障碍，被填埋后成为城市道路和建设用地。现今上海城市景观廊道占城市面积的 13.59%，其中上海市大小河道 23787 条，河道总长度约 21646.29km，河道密度达 3.41km/km^2。城市水系网络形成了以黄浦江、苏州河为主体的包括大治河、金汇港、淀浦河、油墩港、川杨河等 5 条景观走廊以及淀山湖、滴水湖、明珠湖、北湖、东滩湖、金山湖 6 个湖泊体系，构建了“一纵、一横、四环、五廊、六湖”相互沟通又各具特色的景观水系网络。从道路网络来看，上海市中心城区道路总长度约 2574km，道路网密度 3.9km/km^2，郊区道路总长度 4104km，公路网密度为 0.65km/km^2。到 2010 年，还将建成由 300km 快速路、525km 主干路和 760km 次干路共同构筑的总长度约 3600km 的功能互补、间距均衡的中心城道路网络，路网密度将达到 6km/km^2。从城市绿地网络系统来看，网络构成主要包括城市中 2000 多个公园、与河流结合的绿道以及与

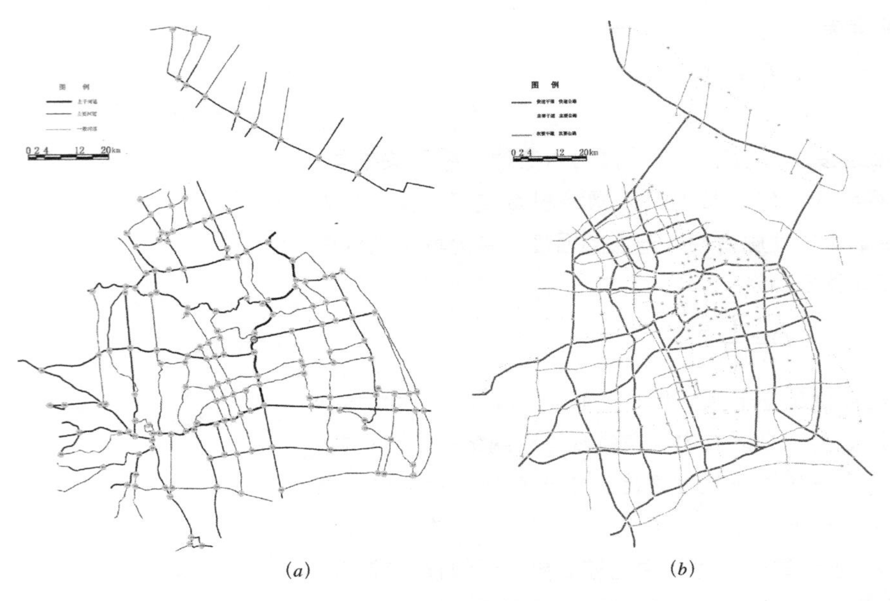

(*a*) (*b*)

图4–20 上海市城市景观生态网络道路、河流现状图
(*a*) 上海市市域河流网络现状图；
(*b*) 上海市市域道路网络现状图

道路结合的道路绿色通道。由于绿廊与河网、路网的有机结合，丰富了景观生态网络的类型，丰富了生境的多样性和增强了网络的连接度特征（图 4-20）。公园成为城市内部景观生态网络中重要的“源——汇”体系。上海市的道路绿网长度约 4100km，密度达到 0.65km/km^2。

从上海市城市景观生态网络调查来看，存在以下几个问题：①复杂的和高密度的景观生态网络在提高网络连接度的同时，由于廊道的分割作用加强，在廊道两侧的斑块之间的可达性降低，进一步降低了景观生态斑块的连通性。这是在提高景观生态网络连接度时出现的另一个生态网络特征。②最为严重的是在急剧扩张的道路网络中，快速路等高等级道路占据主体，尽管在道路沿线建设了大量的线型绿地和穿越道路的生态通道系统，但仍然对景观形成了强烈的分割，使景观破碎化、生境孤立化和块体小型化。③纵横交错的河道网络提高了环境污染扩散的风险。④城市河道为了防御季节性洪涝灾害，对河道驳岸进行了硬化建设，将河道塑造成为一个过水的管道系统，降低了水系网络的生态效应。

（2）数据来源

研究涉及不变的地理基础数据、不断变化的专项数据和计算生成数据 3 种类型。数据统计以 2007 年为基础，不变的地理基础数据来源于上海市土地利用总体规划和上海市城市总体规划等相关文件。研究专项数据主要依托上海市绿地系统规划、上海市景观水系规划和上海市交通规划等相关文件，通过图片解译、综合分析和野外调查，并通过对影像的判断进行相关数据修订，通过 AutoCAD 的量算统计，得到最终的专门数据，绘制上海市景观生态网络类型图。通过网络计算和分析，获得相应的属性数据并进行景观生态网络功能划分。按照不同的景观生态网络功能计算网络的连接度指数。

（3）网络类型划分

依据城市景观生态网络的起源、人类活动与作用及景观的功能进行分类，将上海市复杂的景观生态网络分解为水系网络，道路网络和绿地网络系统三种类型。这三种网络有机复合在城市空间上，形成复杂的具有“三网一体”的城市景观生态网络。

（4）技术依据

城市道路网络选取城市快速路系统和城市主干道系统，宽在 20m 以上或者双向 4 车道以上的道路。河流网络选取区域性连通河流，主要强调河流的完整性，对城市内小于 1km 的水道或不连通的水池不包括在内。绿地系统选取社区公园以上的中心公园和带状绿地为基本构成，包括中心性城市公园、自然生态公园和城市荒地。

2. 上海市城市景观生态网络连接度计算

城市景观生态网络连接度计算

依据景观生态网络连接度评价的 γ、α、β 指数、廊道密度数的原理，分别计算水系网络、道路网络、绿地网络以及三网复合的网络的指数特征。在 γ、α、β 指数、廊道密度计算的基础上形成景观生态网络 C 指数的计算。这些指数描述了上海市城市景观生态网络特征。在上海市景观生态网络计算中采用主干网络层面，也就是主干河流、主要道路和主要的绿地形成的宏观生态网络。从网络统计特征来看，道路网络具有较低的节点数和较高的连接边数；水系网络具有较低的连接边数和较高的节点数；绿地网络呈现出较低的节点数和较低的连接边数。而“水网－路网——绿地复合网络”则具有较高的连接边数和相对较低的节点数特征。

3. 上海市城市景观生态网络连接度评价结果与分析

（1）上海市城市景观生态网络 γ 指数分析。通过对上海市景观生态网络连接度计算（表 4-11），水系网络（$\gamma=0.65$）、道路网络（$\gamma=0.7$）的 γ 指数值在所有三个基本指数中都是最大的，都达到了 0.6 以上，说明了水网和路网的网络连接较好，连线数量较多，节点间的连接性也较强。但绿地网络（$\gamma=0.49$）成系统性连接程度较低，多为间断式连接，没有有效形成连接通道。在道路网络中快速道路、主要干道与快速公路复合网的 γ 指数分别为 0.65、0.62、0.65，较之轨道交通网以及主要道路网的连线数量少，相应的连接性稍差。而相反水网—路网—绿地复合网 γ 指数仅有 0.44，在所有网络中最小。这表明尽管单一的网络系统的连接状况较好，但网络之间的有机耦合状况较低，网络与网络间是孤立的和平面化的。与其他网络相比，三网合一的网络其 γ 指数值更接近 1/3，处在 γ 取值范围的底线，说明上海市景观生态网络中的“水网—路网—绿地复合网”的连线数量较少，连接度极低。

（2）上海市城市景观生态网络 α 指数分析。由城市景观生态网络连接度计算（表 4-11）分析出，上海市水系网络（$\alpha=0.45$）、道路网络（$\alpha=0.54$）、绿地网络（$\alpha=0.34$）的 α 指数都较低，最大只有 0.54，最小仅有 0.34，这说明这三个网络的环路数量中等偏少，与 γ 指数形成较大反差，使网络呈现出较高线性连接和较低环状连接的网络特征。其中水系由上游到下游的“汇”的自然特征和枝状连接决定了水系具有较低的环状连接水平，呈现出单向的生态过程。路网的网状连接最高但多呈现出辐射状延伸特征。绿地网络由于受道路绿化和自然绿廊（河流）的综合作用呈现出综合的环状连接特征。其中“水网—路网—绿地复合网”α 指数在所有网络中最小，仅为 0.16，与其他单一网络相比，复合网络的 α 指数值较接近 0，这说明上海市水网—路网—绿地复合网的环路数量更少，没有能够在三个网络之间建立起互通的环通连接方式，大大降低了网络的生态效能。

上海市城市景观生态网络基本特征度量表 **表4—11**

景观生态网络	特征值	网络中的边数 L	节点数 V	实际环线数	最大可能环线数（2V-5）	网络中最大可能连线数[3（V-2）]	指数
道路网络系统连接特征	γ指数	615	295			879	0.70
	β指数	615	295				4.16
	α指数	615	295	316	585		0.54
水系网络连接特征	γ指数	314	163			483	0.65
	β指数	314	163				3.85
	α指数	314	163	144	321		0.45
绿地网络连接特征	γ指数	140	97			285	0.49
	β指数	140	97				2.88
	α指数	140	97	64	189		0.34
三网合一复合网络连接特征	γ指数	1622	1231			3687	0.44
	β指数	1622	1231				2.63
	α指数	1622	1231	393	2457		0.16

（3）上海市城市景观生态网络 β 指数分析。从 β 指数的分布来看，上海市城市景观生态网络中水系网络（$\beta = 3.85$）、道路网络（$\beta = 4.16$）和绿地网络（$\beta = 2.88$）的 β 指数比较适中，基本上每个节点平均都具有接近 3.63 个连接线，其道路网络和水系网络都具有较高的节点间连线途径和较高的节点间的连接性。但绿地网络的节点上可能形成的连接途径比较薄弱，一方面反映出道路节点的人工绿廊建设和水系河网的自然廊道建设的程度较低；另一方面反映出绿地节点建设存在着节点孤立化、点状化和平面化问题。而且从三个网络的 β 指数来看，三个网络之间的差异较低，与其他指数相互差异较大的现状形成对比。但“水网—路网—绿地复合网”β 指数在所有网络中最小，仅为 2.63，明显低于单一网络的连接能力。

（4）上海市城市景观生态网络 C 指数分析。C 指数综合反映出景观生态网络的连接度和分割破碎程度。从三个基本网络的 C 指数来看（表 4-12），水系网络、道路网络和绿地网络特征近似，没有过大的差异，C 指数围绕 2 近似波动，其中绿地网络的波动幅度较大。绿地网络由于间断化连接导致网络连接特征不突出，同时由于连接度不高形成的网络分割程度相应较低。从接近2的C指数特征来看，每个节点几乎由两条分割线存在，反映出网络分割程度不高，景观的破碎度相应较低。但从水系——道路——绿地网络的复合特征来看，每个节点接近4的分割线导致连接度提高不明现，但景观生态网络的分割程度大大提高，景观生态格局的破碎程度加剧。

上海市城市景观生态网络连接度C指数 表4-12

城市景观生态网络	长度（km）	市域面积（km^2）	网络边数（L）	节点数（V）	C指数
水系网络	22286.28	6340.5	314	163	1.93
道路网络	6678	6340.5	615	295	2.08
绿地网络	4100	6340.5	140	97	1.44
三网合一	33064.28	6340.5	1622	393	4.13

从上海市城市景观生态网络连接度评价的结果来看，具有以下特征（图4-21）：

（1）在水系网络、道路网络和绿地网络的比较来看，水系网络具有较高的线性连接特征和较低的环状连接；道路网络是三个网络中所有指数都最高的网络，具有很高的连接性，但节点与节点之间的通达性有待进一步提高。绿地网络的连接性最低，呈间断和分散式特征。

（2）相比较而言，单个网络都有比综合网络更好的连接度，而复合网络的连接度急剧降低。道路网络的γ指数下降37%，α指数下降70%，β指数下降35%。水系网络γ指数下降32，α指数下降64%，只有β指数提高138%。单向的水系网络在其他网络的帮助下环通连接程度提高。

（3）水网—路网—绿地复合网呈现较低的生态网络连接度特征。这

(*a*)

(*b*)

图4-21 上海市城区道路—水网—绿地复合网络
(*a*) 上海市城区道路与水网系统空间复合连接网络；
(*b*) 上海市城区道路—水网——绿地系统复合网络特征

种特征揭示了上海市城市景观生态网络存在的最大和最核心的问题。在水系网络整治、道路网络建设和绿地网络规划中缺乏对三个网络的统一思考。没有有效开展网络连接一体化和生态有效化的连接建设。

（4）水网—路网—绿地网络形成的复合网络具有最多的不相交的连接线，建设的核心在于形成多类型廊道交汇的生态节点。从未来的发展来看，尽管上海市目前的景观生态网络已初具规模，但是总的来说，城市景观生态网络仍然存在一些问题，与建设生态型城市的目标仍然有较大差距。

景观生态网络建设应集中解决好以下几个问题：①在增加连接线的同时，提高各个网络的环通连接系统；②重点增加网络节点数及节点规模。提高节点的通达性和节点的分布密度；③在完善单一网络连接体系的同时，重点建设网络之间的"生态桥"系统，通过大型节点和有效生态桥的建设沟通三网之间生态联系的有效性。

五、连接度与景观生态规划设计

1. 景观生态网络调整

景观连接度和连通性研究的目的不仅仅是提高景观中各种元素之间的连通性。关键是增强景观元素相互间的连通性。景观生态规划通常是增加或减少一些景观元素，由此改变景观结构，进而影响景观生态功能。通过研究景观结构和生态过程之间的关系，规划设计不同的景观结构而达到控制景观生态功能的目的。

景观结构影响最明显的三种方式是土地利用调整、道路建设和城市规划。

（1）土地利用调整是随着人口结构与规模的变化，社会经济的发展，根据社会经济系统的需求特征，重新配置土地资源，合理安排农业、林业、园地、工业、居民点、道路、水体等土地利用结构与土地利用面积，导致土地利用发生较大规模的变化。其中农田、林地、道路的变化会对景观连接度产生较大规模的影响。

（2）道路的建设往往进一步分割景观中生物迁移、觅食的途径，破坏生物生存的生境，降低景观中各元素的连接度。通过景观连接度的分析评价，可以发现景观中不同景观元素所起的作用，在道路规划中，对于景观连接度的敏感廊道或地区，为了降低道路对生物迁徙的阻隔作用，可以建立桥梁、隧道、涵洞、自然保护区，以及增加廊道，达到保护生物生境的目的。

（3）城市规划的结果往往是增加人为景观要素，减少自然景观要素。为了保护动植物的生境，常常在城市范围内规划建设动植物园、自然保护区、大型绿地公园和绿色廊道。但由于人为因素较多，尽管生物群体得到了保护，但在相当程度上改变了生物群体的生态习性，降低了生物群体的遗传能力。为了不改变生物群体的生活习性，可以在城市范围内尽可能保留大型的自然斑块，同时结合环境特征，建立不同大小的绿地斑块体系，其中自然遗留地是城市绿地斑块中最为珍贵的动植物栖息地。同时，充分利用道路绿化带、河流、溪流、沟谷等线形空间，建设廊道体系，将城市中自然、半自然、人工的绿地斑块充分连接起来，形成完整的生态网络。在美国华盛顿州进行城市规划中，通过廊道——溪沟将城市中零散分布的动植物保护区和野外天然生物群落直接联系起来，可以使野生动物通过廊道体系从天然的栖息地进入城市绿地系统，在城市发展的同时，又不降低城市——区域景观的景观连接度。

2. 都江堰城市景观生态网络规划设计

（1）大地景观格局与生态网络特征。岷江在通过紫坪铺，穿茶坪山后进入出山口，展现出一泻千里的奔流格局，塑造了以都江堰工程为顶点自西北向东南倾斜的巨大山前冲积平原，地面上堆积厚达数十米的第四季冲积物。都江堰灌区由1949年前的186667hm^{2}发展到目前的533333~666667hm^2。灌渠以都江堰渠首为节点，经过一分二，二分四，四分八等等的分解，形成了遍布冲积扇平原的辐射状与枝状结构为一体的水景体系，大地景观格局呈现出一幅巨大"水景树"格局。从动力学因素来看，河流上游到下游呈现的是逐步汇集的过程，而都江堰灌渠水景树则呈现出的是由上游到下游的逐级分流的过程。在这幅反过程的水景树体系中依托沿灌渠分布的大小湖泊，形成串珠状结构和细胞状结构。城市与村镇是水景体系中重要的节点，灌渠除都江堰穿城而过外，大多数村镇都形成与灌渠相邻的格局。在大地景观格局中，灌渠多以扇形纵向延伸为主，由于灌渠水流快，成为向灌区输送灌溉用水的重要通道。纵向结构和联系较为发达，但横向联系缺乏必要的形态，只能依靠农田将相互分割的横向生态过程连接起来。从农耕经济特征和社会格局来看，发达的纵向生态过程和灌溉形成的横向生态联系形成纵向显形和横向隐形的生态网络体系。

（2）快速城市化对景观生态网络扰动与冲击。在纵向显形和横向隐形的生态网络体系中，城市和村镇的大规模发展，逐步改变了城镇与灌渠的关系。在灌渠穿越村镇和城市的同时，出于防洪功能的考虑，灌渠的驳岸逐步硬质化，并将灌渠塑造成为输水的管道。因此，在降低了灌渠纵向生态联系的同时，随着城市占地范围的扩大，将原本完整的隐形生态过程隔断，使横向生态过程不能完整的存在。因此快速和连片化的城市发展成为都江堰灌区和城市沿纵向空间的连片化景观生态网络破坏的重要因素。都江堰老城区的建设就是一个典型，所有的灌渠都纵向发展，横向缺乏联系的途径，且灌渠的水枯水期以3m/s、丰水期以6m/s的速度快速穿城而过。城市中的公园建设、绿地建设、湿地等都呈现出孤立的分布特征，在城市景观生态网络格局中缺乏有机的联系。

（3）依据"水景树图式"优化调整纵向维度景观生态格局（图4-22）。纵向维度是都江堰市城市景观生态格局的重要特征，优化调整集中在：①在纵向空间上对不同等级灌渠两侧建设生态缓冲带，在岷江两侧形成各300m、一级灌渠两侧各100m、二级灌渠两侧各50m、三级灌渠两侧各30m的生态空间，不仅提供足够的多样性的生态环境和生态空间，而且成为防灾避灾和城市游憩休闲的重要景观空间。在穿越城区的较高级别灌渠的驳岸设计上，可以通过加深灌渠，扩大灌渠断面和建设防洪的自然驳岸的方式，

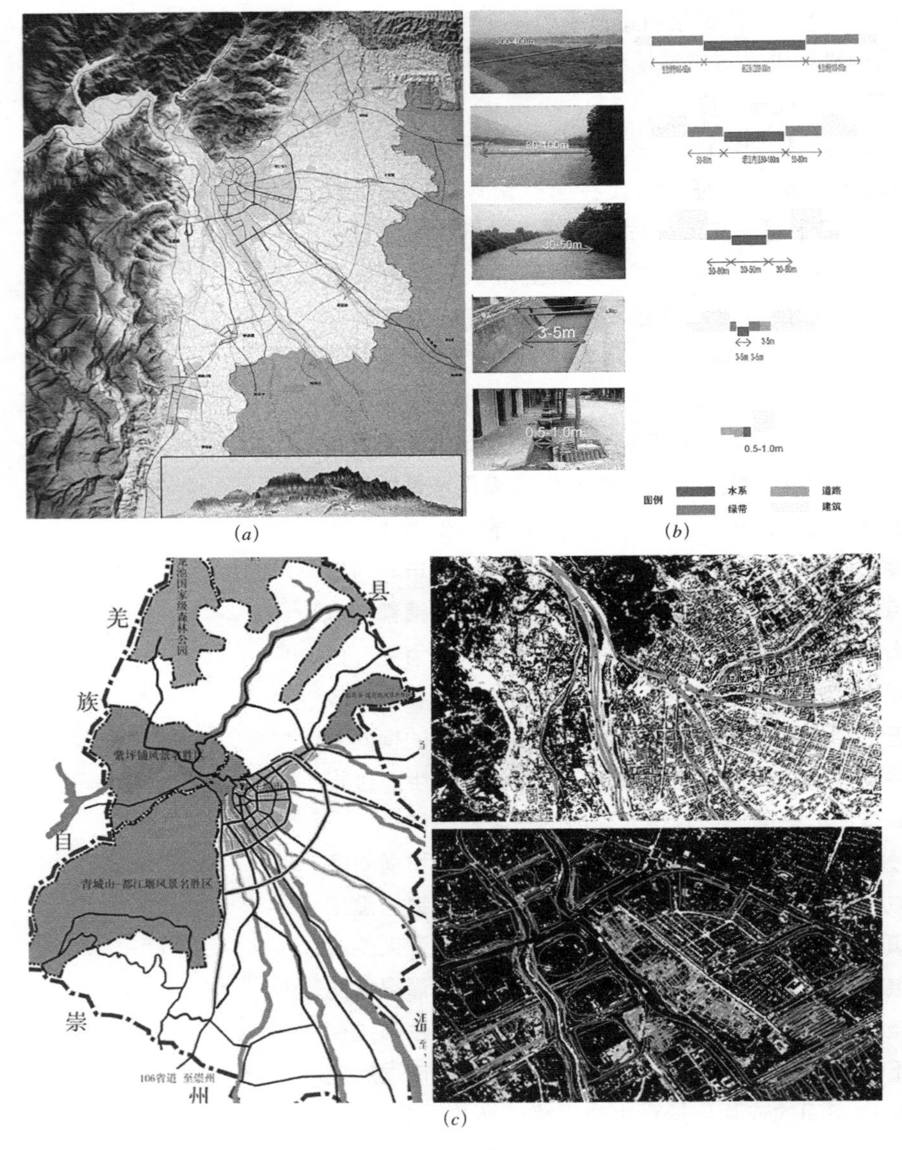

(*a*) (*b*) (*c*)

图4–22 根据“水景树图式”优化调整纵向维度景观生态格局

(*a*) 都江堰市山水格局图；

(*b*) 不同级别水景及断面设计图；

(*c*) 都江堰市中心城区水景空间生态模式

拓展灌渠的生态功能和生态空间，通过营造河道生态系统，推动城市景观生态网络建设和生态城市建设。②同时在城市道路规划设计4级（3~5m）或5级（0.5~1.0m）渠道，成为绿地灌溉和道路景观的重要组成部分，并成为将全市渠道连接成为一体的重要部分。在连接成为一体的同时于关键点建设以水闸为关键的水渠控制设施，成为控制溢水和水体污染的重要控制环节。③在纵向空间上沿灌渠增加相应的节点，强化以湖体、林地、草地、湿地和荒地为景观单元的景观空间，增强串珠状结构的特征。

（4）依据“森林—道路—住宅”和“农田—灌木丛—河流”网络调整横向维度景观生态格局。在都江堰市以水景树模式进行纵向维度调整的基础上，横向维度是都江堰市景观生态格局的隐形生态联系，是最需要加强的生态联系空间之一。①灌渠与灌渠在横向联系上通过设计中小型湖泊、带状延伸的湿地、生态林地和保留大规模的灌溉水田成为横向景观生态过程持续稳定发展的重要途径，有助于建立完整连续的横向生态过程。②在城市内部上，灌渠之间的土地上可以适当增加部分中小型湖泊，一方面相对于快速通过的渠道系统建立城市生态的蓄水系统；同时成为优化和调整城市景观生态系统的重要类型和途径。③依托灾后重建形成的新的道路系统，在横向上建设融合城市绿地和景观生态水系的城市生态通道。④在城市内部的街区形成中依托水景树体系重点发展城市公园、广场、运动性公共空间，将街区或社区建设成为生态绿地、公园和公共性空间环绕的典型空间模式。

（5）依据岛屿城市的“绿地——道路”景观生态网络调整城市组团景观生态格局

在纵向河流和横向森林——农田——灌木丛——住宅形成的网络空间中，城市和村镇成为网络中具有岛屿特征的绿地——道路网络系统。这种岛屿存在于都江堰市域和都江堰城区两个层面。城市和村镇是网络生态系统中的阻隔因素，通常与周围景观生态形成对比和差异较大的不同的景观生态系统。因此，城市和村镇网络生态的规划设计成为融合于纵向和横向生态过程与格局的关键。①在纵横网络格局中通过中心绿地、带状绿地、楔形绿地以及各级城市公园、道路绿化带等类型对城市组团内部进行生态网络建设。②充分利用都江堰河网功能，在组团内部依托公园、道路建设3~5m、2~3m和0.5~1m的不同类型的水网系统，通过水网和坑塘、湖泊、湿地的建设，丰富城市组团内部的景观多样性和生境多样性。③在都江堰城市组团内部可以尝试水网、绿网和道路网的一体化建设。在组团内部道路采用不对称道路断面和结构，在单侧扩大防护绿地宽度的同时，实现水网和绿网的统一并进一步与道路建设一体化。

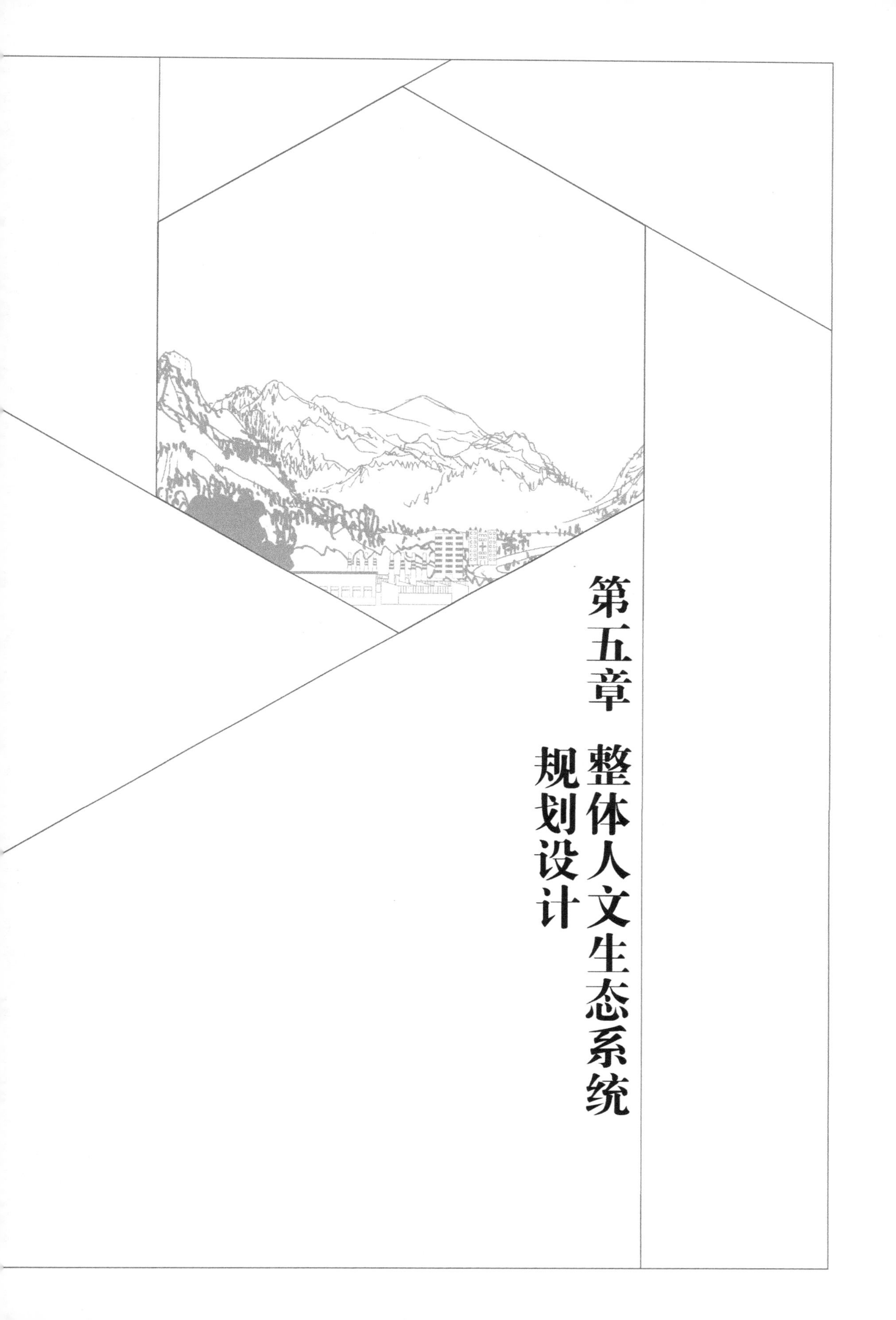

第五章 整体人文生态系统规划设计

第一节　整体人文生态系统概念与特征

一、整体人文生态系统概念

在景观综合体中人类的活动行为既是形成人工景观的源泉和动力，也是其中的重要景观要素，同时又对景观形成冲击，强烈改变景观状态的演变扰动因素。由于每种景观类型都有自己特定的景观结构和功能特定的形成条件和形成过程，因此景观既是一个历史过程，也是一个现实过程，具有两种过程的时空复合特征。景观特征、景观价值和景观功能的不同，以及人类在发展中对景观环境的需求不断发生变化，人类从景观环境中获得满足需求的方式、过程不断变化，即人类在景观环境中的行为特征不断变化。人类活动的行为变化表现在人类活动的强度、频度和利用方式三方面。

景观是整体人文生态系统（Total Human Ecosystem，Zev Naveh，1994），景观规划设计的核心和主体对象是整体人文生态系统。整体人文生态系统是人与自然环境协同演化发展形成的有机整体，人与自然环境相互融合，自然赋予人生存的智慧，人尊重自然并利用自然，取得人生存与发展的根本。自然生态系统的特征和过程是景观环境系统的重要特征；为生存对自然的合理利用方式和途径是经济景观形态的重要特征；在人与自然相互作用过程中，人地关系决定的环境伦理、价值伦理以及行为与观念形成社会系统的重要特征。因此自然生态系统、社会文化系统、产业经济系统是三个不可分割的有机整体，构成整体人文生态系统的全部特征（图5-1）。由于景观环境存在着节律、恢复、容量等自然规律和生态系统阈限，使人类活动受到了限制，而不是无限满足人类的需求。

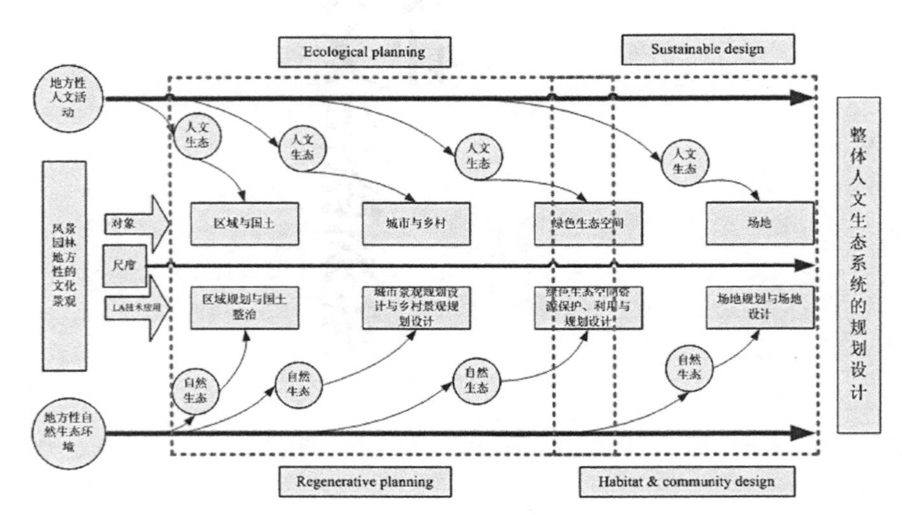

图5-1　整体人文生态系统内在关系图

二、整体人文生态系统内涵

整体人文生态系统是指在人与自然相互作用过程中，人在特定自然环境中通过对自然的逐步深入认识，形成了以自然生态为核心，以自然过程为重点，以满足人的合理需求为根本的人——地技术体系、文化体系和价值伦理体系，并随对环境认识的深入而不断改进，寻求最适宜于人类存在的方式和自然生态保护的最佳途径，即人地最协调的共生模式，综合体现出协调的自然生态伦理、持续的生产价值伦理和和谐的生活伦理（图 5-2）。整体人文生态系统的内涵主要包括：

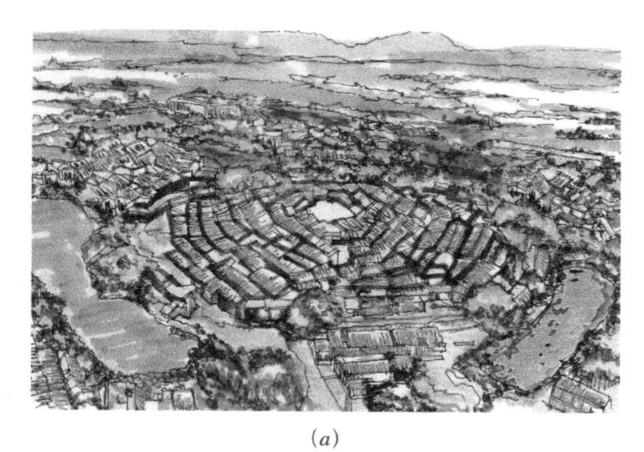

(a)

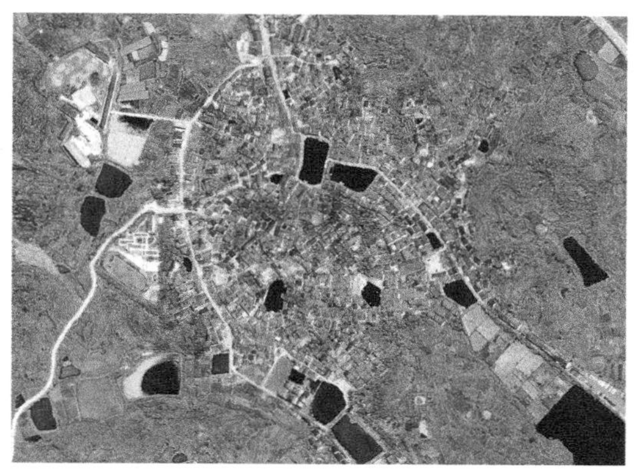

(b)

(c)

图5-2 不同类型的八卦村落呈现出不同的整体人文生态系统特征
(a) 广东蚬岗八卦村构图；
(b) 浙江兰溪诸葛八卦村构图；
(c) 西方文化背景下的八卦类构图

(1) 整体人文生态系统是在景观形成的历史过程中，人与自然环境高度协调，统一发展的结果。

(2) 在整体人文生态系统中，人与自然是平等的生态关系。既不是以人为中心的人本主义，也不是以自然生态为中心的环境主义，而是人地协调的生态价值伦理。

(3) 在整体人文生态系统中，自然景观要素、自然生态过程与自然生态功能充分体现出地方性自然生态的特点，并得到持续的利用和延续，这种自然生态特征经历悠久的历史过程而小有变化，维持自然生态的稳定性。

(4) 在整体人文生态系统中，人在认识自然、利用自然和改造自然的经济活动体系中所形成的产业体系控制在与自然环境相适宜的产业类型、生产规模和生产强度内。自给自足成为摆脱超负荷生产行为的根本，从而有效地建立起了良好的产业体系。生产与自然环境产生最大的关联。

(5) 在整体人文生态系统中，人类经历长期的历史发展，形成、累积和继承了大量的地方文化，并逐步形成了代表一个地方独具特色的文化体系，也是该地区人所共有的民俗文化。这种地方文化的形成是人与自然相互作用的过程中，人与自然、人与人不断交换自己的认知并逐步固定下来的自然崇拜、文化崇拜、人类崇拜以及相应的价值观念。地方文化是人类的文化，更是自然的文化（图 5-2）。

(6) 传统的整体人文生态系统是历史的和古典的，是农业社会的产物，已经成为现代社会中最为珍贵的文化遗产，保护与延续成为传统整体人文生态系统的主题。与此同时，社会是发展的，在新环境、新技术、新观念、新经济形态下，现代整体人文生态系统的发展则更具有现代社会的特征。

面对更加脆弱的自然生态系统、更大规模的社会人口与消费、更加深入的干扰方式，技术与效率成为现代整体人文生态系统发展的核心。科学发展和可持续发展成为构建整体人文生态系统的根本。

三、整体人文生态系统的特点

1. 整体人文生态系统的有机性与和谐性

（1）整体人文生态系统的有机性。整体人文生态系统是由区域自然生态系统、社会文化系统和技术经济系统构成的有机复合系统。从系统构成要素来看，系统构成具有复杂性，主要包括：①自然生态系统。由区域性的土壤、植物、动物、水体、岩石以及其他物质环境共同构成的有机整体。具有自然生态系统本质的内涵和特征，它的生态过程具有独立的科学性和客观性。②技术经济系统。由区域性自然利用所构建起的维持人类生存的物质供给系统，存在的关键是人类利用自然的技术体系，利用的形式是各种各样的产业经济形态。从经济要素上将系统构成可以划分为劳动力、资本和技术三大要素。从产业形态上看系统构成包括农业（耕作业、林业、牧业、渔业）、工业以及各种服务系统，形成庞大的产业体系。③社会文化系统。社会文化是在自然生态系统与技术经济系统长期作用的过程中，通过对自然、群体生活的独特认知，并逐步形成稳定行为与观念意识的产物。三大系统之间存在复杂的物质、能量和信息交换过程以及物质转换过程。因此，整体人文生态系统组成之间存在高度的有机性。

（2）整体人文生态系统的和谐性。在整体人文生态系统中，自然生态系统是人地作用中的一个主体〝地〞。而技术经济系统和社会文化系统则构成人地作用中的〝人〞的主体。技术经济系统是人地作用过程中人对地进行不同影响作用最全面、影响最深远的子系统。人采用的不合理技术和庞大的自然索取必然对自然生态系统产生破坏作用，并导致自然生态系统进入恶性循环过程，一方面降低了自然生态系统生产功能和自然生态系统的承载能力；另一方面自然生态系统通过形成各种自然灾害对人类产生巨大的冲击。技术经济系统的影响是最直接的，但她的影响机制并不是孤立的。社会文化系统中所具有的行为和观念会对技术经济行为产生重大的影响。因此整体人文生态系统则立足于自然生态系统、技术经济系统、社会文化系统的协调统一，通过对自然生态系统规律的认知，对技术经济系统的控制与调整，对社会文化的继承与发展，构建起和谐的整体人文生态系统，推动区域整体人文生态系统的可持续发展（图 5-3）。

2. 整体人文生态系统的完整性与整体性

（1）整体人文生态系统的完整性。整体人文生态系统的完整性主要体现在以下几个方面：①时间序列的完整性；整体人文生态系统是历史发展过程中继承与变革的统一体，整体人文生态系统状态良好的景观必然是对历史高度继承和适应时代特色的变革，是传统与时代的均衡。因此时间序列的完整性成为整体人文生态系统重要的特征。②空间上的完整性；人地作用总是依据不同的环境地段具有不同的特征，形成丰富的整体人文生态系统类型。由于自然环境是形成整体人文

(*a*)

(*b*)

图5–3　整体人文生态系统的区域性、地方性、有机性和完整性
(*a*) 干旱区人工景观与区域环境相统一；
(*b*) 干旱区集水设施是对区域环境的适应

生态系统特征的客观环境，文化特征又是整体人文生态系统的主体，由于人口的流动和文化的传播，形成文化空间与自然空间并不完全一致的现象，但这种同类文化的空间差异的形成具有历史过程中的有机性，也是整体人文生态系统完整性的体现。③景观要素构成的完整性。整体人文生态系统是特定地段景观综合体的抽象化和科学化概念，隶属于不同生态系统和景观类型的各个景观要素都构成整体人文生态系统的构成要素。完整性决定了整体人文生态系统要素的全面性。

（2）整体人文生态系统的整体性。整体人文生态系统的整体性与完整性不可分割，主要体现在以下几个方面：①系统结构的整体性：整体人文生态系统结构是由自然生态系统、技术经济系统和社会文化系统耦合形成的多层次结构特征。系统结构的基本层是生物与环境构成的自然生产力层次；系统结构的主体层次以直接获得人工技术经济为特征的农业、矿业等原材料产业，以及以此为基础形成的加工制造业体系；系统层次最高层为信息知识产业以及人所具有的特殊智能，协调由下而上构成一个统一的整体。②协调功能的整体性。整体人文生态系统虽然由多个子系统构成，具有一定的复杂性特征。但由于生态系统结构的整体性和系统组成的有机性，使得每个子系统在完成独立的功能的基础上进一步耦合为不同于子系统功能的整体功能特征，这就是整体人文生态系统功能整体性的体系。

3. 整体人文生态系统的区域性与地方性

（1）整体人文生态系统的区域性。整体人文生态系统是地球表层特定范围内自然生态系统、技术经济系统和社会文化系统之间形成的空间生态系统类型。区域性是空间生态系统的根本特征之一，主要表现在以下几个方面：①整体人文生态系统具有特定的空间范围。整体人文生态系统的存在是离不开地理环境的，必定存在于特定的地理空间中，在地球表面占据特有的区域地段。②整体人文生态系统具有在空间上的连续性。整体人文生态系统在地理空间上的存在，不仅取决于地理环境在空间上的延续性，同时也取决于技术经济活动、社会文化活动和民俗特征上的共同性和连续性。连续性保障了整体人文生态系统存在的区域性特征。

（2）整体人文生态系统的地方性。整体人文生态系统的区域性决定了整体人文生态系统特色的地方性。地方性重要表现在以下几个方面：①地方性所具有的特色性和差异性。整体人文生态系统不仅体现出所在地理环境的自然特征，而且将这种特征延续在技术经济和社会文化中，形成不同于其他区域的整体特征。这种特征既是整体人文生态系统本身所具有的特殊性，同时又是区别于其他整体人文生态系统的差异性所在。②地方性具有的空间上的不可重复性。由于区域性特征不仅取决于自然生态环境的区域性，而且还取决于人文特征的区域性；同时由于地理环境和人文环境在空间上的不可重复性，决定了整体人文生态系统所具有不可重复的区域性特征，也就是唯一的地方性。

4. 整体人文生态系统的文化性与技术性

（1）整体人文生态系统的文化性。整体人文生态系统的构成虽然由自然生态系统、技术经济系统和社会文化系统形成，但整体人文生态系统的核心是人利用自然的途径并建立起来的相应的文化体系，充分体现在技术经济系统和社会文化系统中。文化性体现在以下几个方面：①整体人文生态系统的思想灵魂是文化特征。在整体人文生态系统的概念和内涵中，一直强调文化的主体地位。文化来自于认识自然、利用自然和改造自然的每一个过程。树立尊重自然、理解自然、顺应自然和不断接受自然教育的文化观念，才能建立生态的和可持续的行为体系，也才能构建真正的整体人文生态系统。②文化性贯穿在人与自然相互作用的每一个环节，并充分体现在整体人文生态系统具有的文化体系中（图 5-4）。

（2）整体人文生态系统的技术性。技术性是整体人文生态系统文化性的一个方面，它是人地相互作用过程中人认识自然、利用自然和改造自然的方式。在不同社会历史时期，技术的差异决定了人认识自然、利用自然和改造自然的深度和广度；也决定了人作用于自然生态系统强度、频率以及作用的方式与途径。技术性体现在：①现有的整体人文生态系统是在历史时期和特定的社会技术水平上形成的，对整体人文生态系统的认识和理解必须在技术的历史过程中完成。②技术是构建整体人文生态系统的重要途径。只有依赖确定的技术体系才能克服生态系统内部各种要素之间，各种生态过程之间的不合理性，建立高效有序的生态过程和合理的生态结构，建设出复合共同要求的整体人文生态系统（图 5-5）。

5. 整体人文生态系统的科学性与持续性

（1）整体人文生态系统的科学性。从整体人文生态系统的有机性与和谐性、完整性与整体性、区域性与地方性以及文化性与技术性特征来看，科学性主要体现在：①整体人文生态系统具有生态系统基本的特征、完整的生态过程和典型的生态功能。②整体人文生态系统对人地作用过程和机理的规律性的充分揭示与合理应用保障了整体人文生态系统的科学性。③对整体人文生态系统内在规律的认识，可以借助科学手段对整体人文生态系统进行全面的调控、管理及保护。④整体人文生态系统的科学性决定了可以通过规律的认识来指导新系统的建设，成为整体人文生态系统建设的重要依据和经验。

(*a*)

(*b*)

（2）整体人文生态系统的持续性。整体人文生态系统是一个科学有序的系统，其持续性主要体现在：①具有生态系统健康性特征。生态系统健康是生态系统的综合特征，具有活力、稳定和自调节的能力。生态系统健康更多地表现于系统创造性地利用胁迫的能力，而不是完全抵制胁迫的能力，在为人类提供需求的同时维持着系统本身的多样性特征。健康的生态系统具有弹性，具有保持内稳定性的巨大能力。②具有永续发展的能力。健康而稳定的生态系统能够在环境有限的变化过程中不断进行系统适应，实现整体人文生态系统的可持续发展。永续发展的能力是整体人文生态系统在不同时间段适应不同的环境，满足相应的需求过程中保持了系统的有序性和生长能力，系统的健康性保障了系统的持续性。

（上）图5-4　整体人文生态系统的文化性

（下）图5-5　在低地条件下形成的荷兰城市景观是对环境的技术适应

(*a*) 在低地环境下形成的城市高尔夫景观是对环境的适应；

(*b*) 在低地环境下形成的城市公园景观是对环境的适应

第二节　整体人文生态系统的系统分析

一、整体人文生态系统分析方法

1. 整体人文生态系统价值与问题诊断

（1）核心价值与可持续利用。整体人文生态系统的核心价值是分析判定保护与开发利用存在问题的关键。核心价值不明确必将混淆保护与开发的切入点，不明白整体人文生态系统发展方向，不能针对性地提出规划方案和措施。核心价值主要体现在整体人文生态系统的重大意义（历史的、艺术的、文化的意义等）、特殊意义（纪念的、教育的、科学的意义等）、珍稀性与遗产价值（唯一的、不多的几处遗产等）、保护程度（绝对保护的、适度保护的等）以及立足与保护而确定的容许游客的进入程度（开发的、有条件开放的、封闭的等）。

（2）保护利用特征与破坏过程。整体人文生态系统利用现状和保护现状分析是诊断存在问题的第一步。从利用现状和保护现状入手，对比分析保护中的不足、产生原因、产生过程和形成机制，从而揭示保护与开发的动力机制与过程。主要内容包括：保护现状特征（保护政策与规定、保护成败之处、保护落实等）、利用现状特征（利用体系、利用市场绩效、利用中存在的问题等）、存在的潜在危机与现实破坏（潜在的破坏、缓慢的不明显的破坏、已经意识到的破坏等）和保护机制与动力（利益调整、政策调整、权利调整、技术调整、投入调整等）。

2. 整体人文生态系统的核心与瓶颈诊断

（1）系统破坏的核心因素与保护的核心环节。在整体人文生态系统保护现状、利用现状、破坏过程与保护机制分析测定的基础上，结合其中心价值因素，明确破坏的核心原因并针对性提出保护的核心环节和核心技术体系。主要内容包括建设项目对景观的建设性人为破坏，对整体人文生态系统不合理人为整理，非相关的大型工程对系统的破坏，周边高度发展城市化和商业化形成对整体人文生态系统景观环境的破坏，周边的工业化、现代化形成的污染和干扰，不合理的游人进入方式和行为以及超过承载力的游人涌入。

（2）可持续利用与开发的关键关系和制约瓶颈。整体人文生态系统可持续利用的关键关系和制约瓶颈分析是分析的核心。不仅要明确存在的关键关系和制约瓶颈，而且在政策法规范围内提出可行的协调与解决方案。应当重点分析景观遗产保护对利用的限制程度，现有的保护技术能否达到乡村景观遗产保护的要求与标准，现有的利用技术是否能够满足整体人文生态系统景观遗产保护的要求，保护的经费能否满足保护的需要以及经费的来源是否可以向其他渠道拓展，同时还要重点分析整体人文生态系统保护是否具有专业人才。

（3）分析和评价面临的问题并提出关键性数据体系。整体人文生态系统保护与利用分析不仅需要各种原因、过程、特点的定性分析与结论，而且需要专家并应用现代技术手段来通过检测提供关键性评价数据，从而对整体人文生态系统保护与利用提供更精确的依据。主要数据包括应用考古或遥感探测技术对整体人文生态系统遗产或遗址周边进行探测，以保护遗址可能存在的地下工程，应用 GPS 对系统保护范围进行精确定位，利用 GIS 对整体人文生态系统及其环境变化进行多方案模拟，检测风、雨、光照、工业污染源、滑坡、泥石流、洪涝灾害等因素所造成的破坏，并提供可以接受的游人容量。

（4）进行重要性序列排序，制作计划，优先解决核心问题。在整体人文生态系统保护利用过程中对各种关系、各种因素、各种问题识别的基础上，通过综合分析，进行重要性和关键性序列排序，从而制作工作计划，以突破重点，带动全面的途径，推动优先解决计划。这些优先解决的问题主要有技术瓶颈、制度制约、法规限制、宗教禁忌、利益矛盾、政府干预、文物保护和利用模式等。

3. 整体人文生态系统保护与利用目标

（1）保护与利用的总体目标。总目标是在完全或基本执行的情况下预期达到的目标。总体目标通常是对整体人文生态系统保护与利用所制定的战略方向和战略目标，注重重大关系的平衡与协调，尤其突出的是保护与利用之间的相互关系，发展模式和预期达到的效果。总目标主要包括制定五定战略目标（战略定向、战略定性、战略定位、战略定形、战略功能定位），协调两大核心关系（现代化与地方性、商业化与真实性），兼顾多方利益主体，构建保护与持续利用模式等。

（2）整体人文生态系统保护目标。整体人文生态系统的珍稀性和景观的奇特性就本身决定了系统的发展是一个保护性导向的发展目标，是以系统保护为前提下对资源的适度利用与变革（图 5-6）。系统保护目标应具

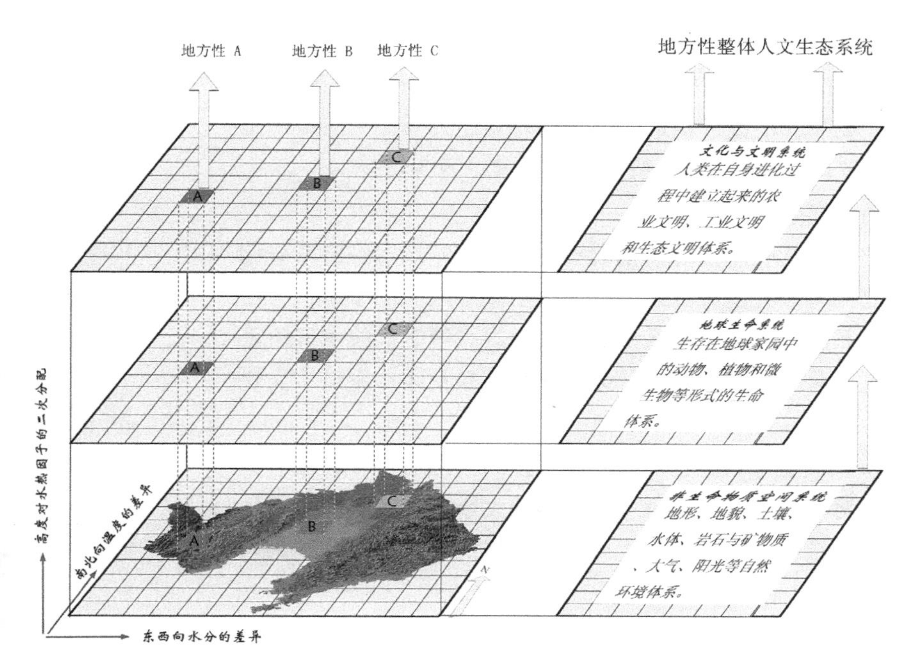

图5—6 整体人文生态系统形成机理

有较高的标准，主要包括整体人文生态系统建筑物的保护（防坍塌、防雨淋、防风、防洪、防涝、防灾、防震等加固工程保护），景观场景的保护（遗址内建筑、道路、生活设施等相互关系的保护与协调），景观遗产和遗址景观环境的保护（防止遗址周边的城镇化、工业化、商业化，保护原生景观环境）和整体人文生态系统人文活动原生性保护。景观遗产和遗址保护的重要途径就是划定合理的严格保护范围，制定保护法案进行保护。

（3）整体人文生态系统持续利用目标。整体人文生态系统利用是推动遗产保护的积极努力，只保护不利用，不能有效发挥遗产的价值功能。合理、正确、持续利用是真正保护遗产的有效行动。整体人文生态系统利用是对空间与环境的利用，重点工作包括禁止保护区内的非法建设工程，为公众提供服务的设施与场所与景观遗产和遗址区分离并保持足够的距离，在服务区通过高技术音响、灯光系统建设进行特定景观的仿真模拟和综合博物馆，向游客介绍全面情况并教育游览时应注意的事项，保护原始景观和环境并控制大规模人为建设，以及为避免旅游活动对整体人文生态系统的影响在服务区与乡村生态旅游区进入连接上设定专用通道。

（4）保护与利用具体目标指标。总目标是保护与利用的大原则和大方向，保护目标和持续利用目标是专项目标，保护与利用具体目标是将所有的目标细化到可检测、可控制、可操作的具体指标上。主要指标包括整体人文生态系统保存的完整度、系统管理的投入率（实际投入与理论需要投入的比值）、保护法规制度健全程度、保护设备的完整程度、新建设率、游客承载能力、环境中负氧离子含量、环境与室内空气湿度指数、环境与室内温度指数、进入性与可达度、周边城镇化率、周边的工业化率以及周边的商业化程度。

二、整体人文生态系统结构分析

生态系统的结构主要指构成生态系统各个要素及其量比关系，各组分在时间、空间上的分布以及各组分间物质、能量、信息流的途径与传递关系。生态系统结构分析是确定生态系统要素及其时空特征和内在联系的关键（图 5-7）。

1. 整体人文生态系统的层次结构

（1）在系统构成上，整体人文生态系统包括自然生态系统、技术经济系统和社会文化系统三个相对独立的大系统，每个大系统又包括多个层次的子系统。自然生态系统包括动植物生态系统、水域生态系统、土壤生态系统等；技术经济系统包括农业系统、工业系统和服务业系统等；社会文化系统包括人口系统、文化系统、教育系统等。

（2）在空间层次上整体人文生态系统也具有空间尺度上的层次性。依据研究的整体人文生态系统不同，覆盖的空间范围也不同，构成大小不同的整体人文生态系统序列。整体人文生态系统可以是景观、区域、跨地域的，也可以是国家乃至国家环境中的区域化系统。

（3）在全球生态系统层次系统中，整体人文生态系统处在特殊的层次地位。

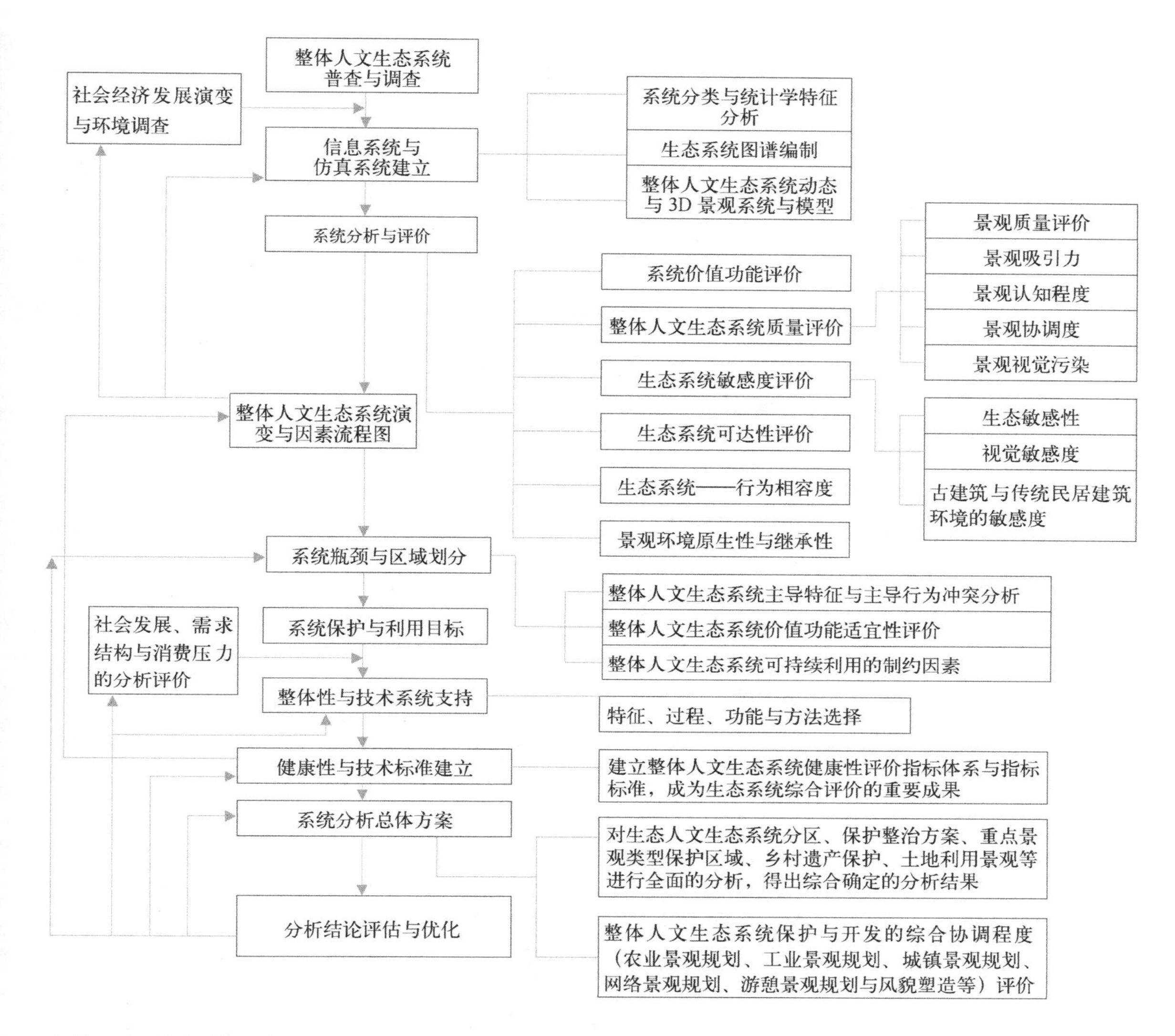

图5-7　整体人文生态系统分析流程图

生物圈是最大的生态系统，一般可以划分为全球（生物圈，biosphere）、区域（生物群系，biome）、景观（landscape）、生态系统（ecosystem）、群落（community）、种群（population）、个体（organism）、组织（tissue）、细胞（cell）、基因（gene）和分子（molecular）十一个层级。整体人文生态系统处于这个序列中的生态系统层面以上的所有系列。

2. 整体人文生态系统时空形态结构

（1）整体人文生态系统水平结构

整体人文生态系统水平结构是指由于地理环境、区位条件、资源禀赋、技术与人口等自然、社会、经济因素的差异所形成的整体人文生态系统在水平空间上的组合与分布特征。整体人文生态系统的水平结构具体可以体现在以下几个方面：①整体人文生态系统在水平空间上的差异性。由于整体人文生态系统形成的自然——社会——经济景观综合体因景观结构和功能的差异，形成了整体人文生态系统在水平空间上的差异，这种差异就是景观环境区划、自然地理区划、农业区划以及综合经济功能区划所揭示的各种区域体系（图 5-8）。②整体人文生态系统子系统的水平结构。由于整体人文生态系统各个组成子系统都具有强烈的地理地段性、地方性和区域性特征，因此自然生态系统、技术经济系统和社会文化系统都呈现出较强的水平空间差异。随着社会经济发展与技术进步，在先进技术的帮助下人类正逐步摆脱自然环境的制约，自然环境对人活动的约束能力越来越低，使得技术经济系统的地方性逐渐降低，呈现出经济景观、人居景观趋同化的强劲趋势。正因为如此，技术使得人们物质发展欲望增强，忽视自然生态的存在与价值；在人们取得经济发展成就的同时，人类正在为所取得的发展成就付出沉重的生态代价，直接威胁到人自身的存在。但自然生态系统、社会文化系统和技术经济系统的区域差异是客观的不可避免的。

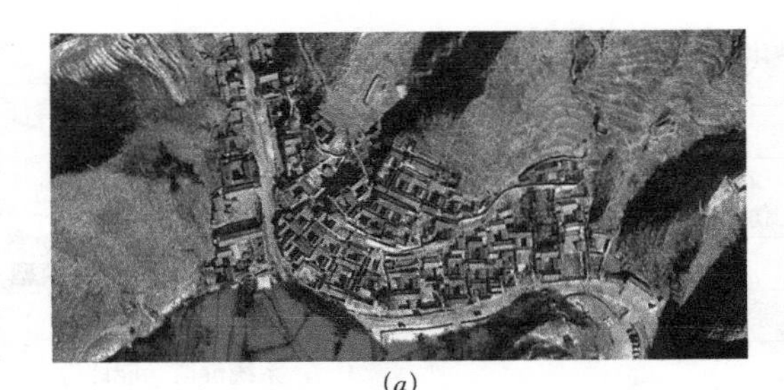

(*a*)

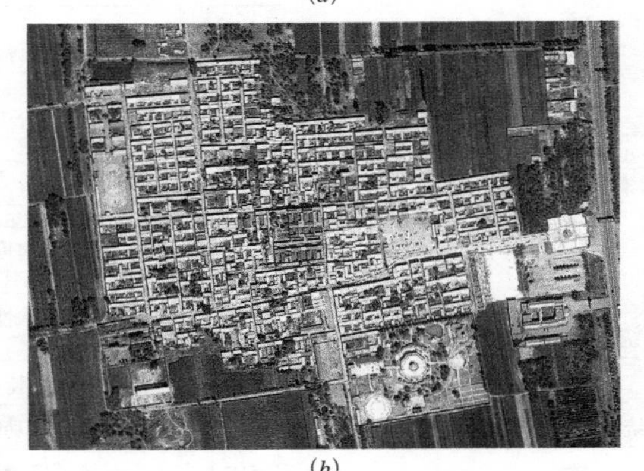

(*b*)

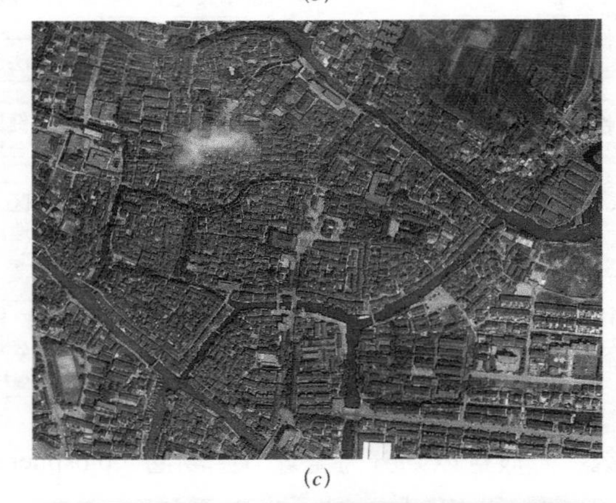

(*c*)

(*d*)

图5–8 古村落分析需要将人与环境统一起来进行系统分析
(*a*) 川底下呈现出山地四合院的组合特征，是北方山地村落整体人文生态系统的体现；
(*b*) 乔家大院呈现出平原四合院的组合特征，是北方平原村落整体人文生态系统的体现；
(*c*) 同里镇呈现出水乡多级临水居住的组合特征，是江南平原村落整体人文生态系统的体现；
(*d*) 广西地灵村呈现出梯田聚落的组合特征，是南方山地丘陵整体人文生态系统的体现

(2) 整体人文生态系统垂直结构

整体人文生态系统垂直结构是指因高度的变化而形成的自然景观、经济景观和文化景观的差异以及整体景观的变化与分布。整体人文生态系统垂直结构主要是高度对水热因素的再分配所形成的景观的垂直分层与差异。在自然生态系统的垂直结构的基础上，形成了与自然结构高度协调有

机的技术经济结构和社会文化结构。在平原丰富的土地资源和水资源的基础上形成了农业经济（工业经济）、农耕文化和平原城镇高度集中的居住文化。在丘陵地区土地资源和水资源较缺乏的地区形成了丘陵特色农业（梯田）和园地经济、建材等工业经济并形成了独特的山地分散村镇居住文化体系。高山区因土地资源和水资源缺乏形成了高山林业的经济模式，丰富的水力资源推动了水电产业的发展；由于人口少，形成了高度分散与封闭的居住文化。从整体人文生态系统内部来看，平原城市也因为建筑物的高度不同，城市景观生态系统也出现明显的垂直结构差异。

（3）整体人文生态系统时间结构

整体人文生态系统的时间结构主要是指系统景观的季节变化和年际变化特征，是景观周期性变化的一个方面。自然生态系统具有较强的季节变化和年际变化特征，从而导致对自然生态环境依赖性较强的农业也呈现出较强的季节变化和年际变化特征，也就是农业生产中“农时”的概念。与此同时，在农耕经济时代发展起来的社会文化特征同样具有时间结构的特征。但随着现代技术的发展，整体人文生态系统时间结构的特征除自然生态系统外在其他各个方面都呈现出逐渐弱化特征与过程。

3. 整体人文生态系统物质能量结构

在整体人文生态系统中，人处在物质能量流金字塔的最顶端，人的需求来自于自然生态系统生产和技术经济系统的二次生产过程。因此人口规模与结构成为决定社会需求规划与结构的关键环节，也是决定技术经济系统生产规模与结构的直接环节，从而决定了对自然生态系统生产能力与结构的要求。另一方面，自然生态系统的组成特征、结构特征决定了其生产功能特征，因此自然生态系统的生产功能取决于自然生态系统本身而不是人由上而下的需求。在相互作用过程中出现了自然供给与人类需求上规模和结构性矛盾。人只有依靠技术通过不断改变自然和技术经济系统特征来满足自己的需求，与此同时人也承担越来越高的生态成本、环境成本和经济成本。在整体人文生态系统中，最重要的物质能量结构指标就是承载力。承载力包括人口承载力、经济承载力、环境承载力、生态承载力、社会承载力等类型，承载力的意义在于明确了在不破坏整体人文生态系统前提下人口、经济、资源、环境、生态相互之间最合理的规模特征与相互耦合的系统结构特征。

三、整体人文生态系统过程分析

1. 自然生态过程

自然生态过程是整体人文生态系统中最基本的系统过程，是其他过程的基础。自然生态过程主要包括物质循环过程和能量流动过程。物质循环过程主要包括水循环、炭循环、氮循环、磷循环和硫循环等物质循环。能量流动主要包括个体水平的能流过程、食物链水平上的能流过程和生态系统水平上的能流过程。立足整体人文生态系统和景观生态特征来看，自然生态过程主要包括地质过程、流水过程、大气过程、动植物生长等过程。

（1）地质过程是一个长期而复杂的过程。在景观过程的时间尺度内地质过程往往决定地表地形形态与特征，成为景观骨架的主要过程之一。在地质过程中断层、破碎带、活火山、沉积过程等直接影响整体人文生态系统的稳定性并形成相应的地质景观。

（2）流水过程是自然生态过程中物质能量交换最复杂的过程。流水过程可以包括河流、湖泊、沼泽、湿地、河口、海洋等地表水过程、浅层地下水、深层地下水等地下水过程以及大气水流动过程。流水过程不仅是自然生态系统核心过程，也是决定整体人文生态系统格局的核心过程。

（3）大气过程不仅以雨、雪、霜等形态扮演水过程的重要延续，以风、雷、电等各种形态与水过程相互呼应，同样作为物质搬迁和物种传播的重要途径，同时也是各种风成景观的外在动力，直接反映在整体人文生态系统特征上。

（4）动植物生长过程是自然生态系统中最生动最直接的过程，动植物的生长不仅体现在生物个体的生长、种群的生长和群落的生长；而且动植物生长不断在时间和空间尺度上发生变化，形成独特的生态系统过程和自然景观过程。在整体人文生态系统规划设计中，自然生态系统过程的重要性在于遵循自然生态规律和过程，设计出与自然环境高度协调并满足人类需求的高效、健康、和谐的整体人文生态系统。

2. 循环经济过程

循环经济的思想萌芽诞生于20世纪60年代的美国。"循环经济"这一术语在中国出现于90年代中期，学术界在研究过程中已从资源综合利用的角度、环境保护的角度、技术范式的角度、经济形态和增长方式的角度、广义和狭义的角度等不同角度对其作了多种界定。国家发改委对循环经济定义为，循环经济是一种以资源的高效利用和循环利用为核心，以减量化、再利用、资源化为原则，以低消耗、低排放、高效率为基本特征，符合可持续发展理念的经济增长模式，是对"大量生产、大量消费、大量废弃"的传统增长模式的根本变革。指出了循环经济的核心、原则、特征，同时指出了循环经济是符合可持续发展理念的经济增长模式。

（1）循环经济本质上是一种生态经济，是可持续发展理念的具体体现和实现途径。它要求遵循生态学规律和经济规律，合理利用自然资源和环境容量，以"减量化、再利用、再循环"为原则发展经济，按照自然生态系统物质循环和能量流动规律重构经济系统，使经济系统和谐地纳入到自然生态系统的物质循环过程之中，实现经济活动的生态化，以期建立与生态环境系统的结构和功能相协调的生态型社会经济系统。

（2）循环经济的根本目的是在经济流程中尽可能减少资源投入，并且系统地避免和减少废物，废弃物再生利用只是减少废物最终处理量。循环经济"减量化、再利用、再循环"（3R：reduce-reuse-recycle）原则是有科学顺序的。减量化——属于输入端，旨在减少进入生产和消费流程的物质量；再利用——属于过程，旨在延长产品和服务的时间；再循环——属于输出端，旨在把废弃物再次资源化以减少最终处理量。处理废物的优先顺序是：避免产生——循环利用——最终处置。即首先要在生产源头——输入端就充分考虑节省资源、提高单位生产对资源的利用率、预防和减少废物的产生；其次是对于源头不能削减的污染物和经过消费者使用的包装废弃物、旧货等加以回收利用，使它们回到经济循环中；只有当避免产生和回收利用都不能实现时，才允许将最终废弃物进行环境无害化处理。环境与发展协调的最高目标是实现从末端治理到源头控制，从利用废物到减少废物的质的飞跃，要从根本上减少自然资源的消耗，从而也就减少环境负载的污染。

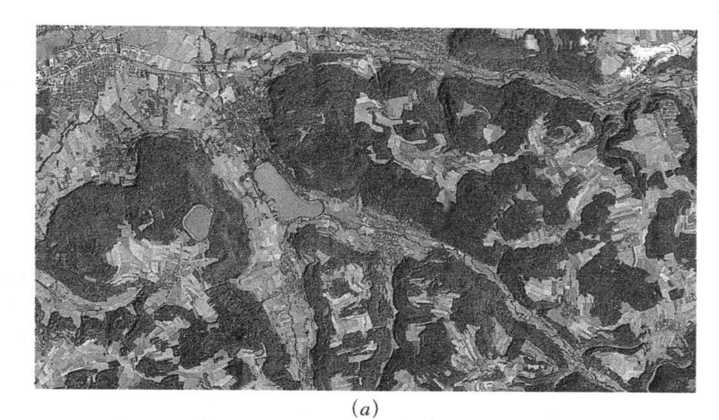

(*a*)

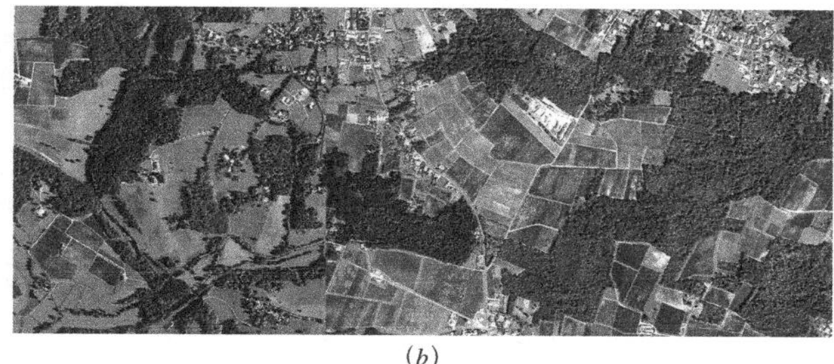

(*b*)

图5-9　人——技——地的历史过程形成的整体人文生态系统景观特征

(*a*) 在特定环境中和特定耕作方式下形成的德国人——地系统景观；

(*b*) 在特定环境中和葡萄园方式下形成的法国人——地系统景观

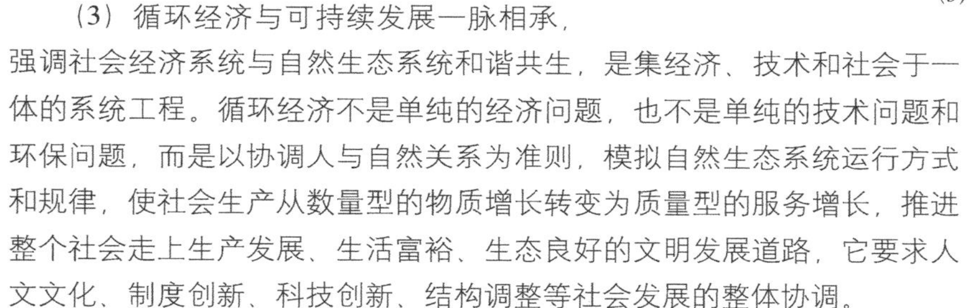

(3) 循环经济与可持续发展一脉相承，强调社会经济系统与自然生态系统和谐共生，是集经济、技术和社会于一体的系统工程。循环经济不是单纯的经济问题，也不是单纯的技术问题和环保问题，而是以协调人与自然关系为准则，模拟自然生态系统运行方式和规律，使社会生产从数量型的物质增长转变为质量型的服务增长，推进整个社会走上生产发展、生活富裕、生态良好的文明发展道路，它要求人文文化、制度创新、科技创新、结构调整等社会发展的整体协调。

3. 人文与文化过程

人文生态系统是整体人文生态系统重要的组成部分，主要包括技术经济系统和社会文化系统两个部分（图5-9）。在人与自然相互作用的景观人文化过程来看，人类活动与人类文明的发展一方面对自然景观产生了巨大的破坏作用，另一方面人类活动对自然景观进行有目的的改造和修饰，将自然生态系统和自然景观改造成为有利于人类生存的新格局。在景观人文化过程中人类对自然景观干扰程度和影响的深度可以划分为干扰、改造和构建三个方面。

(1) 干扰。干扰通常是指人在活动中对相邻景观以及景观环境所产生的影响，这种影响的程度都是有限的，既可以是积极的影响，也可能是消极的负面影响。

(2) 改造。改造是指人为了一定的生存目的而通过改变某种因素和结构，从而对景观格局进行改造，以实现预期的目的。

(3) 构建。对自然生态系统来讲，构建可以说是一种破坏性的干扰行为，一般是为了人类某种特殊目的，彻底改变原来的景观结构，在原地重新进行建造，形成新的景观。无论是哪种人地作用强度的行为，文化形成与人文化过程紧密联系在一起。干扰、改造和构建既是人地作用过程中形成文化现象与文化体系的过程，同时又是在环境价值伦理作用下产生的不同文化行为。这一过程的两面性充分体现在当今整体人文生态系统的特征上，成为系统文化特征的重要表现。

第三节　传统村落整体人文生态系统评价

一、传统村落整体人文生态系统构成

1. 传统村落整体人文生态系统构成

（1）自然环境。几乎没有哪个村落意象不打上自然环境的烙印。村落选址中的"环境意象"、"生态意象"以及村落形态中的"环境意象"等，均是村落受到自然环境影响的表现。

（2）宗族观念。可以说，中国传统村落是一种聚族而居的宗族聚落。长期以来，宗族血缘关系一直是维系一定地域内人群稳定的纽带。这种由血缘派生的"空间"关系，深刻地影响着传统村落的形态与意象。

（3）宗教信仰。宗教信仰是影响中国古村落意象的重要因素。但是中国传统村落的宗教意象远不如西方村落那么突出。但是村落建设离不开宗教设施和宗教活动。如我国道教、佛教、伊斯兰教、天主教、基督教等标志性建筑都会在村落特定的位置出现，成为村落宗教信仰的体现。

（4）民族个性。传统村落的"可印象性"特征包含着明显的民族个性。汉族村落由于受儒家理论观念的影响，其最大的特点是宗祠地位显赫，各种建筑的排列也遵守封建宗法礼俗，所以形成以宗祠为核心的等级观念明确的村落意象。许多少数民族村落虽然也体现一定的宗族观念，但其目的与汉族往往不一。比如说湘、桂、黔等省区交界地带的侗族村寨，虽也是聚族而居的，但其目的是为了防御外族的侵袭，进寨处设有寨门。

（5）文化内涵。中国传统村落意想包含着深刻的文化内涵。首先，就社会基础来说，中国传统村落追求一种具有农业社会特点的理想环境。其次，就文化传统来说，中国传统村落崇尚一种寓意深刻的文化环境。

2. 传统村落整体人文生态系统的标志

（1）祠堂。祠堂是乡村村落中比较常见的反映宗族文化与活动的重要象征。它是传统社会中家族成员、家族地位、家族封建礼法的综合产物。在乡村景观中祠堂不仅作为重要的文化遗产进行保护，也是重要的旅游资源。通过对祠堂封建宗族活动的恢复，成为乡村旅游重要的产品。

（2）高塔。塔是一种在外形上与其他村景有明显区别的景观标志，空间高度的差异是它具有了区别于周围地物的个性。乡村保留下来的古塔不仅代表了特使的历史含义，也成为传统村落的标志，从遥远的空间就可以感受到塔的吸引力，成为村落的灵魂。

（3）风水树。传统村落内大树通常是具有特殊含义的风水树，由于历史悠久

往往都可以成为形体巨大的景观标志。风水树都具有表示"吉祥和安泰"以及"化煞"的功能。许多历史文化村落均有其作为标志性景观的风水树，树的年龄越大越表明该村落历史文化的悠久。

（4）广场与牌楼。对每一个历史文化村落来说，广场的标志作用并不因为它不是空间上的突出目标而意义削减，相反，对村民来说，广场是一种具有象征意义的、能产生历史联想的文化场所。广场的目的性是多方面的，或祭祀，或聚会，或看戏，或交易等，总之它是一个村落政治、经济、文化及日常交往的中心。牌楼（牌坊）分为功德牌坊和贞节牌坊，往往与村落开放的广场空间相结合，共同构成村落景观的标志。

（5）水塘。村中开设水塘，从日常生活上讲，提供了丰富的水源。从文化的意义上来讲，具有储气运、聚财富的寓意；同时又具有传统风水理论中的"化煞"功能。从景观的角度讲，能形成波光倒影，具有传统园林的构景特点。从生态角度讲，能调节村落小气候。从村落空间来讲，能形成既开阔又宁静的环境空间（图 5-10、图 5-11）。

（6）流水与古桥。流水与桥是中国古村落意象的重要环境标志。中国传统聚落形成的动因是便于生产、生活，这样的聚落常常是与溪流、小河分不开的；而且往往形成溪水环绕和村落内水渠成网的"水乡"格局。古桥成为村落中架设在溪流之上的最生动的景观，与溪流形成"动静"相合的景观。

（7）屋顶与山墙。村落民居之屋顶和山墙是构成民居建筑文化的核心要素。许多历史文化村落，其独具特色的屋顶与山墙，往往标识着特定的文化内涵和特定的自然与文化崇拜，同时也具有建筑上特殊的功能价值，也往往成为识别该村落的重要标志。

（上）图5-10 安徽宏村中心的水池在古村落中具有重要作用

（下）图5-11 安徽宏村是传统整体人文生态系统的典型之一

二、北京市郊区传统村落整体人文生态系统评价

1. 京西山区传统村落的遗产价值与特征

传统村落代表着特定环境中和谐的人类聚居空间，有着悠久的历史，承载着璀璨的地域文化（图5-12）。京西传统村落历史和文化价值主要有：

（1）传统村落是居住、生活、生产活动的物质载体，综合体现地理环境、地域文化、乡土特色和独特生活方式，是区域整体人文生态系统特征的凝聚。门头沟的传统村落在总体上作为京西古道和永定河文化的一部分。历史文化脉络的延续真实地体现在传统村落所具有的历史文化的积淀中。传统村落的选址、乡土建筑与居住环境的营造都依据古代"堪舆"学理论，择吉而居，讲求五行风水。每一个村落都具有各自的特色，充分体现了传统文化指导下形成的人居生态之美。

（2）从建筑形态上看，门头沟地区传统村落的民居是具有北方特色的山地四合院，成为北京及周边地区民俗文化的历史见证和特殊类型。这些民居依山就势，布置合理尺度适宜，根据独特的空间形态，创造出合理的建筑形式。

图5-12　传统村落居住模式
(*a*) 珠江三角洲两种传统村落居住模式；
(*b*) 安徽皖南两种传统村落居住模式；
(*c*) 江南水乡两种传统村落居住模式

图5-13 门头沟传统村落建筑及其景观环境图谱

(3) 从装饰雕刻艺术手法来看，传统村落记录着不同历史时期并具有典型地域特色的民居装饰艺术，是民间艺术的宝库（图 5-13）。

(4) 从传统村落的存留上看，京西门头沟地区因地处北京市边缘区，传统文化受到的破坏干扰较少，保存较系统，大多因年久失修而逐渐衰落，但村落体系保存仍较为完善。主要特征有：①传统村落分布广泛，但相对集中在门头沟西部山区。门头沟以山地环境为主，一直是北京经济发展水平较低的郊区县，传统的山地农业和生活方式使门头沟存留了大量传统价值较高的村落。村落分布广泛，在斋堂镇、清水镇、妙峰山镇和王平镇都有分布，且各具特色。东部乡镇因紧邻北京市区，农业旅游和乡村旅游已成为重要的发展方式。而传统村落则主要集中分布在西部斋堂镇和清水镇的山区地带，占全区传统村落的 80% 以上。②传统村落具有协调完整的聚落空间。门头沟作为传统山地村落在空间分布上具有依水、傍湖、沿沟的典型特点，部分传统村落还具有传统“四神砂”结构（特指龙山、虎山、朱雀和玄武诸山）和“瞭望——庇护”景观结构，形成与山地自然环境协调完整的整体人文生态系统。山地完整的聚落空间成为门头沟传统村落的重要特征。③村落保存了比较完整的历史文化系列。门头沟传统村落中保存了一种特有的历史文化现象，就是在不同的村落中有明清、民国、新中国建国初期、“文化大革命”、经济改革开放等不同时期的文化遗迹，主要有官家门匾、诏书、中举榜文、主席手迹、捷报等不同历史时代的文化特征。④山地四合院成为独具价值的乡土建筑。门头沟传统村落民居以结合山地环境发展起来的山地四合院为主，四合院虽不同于平原，也不如平原四合院典型，但山地四合院更具有环境特征，并形成天人合一的乡土建筑特色和山地居住环境。

2. 山区传统村落的价值评价指标

传统村落评价的指标体系综合历史悠久性、保护完整性、建筑的乡土性、环境协调性和文化传承的典型性五个方面进行全面的评价，衡定传统村落的独特价值（表 5-1）。

（1）历史的悠久性。对于传统村落来讲，时间价值是最能衡定遗产稀缺性的指标。京西传统村落的评价具有时间跨度较大的特征。时间最久的村落是以川底下为代表的明代时期的村落，而能够完整保存下来的多为清朝末期和民国时期的村落。

（2）保护的完整性。完整性要求传统村落必须具有完整的村落形态，具有完整的时间序列和完整人文生活 3 个特点。

（3）建筑的乡土性。聚落环境和传统民居不是刻意保护的结果而是在人们长期生活中得以保存的空间。传统村落居民生活的现代化，使传统村落发生了很大的改变，随之改变的就是传统村落以及建筑形式。有的村落在变革的过程中存留了下来，成为乡土建筑的典型。

（4）环境的协调性。环境的协调性是传统村落"天人合一"特征的重要体现。传统村落在建设发展过程中，人们对村落及其周边景观环境具有独特的协调性认知特征，并将这种独特的认知理念渗透到村落的建设中，并构架起与景观环境完全协调的村落。

（5）文化传承的典型性。文化传承的典型性是传统村落所继承并有效发挥的传统文化特征，是人们创造性的认识自然并将对自然独特的理解方式运用到村落建设中，并被完整的保留下来，成为村落文化的典型。

北京门头沟区传统村落价值评估体系 **表5-1**

指标	权重	分级赋值				
		9	7	5	3	1
悠久性	0.15	明清以前	明清时代	民国	50~70年代	80年代以后
完整性	0.30	建筑完好，村落组合完整	建筑较完好，村落组合完整	建筑 1/3（局部）倒塌，形态完整	建筑2/3倒塌，但形态较完整	残垣断壁
乡土性	0.20	完整的山地四合院（标准性）	完整的山地四合院，但构成不标准	非山地四合院，但特色乡土性不突出	完整的贫民乡土建筑	简陋的乡土建筑
协调性	0.20	具有典型的四神砂结构特色	襟江抱湖枕山的结构	青山秀水型村落	交通路口的商业性村落	工矿业（采石、煤矿、水泥、石灰等）型村落
典型性	0.15	时代的典型代表	特色明显	有特色	大众性	灾害易损形

3. 传统村落的价值评价方法

传统村落的价值特征体现在两个方面：一是村落本身所具有的遗产性价值特征，是村落凝聚的文化特征和整体人文生态系统特征；二是基于村落特色和创新利用的市场价值。因此，村落价值的本身特征是客观判定村落价值及其特色的依据。在评价传统村落价值的悠久性（E_{tv}^{l}）、完整性（E_{tv}^{w}）、乡土性（E_{tv}^{p}）、协调性（E_{tv}^{c}）和典型性（E_{tv}^{t}）五个指标上，由于每个指标都仅体现村落价值的一个方面，因此采用五个因素的加权平均作为传统村落价值指数。价值指数不仅揭示村落价值的特征，而且通过价值指数形成传统村落之间价值的比较。价值指数评价模式为：

$$\begin{cases} E_{tv}^{i} = \sum_{i=1}^{4} p_i^e f_i^e \\ \sum_{i=1}^{4} p_i^e = 1 \end{cases}$$

根据评价因子的分布特征，结合价值指数模型，可以判定 $E_{tv}^{i} \in [1, 9]$。结合传统村落价值指数分布，依据价值指数将 $E_{tv}^{i} \in (1, 4]$ 确定为保护性乡村村落、$E_{tv}^{i} \in (4, 6]$ 为特色乡村村落和 $E_{tv}^{i} \in (6, 9]$ 遗产性村落三个村落保护与利用分级。

4. 京西山区传统村落的评价结果

从对北京市门头沟 28 个传统村落的价值评价来看，$E_{tv}^{i} \in (6, 9]$ 的遗产性村落主要有川底下（8.58）、杨家峪（7.42）、刘家村（7.06）、灵水村（7.0）、杨家村（6.82）和刘家峪（6.4），占传统村落的 20.7%；$E_{tv}^{i} \in (4, 6]$ 的特色乡村村落主要有梨园岭（5.18）、塔河（5.02）、沿河城（4.98）、椴木沟（4.78）、韭园村（4.76）、小龙门（4.64）、黄安（4.58）、王家山（4.52）、柏峪村（4.44）、黄安坨（4.4）、桑峪村（4.26）和沿河口（4.22），占传统村落的 42.9%；$E_{tv}^{i} \in (1, 4]$ 的保护性村落主要有岭角村（3.92）、双石头（3.62）、瓦窑村（3.6）、樱桃沟（3.54）、简昌（3.52）、向阳口（3.42）、涧沟村（2.94）、崇文山庄（2.92）、江水河（2.32）和吕家村（2.22），占传统村落的 35.7%。传统村落价值指数的分布呈现出以下特征（图 5-14）：①门头沟区传统村落的整体价值较高，$E_{tv}^{i} \in (4, 9]$ 的村落占全部的 64.3%；②从价值指数分布来看，基本形成两个集中区域，一个分布在 $E_{tv}^{i} > 6$，另一个是 $E_{tv}^{i} \in (2, 5]$。而 $E_{tv}^{i} \in (5, 6]$ 的村落较少，存在一个明显的价值真空区，两者之间形成明显的差距。传统村落价值指数的方差为 2.4，标准差为 1.55，表明在总体水平上传统村落之间的价值指数相差较小；③从悠久性的单一指标分布来看，明显形成三个区间。$E_{tv}^{i} \in [7, 9]$ 的杨家峪、刘家峪、刘家村、杨家村、川底下、灵水村、椴木沟和塔河成为最悠久的传统村落；$E_{tv}^{l} \in [3, 5]$ 的柏峪村、沿河城、王家山、向阳口、桑峪村、双石头、黄安、瓦窑村、黄安坨、小龙门、吕家村、涧沟村、樱桃沟、岭角村和韭园村成为较悠久的传统村落；而 $E_{tv}^{l} \in [1, 3]$ 的仅

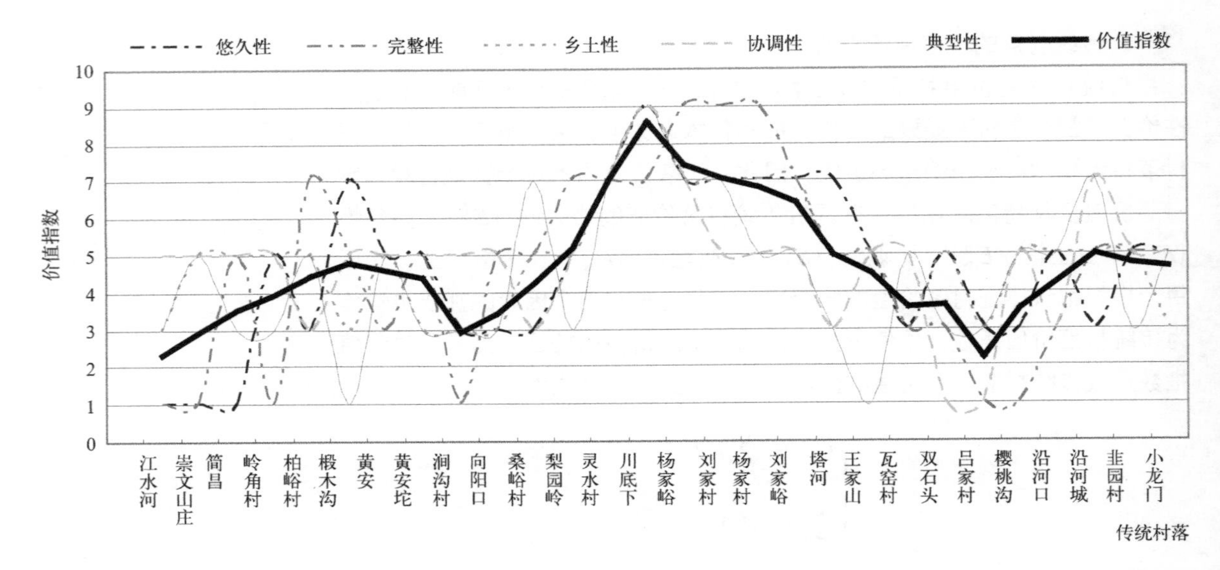

图5-14 北京市门头沟区传统村落价评价值指数分布图

有简昌、江水河和崇文山庄。因此历史比较悠久的村落占89%，且悠久性指数方差为4.3，标准差为2.1，悠久性指标的离散程度相对较大，也表明村落的悠久性特征相差较大；④从完整性的单一指标分布来看，$E^{w}_{tv}\in$(4，9]的杨家峪、刘家峪、刘家村、杨家村、川底下、灵水村、柏峪村、沿河城、向阳口、桑峪村、梨园岭、简昌、椴木沟、塔河、黄安坨、小龙门、韭园村的保存相对完好的村落，占61%；而$E^{w}_{tv}\in$[1，4]的沿河口、双石头、江水河、黄安、瓦窑村、崇文山庄、吕家村、涧沟村、樱桃村、岭角村的保护完整性相对较差。方差达到6.29，说明相互间的完整性差异程度比较明显；⑤从乡土性单一指标的分布来看，形成两个明显的指数区间。$E^{p}_{tv}\in$[7，9]的杨家峪、刘家峪、刘家村、杨家村、川底下、灵水村为乡土性突出的村落，占21%；而$E^{p}_{tv}\in$[3，5]的其他村落占79%，指数系列方差为2.4，表明虽然形成了两个区间的分化，但乡土性差异较小；⑥从协调性单一指标分布来看，协调性指数明显集中在$E^{c}_{tv}\in$[3，7]范围内，占传统村落的90%，而E^{c}_{tv}=9和E^{c}_{tv}=1的仅占10%，指数方差仅2.67，说明村落的协调性整体较高，不存在两极分化的现象；⑦从典型性单一指标分布来看，明显形成3个区间。$E^{t}_{tv}\in$[7，9]的杨家峪、刘家村、川底下、灵水村、沿河城、桑峪村的典型性突出村落，占21%；E^{t}_{tv}=1的仅王家山一个村落，而E^{t}_{tv}=[3，5]的村落占75%，方差3.67，说明典型差异较小，而且典型性都比较突出。

第四节　整体人文生态系统规划设计

一、城市化倾向与整体人文生态系统规划

1. 江南水乡古镇的城市化倾向及特征

（1）水体景观的艺术化与水网功能的时尚化。水体景观和水网功能

是江南水乡区域景观的灵魂。随着现代工业的发展和旅游者的涌入，在造成古镇水体污染日渐显现的同时，为满足古镇旅游发展的需求，规划、建设和管理者将现代景观理念嵌入到古镇水体景观的保护与建设中，造成江南水乡水体景观的艺术化和水网功能的时尚化。①水体景观的艺术化。在古镇水体景观整治中广泛存在着人工景观池塘、园林造景水体、花园驳岸等水体景观艺术化的现象。②水网功能的时尚化。旅游业开发之前，古镇的河网主要是用来进行货物运输，是古镇居民和外界联系的通道；也是居民生活用水的自然水源。而旅游业开发之后，一方面因为水质发生改变，水网为居民提供生活用水的功能也已逐步消退。取而代之的是成为以江南独有的小桥流水和乌篷船吸引旅游者的重要旅游资源，在为旅游者提供泛舟于江南水乡的旅游体验的同时，水网与现代时尚的模特秀和选美活动连接起来，成为现代时尚活动的载体。

(2) 开放空间利用方式的城市公园化和广场化。开放空间是古镇社会群体活动的重要景观空间。从开放空间利用方式来看，古镇现有开放空间城市化的倾向比较明显（图 5-15~ 图 5-17）。主要体现在：①城市广场化。以西塘入口广场为例，仿古的亭廊作为广场中的小品，以此和周围的古镇相协调。但广场的结构，布局、绿化及景观小品都透出了现代城市广场的气息。大面积的草坪和广场化的硬质铺地都是城市广场化的典型倾向。②城市公园化。以南浔古镇"文园"为例，现代造的仿古公园虽具有几分中国传统园林的风格，但园内游船等设施、道路和雕塑等景观要素，都体现出了现代城市公园的特点。

(3) 古镇居民行为方式的现代化和多样化。随着城市化和现代化进程的加快，各类时尚文化元素进入古镇，不同的价值观念和道德观念融入到了古镇居民的日常生活当中，使古镇生活方式发生变化（表 5-2）。①现代生活方式取代传统生活方式。本次调查显示古镇居民的传统休闲活动和节庆为水龙会、灯会、香市节、古戏、皮影戏、龙船、庙会等，名目繁多。而开发旅游业之后，比如卡拉 OK、酒吧、上网、逛街、打牌、散步、麻将等外来的消闲方式进入到古镇日常生活。对游客的问卷调查也显示，43% 的旅游者认为古镇居民的生活受到现代生活习惯影响，34% 的旅游者认为居民生活受到很多现代生活习惯影响，9% 旅游者认为居民生活已经现代化，只有 14% 的旅游者认为居民生活仍旧保持原有风貌。②古镇的传统文化因子正逐步淡出古镇生活。传统的民俗如走三

图5-15　南浔城市化倾向分布图

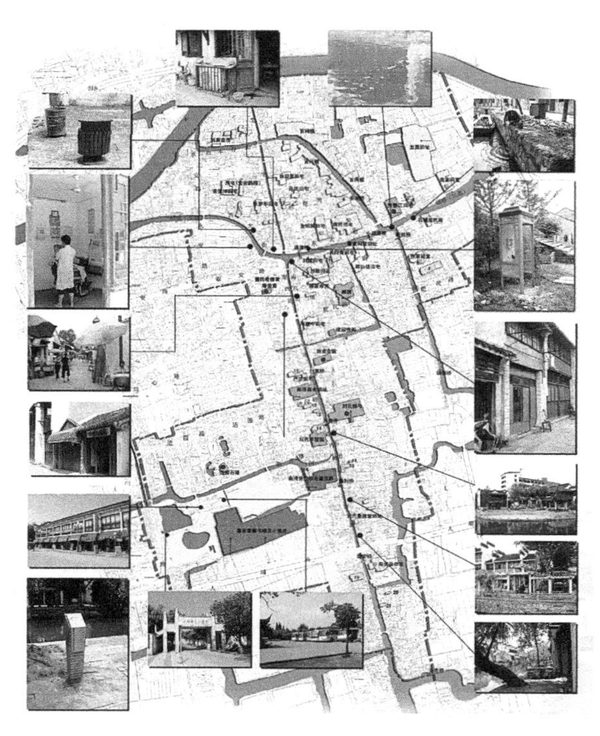

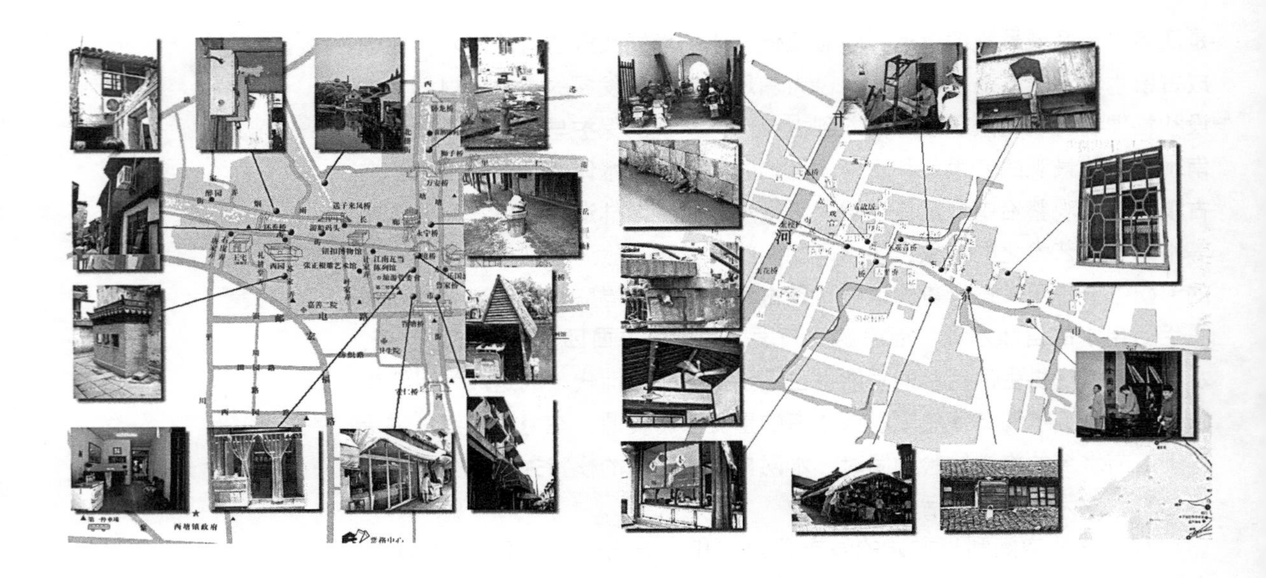

(左)图5–16　西塘城市化倾向分布图

(右)图5–17　乌镇城市化倾向分布图

桥、桐乡的花鼓戏、乌镇的拳船等传统风俗习惯大都是单纯为了发展旅游事业，成为招徕游客、愉悦游客的商业行为，已经不再是作为古镇居民自动自发的、烙印了古镇本身深厚历史文化积淀的一种传统活动。

(4)现代城市商业街模式与传统文化行为商业化

由于历史时期的古镇就延续了集镇商业的特征，商业活动本身就是古镇生活中不可缺少的组成部分。但从江南水乡古镇开发模式上来看，古镇商业化的发展大多采用了商业街模式的发展思路，古镇的保护与开发高度集中在一条街的保护并往往形成商铺林立的格局。调查显示，古镇旅游巨大的经济利益吸引一些外来人员到古镇中进行经商活动，西塘外来业主所占比例高达到49.7%，乌镇9.7%；南浔最低为2%。同时旅游开发后，

古镇居民对旅游开发前后生活方式变化的态度　　**表5–2**

项目 / 古镇	古镇生活方式的变化		居民对生活方式变化的态度			
	传统休闲活动和节庆	现在的日常休闲方式	好	一般	无所谓	总计
西塘(户)	七老爷庙会、散步、品茶等	看电视、看书、上网、聊天、串门、逛街、喝茶、打牌、散步、麻将、卡拉OK、酒吧、下棋、看报等	28.6% (22)	50.6% (39)	20.8% (16)	100% (77)
乌镇(户)	水龙会、香市节、古戏、皮影戏、龙船等	看电视、玩电脑、散步、麻将、听音乐等	17.2% (5)	62.1% (18)	20.7% (6)	100% (39)
南浔(户)	庙会	看电视、旅游、打牌、羽毛球、散步等	12.5% (2)	75.0% (12)	12.5% (2)	100% (16)
综合(户)	传统地方性文化活动	现代时尚与城市生活方式接轨	23.8% (29)	56.6% (69)	19.6% (24)	100% (122)

西塘 51.9% 的居民、乌镇 44.8% 的居民和南浔 43.7% 的居民纷纷以各种形式参与到旅游业中，主要参与方式有经营商店、开设家庭旅馆、开发古镇特色产品、租房子给外地人经营旅游服务业等。古镇居民的从业结构已发生了很大变化，家庭人员从事旅游业的比率分别是西塘为 29.7%，乌镇为 24.8%，南浔为 26.8%，都表明现代商业行为已经侵入古镇，古镇逐渐开始向着现代商业城市的方向发展。另一方面，古镇的商业化发展将古镇传统文化的展示完全转变为一种商业行为，为了保证商业行为的成功，对传统文化进行时尚化、现代化和艺术化的包装，使传统文化的真实性严重下降。

（5）现代生活方式与传统物质空间发生矛盾。随着现代商业行为的入侵、外来人员涌入古镇，居民价值观在改变，居民的生活观念和生活方式也在向现代化方向改变和发展。古镇原有的基础设施、空间格局和居住环境已不能满足其日益提高的现代生活需要。现代交通通讯方式的发展也让古镇不胜重负。①建筑材料现代化。以西塘为例，由于采取了保持原真居民生活的旅游发展模式，现在仍有大量居民生活在古镇保护区当中，虽然有统一的规划管理，但一些居民自发对住宅进行修缮时，开始自发的运用瓷砖、水泥等新型的现代化的建筑材料和现代化生活设施等；现代设施突兀明显的状况比比皆是，在某种程度上割断了古镇传统风貌的延续。②传统符号逐渐时尚化。传统古村镇景观体系逐渐现代时尚，作为古镇标志石板路已为水泥道路所取代；原来纯净古朴的各色布幌子等传统文化符号已被各类时尚现代的符号、招贴画、广告招牌、广告灯箱等取代。同时现代化的交通通信工具充斥整个古镇景观空间（图 5-18）。

2. 城市化过程中的江南水乡可持续规划策略

（1）保护并延续古镇农业社会聚落的质朴性特征，强化古镇时空异化过程。江南水乡古镇具有典型的农业社会聚落特征。但外部环境的冲击，社区居民的行为方式和价值观的改变，外来时尚文化因子也越来越多的出现在古镇的大街小巷。有 18% 的被调查者认为旅游开发对传统古镇文化景观造成冲击，不利于古镇原真性的保持。①保护质朴性的景观特征。在

(*a*)

(*b*)

(*c*)

(*d*)

图5-18 现代生活方式与传统物质空间之间的矛盾
(*a*) 现代建筑材料的运用；
(*b*) 现代设施的运用；
(*c*) 现代化交通工具；
(*d*) 城市的电话亭

对江南水乡古镇的保护利用中，利用当地木结构建筑的艺术特点、古镇空间完整性和水乡文化的丰富性特点，深层次挖掘其中蕴涵的历史和文化内涵，与历史背景与古镇发展紧密连接起来，将历史时期古镇景观的原貌保护并延续下来，使之成为特殊形式的历史博物馆，张扬古镇农业社会聚落的质朴性。②强化古镇的时空异化特征。古镇是农业社会聚落发展的产物，与工业化、城市化、现代化和时尚化的社会发展相背离，时空异化是张显古镇遗产价值的核心，因此应强化古镇的原真性，强化古镇的时空异化过程。

（2）规划景观遗产隔离廊道，保护江南水乡区域景观的完整性和连续性。在城市化浪潮中，古镇的现代化与城市化侵扰是不可避免的。但是从古镇遗产的性质来看，古镇的现代化与城市化又是必须加以控制的，是保护古镇原貌的关键。古镇生活、市场功能的延续必然比可能以牺牲现代人享受现代化发展的成果的权利。因此将现代生活与古镇的完全协调融合是无法办到的。因此以林地、农田为景观要素建设古镇遗产隔离廊道，将传统古镇与现代城市化、工业化和现代化的景观相对隔离，并通过遗产廊道将分割的古镇连接成为网络，在区域上形成连接网络并保持区域连续性和完整性，避免形成古镇的孤岛化现象。不仅保护了古镇的原真性，同时保护了区域景观的完整性和连续性。

（3）保护古镇水乡文化的原真性，营造和谐的整体人文生态系统体验。江南水乡古镇城市化倾向的对策中，保护古镇整体人文生态系统完整性具有重要的地位和作用。①建立多种社区居民参与的保护机制。在古镇居民中有 3.4% 的居民认为旅游开发会对古镇造成破坏，4.1% 的居民认为旅游者涌入古镇会破坏自己平静的生活，4.9% 的居民认为古镇开发旅游业之后开始变得工业化。说明古镇的原住民对古镇的价值还没有充分认识，通过社区教育、鼓励居民参与社区旅游开发等方式，提高古镇居民对江南水乡古镇本身遗产价值的认识，提高古镇居民的认同感及对水乡古镇价值的自豪感和自信心，以激发原住民保护原真性的积极性。建立居民参与的利益机制，调动原住民参与古镇旅游的积极性，避免古镇空心化发展。②营造古镇整体人文生态系统完整的体验。西塘、乌镇、南浔旅游业收入分别占到家庭收入来源比例的 33.9%、25.9% 和 24.8%，旅游产业在古镇整体产业体系中占据重要地位。有高达 49% 的旅游者喜爱古镇的小桥流水人家的自然风貌，29% 的游客和 19% 的游客对古镇悠久的历史文化和独特的人文风情很感兴趣，而古镇现有开发的产品却让 36% 的旅游者认为缺乏亮点和特色，13% 旅游者认为很牵强，与古镇本身的特点相差甚远。古镇整体人文生态系统的原真性是人文生态旅游体验的核心。

（4）合理调控环境容量，降低聚集密度和强度，控制服务设施和规模，再现诗意生活场景。在保护并延续古镇原真性特征的过程中，容量、人口密度和流动强度、服务设施与发展规模成为衡定古镇城市化、工业化和现代化倾向的重要指标，也是传统文化景观与现代文化景观本质的区别之一。严格禁止现代工业，拆除保护区和传统民居风格不协调的建筑，整治和传统风格不和谐的细节部分，保护传统空间格局，恢复古镇传统手工业制造工艺，严格限制人口的大规模集聚和商业的大规模发展，再现江南水乡古镇小桥流水人家的安详静谧的社区生活场景。

二、商业化倾向与整体人文生态系统规划

1. 江南水乡古镇商业化倾向及特征

（1）商铺众多，产品雷同，功能上显现出外强内弱的特征。古镇商业化现象的重要特征就是商铺数量过多，经营商品雷同。在浙北三镇的调查中看到，具有本地特色的蓝印花布、古装服饰、黄酒、粽子等相似的商品几乎充斥在每一个水乡古镇，饭店也都经营相同的菜肴。虽然这些产品都能够充分体现江南水乡古镇的独有特色，但也反映出古镇的商品种类重复，缺乏个性。同时，过多的同类商铺，彼此之间缺乏差异性。在西塘接受调查的163家商铺中，旅游纪念品商铺有53家，家庭旅馆有34家，饭店17家之多；在被调查的乌镇90家商铺中，旅游纪念品店48家，占到了53.3%。从商铺的类型来看，除南浔外，旅游纪念品商店和饭店、旅馆构成古镇商业的主体（图5-19~图5-21）。

（2）商业繁荣冲淡古镇原真景观特征，形成因利趋同格局。从游客对古镇商铺林立的现象的态度调查来看，对旅游者的450份调查问卷得出的数据显示，65%旅游者不再选择重游古镇的原因是因为古镇千篇一律；36%的旅游者认为古镇缺乏亮点和自身的独有特色；29%的旅游者认为古镇的商铺较多，21%旅游者认为商铺数量太多，古镇的商业化现象已成为影像和制约古镇持续发展的重要方面。

（3）商业化改变了居民生活方式，并成为重要的生活基础。商业化

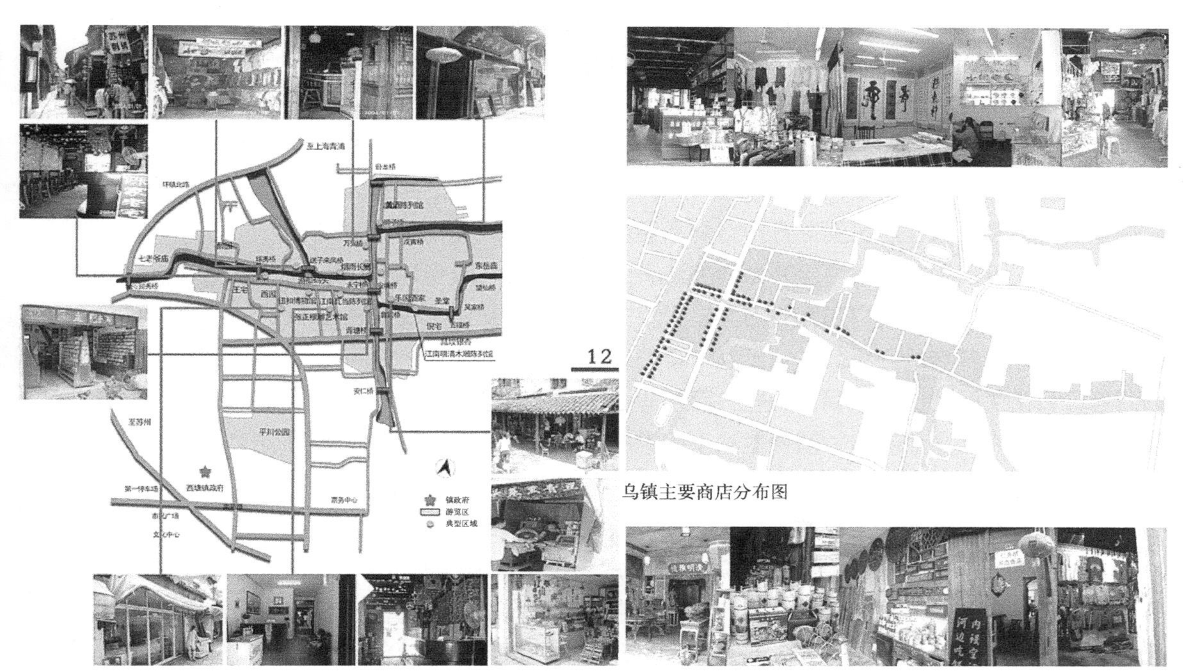

（左）图5—19　西塘的商业分布状况

（右）图5—20　乌镇的商业分布状况

对古镇居民的影响是深刻的，主要表现在：收入增加，从业结构发生变化。从浙北三镇的情况来看，旅游开发使古镇 34.7% 的居民职业发生直接变化，从工厂工人变为个体从商。43.0% 的被调查居民个人收入较旅游开发之前有所增加，而西塘这个比例则更是高达 55.8%；另外 38.5% 居民认为旅游开发为他们提供了更多的就业机会，可以提高居民自身和整个古镇的整体收入，提高日常生活水平。西塘 49.4% 的居民认为古镇面对游客的商铺有点多，而仅有 18.2% 的居民认为古镇面对居民的商铺有点少。另一方面，根据商铺调查统计，西塘三条大街中本地业主的比例稍占上风，经营范围也比外地业主更为宽泛。有 43.7% 的居民职业在旅游开发后发生了变化，其中大部分是转工为商，另有 55.8% 的居民认为收入有所增加。

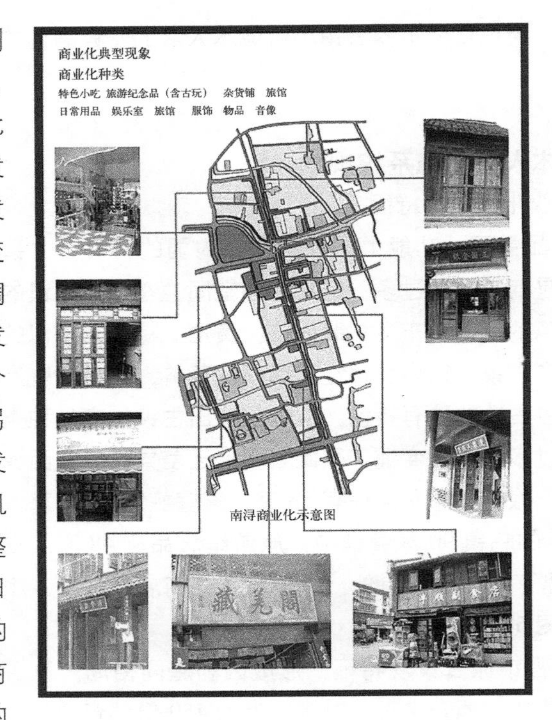

图5–21 南浔的商业分布状况

（4）直接干扰居民日常生活，破坏古镇整体人文生态系统的和谐。古镇开发旅游使旅游者涌入古镇，大量的商铺直接面向旅游者，而面向古镇居民自身的商铺却不多，形成了表面上繁华的商业却不能满足古镇居民需要的格局。有 53.3% 的居民认为对自己的日常生活有不好的影响，13.1% 的居民认为对自己的日常生活产生了很大影响。以乌镇为例，“空心化”的发展方式规定古镇保护区之内不允许经营商铺，仅有的商铺区也仅仅是面向游客，镇区居民要买日常必需品要步行很远的距离，日常生活极不方便。许多居民在采访中反映面向旅游者的商铺增多导致当地物价上涨，很多原来面向居民的商铺都转而卖起了旅游纪念品。从对居民的调查中发现，一些不开店的居民对古镇日益严重的商业化表示很反感，认为影响到自己日常生活的比例要稍高一些，而那些通过经营商铺收入得到增加的居民则对此表示热烈欢迎。两种截然不同的态度极大程度上说明了古镇商业化已趋于超饱和。

（5）商业化使古镇产业结构变化，旅游业渐成支柱产业

在古镇第三产业逐渐代替第一、第二产业成为古镇经济体系的支柱，旅游业作为第三产业发展的重点，不仅为当地带来了巨大的经济利益，而且还带动了其他产业的发展，并创造了更为有利的发展机会。古镇传统经

济以农业和工业为主，以乌镇为例，传统的支柱产业主要是以丝绸等为主的轻工业，改革开放以后大量的丝厂、米厂纷纷倒闭，旅游业成为现今乌镇的支柱产业。每年旅游商业收入和门票收入占到了乌镇经济利益的大部分。乌镇旅游开发后，当地经济转而以第三产业为支柱型产业，许多当地的居民原先以在工厂打工为生，现在却纷纷开店营业，家庭从事旅游业的比率占到了29.7%。古镇将近50%的被调查居民和被调查家庭接近27%的居民都参与到当地的旅游业发展中。商业化的发展促进了乌镇整体经济发展，为古镇的发展和当地居民带来的利益显而易见。

（6）商业化破坏古镇原有自然风貌和景观环境

古镇大都为旅游公司经营管理，对商铺、饭店等有严格的数量和经营规定，尤其不允许私人经营店铺。然而因为旅游开发而失去用以谋生的农田的古镇居民、工厂倒闭带来的闲散人员等，拥有大量的空闲时间，在面对旅游业所带来的巨大经济利益的诱惑时，纷纷开始谋求各种方式，从古镇的旅游事业中分得一杯羹。以西塘为例，廊棚下小桥边的临水地区大都开辟成了经营各种旅游纪念品的商铺以及各式饭店或小吃店。游客走过廊棚，看到的是满眼的商品，听到的是各式的叫卖招呼声；人们对古镇的印象就无可避免的存在偏差。古镇原有悠闲自在的小桥流水风貌被浓浓的商业味所替代，自然风貌和景观环境发生改变，质朴宁静的古镇已经很难寻觅。未经允许私自经营的饭店之类大多卫生状况不达标，各自的安全设施也不到位。沿河经营的饭店蚊蝇成群，往往将饭菜残渣直接倒入河流，更有在河流中央直接建船开店，过度开发的饭店、旅馆、小商铺不只破坏了古镇原有建筑风貌，打破了传统水乡古镇静谧祥和的水乡氛围，也改变了古镇建筑、生态、人文等方面的自然格局，严重影响到古镇人文景观的原真性，古镇正面临失去特色的危险。

2. 商业化过程中的江南水乡可持续规划策略

（1）政府应淡出商业利益，严格控制商业发展。政府在旅游开发初期作出的预见性措施将会有力的制止商业化现象的发生（保继刚，2004），避免旅游地的过度商业化，有效控制商业化蔓延。古镇大都采取的是旅游公司经营，政府所有的开发模式，政府应采取有效措施，做出一些预见性的指导意见。比如加大管理力度，对古镇整体的商业进行统一管理，鼓励私家经营并对那些没有营业执照的商铺进行控制管理，营造规范统一的商业经营模式等。例如本次调查的乌镇，政府和旅游开发公司把古镇内的商铺主要集中在一个区域，划定了商铺区以及手工业作坊区，同时控制东大街、观前街等其他街巷的商业活动。另如西塘，作为“生活着的千年古镇”，在景色最美、最吸引旅游者的烟雨长廊地区，管理公司也在长廊沿线设置了集中的商铺。这样既形成了古镇特定的旅游购物区域，为游人营造良好的购物环境；避免由于店铺的分散布置导致古镇整体氛围的破坏和旅游地形象的贬抑；还保持了古镇原有的生活氛围，让游客真真切切的感受到真实传统的、原汁原味的水乡居民的生活。

（2）拓展和营造多样化社区参与旅游的方式和途径。除去单纯的商业经营，古镇管理部门还可以鼓励居民积极以多种方式参与到旅游业当中，让古镇多些生活气息，少些商业气息。比如民间工艺展示、民俗表演等，能够让游客亲自参与其中，体味江南水乡的乐趣；或者允许适当有特色的居民家庭进行展示，政府给予一定的补贴。比如，西塘的水云楼，既增加了居民自身的收入，又丰富了游客单纯购物逛景点的单调。

（3）调整利益分配体制，建立行业利益平衡机制。调查数据显示，69.4% 被调查家庭的主要收入来源不是旅游收入，而是来自于其他产业的收入。例如，西塘古镇内管理部门允许的商铺业主收入颇丰，而西塘的商铺业主中有 49.7% 是来自外地，古镇内的当地业主中一些地段不是太好，或者是未经允许私自经营的商铺业主就对古镇开发旅游业表示了强烈的不满，认为政府和开发公司的管理很混乱，旅游开发和允许外来人员开店扰乱了古镇原本平静的生活。这需要旅游管理部门在开发的过程当中，能更多考虑核心区内原住民的生活，采取一些优待措施或减免一定的管理费用，为古镇内的商铺业主创造一定的有利条件；同时发展本地特色产业、大力发展以传统手工业为基础的传统工业，提高居民就业率，解决旅游业利益分布不均的问题。

（4）鼓励和发展传统手工艺，构建旅游体验与民间非物质文化遗产保护双赢格局。江南水乡古镇不只单纯拥有小桥流水人家的自然风貌，其深厚的水乡文化也内涵丰富。除了借助于小桥流水人家发展旅游业，更加应该发挥本地传统手工业和传统作坊的特色吸引功能。协调好传统手工制造业和现代旅游业的关系。以西塘为例，嘉善酒厂是全国最大的单个黄酒生产基地，大舜纽扣厂出产的特色纽扣为古镇带来了很大经济收益，并且其产品更加可以作为当地特色旅游纪念品出售。传统手工业和旅游业很好的进行了协调，过度的商业化会失去古镇的原真性，在控制商业化的基础上发展小规模传统工业不失为一个很好的选择。另外，传统工业的发展也能从另一方面传承古镇的历史文化积淀。

三、整体人文生态系统规划设计

1. 地方性是整体人文生态系统的综合体现

从风景园林的地方性来看，传统地域文化景观是地方性的本质体现。地方性的继承与发扬就是传统地域文化景观的传承，成为风景园林规划设计的精神核心。文化景观和传统地域文化景观的本质特征是一个地方区别其他地方的景观特质，突出体现地方性特征。

（1）地方性自然环境。温度、水分、地形、植物、土壤等自然因子的分异性导致自然环境的差异性和多样性，成为地方性自然环境的具体表现，是地方性景观形成的本底特征和内在机制。

（2）地方性知识体系（非物质文化景观）。地方性知识是根植于地方社会特定人群的文化传统和对文化现象的整体理解，是具有文化的多样性和差异性和悠久历史的地方性知识。

（3）地方性物质空间体系。在地方性环境和知识体系的作用下，直接表达在地方性物质空间上，塑造出了独具特色和独特认知体系的物质景观体系，主要包括建筑与聚落景观、土地利用景观和地方性居住模式三个方面。成为认识地方性环境和地方性知识体系最直接的方式和便捷途径。通过物质景观的特征能够更好地认识和理解地方性文化体系。因此，地方性是整体人文生态系统中文化景观的具体表现和载体。

2. 以传统文化为核心的整体人文生态系统设计

（1）依托传统地域文化景观的内涵综合设计地方性景观多元化。在风景园林设计中，深入研究和把握传统地域文化景观的构成和形式是地方性设计的重要途径。将传统地域文化景观分解为地方性环境、地方性知识和地方性物质空间三个方面，研究三者之间的内在关联和必然性。其中地方性物质空间是风景园林规划设计的重点，以建筑与聚落、土地利用、水资源利用方式和居住生活模式四个方面为核心和设计切入点，将各自的特征通过设计语言进行提纯和归纳，并综合反映到新的地方性设计中，综合反映传统地域文化景观的地方性特点。打破传统设计中只关注建筑特色的传承，而忽视其他三个方面设计的不完整现象。全面、系统、综合传承地方性精神的全部景观要素。

（2）依托传统居住模式图式设计地方性景观组合的典型性。虽然地方性建筑与聚落、土地利用、水资源利用方式都是解读传统地域文化景观的关键，但只有将三者在特定空间中所形成的与自然高度协调的生产和生活居住空间才是地域文化景观的最高体现。传统居住模式受到多种因素的制约，在同一个文化区域的不同环境中又可以形成更加多样性的居住模式，是地方性的多样性和差异化的更深入反映。因此，只有对居住模式的研究，才能将各个地域文化景观要素进行有机综合，进一步在风景园林设计中传承地方性景观图式，强化和传递居住模式内在规律和特征。

（3）依托不同尺度景观特征综合设计地方性景观的复合性。尺度是风景园林规划设计的重要特征，也是整体人文生态系统的重要特征。尺度不同生态过程和景观生态格局不同，决定了传统地域文化景观的不同。对传统地域文化景观开展尺度特征的研究与比较，将尺度特征对应到风景园林规划设计中，将不同尺度下的地方性融入到相应的规划设计中，才能够有效形成不同尺度地方性景观特征的有效复合和综合（图 5-22）。只有多尺度的地方性的组合和多种物质景观的地方性传承，才能设计出更加本质性和综合性的地方性景观。

3. 整体人文生态系统网络结构规划

整体人文生态系统具有复杂的系统网络结构，整体系统的功能取决于系统结构的特征，系统结构规划成为整体人文生态系统规划的中心。结

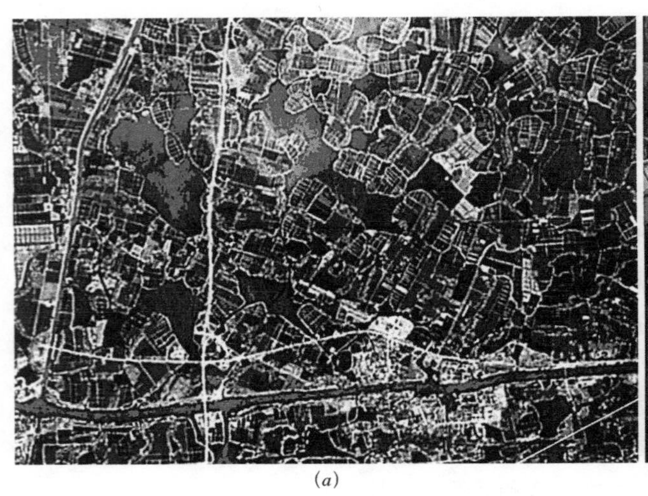
(a)

(b)

图5—22 江南水乡不同尺度下的土地利用肌理
(a) 较大尺度下不规则的土地利用肌理；
(b) 较小尺度下仍显规则的土地利用肌理

构规划主要有：

(1) 自然资源结构与资源禀赋。在整体人文生态系统所依附的区域环境中自然资源的禀赋特征是决定系统特征的基础，资源赋存结构所具有的绝对优势和比较优势成为确定整体人文生态系统在区域和区际联系中地位的关键。

(2) 资源利用与经济发展结构。从资源经济的角度来看，资源利用结构决定经济发展结构；从区际经济循环角度来看，区际经济关系引导区域经济发展，从而体现对资源利用的依托结构，两者是不可分割的整体过程。

(3) 社会结构与人文生态系统。在社会结构中人口和民族宗教成为影响人文生态系统的重要因素，是整体人文生态系统网络结构中关系到社会形态的核心。社会系统是整体人文生态系统网络结构的中心，也是网络规划的核心。

(4) 人口－资源－环境网络结构。在自然环境、人文社会、经济行为之间人口、资源和环境是综合反映人地关系的核心变量，人口——资源——环境结构成为整体人文生态系统网络结构耦合关系的链接点。是网络规划的核心。

4. 自然——行为——文化地域综合体规划

地方性是整体人文生态系统的核心，地方性就是在特定地区自然环境的基础上形成的与自然环境高度协调的人类活动和文化体系，行为与文化高度体现出自然环境与环境伦理特征，形成环境、行为、文化三者之间的对应机制，从而形成地方性自然——行为——文化的地域综合体。综合体的规划在于形成自然环境、行为与活动、文化与环境伦理之间有机的组成和内在的联系。

(1) 自然环境特征与自然过程。自然环境特征决定自然资源禀赋，进一步决定资源利用的结构与方式，从而决定经济形态和社会形态特征。同时，自然环境特征和自然过程也决定自然灾害对人类的影响强度和影响方式。

（2）行为集合体与相容性。面对区域自然资源与自然灾害特征，在不同社会发展阶段产生不同技术体系，并产生资源利用和防御灾害的不同的行为体系，这些行为形成具有资源禀赋特色和地方性特征的行为集合体。在行为与资源（景观）之间具有利用的合理性和科学性，存在资源利用的机会成本，因此对行为与资源相容性的评价是建立合理高效行为体系规划的基础。

（3）文化形态与环境伦理。文化形态与环境伦理是地方性人群对自然环境和社会独特的认知和行为表达，文化教育和伦理教育是地方性价值观的构建过程，是决定规划成功与否的关键环节。

5. 空间成长与空间肌理规划

在整体人文生态系统成长过程中，生态系统的空间成长具有特定的过程和空间规律。成长的空间过程与空间规律与自然环境特征、经济增长、社会发展等过程具有内在的联系。空间成长过程和规律的分析与研究有助于认识整体人文生态系统空间机理的形成过程，从而在系统规划中保护和延续空间肌理特征，并通过对内在过程的保护，延续空间肌理的内在过程。

（1）自然格局与空间肌理。江、河、湖、海、山脉、森林等自然景观的空间组合格局往往是整体人文生态系统增长的基础，也是决定其空间格局的重要条件。“襟江抱湖枕名山”就是对江、湖、山的依托组合。

（2）人文活动对空间肌理的改造。在人地相互作用的生态过程中，为适应人类发展的需要对自然景观进行改造，形成独特的土地利用方式和空间格局，奠定了空间肌理的文化特性。

（3）土地的记忆与空间肌理的延续。土地的记忆就是对土地具有的空间肌理的文化特性的延续。空间肌理的规划不仅具有肌理的继承，同时还要在继承的基础上进行肌理的变革与拓展，形成具有时代特色和新技术特色的空间肌理特征（图 5-23、图 5-24）。

四、江南生态园对传统地域文化景观的传承

1. 项目来源与规划区现状

江南生态园是国家自然科学基金项目“传统地域文化景观破碎与孤岛化现象及形成机理”（编号：50878162）的案例研究项目。选择既具有江南水乡的典型特质，又受到城市化严重冲击的昆山地区，通过对传统地域文化景观的演变机理的研究，探讨传统地域文化景观整体性保护与继承的基本途径。江南生态园地处昆山北郊，占地 300hm^2，场地内水资源丰富，60% 以上的土地利用为鱼塘和水体（图 5-25）。区域景观具

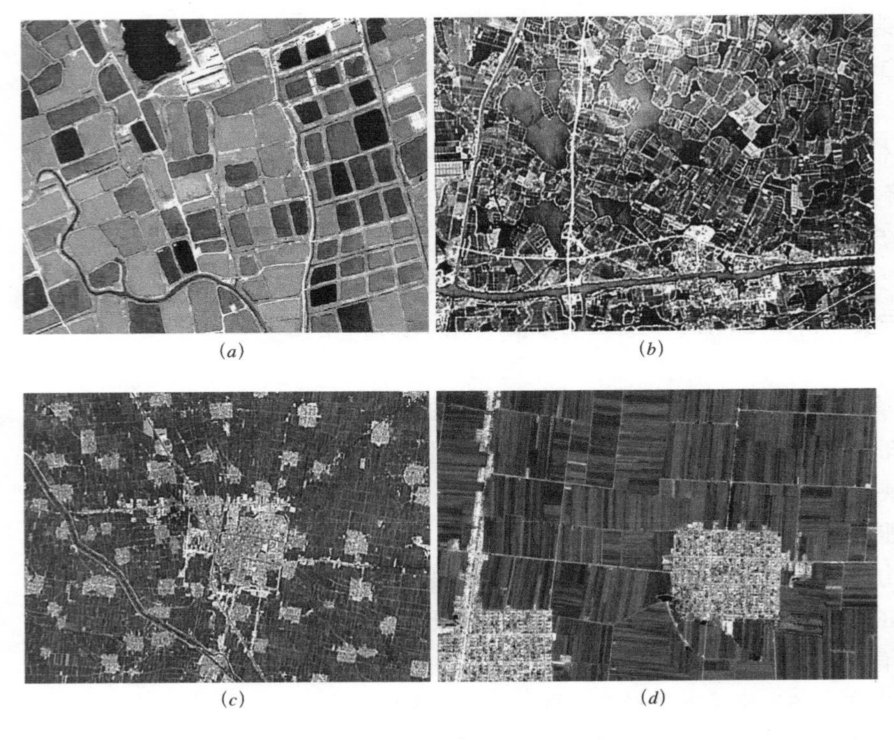

图5-23 土地景观机理与机理的延续
(*a*) 珠江三角洲土地景观机理；
(*b*) 江南水乡土地景观机理；
(*c*) 华北平原土地景观机理；
(*d*) 北方平原地区土地景观机理

图5-24 荷兰土地机理与居住模式
(*a*) 荷兰乡村居民的居住模式；
(*b*) 荷兰滨水居住景观；
(*c*) 荷兰岛屿居住景观；
(*d*) 荷兰依水而居的滨水居住模式

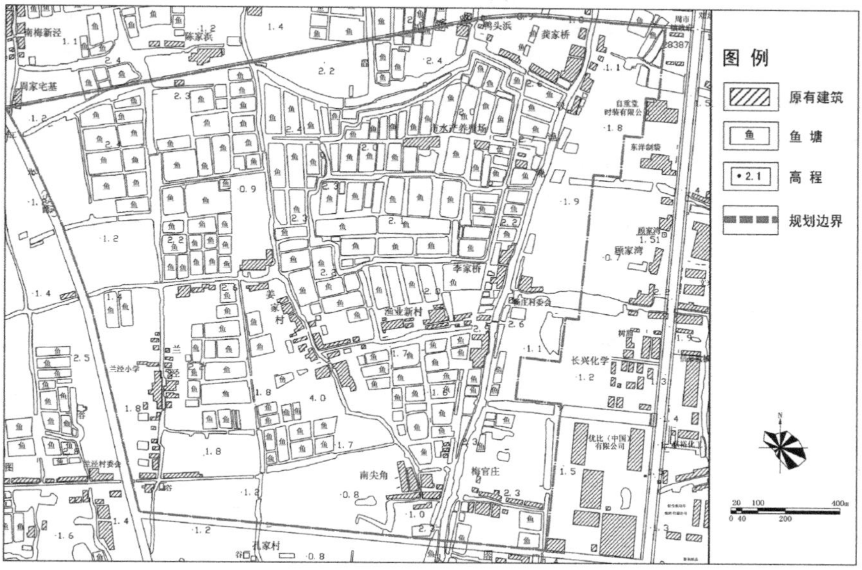

图5-25 规划区范围与现状图

有较高的均匀性，景观斑块具有高度破碎化特征，并以水为中心构成江南整体人文生态系统的高度地方性特征和以古镇为灵魂形成区域景观体系的核心。

2. 聚落形态与居住环境的继承

江南水乡聚落形态分为两种，一是规模较大的集中型聚落（图 5-26（*b*）），二是规模较小的分散型聚落（图 5-26（*c*））。在聚落规模较小时，房屋面南与东西向水系平行而与南北向水系垂直，呈现小规模集聚特征。随着聚落规模的扩大，在沿水系向外扩张的同时，依托水网形成网状格局，临水面房屋形成门面狭窄，进深深，并逐步以房屋和庭院的形式填充水网围成的街区，最终形成较大规模的江南传统村镇。从聚落环境来看，河流、坑塘、湖泊构成聚落的水环境聚落和水环境构成江南水乡重要的生活空间。在聚落外围形成由不同形态用地构成的生产空间，主要由农田（水稻、油菜）、鱼塘和菜地相间分布，构成江南水系传统地域文化景观核心特征。

3. 土地形态与生产空间

江南水乡的传统生产空间主要有农用耕地、水塘养殖和草坡地养殖三种类型，其中耕地（图 5-26（*f*））和鱼塘（图 5-26（*e*））占据土地利用主体。江南水乡土地利用形态可以从两个尺度空间进行认识，一是在水面和陆地交错相间分布的格局，由于地形的高低起伏和破碎，导致土地利用景观呈现出高度破碎化特征，陆地形态呈现出岛状或半岛状特征，并呈现出细胞状的土地利用景观格局（图 5-26（*g*））。二是在每一个细胞状的土地单元内部，生产单元以耕地和鱼塘为主，形成了形态规则和高度集约的土地利用特征（图 5-26）。

图5-26 江南生态园地方性物质空间语汇的应用

4. 乡村景观环境的空间组合

江南水乡典型的景观环境空间组合并不是著名的各个江南古镇，而是具有初始形态特征的村落（图 5-26（*d*））。它有三个基本构成：①生活空间。以水系为主轴的村落结构特征；②生产空间。以农田、鱼塘、沟渠、菜地构成的生产空间环绕周围；③生态空间。以水渠或河流为廊型空间形成的生态走廊由村落前通过。伴生草坡地和树木茂密、局部起伏的岗地成为村落的背景依托（图 5-26（*a*））。

5. 多样化生境与群落设计

江南水乡独特的地方性环境决定了多样化的生境条件和特征，为景观多样化和生态设计奠定了基础。在江南生态园的规划设计中划分为三大类生境：林地生境、草地生境、湿地生境。其中林地生境分为坡地林生境、平地林生境和洼地林生境，草地生境又分为纯草地生境和砾石草地生境，湿地生境又分为仿天然湿地生境和人工湿地生境，其中仿天然湿地生境又分为湖泊生境、灌丛沼泽生境，人工湿地生境在这里主要指农业用途湿地生境，此类生境又可分为农田生境、养殖塘生境，其中养殖塘生境又可分为农作物塘生境和鱼塘生境。根据生境的差异构建以防蚊虫为主的群落、抗污染为主的群落（图 5-27）、保健作用为主的群落、调节和改善小气候为主的群落、文化环境为主的群落构成的江南生态园独特的群落生态系统。

地方性是保持风景园林多样性和文化性的重要属性，地方性园林就是文化园林，是传统地域文化景观的大成。风景园林的地方性设计更是学科发展的根本和营建可持续景观的核心。在传统地方性认知中大多存在以建筑为传统地域文化景观的核心，忽视传统地域景观在土地利用、水资源利用方式和居住模式上的独特地域文化特征，因而也就形成了在传统村镇保护过程中形成的建筑和村镇保护体系，忽视了对周边与生活空间紧密联

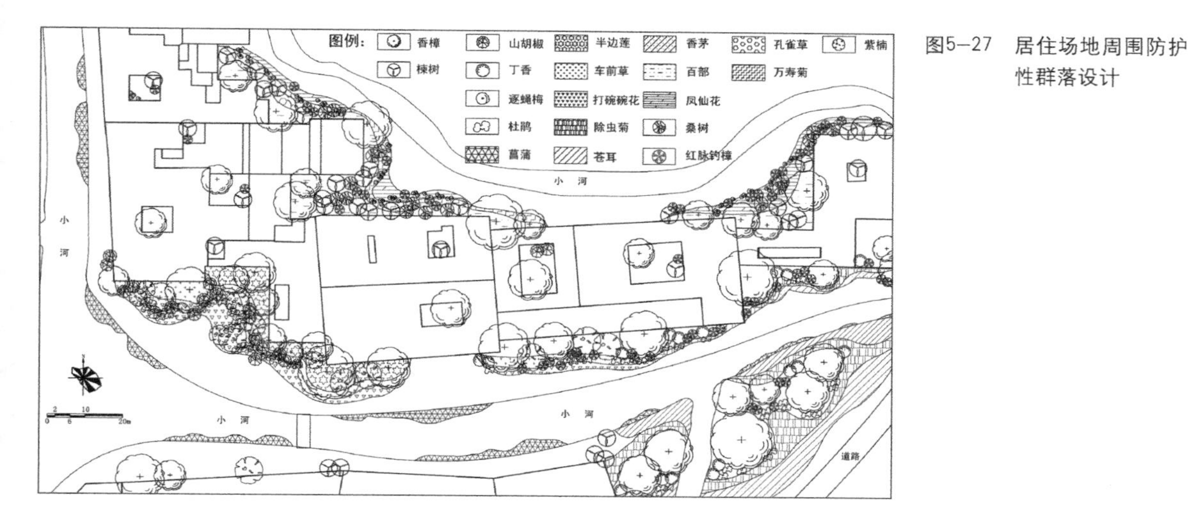

图5-27 居住场地周围防护性群落设计

系的生产空间的景观延续，更忽视了土地利用景观、水资源利用方式和居住模式展现的文化地方性和景观地方性和综合特征保护。以传统地域文化景观为切入点，以整体人文生态系统为核心，建立解读传统地域文化景观的图式语言体系，系统展现风景园林的地方性，将成为未来生态景观和可持续景观营造的重要方式和发展前景。

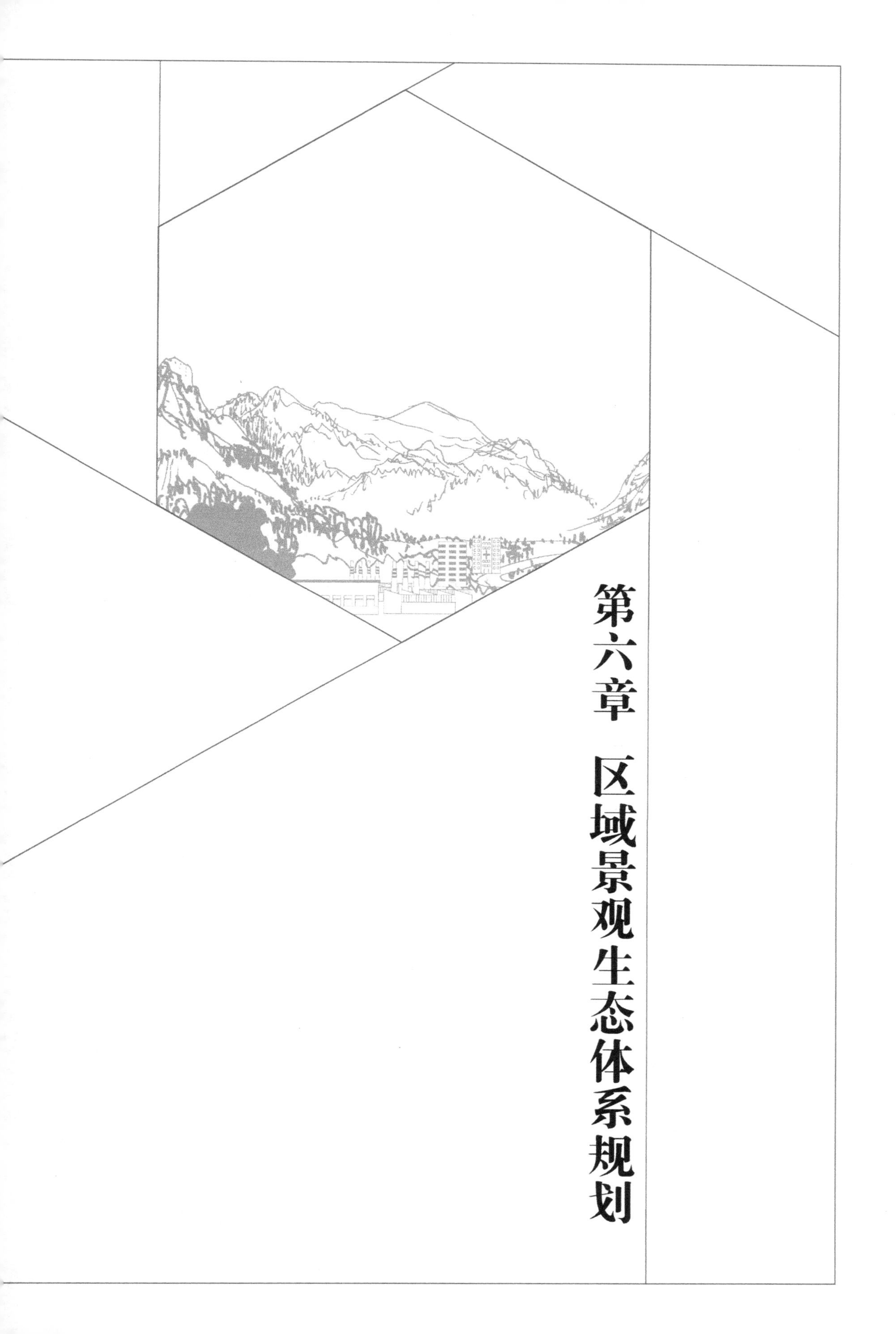

第六章 区域景观生态体系规划

第一节　区域景观与区域景观空间构成

一、区域景观规划概念与内涵

1. 区域和区域规划

区域是人对自己生存的自然环境和社会的共同性和异质性认识的结果。人类任何生产和生活都离不开一定的区域。不同研究对象，不同学科对"区域"的理解不同。政治学认为区域是国家管理的行政单元；社会学则将区域看作是具有相同语言、相同信仰和民族特征的人类社会聚落；而经济学视区域为由人的经济活动所造成的、具有特定地域特征的经济社会综合体；地理学把区域定义为地球表层的地域单元，认为整个地球表面是由无数个地理特征不同的区域组成。美国地理学家惠特尔西（D.Whittlesey）认为是依据一个或多个衡定指标所形成的具有指标共同特征的地球表层部分，具有特定共性、同质性、内聚力的区域。区域的基本特征和属性包括：①区域的客观性和物质性，即区域是客观实在的一种物质实体；②区域的地域性和可度量性，即区域具有一定的面积，有明确的范围和边界，是可以度量的；③区域的层次性和系统性，即区域是有系统的，是可以划分层次的；④区域的开放性和耗散性，即区域是一个开放的、耗散的系统；⑤区域的不重复性和不遗漏性，即按同一原则、同一指标划分的区域体系，同一层次的区域不应该重复，也不应该遗漏。

区域规划是在特定的地区范围内，根据国民经济和社会发展长远计划和区域的自然条件及社会经济条件，对区域工业、农业、第三产业、城镇居民点以及其他各项建设事业和重要工程设施进行全面的发展规划，并做出合理的空间配置。使一定地区内社会经济各部门及各分区间形成良好的协作配合，城镇居民点和区域性基础设施的网络更加合理，各项工程建设能更有序地进行，从战略意义上保证国民经济的合理发展和协调布局，以及城市建设的顺利进行。区域规划就是在一定区域范围内对整个国民经济建设和土地利用进行总体的战略部署。刘易斯·芒福德（Lewis Munford）认为"区域规划是对那些依靠土地、资源、构筑物等活动的有意识的导引和整合。"

2. 景观和景观规划

景观不仅具有美学意义，而且具有地理学和生态学上的意义。景观是复杂的自然过程和人类活动在大地上的烙印，是多种功能——过程的载体。景观可以表现为视觉审美过程的对象（风景）、人类生活其中的空间和环境（栖居地）、具有结构与功能和具有内在与外在联系的有机生态系统以及记载人类过去，表达希望与理想，赖以认同和寄托的语言和精神空间的符号。景观规划是在较大尺度范围内，基于对自然和人文过程的认识，协调人与自然关系的过程，具体说是为某些使用目的安排最合适的地方和在特定地方安排最恰当的土地利用。景观规划最基本的含义就是利用景观学原理来指导景观建设，包括视觉景观（创造符合审美要求的环境形象）、环境生态（创造符合生态原则的环境空间）、人文景象（营造特定的精神环境）三大方面。但现阶段景观学还没有形成一套完整、系统的原理和方法，景观规划师往往借鉴相关学科的原理和方法来进行景观的规划与设计。目前，生态规划的思想，土地利用规划的思想，可持续发展的规划思想等被广泛应用在景观规划领域。

图6–1 荷兰的大地景观

3. 区域景观规划

区域景观规划是指在区域的范围内进行的景观规划，是从区域的角度，区域的基本特征和属性出发，基于规划地域的整体性、系统性和连续性。区域景观规划着眼于在更大范围内，从普遍联系的自然、社会、经济条件出发，研究中心与周围的环境的关系，以及周围环境条件对其的影响。区域景观规划是对区域规划和景观规划的有力补充，区域景观规划是区域规划的重要组成部分。区域景观规划是更大范围和尺度的景观规划，有价值的区域规划应该从对人类的需求和景观的理解开始。因此区域规划，区域景观规划，景观规划是对土地利用和景观的不同层次上的规划。现阶段，人们对区域景观规划的重要性没有引起重视和关注，对从大的尺度、自然地理特征、气候区域差异、地理区域差异等因素而造成的区域景观特征和特色缺乏应有的认识和有力的规划及保护。"新的区域模式将取决于景观的地理和地形特征以及自然资源特征；取决于土地利用、农业和工业方式以及它们的分散与整合方式；取决于包括形形色色的个人和社会活动的人类活动"（路德金·海尔波斯麦尔 Ludwing K.Hilberseimer）（图 6-1）。

二、区域景观生态空间构成

区域是众多生态系统在空间有机镶嵌形成的具有一定结构和特定功能的景观综合体。从空间镶嵌的形态来讲，区域景观由景观斑块、景观廊道和景观基质三种景观空间单元构成。每一种空间单元的形状、大小、宽度、景观组成、景观功能都会因为生态构成的差异而不同。

1. 景观斑块

斑块是区域景观体系构成中最常见、类型最丰富、形态最多样的景观。在实际工作中由于研究对象、目的与方法的差异，景观斑块的定义也不尽相同：莱温（Levin，1976）和佩因（Paine，1974）认为斑块是"一个均质背景中具有边界的连续体和非连续性”；韦恩斯（Wiens，1976）认为斑块是“一块与周围环境在性质上或外观上不同的表面积”；拉夫加登（Roughgarden，1977）认为斑块是“环境中生物或资源多度较高的部分”；皮科特（Pickett，1985）认为斑块是“相对离散的空间格局”；福尔曼（Forman，1986）和戈登（Godron，1986）认为斑块“强调小面积的空间概念，外观上不同于周围环境的非线性地表区域，它具有同质性”；邬建国认为斑块是“依赖于尺度的与周围环境在性质上或者外观上不同的空间实体”。斑块具有空间非连续性和斑块内部的均质性。斑块的形成主要起源于环境的异质性、自然干扰和人类活动，直接作用于斑块的形成与发育。

（1）斑块的类型。依据斑块的起源，斑块的类型主要包括：①环境资源斑块。环境资源斑块的起源是由于环境资源的空间异质性和镶嵌分布规律。环境资源斑块相对稳定，与干扰无关。由于资源环境异质性的相对持久性，决定了斑块的相对稳定性。在资源环境斑块内部动态存在种群波动、迁徙和灭绝过程，但变化水平较低。②干扰斑块。干扰斑块是在自然环境变化与自然过程（泥石流、崩塌、动物活动）、人类活动（森林采伐、草原烧荒、矿区开采）等因素的作用下形成，基质内的各种局部干扰都可形成干扰斑块。干扰斑块具有形成快，消失也快，周转率高，持续时间短的特征。但相对来说人类活动的干扰性具有持续性和长期性的特征。③残存斑块。残存斑块与干扰斑块都是由于自然或人类干扰而形成，但过程与干扰斑块相反，是动植物群落在受到干扰后基质内的残留部分。在残存斑块和干扰斑块形成初期，种群大小、迁入和灭绝变化剧烈，随后进入平稳演化阶段。当基质和斑块融为一体时，干扰斑块和残存斑块都会消失。④引进斑块。当人把生物引进某一区域时就相继产生引进斑块。主要有种植斑块和聚居地两种类型。在种植斑块内物种动态和斑块周转速率取决于引进斑块的管理程度。一般来说无序的管理会使基质的物种很快侵入引进斑块，并发生演替，并消失在基质之中。但不同的是人工林地作为引进斑块有可能长期占据优势。聚居地具有人、引进的动植物、引进的害虫、从异地引入的本地种 4 种引进途径。聚居地高度人文化决定了聚居地管理的程度和持久性；同时，人类活动的变化也决定了聚居地生态系统不稳定的一个方面。

（2）斑块化过程。斑块化是重要的斑块动态过程，它是指斑块大小、内容、密度、多样性、排列状况、结构与边界等特征的空间格局及其变化。斑块化不仅反映在斑块之间以及斑块与基质之间差异决定的对比度上，而且反映在通过斑块化、对比度以及梯度变化所决定的空间异质性特征上。斑块化产生的原因和机制主要有点干扰斑块、残留斑块、环境资源斑块、人为引进斑块以及暂时性斑块；也可以看作为资源分布、生物聚集行为、竞争、反应——扩散过程、繁殖体或个体散布等机制。斑块化的生态学意义在于：①种群动态与斑块化。斑块化的显著效应之一在于形成异质种群，并随生境的破碎化（Fragmentation）促使种群在空间分布上趋于“孤岛化”。②斑块化与物种的共同演化。斑块化是与各种生命形式长期共同演化的结果。由于各种生命形式与各种异质的环境相互作用，在适者生存的选

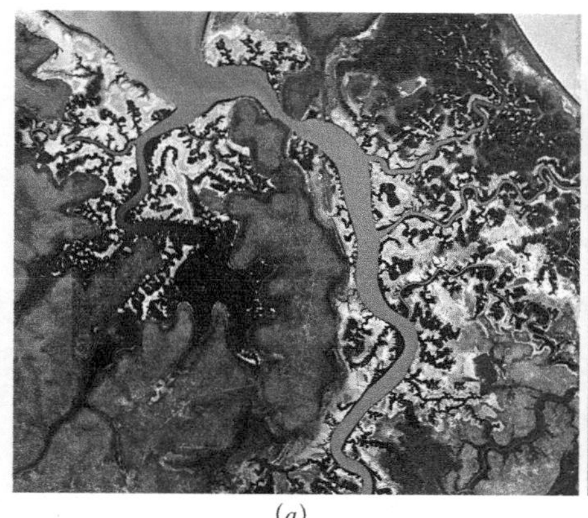
(a)

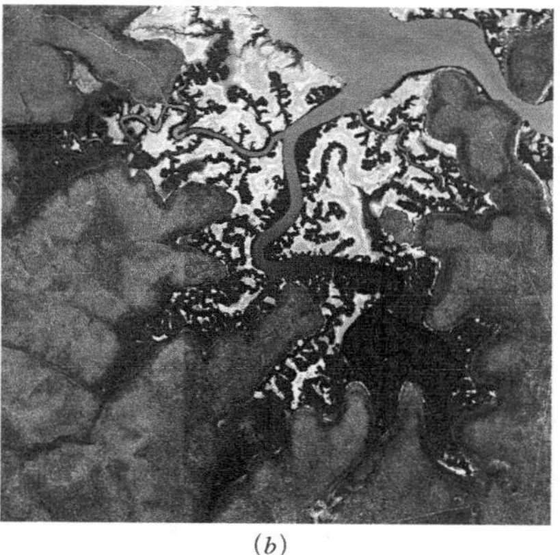
(b)

图6-2 澳大利亚北部地区河口多级水景树景观生态格局
(a) 澳大利亚北部地区河口多级水景树景观特征；
(b) 水景树景观生态格局局部特征

择压力下，导致了物种的多样性。而物种多样性的本身则增加了生物斑块化。生物种作用于环境并改变了非生物斑块化，这种相互作用就是斑块化的进化效益。③斑块化与生物多样性。生物多样性体现在基因多样性、物种多样性和生态系统多样性，不仅体现在生物斑块化，也是非生物斑块化在不同时空尺度上的产物。

2. 景观廊道

廊道是区域景观整体中具有一定宽度并呈现线性形态特征的景观实体。在区域景观镶嵌体中，几乎所有的景观都会被廊道分割，同时又被廊道紧密连接在一起（图 6-2）。

（1）廊道的类型。从廊道起源上看，主要有：①干扰廊道。干扰廊道由带状干扰所致，如高压线走廊、铁路通道、高速公路沿线通道以及森林防火带等；②残存廊道。残存廊道是周围基质受到干扰后大面积植被的残留群落所形成的景观廊道，如森林采伐残留的林带等。③环境资源廊道。是指由环境资源在空间上的异质性线性分布而形成的廊道景观，如河流、山谷、山脊沿线的景观特征。④种植廊道。种植廊道是人工引进的线性景观空间，如防护林带、农田树篱、公路防护林带等。⑤再生廊道。是指受干扰区内的再生带状植被，如沿人工水渠自然生长的灌木带等。从线性空间形态的细分特征出发，廊道主要包括：①线状廊道。线状廊道通常有道路、铁路、堤坝、沟渠、动力线、树篱和野生动物管理的草本植物或灌木带等宽度比较狭窄的类型，线状廊道通常由边缘种组成。②带状廊道。带状廊道较宽，每边都有边缘效应，具有独立的内部环境。带状廊道出现的频率一般比线状廊道小。③河流廊道。河流廊道是指沿河流分布而不同于周围基质的景观带，主要包括河道边缘、河漫滩、堤坝和部分高地。河流廊道具有较宽的空间，可以调节水和物质从周围土地向河流的运输，河流侵蚀、径流、养分流、洪水、沉积作用和水质均受河流宽度的影响。

（2）廊道的生态功能主要有 4 类：①栖息地或生境功能。廊道所形成的栖息地通常以边缘种、生存能力强的物种占优势，同时有助于外来种及多栖性物种入侵。廊道的宽度会限制进驻的生物物种，线状廊道多以边缘种为主；带状廊道中央为内部种，边缘则为边缘种。②物质传输功能。在自然力的作用下，水、养分以及有机物质在廊道中移动；能量、气流及种子由附近的环境进入廊道里。动物可沿着廊道移动，并作为巢穴范围，在其中移动、传播、繁殖及迁徙。廊道的宽度及其中移动的物质都可能影响物质传输功能。③过滤或阻抑功能。对于不同的物质，廊道有不同的渗透率，同时植物及动物也以不同的渗透率进入廊道中。廊道中的狭窄处和断裂缝、廊道的宽度及种类直接影响廊道的过滤或阻抑功能，如道路中的安全岛、河流中的小岛对其过滤或阻抑功能十分关键。④物质、能量和生物的供给源或汇功能。廊道中移动的物质，如人类、动物、水、植物、养分，甚至是噪声、灰尘、化学物质等，都可以自廊道扩散到周遭的基质环境中，其中较大、较宽的廊道，可能提供更强的供给源效果。

3. 景观基质

在区域景观中，景观基质是面积最大、连通性最好的景观要素类型，在景观体系中具有重要的物质流、能量流和物种流的生态作用。一般来说，基质由凹形边界将其他景观要素包围起来，在所包围的斑块密集区，基质之间相连的区域很窄。在整体上基质对景观动态具有控制作用。由于基质和斑块在不同尺度上可以相互转换，因此对基质的判断具有以下几个方面标准：

（1）相对面积。通常基质的面积超过现存的任何其他景观要素类型的总面积；从植物群落来看，基质中的优势种也是景观中的主要种。

（2）连通性。基质的连通性较其他景观要素要高。

（3）控制程度。基质对景观动态的控制程度比其他景观要素类型大。

（4）综合考虑相对面积、连通性和控制程度三项指标。衡定基质特征的两个重要指标是孔隙度和边界形状。孔隙度（porosity）是指单位面积的斑块数目，是景观斑块密度的度量。景观要素之间的边界在景观生态过程中可以起到过滤器或选择性透膜的作用，边界形状对基质与斑块之间的相互作用具有重要决定性。

第二节　区域景观生态格局体系

景观生态格局是指大小和形状不同的景观斑块、廊道、基质在空间上形成的景观镶嵌体特征。景观生态格局是景观异质性的具体体现，同时又是包括干扰在内的各种生态过程在不同尺度上作用的结果。

一、区域景观生态格局

1. 空间镶嵌体格局

区域是众多景观类型以不同的空间形态（斑块、廊道、基质），占据特定的生态空间而形成的过程与格局高度统一空间镶嵌体（图 6-3）。在区域尺度上景观镶嵌体格局中所有的景观类型都可以归纳为土地利用类型的镶嵌。在区域尺度上土地利用景观类型划分为以下体系。从土地利用类型来看，每一种类型都是具有特定立地条件的景观生态系统，将区域景观在总体上划分为耕地、园地、林地、牧草地、水域或湿地、城镇用地、工矿用地、交通用地、特殊用地和其他类型共10个景观类型。从空间形态上看，耕地、园地、林地、牧草地、城镇用地、工矿用地、特殊用地和其他类型用地都明显呈现面积不同、自然性特征不同的斑块。而水域湿地中的河流、交通用地中的铁路、公路呈现明显的线性廊道特征。所有的土地利用景观结合不同的地形条件以斑块和廊道以及基质的形态在区域空间上复合镶嵌成为丰富多样的景观格局。

图6-3 澳大利亚的东海岸的区域生态网络格局

2. 景观网络格局

景观网络是联系廊道与斑块的空间实体。景观组分间的交互作用必须透过网络，并借此产生能量、物质及信息的流动与交换，因此网络内部“流”的作用便可用以说明网络的主要功能。影响其功能的空间结构因素主要包括内部节点、廊道、网络自身的环度与连通度以及景观格局特征。景观网络是连接不同系统的景观结构，景观网络的重要性不仅在于维系内部物种的迁移，并在于其对外围景观基质与斑块的影响。根据空间结构单元的差异，景观网络可分为廊道网络和斑块网络。其中，廊道网络由节点与连接廊道所构成，分布于基质之上，节点则位于连接廊道的交点或连接廊道之上。廊道网络在形态上可分为分枝网络（Branching Network）和环形网络（Circuit Network）。斑块网络是由相互联系的不同斑块所构建。构建景观网络的元素可分为斑块、廊道及基质，具有斑块与廊道的特征。目前景观网络研究，主要是由单一尺度格局与物种入手。一是分析景观功能网络的结构特征，或是探讨网络中的各景观要素对内部物种的影响，景观网络结构的健全有助于维持网络功能的稳定（图6-4）。

从景观生态网络类型来看，主要包括：

（1）生态网络。生态网络从网络结构特征入手，探讨景观生态过程。在空间规划中景观结构特征评价生态网络功能。评价内容包括景观类型、斑块面积、周长面积比、隔离度或连通性、网眼密度及环度等，通过生态网络结构的优化，提升开放空间系统的生态价值，保护物种或栖息地。在大尺度的生态规划中，在异质性高度发育的区域景观格局中，建立稳定的

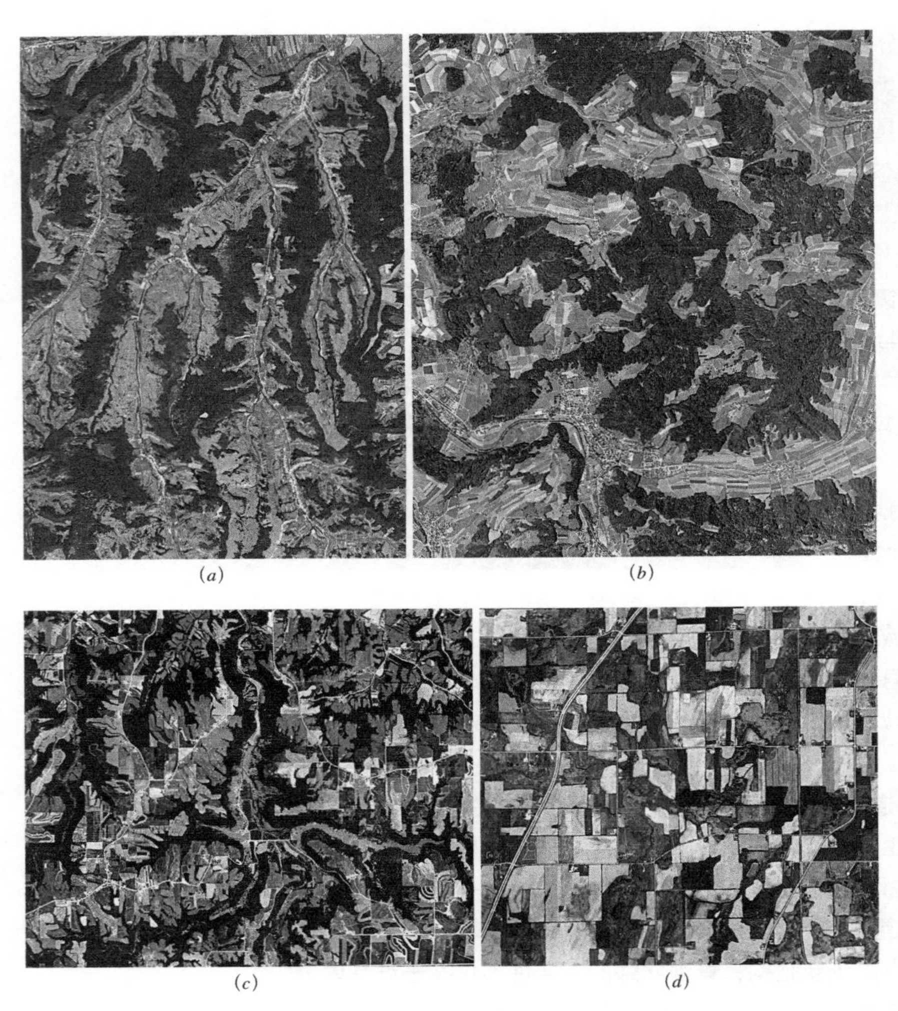

图6-4　大地网络景观
(a) 罗马尼亚的大地网络景观；
(b) 瑞士的大地网络景观；
(c) 美国山区的大地网络景观；
(d) 美国威斯康星州大地网络景观

生态网络是区域景观生态系统的重要任务。而生态网络应关注区域景观水平分异和水平过程。在区域景观生态格局中，城市绿地具有提供生物栖息地、维持物种、能量及物质聚集与流动等重要功能，保护城市——区域格局中少数仅存的城市绿地空间及郊区的自然生态系统，并基于人工绿带、自然廊道或其他生态跳岛进行的生态空间连接，或通过绿地与开放空间的联系，设立园道、河流廊道或公园绿地等方式，达到生物栖息地与生态功能的延续。

（2）景观功能网络。完整的景观功能网络不仅是景观生态系统在特定尺度上的网络，同时具备跨尺度的功能联系，并具有特定的景观类型组成及功能等级。景观功能的维系与健全，与景观内部的组成、结构和功能等级及其所构建的景观功能网络特征息息相关。由于景观是由空间中层次分明的组分镶嵌而成。复杂的景观在不同时空尺度中皆具有独特的结构与功能单元，利用不同等级结构的景观功能网络原理，通过确立不同尺度网络功能与结构等级，促进具有相似功能的景观元素的整合，同时调整具有互斥关系的景观格局，为景观结构合理布局提供依据（图6-5）。为了解相同功能的景观结构间相互依存的关系，景观功能网络的构建过程将包括景观功能分类、景观功能效益评价、景观格局特征分析和景观功能等级确立。通过景观结构单元功能等级的确立，结合其间影响范围及相互依存的关系，进而构建具体的景观功能网络。在区域景观格局中，景观功能网络以经济发展为目标，城市中心为主体，交通干线和自然廊道为主要联系通道的区域功能网络，兼顾区域景观生态保护。

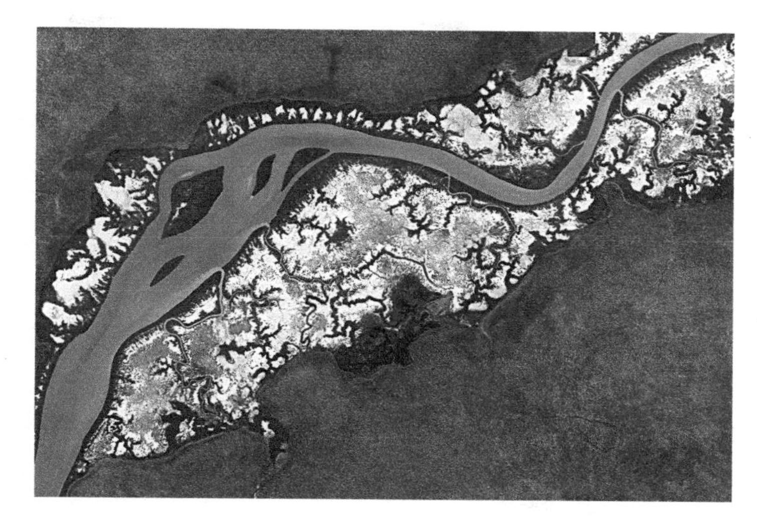

图6-5　澳大利亚的河流滩涂湿地内部网络景观

（3）生态功能网络。生态网络是由地球上相互联系的物种及其环境所构成，它是景观类型、种群及个体分布于不同尺度等级的网络节点，是经过长期交互、耦合与变异所形成的动态稳定系统（表6-1）。生态功能网络的建设是在景观功能两极化的基础上，基于区域自然基础，坚持连接人为强制保护的生态补偿区及其他具有维持生态稳定功能的自然区域的原则上形成的。生态功能网络是基于生态跳岛（Stepping Stone）或生态网络为基础。通过网络连接，加强景观中物质的交换，能量的转换和信息传递。除自然生态功能区外，在空间形式上人工构建的生态功能网络结构元素主要以绿带、绿心或生态跳岛为主。①绿带。绿带的功能最初被用来防御风沙，保护农田村庄，控制城市成长以及生态保护与重建等功能。②绿心。城市绿心是基于花园城市的概念，广义的绿心包括都市内部及都市间的大型生态斑块。如城市中具有生态功能的半自然区域、农地剩余空间、都市开放空间与未利用地等景观斑块。③生态跳岛。跳岛是广泛存在于绿岛和绿心之外具有生态功能的小斑块，或由小斑块相互串接而成的跳岛系统，可提供物种散布、物质与能量流动通道，进而形成区域生态网络的链接。

生态景观功能网络等级与结构　　表6-1

尺度	节点（点）	廊道（线）	功能服务范围（面）
区域尺度	全球性珍稀动植物保护区或重要的地形、地质景观和文化景观保护区	具有生态联系功能的有形景观元素或气流、洋流等影响物种迁徙传播的自然流	大范围、结构完整未受人为干扰的自然生态系统
景观尺度	为防范自然灾害、维护生态环境及敏感性资源所设立的限制开发区	一级河流、河岸绿带及其他具有联系功能的自然带状景观	以山岭为界并具有相对完整独立生态系统的汇水流域
斑块尺度	生态跳岛包括城市公共绿地、残留的小面积生态用地及具有特殊动植物的生态地点	城市景观中的绿带、蓝带或农业景观中的围篱等维持物种扩散、迁徙的景观廊道	节点与廊道本身

完整的景观功能网络包括各尺度不同功能等级的节点、子节点及其间起着联系功能的景观元素（表 6-2）。从景观生态学角度，包括具有主要功能的大型景观斑块、功能相似且相辅相成的小型斑块及配合联系的景观廊道。完整生态功能的景观功能网络应由具高度环境服务功能为主的大型景观区域作为功能主体，配合公园、文化遗迹、农林地等以生产与文化功能为主的斑块，及河流、绿带等具生态功能联系的廊道系统所组成。基于不同功能导向构建的景观功能网络，其组成结构间的空间特征由于相互作用而显得非常复杂，通常具有两级化、分散性、连贯性及制约性等特征。两极化是指空间中由于功能的对立而产生两极化的现象。如现阶段广泛存在的高度集中的城市景观和边缘化的乡村景观形成两极分化。分散性是指空间中某类功能景观具有较高的影响力时，其他景观为了功能的保存而分散于空间中以确保较佳的状态。如面对基础设施及城市中心向外扩张的压力时，自然绿地将被分散在建成区斑块内部。连贯性是当空间中特定功能景观延伸至较大的区域时产生功能的连贯性。制约性是当空间中某些功能的发展足以形成稳定的格局时可产生制约其他功能的力量。

景观功能网络联系单元 **表6–2**

尺度	联系单元
区域尺度	位于自然景观与人为景观间的半自然景观
景观尺度	对自然资源依赖性较强的产业景观，包括农业、畜牧业、盐业与矿业景观等
斑块尺度	稻田、旱作、养殖场、牧场、盐田、矿场、土石场及其他以自然资源为主的游憩区等

3. 景观边缘带与交错格局

在区域景观格局中，斑块、廊道基质相互有机镶嵌在一起，形成斑块——廊道——基质的空间整体格局，网络是景观镶嵌体格局中纵横交错的廊道组成，网络的存在将“岛屿”化的斑块连接为一个整体，成为景观格局中重要的“桥梁”。在镶嵌体中，由于斑块与周围基质的相互作用，在大型斑块内部存在景观中心与边缘和景观交错的复杂格局。景观边缘带是客观存在的，景观交错格局（Ecotone）是边缘带主要的空间特征，边缘效应（Edge Effect）是景观生态交错带特殊的生态功能。

（1）生态交错带概念。克莱蒙茨（Clements，1905）提出并用来描述物种从一个群落到其边界的过渡区域。到 1971 年奥德姆（Odum）将两个群落之间的过渡带确定为生态交错带。到 1988 年霍兰德（Holland）将生态交错带定义为“相邻生态系统之间的过渡带，过渡带的空间、时间和相互作用强度决定生态交错带的生态特征”。生态交错带是景观格局的特殊组分。生态交错带上的生态过程与斑块内部不同，物质、能量以及物种流等在交错带上出现明显的变化：①景观斑块边界对景观流有影响，进而影响景观格局和动态。②生态交错带上有可能具有独特的生物多样性格局，因此对生物保护具有重要意义。③人类对生态交错带的不合理干扰，不断改变景观边界，将会对生态产生严重影响。生态交错带的大小、宽度、形状、生物结构、限制因素、内部异质性、密度、分维数、垂直性、长度、曲合度等决定生态交错带的结构特征。而生态交错带所具有的稳定性、波动、能量、功能差异、通透性、对比度、功能通道左右、过滤器、源（Source）、汇（Sink）、栖息地等特征决定景观生态交错带的生态功能。

（2）生态交错带的特征。①生态交错带是一个生态应力带（Tension Zone）。生态交错带的组分、空间结构、时空分布范围对外界环境条件变化敏感，决定两个群落成分处在激烈竞争的动态平衡中。②生态交错带具有边缘效应。在生物和非生物的共同作用下，生态交错带的环境条件趋于异质性和复杂化，明显不同于相邻群落的生态环境，因此在生态交错带内不但含有两个相邻群落中边缘生境物种，而且变化和多样化的生境导致出现一些特有种或边缘种，物种数目一般比斑块内部丰富，具有较高的生产力。③生态交错带阻碍物种分布。生态交错带在结构和功能上与廊道有部分相似的地方，对物种分布起着障碍限制作用，同时具有选择性渗透的作用，一方面适于边缘物种的生活，另一方面却阻碍内部物种的扩散。④生态交错带具有尺度效应。生态交错带存在于不同尺度的景观生态空间上，是每一个尺度景观格局认知、景观生态分析和景观生态规划重要的认知特征。

二、区域景观生态演变

区域景观生态演变是指在众多因素和过程的综合作用下，区域景观生态格局发生变化。这种变化使区域景观具有较强的时间特征和社会经济发展特征。在区域景观生态演变过程中，景观表现出两方面的作用，一是景观的稳定性，二是景观的变化性。区域景观整体格局的稳定性是景观保持原有特征的能力，体现在景观抵抗区域干扰的程度，受干扰后恢复平衡的能力以及区域景观局部演变对区域景观整体的冲击程度等方面。区域景观生态演变的主要动力有：

1. 农业过程与区域自然景观的人文化

农业是推动自然景观人文化过程的重要原始动力，农业的发展促进了景观由自然景观向半自然景观和乡村景观的演变。在以农业景观为主导的区域景观生态体系内，农田景观、乡村聚落景观与自然景观一起构成区域景观整体。由于农业景观是对人工驯化的植物和动物进行的管理性景观类型，与自然景观具有相同的生产机制和不同的生产组织形式，成为既具有自然景观特征，又具有人文经济景观特征的半自然景观。农业景观推动区域景观演变的特点有：

（1）由纯粹的自然景观演变为一种“与自然环境高度相依的”管理景观。

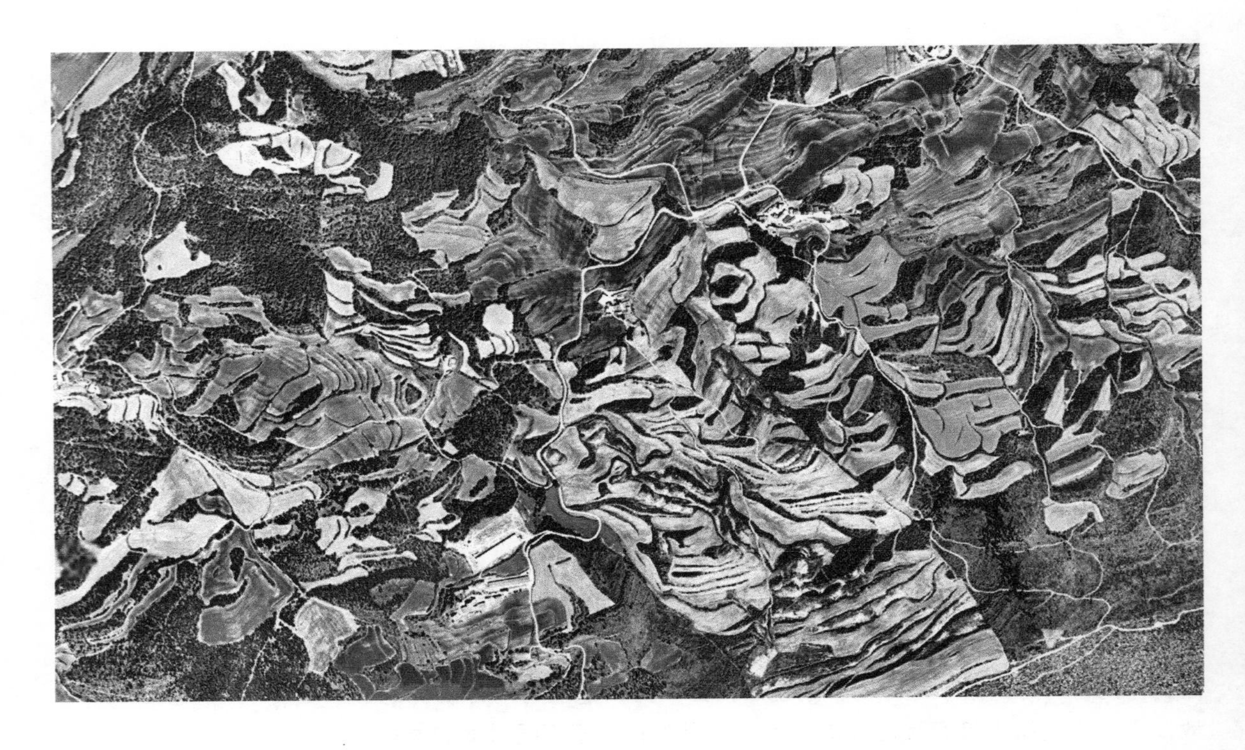

图6–6 巴塞罗那西部castellanes的大地景观

（2）农业景观格局具有较大尺度上的景观稳定性。

（3）在农业景观区域形成由农田斑块（基质）、居民点斑块为主的斑块群体。斑块边界由人工形成，具有清晰界线；同时农田斑块具有大小比较均匀，镶嵌比较规则的特点。廊道由自然河流、人工水渠、农田道路等组成。

（4）农业景观具有较强的微地貌和高度变化形成的特殊农业景观类型，是形成区域景观体系中农业景观多样性的重要机制（图 6-6）。

2. 工业化与区域景观生态

工业化不仅改变了农业生产方式和生产规模，改变农业景观；而且改变了区域景观整体格局，推动了区域经济景观重心的积聚。工业化推动区域景观整体演变的主要动力有：

（1）工业化改变了农业经济时代人类干扰自然景观环境的方式。相对于半自然的农业，工业完全脱离在生产过程中对自然生产过程的依赖，完全依靠人工过程生产产品。工业的原材料不仅包括了农业，也包括了更为广阔的埋藏于地下的自然资源。人类依靠自己的技术挖掘、冶炼、利用资源，大规模更深层次的干扰稳定的自然景观。与此同时，在工业生产过程中产生大量工业废水、废渣和废气，排放到区域景观环境中，形成大量的环境污染。再者工业化生产的产品再用到农业生产中，更多地干扰农作物的自然生长规律。在获得更多收益的同时，也形成农业环境的破坏。

（2）工业化推动了区域景观空间的集聚化和规模化。工业生产的高效率决定了工业生产的规模化特征。同时工业为追求较低的生产成本、运

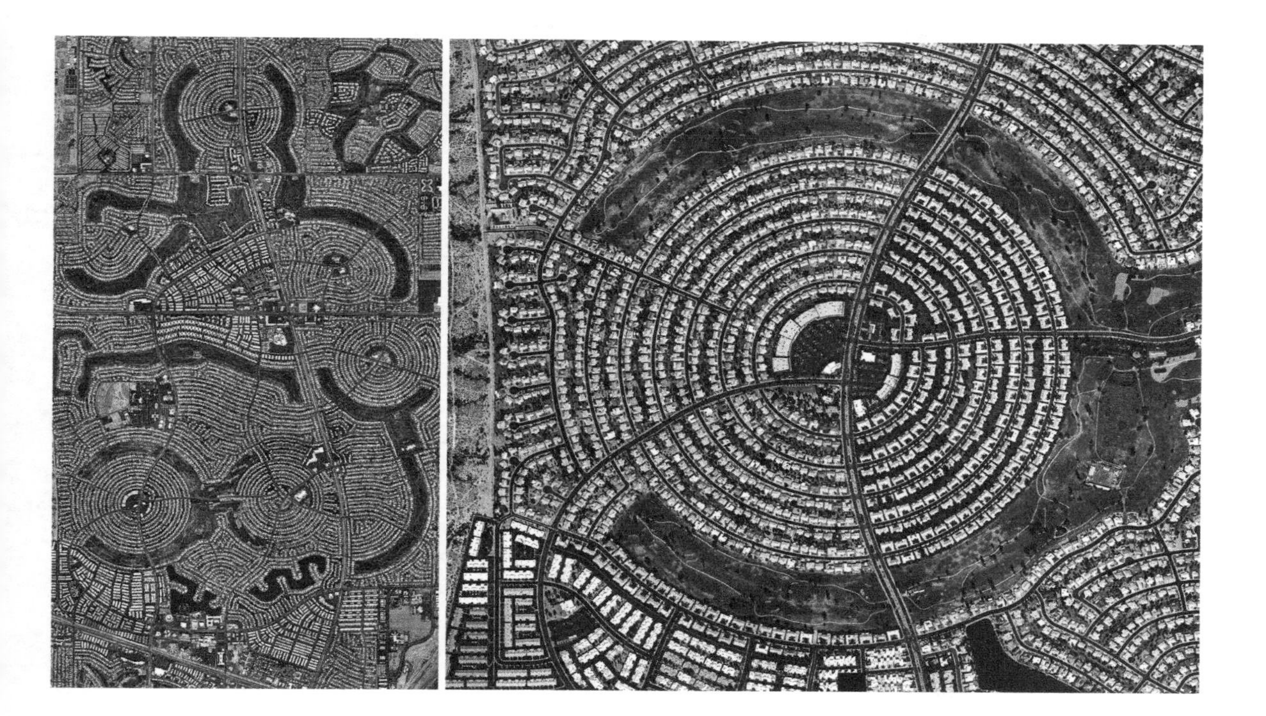

图6-7 美国亚利桑那州太阳城及其局部

输成本以及交易成本，推动了工业在空间上的集聚，也决定了工业形成相对集中的由不同类型工业共同构成的工业集聚区域。工业生产的规模经济效益更进一步推动了工业的规模化发展。

（3）推动了景观由半自然景观向完全人工景观的演变。在工业出现之前，区域景观整体中的景观大多都是自然景观和半自然景观构成。工业是依赖技术发展的完全的人工景观，工业化是一个工业不断深化和不断更新的持久过程，工业化的出现改变了人类社会经济形态，成为完全的人工景观并逐步成为人类生存的主要经济形态之一。

3. 城市化与区域景观生态

城市化是城市人口不断增长，城市数目不断增加，城市面积不断扩大的过程。城市化推动区域景观生态演变的动力主要有：

（1）城市化促进了景观空间的进一步极化，形成高度集聚的人工景观空间。在工业化极化过程的基础上城市化过程进一步加剧了人口居住、经济景观、社会生活景观在城市区域的集聚，形成高密度的城市景观格局（图 6-7）。

（2）城市化拉大了区域景观的进一步分异，形成完全不同类型的景观系列。城市化过程不断促进城市扩张并进一步分化与自然景观、乡村景观等自然半自然景观类型的差异，使乡村景观和自然景观不断处在一个边缘化的过程中。由边缘到城市中心分别形成完全自然景观、半自然景观、半乡村景观、乡村景观、半城市化景观、城市景观等完整的景观序列。

（3）城市化使城市景观斑块不断扩大，不仅使斑块内部的均匀性增强；同时使区域景观格局和过程更加复杂。城市区域的扩张使城市生态系统的不稳定性增强，也使得城市景观生态系统与区域景观生态系统的联系更加复杂，不仅在物质、能量规模上进一步扩大，同时相互作用的途径与方式也更加多样。

4. 网络化与区域景观生态

在区域景观网络体系中存在着由绿线（植被通道、绿道）、蓝线（河流和水渠）、红线（道路）等纵横交织的景观生态网络。在区域景观整体格局的演变过程中，网络化主要具有以下特征：

（1）自然廊道被保留或被逐步侵蚀，廊道的特征和廊道生态功能的典型性减弱。但在区域景观生态体系中，廊道的景观生态价值更为重要。其中河流、林带等成为区域景观生态体系中重要的生物遗迹地，对保护景观生态的多样性具有重要作用。

（2）人工廊道发展十分迅速，以乡村公路、省道、国道和高速公路为主体的道路系统成为区域景观整体中人工廊道系统的代表。道路的建设不仅形成了廊道的运输功能，现代道路的建设往往在道路两侧建设了一定宽度的人工绿化带，成为道路廊道的重要组成部分；更为突出的是美国形成了以道路为核心，包括道路两侧风景带共同形成了"公园路"（parkway），成为现代道路廊道中的典型。人工廊道的形成促进了区域景观生态系统网络中物质、能量和信息的大流通。

（3）在廊道网络体系格局中，一类廊道网络的存在是单纯的，必须与另一类网络有效交织在一起，形成众多相互通达的节点，才能够真正建立起高连接度的区域景观生态网络。因此，在不同类型网络立体相交过程中，通常通过规划人工通道和节点，保持网络的连接。

（4）在区域景观生态体系中，廊道是将大小不同分隔的斑块连接为一个整体的重要桥梁。区域景观生态的网络化不仅是廊道体系交织网络的形成，同时也包括由廊道连接的斑块形成的一个整体。斑块城市区域景观生态重要的源或汇，而廊道成为生物迁徙的通道。

第三节　区域景观生态安全格局

一、区域景观生态安全格局的概念

1. 生态安全

生态安全狭义上指自然和半自然生态系统的安全，即生态系统的完整性和健康水平的整体反映；广义上指人的生活、健康、安乐、基本权利、生活保障来源、必要资源、社会秩序和人类适应环境变化的能力等方面不受威胁的状态，包括自然生态安全、经济生态安全和社会生态安全，组成一个复合人工生态安全系统。一般所说的生态安全是指国家或区域尺度上的气候、水、空气、土壤等环境和生态系统的健康状态，是人类开发自然资源的规模和阈限。生态安全研究的基础是生态风险评价和管理。早期的生态风险研究主要集中在个体和种群水平的生态毒理学。目前生态安全开始注重生态系统及其以上水平，力求以宏观生态学理论为指导，将单个地点或较小区域内的生态风险问题联系起来，进行区域生态风险的综合评价，以及生态系统服务功能和健康评价，强调格局与过程安全及整体集成并着重实施基于功能过程的生态系统管理。

2. 区域生态安全

区域生态安全格局针对区域生态环境问题，在干扰排除的基础上能够保护和恢复生物多样性，维持生态系统结构和过程的完整性，实现对区域生态环境问题有效控制和持续改善的区域性空间格局。

（1）区域生态安全格局的研究对象通常具有特定性和针对性。依据空间格局与生态过程相互作用的原理，以生态系统恢复和生物多样性保护为基础，提出解决这些问题的生态、社会、经济对策和措施并具体落实到空间地域上。

（2）由以往重视小尺度的机制问题扩展到解决区域乃至全球性问题的水平。区域生态环境问题的根源多为大尺度发生或区域性存在的人类干扰，重视区域尺度的生物保护和生态系统恢复是生态环境保护研究发展的大势所趋。生物多样性保护需要由物种和生态系统保护上升到景观和区域保护。

（3）区域生态安全格局综合考虑生物多样性保护，退化生态系统恢复和社会经济的可持续发展，目的是系统解决区域性生态环境问题。保证区域生态安全必须将各个尺度的生态恢复措施联系起来，综合集成多种对策和途径，基于整体观和系统观解决宏观生态环境问题。

（4）区域生态安全格局的实现不但要控制很多有害人类干扰，还要实施很多有益的人为措施，主动干预并人工促进退化生态系统恢复，其实质是运用复合生态系统原理解决人类社会所面临的生态环境问题，人与自然的协调发展，体现出很强的人的能动性。

二、区域景观生态安全格局规划

1. 景观生态安全格局规划原则

（1）针对性与自然性原则。明确针对区域生态环境问题及其干扰来源，以排除和控制干扰为目标进行规划设计以保护和恢复自然生态结构和功能为目标进行规划设计；

（2）异质性与等级性原则。增强各层次的异质性，保障生态异质性的可持续；根据生态环境破坏的实际状况，确定区域生态安全建设的层次，有层次的进行规划设计；

（3）综合性与适应性原则。综合考虑生态、经济，社会文化的多样性对生态安全格局的影响，进行综合性的规划设计；根据生态规划方法和技术的发展、社会经济发展需求的变化，不断调整生态安全标准和格局设计以适应。

2. 基于格局优化的规划

基于格局优化的规划方法是近几十年来景观生态学原理在土地利用规划中的应用所形成的一种常用的规划方法。它促使基于发展适宜性的生态规划和基于系统分析与模拟的生态规划相结合发展成为基于格局优化的景观生态规划。景观生态规划逐渐具有完整性和系统性的方法框架：

（1）背景分析。分析景观在区域中的生态作用、区域中的景观格局空间关系、区域中自然过程和人文过程的特点及其对景观可能的影响、历史时期自然和人为扰动的特点等。

（2）总体布局。以集中与分散相结合的原则指导下形成具有高度不可替代性的景观总体布局模式，满足最优化的生态规划需求。

（3）关键地段识别。在总体布局的基础上，对具有关键生态作用或生态价值的景观地段给予特别重视，主要包括具有较高物种多样性的生境类型或单元、生态网络中的关键节点和裂点、对人为干扰很敏感而对景观稳定性又影响较大的单元以及对景观健康发展具有战略意义的地段等。

（4）生态属性规划。依据现实景观利用的特点和存在问题，以规划总体目标和总体布局为基础，明确景观生态优化的具体目标。

（5）空间属性规划。通过景观格局空间配置和属性的调整实现生态和社会需求目标。空间属性主要包括以斑块的大小、形态、斑块边缘的宽度、长度及复杂度等为代表的斑块及其边缘属性；以空隙（Gap）的位置、大小和数量、"踏脚石"（Stepping Stones）的集聚程度、廊道的连通性、控制水文过程的多级网络结构、河流廊道的最小缓冲带、道路廊道的位置和缓冲带等为主的廊道及其网络属性。景观格局优化通过发现景观利用中存在的生态问题并寻求解决这些问题的整体的生态学途径。如为农业发展服务的农业布局调整、针对水土流失控制的黄土高原区域土地利用规划、西部干旱荒漠—绿洲河渠廊道的景观格局规划、为保护生物多样性的自然保护区设计以及为维持良好人居环境的城市规划等，景观格局优化广泛应用于自然保护区设计和城市规划。景观生态安全格局判定通过阻力面模型来确定一些关键性的点、线、局部（面）或其他空间组合，识别可以成为关键性的地段方法。

3. 基于干扰分析的规划

基于干扰分析的规划方法是干扰生态学的应用。该方法直接从干扰分析入手进行规划设计，对生态问题的过程和原因认识得更清楚，解决问题的手段也更直接。

（1）主要考虑的方面有对干扰程度进行鉴别、分类，把干扰分为改变过程的、直接影响保护目标的、间接影响的和产生环境压力的事件等干扰类型，并试图在空间上定位所有的干扰并进行干扰分析。

（2）把干扰按层次分景观层次、生态系统层次、群落层次等，并将干扰的监测、评价和排除过程作为景观生态规划的主线，通过明确干扰的尺度，制定相关尺度的景观规划。

（3）通过保持自然干扰和适度人为干扰保持景观异质性，通过景观格局配置阻挡不利干扰，谋求进行景观恢复的人为干扰与景观格局与动态相适应等。

（4）基于干扰分析的规划中加入社会经济对策将使其更加具有针对性。

基于干扰分析的规划方法可以将社会经济—自然复合生态系统的理论与方法在实践中进行应用，通过复合生态系统来对自然系统产生作用，并基于干扰分析的生态规划，因生态系统及其影响因素的复杂性而注定是一个比较复杂的途径。利用干扰生态学原理对生态安全的影响因子的产生、发展、结果的过程进行分析，促进生态安全的发展。通过干扰分析，识别生态系统所受干扰的种类，干扰过程和干扰的影响结果，分析的结果可以作为生态系统健康评价的指标，继而可以作生态系统管理的理论支持。可按地理区（流域）、生态区或行政区进行研究。对区域尺度生态安全的分析主要包括关键生态系统的完整性和稳定性，生态系统健康与服务功能的可持续性，主要生态过程的连续性等。这与干扰分析的类型划分和层次划分是可以对应的。可见基于干扰分析的规划方法对生态安全研究的意义非常重大。

4. 预案研究

预案（Scenario）特指目前广泛应用于区域发展规划、景观生态规划等领域的一种不确定性规划方法。预案主要是对未来各种可能性进行探索并寻求实现途径，通过一套系统的、连贯一致的方法使决策者在面临未来的复杂性、不确定性时，既能拓展思考范围，又能抓住关键问题，从而使不确定性逐渐明晰化。针对景观生态规划主要是通过〝由下到上（Bottom-up）〞及〝由上到下（Top-down）〞两种思路的对接。着眼于控制景观结构及其变化的驱动力与过程，可用于把握和限定预案设计的方向性及可能性。针对于区域发展规划的预案强调不同的政策必定导致不同的土地利用和区域发展的结果，重视公众的认同和参与性。相对而言，预案的方案设计是很关键的，预案方法与基于格局优化和干扰分析的规划方法相结合，互相促进，用格局优化的原理作为 Bottom-up 因子来确定各种预案的可能性。用干扰分析所得到的影响生态安全水平变化的干扰因子作为 Top-down 因子，巧妙设计出预案以满足区域生态安全格局设计的需求。Top-down 和 Bottom-up 方式正好对应了目标导向规划和问题导向规划，将两种规划途径结合，将安全层次很不相同的两者融合交错，使两种方法的特点和优势更加突出。因此，预案研究适应于区域生态安全格局研究的针对性、区域性、系统性和主动性强的特点。

三、区域生态安全格局设计

在重点考虑了基于格局优化、干扰分析的规划方法和预案研究方法

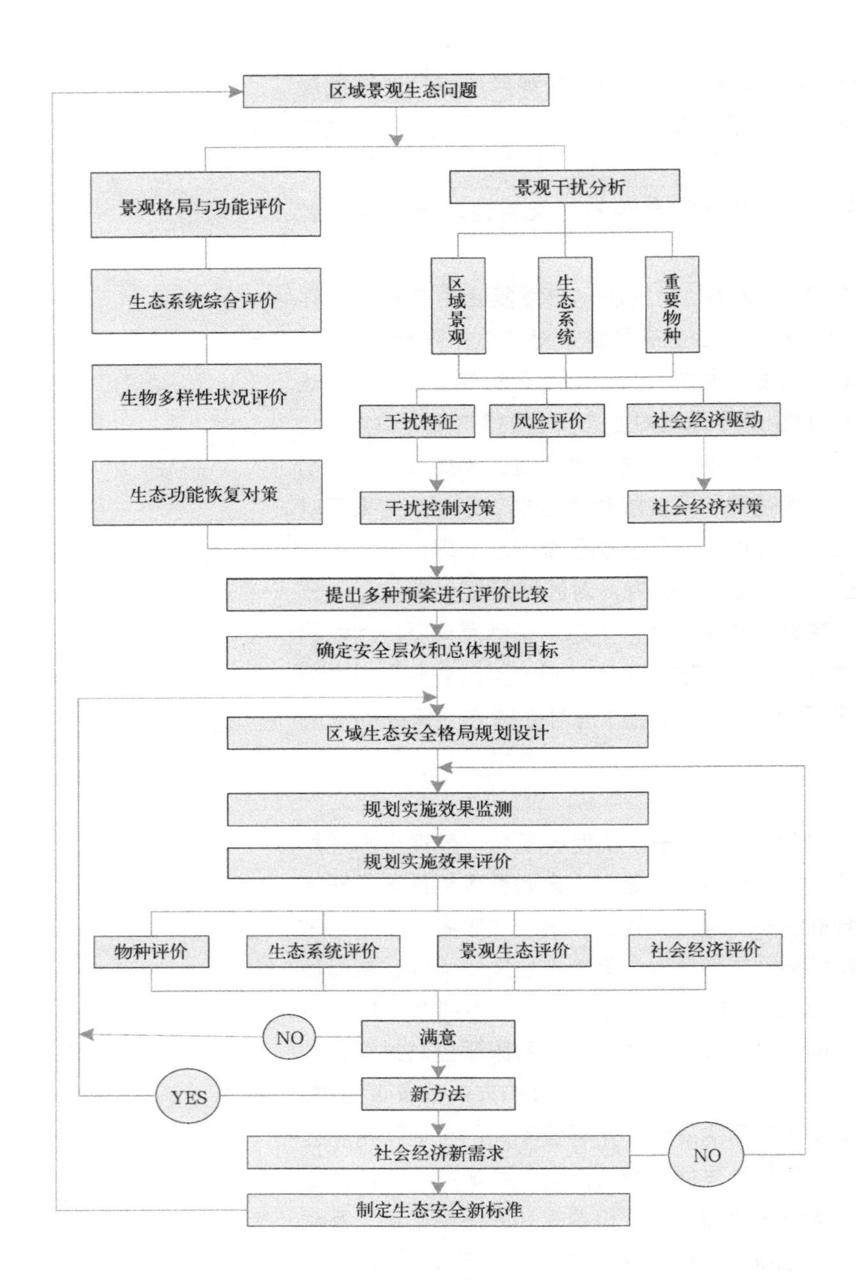

图6–8 区域景观生态安全格局规划技术程序

的情况下，将区域生态安全格局设计方法整合成为以下几个步骤（图 6-8）：

（1）区域生态环境问题分析与景观生态评价。运用 RS、GIS 技术和景观生态学数量方法等，进行区域景观格局分析、格局与功能的分析，识别景观格局的状况与区域生态环境问题的关系，分析干扰的来源，频率、强度等特征和风险程度，以及社会经济驱动机制以及生物多样性状况，采用生态学研究的数量化方法，或其他非定量的评价方法等，评价生态系统的服务功能和健康状况，辨识生态系统存在的主要功能问题，评价生物多样性状况并评价指示物种的濒危状况，以识别生态系统状况与区域生态环境问题的关系。

（2）预案设计。将生态功能恢复对策、干扰控制对策以及社会经济对策与预案研究进行结合，对未来不同干扰水平变化情况下的生态安全水平进行预测。以一系列连贯的干扰变化或者一些交错的综合干扰变化，甚至一些极端类型的干扰变化为基础设计预案。预案研究中采取决策支持系统、预测模型、空间模拟技术等方法，对各预案可能导致的生态安全状况进行比较，对区域生态经济效应进行评估，最终获得反映不同生态安全层次的预案和评价结果。

（3）设计安全层次和总体规划目标。依据对区域生态环境问题的分析的结果，对区域生态安全现状进行综合评价，对预案进行比较，提出规划设计的总体目标。生态安全规划目标也有多种类型，如农业发展区域、保护生态系统自然性的自然保护区以及满足人们居住和发展的城乡区域等各有不同的安全期望值。

（4）区域生态安全格局设计。基于格局与过程原理和总体规划目标，考虑了区域内多尺度多层次的生态安全问题，多方面并尽可能从根本上控制人为干扰、诱导有利的自然干扰，创建能够不断优化的区域生态安全格局。在以上阶段分析的基础上，并以自然性，异质性综合性原则为指导，提出一组能实现不同生态安全水平的方案。每一个方案包括顺应原有景观格局、生态系统和干扰、防止格局中一些关键部位被破坏、恢复和改善格局中一些关键的部位的相关措施，对不利干扰的抵御和进行生态恢复的干扰等。

（5）适应性管理。基于区域生态环境问题持续改善的思路，对区域生态安全格局方案的实施进行适应性管理。首先对方案的实施效果开展监测，并且对监测结果进行评价，主要包括物种评价、生态系统评价、景观生态评价和社会经济评价等类，以及评价这个实施过程的作用与最初目标之间的差异，所获得的信息反馈到对区域生态安全格局设计的研究中，作为设计方案调整的依据，然后区域生态安全的新问题和社会经济发展新需求，以及生态规划技术和方法的新发展等也将通过监测和评价反馈到进一步的实践中、生态安全标准也许需要重新确定，以修改原来的目标或设计方案。适应性管理的过程是一个动态、综合的过程，是不断优化区域生态安全的重要保障。

第四节　区域景观保护与景观生态体系规划

一、区域景观保护重点

1. 整体性与连续性

区域景观的整体性和连续性是区域整体人文生态系统的重要特征。整体性和连续性保护主要包括景观生态格局的区域性、区域景观内在联系的有机性、区域景观过程的完整性、区域景观空间的连续性和区域景观历史演化机理的延续性。

2. 原真性与地方性

区域景观的地方性和景观的原真性是区域景观保护的重要出发点和保护核心。原真性和地方性保护的重点体现在：①区域景观历史文化脉络的保护与延续；②在现代化、工业化、城市化和时尚化过程中历史文化景观的保护与再现；③在区域景观异化与同化的双重作用过程中，区域景观特色与个性的保护与形成。

3. 多样性与分异性

多样性是景观生态保护的重点，区域景观多样性是景观生态体系可持续发展的重要保障。分异性是景观多样性的重要基础。区域景观多样性主要体现在景观生境的多样性保护、生物物种与生态群落多样性保护、区域景观分异格局与差异性特征以及区域文化景观时空过程中文化景观多样性保护。

二、区域景观生态规划

1. 景观生态功能区规划

景观区划是景观功能区规划的前提和基础。是在不同空间尺度上对景观类型、景观价值、景观中人类活动的特征、景观存在的问题、景观资源的开发利用方向和方式、景观问题解决的途径、景观未来的演变趋势等景观特征进行综合归并后，将具有共同景观价值——功能特征的景观类型在空间上进行归并，形成景观区域，景观区域确定的过程为景观区划。依据景观存在的问题、解决途径和可持续景观体系建设的原则，将景观划分为四大区域，分别是景观保护区、景观整治区、景观恢复区和景观建设区。这四大景观区域的划分标志着景观现状特征，特别是人类活动对景观的不合理利用程度、景观区域存在的主导矛盾、景观区域在景观中的价值功能所在（图6-9、图6-10）。

图6–9　美国威斯康星州区域景观功能区体系规划

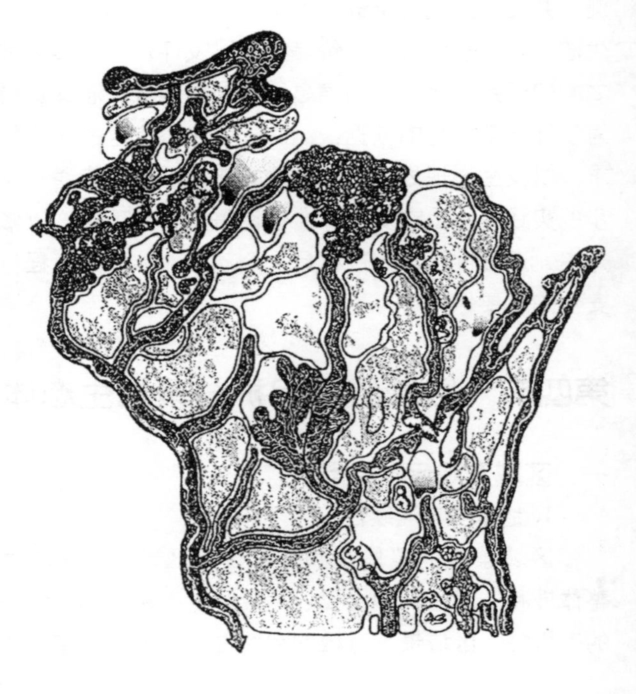

（1）景观保护区。景观保护区是景观中自然景观条件较好，对景观具有重要的生态环境意义、游憩景观价值等的景观区域。确定景观保护区是为了严格限定保护区内的人类活动的类型和强度，最大幅度降低人类对保护区景观的扰动。保护区内遵循完整的自然景观过程和格局，维护动植物种类的多样性和生态系统的多样性与稳定性。在自然环境脆弱地带，保护区的景观保护功能就更为突出。景观保护区主要包括边缘的野生地域景观、旷野景观、原

始森林景观、天然次生林景观、湿地景观、低地景观、自然保护区、自然奇观以及具有特殊价值的水域景观等类型。

（2）景观整治区。景观整治区域是在景观已经被破坏或人类活动对景观资源的不合理利用而造成的景观质量的下降，以及人类产业活动和建设过程中与景观环境之间的不协调与不和谐的区域，依据景观科学理论进行的景观整治与规划，它揭示了人类对自然景观的不合理扰动影响，但由于影响时间短，或扰动强度较低以及扰动频度有限等原因，扰动没有超越景观环境容量的忍耐性，景观并没有遭到较大幅度的破坏。景观整治区域就是对不合理和不协调的景观过程或景观格局进行科学的调整与规划，在原有的景观格局中建立生态规范下的人类活动体系，特别是强调人类活动与景观环境的相容性。景观整治区域主要包括城镇景观、工业景观、水域轻度污染景观、坡耕地景观、坡地放牧景观、废弃物堆积景观、风景区内不和谐的建筑景观、荒芜的耕地景观、园地景观、不合理的田块规模与形状、沟谷河漫滩的泄洪物堆积景观、河道人为侵占景观、围湖造田景观等类型。

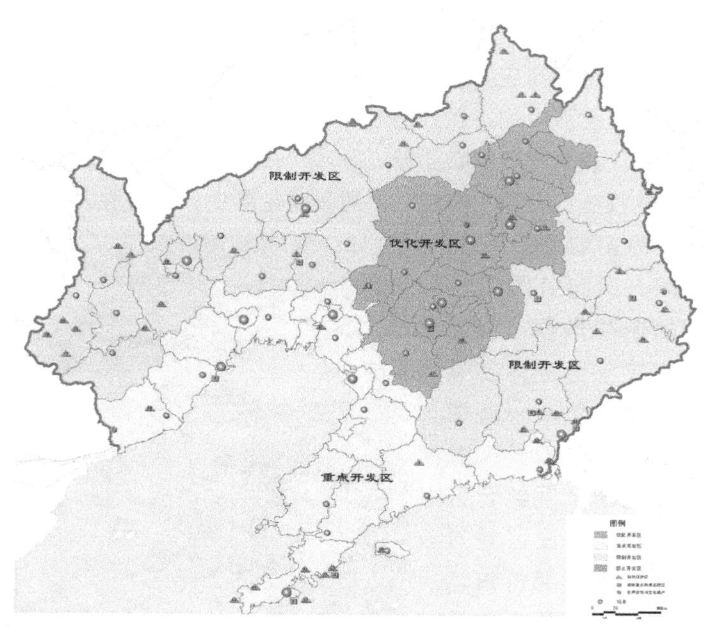

图6-10 辽宁省区域发展的主体功能区规划图

（3）景观恢复区。景观恢复区是对景观破坏严重的景观区域进行景观重建，目的在于通过停止景观破坏过程，并通过生物或工程措施，以原有景观特征为背景，进行景观生态环境重建。自然景观在遭到破坏后的自然恢复过程是一个很长的景观过程，自然系统遵循由简单到复杂的生态系统演替规律进行恢复。人为的景观恢复是对自然景观恢复过程的加速，人们根据动植物的生境特征，通过人工直接建造复杂生态系统恢复自然景观。由于人文景观，特别是文化遗产景观是不可再生的景观类型，在古老的景观破坏后，人工的景观恢复已不再具备其历史文化价值内涵。造成景观大规模破坏的原因主要有修建公路和水库、居民搬迁、开山取石、采矿特别是露天开采、树林火灾以及在人口密度大，耕地少的地区在陡坡上砍伐林木，开辟耕地形成的大面积挂坡地；在一些山区以林木为原料的造纸、烧制木炭等都形成景观的大规模破坏。景观恢复区有矿区裸露景观、水库淹没地景观、矿渣堆积景观区域等景观类型。

（4）景观建设区。景观建设区域主要有城镇景观、工业景观、农业景观区域、游憩景观以及独特的观光生态农业经济沟谷景观区域等。由人类活动景观构成，是人类对景观的独特利用方式。城镇景观是由居民住宅、道路、街道、商店、公共服务设施、公共空间等构成的景观建设区；农业景观因农业资源的特点分别形成了平原区以土地集约利用为主的粮食、经济作物、蔬菜生产的农业景观区域，在山坡地形成的以土地粗放性利用为主的林牧业农业景观区域；游憩景观主要由风景名胜区、民俗节庆旅游活动、休闲农场、观光农园、田园公园等构成的游憩景观；观光生态农业经济沟谷景观是农业景观、游憩景观和居民地景观共同构成的景观综合区域。景观建设区是景观利用与景观价值功能基本匹配的正常景观，是由基本的产业类型和行为构成的景观类型。

2. 区域景观格局规划

景观格局规划是对区域景观的空间规划。依据区域景观生态功能区规划的要求，对景观资源进行有效配置并完成景观空间结构和布局的安排。景观生态格局包括景观斑块、廊道、基质的空间镶嵌格局规划、区域土地利用规划以及区域生态网络格局规划等内容（图 6-11）。

（1）空间镶嵌格局规划。景观空间镶嵌格局的规划通常有两种规划模式：一是对区域景观斑块、廊

(*a*)

(*b*)

(*c*)

图6–11　德国乡村区域景观格局及其规划特征

(*a*) 德国独特的围合式景观空间格局；

(*b*) 围合式空间格局具有特殊的对外通道；

(*c*) 由围合式居民点组成的区域景观空间格局

道、基质进行空间镶嵌格局的规划模式；二是以区域廊道网络体系（主要是水体网络）为骨架，在规划“水景树网络体系”的基础上，添加各种功能性空间，在确定功能型空间景观基质的基础上规划斑块的镶嵌格局。

（2）区域土地利用规划。土地利用规划的内容主要包括：确定土地利用类型与土地利用方式。根据土地资源条件、景观类型、使用方式对旅游区内的土地进行适宜性分析评价并确定合理有序和代表未来发展与现实需求的土地利用类型（图 **6-12**~ 图 **6-16**）；根据土地利用条件确定基于土地保护与高效利用的土地利用方式；根据需求对土地利用进行预测研究，确定不同类型土地利用面积与规模。确定旅游区内耕地、园地、水域、林地、道路交通、居住、工业、荒地、旅游建设用地的面积；确定建设用地的具体利用方案，协调功能性用地的规模与比例。对每种土地利用提出利用方向、方式和土地政策。在土地利用类型确定的基础上对每种土地利用

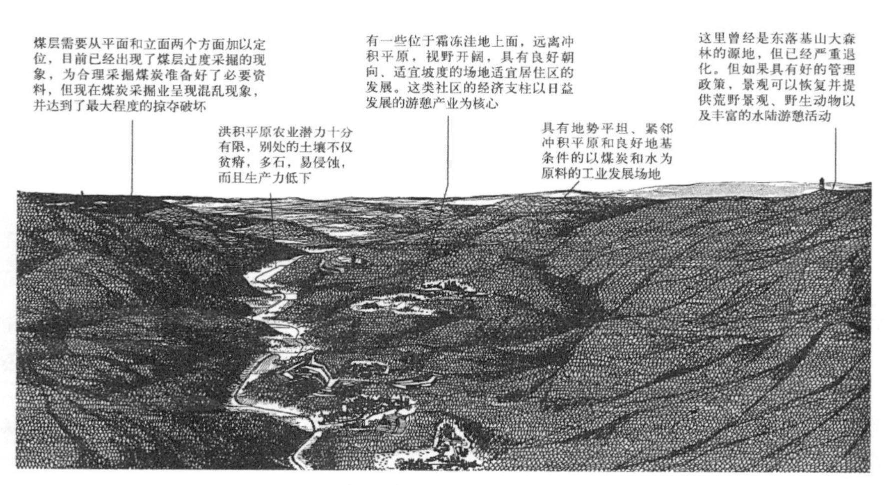

图6—12　高原峡谷景观适宜性评价与规划

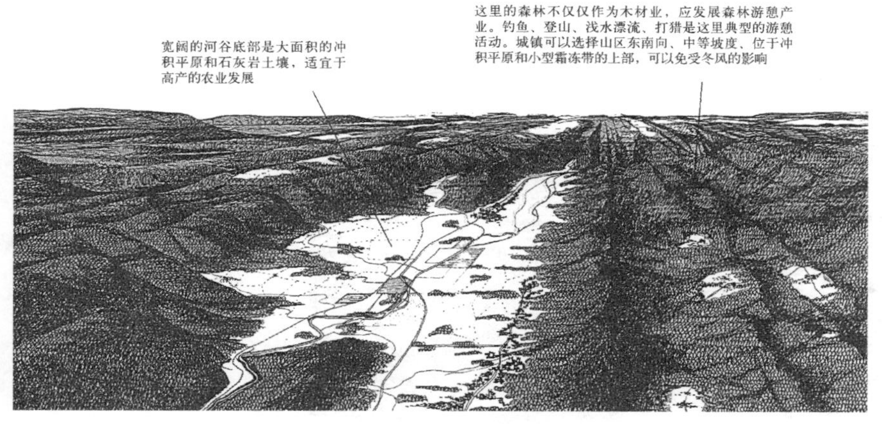

图6—13　山间盆地景观适宜性评价与规划

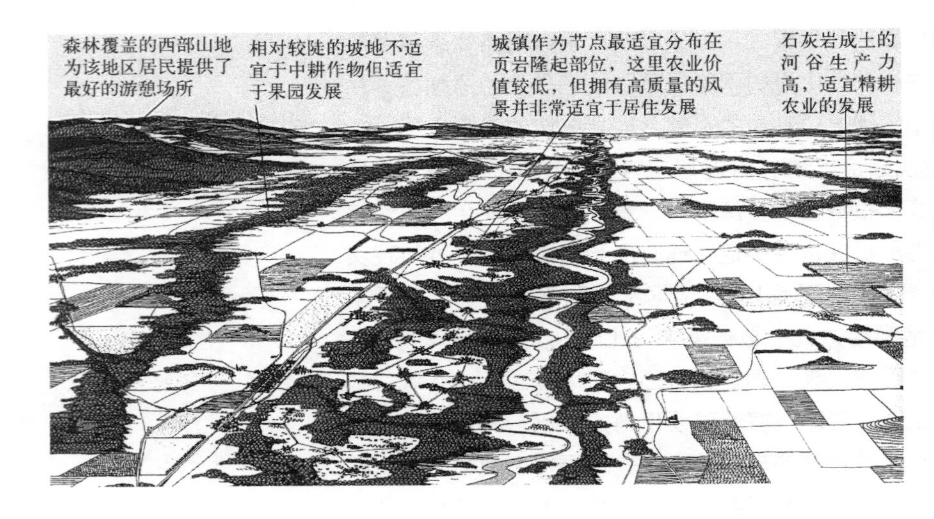

(上）图6–14 平原谷地景观适宜性评价与规划

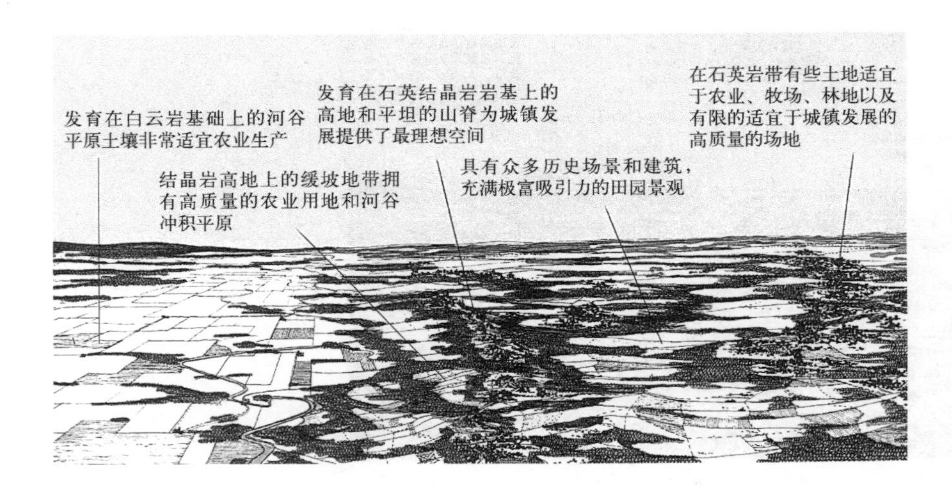

(中）图6–15 平原岗地景观适宜性评价与规划

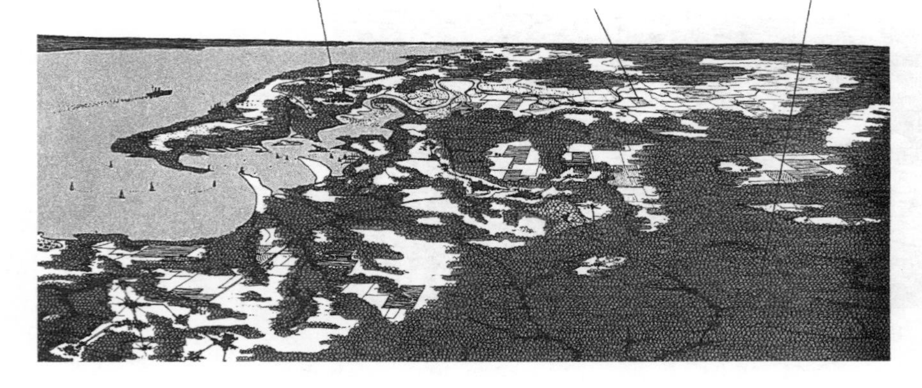

(下）图6–16 河口与滨海景观适宜性评价与规划

提出具体的利用建议，包括土地利用方式、利用方向、利用模式以及土地利用管理的政策等，促进土地的合理利用和持续利用；对土地利用可持续能力进行评价。土地利用的可持续能力评价是对整个土地利用规划方案科学性的综合评价，从土地利用的适应性、土地利用的高效性、土地保护的生态性、资源利用的持续性、社会需求的满足性等特征综合评价持续利用特征；土地环境影响进行评价是对土地利用形成冲击的重要变革因素，对土地环境的评价包括对土壤物质结构与质量、土地水污染、土地化学污染等进行综合评价。

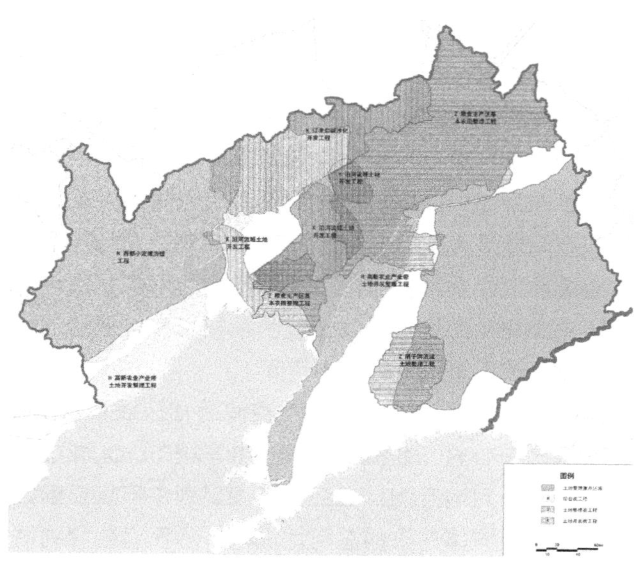

图6-17 辽宁省小流域综合治理导向规划

（3）土地利用规划平衡。土地利用平衡要求是基于土地利用管理目标而提出的。土地利用规划平衡主要含义有三：一是土地利用增减的一致性。土地利用现状与规划后的土地利用格局进行对比，不仅在类型上发生变化，而且在数量上规划前后要一致；新增的土地利用类型是在其他土地利用面积减少的情况下增加出来的；前后增减要一致；二是土地利用结构的归一性。各种类型面积在总面积中的比例之和为 1，称为土地利用结构的归一性；三是土地利用面积的弥合性。规划前后土地利用类型面积之和等于总面积，保持不变。

3. 景观空间导向规划

在区域景观格局中，由于景观类型、景观过程和景观价值的巨大差异，从而决定了不同景观空间具有不同为人类服务的价值功能，在区域可持续发展体系中扮演不同的功能角色。结合景观空间属性和利用途径，将景观空间导向划分为绿色景观空间、蓝色景观空间、紫色景观空间和红色景观空间四种类型（图 6-17）。

（1）绿色景观空间。绿色景观空间是在区域景观规划中认定的纯自然景观空间、半自然空间、半农业景观空间和农业景观空间以及镶嵌在这些空间之中的游憩休闲景观空间。绿色空间的典型特征是以自然景观和半自然的农业和乡村景观为主体，自然景观要素、自然景观过程和自然景观格局是绿色景观空间的主体。人类行为与自然景观具有极强的内在联系，行为低强度、低密度、低干扰性和低人工性是绿色空间行为的重要特征。绿色空间是区域景观空间的主体，是区域景观格局中严格进行保护并严格限定转换成为其他景观类型的景观。

（2）蓝色景观空间。蓝色景观空间是区域景观体系中以湖泊、水库、坑塘、河流、泄洪区、湿地等组成的水生态景观空间。蓝色空间在区域景观生态体系中占据重要地位，是景观生态网络、景观生态过程以及景观生态多样性的重要基础，他的典型特征是以水域生态和水域生态网络为主体，成为区域景观生态系统中重要的空间格局。蓝色景观空间同样是区域景观生态体系中重点保护的生态空间。

（3）紫色景观空间。在区域景观生态体系中人文生态是重要的组成部分。在人文生态系统中又以历史文化景观最为重要，是人类共同的历史文化遗产。紫色景观空间就是人类历史文化景观保护区域，主要包括文化遗址、纪念地、战争遗址、灾害废墟等文物覆盖空间，既包括文物本身，也包括相关的场地；同时还包括人类历史文化生活场景以及传统生活技术和产业活动空间。紫色空间的确定是划分不同等级和不同价值的保护空间。

（4）红色景观空间。红色空间是指区域景观空间体系中城乡建设用地空间，主要包括中心村、乡镇、县城、中等城市、大城市、特大城市以及城市群带构成的城镇体系用地空间。在红色空间规划中不仅要确定区域城镇体系数量结构，同时确定区域城镇建设的总用地规模，从而有效制约城镇建设用地的快速增长和由此引发的绿色空间和蓝色空间用地的萎缩。

第五节　江南水乡区域景观体系与整体保护

一、江南水乡区域景观体系特征及存在的问题

1. 江南水乡区域景观体系特征

江南水乡区域景观体系具有以下共同特征：

（1）区域景观基质——斑块——廊道分化明显，具有较高的均匀性。从江南水乡区域景观水平尺度看形成以农耕水田为基质，道路、河流和灌溉渠道为廊道，居民点和水塘为斑块的景观镶嵌结构。从景观分析可以看出，基质、斑块、廊道分化十分明显，普遍呈现出水田——水塘和居民点的镶嵌特征，形成较高的均匀性。

（2）斑块类型单一，具有高度碎化特征。江南水乡区域景观中斑块——廊道——基质分化明显，但类型单一。从斑块的类型来看，仅仅局限在居民点和大大小小的水塘两种类型。从研究区域的对比来看，斑块4种类型分化为418个斑块，其中水塘达到332个，居民点达到79个。

（3）以水为中心构成整体人文生态系统的高度地方性特征。水不仅是江南古镇景观的灵魂，也是江南水乡区域景观体系的核心。渠道水网交织，水塘星罗棋布成为区域景观体系的核心。在多水的自然环境条件下形成了独特的农耕活动、独特的聚落文化和独特的交通运输方式，水是整体人文生态系统的关键，也是不同于其他地方景观特征的地方性。

（4）以古镇为灵魂形成区域景观体系的核心。在江南水乡区域体系中，景观的变化是巨大的，历史时期的景观正逐步消失。景观的延续主要集中在保存较全的江南古镇上，从古镇的布局格局、建筑风貌、艺术装饰等能够展现出地方景观的历史性，因此古镇成为区域景观体系的核心。

2. 江南水乡区域景观体系存在的问题

（1）城市圈经济冲击使土地利用属性快速变化。由于江南水乡紧邻上海、杭州和南京等中心城市，同时处在长三角城市群的腹地，又处在江浙民营经济发展最迅速的和最活跃的地区。强烈的城市经济冲击，带动了本地区快速发展的城市化，也推动了工业化、商业化的快速发展。同时城市圈经济的互补功能促使中心城市外围土地的城市化利用加快，外围的居住、度假、休闲土地利用方式逐步使水乡土地利用发生巨大变化，在区域景观上形成城市景观和公园化景观逐步替代乡村景观的格局（表 6-3）。

古镇景观演变特征及其冲击因素 **表6–3**

古镇景观构成	原生态景观特征	冲击乡村景观的因素	后人工景观特征
景观	宁静与自然	城市化	躁动与后人工化
	质朴与传统		时尚与现代
	生活田园化	公园化	现代公园化
文化	乡土文明	商业化	城市文明
	民俗生活化		艺术加工化
行为	个体自发		组织行为
经济行为	鱼米之乡	现代化	加工制造基地
建设材料	乡土材料	工业化	舶来的制造品
空间特征	分散融合		集中板块式

（2）在沪宁杭区域体系中江南水乡正成为〝微缩盆景〞。沪宁杭地区是我国工业化、城市化和现代化进程最快的地区，传统的区域景观体系正发生前所未有的变革。城市不断增加，规模不断扩大，城市景观不仅在水平尺度上发生巨大变革，在垂直尺度也发生巨大变革。经济开发区、工业开发区、农业开发区等各级各类开发区和区域 A 级高速交通网络的形成，彻底改变了原有的传统景观环境。在这种环境变革中，江南水乡正逐步成为沪宁杭区域景观体系的一个微缩盆景和一个小的园林景观。

（3）区域景观被分割形成以古镇为中心的景观〝孤岛〞。在江南水乡逐步成为微缩盆景的过程中，在水乡内部也出现较大程度的景观异化过程。异化过程主要表现在古镇在自己核心保护区外围所进行的新城建设、工业区建设和开发区建设，在连续的空间景观上出现古镇景观——现代新城景观——现代产业景观交替出现的景观分割格局。现代城市化景观将传统景观分割，使区域景观失去整体性，使古镇景观成为被分割的景观〝孤岛〞。

(4) 以古镇为中心的旅游利用促进区域景观趋同和聚居过程复杂化。江南水乡古镇都有着"小桥、流水、人家"的江南水乡风貌。优雅、闲适、恬淡的水乡生活为大多数人所向往。但从问卷调查的结果来看48%的人认为古镇旅游缺乏"亮点和特色"，也就是缺乏自身的核心吸引物，在景观上仍存在较强的替代性，而且旅游项目大多雷同。随着江南六镇知名度的提升，越来越多的中外游客来到古镇，2004年周庄年接待游客260万人，收入超过7亿元。双休日的古镇更是人满为患，2005年5月3日同里日接待4.03万人次，周庄达到4.38万人次；整个"五一"黄金周同里接待21.49万人，周庄接待22.27万人。越来越多的游客涌入古镇区，古镇的旅游基础设施很难满足如此大的旅游需求，游客很难体验到古朴、静谧的水乡原貌，而代之以接踵的人群、充斥的商铺等，古镇的生活环境质量恶化，水乡的原始氛围破坏严重。

(5) 古镇浓厚的商业化和现代化使区域景观遗产真实性下降。近年来，以周庄为代表，在0.47km^{2}的核心区集中了300多家饭店、100多家旅馆、300多家商店。200多条船和600多辆三轮车。仅周庄一条街十米的地段，就有3~5家卖万三蹄膀的店铺。河街两岸布满了熟食店、丝绸店、饭店和古玩店等。旅游者进入古镇区，扑面而来的就是浓浓的商业气息，其次才是水乡的风貌，水乡古镇正在失去其原有的风貌特色，商业经营正在大行其道。江南六镇处在我国民营经济最发达的江浙地区，紧邻上海。现代工业的快速发展最直接的改变了古镇赖以生存的乡村景观环境。工业化推动古镇向现代城市化特征的演变，使古镇出现严重的孤岛化特征。同时，现代化的进程不仅危及乡村古镇的景观环境，而且直接冲击古镇本体。南浔计划在5年时间内打造价值23亿元的"新装南浔"。"古朴不再"已是古镇利用共同面对的危机。古镇不仅在村落建设、维护修缮、保护的过程中出现现代化时尚要素的作用过程，而且正逐渐丧失传统的古镇生活景观，形成"外壳尚存，内涵尽失"的空壳化现象。

二、江南水乡区域景观体系整体性保护机制

江南水乡区域景观整体性的保护应立足于区域景观的悠久性、完整性、建筑的乡土性、环境协调性和文化传承的典型性等方面进行全面的保护。而这悠久性、完整性、乡土性、协调性和典型性的保护则成为保护区域景观完整性和古镇整体人文生态系统原真性的核心，以延续古镇的独特价值。保护江南水乡区域景观的连续性和古镇整体人文生态系统的原真性必须立足于乡村社会发展、古镇利用方式、古镇物质空间格局和乡村生活场景以及旅游开发利用的持续性影响等，形成4个方面保护控制机制（图6-18）。

1. 过滤与分离机制：区域景观整体性扰动类型的选择

面对工业化、现代化、商业化、城市化的冲击，既要保证区域景观的原真性、完整性和连续性，又不能为了保护而强行剥夺村民享受现代化的发展权利。因此对江南水乡区域景观的保护一方面对"四化冲击"类型进行过滤，过滤那些对古镇和区域景观容易造成破坏，与古镇景观不相容的冲击因素；另一方面

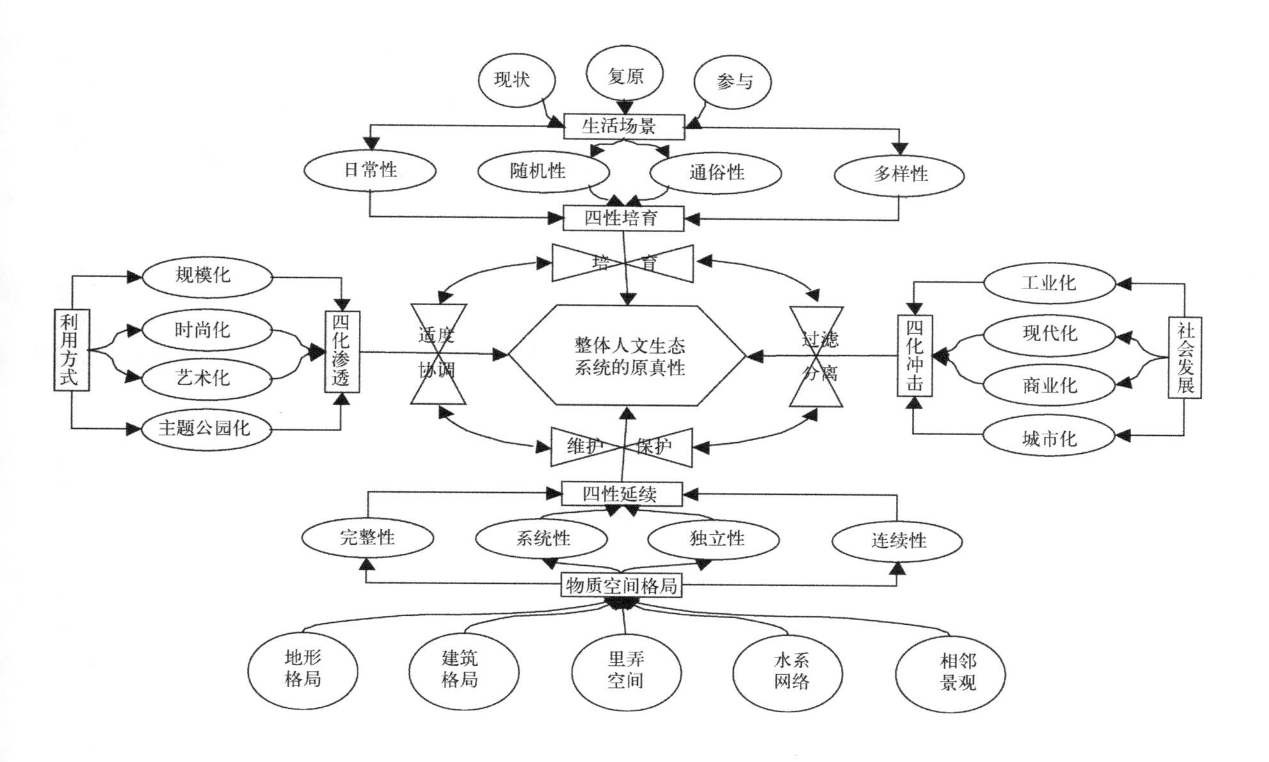

图6–18 江南水乡区域景观保护与可持续利用的内在机制

合理规划传统景观的斑块（古镇和传统村落），在对斑块进行严格管理的基础上规划建设连接斑块的遗产廊道。并通过自然生态走廊和田园风光廊道的有机组合，形成对传统区域景观的有效保护与隔离。对古镇保护与遗产廊道中要进行严格的分离措施，维持传统景观的连续性和完整性（图 6-19）。

2. 适度与协调机制：区域景观利用与变革方式的选择

在水乡区域旅游和古镇的旅游利用上追求规模化、时尚化、艺术化和主题公园化已成为破坏区域及古镇景观原真性的误区。规模化、时尚化、艺术化和主题公园化成为区域景观建设和利用过程中逐步渗透并破坏整体景观的关键环节。立足于对"四化渗透"的有效控制对区域景观进行严格的土地利用规划和绿地系统规划。处理好新区建设的类型和强度，协调好与传统景观区域的连续性和有机性，控制好传统景观区域特性是区域景观及古镇保护机制的关键。建立"适度与协调"的调控机制。"适度与协调"就是实现规模、风格、方式、途径的适度和与传统乡村聚落景观的协调程度。

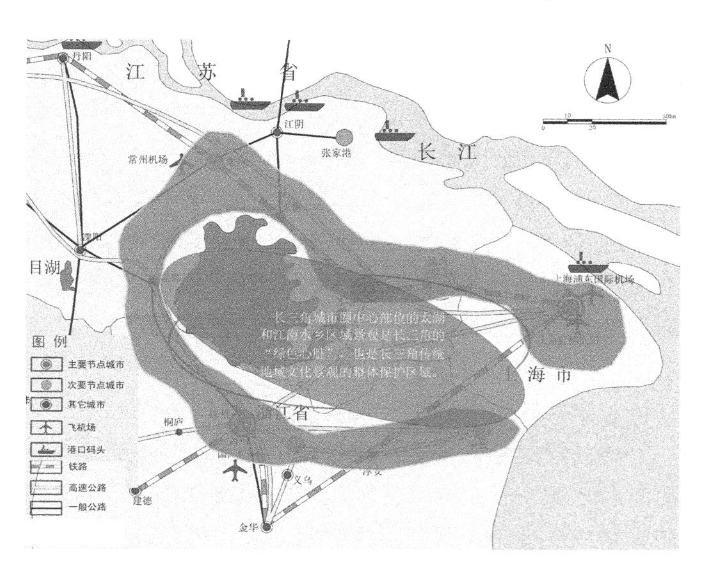

图6–19 长三角城市圈带传统景观整体保护区规划图

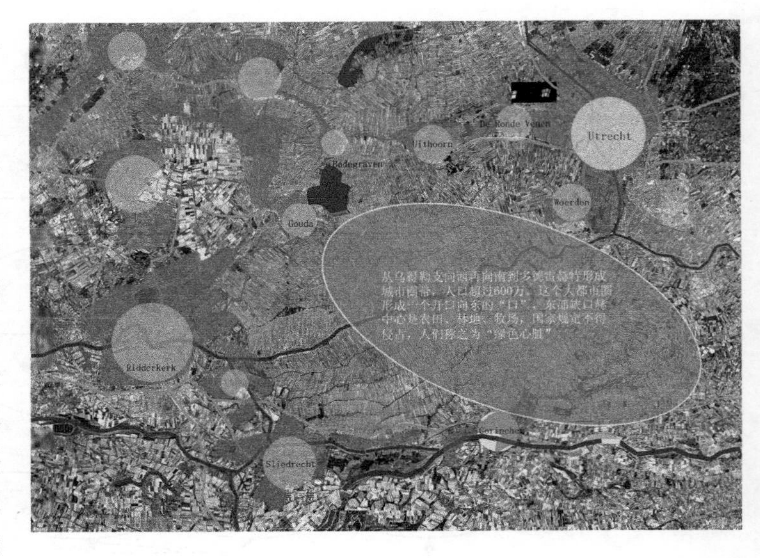

图6–20 荷兰由乌得勒支到多德雷赫特城市群对区域整体景观的保护规划

3. 保护与维护机制：区域景观格局管理与延续方式选择

水乡区域景观格局的稳定性和完整性是水乡整体人文生态系统形成过程的重要保障。古镇物质空间格局的地形地貌、建筑格局、里弄格局、水系网络和邻里景观的系统性、独立性、连续性和完整性与区域景观形成有机的整体，对区域景观整体的保护和对古镇的维护是水乡区域景观管理与景观延续的重要机制。保护与维护是对传统景观原真性的延续，而不是新建的仿传统景观。对时间过程中逐步自然损坏的构成进行人工维护，使保持其原有的历史风貌，使“四性”得以延续（图 6-20）。

4. 培育与参与机制：区域景观灵魂展现与延续方式选择

就单个古镇来讲，生活场景才是古镇文化展现和文脉延续与保护的灵魂。传统生活场景可以是生活本身，也可以是特意人工恢复的，更可以成为具有广泛参与基础的生活体验。立足于古镇生活场景，对村落景观的日常性、随机性、通俗性和多样性进行“四性培育”。相对单一古镇来看，区域传统生活场景的保护要比单一古镇的保护困难得多。古镇保护与变革的不统一性决定了区域景观演变的不均匀性和发展的多元性。古镇的保护的核心不仅是保护盆景化和孤岛化的古镇本身，更要保护古镇传统所依赖的区域文化景观体系。建立传统文化遗产保护区，通过对现代化建设的选择来维护区域景观文化的连续性和完整性。

三、昆山千灯——张浦区域景观传统性特征

千灯——张浦片区位于江苏省昆山市南部，土地面积 158.58km^2，其中水体面积占土地面积的 23.7%。2008 年全镇生产总值 153.5 亿元，其中第二产业占 71.8%，第三产业占 26.5%，第一产业仅占 1.7%。传统建筑空间约占 6.14%，传统农业用地占 14.1%，现代村镇、工业、商业和现代农业面积合占约 15.76%，道路约占 5.5%，自然生态空间约占 24.13%，其余 34.47% 的空间多为过渡性景观空间类型。千灯镇是江苏省具有 2500 年的历史文化名镇。

1. 建筑空间传统性

传统建筑空间代表特定环境中和谐的人类聚居空间，承载着悠久的历史和地域文化，是生活和生产的物质载体，综合体现了地理环境、地域文化、乡土特色和独特的生活方式。根据评价因子的分布特征，结合

传统建筑空间传统性价值指数（E_{ta}）分布，将建筑空间传统性分为 $E_{ta} \in (1.55, 3.0]$ 为完全现代利用、$E_{ta} \in (3.0, 5.0]$ 为传统保护与现代利用并重及 $E_{ta} \in (5.0, 7.0]$ 绝对传统性三个等级和类型（图 6-21）。

（1）传统建筑空间受地理环境的影响，反映地域文化景观重要的点状特征。千灯——张浦区域水网密布，水运作为主要的交通方式，传统建筑空间因水而聚。同时河道的连接方式的不同，传统建筑空间的空间形态也不同，形成带状、团状、十字交叉等空间格局，而且几乎每个居民点的规模相差不大。

（2）建筑的朝向由河道的走向而决定，但面南是所有建筑的主要特点，错落有致又整体统一；桥是交通连接重要方式，形态、大小丰富多样，是水乡文化的重要组成部分。

（3）里巷空间发达，狭窄的里巷以河道为基础，沿垂直于河道的方向向居住区内部延伸交错入网。狭窄的里巷与两侧高耸的山墙形成独特的建筑空间。

（4）从空间特征来看，传统性呈现出西部和西南部村镇建筑传统性较高且连续性保存较好，区域的整体景观的传统性较高。而东部和北部地区传统性整体较低，传统村镇和文化空间多呈“孤岛化”格局。

（5）传统村镇建筑和现代村镇建筑相互交错分布，相互渗透，且呈现出不同的传统性特征。

2. 水系网络传统性

水网是构成江南水乡区域整体人文生态系统地方性的特征之一，也是传统地域文化景观重要的线状特征。根据评价因子的分布特征，结合水系景观传统性价值指数（E_{tw}）分布，将 $E_{tw} \in (4.6, 7]$ 确定为绝对传统性河段、$E_{tw} \in (2.2, 4.6]$ 为传统与现代利用并重河段以及 $E_{tw} \in (1.5, 2.2]$ 为完全现代利用河段三个等级和类型（图 6-22）。

（左）图6-21　千灯——张浦区域传统建筑空间传统性评价图

（右）图6-22　千灯——张浦区水系传统性评价图

（1）是生产生活的文化灵魂。无论是古代还是现代，河流水系在人们的生产和生活中扮演重要的角色，在日常生产中，水田、鱼塘和水上交通及水力能源的高度利用；在生活中小桥、码头、水上市场、生活取水与排水、临水建筑等以及广大范围的湿地生态环境成为构成水乡景观的灵魂。

（2）区域生态和生态网络的重要骨架。大大小小的河流和水渠相互交织形成独特的江南水网，具有提供生境、传输通道、过滤和阻隔及作为能量、物质和生物的源或汇的生态功能。因此，河流网络（廊道）的传统性评价集中在河道的自然化程度、水质的无污染化程度和水体在生产和生活中密切度三个方面。

（3）水系的传统性呈现出两大类空间，西南部呈现出较高的区域连续性和传统性，而东部和北部的传统性较低，水系空间的网络化程度降低，水体的人工化程度高，水体污染加重。

3. 农业景观传统性

农业景观是传统地域文化景观重要的面状特征之一，是具有区域性主体特征的景观基质。在我国很多地区原始农业景观、传统农业景观、现代农业景观相互交错重叠的发展关系。不同时期生产力和生产方式共同反映在文化景观特征之中。传统农业景观揭示历史时期农业生产水平和生产方式，而且反映了人们的生态观和生活观。将整个研究区域的农业用地打上网格，每个网格（100m × 100m）为一个单元进行传统价值的评价，主要从耕作技术、生产工具、土地利用方式、农业多样性以及单位面积内传统农业的比重共五个指标评价农业景观的传统性。传统农业景观空间根据评价因子的分布特征，结合农田景观传统性价值指数（E_{tb}）分布，将 $E_{tb} \in [3.2, 4.0]$ 确定为绝对传统性区域、$E_{tb} \in [2, 3.2)$ 为传统性保护较好的区域、$E_{tb} \in [1.6, 2)$ 为传统性较低区域三个等级。

（1）农业景观作为研究区域的基质空间被现代景观分割成为不连续的分片空间，北部以312国道为轴线，以乡镇为中心形成现代景观的轴线，向两侧渗透，呈面状散开，侵蚀传统农业景观空间。南部以苏沪高速为轴线，呈现出节点型侵蚀扩散，扩散程度和规模远低于北部区域。

（2）北部传统农业景观面积较低，城镇化和工业化以及现代农业完全取代了传统农业景观，只是在远离中心的地区保留了部分传统农业景观区域。南部则相反，基本上保留了较高程度的传统性，但形成一个以“夏洋潭”为中心的传统性低值区域（图6-23）。

图6–23 千灯——张浦区域传统农业景观传统性评价图

4. 区域整体景观的传统性

在建筑、水系和农业景观传统性评价的基础上，对其进行权重叠加，整体景观的传统性呈现出以下特点：

（1）将千灯——张浦片区文化景观传统性可划分为传统性较高的区域、传统性较低的区域和现代化明显的区域三种类型（图 6-24）；

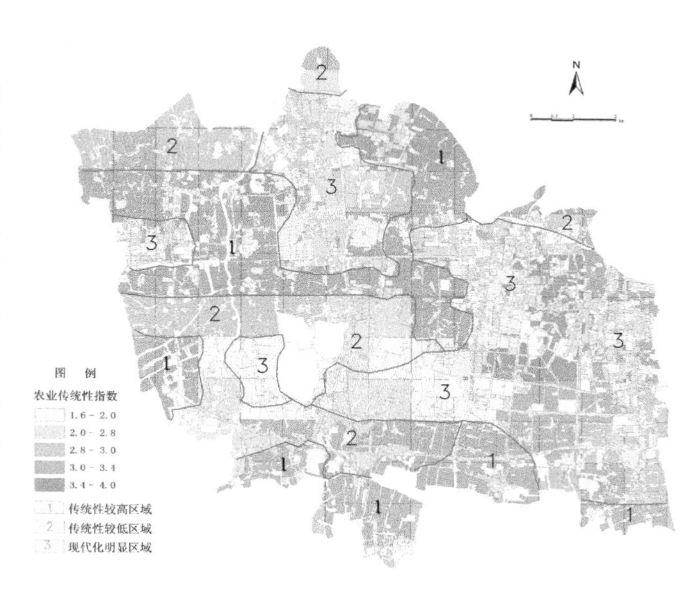

图6-24 千灯——张浦区域文化景观空间传统性分区图

（2）传统文化景观空间破碎化程度较高。破碎度达到 0.023。由于现代景观要素大面积渗透和分割，是传统文化景观空间被强烈分割且与现代景观相互交织，形成破碎度较高的镶嵌格局；

（3）传统文化景观传统性区域分化明显。因受侵蚀的方向、强度和方式的不同，研究区域内传统性的特征也呈现出不同的区域性分化，明显形成传统性较高的区域和较低的区域并呈现出区域较高的集中特征；

（4）传统文化景观空间的边缘化现象显著。由于依托现代快速交通体系和经济中心发展的现代景观成为区域生产和生活的中心，形成连续和规模化的现代景观区域；而相对落后的远离经济中心的地区则相对保留了完整的传统文化景观空间，从而在空间上呈现出显著的边缘化现象；

（5）传统文化景观空间网络不完善。在现代景观冲击过程中，由于大量传统线性空间被破坏，传统文化景观空间的高度破碎化使得传统文化空间"孤岛化"，不仅在宏观尺度上缺乏传统文化空间网络的一级网络体系，而且在中观、微观尺度中缺乏更加有效的连接方式和网络格局。

四、昆山千灯——张浦区域网络格局与整体性保护

1. 传统文化景观空间网络格局

生态空间网络、传统文化景观网络、现代文化景观网络和缓冲空间网络是区域景观中广泛存在的四种网络空间，这些网络既相互交织又相对独立，成为区域景观整体性保护的重要平台。网络安全格局作为重要的理论基础，可以通过尽量少的土地和景观空间的控制来实现对景观过程最大可能的调控。在传统文化景观空间网络中存在某些关键性的局部、元素和空间位置及联系，它们对维护景观过程（包括生态过程、社会文化过程、空间体验、城市扩张等）的健康性和安全性具有关键性作用，这些具有战略意义的景观局部、元素、空间位置和空间联系构成网络安全格局。在文化景观空间传统性评价的基础上，识别传统文化景观保护的关键点，构建文化遗产廊道连通各个破碎化的传统文化景观斑块，形成完整的网络系统，

并作为整体性保护的根据，在保护传统地域文化景观的同时寻求合理的发展，达到传统和现代和谐共存。

2. 关键点识别

识别传统地域文化景观的重点“保护区”并由此产生“群体价值”的显著特征就是将对建筑遗产的保护从建筑单体的保护拓展为建筑单体连同建筑环境乃至聚落的整体保护。在千灯——张浦地区，零星分布的传统建筑、桥梁、水埠码头和孤立的历史村镇、文化遗址等传统文化景观单元成为江南水乡景观和吴越文化景观空间破碎化和孤岛化的典型体现。在城市化、现代化、商业化和工业化的作用下，使得大部分的传统文化景观正逐渐消失，即使存在也是点状的、孤立的散布在区域内。因此依据文化景观传统性评价，对传统农业地区、水系网络传统性和传统建筑与村镇分布集中的区域作为区域景观网络的关键点和网络节点，划定一定范围的景观保护区，保护和复兴传统文化景观斑块的整体格局。在千灯——张浦片区的关键点分为传统文化景观基地和重点村镇两个类型，共同构成传统文化景观网络的战略点空间（图6-25）。

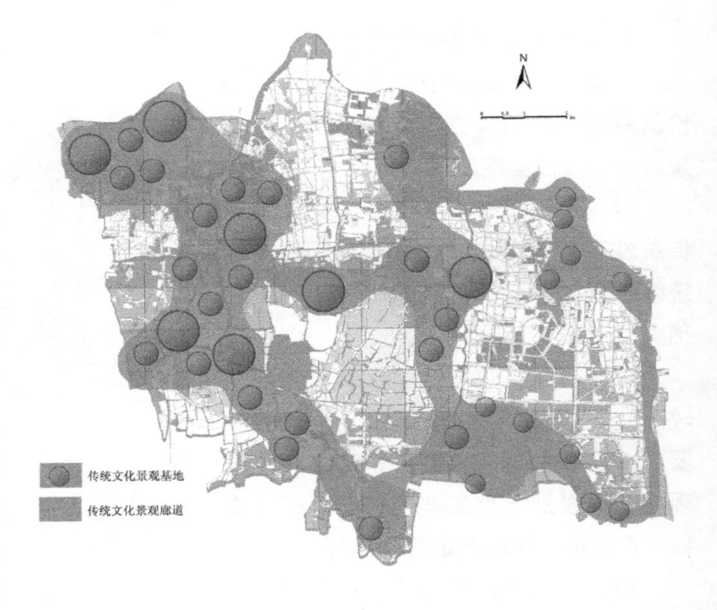

图6—25 千灯——张浦区域传统文化景观空间整合

3. 构建景观廊道

在识别传统文化景观关键点的基础上，需要有效整合文化景观传统性较低的区域和现代化景观明显的区域中局部存在的能够体现地域特色和传统文化的景观元素、土地肌理和空间联系特征，通过对景观传统性较低的零星斑块和要素空间的整合，建立起由多级文化景观走廊构成的完整、连续的传统文化景观廊道。依托传统文化景观廊道将传统性较高的关键点和战略点连接，并将零星、孤立和面积较小的传统文化景观通过自然生态空间形成文化景观的踏脚石连接体系（图 6-26）。

传统文化景观廊道的整合有三种类型：

（1）一种是以线性历史性景观集中的空间为基础，以历史遗留的古道、传统农村道路、农业生产场景等最为典型。

（2）以自然生态廊道空间为依托，以河道、水渠、溪流、农村道路、农田等为主体进行自然生态恢复与建设，成为连接传统文化景观关键点的连接廊道；

（3）以村镇公路为基础，通过适当的景观整治与塑造措施，展示传统的文化景观符号，形成区域性的景观纽带。重点在于对线路本身的景观改造和对线路两侧可视范围内村落、建筑物进行景观风貌控制和景观生态

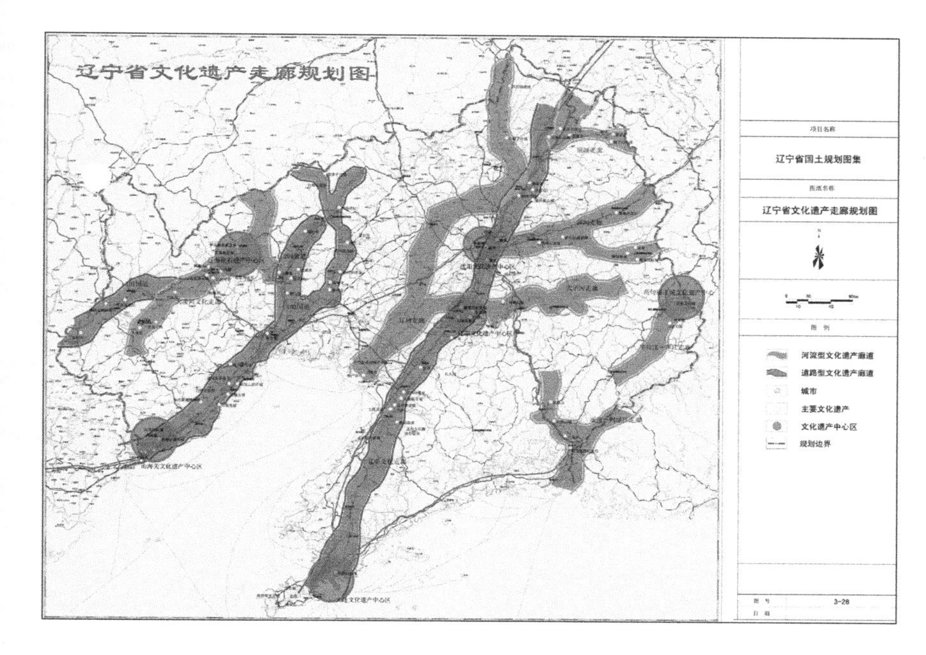

图6–26 辽宁省文化遗产廊道规划图

恢复，以实现现代交通廊道在区域景观结构中具有积极意义的景观引导和景观过渡功能，实现传统文化景观斑块连通及传统文化景观的保护。

传统文化地域是承载我国几千年文化传承与多样化发展的重要空间，不同的地域形成各具特色的文化类型，是整体人文生态系统中文化景观的精华。文化景观多样性保护是区域可持续发展的重要内容。

（1）通过对传统文化景观空间“破碎化”、“孤岛化”的空间格局研究是有效整合传统文化景观的基础。只有立足文化景观传统性评价才能有效识别、保护和建设传统文化景观空间，探寻空间模式、过程和形成机制，建立有序的空间保护体系和区域性的传统文化景观空间网络。

（2）文化景观空间多样性决定了文化景观传统性评价具有范围广、因素多的特点，因此建立理论意义上的传统性评价体系是可行的。但由于地方性特点具有的主导作用，决定了不同地区传统性体现的主导因子不同。因此选择主导因子进行有针对性的传统性评价具有可操作性的研究过程和有针对性的结论。

（3）文化景观传统性评价目的在于确定由传统文化景观核心区域、战略点、传统文化景观通道、缓冲带、踏脚石系统（零星分布的村镇）等构成的区域网络系统。该网络系统的构建具体有多点、多线、多层次、多类型的特点；同时传统文化景观网络与现代景观网络、自然生态网络形成三网交融的格局，传统文化景观网络形成不仅依赖传统性评价所形成的独立网络系统，还要建立与其他网络耦合和有效联系的机理与节点耦合模式，这将成为传统地域文化景观网络化保护的重要课题。

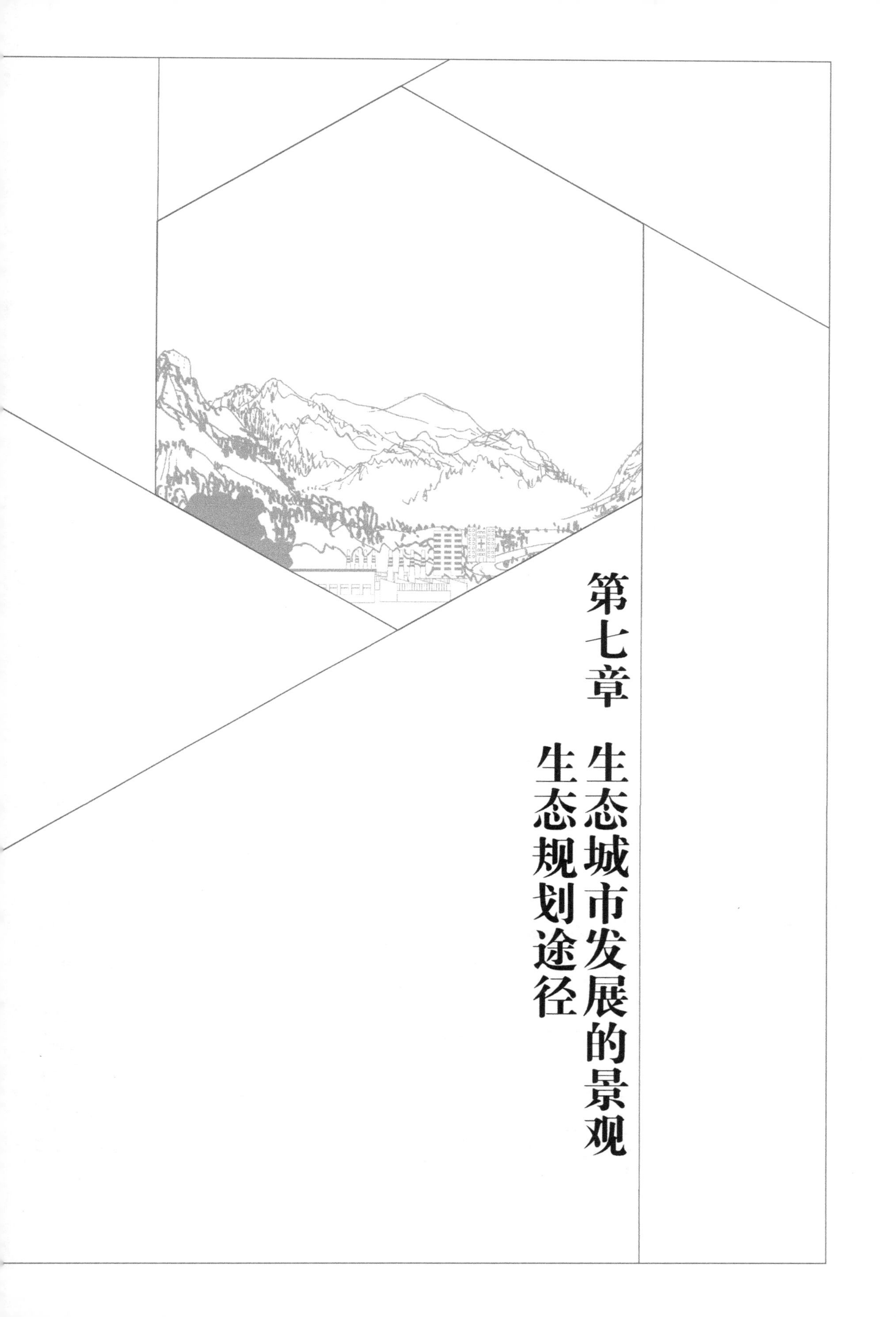

第七章　生态城市发展的景观生态规划途径

第一节　生态城市特征与城市生态格局

一、生态城市内涵与特征

1. 生态城市的内涵

目前，生态城市的理论研究已经从最初在城市中运用生态学原理，发展到包括城市自然生态观、城市经济生态观、城市社会生态观和复合生态观等的综合城市生态理论。1996 年，雷吉斯特领导的“城市生态组织”提出了建立生态城市的十项原则（Urban Ecology，1996）；澳大利亚城市生态协会（UEA，1997）提出了生态城市发展的原则；欧盟提出了可持续发展人类住区（Sustainable Human Settlements）的十项关键原则。国内著名生态学者马世骏和王如松提出了“社会—经济—自然复合生态系统”理论，明确指出城市是一个典型的社会—经济—自然复合生态系统（图 7-1）。综合国内外对生态城市的理论研究，生态城市可以从 5 个方面来理解：

（1）从生态学的角度看，生态城市是一种生态系统，具有一般生态系统生物与环境相互作用最基本特征。在城市生态系统中有作为生产者的植物，作为消费者的人和动物以及作为分解者的微生物，各个系统所构成的整体应该生态化发展，强调三方面的协调统一。

（2）从生态哲学的角度看，生态城市充分体现了人与自然、人与人以及自然系统内部的和谐统一的生态哲学思想。自然系统内部和谐是基础，人与自然和谐以及人与人和谐是生态城市的最终目的和根本所在。生态城市在价值取向上需要通过提高人口质量和保护自然环境，达到“城市—自然环境”的高度优化，实现城市人与自然的协调。

（3）从生态经济学的角度看，生态城市建立的是以人力资本占主体的“内在化”的知识经济，完全不同于农业社会和工业社会中过度使用自然资本和物质资本的“外在化”的资源经济。生态城市资源是低消耗的，

(*a*)

(*b*)

图7–1　世界著名的生态城市
(*a*) 法国阿波依斯生态城市；
(*b*) 德科隆贝多芬公园社区生态城市

产出是高效率的。通过采用生态技术，建立生态化产业体系，实现物质生产和社会生活的“生态化”。

（4）从生态社会学角度看，生态城市崇尚的是人—自然协调发展，达到两者双赢式发展的模式。生态城市从其文化观念意识的深处，崇尚健康、节约、控制、人道、平等等精神追求与物质满足的协调、多种文化的互补与渗透等。并且生态城市要将生态学的理念纳入城市生产和生活的方方面面，应大力倡导生态价值观、生态伦理观，培养公民自觉的生态意识，寻求人类、城市乃至社会的全面发展。

（5）从地理空间角度看，生态城市是城市与乡村融合发展的新的城乡关系格局，形成城－乡网络结构，这里的城乡虽在劳动分工上，有所不同，但是是互动的，是相互联系、相互制约的复合体。强调了聚居作为人类生活场所本质上的同一性，这与传统城市和乡村对立的二元经济模式有本质的区别。

2. 生态城市的特征

生态城市强调以人的行为为主导、自然环境系统为依托、资源流动为命脉、社会体制为经络，是“社会——经济——自然”的复合系统，系统中的各部分都协调和可持续地发展，因此，一个生态城市应具有以下特征：

（1）在经济方面，除了合理的产业结构、产业布局、经济增长适度以外，更重要的是要有节约资源和能源的生产方式，要有低投入、高产出、低污染、高循环、高效运行的生产系统和控制系统。

（2）在社会方面，公众包括居民、企业以及政府机构，要有良好的环保意识并积极主动参与各种环保工作和活动，在全社会提倡一种节约资源和能源的消费方式。

（3）在环境方面，不仅要有良好的自然生态系统、较低的环境污染、良好的城市绿化，还要有完善的自然资源可循环利用体系。

（4）在管理方面，要有健全的相关法律和法规。不仅要有关于环保和环卫方面的法律和法规，还要有节约资源和能源以及物资回收利用方面的法律和法规；还要有一个相关的切实有效的行政与执法制度。

3. 城市生态格局

安全的生态格局是指具有良好的空间布局，城市发展不仅是为居民提供生活空间，更重要的是要提供具有良好的生产生活环境。需要根据区域内部不同的自然地理条件以及经济发展需要，对开发区域进行功能划分，确定“优先开发、重点开发、限制开发、禁止开发”的区域发展分类指导原则，占领对自然保护和环境建设具有战略意义的关键性的空间位置和联系，构建良好的景观生态安全格局，充分利用水体和绿化进行功能区的分割，降低城市热岛、大气污染、噪声污染，维持适当的人口密度。目的在于在有限的市域面积上，以最经济和高效的景观格局，维护生态过程的健康与安全，控制灾害性过程，实现城市的可持续发展（图 7-2）。

(a)

(b)

图7–2 世界著名的生态社区
(a) 美国佛罗里达州 Celebreton生态社区；
(b) 奥地利林茨生态社区

城市被视作以人为主体的景观生态单元，建筑景观为基质，生态斑块镶嵌其中，是一种紧密汇聚型的空间结构，具有高密度、高流量、多功能，景观变化快速和不稳定的特征。城市景观生态格局规划的基本任务是合理安排城市空间结构，组织和谐的土地利用；相对集中开敞空间，在人工环境中努力显现自然，并发挥景观的视觉与文化多样性，以绿色生态空间体系建设为中心，实现人居环境、生活质量与城市文化的相互促进与提高。

二、生态城市形态的多元化

1. 绿色城市

要建设一个绿色城市，至少应当符合 6 个方面的要求：合理的规划布局；完善的城市基础设施；有效控制污染，环境质量达到优良状态；选择使用清洁能源；城市面积有一定比例的绿化覆盖；居民有强烈的环境意识。要实现绿色城市，必须采取行政、法制、经济、技术等多种手段，进行综合治理，以实现城市经济和社会向着生态化方向转化，从而保证城市生态环境的良性循环。

绿色城市应具有以下的特征（表 7-1）：

(1) 绿色的自然与生态环境。从环境方面看，绿色城市不仅要有良好的自然生态系统、较低的环境污染、良好的城市绿化（如参照中国优秀旅游城市试行检查标准，即建成区绿化覆盖率应达到 30% 以上，人均绿地大于 20m^2；生活垃圾处理率在 60%~80%；城区主要街道噪声平均值小于 60 分贝；城市空气污染指数小于 100；饮用水水质达标率大于 96% 等），建设绿色环境，即力争体现“城在绿中，绿在城中，美化、绿化融为一体”的园林风貌；

(2) 高质量的经济增长。从经济方面来看，绿色城市既要能保障经济的持续增长，更要保证增长的质量，即绿色城市要有合理的产业结构、能源结构和生产布局。使城市经济系统和城市生态系统协调发展，良性循环。即提倡绿色经济和实现产业绿色技术化，树立绿色企业形象。

（3）高质量的居民物质生活与精神生活。从社会方面来看，绿色城市要满足居民的基本需求，不仅仅指足够的粮食，而且也包括良好的营养状况、住房、供水、卫生和能源消费，使城市规模同城市地域空间的自然生态环境、资源供给相适应。此外，公众（包括居民）、企业以及政府机构，要有良好的环保意识并积极主动参与各项环保工作和活动，社会提倡节约资源和能源的消费方式。即提倡绿色消费和绿色生活。

（4）健全、高效的城市管理体制与全民的绿色意识。在管理方面，要健全有关的法律和法规，这不仅仅是有关环保和环卫方面的法律和法规，还要有节约资源和能源，以及物资回收利用方面的法律和法规，要有一个有效的行政和执法制度，即提倡绿色管理。在建设绿色城市的过程中，要确定城市生存、发展的自然环境条件；强调今天、明天和未来发展的需要；保证资源使用过程的低污染；城市排污量不能高于自然的承受力；减少使用不可再生的资源；限制城市区域的扩展，提高土地使用效率；以经济的长远发展为目标，强调城市的集聚经济效益、集聚社会效益、集聚环境效益的统一；推行清洁生产；以法律形式制定城市绿化政策，科学管理城市的环境绿化；注重市民参与的重要性，形成珍惜绿色、保护绿色的社会文化氛围。

（5）城市建设，要走绿色发展之路。合理规划人口、劳力、土地以及各项设施，从城市作为一个生态系统的角度来安排社会生产和人民生活。例如合理开发、利用自然生态系统，建设人工园林，实行清洁生产，对市民进行绿色文明教育等，以获取最大的生态效益、经济效益和社会效益。另外，城市发展规模要同区域环境资源开发利用相协调，搞好城市用地、水资源综合开发利用。绿色城市的建设是一项系统工程，即绿色城市系统工程。它是由绿色城市管理系统，绿色城市环境系统，绿色科技、文化、教育系统，绿色交通、信息系统，绿色农业系统，绿色产业系统，绿色食品系统，绿色旅游系统，绿色营销系统，绿色消费系统等子系统所组成的。

2. 生态园林城市

根据国家建设部建设生态园林城市的标准，生态城市应具备以下基本要求（表 7-1）：

（1）应用生态学与系统学原理来规划建设城市，城市性质、功能、发展目标定位准确，编制了科学的城市绿地系统规划并纳入了城市总体规划，制定了完整的城市生态发展战略、措施和行动计划。城市功能协调，符合生态平衡要求；城市发展与布局结构合理，形成了与区域生态系统相协调的城市发展形态和城乡一体化的城镇发展体系。

（2）城市与区域协调发展，有良好的市域生态环境，形成了完整的城市绿地系统。自然地貌、植被、水系、湿地等生态敏感区域得到了有效保护，绿地分布合理，生物多样性趋于丰富。大气环境、水系环境良好，并具有良好的气流循环，热岛效应较低。

（3）城市人文景观和自然景观和谐融通，继承城市传统文化，保持城市原有的历史风貌，保护历史文化和自然遗产，保持地形地貌、河流水系的自然形态，具有独特的城市人文、自然景观。

（4）城市各项基础设施完善。城市供水、燃气、供热、供电、通讯、交通等设施完备、高效、稳定，市民生活工作环境清洁安全，生产、生活污染物得到有效处理。城市交通系统运行高效，开展创建绿色交通示范城市活动，落实优先发展公交政策。建筑节能、节水技术，普遍应用了低能耗环保建筑材料。

（5）具有良好的城市生活环境。城市公共卫生设施完善，达到了较高污染控制水平，建立了相应的危机处理机制。市民能够普遍享受健康服务。城市具有完备的公园、文化、体育等各种娱乐和休闲场所。住宅小区、社区的建设功能俱全、环境优良。居民对本市的生态环境有较高的满意度。

（6）社会各界和普通市民能够积极参与涉及公共利益政策和措施的制定和实施。对城市生态建设、环保措施具有较高的参与度。

（7）模范执行国家和地方有关城市规划、生态环境保护法律法规，持续改善生态环境和生活环境。三年内无重大环境污染和生态破坏事件、无重大破坏绿化成果行为、无重大基础设施事故。

3. 山水城市

20 世纪 90 年代，中国掀起了一场关于 21 世纪社会主义中国城市发展模式的大讨论。钱学森教授提出的山水城市概念是把中国传统文化中的山水诗词、山水画和中国古典园林与现代城市建设结合起来。山水城市的核心思想是，兼顾城市生态和历史文化，兼顾现代科技和环境美学；它考虑未来城市生产、生活发展的需要；它是为中国老百姓享受的生活、工作环境。21 世纪是城市的世纪，主要是发展中国家的城市化。中国已经开始进入城市化高速发展的时期，世界关注中国城市化发展的道路。这是山水城市讨论的时代背景。中华民族对山水有特殊的感情，山水意识几乎融入中华民族的遗传基因，山水文化的特色之一是综合艺术，这是山水城市的文化背景。依据钱学森教授的概念，山水城市是把中国的山水诗词、中国古典园林建筑和中国的山水画融合在一起构建生态城市发展模式。城市生态专家认为山水城市是具有中国特色的生态城市。城市园林专家认为山水城市是园林化的升华，园林化是山水城市的基础。山水城市是从城市建公园到城市变成公园。建筑专家认为山水城市的灵魂是"中国特色"，它既要有良好的生态环境，又要塑造完美的人文环境，做到两者并重。城市规划专家认为山水城市的核心是处理好城市与自然的关系。总之，山水城市是要使城市人工环境与自然环境有机地结合起来。也有的专家认为不能把山水城市只理解为与自然的关系问题，还要理解它的文化、艺术方面的内涵。"山水城市"是代表"人与自然"、"生态与人文"、"科技与艺术"、"历史与未来"、"物质与精神"（表 7-1）。

城市生态与生态城市多元化形态的对比

表7–1

对比项	生态城市	国家园林城市	国家生态园林城市	国际花园城市	绿色城市	山水城市	健康城市	国家生态市
英文名称	Eco-city	Garden City		The Garden City（Nation in Bloom）	Green City	Shanshui City	Health City	
提出及管理机构	联合国教科文组织UNESCO发起的人与生物圈（MAB）计划	国家建设部	国家建设部	国家公园与康乐设施管理协会	联合国环境规划署《城市环境协定——绿色城市宣言》	钱学森提出城市学与山水城市	世界卫生组织（WHO）	国家环保局
时间	1971	1992	2004	1996	2005	1996	1994	2003
概念	按生态学原理试图建立起一种经济、社会和自然三者协调发展，物质、能量和信息高效利用，生态良性循环的人类聚居地，即高效、和谐的人类栖境	是国家建设部在城市环境综合整治（绿化达标和全国园林绿化先进城市）的基础上提出的	应用生态学与系统学原理规划建设城市，功能协调，城市与区域协调发展，城市自然与人文景观和谐融通，各项基础设施完善，广泛采用绿色技术，具有良好的城市生活环境	全球最适宜人类居住城市（社区）国际大奖——"国际花园城市"是涉及城市与社区环境管理、生态建设、资源利用、人与自然、可持续发展等重要议题，目的在于创建充满活力、环境优良和适于居住的社区环境而倡导的最佳实践、创新和积极争先	是指社会经济资源和环境协调发展，物质、能量信息高效利用，基础设施完善，布局合理生态良性循环的人类居住地	钱学森教授提出，山水城市概念是把中国传统文化中的山水诗词、山水画和中国古典园林与现代城市建设结合起来	健康城市是一个不断开发、发展自然和社会环境，并不断扩大社会资源，使人们在享受生命和充分发挥潜能方面能够相互支持的城市（WHO，1994）	社会经济和生态环境协调发展，各个领域基本符合可持续发展要求的地市级行政区域
核心内容	1）和谐性，建立一种良性循环的发展新秩序。2）高效性，提高资源利用效率，物尽其用，地尽其利，人尽其才，物质、能量都能得到多层分级利用，形成循环经济。3）持续性。保证其发展的健康、持续和稳定。4）均衡性。大系统整体协调下均衡发展。5）区域性。生态城市同时强调与周边城市保持较强的关联度和融合关系，形成共存体，并积极参与国际经贸技术合作	主要评价标准包括组织领导、管理制度、景观保护、绿化建设（指标管理、道路绿化、居住区绿化、单位绿化、苗圃建设、城市全民义务植树和立体绿化）、园林建设、生态环境和市政建设七个方面	核心评价包括城市生态环境评价、城市生活环境指标、城市基础设施指标共19个指标。同时要求社会各界和城市居民对城市生态建设、环境保护措施具有高度参与性，能够模范执行城市规划、生态环境保护等法律法规，持续改善城市生态环境和生活环境	1）景观改善：展示社区如何改善景观，以创造使居民为之骄傲，增加令人愉快的休闲体验和提高社区生活质量的环境。2）遗产管理：展示社区如何珍视、保护和管理其文化遗产和人工与自然以及民族遗产。3）环保措施：展示社区如何采取措施保护环境，实现环境的可持续发展。4）公众参与：展示社区在文化环境方面公众参与的程度。5）未来规划：展示社区如何运用敏感并有创意的规划技术创建较长远的、可持续的、适于居住的环境	合理的规划布局；完善的城市基础设施；有效控制污染，环境质量达到优良状态；选择使用清洁能源；城市面积有一定比例的绿化覆盖；居民有强烈的环境意识	兼顾城市生态和历史文化，兼顾现代科技和环境美学。它考虑未来城市生产、生活发展的需要。它是中国老百姓享受的生活、工作的环境。山水城市是具有中国特色的生态城市；山水城市是园林化的升华，山水城市是从城市建公园到城市变成公园	为市民提供清洁和安全的环境；可靠和持久的食品、饮水、能源供应，具有有效的清除垃圾系统；保证市民在营养、饮水、住房、收入、安全和工作方面的基本要求；有一个相互帮助的市民群体，居民参与制定各种政策；提供各种娱乐和休闲活动场所，方便沟通和联系；保护文化遗产，赋予市民选择有利于健康行为权利；改善健康服务质量，能使人们更健康长久生活和少患疾病	生态环境良好并不断趋向更高水平的平衡，环境污染基本消除，自然资源得到有效保护和合理利用；稳定可靠的生态安全保障体系基本形成；环境保护法律、法规、制度得到有效的贯彻执行；以循环经济为特色的社会经济加速发展；人与自然和谐共处，生态文化有长足发展；城市、乡村环境整洁优美，人民生活水平全面提高
侧重点	生态城市是城市区域系统构建的社会和谐、经济高效和生态良性循环的人工复杂巨系统，是人居环境中最为理想的人类居住形式和最高追求目标。强调的重点在于实现城市生态系统的平衡和可持续进化过程以及持续发展的能力	园林城市主要强调的是城市绿化、美化和环境质量的提高，是以提高城市生态环境质量为目标的	是在国家园林城市的基础上的进一步科学化。在强调城市绿化和美化的基础上引入城市生态的科学观和系统观念，强化了城市生态的内涵与功能。但仍然侧重于城市绿化和美化特征，在于建设一个良好的城市环境	不仅仅局限于城市园林绿化，而是对一座城市人居环境和生态环境的综合评判，既有城市功能方面的硬件设施建设，也有社会、经济、文化和教育等软件方面的内容。提出城市建设要科学规划，突出园林绿化	重点仍然是城市绿化和美化。绿色的自然与生态环境、绿色经济和实现产业绿色技术化下高质量的经济增长、绿色消费和绿色生活、高效的城市管理体制与全民的绿色意识、城市要走绿色发展之路	是中国特有文化概念所表达的"生态城市"。强调人寄情于山水，人与自然的和谐相处，城市与自然的共生。对城市生态系统内部的协调性强调不足	健康城市是以城市提供健康的人居环境为核心，强调城市公共环境、公共卫生、公共安全、公共设施、公共利益、公共态度以及公共政策等内容。仅仅体现出生态城市内涵的一个方面	生态市与生态县、生态省构成一个序列。强调行政区域的生态环境管理，重点强调在经济社会发展过程中通过环境污染的有效控制，实现环境保护与资源高效利用，以达到生态保护的目标
专业评估机构与实践应用	目前，尚无专业认证标准和机构	国家建设部组织对申报城市的评估，每三年复查一次	国家建设部	评审组织为"国家公园与康乐设施管理协会"，简称国际公园协会，每年评选一次，目前国际上认定33个城市，我国有9个（深圳、广州、厦门、杭州、泉州、苏州、濮阳、常德、千岛湖）	大多数城市将其作为发展目标，但目前尚无专业认证	无认证机构	亚太地区由WHO西太区负责，苏州是我国第一个申报"健康城市"的城市	由国家环保局负责，目前已经批准的国家级示范区233个，其中包括80个市

4. 健康城市

健康城市是一个不断开发、发展自然和社会环境，并不断扩大社会资源，使人们在享受生命和充分发挥潜能方面能够相互支持的城市（WHO，1994）。国内专家提出较通俗的理解就是：健康城市是指从城市规划、建设到管理各个方面都以人的健康为中心，保障广大市民健康生活和工作，成为人类社会发展所必需的健康人群、健康环境和健康社会有机结合的发展整体。根据世界卫生组织的定义，健康城市的十条标准（WHO，1996）（表 7-1）：

（1）为市民提供清洁和安全的环境；

（2）为市民提供可靠和持久的食品、饮水、能源供应，具有有效的清除垃圾系统；

（3）通过富有活力和创造性的各种经济手段，保证市民在营养、饮水、住房、收入、安全和工作方面的基本要求；

（4）有一个强有力的相互帮助的市民群体，其中各种不同的组织能够为了改善城市健康而协调工作；

（5）能使其居民一道参与制定涉及他们日常生活，特别是健康和福利的各种政策；

（6）提供各种娱乐和休闲活动场所，以方便市民之间的沟通和联系；

（7）保护文化遗产并尊重所有居民；

（8）把保护健康视为公众决策的组成部分，赋予市民选择有利于健康行为权利；

（9）做出不懈努力争取改善健康服务质量，并能够使更多市民享受到健康服务；

（10）能使人们更健康长久生活和少患疾病。

5. 国家环保局生态市标准

（1）制订了《生态市建设规划》，并通过市人大审议、颁布实施。

（2）全市 80% 以上的县达到生态县建设指标，中心城市通过国家环保模范城市考核验收并获命名。

（3）全市县级（含县级）以上政府（包括各类经济开发区）有独立的环保机构，并为一级行政单位，乡镇有专职的环境保护工作人员。环境保护工作纳入县（含县级市）党委、政府领导班子实绩考核内容，并建立与之适应的考核机制。

（4）国家有关环境保护法律、法规、制度及地方颁布的各项环保规定、制度得到有效的贯彻执行。

（5）污染防治和生态保护与建设卓有成效，三年内无重大环境污染和生态破坏事件，外来物种对生态环境未造成明显影响。

（6）资源（特别是水资源）利用科学、合理，未对区域（或流域）内其他市域社会、经济的发展产生重大生态环境影响。生态市建设指标主要包括经济发展、环境保护和社会进步三类，其中经济发展指标有经济发达地区、经济欠发达地区的人均国内生产总值、年人均财政收入、农民年人均纯收入、城镇居民年人均可支配收入、第三产业占GDP比例、单位GDP能耗、单位GDP水耗、应当实施清洁生产企业的比例、规模化企业通过ISO—14000认证比率、森林覆盖率（区分山区、丘陵和平原三类地区）、受保护地区占国土面积比例、退化土地恢复率、城市空气质量（区分南方城市和北方城市）、城市水功能区水质达标率、近岸海域水环境质量达标率、主要污染物排放强度（二氧化硫）、COD、集中式饮用水源水质达标率、城镇生活污水集中处理率、工业用水重复率、噪声达标区覆盖率、城镇生活垃圾无害化处理率、工业固体废物处置利用率、城镇人均公共绿地面积、旅游区环境达标率、城市生命线系统完好率、城市化水平、城市气化率、城市集中供热率、恩格尔系数、基尼系数、高等教育入学率、环境保护宣传教育普及率和公众对环境的满意率。

第二节　生态城市评价体系对比与创新

一、城市生态与生态城市评价体系对比

1. 城市生态系统特征与评价

城市生态系统的评价是建立在城市整体人文生态系统基础上，将城市作为一类独特的生态系统所进行的生态系统结构、功能和生态系统协调程度的评价，是立足生态学进行的城市生态系统评价。城市生态系统评价的目的在于正确认识城市生态系统的内在特征、生态系统内在过程和独特的人地关系机制，科学揭示城市生态系统的运行特征和过程，为城市生态和生态城市的发展奠定科学依据和提供技术平台。因此，城市生态系统状态与特征评价是城市生态化和生态城市研究、规划设计和城市建设的重要基础。城市生态系统评价是客观评价城市生态系统及其特征。评价城市生态系统可分为自然环境生态子系统、社会生态子系统、经济生态子系统和基础设施生态子系统。以发展循环经济为目标，保证城市物质流、信息流、能量流、人口流和资金流的通畅。从现有的评价研究来看，评价体系主要集中在城市生态系统结构（人口、基础设施、城市环境和城市绿化）、功能（物质还原、资源配置、生产效率）以及系统协调度（社会保障、城市文明和环保投资比例）等方面（表7-2）。

2. 城市生态化研究及评价

城市生态化过程是城市在由传统城市向生态城市转化的一个过程和城市生态化程度的阶段性状态。具有三层含义，一是城市生态化的过程；二是在城市发展不同阶段由传统城市逐步走向生态城市过程中的城市生态化程度的描述与判断；三是城市规划、城市建设和城市管理的逐步生态化进程。城市生态化过程评价是一个动态研究和评价体系，评价应注重城市生态化的进展、速度、整体性以及城市生态化的潜力四个方面。单纯将城市生态化评价局限在静态状态的评价缺乏研究的针对性。往往与城市生态

和城市可持续发展评价无法区分。因此，城市生态化研究和评价往往集中在城市生态水平隶属于标准生态城市状态的隶属度的评价，是城市现状具有的生态属性和生态水平的评价。评价指标体系集中在城市生态系统自然生态水平（城市绿化、环境质量和环境治理）、经济生态水平（经济水平、经济效益、经济结构）社会生态水平（人口状况、资源配置、社会保障）和设施生态水平（交通通讯、给排水设施、能源与防灾设施）评价。评价体系存在的问题在于评价指标并不能真正反映城市生态化过程内在的特征，不具有代表性和系统性（表 7-2）。

3. 城市生态可持续能力评价

从城市系统广义特征来看，城市可持续发展评价是对城市整体人文生态系统可持续能力的评价；而从狭义的城市生态特征来看，城市生态可持续能力评价是城市系统生态层面的可持续能力评价。城市生态可持续评价从目前的研究来看，主要集中在城市生态系统可持续发展评价和城市生态可持续发展评价两个领域。两者的差异主要集中在：(1) 城市生态系统可持续发展评价以城市整体人文生态系统为对象评价其可持续发展的能力和体系；而城市生态可持续发展评价则以"城市生态"进行评价，侧重于城市生态问题的评价，城市生态只是城市复杂问题的一个方面。(2) 从城市生态可持续能力评价研究现状来看，经济质量和效率、社会生活与保障、环境污染与控制三个方面。评价的是城市系统的生态特征。城市生态可持续能力评价指标主要集中在经济水平（经济量、经济质）、社会水平（人口质量、精神生活、物质生活）和自然环境水平（环境状况、环境状态、环境控制和环境建设）评价上（表 7-2）。

4. 生态城市标准与评价体系

生态城市是依托城市建设技术而不断发展和演变的整体人文生态系统。不同技术时代生态城市具有不同的内涵和特征，生态城市的标准也成为充分体现技术特征的阶段性特征。从国际生态城市研究来看，佛兰克·阿奇布基（Franco Archibugi）提出了以"结果——行为——容量"的生态城市评价指标群；联合国可持续发展委员会则依据"驱动力——状态——反映"机理并结合城市生态系统关系从社会、经济、环境和制度四个方面构建评价体系。而从国内的研究来看，生态城市评价指标体系主要划分为两大类型的研究：(1) 将城市生态系统划分为城市经济、城市社会和城市自然三个子系统，将指标对应为经济生态指标、社会生态指标和自然生态指标三大部分。(2) 从城市生态系统入手，建立城市生态系统结构、功能和协调度三个方面的生态城市评价指标体系。(3) 生态城市指标体系不仅是生态城市内涵的具体化，还应当是生态城市规划和建设成效的度量。由于生态城市的内涵和标准还不统一和不清楚，生态城市的评价是状态评价，还是过程评价，或者是目标评价，使生态城市评价更为复杂。生态城市标准的不确定性也是制约生态城市评价研究的重要缺陷。生态城市评价指标主要集中在城市发展状态（经济水平、生活质量、环境质量）、城市发展动态（经济动态、社会动态、环保动态）和城市发展实力（经济发展实力、社会发展实力和生态建设实力）评价上（表 7-2）。

对比项目	城市生态化研究及其评价	城市生态系统状态特征及评价	城市生态系统可持续发展及其评价	城市生态可持续发展及其评价	生态城市目标及其评价体系
目标	城市生态化是由传统城市向生态城市目标转化的一个过程和阶段性目标	正确认识城市生态系统的整体特征，及时调整城市建设与管理的决策与措施	建立城市生态系统可持续发展调控体系	揭示城市生态的特征及可持续发展水平趋势	建立生态城市规划、建设、管理的有效依据，是城市可持续发展的标准状态
核心内容	城市生态化是实现城市社会—经济—自然复合生态系统整体协调而达到一种稳定有序状态的演进过程。这里"生态化"已不再是单纯生物学的含义，而是综合、整体强调社会、经济、自然协调发展和整体生态化，即实现人—自然共同演进、和谐发展、共生共荣，它是可持续发展模式。主要包括社会生态化、经济生态化和环境生态化	城市生态系统是以城市居民为主体，以地域空间和各种设施为环境，通过人类活动，在自然生态系统基础上改造和营建的人工生态系统。城市生态系统良性发展的特征是综合发挥经济、社会、环境效益，统筹兼顾生产、生活和生态质量。城市生态系统综合评价主要包括生态系统服务功能的评价、生态系统健康性评价和生态系统管理与影响评价	城市是由自然、经济、社会等各个方面要素所组成的复合生态系统，从城市整体出发，探讨城市生态系统结构、功能和动态演变，寻找人与自然生态关系作用的内在机制，以城市生态系统理论和可持续发展为指导，建立城市生态系统可持续发展评价体系，运用各种技术、政策和管理途径调控城市生态系统的内在要素和结构，促进城市的可持续发展	城市作为一个庞大而复杂的复合生态系统，各个子系统的各因素都在质量和数量上表现为一个指标变量	构建在生态系统承载能力内以生态学原理和系统工程方法改变传统城市建设与发展模式，优化绿色生产与消费方式，建立的社会、经济、自然协调发展，物质、能量、信息高效利用，生态系统良性循环的人类聚居地。体现在经济发达生态高效的产业，体制合理社会和谐的文化，生态健康景观适宜的环境三个方面

评价指标

城市生态化研究及其评价	
社会生态水平	人口状态：市区人口密度、平均预期寿命、第三产业从业人员比例、婴儿缺陷发生率、城市化水平
	资源配置：人均耕地面积、人均住房面积、外商实际投资额
	社会保障：失业率、医院床位数、年均工资水平、人均保险费
经济生态水平	经济水平：人均GDP、GDP总量
	经济效益：万元GDP能耗、万元GDP 物耗、百元资金实际利税
	经济结构：第三产业占GDP比重、高新技术产品占工业总产值比重、信息产业增加值占GDP比重、科技进步贡献率
设施生态水平	交通通讯：人均铺装道路面积、每万人拥有的公共车数、电信业务总量、国际互联网用户
	给排水设施：人均生活用水量
	能源与防灾：人均生活用电、火灾损失折款
自然生态水平	城市绿化：人均公共绿地面积、建成区绿化覆盖率
	环境质量：大气环境SO_2浓度、饮用水质达标率、环境噪声平均值
	环境治理：工业废水排放达标率、工业废气处理率、工业固体废弃物综合利用率

城市生态系统状态特征及评价	
结构	人口结构：人口密度、人均期望寿命、万人口中高等学历人数
	基础设施：人均道路面积、人均住房面积、万人病床数
	城市环境：污染控制综合得分、空气质量、环境噪声
	城市绿化：人均公共绿地面积、城市绿地覆盖率、自然保留地面积
功能	物质还原：固体废弃物无害化处理率、工业废水排放达标率、工业废弃排放达标率
	资源配置：百人电话数、人均生活用水量、人均生活用电量
	生产效率：人均GDP、万元产值能耗、土地产出率
协调度	社会保障：人均保险费、失业率、刑事案件发生率
	城市文明：百人拥有藏书量、城市卫生达标率
	环保投资占GDP的比重、科教投入占GDP的比重、城乡收入比例

城市生态系统可持续发展及其评价	
发展水平	经济发展水平：国民生产总值、经济效益指数、经济开放度、产业多样性指数
	社会发展水平：恩格尔系数、失业率、城市生活设施水平
	环境质量状况：大气环境质量、城市地面水质量、饮用水源水质达标率、噪声污染
发展力度	社会经济增长：人口自然增长率、科教文卫投入比重、固定资产投资、人均收入
	城市生态建设：城市污水处理率、建城区绿化覆盖率、城市气化率
	环境污染控制：工业废水排放达标率、废气处理率、固废综合利用率
发展协调度	社会经济协调度：经济结构协调指数、城市化水平、人口密度
	环境经济协调度：水环境协调系数、大气环境协调系数、固废环境协调系数
	城乡关系协调度：农产品自给率、城乡经济协调指数、城镇体系有序度

城市生态可持续发展及其评价	
经济水平	经济量：人均GDP、工业产值密度
	经济质：第三产业占GDP比重、百元固定资产净值的工业产值、千克能源GDP产值
社会水平	人口质量：百万人口中科技人员大专院校师生数、人口密度
	精神生活：人均拥有公共藏书、万人拥有电影放映场数、万人拥有医生数、年每平方公里城市灾害次数
	物质生活：百人拥有电话数、万人拥有公共车辆、千人拥有服务人员数、人均居住面积、人均年生活用电量
自然环境水平	环境状态（大气质量）：SO_2、NOX、TSP、降尘
	环境状态（水质量）：DO、BOD、高锰酸盐指数
	环境状态（声质量）：区域环境噪声
	综合整治（环境控制）：烟尘控制区面积比、工业废水处理率、生活污水处理率、固体废弃物综合利用率
	综合整治（环境建设）：气化率、人均公共绿地面积、建城区道路率

生态城市目标及其评价体系	
发展状态	经济水平：人均国内生产总值、国土产出率
	生活质量：人均期望寿命、住房指数
	环境质量：区域优于3类水体的比例，空气质量指数、森林覆盖率、公众对环境的满意率
发展动态	经济动态：GDP年增长率、能源产出率、财政收入占GDP比例
	社会动态：基尼系数倒数（社会公平性）
	环保动态：退化土地恢复率、工业废水排放达标率、城区生活垃圾无害化资源率
发展实力	经济发展实力：企业ISO14000认证率、固定资产投资占GDP比例、从事研发人员比例
	社会发展实力：成人平均受专业教育年限、公务员平均受专业教育年限、政府职能部门符合生态城市规划的政策条例比率
	生态建设实力：环境保护投资占GDP比例、受保护地面积比率、市民环境知识普及和参与率

二、生态城市评价体系的创新

1. 生态城市评价的新思路

根据系统科学"结构决定功能"和"黑箱系统"原理，城市生态系统外在的功能特征直接反映城市生态系统中结构上的问题，由于城市生态系统结构的复杂性和不明确特征，生态城市的评价可以将评价体系高度集中在生态城市和城市生态系统功能的评价，从而简化生态城市评价的过程。(1) 从生态城市评价研究的现状来看，试图通过城市生态系统结构（生态系统耦合关系）、过程（物质、能量、信息交换）和功能（生态系统协调度）的全面系统评价的方案虽具有全面性，但正是这种全面性掩盖了生态城市建设和评价中的关键问题；(2) 生态城市的评价是立足城市——区域系统一体化格局中生态功能的完善性、有效性和整体性，而不是城市生态系统质量与特征的评价，城市生态系统综合评价应全面评价城市生态系统服务功能、城市生态功能健康性和城市生态系统管理及其影响。

2. 生态城市评价的体系创新

生态城市评价体系的创新是在贯彻城市生态系统整体性特征、城市经济的有效性和循环经济体系特征、社会的安全性和和谐性以及城市居民的环境伦理价值三大原则的基础上的评价系统。

生态城市评价创新体系应包括以下 5 个方面（表 7-3）：

生态城市评价指标体系 **表7–3**

目标	基准层	评价指标
生态城市综合功能	生产功能	生态足迹指数
		资源耗损指数
		循环经济特征
	服务功能	区域服务功能
		设施服务功能
	聚居功能	人均住房面积
		城市开放空间
		城市居民满意度
	健康安全	自然遗留地
		城市绿地
		自然与社会灾害
	管理与影响	公众参与度
		城市可持续能力
		城市环境伦理教育

(1) 城市生态系统的生产功能。城市生态系统的生产功能是以技术为核心的人工生产体系，自然生产能力作用极其微弱。由于生产和消费在时空上的高度集中，决定了城市生态系统同样必须依靠外部技术力量才能维持生态系统的稳定。因此城市生态系统的生产功能在生态足迹、资源耗损指数、循环经济三个方面呈

现出极其重要的作用。生态足迹评价城市生态系统生产与消费规模，资源耗损衡量城市生态系统的生产效率，循环经济则评价城市生态系统内在结构和城市环境质量特征。

（2）城市生态系统服务功能。城市生态系统是区域的城市，城市生态系统服务功能不能局限在城市本身，因此城市生态系统服务功能重点体现在区域服务功能、城市设施服务功能等方面。

（3）城市生态系统的聚居功能。城市是主要的人类聚居环境，聚居功能是城市功能中最根本的功能。城市聚居功能的质量取决于城市人均住房面积、城市公共开放空间和城市居民满意度三个方面。

（4）城市生态系统的健康安全性。城市生态系统健康安全格局是城市生态系统稳定的基本要求之一，也是揭示城市生态系统状态的重要特征。健康安全性主要体现在自然遗留地继承、城市绿地系统建设和城市存在的自然与社会灾害发生程度。城市发展中对自然格局和大型自然遗留地保留程度是决定城市自然生态安全性的重要前提，城市绿地系统是决定城市环境的重要指标。而自然灾害和城市社会灾害则揭示城市生态系统安全健康水平。

（5）城市生态系统的管理及其影响。城市是人工生态系统，城市生态系统的有序性和稳定性需要高效率的管理体系才能得以保障，因此城市管理中公众的参与程度、城市可持续能力和对城市居民进行的环境伦理教育成为体现城市生态系统管理水平及其影响的重要指标。

从生态城市发展及其评价体系的对比研究来看，生态城市的研究还有待进一步深入。生态城市理论与评价体系的研究是生态城市研究的重要基础研究，是生态城市管理和生态城市规划设计的重要理论基础。引进并建立起城市整体人文生态系统观是研究、规划设计和城市管理的核心。以往完成的城市生态系统评价、城市生态化评价、城市生态系统可持续发展评价都只是生态城市研究的一个侧面，而不是生态城市整体人文生态系统的评价。生态城市评价同样不是城市生态系统生态性程度的评价，而是城市渐进的目标评价。因此，生态城市生产功能、服务功能、聚居功能、健康安全性以及城市管理及其影响评价构成生态城市评价的创新体系。同时，随着城市技术的发展，生态城市的内涵和内在过程都会呈现出生态城市的进化和演变；同时推动生态城市管理的提升和规划设计方法、过程和城市建设的生态化。

第三节　城市景观生态过程与体系

一、城市景观演变及特点

1. 城市景观的演变

城市景观是指城市地域内的景物或景象。城市景观与自然景观、农业景观不同的是，它是在一定区域内以从事第二产业和第三产业为主的高密度人群、人工建筑体的集合，是由人类凭借其强大的经济与技术能力而建设起来的人造景观。城市景观的出现是人口快速增长和国民经济蓬勃发展的结果。城市景观大致由两个主要类型的景观要素构成，即街道和市区，并零星分布有公园和其他不常见的景观特征。

一定规模的城市又与一定的物质和能流相联系在一起，规模愈大，物质和能量聚积的程度愈高。不同规模城市的形成实际上是与物质和能量聚集过程密切相关。由此也形成城市景观的等级关系。能量从乡村、小城镇汇集到中等城市，再到大城市，反映了城市景观和农村之间在物质和能量上交换的特征。城市景观中现有廊道的生态效应及其景观结构的优化受到高度重视，并将直接影响到城市景观地区的物质和能量的流动。

2. 城市景观生态的特点

（1）城市景观是以人为主体的人工景观生态系统。城市是人为活动下建造起来的，城市中的自然条件，从下垫面性质到区域小气候，从动植物区系到景观外貌都受到人为活动的影响和干扰。不同地区的城市景观面貌，在一定程度上反映了当地的社会经济发展状况和历史文化特点。城市内部以及与外部系统之间物质、能量、信息的交换，主要靠人为活动来协调和维持。

（2）城市景观具有很大的不稳定性。随着社会经济的发展，以及政治文化因素的变动，城市景观变化很快。在经济成长期间，新的城市可以不断出现，旧的城市也可以不断更新以提高城市的功能。城市和郊区之间的过渡带是城市在扩张过程中景观发展变化最为剧烈的地段。此外城市生态系统的高度对外依赖性，也是城市景观不稳定的重要因素。

（3）城市景观缺乏多样性。城市在建设过程中，特别是在人口数量较多的国家和地区，受经济利益的驱动，城市中的地段都可能成为建筑物的发展趋势，而对绿地、河流等自然、半自然景观往往很不重视。

（4）城市景观具有较高的破碎性。城市内四通八达的交通网络，贯穿整个市区景观，将其切割成许多大小不等的斑块，这与大面积连续分布的农田和自然景观形成鲜明的对比。城市景观的破碎性，是与城市人口的工作生活相适应的。许多小斑块依其性质、功能的不同，组合成大小不一的“功能团”。

（5）城市景观具有梯度性。对于单核心城市，由市中心到城市边缘，人类活动的强度逐渐降低，方式也有所改变。在城市中心，由于土地价格最高，因此拥挤着大量的高层建筑，人口密集，拥有大型的商业设施，也常成为政府行政机构的所在地。向外逐渐过渡到轻工业区、大专院校和居民区。再向外则分布有重工业区，以及较大的公园，同时也是一些较高级居住区的所在。总体而言，从自然景观和农业景观到城市景观，斑块的密度增大，形状渐趋规则，面积变小；人工线状廊道和网络增加，自然廊道减少。同时城市地区的乡土物种减少，外来物种增加，且大多数的物种对城市环境都有较好的适应。

二、城市景观生态过程与体系

景观是一系列生态系统或不同土地利用方式的镶嵌体。景观镶嵌体中发生着一系列的生态过程。从内容上来分，有生物过程、非生物过程和人文过程。生物过程如某一地段内植物的生长、有机物的分解和养分的循环利用过程，水的生物自净过程，生物群落的演替，物种之间的过程，物种的空间运动等。非生物过程如风、水和土及其他物质的流动，能流和信息流等。人文过程则是城市景观中最复杂的过程，包括人的空间运动，人类的生产和生活过程，及与之相关的物流、能流和价值流。从空间上分，景观中的这些过程可分为垂直过程（Vertical）和水平（Horizontal）过程。垂直过程发生在某一景观单元或生态系统的内部而水平过程发生在不同的景观单元或生态系统之间。

生态规划特别注意到在传统的城市与景观规划中功能分区方法的不足；并提出土地利用应体现土地本身的内在价值，而这种内在价值是由自然过程所决定的。即地质、土壤、水文、植物、动物和基于这些自然因子层的文化历史是决定某一地段应适合于某种用途的重要环节。从17世纪英国规划学家派特里克·格迪斯（Patrick Geddes）的"先调查后规划"到20世纪50年代麦克哈格的"设计结合自然"（Design With Nature），生态规划发展了一整套的从土地适应性分析到土地利用的规划方法论和技术，即叠加技术（Overlay）。这种生态规划的千层饼模式实际上体现了规划以垂直生态过程的连续性为依据，使景观改变和土地利用方式适应于生态过程。正如麦克哈格（McHarg,1981）所说的"所有系统都追求生存与成功。这种状态可以描述为负熵－适应－健康。其对立面则是正熵－不适应－病态。要达到第一种状态，系统需要找到最适的环境，使环境适应自己也使自己适应于环境"。

然而，生态规划的千层饼模式忽视了景观中的水平生态过程，千层饼生态规划模式只能反映类似从地质－水文－土壤－植被－动物－人类活动这样某个单一单元之内的生态过程与景观元素分布及土地利用之间的关系，它很难反映水平生态过程与景观格局之间的关系，如风、水、土的流动，动物的空间运动及人的流动，以及诸如城市火灾等灾害过程的扩散与景观格局之关系（图7-3）。

始于30年代而兴于80年代的景观生态学则为解决水平过程与景观格局的关系提供了强有力的理论指导，使城市与景观的生态规划进入了一个新时代，即景观生态规划时代。景观生态强调水平过程与景观格局之间的相互关系。它把"斑块－廊道－基质"（Patch-Corridor-Matrix）作为分析任何景观的一种模式。在人为影响占主要地位的景观中，特别是城市和城郊，自然景观和自然过程已被人类分隔得四分五裂，自然生态过程和环境的可持续性已受到严重威胁，最终将威胁到人类及其文化的可持续性。因此，景观生态学应用于城市及景观规划中特别强调维持和恢复景观生态

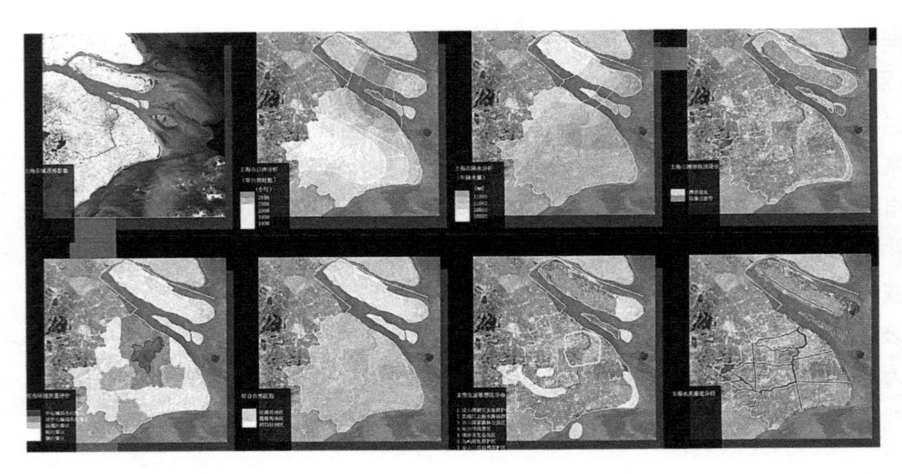

图7-3 上海市城市生态因子分析图

过程及格局的连续性（Connectivity）和完整性（Integrity）。具体地讲在城市和郊区景观中要维护自然残遗斑块之间的联系，如残遗山林、湿地等自然斑块之间的空间联系，维持城内残遗斑块与作为城市景观背景的自然山地或水系之间的联系。廊道成为这些空间联系的主要桥梁。

第四节　城市景观生态规划

一、城市景观生态规划原则与目标

1. 城市景观生态规划原则

（1）尺度原则。从景观单元角度来看，城市的景观结构要素包括斑块、廊道、基质等。这些景观结构要素在城市景观规划中的尺度问题，具体表现为城市生态绿地的规模、城市边缘地区破碎化、连接性景观廊道的隔离性尺度等。对这些尺度敏感地区进行理论分析，就其合理的尺度规模进行界定，并提出相应的规划管理措施，对于在城市景观规划中充分发挥这些地区的尺度特性，实现各城市景观单元的相互协调将会大有裨益。

（2）多样性与异质性原则。多样性导致稳定性。该原则有三方面的含义，一是要针对城市景观中自然生态组分少的特点，适当补充自然成分，协调城市景观结构；二是在补充自然成分中要注意物种的多样性，避免以往园林建设中的物种单调、结构简单的状况；三是廊道、斑块形式多样，大小斑块相结合，宽窄廊道相结合。集中与分散相结合。坚持多样性原则就是维持城市景观的异质性。

（3）结构与功能人本化原则。合理安排城市空间结构，合理规划工业区、商业区、居民区及绿化网点的布局，组织和谐一致的土地利用，取消功能混杂、相互干扰的布局。

2. 城市景观生态规划的目标

（1）安全性。保证居民生命财产安全，在重大灾害如地震、火灾中，作为疏散居民的场所，从而保证广大市民免遭不幸，这是社会目标。

（2）健康性。有两种含义，一是维护城市景观生态健康，即维持城市景观的生态平衡；二是保证市民在生理上及精神上的健康。这既是生态目标，又是社会目标，同时也是经济目标。因为居民的身心健康，不仅可以节约医疗保健费用，同时具有良好的身体，才能全身心地投入工作，创造出巨大的经济效益。

（3）便利性。经济有效地确保城市生活、游憩的方便，在居住区或居住小区范围内，游憩不用乘公车，步行可方便地到达。这是社会目标。

（4）舒适性。城市景观生态规划就是要从自然生态和社会心理两个方面去创造一种能充分融技术和自然于一体、天人合一、情景交融的人类活动的最优环境，诱发人的创造精神和生产力，提供高的物质与文化生活水平，创造一个舒适优美的人居环境。这既是社会目标，又是生态目标。

二、城市——区域生态格局规划

1. 大地生态格局与生态网络

每一个城市都处在一个完整的生态区域内并与区域生态构成一个完整的有机整体。城市生态既是生态区域内部重要的组成，同时又是影响生态区域生态体系的重要方面。大地生态格局与生态网络是城市生态发展的基础和保障，也是建立一体化和稳定的城市生态系统的关键之一。在城市——区域生态格局规划中，城市规划和城市发展必须遵循大地生态格局与生态网络规律（图 7-4）。将城市有机规划镶嵌在大地生态格局和生态网络之中，使大地生态格局和生态网络成为城市发展的积极推动因素，而不是制约城市发展的限制因素，摆脱各种自然灾害和人为灾害的影响。

大地生态格局与区域生态网络的核心体系包括：

（1）山水格局。山水格局是由大尺度时空过程所形成的区域景观和区域生态的总体格局。通常来说，区域山水格局是不可以改变的，是区域生态体系的根本。城市——区域生态格局规划就是在山水格局中对人类活动空间的规划，确定人类活动时空存在的科学体系以及人类活动与山水格

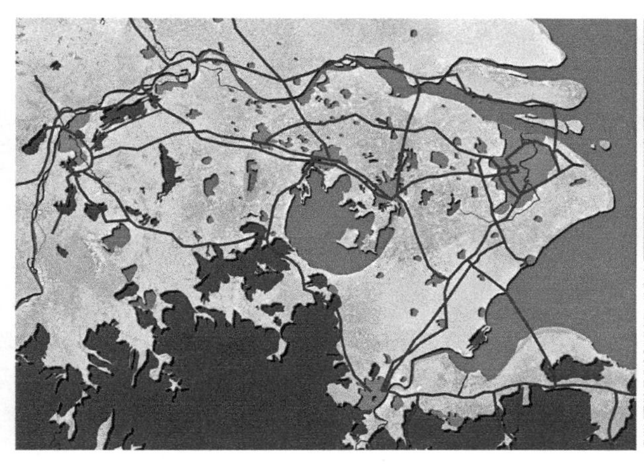

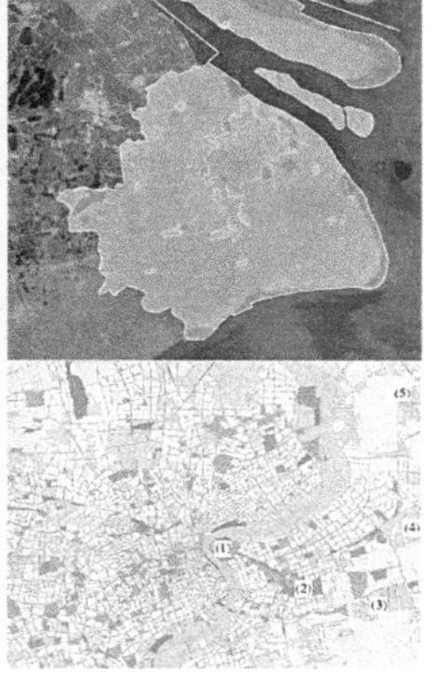

图7－4 生态的依存性与城市——区域生态格局图

局之间的协调与持续。

(2) 林田格局。在城市——区域生态格局中，自然林地、人工林地与农田景观之间形成独特的镶嵌格局，大型自然林地斑块在农田边缘地带与农田斑块形成丰富多样的边界类型，同时向农田斑块内部延伸。而人工林地在农田格局形成内部的林地岛屿与农田林网的完成体系，并向自然斑块延伸，并形成区域生态网络格局。

(3) 生物通道与生态廊道。在大地生态格局与生态网络中，生物通道与生态廊道是生态意义最突出环节，也是城市——区域生态格局中生态规划最重要的对象。它是建立区域生态网络、城市——区域生态依存体系和保证城市生态稳定性和安全性的重要保障。

(4) 生态脆弱带与景观边缘格局。生态脆弱带与景观边缘格局是区域景观格局的重要特征，也是景观多样性和物种多样性最为突出的地区，是大地景观格局中重点保护的景观地带。

(5) 自然灾害多发地带。自然灾害多发地带是对人类活动产生重大影响的地区，自然灾害多发地区的减灾、防灾规划成为生态规划的重点，同时通过对自然灾害的综合规划建立城市——区域一体化防灾体系。

2. 区域生态过程与生态依存

在完整的生态区域内，多样、系统、完整的生态过程相互交织在一起，形成区域生态过程体系。正是生态过程的存在使生态系统在空间上形成一个有机联系的整体（图 7-5），一个生态系统与另一个生态系统产生内在的依存关系。在城市——区域生态格局中，城市就是高度依存区域生态过程而存在的高度不稳定的人工生态系统。区域生态过程核心体系主要包括：

(1) 水过程。水过程主要包括地表水（河流、溪流、湖泊、库塘等）和地下水（地下河流、地下水埋藏特征）过程以及地表水与地下水的交换过程。水是区域生态过程规划中重要的规划环节，是直接决定生态规划格局的生态因子。

(2) 物质移动过程。物质循环与移动是生态过程中微观和宏观两个层面的生态过程。物质移动是城市——区域生态格局规划中重要的生态过程，各种重力灾害、洪水、泥石流、风蚀灾害都是物质移动过程的体系。同时在城市——区域格局中，城市与区域之间进行大规模的物质移动与交换，区域是保障城市稳定性和安全性的重要空间。

(3) 空气动力过程。风是空气动力过程的典型代表，不仅是区域生态景观的塑造力，而且往往直接决定人类的

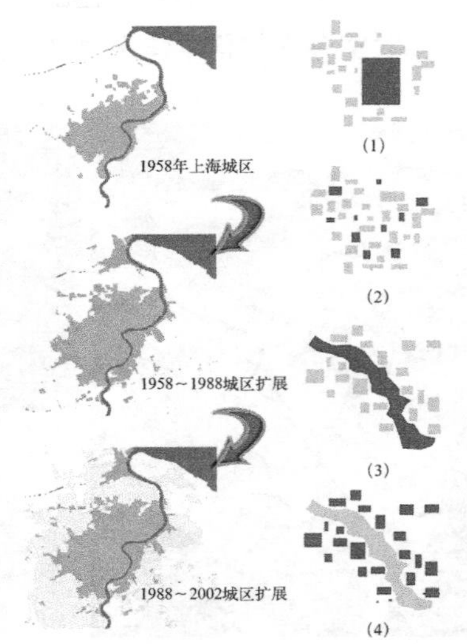

图7–5 上海城市扩张与斑块——廊道组合模式

活动规律，成为区域生态过程中与人类行为直接相关的生态过程。

（4）污染物扩散过程。污染物扩散是现代工业化社会的重要特征，污染物依托风、水等媒介在空气和地下进行扩散。自然过程直接影响污染物的扩散速度和扩散范围。同时人为的生态干预可能会破坏生态过程，从而改变污染物扩散过程和规律。

3. 城市污染物与区域生态承载

城市是一个高密度生产与消费的生态系统；同时又是物质、能量、信息大进大出的生态系统，对区域生态具有高度的依存性。污染物和城市废物是城市生态系统必须依靠区域生态的依存性而输出的生态污染。城市——区域生态格局规划必须处理的核心体系包括：

（1）污染物排放总量与区域生态承载力。城市生态系统是一个人工生产能力很强、人口高度密集而自净能力非常小的人工生态系统，城市的废物和污染物的总量是巨大的，城市废物和污染物主要依靠向城市生态系统外部的人工排放实现城市生态系统的平衡。由于城市废物和污染物的外排直接进入到城市赖以存在的区域生态体系，区域生态的净化能力和承载力成为大地生态格局和生态网络的综合体现。

（2）污染物类型与生态环境损害。在进入区域生态体系的污染物中，污染物的类型是导致生态环境破坏的重要因素。有的污染物依靠空气扩散形成大气污染，有的形成地表水和地下水污染并呈线状和面状污染扩散，有的则形成固体废物和污染达到难以防治的污染状态，对区域环境造成难以恢复的破坏。

（3）污染物排放途径与生态过程。从城市污染物排放途径来看，污染物直接排放容易造成大面积的环境污染与生态破坏；通过管道远距离排放只是对污染物的转移，对环境的破坏是必然的。达标排放是维持城市人工生态系统永续发展的重要保障。

三、城市绿地系统规划

1. 市域绿地系统规划

市域绿地系统规划是以城市行政区为规划范围。城市从来就不是孤立存在的，城市绿地系统规划也不能就绿地论绿地，只有在城乡一体的基础上，城市绿地系统才能形成完整的构架。

（1）改善城市生态环境——这一城市绿地的基本功能的发挥仅仅依靠市区范围内的绿地是非常有限的，市区外围的自然山水等大环境具有不可忽视的巨大作用。在“城市绿地分类标准”中提出位于城市建设用地之外的“其他绿地”的概念。市区外围绿地对于改善城市环境、形成合理的城市结构形态、满足城市居民现代生活的需求、促进城市的可持续发展等多种功能已为人们所认识。因此，在城市绿地系统规划中提出对市区外围绿地的规划控制，以保证和引导城市各类绿地的良性持续发展是必要的。

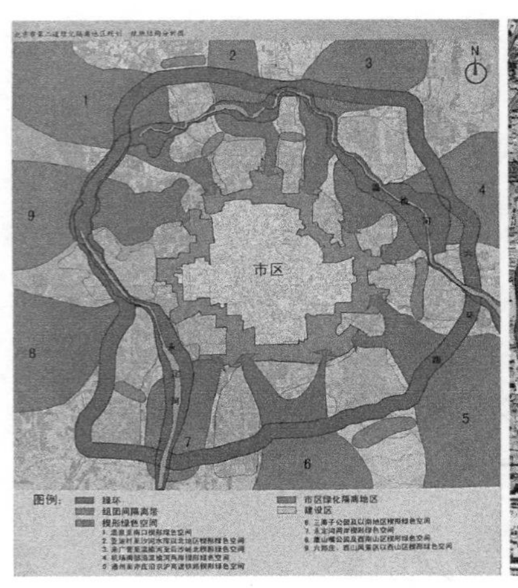

（左）图7–6 北京市城市绿地结构图
（右）图7–7 上海市共青森林公园

从构建科学、合理、完整的城市绿地系统的角度看，建立广义的城市绿地的概念是十分必要的（图 7-6）。

（2）在城市建设用地之外、城市规划区范围之内这个空间层次中，牵涉到的用地类型、归属部门、各种规划很多，因此绿地分类研究需要面临和协调的问题也很多，比建设用地范围内的绿地分类更复杂，诸如林地、耕地、自然保护区、森林公园（图 7-7）、风景名胜区、湿地等等，既有各自的归属部门，又有不同的规划体系。城市绿地系统规划作为城市总体规划的专项规划，以城市总体规划为依据来讨论城市规划区范围内的绿地分类问题是有法可依的。"城市绿地分类标准"提出了位于城市建设用地之外的"其他绿地"，但没有细分。如果从规划范围上与城市总体规划相对应，城市总体规划用地范围内的非城市建设用地，其中，水域、耕地、园地、林地、牧草地等种类均可以纳入广义的城市绿地。

（3）规划内容和深度与规划的定位是直接关联的，也是由规划的主要任务决定的。"纲要"编制说明中指出："城市绿地系统规划的主要任务，是在深入调查研究的基础上，根据城市总体规划中的城市性质、发展目标、用地布局等规定，科学制定各类城市绿地的发展指标，合理安排城市各类园林绿地建设和市域大环境绿化的空间布局，达到保护和改善城市生态环境、优化城市人居环境、促进城市可持续发展的目的"。因此，对于市域大环境绿化来说，城市绿地系统规划的任务是解决空间布局问题。进而我们可以认为：城市绿地系统规划在面对城市大环境绿化时，其编制工作的重点内容是探讨和确定绿地布局结构，而且就目前基础研究的程度、工作条件的具备和已经编制完成的成果来说，这些内容和工作深度是编制单位能够胜任的。但由此带来的问题是：这样的规划内容和工作深度形成的规划成果是不是真正完整意义上的"市域绿地系统规划"。①城市绿地系统规划的编制必须应对城市大环境绿化建设的需要，提高规划水平。②目前尚不具备在城市绿地系统规划中编制完成真正意义上"市域绿地系统规划”的某些基本条件。③城市绿地系统规划作为城市总体规划的专业规划，应与总体规划建立较强的对应关系，在规划范围、规划内容、规划深度等技术层面上更多地利用和借鉴“城市规划编制办法”，达到专业上的深化。④将“纲要”提出的“市域绿地系统规划”作为专项研究课题，从区域规划的层面上，从城市生态环境保护与改善、土地利用、多方协调等多角度，探讨其规划定位、规划名称、规划范围、规划内容等基本问题，使之具有实质性意义。

2. 建成区绿地系统规划

传统意义上的城市绿地规划就是建成区绿地系统规划。依据国家城市绿地分类标准，将建成区绿地系统划分为公园绿地（综合公园、社区公园、专类公园、带状公园和街旁绿地）（图 7-8、图 7-9、图 7-10）、生产绿地（为城市绿化提供苗木的苗圃、花圃、草圃等）、防护绿地（城市中具有卫生、隔离和安全防护功能的绿地，包括卫生隔离带、道路防护绿地、城市高压走廊绿带、防风林、城市组团隔离带等）、附属绿地（居住绿地、公共设施绿地、工业绿地、仓储绿地、对外交通绿地、道路绿地、市政设施绿地、特殊绿地）和其他绿地。从绿地分类来看，存在重建成区绿地而忽视市域或更大范围区域生态体系的弊端，将建成区作为孤立的城市绿地系统进行规划。

建成区绿地系统专项规划的主要内容是根据城市总体规划，确定城市绿地系统规划的指导思想和原则；确定城市绿地系统规划的目标和主要指标；确定城市绿地系统的用地布局；确定各类绿地的位置、范围、性质及主要功能；划定需要保护、保留和建设的城郊绿地；确定分期建设步骤和近期实施项目。提出实施建议。由此可见，传统的绿地系统规划囿于将总体规划确定的绿地规划目标、空间布局、

（上）图7–8　英国伦敦海德公园

（中）图7–9　伦敦海德公园自然生态园林景观

（下）图7–10　伦敦圣詹姆斯公园自然生态园林景观

近期建设计划予以进一步的落实。绿地植物配置重美观要求轻生态要求；城市绿地是城市形象设计和景观规划的重要载体，城市绿地系统规划未充分从整体上考虑塑造城市形象的要求。

3. 中心城区绿地系统规划

城市中心区是与一般城市建城区具有较大差异的城市区域，具有以下特点：①人口密度大。不仅居住人口多，而且流动人口密集。②土地昂贵，土地多开发为商业、金融等用地。③用地斑块小而破碎，整体性不突出。④城市景观竖向发展相对充分，可获取更多的土地利用价值。⑤中心城区多具有较悠久的历史，承载城市发展的文化脉络。对比中心城区的特点可以看出，由于中心城区与一般建城区在功能上的差异，决定了中心城区绿地系统不同于普通建城区的绿地系统（图7-11）。从城市绿地系统的空间分布来看，由城市中心向外围绿地呈现逐渐增加的特点，但从城市对绿地的需求来看，这种趋势则相反，城市中心需要更多的绿地，以平衡中心城区高度人工化的景观空间。

中心城区绿地系统具有以下特点：①中心城区绿地需要满足人群集聚和多样化的功能。中心城区不仅满足城市居民和流动人口的需要，而且要满足外来旅游者对绿地空间的需求，多样化的需求群体决定了中心绿地功能的多样化特征。②土地权属决定的小而分散的土地单元决定中心城区绿地大多具有面积小而分散的特征。土地使用权的分散决定了统一土地利用方式的困难性，也决定了大型绿地斑块建设的困难性。但在中心城区应尽可能通过土地置换扩大集中绿地斑块的面积，应增强绿地的服务功能和生态效能。③中心城区不仅要求绿地系统具有美观性，同时要求绿地系统应具有更高的生态效能。中心城区高效能的绿地系统不仅要求植物物种和种群的生态高效性，同时要求绿地系统应具有比较复杂和多维的生态结构，在生态配置上具有良好的物种和合理的结构以及构成健康的生态系统。④绿地系统呈现多维空间的发展。狭小的土地，高层的空间决定了中心城区立体多维的绿地建设相对于平面的绿地建设更经济，也决定了立体多维绿化更容易进行推广和实施（图7-12~图7-14）。

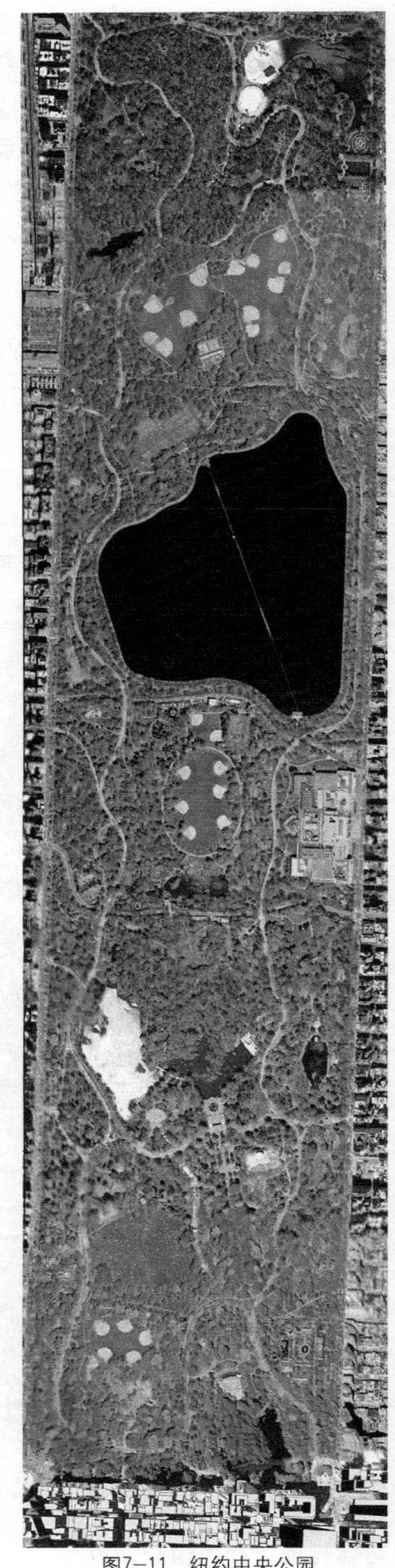
图7-11　纽约中央公园

四、城市大型自然斑块与廊道保护规划

1. 城市大型自然斑块保护规划

城市大型自然斑块的主要生态功能有：①自然生态遗迹

图7–12　中心城区的屋顶绿化

图7–13　城市中心区的垂直绿化景观

地；②生态物种的庇护所；③物种扩散的源与汇；④城市自然生态过程主导；⑤改善城市生态环境和城市气候。从城市大型自然生态斑块的类型来看主要包括：

(1) 城市山地与林地。城市山地和林地是城市中最常见的大型自然斑块类型，由于山地环境的复杂性决定了山地生境的多样性和物种的多样性。林地是山地环境中最重要的生态系统，城市山林中植物群落和生态系统虽不如自然山林的复杂和多样，但同样具有自己生态系统结构和功能，

悬挂的森林（Forest in Mid-air）是法国画家Philippe Leduc和Marc-Antoine Mathieu的绘画作品，为景观规划设计提供了一个创新思路。

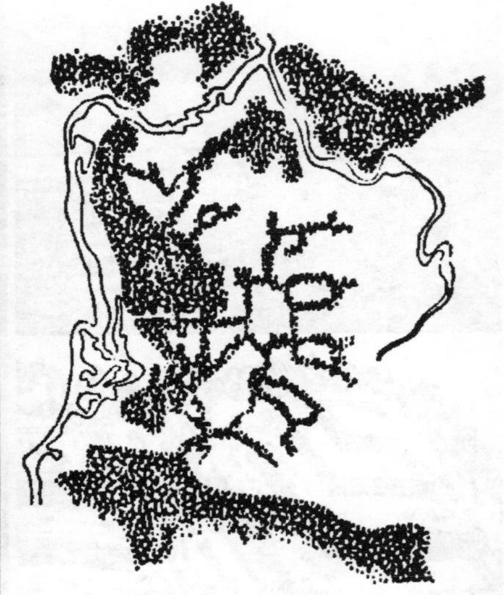

（左）图7-14 城市中心区悬挂的森林

（右）图7-15 城市中的大型绿地斑块与嵌入城市中的绿地

形成城市山林的生物群落和生态系统。但由于人工的干预，城市山林生态系统物种逐步被人工物种所取代，观赏性和园林化成为替代性生态系统物种的特征（图 7-15）。

（2）湖泊。城市湖泊是以水体、水生动植物、湿生植物等为核心形成的生态系统。城市湖泊不仅能够有效调节城市气候，而且有效维持城市自然生态系统的有效性，是城市自然过程中水过程的关键，不仅联系城市外水过程，而且与城市内部水过程形成一个有机整体。

（3）城市自然湿地；自然湿地与湖泊具有相似的特征，而且湿地往往与湖泊伴生。湿地是季节性较强且水域较浅，并生长有大量水生或湿生的植物，有的湿地表面完全为草甸植物覆盖，但地表土壤的含水量很大。湿地由于具有丰富的食物资源，因此成为动物栖息繁衍的重要生态空间。城市自然湿地比湖泊具有更高的生态多样性。

（4）城市风景名胜区。城市风景名胜区是依托大型自然斑块以及城市文化历史而形成的具有自然生态功能与文化脉络的大型特殊斑块，揭示出不同历史时期人们对自然的理解与文化生态的内涵。

城市大型自然斑块的规划关键在于：

（1）保护大型自然斑块空间的完整性。严格限制城市建设对自然斑块周边的蚕食和沿沟谷形成的溯源侵蚀。

（2）保护自然斑块物种和生境的原生性。严格限制大型自然斑块的城市公园化倾向和自然植物的人工化，不断改变植物的生境特征，从而使自然斑块逐步发生演变。

（3）依照城市景观与自然景观相互作用规律，规划大型自然斑块与城市景观相互作用的过渡地带。

（4）大型自然斑块在城市格局中具有隔离功能，因此，在城市道路建设中往往对大型自然斑块进行大幅度的分割，不仅使大型自然斑块分化成相互隔离的几个斑块，同时沿道路沿线形成严重的生态破坏，使景观破碎度增加。大型自然斑块的规划要严格限制道路建设形成的破坏，以自然斑块保护为导向，优化城市交通规划和城市建设格局（图 7-16）。

（5）严格限制大型自然斑块内部的人类活动。对斑块内部历史形成的居民、农业生产、采石、开矿、工厂建设等进行有效的清退，结合城市发展，有限制地发展城市生态与都市休闲产业，从而保护好城市珍贵的自然生态空间。

2. 城市廊道体系保护规划

城市廊道的功能具有：①生物通道。②生物扩散的生态屏障。③生物扩散的过滤器。④生物栖息地。⑤对廊道周围环境产生影响的生物源。城市自然廊道体系是城市景观生态规划的核心框架，是奠定城市景观生态格局的基础。城市廊道的类型主要有：

（1）城市河流。城市河流是最主要的城市自然廊道，包括城市季节性河流、城市常年径流量河流和城市改道废弃的河流。城市河流在城市功能中主要承担泄洪通道、城市水源和污水排放通道、城市景观通道和城市游憩休闲通道的功能。

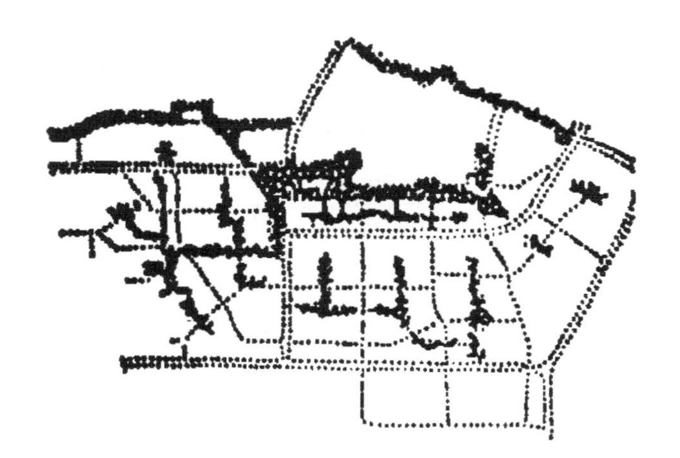

（上）图7-16 城市中的自然廊道网络
（下）图7-17 延中绿地

（2）城市大型绿化带。城市大型绿化带主要有人工绿带和自然绿带两种，人工绿带主要是人工建设的带状公园、城市景观隔离带、城市防护林带等；自然绿带主要是沿城市断裂带或城市低地出现的绿带。

（3）城市公园路。依托城市主干公路及其周边的城市山林环境而形成的具有美好景观的道路系统（图 7-17）。

（4）城市道路。城市道路及其两侧的绿化带一并构成廊道体系，在城市道路围合的斑块中温度的分布规律是以道路为中心，向斑块中心递减，递减的速度取决于道路两旁绿带的宽度。

城市廊道体系规划关键在于：

（1）保护廊道的完整性和连接性。

（2）对于自然廊道应尽可能保护廊道的自然性和原生性。

(3) 在廊道规划中保持廊道的宽度。廊道狭窄，则廊道内的物种只可能是边缘种；而廊道越宽，在廊道中心就可以形成比较丰富的内部种，更有利于形成廊道的物种多样性，扩大廊道的生态效应。

(4) 廊道的设计在于形成不同等级和不同作用的生态联系网络。单一而孤立的廊道往往仅仅成为一个通道，而廊道网络则将生态作用扩展到城市的每一个空间，对城市景观生态格局具有重要意义。

(5) 城市廊道必须与城市以外的生态廊道连接为一个整体。城市生态高度依存于区域生态格局，城市廊道与区域廊道或大型自然斑块的连接，保障了城市——区域景观格局中生物过程的完整（图 7-18）。

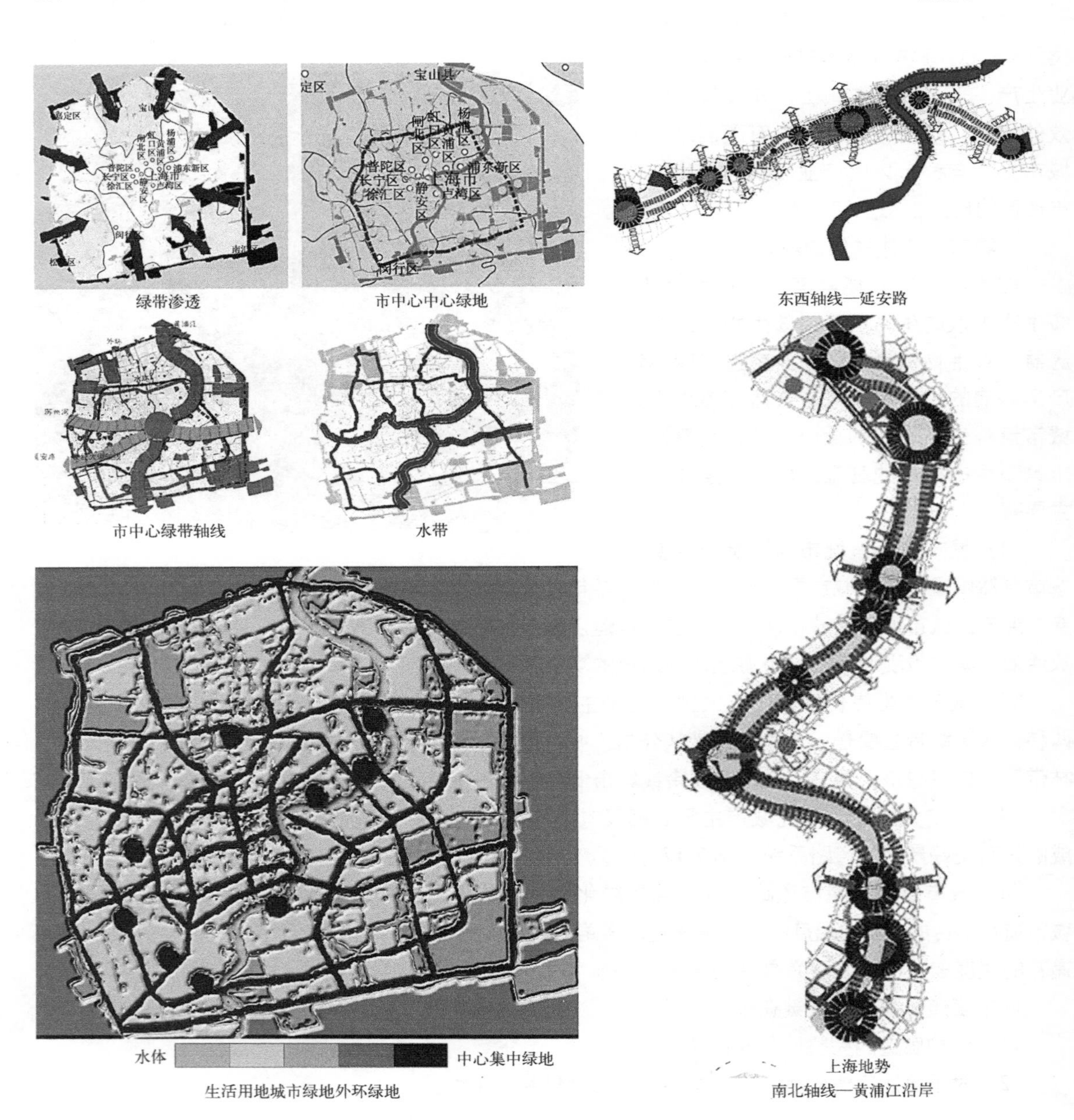

图7–18　上海市城市生态廊道格局

（6）城市廊道的规划设计还注重城市防灾功能。以河流为主形成的洪涝灾害成为城市廊道灾害的主要类型，河流廊道的生态功能与安全功能成为城市河流景观生态规划设计的重要导向。与此同时，城市廊道的规划设计也为城市居民提供了防护灾害的庇护所。

（7）由于廊道成线性延伸，廊道的生态作用可以沿线性空间深入到城市核心的同时；充分利用廊道的延伸性，将廊道沿线分散的斑块或小型廊道通过人工途径进行连接，形成一个更宽的廊道作用带，将生态作用在纵深扩散的同时横向扩散。

第五节　城市风景名胜区景观扰动与规划管理

一、研究背景与方法

1. 研究背景

城市型风景名胜区在空间上与城市接壤或被城市所包围，不仅是城市生态维护的重要大型自然斑块，城市特色开放空间和重要文化游憩园地，还是著名游览圣地和古都、名城的历史风貌维护核心，具有综合而丰富的功能，是兼具历史文化和自然保护功能的特殊区域。其形成发展与城市建设、环境美化、城市特色的形成、城市人居环境等方面具有深刻的影响，已成为城市形象的标志和城市文明的象征。然而随着城市的快速发展，城市型风景名胜区日益面临着城市扩张和城市活动无序开展的冲击和侵害，成为城市风景名胜区生存的关键。我国是一个城市历史文化悠久、山地面积广阔的国家，加之自古以来〝襟江抱湖枕名山〞的城市格局追求，是我国城市与风景文化紧密地联系在一起，城市型风景名胜区成为生态城市和城市文化特色建设的重要类型。通过对我国城市型风景名胜区的调查，可以看出城市风景名胜区正面临以下共同的问题：（1）城市扩展对风景名胜区的多样性侵蚀。（2）传统产业对风景区内部的破坏。（3）风景区内部居民社区对风景区形成的威胁。（4）风景区规划对土地管理的脆弱性。（5）旅游资源的不合理利用与过度建设正成为扰动风景区格局的重要环节。

2. 案例区概况

在我国众多的风景名胜区中，厦门万石山风景名胜区最具典型性，主要有以下几个特点：

（1）岛屿上的山地风景名胜区。万石山风景名胜区是鼓浪屿——万石山风景名胜区的一部分，132km^2 的厦门岛（26km^2 的万石山）、1.78km^2 鼓浪屿、211km^2 海洋和 61 个岛礁共同构成 260.74km^2 风景名胜区的全部。但万石山风景名胜区占本岛面积的 39%，成为风景名胜区的核心和主体。厦门是一个岛屿型城市，建成区与万石山构成厦门本岛的全部。作为岛屿上的大型自然斑块具有岛屿生物地理的典型特征。

（2）城市型风景名胜区。厦门本岛是厦门市的核心，城市占据本岛的 90%，与万石山一起成为本岛的主体景观。在城市与风景区的关系上，过去城市建设主要集中在西半部分和南部区域，东部临海为南北向延伸的万石山风景名胜区。随着城市向北和向东临海的扩展，万石山由过去“城景镶嵌”型转化成为“城中景”的空间格局。

（3）山地是风景名胜区的主体。在厦门本岛上，山地占本岛面积的 30%，位于本岛的东部分，万石山又是本岛山地的主体，占山地面积的 24%，山地是万石山风景名胜区的核心。

（4）生态界面作用多样化的景观生态格局。在万石山风景名胜区的景观生态格局中存在着“海——陆”作用界面和“城——景”作用界面。将这两类界面进一步划分为“海——岸”、“岸——城”、“城——村”、“村——景”和“城——景”的界面类型。多样化的界面决定了风景区多元化的扰动因素和格局。

二、万石山风景名胜区景观扰动格局

1. 万石山风景名胜区景观扰动特征

福尔曼（Forman）和戈登（Godron）认为斑块、廊道和基质是组成景观空间镶嵌体的结构单元。斑块是指与周围环节在外貌和性质上不同但内部具有一定均质性的景观部分。这种均质性是相对于斑块周边的环境而言的，具体可以包括植物群落、湖泊、草原、农田、居民区等等，因大小、类型、形状、边界以及内部均匀程度都会出现显著的差异。廊道是指景观格局中与相邻环境不同的线形或带状空间结构，主要包括河流、海岸、道路、农田防护林带、隔离带、峡谷以及高压通道等等，廊道的类型很多，廊道的宽度、组成、内部环境、形状、连续性以及与周围斑块或基质的作用关系。廊道通常相互交叉形成网络，使廊道与斑块、基质的作用多样化、复杂化和整体化。基质是景观中分布最广、连续性最大的背景结构，常见的有森林基质、草原、农田、城市用地、海洋等等。廊道、斑块和基质的概念在一个确定的尺度下是确定的，但随着尺度的变化斑块、廊道和基质也会出现相互的转化。万石山风景名胜区景观生态格局分析是基于 1：10000 的尺度上进行的，呈现出以下特点（表 7-4）：①碎化程度加剧，植物群落退化。②扰动景观侵入呈现复杂过程和“溯源”态势。③城市景观对风景区景观形成“抢逼围”的格局。高密度城市景观与低密度风景区景观之间缺乏景观过渡地带。④岛屿景观生态多样性和大型自然空间的生态功能正逐步降低。

图7–19 万石山风景名胜区林地景观碎化机理

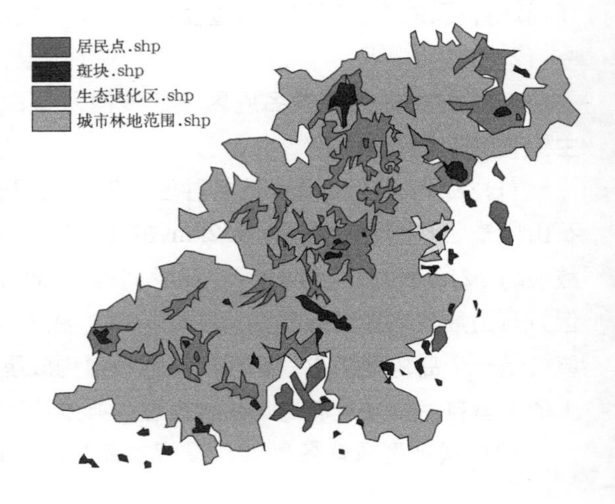

2. 万石山风景名胜区景观扰动的空间差异

从万石山风景名胜区所受到的侵扰中因周边城市特征不同，用地功能不同和发展趋势不同，对风景区产生不同的扰动特征（图 7-19）。风景区存

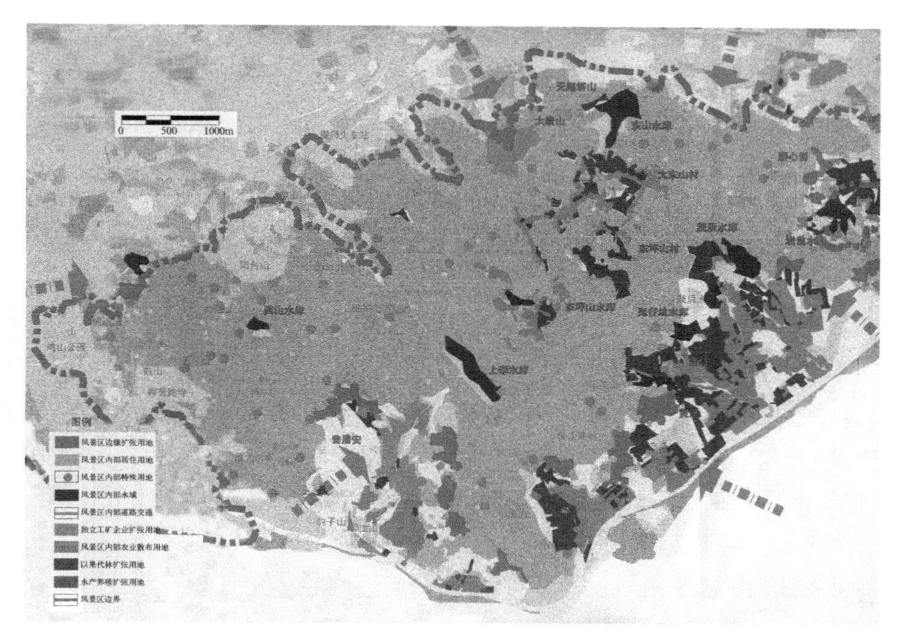

图7–20　万石山风景名胜区土地利用变化图

在的扰动的行为类型主要有：城市居住区建设；公园建设；市道路、桥梁、涵洞的建设；开山采石；学校与高密度人流；庙宇建设；行政机关、教育机构和疗养院建设；村庄民宅建设；度假区与商业房产建设；旅游景区点开发；蔬菜粮食种植；以果代林的果园兴起；水塘（库）养殖；军事禁区。扰动的空间差异主要表现为以下几个方面特征（图 7-20）：

万石山风景名胜区景观生态格局变化　　　　**表7–4**

景观类型		1998年				2005年			
		数量	比例（%）	最大斑块面积	最小斑块面积	数量	比例（%）	最大斑块面积	最小斑块面积
斑块	工业用地	8	7.5	8.10	1.50	5	2.87	8.10	2.40
	果园	3	2.7	12.50	0.80	10	5.75	12.50	0.50
	水体	15	14.2	50.10	0.20	16	9.19	50.10	0.40
	居住用地	29	27.4	24.80	0.15	13	7.47	32.80	0.65
	林地	15	14.2	615.80	4.60	78	44.83	218.70	3.15
	农业用地	25	23.6	80.30	0.23	37	21.26	41.60	0.20
	裸岩	11	10.4	0.48	0.20	15	8.63	0.48	0.18
	合计	106	100.0	—	—	174	100.00	—	—
廊道	道路								

（1）风景区腹地与边缘区的扰动特征。作为城市中大型的自然斑块，风景区完整性是自然斑块生态价值最重要的体现。在大型自然斑块与城市相互作用过程中，形成边缘区与斑块内部不同的扰动特征。内部以传统产

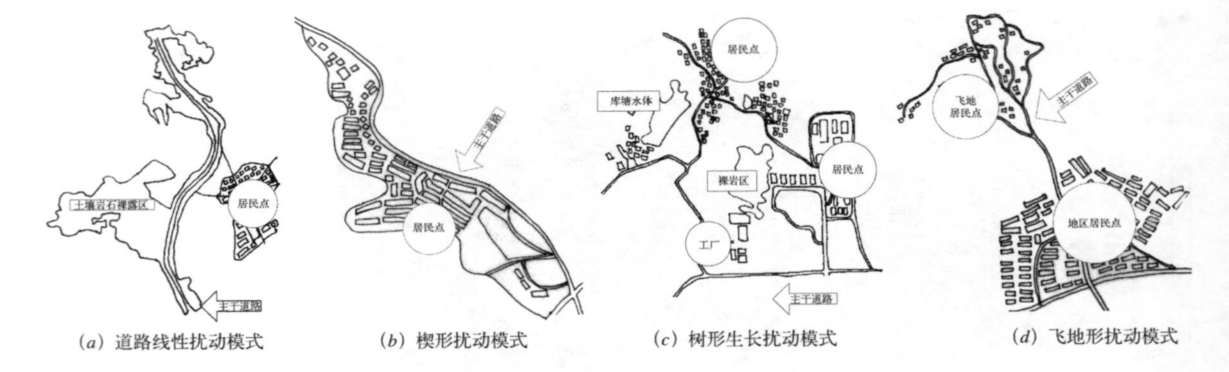

（a）道路线性扰动模式　（b）楔形扰动模式　（c）树形生长扰动模式　（d）飞地形扰动模式

图7—21　万石山风景名胜区景观扰动空间模式

业、传统村落、庙宇建设和特殊用地类型的扰动为主，而边缘区则以城市建设、旅游设施建设等扰动类型为主。

（2）周边扰动特征的差异性。万石山风景区南部和西部主要受城市建设和城市扩展的困扰，而东部则主要是旅游设施建设、旅游度假区及度假房产的扰动；北部则主要受工业用地及村落建设的影响，呈现出不同的扰动特征。

（3）扰动的空间模式。从万石山的扰动格局来看，扰动的空间模式主要有线性扰动、楔形扰动、树形生长扰动和飞地扰动模式四种（图 7-21）。

三、万石山风景名胜区景观扰动机理

1. 城市溯源侵蚀，深度切割风景区

（1）城市居住用地不仅整体向山坡高度侵蚀，同时沿沟谷向山顶溯源侵蚀，一方面使完整的风景区边缘不断后退，同时使风景区边缘支离破碎，沿沟谷深度切割风景区，在风景区核心区形成很多被城市设施包围的绿地孤岛。

（2）大型自然斑块的边缘区被城市公园化，从南到北形成一系列封闭的城市公园，成为公园化地带。

（3）房地产与公共事业机构任意占用土地，房地产开发无序，导致风景区不断被侵蚀与破坏。

2. 传统产业向风景区腹地转移

在万石山内部，传统产业主要包括以下几个方面：

（1）蔬菜和水稻种植为主的耕作业。

（2）以果代林为主的果树种植。

（3）以水塘（库）等水面为主的养殖业。在 80 年代和 90 年代初期养殖业主要集中在万石山东部与海洋之间的狭窄陆地上，形成以人工水塘为主体的养殖群带，但进入 90 年代后期旅游业的发展，东部沿海土地的开发，使鱼塘养殖消失，但部分养殖业向万石山内部的水塘和水库转移，形成万石山内部不可低估的扰动因素。

（4）建筑材料与采石工业的问题严重（图 7-22）。

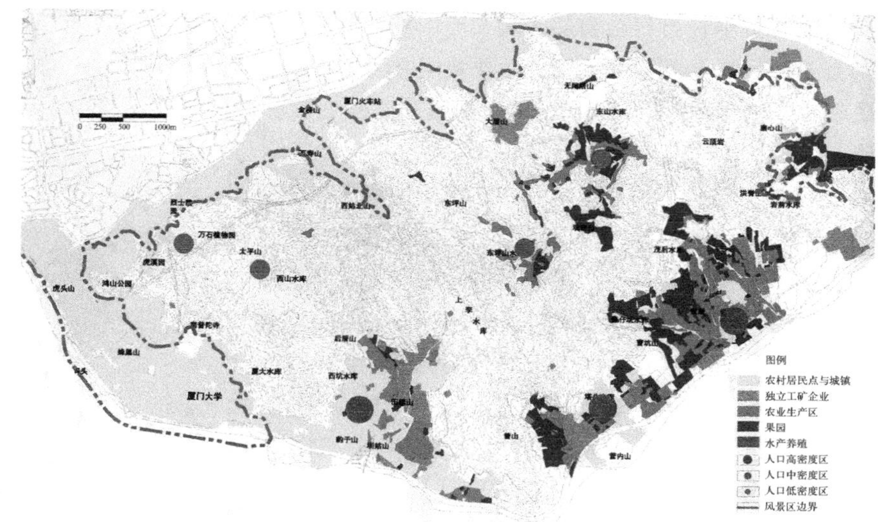

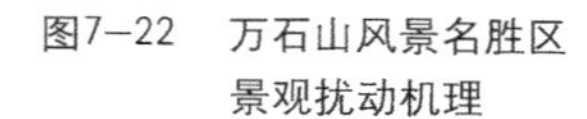
图7—22 万石山风景名胜区景观扰动机理

3. 风景区内的居民点建设与人口迁移

万石山内的居民点由曾厝、黄厝、何厝、前埔、洪文、西林和莲坂七个村组成。在80年代末和90年代初人口在1.9万人，主要以农业生产为主。在90年代中后期，万石山风景区对一些小村落进行了搬迁，一些村民离开了土地。但在离土不离乡的环境下出现了两种情况：

（1）村民在外出打工赚钱后回村在原地方修建房产，形成了以楼房为主体的建筑群，对风景区内部形成了较大破坏。

（2）部分村民在风景区外购买房产后，从事商业活动，但对风景区内原房产进行转让，形成新的人口流入。新回流的外地人口在风景区内推动了传统产业的二次兴起，极大地破坏了风景区内植被与生态。

4. 宗教庙宇建设内部开花

厦门的宗教文化十分兴盛，大小庙宇不计其数，宗教派别也很多。早在厦门岛出现村落以后，万石山一带就出现了佛教庙宇。随着历史的发展出现了南普陀寺、万广寺、金鸡亭寺、兜率陀院、宝石莲寺、虎溪禅寺、白鹿洞寺、鸿山寺、甘露寺、紫云得路、天界晓钟、万石莲寺为主体的寺庙群。与此同时，近年来风景区内出现了新的寺庙热：

（1）家庭化寺庙。这些寺庙规模小，低俗化倾向严重，成为家庭产业的延伸。

（2）村集体化庙产。由村集体修建和管理。成为村集体经济的重要成分。这两类寺庙的建设既缺乏历史的延续，又缺乏佛教艺术的灵魂，大大小小，到处都是，成为破坏风景区重要环节。

5. 旅游设施建设

旅游设施是近年来万石山风景名胜区快速发展的环节之一。万石山——鼓浪屿风景名胜区中由于鼓浪屿、万石山南部南普陀寺和万石山东部海滨旅游的快速竞争和替代性发展，万石山风景区内部旅游发展相对滞后，内部景区景点和设施建设主要集中在万石山南部区域，而中部和北部旅游开发很小。因此，旅游开发对万石山风景名胜区景观扰动主要集中在万石山周边地区，成为风景名胜区周边景观城市化、现代化和时尚化的重要推动力。

6. 特殊用地

在万石山风景区内，特殊用地主要是指军事用地。由于历史的原因在万石山内形成了大范围军事禁区。最初军事用地的存在造成了万石山风景名胜区的空间分隔，同时也造成了风景区的破坏。但是从万石山风景区的现状来看，正是军事禁区的禁入性和封闭性使禁区内的万石山部分的生态与植被得到了很好的保护。而军事禁区外的万石山因传统产业、城市建设、工业化过程等因素的影响遭到了很大的破坏。军事用地的存在一方面对风景区起到了很好的保护作用，另一方面军事用地将风景区内部进行了特殊目的的分隔，使风景区的完整性和有机性下降；同时，军事建筑的存在使其与风景区景观不协调。

四、万石山风景名胜区景观扰动控制与规划管理

1. 万石山风景名胜区景观扰动控制

从万石山风景名胜区景观扰动的机理来看，控制景观干扰成为城市风景名胜区持续发展的关键：

（1）确定城市与风景名胜区之间的景观交错带，划定人为扰动的上线。

（2）建立风景名胜区土地管理新机制，严格限制居住人口回流。在风景名胜区规划和管理中应明确风景名胜区土地管理的具体方式，尤其是对农民或村集体拥有的土地进行引导式的管理。结合城市风景名胜区旅游发展和服务城市的乡村旅游特色，通过对村集体的专业辅导，吸收农民手中自己不经营的土地，组建土地银行，实现代管代营的统一规划与管理。通过控制土地流转过程实现城市风景名胜区对因土地转租形成的大规模人口回流。

（3）发展和培育风景名胜区民俗村落的转型，推进居民点生活形态和产业活动的替代。对风景名胜区内传统村落进行调查摸底，将村落中闲置待租的民居开发成为风景名胜区内乡村旅游发展和农家乐基地，不仅推动乡村村落的更新与保护，同时推动风景名胜区内传统产业的替代发展和传统村落生活形态的转型。

（4）风景名胜区管理从地方行政管理体制中剥离，形成风景名胜区的专属管理职能。在我国很多风景名胜区管理隶属于地方行政管理，行政领导兼任和任命风景名胜区管理人员，风景名胜区管理受到很强的行政影响，在土地占用、林地管理等各个方面风景名胜区管理缺乏相应的管理机构，从而形成风景名胜区管理严重缺乏而受到严重的破坏现象。

2. 景观生态格局整治与恢复

景观生态学中的格局是指空间上的斑块、廊道和基质的镶嵌结构，在空间上可区分为随机、规则和集聚三种类型。景观生态格局的恢复是重建区域历史上曾有的植物群落，而且保持生态系统和人文文化功能的持续性过程。万石山现有的

乔木种有台湾相思、马尾松、木麻黄、榕树、柏达木、薄姜木、亮叶猴耳环等；林下灌木层主要有石斑木、山芝麻、豹皮樟、鸦胆子、桃金娘等；草本层主要有黄花酢浆草、地胆草、马唐、狗尾草、中华苔草、山菅兰、芒萁骨、韩信草等；藤本植物有茅莓、水果蔷薇、爬山虎、毛木防己等。

（1）当生态系统受损不超负荷并在可逆的情况下，压力和干扰被去除后，恢复可以在自然过程中发生。在可逆的景观生态区可以恢复台湾相思群落（和狗尾草、黄花酢浆草、白背叶、地胆草组成的群丛组）和马尾松群落（和芒萁骨、石斑木、桃金娘、山芝麻组成的群丛组）以及台湾相思——马尾松群落。

（2）生态系统受损是超负荷的，并发生了不可逆的变化，由于生境的巨大变化，依靠自然力或围栏封育不可能恢复，只能依靠人工措施才能在一定程度上的恢复。对不可逆的土地斑块通过人工植物群落设计，以打破万石山风景名胜区以台湾相思为建群种的单一植物群落格局，增加万石山植物群落的多样性和异质性。主要恢复的群落有榕树——柏达木——薄姜木群落、木麻黄群落、柠檬桉群落等。

（3）对侵占风景区的其他属性用地进行清理，对周边被侵占的风景区规划建设成为“景观生态交错带”的专项研究，交错带宽度不一，在现有利用的基础上进行土地利用调整，在清退部分土地的同时，合理规划保留部分相容的土地利用类型，降低风景名胜区周边土地利用压力。

3. 万石山风景名胜区规划管理

基于万石山风景名胜区景观生态破坏过程和扰动特征来看，必须从规划管理入手建立规划的创新体系：

（1）由于万石山风景名胜区具有划定面积大而核心区面积小的特点，传统风景名胜区总体规划编制体系没有有效地控制核心区的发展。因此，有必要编制“万石山风景名胜区与城市协调发展”的专项规划研究，以解决“城——景”间景观生态交错带、城市与风景区镶嵌的空间模式、传统社区发展等制约风景名胜区的瓶颈问题。

（2）万石山生态系统与生态群落的设计。对风景名胜区内部破坏的生态系统与生态群落须通过人工生态规划设计进行生态恢复和生态引导，替代景观生态系统的自然恢复过程，加快景观生态建设。

（3）民俗村落的培育与规划设计。通过对风景区内村落的评估和筛选，培育部分民俗村落，发展成为地方性典型的民俗生态村，对其他村落采取鼓励搬迁政策，推行“利益换土地”进程。

“襟江抱湖枕名山”是中国城市人居环境最理想的城市格局，名山是城市生态系统重要的组成部分，并构成城市重要的生态保障。万石山风景名胜区作为岛屿上的主体自然生态骨架成为厦门岛生物物种保护、生物避难场所、物种多样性、景观多样性的重要空间，其生态价值、美学价值、遗产价值和服务功能都是极其重要的景观空间。通过万石山风景名胜区景观扰动与规划管理研究得出以下主要结论：

（1）城市中大型自然斑块和自然遗留地是生态城市规划与建设重要突破，也是生态城市重要的构成标准之一。

（2）为保护城市中大型自然斑块的多样性应充分保护和建设城市风景区之间的景观生态交错带，城市高密度的城市景观和低密度的风景区景观之间的过渡空间。

（3）风景名胜区是涉及复杂关系和兼顾多项目标的特殊空间，需要在管理制度上进行创新，形成有效的管理体制。

第八章　乡村景观生态规划

第一节　乡村景观与景观生态特征

一、乡村与乡村景观

1. 乡村的定义与特点

不同的学科对乡村有不同的视角和不同的解释。乡村社会地理学家加雷斯·刘易斯（Gareth Lewis）认为乡村是聚落形态由分散的农舍到能够提供生产和生活服务功能的集镇所代表的地区。Gerald Wibberly 从土地利用方式上将乡村定义为以土地利用粗放为特征的地区，而乡村地理学家休·克卢（Hugh Clout）认为乡村是人口密度较小，具有明显田园特征的地区。虽然乡村与城市的边界难以划分，但乡村必须具备以下三个特点：(1) 乡村土地利用是粗放的，农业和林业等土地利用特征明显；(2) 小和低层次的聚落深刻揭示出建筑物与周围环境所具有的广阔景观相一致的重要关系；(3) 乡村生活的环境与行为质量是广阔景观的有机构成，是特有的乡村生活方式。乡村发展是国家和地区经济的一个永恒主题，很多发达国家对乡村发展水平的研究多采用乡村性指数来衡量。乡村性指数是通过对诸如就业结构、人口结构、人口密度、人口迁移、居住条件、土地利用和偏远性等不同变量指标进行统计分析，利用基本要素分析方法（Principle Components Analysis），将乡村划分出不同形态特征的绝对乡村（Extreme Rural）、中等乡村（Intermediate Rural）、中等非乡村（Intermediate Non-Rural）和绝对非乡村（Extreme Non-Rural）四种形态特征，这是乡村的四种形态特征，也是乡村形态发展的四个阶段。

2. 乡村景观定义与内涵

依据景观科学对景观含义的描述，结合景观地理学、景观建筑学和景观生态学的景观定义，乡村景观首先是一种格局，这种格局是历史过程中不同文化时期人类对自然环境干扰的记录，景观最主要的表象是反映现阶段人类对自然环境的干扰，而历史的记录则成为乡村景观遗产，成为景观中最有历史价值的内容。主要表现在以下几个方面：

(1) 从地域范围来看，乡村景观是泛指城市景观以外的景观空间，包括了从都市乡村、城市郊区景观到野生地域的景观范围。

(2) 从景观构成上来看，乡村景观是由乡村聚落景观、乡村经济景观、乡村文化景观和自然环境景观构成的景观环境整体。

(3) 从景观特征上来看，乡村景观是人文景观与自然景观的复合体，人类的干扰强度较低，景观的自然属性较强，自然环境在景观中占主体。景观具有深远性和宽广性。

(4) 乡村景观区别于其他景观的关键在于乡村以农业为主的生产景观和粗放的土地利用景观以及乡村特有的田园文化和田园生活。其次，乡村景观是一种可以开发利用的资源，是乡村经济、社会发展与景观环境保护的宝贵资产。乡村景观资源的开发有利于发挥乡村的优势，摆脱传统的乡村观和乡村产业对乡村发展的制约，重新塑造乡村功能，构建乡村产业发展模式，成为推动乡村可持续发展和城乡景观一体化建设的重要途径。

二、乡村景观生态特征

乡村是独特的景观空间，乡村景观生态特征主要有：

（1）从乡村景观属性来看，乡村景观是介于自然景观和城镇景观之间的具有独特人地作用方式、依存关系和生产生活行为特征的景观类型，与城镇景观具有完全不同的特征（图 8-1）。

图8-1　乡村景观生活－生产－生态空间组合图
(a) 长三角乡村景观中生活－生产－生态空间组合一；
(b) 长三角乡村景观中生活－生产－生态空间组合二；
(c) 黄土高原乡村景观中生活－生产－生态空间组合；
(d) 皖南丘陵乡村景观中生活－生产－生态空间组合；
(e) 贵州丘陵乡村景观中生活－生产－生态空间组合；
(f) 珠三角乡村景观中生活－生产－生态空间组合

（2）乡村景观生态格局中乡村聚落、农田植物、乡村行为构成乡村景观的主体。农田植物特有的空间存在方式和具有的粮食生产价值是区别于其他景观类型中植物景观的独特性。

（3）从景观格局来看，乡村景观多形成聚落、农田、果园、林地、湖泊等为主体的斑块群体，道路、河流、溪流、谷地、高压走廊、农田电网、防护林带等构成的廊道体系，但以河流、高压走廊、防护林带最为典型。而基质则因空间尺度的不同而不同，基质可以是成片的农田，农田内部的分化构成不同的农田斑块。在基质与斑块的关系上，农田斑块通常都具有明确的界限，这是区别农田斑块与自然斑块的重要特征。

（4）景观格局的总体呈现出"大分散小集中"的特点。从乡村聚落空间镶嵌格局来看，不同大小的村落分散分布在乡村景观空间中，呈现出以村落为中心具有一定农田围合腹地的镶嵌特征。与此同时，在村落内部则呈现出建筑物"小集中"的特征。

（5）从景观生态过程来看，乡村景观生态过程包括自然过程和人工过程两种类型。乡村景观斑块多是在自然斑块上通过人工过程分割形成的人工斑块，但人工斑块与自然斑块更多地形成交叉镶嵌格局；同时人工斑块的形成与自然格局和自然过程高度结合，形成有机的整体。

第二节　乡村景观生态过程与体系

一、乡村景观要素

1. 乡村性与乡村性指数

乡村景观是地球表层自然景观与人文景观相互作用形成的一种具有特殊空间概念，具有特殊意义的产业活动和乡村住民生活习性的特殊地域景观，与城市景观和原始自然景观共同构成区域景观格局。不仅是区域景观的三大类型，同时也是自然景观在人类干扰作用下向乡村景观和城市景观变迁的三个阶段。在这种转变过程中，人类景观干扰因素的不同组合、不同作用强度、不同作用方式、不同作用频度，表现出由小到大的连续性变量和离散性变量共同作用的特征成为景观阶段性演变和景观状态发生巨大变化的主要因素。乡村是区域景观特定的演替阶段，同时也是区域特殊的景观地域类型。乡村景观的乡村性研究是客观准确描述乡村景观特征，区别于其他不同类型景观的依据。根据社会学对乡村性的认识，乡村性概念主要建立在城市和乡村关系的社会学理论体系之上，"乡村——城市连续统一体模型"（Rural-Urban Continuum Model）是社会学对乡村性解释的重要理论模型。该模型描述了乡村景观向城市景观演替的渐变过程，指出乡村是一种特殊社区类型。从土地利用角度来看，杰拉德·维波里（Gerald Wibberley）认为乡村是土地利用粗放，与城市土地利用高度集约化特征不同，以农业和林业以及分散的居民地为特征。无论是社会学对乡村社区行为和社会特征的解释，还是依据土地利用特征对乡村的解释，都是乡村某一方面特征和单一要素所描述的乡村景观特征，既不能反映乡村的综合特征，也不能全面揭示乡村景观的科学特征。因此，能够通过对乡村地域特征的全面分析，构造识别乡村特征的指标群体，在乡村因子权重分析的基础上，定量描述乡村特征和衡定乡村发展的特殊阶段和过程的乡村性指数被广泛应用。主成分分析和层次分析方法是乡村性指数分析的通用方法。在20世纪70年代，Cloke通过16个统计变量对英格兰和威尔士进行乡村性指数研究，选择包括乡村就业、人口结构、人口密度、人口迁移、居住条件、土地利用和偏远性等7方面指标（图8-2、图8-3）。

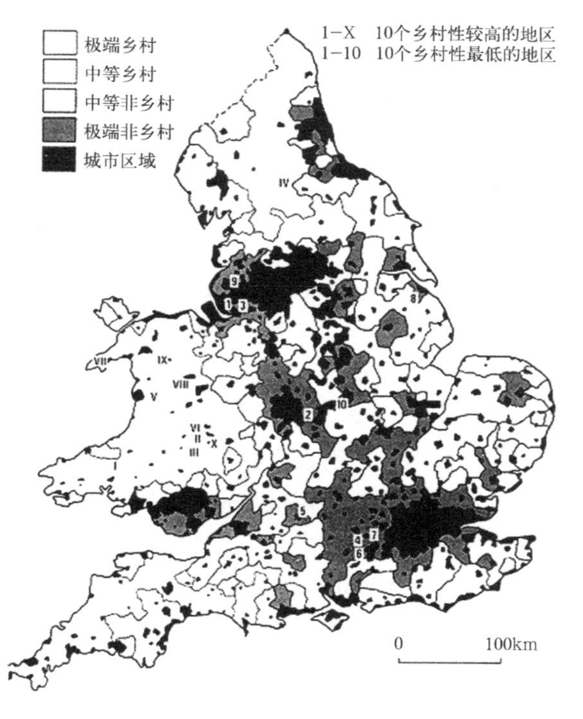

图8—2　Cloke的乡村性指数与乡村性分类图

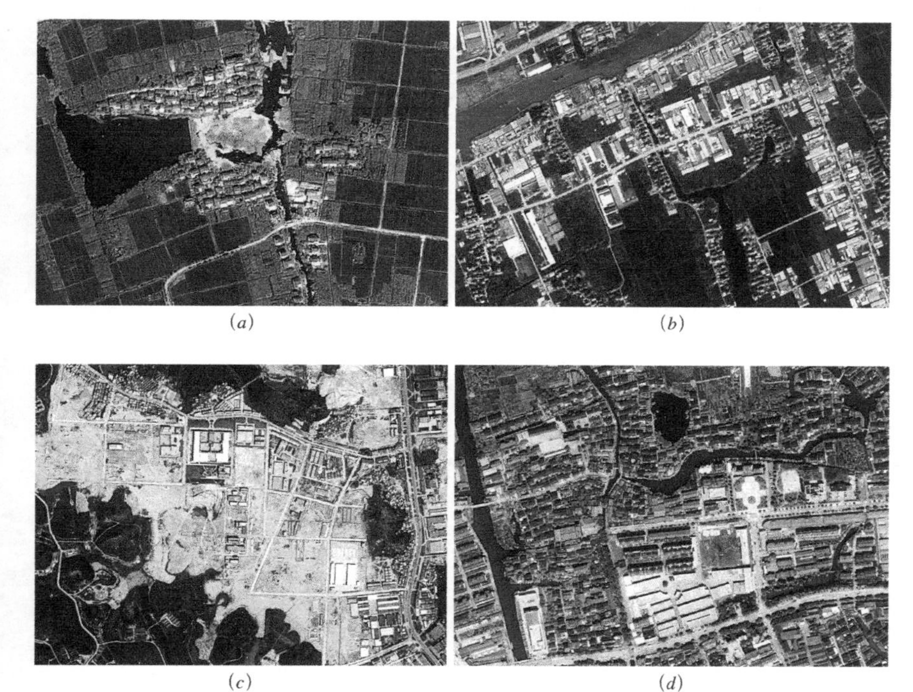

图8—3　乡村性典型图式
(a) 极端乡村；
(b) 中等乡村；
(c) 中等非乡村；
(d) 极端非乡村

2. 乡村景观要素

从乡村性研究来看，乡村景观是具有特定的景观特征、景观内涵和景观意象的景观类型。往往是区域景观结构中的主体景观类型。是以自然景观为基础，以人文因素为主导的人类文化与自然环境高度融合的景观综合体。同时，由于人们认识乡村景观的角度不同，描述乡村景观的特点和对景观功能的体验不同，因此，对乡村景观要素的认识也不同。

阿普尔顿（J.Appleton）在《The Experience Of Landscape》中对景观要素进行了研究，认为景观的核心在于景观的安全性格局和景观中人的主导性，将景观要素划分为蔽护景观要素（Refuge Elements）、景象要素（Prospect Elements）和灾害要素（Hazard Elements）。蔽护景观要素主要包括建筑物、建筑物的遗迹、洞、穴、树木、阴影、多雾和多烟的区域等等；而景象要素主要是指人们对无形景观的认识和理解能力，包括景观的全景特征。灾害景观要素是重要的景观特征，无论是在过去，现在，还是将来一直关系到人们生存。灾害景观要素主要有事故性灾害（Incident Hazard）、障碍性灾害（Impediment Hazard）、短缺性灾害（Deficiency Hazard）。阿普尔顿（Appleton）的"瞭望——蔽护"理论（Prospect——Refuge Theory）的价值在于试图通过景观要素分类进行景观评价和确定景观保护标准。乡村景观要素有：

（1）乡村景观的自然环境要素。自然环境是由地貌、气候、水文、土壤、生物等要素有机组合而形成的自然综合体，是区域景观的基底，是城市景观的大背景，是乡村景观的核心景观特征。乡村景观所具有的自然环境要素对乡村景观的形成具有不同的作用，成为乡村景观构成的有机组成要素。

（2）硬质景观要素。乡村硬质景观要素是指在从历史时期到现在的人工干扰自然环境景观的全过程中，在自然环境景观的基底上塑造和建设的可视景观要素。硬质景观的类型、强度和景观结构反映了在区域发展过程中人类对自然环境景观的干扰强度和干扰方式。硬质景观与自然环境景观之间的关系也表明了人类干扰自然景观的景观利用性、景观保护性、景观的适应性、景观塑造的协调性、建设的合理性以及人造景观的创造性。

（3）软质景观要素。乡村景观的软质景观是指在长期与自然环境相互作用过程中，人类在了解自然、认识自然、感受自然、利用自然、适应自然、改造自然和创造生活的实践中，形成的乡村环境观念、乡村生活观念、乡村道德观念、乡村生产观念、乡村行为方式和乡村风土民情、宗教信仰以及乡村的土地所有形式、乡村财富分配形式等涉及乡村社会、经济、宗教、政治和乡村组织形式等方面的社会价值观。它是乡村景观要素中最为重要的文化特征，是区别于其他景观类型的景观识别性特征。

二、乡村景观类型

景观分类是景观科学研究的基础内容，因分类依据不同，形成的类型系统较多。从景观分类的原则来看，通常包括景观分类要明确景观单元的等级，根据不

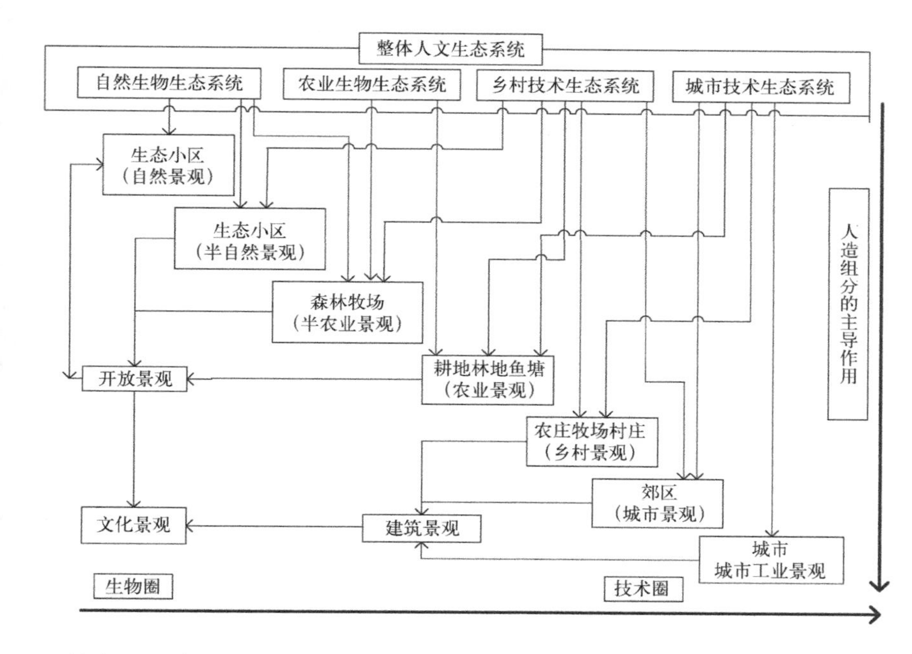

图8—4　Naveh的景观分类系统

同的空间尺度或图形比例尺的要求来确定分类的基础单元；景观分类体现出景观的空间分异与组合，不同景观之间相对独立又相互联系；景观分类要反映控制景观形成过程的主导因子；景观分类包括单元确定和类型的归并，前者以功能关系为基础，后者以空间形态为指标；景观分类突出人类活动对景观演化的决定作用；景观分类要考虑到景观功能特征。在现阶段景观分类系统主要有以下几种：

1. Naveh 的景观分类系统

Naveh 在《景观生态学》一书中提出了人文生态系统的概念，涵盖了从生物圈到技术圈的范围，把最小的景观单元定义为生态小区（Ecotope），集中了生物和技术生态系统；将最大的全球景观定义为生态圈，从视觉上和空间上贯穿地理圈、生物圈和技术圈。根据能量、物质、信息从生物和技术生态系统输入的不同，建立景观分类系统，分为开放景观（包括自然景观、半自然景观、半农业景观和农业景观）、建筑景观（乡村景观、城市郊区景观和城市工业景观）和文化景观（图 8-4）。

2. 根据人类干扰程度对乡村景观的分类系统

景观总是或多或少与人类的干扰相关，景观塑造过程中的人类干扰强度，划分为自然景观、经营景观和人工景观三大类型。按照奥德姆（H.T.Odum）关于能量密度的观点，三者之间的密度关系为 1：3：10。进一步考察人类对景观的干扰程度，则乡村自然景观可以分为原始自然景观和轻度人为干扰的自然景观，其共同特点是保留了自然景观的原始性和多样性，具有较大的科学价值和生态系统研究价值。乡村经营景观可以分为人工自然景观与人工经营景观。前者是景观中的非稳定成分（采伐林地、放牧场），而后者则是景观中较稳定的成分（农田、果园等）。人工景观是一种自然界原先不存在完全由人类创造的景观类型，完全是人类创造的景观，如各种工程景观（交通系统、水利系统以及建筑物等），往往具有规则的空间形态和显著的经济性以及视觉多样性。

3. 根据景观独立形态进行的乡村景观分类系统

景观的独立形态特征是指在乡村景观体系中具有特殊的景观功能并且独立的景观单元，既相互影响又相互独立，成为描述乡村景观的重要组成部分。根据景观独立的形态特征，乡村景观分类见表 8-1。

依据景观独立形态特征进行的乡村景观分类系统　　　　**表8−1**

景观类型		景观特征
居民点景观	居民点形态、住宅形态	是乡村景观重要组成部分，人类活动高度集中地区，居民点形态是环境适应性反映，住宅形态是文化特征
乡村网络景观	道路	是乡村景观可达性的集中体现
	河流	是乡村景观中具有动感的流动空间，体现景观安全性
	林网	农田林网是景观特色
农耕景观	大田景观	是传统乡村景观的主体，粗放农业景观特征
	设施农业	逐步成为现代乡村景观的主体，集约农业景观特征
	农场景观	与分散土地经营相对应的规模化土地利用景观
	田园公园	以乡村景观资源为基础建设的供乡村休闲的新型景观
	观光农园	以农业经营为主，开发农业休闲的现代乡村景观
乡村休闲景观	自然保护区	是对乡村自然环境资源等稀缺资源的特殊保护
	森林公园	是对自然林地资源的合理、适度开发利用的景观
	乡村风景名胜地	是由自然景观向现代乡村游憩景观演替的景观类型
	生态示范区	是乡村生态产业与生态环境协调统一的新型景观类型
遗产保护景观	遗产遗迹	是乡村历史文化和乡村景观继承性的表现
	古聚落	是乡村古代文化的凝聚，是乡村聚落景观地方性体现
	民俗村	是乡村民俗文化、乡村生活方式和环境意识的体现
野生地域	保护性荒地景观	在人类干扰程度较高的地区特殊保护的荒地景观类型
	边缘荒地景观	是人类干扰程度最低的自然景观类型
湿地景观	低地	是较常见的一种湿地景观，对生物多样性有重要意义
	湖沼	是常见的湿地景观，对生物多样性具有重要意义
林地景观	果树景观	农业生产景观类型，反映乡村经济景观的重要指标
	人工经济林景观	景观安全性、景观整治和建设的重要类型
	人工生态林景观	进行人工景观环境建设、景观保护的类型
旷野景观	开放空间	限定人类对景观干扰范围的景观保护类型
	公共空间	涉及景观行为的景观类型
	私人领地	涉及景观行为的景观类型
乡村工业景观	工业大院	与分散相对的工业集中成片的经济景观
	矿山采矿	破坏自然景观的采矿业，涉及景观安全性
养殖景观	养殖小区	人畜分离，集中养殖的经济景观
	库区和湖区景观	水域经济景观类型

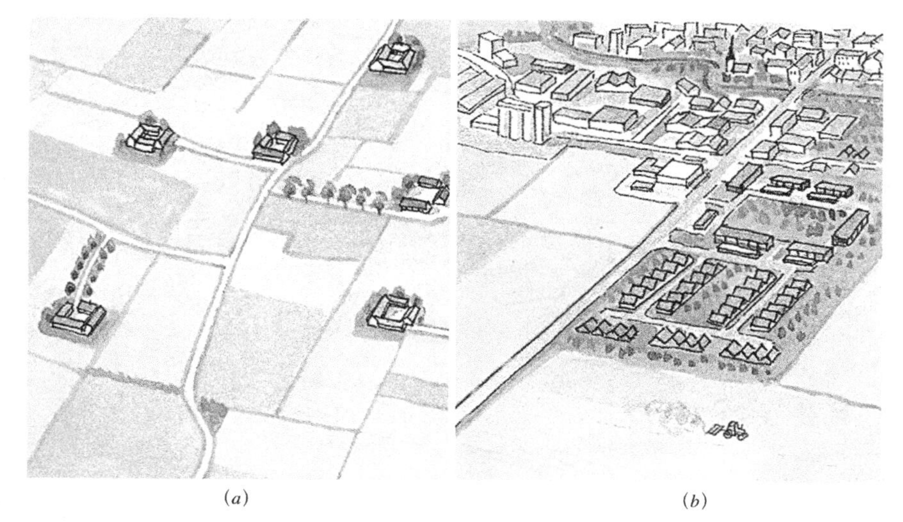

(a) (b)

图8–5 从分散的农家到集中的乡村景观
(a) 孤立农家；
(b) 村镇景观

三、乡村景观的区域组合

1. 乡村景观的斑块——廊道——基质的区域组合模式

理查德·福尔曼（Richard T.T.Forman）在《Land Mosaics》提出了斑块——廊道——基质的景观空间镶嵌模型，奠定了乡村景观区域组合模式的研究基础。斑块是景观空间比例尺上所能见到的最小均质单元，是具有特定组成要素、斑块形态特征、生态系统特性和人类干扰形式的完整的有机体（图 8-5）。斑块的大小是研究景观要素特征的主要参数。斑块的形态通常用斑块的边缘长度、镶嵌体的内缘比等表示；斑块的空间分布特征则通过斑块的最近相临距离、斑块间的隔离度和斑块的可接近度等来进行研究。因此，斑块的破碎度（密度和相临度）、斑块的连接度和斑块的分维数等成为景观斑块研究的主要指标。廊道是景观中具有通道或屏障作用的，线状或带状镶嵌体。自然廊道多是景观生态系统中物质、能量和信息渗透、扩散的通道，是促进景观融合和景观多样性的重要类型，使景观镶嵌结构更加复杂。而人工廊道有的具有通道作用，而有的则具有屏障作用。景观基质是相对于面积大于景观中其他任何镶嵌体类型的要素，是景观中最连续性的部分，成为景观斑块和景观廊道的背景。

景观斑块镶嵌在景观基质中成为〝景观浮岛〞，而景观廊道镶嵌在景观基质中成为〝景观桥〞或〝景观隔离带〞，形成不同的景观生态价值。我国乡村景观环境多种多样，乡村景观也丰富多彩。但是乡村景观所具有的〝斑块——廊道——基质〞的镶嵌模型则是景观空间结构所具有的共同特征。各种具有独立形态特征的乡村景观类型以〝斑块——廊道——基质〞模式镶嵌在各自的景观环境中，成为有机的景观体。从我国的乡村景观环境来看，形成乡村景观空间结构分异较大的因素仍然是乡村所在的景观地理环境，其中地形单元成为影响乡村景观空间结构的重要因素（图 8-6）。

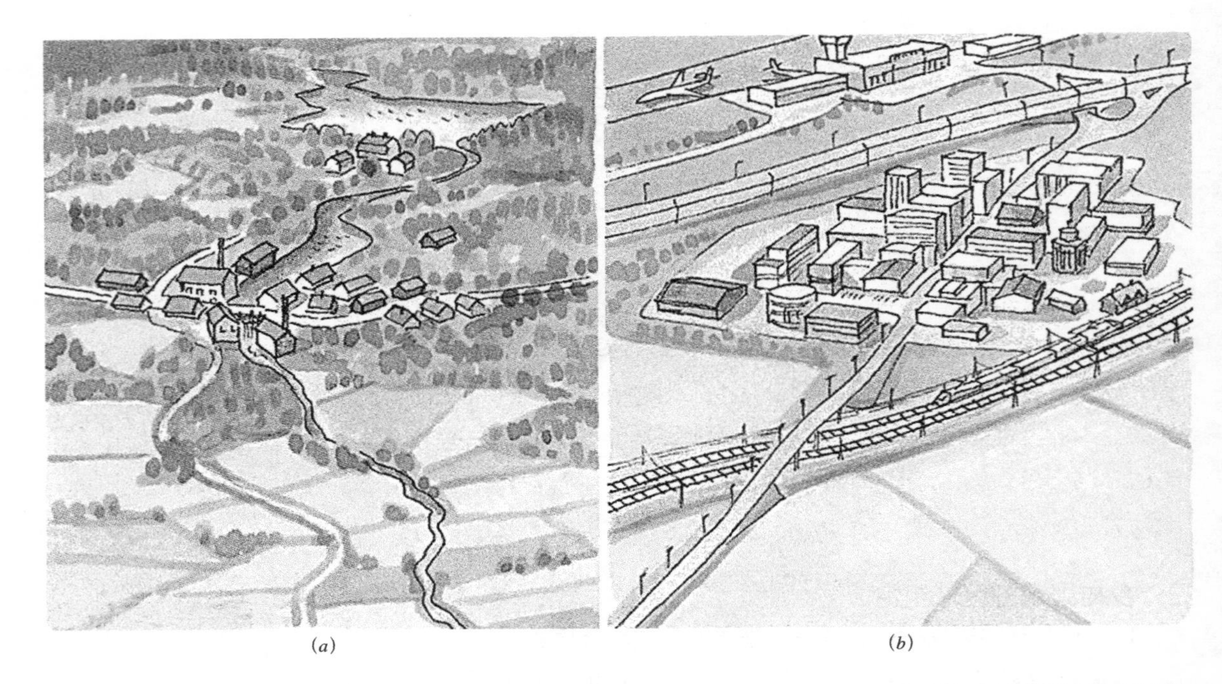

(a) (b)

图8–6 乡村工业景观的变化
(a) 初期的村镇工业；
(b) 现代乡村工业

2. 乡村景观区域空间镶嵌模式

从乡村景观区域空间组合模式来看，结合乡村区域地形特征，在聚落、农田、道路和自然景观形成有机组合，并形成独特的区域组合模式。主要有以下几种类型（图 8-7）：

（1）栅格状空间镶嵌模式。在尺度较大的平原上乡村景观镶嵌模式多形成栅格状特征，村落呈现均衡分布，道路呈现出几何网状分布。格局呈现均衡态势，农田林网与道路结合。

（2）鱼脊形镶嵌模式。鱼脊状镶嵌模式多形成在谷地或塬梁状地形中，以线状地物为中心轴线，向两侧延伸并通过连接线形成不均衡的网状结构。由于地形的原因形成空间上景观通达性的巨大差异，形成向两侧的通达性较高，而与轴线平行方向的通达性较低。

（3）星状镶嵌模式。在山地丘陵区或地形比较破碎的地区，往往在山间盆地形成聚落中心，众多小村落围绕大中心，并通过中心辐射状交通网连接起来，形成星状镶嵌格局。

（4）混合型镶嵌模式。混合型多是在星状和鱼脊状形成条件的综合作用下而形成的比较广泛存在的乡村景观区域组合模式。

(a) (b) (c) (d)

图8–7 乡村景观区域空间镶嵌模式
(a) 栅格形；(b) 鱼脊形；(c) 星形；(d) 混合型

第三节　乡村景观生态规划

一、土地利用与农业景观规划

1. 土地利用格局与镶嵌体

乡村土地利用不同于城市土地利用体系和格局（图 8-8）。乡村以农业和其他农村经济为主体，乡村土地利用类型主要划分为耕地（灌溉水田、旱地）、园地（菜地与果园）、林地（有林地、疏林地）、草地、苗圃、居民点、独立工矿、道路、水域（河流）荒地、裸岩等。

(*a*)

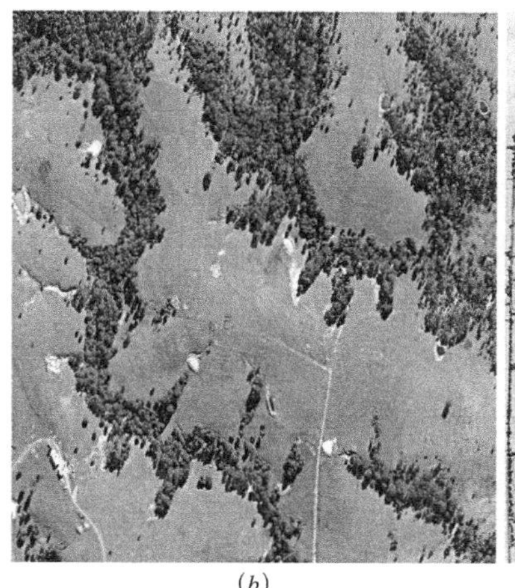

(*b*)

(*c*)

图8–8　世界各地主要农场景观
(*a*) 美国弗吉尼亚州的农场景观；
(*b*) 澳大利亚东部地区的农场景观；
(*c*) 英国的农场景观

(1) 乡村土地利用是乡村各种经济活动对土地资源的需求并通过人类活动反映在土地利用的格局中，因此，土地利用不仅取决于土地资源的适宜性特征，而且取决于社会经济需求和农村经济产品的比较价格特征，成为一个阶段社会经济特征的综合反映。从景观生态格局来看，乡村土地利用形成由耕地、园地、林地、居民点、独立工矿、湖泊与水塘等斑块与道路、河流、农田林网、高压走廊等廊道有机组合的镶嵌体结构。

(2) 乡村土地利用规划的重点是：①土地适宜性评价。根据联合国粮农组织（FAO）于 1976 年推出的《土地评价纲要》，土地的适宜性分类采用土地适宜性纲、级、类及单元四级分类制。多目标土地适宜性评价的方法就是建立土地利用类型与影响土地质量的主导因素之间的关系，按照土地的特性及《土地评价纲要》所规定的方式划分土地适宜性类型，对所评价的每种土地利用类型分为高度适宜，中等适宜、勉强适宜和不适宜四类（表 8-2）。②土地需求结构研究。在土地适宜性评价的基础上，依据社会经济对土地需求规模和结构，确定土地需求与利用结构。

土地适宜性评价因子及其权重　　表8–2

	土壤因素	环境因素	水灾因素	地形因素	地基承载力	农业生产条件	社会环境	市政设施	土地利用现状	CI值	CR值	通过一致性检验情况
灌溉水田	0.2979	0.0370	0.0876	0.1086	N	0.1371	0.0338	N	0.2979	0.0975	0.0739	✓
旱地	0.2984	0.0274	0.1017	0.1571	N	0.0850	0.0279	N	0.3026	0.0495	0.0375	✓
菜地	0.2670	0.0372	0.0998	0.0996	N	0.0996	0.0996	0.0545	0.2429	0.0541	0.0384	✓
园地	0.3001	N	0.1029	0.1188	N	0.1508	0.0275	N	0.3001	0.1093	0.0881	✓
有林地	0.4250	N	0.0561	0.0938	N	N	N	N	0.4250	0.0054	0.0060	✓
苗圃	0.3056	N	0.1199	0.1538	N	0.0887	0.0264	N	0.3056	0.0443	0.0357	✓
城镇	N	0.0524	0.0517	0.0376	0.1935	N	0.1952	0.1792	0.2886	0.0502	0.0380	✓
居民点	N	0.1470	0.1117	0.0509	0.2831	N	N	N	0.4072	0.0435	0.0388	✓
独立工矿	N	N	0.0609	0.0702	0.1125	N	0.1894	0.2244	0.3427	0.1098	0.0886	✓
水域	N	0.6310	0.1218	0.1379	0.0840	0.2185	N	N	0.3747	0.1195	0.0964	✓

注：N表示不参评，✓表示通过一致性检验。

（3）土地利用规划。土地利用规划就是在土地适宜性评价的基础上，结合土地需求特征，确定的不同类型土地利用面积与结构，在实现土地生态保护的基础上实现土地资源利用的社会经济效益最大化。因此，土地利用规划是资源、人口、环境、生态等多目标导向的综合生态规划。

乡村土地利用规划的原则在于合理充分利用土地资源，保护乡村土地资源与环境，发挥土地资源的生态、经济和社会效益，实现土地资源的可持续利用和乡村可持续发展。在乡村土地利用格局规划中要重点解决好以下问题（图 8-9）：

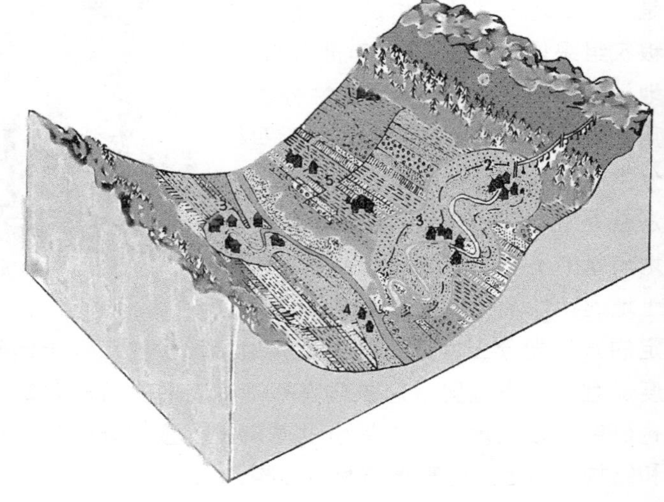

图8–9　土地利用集约化与规模化

（1）乡村居民点的集中与分散格局。乡村居民点的规模与空间组合由乡村生活与生产的内在关系决定。首先，乡村居民点是农民居住生活的场所，而农田是农民工作和生产的场所，农田围绕居民点的空间格局为农民生产和生活最合理的组合模式。其中围绕居民点形成蔬菜地、园地、粮食种植、经济作物种植、水域、苗圃等农田以自然或人工边界为分割的各种形态斑块相互组合，形成乡村特定的农业景观格局。其次，乡村居民点的规模不能太大也不能过小。规模太大形成的中心——腹地的距离过大，不适宜于我国现今的农业生产方式；规模太小就使乡村农田景观被居民点分割的破碎。保持居民点适当的规模才能使农村居民点呈现出合理的集中与分散格局。

（2）土地利用的集中与分散。土地利用的集中与分散不仅取决于土地的适宜性、地形特征、农作物种植方式；而且还取决于农作物的特征。完整而平坦的土地适宜于集中和规模化利用，而山地破碎的土地则适宜于分散和小规模的利用。适宜性相近的土地适宜于集中规模利用，而生境和立地条件复杂的土地则适宜于分散和小规模利用。机械化的耕作方式适宜于集中利用，而传统农业则适宜于分散和小规模利用。防病虫害较强的作物适宜于集中和规模化，而防病弱的作物则适宜于分散和小规模种植。土地利用的集中与分散有利于形成大小合理，生产高效，生态高效，景观安全格局突出的土地利用格局。

（3）林地的集中与分散。林地是乡村重要的景观类型，无论是自然林地，还是人工林地，林地斑块大小具有重要景观生态作用。集中而面积较大的林地在乡村景观中能够有效形成物种多样性和物种庇护所的作用，同时集中的林地容易与周边自然林地连接，扩大林地的景观生态功能。分散和面积小的林地只是漂浮在农田景观中的孤岛，增加了乡村农田景观的多样性和破碎性。

2. 高效的农业景观生态系统

（1）生态农业。生态农业是指利用人、生物与环境之间的能量转换定律和生物之间的共生、互养规律，结合本地资源结构，建立一个或多个"一业为主、综合发展、多级转换、良性循环"的高效无废料系统。它是农业系统工程结构中的重要系统之一，是搞好"人地粮"和"水土肥"平衡的重要内容。例如，近年来广西各地推广的多种经营内容的"垄稻沟鱼"、"垄稻沟蛙"、"垄稻沟虾"、"瓜菜鱼"等。恭城瑶族自治县建立的"养殖业—沼气—种植业"循环模式，以沼气建设为纽带，畜牧业（主要是养猪）、沼气互相促进，沼液、沼渣又促进种植业（主要是粮食、水果）的发展。这是典型的生态农业模式。

（2）立体农业。立体农业系统就小范围田块而言，运用作物种植的时间差，在同一块地里利用其不同的空间分布，充分发挥了立体农业的功效。就较大范围的山—田—塘而言，实现了"山上种果种草，山坡养羊养牛，山下养猪养鸡，水面养鸭养鹅，水中养鱼养虾"和"麦—瓜—稻""麦—菜—棉"，"鱼稻共生"等立体循环模式，立体农业是利用农作物在生育过程中的时间差和空间差进行。

（3）空中农业。随着现代城市高层建筑大批崛起，屋顶绿化和无土栽培的新技术成为"空中农业"发展的基础。方法是在屋顶做防水渗透处理后上敷薄层土壤，然后配置树木、花草。有曲折的甬道穿行其间，并设有靠椅、小凳供人休息。近年来，农艺师、园艺师们采用了锯末代替土壤基质的栽培方法，锯末不仅质轻价廉，取材方便，还具有松软透气、吸水保墒的良好性能，还含有供植物生长和发育的微量元素。在楼顶上造锯末田，种植蔬菜瓜果，既绿化美化了环境，又取得了一定的经济效益。检测显示，经过绿化的楼顶房间的室内温度冬天升高 3℃，夏天降低 3℃ ~5℃。空中农业使城镇居民可利用城市垃圾在居室的阳台上种花卉，在楼顶上种植蔬菜、水果或建池养水生植物、养鱼。

（4）旅游农业。将高科技引入农业，并与旅游业相结合，合理地安排了作物种植，精心布置花卉展览、鱼类和珍稀动物的观赏、名贵蔬菜和水果的生产，配套娱乐场所，建设农业公园。采用了纵横交错的"水道"形式，水道为圆形或椭圆形，并配有循环处理系统。在众多整齐的田间林荫大道旁栽种各种瓜果，开展体验式农业、休闲式农业在旅游农业的发展中得到快速发展，成为高效生态农业的重要类型，也成为重要的农业景观类型。

（5）"白色农业"。"白色农业"是指微生物资源产业化的工业型新农业，它包括生物工程中的"发酵工程"以及"酶工程"。"白色农业"的生产环境要求高度洁净，其产品无污染、无毒副作用，具有高度的安全性。"白色农业"是在工厂里生产的产品包括微生物食品、微生物肥料、微生物农药和兽药、微生物能源、微生物生态环境保护剂、微生物医用保健品及药品等。通过微生物发酵工程及酶工程生产出的单细胞蛋白（SCP）和菌体蛋白（MBP）既可供人类直接食用，也可以作为饲料，达到节约用粮的目的。另外，微生物还可以把农作物秸秆、糟粕及其他农副产品转化成动物饲料，既节省饲料粮，又有效地利用了资源，防止了因农业废弃物处理不当造成的环境污染。

3. 土地集约化与规模化利用

（1）土地利用集约化。在合理的区域分工基础上，充分利用有限的土地资源，优先发展关系国计民生和有利于提高国家综合竞争力的产业项目，实现宏观效益最大化。其次要努力做到节约、合理使用土地。在现代生产技术可行的条件下，保护农业用地特别是耕地资源，城市的扩张应受本地农田总量的控制。保护自然资源原生态，限制盲目开发，维护生态环境，实现土地利用的经济效益、社会效益、环境效益相统一。

（2）土地利用规模化。土地利用规模的基本衡量单元是指土地利用斑块划分的最小面积，土地规模利用通常具有较大的土地利用单元，土地利用斑块具有较大的面积。同时，同一种土地利用形式的组合决定了土地利用的规模化，直接决定土地利用的破碎度格局。在平原地区土地利用斑块完整，斑块面积大，易于实现土地规模利用；而在土地破碎度较高的地区，土地的完整性较低，土地类型与土地生态变化多样，难以实现土地的规模利用。从乡村景观生态格局来看，山区的乡村景观类型多样，立地特色突出，但景观生态的破碎度较高；而平原地区景观类型较单一，水平尺度景观变化较大，乡村景观生态完整性较高（图 8-9）。

二、乡村人居环境与聚落规划

1. 生态庭院规划设计

农村庭院生态工程是指在农村人口居住地与其周边零星土地范围内进行的，应用生态学的理论和系统论的方法，对其环境、生物进行保护、改造、建设和资源开发利用的综合工艺技术体系（图 8-10）。我国农村庭院生态工程中的资源开发利用部分，最初称"庭院经营"，后来被经济学家称作"庭院经济"，20 世纪 80 年代中期开始发展"农村庭院生态系统"和农村庭院生态工程。农村庭院包括的生态环境建设、庭院景观调控、庭院园艺、庭院养殖业、庭院农产品加工业、庭院服务业的综合技术体系。我国的庭院生态农业大致有以下三种模式：①以能源（沼气）建设为中心环节的家庭生态农业模式。在薪材比较缺乏的地区，结合沼气建设，在庭院里搞物质循环利用，既改善了院落的卫生状况，又收到了良好的经济效果。②物质多层次循环利用的庭院生态农业模式。以农作物秸秆为原料，先培育食用菌，菌渣作为饲料喂猪、牛、兔等，牲禽、家畜粪便入沼气池。③种、养、加、农、牧、渔综合经营型家庭生态农业模式。在不同的空间，利用生物食物链规律，主体发展养殖业、种植业，各业产品经过精细加工，不断增值，从而取得良好的生态经济效益。

图8-10　美国的生态庭院

2. 乡村生态社区规划

生态社区是一个"舒适、健康、文明、高效能、高效益、高自然度的、人与自然和谐以及人与人和谐共处的、可持续发展的居住社区"。乡村生态社区要综合考虑乡村聚落布局的自然条件和社会条件、适宜的规模和完善的庭院生态体系以及完善的生活服务系统与适宜的公共活动区间。乡村生态社区作为乡村居住社区最理想的形态，具有完整的乡村景观生态系统和良好的景观生态安全格局，是一个不断发展、日益完善的社会——经济——自然复合生态系统。从乡村聚落结构来看，实现从生态庭院到生态社区的整体人文生态系统的规划设计是乡村人居环境建设的重要形式，是乡村聚落规划的重要方式和方法。

乡村生态社区的目标应该是按照生态学原理来建造具有一定生态效应、人与自然和谐共生的聚居群落，包括小区的布局、绿化、环保、资源综合利用以及住宅建筑的节能、隔声、日照、通风等各项要求。乡村社区建设涉及的规划、设计、施工、园林、环保、市政、物业管理等诸多方面，形成由生态型建筑和基础设施组成的人工环境以及包括文化、道德、法律

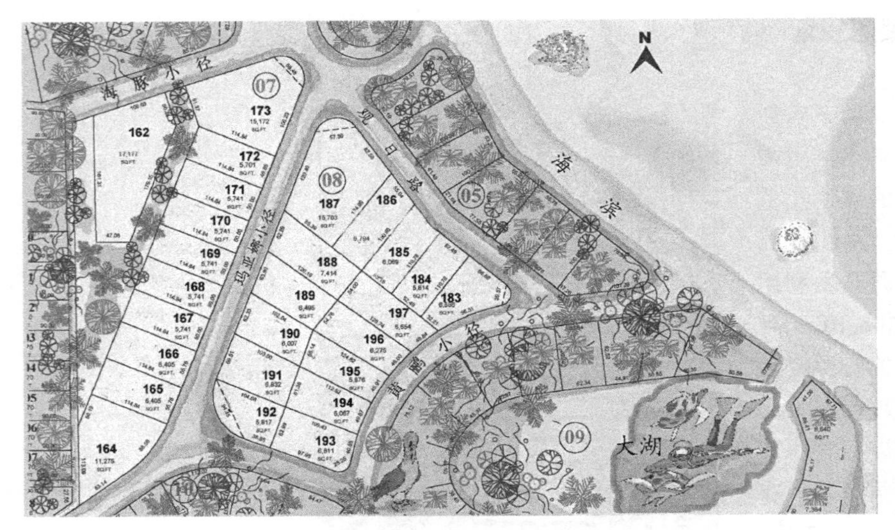

图8-11 滨海乡村生态社区规划

和人的精神状况在内的社会生态系统（图 8-11）。生态社区中的绿地系统建设，要综合考虑绿化覆盖率、人均公共绿地指标和生物多样性、植被的生态效应以及小型生态景观等诸多因素。植物选种应摒弃华而不实且有可能给社区生态自然系统带来不良影响的外地物种，代之以选择和培养优化、归化的植物物种，形成和谐的植物群落，使物种间达到互生互养、自然协调（图 8-12）。特别重视杀菌类植物的种植，达到对社区空气中气挟菌的净化目的。同时重视坡岸和水景的再造以及自然水网的利用，保留和改造有价值的坡岸、河流水源、墙面绿化、屋顶绿化、阳台绿化等多种方法，发挥其生态效益及景观美学等功能。生态社区应重点对水、电和建筑材料进行最大程度的节约，重视使用节水设备以及收集利用雨水。在住宅建设过程中应不断对其密封、保温、隔热、制冷和照明等系统进行节能设计，以减少住宅对能源的消耗，利用太阳能发电来提供热水，或利用风能发电，甚至利用地热等资源。生态社区应具备内部废物（主要是生活垃圾和生活废水）的基本处理措施，或是能够将废物在就近进行处理，以达到废物在社区内部或最小范围内的转移和消化。

图8-12 英国莎士比亚故乡小镇的绿化景观

三、自然斑块与廊道保护与规划

1. 自然斑块保护与规划

在乡村景观斑块体系中，由于农耕社会对资源利用的广泛性和深入性，使自然斑块都多多少少出现了人工化的趋势，自然斑块已比较少见。即使存在斑块也多呈现出分散破碎的分布在农田斑块之中（图 8-13）。从乡村自然生态斑块的类型来看主要包括：

（1）自然洼地积水形成的水生（湿生）植物斑块。洼地汇集来自降雨、农田灌溉、地下水外渗、溪流等多种补给水形成水深较浅和水面较阔的湿地区域。在丰富的营养物质和充足水分供给以及肥沃的土壤上发育形成的湿地生态系统成为农村广泛存在的自然斑块类型。在乡村景观生态格局中不仅呈现出景观多样化，物种多样性，生物避难所等功能，而且是农田生态系统重要的辅助生态系统，有助农田生态系统的稳定性。但由于人口增长与有限土地之间的矛盾，农民为了获得更多的耕地，通过人为砍伐湿生植物，填平洼地，水面减少，不断将湿地转化为农耕地，彻底破坏湿地生态系统，减少乡村景观生态格局中自然斑块的数量，使乡村景观生态呈现出单一性的格局。因此在乡村景观生态规划中要保护诸如泄洪区、洼地等湿地斑块。

图8–13　西般亚motril高度人工化的旱作区景观

（2）自然水塘或湖泊。乡村自然水塘、人工水塘、水库和湖泊是以水体、水生动植物、湿生植物等为核心形成的生态系统。乡村水体不仅能够有效调节小气候，而且有效维持农田和自然生态系统的有效性，同时，还通过蓄水调节实现农业生产对灌溉水需求的时间差异，从而保障农田生态系统生产的稳定性和乡村抵御自然灾害的能力。

（3）河滩湿地与林地斑块。河道是乡村广泛存在的景观廊道，由于河流具有季节性和年际变化的水过程，因此河滩湿地具有季节性变化的特点。在季节性水体影响较小的河滩地多受年际变化的影响，具有比较稳定的生态系统条件，从而能够形成河滩林地生态系统，成为乡村重要的景观生态斑块类型。河滩林地在河道中的作用具有两重性，一方面在平水年河滩林地对河道具有保护作用；另一方面在洪水年，在保护堤岸的同时，对河道行洪造成阻碍。

（4）乡村山地林地与风景区。乡村山地林地和风景区是依托大型自然斑块以及乡村文化历史而形成的具有自然生态功能与文化脉络的大型特殊斑块，揭示出不同历史时期人们对自然的理解与文化生态的内涵。

乡村自然斑块的规划关键在于：

（1）保护大型自然斑块空间的完整性。严格限制乡村土地拓展对自然斑块蚕食和沿沟谷形成的溯源侵蚀。

（2）保护自然斑块物种和生境的原生性。严格限制大型自然斑块的传统农业化和自然植物的人工化，不断改变植物的生境特征，从而使自然斑块逐步发生演变。

(3) 依照农田景观与自然景观相互作用规律，规划大型自然斑块与农田景观相互作用的过渡地带。

(4) 大型自然斑块在乡村格局中具有隔离功能，因此，在乡村道路建设中往往对大型自然斑块进行大幅度的分割，不仅使大型自然斑块分化成相互隔离的几个斑块，同时沿道路沿线形成严重的生态破坏，使景观破碎度增加。大型自然斑块的规划要严格限制道路建设形成的破坏，以自然斑块保护为导向，保护斑块的完整性格局。

(5) 严格限制大型自然斑块内部的人类活动。对斑块内部历史形成的居民、农业生产、采石、开矿、工厂建设等进行有效的清退。

2. 乡村廊道保护与规划

乡村廊道是乡村景观生态格局中比例较小但与外界联系极为紧密的生态通道，往往是自然景观生态格局与城市景观生态格局相互连接的重要联系，乡村廊道体系是乡村景观生态规划重要内容。乡村廊道的类型主要有：

(1) 河流与溪流。河流是乡村最主要的自然廊道，包括季节性河流、常年径流量河流和改道废弃的河流等。河流的功能主要承担泄洪通道、乡村水源、排放通道、乡村游憩休闲通道的功能。同时，由于乡村河流自然堤岸的局限性，河流往往是造成乡村洪水灾害的重要原因，从而深刻影响乡村的生产和生活。

(2) 大型林带。大型林带有人工林带和自然林带两种，人工林带主要是乡村基于特定功能的人工建设，在空间上呈现出带状分布特征，如基于洪水防护或风沙防护的林带（图 8-14）。自然林带主要是沿自然河流、溪流、断裂带或低地出现的林带。

(3) 过境的各级公路网络。乡村往往是高速公路、国道、省道、铁路以及乡村道路的分布空间（图 8-15）。由于高速公路、铁路带有封闭的防护栏的特殊性，在景观生态上不仅具有较高的隔离程度；同时高速公路和铁路两旁的林地形成较完整的通道。其他道路的隔离性相对较弱。

(4) 高压通道。高压通道是对乡村生产和生活影响较大的通道类型，高压通道两侧各 50m 的空间范围内的生产生活受到严格的限制，直接影响乡村景观生态的格局。

(5) 农田防护林带（图 8-16）。农田防护林带

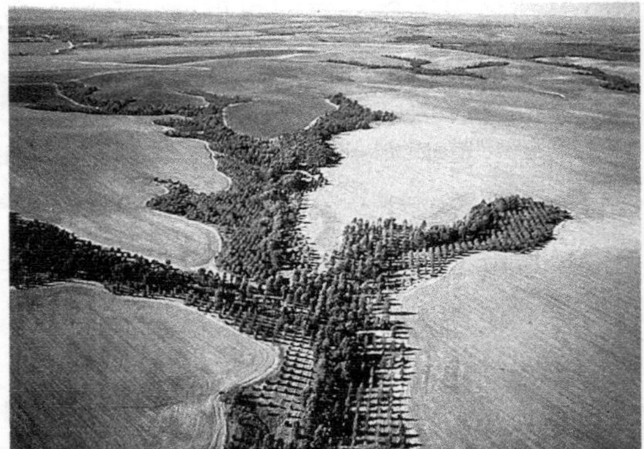

（上）图8–14 结合地形规划设计乡村景观廊道

（中）图8–15 英国通往大湖区的乡村公路

（下）图8–16 农田防护林带

将农田分割成为大小相同，形态规则的农田斑块，林带对斑块内的作物起到防护作用的同时，林带相互连接形成一个网络特征明显的林带网络，如果林带具有一定的宽度，同时林带采用垂直结构进行设计，农田防护林网具有良好的生态通道作用。

乡村廊道体系规划关键在于：

（1）保护廊道的完整性和连接性。

（2）对于自然廊道应尽可能保护廊道的自然性和原生性。

（3）在廊道规划中保持廊道的宽度。廊道狭窄，则廊道内的物种只可能是边缘种；而廊道越宽，在廊道中心就可以形成比较丰富的内部种，更有利于形成廊道的物种多样性，扩大廊道的生态效应。

（4）廊道的设计在于形成不同等级和不同作用的生态联系网络。单一而孤立的廊道往往仅仅成为一个通道，而廊道网络则将生态作用扩展到城市的每一个空间，对城市景观生态格局具有重要意义。

（5）乡村廊道必须担负起自然景观与城市相互连接的桥梁，保障了城市——区域景观格局中生物过程的完整。

（6）乡村廊道的规划设计还注重乡村防灾功能。以河流为主形成的洪涝灾害成为乡村廊道灾害的主要类型，河流廊道的生态功能与安全功能成为河流景观生态规划设计的重要导向。

（7）由于廊道呈线性延伸，廊道的生态作用可以沿线性空间深入到农田内部的同时；充分利用廊道的延伸性，将廊道沿线分散的斑块或小型廊道通过人工途径进行连接，形成一个更宽的廊道作用带，将生态作用在纵深扩散的同时横向扩散。

第四节　诸暨市直埠镇乡村文化景观空间保护规划

一、区域特征与社会调查

直埠镇是浙江省诸暨市北部的乡镇，镇域面积 58.9km^2，呈现出东部河谷平原，西部丘陵山地的两大单元地貌组合，两者各占50%。村庄多分布在山前阶地上，呈现出南北带状分布特征（图8-17）。2005~2007年间，直埠镇由2005年31个村合并为2007年11个村，人口27577人，其中农业人口占66.7%。年工农业总产值近20亿元，其中工业占91.5%。农民年人均纯收入9803元。近年来，区域发展较快，城镇规模和集中度大幅提高，城镇化进程加快；第三产业农村劳动力增加幅度明显，商业化发展迅速；耕地面积变化不大，农田基质特征稳定；工业总产值增加明显，工业化加速；人均收入和社会固定资产增

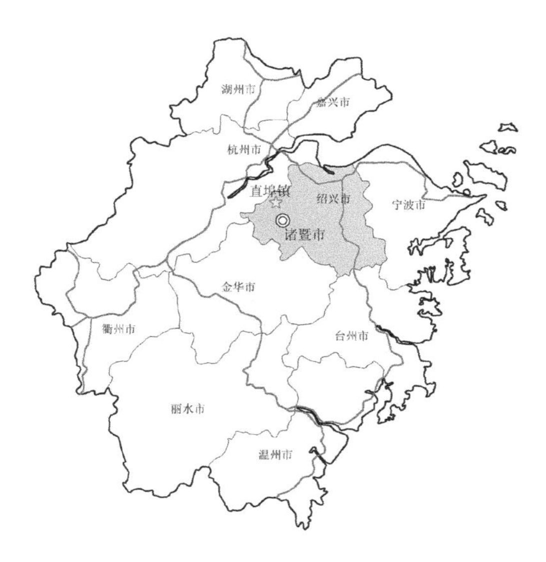

图8–17　直埠镇在浙江省内的区位图

长迅速提高，农村现代化进程加快。快速发展的城镇化、工业化和生活现代化进程，对区域文化景观构成了较大的冲击，彻底改变着区域景观格局。这里历史文化悠久，是以越文化为主体的吴越文化交融区，传统村落分布广泛，传统文化景观更是区域景观的重要特征。但是区域经济的快速发展，正快速改变原本均质和稳定的文化景观，呈现出快速破碎化特征。传统文化景观的破碎化一方面形成了与传统共存的多元景观，另一方面使得传统文化景观的整体性遭到破坏。

二、文化景观空间特征及其破碎化现象

1. 直埠镇文化景观空间分布特征

直埠镇文化景观基质统一于更大尺度的直埠镇及周边地区的景观基质：林地——农田（旱地，水田），整个景观空间分布特征如下（图 8-18）：

（1）整个区域以林地—旱地—水田为主体的基质具有较强的渗透性。农田（旱地—水田）空间分布比较完整并向林地空间渗透，林地空间较明显地划分为西北面和南面 2 块，且西北面的林地较完整，南面的相对面积较小的林地向东北面渗透。

（2）斑块类型较丰富。各种斑块共计 14 类。斑块数目多，斑块破碎化程度较高。将斑块类型按数量的对应结构分为 4 个等级：30% 以上的为 1 级，20%~30% 为 2 级，10%~20% 为 3 级，10% 以下为 4 级。破碎化程度，不同级别对应不同的破碎化程度。1 级仅是现代建筑空间；2 级的斑块类型为空缺；3 级的斑块类型共 3 个（传统建筑空间、草地、水塘）；4 级的斑块类型所占比例最大，共 10 个。

（3）廊道类型主要分为生物廊道、自然廊道和人工廊道 3 类。生物廊道沿自然廊道分布，被人工廊道分隔是其数量增加的主要原因；人工廊道共计 92 条。

从 2005 和 2007 年的对比来看，直埠镇景观的总体格局变化不大，但内部景观变化差异较大，是直埠镇景观格局变化的总体特征。

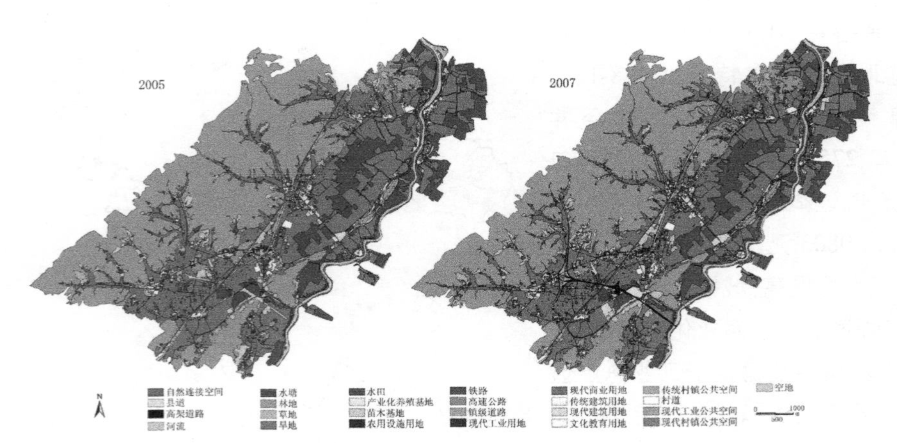

图8–18　直埠镇文化景观综合镶嵌图

（1）直埠镇中心区域紫草坞村主要变化呈现出现代建筑空间对传统建筑空间的大面积吞噬和现代商业用地大规模的发展。

（2）桌山村的变化主要是现代建筑空间的扩建，使两个分散的居民点进一步连接，增加了综合性居民地的规模。

（3）俞贯村的面积虽然较小，但现代工业用地和现代建筑空间面积的增加，空地的面积也增加。

（4）姚公埠村的变化较小，主要是一定范围内现代建筑空间和空地的增加。

（5）赵源村的变化集中在一个线型地区上表现出来的现代商业用地发展和现代建筑空间扩张。

（6）霞浦村北部工业的发展带来的现代工业用地和空地的增加；南部地区苗木基地转化成农田和空地的现象。

（7）孙郭村的主要变化是东面与霞浦村交错带现代建筑空间的大规模扩建，同时引起的空地面积的增加。

（8）上联村的主要变化则是高架的修建所带动的现代建筑空间和草地的扩展，占用农田和林地造成综合性居民地规模的扩大。

（9）祝谢村在高速公路两侧形成了大量空地和草地。

（10）直埠村则是以现代商业用地发展为中心的现代工业用地和现代建筑空间的发展。

2005~2007 年直埠镇景观斑块—廊道—基质镶嵌特征变化主要特征（图 8-19、表 8-3）：

（1）林地——农田（旱地，水田）构成的景观基质基本保持不变。林地和旱地的数量有小幅度增加，水田数量小幅减少。

（2）斑块类型稳定，保持 14 个斑块类型，其中 93% 的斑块动态特征明显。以最小面积 67m^2 的斑块规模统计，现代工业公共空间斑块数量增加 27.5%，斑块密度增加 71.4%，破碎度增加 123%；同时受现代农业的影响，水塘数量增加 11.6%，斑块密度增加 16.1%，破碎度增加 30.7%；现代村镇公共空间斑块数量增加 5.5%，斑块密度增加 20.5%，破碎度提高 26.9%；农业设施用地斑块数量增加 14.6%，斑块密度增加 6.2%，破碎度增加 21.8%；空地数量增加 20.8%，斑块密度不变，破碎度增加 12.5%；草地斑块数量增加 8%，斑块密度下降 3.7%，破碎度增加 3%；现代建筑空间斑块数量增加 10.6%，斑块密度下降 8.5%，破碎度增加 1.4%；现代商业用地斑块数量增加 5%，斑块密度下降 8.3%，破碎度下降 6.3%。传统性斑块的数量大多呈现出下降趋势，其中产业化养殖基地斑块数量增加 16.7%，斑块密度下降 50%，破碎度下降 25%；传统建筑空间斑块数量下降 15.3%，斑块密度下降 8.3%，破碎度下降 22.6%；传统村镇公共空间斑块数量下降 7.8%，斑块密度下降 6.5%，破碎度下降 14%；苗木基地斑块数量下降 38.5%，斑块密度却增加 75%，破碎度没有变化。从斑块动态

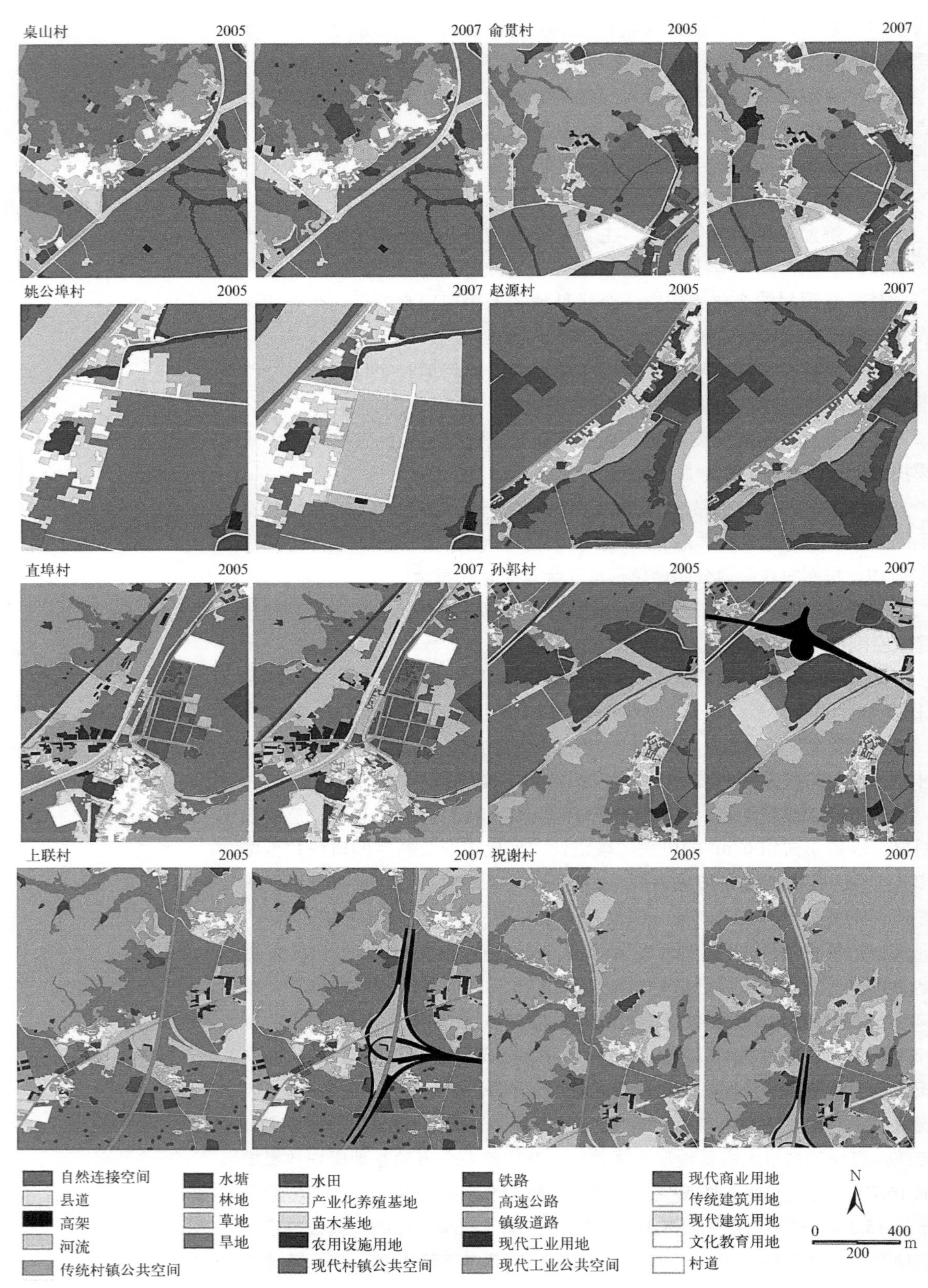

图8-19 主要村庄的文化景观镶嵌体变化特征

2005～2007年直埠镇文化景观特征及破碎度比 **表8–3**

景观类型	文化景观斑块类型	2005年						2007年						对比
		数量	结构	面积（m^2）	平均面积	斑块密度指数	破碎度	数量	结构	面积（m^2）	平均面积	斑块密度指数	破碎度	
斑块	水塘	413	11.7%	671186	1625	0.00062	0.2535	461	12.4%	639888	1388	0.00072	0.3314	↑
	草地	485	13.7%	1808986	3730	0.00027	0.1298	524	14.1%	2049147	3911	0.00026	0.1337	↑
	产业化养殖基地	6	0.2%	71270	11878	0.00008	0.0004	7	0.2%	166189	23741	0.00004	0.0003	↓
	苗木基地	13	0.4%	332686	25591	0.00004	0.0005	8	0.2%	111236	13904	0.00007	0.0005	=
	农业设施用地	130	3.7%	66685	513	0.00195	0.2515	149	4.0%	71931	483	0.00207	0.3064	↑
	现代工业用地	84	2.4%	140633	1674	0.00060	0.0496	95	2.6%	181688	1913	0.00052	0.0491	↓
	现代商业用地	80	2.3%	219643	2746	0.00036	0.0288	84	2.3%	257764	3069	0.00033	0.0270	↓
	传统建筑空间	635	17.9%	883546	1391	0.00072	0.4558	538	14.5%	818999	1522	0.00066	0.3528	↓
	现代建筑空间	1151	32.5%	1411648	1226	0.00082	0.9380	1273	34.3%	1702468	1337	0.00075	0.9514	↑
	文化教育用地	5	0.1%	135740	27148	0.00004	0.0001	5	0.1%	135486	27097	0.00004	0.0001	=
	传统村镇公共空间	230	6.5%	297623	1294	0.00077	0.1770	212	5.7%	293805	1386	0.00072	0.1522	↓
	现代村镇公共空间	109	3.1%	277735	2548	0.00039	0.0423	115	3.1%	244282	2124	0.00047	0.0537	↑
	现代工业公共空间	29	0.8%	205607	7090	0.00014	0.0039	37	1.0 %	153618	4152	0.00024	0.0087	↑
	空地	168	4.7%	1352073	8048	0.00012	0.0208	203	5.5%	1751609	8629	0.00012	0.0234	↑
	合计	3538	—	7875061	—	0.00045	—	3711	—	8578109	1388	0.00043	—	—
廊道		2005年						2007年						—
	廊道类型	长度（m）		面积（m^2）		廊道密度指数		长度（m）		面积（m^2）		廊道密度指数		
	自然连接空间	70013		947011		0.074		70776		997663		0.071		↓
	县道	24840		219347		0.113		25878		223859		0.116		↑
	河流	47806		1041838		0.046		46027		1022862		0.045		↓
	铁路	18688		155722		0.120		18452		152944		0.121		↑
	高速公路	10742		95527		0.112		10742		95527		0.112		=
	镇道	47321		221671		0.213		47509		225355		0.211		↓
	村道	271454		703284		0.386		284628		750034		0.379		↓
	高架	—		—		—		15454		282096		0.055		=
	合计	490864		3384400		0.145		519467		3750340		0.139		↓
基质	农田（旱地）			16981215						16987915				
	农田（水田）			5630286						6064923				
	林地			25029038						23538713				
综合体特征		斑块总数量	镇域面积（km^2）	斑块总面积（m^2）	最小斑块面积（m^2）		斑块破碎度	斑块总数量	镇域面积（km^2）	斑块总面积（m^2）	最小斑块面积（m^2）		斑块破碎度	
		3538	58.9	7875061	67		0.0301	3711	58.9	8578109	67		0.0290	↓

来看，工业用地、水塘、现代村镇公共空间、农业设施用地和空地类型的变化是破碎度加剧的重要动因，而产业化养殖基地、传统建筑空间、传统村镇公共空间、现代建筑空间成为破碎度降低的主要动因。在这两种类型斑块动态的作用下，直埠镇景观格局的整体性有小幅改善，景观破碎度小幅下降。

（3）包括新增高架人工廊道共计 8 个廊道类型，总数量增加 14.6%。除自然廊道河流的数量基本无大变化外，人工廊道增加 15.2%，生物廊道增加 14.7%。

2. 文化景观空间破碎化分析与评价

（1）从镇域景观的斑块密度指数来看，2007 年（0.00043）比 2005 年（0.00045）的总斑块密度指数稍有下降 4.4%。斑块密度指数上升的斑块有水塘、苗木基地、农业设施用地、现代村镇公共空间和现代工业公共空间共 5 种斑块类型；斑块密度指数下降的斑块有草地、产业化养殖基地、现代工业用地、现代商业用地、传统建筑空间、现代建筑空间和传统村镇公共空间共 7 种斑块类型；斑块密度指数保持不变的斑块有文化教育用地和空地 2 种斑块类型。

（2）从廊道密度指数来看，2007 年（0.139）比 2005 年（0.145）的总廊道密度指数下降 4.1%。除新增高架廊道外，高速公路的廊道密度指数无变化；廊道密度指数下降的主要原因是自然连接空间、溪流等自然廊道被侵占；同时现代建筑空间和设施空间挤占镇道和村道，使得部分道路名存实亡；廊道密度指数上升的廊道有县道和铁路 2 种。

（3）从镇域文化景观破碎度来看，2007 年的破碎化程度（0.0290）低于 2005 年的破碎化程度（0.0301）。主要原因在于推进村庄合并，村庄的完整性进一步改善的原因。其中，斑块破碎化指数呈上升的斑块有水塘、草地、农业设施用地、现代建筑空间、现代村镇公共空间、现代工业公共空间和空地 7 种斑块类型；斑块破碎化指数呈下降的斑块有产业化养殖基地、现代工业用地、现代商业用地、传统建筑空间和传统村镇公共空间 5 种斑块类型；苗木基地和文化教育用地的破碎化程度没有变化。

三、乡村文化景观空间破碎化演化过程

1. 乡村文化景观空间破碎化的主要动力因子

直埠镇文化景观破碎化演化过程中的主要因子是以斑块动态为单位来考虑的，通过对 14 种斑块类型 2005~2007 年的空间分布特征（11 个村的主要变化斑块项）、斑块密度指数和破碎化指数的对比整理，对其进行综合分类。

（1）指数“都上升”类的斑块类型说明在 2005~2007 年间此类斑块的破碎化程度处于加剧和进一步深化的过程中，属于破碎化推进型斑块，是文化景观保护的控制性斑块。这类斑块共有水塘、农业设施用地、现代村镇公共空间和现代工业公共空间 4 种。

（2）指数“都下降”类的斑块类型说明在 2005~2007 年间此类斑块的破碎化程度处于逐步修复破碎化和促进连接性提高的斑块，在文化景观保护中属于优化斑块。这类斑块共有产业化养殖基地、现代工业用地、现代商业用地、传统建筑

空间和传统村镇公共空间 5 种。

（3）指数"一上一下"和一上 / 一下或相等类的斑块类型说明在 2005~2007 年间此类斑块的破碎化程度的增减趋势处于不完全确定状态，是阶段性比较稳定的斑块，在文化景观保护中属于维持和调整型斑块。

（4）从斑块动态的重点因子来看（表 8-4），7 种斑块类型是景观格局变动特征明显的斑块，是破碎化研究的重要参考要素。其中，现代工业用地、现代商业用地和传统建筑空间变化三个斑块类型是影响并导致 2007 年较 2005 年的总体破碎化程度降低的主要 3 个动态因子。

2. 因子变化的主要特征与机理

从破碎度降低的主要斑块动态来看，现代工业用地破碎化程度降低了 0.0005，现代商业用地破碎化程度降低了 0.0018，传统建筑空间破碎化程度降低了 0.103。这三类斑块在直埠镇景观格局的完整性过程中奠定了最主要的功能。从 2007 年和 2005 年斑块数量、总面积、平均面积和最小斑块面积的比较来看：

（1）现代工业用地破碎化程度降低的主要因素是 2007 年新增的此类斑块大多具备一定的规模，即斑块数量虽有增加，但总斑块面积和平均斑块面积上升的幅度更大。

文化景观破碎化演化的主要因子 **表8–4**

景观类型	斑块动态重点因子	斑块密度指数对比	破碎化指数对比	综合分类	破碎度变化重点因子
水塘		↑	↑	↑ ↑	
草地	★	↓	↑	↑ ↓	
产业化养殖基地		↓	↓	↓ ↓	
苗木基地	★	↑	=	=	
农业设施用地		↑	↑	↑ ↑	
现代工业用地	★	↓	↓	↓ ↓	●
现代商业用地	★	↓	↓	↓ ↓	●
传统建筑空间	★	↓	↓	↓ ↓	●
现代建筑空间	★	↓	↑	↑ ↓	
文化教育用地		=	=	=	
传统村镇公共空间		↓	↓	↓ ↓	
现代村镇公共空间		↑	↑	↑ ↑	
现代工业公共空间		↑	↑	↑ ↑	
空地	★	=	↑	=	

注：都上升（↑ ↑）、都下降（↓ ↓）、一上一下（↑ ↓）、一上 / 一下或相等（=）。

（2）现代商业用地破碎化程度降低的主要因素是在 2005 年的现代商业用地上，2007 年进行的大规模扩建，导致的此类斑块面积的扩大。

（3）传统建筑空间破碎化程度降低的主要因素是一些小型传统建筑空间斑块被现代建筑空间完全取代，或大型传统建筑空间斑块只是局部被现代建筑空间侵蚀，导致的 2007 年此类斑块数量较 2005 年减少了近 100 块，在空间上形成了现代建筑空间和传统建筑空间各自相对集中连片的集中分布格局。虽斑块总面积一定程度减少，但平均斑块面积增加幅度较大，斑块集中度明显提高，最终带来此类斑块破碎化程度明显降低。

四、乡村文化景观空间保护规划

1. 文化景观空间网络规划

这项研究只是以中观层面的一个镇域空间为典型的传统地方文化景观的空间保护，作为立足微观层面逐步放大建立宏观层面文化景观保护体系的尝试，建立整体人文生态系统和文化景观空间体系保护模式。

（1）在镇域空间上以村级空间为单元，建立文化景观空间的节点。但是乡村经济的快速发展和大规模基础设施建设使文化景观空间保护的基本单元受到巨大的冲击，因此首先依据破碎度理论建立村庄景观斑块动态属性特征，区分主动斑块、被动斑块和中性斑块，并对应划分控制性斑块、优化性斑块和调整型斑块，通过控制斑块动态建立符合整体景观格局优化的斑块调整途径。

（2）以村级文化景观保护区域为节点，建立文化景观保护的缓冲空间体系，附着在核心保护区多的外围；同时建立廊道空间将各村庄连接在一起，形成传统文化景观空间网络体系。

（3）依据文化景观空间的类型和特征确定缓冲空间的长度、宽度和类型，缓冲空间可以是自然景观、农田、人工湖、绿化带和城市或乡村公园。文化景观空间必须被足够深度的缓冲空间包围，缓冲空间亦以网络的形式存在。所以，在镇域空间上形成传统文化景观网络、缓冲空间网络和现代景观网络共同存在和相互交织的格局，但每个网络都有自己独立的空间和存在形式。

2. 文化景观空间整合规划

基于直埠镇文化景观破碎度分析，调整文化景观适度集中与分散的格局特征。直埠镇文化景观破碎化的主要原因在于文化景观与现代景观相间分布，相互渗透，零星无序生长，呈现出传统文化景观高度破碎化特征和分散有余集中不足的景观格局。借城镇化过程和村庄合并的机遇，推动文化景观斑块类型的合并和重组，降低文化景观斑块的破碎化。

（1）建设综合性居民地。在中部紫草坞村——直埠村、北部的巨堂——姚公埠、南部的霞浦——孙郭建立综合性居民地。综合性农村居民地是依托原有的中心村，进一步扩大中心村的规模，增加村民集聚，强化现代城镇服务功能；

（2）对部分传统村落进行调整，减少现代景观斑块的成分，保留传统文化景观村落斑块格局和原有规模，将移除的部分空间转化成为缓冲空间；

（3）恢复溪流、田间道路、绿茵地、水塘、灌木林地、果园等斑块类型，建立直埠镇传统文化景观的廊道和踏脚石系统。

3. 景观组分整合规划

直埠镇景观组分构成中推动景观破碎化的主动因子主要是现代工业用地、现代商业用地、现代建筑空间和空地转换；被动因子主要包括传统建筑空间、传统村落公共空间等，往往是主动因子主要冲击的对象；中性因子主要包括一些自然景观空间、草地、苗木基地和教育用地等类型（图 8-20）。

（1）主动因子类的斑块类型正确地发展可降低景观的破碎化，新增斑块需具备一定规模，在原斑块基地上扩建并增大面积，合并村与村的共享资源，对现有同类小斑块合理进行合并和规整。

（2）被动因子是需要注意保护的对象（如传统建筑空间），保证此类斑块在主动因子冲击下的稳定性和区域范围内此类斑块的延续性。同时，应避免主动因子类的斑块（如现代建筑空间）大规模地或无序地以孔隙形式介入被动因子斑块中。防止周边小面积传统文化景观斑块与核心斑块分离，杜绝孤立化和小型化，维持传统文化的连续性。

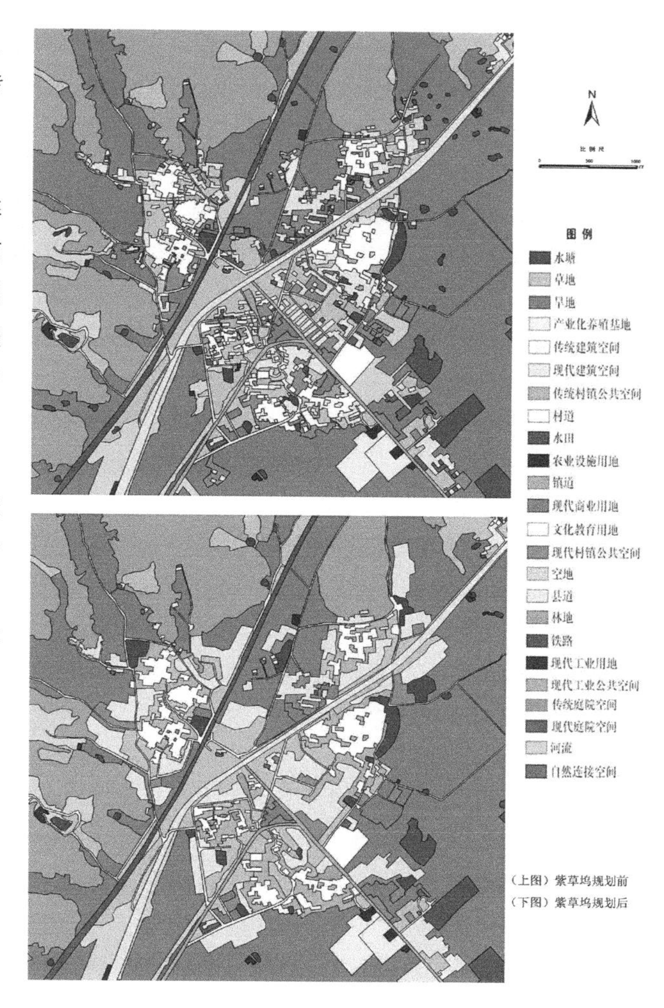

图8-20　直埠镇紫草坞村文化景观空间格局规划前后对比

（3）广泛设置中性斑块，对孔隙介入、斑块移入、通道节点等方式将中性斑块渗透入被动斑块中，形成两种斑块的相互渗透和融合；同时在被动因子的外围空间扩大中性斑块的规模和延续性，保护传统文化景观斑块类型内部的稳定性。

破碎化和孤岛化是文化景观广泛存在的客观现象，是现代化发展中必然会呈现出的发展矛盾之一。破碎度是协调传统文化保护与现代发展研究的重要切入点和途径。破碎度的高与低直接揭示文化景观的空间格局特征和区域现代化进程，低破碎度标志着文化景观空间的完整性和均质性，同时也标志着落后的区域发展水平；与此相反，高破碎度则标志着因高度现代化过程导致文化景观空间的高度破坏。

（1）文化景观空间保护不能仅仅追求较低的破碎度，否则将制约区域的可持续发展，应将破碎度、城市化率、工业化指数、GDP 等一起，建立满足多目标发展的可持续体系；

（2）在推进区域发展的同时，合理布局和规划工业用地、城镇建设用地、农业生产用地和城乡生态用地等，立足较小的影响和较低的破碎化代价。

（3）对已经破坏的区域，以降低破碎度为原则和目标，可以通过土地整理、城镇再生、村镇合并、用地置换等途径调整景观组分、结构和格局，实现文化景观空间的保护。

（4）协调文化景观网络、现代景观网络、生态网络和缓冲空间网络，使每个网络相对独立又相互交织，是分散零星的传统文化景观空间连接为一个网络整体，既有助于降低破碎度特征而实现保护，又有利于区域的现代化发展。

第九章 格局—过程—界面的生态规划设计

第一节　自然格局的整体性规划设计

一、景观格局的内涵

1. 景观格局的概念

景观是一个由不同生态系统组成的镶嵌体。对于任何一个景观而言，不管其性质如何，其组成都可以分为斑块（Patch）、廊道（Corridor）和基质（Matrix）三种基本景观要素。斑块是在外貌上与周围地区（基质）有所不同的一块非线型区域，廊道是与斑块相区别的线形或带形区域，基质则是范围广大、连接度最高并且在景观功能上起着优势作用的景观要素类型。这三种景观要素的数量、大小、类型、形状及在空间上的组合形式就构成了景观格局或景观空间结构。景观格局的特征和空间关系可以通过一系列景观指数和空间分析方法加以定量化。景观生态学注重于研究空间格局的形成、动态以及与生态学过程的相互关系，这也是景观生态学区别于其他生态学学科的显著特征之一。景观生态规划中的格局是指空间格局，广义上讲，它包括景观组成单元的类型、数目以及空间分布与配置。空间格局可粗略地描述为随机型、规则型和聚集型。景观格局是景观异质性的具体表现，同时又是包括干扰在内的各种生态过程在不同尺度上作用的结果。景观格局就是斑块镶嵌景观的规律性，这种规律性就是景观的尺度特征、多样性、异质性和整体性。

2. 景观格局的类型

从结构上，景观格局可以分为点格局、线格局、网格局。点格局是指特定景观类型的斑块大小相对于它们之间的距离要少得多的一种景观类型；线格局是指景观要素呈长带状的空间分布形式；网格局是点格局与线格局的复合体。景观要素在空间上的分布经常是有规律的，形成各种各样的排列形式，称为景观要素构型（Configuration），从景观要素的空间分布关系上，最为明显的构型有五种，分别为均匀型分布格局、团聚式分布格局、线状分布格局、平行分布格局和特定组合或空间联结。

（1）均匀型分布格局。是指某一特定类型的景观要素间的距离相对一致。如我国北方农村，由于人均占有土地相对平均，形成的村落格局多是均匀地分布于农田间，各村的距离基本相等，是人为干扰活动形成的斑块最为典型的均匀型分布格局。

（2）团聚式分布格局。指同一类型的斑块聚集在一起，形成大面积分布。如在许多热带农业地区，农田多聚集在村庄附近或道路一侧；在丘陵地区，农田往往成片分布，村庄聚集在较大的山谷内（图 9-1）。

（3）线状分布格局。指同一类型斑块呈线形分布。如房屋沿公路零散分布或耕地沿河流分布的状况。

（4）平行分布格局。指相同类型的斑块的平行分布。如侵蚀活跃地区的平行河流廊道，以及山地景观中沿山脊分布的森林带。

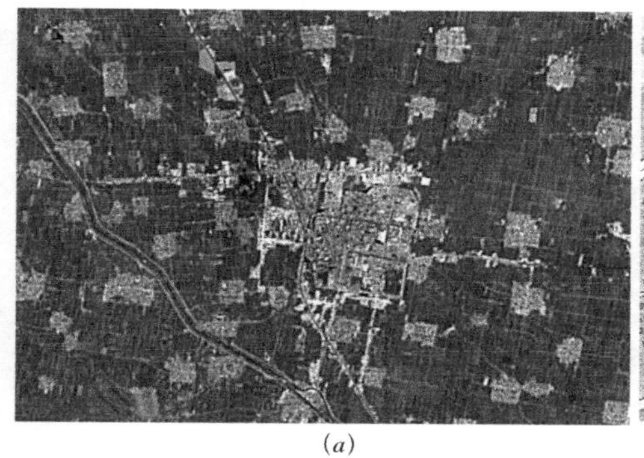

(a)

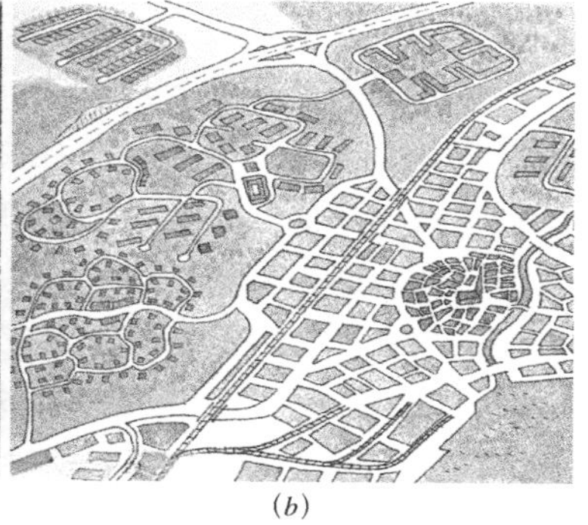

(b)

图9-1 景观格局的空间类型（一）
(a) 均匀型分布格局；
(b) 团聚型分布格局

(5) 特定组合或空间联结。是一种特殊的分布类型，大多出现在不同的景观要素之间。不同的景观要素类型由于某种原因经常相连接分布。比较常见的是城镇对交通的需要，出现城镇总是与道路相连接，呈正相关空间连接。另一种是负相关连接，如平原的稻田地区很少有大片林地的出现，林地分布的山坡不会出现水田。有的景观类型或景观要素总是相伴重复出现的（福尔曼和戈登，1986）。景观格局是环境资源空间异质性的具体体现，反映了人类活动干扰的长期效应。同时，景观格局决定景观生态过程的速率与强度。景观格局具有强烈的尺度效应，任何格局均是特定空间尺度上的格局，没有尺度就无法定义景观格局（图 9-2）。

3. 格局的多样性

格局多样性是景观生态规划重要的规律之一，是指景观类型空间分布的多样性、各类型之间以及斑块之间的空间关系和功能联系的多样性。格局多样性考虑不同类型的空间分布，同一类型间的连接度和连通性以及相邻斑块间的聚集与分散程度。格局多样性对自然保护的意义主要体现在景观生态规划和设计上。通过景观格局规划设计对生态过程进行影响，寻求合理的景观配置，提高景观物质流的利用效率和营养元素的循环效率；通过景观连接度和连通性规划设计，提高景观中各单元之间的连通性，增

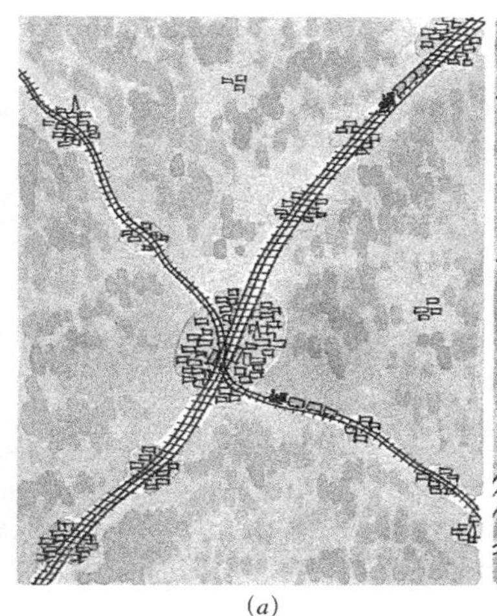

(a)

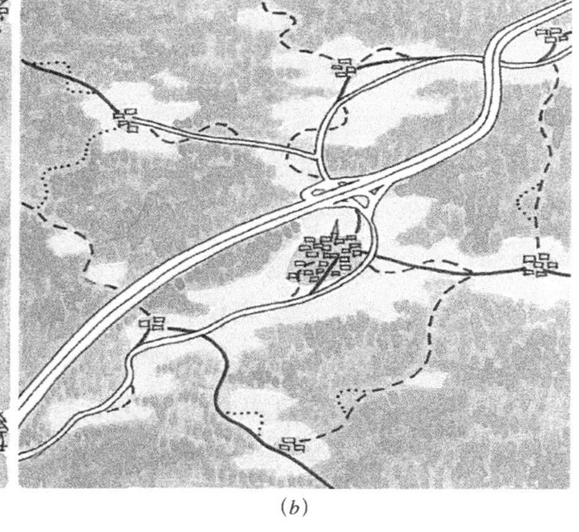

(b)

图9-2 景观格局的空间类型（二）
(a) 线型分布格局；
(b) 特定组合格局

强景观单元之间的连接度。从景观生态学角度出发，通过规划和设计不同的景观结构以达到控制景观生态功能、保护生物多样性的目的。同时，在影响生物种群的重要地段和关键点，保留生物的生境地或在不同生境地之间建立合理的廊道，抑制物种多样性的减低。道路的建设往往割断景观中动物迁移、觅食的路径，降低景观中各单元的连接度。通过景观连接度的规划，发现景观中不同景观单元所引起的作用。在动物经常出没的线路上，道路可以修建成隧道、桥梁等以减少道路对动物迁移的阻隔作用。在城市地区规划中，可以在城市远郊区的动植物园、自然保护区与野生生物群落之间建立廊道或暂息地，将被保护的动植物和自然环境斑块联系起来，不改变生物群体的生活习性。美国华盛顿州在城市规划中，就运用廊道“溪沟”将城市中零散分布的动植物公园和野外的天然生物群落直接联系起来，使野鸭从天然的分布区进入城市公园区，城市公园区的动物可通过廊道走到城市郊外，维持了良好的生物多样性，形成一个良好的、与自然和谐的城市生态环境。

二、景观格局的规划设计

根据考察对象的不同性质，可以将景观格局分为组分与组合两大类，分别对应于景观的要素水平和整体水平两个不同层面。组分的格局主要表述景观中给定土地覆被类型的空间特征，如斑块的面积、周长和斑块数等几何特征和空间分布；组合结构是一定景观上不同类型斑块的面积比例、多样性、镶嵌度、破碎化程度等空间和非空间特征。

1. 景观组分规划设计

从构成要素来看，景观组分主要包括动植物、水体、土壤、地形、人类活动等多个要素；从景观构成的空间特征来看，主要包括斑块、廊道和基质三种最基本的景观单元。景观组分的规划设计首先进行的是以要素为核心的生态系统构建，成为景观规划设计的基础。而斑块、廊道、基质是景观生态规划中最合理的空间格局进行规划设计的语言模式。

（1）斑块的规划设计。斑块大小、斑块数目、斑块形状和斑块位置的斑块设计的核心。大型斑块能够有效维持和保护物种的多样性，而小型斑块占地小，可广泛分布在人为景观中，提高景观的异质性和多样性，起到生物栖息地的作用。小斑块可为景观带来大斑块所不具备的优势，是大斑块的补充。最优的景观格局是由几个大型自然斑块组成并与众多分散在基质中的小斑块相连，形成一个有机的整体。斑块数目越多，景观和物种的多样性也就高，但数目太多同样形成景观破碎度较高的负面效应。斑块数目少，意味着物种生境减少，物种灭绝的危险性增大。对于大型动物保护区一般设置 4~5 个大型斑块，维持景观结构和功能的稳定性。斑块形状的生态学效应主要是斑块的边缘效应。一个理想的斑块应包括一个较大的核心区和一些有导流作用及与外界发生相互作用形状各异的缓冲带，与流具有相同的延伸方向。紧凑和圆形的斑块由于减少了外部影响的接触面而有利于保护内部物种，但同时也不利于与外部的生态交换。因此相邻或相连的斑块之间物种交换频繁，增强了整个生物群体的抗干扰能力，对景观生态规划设计来说，设计连续的斑块将有利于物种的扩散和保护。

（2）廊道的规划设计。主要涉及廊道的数目、廊道构成、廊道的宽度、廊道的形状等要素。廊道的数目主要是由规划区内生物通道、自然廊道和人工社会经济需求而确定的，并非廊道数目越多越好，但主要的廊道应保留一定数量规模。对于生物通道而言，廊道最好应由本地植物种类组成，并与作为保护对象的残遗斑块具有相近的物种和生境。本地物种具有适应性强，使廊道连接性增高，有利于物种扩散和迁移，同时有利于残遗斑块的扩展。廊道的宽度在于廊道所保护的对象，做到宜宽则宽，宜窄则窄。廊道在空间上的形态主要有直线和曲线两种，自然廊道多曲线，而人工廊道多直线。在景观生态规划中，直线和曲线的确定关键在于对自然过程和自然格局的整体性和对较高生态效应的追求。

2. 格局组合规划设计

景观格局组合通常具有两个重要的空间规律，分别是集中与分散的格局组合和完整与渗透的格局组合（图 9-5）。

（1）集中与分散的相结合的景观组合格局。斑块组合的空间最主要的特征就是集中与分散的格局，它不仅描述了斑块与斑块之间的空间关系，而且描述了斑块与基质之间的特定关系。1995 年福尔曼（Forman）将景观生态属性划分为大型自然植被斑块、粒度、风险扩散、基因多样性、交错带、小型自然植被斑块和廊道 7 种，在此基础上提出了基于生态空间理论的景观生态规划原则，主张集中与分散相结合的规划格局。在景观生态要素属性中，大型斑块用以涵养水源，维持关键物种的生存；粒度大小要求既有大斑块又有小斑块，满足景观整体的多样性和局部的多样性；小型斑块作为临时栖息地和避难所。①大集中而小分散的景观组合格局（图 9-3）。大集中而小分散的景观生态格局是城市景观生态的典型特征。城市绿地系统规划就是绿地斑块在整体上集中在城市有限的范围内，形成大集中的格局；同时在城市内部，各个大小不同，面积有限的绿地空间零散分布在城市的各个空间上，形成小分散的景观生态格局。分散的小斑块通过自然和人工廊道连接起来，形成城市景观生态网络。同样，在乡村景观生态格局中也存在大集中而小分散的景观格局。以大型集中的自然斑块为大集中的格局，在自然斑块和农田斑块的边缘地带规划设计相对分散的农村居住空间。一方面保持了大型自然斑块的完整性，同时又创造了居民居住空间与自然斑块的高度融合。②小集中而大分散的空间组合格局（图 9-4）。它是乡

图9—3　沿大型自然斑块和农田边缘分散分布居住处所

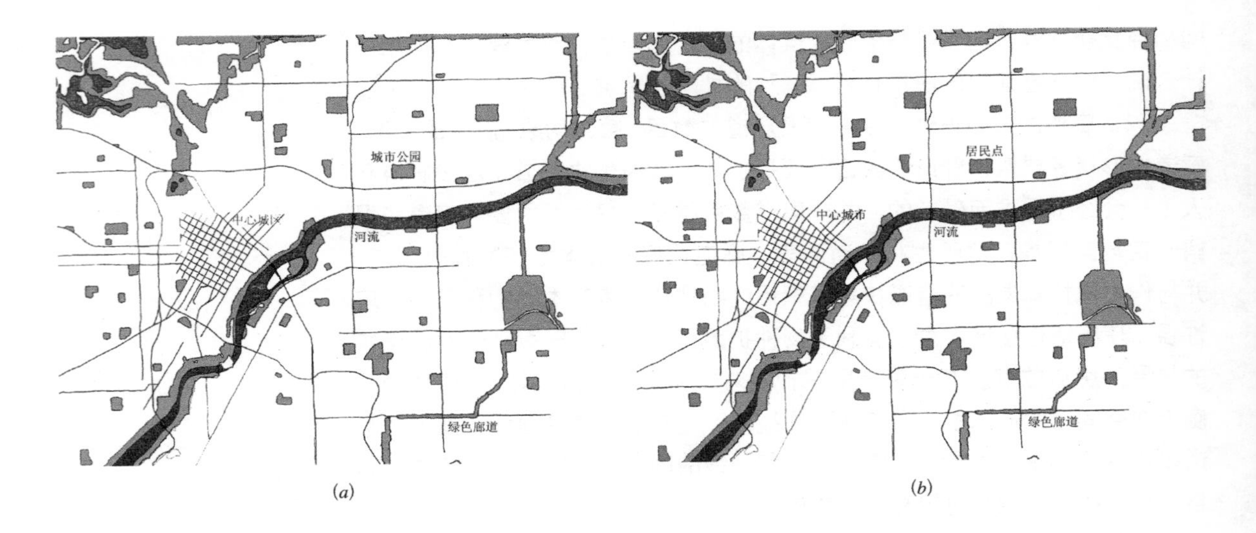

(*a*) (*b*)

图9-4（上）
（*a*）集中与分散相结合：大分散而小集中格局；
（*b*）大分散而小集中的城市郊区居民点格局

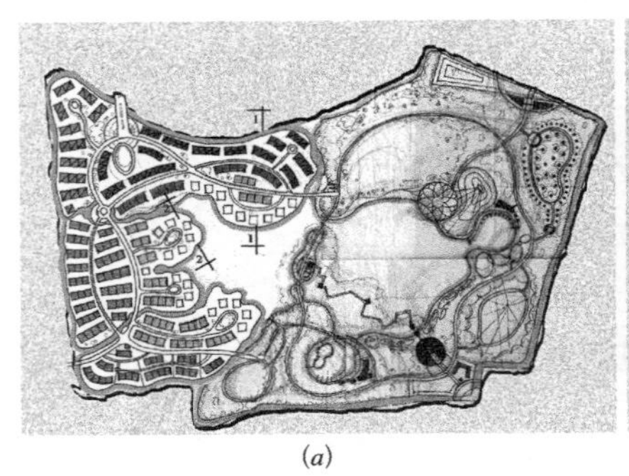

(*a*)

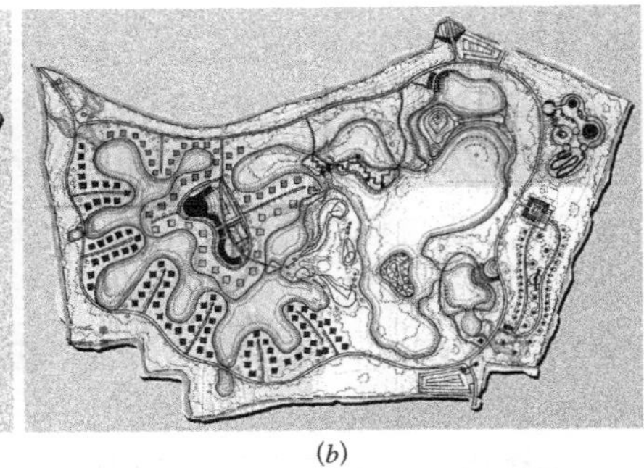

(*b*)

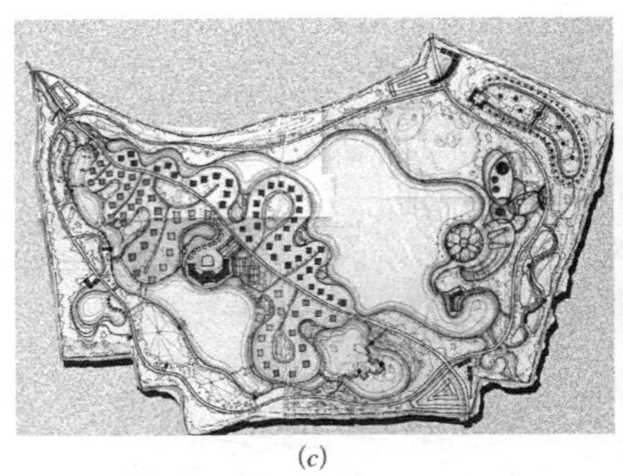

(*c*)

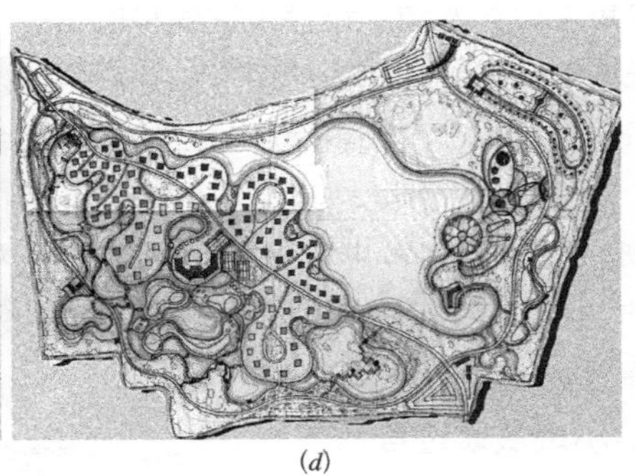

(*d*)

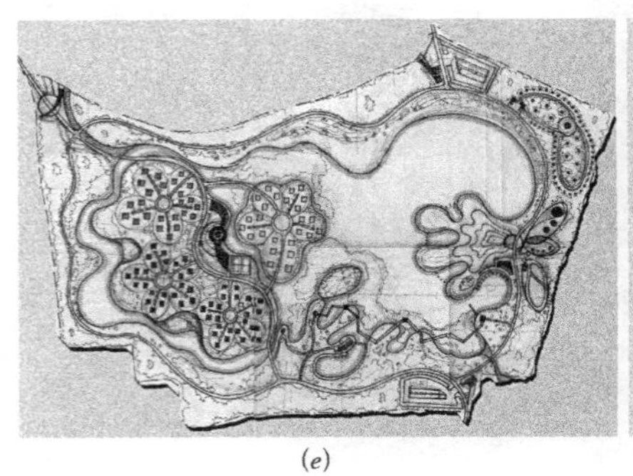

(*e*)

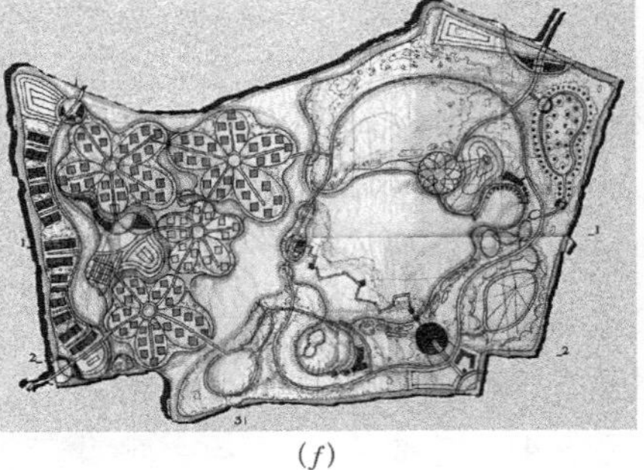

(*f*)

图9-5（下）
江南生态公园不同主题下不同的空间格局规划
（*a*）并蒂莲三山岛方案；
（*b*）昆石玲珑世界方案；
（*c*）并蒂莲出水芙蓉方案；
（*d*）并蒂莲出水芙蓉方案调整；
（*e*）琼花怒放方案；
（*f*）琼花怒放方案调整

村景观生态格局的典型特征，以乡村居民点的空间格局最为突出。由于居民点中的农民以耕作土地为经营，人均拥有的土地面积十分有限，加之农业生产不适合远距离作业，村庄人口规模决定了周边土地面积的大小，也决定了村庄之间的距离。因此，农村居民点小规模分散分布在农田基质之中；同时，在居民点内部又形成高度集中的聚落结构。

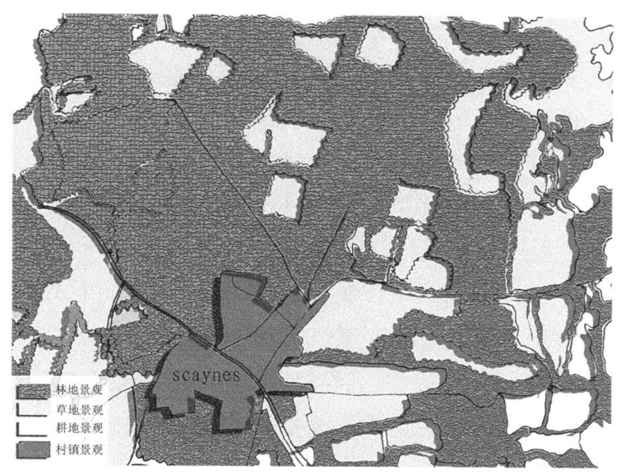

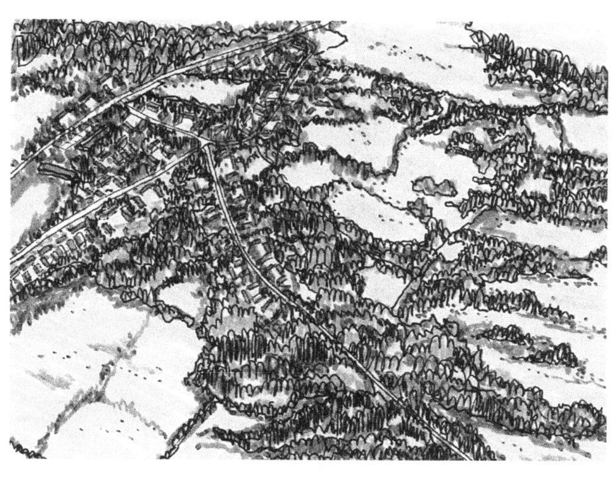

（上）图9-6 英国Scaynes小镇周边的既完整又相互渗透的乡村景观

（下）图9-7 森林向英国Shepreth小镇内部延伸形成完整与融和的格局

（2）完整与渗透的景观组合格局。在景观生态集中与分散的格局中大型斑块的完整性与其他斑块之间的相互渗透同样是重要的景观生态空间组合格局。斑块之间的渗透是丰富景观生境、景观类型、镶嵌格局的重要过程，是保护生物多样性和景观多样性的重要途径。在空间生态格局中，完整与渗透格局主要存在两种类型。①在大型的自然斑块中，景观生态规划要求保护自然斑块的完整性，同时在斑块内部形成的居民地斑块和相关的牧场、农田斑块在自然斑块中渗透，形成完整性保存，而渗透充分的格局（图9-6）。②在邻近大型自然斑块的边缘区的居民点不可能永远保留在一个分散的小规模上，有时会逐步发展成为拥有几百人的集中居住区。以英国为例，英国人的居住模式决定了几百人的居住空间必然具有一定的土地利用规模。与相邻的大型自然斑块发生大规模的联系，居住区周边的牧场和农田、高尔夫场地等成为干扰大型自然斑块的重要干扰行为。在居民区发展的过程中，部分林地被开发成为牧场，部分农田被种植成为林草地。在居民地建设中，将大型自然斑块通过分散的小斑块、人工的廊道、自然河流、农田树篱等构成完整而相互链接的带状林地和组团林地引进居住区，从而形成村庄、小镇与林地景观高度融合，既维护了居民点和自然斑块的完整，又使两种相互渗透，形成一体化的景观格局，协调、自然、美丽是这类居住区的主要特点（图9-7）。

3. 景观安全格局

景观中有某种潜在的空间格局，被称为生态安全格局（SP：Security patterns），不论景观是均相的还是异相的，景观中的各点对某种生态过程的重要性都不是一样的。其中有一些局部、点和空间关系对控制景观水平生态过程起着关键性的作用，这些景观局部、点及空间联系构成景观生态安全格局。它们是现有的或是潜在的生态基础设施（Ecological Infrastructure）。在一个明显的异质性景观中，SP组分是可以凭经验判别得到的，如盆地的水口，廊道的断裂处或瓶颈，河流交汇处的分水岭等等。但在许多情况下，SP 组分并不能直接凭经验识别到，通过对生态过程动态和趋势的模拟对景观战略性组分进行确定。

SP 组分对控制生态过程的战略意义体现在三个方面：

（1）主动优势。SP 组分一旦被某生态过程占领后就有先入为主的优势，有利于过程对全局或局部的景观控制。

（2）空间联系优势。SP 组分一旦被某生态过程占领后就有利于在孤立的景观元素之间建立空间联系。

（3）高效优势。某 SP 组分一旦被某生态过程占领后，就为生态过程控制全局或局部景观在物质，能量上达到高效和经济。从某种意义上讲，高效优势是 SP 的总体特征，它也包含在主动优势和空间联系优势之中。

以生物保护为例，典型的安全格局包含以下几个景观组分：①源（Source）。现存的乡土物种栖息地，他们是物种扩散和维持的元点。①缓冲区（Buffer Zone）。环绕源的周边地区，是相对的物种扩散低阻力区。③源间联接（Inter-Source Linkage）。相邻两源之间最易联系的低阻力通道。④辐射道（Radiating Routes）。由源向外围景观辐射的低阻力通道。⑤战略点（Strategic Point）。对沟通相邻源之间联系有关键意义的“跳板”（Stepping Stone）。除了辐射道和战略点以外，SP 的其他景观组分在景观生态学及生物保护学中多有论及。

三、自然格局整体性规划设计

1. 自然景观格局整体性的内涵

自然景观格局的整体性是景观生态规划的重要基础。主要有以下几个方面：

（1）地域连续性。景观连续性是基于生态系统连续性，是生态系统存在和长久维持的重要条件。岛屿生态系统是不连续的、不稳定的和脆弱的。由于岛屿受到阻隔作用，与外界缺乏物质流，具有较低的抗干扰性和生态恢复能力。近代已灭绝的大约 75% 是生活在岛屿上的物种。地域上的分割，将野生动植物生境不断碎化，被人工斑块包围，形成孤立的“景观岛屿”，破坏了生态系统和自然景观格局的完整性。

（2）物种的多样性。自然形成的物种多样性是生物与其环境长期作用和适应的结果。环境条件越是严酷，如干旱、高寒、多风和荒漠化地带，生态系统也就越脆弱，越不稳定。破坏了一两种物种，就可能使生态系统全部瓦解。

（3）生物组成的协调性。植物之间、动物之间以及动物和植物之间长期形成的组成协调性是生态系统结构整体性和维持系统稳定性的重要条件，协调关系的破坏，就可能破坏整个生态系统，使景观产生根本变化。在动植物之间的协调性必须保护单一食性动物的食物来源。当植物受到影响时，都会直接影响相关动物的存在。

（4）环境条件的匹配性。自然景观与景观物质环境高度统一，土壤、水和植被是构成景观的重要支柱。环境的匹配性最关键的是水分。景观直接反映出环境的水分、土壤等自然环境特征。

2. 自然景观格局整体性规划原则

自然景观格局的整体性是景观的本质特征，景观生态格局整体性规划应坚持以下原则：

（1）生态系统整体性与空间整体性统一。

（2）完整性与异质性的统一原则。景观系统同其他非线性系统一样，是一个开放的、远离平衡态系统，具有自组织性、自相似性、随机性和有序性等特征。异质性本是系统或系统属性的变异程度，而对空间异质性的研究成为景观生态学别具特色的显著特征，它包括空间组成、空间构型和空间相关等内容。异质性同抗干扰能力、恢复能力、系统稳定性和生物多样性有密切关系，景观异质性程度高有利于物种共生而不利于稀有内部种的生存。景观格局是景观异质性的具体表现，是景观完整性与适度景观干扰的统一。

（3）景观过程与格局的高度统一原则。

3. 自然景观格局整体性规划

景观是由景观要素有机联系组成的复杂系统，含有等级结构，具有独立的功能特性和明显的视觉特征，是具有明确边界、可辨识的地理实体。健康的景观系统具有功能上的整体性和连续性，只有从系统的整体性出发来研究景观的结构、功能和变化才能得出正确的科学结论。景观生态规划始终将景观作为一个整体来加以考虑，从整体上来协调人与环境、社会经济发展与资源环境、生物与非生物环境、生物与生物以及生态系统与生态系统之间的关系。景观生态规划涉及多门学科，具有高度的综合性，这意味着景观规划不再将道路、农田、工厂、住宅等单个的景观元素作为规划设计的对象，而是把构成景观的所有要素都作为景观生态规划的目标和变量来进行研究，最终使景观系统的结构和功能达到整体优化，促进景观持续、稳定的发展。所以，景观生态的规划就是要建立人与自然和谐的新秩序，改变人类与自然对立的状况，在不断变化中和不确定因素的干扰下维持景观稳定性和持续发展。

（1）自然景观格局整体性就是对基本景观格局的延续与继承。任何一个彻底改变基本景观的规划肯定不是生态规划；同样也是一个没有可行性和不经济的规划。整体性规划是在基本景观格局的基础上，依据自然过程和自然格局的特点，合理规划相应的景观空间，确定景观类型、结构、规模、位置以及相互间的有机关系。

（2）自然格局整体性的规划首先是建立在生态系统整体性设计的基础上。生态景观的整体性是在特定景观空间中多样化的生境相互镶嵌形成的具有内在性的整体的生态系统。以河谷生态系统为例，在河谷不同的生态空间，由于生境的不同和生态空间的差异，不同的种群镶嵌的河谷特定的生境内，形成具有景观特色的群落系统（图 9-8）。在山谷中不同的群

（上）图9-8 河谷植物种群与群落生态景观
（下）图9-9 河谷生态系统整体性

落最终形成河谷生态系统。它的整体性与河谷生态系统的整体性特征高度统一（图 9-9）。

（3）自然格局整体性规划体现在空间上的连续性和生态上的依存性。在自然格局整体性规划中相邻地域空间的基本格局与规划区的基本格局的连续是整体性的重要组成。同时相邻或不相邻的景观空间在生态功能上都直接或间接联系在一起，形成生态功能的依存性。自然格局的整体性是所有尺度上景观所具有的共同特征。景观生态规划必须在遵循景观整体性的原则下进行。不仅在规划时符合更大尺度景观整体性的特征，同时景观生态规划同样具有规划尺度上的整体性。

第二节　自然过程的完整性规划设计

一、自然过程的内涵

1. 过程的概念

与格局不同，过程强调事件或现象的发生、发展的动态特征。景观生态学涉及多种生态学过程，其中包括种群动态、种子或生物体的传播、捕食者—猎物相互作用、群落演替、干扰传播、物质循环、能量流动等。景观生态过程研究景观要素之间的相互联系方式与相互作用，如景观要素之间的动、植物的物种迁移，扩散规律，物质流、能流与信息流等。生态过程主要是指涉及生态系统物质循环和能量转换规律的微观过程的研究，它有别于生态系统的功能、结构、演化、生物多样性等相对宏观的内容。

生态过程重视物理规律，涉及环境生物物理、植物生理、微气象和小气候等多学科。影响景观生态过程的因素是复杂的，虽然格局对景观生态过程的影响较环境量很小，但对于理论研究却很重要，目前有好多学者在格局对景观生态过程的影响方面做了较多的研究，但只是停留在理论探讨阶段，其主要困难在于数据的难以获得，尤其是横向的通量数据。

2. 结构与过程的关系

景观结构与景观生态过程是相互依赖、相互作用的，通常景观结构决定景观生态过程，而景观结构的形成又受景观生态过程的影响。景观结构与景观生态过程以及两者之间的相互关系均是随时间而变化的。同时，对景观结构过程及其动态的认识，有助于人们规划与设计生态合理的人类活动、设计可持续的土地管理和自然资源利用方式。景观结构与生态过程的关系及其相互作用规律是景观生态规划的核心问题。

3. 格局与过程的关系

景观格局与生态过程是景观生态理论的重要内容。过程产生格局，格局作用于过程，正确理解景观格局与生态过程的相互关系是景观生态规划的关键，但是由于景观格局和生态过程涉及的尺度不同，并且随着尺度的变化而变化。加上生态过程涉及空间尺度，景观格局与生态过程之间的定量关系不明确，时空尺度和尺度转换不清楚，选择合适的景观尺度对某一生态过程进行规划还没有形成可行的理论和方法。自 20 世纪 70 年代以来，景观生态学家提出了众多的景观格局分析指数，只关注景观格局几何特征的分析和描述，但如何将景观格局指数与实际的生态过程联系起来依然缺乏依据。

4. 尺度与过程的关系

格局与过程的时空尺度化是景观生态的重点之一。尺度分析和尺度效应对于景观生态学有着特别重要的意义。尺度分析一般是将小尺度上的斑块格局经过重新组合而在较大尺度上形成空间格局的过程。在此过程中，斑块形状由不规则趋向规则，景观类型逐步减少。细尺度生态过程可能会导致个别生态系统出现激烈波动，而粗尺度的自然调节过程可提供较大的稳定性。在较大尺度上，表面的无序可提高景观生态系统的持续性而避免异质性种群的灭绝。大尺度空间过程包括土地利用和土地覆盖变化、生境破碎化、引入种的散布、区域性气候波动和流域水文变化等。在更大尺度的区域中，景观是互不重复，对比性强，具有粗粒格局的基本结构单元。景观和区域都在"人类尺度"上，即在人类可识辨的尺度上来分析景观结构，把生态功能置于人类可感受的范围内进行表述，有利于了解景观建设和管理对生态过程的影响。尺度效应表现为随尺度的增大，景观出现不同类型的最小斑块，最小斑块面积逐步增大，而景观多样性指数随尺度的增大而减小。尺度转换的核心内容是将一种尺度上或局部地区得出的景观格局与生态过程的关系，合理拓展到其他更多尺度上，了解生态现象的空间变化。

二、景观过程的判定

从景观生态规划设计的层面上来看，三种过程直接作用于生态规划，一是影响规划过程并必须适应的生态过程；二是直接支配规划格局的自然生态过程；三是可以规划设计的过程，通过对自然过程的模仿形成合理的人工干预过程。

1. 规划区域的生态过程体系

在景观生态规划中，由于规划范围的确定并非是依照生态过程完整性划分的生态区域，面对特定的规划范围必须在更大的尺度上认识与规划区域关联的整个生态过程，将自然生态过程、人文生态过程以及人地相互作用的扰动过程进行详细的分析，确定景观生态格局与景观生态过程之间的关系；或者一些特殊的生态过程所形成的格局存在的问题与走向进行评价，建立格局——过程对应关系体系。过程的认识是准确掌握规划区域自然、人文、社会、经济之间复杂关系的基础，在区分积极的生态过程和具有破坏作用的生态过程的基础上，强化积极的生态过程，调整或改善具有破坏作用的生态过程，是景观生态规划的出发点。

2. 地带性主导生态过程

在规划区域的生态过程体系中，由于规划区域不是完整的生态区域，因此一些关键的生态过程可能存在于更大、更宏观的景观尺度上，不仅决定地带性的生态规律和景观格局，同时还强烈影响规划区域的生态格局。地带性生态过程具有大尺度的共性特征，往往决定了地带性在某一因素上景观趋同性。

3. 区域性主导生态过程

与地带性主导生态过程不同的是地带性过程是景观具有某种趋同性，而区域性主导过程则是在地带性过程上叠加复合的地方性生态过程，是形成个性景观格局的主要过程。在区域景观体系中，由于区域景观格局的不同，山川大势决定了区域基本格局，奠定了区域景观格局，也同时决定了区域景观生态过程。由于景观具有极强的地方性，生态过程也具有地方性的特色。如外表看似相似的雅丹景观和丹霞景观，却有着完全不同的生态过程，前者是风蚀过程，而后者是水蚀过程。区域生态过程是景观生态规划的核心。

4. 场地性主导生态过程

通常来讲场地面积都比较小，场地往往缺乏完整的生态过程，也不具有景观的多样性特征和物种的多样性特征（图 9、图 10）。场地规划多是针对人类活动利用进行的集中小范围的土地利用规划和景观营造规划。在场

图9–10　九连环水土保持与景观生态规划

地规划中人工景观占据较大比例，而自然景观比较缺乏。无论场地面积多小，都处在一个特定的生态空间上，生态过程都对场地产生生态影响。与此同时，场地内因各种景观要素的分异也存在细小尺度的景观生态过程，如日照时数、工程地质条件、地裂缝、地下水漏斗、地表水渠或溪流、风的湍流、土壤污染、大气污染、热污染、光污染、噪声污染等，细小尺度的生态过程决定场地规划中重要的景观生态规划格局。

三、自然过程的完整性规划设计

1. 自然过程的完整性原则

景观生态学基于一个假设：在景观格局与生态过程动能之间存在紧密联系。在对景观进行生态学研究时，结构、功能和变化是景观的三大基本特征。格局可以影响景观中资源和物理环境的分布形式和组合、物种的分布和丰度等多种过程或功能；反之生态过程也会引起景观结构的变化。景观空间格局的形成和变化受到自然环境和人类活动的共同作用，它不仅体现自然、生物和社会的各种生态过程在不同空间尺度上相互作用的结果，还决定各种自然环境因子在景观空间的分布和组合，从而制约生态过程。分析景观格局的目的是了解产生和控制景观空间结构的因子和机制，比较不同的景观格局及其生态效应，最终为景观的合理利用与规划提供依据。对规划师来说，理解、规划和管理景观变化最有效的方法是了解结构和功能之间相互作用的驱动力，识别景观的主要结构组分及其主要的景观过程，建立格局和过程之间的关系，使得预期空间规划方案的生态后果成为可能。

2. 自然过程的完整性规划设计

自然过程的完整性规划的目的是要将人类聚居地建成一个高效和谐的社会—经济—自然复合生态系统，使其内部的物质代谢、能量流动和信息传递形成一个环环相扣的网络，物质和能量得到多层分级利用，废物循环再生，各部门、各行业之间形成发达的共生关系，系统的功能、机构充分协调，系统能量损失最小，物质利用率和经济效益最高。在景观结构设计时，如核心斑块、缓冲区和廊道的设计，必须首先考虑要保护目标物种的生态特性和种群最小生存能力，根据生物物种对自然环境的需求进行景观结构设计，要求从景观尺度上有利于目标种群的保护。同时，不仅要针对某一目标种群，而且也要考虑目标种群所赖以生存的景观空间，因此在景观结构设计时必须注重不同斑块之间的相互联系，建立合理的缓冲区和生境廊道等，在加强不同栖息地之间联系的同时，促进生物种群之间的基因交流，保持和提高区域的生物多样性。影响生物生存的景观因子十分复杂，在自然保护区景观结构设计时，不能仅仅考虑某一个或几个景观因子，不同景观因子在空间上的组合将直接影响到景观对物种的适应性。因此，在自然过程的完整性规划设计时，要综合考虑所有的因子及其组合类型，在景观适宜性评价的基础上，设计合理的核心区、缓冲区和生境廊道。

（1）在较大的尺度上，生态过程与景观格局多统一在一个尺度中。由于尺度较大，生态过程不仅类型众多，而且生态过程比较复杂，同时多种生态过程复合在一起，构成比较复杂的景观生态过程体系。同时由于尺度较大，因此大尺度的景观格局与生态过程表现出高度的统一性。①景观格局的完整性和连续性反映出完整的景观生态过程。以黄土高原小流域景观生态规划与整治为例，黄土高原是我国分布面积较广的一类特殊的景观，沉积深厚的黄土层在雨水的长期侵蚀形成沟壑纵横，梁茆被大大小小的冲沟严重切割，呈现出支离破碎的黄土景观格局，水土流失严重。②在形成黄土景观格局的过程中，存在的主要过程包括：一是雨水对黄土梁茆的面状剥蚀与细小冲沟的形成，这一过程将黄土表土层的熟土和土壤养分由梁茆沿山坡向下搬运，汇入细小冲沟。二是进入细小冲沟的土壤和土壤养分在经过沟谷支流继续向下搬运，而且流失量越来越大。三是流失的水土资源进入过境河流，向河流下游输送。③从完整的三个过程来看，对水土流失的治理必须具有二个环节：一是增加地表合理的植被覆盖，减少水土流失产生；二是工程截留水土流失。单从工程截留水土流失来看，根据水土流失产生的过程来看，配套生态工程包括两步：一是通过梯田截留坡地水土流失量。主要是沿垂直于坡向的根据坡度不同建设水平宽度不等的，垂直间距较小的层层梯田，对地表径流产生的水土流失经过梯田形成多次截留过程。二是在不同等级的沟谷地区建设多个垂直于沟谷的淤积坝，坝体将沿沟谷流动的水土拦截起来，并逐渐淤积，形成局部平整的淤积坝地。坝地不仅肥沃而且土壤深厚，具有较高的土地生产力。因此在较小的沟谷形成面积较小的多个坝地，在较大的沟谷形成宽阔平整的坝地。在沟谷中层层坝地相连，将水土流失大幅度减少，并形成黄土高原独特的依据生态过程规划建设的生态景观工程（图 9-11）。

（2）在较小的尺度上，生态过程与景观格局多统一在更大尺度景观中。以月牙泉为例（图 9-12），从月牙泉单一的景观格局来看，是一个与周边景观环境形成巨大反差的沙湖斑块，通常位于新月形沙丘湾内，一般具有汇水面积小，水体不稳定的特点。由于沙湖位置较低，周边沙山内的地下水沿坡向汇入沙湖而形成。月牙泉景观生态系统的脆弱性主要表现在空间狭小，景观组成单一，水体敏感，抗干扰的能力低等多个方面。月牙泉如果不能对景观干扰进行有效控制，并进行有效的生态规划保障，那么月牙泉也许会在不久的将来消失。由于决定月牙泉景观格局的生态关系是更大尺度上的景观生态格局和生态过程，因此，月牙泉的保护和维持就必须从更大尺度的景观生态过程和格局入手。

（3）细小尺度上的生态过程同样决定景观细部的特征（图 9-13）。以道路两旁的绿化带规划设计为例，道路绿化带的设计涉及绿化带在水平尺度上的宽度和垂直方向上的绿化层次，主要包括灌木层和高大的乔木层。绿化带的宽度、灌木层、乔木层高度以及采用什么树种进行绿化都由道路景观生态的细部生态过程来决定的。细小尺度上的生态过程主要有三方面，①道路作为线形生态热源，热量由道路中心向两侧扩散。绿化带的宽度直接决定了道路热源扩散的范围。因此，对不

图9-11　黄土高原小流域生态过程与景观生态规划

(*a*) 坡面绿化；

(*b*) 淤坝地拦截；

(*c*) 新建的拦截坝；

(*d*) 流域工作原理

图9-12　月牙泉脆弱的生态系统同来于外部的生态格局与过程

(*a*) 月牙泉星月形沙丘围合的地貌结构；

(*b*) 月牙泉周边农业耕作耗费大量水资源；

(*c*) 月牙泉不合理的绿化既不协调又浪费水资源；

(*d*) 周围沙丘因游人负荷过重形成的沙遛现象；

(*e*) 月牙泉景观的萎缩是不合理利用的结果；

(*f*) 人为地输水措施使月牙泉景观局部恢复

图9—13　小尺度生态过程与景观生态规划设计

同道路根据车流量设计调查不同幅度流量范围内道路热量扩散规律，确定降低1℃温度需要的绿带宽度。根据道路与周围温度差距设计出保持稳定温度的绿化带宽度。②道路交通工具产生的废气和飘尘污染不仅与道路两旁绿化带的层次高度、宽度有关，而且与绿化植物的特殊生态效应有关。废气和飘尘污染在道路两层的空气中具有不同高度污染程度和污染物不同的分层现象，根据生态检测的结果，对不同道路根据污染物类型和污染物分层规律选择对污染物具有特定吸收功能的植物和灌木，分层配置，达到设计高度和绿化带宽度，从而将重金属污染和飘尘污染降低到最低。③道路作为噪声污染源对周边环境形成影响。噪声的传播以空气为媒介，但在受到林地、墙体等阻碍物后会急剧降低。因此，依照墙体现象，将道路两侧的绿化带在保留适宜高度、宽度的基础上，设计达到一定的植株密度，能够有效减少噪声污染。道路的绿化带景观格局是由道路独特的小尺度生态过程所决定的；同时道路生态绿化带格局建成后又会影响道路的生态过程。

第三节　自然界面的延伸性规划设计

一、自然界面的内涵

1. 自然界面的概念

（1）自然界面准确的生态学理解是生态交错带（Ecotone），又称生态过渡带和生态脆弱带，是联合国第七届“人与生物圈计划”大会呼吁各国重点研究的Ecoton地带。1905年Clements将Ecotone引入生态学并定义为“两个群落的交错区”；而1971年奥德姆（Odum E.P）在《生态学基础》一书中把生态交错带定义为“两个或多个不同群落之间的过渡区”；1981年安德森（Anderson J.M）将两个不同生态系统交接处的过渡带称为Ecotone；1987年1月，在法国巴黎召开的SCOPE会议将生态交错带定义为“相邻生态系统之间的过渡带，其特征由相邻生态系统之间相互作用的空间、时间及强度所决定”；1985年SCOPE/MAB工作组依据斑块动态理论和等级结构理论将生态交错带的概念扩充为“在生态系统内，不同物质能量、结构、功能体系之间形成的界面”；1986年福尔曼（Forman R.T.T）等将景观交错带定义为“存在于相邻的不同物质景观单元之间的异质性景观，它控制着生物和非生物要素的运移”。①生态交错带是指特定尺度下生态实体之间的过渡带。在林、农、草不同生态系统之间存在着交错带，既景观界面（图 9-13），这是一个既受两侧生态系统的影响，又与它们有着明显差异的独立系统，有其自身的结构和功能。②生态交错带并不是两个生态实体的机械迭加和混合，它是两个相对均质的生态系统相互过渡耦合而构成的有别于该两种生态系统的转换区域，其显著特征为生境的异质化，界面上的突变性和对比度。相邻生态系统相互渗透、连接、区分，其内部的环境因子和生物因子发生梯度上的突变，对比度也增大。③而异质化的空间特征导致了其环境特征的相互融合与分异，形成特有的边缘小气候，对应于环境条件出现边缘生物种或特有生物种。

（2）边缘效应的主要特征有：①食物链长，生物多样性增加，种群密度提高；②系统内部物种与群落之间竞争激烈，彼此消长频率高，幅度大；③抗干扰能力差，界面易发生变异，且系统恢复的周期长；④自然波动与人为干扰相互迭累，易使系统承载能力超过临界阈值，导致系统紊乱，乃至崩溃。生态交错带的一个重要特征就是具有较高的生物多样性。生态交错带的边缘效应造成交错带内气候和景观的边缘特征，使许多植物区系成分和多种植物类型可以在其中生长，多样的植被分布又导致多种动物的迁移。

2. 交错带的定量判定

生态交错带出现在从生态区域、生物群区到群落尺度甚至更小的各个尺度水平，交错带尺度的多样性就决定了定量化技术的多元化。生态交错带是生态条件和植被类型出现不连续的区间，其边界尚无很好的方法进行界定。交错带的判定要依赖于对反应变量空间 / 时间序列变化的观察，当反应变量变化的峭度和变幅较大时，交错带是容易判定的，明显的交错带出现在控制变量发生突变的环境梯度上或出现在反应变量生态阈的边缘。但是，当反应变量梯度变化是渐变的；或者，即使变化值变化峭度较大但变幅较小时也是很难判定的。生态交错带的判定通常是主观设定阈值将梯度带划分为多个区间，但值得注意的是，有时各区间在统计上有显著差异的地方并不一定存在交错带。

交错带变化最为明显的特征是植被的变化，包括植物种类组成和植被结构的变化。最容易定义的交错带是空间位置上种类组成发生突然变化的地段。20 世纪 80 年代植被科学的数量化研究热潮和生态学界对交错带研究的重新关注推动了交错带定量判定技术的发展，植被科学的定量研究技术如利用相异系数（或相似系数）的群落结构分析、环境梯度上的 β 多样性研究、梯度分析和分类排字技术等已经被证明是成熟可靠的方法。近年来，地统计学方法、地理信息系统空间分析和景观生态学的发展为交错带的判定和定量化研究提供更为多样的手段。其中，植被科学中采用最多的是群落分类排序和多元分析技术，结合分类排序和环境因子分析将研究对象分为若干相对同质区，对植被和环境类型的研究是一种非常有效的手段，但是植被排序的方法多注重交错带的内部而较难反应交错带的边界。

二、大尺度自然界面规划设计

生态交错带大致分为陆地生态交错带、水一陆生态交错带、海陆生态交错带和海洋生态交错带 4 类。陆地生态交错带是指相邻陆地生态系统之间的过渡区，如森林——草原生态交错带、高山林线交错带是传统的研究范围。水陆生态交错带是内陆水生态系统（湖泊、河流）与陆地生态系统之间的界面，如湖周交错带、河岸交错带、源头水文交错带、地下水与地表水交错带。海陆生态交错带是指近岸海洋生态系统与陆地生态系统之间的过渡区，包括部分潮下带、潮间带和潮上带的一部分，与海岸带的范围不尽一致。海洋生态交错带定义为相邻海洋生态系统之间的过渡区，如东海与黄海就存在交错区（图 9-14）。

1. 城乡交错带

城乡交错带是在城市乡村地域体系上衍生出来的过渡性区域，是这两大区域系统相互作用、相互渗透的过渡地带，其形成与发展受到城市和乡村的双重影响，因此其区域属性兼有城市与乡村的双重特点。同时城市要素与乡村要素在这里混杂、交错并相互作用，从而形成了一些既不同于城市也不同于乡村的独特景观、结构与功能。

（1）城乡交错带对于城市的发展起着重要的作用。城乡交错带是供应城市蔬菜、副食品的重要生产基地，是城市的仓储、房地产发展地，为城市的发展服务。城乡交错带还具有缓冲城市化发展的矛盾功能。它不仅承接了市区工业区改造外迁的企业，而且对缓解交通拥挤、住房紧张等〝城市病〞起到积极作用，从而改善了城区的环境和结构。此外，城乡交错带

图9-14　辽宁省滨海发展与海岸带保护规划图

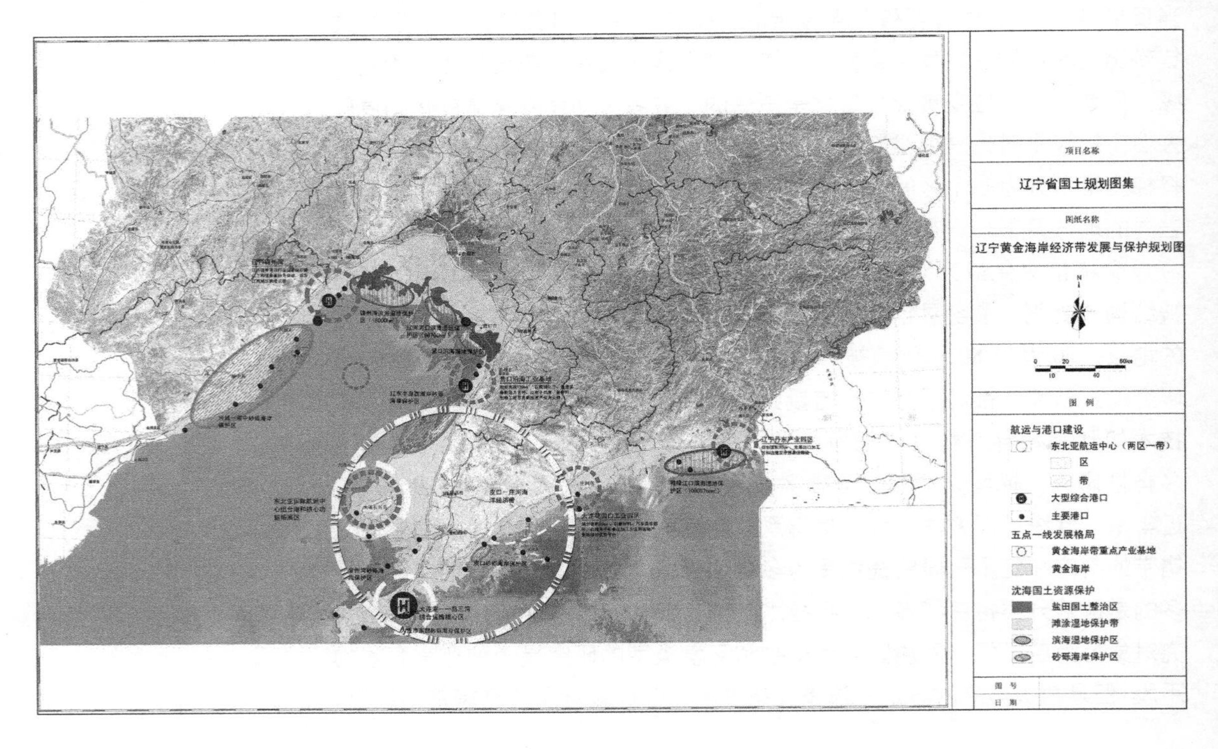

还能留住部分农转非人口，防止向城市盲目蔓延。城乡交错带内分布有大片互连的绿地和水体网络，抑制环境污染，对城市生态具有净化、美化和调节的功能，成为城市生态环境的保护屏障。

（2）城乡交错带内存在风景名胜、森林公园及富有浓郁乡土气息的景观等，是居民休闲、娱乐和旅游的理想区域。

（3）城乡交错带是城乡复合系统，既有城市的特征，也有乡村的特征。但它不是两个系统简单的叠加，而是一个不同于城市和乡村的特殊的社会——经济——自然复合系统。城乡交错带作为城市与乡村要素相互渗透、相互作用的融合地带，存在着大量的城乡交界地带，因而它具有特殊的界面效应。①缓冲效应指城乡交错带区域将城市和农村隔离为不同的景观单元，是城市化过程对农村冲击的一个缓冲地带。②梯度效应是城乡交错带的人口密度、生物多样性、经济结构、工农业污染、能耗水耗、交通网络等在空间上存在巨大的差异，生态要素变化存在着从城市端向农村端的梯度。③廊道效应是城乡交错带作为连接城乡的廊道，具有巨大的物质流、能量流、信息流、人流和资金流。④复合效应是各种生态流重新组合，形成自然和人工结合的城乡交错带景观，并且导致多样性和异质性的改变，景观聚集度增加。⑤极化效应是商业、大型公共建筑设施等会形成核心，通过同化、异化、协同等过程改变城乡交错带的景观。

2. 绿洲——荒漠交错带

荒漠化危害是我国目前最大的环境问题之一，重点集中于我国北方的生态脆弱带上，其中以农牧交错带的情形最为严重。绿洲是干旱区内一种特殊水热条件组合下形成的特殊景观，是遭受荒漠化危害最严重的景观类型之一。绿洲面积虽小，却是干旱区内人类活动最为集中的地方。在绿洲区，荒漠化的主要表现类型有土壤盐渍化与沙质荒漠化两种。其中土壤盐渍化主要发生在绿洲内部，而沙质荒漠化则主要发生在绿洲以外的区域，重点是绿洲与外围荒漠的交错地带。由于绿洲区特殊的水文条件与强烈的人类活动影响，使绿洲——荒漠交错地带沙质荒漠化发生频繁，对绿洲的生态环境构成直接威胁。因此，干旱区的荒漠化防治重点应是绿洲本身及其与外围沙漠构成的交错带，而沙质荒漠化防治应以绿洲与沙漠的交错带为主战场。在绿洲——荒漠的交错地带，存在一个环境质量上既低于绿洲又低于外围荒漠的地段绿洲界外区。不同的地区，由于其自然环境的差别，其宽度和位置也存在差异。在考虑绿洲的沙质荒漠化程度时，植被盖度、沙丘密度、灌丛沙包占地面积、灌丛沙包的裸沙率、灌丛沙包本身的发育程度等指标需联合运用。

3. 海洋生态交错带

把相邻海洋生态系统之间的过渡区域称为海洋生态交错带（Marine Ecotone）。海洋生态交错带具有生态交错带的一般特征、三维结构和功能。与陆地生态交错带比较，它的动态性更强，受水环境的作用更大更深远，其三维结构的变化发生在十多天到几年的时间尺度上。陆地生态系统的基质是土壤，生物生活在土壤和空气之中。而海洋生态系统的基质是海水，海水是海洋生命的载体。受海流、潮汐和风浪、涌浪作用的海水时刻处于运动之中，不仅有水平的，还有垂直方向的。水的运动有大尺度的定向流，也有小尺度的湍流和更小尺度的分子扩散。由于海水的运动性，海洋生态系统的生态过程强烈地受到水动力的控制，不仅生物的运动、分布、生长、繁殖，而且生物要素的生物地球化学循环也强烈地受水动力机制影响。海洋的深度可达上千米，生物的分布范围从海表直到海底。海洋生态交错带的深度可达几百米，这比陆地生态交错带几米、十几米的高度大许多。也正因为如此，海洋生态交错带的垂直研究就十分重要。垂直尺度的水动力过程不仅影响垂直方向的生态过程，也影响到水平方向的生态现象。在海洋生态交错带发生的中尺度涡影响到相邻生态系统的生态过程。垂直尺度对海洋生态交错带的巨大作用是海洋生态交错带与陆地生态交错带的主要区别之一。

4. 山地——平原交错带

山地与平原是两大不同属性的地理单元，在生态学中被划分为山地生态系统和平原生态系统（图 9-15）。在其二者相连接的过渡地带内，存在着两大系统各生态因素之间的强烈协同作用、多种应力的交互影响和相干效应。这一地带异质性强、信息量丰富，也是相对山地和平原各种自然、社会经济要素水平分布的突变地带，有着资源要素分布的最大梯度和物流能流的最大流量。这种山地与平原之间所存在的地带，称为山地与平原相互作用的交错地带。交错带自由度较高，选择余地大，人

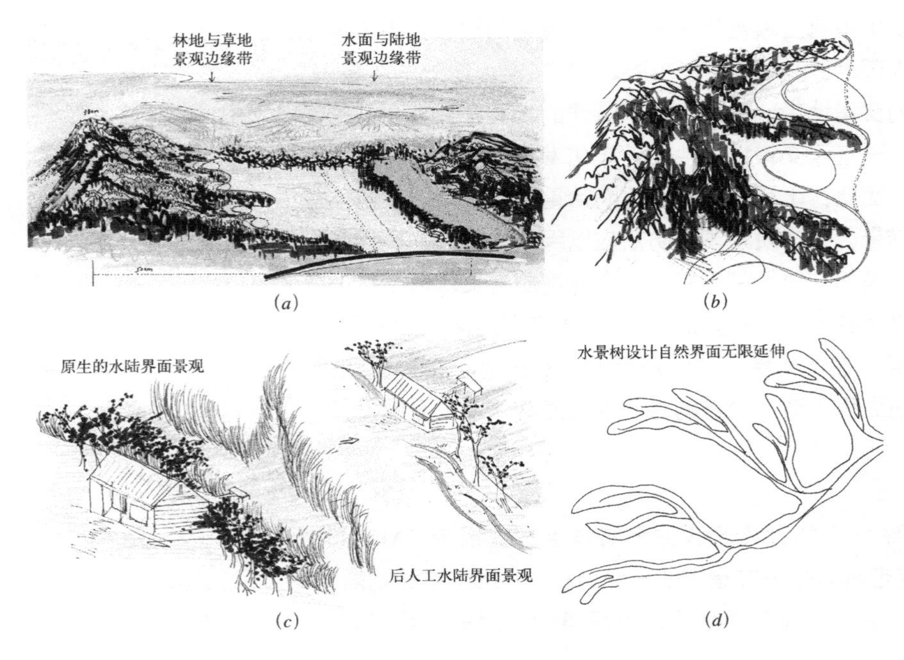

图9-15　界面规划
(*a*) 两种界面的组合；
(*b*) 林草界面的组合方式；
(*c*) 水陆界面的组合方式；
(*d*) 水景树使界面延伸

类对资源的掠夺性开发利用也往往较强，容易造成环境的破坏、资源再生能力下降等一系列问题。因此，山地与平原交错带是景观生态规划、国土整治与区域管理、自然改造与环境的保护的重要类型。

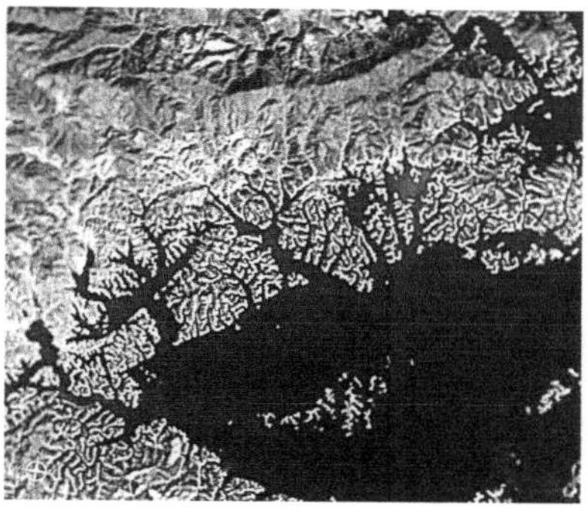

图9-16 具有丰富生境的湖岸交错带

三、中小尺度的自然界面规划设计

1. 河岸界面规划设计

（1）岸坡生态系统

水陆交错带是生态交错带的一种重要类型（图 9-16），它是由于液相和固相物质的相互交换，出现的一个既不同于水体又不同于陆地的特殊过渡带。岸坡是介于水陆生态系统之间的一种独立生态系统，它对水陆生态系统间的物流、能流、生物流发挥着廊道、过滤器和天然屏障等功能。岸坡主要由坡顶、坡面和坡脚三个部分组成，其中坡顶属于陆地生态系统，坡脚常年没在水下，属于河流生态系统的一部分。坡面是水陆生态系统的过渡带，即水陆交错带，它兼具水陆生态系统的双重特征和功能。坡面可划分为死水区、水位变化区和无水区三个区域。死水区是坡脚到枯水位之间的区域，常年浸泡在水下，是水生生物最活跃的区；水位变化区是枯水位与设计高水位之间的区域，受丰水期与枯水期的交替作用，是水位变化最大的区域和受风浪淘蚀最严重的区域，是两栖类动物、昆虫类和鸟类活动最频繁的区域；无水区是洪水位到坡顶之间的区域，是陆生生物的主要活动区。加强坡面景观生态系统的研究，对于治理水土污染、控制水土流失、加固堤岸、增加动植物种类、提高生态系统生产力、调节微气候和美化环境等方面都有重大意义。①河岸带首先在满足行洪排涝需求的基础上保持岸坡的稳定性。②河岸带同时开发的生态系统，在流动的过程中不断与陆地进行生态过程。③河岸带具有独立生态系统的结构与功能。④河岸带是景观交错带，是过渡型生态系统。

（2）主要特征

岸坡生态系统作为陆地和水域两大景观要素的空间邻接边界。水陆界面的景观生态特征有：①生态脆弱性。岸坡水陆生态系统的组成、空间结构、时空分布范围对外界环境条件变化十分敏感，被认为是水陆生态系统的生态应力带。②结构稳定性。由于河岸土层在受到雨水浸泡、洪水侵蚀和河水冲刷时，会引起河岸的崩塌，从而导致河岸带的结构失去稳定性，整个河岸带生态系统就会遭受破坏。只有河岸带结构保持稳定，河岸带才具有正常的生态功能。③异质性。在一定空间尺度上，在生物与非生物力作用下，水陆交错带的环境条件趋于多样性和复杂化，明显不同于两个相邻群落的环境条件，具有相邻景观的部分特点，异质性高。④动态性。在水陆交错带内，水陆两大系统处在激烈竞争的动态平衡之中，在受到干扰后，很容易发生变化，有渐变和突变两种形式。⑤生物多样性。水陆交错带是两种生境交汇的地带，异质性高，使得生物群落多样性的水平高，适于多种生物生长，优于陆地或单纯水域。不但含有两个相邻群落中偏爱边缘生境的物种，而且其特殊化的生境导致出现某些特有种或边缘种（Edge Species），物种数目一般比相邻斑块内部丰富。⑥生产力高。在水陆联结处的岸坡，聚集着水禽、鱼类、两栖动物和鸟类等大量动物，植物有沉水植物、梃水植物和陆生植物，并以层状结构分布，具有较高的生产力。

（3）生态护岸设计

生态护岸是结合现代水利工程学、生物科学、环境学、生态学、景观学、美学等学科为一体的水利工程。生态设计已打破了传统护岸水泥三面衬砌、整齐划一的格局，同时它也不再仅仅强调护岸的抗冲刷力、抗风浪淘蚀强度等，而是强调稳定性、景观性、生态性、自然性和亲水性的完美结合。①传统护岸。是人们长期与自然界洪涝灾害做斗争的产物。主要考虑水体的行洪、排涝、蓄水、航运等基本功能，因此护岸形式都比较简单且坡面比较光滑、坚硬，常见的主要有浆砌石或干砌石护岸、现浇或预制混凝土块体护岸及土工模块混凝土护岸等形式。传统护岸人工痕迹太明显，生物几乎无法在其上生存与繁衍。②生态护岸所使用的已不是传统的材料，而是结合各种材料的优点，复合而成的复合型生态护岸。因此，可描述为“通过使用植物，或植物与土木工程和非生命植物材料的结合，减轻坡面及坡脚的不稳定性和侵蚀，同时实现多种生物的共生与繁殖”。③岸坡连接度。岸坡连接度是岸坡生态系统内生态过程与生态功能的测定指标。对生物群体来说，岸坡连接度描述不同生物群体单元或生物栖息地之间在生态过程上的联系。通过岸坡的连接度，设计水陆生态系统之间的相互作用与联系，进而可通过增减岸坡的宽度或改进质量来保护岸坡生态系统的生物多样性，为构建生态护岸提供依据。④护岸材料。随着人类生态意识的不断提高，越来越多的自然材料被运用到岸坡保护上，传统的钢筋混凝土护岸已逐渐让出护岸材料老大的位置。但天然材料在岸坡保护上也有一些不足，即抗冲刷、淘蚀能力较传统的混凝土材料要差，有的使用寿命较短，有的甚至只能作为岸坡的暂时性保护材料。因此，将天然材料的生态性、景观性与钢筋混凝土材料的高强度结合起来，发展生态环境友好型护岸材料，以达到既保护生态环境，又保卫人类生命财产安全，已成为生态护岸构建研究的重点内容（图 9-17）。

图9-17　海岸交错带

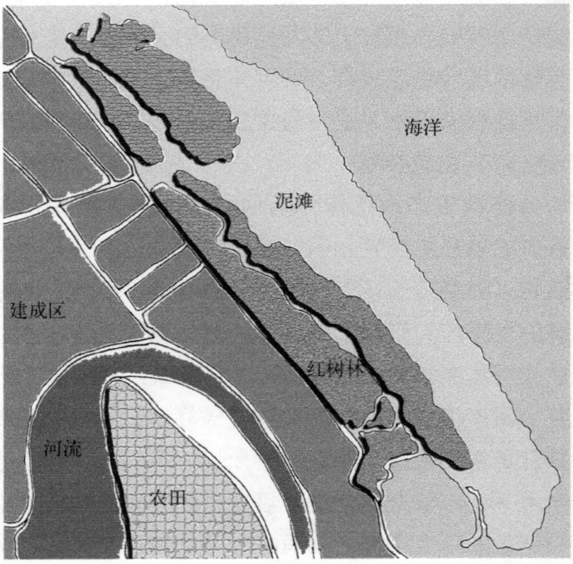

2. 海岸界面的规划设计

从理论上将，生态学认为海岸界面是尺度较大的一类自然界面类型，但由于景观生态规划过程中通常涉及的海岸界面主要包括近岸海水、淤泥质海滩（沙滩）、红树林带、沿岸的湿地鱼塘带、农田等构成的海岸带。根据海岸类型不同，可分为礁石海岸、砂质海岸和泥质海岸三类。不同的海岸类型，海岸交错带的景观格局和生态过程也不同。礁石海岸和砂质海岸通常人类利用的作为滨海度假和海洋旅游等开展的重要基地，因此沿海多规划成为不同特色的度假区。在礁石海岸由于海边岩石陡峭，形成海水与礁石景观突变的格局，多作为潜水等活动的基地。砂质海岸通常具有海水——沙滩——林地——农田（城市）的结构，成为海滨游泳、度假、冲浪、沙滩排球等基地。而泥质海滩虽然不如其他两种类型的旅游价值大，但具有较高的生态价值。①淤泥质海滩通常较宽阔，拥有丰富的各类海洋生物，成为众多鸟类的丰富的食物源泉，吸引大量的鸟类在滨海栖息。②淤泥质海滩不适合人类的各种赶海行为，形成稳定而独特的滨海生态系统，维护了海岸交错带生物多样性格局。③在泥质海滩靠近海岸的浅水区通常会形成沿海岸线分布的宽阔的红树林资源，对海岸起到重要的保护作用，同时为海洋和陆地、咸水和淡水生物提供了一个多样的生境，保护了物种的多样性和景观的多样性的基础上，维持了海岸带生态系统的稳定性（图 9-14）。

3. 湖岸带与湖岸生态交错带

湖岸带在湖岸生态交错带有各种各样的植物。邻近水体以巨叶植物为主，还有许多乔木、灌木和草本植物，以及一些藻类侵入各种各样的基质，净初级生产力很大。湖岸生态交错带对定栖鸟和迁移鸟很重要。许多鸟适应湖岸特定的植被区，利用不同的植被层筑巢或摄食。在邻近水体的湿地，存在丰富的哺乳动物种群。湖岸还成为许多鱼的栖息、产卵、哺育及摄食地。因此，湖岸带的景观生态规划设计必须要把握两个分化：①由湖岸向湖中心形成的水平分化。由于土壤中水分含量的不同，出现灌溉农田、鱼塘和长满芦苇的淤泥地带。②水体与湖岸地形形成垂直分异。在水下不同水深的地方养分含量不同，植物对水体深浅要求也不相同。水平分异与垂直分异结合起来，成为在湖岸带规划动植物群落的依据（图 9-18）。

图9-18　内蒙古鄂尔多斯日月湖休闲牧场规划对原始界面的整体保留

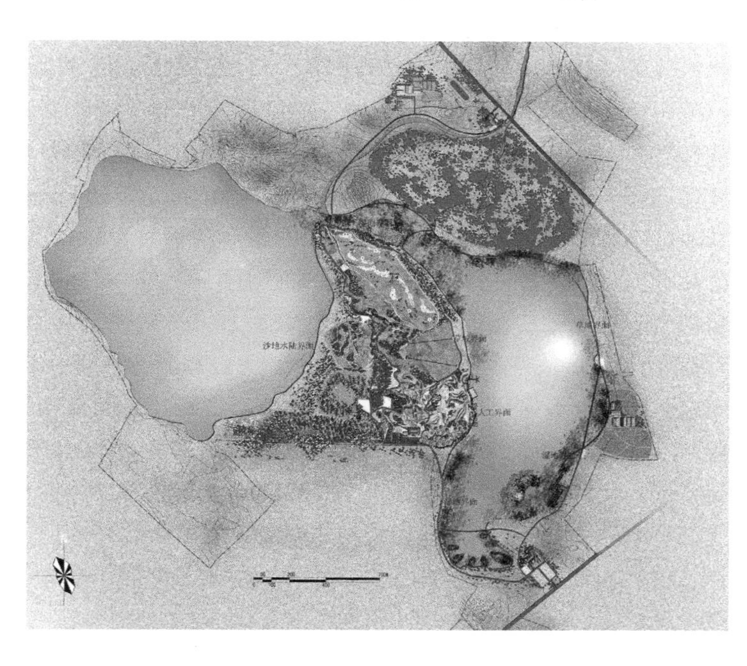

4. 湿地生态交错带

湿地生态交错带地处极端水分条件之间，具有高的植物多样性。伯克（Burk）在美国新英格兰州内陆淡水沼泽发现湿地水体交错带植物多样性最低，也就是低浅水与湖区中心的过渡带；而沼泽与陆地交错带，也就是由淤泥、芦苇、水塘等构成的湿地——高地交错带生物多样性最高。类似的结果还发现于美国东北几个潮汐沼泽和东南部大沼泽。湿地和湿地生态交错带为许多动物的栖息地，可作为鸟的繁殖地和迁移途中的停留地。湿地生态的原生性是景观生态规划的重要内容，也是景观界面规划中最不需要进行复杂人工规划痕迹的类型（图 9-19）。

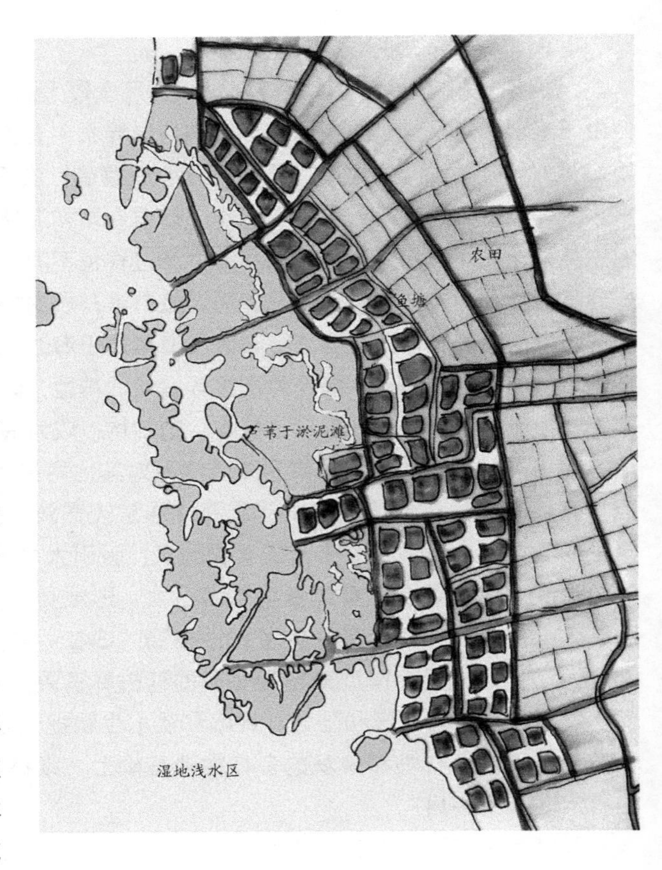

图9—19 湖岸与湿地交错带

5. 森林——森林生态交错带

不同森林类型间的生态交错带，生物多样性研究不多。特波尔格（Terborgh）在秘鲁对鸟的物种多样性进行了研究，其多样性最高值出现在低云雾林。在山地雨林云雾林生态交错带，47 种鸟终止了分布。天然或人为的森林边缘，像森林——草地、森林——牧场、森林——农田，森林——弃耕地等，植物和动物多样性高。

林缘地带的植物种类异常丰富，如我国大兴安岭森林边缘，具有呈狭带状分布的林缘草甸，每平方米的植物种数达到 30 种以上，明显高于其内侧的森林群落和外侧的草原群落。鸟类在林缘的富集程度最为显著。有的研究表明，林缘地带鸟的种类较多，如美国伊利诺伊州森林边缘登记的鸟类有 72 种，而森林内部仅有 14 种。有的研究显示出在林缘处鸟的密度较高。有的研究还表明鸟巢密度受林缘影响，盖茨（Gates）和吉赛尔（Gysel）发现鸟巢数的增加与距林缘的距离负相关。林缘地带鸟的增多，必然吸引其捕食者。虽然捕食者捕食的猎物并不完全与猎物密度成正比率，但捕食者的活动在接近林缘不连续生境时加强，致使幼鸟的成活率降低。贝德尔（Bider）还观察到小型哺乳动物象红松鼠、东部金花鼠和黄鼠狼等在林缘活动很强。他认为，森林边缘可能是个生态障碍，此障碍引起动物平行于林缘运动。此机制可解释动物在交错带活动增强的现象。生态交错带的形状也对植物和动物有影响。例如，在凹的林缘，树木外侵的茎数是凸林缘的 2.5 倍，白尾鹿对植物的啃食集中在林缘 10m 范围内，在不同形状的地方无多大差别，但是，在远离林缘处，对着凹林缘的地方，啃食强度高。

6. 高山树线

高山树线是天然森林分布的上限，树线以上是高山草甸，树线以下是高山生态系统，也是一种广泛分布的生态交错带，往往仅有一种树木生长在树线附近。树线种群不仅成为单种型，而且基因型也许会一样。泰格斯泰德特（Tigerstedt）发现，在树线附近云杉个体基因位点趋向同型结合子。但是，种群个体的基因型变化很大，从而保持种群等位基因的多样性（图 9-20）。

界面的类型是多样的，界面的规划设计往往决定着规划设计的成败，因此，界面的分析与效应评估成为规划设计人员需要重点考虑的问题。也成为规划设计方案多样化、创新化和生态化的重要途径（图 9-21）。

（上）图9-20 高山树线是森林与高山草甸的交错带

（下）图9-21 场地界面判断与规划设计方案选择
(a) 场地综合现状图；
(b) 场地一级景观界面分析图；
(c) 场地滨水景观界面规划设计方案图；
(d) 场地山地——草坡景观界面规划设计方案图

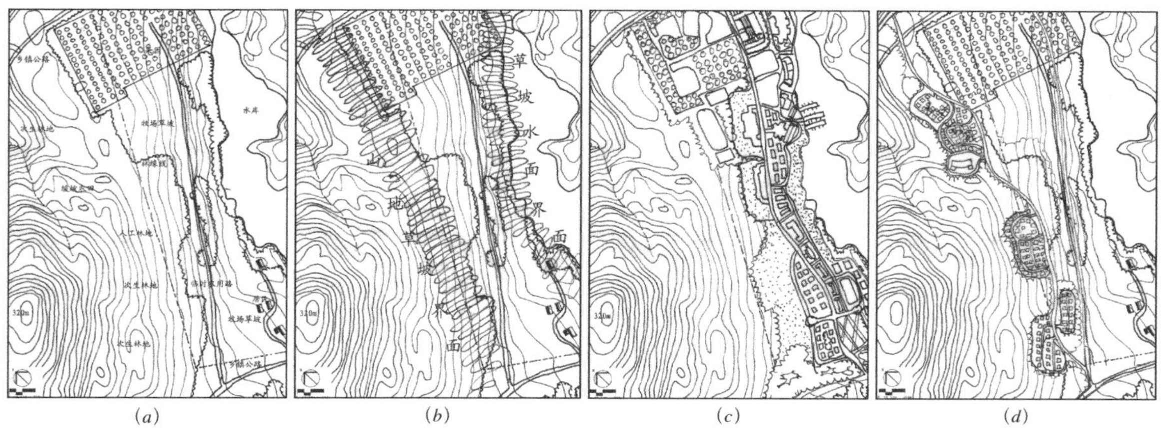

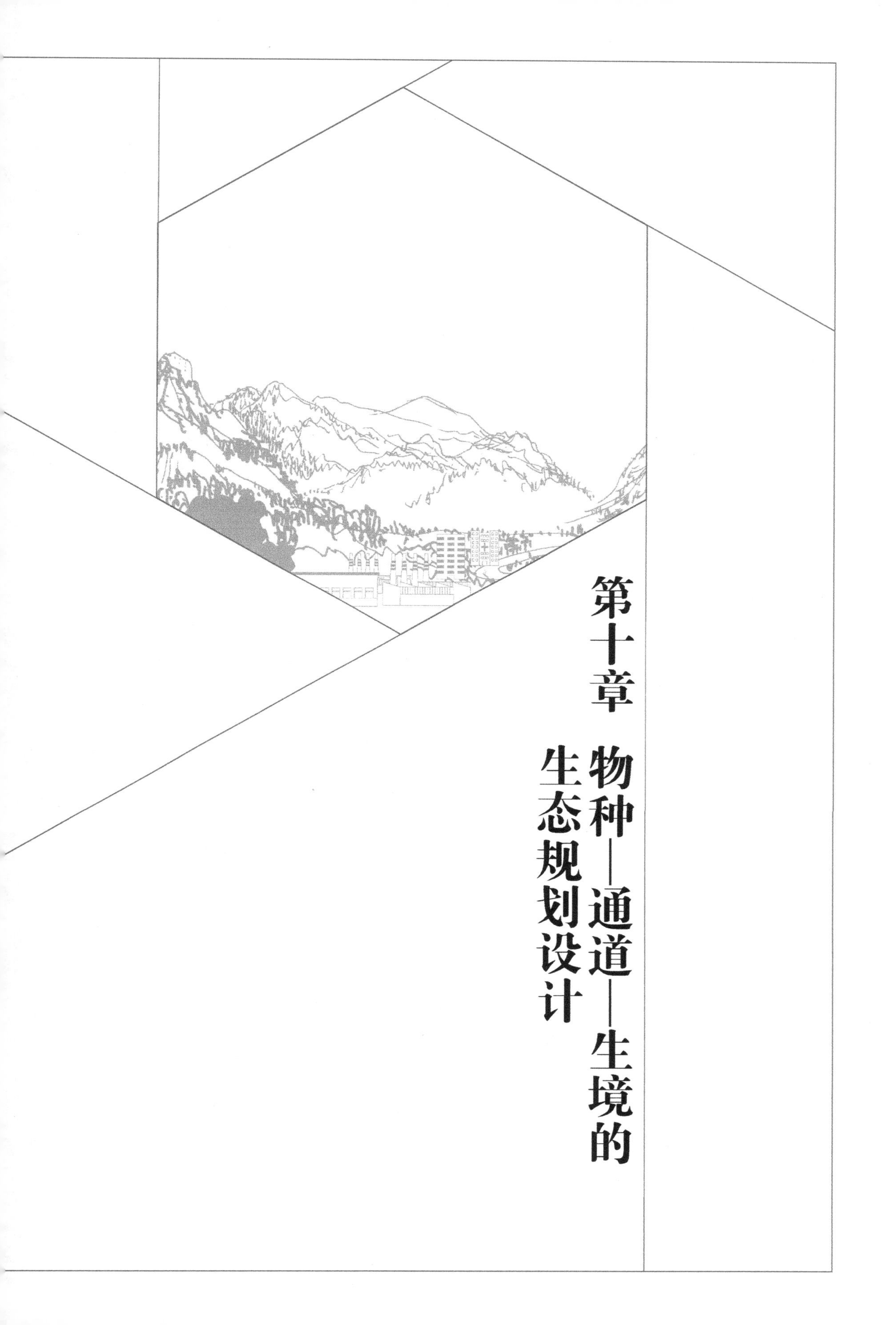

第十章 物种——通道——生境的生态规划设计

第一节　物种的多样性规划设计

一、物种多样性的定义

生物多样性（Biodiversity）是生物中的多样化和变异性以及物种生境的生态复杂性，它包括植物、动物和微生物的所有种及其组成的群落和生态系统。生物多样性一般有遗传多样性、物种多样性和生态系统多样性三个水平。遗传多样性指地球上生物个体中所包含的遗传信息之总和；物种多样性指地球上生物有机体的多样化；生态系统多样性涉及的是生物圈中生物群落、生境与生态过程的多样化。

1. 物种多样性概念及涵义

物种多样性的概念可以有以下的含义：①特定地理区域的物种多样性。是在一定区域范围内研究物种多样性。认识一个地区内物种的多样化，主要通过区域物种调查，从分类学、系统学和生物地理学角度对一定区域内物种的状况进行研究；②特定群落及生态系统单元的物种多样性。是从生态学角度对群落的结构水平进行研究，强调物种多样性的生态学意义，如群落的物种组成、物种多样性程度、生态功能群的划分以及物种在能量流和物质流中的作用等（贺金生等，1997）；③一定进化时段或进化支系的物种多样性。从生物演化角度看，物种多样性随时间推移呈现特殊的变化规律，不仅生物物种本身以及物种的集合（分类单元）有起源、发展、退缩和消亡的过程，就是物种多样性整体也有自己特定的演变规律。

费舍尔（R.A.Fisher）等人（1943）第一次使用物种的多样性名词时，他所指的是群落中物种的数目和每一物种的个体数目。自从 MacArther（1957）的论文发表后，近几十年来讨论多样性的文章很多，归纳起来，通常物种的多样性具有下面两种涵义：①物种的数目或丰富度（Species Richness）指一个群落或生境中物种数目的多寡。普勒（Poole，1974）认为只有这个指标才是唯一真正客观的多样性指标。在统计物种数目的时候，需要说明多大的面积，以便比较。在多层次的森林群落中必须说明层次和径级，否则是无法比较的。②物种的均匀度（Species Evenness or Equitability）指一个群落或生境中全部物种个体数目的分配状况，它反映的是各物种个体数目分配的均匀程度。

2. 物种多样性的形式

原初的思想是，一定区域或一定面积被越多的种类所占据，其生态稳定性比较少种类占据的区域或面积稳定。它把生态的功能描述为类似于生态位的多维空间，假定种类的生态功能不随种类而变化，并认为该生态系统的功能空间足够大，种类增加，不断填充这些空间，稳定性提高。尽管许多研究显示物种的数目增加会提高生态系统功能的稳定性，但至今还没有确实的实验证明，种类的进一步增加，稳定性也恒定地提高，说明这种关系过于简单化。也许，这种原理只适用于小系统、时间较短的尺度范围。具体的实践中，常常会遇到类似的例子。退化生态系统恢复演替的早期，当用过多的种类进行组建先锋群落时，群落的结构与功能显然是不稳定的，此时环境还不具备容纳太多的种类定居的条件。

3. 物种的绝对数量与相对估计

物种数目是物种多样性程度的直接量度，也可能是相对可靠的量度，生物物种数目是生物多样性的关键和前提。为了提高生物多样性保护的水平和可靠性，需要对物种数目进行相对精确的估计。同时，物种数量是物种多样性最直接也是最重要的度量，但不仅如此，物种多样性必须包括生态尺度的物种多样性（即物种的生态功能多样性）、物种组合的变化——物种多样性及其在生态演替与进化演替中的变化、生物物种的形态多样性——物种多样性的形态学变化规律、生物物种的生命周期多样性、进化历史背景下的物种多样性变化、物种多样性的系统发育格局——系统发育多样性等多样性特征，才能完全评价多样性的内涵。

二、物种多样性的测定

生物多样性是对以前和现有物种进行测度（麦伊 May，1995），生物多样性测度上有很多尺度——组成、结构、功能（罗斯 Noss，1990）、时间、空间，而且能够从不同水平（基因、生物个体、生态系统等）上进行。尽管生物多样性的概念很广泛，内容也很多，但是物种丰富度依然是经常测度的内容之一（加斯顿 Gaston，1996b；海勒玛拉 Hellmana 和弗勒 Fowler，1999），生物多样性的测度方法必须根据实际情况来进行选择，主要包括物种丰富度指数和多样性指数。

1. 丰富度指数

由于群落中物种的总数与样本含量有关，所以这类指数应限定为可比较的。生态学上用过的丰富度指数很多。(1) 格里森（Gleason，1922）指数。以 A 为单位面积，S 为群落中物种数目，则丰富度指数 $D=S/\ln A$；(2) 马格里夫（Margalef，1951，1957，1958）指数。以 S 为群落中的总种树，N 为观察到的个体总数（随样本大小而增减），则丰富度指数 $D=(S-1)/\ln N$。

2. 多样性指数

多样性指数是丰富度和均匀性的综合指标，有人称为异质性指数（Heterogenity Indices）或种的不齐性（Species Heterogenity）。但多样性指数的缺点在于具低丰富度和高均匀度的群落与具高丰富度与低均匀度的群落可能具有相同的多样性指数。辛普森多样性指数（Simpson's Diversity Index）是 1949 年提出的，是随机取样的两个个体属于不同种的概率，也就是 1 与随机取样的两个个体属于同种的概率的差。设种 i 的个体数占群落中总个体数的比例为 Pi，那么，随机取种 i 两个个体的联合概率应用 $(Pi) \times (Pi)$。如果我们将群落中全部种的概率合起来，辛普森指数为：

$$D = 1 - \sum_{1-a}^{s} p_i^2$$

假定我们取样的总体是一个无限总体（在自然群落中，这一假定一般是可以成立的），那么 ***Pi*** 的真值是未知的；它的最大必然估计量是 ***Pi=Ni/N***，则：

$$1 - \sum_{1-a}^{s} p_i^2 = 1 - \sum_{1-a}^{s} (N_i/N)^2$$

作为总体 ***D*** 值的一个估计量（它是有偏的）。于是实际计算中被采用的公式为：

$$D = 1 - \sum_{1-a}^{s} p_i^2 = 1 - \sum_{1-a}^{s} (N_i/N)^2$$

辛普森多样性指数的最低值是 0，最高值是（1-1/s）。前一种情况出现在全部个体均属于一个种的时候，后一种情况出现在每个个体分别属于不同种的时候。

三、物种多样性的规划设计

生物多样性保护是目前全世界亟待解决的严峻问题。生物多样性是人类生存的基础。人类对自然的过度利用导致生物多样性的大量、快速丧失，保护生物多样性成为人类实现可持续发展过程中面临的首要任务。生物多样性保护的景观规划途径可分为以物种为中心的传统保护途径和以生态系统为中心的景观生态保护途径。前者强调对濒危物种本身的保护，而后者则强调对景观系统和自然栖息地的整体保护，通过保护景观多样性，实现对物种多样性的保护。生物多样性保护是从保护物种开始的，单一的物种保护不能够达到生物多样性保护的目的。

1. 物种多样性实现的景观稳定性途径

景观稳定性只是相对于一定时段和空间的稳定性，绝对的稳定是不存在的。景观又是由不同组分组成的，组分稳定性的不同直接影响景观整体的稳定性。不同的空间配置影响着景观功能整体性的发挥，景观生态规划设计就是寻找或创造最优的景观生态格局，以获益最大并保证景观的稳定和发展。频繁的和高强度的外界干扰，会使景观中的生物受到巨大的影响甚至趋于灭绝。只有在具有一定稳定性的景观或生态系统中，生物才可能良好地生存繁衍。基于此，以生态的"稳定地带"为中心，在其周围营造具有与稳定地带协调统一的新景观，以缓解并改造已产生的生物多样性的严重破坏；与此同时，规划设计哺乳动物和鸟类的迁移的关键性廊道，创造了一种新颖的生物多样性保护途径——景观稳定性途径（图 10-1）。

稳定景观是一种典型的自然或半自然状态，通常由森林、肥沃的草原和树篱组成。景观稳定性途径强调景观要素在保护和加强生物多样性和景观效果的作用，将重点放在景观要素的"防护"功能上。景观的"稳定性"应符合景观容量的要求，使景观在受到外界干扰时保持稳定，或者在人类或自然干扰之后迅速恢复与重建。景观稳定性规划途径是在收集景观各种数据的基础上，分析景观要素网络，确定"生物中心"和生物联系的"生态廊道"，为物种多样性保护创造稳定的新景观。

2. 物种多样性实现的焦点物种规划途径

焦点物种途径是通过从生物种群中选择出一定的"焦点物种"，将这些物种对理想的生存环境的要求及其生活习性来作为规划理想景观的指南，焦点物种是生态系统或景观中如建群种、优势种等最关键的物种，并能够代表其他的物种（图10-2）。由于焦点物种生境条件的关键性和代表性，对焦点物种的规划设计就能够适应其他物种对生境条件的要求，从而实现对大多数物种的保护和物种多样性特征。但由于每种生物对生存空间都有特殊的要求，在对受干扰的景观要素进行恢复和重新规划设计时，常常无法确定一个最优的、最适合生物多样性的方案。

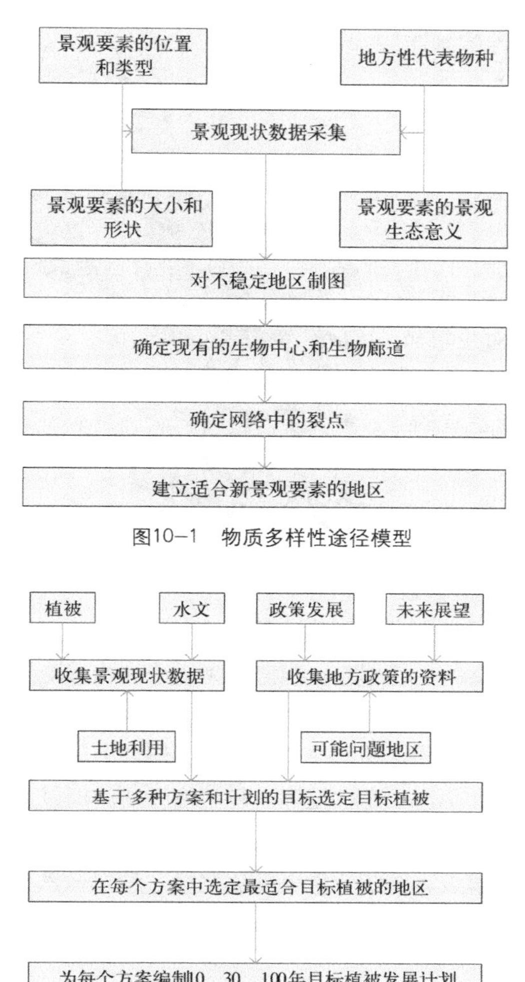

图10-1 物质多样性途径模型

图10-2 焦点物种途径模型

3. 物种多样性规划设计的综合途径

物种多样性规划设计的综合途径是在稳定性途径和焦点物种途径的基础上，将两种方法统一在多样性规划设计的实践中。

（1）确定生物中心和生物廊道。在景观生态规划中，物种多样性有很多途径来实现。通过生物中心和生物廊道构建一个完整的生态网络，促进景观的生态稳定性、维持乡土物种的基因库，增加乡土物种的数量和范围。生物中心建立在具有重要生物多样性价值的地区，并通过线性的景观要素（生物廊道），将所有的生物中心连接起来，作为小型物种的生境和生物中心之间物种散布的通道。确定建立新的生境的最佳场所，构建一个保护生物多样性的生态网络。新景观的建立将促进生态网络的完整性和稳定性，从而达到维持生物多样性的目的。

（2）构建维持焦点物种的方案。针对不同场所不同的保护目的和规划目标确定具有关键价值的焦点物种，围绕焦点物种设计适合于每一个场所的方案，促进物种综合性的地带性保护规划。主要包括：在景观中通过扩大和改善现有的生境、建立小型廊道连接的生境斑块，并在城市地区周围设置缓冲地带，从而保护自然地区以及生物多样性。通过增加斑块之间的连接度来减小斑块的破碎程度，有利于那些对生境破碎化特别敏感的物种生存繁衍。分离土地利用方式，并在“最适宜的”场所建立旨在实现高水平生物多样性的自然保护区。

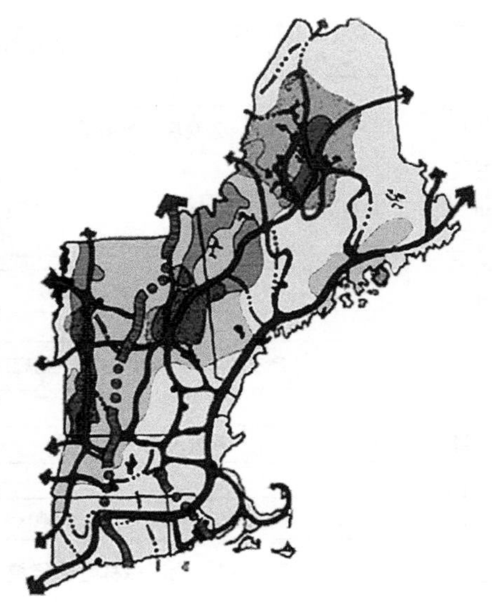

图10–3　新英格兰绿色通道规划

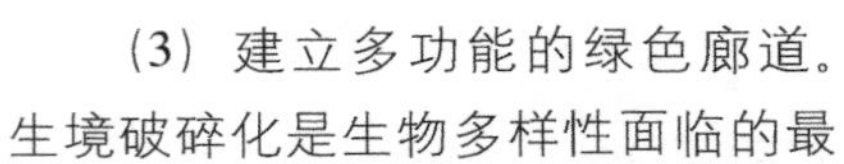

（3）建立多功能的绿色廊道。生境破碎化是生物多样性面临的最大威胁。生境的重新连接是景观生态规划的重要切入点。通过建立生态廊道，将保护区之间或彼此隔离的生境相连。廊道作为适于生物移动的通道把不同地方的生境构成完整的生态网络。影响绿色廊道功能设计的限制因子很多，要保护目标生物的类型和迁移特性，建立生境斑块之间合适的距离，评估人为干扰的相容性和廊道的有效性等。将生境斑块间隔越大和绿色廊道越宽作为廊道设计原则，对大型、分布范围广、进行长距离迁移的动物设计内部生境廊道。廊道设计要综合考虑廊道宽度、景观背景、生境结构、目标种群结构、食物、取食类型等特征（图 10-3）。

第二节　生物通道的连续性规划设计

一、生物通道的内涵及类型

1. 生物通道的内涵

景观是由斑块、廊道和基质组成的。廊道是不同于两侧基质的狭长地带。几乎所有的景观都为廊道分割的同时又被廊道所联结。廊道有线状廊道、带状廊道和河流廊道，具有栖息地（Habitat）、过滤（Filter）或隔离（Barrier）、通道（Conduit）、源（Source）和汇（Sink）五大功能作用。生物通道是联系斑块的重要桥梁和纽带。通道在很大程度上影响着斑块间连通性，也影响着斑块间物种、营养物质和能量的交流。通道最显著的作用是运输，它还可以起到保护作用。对于生物群体而言，通道具有隔离带和栖息地等多种功能。最常见的通道如绿色廊道（即具有植被覆盖的廊道，如树篱、林荫道等）、大尺度的动物迁移通道。以树篱为例，树篱内的动物多样性多于周围的原野，这与树篱内小生境异质性有关，也与植物区系的不同属性相关。

在生物多样性保护方面，绿色廊道可以招引鸟类撒下树木种子，使廊道内的植物群落得到发展。绿色廊道对动物区系更加重要，由于廊道内小生境的异质性，许多廊道中的物种多样性比开阔地高得多。此外，绿色廊道还能减少甚至抵消由于景观破碎化对生物多样性的负面影响。绿色廊道的设计和应用可以调节景观结构，使之有利于物种在斑块间及斑块与基质间的流动，从而实现对生物多样性有效保护的目的。

2. 生物通道类型

生物通道可根据使用的动物对象分类，如青蛙通道、火蜥蜴通道、有蹄类动物通道等；也可以通道的尺度为依据进行分类，如适合大型动物的开放式单跨或连续跨桥梁、适合于小型动物的涵管式通道或涵箱式通道等。根据通道与道路的相对关系及结合形式的差异，形成综合分类方法，分为路下式、路上式和涵洞式三种类型。

（1）路下式生物通道（图 10-4）。道路在通过沟壑时，顺势架桥，桥之上部车水马龙，下部空间则保证陆地连通，生物可利用连通空间进行交流，是较为普遍的通道形式。由于不同的生物物种对廊道空间有不同的尺度要求，作为路下式生物通道，其空间跨越的基本尺度是 8m 以上，小于 8m 称为涵管式通道。路下式生物通道的布局与设置要研究特定地域的生物物种的生活习性与规律。以班夫国家公园为例，美洲灰熊只有在通道外透过桥下空间才能明察另一侧情形时才会通行，桥梁的结构体布置应保证视觉贯通；另外某些易受惊扰的动物对上部车辆的声音高度敏感，因此临近生物通道之道路、桥梁两侧需作隔音处理等。开放式的单跨或连续跨桥梁是最好的路下式生物通道之一，它不仅符合动物通行廊道的尺度要求，还保证了视觉的开敞与贯通，因而为更多的动物所喜爱。这一点对于生性警觉的有蹄类动物尤为重要。

（2）路上式生物通道（图 10-5）。一般位于被道路切断的山体处，在道路上方设桥并将两侧山体连接为一体，桥面模仿自然状况覆土种植。桥两侧密植灌木，在降低道路噪声干扰的同时还可避免动物受到视觉惊扰。路上式通道有很多优点。一是通道的环境与自然一致，动物穿越其间胁迫感小，因而受到更多种动物的喜爱；二是通道受下方的车辆干扰小，当通道上的植物生长出来后，动物根本看不到车辆；三是食肉类动物和有蹄类动

（上）图10–4　班夫路下式生物通道

（下）图10–5　班夫路上式生物通道

图10–6 涵箱作为生物通道

物大多有喜爱登高而不愿钻洞的习性，因而该类通道对不少种类的动物来说很友好；四是通道上还可作为小型动物的过渡性栖息地。

(3) 涵洞式生物通道（图10-6）。实质上属路下式，因跨度较小而采取造价较低的金属涵管或混凝土涵箱形式，与桥梁构成的路下式通道不同，其尺度上限一般为8m宽，下限则无严格标准。以欧洲国家为例，青蛙通道的截面尺寸为1.5m×1.5m，适合于小型爬行类或两栖类动物使用。涵洞式生物通道一般还兼有过水功能，在雨水季节会影响动物的通行。尽管动物多喜欢自然地面类的环境，也有一些动物尤其是小型爬行类动物会欣然接受由混凝土或金属涵管制造的地下通道。

二、生物通道的宽度设计

1. 大尺度生物通道

廊道是生物连接性的重要通道。在自然生态空间中存在不同尺度和不同等级的生物通道以适应各种动物的需求。有的通道只适应于几种生物使用，而有的通道则适应于多种生物通用，但生物会依据相互间的关系形成通道使用的规律，既相互独立又相互依赖。大尺度通道是自然生态空间中，具有跨区域性和区域首要的生物通道，是生物进行长距离、大规模活动和生态联系的通道和纽带。对大尺度廊道的规划设计必须坚持以下原则：(1) 系统等级原则。对自然生态空间中生态通道进行系统等级调查，明确不同类型生物迁徙的具体路径和范围；(2) 保护优先原则。在规划时应首先对现有的各个等级通道进行保护，不能够通过占用现有的通道作为其他规划用地，而采取另外设置通道的方式进行补偿。因此这种补偿设计会给生物带来巨大的风险，并不能在短时间内为生物所适应。(3) 下限保证原则。对生物通道的设计一定具有明确的生物保护对象，廊道必须满足这些生物通行的最低需求标准。

在通常情况下，大尺度生物通道主要包括：

(1) 河流廊道与水网（图10-7）。河流廊道是大尺度生物通道的典型，不仅是物质与能量大尺度转移的通道，而且是动物大尺度沿河流或穿越河流进行迁徙的通道。有的河流在沿河流方向成为通道，但穿越河流就可能成为不可逾越的生物屏障，这是大江大河往往成为生物地理分界线的重要原因。对大尺度河流通道的设计在满足防洪设计的基础上，满足生态通道的设计要求。尽量保护河流的自然生态驳岸形式和河流链接起来的大型自然生态斑块以及沿岸重要的各类林地，形成具有稳定形态且连接度高的廊

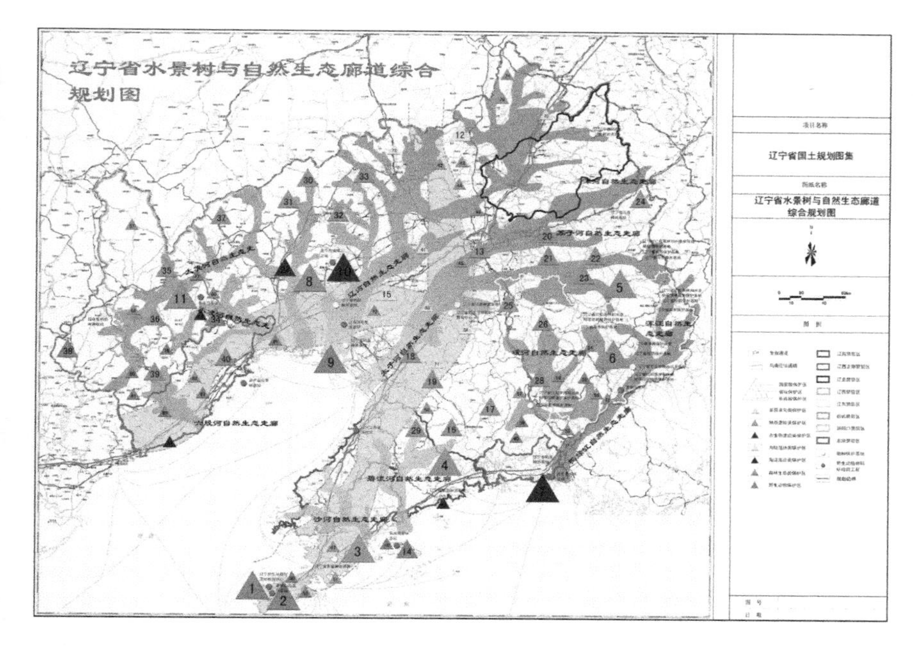

图10–7　辽宁省自然生态廊道规划图

道体系。同时要协调处理水坝、防洪设施、岸堤和沿江风光带的关系；尽可能不破坏河流的自然属性、生物多样的生境组合，不影响河流廊道应有的生态功能和河流沿岸的风光。

（2）山脉廊道。山脉廊道主要包括连绵不断的山岭脊线地带、大尺度的山谷、平原——山地形成的山前地带三种。由于山地环境的破碎性和复杂性，使山地具有异质性和多样性的生态特征。空间异质性与生境异质性有利于生物多样性保护，防止各种人为干扰所造成的生态"孤岛"。相依相连的山脉廊道有利于各种生物的繁衍、保存、流动。但山地廊道多被河流和道路建设一分为二。在山区建设道路往往形成大规模廊道的断裂，破坏自然山体，因此涵洞和桥梁是山区保护通道的重要形式。

（3）鸟类迁徙的空中走廊（图 10-8）。鸟类的季节性和年际性迁徙是重要的大尺度生物通道。虽然是空中通道，除飞机场形成的空中通道外较少受到人为干扰的直接影响。但由于地面生态环境的破坏，使鸟类迁徙过程中临时栖息地遭受破坏，从而破坏了鸟类迁徙的整个通道。因此，鸟类迁徙通道实质是空中与地面共同组成的通道。

（4）跨境的主干道路。主干公路是一种人工廊道，起到人员和物资流通的作用。在道路两侧建设生态廊道不仅有助于消除

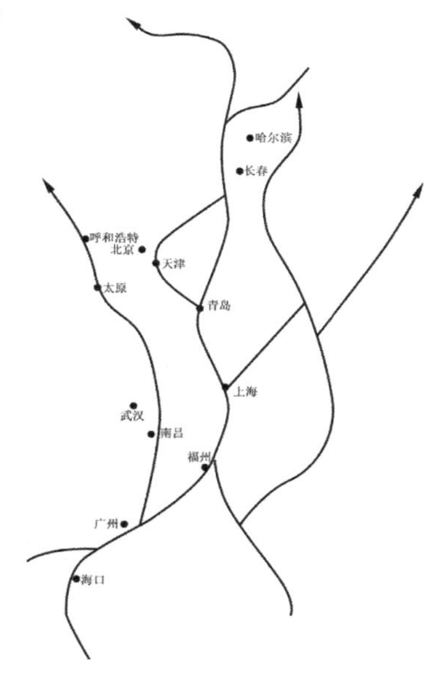

图10–8　中国鸟类迁徙的主要通道

破碎化所产生的负面影响，恢复因道路建设而形成的景观生态恢复；而且为沿道路迁徙提供通道，保护野生动物。因此主干公路应重点建设道路两侧具有一定生态价值的大尺度通道系统，同时每隔一定距离，根据当地对生物通道的调查，设计间隔不等的穿越通道。在道路绿化上尽量依据自然林地特征进行群落设计，选择抗污染力强的树种，常绿、落叶相结合，高、中、矮配合，靠近通道内侧选择中、小乔木，中间栽植高大乔木，外侧栽植小乔木或灌木，实行乔、灌、草结合和错落有致的景观效果。以美洲生态走廊为例，北起美国阿拉斯加州，南抵阿根廷的火地岛沿海，总长 4 万公里，现初具规模，保护了美洲大陆的一半的物种。

2. 中小尺度生物通道

中小尺度的生物通道是规划设计经常面对的一类，涉及不同等级、不同类型、多层面的通道设计。中小尺度生物通道有：

（1）穿越道路的链接通道。道路建设会经常穿越一些自然栖息地造成景观严重切割与破碎化，通过道路穿越通道的设计从而使两栖类、哺乳类等动物都同时使用道路两旁的多样栖息地。美国佛罗里达州花了大约 4 年时间，在洲际 75 号公路上兴建了一系列野生动物跨越通道，并记录兴建跨越道前后 16 个月的野生动物动态，以评估野生动物受干扰的状况。路上式、路下式和涵洞式生物通道就是穿越道路的典型通道。

（2）城市森林网络体系。以上海为例，在一级河流两侧规划建设 200m 宽的防护林带，以满足分布较广的动物活动的需求；在淀山湖周围规划建设 1000m 以上的大型生态保护林带，以保护上海西南地区松江佘山周围的豹猫、猪獾、貉等；黄浦江中上游及其干流两侧各 500m 的水源涵养林带。广州在"山、城、田、海"的自然空间格局上，建成"三纵四横" 7 条主生态廊道，从总体上形成"区域生态圈"，严格保护北部地区的九连山余脉——桂峰山、三角山、天堂顶、帽峰山等一系列山地丘陵和植被，保护整个珠江水系及沿岸地区，沙湾水道及以南地区的滩涂湿地围。

（3）城市道路通道。以上海市为例，外环线规划建设 500m 宽的大型林带，郊环线的快速干道两侧各规划 250m 的大型林带，其他快速干道和主要公路两侧规划 100~200m 宽的林带。生态廊道规划设计的重点是指生态廊道的宽度、生态廊道连接度和生态廊道的变化程度。

3. 通道的最小宽度

廊道最小宽度是廊道设计的基本标准。廊道类型、作用不同，宽度也不同（表 10-1）。

（1）野生物种特性决定廊道的最小宽度（图 10-9）。河流廊道宽度应根据河流宽度和被保护物种确定廊道的最小宽度。

图10—9　牛沿着自己熟悉的通道返回

国外对生态廊道宽度的不同建议　　表10-1

廊道类型	提出者	年代	宽度（m）	说明
河流生态系统缓冲带	Cobertt E S	1978	30	使河流生态系统不受伐木的影响
	Budd W W	1987	30	使河流生态系统不受伐木的影响
鸟类保护的廊道宽度	Tassone J E	1981	50～80	松树硬木林带内几种内部鸟类所需要的最小生境宽度
	Stauffer、Best	1980	200	保护鸟类种群
	Forman R T T	1986	12～30.5	对于草本植物和鸟类，12m是区别线状和带状廊道的标准，12～30.5m能够包含多数边缘种，但多样性较低
			61～91.5	具有较大的多样性和内部种
	Brown M T	1990	98	保护雪白鹭的河岸湿地栖息地较为理想的宽度
无脊椎动物、哺乳动物以及爬行类	Newbold J D	1980	30	伐木活动对无脊椎动物的影响会消失
			9～20	保护无脊椎动物种群
	Brinson	1981	30	保护哺乳、爬行和两栖类动物
	Cross	1985	15	保护小型哺乳动物
边缘效应宽度	Ranney J W	1981	20～60	边缘效应在10～30m
	Harris	1984	4～6倍树高	边缘效应为2～3倍树高
	Wilcove	1985	1200	森林鸟类被捕食的边缘效应大约范围为600m
	Csuti C	1989	1200	理想的廊道宽度依赖于边缘效应宽度，通常松林的边缘效应有200～600m，小于1200m的廊道不会有真正的内部生境
植物群落	Peter John W T	1984	100	维持耐阴树种山毛榉种群最小的廊道宽度
			30	维持耐阴树种糖槭种群最小廊道宽度
鱼类保护通道宽度	Williamson	1990	10～20	保护鱼类
	Rabent	1991	7～60	保护鱼类、两栖类
生物多样性	Juan A	1995	168	保护Prothonotary较为理想的硬木和柏树林的宽度
			3～12	廊道宽度与物种多样性之间相关性接近于零
			12	草本植物多样性平均为狭窄地带的2倍以上
			60	满足生物迁徙和生物保护功能的道路缓冲带宽度
			600～1200	创造自然化的物种多样性的景观结构
	Rohling	1998	46～152	保护生物多样性的合适宽度

城市生态廊道宽度设计同样必须确定被保护的野生动物，根据野生动物的特征来确定廊道宽度，以求廊道能在满足基本功能后达到保护城市野生动物的功能。如黑熊为 10km，日本猕猴为数千米，日本赤狐为 1km。

（2）生物利用生态场所的保护规模决定廊道的最小宽度。生态场所由保护动物物种的行动圈来确定，用与平均行动圈面积相等且长与宽边之比为 2 ： 1 的长方形的宽度作为廊道的最小宽度。

（3）根据保护对象和规模差异，生态廊道尺度不同。廊道分为大廊道（生境廊道）和小廊道。大廊道主要起连接大型保护区及重点保护区域的作用，保护的主要是低密度分布物种；小廊道指连接小面积保护区的保留带以及河旁保护带等且宽度较窄的廊道，有利于小型动物的保护，要求廊道最小宽度等于动物的行动圈直径。马萨罗（Marcelo）对亚马逊地区残存的森林线性廊道研究后认为，中等宽度（140~190m）的廊道对体重小于 2kg 的动物保护作用明显；而林内种则要求较宽的廊道。根据实际经验，河岸植被带的宽度在 30m 以上时，能有效地起到降低温度，提高生境多样性，增加河流中生物食物的供应，控制水土流失，有效过滤污染物的作用，从而保护生物多样性；道路绿化带宽度在 60m 宽时，可满足动植物迁移和传播以及生物的多样性保护的功能；环城防风带在 600~1200m 宽时，能创造自然化的物种丰富的景观结构。

三、生物通道连续性规划设计

1. 生物通道连续性内涵

生物通道连续性（Connectivity）是指通道在空间上、功能上及物质流动上的连续性，表示生物通道上各点的联接程度，通道有利于物种的空间运动和本来是孤立的斑块内物种的生存和延续。通道具有两个重要

图10–10 美国康涅狄格河沿线（局部）区域通道体系规划

特征（图 10-10）：①通道必须是连续的。通道中的断裂处越少，则连接度越高。②通道的隐蔽效果。生物通道由于生物的安全性等特征，决定了通道应具有隐蔽的效果。影响通道连接度的因素很多，道路通常是影响生物通道连接度的重要因素。同时，廊道上退化或受到破坏的片段也是降低连接度的因素。通道的规划设计就是通过各种手段增加连接度。在生物通道建设过程中，利用小型的嵌块体作为连接通道的踏脚石，尽量减少"岛屿状"生境的孤立状态，增加开敞空间和各生境斑块的连接度和连通性，保证群落中自然生态过程中的整体性和连续性，减少生物生存、迁移和分布的阻力，给生物提供更多的栖息地和更大的生境空间。

2. 生物通道的选址布局

在动物的传统游移、迁徙路径中设置生物通道是生物通道选址布局的关键。一方面在靠近迁移路径处设置通道外，同时通道设施应远离人类干扰。靠近通道附近的人类活动会对通道的使用产生不利影响。以班夫国家公园为例，假如人类行为不加控制，路下式生物通道可能失效。班夫的一些邻近人类活动频繁处的路下式生物通道就很少有大型食肉类动物光顾。此外，为了减少动物躲避人类现象，还应限制人类使用路下式生物通道，这样就可能促进更多的动物互动，从而加强被道路分割的栖息地的连通。通道设施的分布密度比通道设施构造等问题更为重要。在道路沿线分布众多廉价的路下式生物通道可能比建设 1~2 座生物天桥（路上式生物通道）更有效。就使用效果而言，通道设施应布置在每一物种的活动领域中。

3. 斑块之间的生物通道

不同的栖息地之间建立合理的通道可以促进不同种群之间的基因交换，有利于整个种群的保护。从理论上讲，通道数量越多越好，宽度越大越好，但在实际中存在各种困难，通道位置、宽度的确定具有较大的模糊性。同时由于景观适宜性差异的存在使生物种能在核心斑块间自由迁移与交换存在不确定性。为了避免割断不同核心斑块之间物种交换的通道，对核心斑块之间的生物通道进行严格保护。在自然格局中，核心区一般由多个较大的斑块构成，不同斑块之间仍然存在一些狭长的通道，这些通道就是连接不同斑块的生境廊道，是景观生态规划的重点，应该进行严格保护。另外，由于某种景观因子限制，目前无法成为动物迁移的安全通道，但经过改造可以成为可用的生境廊道，这就是生态规划需要挖掘的潜在生境廊道。潜在生境廊道满足以下条件：①地形条件必须具有适宜性。地形条件是难以改变的景观因子，为满足动物的生存，必须具有一定的适宜性，坡度和高度应为中等适宜以上（级别 II 以上）。②食物来源适宜性较低。具有低适宜或不适宜级别特征，经过植被恢复可以将该地区改造为适宜的生境廊道（图 10-11）。

4. 生物通道的宽度确定

宽度对生物通道生态功能的发挥有着重要的影响。太窄的通道会不利于敏感物种的活动，降低通道过滤污染物功能影响产生边缘效应（Edge Effect）的地区和通道中物种的分布和迁移。针对于不同的生态过程边缘有着不同的响应宽度，从数十米到数百米不等。具体的讲，通道很窄时，边缘种和内部种都很少。随着宽度的增加，边缘种和内部种均增加，其中边缘种是在宽度略增加时即迅速增加，而内部种则当宽度增加到相当宽度时才会迅速增加。边缘种在增加到一定数量后会逐渐趋于稳定，而内部种会随着通道宽度的增加一直增加。宽度较小时通道宽度对物种数量影响较小，达到一定宽度阈值（7~12m）后，宽度效应会明显增加物种数量。

图10–11　北京奥林匹克公园桥梁形生物通道

生物迁移通道的宽度随着物种、廊道结构、连接度、廊道所处基质的不同而不同。十米或数十米的宽度即可满足鸟类迁徙要求，大型哺乳动物则需要几公里甚至是几十公里。有时即使同一物种，由于季节和环境的不同，所需要的廊道宽度也有较大的差别。但宁宽勿窄是廊道设计的一个重要原则。较宽的廊道可以供多种生物选择，也能够适应生境的长期发展。对于河道而言，理想的河道通道就是从河流系统中心线向河岸一侧或两侧延伸，使得整个地形梯度（对应着相应的环境梯度）和相应的植被都能够包括在内，这样的一个范围即为通道的宽度。Forman 认为河流廊道应该包括河漫滩、两边的堤岸和至少一边一定面积的高地，高地应该比边缘效应所影响的宽度要宽。当由于开发等原因不能建立足够宽或者具有足够内部多样性的通道时，也可以建立一个由多个较窄的廊道组成的网络系统。这个网络能提供多条迁移路径，从而减少突发性事件对单一通道的破坏。在生物通道的规划设计中，注重建设以树篱为主的具有一定宽度的生物通道，使“物种流”顺畅流动，可维持景观系统内能源、物流的畅通，从而达到调控群落环境质量的目的。当群落中的某些因素如道路、建筑物或河流造成通道的阻断时，将一些类似的植被拼块连接在通道上，以节点形式出现，有利于物种临时栖息，节点面积以 1~5hm^2 为宜（图 10-12）。

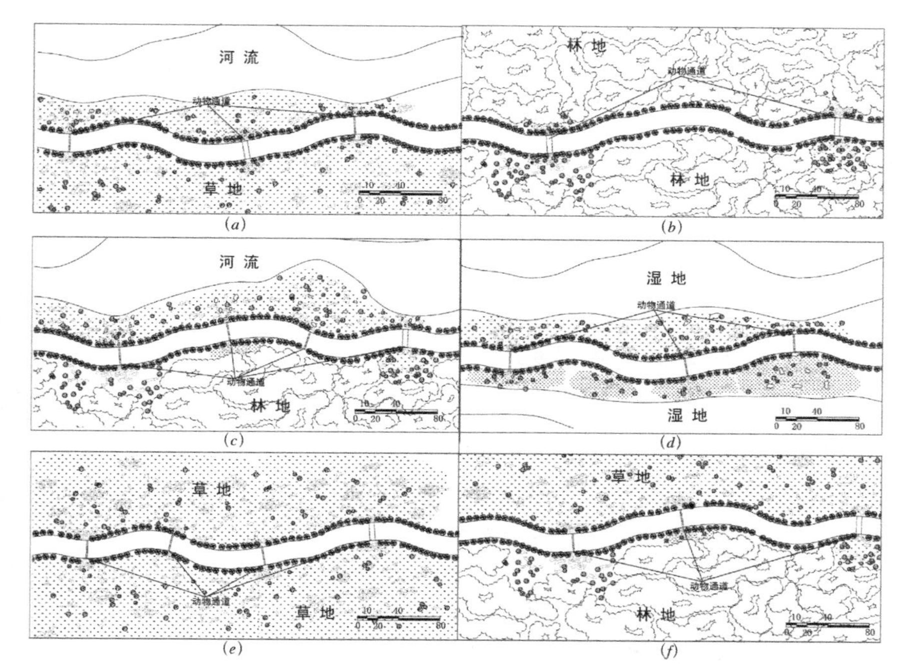

图10—12 通道及其周边生境设计图

5. 生物通道及周边环境的营造

生物通道设施的尺度、噪声、温度、光线和湿度等要素是生物通道营造的重要环境要素，但由于物种的生活习性不同，通道设施应具有较强的针对性。

（1）光亮。路下式通道或动物栖息地中不应有影响动物的灯光，敏感型动物更愿意在黑暗的区域感知新的地形或环境，但有蹄类动物反而较易适应人工光源的干扰。两栖类动物喜爱自然光，在地下通道上方开一小孔将自然光引入，可增强通道的效率；但同时小孔会集聚交通噪声，对物种形成新的干扰。

（2）噪声。通道内的噪声会影响一些动物对通道设施的使用。以路下式通道为例，噪声若不超过60dB，动物可预期地使用通道，减少通道噪声可提高其使用效率，在临近通道的公路两侧竖立隔声板或密植树木均可减少噪声。

（3）自然覆盖。生物通道表面的自然覆盖对提高通道效益有重要意义。通道开口处的自然植被对大大小小的各类动物均是首选环境，植被由外向内收缩成漏斗形，引导动物至通道并激发其穿越通道。围绕通道增加自然植被使通道两侧连接自然顺畅；另外自然覆盖对某些动物暗示着一种潜在危险，因此要建造可以适合所有物种的某种通道是不可能的。

（4）相关因素。尽管大多数动物更喜欢自然地面类的环境，也有一些动物会欣然接受由混凝土制造的地下通道或金属涵管。沿着滨水或排水道的路下式生物通道一般采用桥梁形式，在洪水来临之时桥梁内部应有不被水淹的部分作为廊道的联系。

第三节　景观生境的原生性规划设计

一、生境与生境破碎化

1. 生境与生境破碎化的内涵

生物多样性的基础是生境的多样性。在一定的地域范围内，生境及其构成要素的丰富与否，很大程度上影响甚至决定着生物的多样性。生境系统的安排和生物群系的组织是景观生态规划的重要内容之一。在生物群落中，有意识地保护和组织生境系统，将有助于生物多样性的提高和生态品质的改善，进而由点及面地促进整个生态系统的自然生态活力。保护生物多样性最重要的内容之一就是保护生境。生境的丧失是生物多样性最主要的威胁之一，生境破坏使当前大多数濒临灭绝的脊椎动物都受到威胁。生境破碎化是生境破坏的一部分，主要表现在生境丧失和生境分割两方面，对生物多样性有着很大的负效应。生境破碎化不仅指生境被彻底破坏外，还包括原来被连成一片的大面积生境被分割成小片的生境碎片。传统生境破碎是指由于某种原因，一块大的、连续的生境不但面积减小，而且被分割成两个或者更多片断的过程（图10-13）。一个自然景观可以是连续的或者是破碎的，破

(*a*)

(*b*)

(*c*)

图10–13　群落的生境
(*a*) 原生性群落；
(*b*) 群落的次生演替；
(*c*) 原生生境的演替

碎化过程的结果是形成破碎的景观。对生境破碎程度的恒定，是测度一个景观中生境的空间分布格局并生境总量减少，生境斑块增多，生境斑块面积下降，斑块之间隔离程度加剧四个方面的量度特征，并形成生境破碎四大效应：①生境的丧失。生境从一个连续景观中消失的方式不同，最后剩下的生境的空间分布格局也有差别。在这些最终景观格局下，如果破碎化程度都相同，它们对生物多样性的影响类似。②生境斑块的数量增加。③平均斑块面积减小。④平均隔离度减小。这四大效应导致了生境格局的改变。

2. 生境破碎化对多样性的影响

生境破碎化的类型和效应不同，对生物多样性的影响也不同。

（1）生境丧失的效应。生境丧失对生物多样性有着巨大的负面影响，生境破碎化会降低生物多样性。生境丧失对生物多样性产生的影响包括物种丰富度、种群数量和分布、基因多样性三个层次。

（2）斑块大小的效应。生境丧失和生境破碎化都会导致斑块面积的下降，每个物种都对生境斑块的大小有一个最低要求。小的斑块中物种种类较少，或者说小的斑块上的物种组合一般是大的生境斑块中物种组合的子集。同样，物种对景观中生境面积的要求也是不同的。

（3）斑块隔离的效应。生境斑块之间的隔离一般都视为生境的分布格局。斑块隔离也是景观尺度上对斑块周围生境缺乏程度的测度。当一个斑块隔离度越高，环绕这个斑块的生境越少，对物种丰富度有负面影响。

（4）生境没有丧失前提下的生境破碎化的效应。对生物多样性的负面影响有：①景观包含大量的小生境斑块，而每个斑块的大小很可能不足以维持一个局部种群甚至一个个体的存活。②在生境总量一定的情况下，被破碎的生境有更大的生境边缘，这样个体进入非适宜生境范围的机会增高，将增加种群的死亡率，降低繁殖率。③鸟类在森林边缘被捕食的概率增加。对生物多样性的正面影响有：①破碎化程度的增加意味着迁移的增加，迁移是决定种群密度的重要因素，迁移对生物多样性有正面影响。②由于生境面积一致，破碎化程度的增加意味着斑块之间距离的减小，因此会使斑块间隔离度下降。③很多物种的存活可能需要多种生境类型。由此可见，生境丧失对生物多样性有着很强的负面影响。而在生境没有丧失的前提下生境破碎化的影响可能是正面的，也可能是负面的，对生物多样性的影响很微弱。

二、生境识别与原生性特征

1. 景观生境识别

生境（Niche）又称为栖息地，是由具有一定环境特征的生物生活或居住地，由生物和非生物因子综合形成，也就是几个物种的生存环境。但不同的是，群落生境（Biotope）是在一个生态系统里可以划分的空间单位，其中的非生物因素构成了群落的生活环境。在一个地方上出现并适应其非生物环境的生物群落（由多种植物和动物组成的生态社区）是区分群落生境的依据。群落生境由植物生境和动物生境组成，特征性的植物、真菌和动物成为群落生境的独立标志。群落生境是景观生态中最小的空间单元。多个群落生境连同生存其中的动植物以及他们相互间的相互作用组成一个生态系统。生境识别的指标主要由生境的天然性、多样性、稀有性、可恢复性、完整性以及生态联系、潜在价值、功能价值、存在价值以及生物丰度等指标构成（图 10-14）。其中天然性、面积、多样性、可恢复性和完整性构成生境识别的核心指标（表 10-2）。

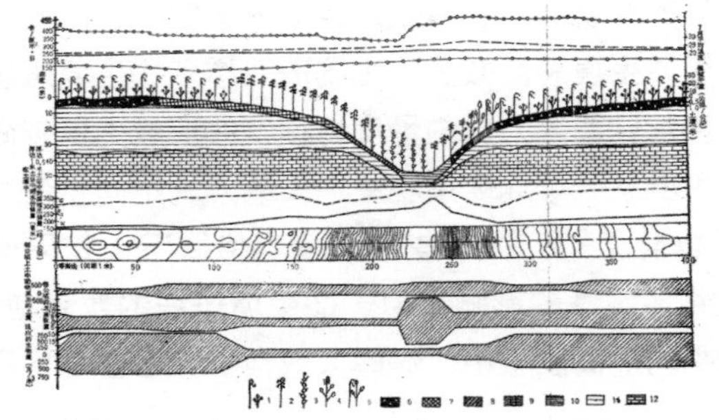

图10–14　生境分析图

生境特征的识别指标　　　　表10–2

生境指标	重要性比较
天然性	原始生境、次生生境和人工生境的重要性逐步降低
面积大小	在其他生态条件相同的情况下，面积大的生境要比面积小的生境重要
多样性	群落生境多样和复杂的地区的多样性高于生境类型少且简单的地区
稀有性	拥有稀有物种的生境比没有稀有物种的生境更具有生态意义
可恢复性	不易恢复的生境是多样性的基础，比易恢复的生境更需要保护
完整性	具有完整性的生境比破碎化生境更体现生态群落的整体性特征

2. 景观生境原生性的特征

景观生境的原生性是相对于次生生境和人工生境的类型来确定的天然性生态群落的生境所具有的特征。由于原生生境是在没有人类干扰的状态下，通过自然生态演替形成与物理环境高度适宜的栖息地，因此景观生态格局具有天然性、完整性、多样性和稀有性的生态效应特征。①原始生境是天然的，在人类干扰广泛存在的状态下具有高度的稀有性，在生境中多以残留景观格局存在。②生物在原始生境中具有高的生境适宜性和生境质量特征。③原始生境在群落物种数、物种多样性上不如次生生境，但在物种优势度、群落高度以及个体生物量等方面都高于次生生境。④原始生境具有高度完整性的特征。次生生境和人工生境都是景观干扰后的产物，景观的异质性高于原始生境，比原始生境的破碎度高。因此，原始生境具有高度的完整性特征。

三、景观生境的原生性规划设计

1. 原生性规划思路与步骤

针对生境破碎所带来的负面效应，规划以生境再造为突破口进行景观生境的原生性规划设计，以生境多样性→物种多样性→景观多样性→场所与功能多样性的思路为核心，以生境多样性的再造为关键。通过生境多样性的再造，尽可能恢复生态系统的生态结构，为生物多样性的恢复打下基础。

生境原生性规划设计的主要步骤包括：①核心物种的确定及其生境适宜性现状及评价；② DEM、土地利用、TM 影象等空间数据库的建立；③依据野外考察，水文资料分析，确定不同高程和坡度的恢复与生境改造目标；④基于高程与坡度不同组合产生的自然生态单元与土地利用现状，综合分析其生境恢复与改造的可行性和适宜性；⑤考虑规划原则和空间策略，在对生境恢复可行性和适宜性评价基础上，确定生境改造与景观综合整治的目标，并通过野外调查和实地调研，对规划与生境改造目标进行调整；⑥对比规划目标和生境现状，确定生境改造的措施及其涉及的空间范围。

2. 生境规划设计

在生境系统的保护、再造与利用中，重点完成的规划内容包括：

（1）营造生境序列。通过相应的改造，扩大规模，恢复其历史的原始面目，并有意识地丰富其生境类型。规划首先模拟生态群落的大地景观格局，形成相应的主体生境序列，继而在这个圈层状的生境序列中进一步利用坡度、光照、土壤成分和地貌组合等手段，对每一个圈层进行分段小气候生境的营造。同时，规划利用景观生态学边缘效应原理，注重大小生境类型间的渗透与过渡，以期用经营生境类型和边缘组合的方式，为区内物种多样性和生态效能的提高打下坚实的基础（图 10-15）。

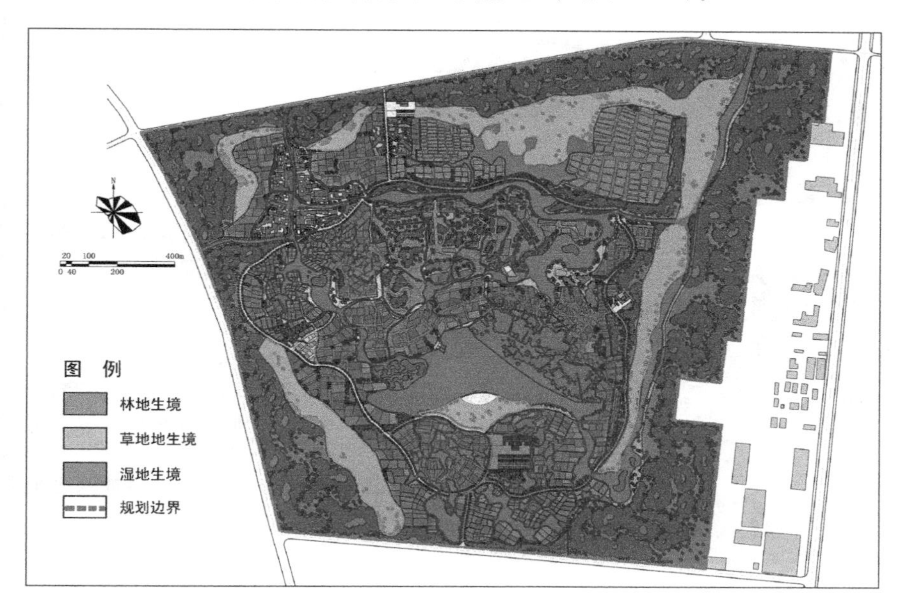

图10—15 昆山江南生态园生境构成图

（2）生态系统恢复与生境营造。根据恢复生态学的理论，生物多样性在生态系统的恢复过程中起着关键性的作用，一个生态恢复的计划必须考虑乡土种的生物多样性、物种与生境间复杂的搭配关系、种的生态学特征以及足够的生境大小等，尽可能恢复生态系统结构和功能（图 10-16）。

（3）丰富景观类型。结合生境序列与生物群系的安排，恢复和创造区别于城市公园的郊野生态景观群，将符合人们审美情趣的生境与生物群进行有序地组织，形成人工与自然之间的过渡景观类型。以湿地为例，主要包括原生湿地景观群、典型湿地景观群、水域景观群、滨水景观群、陆生景观群五大生境景观群（图 10-17）。

（4）安排多种功能场所，协调保护与开发的矛盾。在规划建立的生境序列中，按照强度分级的利用原则，分别控制地域范围、设施内容和使用强度，达到有效保护、合理利用的目的。生境系统的保护、恢复、管理

(*a*) (*b*) (*c*) (*d*) (*e*) (*f*)

图10–16 生境营造与景观生态规划设计

（*a*）具有丰富食物的滋生土壤环境；
（*b*）具有丰富的水分条件；
（*c*）具有良好的繁殖环境；
（*d*）低洼环境中吸引大量黄蝶；
（*e*）吸引的黄蝶数量逐步增加；
（*f*）吸引的黄蝶数量达到一定规模

图10–17 水体生态净化机制

等应集中于退化生态系统的保护、恢复、有效管理和湿地退化机制、退化恢复与重建的理论。另外，通过合理的生境改造和管理措施来提高生境质量，控制、缓解人为干扰的影响，是生境功能恢复与改善的重要途径，对提高生境生态承载力具有重要意义。

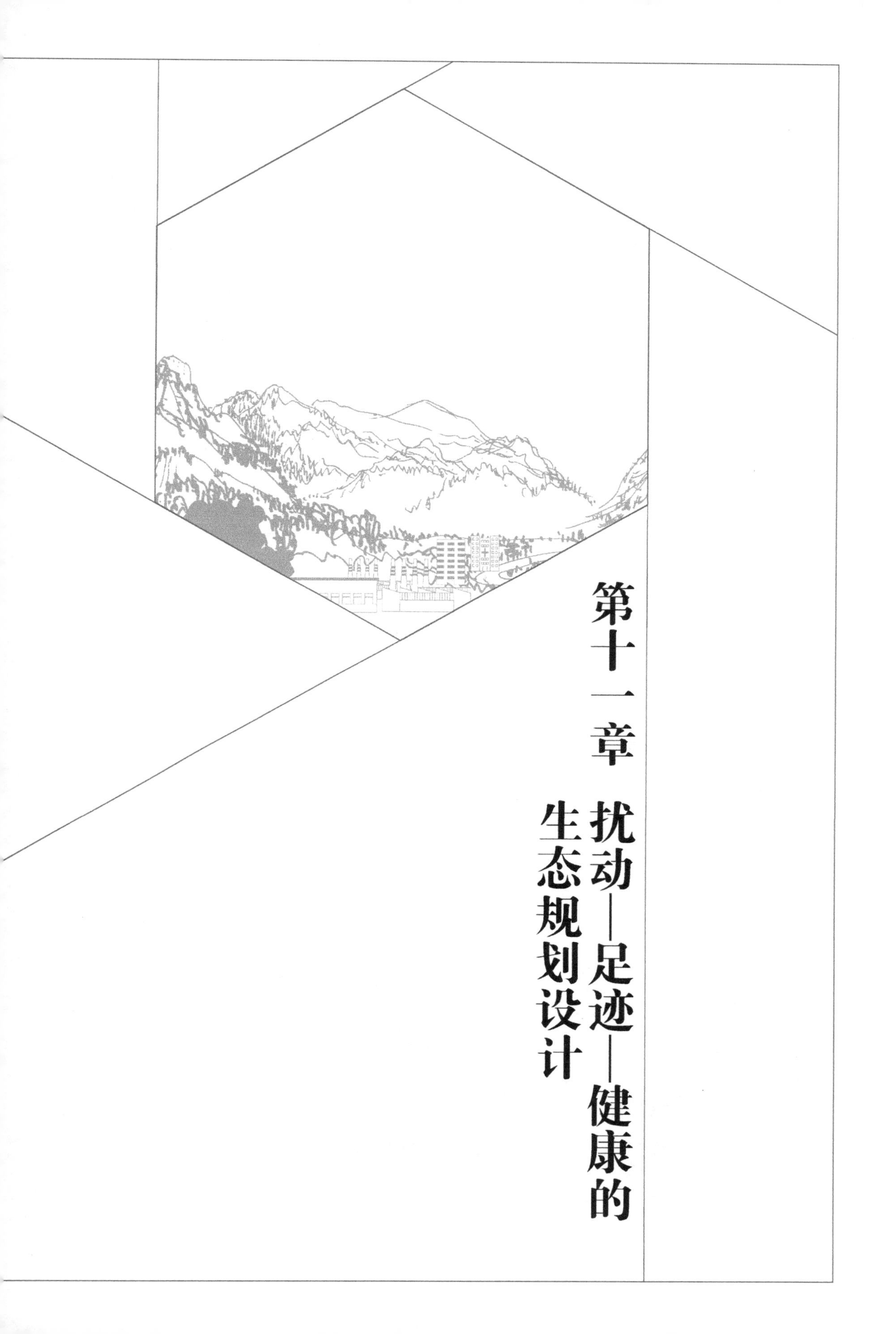

第十一章 扰动—足迹—健康的生态规划设计

第一节　景观干扰的有限性规划设计

一、景观扰动与干扰

1. 干扰与扰动

景观及生态系统的环境因子时刻处在动态变化过程中，生态因子的正常变动极少导致破坏性的影响，将生态因子的正常变动称为生态扰动。生态因子的正常波动对生物及生态系统有非常积极的生态意义，是景观生物多样性存在的必要条件之一。但当生态因子的变动超出生态阈值范围，或发生时间的规律性被突然打乱，往往会造成生态系统破坏。一般将对生态系统造成破坏性影响的、相对离散的突发事件定义为干扰。干扰往往导致有机体、种群或群落发生全部或部分明显变化，使生态系统的结构和功能发生位移。从干扰的性质上分析，干扰可分为自然干扰和人为干扰，自然干扰如火灾、火山爆发、洪水等，往往形成特定的景观格局，发生的时间与空间范围一般较大。人为干扰如开垦耕地、伐木、兴建建筑物等活动，对景观结构的影响一般是小"粒径"、高频度、小范围的，一般在景观中形成相对不稳定的嵌块。干扰一方面对生态系统有破坏作用，同时也是维持和促进景观多样性和群落中物种多样性的必要前提，干扰倾向于对优势种的竞争力的有效性进行破坏，并直接为弱竞争力物种创造生存机会。

2. 干扰状况

干扰状况（Disturbance Regime）是某个地区或某种特定立地上，某种干扰因素对各种空间格局参数的集合。某一区域内各因子干扰状况的总和称干扰体系（Disturbance System）。干扰状况的组成要素有发生季节或时间、干扰频次和干扰强度等特征（图 11-1）。

（1）季节与时间。在不同季节发生的干扰，其生态后果存在极大的差异。以火干扰为例，在植物的生长季与非生长季，其对生物的损害程度明显不同。

(*a*)

(*b*)

图11–1　湿地生态系统所受到的干扰
(*a*) 湿地景观生态受到强烈的干扰；
(*b*) 没有受到人类活动干扰的湿地

（2）干扰频次。同一地区同一植被或同一景观内，单位时间某一干扰发生的次数即为干扰频数。其倒数称为干扰周期，即某一干扰二次发生的时间间隔。许多研究表明，随着群落生物有机物质的积累，群落发生火灾的机会也越来也大，群落发生火灾在时间上存在周期性。

（3）干扰强度（Manitude intensity）。一般是指当干扰发生时，干扰因素所表达出来的能力值。这一概念较难统一。有时用程度（Severity）来表示生物对强度的反应，间接反应强度这一概念，具体因素可具体来限度。

二、干扰的生态效应

1. 干扰与景观异质性

景观异质性与干扰的生态效应间存在密切关系。景观异质性是不同时空尺度上频繁发生的干扰的结果。每一次干扰都会使原来的景观单元发生某种程度的变化，在复杂多样、规模不一的干扰作用下，会导致更高或更低的景观异质性。一般认为，低强度的干扰可以增加景观的异质性，而中高强度的干扰则会降低景观的异质性（特勒 Turner MG，1998）。例如山区的小规模森林火灾，可以形成一些新的小斑块，增加了山地景观的异质性，若森林火灾较大时，可能烧掉山区的森林、灌丛和草地，将大片山地变为均质的荒凉景观。干扰对景观的影响不仅仅决定于干扰的性质，在较大程度上还与景观性质有关，对干扰敏感的景观结构，在受到干扰时，受到的影响较大，而对干扰不敏感的景观结构，可能受到的影响较小。

2. 干扰与景观破碎化

干扰对景观破碎化的影响比较复杂。重度干扰和中度干扰比轻度干扰下的景观具有明显高的斑块密度指数和破碎化指数。随着人为干扰强度的增加，景观破碎化程度相应增加，中度人为干扰使景观破碎度值较高。而规模和强度大的干扰则有可能导致景观的均质化而不是景观的进一步破碎化。这是因为在较大干扰条件下，景观中现存的各种异质性斑块将会遭到毁灭，整个区域形成一片荒芜，大型火灾过后的景观会成为一个较大的均匀基质。但这种干扰同时也破坏了原来所有景观系统的特征和生态功能。景观格局才会发生质的变化，而在较小干扰作用下，干扰不会对景观稳定性产生影响。

3. 干扰与物种多样性

不同物种对各种干扰的反应呈现出不同的敏感性特征。同样干扰条件下，反应敏感的物种在较小的干扰时，会发生明显变化，而反应不敏感的物种可能受到影响较小，只有在较强的干扰下，反应不敏感的生物物种才会受到影响。适度干扰生态系统具有较高的物种多样性。在频率较低的干扰下，反应不敏感的生物物种才会受到影响。由于在适度干扰作用下生境受到不断地干扰，一些新的物种或外来物种，尚未完成发育就受到不断地干扰，导致群落中新的优势种始终不能形成，从而保持了较高的物种多样性。在频率较低的干扰条件下，生态系统的长期稳定发展，会逐渐形成某些优势种，逐渐淘汰一些劣势种，从而造成物种多样性下降。

三、景观干扰的有限性作用机制

1. 中度干扰与干扰频率

中度干扰认为：①物种丰富度在中等干扰水平时最大（胡斯顿 Huston M A.1979；康奈尔 Connerll J H，1978）。在物种对干扰的忍受能力和它的竞争能力之间存在一个平衡，高竞争能力种被认为是最易受干扰影响的种，因此，在干扰强烈发生时，由于该类物种不能忍受而使丰富度降低，甚至在局部区域灭绝；如果干扰强度太小，又由于优势种占据资源而排除弱的竞争种而使丰富度也随之降低。只有当条件同时有利于竞争种和耐干扰种的中度干扰发生时，丰富度才能达到最高。②在干扰发生后演替的中期，物种的丰富度达到最高，后期演替种将完全取代早期演替种。干扰频率认为只有干扰发生的时间间隔比竞争排斥所需时间短时，才能维持种的丰富度。干扰通过抑止不稳定的生物作用或提供更新生态位而促进种的共生。

2. 干扰与生态空间理论

生物种群在生态空间中所占据的资源空间范围为生物种群在生态空间中的生态位。生态因子变动对生物多样性的影响主要表现在两方面：①变动强度决定了群落生态空间的范围。如果生态空间一定，而变动强度很小，则只有少数几个在窄生态空间上适合度较高的生物得以生存，群落中优势种相对明显，生物多样性将很低。而变动强度较大的群落，生态资源的分布相对较分散，群落中优势种相对不明显，群落各物种的相对重要程度相差不大，群落的生物多样性较高。②变动性增加，群落中相对广适生物的比例相对增加，群落中生物的适合度总体上相对降低，群落生态位总体积相对较小。在一个给定能流通量和变动强度的生态空间中，可将生态空间划分为一个个可能生态位，使该生态位中的生物能够保持最低数量的种群大小。即当变动强度很小时，随着变动强度的增加，群落多样性上升，达到一个极大值，之后随着变动强度的增加，多样性变小。

四、景观干扰的有限性规划设计

1. 干扰发生及效应的影响因素

干扰不仅与干扰本身的性质、强度、时间特征有关，而且与受干扰生物群落的结构、立地条件、景观特征等因素直接相关。

（1）群落组成与结构。群落组成结构对干扰及造成的后果有着显著的影响。森林在经历火烧后的恢复时间可能是草原的几十倍。群落一次火烧会使温带和北方森林受到破坏，而湿润的热带雨林则很少受到火烧的影响。有复杂组成结构的

图11–2　干扰设计与沙地景观生态治理

群落对干扰有着较强的抗性。群落的年龄结构也影响着干扰的发生和效应，幼龄林枝叶含水量较大，林下枯枝落叶少，发生火灾的概率要小于老龄林。群落类型不同影响也不同，火干扰在草原群落中比森林群落中更易传播。

（2）立地条件。立地条件影响干扰发生及其严重程度。如火干扰容易发生于干燥立地，因而这种干扰的发生与土坡湿润程度、海拔及坡向等均有关。立地质量会影响群落和种群的许多属性，从而影响到它们对各种干扰因素的敏感性。即使干扰的强度和频率相同，其后果也因立地质量的优劣而有很大区别。干扰后的植被恢复过程也决定于立地条件（图11-2）。

（3）景观特征。景观组成结构对一次特定干扰是否发生蔓延、传播规模起着很大影响。不规则的、边缘面积比大的嵌块体更容易受到外部的影响。有些干扰如污染物可以通过廊道传播。基质则可以阻碍或促进干扰从一个嵌块体传播到另一个嵌块体。景观隔离度、破碎化、异质性水平等也对干扰的发生和效应起着一定的影响。干扰可能导致景观异质性的增加或降低，景观异质性变化也会增强或减弱干扰在空间上的扩散与传播。景观的异质性是否会促进或延缓干扰在空间的扩散，将取决于干扰的类型和尺度、景观中各种斑块的空间分布格局、各种景观因素的性质和对干扰的传播能力和相邻斑块的相似程度。

2. 景观干扰的有限性规划设计

景观干扰的有限性是通过生态规划将干扰的类型、途径和干扰的强度都严格限制在景观生态系统承载力范畴之内，干扰不形成景观生态系统大的变化，维持景观生态系统的整体性、稳定性、多样性和可持续性特征（图11-3）。

图11-3　干扰设计与溪流景观生态规划设计

（1）景观容量与承载力规划。景观状态或健康状况随干扰的变化过程往往存在不连续性。景观对胁迫干扰的反应一般具有时滞效应，当量的积累达到一定程度，就会以突变或不连续变化来体现。景观阈值就是衡量景观突变的重要生态量值。在景观生态规划中衡量景观阈值的量很多，如环境容量、生态容量、环境承载力等，这些量都反映景观生态系统的值域特征，只需确定其中之一，就可以有效控制人类活动的干扰程度。

（2）干扰的类型与强度的控制。在景观干扰有限性规划中，景观的相容性评价是景观干扰类型和强度控制的重要途径。对可能产生的干扰行为的生态效应进行评估，建立起符合景观生态效应和干扰控制在有限程度的行为体系。景观行为相容性高是指在特定的景观环境中能够依托景观资源进行的不破坏景观或破坏程度较低人地协调共生的干扰类型。对景观生态的大范围的改变和重建是违背景观干扰有限性的要求的。人与自然的关系应当是有限的人类群体依附在无限的自然环境中，人对自然是顺从自然规律，在小尺度空间上可以发挥人的改造能力，对景观进行有限的干扰。但在任何一个尺度上的规划设计都应当将自然格局、动植物群落、生态系统、自然过程高度结合进去，实现结合自然的规划设计。同时，对于景观由于多种干扰或环境胁迫产生的干扰效应会表现出乘积效应。如在气候条件发生改变时，生活在土壤贫瘠地区的植物更容易受到疾病侵害。在全球变暖的气候趋势胁迫下的植被，更易受到大规模流行病的袭击。如景观质量下降与全球变化间的相互影响也是一种明显的乘积效应，因此对干扰的生态效应与干扰强度之间进行有效的关联分析和控制。

（3）干扰途径的控制规划。景观生态面临的干扰种类多样，但以人类活动的干扰最为巨大。人对景观干扰不仅形成原始干扰，而且还会形成“二次干扰”等一系列过程。人类对景观的过度索取往往造成景观的破坏，是人类干扰活动的重要形式。待景观破坏后形成无法抵御的景观灾害效应，人类不得不对景观因过度利用造成景观质量的下降进行“修复”，而修复

过程必然一方面需要成本，修复往往未能得到及时修复；另一方面修复技术和途径不合理，对景观生态形成二次干扰（图11-4）。恢复景观健康必须"偿还"这笔债务以恢复景观的健康。景观债务包括主要指景观破坏后形成的管理债务、干扰债务、生物多样性债务等。在干扰有限性规划设计中对干扰途径要限制在特定的范畴之内，将干扰生态效应的扩散限制在小的范围内部，通过不同等级和不同规模的自然隔离或人工隔离实现干扰途径有限的目的。

图11–4　坡面景观生态恢复

第二节　生态足迹的平衡性规划设计

一、生态足迹的内涵与模型

1. 生态足迹的内涵

可持续发展作为一种新的发展理念和模式，自1987年《我们共同的未来》发表以来，已经从理论走向实践。继1992年里约热内卢联合国环境与发展大会之后，先后提出了一些富有价值的评价方法和指标体系，生态足迹分析法就是其中之一。生态足迹被认为是具有一定消费水平的人口所占用的生态面积（用土地量表示）。F（Footprint）表示特定地区的生态足迹总量，P表示人口总量，E表示人均生态足迹，则生态足迹$F=P\times E$，其中人均生态足迹实际上表示人均消费物质所需要的生态生产面积。

生态足迹是由加拿大生态经济学家威廉姆（William）于90年代初提出的度量可持续发展程度的方法，它是一组基于土地面积的量化指标。生态足迹对于可持续性的衡量，主要依据生态足迹和生态承载力差值。当一个地区的生态承载力小于生态足迹时，将出现"生态赤字"。生态赤字表明该地区人类对自然资源的消耗超过了生态承载力，生态安全受到胁迫，该地区将通过输入匮乏的资源平衡对自然生态资源的需求，或过度消耗自身的资源以降低需求的短缺，这两种情况均说明发展处于相对不可持续状态。当生态承载力大于生态足迹时，则出现“生态盈余”。生态盈余表明地区自然生态资源可以满足人类对资源需求，地区内自然生态资源在一定的保护下可以得到增加，使得生态承载力供给扩大，发展具有相对可持续性。而可持续性程度用生态盈余衡量。

2. 生态足迹模型

生态足迹理论将生物生产性土地划分为化石能源用地、耕地、牧草地、林地、建筑用地和水域六种类型。在生态足迹计算中将各种消费折算成相应的土地面积，自然资源的消耗实际就是对自然空间的竞争。生态足迹计算基于下列两个事实：一是人类可以确定消费的绝大多数资源以及产生的废物的数量；二是所有这些资源和废物均可以转换成生物生产性土地面积。EF 为总生态足迹，N 为人口数，ef 为人均生态足迹，i 为所消费的商品与投入的类型，P_i 为第 i 种消费项目的年产量，I_i 为第 i 种消费项目的年进口量，E_i 为第 i 种消费项目的出口量，γ_i 为第 i 种生物资源的均衡因子，p_i 为第 i 种消费商品的世界平均生产能力。生态足迹的计算公式如下：

$$EF = N \times ef - \sum_{i=1}^{n} \gamma_i \left[(P_i + I_i + E_i)/P_i \right]$$

由于各类生物生产性土地单位面积生产力差异较大，有必要给每种生物生产面积乘以一个均衡因子，以转化为生物生产性面积。EC 为总生态承载力，ec 为人均生态承载力，γ_i 为均衡因子，ϕ_i 为产量因子，aei 为第 i 种生物生产性土地的总面积，N 为人口。由于同类生物生产性土地的生产力在不同地区之间存在差异，因而各地区同类生物生产性土地的实际面积不能直接对比。产量因子就是一个将各地区同类生物生产性土地转换成可比面积的参数，是一个地区某类土地的平均生产力与世界同类平均生产力的比率。某种生物生产性土地的均衡因子为全球该类生物生产性土地的平均生物生产力除以全球所有各类生物生产面积的平均生物生产力。

$$EC = N \times ec - N \times \sum_{i=1}^{n} \gamma_i$$

二、生态足迹度量的指标体系

在生态生产性土地的概念基础上，生态足迹研究者建立了一系列指标来计量人地系统间自然资本的供需情况和可持续程度。

1. 生态容量与生态承载力

传统研究中所采用的生态承载力（Ecological Capacity）以人口计量为基础，它反映在不损害区域生产力的前提下，一个区域有限的资源能供养的最大人口数。然而在现实世界中，贸易、技术进步、地区之间迥异的消费模式等因素不断地向这个基于人口的“生态承载力”指标功能发出挑战。人们认识到人类对环境的影响不仅取决于人口本身的规模，而且也取决于人均对环境的影响规模，因此单从其中一个方面来衡量生态容量是不准确的。哈丁（Hardin，1991）进一步明确定义生态容量为在不损害有关生态系统的生产力和功能完整的前提下，可无限持续的最大资源利用和废物产生率。生态足迹研究者接受了 Hardin 的思想，并将一个地区所能提供给人类的生态生产性土地的面积总和定义为该地区的生态承载力，以表征该地区生态容量（图 11-5）。

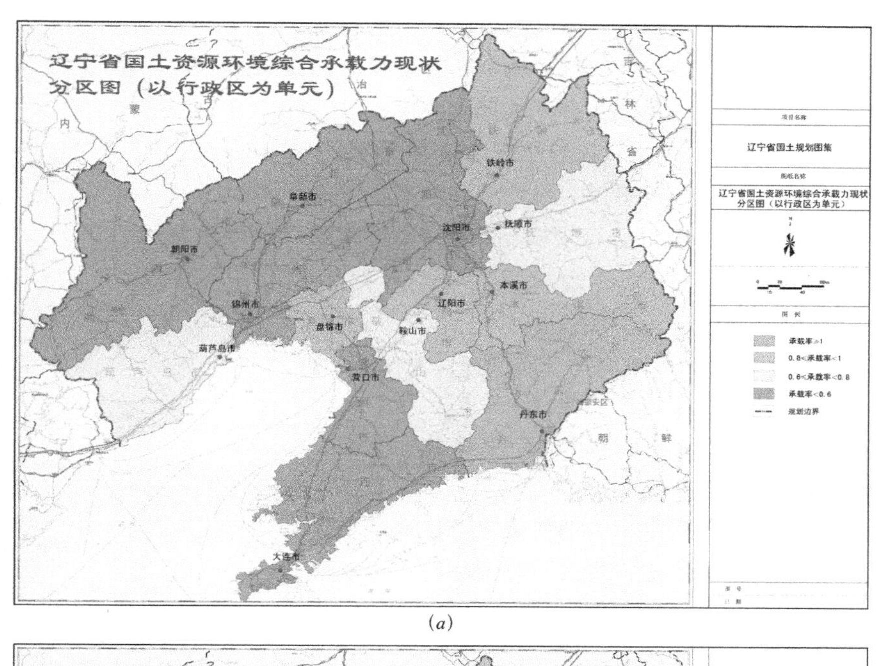

(*a*)

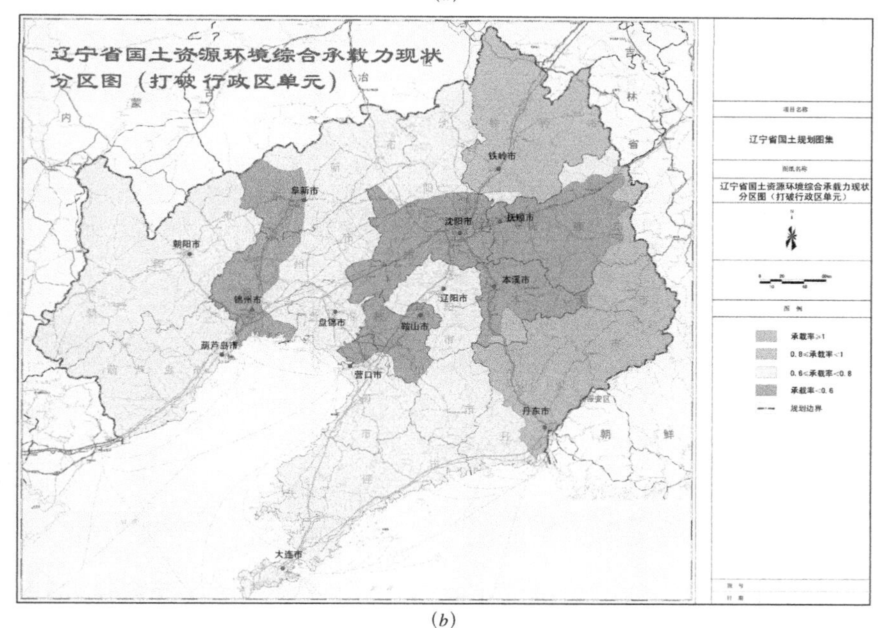

(*b*)

图11-5　辽宁省国土承载力现状与规划图
(*a*) 以行政区为单元的承载力现状图；
(*b*) 打破行政单元的承载力现状图

2. 人类负荷与生态足迹

人类负荷（Human Load）指的就是人类对环境的影响规模，正如前面所提到的，它由人口自身规模和人均对环境的影响规模共同决定。生态足迹（Ecological Footprint）分析法用生态足迹来衡量人类负荷。它的设计思路是人类要维持生存必须消费各种产品、资源和服务，人类的每一项最终消费的量都追溯到提供生产该消费所需的原始物质与能量的生态生产性土地的面积。所以，人类系统的所有消费理论上都可以折算成相应的生态生产性土地的面积。在一定技术条件下，要维持某一物质消费水平下的某一人口的持续生存必需的生态生产性土地的面积即为生态足迹，它既是既定技术条件和消费水平下特定人口对环境的影响规模，又代表既定技术条件和消费水平下特定人口持续生存下去而对环境提出的需求。在前一种意义上，生态足迹衡量的是人口目前所占用的生态容量；从后一种意义讲，生态足迹衡量的是人口未来需要的生态容量。由于考虑了人均消费水平和技术水平，生态足迹涵盖了人口规模与人均对环境的影响力（图 11-6）。

3. 生态赤字与生态盈余

一个地区的生态承载力小于生态足迹时出现生态赤字（Ecological Deficit），其大小等于生态承载力减去生态足迹的差数；生态承载力大于生态足迹时，则产生生态盈余（Ecological Remainder），其大小等于生态承载力减去生态足迹的余数。生态赤字表明该地区的人类负荷超过了其生态容量，要满足其人口在现有生活水平下的消费需求，该地区要么从地区之外进口欠缺的资源以平衡生态足迹，要么通过消耗自然资本来

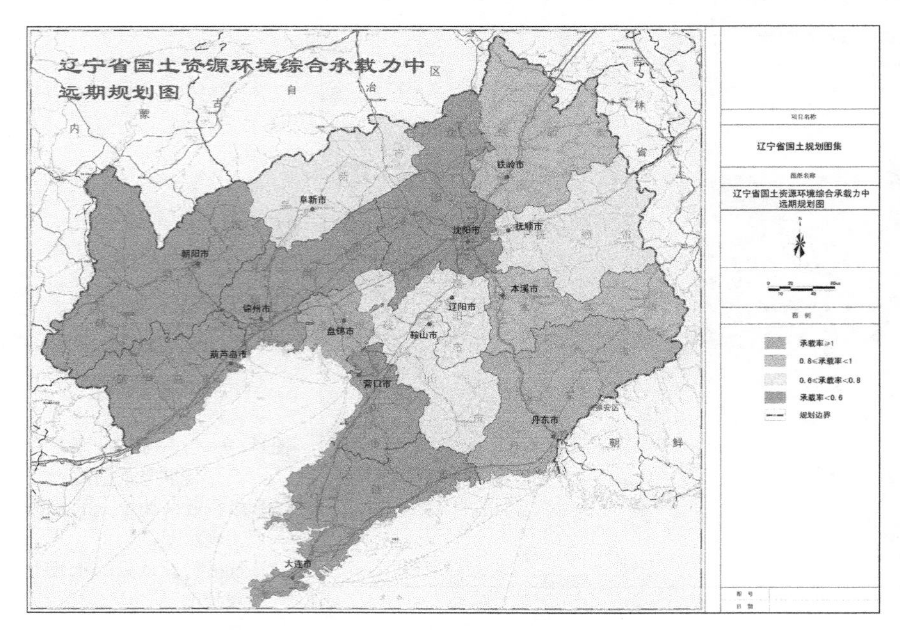

图11-6　辽宁省国土资源环境承载力规划图

弥补收入供给流量的不足。这两种情况都说明地区发展模式处于相对不可持续状态，其不可持续的程度用生态赤字来衡量。相反，生态盈余表明该地区的生态容量足以支持其人类负荷，地区内自然资本的收入流大于人口消费的需求流，地区自然资本总量有可能得到增加，地区的生态容量有望扩大，该地区消费模式具相对可持续性，可持续程度用生态盈余来衡量。

三、生态足迹的平衡性规划设计

生态足迹的平衡性规划设计重点在通过对生态赤字和生态盈余的平衡分析，确定规划区域生态安全程度。并通过调整生态足迹的方式进一步调整生物生态性土地的结构，实现对生态足迹平衡性的调整。以城市规划为例，在城市自身可利用程度的基础上，可根据生态足迹和生态承载力的结果确定生态城市建设的目标和规划重点。结合实际情况，在不降低生活质量的同时降低生态赤字。

1. 生态足迹供需平衡

生态足迹供需平衡分析是生态足迹平衡性规划的核心和基础。依据生态足迹总需求与总供给的平衡关系（表 11-1），可以得出生态规划的总体框架。

区域生态足迹供给与需求平衡表 **表11-1**

生态足迹需求				生态足迹供给			
土地类型	总面积（hm^2/人）	均衡因子	均衡面积（hm^2/人）	土地类型	总面积（hm^2/人）	均衡因子	均衡面积（hm^2/人）
耕地	0.281592	2.8	0.788458	耕地	0.09538	2.00	0.19076
草地	0.235915	0.5	0.117958	草地	0	0	0
林地	0.007771	1.1	0.008548	林地	0.00820	1.10	0.00902
水域	0.300258	0.2	0.060052	水域	0.00123	0.50	0.00062
化石燃料	0.791429	1.1	0.870572	CO_2吸收	0	0	0
建筑面积	0.004905	2.8	0.013734	建筑	0.02305	1.49	0.034345
总需求面积	1.859321			总供给面积			0.234745
生物多样性保护							0.028519
总的可利用足迹							0.263264

（1）对于生态盈余的地区，生态供给大于生态需求，呈现出良好的生态环境和适宜的人居环境特征。该类区域规划的立足点在于维护和保持良好而永续发展的生态环境，对发展的产业、人口、社会等环节进行有效管理，保护好赖以发展的生态环境。生态盈余越大，表明区域发展的潜力越大，对区域进行有效规划与管理，就可以实现区域可持续发展的模式。生态盈余越小，表明区域发展的潜力比较小，区域发展已经接近发展的极限，规划应立足规模限制和结构调整，优化资源利用结构，严格限制部分产业的发展，控制人口增长。

（2）在生态赤字的地区，生态需求大于生态供给，生态呈现出超负荷状态，生态系统超负荷运行，形成生态系统的恶性循环。环境污染，生态破坏，人口膨胀，城市扩张，自然林地大规模萎缩，自然景观受到严重干扰，生态恢复、生态整治是此类地区重要的生态规划工作。区域生态安全和可持续发展压力成为发展中最重要的问题，也是规划必须解决的核心问题。

（3）在总量分析的基础上，对6大类生物生产性土地面积进行比较分析，发现区域发展中存在的问题，为生态足迹规划提供切入点。

2. 以降低生态足迹需求为导向的生态规划

对不同生态供需关系的地区，广泛采用减少生态足迹需求、扩大生态足迹供给两个途径去实现生态足迹的平衡性。只不过关系不同，生态足迹需求和生态足迹供给的导向性不同。随着社会经济的飞速发展和居民生活水平的不断提高，应当高效利用现有资源量，改变人们的生产和生活消费方式，建立资源节约型的社会生产和生活消费方式，建立资源节约型的社会生产和绿色消费体系，从而尽可能减少自身对生态足迹面积的需求，只有这样才能减少对自身资源的消耗。控制人口也是减少生态赤字的重要内容之一，一方面人口的控制在供给总面积不变的情况下减缓了人均生态足迹供给的下降程度，另一方面在生态赤字不变的情况下，人口总量的控制也降低了对生态足迹面积的需求量的增加。

3. 以增加生态足迹供给为导向的生态规划

增加生态足迹供给是任何一个区域生态规划的重要出发点。社会的发展对生态足迹的需求会逐步增加，有的增加很快，有的增加较慢，但总的趋势呈现扩大趋势。从景观生态规划上来看，增加生态足迹供给比减少生态足迹需求在规划上更具有可行性和现实性。增加生态足迹供给的规划方案主要有3个：①维护景观的多样性和稳定性，特别是保护自然景观空间的完整性。②结合当地条件，增加土地利用类型的多样性，通过生态设计，构建高效的生态系统，如提高复种指数等，提高生态系统的生产力。③大幅度增加生态用地面积，主要是林业用地和水域的面积，从而增加供给量，减少不同生态用地类型（尤其是具有重要生态服务功能的类型）的供需之间的缺口。④通过科学技术水平的提高，提高各类土地的质量，从而提高各类供给土地的产出来提供生态足迹的供给（图11-7）。

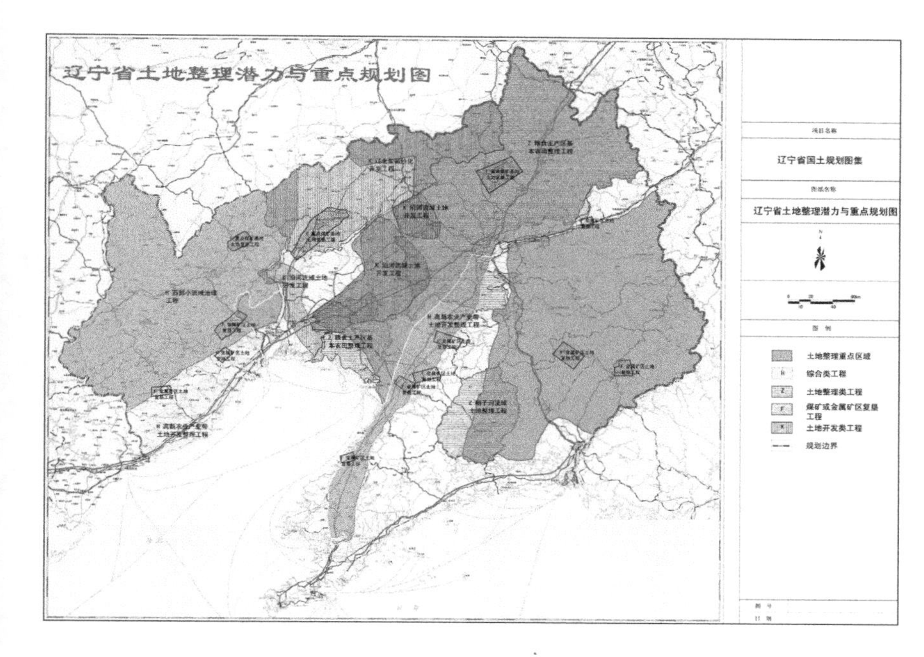

图11-7 辽宁省土地整理潜力与重点规划图

第三节 健康生活环境规划设计

一、生态健康性的内涵

1. 人居环境危机与生态健康性

20世纪以来，人类文明有了飞速发展，但是也无情地破坏了地球的生态平衡，人与自然的紧张关系在全球范围内呈现扩大的态势。发达国家在实现工业化的过程中，走了一条大量消耗资源和先污染后治理的道路，并逐渐将其发展所造成的资源枯竭、环境污染、生态破坏危害逐渐转嫁给发展中国家。而发展中国家则由于生存与发展的矛盾日益尖锐，难以摆脱以牺牲资源环境为代价换取经济增长的发展道路。随着生物多样性的降低、自然灾害的频繁、淡水资源的枯竭以及荒漠化的加剧，自然生态系统为人类生存与发展提供服务的功能越来越弱，全球出现了生物效应、热岛效应、温室效应等现象，直接影响全人类的健康和生存空间，制约经济和社会的可持续发展。没有生态的健康，就没有人类的健康和地球的健康，也不会有社会的发展进步。

退化的范围从改变生物生存的物理、化学条件（气候变化、土壤退化）到非人类生态系统的衰退（森林和鱼类资源的过度猎取、生境破坏、物种灭绝），直到人类系统的功能失调。两方面环境问题与人类管理景观有关：①环境质量。与环境压力有关，环境压力直接归因于人类活动如农业活动。在此，压力是指农业实践或将有害物质释放进人环境产生的对人类健康和生态系统的更新过程的负面影响。②涉及对景观的实际控制或管理，如与土地利用有关的管理决策，对生态系统和景观健康有直接影响，如强度耕种、开垦的土地除农作物外缺少其他重要的植被，生物多样性严重减少。

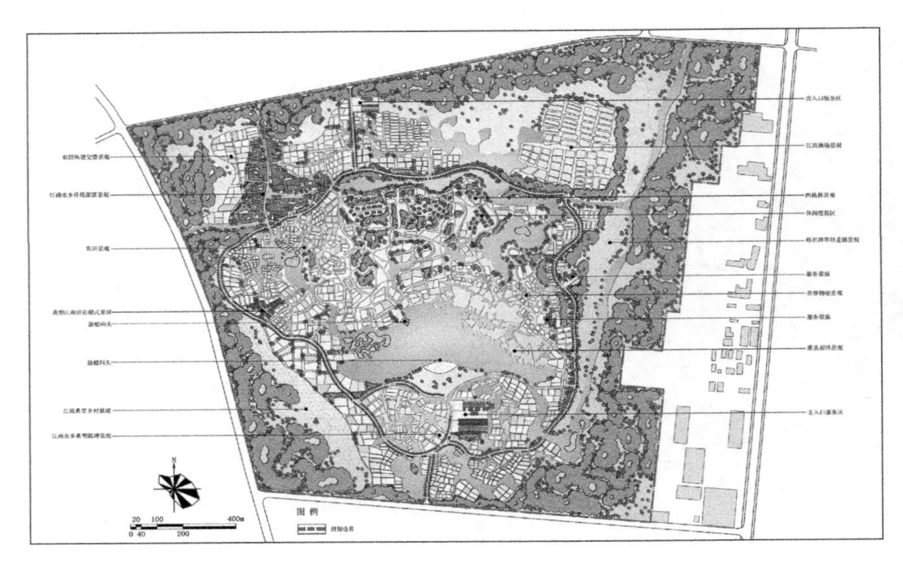

图11—8 以健康环境营造为特征的昆山江南生态园规划总平面图

因此通常农业实践和管理决策即强度的和连续的种植格局影响管理景观的健康。景观快速和普遍的变化似乎与生态可持续发展的社会目标是矛盾的。在景观评价中引入健康概念将注意力集中于这种矛盾，且为达到长期可持续发展而综合生物物理过程和社会价值提供了一个基础。因此，保持生态平衡、保护环境、实现人与自然的和谐与发展，已经成为人类社会生存与发展的重要任务（图 11-8）。

2. 生态健康性的内涵

生态健康是一个社会 - 经济 - 自然复合生态系统尺度上的功能概念，涉及水、能、土、气、生、矿等自然过程，生产、消费、流通、还原、调控等经济过程，认知、体制、技术、文化等社会过程，旨在推进人与环境视为相互关联的系统而不是孤立处理问题的系统方法，通过生态恢复、保育和保护去促进人、生物和生态系统相互依赖的健康。生态健康是人与环境关系的健康，不仅包括个体的生理和心理健康，还包括人居物理环境、生物环境和代谢环境的健康，以及产业、城市和区域生态系统的健康。“生态系统健康”最早可以追溯到 20 世纪 40 年代，自然学家阿罗德·里奥伯德（Aldo Leopold）提出了“土地健康”并认为健康的土地是指被人类占领而没有使其功能受到破坏的状况，将“土地的自我更新能力”作为景观健康的标准。当景观的能量和物质的循环没有受到损伤、关键生态成分（如野生生物、土壤微生物区系）保留下来，系统自然干扰具有抵抗力和恢复力以及当“不必经常对系统进行治疗”时，景观就是健康的。Costanza 认为：“如果生态系统是稳定的和可持续性的，是活跃的并且随时间的推移能够维持其自身组织，对外力胁迫具有抵抗力，这样的系统就是健康的”。景观健康性可以用生物群落和流域物质平衡状况来显示景观是否健康。在生物群落中，顶级群落代表了自动平衡状态，因顶级群落在动态平衡中维

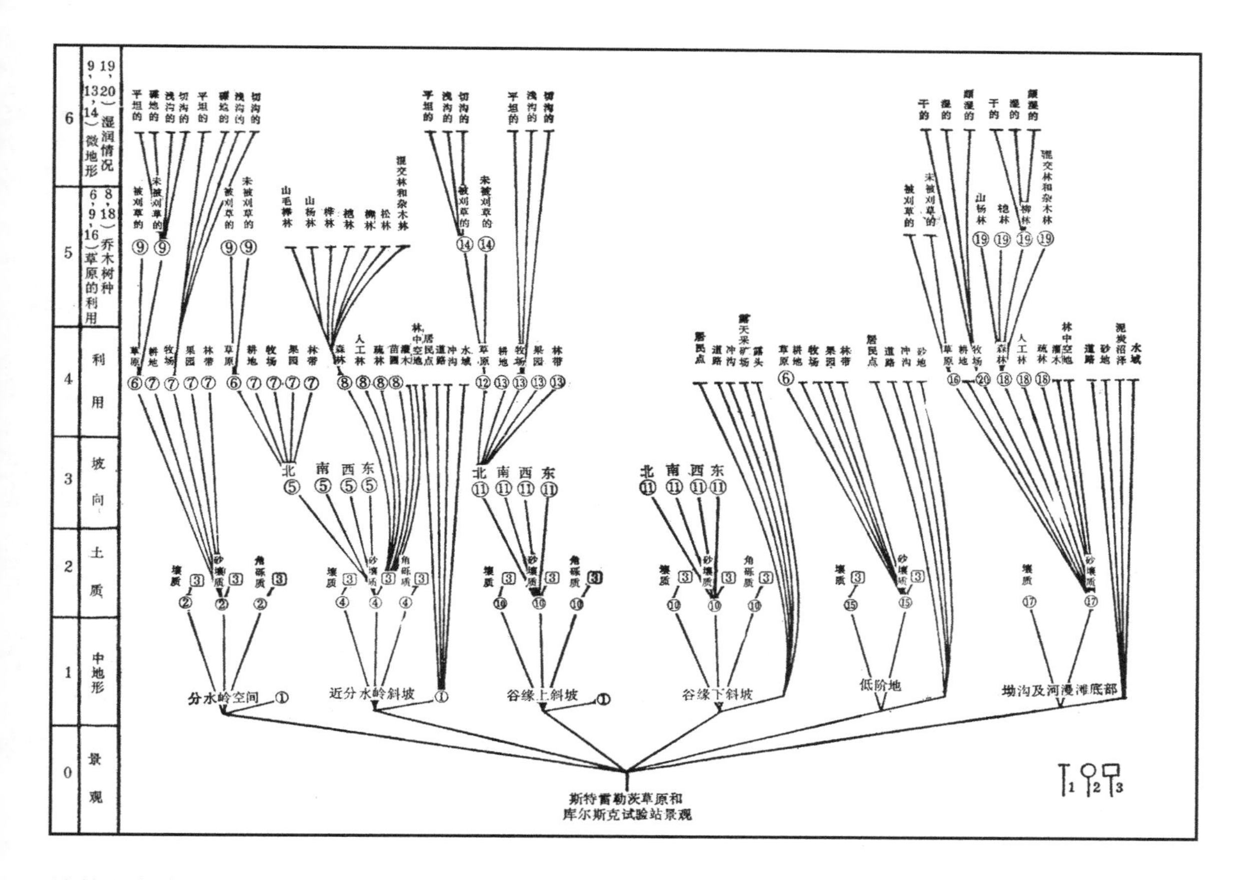

图11-9 依据生境开展的群落设计

持着自身的平衡。有关生态系统健康的概念尚存在着一些争议，生态系统健康可以被理解为生态系统的内部秩序和组织的整体状况，系统正常的能量流动和物质循环没有受到损伤、关键生态成分保留下来（如野生动植物、土壤和微生物区系）、系统对自然干扰的长期效应具有抵抗力和恢复力，系统能够维持自身的组织结构长期稳定，具有自我调控能力，并且能够提供合乎自然和人类需求的生态服务（图 11-9）。

健康生态系统的一般特征是恢复力、多样性和生产力。这些基本特征决定了景观所能提供的自然服务。健康的景观不应退化到其将来利用受损害的程度。生态系统服务是指被认为有益于人类社会的自然系统的特征。在一般水平上包括营养物质循环，抵抗侵蚀，生产食物、纤维和燃料等生态系统功能。生态系统健康是在生态系统水平上定义的，包括生物和非生物的景观组成的整个环境。理解生态系统的全面性和整体性需要考虑把人类作为生态系统的组成部分而不是同其相分离，由于人类是景观的组成部分，景观满足人类需求和愿望的程度应该纳入生态系统健康的评价之中。生态系统健康概念具有综合性和整体性，人类是管理景观整体的组成部分，很难将人类、社会和经济福利与生态系统的整体性分开。生态系统的健康问题是人类产生的，不可能存在于人类的价值判断之外。应用景观健康的概念意味着地球生态系统的"完善能力"和健康已成为主要关注点。生态完整性其含义是指在没有人为人类干扰下自然进化的景观和生态系统的状况。完整性主要参考原始系统涉及物种组成、生物多样性和功能组织等方面。当很少原始景观保留下来时，"完整性"提供了一个参考点，可与较少受现代人类影响的景观相比判断现在的状况。

二、景观生态健康性的特征及评价

健康景观的特征主要有：①提供生态系统商品和服务，以满足现在和将来的需求。②景观的外部补贴最小，甚至无须提供补贴就能维持生态系统服务的功能。③对邻近景观和生态系统没有负面影响或者破坏最小化。"健康性"和"完整性"是景观健康状况评价框架的重要组成，强调"健康性"是因为可以更广泛应用于高度修饰的景观，引起普通大众和政策制定者的共鸣，健康的景观仅需要满足提供可接受生态系统服务的要求。生态完整性提供用于评价目的的尺度，景观健康评价是景观适合度的基础。

景观健康的指标涉及恢复力、生产力和组织性3个主要方面。指标来自于生物学测定（如生物多样性、本地物种与外来物种、优势种的大小和分布等）、物理学测定（水文学的流、土壤有机物质的保护程度、水和能量流对大气圈和生物圈的控制）和社会经济测定（农业、林业和渔业的效益和投资）。①景观指标。反映了生态系统间横贯的相互作用，或直接通过能流、物流和水文学流的测定，或通过作为较大景观必要的生物学状况的系统测定。②整体性评价。是指利用生物物理参数、社会经济参数和人类健康参数相结合对景观健康进行综合性测定。整体性评价部分来自于应用环境监测和报告的两类基本指标——生态的和环境的。③生态指标。代表或描述了景观的组成部分，如空气、水、生物区系和土地，且主要用于测定化学危险物和人类活动对生态系统及其组成成分的影响。④环境指标。将环境状况（生物物理指标）和人类活动（毒物排放、能量利用、自然资源利用）结合起来。环境质量评价趋于集中景观水平。因此，较小尺度生态系统健康评价更多采用生态学指标，较大区域的景观健康评价则采用整体性测定。

景观健康评价的指标体系包括非生物环境指标、生态学指标和社会经济指标三大类。非生物环境指标，如水质、大气状况、土壤理化性质等；生态学指标，包括营养循环的变化、能量流动、初级生产力、生物多样性、群落结构、稳定性、抵抗力、恢复力、调节功能、生态系统服务功能等；社会经济指标，有人类健康水平、区域经济的可持续性、技术发展水平、公众环境意识和政府决策等内容。

三、健康生活环境规划设计

开展生态系统健康诊断和退化生态系统恢复与重建的生态学基础和技术研究则是生态系统管理的重要任务。健康的生态规划设计致力于研究生态系统健康的评价、识别、生态系统健康与人类健康的关系以及环境变化与人类健康的关系；致力于分析生态系统退化的原因、生态学过程和机理、退化生态系统恢复与重建的技术和方法。利用生态系统工程学的最优化思想和方法来制定自然保护区和退化生态系统恢复与重建计划与决策方案。

1. 环保化景观规划设计

在城市环境中，居民的健康是由物理、社会、经济、政治和文化等各方面的因素共同决定的，包括社会的集中化过程、迁移过程、现代化过程、工业化过程及市区的居住环境。对健康有影响的城市环境灾害主要有7类：生物病原体、化学污染物、可进入人体的重要资源（如食物、水、燃料）危害、物理灾害、建筑环境对心理健康的影响、区域自然资源退化和全国、全球自然资源的退化。

2. 无害化景观规划设计

景观无害化是对居住在其中的人、动植物不造成伤害。主要表现在：①在景观绿化中，无害表现在植物的无害性，不应种植对人体有害的、对空气有毒和有污染的植物，是景观无害化的重要途径。尤其是在特定的场所，如医院、疗养院、度假村等，面向特定的人群，如过敏人群等，在进行景观规划设计时对植物的选择应具有广泛适应性，不能追求景观效果而形成对特定人群的伤害。②在景观生态规划中，无害性还必须兼顾对动植物群落的无害性（图11-10）。③景观材料的无害性。景观材料是景观的重要组成，也是景观规划设计的重要环节。景观材料的无害性是指无毒、无辐射、易降解的生态材料。

3. 安全性景观规划设计

景观的安全性是景观规划设计的最基本的底线，安全性在于规划设计中必须考虑景观规划对人群、社区的安全性以及对自然生态系统形成的冲击性的安全性评估。不安全的景观规划设计是不允许的，也是不可接受的。景观安全性规划设计主要包括：①景观灾害的防御性。在任何类型的景观空间中都存在直接或潜在的景观灾害，直接威胁人群、社区以及景观

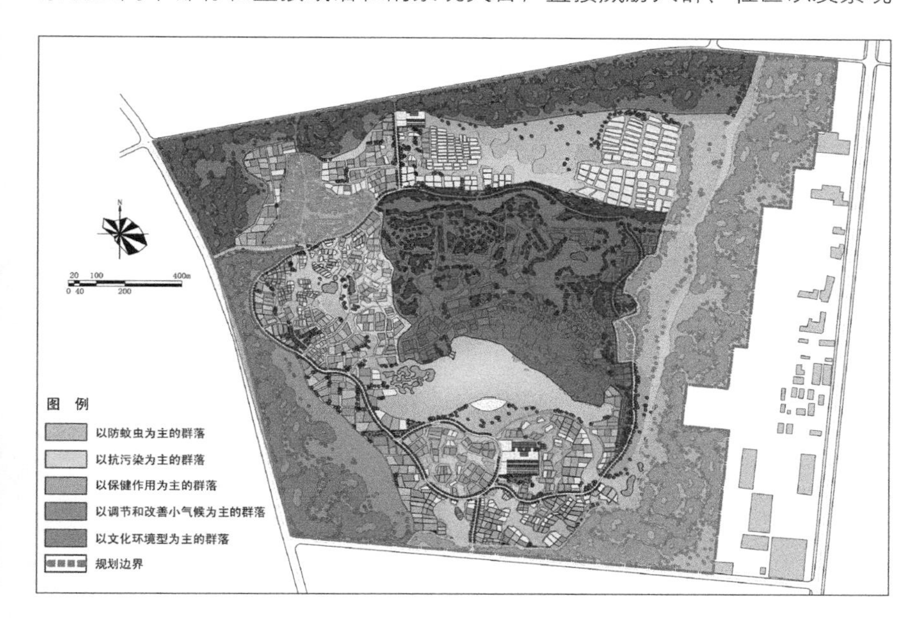

图11—10 江南生态园群落构成规划图

生态系统的安全性。如洪水、崩塌、滑坡、泥石流、峡谷滚石、生态入侵、外来物种蔓延等自然景观灾害，同时存在坠崖、溺水、动物侵犯、垮坝、狩猎、砍伐、火灾等多种人工景观灾害。②使用群体的安全性。针对景观特殊的功能规划明确出面向的服务群体，尤其突出老年和儿童群体，进行相应的安全性规划，保障景观规划使用的安全性。③生态系统的安全性。生态系统的安全是维护景观持续发展的重要条件。在景观规划设计过程中严格依据生态链之间的关系进行植物和动物群落规划设计，对植物和动物物种的引进需要经过仔细的生态效应比较，否则就会对生态系统安全性构成威胁。

4. 亲和性景观规划设计

健康的景观环境重视对阳光、空气、水及自然风的组织与利用，科学合理利用规划场地及其周边的自然环境条件，保持对大自然的便捷接触，体现人与自然和谐的生态共生原则。对景观环境绿地系统规划应采用群落设计思路，在广泛进行生态型景观绿地规划的同时，对植物营造多采用天然次生林的自然生长的方式，选择适地适种，并提供广阔的绿色空间营造充足的户外公共空间，达到防晒、防尘、降温、调节气候、提高空气负氧离子浓度、减少 CO_2 的含量。保持稳定的温度、湿度和风速等生态功能，以利于降低噪声。充分利用立体空间分异过程，发展立体生态绿化，形成多层次、多类型和多种形式的立体绿化景观。

第十二章 景观规划设计的生态性评价

第一节　景观规划设计的生态性评价体系

一、整体人文生态系统规划设计

整体人文生态系统是生态规划设计的主体。自然与人文生态系统的特征和过程是整体人文生态系统的重要特征。整体人文生态系统存在着格局、过程、节律、恢复、容量等自然规律和生态系统阈限特征。在景观综合体中，人的活动行为既是人工景观的源泉和动力，也是重要的景观要素，同时又是强烈改变景观格局的扰动因素。景观既是一个历史过程，又是一个现实过程，是具有两种过程时空复合特征的动态均衡体系。景观特征、景观价值和景观功能随人类对景观环境需求而不断发生变化。人类从景观环境中获得满足需求的方式、过程不断变化，形成强度、频度和利用方式三方面的巨大差异。这种人与环境作用的机理与过程正是整体人文生态系统规划设计的着眼点。

整体人文生态系统规划设计的核心是：

（1）整体人文生态系统是自然——人文——产业、社会——经济——环境的复合系统，是复杂系统的一种；

（2）整体人文生态系统将生态圈中的景观划分为建设景观和开放景观两大类型。将建设景观划分为乡村和半城市化生态系统景观和城市与工业技术生态系统景观；将开放景观划分为自然和半自然的生物生态系统景观和农业或半农业的生物生态系统景观；

（3）建设景观和开放景观具有差异明显的景观特征、过程和生态系统运行规律，景观规划设计以此为基础；

（4）景观规划设计是对自然——人文社会——经济生态系统的设计，是生态规划设计。重点对物种及生态系统、生态与自然过程、文化与行为健康三个核心进行设计。

二、景观规划设计的生态性评价体系

景观规划设计的生态性评价是在生态规划设计内涵确定和整体人文生态系统设计的主体确定的基础上，以生态过程和规律为指导，立足于景观规划设计而提出的九个生态评价指标，全面揭示了整体人文生态系统景观规划设计中高度结合自然的设计，融合地方精神的设计和为健康生活的设计三个核心。景观规划设计生态性评价构建以下三大体系九项特征的评价体系（表 12-1）。

景观规划设计生态性评价指标系统　表12-1

目标层	基准层	指标类层	指标权重系统（P_j）	指标评价系统（V_i）	
				指标（D_i）	指标估计
景观规划设计生态性评价	格局—过程—界面	自然骨架的整体性	P_1	整体性指数：D_1	由专家技术组对整体性进行评估后获得整体性指数
		自然过程的完整性	P_2	完整性指数：D_2	由专家技术组对整体性进行评估后获得完整性指数
		自然界面的延伸性	P_3	界面指数: D_3	规划后各类界面长度与原界面长度之比
	物种—通道—生境	生物物种的多样性	P_4	丰富度指数: D_4	采用计算相对丰富度（参照景观生态学丰富度计算方法）
		生物通道的连接性	P_5	连接度: D_5	计算景观内同类最邻近斑块距离的反函数
		景观生境的原生性	P_6	原生景观指数: D_6	计算原生景观面积（总面积－人工景观面积）在景观总面积中的比例
				乡土物种指数：D_7	绿地系统中乡土树种在物种中的比例
	扰动—足迹—健康	景观干扰的有限性	P_7	扰动强度指数: D_9	景观扰动量与容量的差与容量的比值
		生态足迹的平衡性	P_8	生态足迹平衡性指数: D_{10}	生态足迹与生态系统承载力之差与承载力的比值
		规划设计的健康性	P_9	综合风险指数: D_{11}	根据规划环境中存在的各种风险进行指数权重评价，获得综合风险指数
生态性指数			综合评价规划前后生态性的显著变化程度		

第二节　景观规划设计生态性评价方法

一、数据获取

评价方法采用指标分级赋值后计算生态性指数的评价方法。生态性指数评价主要有以下评价要点：(1) 对现状数据的采集可以通过现有的各种专项基础图纸、遥感影像分析获取；(2) 规划数据获取主要通过对规划图纸进行的专业量算（CAD）获取；(3) 对个别无法获得数据的指标采用专家评判的方法获得；(4) 对获取的数据进行现状与规划后状态量之间变化幅度的计算；(5) 对变化幅度通过评价指标划分后进行分级赋值，得到无量纲的评价数据体系（表 12-2）。

二、评价方法

评价公式为：

$$e = \frac{1}{9}\sum_{i=1}^{9} V_i p_i$$

$$v_t^i = \frac{v_{t+1} - v_t}{v_t}$$

$$v_i = f(v_t^i) = \begin{cases} 1 & v_t^i \in (0, 0.1] \\ 3 & v_t^i \in (0.1, 0.25] \\ 5 & v_t^i \in (0.25, 0.4] \\ 7 & v_t^i \in (0.4, 0.6] \\ 9 & v_t^i > 0.6 \end{cases}$$

景观规划设计生态性分级评价系统 **表12–2**

目标层	基准层	指标类层	指标权重系统（P_j）	分级评价系统（V_i）					分步计算	
				1	3	5	7	9	实际指标状态	最大理想状态
景观规划设计生态性评价	格局—过程—界面	自然骨架的整体性	P_1						V_1P_1	$9P_1$
		自然过程的完整性	P_2						V_2P_2	$9P_2$
		自然界面的延伸性	P_3						V_3P_3	$9P_3$
	物种—通道—生境	生物物种的多样性	P_4						V_4P_4	$9P_4$
		生物通道的连接性	P_5						V_5P_5	$9P_5$
		景观生境的原生性	P_6						V_6P_6	$9P_6$
	扰动—足迹—健康	景观干扰的有限性	P_7						V_7P_7	$9P_7$
		生态足迹的平衡性	P_8						V_8P_8	$9P_8$
		规划设计的健康性	P_9						V_9P_9	$9P_9$
合计			1	$\sum_{i=1}^{9} P_i = 1$					$\sum_{i=1}^{9} V_i P_i$	9
生态性指数			$\frac{1}{9}\sum_{i=1}^{9} V_i P_i \in (0,1)$							

注：分级评价系统对应指标分级标准体系。

第三节　鼓浪屿“世界音乐岛”景观规划设计的生态性评价

一、鼓浪屿景观规划设计中的核心矛盾

无论是作为高尚社区的居住地，还是作为休闲度假的旅游地，鼓浪屿都具有近100年的历史。鼓浪屿面积仅1.83km^2，但常住人口仅2万人，流动人口高峰可达2.5~3万人，人口的快速增加，促使鼓浪屿由过去以别墅、庭院为主的高尚

居住社区向城市居住功能转变。与此同时，旅游业经历30多年的快速发展，原有的旅游吸引物逐渐被城市化的浪潮掩盖，旅游产品多进入生命周期的成熟阶段，缺乏吸引力的创新与发展。旅游也由度假旅游向一日观光旅游退化。正是这两大转变，鼓浪屿正逐渐失去原有的特色和价值，也是鼓浪屿矛盾复杂、问题众多的根源。

鼓浪屿的发展面临六大矛盾：

（1）城市扩张、城市建设与风景名胜区的矛盾。

（2）国家重点旅游区与国家级风景名胜区的矛盾。二者在表面看来很容易形成不可调和的矛盾。

（3）社区居住与国家重点旅游区的矛盾（聚居矛盾）。

（4）传统产业与旅游产业发展的矛盾。

（5）风景景观遗产保护与开发的矛盾。在形态方面，保护好本岛"七山八角九湾"的相对完整性、沙滩的稳定性和海岸的自然曲线；

（6）行政区管理与风景旅游区管理的矛盾。

二、鼓浪屿景观规划设计的生态性评价

从鼓浪屿规划设计前后的方案对比来看，形成几个方面的显著变化。

（1）在保护鼓浪屿整体景观格局、景观过程和界面的同时，规划后的景观过程更加全面和完整，景观界面指数提高45%，类型更多，作用特征更加突出。

（2）生物多样性指数提高50%，在保证鼓浪屿现有南亚热带植物群落的基础上，清除不利的外来侵入物种，同时将鼓浪屿作为南亚热带植物的培育基地；通过对岛屿上三条主题通道的建设、里巷的清理和滨水环岛通道的建设，连接度提升110%；在景观生境原生性上，对岛屿北部和南部贯穿的星形完整的林地系统进行保护，重点对岛屿北部天然次生林带进行严格保护，同时将西部工业拆迁后的完整空地建设成为以湿地、草地和稀疏林地为主导景观的生态休闲区域，不仅提升了乡土物种指数60%，而且将扰动强度指数下降了70%，原生景观指数整体提升48%。

（3）从扰动性特征来看，由过去高度集中在东南部不足0.5km^2的空间分散到除北部天然次生林外的整个岛屿上；同时将原有的工业等高扰动类型转化为以动静结合的旅游休闲行为，使整个岛屿的扰动指数下降70%。从生态足迹的平衡性来讲，通过生产力、人口和产生废品的能力计算，将岛屿常住人口控制在5000人，将游客日容量控制在1.2万人次的规模内。生态足迹平衡性指数提高80%。规划后的鼓浪屿成为林木茂盛，植被掩映，聆听天外来音的"世界音乐岛"，健康性提高了60%。

（4）规划后的鼓浪屿体现生态音乐岛的发展要求，规划方案的生态性指数达到0.685，使岛屿的生态性有了明显的提高。

鼓浪屿景观规划设计方案的生态性评价一览表 **表12–3**

目标	基准层	指标层	现状特征	生态规划设计要点	生态显著性
生态性方案与方案的生态性显著提高	格局—过程—界面	自然骨架的整体性	(1)鼓浪屿是面积仅1.86km^{2}的海岛；以坡地为主；(2)岛上有7座山峰，以日光岩为中心，向东、向西和向北延伸，呈现出三龙聚首的自然骨架特征。现状是南部山脉清晰，向北的地脉被切断；(3)人文生态格局是北轻南重，东重西轻	(1)通过林地廊道将南部两个分割的林地生态系统连接，强化地脉的南北延伸格局，保持自然格局的整体性；(2)保持东部和南部的人文分量和高密度特征，维持北部和西部的自然性和低密度特征	(1)用绿道将林地和开放空间连接形成完整的陆地生态系统；(2)依据地脉特征，形成连续林网，并强化了"三龙聚首"的景观整体性；(3)形成整体性的基础上，保证了岛屿空间上差异性和多样性（图12-1）
		自然过程的完整性	(1)鼓浪屿海岛的特征，决定了海—陆的相互作用，海岸线长6.1km。是岛屿自然过程最集中的边缘地带；(2)现状海岸的设计没有结合海岸自然过程与特征。将部分海岸带硬化，分割了海陆作用过程	(1)依据海岸特征与海陆作用特征，将海岸划分出不同设计段，进行生态设计；(2)依照景观边缘区的特征，滨海带是自然过程作用显著，景观类型最多，景观表现最强烈，景观感受最突出，最生动的景观空间，是人最喜欢最认同的空间，重点设计亲水空间的生态行为体系	(1)依据硬质驳岸与城市化特征划分出景观海岸；依据聚居特征与亲水海岸特征划分出度假海岸；依据亲水和城市对景特征划分出欢乐海岸；依据自然生态与湿地特征，划分出自由海岸；依据自然属性和产品组合，形成音乐海岸和南部的休闲海岸；(2)海岸带的生态设计构建起海陆作用的完整的自然过程（图12-2）
		自然界面的延伸性	自然界面主要体现在：(1)海陆作用界面，人工硬质的海岸减少了海陆作用界面；(2)鼓浪屿岛上在地形与聚居区内部在空间竞争的格局下形成的广泛存在的线形空间，现有街道等线形空间45237m，但线形空间的文化、生态脉络不清楚	(1)强化海陆交错的界面设计，通过向岛屿延伸和向海上扩展，保持界面的延伸性；(2)强化线形空间的界面功能，通过线形空间的延伸和生态主题的塑造，突出脉络；(3)保持自然界面延伸性的同时保持界面的自然性与生态性	(1)依托潮间带将欢乐海岸浅水区深挖，形成U形海岸；在音乐港湾依托潮间带将岸线向海里延伸；同时保护自然海岸弯曲的形态，形成水陆交错带；(2)将线形空间分级分类，延伸和拓展，将线形空间拓展；(3)形成民居观光轴线、商业购物观光轴线、音乐艺术观光轴线、万国建筑观光轴线和自然风貌观光轴五大文化生态主题（图12-3）
	物种—通道—生境	生物物种的多样性	(1)岛屿北部保留了部分天然次生林；(2)南部形成了连续的森林景观；(3)西北部和西部现存有较大面积的湿地区；(4)城市聚居区内大量分布榕树，郁闭度较高；(5)外来物种对岛屿物种形成侵扰；(6)植物共有90多科，4000多种；(7)林木覆盖率32%，绿地率39%	(1)依据景观生态学"岛屿地理学"理论，营造绿色生态与人文生态高度协调的生态岛屿；(2)保留生态特征明显的景观类型；(3)营造多种生境环境，体现生境的多样性；(4)充分挖掘岛屿作为植物庇护所的特征进行动植物培育与保护，丰富物种多样性	(1)使鼓浪屿绿地率达到51.79%，林地覆盖率达到40.7%；(2)保持北部天然次生林和西部湿地景观的完整性；(3)从亚热带植物庇护所的功能建设亚热带植物库；(4)改造现有林地，增加林地的复杂性和林相的多样性；(5)形成人工常绿阔叶林、人工绿地草坪和灌木林、天然次生常绿林、湿地景观、滨海林带、苗圃、庭院绿地系统等多样性生境系统（图12-4）

续表

目标	基准层	指标层	现状特征	生态规划设计要点	生态显著性
生态性方案与方案的生态性显著提高	物种—通道—生境	生物通道的连接性	从现状来看，生物通道是相互隔离的：(1) 环岛路是隔离海陆生物通道的主要障碍；(2) 林地的连续性在北向上被打破；(3) 岛内的线形空间网络没有与主要的生态系统形成回路连接	(1) 将北部高度硬化的环岛路面进行适当的软化，同时在环岛路每隔 100m 处设立路基生物通道；(2) 增加道路两侧林地的郁闭度，保持生物通道空中连通；(3) 将主干的连通走廊与重点生态系统连接	(1) 环岛路生物桥的建设将陆地岛屿生态系统与海洋生态系统联为一个整体；(2) 空中通道的建设将形成地表生态系统的整体；(3) 主干通道之间的连接形成地表生态系统内部便捷的生物连通体系；(4) 连通性保证了海陆作用的一体化和陆地内部生态系统的充分融合（图 12-5）
		景观生境的原生性	(1) 从景观生境的现状格局来看，主要有聚集环境、居住区环境、天然次生林环境、人工林地、滨海湿地和滨海风景地等类型；(2) 现有的次生林、湿地等景观保留的困难较大；(3) 居住区和聚集商贸区有进一步扩大的趋势；(4) 潜在的现代交通将岛屿与外部快速连接，将极大地改变岛屿景观的原生性特征	(1) 进行人口的迁移，降低人口与聚居规模；(2) 通过规划设计保留现有的天然次生林为休闲森林，保留滨海湿地为森林度假乐园的重要景观区，将现有工业遗弃地建设成为以林地、草地为主的森林乐园；(3) 保护万国建筑博览区的景观原生性；(4) 保护居民区富有特色的居住景观环境和线形艺术特色	(1) 景观原生性的保护是对自然景观环境与人文景观环境的延续和继承；(2) 北部次生林和湿地景观的保护形成岛屿重要的景观生态保护区，奠定出北部保护、南部稳定，西部塑造主题，东部严格控制，降低密度的格局；(3) 使岛屿唯一存在的自然原始生态景观与环境得以保存；(4) 保护并强化了居住区特有的线形空间艺术特色和原生景观环境，使之成为鼓浪屿艺术文化的有机组成和特色；(5) 不仅使历史遗产得到保护（图 12-6）
	扰动—足迹—健康	景观干扰的有限性	(1) 岛屿上常住人口 1.76 万人，暂住人口 4374 人，平均每日岛上流动人口 5200 人，高峰时期达到 10000 人以上。每日近 3 万人的规模使岛屿景观受到较大程度的干扰；(2) 岛上不合理的经济行为（加工制造业）成为景观干扰的重要环节；(3) 岛上不合理的开发建设同样成为景观干扰的因素	(1) 控制岛上的人口规模，在保留居住区核心区常住人口的前提下，将分散和边缘区部分常住人口迁出，将常住人口控制在 0.5 万人(2) 控制进入岛屿的日游客规模，日游客控制在 1.2 万人；(3) 岛屿上禁止服务业以外的产业发展，以旅游业为主导产业，推行生态产业标准；(4) 严禁在岛屿景观控制区建设不协调景观建筑	(1) 恢复鼓浪屿在历史时期作为“高尚住区”的居住特征，拆除后期不协调的侵入建筑后使鼓浪屿恢复历史风貌；(2) 通过聚居人口控制，恢复“海上花园，宁静的音乐岛”的景观与文化特色；(3) 减少岛屿污染物的排放，促进“生态岛屿”的建设；(4) 通过现有的摆渡设施来相对隔离岛屿，以摆脱更现代化、更城市化因素对景观的干扰（图 12-7）
		生态足迹的平衡性	(1) 较小面积的岛屿仅 1.86km²，生态空间狭小；(2) 较低的林地覆盖率和生产力较低的生态系统；(3) 庞大的人口规模和物质消费规模与岛屿生态能力不匹配，不平衡。资源的使用远远超越了生态系统承载力的水平与标准；(4) 现在每年产生的 170 万吨污水依赖污水处理设施；(5) 每年产生的 12900 万吨生活垃圾和 96600 万吨建筑垃圾依靠人工输出维持	立足生态足迹的平衡性，重点突破两个环节的生态设计：(1) 扩大生态绿地的面积和生态群落的复杂性，提供生态系统的生产力。尽可能多地扩大林地面积和利用群落垂直分异，建立多层生态系统；(2) 降低消费规模和废物生产能力；主要通过降低聚居人口，减少景观干扰实现消费控制；(3) 废物的人工输出提高了岛屿的承载力的结果，但不能降低对生态影响的过程和强度	(1) 鼓浪屿是一个大规模依赖生态输入的“脆弱”的岛屿生态系统；(2) 减人降密和提高林地覆盖的结果有效促进岛屿生态系统生态足迹的平衡性，有利于在岛屿生态系统承载力的范围内实现生态的持续性；(3) 降低岛屿对人工输入输出过程的依赖程度，努力提高岛屿生态系统的自然性和本底特征；(4) 这一点与岛屿现有的城市化趋势相反（图 12-7）

续表

目标	基准层	指标层	现状特征	生态规划设计要点	生态显著性
生态性方案与方案的生态性显著提高	扰动—足迹—健康	规划设计的健康性	(1) 鼓浪屿是"尘世中漂浮的港湾"，已不是海上仙岛；(2) 嘈杂和商业躁动已经打破了鼓浪屿原有的宁静，岛上的居民已无法感受到属于自己的生活；(3) 文化的冲击打破了原有的生态文化体系，彻底改变了岛屿历史上存在的价值与特色；(4) 岛屿上高昂的生活成本和不便利的生活设施已失去了归属感和认同感	(1) 在保护居住区原有风貌的基础上，拓展公共空间和开放空间，以减轻聚集人口对居住人口空间的挤压；(2) 强化岛屿音乐艺术特色与生活氛围，使之成为生活的组成部分，而不是商业化的音乐；(3) 保护岛屿居民生活的真实性和原生性，而不是满足展示而进行商业化行为；(4) 创造健康的生活环境	(1) 规划设计的健康性主要体现在以聚居人口为导向的开放空间、公共空间、文化生态、生活环境等方面进行的宜居性、文化延续性、原真性、环境的生态性、舒适性设计与环境品位提升；(2) 彻底改变岛屿居住和聚集环境，感受到的是自然的亲和，而不是"浮躁"带给岛屿的焦躁感受（图 12-8）

注：厦门鼓浪屿国际竞标的规划设计人员包括刘滨谊、David p.Hill、王云才、艾定增、Don Buffington、Alison S Blanton、Todd E Setliff、刘颂、王敏、马玥、刘悦来等。

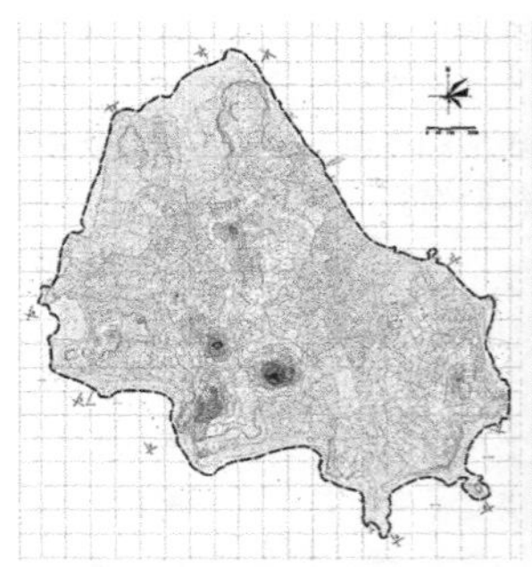
图12–1　自然骨架整体性

图12–2　海岸特征与完整性

图12–3　线形网络界面

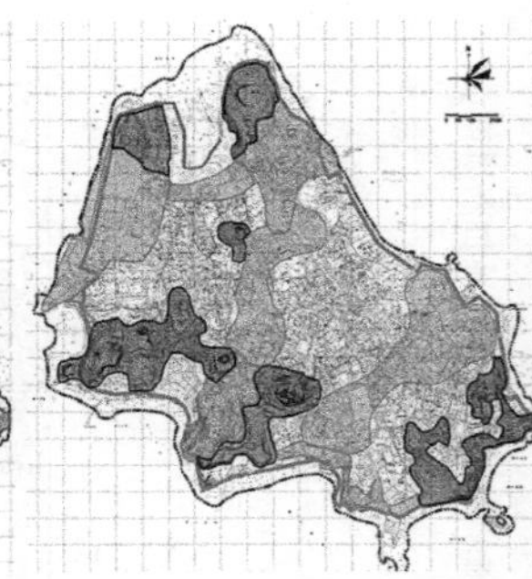
图12–4　岛屿绿地系统多样性

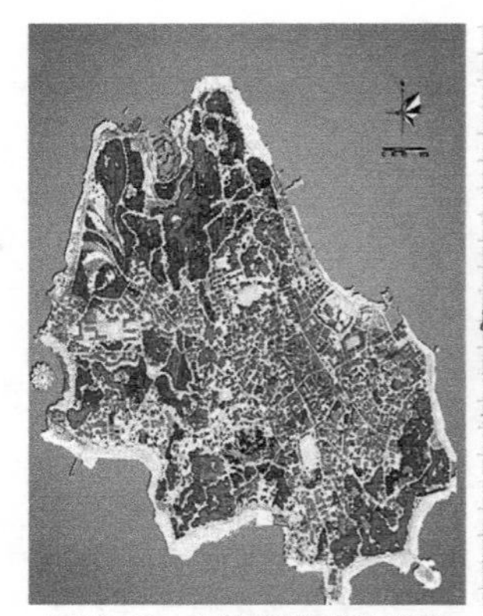
图12–5　生物通道的连通性

图12–6　景观环境的原生性

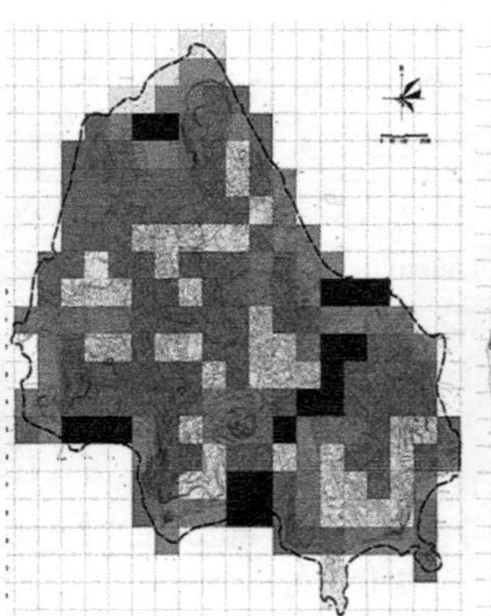
图12–7　生态承载力评价

图12–8　开放空间营造

主要参考文献

[1] A.N.Antiopv，V.V.Krachenko，et al.landscape planning：tools and experience in implementation，Irkursk：V.B.Sochava institute of geography SB RAS Pbulishers，2006.

[2] Ahern J.Greenways as Strategic Landscape Planning：Theory and Application.Wageningen University，The Netherlands.2002.

[3] Anne Whiston Spirn.The language of landscape，New Haven & London：Yale University Press，1998.

[4] C.R Bryant etc..The city′s countryside——land and its management in rural-urban fringe，University of Waterloo，Longman，1982.

[5] Cook EA and van Lier H N.（editors）.Landscape Planning and Ecological Networks.Elsevier，1994.

[6] Cude，C.G.Oregon .Water Quality Index.Journal Of the American Water kesources Association，2001.

[7] Doing H.The landscape as an ecosystem.Agriculture，Ecosystem and Environment.1997.63：221-225.

[8] Douglas David & Charles limited.Countryside Planning，Andrew W.Gilg，1978.

[9] Erwin T L.An evolutionary basis for conservation strategies.Science，1991.253：750-752.

[10] Fabos J G.Introduction and overview：the greenway movement，uses and potential of greenways.Landscape and Urban Planning，1995.33：1-13.

[11] Fabos J G.Land-use Planning：From Global to Local Challenge.A Dowden&Culver Book.Champman and Hall，New York，1985.

[12] Faludi A.A.Decision centered View of Environmental Planning.Pergamon Press，1987.

[13] Forman R T T and Godron M.Landscape Ecology.John Wiley，New York，1986.

[14] Forman R T T.Land Mosaics：The Ecology of Landscapes and Regions.Cambridge University Press，1995.

[15] Forster Ndubisi.Ecological Planning——A Historical and Comparative Synthesis，Baltimore：The Johns Hopking University press，2002.

[16] Fotheringham A S.On the future of spatial analysis：the role of GIS.Environment and Planning A，Anniversary Issue：30-34，1993.

[17] Frederick Steiner.The living landscape：an ecological approach to landscape planning.New York：McGraw-Hill，2000.

[18] Frederick Steiner.Human Ecology—— Following Nature′s Lead，Washington：Island Press，2002.

[19] G.Tyler Miller，Jr.Living in the environment：principles，connections，and solutions，Belmont：Wadsworth publishing company，1996.

[20] George F.Thompson，Frederick R.Steiner.Ecological design and planning.London：John Wiley & Sons，1997.

[21] Hugh Clout.Changing London，University Tutorial Press，1980.

[22] Jhon Tillman lyle.Design for human ecosystem：landscape，land use，and natural resources，New York：Van Nostrand Reinhold，1985.

[23] John Fraser & Hart Baltimore.The rural landscape，The Johns Hopkins University Press，1998.

[24] John M.Hall，The Geography of planing decision，Oxford University Press，1982.

[25] Jonathan D.Phillips.Divergence，Convergence and Self-organization in landscape，Annual of the Association of American Geographer，1999（3）.

[26] Kallis G.and Butler D.The EU water framework directive：measures and directive.Water policy，2001.

[27] Kent Mathewson.Cultural landscape and ecology：regions，retrospect，revivals，Progress in Human Geography，1999（2）：267-281.

[28] Kent Mathewson.Cultural landscapes and ecology，1995-1996：of ecumenicist and nature，Progress in Human Geography，1998（1）：115-128.

[29] Kreg Lindberg. Rethinking carrying capacity，Annals of tourism research，1997（4）.

[30] Law，S.& Perry，N.H..Countryside recreation for Londoners，Quarterly Bulletin of the intelligence unit GLC，1971（14）：11-26.

[31] Leit o A B and Ahern J.Applying landscape ecological concepts and metrics in sustainable landscape planning. Landscape and Urban Plann.2002（59）：65-93.

[32] Litton R B Jr and Kieiger M.A Rewiew on Design With Nature.Journal of the American Institute of Planners.1971，37（1）50-52.

[33] Lovelock James.A New Look at Life on Earth.Oxford Univ Press，2000.

[34] Loviejoy Derek.Land Use and Landscape Planning，Leonard Hill，London，1973.

[35] Marsh G P.Man and Nature.The Belknap Press of Harvard University Press.Cambridge，MA，1967.

[36] McHarg I .Design With Nature.John Wiley & Sons，Inc，1969.

[37] McHarg I and Sutton J.Ecological Planning for the Taxas Coastal Plain，Landscape Architecture，1975，January：81.

[38] McHarg I.Ecological planning：The planner as catalyst.In：R.W.Burchell and G.Sternlieb（Eds），Planning Theories in the1980′s.Rutgers，1978.

[39] McHarg I.Human ecological planning at Pennsylvania.Landscape Planning.1981（8）：109-120.

[40] Miller E L and Pardal S.The Classic MeHarg.An Interview.Published by CESUR.Technical University of Lisbon，1992.

[41] Naveh Z and A S Lieberman.Landscape Ecology：Theory and Application.Springer.Verlag，New York，1984.

[42] Ndubisi F.Landscape ecological planning.In：Thompson，G.F.，Steiner，F.R.（Eds.），Ecological Design and Planning.The Wiley，New York，1997，9-44.

[43] Newton N T.Design on the Land.Belknap Press Harvard，1971.

[44] Olden，J.D.Redundancy and the choice Of hydrologic indices for characterizing streamflow regimes.river research and application，2003.

[45] Opdam P..Metapopulation theory and habitat fragmmentation：a review of holarctic breeding bird studies.Lanscape Ecology，1991（2）：93-106.

[46] Philips H.Lewis，Tomorrow by design——a regional design process for sustainability，John Wiley & sons，Inc.1998，33-43.

[47] Pickett S T A and Thompson J N.Patch dynamics and the design of nature reserves.Bio.Conserv.1978（13）：27-37.

[48] Risser P G.Landscape ecology：State of the art.In Turner，M.G.ed.Landscape Heterogeneity and Disturbance.New York.Springer Verlag.1987.3-14.

[49] Rubenstein & Bacon.The cultural landscape：an introduction to human geography，1983.

[50] Sasaki H.Thoughts on education in landscape architecture，Landscape Architecture，1950.July：158-160.

[51] Schreiber K.F.Connectivity in Landscape Ecology，Proceedings of the 2nd International，1988.

[52] Sedon G.Landscape planning：a conceptual perspective.Landscape and Urban Planning，1986（13）：335-347.

[53] Simon H.The Science of the Artificial.MIT Press，1969.

[54] Soul M E.Conservation：Tactics for a constant crisis.Science.1991（253）：744-750.

[55] Steiner F R and Osterman D A.Landscape planning：a working method applied to a case study of soil conservation. Landscape Ecology.1988（4）：213-226.

[56] Steinitz C.A framework for theory applicable to the education of landscape architects.Landscape Journal.1990（2）：136~143.

[57] Steinitz C.Defensible Processes for Regional Landscape Design.LATIS.ASLA.Washington D.C，1979.

[58] Steinitz C.Design is a verb；Design is a Noun.Landscape Journal.1995（2）.

[59] Steinitz C.GIS：A personal historical perspective，GIS Europe（June，July and September），1993.

[60] Steinitz C.Meaning and the congruence of urban form and activity.AIP Journal，July：233-247，1968.

[61] Steinitz C.Parker P.And Jordan L.Handdrawn overlay：Their history and prospective uses.Landscape Architecture.1976（5）：444-455.

[62] Tomlinson Roger F.An Overview：The Future of GIS，ESRI.COM，2003.

[63] Turner M G and Gardner R H.（eds.）.Quantitative Methods in Landscape Ecology.Spring.Verlag，New York，1991.

[64] Turner M G.Landscape ecology：the effect of pattern on processes.Annual Review of Ecology and Systematics，1989（20）：171-197.

[65] Turner M G.（Ed.）.Landscape Heterogeneity and Disturbance.New York.Spring.Verlag，1987.

[66] Van Langevel de F.Conceptual integration of landscape planning and landscape ecology，with a focus on the Netherlands In：Cook，E.A.and van Lier，H.N.（editors），Landscape Planning and Ecological Networks. Elsevier，27-69，1994.

[67] Walker P and Simo M.Invisible Gardens The MIT Press Cambridge，MA，1994.

[68] Warntz W and M Woldenberg.Geography and The Properties of Surfaces，Concepts and Applications.Spatial Order. Harvard Papers in Theoretical Geography.1967（1）.

[69] Warntz W.The topology of a social.economic terrain and spatial flows.In：（Thomas，M.D.s），Papers of The Regional Science Association.University of Washington，Philadelphia：47-61，1966.

[70] Webster C J.GIS and The Scientific Inputs To Planning.Part2：Prediction and Prescription.Environmental and Planning B：Planning and Design1994（21）：145-157.

[71] Webster C J.GIS and the scientific inputs to urban planning.Part1：description.Environment and Planning B：Planning and Design.1993（20）：709-728.

[72] Wenche E.Dramstad，James D.Olson and Richard T T Forman.Landscape ecology principles in Landscape Architecture and land-use Planning，Harvard University Graduate School of Design and Island Press，1996.

[73] wang yuncai，Patrick miller，Brain Katern.The conservation of traditional culture landscape space on the fragamentation analysism，the 47th international federation of landscape architecture（IFLA）world congress，2010，Suzhou.

[74] Yu K.J.Making landscape and environmental planning defensible：the approach of security pattern.Globalscape：Key Note speech.International Landscape Planning Conference Proceedings，Slovenia，2002，119-129.

[75] Yu K.J.Security patterns and surface model in landscape planning.Landscape and Urban Planning，1996（5）：1-17.

[76] Yu K.J.Security Patterns in Landscape Planning：With a Case In South China.Doctoral Thesis，Harvard University，1995.

[77] Zube E H.The advance of ecology.Landscape Architecture，1986，76（2）：58-67.

[78] 曹慧.南京市城市生态系统可持续发展评价研究.生态学报，2002，5：631-636.

[79] 曹丽娟.从世界遗产到国家遗产、地方遗产体系.城市规划 [J].2004，8：65-68.

[80] 查尔斯·A·伯恩鲍姆，罗宾·卡尔森著．美国景观设计的先驱．孟雅凡，俞孔坚译．北京：中国建筑工业出版社，2003.
[81] 陈波，包志毅．景观生态规划途径在生物多样性保护中的综合应用．中国园林，2003，4：51-53.
[82] 陈波，包志毅．生态规划：发展、模式、指导思想与目标．中国园林，2003，1.
[83] 陈利顶，傅伯杰．农田生态系统管理与非点源污染控制．环境科学，2000，2：98-100.
[84] 陈利顶，丘君，张淑荣，等．复杂景观中营养型非点源污染物时空变异特征分析．环境科学，2003，3：85-90.
[85] 陈项顶，傅伯杰．基于"源——汇"生态过程的景观格局识别方法．生态学报，2003，11.
[86] 陈跃中，大景观——一种整体性的景观规划设计方法研究，中国园林，2004，11.
[87] 邓小文．城市生态用地分类及其规划的一般原则．应用生态学报，2005，10：2003-2006.
[88] 傅伯杰，陈利顶，马克明，等．景观生态学原理及应用．北京：科学出版社，2001：1-13.
[89] 傅伯杰．景观多样性的类型及其生态意义．地理学报，1996，5.
[90] 傅伯杰．生态系统综合评价的内容与方法．生态学报，2001，11：1885-1892.
[91] 黄光宇．生态城市概念及其规划设计方法研究．城市规划，1997，6：17-20.
[92] 贾宝全，慈龙骏．绿洲——荒漠交错带环境特征初步研究．应用生态学报，2002，9：1104-1108.
[93] 卡尔·斯坦尼兹，黄国平译．论生态规划原理的教育，中国园林，2003，10.
[94] 李团胜．沈阳市城市景观分区研究．地理科学，1999：3.
[95] 李秀珍，肖笃宁，胡远满，等．辽河三角洲湿地景观格局对养分去除功能影响的模拟，地理学报，2000，1：32-133.
[96] 李艳英．福建南靖县石桥古村落保护和发展策略研究．建筑学报，2004，12：54-56.
[97] 梁伊任，林世平．生态规划设计的理论与时间，北京林业大学学报，2004，2.
[98] 刘平．城市人居环境的生态设计方法探讨．生态学报，2001，6：997-1002.
[99] 刘滨谊．现代景观规划设计．南京：东南大学出版社，1999：25-45.
[100] 刘沛林．湖南传统村镇感应空间规划研究．地理研究，1999，1.
[101] 刘沛林．中国古村落景观的空间意象研究．地理研究，1998，1.
[102] 陆林．徽州古村落的景观特征及机理研究，地理科学，2004，6：660-665.
[103] 吕一河，傅伯杰．生态学中的尺度及尺度转换方法．生态学报，2001，12：2096-2105.
[104] 罗德启．中国贵州民族村镇保护与利用．建筑学报，2004，6：7-10.
[105] 马涛，杨凤辉．城乡交错带——特殊的生态区．城市环境与城市生态，2004，1.
[106] 欧阳志云，王如松．生态规划的回顾与展望．自然资源学报，1995，3.
[107] 彭建．城市景观功能的区域协调规划．生态学报，2005，7：1714-1719.
[108] 彭少麟，任海，张倩媚．退化湿地生态系统恢复的一些理论问题．应用生态学报，2003，11：2026-2030.
[109] 阮仪三．江南水乡城镇的特色、价值及保护．城市规划汇刊，2002，1：1-4.
[110] 沈清基．生态城市及其规划方法的探索．城市规划汇刊，2001，2：76-80.
[111] 沈一，陈涛．生境系统的保护、再造与利用——以银川大西湖湿地公园规划为例．中国园林，2005，3：6-10.
[112] 宋永昌．生态城市的指标体系於评价方法．城市环境与城市生态，1999，5：16-19.
[113] 孙儒泳，李博，诸葛阳，等．普通生态学．北京：高等教育出版社，2000：45-85.
[114] 孙永斌．景观规划与设计的透视．景观生态学理论、方法及其应用．北京：中国林业出版社，1991：34-89.
[115] 唐礼俊．佘山风景区景观空间格局分析及其规划初探．地理学报，1998，5.
[116] 万敏，陈华，刘成．让动物自由自在地通行——加拿大班夫国家公园的生物通道设计．中国园林，2005，11：17-21.

[117] 汪朝辉，王克林．水陆交错生态脆弱带景观格局时空变化分析．自然资源学报，2004，2.
[118] 王红．贵州"西江苗岭"景观评价、规划与利用．建筑学报，2004，12：60-62.
[119] 王发曾．城市生态系统的综合评价与调控．城市环境与城市生态，1991，2：26-30.
[120] 王莉．江南水乡古镇旅游开发战略初探—浙江乌镇实证分析．长江旅游资源与环境，2003，6：529-534.
[121] 王庆锁，王襄平．生态交错带与生物多样性．生物多样性，1997，2：126-131.
[122] 王书华．基于生态足迹模型的山区生态经济协调发展定量评估．山地学报，2003，3：324-330.
[123] 王宪礼，肖笃宁，布仁仓，等．辽河三角洲湿地的景观格局分析．生态学报，1997，3：318-323.
[124] 王仰麟．农业景观的生态规划与设计．应用生态学报，2000，2：265-269.
[125] 王云才．巩乃斯河流域游憩景观生态评价及持续利用．地理学报，2005，4：645-655.
[126] 王云才．论大都市郊区游憩景观规划与景观生态保护．地理研究，2003，2：324-33.
[127] 王云才，陈田，石忆邵．文化景观遗址敏感度评价与可持续利用．地理研究，2006，3：517-525.
[128] 王云才．上海市城市景观生态网络连接度评价．地理研究，2009，2：284-292.
[129] 王云才．基于破碎度分析的传统地域文化景观保护模式．地理研究，2011，1.
[130] 王云才，陈田．区域景观整体性特征与保护机制．长江流域资源与环境，2006，6.
[131] 王云才，刘悦来．城市景观生态网络规划的空间模式应用探讨．长江流域资源与环境，2009，9.
[132] 王云才，郭焕成．略论大都市郊区游憩地配置．旅游学刊，2000，2.
[133] 王云才．风景园林的地方性——解读传统地域文化景观．建筑学报，2009，12：94-96.
[134] 王云才，刘滨谊．论中国乡村景观及乡村景观规划．中国园林，2003，2：55-58.
[135] 王云才，严国泰，王敏．面向 LA 专业的景观生态教学改革．中国园林，2007，9：50-54.
[136] 王云才．传统地域文化景观之图式语言及其传承．中国园林，2009，10：73-76．
[137] 王云才，胡玎，李文敏．宏观生态实现之微观途径——生态文明倡导下风景园林发展的新使命．中国园林，2009，1：41-45.
[138] 王云才．景观生态化设计的图式语言．风景园林，2011，1.
[139] 王云才，王书华．景观旅游规划设计核心三力要素的综合评价．同济大学学报（自然科学版），2007，12：1724-1728.
[140] 王云才，史欣．传统地域文化景观空间特征及其形成机理．同济大学学报（社科版），2010，1.
[141] 王云才，石忆邵，陈田．传统地域文化景观研究进展与展望．同济大学学报（社会科学版），2009，1：18-24.
[142] 王云才，石忆邵，陈田．生态城市评价体系对比与创新研究．城市问题，2007，12：17-21.
[143] 王云才，杨丽，郭焕成．北京西部山区传统村落保护与旅游开发利用．山地学报，2006，4：466-472.
[144] 王云才．北京市西部山地景观生态整治与景观规划．山地学报，2003，3：265-271.
[145] 王云才．沟谷综合经济区创意与景观规划设计．山地学报，2002，2：141-149.
[146] 王云才．景观规划设计的生态学评价．陕西师范大学学报（自然科学版），2006，3：113-116.
[147] 王云才．现代乡村景观旅游规划设计．青岛：青岛出版社，2003：78-140.
[148] 王云才．乡村景观规划设计与乡村可持续发展．中国科学院地理科学与资源研究所，2001：25-67.
[149] 王云才．景观生态理论教学中的实践环节．第三届全国风景园林教育学术年会论文集．北京：中国建筑工业出版社，2008.
[150] 王云才．区域本底与异质浮岛的融合——榆林开发区步行商业街生态景观规划设计．理想空间，2008，28：52-55.
[151] 王云才．群落生态设计．北京：中国建筑工业出版社，2009.
[152] 邬建国．生态学范式变迁综论．生态学报，1996，5：499-460．
[153] 吴琼．生态城市指标体系与评价方法．生态学报，2005，8：2090-2095.

[154] 肖笃宁，李秀珍．当代景观生态学的进展和展望．地理科学，1997，4：356-363.
[155] 肖笃宁．国际景观生态学研究的最新进展．生态学杂志，1999，6：75-76．
[156] 杨开忠，杨咏，陈洁．生态足迹分析理论与方法．地球科学进展，2000，6：630-636.
[157] 俞孔坚，吉庆萍．国际"城市美化运动"之于中国教训（上，下）．中国园林，2000，1：27-33.
[158] 俞孔坚，吉庆萍．国际"城市美化运动"之于中国教训（上，下）．中国园林，2000，2：32-35.
[159] 俞孔坚，李迪华．城乡与区域规划的景观生态模式．国外城市规划，1997，3：27-31.
[160] 俞孔坚．景观生态战略点识别方法与理论地理学的表面模型．地理学报（增刊），1998.
[161] 俞孔坚．生物保护的景观生态安全格局．生态学报，1999，1：8-15.
[162] 俞孔坚．生物多样性保护的景观规划途径．生物多样性，1998，3.
[163] 俞孔坚．自然风景质量评价——BIB.LCJ 审美评判测量法．北京林业大学学报，1988，2：1-11．
[164] 俞孔坚．景观生态规划发展历程——纪念麦克哈格先生逝世两周年．www.turenscape.com.
[165] 袁兴中．生态系统健康评价——概念构架与指标选择．应用生态学报，2001，4：627-629.
[166] 曾辉．城市景观生态研究的现状与发展趋势．地理科学，2003，4：484-492.
[167] 曾勇．上海城市生态系统健康评价．长江流域资源与环境，2005，3：208-212.
[168] 张坤民．生态城市评估与指标体系．北京：化学工业出版社，2003：83-151.
[169] 张水龙，庄季屏．农业非点源污染研究现状与发展趋势．生态学杂志，1998，6：51-55.
[170] 赵平，彭少麟．物种的多样性及退化生态系统功能的恢复和维持研究．应用生态学报，2001，1：132-136.
[171] 赵彦伟，杨志峰．河流生态系统修复的时空尺度探讨．水土保持学报，2005，6：196-200.
[172] 周红章．物种与物种多样性．生物多样性，2000，2：215-226.
[173] 周华锋．人类活动对北京东灵山地区景观格局的影响分析．自然资源学报，1999，2.
[174] 朱强，俞孔坚，李迪华．景观规划中的生态廊道宽度．生态学报，2005，9：2406-2412.

● 建筑工程施工监理人员

建筑工程监理

（第二版）

杨效中　杨庆恒　主编

中国建筑工业出版社

图书在版编目(CIP)数据

建筑工程监理案例/杨效中，杨庆恒主编. —2版. —北京：中国建筑工业出版社，2013.6

(建筑工程施工监理人员岗位丛书)

ISBN 978-7-112-15356-5

Ⅰ.①建… Ⅱ.①杨…②杨… Ⅲ.①建筑工程-监理工作-案例 Ⅳ.①TU712

中国版本图书馆CIP数据核字(2013)第077513号

责任编辑：郦锁林 赵晓菲
责任设计：李志立
责任校对：王雪竹 赵 颖

建筑工程施工监理人员岗位丛书
建筑工程监理案例
(第二版)
杨效中 杨庆恒 主编
*
中国建筑工业出版社出版、发行(北京西郊百万庄)
各地新华书店、建筑书店经销
北京天成排版公司制版
北京市书林印刷有限公司印刷
*
开本：787×1092毫米 1/16 印张：16¼ 字数：400千字
2013年8月第二版 2014年9月第六次印刷
定价：**36.00**元
ISBN 978-7-112-15356-5
(23463)

建筑工程施工监理人员岗位丛书编委会

主　编　杨效中

副主编　徐　钊　徐　霞

编　委　蒋惠明　杨卫东　谭跃虎　何蛟蛟
　　　　梅　钰　桑林华　段建立　郑章清
　　　　卢本兴　卢希红　关洪军　杨庆恒

丛书第二版前言

随着我国城镇化进程的加快推进，固定资产投资继续较快增长，工程建设任务将呈现出量大、面广、点多、线长的特征，工程监理任务更加繁重。与此同时，工程项目的技术难度越来越大，标准规范越来越严，施工工艺越来越精，质量要求越来越高，对工程监理企业能力和工程监理人员素质提出了更高要求。

本丛书自2003年出版以来，我国的建设监理工作也有了很大的发展，在2005年和2010年国家两次召开了全国建设监理工作会议。2004年国务院颁布了《建设工程安全生产管理条例》，住房和城乡建设部也修订出台了《注册监理工程师管理规定》和《工程监理企业资质管理规定》，住房和城乡建设部与国家发改委共同出台了《建设工程监理与相关服务收费标准》，住房和城乡建设部与国家工商行政管理总局联合发布《建设工程监理合同(示范文本)》GF—2012—0202，《建设工程监理规范》GB/T 50319—2013的修订完成，促进了工程监理制度的不断完善，对规范工程监理行为，提高工程监理水平，起到了重要的促进作用。

2003年以来，建筑工程的技术也有了很大的发展，国家先后出台了与建筑工程相关的材料、设计、施工、试验、验收等各类标准有数百项之多，与建筑工程监理直接相关的标准有近两百项，广大监理人员也必须适应建筑技术的发展和工程建设的需要。

2004年以来国务院多次发布了节能方面的政策与文件，全国人大于2007年新修订的《节约能源法》进一步突出了节能在我国经济社会发展中的战略地位，明确了节能管理和监督主体，增强了法律的针对性和可操作性，为节能工作提供了法律保障。工程监理单位也应承担相应的节能监理工作。

上述三大方面的发展与变化使得本套丛书第一版的内容已不能满足当前监理工作的需要。因此，我们对本套丛书进行了全面的修订。

本套丛书基本框架维持不变，增加了《建筑节能工程监理》一书。本丛书修订工作主要突出三方面的工作：一是以现行国家与行业的法规政策为依据对丛书的内容进行全面的修订；二是以2003年以来国家行业修订或新颁布的材料标准、技术规范或验收规定为依据，修改和充实相关内容；三是根据建筑工程近年来的新发展，增加了新技术方面的内容，同时删去了一些不太常见的内容以减少篇幅。

本书的修订由解放军理工大学、上海同济工程项目管理咨询有限公司、江苏建科监理有限公司、江苏安厦项目管理有限公司和苏州工业园区监理公司等具有丰富监理工作经验的人员共同完成。

随着我国监理事业的不断向纵深发展，对监理工作手段与方法的探讨也在不断深入。尽管我们具有一定的监理工作经验，编写过程中也尽了最大的努力，但是由于学识水平有限、编写时间仓促，书中难免有不当之处，敬请读者给予批评指正。

丛书主编　杨效中

2013年6月

第二版前言

本书自第一版以来，已经走过九个年头。广大监理人员对监理工作方法的研究也在不断发展，工程建设监理水平也随之不断提高。为顺应发展的要求，我们对本书进行了修订。

考虑到本丛书包含了各专业技术质量监理内容，案例修订的基本思路是以监理的管理工作为主，并集中在房屋建筑范围来编写。修订过程中只保留了第一版中的 1 个综合性案例，新增加了 15 个案例，其中有综合性的监理规划案例、安全生产监理工作案例以及钢结构工程、预应力工程、混凝土转换层施工、进度监理、旁站监理及建筑设备监理等案例。考虑到案例的特点，在体系上不再划分章节，而是以案例单独排列。

本书由解放军理工大学、江苏安厦项目管理有限公司、江苏建科监理有限公司的具有丰富经验的同志编写，其中杨效中担任主编，杨庆恒担任副主编，杨效中、杨庆恒、王培祥、蒋钺、王政、叶国圣、闵建东、杨丰富、王敬东、徐小壮、石泉斌等人共同编写，全书由杨效中统稿。

在本书的编写过程中，得到了解放军理工大学工程兵工程学院南京工程建设监理部、江苏安厦项目管理有限公司、江苏建科监理有限公司的协助，许多从事监理工作的同志无私地提供了现场监理工作资料，在此表示衷心的感谢。

由于编写时间仓促，加上作者的水平有限，难免存在一些错误，敬请广大读者提出批评意见。

目　录

案例1　某高层建筑监理规划

【摘要】　本案例主要编写的是某高层建筑的监理规划，主要从工程概况与特点分析、项目工作的范围、监理的控制目标、监理的工作依据、项目监理组织机构及人员进退场计划、工程施工阶段监理工作内容、监理工作程序与制度、旁站监理方案、本工程的技术特点及相应对策、节能监理方案等方面介绍监理规划的内容组成，给同行编写监理规划提供帮助。同时详细介绍了工程测量、桩基工程、围护结构施工、基坑工程、地下结构工程、超高层钢筋混凝土结构工程、钢结构工程的监理措施，给同行学习监理控制提供帮助。

在该规划中，没有编写安全监督管理的内容，是个不够完善的规则。

一、工程概况与特点分析

（一）工程简况

（1）工程名称：某高层建筑监理项目；

（2）建设地点：某园区内；

（3）工程规模：总建筑面积约18万m^2；

（4）监理工程范围造价：建安工程造价暂定为80000万元；

（5）计划开工时间：2009年1月；

（6）计划竣工时间：2012年7月；

（7）工程质量标准：符合国家验收标准。

本工程建筑高度198m、地上45层、地下3层、建筑面积约18万m^2，为高档写字楼、酒店式公寓和商业综合体。其中地下三层占地面积和挖深较大，并且在项目所在地四周均有道路通过。

本项目由某设计研究院进行设计，基坑支护设计由某设计研究院设计。受业主单位委托，本监理公司负责本工程的监理工作。

（二）特点分析

本工程施工场地狭窄，地下室施工制约因素较多：地下室施工阶段由于基坑深，需吊入基坑的钢筋、大型构件等材料的吊装工作量大，而基坑口距场地四面红线、围墙距离狭窄，大型构件进入场内受到较大制约；在施工期间将会遇到雨季，对地下室施工影响较大。

施工组织协调难，混凝土结构与安装工程形成立体交叉。本工程为钢管—混凝土组合结构形式，在钢管安装量大、工期紧迫的条件下，为钢管安装预留足够的空间和时间，成为主体核心筒结构施工组织的关键。为给钢管柱安装提供足够的安装空间，核心筒结构施工应比钢管柱安装超前5～6层。

为给钢管柱安装留出足够的安装时间，在地下室施工时，优先施工核心筒分区的地下室结构，并在地下室封顶的节点工期前，完成两层主体核心筒结构的施工。

本工程建筑总高度为198m，写字楼核心筒在楼的中部，施工中，核心筒超前四周框架部分6层，至少高出框架结构施工层约24m左右，如采用附着式塔吊担负工程的垂直运输，则不能满足核心筒施工要求。

工期特别紧，施工强度大。查询工期定额及类似工程工期，本项目的工期要求比类似工程提前300个日历天左右。

二、项目监理工作的范围

本项目监理工作范围：

该高层建筑施工阶段、竣工验收阶段和保修阶段全过程的监理。也可以看做是桩基、基坑支护、土建及安装、装饰、绿化等工程内容的施工阶段、竣工验收阶段和整个工程保修阶段的监理，即对工程质量、进度、投资进行控制，对工程合同、信息(含工程资料)、安全进行管理，对现场进行组织协调等。

三、监理控制目标

监理工作主要是对本工程进行目标控制，以期全面实现项目的投资、进度、质量目标。通过风险管理、目标规划和项目目标的动态控制，使本工程的实际投资不超过计划投资，实际建设周期不超过计划建设周期，实际质量达到预期的目标和标准。

各项目总体目标见表1-1。

项目总体目标　　表1-1

序号	各项目标	目标内容
1	质量目标	符合工程施工质量验收规范；整体建筑通过工程备案制竣工验收标准。
2	进度目标	计划开工时间：2009年1月；计划竣工时间：2012年7月(暂定)。保证工期，按时竣工，投入使用
3	造价控制目标	实际工程造价控制在预算造价范围内
4	安全文明目标	确保重大安全事故为零
5	合同履约目标	做到合同履约率达100%
6	信息管理目标	监理工作采用编码体系信息化管理，确保工程资料符合要求
7	廉政目标	在工程建设中保持廉洁自律的工作作风，严格遵守监理人员职业道德，无任何违纪违规现象

四、监理工作的依据

监理工作依据为：

(1)《中华人民共和国建筑法》

(2)《建设工程质量管理条例》(国务院令第279号)。

(3)《建设工程安全生产管理条例》(国务院令第393号)。

(4)《房屋建筑工程和市政基础设施工程竣工验收备案管理暂行办法》(建设部令第78号)。

(5)《实施工程建设强制性标准监督规定》(建设部令第81号)。

(6)《建设工程监理规范》GB 50319。

(7) 国家、江苏省颁布的现行有关建设工程质量标准、规范、规程、条例、规定。

(8) 建设单位与施工单位签订的施工承包合同或协议。

(9) 完整的工程项目施工图纸及技术说明，包括《设计交底》,《图纸会审记录》。

(10) 本工程地质勘察资料等。

(11) 建筑工程施工质量验收规范。依据设计施工图纸和技术文件要求，本工程项目的材料、设备、施工及验收等必须达到相应的国家、行业及省、市颁发的一切有关法规、规范的要求，如各类标准及规范要求有不一致时则以比较严格者为准。

(12) 施工单位编制的经其技术负责人批准且经建设单位、监理单位审查同意的施工组织设计(含施工技术核定单)。

(13) 与建设单位签订的《监理合同》和由监理单位批准的《监理规划》。

(14) 监理实施细则及其他与工程有关的资料。

(15) 建设单位和监理单位以书面形式确认的其他决议、备忘录等。

(16) 监理单位与施工单位在工程实施过程中有关会议记录、函电及其他有效的文字记录，现场监理、项目部监理工程师发出的有关通知书和指令等。

(17) 其他(特别说明：如规范、标准、规定、办法等发生变化，按有效者执行)。

五、项目监理组织机构及人员进退场计划

(一) 项目监理部组织构架

1. 项目监理部人员组织机构图

考虑到本工程的特点，从技术层面来看可由一家总包施工单位实施为宜，故拟采用职能型监理机构，如图 1-1 所示。

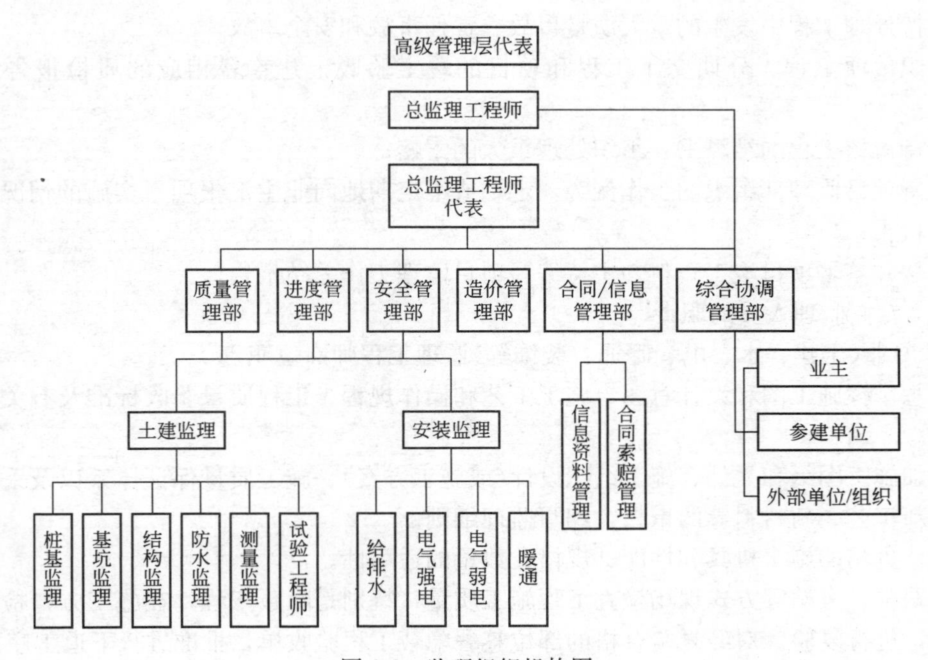

图 1-1 监理组织机构图

2. 项目监理部具体工作

(1) 根据项目特点与业主要求，制订工程总的进度计划，向业主通报工程总计划中主要进度目标的时间节点，为工程建设提供时间依据；

(2) 协助业主落实项目前期的准备工作，包括临时设施搭建，施工场地布置，建立项目管理网络机构，与主管部门沟通协调等；

(3) 掌握设计进展情况，协助业主与设计沟通，使设计的进展符合工程的需要；

(4) 协助业主进行工程招标，拟定招标文件、评标办法，确定施工单位。

(5) 对前期项目发生的费用进行控制，协助业主报审项目年度投资计划。

(6) 工程施工阶段组织实施全方位监理。

3. 监理工程师职责

(1) 总监的职责

保持与业主的密切联系，弄清其建设意图和对监理的要求；

组建项目的监理班子并明确相应的职责分工，主持制定项目的《监理规划》和监理工作的运行制度；

与各承建单位负责人联系，确定监理工作中相互配合问题及需提供的各项资料；

负责建立项目的合同管理体系，严格履行合同管理任务，建立和完善项目监理信息系统；

参与施工总包单位的选择，确认总包单位选择的分包单位，调解合同履行中的重大争议与纠纷；

负责组织项目实施中有关方面的综合协调工作，审核各专业的监理实施细则；

审核并签署工程的开工令、停工令、复工令，审核并签署工程款的支付申请；

主持处理工程中发生的重大质量事故、责任事故和安全事故；

组织单项工程、分期交工工程和项目的竣工验收，并签署相应的质检报告和验收报告；

主持审核工程的结算书，组织处理重大的索赔；

主持项目监理部组织的工作例会，定期或不定期地向业主汇报项目实施的情况，必要时提交报告；

审核并签署项目竣工资料，主持编写项目监理工作总结报告。

(2) 专业监理人员的职责

1) 专业(土建、水、电、暖通、装饰等)监理工程师岗位职责

熟悉掌握施工图和设计意图、施工工艺和操作规程、工程质量验收标准及有关的法规和条例。

参加施工图纸和文件、施工组织设计(或施工方案)、施工质量保证体系以及采用的新技术、新工艺、新材料等的审核，编写监理细则。

确认进场的施工机具和性能、规格、数量的适用性。

以跟踪、旁站等方式现场检查工程施工质量，特别是隐蔽工程，在施工方自检合格的基础上，进行复验。对经复验合格的部位签署隐蔽工程验收单，批准进行下道工序。

对于达不到要求的作业，经口头提出，未及时进行整改的，可提出施工质量整改通知单。处理一般质量事故，参与重大质量或安全事故的调查，并提供有关情况。

组织检验批和分项工程的验收。

审核承包方提交的施工总进度计划、月度施工计划、工程量申报表及付款申请表，为总监的确认提供依据。

审核承包方提交的技术核定单、索赔申请表和延长工期的申请单，并就此进行调查研究，为总监的确认提供依据。

配合相关专业的监理工程师开展测量、材料、成品、半成品、构件、设备等的复核检验、抽验和复试工作。

按下列要求作好监理日记：

① 施工情况：当天的施工内容、工程会议、主要材料、机械设备、劳动力的进出场情况。

② 存在问题：工程质量和工程进度等。

③ 问题处理：对提出的问题、处理情况等结果；签发的文书和单据(备忘录、监理通知、隐蔽工程验收单等)，现场的协调工作情况。

④ 其他：包括安全、停工情况及合理化建议等。

在施工现场发现问题(质量、进度、协调)，应及时向总监汇报，以便及时作出反应，并在总监的授权下进行处理。

2）测量监理工程师岗位职责

参与工程设计交底接桩工作，对基准线、控制点(包括高层建筑的垂准控制点)、水准点进行复核，并提出书面复核文件。

参与建筑物的定位放线、桩位和设计标高、桩顶标高的复核并做好记录。

参与建筑沉降的监测，必要时进行复测，并做好记录。

检查施工方使用的测量仪器和度量工具，并审核他们的测量方案和内容计算，确保测量数据准确可靠。

认真保养和正确使用监理自备的测量仪器和度量工具。及时汇总检测数据，绘制成图表，及时向总监汇报，以便及时作出反应。

3）材料复试见证员岗位职责

根据国家、地方和设计的要求，督促施工方对原材料、成品、半成品、构件、设备等的质量进行现场检查和复试。

对施工方报来的原材料、成品、半成品、构件、设备等的进场计划进行记录，并参与现场检验和复试取样。

审核施工方填写的复试申请表，并作出标识(签证)和记录，参与试样的送检封样，确保见证有效。

审核施工方委托检验单位的资质，检查施工方材料员的上岗证和原材料、成品、半成品、构件、设备等的质量保证体系。

汇总原材料、成品、半成品、构件、设备等的用量、使用部位、复试结果，并整理成册(建立分类台账)，便于查对。存在问题及时向总监汇报。

配合单位工程竣工验收，提供“质量保证资料核查表”中的相关数据。

4）进度控制监理工程师岗位职责

审核承包方编制的施工总进度计划(网络计划)是否符合业主建设进度的要求。施工组织设计中的技术方案、劳动力和资源配置是否恰当。

审核承包方编制的阶段施工进度计划(网络计划)是否符合施工总进度计划(网络计划)的要求。现场的技术方案、劳动力和资源配置是否恰当。

当工程形象进度出现偏差时，应通过总监提示承包方采取有效措施纠偏。

按形象进度审核承包方提供的完成工程量报表并作出核定意见。

绘制形象进度图表，并张贴在办公室内。

5）投资控制监理工程师岗位职责

按形象进度审核承包方提供的完成工程量报表，根据进度控制监理工程师作出的核定意见，进行修正。

根据已修正的完成工程量计算工程造价，并根据技术核定单编制工程造价的增减账，经总监签认后交业主作付款参考。

整理和汇总工程量和工程造价，有效控制工程投资。

6）合同管理监理工程师岗位职责

在总监理工程师的领导下，负责本项目的合同管理、计量支付、统计报表等工作；

掌握各类工程计量与支付规定，紧密配合专业监理工程师严格按照合同文件和监理程序及时准确地做好计量和月进度报表工作；

对合同条款中含糊或不清楚的地方向上级汇报，向业主咨询并得到准确的答复后进行解释。当施工合同条款(包括技术规范)有必要修改或补充时，协助整理各方面的意见并准备补充条款，由总监理工程师审核后报业主；

在授权范围内处理合同执行过程中的施工延期及费用索赔、工程变更、合同纠纷等事宜；

深入现场随时掌握施工现场工、料、机动态和工程进展情况，特别对承包人已提出或将提出的有关合同问题应随时跟踪，做到心中有数；

审核承包人申报的中期支付报表和最终支付报表，做到每项工程数量均有签认的检验单和工程数量计算表。工程变更、预付款、索赔等均应有签认的凭证，报送的购货发票等应有依据；

负责督促承包人及时准确地呈报工程进度报表，并保证在7d内完成审核和签认工作；

负责收集汇总按照规定应报的记录、纪要和各种报告，经总监理工程师签字后报业主；

所有计量支付、工程统计、各种报告和工程日志均应妥善保管，便于查阅；随时向总监理工程师提供有关统计资料；

参与工程变更项目报价的审查工作；

复核施工进度计划报总监理工程师审查；

熟练掌握计量与支付工作的计算机操作程序，快速计算和审阅各项计量数据等合同管理的日常工作。

7）资料管理监理工程师岗位职责

负责本工程有关的合同、图纸、文件、技术资料的签收、分发、保管。

接收的合同、图纸、文件、技术资料应标识齐备，资料的管理实行分类分册编目登记。资料的借、还应有手续，不得短少。

工程竣工验收后，按有关规定对监理资料进行整编并负责交有关单位。

（二）项目监理机构的人员配备进出场计划

项目监理机构的人员配备进出场计划　　表1-2

编号	姓名	专业	职务	进退场时间	备注
1		土木工程	总监	2009.1～2012.7	
2		工民建	总监代表	2009.1～2012.7	
3		工民建	专业监理工程师	2009.1～2012.7	
4		管理工程	专业监理工程师	2009.1～2012.7	兼造价
5		土木工程	监理员	2009.1～2012.7	
6		工程管理	资料员	2009.1～2012.7	
7		工民建	专业监理工程师	2009.1～2012.7	兼职安全员
8		工民建	监理员	2009.4～2012.7	
9		电气	专业监理工程师	2009.4～2012.7	
10		电气	专业监理工程师	2009.4～2012.7	
11		暖通	专业监理工程师	2009.4～2012.7	机电设备安装前
12		给排水	专业监理工程师	2009.4～2012.7	
12		工民建	监理员	2009.4～2012.7	
13		土木工程	监理员	2009.4～2012.7	
14		给排水	监理员	2009.4～2012.7	
15		工程造价	监理员	2009.4～2012.7	
16		土建	监理员	2009.4～2012.7	见证员
17		绿化	专业监理工程师	2011.10～2012.7	

六、工程施工阶段监理工作内容

（一）质量控制方面

（1）确定本工程项目的质量要求和标准(包括施工、工艺、材料及设备等方面)。

（2）审核各阶段的设计文件(图纸与说明)是否符合质量要求和标准，参加图纸会审和设计交底，并根据需要提出修改意见，把问题解决在施工之前。

（3）协助业主确定、审核招标文件和合同文件中的质量条款。

（4）审核材料、成品、半成品及设备的质量。

（5）检查施工质量，参加重要工序及部位的验收，包括隐蔽验收、检查分项分部工程质量，主持工程的阶段验收和工程的竣工预验。

（6）审核施工组织设计及施工技术安全措施。

（7）协助业主处理工程质量事故，安全事故的有关事宜。

（8）协助业主确认施工单位选择的分包单位，并审核施工单位的资质及质量保证体系。

（9）对涉及的质量控制点实施旁站监理。

（二）进度控制方面

（1）工程项目建设周期总目标的分析、论证。

（2）审核总包单位的项目总进度计划，并在实施过程中控制其执行，在必要时及时调整总进度计划。

（3）审核施工单位各阶段进度计划，并控制其执行，必要时作及时调整。

（4）审核材料设备供应商提出的进度计划，并检查、督促其执行。

（5）在项目实施过程中，进行进度值与实际值的比较，并按月、季、年提交各种进度控制报表。

（三）投资控制方面

（1）应业主的要求对本工程项目总投资进行分析、论证。

（2）协助业主编制总投资切块、分解规划，并在项目实施过程中控制其执行，在必要时及时调整总投资切块、分解规划。

（3）协助业主编制工程项目各阶段，各年、季、月度资金使用计划，并控制其执行。

（4）审核工程概算，标底、预算、增减预算和决算。

（5）在项目实施过程中，每月进行投资计划值与实际值的比较。

（6）对设计、施工、工艺、材料及设备作必要的技术经济比较论证，以挖掘节约投资、提高经济效益的潜力。

（7）协助业主审核招标文件和合同文件中有关投资的条款。

（8）对已完成的变更部位的工程量进行计量，审核各种工程付款单。

（9）计算、审核各类索赔金。

（10）其他。

（四）合同管理方面

（1）协助业主确定本工程项目的合同结构。

（2）协助业主起草与本工程项目有关的各类合同（包括施工、材料和设备订货等合同）。

（3）进行上述各类合同的跟踪管理，包括合同各方执行情况的检查。

（4）协助业主处理与本工程项目有关的索赔事宜及合同纠纷事宜。

（5）审核并确认工程分包单位的资质和履约能力。

（五）信息管理方面

（1）建立本工程项目的信息编码体系。

（2）负责本工程项目各类信息的收集、整理和保存。

（3）运用电子计算机进行本工程项目的投资控制、进度控制、质量控制和合同管理，定期提供多种监理报表。

（4）建立工程会议制度，整理各类会议记录。

（5）督促设计、施工、材料及设备供应单位及时整理工程技术、经济资料。

（六）组织协调方面

由于本工程为超高超大建筑、工期紧，各方面之间协调工作量大。组织协调工作搞得好，才能确保施工顺利进行，最大限度地调动各方面的积极性，提高工作效率，减少工作差错，实现预定的质量目标和进度目标。为此，总监理工程师负责组织协调工作，对现场质量、进度、投资、相互配合等事宜进行协调。

现场组织协调的任务：现场组织协调是指在监理工程范围内，同与业主签订合同并参与本工程建设的各单位协作、配合，协助业主处理有关问题，并督促总承包单位按合同履行职责和义务，使工程建设处于有序状态。具体包括项目监理部内部组织协调、对承包人的协调管理、协助业主协调处理各种与工程有关的纠纷、协调发、承包双方工作配合。

现场施工组织协调的手段有：

1. 会议制度

监理例会：在每周规定的时间召开，协调解决施工中遇到的问题，保障工程顺利进行。工地监理例会是由项目总监或驻地监理工程师主持，按一定程序召开的，研究工地出现的包括计划、进度、质量及工程款支付等问题的工地会议。监理将会议讨论的问题和决定记录下来，形成会议纪要，供与会者确认和落实。

专题例会：除定期召开监理例会以外，对于较大的需协调的问题，还应根据需要由监理组织召开专题会，协调解决。如加工订货专题会，业主直接分包的项目与总承包商之间的专题会、专业性较强的分包商进场协调会等，均由监理工程师主持会议。

上层高级会议：对于现场监理例会、专题例会仍协调不了的问题，监理将要求各现场组织的上级领导(公司法人代表、总经理等)召开上层高级会议解决应协调的问题。必要时邀请建设行政主管部门(如省、市建委)的有关领导参加此类会议。

2. 工作制度

监理在组织协调项目参建各方的工作时，要建立“相关单位联系表”，明确项目参建各方的工作职责、协调关系与联系方法。

施工现场协调工作应有明确的程序和时限规定，保证协调管理工作的正常开展。每日应对施工现场的质量、进度、安全、文明等情况进行检查，及时发现问题并解决问题。

监理在开展现场协调工作时，对于重大问题，应强调书面形式，通过监理工程师工作联系单、指令单、通知单、备忘录等发出和答复，作为判断干扰施工责任的依据。对每一问题的协调过程都应有详细记录，对涉及进度和投资问题的协调，应及时与业主沟通，征询业主的意见。

七、监理工作程序与制度

(一) 监理工作程序

1. 总监理工程师组建成立项目监理机构

总监理工程师作为监理单位委派的称职人员，代表监理单位全面负责本项目的监理工作，对内向监理单位负责，对外向业主负责。在业主向监理单位明确进场期限要求后，总监理工程师将根据《监理大纲》内容和签订的《委托监理合同》组织项目监理机构，并在项目具体实施中进行及时的调整。

2. 编制建设工程监理规划

接受业主委托并签订委托合同后，在项目总监理工程师的主持下，根据《委托监理合同》，在《监理大纲》的基础上，结合工程的具体情况，广泛收集工程信息和资料，制定《监理规划》，并报公司技术负责人批准。

3. 制定各专业监理实施细则

在监理规划报经公司技术负责人批准后，项目监理机构的专业监理工程师对本工程中某一专业或某一方面的监理工作编写监理实施细则，并由总监理工程师批准后实施，用以指导各专业或具体监理业务的开展。

4. 规范化开展监理工作

本项目实施过程中，项目监理机构将按规范化的要求开展工作，力争做到以下几点：

(1) 工作的时序性

监理各项工作都按一定的逻辑顺序先后展开，从而使监理工作能有效地达到目标而不致造成工作状态的无序和混乱。

(2) 职责分工的严密性

对项目不同专业、不同层次的监理人员，进行严密的职责分工，从而为协调进行监理工作创造前提条件，并为实现监理目标提供保证。

5. 参与验收，签署建设工程监理意见

工程施工完成后，现场项目监理机构在正式验交前组织竣工预验收，在预验收中发现问题的，及时与施工方沟通，提出整改要求；参与业主组织的工程竣工验收，签署监理意见。

6. 向业主提交建设工程监理档案资料

项目监理工作完成后，现场项目监理机构将按监理合同的约定向建设单位提交设计变更、工程变更资料、监理指令性文件、各种签证资料等档案资料。

7. 监理工作总结

在监理工作结束时，现场项目监理机构将向建设单位提交监理工作总结，向其汇报工程概况、监理合同履行情况、监理工作成效、施工过程中出现的问题及其处理情况和建议、建设单位负责物品的交接工作、有关资料的交接工作等。

(二) 监理工作制度

1. 开(复)工报告审批制度

工程总体开工报告由建设单位报请行政主管部门审批。此项工作完成后，当单位工程的主要施工准备工作完成时，施工单位提出《工程开工/复工报审表》，经监理工程师审查，现场检查后，由总监理工程师签发，并报建设单位。

2. 施工图核对制度

开工前，在收到施工设计文件，图纸后，总监理工程师应组织专业监理工程师对施工图纸进行审查和现场核对，听取专业监理工程师的审查意见，并经归类汇总后报送建设单位或在建设单位组织的图纸会审会上提出。施工图纸会审及设计交底(设计意图，施工要求，质量标准，技术措施)工作由建设单位主持，监理单位积极协助参与。

3. 分包单位审查制度

施工单位应向项目监理部申报其选择的分包单位的资质资料(包括等级、能力、经历、信誉、技术力量、施工人员人数及技术级别、施工机具、管理系统、财务情况、应持证上岗人员证件等)，分包合同，并填报“分包单位资格报审表”报请项目监理部审核，建设单位审批。

如发现所报的分包单位资质资料有伪造不实情况，或在实际工作中认为分包单位不具备承担分包工程的能力，可向总承包方提出辞退分包单位，不得进入施工现场的要求。

4. 实施性施工组织设计审核制度

(1) 工程项目开工前，由总承包单位编制各标段实施性施工组织设计，经总承包单位技术负责人审核签认后报项目监理部，由总监组织专业监理工程师审定，经总监审核签认后报建设单位。需要修改时，退回承包单位，修改再报，重新审定。

(2) 审查实施性施工组织设计的主要内容包括：

1) 工期，质量，造价控制目标应满足合同要求；

2) 施工场地布置应符合施工要求及文明施工的需要；

3) 应符合国家强制性标准，环保及水土保持要求；

4) 施工方案，施工方法，工艺的可行性，应满足设计要求；

5) 投入的机械设备，劳动力应与进度计划目标相适应；

6) 应建立、健全质量和安全管理体系；

7) 安全，消防措施是否符合有关规定；

8) 签认手续完善，合法。

实施性施工组织设计经项目监理部审定后，承包单位如需做较大变动，须经总监审定同意。

5. 变更设计审核制度

(1) 项目监理机构处理变更设计的依据：

1) 相关法律法规。

2) 建设单位文件，施工承包合同和委托监理合同，设计文件等。

(2) 总监理工程师和专业监理工程师应参加建设单位组织的有关会议，由总监理工程师在工程变更单上会签。

(3) 在总监理工程师签发工程变更单之前，承包单位不得实施变更设计。

(4) 未经总监理工程师审查同意而实施的变更设计，项目监理机构不得予以计量。

6. 原材料、半成品、构配件及设备质量复检制度

原材料、半成品、构配件及设备进场前，施工单位应向监理工程师提交物资进场材料，如：构配件和设备的出厂合格证，材质证明，试验报告。经检验不合格的材料、构配件、设备不准进场。对于进场的主要材料，应在监理工程师的见证下抽样复验，复验合格后方可用于本工程，并建立监理材料试验台账。监理工程师如对材料有怀疑可随时要求施工单位进一步检验，若不合格，则该批材料，构配件，设备不得用于本工程，并限期运出施工现场。督促施工单位建立健全质量保证体系，作好材料的流向台账。

7. 施工测量复核制度

(1) 专业监理工程师应对承包单位报送的测量资料和放线控制成果及保护措施按照规范中工程测量的有关规定进行检查，符合要求时应予签认；

(2) 对承包单位测量成果进行复测，审查的内容包括：

1) 承包单位专职测量人员的岗位证书及测量设备检查证书；

2) 控制测量成果及贯通测量成果，线路施工复测成果；

3) 对线位，高程及各种构筑物的测量放样；

4) 复核控制桩的校核成果，控制桩的保护措施；

5) 对承包单位报送的《施工测量放样报验单》进行审核和确认。

8. 工程质量检查制度

(1) 监理人员应对施工过程进行巡视和检查，发现工程质量问题，应立即口头通知承包单位整改，并作好记录，必要时由监理工程师签发《监理通知》限期纠正。对比较严重的质量问题或已形成质量事故的，应签发监理工程师通知或由总监理工程师签发局部工程暂停令。

(2) 承包单位不按要求整改，情节严重的，报请总监批准，发出工程部分暂停令，并抄报建设单位。待承包单位改正后，再报监理复验，合格后发复工令。

9. 隐蔽工程检查制度

凡下一道工序完成后，不能对上一道工序进行直观检查的工程均称之为隐蔽工程，隐蔽工程必须按隐蔽工程验收程序办理。

(1) 隐蔽工程在隐蔽前，施工单位应根据《工程质量验收标准》进行自检，将自检合格的评定资料报监理工程师，并提出隐蔽工程检查申请，监理工程师应在规定的时间内对隐蔽工程进行检查。重点部位或重要项目应会同施工，设计单位共同检查签认。隐蔽工程未经监理工程师检查签认的不得隐蔽。

(2) 对隐蔽过程，下道工序施工后难以检查的重点部位，安排监理员进行旁站监理。

(3) 隐蔽工程未经监理人员检查签认者，不得进行下道工序。

(4) 隐蔽工程检查合格后，经长期停工，复工后应按上述程序重新组织验收签证。

10. 旁站监理制度

(1) 工程施工旁站监理是指监理人员在工程施工阶段监理中，对关键部位，关键工序的施工质量实施全过程现场跟班的监督活动。

(2) 编制监理规划时，应制定旁站监理方案，明确旁站监理范围，内容，程序和旁站监理人员职责。

(3) 旁站监理人员应认真履行职责，在旁站监理过程中出现的质量问题应如实准确地做好旁站记录，并与施工单位质检员一道在旁站监理记录上签字，之后方可进行下一道工序施工。

(4) 旁站监理记录是监理工程师，总监理工程师签字的重要依据，对于需要旁站的关键部位，关键工序施工，凡没有旁站记录的监理工程师，总监理工程师不得在相应文件上签字。旁站记录应存档备查。

(5) 公司技术部应加强对工程项目旁站监理的监督进行检查，对不按公司要求实施旁站监理的监理部和监理人员要进行通报，责令整改。

11. 检验批、分项、分部、单位工程质量验收制度

检验批、分项、分部工程验收由承包单位自检合格后，准备好各种必备资料，填写报验单提出申报。检验批和分项工程经专业监理工程师现场查验合格并签署意见后，方可继续施工(分部工程应由总监签署意见)。如检查结果不合格，或检查发现所填内容与实际不符，监理工程师不予签证，并做好记录。

12. 工程例会制度

施工期间的工程例会由总监理工程师或授权的专业监理工程师主持召开。三方工地负责人及有关人员参加。

(1) 工程例会应按第一次工地例会商定的时间定期举行，一般每周一次，并应形成会

议纪要。

（2）工程例会内容：

1）研究施工中存在的质量、进度、投资及合同方面的问题，分析原因，制定措施，寻求解决办法；

2）听取承包单位对监理工作的意见，建议和要求；

3）互相通报近期工作重点和安排，以便双方协调配合。

13. 工地专题会议制度

如果建设单位，承包单位或现场监理机构任何一方认为有必要或出现亟待解决的重大问题可召开专题会议。

（1）工地专题会议不定期召开，一般由专业监理工程师组织并主持，与专题有关的建设单位代表、承包单位代表、设计代表、现场监理工程师和特邀人员参加。工地专题会议应提前通知会议内容，以便与会人员进行专题调查、研究和准备。

（2）工地专题会议可就重点工程技术、施工方案、施工工艺等质量问题召开，也可就工程进度、造价事宜和其他合同事宜召开。

（3）工地专题会议一般首先由主持人介绍与会人员和专题内容，然后由与会人员讨论或论证，最后，由主持人归纳总结，并由专题会议作出较为统一的结论。

（4）重要的专题工地会议应形成纪要并由与会各方签署。

14. 监理内部工作会议制度

监理部每周召开监理工作碰头会，监理部成员及各驻地监理组长参加；每月召开全体监理人员会议，主要议题为：

（1）驻地监理组长汇报各标段近期工程进展情况及存在问题，研究处理方案；

（2）总结前一阶段的监理部工作情况，布置下一步工作安排；

（3）分析监理部内部管理体系运行情况，提出改进意见和建议；

（4）传达公司管理文件及建设单位对本工程监理工作的要求；

（5）总监认为有必要通过监理工作会议处理的其他事项。

15. 工程质量专项报告制度

（1）工程监理周报。各监理组每周向监理部上报管内承包单位一周工程施工动态及监理工作情况，监理部汇总后于每周分别向公司和建设单位报送工程监理周报。

（2）工程监理月报。各监理组当月底向监理部上报管内承包单位本月工程施工动态及监理工作情况，监理部于每月25日前将工程概况及动态、上月工程形象进度、主要实物工程量、产值完成及设计变更情况、隐蔽工程验收、单位工程验收、控制工程和重点工程简况、质量事故、停(开)工情况、环保水保情况、施工中发生的其他主要问题和建议上报公司和建设单位。

（3）工程监理年报。监理部在次年1月10日前除汇总报送月报内容外，同时应将变更设计汇总表，验工计价分析报告及监理工作情况等报建设单位。

（4）发生大、重大工程质量事故，工伤事故或其他危急情况，监理人应及时通报建设单位。

（5）建设单位要求提交的监理业务范围内的其他报告。

（6）工程竣工后，向建设单位提交监理工作的总结报告。

八、旁站监理方案

为有效控制本工程关键部位和关键工序的施工质量，特制定本方案。

（一）本工程旁站监理的特点

（1）本工程为超高层建筑，建成后将成为该地区的标志性建筑，工程质量要达到国优或鲁班奖。

（2）旁站监理要求高、涉及专业多、关键控制点多、监督时间长。

（3）监理旁站的内容涉及基础、主体、安装等诸多方面，从工程开始到结束贯穿于施工过程始终。对各主要分部、分项工程的关键部位、关键工序均要进行旁站监理，不能遗漏，否则就可能留下质量安全隐患。

（4）控制点面广量大，需要监理人员投入很大的精力，同时又必须细致地开展工作。当24h连续施工时，监理人员亦须三班跟踪检查，以保持监督的连续性，使每道施工工序均处于受控状态。

（二）工作制度

（1）旁站监理在总监理工程师和各专业监理工程师的指导下，由现场监理人员负责具体实施。

（2）旁站监理人员的主要职责如下：

1）旁站监理人员应检查施工企业现场质检人员到岗、特殊工种人员持证上岗以及施工机械、建筑材料准备的情况。

2）旁站监理人员应在现场跟班监督关键部位、关键工序施工，检查、监督执行施工方案以及工程建设强制性标准的情况。

3）旁站监理人员应核查进场建筑材料、建筑构配件、设备和预拌混凝土的质量检验报告等，并在现场监督施工企业进行检验或委托具有资质的第三方进行复验。

4）旁站监理人员应做好旁站监理记录和监理日记，保存旁站监理原始资料。

（3）旁站监理人员应认真履行职责，对需要实施旁站的关键部位、关键工序在施工现场跟班监督，及时发现和处理旁站监理过程中出现的质量问题，如实准确地做好旁站监理记录。对于记录的内容施工单位和监理单位应办理确认手续，有关人员签字。凡旁站监理人员和施工企业现场质检人员未在旁站监理记录上签字的，不得进入下道工序。

（4）旁站监理人员实施旁站监理时，发现施工企业有违反工程建设强制性标准行为的，有权责令施工企业立即整改；发现其施工活动已经或者可能危及工程质量的，应及时向监理工程师或者总监理工程师报告，由总监理工程师下达局部暂停施工指令或采取其他应急措施。

（5）旁站监理记录表是监理工程师或总监理工程师依法行使有关签字权的重要依据，记录要真实、及时，记录内容包括：工程地点、施工部位、作业时间、气候环境、施工过程中的情况、监理工作情况、发现的问题及处理意见。对于需要旁站监理的关键部位、关键工序施工，凡未实施旁站监理或无旁站记录的，监理工程师或总监理工程师不得在相应文件上签字。在工程竣工验收后，应将《旁站监理记录表》存档。

（三）旁站监理范围及内容

1. 住房和城乡建设部要求的旁站监理范围

基础工程：土方回填、混凝土灌注桩浇筑、地下连续墙、土钉墙、后浇带及其他结构混凝土浇筑、防水混凝土浇筑、卷材防水层细部构造处理、钢结构安装；

主体结构工程：梁柱节点钢筋隐蔽过程、混凝土浇筑、预应力张拉、装配式结构安装、钢结构安装、网架结构安装、索膜安装。

2. 本工程拟旁站监理的范围和内容

见表 1-3。

旁站监理的范围和内容　　表 1-3

旁站监理范围	旁站监理内容
地基与基础工程	混凝土灌注桩浇筑、土方回填、防水混凝土浇筑、后浇带及其他结构混凝土、土钉墙、卷材防水层细部构造处理
主体结构工程	梁柱节点钢筋隐蔽过程，混凝土浇筑，钢结构安装
建筑装饰装修工程	龙骨隐蔽、环境安全性试验
建筑屋面工程	防水层构造处理、淋水（蓄水）试验
建筑给水、排水及采暖工程	给水管道试压、排水管道灌水、通球试验、阀门试验
建筑电气工程	接地电阻测试、绝缘电阻测试
智能建筑工程	火警探头测试、监控探头测试
通风与空调工程	阀门试验、风管漏光试验、管道试压试验

（四）旁站程序和工作方法

1. 旁站监理程序

(1) 需要实施旁站监理的关键部位、关键工序施工单位应在进行施工前 24h 书面通知监理机构旁站的时间和部位；

(2) 旁站监理人员实施现场旁站监理，并严格履行旁站人员职责，对施工单位现场质检人员到岗情况、施工方案及工程强制性标准的执行情况等进行检查、监督；

(3) 需要现场检验或委托复验的，监督施工企业的执行情况；

(4) 发现施工企业有违反工程建设强制性标准行为的，应立即责令整改，情况严重的，应立即向总监报告；

(5) 认真做好旁站监理记录，并及时要求施工单位质检员签字，项目经理部盖章。

2. 旁站监理工作方法

(1) 坚持严格监理、从严把关，一丝不苟的作风

在旁站过程中，施工单位往往会为了图省事而减少部分工作量或工序，监理必须依据合同、设计文件、施工规范严格控制，要求施工单位严格按图施工，使其产品满足业主、设计的各项要求。

(2) 坚持预防为主，做好事前控制

将监理工作的重点放在事前控制上，对施工中可能发生的问题有超前的考虑和预见性，并制定相应的预控措施，将各类隐患消除在萌芽状态或更早的时间内，变被动监理为主动监理，达到事半功倍的效果。

(3) 用数据说话

在旁站监理过程中，注意认真记录施工的关键数据和状况，需要检查、复测的，应保留检查、复测的数据。当施工单位在施工过程中因种种原因与监理的要求出现分歧时，监

理应晓之以理，使其明了监理工作的目的、依据，如施工单位仍不接受，则应以书面形式进行纠正。必须保证施工过程完全处于受控状态。

(4) 主动向专业监理工程师和总监汇报旁站监理的情况

发现现场存在违反工程建设强制性标准行为或施工活动已经或可能危及工程质量的情况，应及时汇报，不得拖延。

九、本工程的技术特点及相应对策

(一) 工程测量的监理措施

1. 工程测量特点

根据以往在超高层建筑施工测量中积累的经验，本工程的平面测量控制网宜采用高级网控制结合低级网加密的方法，在外围布设首级控制网，局部有针对性地设置单体或区块控制网，各单体网之间相互衔接，形成统一的整体系统。垂准测量采用内控天顶法，并对各施工阶段进行针对性设置，以达到缩短测量工作与下道工序搭接时间和提高工效的目的，同时也确保了主楼轴线系统的精确、可靠和具有可操作性。主楼地上结构测量采用天顶投影法结合坐标法来实施；主楼地下结构测量采用坐标法；主楼高程使用光电测距仪传递；裙房地上结构采用分区布网，并采用天顶投影法传递，坐标法定位；裙房地下部分采用坐标法和极坐标法定位；水准线路测量使用精密水准仪采取往返精密水准测量方法。

2. 工程测量重点和难点

根据本工程所具有的特点，有针对性地加强测量监理工作，并在测量控制中对如下的一些重点和难点进行重点控制。

(1) 平面测量控制网的建立

施工平面测量控制网既是各施工单位及单体施工各环节轴线放样的依据；也是监理进行质量监控的测量基准，因此，如何布设好平面测量控制网是本工程测量控制的一个重点，务必做到可靠、稳定、使用方便。控制网除应考虑图形满足工程施工精度要求外，还必须有足够的密度和使用方便的特点。由于工程巨大，而且工况复杂，因而必须设置一组高精度的首级控制网，在此基础上，根据各单体建设的需要，再布设次级控制网，而且平级网之间互相贯通，形成系统。

(2) 建筑物的测量定位

本工程四周有建筑物和道路及规划红线，对建筑物的定位精度要求较高，如何在满足规划的条件下精确定位是本工程测量的另一个重点和难点。

(3) 建筑物的垂直测量控制

本工程楼栋标高超过百米，最高 198m，属于超高层，因此对垂直测量控制的要求很高——日照产生阴阳面的温差使建筑物局部收缩膨胀不均匀产生变形；在风荷载作用下，建筑物受到水平作用力会产生摇摆振动；当建筑物达到一定高度后，其本身在自重作用下也会产生自振；当建筑物产生不均匀沉降时，偏差量也会随着建筑物的高度而增大。严格做好施工过程中建筑物的垂直度和沉降量监测也是本工程测量的一个重点和难点。

(4) 建筑物的高程测量控制

在主楼施工过程中，由于钢结构和钢筋混凝土结构两种材料组合体系的长期和短期效应，同时也考虑到上述两种结构开始施工的日期不同，钢结构和混凝土结构的压缩变形以及混凝土收缩蠕变，有可能产生的不均匀沉降等因素，会引起建筑高程的不统一。如何在结构工程施工时，不断调整标高值，进行变形补偿，满足标高复测调整需要，成为本工程测量控制的又一个重点和难点。

3. 工程测量的监理措施

在施工前，监理要求承包商针对本工程的特点编制《工程测量专项施工方案》，以保证工程测量工作的顺利进行；监理将组织相关监理工程师甚至有关测量专家对承包商提交的《工程测量专项施工方案》进行审核，审核的重点应放在施工方案的科学性、合理性和可操作性上。

进行工程测量前，监理应检查承包商的测量仪器和工具是否在检定有效期内，检定单位是否具有相应的资质等级；同时确保监理复核用的仪器和工具也在检定有效期内；并进行双方量具的比对工作，确保量具的准确性。另外监理还应检查承包方测量人员是否经过测量专业的培训，确保测量人员能正确地使用测量仪器和工具，所测结果能满足规范要求。

监理将对承包商提交的中间测量计算结果进行复核；并在现场用本单位的高精度测量仪器对承包方的测量结果进行复查，保证测量数据的可靠性和精确度。

对建筑物平面控制网的选择和布置，或对控制点的标桩设计和管理应有较高要求，以保证这些控制网、点在结构施工过程中的稳定性，从而保证达到结构施工精度的要求。

对于曲线和曲面的施工测量，需要根据曲线或曲面的变化规律(如点或线的轨迹的数学方程式等)进行数学计算，测点的间距应能保证施工的要求，施测时至少采用两种方法，一种方法测量，另一种方法进行复核，只有两种方法的测量结果一致时，该测量结果才能有效确保施工精度。

施工中应定期按要求观测建筑物的沉降量，如发现建筑物的沉降量有异常，应立即停止施工，并分析沉降量异常的原因，在采取相应措施后，方可继续施工，如此才能保证建筑物的最终沉降量在规范范围内。

建筑物必须要满足现浇混凝土结构的允许偏差，见表 1-4。

现浇混凝土结构允许偏差表 **表 1-4**

<table>
<tr><th colspan="3">项目</th><th>允许偏差(mm)</th></tr>
<tr><td colspan="3">轴线位置</td><td>5</td></tr>
<tr><td rowspan="3">重直度</td><td rowspan="2">每层</td><td>≤5m</td><td>8</td></tr>
<tr><td>＞5m</td><td>10</td></tr>
<tr><td colspan="2">全高</td><td>$H/100$ 且≤30</td></tr>
<tr><td rowspan="2">高程</td><td colspan="2">每层</td><td>±10</td></tr>
<tr><td colspan="2">全高</td><td>±30</td></tr>
<tr><td colspan="3" rowspan="2">截面尺寸</td><td>+8，−5(抹灰)</td></tr>
<tr><td>+5，−2(不抹灰)</td></tr>
</table>

续表

<table>
<tr><th colspan="2">项目</th><th>允许偏差/mm</th></tr>
<tr><td colspan="2">表面平整(2m长度)</td><td>8(抹灰)，4(不抹灰)</td></tr>
<tr><td rowspan="3">预埋设施中心线位置</td><td>预埋件</td><td>10</td></tr>
<tr><td>预埋螺栓</td><td>5</td></tr>
<tr><td>预埋管</td><td>5</td></tr>
<tr><td colspan="2">预留洞中心线位置</td><td>15</td></tr>
<tr><td rowspan="2">电梯井</td><td>井筒长、宽对定位中心线</td><td>+25，−0</td></tr>
<tr><td>井筒全高垂直度</td><td>$H/1000$ 且≤30</td></tr>
</table>

4. 竣工测量的监理

竣工测量不仅是验收和评价工程是否按照设计施工的基本依据，更是工程交付使用后，进行管理、维修、改建和扩建的依据下。因此监理部十分重视竣工测量，将严格监理承包商实事求是地做好此项工作，内容包括如下：

(1) 总平面图——包含建筑物、构筑物等；

(2) 上、下水管道图；

(3) 动力管道图；

(4) 电力与通讯线路图。

做好竣工测量的关键是要从监理工作的开始就督促承包商有次序地、一项不漏地积累各项验收资料，特别是隐蔽工程资料。

(二) 桩基工程的监理措施

本工程桩基础采用钢筋混凝土钻孔灌注桩，地下室支护结构的挡土桩采用钢筋混凝土钻孔灌注桩。

钢筋混凝土钻孔灌注桩施工的重点、难点及监理控制措施如下：

1. 防止桩位偏移

加强测量放线监理工作。测量放线工作由施工单位测量人员完成，技术人员应根据桩基布置情况导引测量控制点，以备校核桩位之用，该控制点应设保护标志，完毕后经监理工程师检验合格后方可进行下一工序的施工。

施工单位桩位测放完成后，应填写《施工测量报验单》，经监理人员独立复测核验符合设计与规范要求，方可据此埋设护筒并进行后续开钻施工。

2. 防止钻进中孔壁坍塌和缩颈

(1) 人工造浆护壁：地下如果含有砂层，自身稳定性较差，无法进行自造泥浆护壁，则必须采取人工造浆或及时更换别处运送的优质泥浆，泥浆配制、测试和更换需施工单位专人负责，监理要求定时上报泥浆指标，并定期和不定期采用检测仪器进行现场抽检工作。

(2) 控制泥浆浓度和稳定的水头压力：为减少渗流压力对砂层塌孔的影响，在进入砂层后，确保泥浆比重要加大到1.3以上，同时控制泥浆循环流速，确保孔内的水头压力高度。

(3) 钻进和清孔工艺选择：钻进速度在进入砂层后，下沉速度不宜太快，在泥浆充分护壁的基础上钻进。钻进和一次清孔不宜采用反循环工艺，如果使用易造成砂层部位塌孔；二次清孔为加快清孔速度，应采用反循环清孔，同时在施工现场应配备泥浆池和沉淀池，延长泥浆沉淀路径，加速含砂泥浆的沉淀。

(4) 适当考虑钢筋笼保护层厚度，减少钢筋笼碰刮孔壁概率；应对钢筋笼的直径、保护垫块、扁圆度以及孔口焊接的垂直度加以控制，并采用吊机下笼。

(5) 采用跳打工序；钻头转速不能太快，尽量减少空转时间；缩短待灌时间、灌注时间；下放钢筋笼应垂直、平稳；延长本桩与邻孔开钻的间隔时间。遇有钢筋笼下放不到位或清孔后时间过长的情形应重新进行扫孔。

3. 防止首灌量不足

认真计算首灌量，满足首灌时导管的实际埋深，水力平衡等所需混凝土量，首灌量监理工程师应按以下公式计算，即：

首灌量V=(桩孔截面积×导管埋深+水力平衡所需混凝土量)×1.1

4. 保证桩径与垂直度

作为强制性验收内容，对于桩径控制，监理应在开钻之前检查记录每台机械的钻头，并在钢筋笼下放之前检查验收每根桩的钢筋笼制作质量。垂直度检验，监理应在开钻对中时检验机械的平整度和垂直度，同时在钻进到桩顶面时(基坑顶部)重新检验钻机的平整度和钻杆的垂直度，钻进过程中随时抽检，确保桩身垂直。

(三) 围护结构施工的监理措施

根据勘查资料，本工程周边布满各类管线，南侧还有地铁线路正在施工；加之本工程基础筏板顶在－15.3m，属一级大型基坑，这使得基坑的稳定和安全成为施工和监理工作的重中之重。对于基坑施工安全而言，可采用降水、止水、排水、土体加固等各种方式来排除地下水对土体的破坏作用。而密实土体，提高土体的物理力学性能，杜绝流沙和管涌，建立基坑内外新的水土平衡则是维护边坡稳定的关键。另外，坑外水位的保持也是控制周边道路、市政管线、建筑变形的关键手段。

1. 基坑工程围护方案的选择

(1) 基坑围护方案的选择

根据本工程的建筑结构方案、场地的工程地质情况、周边环境，尤其是地铁线路的保护以及工程的工期要求等条件，结合本地以及国内其他地区类似基坑围护工程的成功案例，并通过多方案的比较，决定采用钻孔灌注桩＋水泥土搅拌桩止水帷幕的复合围护形式。其中，内侧钻孔灌注桩作为基坑开挖阶段的挡土受力结构，外侧水泥土搅拌桩作为基坑开挖阶段的止水帷幕。坑内架设钢筋混凝土支撑系统，全面积开挖至坑底后，从下至上依次顺作施工地下室各层结构。

(2) 特点、难点分析

本工程基坑南侧地铁线路是基坑施工中的重点保护对象。由于另两侧紧临市政道路干线和管线，也必须对其进行安全保护，防止因施工造成的土体上隆对道路和管线产生影响。在动工前首先要根据市政资料查明管线分布情况，与政府相关部门联系，明确道路、管线沉降控制的要求，制定专项的监测控制方案，并明确报警值，制定安全控制预案。尤其需要强调对煤气管、光缆、电缆的监控和保护。

2. 深搅止水帷幕技术难点的监理控制措施

(1) 双轴搅拌桩的技术要求

围护体搅拌桩采用双轴水泥土搅拌机施工，沿围护轴线四周用水泥土搅拌桩作防渗防水帷幕，实行一次钻搅至设计深度的作业方式。

(2) 双轴深搅桩的监理控制措施

1) 严格控制桩位放样误差小于 2cm，钻孔深度误差小于±5cm，桩身垂直度按设计要求，误差不大于 1%桩长。

2) 严格按质量要求控制水泥浆的水灰比，做到挂牌施工，并配有专职人员负责管理浆液配置；严格控制钻进提升及下沉速度。每台班做一组 7.07cm×7.07cm×7.07cm 水泥土试块，一组 6 块。试样来源于沟槽中置换出的水泥土，拆模后立即进行养护。

3) 督促施工前对搅拌桩机进行维护保养，尽量减少施工过程中由于设备故障而造成的质量问题。设备由持证人员负责操作，上岗前必须检查设备的性能，确保设备运转正常。

4) 复核桩架垂直度指示针调整桩架垂直度，并用线锤进行校核。

5) 场地布置应综合考虑各方面因素，避免设备多次搬迁、移位，减少搅拌的间隔时间，尽量保证施工的连续性。

6) 严禁使用过期水泥、受潮水泥，对每批水泥进行复试，合格后方可使用。

7) 确保桩身强度和搅拌均匀

① 水泥用量、注浆压力采用人工控制，严格控制搅拌桶每桶的水泥用量及液面高度，用水量采取总量控制，并用比重仪随时检查水泥浆的比重。

② 土体应充分搅拌，严格控制钻孔下沉、提升速度，使原状土充分破碎，有利于水泥浆与土均匀拌和。

③ 浆液不能发生离析，水泥浆液应严格按预定配合比制作，为防止灰浆离析，放浆前必须搅拌 10s 再倒入存浆桶。

④ 压浆阶段输浆管道不能堵塞，不允许发生断浆现象，全桩须注浆均匀，不得发生土浆夹心层。

⑤ 发生管道堵塞，应立即停泵处理。待处理结束后立即把搅拌钻具上提和下沉 1.0m 之后方能继续注浆，等 10～20s 恢复向上提升搅拌，以防断桩发生。

(3) 双轴深搅桩的质量控制要点

1) 所用水泥出厂日期不超过 3 个月，并应附质量保证书或水泥试验报告、受潮、硬化结块的水泥不得使用。

2) 严格控制水泥浆液的拌制质量，不得擅自更改水泥掺入量。

3) 严格控制本工程水泥浆液达到水灰比 1.5。

4) 测量放线由专职测量人员负责，采取每 3m 安排一组铁轨，以控制搅拌桩桩位。

5) 桩机必须端正、稳固、水平。桩机移位、开钻、提升由现场指挥负责，开钻前，检查桩机平稳性，做到固定端正，桩架垂直，并采用测量仪器或一般工具手段，完成桩机的水平度，桩架的垂直度。在确认无误后，由指挥下达操作命令。

6) 浆液配制必须按规定的配合比进行配制，水泥采用普通硅酸盐水泥。

7) 为保证水泥土搅拌均匀，必须控制好下沉提升速度。下沉不大于 1.0m/min，提升不大于0.5m/min。若出现堵管、断浆等现象，应立即停泵，查找原因进行处理，待故障排除后须将钻具下沉1m方能喷浆，防止断桩。

8）施工中因机械故障或停电等原因所造成的断桩，应妥善处理。

9）施工中针对设备的运转、保养、维修，每班须配置专业机械人员，保证正常施工。

10）桩顶停浆面为桩顶标高以上30cm。

11）为保证桩端施工质量，在浆液达到出浆口后，应喷浆5s，使浆液完全到达桩端。

12）为保证水泥土桩的垂直度，要注意起吊设备的平整度偏差不得超过1.0%，桩位布置偏差不得大于20mm。

13）用流量泵控制输浆速度，使注浆泵出口压力保持在0.4～0.6MPa，使搅拌提升速度与输浆速度同步。

14）控制重复搅拌时的下沉和提升速度，以保证加固范围内每一深度均得到充分搅拌。

15）前台操作手与后台供浆人员应密切配合，前台搅拌机喷浆提升的次数和速度必须符合已定的施工工艺，后台供浆必须连续，一旦因故停浆，必须立即通知前台，为防止断桩和缺浆，应将搅拌头下沉至停浆面以下1m，待恢复供浆后喷浆提升。

3. 围护支撑系统施工监理控制要点

(1) 支撑体系的施工应严格按设计图纸和施工单位编制的施工组织设计(方案)执行，在施工前监理单位必须认真组织图纸会审，严格审核施工单位的施工组织设计(方案)，并做好施工交底。

(2) 本工程竖向支撑的钢格立柱与钢筋混凝土支撑位置必须在施工前先行测量定位放线，报监理进行复核签认，确保尺寸无误。

(3) 支撑结构的安装与拆除顺序要求同基坑支护结构的计算工况一致。必须严格遵守先支撑后开挖的原则，充分利用“时空效应”。

(4) 立柱穿过主体结构底板及支撑结构穿越主体结构地下室外墙的部位，应采用止水构造措施。

(5) 支撑用钢格立柱背后的围檩与支撑要整体浇筑，并在颊内形成整体。位于围护墙顶部的冠梁与围护墙体整浇，位于围护墙身处的围檩亦通过钻孔灌注桩的主筋和吊筋予以固定。

(6) 混凝土围檩的截面宽度要不小于支撑截面高度；围檩截面水平向高度由计算确定，一般不小于1/8围檩水平面计算跨度。围檩与围护墙间不留间隙，完全密贴。

(7) 按设计工况当基坑挖土至规定深度时，要及时浇筑支撑和围檩以减少时效作用，减少基坑围护和周边土体与邻近建筑设施的变形。

(8) 支撑受力钢筋在围檩内锚固长度要不少于30d。要待支撑混凝土强度达到不少于80%设计强度时，才允许开挖支撑以下的土方。

(9) 支撑和围檩浇筑时施工缝的留设应满足规范要求，支撑混凝土必须达到不小于80%设计强度时，才允许开挖支撑底面以下的土方。

(10) 支撑和围檩浇筑时的底模(模板和细石混凝土薄层等)在挖土时必须及时去除，以防坠落伤人。

（11）支撑和立柱如穿越外墙和底板均要设止水片。在浇筑地下室结构时如要换撑，亦需底板、模板、墙板的强度达到不小于设计强度的80%以后才允许换撑。

（12）混凝土支撑系统工程质量除按设计要求和施工规范严格执行外，亦可参照表1-5标准。

混凝土支撑系统质量标准　　表1-5

项	序	检查项目	允许偏差或允许值		检查方法
			单位	数值	
主控项目	1	支撑位置：标高平面	mm mm	30 100	水准仪 钢尺量
一般项目	1	围檩标高	mm	30	水准仪
	2	立柱桩	见桩基部分		
	3	立柱位置 标高平面	mm mm	30 50	水准仪 钢尺量
	4	开挖深	mm	＜200	水准仪
	5	支撑安装时间	设计及施组		用钟表估测

（13）混凝土支撑系统的拆除也必须严格按“施组”要求执行，并且要将安全注意事项特别告诫给施工班组及每一位施工人员，以免安全事故的发生。

（四）基坑工程的监理措施

1. 基坑降水工程的监理控制措施

（1）基坑降水施工的特点和重要性分析

本工程地处苏州市工业园区，属江南水网区、长江流域水系。本工程地下三层电梯井最深位置挖深3m左右。

根据当地的地质水文情况和工程施工特点，在基坑施工过程中和基坑土方开挖之前必须采取一定的降水措施，使地下水位下降至坑底以下，同时还要使土体固结，这样既方便土方开挖，又不因地下水位的变化，给基坑周围的环境和设施带来危害。

（2）基坑降水设计方案及要达到的目的

根据本工程场地的地质水文资料提供情况及深基坑施工实际特点，结合苏州地区类似工程的成功案例，为防止开挖造成深基坑下的承压水及上层覆土层厚度不足，可能导致坑底管涌以及坑壁不稳定，本工程基坑在施工中潜水采用轻型井点加疏干井降水，基坑以下承压水应采用深井降水，并且为减少对周围环境的影响，系统按不同施工阶段的开挖深度采用深井减压降水。基坑降水要达到的目的有：

1）降低坑内开挖土层中的潜水位，降低开挖土层中的含水量，方便挖土作业和减少运土时的环境影响。

2）放坡开挖时降低潜水位以利于边坡稳定。

3）将放坡开挖处的坑外潜水位降到坑内开挖深度以下，使下部围护结构所受外侧的水压力减小。

4）降低坑底以下承压水层的水头，防止基坑突涌。

（3）各种降水形式的布置

1）轻型井点降水：在基坑内侧布置若干轻型井点(分级布置)，每套距离在50m左右，井点深约6～8m。

2）疏干井点：单座井的控制面积约为200m^2，整个基坑共布置疏干井约70座。

3）深井减压降水：由于基坑开挖较深，考虑在开挖过程中遇有承压水，若疏于防范，基坑就会发生突涌，酿成重大事故。可考虑深井减压降水。另根据需要布置观测孔井3座，均合理布置在基坑开挖范围内。

(4）基坑降水工程的监理控制要点

1）监理单位应严格审查基坑降水施工单位的专业资质，选择有较高水平的专业队伍施工。

2）监理单位应对本工程的降水方案和有关图纸，组织施工单位进行认真会审，并请业主组织设计单位对有关方案进行交底。

3）专业监理工程师应认真审查降水施工单位编制的降水施工组织设计，重点审查的内容为：

① 井点降水方法；

② 井点管长度、构造和数量；

③ 降水设备的型号和数量；

④ 井点系统布置图的正确与否；

⑤ 井孔施工方法及设备；

⑥ 质量和安全技术措施；

⑦ 降水对周围环境影响的估计及预防措施等。

⑧ 降水系统施工完毕后应试运转，如发现抽出的水不能由混变清或存在无抽水量的情况，这表示降水系统已失效，应采取措施恢复正常，如不能恢复，应另行改打新井。

4）降水与排水与基坑开挖的安全措施是否配合，降水会影响周边环境，在基坑外降水时应有降水范围估算和对环境的影响估计，必要时采取回灌措施，以尽可能减少对周边环境的影响。

5）承压水水头的降低应随基坑开挖的进展逐步加深，要使承压水头始终在基坑开挖面以下。

6）在减压降水运行过程中应要求施工单位每天报告降压降水情况，包括抽水量，各观测孔的水头变化等。同时要求监测单位将监测数据抄送降水单位。现场应绘制流量、水位、施工进程、变形观测等相关曲线，以综合了解降水状况。

7）坑内降水井位置应避开工程桩、支撑、各楼板梁。土方开挖前必须进行3星期以上的疏干降水作业，根据开挖工况地下潜水位必须降至开挖面以下0.5～1.0m。

采用信息化施工，对周围环境进行监测，发现问题及时处理调整抽水井及抽水流量，指导降水运行和开挖施工。

8）降水施工完毕：根据结构施工情况和土方回填进度，陆续关闭和逐根拔出井管，土中所有孔洞应立即用砂填实或注浆封井。

2. 土方工程的监理控制措施

(1）土方工程的特点与难点

本工程为一地下3层的深基础工程，土方开挖面积较大，开挖土方量也较大。根据围护结构设计设置地下竖向水平钢筋混凝土支撑，土方开挖时也必须和其他施工综合考虑，必须在良好的降水措施前提下，完成土方工程。

综上所述，本工程基坑开挖不仅土方数量大，而且施工难度高——不仅技术难度大，还存在一定的开挖危险性——支护结构强度和变形控制是否满足要求以及降水是否达到预期目的都要靠挖土阶段来进行检验，因此土方工程是基坑系统工程的重要组成部分。

(2) 土方(开挖)工程中监理控制要点及控制措施

1）在深基坑土方开挖之前要详细了解施工区域的地形和周围环境；土层种类及其特性；地下设施情况及支护结构的施工质量，仔细审查施工单位的挖土方案和施工组织设计，编制土方工程监理实施细则，做到有严密性、合理性、科学性。

2）土方开挖前应检查定位放线、排水和降低地下水位系统，合理安排土方运输车的行走路线及弃土场。

3）施工过程中应检查平面位置，水平标高，边坡坡度，压实度，排水，降低地下水位系统，并随时观测周围的环境变化。

4）土方开挖顺序、方法必须与设计工况一致，并遵循“开槽支撑、先撑后挖、分层开挖、严禁超挖”的原则。

5）要防止深基坑挖土后土体回弹变形过大，遇有此类情况要设法减少土体中有效应力的变化，减少暴露时间，并防止地基土浸水，要保证井点降水的正常进行，挖至设计标高后，尽快浇筑垫层和底板。必要时，可对基础结构下部土层进行加固。

6）深基坑的支护结构随着挖土加深侧压力加大，变形也跟着增大，而周围地面沉降亦相应加大，应及时加设支撑，避免只考虑挖土方便而忽视支撑及时跟进的情况发生。

7）基坑开挖后，大量坑内土方被挖去，土体平衡发生很大变化，会引出周边建筑、管线、支护结构较大的变形、位移和沉降，故应加强观察，充分发挥围护结构多点监测信息化施工的功能，当达到报警值时应立即启动应急控制预案，确保基坑稳定，使开挖工作顺利进行。

8）土方开挖工程的质量标准应符合表 1-6 的规定。

土方开挖工程的质量标准(mm) **表 1-6**

项	序	项目	允许偏差或允许值					检验方法
			柱基基坑基槽	挖方场地平整		管沟	地(路)面基层	
				人工	机械			
主控项目	1	标高	−50	±30	±50	−50	−50	水准仪
	2	长度、宽度(由设计中心线向两边量)	+200−50	+300−100	+500−150	+100	—	经纬仪，用钢尺量
	3	边坡	设计要求					观察或用坡度尺检查
一般项目	1	表面平整度	20	20	50	20	20	用 2m 靠尺和楔形塞尺检查
	2	基底土性	设计要求					观察或土样分析

注：地(路)面基层的偏差只适用于直接在挖、填方上做地(路)面的基层。

9）土方临时挖方的边坡值应符合表 1-7 的规定。

土方临时挖方的边坡参考值 **表1-7**

<table>
<tr><th colspan="2">土的类别</th><th>边坡值(高：宽)</th></tr>
<tr><td colspan="2">砂土(不包括细砂、粉砂)</td><td>1：1.25～1：1.50</td></tr>
<tr><td rowspan="3">一般性黏土</td><td>硬</td><td>1：0.75～1：1.00</td></tr>
<tr><td>硬、塑</td><td>1：1.00～1：1.25</td></tr>
<tr><td>软</td><td>1：1.50或更缓</td></tr>
<tr><td rowspan="2">碎石类土</td><td>充填坚硬、硬塑黏性土</td><td>1：0.50～1：1.00</td></tr>
<tr><td>充填砂土</td><td>1：1.00～1：1.50</td></tr>
</table>

注：1. 设计有要求时、应符合设计标准。
2. 如采用降水或其他加固措施，可不受本表限值，但应计算复核。
3. 开挖深度，对软土不应超过4m，对硬土不应超过8m。

3. 基坑围护监测及施工的监理控制措施

(1) 基坑施工的特点和难点

本工程地下3层，单层面积较大，基础埋设较深，开挖深度最大处达15m以上，设置水平支撑，基坑之外的道路地下有多种管线，基坑的暴露时间长，加之开挖之前的坑内坑外的井点和深井降水以及大体积混凝土底板施工的测温、降温控制，以上不利因素对这么一个一级基坑工程均产生重大影响。在工程施工过程中质量和安全监控工作不得有任何失误，所布设的监测点应能及时、准确的反映施工过程中围护体和周边环境的变化动向并及时提供连续、完整、有效的信息，确保施工的安全顺利。

(2) 基坑围护的监测方案建议

根据以上的围护体系方案其监测内容设置如下：

1) 周边地下管线垂直及水平位移。

2) 坑外地表沉降监测。

3) 坑顶及围护桩压顶垂直及水平位移监测。

4) 围护桩深层水平位移(桩身测斜)监测。

5) 坑外深层土体水平位移(土体测斜)监测。

6) 基坑外地下水监测。

7) 支撑轴力及支撑两端点的差异沉降监测。

8) 坑底回弹和立柱沉降监测。

9) 承压水位观测。

(3) 基坑围护监测的目的

通过基坑围护监测系统的工作可达到以下目的：

1) 获取相关信息，及时发现不稳定因素

2) 用监测数据反馈给设计，可对设计进行补充，并指导施工，优化相关参数；采用信息化设计、施工有利于确保基坑稳定安全。

3) 验证设计，指导施工

4) 通过监测了解结构内部和土体的实际变形和应力分布情况，既为设计提供有价值的理论证明，也为工程质量跟踪技术管理提供第一手监测资料和依据。

5）积累经验，储备对策——通过对本基坑围护的各种工况监测数据的收集整理和综合分析，能够为今后该类超大、超深基坑工程的围护设计和施工积累宝贵的经验。根据一定的量测限值作预警预报，及时采取有效的工程技术措施和对策，确保工程安全，防止工程破坏和环境事故的发生。

6）保障业主和相关社会利益——通过对周边环境及地下管线监测数据的分析、调整施工参数、施工工艺、施工工序等一系列相关环节，确保地下管线的正常运行，有利于保障业主方的利益及相关社会利益。

（4）基坑围护监测项目的内容和方法

本工程基坑围护监测方案中的监测对象分为两部分：周边环境监测、支护结构监测，其监测项目的内容和方法如表1-8所示。

基坑监测的内容和方法 **表1-8**

监测对象		监测项目	监测目的	测点布置	监测方法
周边环境监测	周边地下管线	垂直及水平位移	为及时了解基坑桩基施工及开挖期间对周围多种管线的影响程度		精密水准仪、全站仪（2级视准法）
	坑外地表	沉降	为进一步掌握基坑开挖施工对周围环境带来的影响的程度及范围，分析其与开挖深度的关系		精密水准仪
	坑外深层土体	水平位移	监测基坑开挖对周围环境的影响程度，了解深层土体水平位移的变化情况		伺服加速式测斜仪
	坑外地下水	水位	在坑内降水和基坑开挖期间了解坑外地下水位变化，依此推断围护体有无渗漏及流砂等工程病害，确保基坑安全		电测水位仪（精度±1mm）
	承压水	水位	观测围护体承压水位		电测水位仪
支护结构	支撑	轴力	掌握支撑轴力随施工工况变化的情况，确保围护系统在墙后水土压力		应变计、钢筋传感器
	坑底	回弹	基坑开挖时，坑内上部大量土体挖空，卸荷后坑底土体会产生部分回弹，此项目的是为准确掌握回弹量		水准仪
	立柱	沉降回弹	掌握由于基坑开挖大量土体卸荷后支撑立柱的回弹和隆起情况，防止支撑系统失稳		水准仪
	围护钻孔桩	桩身深层水平位移（测斜）	监测围护桩随基坑开挖深度的增加，墙体水平位移的变化速率及最大位移值，及时预警采取对策，确保基坑稳定和周围环境安全		伺服加速式测斜仪

（5）基坑围护监测频率

依据施工工况，监测频率按5个阶段分项进行，其监测频率设置如表1-9所示。

基坑围护监测频率 表 1-9

施工阶段	监测内容	监测频率
围护施工	管线	7d/次
降水施工	水位、管线	3d/次
开挖至底板	全测	1d/次
底板施工	全测	1d/次
底板至±0.000 结构工程	全测	2d/次

注：1. 监测频率可根据监测数据变化情况作相应调整。
2. 当监测数据达到或超过报警值时，应加密监测频率。

（6）基坑围护监测警戒值

本工程各监测项目警戒值(报警值)如表 1-10 所示。

基坑围护监测警戒值 表 1-10

监测项目	速率(mm/d)	累计量(mm)
地下管线	±3	±10
围护桩顶沉降位移	±5	±50
围护桩身位移	±5	±50
土体位移	±5	±50
立柱沉降	±5	±30
支撑轴力	设计确定	设计确定
地下水位	±200	±500

（7）基坑围护监测监理控制要点

1）组织施工单位和监测单位对监测设计方案(图纸)进行认真会审，并将需要进一步明确或说明的部分通过业主反馈给设计单位，由业主组织设计单位对该方案(图纸)进行交底，有关各方作好交底记录，并且签认。

2）总监理工程师必须组织专业监理工程师认真审查基坑围护结构施工单位提交的施工方案，如：基坑围护监测单位提交的监测大纲、重点核对测试项目、测点布置、监测频率、监测项目的报警值。

3）承担监测工作的观测人员必须经过培训并取得上岗证，监测单位所使用的仪器、设备都必须经检测单位检测合格，且有出厂合格证，以确保监测过程中所得数据具有可靠性、真实性。

4）督促施工单位进行信息化管理，加强施工监测，优化施工方案，要求监测单位当日测量，当日上报监理，及时对监测结果进行分析和评判，发现问题采取紧急措施。

5）监理工程师应要求监测单位确保各项目提供的监测数据及时、准确和完整，发现异常现象，加强监测；对原始数据要进行分析，去伪存真方可计算，同时要绘制观测读数和时间、深度及开挖过程曲线，形成严格的过程记录。

6）监理工程师应随时掌握施工单位和监测单位上报的施工、检测报告中提供的数据，并做好记录和分析，遇有异常情况立即上报总监理工程师，并且通报有关各方。

7）随时掌握支撑和围檩的轴力，弯曲应力以及立柱的沉降，隆起的信息数据，并能够及时反馈给施工现场，控制施工；当出现问题时依据原先作好的应急预案，立即提出对策，避免在出现紧急情况时束手无策。

8）监理工程师应加强对坑外周边环境的巡视检查，根据监测数据的反映和分析，进一步做好邻近建筑物、道路、场地、地下管线的影像、监测记录，完善监理控制资料。

9）项目监理部应在基坑工程施工前，要求业主成立由业主、总包、设计、监理、监测单位组成的基坑施工抢险小组，并且事先制定对策，准备事故预案，通过信息化监测指导基坑施工。

10）依据方案、施工情况和监测结果随时作好监测频率的调整，在达到报警值或不良气候情况时，加密观测频率。

（五）地下结构工程的监理措施

1. 地下结构工程施工的特点和难点

本工程为地下 3 层，地下室基础筏板顶标高－15.300m，地下结构深而复杂，邻边建筑鳞次栉比，加之四周均是苏州工业园城区的主干道，管线多而复杂。最为关键的是：基础底板面积大而厚，而且还会设置后浇带、沉降缝及抗震缝，这都给结构及防水施工的工程监理工作带来极大的难度。

2. 地下结构施工的监理控制流程

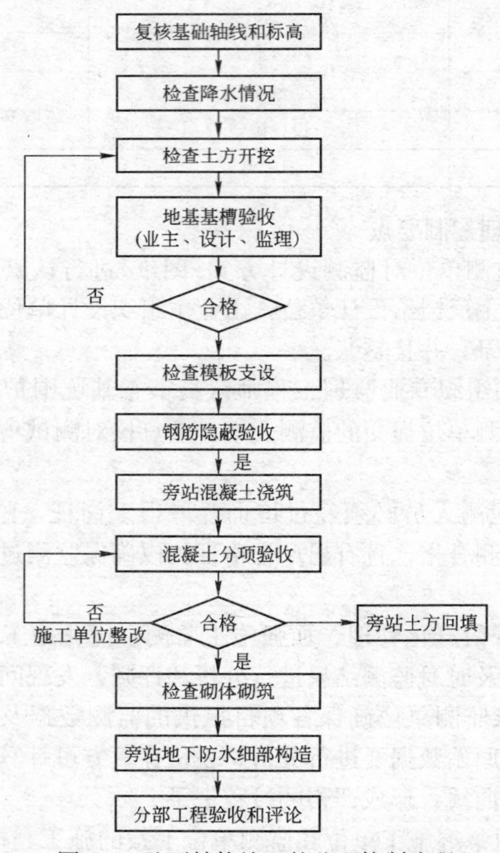

图 1-2 地下结构施工的监理控制流程

3. 大体积混凝土监理的控制措施

由于本工程基础底板厚度较大，属大体积混凝土施工。在大体积混凝土浇筑时，应从混凝土配比、抗裂措施、混凝土浇捣方式和养护措施等方面进行严格把关，并通过设置温度测试孔动态掌握内部温度变化情况，从而信息化地指导施工全过程，确保大体积混凝土内部不致产生温度裂缝。

（1）大体积混凝土浇捣主要技术保证措施

1）大体积混凝土施工控制流程

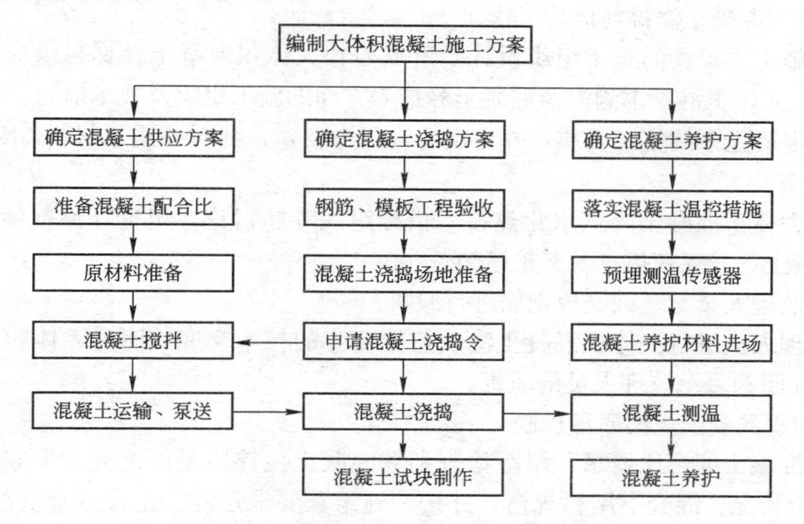

图1-3 大体积混凝土施工控制流程图

2）在混凝土配合比方面，增加以下措施减少混凝土水化热。

① 采用C45或C60混凝土，以减少单位体积的水泥用量。

② 合理选择骨料品种规格，尽量使用大粒轻骨料。

③ 增加粉煤灰掺量。

④ 采用UEA膨胀剂，减少水泥用量。

⑤ 采用普通C6220外加剂，确保混凝土坍落度及初凝时间，入模时坍落度12±2cm，初凝时间宜8～10h，同时要求混凝土供应站采用统一混凝土配合比，厂方提前采购有关建材，包括水泥，并且应有保证本工程一次性浇筑完成施工的储备。

⑥ 应采用低水化热的水泥拌制，以减少单位体积的水化热量。

3）在体积较大的承台处的底板表面增加直径较细、间距较小的抗裂构造钢筋网片。

4）混凝土浇捣方法；从一个方向斜坡式分层连续浇捣，不留施工缝。

5）混凝土振捣采用上、下、前、后同时振捣的方法进行，即在混凝土浇筑点上、下配备振捣棒操作工进行振捣；由于混凝土坍落度大，混凝土流淌坡度小，距离长，依次在浇筑点后面配备振捣人员对斜坡进行振捣；为了便于下坑内施工，操作人员在承台侧模处开设若干孔洞供操作人员上下。

6）混凝土的养护应采用保温，保湿及缓慢降温的技术措施，在厚度大于3m时，我们监理将要求施工单位和设计单位考虑在本大体积混凝土内部设置冷却水循环降温设施。设冷却水管，并通过温度检测控制混凝土中心与表面的温度并将混凝土内部与冷却水的温度控制在25℃以内。

7）混凝土养护措施采用一层塑料薄膜覆盖、在薄膜上覆盖三层麻袋进行保温，在墙、柱有钢筋的部位，把麻袋卷成团填塞在钢筋中间。混凝土侧模板拆除后即插入预制混凝土板，覆盖麻袋浇水养护。

8）大体积浇捣前落实测温措施，由施工单位布置的测温仪器数量应适中，密度应均匀，测温工作从混凝土浇捣后即开始，1～7d每小时测1次，8～14d每4h测1次，并及时将测温情况书面呈报各方，一旦发现内外温差超过25℃，及时落实相应技术措施。

（2）大体积混凝土浇捣前监理工作

1）审核施工方提交的施工组织设计，重点检查大体积混凝土在材料供应方案、混凝土浇捣方案、大体积混凝土测温及混凝土养护等方面的施工组织及技术措施。

2）审核混凝土泵站施工资质，并对现场进行考察，包括对备用原材料(水泥、砂、石子等)进行检查。

3）针对大体积混凝土降低水化热技术措施组织专题讨论，包括外掺剂使用，C45或C60强度混凝土，粉煤灰掺量及养护措施。

4）组织监理人员对基础底板钢筋进行验收。

5）对监理人员进行大体积混凝土浇筑监控要点的技术交底，明确大体积混凝土浇捣监理重点，并明确每个监理人员的职责。

（3）大体积混凝土浇捣质量控制

1）根据混凝土配合比要求，跟踪检查到场混凝土搅拌质量，监理人员应目测混凝土和易性，离析状况、混凝土用料规格，并按“施组”要求定时、定量抽查混凝土坍落度。一旦发现异常情况，应提出暂缓该车或该批混凝土浇捣，并报总监理工程师处理。

2）检查现场试块操作人员试块制作组数是否符合规范要求，试块制作应规范，试块抽取应有代表性，反映不同泵站及时间段混凝土强度。试块拆模后应及时送至试块存放点与施工现场同条件养护。

3）商品混凝土到现场后严禁加水，若因为混凝土坍落度损失而影响泵送时，应退货处理。

4）基础底板混凝土浇捣，应从一个方向斜坡式分层浇捣，混凝土振捣由上、下、前、后同时进行，监理人员应现场检查混凝土振捣的均匀性，严禁出现振捣不实或漏振情况。

5）经常观察浇捣面混凝土状况，一旦发现混凝土有初凝前兆(用钢筋插入有明显孔洞)，应及时督促施工方调整局部混凝土浇捣顺序，避免出现施工冷缝，施工现场重点注意以下部位：

① 落深和面积较大的部位；

② 电梯和设备井坑；

③ 外墙板及水池墙板高低止水口部分；

④ 由于个别泵台速度不匀或个别停泵导致混凝土不连续供应部位的质量，并在混凝土初凝前督促施工方进行二次泌水处理，克服混凝土早期脱水裂缝，检查混凝土平整度；

⑤ 检查现场测温落实情况，及时分析温度差变化，组织有关方面及时解决混凝土浇捣过程中出现的技术问题；

⑥ 根据温度变化及时落实已浇捣至设计标高部分混凝土表面保温工作，保温塑料薄膜覆盖前必须完成二次泌水处理，减少混凝土表面裂缝，并浇水湿润。薄膜覆盖必须落

实，薄膜内保留一定水分，其他保温材料根据温度变化分层覆盖。

6）基础承台混凝土浇筑过程中要采取措施，降低混凝土的入模温度，控制坍落度，控制坍落度的波动，不得加水，并要振捣密实。

（4）大体积混凝土浇捣养护措施监控

1）根据方案布置图，混凝土浇捣前检查测温点布设情况及防止浇捣损坏措施，并建立测温点初始值。

2）混凝土初凝前，落实二次泌水处理，克服由于早期脱水引起的裂缝，适时浇水和覆盖薄膜，并落实保温措施。

3）根据施组要求，严格检查混凝土保温措施落实情况。

4）混凝土浇捣过程中以及养护期内，应严密监测混凝土内温度变化情况（自浇捣时起1～7d，每小时测定1次，第8～14d，每4h测定1次），控制混凝土的温差，当内外温差超过25℃时应督促施工方进一步落实加强保温措施。

5）大体积混凝土养护一般不少于7d，并根据板中心混凝土温度变化及同条件养护的混凝土试块强度确定养护周期。

（5）大体积混凝土降温控温合理建议

1）由于基础底板混凝土厚度达4m，混凝土内部散热较困难，单纯的保温保湿养护将使养护周期延长，从而影响整个施工进度。若在混凝土内部排放冷却管，通过循环冷却水，则将有效地带走混凝土内部的水化热量，加快内部的散热速度，缩短施工周期，并可控制混凝土内外温差，防止因温差产生裂缝。

2）为了有效地控制有害裂缝的出现和发展，必须从控制混凝土的水化升温、延缓降温速率、减小混凝土收缩、提高混凝土的极限拉伸强度、改善约束条件和设计构造等方面全面考虑，结合实际采取措施。除上述在设计和施工中采取的事前和事中控制手段外，我们建议在基础大底板内部预埋冷却水管，通入循环冷却水，强制降低混凝土水化温度。

3）为保证冷却水温度控制可靠，流量调节方便，施工现场设置循环调温水箱，在混凝土浇筑开始即通水冷却，利用回收热水，掺入部分冷水，通过阀门调节冷热水比例，控制进水温度及流量。冷却水温度控制在25℃内，冷却水管的正循环与反循环时间由现场测温决定。

4）在不同部位的进出水管处预埋温度传感器，接在混凝土测温仪上，与混凝土同步测温，根据测得的混凝土温度和进出水口的温度，通过阀门对流量进行调节。

（6）大体积混凝土浇筑时的信息化施工

1）温度监测

为掌握基础内部混凝土实际温度变化情况，了解冷却水管进出水温度，对基础内外部以及进出水管进行测温记录，密切监视温差波动，以明确混凝土的养护状况，与此同时控制住冷却水的流量以及流向。

测温设备采用“大体积混凝土温度微机自动测试仪”，温度传感器预先埋设在测点位置上，基础底板测点位置有底板内部、薄膜下、冷却水管进、出水口等位置。测点温度、温差以及环境温度的数据与曲线用电脑打印绘制。当混凝土内外温差超过控制要求时，系统将马上报警。

2）监测结果

根据各测点所测温度汇总混凝土温度情况表，并绘制基础混凝土升降温曲线。根据一般规律，大体积混凝土浇捣结束后，在基础的中心部位将形成一高温区，升温时间为60～70h，高温持续时间较长，均在30～40h。混凝土的入模温度较高，会加快水泥水化的进行，故早期水化热积聚，将造成混凝土的升温速度加快。当混凝土保温层揭除后，混凝土表面温度会明显受昼夜大气温度的影响，温度下降。

3）监测结果分析

一般循环冷却水带走的中心部位混凝土的热量较四周及表面、底部要多，因此中心部位混凝土因冷却水所产生的降温数值要大，而混凝土四周及表面、底部的混凝土降温数值小。在实际施工中，可根据详细测温情况，进行分段计算。

4. 地下结构后浇带、沉降缝、施工缝的监理措施

工程在主楼与裙楼之间地下结构施工期间为了有助减少施工中的温度和混凝土收缩应力影响需设置后浇带，以减少对各楼地下车库间的影响；另外在施工期间还要在写字楼、公寓楼与裙房侧设置后浇带，减少沉降差异的影响，其次在混凝土一次浇筑完成有困难的情况下，经几次或几天浇筑，而在二次浇筑之间形成的施工缝也会引起收缩，产生渗水通道。综上所述，后浇带、沉降缝、施工缝的施工质量控制都是监理在地下结构施工中需控制的重点。

(1) 后浇带施工的监理控制措施

1）预先在底板中间部位留出70～100mm宽的缝。40d左右后浇带两侧的混凝土达到了龄期，停止了收缩后，再做后浇带。

2）后浇带处底板钢筋不断开，特殊施工也可以断开，但两侧钢筋伸出，搭接长度应不小于主筋直径的45倍，还应设附加钢筋。

3）后浇带两侧底板(建筑)产生沉降差，后浇带下方防水层受拉伸或撕裂，为此，局部加厚垫层，并附加钢筋，沉降差可以使垫层产生斜坡，而不会断裂。

4）后浇带防水还可以采用超前止水方式。其做法是将底板局部加厚，并设止水带，宜用外贴式止水带。由于底板局部加厚一般不超过25cm。不宜设中埋式止水带。

5）浇捣后浇带的混凝土之前，应清理掉落缝中杂物，因底板很厚，钢筋又密，清理杂物比较困难，应认真做好清理工作。

6）后浇带的混凝土宜用膨胀混凝土，亦可用普通混凝土，但强度等级不能低于两侧混凝土。

(2) 沉降缝施工的监理控制措施

1）底板沉降缝宽5cm，防水层穿越沉降缝不断开，且沉降缝左右无墙。如左侧防水层已做好，然后在沉降缝中放置聚氯乙烯泡沫棒(直径2cm)，卷材过棒材绕凸弯，两侧建筑出现沉降差时，凸弯可伸长，防止拉断。中埋式止水带两侧预贴聚苯乙烯泡沫板，其厚度同沉降缝宽，泡沫板兼做模板。

2）底板沉降缝两侧有墙，俨然是两栋建筑，各自墙面均作外防水，沉降缝很窄。沉降缝中夹一块聚苯乙烯泡沫板，当缝两侧建筑产生沉降差时，聚苯泡沫板成为润滑层，以免造成墙面防水层的摩擦。垂直沉降缝下方应附加一条卷材，这条卷材并非防水，是用来做“阵前”牺牲品的，当沉降差产生，混凝土垫层断裂，附加层则首当其冲，从而保护了

建筑防水层。

3）沉降缝两侧有墙，底板防水层相连，沉降缝中不设中埋式止水带，设外贴式止水带，沉降缝宽度为3～4cm，缝中夹填聚苯乙烯泡沫板，作为软性隔离。底板下防水层不做凸弯，但其下增设附加层卷材，宽30cm，并与大面积卷材或涂料防水层黏合。

4）沉降缝两侧有墙，缝宽5～10cm，防水层越缝不断开，缝中设U形止水带，两侧墙之间贴聚苯乙烯泡沫板，作为填充、隔离和模板之用。

（3）施工缝施工的监理控制措施

1）施工缝为水平施工缝和垂直施工缝两种。工程中多用水平施工缝，留施工缝必须征求设计人员的同意，留在弯矩最小、剪力也最小的位置。

2）施工缝的位置：地下墙体与底板之间的施工缝，留在高出底板表面30cm的墙体上。地下室顶板、拱板与墙体的施工缝，留在拱板、顶板与墙交接之下15～30cm。

3）施工缝的构造：水平施工缝皆为墙体施工缝，只用平面的交接施工缝形式。

4）施工缝后浇混凝土之前，清理前期混凝土表面是非常重要的。清理时必须用水冲洗干净。再铺30～50cm厚的1∶1水泥砂浆或者刷涂界面剂，然后及时浇筑混凝土。

（六）超高层钢筋混凝土结构工程的监理措施

1. 本工程钢筋混凝土结构的特点和难点

本工程主体结构共45层，高198m，初步设两个避难层。避难层分设于12层、27层，核心筒分别通过两个避难层内伸臂桁架与周边框架连接，避难层内并设有腰桁架，形成主体结构的抗侧力体系和竖向承重体系。裙房书城部分一般大跨度部位多采用预应力结构。作为超高层的钢筋混凝土结构，其施工难点主要表现在：

（1）高强混凝土的配合比设计。高强混凝土配合比的设计要充分考虑水泥的品种、粗细骨料的粒径级配、掺合料、外加剂等情况，同时要保证其可泵性，配合比设计应经过试配确定。

（2）超高层建筑混凝土的泵送技术应根据建筑施工的水平和垂直距离、输送工程量，合理选择和布置混凝土输送泵，满足施工进度和工程质量保证要求。

（3）超高层建筑垂直运输机械的选型、布置安装必须要结合工程施工中的材料运输、施工工艺、进度控制的要求。综合考虑其可供选择的相关参数，必须最大限度满足施工需要。

（4）混凝土核心筒施工用模板体系的选择和使用将直接影响到项目的进度和质量。对施工爬模或滑模的监理将成为本工程模板工程监理的重点。

（5）特殊部位、特殊情况下的预应力混凝土施工监理。

（6）另外如何处理好钢管混凝土柱、钢梁、伸臂桁架、高位转换桁架的吊装与核心筒体施工的协调配合将直接影响到本工程的施工进度和施工质量。

2. 超高层建筑施工塔吊的监理控制要点

（1）认真审查施工组织设计(方案)，尤其对大型垂直运输设备的参数及选型、布置等应重点审查，以满足施工需要。

（2）根据工程的需要选择和确定符合施工要求的最大幅度的塔式起重机。

（3）审查塔式起重机最大幅度时的起重量和最大起重量。

（4）初步确定起重量和幅度参数后，还必须根据塔吊技术说明书中给出的数据，检查是否超过额定起重力矩。

(5) 根据建筑物的总高度和钢构件及其他部分的最大高度，脚手架构造尺寸以及施工方法合理确定吊钩高度。

(6) 所选塔吊的生产效率应能满足施工进度的要求。

(7) 选用的塔吊应能适应施工现场的环境，便于现场安装架设和拆除退场。

(8) 在确定塔吊形式及高度时，应考虑塔身锚固点与建筑物相对应的位置以及塔吊平衡臂是否影响臂架的正常回转。

(9) 在多台塔吊作业条件下，应处理好相邻塔吊塔身高度差，以防止相互碰撞。

(10) 在进行塔吊安装时，应保证顶升套架安装位置及锚固环安装位置的正确无误。

(11) 审查塔吊基础是否安全可靠，计算书是否准确。

(12) 审查附着式或内爬式塔吊对主体结构的附加作用，验算主体结构的安全性，对需加固的部分应出具相应的计算书。

(13) 塔吊每次完成爬升作业后，必须经过周密的检查，经确认各部分无异常后，方可正式使用。

(14) 塔吊的拆卸工作，处于高空作业，既要保证拆卸的安全，又要防止建筑结构和立面装饰遭到破坏。

3. 施工电梯的监理控制要点

(1) 根据建筑体型、建筑面积、运输总量、工期要求合理确定施工电梯的机型。

(2) 施工电梯的布置应遵循以下原则：

1) 便利人员上下和物料的集散；

2) 电梯出口到各施工点的现场距离应是最近；

3) 便于安装和设置附墙装置；

4) 接近电源，有良好的夜间照明；

5) 妥善处理好高峰期人、货的运送。

(3) 施工电梯安装、操作要点：

1) 施工电梯的基础应经过计算，并应有良好的排水设施。

2) 施工电梯的附墙装置应经过计算和确认。

3) 施工电梯的锚固支座应稳定，安全可靠。

4) 施工电梯司机必须经过培训，有相应的操作许可证。

5) 每次安装投产或拆卸之前，应进行技术交底。

4. 混凝土泵送施工的质量控制措施

(1) 审查混凝土泵的最大理论排量、最大混凝土压力、最大水平运距和最大垂直运距能否满足施工要求。

(2) 根据混凝土排量，泵送压力和骨料最大粒径合理确定输送管管径，管径与骨料最大粒径的比值应符合表 1-11 要求。

输送管道直径 ϕ 与混凝土骨料最大粒径 D 的比值表 **表 1-11**

管道直径(mm)	ϕ100～ϕ125	ϕ125～ϕ150	ϕ150～ϕ180	ϕ180～ϕ200
ϕ/D	3.7～3.3	3.3～3.0	3.0～2.7	2.7～2.5

(3) 输送管接头必须连接牢靠，管路密封必须保持良好。

(4) 弯管的直径及壁厚必须与直管的直径及壁厚相对应。输送管的壁厚应在3.2mm以上。

(5) 泵送混凝土输送管路的规划必须充分满足混凝土浇筑计划的要求，管线走向要合理，同时充分考虑拆装检修需要，便于敷设，劳动消耗量少。

(6) 输送管的换算总长度，应不超越泵机技术性能的允许范围。

(7) 敷设输送管道时，应严格遵守下列规定：

1) 尽可能避免采用曲率半径小的弯管和长度短的锥形管。

2) 管体必须布设在坚实的基础上，并固定牢靠，以承受在泵送过程中产生的周期性颤动，防止管道产生漂移和变形，破坏管接头的密封构造。

3) 在泵机出口与垂直立管之间应设置一定长度的水平管，其总长度为垂直管总高的1/3。

4) 在泵机出口处应设置一段弯曲管路，使混凝土能以某一角度流动，以减缓轴向力的不利影响。

5) 垂直向上压送用的立管应避免采用弯管径直向上安装。

6) 在垂直立管的起点处必须设置坚固可靠的竖向支撑，以承受周期性的脉冲作用。

(8) 应使混凝土浇筑移动方向与泵送方向相反，在混凝土浇筑过程中，只许拆除管段，不得增加管段。

(9) 必须按规定程序先行试泵，在运转正常后再交付使用。启动泵机的程序如下：启动料斗搅拌叶片→将润滑浆注入料斗→打开截止阀→开动混凝土泵→将润滑浆泵入输送管道→随后再往料斗内装入混凝土并进行试泵送。

(10) 审查施工组织设计和施工总平面图，应合理选定混凝土泵的合适位置，要使混凝土搅拌运输车便于进出施工现场，便于就位和向混凝土泵喂料，能满足铺设混凝土输送管道的各项具体要求，在整个施工过程中，尽可能减少迁移次数，便于用清水冲洗泵机，附近设置排污设施。

(11) 泵机堵塞的影响因素及防治措施

1) 混凝土质量影响因素及防治，见表1-12。

影响混凝土可泵性的因素及防治措施　　表1-12

<table>
<tr><th>序号</th><th>影响可泵性的因素</th><th>防治措施</th></tr>
<tr><td>1</td><td>粗骨料粒径过大，几个大粒径粗颗粒相遇在一起，互相卡楔，造成骨料集结而导致堵塞</td><td>粗骨料应控制在0.3～0.4D(D——管径)范围之内，最大粒径(mm)不得超过以下规定值：
<table>
<tr><th>骨料类别
管径(mm)</th><th>卵石</th><th>碎石</th><th>轻骨料</th></tr>
<tr><td>φ100
φ125
φ150</td><td>35
40
50</td><td>25
30
40</td><td>15
20
20</td></tr>
</table>
</td></tr>
</table>

续表

<table>
<tr><th>序号</th><th>影响可泵性的因素</th><th>防治措施</th></tr>
<tr><td>2</td><td>(1) 水灰比不符合要求；
(2) 水灰比过小，和易性差，流动阻力大，容易引发堵塞；
(3) 水灰比过大，容易产生离析，影响泵送性能</td><td>水灰比宜保持在 0.5～0.6，最小不得小于 0.4，最大不得超过 0.7</td></tr>
<tr><td>3</td><td>(1) 水泥品种不符合要求。采用矿渣水泥，容易产生离析。采用快硬早强水泥，影响泵送性能；
(2) 水泥用量过小，影响管壁润滑膜的形成及质量</td><td>1. 应采用普通硅酸盐水泥；
2. 水泥用量一般不得小于 320kg/m³；
3. 掺用粉煤灰</td></tr>
<tr><td>4</td><td>骨料级配不当</td><td>1. 粗细骨料级配曲线应连续光滑；
2. 细骨料的细度模量最好保持在 2.6～2.9，以 2.68 最为理想；
3. 不得采用人工粉碎的细砂</td></tr>
<tr><td>5</td><td>砂率不合要求。砂率过大，骨料表面积及空隙率增大，在一定量的水泥浆情况下，混凝土流动性差，泵送性能不好；砂率过小，砂量不足，容易影响混凝土黏聚性、保水性，容易脱水，造成堵塞</td><td>砂率应保持在 45%以上。一般不宜小于 40%。应根据骨料类别、骨料最大粒径，确定最佳砂率，宜按以下选用：
<table>
<tr><th>骨料最大粒径(mm)</th><th>卵石砂率(%)</th><th>碎石砂率(%)</th></tr>
<tr><td>15</td><td>49</td><td>54</td></tr>
<tr><td>20</td><td>46</td><td>51</td></tr>
<tr><td>25</td><td>41</td><td>46</td></tr>
<tr><td>40</td><td>37</td><td>42</td></tr>
<tr><td>50</td><td>34</td><td>—</td></tr>
</table></td></tr>
<tr><td>6</td><td>(1) 坍落度过小，混凝土含水量少，混凝土较干硬，泵送阻力大，容易堵塞；
(2) 坍落度过大，混凝土含水量大，容易离析堵塞</td><td>1. 提高混凝土坍落度，控制水灰比，掺用减水剂以改善混凝土流动性；
2. 降低混凝土坍落度，控制水灰比，掺用减水剂和缓凝剂以利较长时间运送</td></tr>
</table>

2）管件质量因素及防治，见表 1-13。

管件质量因素及防治 **表 1-13**

序号	因素分析	防治措施
1	管道内壁表面有结硬的灰浆层，吸收混凝土中的水分，使被输送的混凝土在最前端失浆，板结成硬块，急剧增大输送阻力	用锤敲打管壁，用扁铲剔除内管壁上存在的结硬砂浆层，更换清洗橡胶球和纸塞，用水冲洗
2	管接头漏气，漏浆，细骨料嵌入缝隙，积聚成小料堆，阻止粗骨料移动，进而造成堵塞	(1) 已敷设的管道，禁止移动，改变铺设位置； (2) 防止管道固定件松动，防止串动，防止管接口错位； (3) 认真紧固管接头，杜绝漏气及漏浆
3	管道铺设不合规定，斜坡大，弯管多，泵送阻力增大，因而导致堵塞	截弯取直，尽量少用弯管；采用大曲率半径的弯管代替曲率半径小的弯管；减少斜坡的坡度，压缩斜坡长度；以长锥形管代替短锥形管
4	管道润滑不好，并有剧烈振动	开动泵机前，先以清水倒入料斗清洗料斗和管道，然后压送 0.5m³、1：2 的水泥砂浆作为前导润滑管壁。同时逐一检查管道固定件，并视需要加以紧固

3）违章操作因素及防治，见表1-14。

违章操作因素及防治　　表1-14

序号	违章操作因素	防治措施
1	任意向料斗内加水	禁止在料斗内加水。加强检验，不合要求的混凝土不得加入料斗
2	出现堵塞，不及时进行反泵	坚持及时进行反泵
3	料斗内存料过少，骨料沉底导致吸料口起拱	料斗内料位不得小于料斗高的1/3～1/4。严禁料斗泵空。在等待搅拌运输车供料时，应保持料斗的最低料位，并每隔15min进行正反泵数次，以防混凝土离析
4	泵送停置时间超过60min的商品混凝土	坚决不泵送停置时间过长的商品混凝土。冬期商品混凝土停置时间不得超过90min，夏季不得超过60min

（12）泵机堵塞的症状及排除措施

1）分配阀堵塞及排除措施，见表1-15。

分配阀堵塞及排除措施　　表1-15

堵塞部位	症状及原因	排除措施
进料口堵塞	泵送动作正常，液压系统动作正常，无异常噪声及振动，料斗料位不下降。主要原因是：料斗内混凝土中有异物、特大骨料及结硬水泥在分配阀吸入口形成起拱而堵塞。	（1）反泵、破坏起拱，将混凝土泵回料斗内的混凝土重新进行搅拌，再恢复正常泵送； （2）如反泵不解决问题，则用人工剔除或用铁棒捣碎卡阻物
排料口堵塞	泵送系统动作突然中断，并有异常噪声。泵机本身强烈振动，但管道无相应的振动。主要原因是分配阀严重磨损	（1）倒入10～30L水泥浆，使泵反复进行正、反运转，以打通堵塞； （2）如正、反泵无效，则拆卸第一节输送管，排除阀壳内的堵塞物

2）管道堵塞及排除措施，见表1-16。

管道堵塞及排除措施　　表1-16

堵塞症状	堵塞部位判断	排除措施
输送压力逐步升高，泵送顺序动作停止，料斗料位不下降，管道出口端不出料，泵机发生振动，管路亦伴有强烈振动及位移； 反泵操作，但转入正泵一定次数后又后出现堵塞	堵塞多发生在锥形管和弯管处，一般在有振动和无振动分界处； 用小铁锤沿着输送管路敲击，凡声音沉闷者为堵塞的；反之声音清脆者无堵塞； 用耳朵贴着输送管道听泵送冲程的噪声，有刺耳尖叫者为堵塞，作沙沙声者无堵塞	（1）发现堵塞后及时进行反泵4～5次行程再进行正泵。在重复进行反泵和正泵时，用锤子敲打堵塞处； （2）如反泵不能将混凝土吸回料斗，就是Y形管或锥形管堵塞。拆卸输送管，用人力清除障碍时，要先拧动管接头的连接螺栓并轻轻摇动，使管内空气排出。清除堵塞后，重新开始泵送时，应注意混凝土从管端猛然喷出

（13）审查商品混凝土供应商质量水平和生产能力，保证商品混凝土的及时供应。

（14）控制泵送混凝土的运送延续时间，减少混凝土坍落度损失。

（15）在高温条件下施工，应在水平输送管上覆盖两层湿草帘，以防止直接日照，并要求每隔一定时间洒水润湿。

（16）应根据工程结构特点、施工工艺、布料要求和配管情况等，选择布料设备。

(17) 应根据结构平面尺寸、配管情况和布料杆长度，布置布料设备，布料设备应安设牢固和稳定。

(18) 浇筑竖向结构混凝土时，布料设备和出口离模板内侧面不应小于 50mm，且不得向内侧面直冲布料，也不得直冲钢筋骨架。

5. 高强混凝土配合比设计及其质量控制措施

(1) 选择水泥时，应考虑水泥与高效减水剂的相容性，应对所选的水泥与高效减水剂进行低水灰比水泥净浆的相容性测试。

(2) 应限制高强混凝土中的水泥用量。

(3) 宜选用强度等级为 42.5 的硅酸盐水泥或普通硅酸盐水泥。

(4) 宜选用较小粒径粗骨料，最大粒径不宜超过 2.5cm。

(5) 应选用质地坚硬，吸水率低的石灰岩，花岗岩、辉绿岩等，其强度应高于所需混凝土强度的 30%，且不小于 100N/m^2。

(6) 粗骨料中针片状颗粒含量不超过 3%～5%。不得混入风化颗粒，含泥量低于 1%，且宜清洗去除泥土等杂质。

(7) 应选用洁净的天然河砂，其中云母和黏土杂质总含量不超过 2%，细度模数宜为 2.7～3.1。

(8) 应认真选择合适的高效减水剂，减水剂的选用应能确保混凝土的运输，浇筑振捣能正常进行，延迟坍落度的损失。

(9) 合理选择掺合料，改善拌合物的工作度，减少泌水和离析现象，有利于泵送。

(10) 配制高强混凝土的各种原材料，应有严格的管理制度。

(11) 高强混凝土的配合比必须经过试配确定，试配除应满足强度、耐久性和易性凝结时间等需要外，尚应考虑到拌制、运输过程和气温环境情况，以及施工条件的差异和变化。

(12) 高强混凝土的水灰比，应不大于 0.35，并随强度等级提高而降低。

(13) 高强混凝土中的砂率，宜控制在 0.28～0.34，对泵送混凝土可为 0.35～0.37。

(14) 高强混凝土的配合比，应考虑到实际施工时的坍落度损失。

(15) 高强混凝土必须采取高频振捣器振捣。

(16) 高强混凝土应在浇筑完毕后 8h 以内加以覆盖并浇水养护，浇水养护日期不得小于 14 昼夜。

(17) 高强混凝土的配合比设计，必须充分考虑混凝土的可泵性。

(18) 泵送高强混凝土的配合比设计应通过试泵来最后确定。

6. 核心筒体爬摸的监理控制措施及要点

(1) 审查施工用爬模的设计计算书，详细审查爬模中模板结构、爬架的荷载及内力分析是否合理正确，审查附墙架与墙的连接是否可靠、安全。

(2) 应根据制作运输和吊装的条件，尽量做成内、外墙面每面一整块大模板，便于一次安装、脱模、爬升。

(3) 内墙大模板应按建筑物施工流水段用量配置，外墙内、外侧应配足一层全部用量。

(4) 外墙外侧模板的穿墙螺栓孔和爬升支架的附墙连接螺栓孔，应与外墙内侧模板的螺栓孔对齐。

(5) 爬升模板施工应待墙体混凝土达到强度后，再安装爬升支架。

(6) 爬升支架的设置间距要根据其承载力和模板重量确定。

(7) 爬升支架的附墙架宜避开窗口固定在无洞口的墙体上。

(8) 附墙架螺栓孔，应尽量利用模板穿墙螺栓孔。

(9) 严格按施工组织设计及有关图纸对进入现场的爬升模板系列(大模板、爬升设备、脚手架及附件等)进行验收，合格后方可使用。

7. 冬期施工质量控制要点

(1) 混凝土冬期施工应按有关要求，进行混凝土的热工计算。

(2) 混凝土冬期施工应优先选用硅酸盐水泥和普通硅酸盐水泥。最小水泥用量不应少于 300kg/m^3，水灰比不应大于 0.6。使用矿渣硅酸盐水泥时，宜优先采用蒸汽养护。

(3) 拌制混凝土所采用的骨料应清洁，不得含有冰、雪、冻块及其他易冻裂物质。

(4) 模板外和混凝土表面覆盖的保温层，不应采用潮湿状态材料，也不应将保温材料直接铺盖在潮湿的混凝土表面，新浇混凝土表面应铺一层塑料薄膜。

(5) 配制与加入防冻剂，应设专人负责并做好记录，应严格按剂量要求掺入。使用液体外加剂时应随时测定溶液温度，并根据温度变化用比重计测定溶液的浓度。当发现浓度有变化时，应加强搅拌直至浓度保持均匀为止。

(6) 在冬期浇筑的混凝土，宜使用无氯盐类防冻剂，对抗冻性要求高的混凝土，宜使用引气剂或引气减水剂。掺用抗冻剂、引气剂或引气减水剂的混凝土的施工，应符合《混凝土外加剂应用技术规范》GB 50119 的规定。

(7) 冬期浇筑的混凝土，在受冻前，混凝土的抗压强度不得低于下列规定：硅酸盐水泥或普通硅酸盐水泥配制的混凝土，为设计混凝土强度标准值的 30%；矿渣硅酸盐水泥配制的混凝土，为设计的混凝土强度标准值的 40%，但不大于 C10 的混凝土，不得小于 5.0N/mm^2。

(8) 混凝土在浇筑前，应清除模板和钢筋上的冰雪和污垢。运输和浇筑混凝土用的容器应有保温措施。

(9) 对加热养护的现浇混凝土结构，混凝土的浇筑程序和施工缝的位置，应能防止在加热养护时产生较大的温度应力。

(10) 在混凝土施工时，一般情况下可采用蓄热法养护(用覆盖，包括挡风屏等措施，利用水泥在硬化过程中放出的水化热，使混凝土在正温条件下达到设计强度的 30%以上)。当室外最低温度预计在混凝土施工后 3～5d 内可能达到－7～0℃时，应采用掺防冻外加剂及负温混凝土综合蓄热法养护。

(11) 大体积混凝土施工时，采用综合蓄热法养护，掺加化学外加剂的混凝土浇筑后，表面覆盖一层塑料薄膜，两层草包，再一层塑料薄膜来保温，利用原材料加热及水泥水化热的热量，延缓混凝土冷却，使混凝土温度降低到 0℃前，达到一定的强度。

(12) 应确保冬期施工测温的项目和次数符合表 1-17 要求。

(13) 混凝土质量除应按国家现行标准《混凝土结构工程施工及验收规范》GB 50204 规定留置试块外，尚须做下列检查：

1) 检查混凝土表面是否受冻、粘连、收缩裂缝，边角是否脱落，施工缝处有无受冻痕迹。

混凝土冬期施工测温项目和次数　　表 1-17

测温项目	测温次数
室外气温及环境温度	每昼夜不少于 4 次，此外还需测最高、最低气温
搅拌机棚温度	每一工作班不少于 4 次
水、水泥、砂、石及外加剂溶液温度	每一工作班不少于 4 次
混凝土出罐、浇筑、入模温度	每一工作班不少于 4 次

2）检查同条件养护试块的养护条件是否与现场结构养护条件相一致。

(14) 模板和保温层在混凝土达到要求强度并冷却到 5℃后方可拆除。拆模时混凝土温度与环境温度差大于 20℃时，拆模后的混凝土表面应及时覆盖，使其缓慢冷却。

8. 预应力工程质量控制措施

(1) 认真审查预应力工程施工单位专业资质和施工组织设计，确保由具备相应专业资质的单位负责预应力施工。

(2) 加强原材料进场验收和机具设备的质量控制。

1）预应力筋张拉机具设备及仪表应定期维护和校验，张拉设备应配套标定，并配套使用，标定时千斤顶活塞的运行方向应与实际张拉工作状态一致。张拉设备的标定期限不应超过半年。当在使用过程中出现异常现象或在千斤顶检修后，应重新标定。

2）预应力筋进场时应按《预应力混凝土用钢绞线》GB/T 5224 等的规定抽取试件作力学性能试验。对无粘结预应力筋的涂包质量应按每 60t 为一批进行复试(当有工程经验、且经观察认为质量有保证时，可不做油脂用量和护套厚度的进场复验)。预应力筋使用前应进行外观质量检查，并符合规范规定。

3）预应力筋用锚具、夹具和连接器应按设计要求使用，其性能应符合《预应力筋用锚具、夹具和连接器》GB/T 14370 等规定，并按进场批次进行复验。使用前外观质量检查应合格，表面无污物、锈蚀、机械损伤和裂纹。

4）孔道灌浆用水泥应采用普通硅酸盐水泥，其质量和外加剂质量应符合规范规定，并在进场使用前按批次进行复试合格。

5）预应力混凝土用金属螺旋管进场应进行复验，尺寸和性能应符合《预应力混凝土用金属波纹管》JG 225 的规定(对用量较少的一般工程，当有可靠依据时，可不作径向刚度、抗渗漏性能复验)。使用前应进行外观检查。

(3) 预应力筋安装时，其品种、级别、规格、数量必须符合设计要求，施工过程中应避免电火花损伤预应力筋、受损伤的预应力筋应予以更换。

(4) 应重点控制预应力筋束形控制点的位置，其竖向位置偏差应符合规范规定。

(5) 后张法无粘结预应力筋铺设应符合下列要求：

1）定位应牢固，浇筑时不应出现移位和变形；

2）端部的预埋锚垫板应垂直于预应力筋；

3）内埋式固定端垫板不应重叠，锚具与垫板应贴紧；

4）成束布置时应能保证混凝土密实并能裹住预应力筋；

5）护套应完整，局部破损处应采用防水胶带缠绕紧密。

(6) 后张法有粘结预应力筋留孔道的数量、规格、位置和形状除应符合设计要求外，尚应符合下列规定：

1) 预留孔道定位应牢固，浇混凝土时不应出现移位和变形；

2) 孔道应平顺、端部的预埋锚垫板应垂直于孔道中心线；

3) 成孔用管道应密封良好，接头应严密且不得漏浆；

4) 在曲线孔道的曲线波峰部位应设置排气兼泌水管，必要时可在最低点设置排水孔。

(7) 在混凝土浇筑前，应对预应力工程进行隐蔽验收，内容包括：

1) 预应力筋的品种、数量、规格、位置等；

2) 预应力锚具和连接器的品种、规格、数量、位置等；

3) 预留孔道的规格、数量、位置、形状及灌浆孔、排气兼泌水管等。

(8) 预应力筋张拉前，应由施工单位提出张拉申请单，监理应审查张拉各项准备工作和混凝土强度报告，混凝土强度应符合设计要求，当设计无具体要求时，不应低于设计强度的75%。

(9) 预应力筋的张拉力，张拉顺序及张拉工艺应符合设计及施工技术方案要求，并应符合下列规定：

1) 当施工需要超张拉时，最大张拉应力不应大于《混凝土结构设计规范》GB 50010的规定。

2) 张拉工艺应能保证同一束各根预应力筋的应力均匀一致。

3) 后张法施工中，当预应力筋逐束张拉时，应保证各阶段不出现对结构不利的应力状态；同时宜考虑后批张拉预应力所产生的结构构件的弹性压缩对先批预应力筋的影响，确定张拉力。

4) 当采用应力控制方法张拉时，应校核预应力的伸长值。实际伸长值与设计计算理论伸长值的相对允许偏差为±6%。

(10) 预应力筋张拉锚固后实际建立的预应力值与工程设计规定检验值的相对允许偏差为±5%。

(11) 张拉过程中应避免预应力筋断裂或滑脱，当发生断裂或滑脱时，必须符合规范规定。

(12) 灌浆前应对预埋孔道进行检查和疏通，重点把好排水孔和泌水管的疏通关。

(13) 后张法有粘结预应力筋张拉后应尽早进行孔道灌浆，孔道内水泥浆应饱满、密实。

(14) 灌浆用水泥浆的配合比和泌水率应符合设计和规范规定，并按要求每工作班留置一组6个边长为70.7mm的立方体试件，进行28d强度检验。当该组试件中最大或最小值与均值相差超过20%时，应取中间4个试件强度的平均值作为强度值。

(15) 锚具的封闭保护应符合设计要求，当设计无具体要求时，应采取防止锚具腐蚀和遭受机械损伤的有效措施，并保证外露预应力筋和凸出式锚具的保护层厚度符合设计和规范要求。

(16) 后张拉预应力筋锚固外露长度和切割方法应符合规范规定，宜采用机械切割。

(七) 钢结构工程的监理措施

本工程塔楼主体结构由混凝土核心筒和周边钢管混凝土柱组成组合结构。第12、27

层为避难层。在上述两个避难层设置刚臂桁架。在整个结构层中由外伸刚臂、钢管混凝土柱和钢结构框架以及混凝土核心筒形成完整的结构受力体系。

高层建筑钢结构的钢材宜采用Q235等级B、C、D的碳素结构钢，以及Q345等级B、C、D、E的低合金高强度结构钢。对于超高层建筑钢结构，建议采用Q345或更高级别的低合金高强度结构钢，有利于大大减少用钢量，降低工程成本。

1. 本工程钢结构特点和难点分析

超高层钢结构的明显特点就是：单榀钢构件尺寸大、构件板厚增大、钢结构总量大，同时构件焊接、构件制作技术和制作精度要求高、吊装难度大、关键控制点多，并以高空作业为主，安全责任重大。

(1) 制作部分

1) 材料

钢材厚度较大是工程材料的最大特点。而对于厚板的防层状撕裂是材料质量控制上的难点，也是焊接质量控制的关键因素。对于大于等于40mm厚的承受Z向力的钢板，设计方面应按要求给出合适的Z向性能要求。对于重要受力材料，为防止层状撕裂还应要求进行超声波探伤。

2) 钢柱、外伸刚臂的制作

对于超高层建筑塔楼钢结构来讲，其构件截面尺寸较大，组成柱体、外伸刚臂的钢板较厚等特点，给下料、拼装、焊接、矫形等方面都带来较大困难：

① 钢板的下料由于是火焰切割，钢板两侧受热不均会引起钢板下料尺寸不准，因此在拼装前应对下料的钢板进行检查矫正。

② 构件拼装时，应按尺寸要求搭设稳固的支撑胎架，纵缝焊接应尽可能对称施焊，减少焊接残余应力引起的构件扭曲。根据设计要求，构件纵缝的焊接在节点处的要求一般高于其他部位，为全熔透焊缝。其余部位可为部分熔透焊缝。钢结构深化设计时，对于两条纵焊缝以及加劲板焊缝，尽可能采用部分熔透焊缝加焊脚高度，以减少焊缝线能量，减少影响变形的因素。

③ 大于40mm的厚板焊接，焊前必须按规范要求进行预热。预热宜采用电加热的方式进行，以保证温度均匀。在整个焊缝焊接过程中，应保证焊道间温度不低于预热温度。焊后应在温度还未降低的情况下立即进行后热。

④ 构件在制作厂制作应考虑运输条件、起吊能力和根据结构特点的合理分段，同时应尽可能减少现场焊接量。对于构件的现场拼接口尺寸，制作时应保证尺寸精度，以便于现场对口拼装，减少对口错边量。

⑤ 钢柱的高度尺寸非常关键，每根钢柱制作应严格控制其长度尺寸，标注测量定位基准。测量时还应考虑温度影响。

⑥ 钢柱和钢梁的连接节点，基本采用高强螺栓、焊接或高强螺栓加焊接三种方式。对于焊接连接，重点是保证焊接接头的对口质量。

(2) 安装部分

对于本工程钢结构安装，两道外伸臂钢桁架、钢结构框架和钢柱的安装是重点和技术难点。由于建筑物高度非常高，与此相关的外伸刚臂、钢结构框架和钢柱的吊装定位、测量纠偏、高强螺栓施工、高空焊接以及防火涂料的施工也有很大难度。

1）钢柱的安装

多根劲性柱形成整个结构的框架，劲性柱的安装是整个钢结构工程的重点。劲性柱的定位偏差、垂直度偏差和柱顶标高偏差必须严格控制。钢柱制作误差、钢柱对接焊接收缩、钢柱与混凝土结构的压缩变形以及基础沉降等因素会导致柱顶标高产生误差。

2）伸臂桁架的安装

伸臂桁架主要由钢柱、钢梁、斜撑和连接板构成。柱梁连接一般采用焊接、高强螺栓和栓焊混合三种连接方式。

伸臂桁架的安装和连接紧固是主体结构施工的关键和难题。总的变形和相对变形产生的附加应力及标高问题显得尤为突出，在结构设计和施工工艺方面应作为一项专题来研究。在钢结构安装和钢筋混凝土施工的时机、顺序上应密切配合，消除变形差异和附加应力的产生，同时要确保标高偏差控制在允许的限值内。

3）高空高强螺栓连接

高空高强螺栓连接由于构件较大、施工条件差、拼装困难，保证螺栓穿孔率难度较大。为此，对于重要构件如三个避难层的外伸刚臂、钢结构框架与钢柱间连接节点应在地面做好预拼装工作。

4）高空焊接

钢柱高空对接一般采用腹杆栓接、翼缘焊接的混合连接形式或腹板翼缘均焊接的形式。高空焊接坡口、对口间隙是保证焊缝能否焊透的关键，焊接前应仔细调整对口质量。高空焊接，温度低、风力大。焊接处必须做好防风防雨措施，以保证能有效地进行预热和焊接过程对熔池的保护。

2．钢结构制作及安装工程监理控制措施

本工程的钢结构工程按照相关规定可划分为主体结构分部工程中的钢结构子分部工程。钢结构子分部下分钢结构焊接、紧固件连接、钢零件及钢部件加工、钢构件组装、钢结构预拼装、钢结构安装、压型金属板、钢结构涂装八个分项工程。根据本工程的特点，结合我们监理方在大型钢结构工程的监理经验和体会，考虑从以下几个方面对本工程的钢结构制作和安装质量进行重点控制：

（1）协助做好钢结构深化设计

为了保证钢结构的施工质量，全面而合理的技术要求是必不可少的，它为钢结构的制作和安装提供了基本的验收要求，是评价钢结构施工质量的基本依据。全面的深化设计技术要求除了应有完整的设计图样外，还应有包含钢材的选用、焊工和焊接操作工的资格、焊接工艺评定要求、钢结构制作和安装的验收等项的要求内容，监理单位应协助业主和设计单位对其进行补充和完善。

（2）原材料的质量控制

钢结构所用到的原材料包括：钢材、焊接材料、紧固连接件、涂装材料等。控制好原材料的质量是保证整个钢结构质量的基础。为保证原材料来源的可靠性，应采购具有完整质量保证体系的单位所生产的产品。对于涉及结构安全、使用功能的原材料及成品应按规范规定进行复验，并由监理员见证取样、送检，并在检验报告上签字。监理工程师应按照规定比例对材料进行抽检复试。

（3）施工准备的监督

钢结构工程施工开始前监理应要求施工单位做好以下主要工作：

1）钢结构制作和安装单位在接到任务后，首先应熟悉图纸，明确设计要求，明确相应规范要求，了解各构件之间的相互连接关系和安装的先后逻辑关系，找出制作过程中影响安装或外观的尺寸，找出安装中影响构件受力和外形的尺寸。同时，初步确定钢结构的安装方案。

2）对设计单位提供的图样，根据初步确定的安装方案，确定钢构件的安装顺序、分段位置、连接方式，以及安装的工艺性要求，在此基础上进行深化设计，并出部件图和零件图。

3）根据部件图和零件图制定出合理可行的制作和安装工艺规程，其中应确定钢构件分段的制作位置、胎架支撑方式和位置图、钢构件制作程序，钢构件安装程序及定位方式。

4）根据焊接母材种类、焊接方法及材料、焊接位置和焊接质量要求确定与本工程要求相适应的焊接人员，并且这些焊接人员所持焊工合格证应在其有效期内。

5）检查本单位是否进行过焊接工艺的评定，焊接工艺评定报告是否齐全有效。其中应特别检查以下几个方面：母材种类及厚度、焊接方法及焊接材料、熔敷金属机械性能试验的项目等是否满足本工程的需要。

6）在完成以上工作后，监理将对施工单位提交的钢结构制作和安装的有关施工文件进行审核(包括：制作和安装方案(临时支撑方案)、施工组织设计、焊接工艺评定报告、焊工及无损检测人员资格证书、提交验收的标准、验收数据和记录表格、施工单位的检验计划和质保体系等文件)，以确保施工单位已对所从事的工程内容进行了充分准备。审核合格后，总监理工程师签署施工单位提交的开工申请，发布开工令。

（4）施工过程的质量控制

1）钢结构焊接分项工程

① 对于施工单位首次焊接的钢种，一定要进行焊接工艺评定，否则监理应坚决制止其焊接作业。对于结构特别复杂、焊接条件不良和焊缝应力较大的焊接接头，还必须进行模拟件的焊接试验，以确定这些特殊焊接接头的焊接工艺参数，指导现场焊接作业，确保焊接质量。接头的装配质量也是影响焊缝焊接质量的重要因素之一。监理随时进行抽查，发现问题及时要求施工单位整改，并加强对施工单位质检员的督促。

② 从事钢结构各种焊接工作的焊工均要求持证上岗。监理将不定期地检查焊工的合格证。首次进场作业的焊工，应查验其合格证原件及有效性，对经常出质量事故或不了解工艺要求的焊工，不准上岗，监理应要求对其重新培训、考核。监理应掌握焊接重要部件的每位焊工的一次合格率，同时应要求施工单位认真统计每位焊工焊接的部位、时间及探伤情况，供监理随时检查。

③ 高层建筑钢结构的焊接工作，必须在焊接工程师的指导下进行，焊工应严格按照所编的焊接工艺文件中规定的焊接方法、工艺参数、施焊顺序等进行焊接作业，并应符合国家现行的《钢结构焊接规范》GB 50661 的规定。

④ 图纸和设计文件要求全熔透的焊缝应进行超声波探伤检查，检查应在焊缝外观检查合格后进行：全熔透焊缝的超声波探伤检查数量应由设计文件确定。设计无明确要求时，应根据构件的受力情况确定，受拉焊缝应 100%检查，受压焊缝应 50%检查，当发现

有超标的缺陷时，应全数检查；超声波探伤检查应根据设计文件规定的标准进行。设计无规定时，超声波探伤的检查等级按《钢焊缝手工超声波探伤方法和探伤结果分级》规定的B级要求执行，受拉焊缝的评定等级为B检查等级中的Ⅰ级，受压焊缝的评定等级为B检查等级中的Ⅱ级；经检查焊缝不合格部位，必须进行返修。裂纹、未焊透和超标的夹渣、气孔等必须清除后重焊。

⑤ 高层建筑钢结构安装前，应对主要焊接接头(柱与柱、梁与柱)的焊接进行焊接工艺试验，确定焊接工艺参数和技术措施，包括焊接前的临时固定措施、焊接开始的条件、焊条品种、焊条与被焊构件的预热温度与时间、保温措施等。施工期间出现负温度的地区，应进行负温度焊接工艺试验。

⑥ 构件接头的现场焊接，首先应确定构件接头的焊接顺序，绘制构件焊接顺序图，列出顺序编号，注明焊接工艺参数。焊工应严格按照分配的焊接顺序施焊，不得自行变更。构件接头的焊接顺序，平面上应从中部对称地向四周扩展，竖向可按有利于工序协调、方便施工、保证焊接质量的顺序。

⑦ 柱与柱接头的焊接是高层钢框架柱安装的关键工序，既要确保焊接质量，同时又要保证钢柱的垂直度和标高偏差不会因焊接收缩变形而超出设计要求。

⑧ 梁与柱接头的焊接，应设长度大于3倍焊缝厚度的引弧板，引弧板厚度应与焊缝厚度相适应。焊接时，宜先焊梁的下翼缘板，再焊上翼缘板。先焊梁的一端，待其焊缝冷却至常温后，再焊另一端，不宜两端同时施焊。

⑨ 柱与柱、梁与柱接头焊接试验完毕，应将焊接工艺全过程记录下来，测出焊接收缩量，反馈到钢结构制作厂，作为梁与柱加工时尺寸补偿的依据。

2）紧固件连接分项工程

① 钢结构工程在高强螺栓连接方面的技术要求：

高强螺栓连接摩擦面的抗滑移系数试验：钢结构制作单位必须对高强螺栓连接处的摩擦面进行有代表性的抗滑移系数试验。钢结构生产中如变换高强螺栓连接摩擦面预处理场地，或变换处理方式，必须重新进行抗滑移系数试验。

高强度螺栓连接摩擦面应保持干燥、整洁，不应有飞边、毛刺、焊接飞溅物、焊疤、氧化铁皮、污垢和不应有的涂料，以免影响摩擦面的抗滑移系数。

初拧、复拧、终拧扭矩应符合国家标准《钢结构高强度螺栓连接技术规程》JGJ 82的规定。终拧前应检查接头处各层钢板是否密贴，如有间隙，应按上述规程要求进行处理。

扭矩扳手应经检测机构标定合格方可使用。并定期进行扭矩值的检查。每天上班时应检查一次。

当高层钢框架梁与柱接头为腹板栓接、翼缘焊接时，宜按先栓后焊的顺序施工。

在工字钢的翼缘上安装高强度螺栓时，应采用与其斜面斜度相同的斜垫圈。

监理质量控制内容和检查方式

抗滑移系数应满足设计要求。在检查钢结构生产时，应注意钢结构的连接摩擦面的喷砂加工应达到已通过连接摩擦面的抗滑移系数试验的试板质量要求。

高强螺栓初拧至终拧应在24h内完成。高强度大六角头螺栓连接副终拧完1h后、48h内应检查终拧扭矩。

扭剪型高强度螺栓连接副终拧后，梅花头未在终拧中拧掉的螺栓数不应大于该节点螺检数的5%。

② 零件及钢部件加工分项工程

在切割过程中会产生各种缺陷，为保证切割的钢材能顺利用到钢结构上，规范要求对切割下料进行控制。

放样和号料应预留收缩量(包括焊接收缩量)及切割、铣端等需要量，高层钢框架柱尚应预留弹性压缩量。高层钢框架柱的弹性压缩量应由设计者提出，由设计者和制作厂协商确定。

需边缘加工的零件，宜采用精密切割代替机械加工。焊接坡口宜采用自动切割、半自动切割、坡口机、刨边等方法进行。边缘加工的精度应符合表1-18的规定：

边缘加工的精度 **表1-18**

边线与号料线的允许偏差(mm)	边线的弯曲矢高(mm)	粗糙度(mm)	缺口(mm)	渣	坡度
±1.0	L/3000，且≤2.0	0.02	2.0(修磨平缓过度)	清除	±2.5°

由于设计师设计的部分钢部件采用了弧形或其他非规则形状，受加工条件或为使钢材的物理性能不受变形影响，部分零件采用热加工成型或在高温状态下通过机械方法强制成型。钢材在承受热循环时，在一定条件下其晶粒度和组织性能会发生变化。因此国家标准对矫正和成型规定了一些具体要求。

矫正和成型的质量控制要点：必须对矫正的温度进行严格控制。由于低温下钢材韧性会降低，碳素结构钢在环境温度低于−16℃、低合金结构钢在环境温度低于−12℃时，不应进行冷矫正和冷弯曲。为防止晶粒长大碳素结构钢和低合金结构钢在加热矫正时，加热温度不应超过900℃。低合金结构钢在加热矫正后应自然冷却，严禁浇水，以防产生淬硬现象。

矫正和成型的质量控制内容和检查验收要求：对于矫正和热加工成型的零件，应检查制作工艺报告和施工记录。通过观察和检测工具检查钢材矫正后的局部变形量，使其符合规范要求。对于有弧度的型钢构件、管件、管节点等可制作标准靠尺对角度偏差进行检控。

制孔的质量控制要点：使用多轴立式钻床或数控机床等制孔。同类孔径较多时，采用模板制孔；小批量生产的孔，采用样板画线制孔；精度要求高时，整体构件采用成品制孔。

摩擦面加工的质量控制要点：采用高强螺栓连接时，应对构件摩擦面进行加工处理。处理后的抗滑移系数应符合设计要求。应根据现行国家标准《钢结构高强度螺栓连接技术规程》JGJ 82的要求或设计文件的规定，制作材质和处理方法相同的试件，并与构件同时移交。

3）钢构件组装分项工程

钢结构构件组装应按制作工艺规定的顺序进行。组装前应对零部件进行严格检查，填写实测记录，制定必要的监理措施。

① 钢构件组装的质量控制要点

钢构件制作过程中，部分外形尺寸会对钢结构安装精度产生重要影响。因此拿到钢结构图纸后首先要确定哪些尺寸是重要的，其偏差将会直接影响结构安装尺寸，对该部分尺寸应作为主控项目严格检查控制。规范给出了常用钢构件外形尺寸主控项目的允许偏差。作为工程师应根据不同的结构形式，确定各自的钢构件尺寸主控项目。

焊接连接组装应在焊接前、焊接后分别对焊接接头的对口错边、根部间隙、搭接焊的长度、组装构件的相对位置、外形尺寸、垂直度等进行检查。

对于钢结构安装时设计要求的顶紧接触面，为保证其可靠传力，必须保证75%的面积紧贴(间隙小于0.3mm)。

桁架结构杆件轴线交点的偏差将会影响到节点受力，因此在拼装时节点部位的杆件轴线应尽可能地交到一起。规范要求交点错位的允许偏差不得大于3.0mm。

② 钢构件组装监理质量控制内容和检查验收要求

对于钢构件制作的胎架画线和搭设尺寸、钢构件安装时的基准线和定位方式等进行严格检查控制。根据胎架放样图，复验每个胎架放样尺寸。以保证钢构件制作在正确的基础上进行。

钢构件焊接连接组装的允许偏差应符合《钢结构工程施工质量验收规范》GB 50205附录C中表C.0.2的规定。按构件数抽查10%且不少于3个。

用水准仪和钢尺检查屋架在张拉前的起拱或挠度。

桁架结构杆件轴线交点错位的允许偏差不得大于3.0mm。按构件数抽查10%，且不少应于3个。每个抽查构件按节点数抽查10%，且不少于3个节点。

对于钢结构安装时顶紧接触面，用0.3mm的塞尺进行，其塞入面积应小于25%，顶紧接触面的边缘间隙不应大于0.8mm。

钢构件拼装检查应在制作焊接完成后自由状态下进行。应按每榀构件拼装胎架中每一支点的三维空间位置验收结构尺寸，以胎架为基础复验构件与胎架的相对尺寸误差。

高层多节柱的允许偏差应符合设计文件的要求。设计无要求时，应符合现行国家标准《高层民用建筑钢结构技术规程》JGJ 99的要求。

高层钢结构梁的允许偏差应符合设计文件的要求。设计无要求时，应符合现行国家标准《高层民用建筑钢结构技术规程》JGJ 99的要求。

构件出厂时，制作单位应分别提交产品质量证明及相应技术文件。

4) 拼装分项工程

伸臂桁架、钢结构外框架，其安装位置高、重量和尺寸大，基本都要采用高空散装的方式进行安装。钢构件的预拼装可整体进行，也可分段进行，重点是检验在安装状态下钢构件相互之间的配合情况。

① 构件预拼装质量控制要点

预拼装在工厂的胎架上进行，拼装前应检查胎架的刚度和制成钢构件的位置尺寸。

预拼装时，采用螺栓连接的，节点连接板均应安装到位。除检查各部位配合尺寸外，重点检查高强度螺栓和普通螺栓连接的多层板叠孔的通过率。

预拼装检查合格后，应标注中心线、控制基准线等标记，必要时应设置定位器。

② 构件预拼装检查验收要求

钢构件预拼装的允许偏差(mm) 表 1-19

构件类型	项目		允许偏差	检验方法
屋面桁架	跨度最外两端安装孔或两端支承面最外侧距离		+5.0 −10.0	用钢尺检查
	接口截面错位		2.0	用焊缝量规检查
	拱 度	设计要求起拱	±1/5000	用拉线和钢尺检查
		设计未要求起拱	±1/2000；0	
	节点处杆件轴线错位		4.0	画线后用钢尺检查

对结构形式复杂的项目，可参照相关规范制定专用检查允许偏差值。

5）钢结构安装分项

① 钢结构的安装，应在钢构件进场验收的前提下进行。对柱、梁、桁架等主要构件及其到场散件，在安装现场应进行复查，凡偏差超出限值时，安装前应在地面进行修理。

② 端部进行现场焊接的梁柱构件，其长度尺寸应进行检查。柱的长度应增加柱端焊接产生的收缩变形值和荷载使柱产生的压缩变形值。梁的长度应增加梁接头焊接产生的收缩变形值。

③ 高层建筑钢结构的安装，应划分安装流水区段，确定构件安装顺序，编制构件安装顺序表。安装流水区段可按建筑物的平面形状、结构形式、安装机械的数量、现场施工条件 等因素划分。构件安装顺序表应包括构件所用节点板、安装螺栓的规格数量等。

④ 钢结构安装检验批的验收，应在有关部位的焊接、螺栓连接等会影响结构尺寸的工作完成后，结构形成空间刚度单元，并拆除相关约束后进行。

⑤ 钢结构安装工作，监理还应在以下几方面予以重视：钢结构的安装施工方案是否经过评审，安装方案是否与设计理念一致(这一点对于一些特殊结构形式尤为重要)；起吊设备的能力配备、安装过程中对构件稳定安全、施工人员安全的措施配备；安装过程中附加施工荷载的考虑等。

⑥ 基础和支撑面质量控制要点：钢结构的基础和支撑面的尺寸，是钢结构安装尺寸精度的基础。因此钢结构安装前，应先对钢柱的定位轴线、基础的轴线和标高、预埋件的位置和标高、地脚螺栓的规格和位置进行复测。

⑦ 监理对基础和支撑面检查验收要求和方法：基础顶面支承面、地脚螺栓(锚栓)位置的允许偏差应符合规范的规定。用经纬仪、水准仪、全站仪和钢尺现场实测，按柱基数随机抽取 10%，但不应少于 3 个。

⑧ 钢结构的安装和校正质量控制要点：

对于在施工现场进行钢结构安装的质量控制人员，在钢结构安装前应对运到现场的钢构件进行检查，核对构件型号、数量及构件的出厂合格证。

检查运输、堆放应做好产品的保护措施，防止构件变形和损坏构件表面涂层。对已造成的构件变形涂层损坏，在安装前应进行矫正和修补。

作为钢结构安装的基准，钢柱等主要构件的中心线及标高基准点等标记应齐全。为使标记的位置准确，这些标记应在钢构件制作时标注。

提交验收时，钢结构表面应干净，不应有疤痕、泥砂等污垢。

6）钢结构安装和校正检查验收要求

① 对运到现场的钢构件进行检查，用拉线、钢尺现场实测或观察，每验收批中同类构件各随机抽取10%，但均不应少于3件。

② 设计要求顶紧的节点，用钢尺和0.3mm和0.8mm的塞尺检查设计要求顶紧的节点，接触面不应少于70%紧贴，且边缘最大间隙不应大于0.8mm。

③ 钢结构主体结构的整体垂直度和整体平面弯曲的允许偏差必须符合设计和规范的规定。

7）钢结构涂装

钢结构的涂装工程贯穿钢结构制作、安装的全过程，且是钢结构施工验收的最后一道工序。防腐涂料的涂装验收应在钢结构安装验收后进行，防火涂料的涂装验收应在防腐涂料的涂装验收合格后进行。

① 钢结构的防腐涂装的质量控制要点：

涂装前钢材表面的处理是钢结构防腐涂装最关键的一道工序，应严格把好钢材表面清洁度、粗糙度及钢材尖角的质量。

② 监理对钢结构的防腐涂装的检查验收要求：

涂装前钢材表面除锈应符合设计要求和有关标准的规定。处理后的钢材表面不应有焊渣、焊疤、灰尘、油污、水和毛刺等。当设计无要求时，钢材表面除锈等级应符合规范中下表的规定。

各种底漆或防锈漆要求最低的除锈等级　　表1-20

涂料品种	除锈等级
油性酚醛、醇酸等底漆或防锈漆	S_a2
高氯化聚乙烯、氯化橡胶、氯磺化聚乙烯、环氧树脂、聚氨酯等底漆或防锈漆	S_a2
无机富锌、有机硅、过氯乙烯等底漆	$S_a2\frac{1}{2}$

注：1. S_a2——彻底的喷射或抛射除锈；

2. $S_a2\frac{1}{2}$——非常彻底的喷射或抛射除锈。

观察检查构件表面不应误涂、漏涂，涂层不应脱皮和返锈等。涂层应均匀、无明显皱皮、流坠、针眼和气泡等。

(5) 验收和交工文件

钢结构工程在实施过程中应分批进行验收，作为重点工程应在开工前向政府质量监督站报检，接受政府的监督指导。对于钢结构的防火措施必须报消防局批准。对阶段验收，如制作完成、安装完成(涂装前)、安装幕墙和屋面前必须进行主体结构验收。防火涂装完成后，必须请消防局验收。监理必须对全过程进行检查验收。

监理的验收包括实物和质保资料，按要求对钢结构工程质量进行全面的检查验收。

十、建筑节能工程监理措施

(一) 本项目建筑节能工程设计、施工特点、难点

(1) 本项目建筑节能工程的设计、施工涉及土建、暖通、给排水、强电、智能化等不

同专业，是一个庞大的系统工程，具有系统集成度高的特点。

(2) 本项目的外墙保温体系采用三种形式：1)金属铝板幕墙(所有铝板背衬 50mm 厚保温岩棉)＋砂加气混凝土砌块墙体(局部混凝土墙柱)；2) 玻璃幕墙(玻璃背后有墙体和结构梁的位置均设置 50mm 保温岩棉)；3)机房层外墙为砂加气混凝土砌块墙体＋XPS 挤塑保温板薄抹灰外墙外保温。外墙围护结构保温系统具备种类多的特点。

(3) 幕墙为隐框幕墙，所有窗体均在玻璃幕墙可开启部分(上悬窗)。

(4) 与空气接触的楼地面、外挑结构均采用金属铝板封修，所有铝板背衬 50mm 厚保温岩棉。具有地面保温节能工程施工简便的特点。

(5) 工程的功能为公共建筑，安装工程的设备和仪表数量、品种繁多。

(二) 建筑节能工程监理工作控制要点

根据国家规范及相关标准的规定，结合本项目建筑节能工程的实施内容及特点，本项目节能分部监理质量控制关键点的确定如表 1-21 所示。

建筑节能工程质量控制要点 **表 1-21**

序号	项目名称	质量控制点	质量控制要求
1	技术与管理	设计图纸及变更	设计图纸是否经过审查合格； 设计变更是否会降低节能效果，是否需经原审图机构审查
		新技术、新材料、新设备、新工艺	应经过评审、鉴定、备案 对首次采用的施工工艺进行评价
		检测机构资质	应具备相应资质
		节能施工方案	节能施工方案经过批准
2	材料构配件和设备	主要材料、构配件和设备进场验收	规格、型号、性能与设计文件要求相符。不应有国家或省明令禁止、淘汰的技术与产品； 合格证、中文说明书、有效期内型式检验报告、定型产品和成套技术应用型式检验报告、进口材料及设备的出入境商检报告、进场验收记录、见证取样送检复试报告核查情况
3	墙体节能工程	基层处理	基层表面空鼓、开裂、松动、风化及平整度及妨碍粘结的附着物及穿墙套管、脚手眼、孔洞等的处理
		保温层	重点对保温材料的粘结、固定、预制保温板的构造节点与板缝、保温材料的厚度等进行监督抽查
		热桥部位	检查是否符合设计要求，重点是女儿墙、变形缝、挑梁、连梁、壁柱、空调板、空调管洞、外门窗洞口侧壁等易产生热桥部位保温措施
		防止开裂和破损的加强措施	锚固件、增强网铺设、不同材料基体交接处； 容易碰撞的阳角及门窗洞口转角处等特殊部位的保温层防止开裂和破损的加强措施
4	幕墙节能工程	热桥部位	幕墙工程热桥部位的隔断热桥措施应符合设计要求
		保温材料	重点是保温材料的固定及厚度
		缝隙保温处理	幕墙与周边墙体间的缝隙处理
		保温密封处理	建筑伸缩缝、沉降缝、抗震缝等变形缝的保温密封处理

续表

序号	项目名称	质量控制点	质量控制要求
5	门窗节能工程	间隙处理	外门窗框或副框与洞口间隙处理； 外门窗框与副框之间的间隙处理
		隔断热桥	金属外门窗隔断热桥措施及金属副框隔断热桥措施
		门的节能措施	特种门性能及安装的节能措施应符合设计要求
		密封条	门窗扇密封条的安装、镶嵌、接头处理
6	屋面节能工程	基层处理	基层处理的质量应符合规范要求
		保温层	屋面保温层铺设方式、厚度、板材缝隙填充等细部控制
		热桥处理	屋面热桥部位的保温隔热措施应符合设计要求
		隔汽层	屋面隔汽层位置、铺设方式及密封措施
7	地面节能工程	基层	基层处理的质量应符合规范要求
		保温层、隔离层、保护层	地面保温层、隔离层、保护层等各层的设置和构造做法以及保温层的厚度应符合设计要求
		外露管道处理	穿越地面直接接触室外空气各种金属管道的隔断热桥保温措施
		表面防潮层	应符合设计要求
8	通风与空调节能工程	送、排风系统及空调风系统、空调水系统的安装	系统的制式应符合设计要求
			各种设备、自控阀门与仪表安装应符合设计
			分支管路水力平衡装置、温控与仪表的安装、方向应符合设计
			空调系统应符合设计要求的分室(区)温度调控
		风管的制作与安装	风管与部件、土建风道及风管间连接应严密、牢固
			风管的严密性、系统的严密性检验与漏风量应符合相应规定
		防热桥措施	需要绝热的风管与金属支架的接触处、复合风管及需要绝热的非金属风管的连接和加固等处的防热桥措施
		空调机组的安装	各种机组的安装与调试； 组合式机组各功能段连接的漏风量检测
		风机盘管及风机	风机盘管机组的安装和调试的情况
		自控阀门与仪表的安装	电动两通(调节)阀、水力平衡装置、冷(热)量计量装置等自控阀门与仪表的安装应符合要求
		风管系统绝热层、防潮层	风管和空调水系统绝热层、防潮层与风管、部件及设备的连接； 风管穿楼板和穿墙处绝热层是否连续； 绝热材料拼缝处的处理
		空调水系统的绝热层、防潮层措施	空调水系统的冷热水管道及配件与支、吊架之间绝热衬垫安装和冷桥隔断的措施应符合要求； 冷热水管道与支、吊架间绝热衬垫是否符合要求
		系统的试运转和调试检测	通风与空调系统安装完毕后的通风机和空调机组等设备的单机试运转和调试及系统的风量平衡调试

续表

序号	项目名称	质量控制点	质量控制要求
9	空调与采暖系统的冷热源及管网节能工程	系统的安装	空调与采暖系统冷热源设备和辅助设备及其管网系统的安装应符合要求； 各种设备、自控阀门与仪表安装应符合设计； 水泵等辅助设备的安装应符合要求
		绝热层、防潮层绝热衬垫	空调冷热源水系统管道及配件绝热层和防潮层的施工情况； 管道与支、吊架间绝热衬垫施工情况
		系统试运转和调试	空调与采暖系统冷热源和辅助设备及其管道和管网系统安装完毕后的系统试运转及调试情况
10	配电与照明节能工程	电缆、电线截面及电阻检测	重点检查电缆、电线截面及对电阻见证送检
		低压配电系统调试及低压配电电源检测	安装完成后应调试并对电源质量进行检测
11	监测与控制节能	测试、试验	施工过程中是否按相关规范规定进行了各项测试、试验
			测试、试验的批次、数量及结果是否符合要求
		各系统的调试、联动运行、监测	监测与控制系统的控制功能是否达到设计要求
			监测和控制系统与空调、采暖、配电和照明等系统联动运行、监测情况

（三）建筑节能工程监理工作方法及措施

1. 监理需重点审查的内容

(1) 审查建筑节能设计图审手续是否完备；如有较大变更批准手续是否齐全。

审查承包单位的质量保证体系、安保体系是否建立健全。

(2) 建筑节能工程开工前，总监理工程师组织专业监理工程师审查承包单位报送建筑节能专项施工方案和技术措施，提出审查意见。

(3) 审核承包单位报送的拟进场的建筑节能工程材料/构配件/设备报审表(包括墙体材料、保温材料、门窗幕墙、采暖空调系统、照明设备等)及其质量证明资料，具体如下：

质量证明资料(保温系统和组成材料质保书、说明书、型式检验报告、复验报告，如保温板等)是否合格、齐全，是否与设计和产品标准的要求相符。产品说明书和产品标识上注明的性能指标是否符合建筑节能标准。是否使用国家明令禁止、淘汰的材料、构配件、设备。有无建筑材料备案证明及相应验证要求资料。

(4) 当承包单位采用建筑节能新材料、新工艺、新技术、新设备时，应要求承包单位报送相应的施工工艺措施和证明材料，组织专题论证，经审定后予以签认。

(5) 总监理工程师应审查建设单位或施工承包单位提出的工程变更，是否会影响建筑节能；总监理工程师应检查工程变更是否遵循原审查途径进行了工程变更的申报和审查。发现有违反建筑节能标准的，应提出书面意见加以制止。

(6) 对承包单位报送的建筑节能隐蔽工程、检验批和分项工程质量验评资料进行审核，符合要求后予以签认。对承包单位报送的建筑节能分部工程和单位工程质量验评资料进行审核和现场检查，审核和检查建筑节能施工质量验评资料是否齐全，符合要求后予以签认。

2. 监理需重点复核的内容

(1) 施工单位生产资质、安全生产许可证，特种作业人员上岗证。

(2) 墙体主体结构基层的坐标、尺寸和位置复核，保温层、饰面层厚度复核，墙体节能构造部位复核等；幕墙结构基层尺寸复核，隔汽层安装尺寸复核以及幕墙玻璃、通风换气系统等安装尺寸复核等；门、窗和玻璃安装尺寸复核，热桥薄弱部位构造措施复核等；屋面结构基层、保温隔热层、保护层、防水层和面层等尺寸复核；地面结构基层、保温隔热层、隔离层、保护层、防水层和面层等尺寸复核；采暖节能工程、通风与空调节能工程等安装尺寸复核。

(3) 对于关键部位，监理复核后，应组织相关单位共同进行阶段性验收或实地检查验收，办理交接检手续。

3. 旁站

监理人员对在涉及结构和使用安全的重点施工单位和隐蔽工程及影响工程质量的特殊过程和关键工序进行旁站。本项目建筑节能工程监理旁站部位主要包括：对易产生热桥的部位以及墙体、屋面保温层隐蔽前的施工。

在旁站过程中，如发现有不按照规范和设计要求施工面影响工程质量时，应及时向施工单位负责人提出口头或书面整改通知，要求施工单位整改，并检查整改结果；对于无法及时整改的事项，应在事后进行专项检测或经设计复核以满足要求；否则要求施工单位采取修复或返工使其达到要求，并将结果报告建设单位。

4. 平行检验

建筑节能工程平行检验涉及建筑工程施工过程控制和验收控制，通过对验收批和中间验收层次及最终验收单位的确定，实施对工程施工质量的过程控制和终端把关，确保工程施工质量达到要求的标准。

5. 巡视检查

为了加强施工过程的控制力度，现场监理人员巡视的内容主要有：检查施工人员情况；检查施工工艺、顺序、方法；检查施工质量情况，检查安全文明施工情况等。

巡视的重点内容有：所有保温层的基层隐蔽，所有保温层隐蔽，管线安装 。

6. 其他监理措施

(1) 实行样板间制度，样板间验收合格后进行大面的施工。

(2) 通过对平行检验、见证取样进行数理统计分析节能工程施工质量情况。

案例 2　某广电大厦的监理案例

【摘要】　本案例从工程概况、监理机构、工程特点分析、桩基工程的监理、围护工程施工的质量控制、基础工程的质量控制、钢网架的监理、幕墙工程的监理、浮筑基础施工监理、大型空调机组的吊装、材料的控制、施工协调、投资控制、主动解决工程技术问题、项目监理过程中出现的问题与处理、本工程的资料编码目录、监理工作体会这17个方面进行编写。重点突出了材料控制、协调解决施工中出现的问题及工程资料的编码目录3方面问题。

一、工程概况

某广电大厦由主楼及裙房(演播大厅)组成，主楼地下1层，地上25层，屋顶塔楼3层，标准层面积962.74m^2，总建筑面积30458m^2，总高度112.26m，屋顶塔楼为飞檐式钢结构构架外包复合铝塑板。演播大厅为可容纳600名观众的椭圆形建筑，地下1层，地上两层，总高度30.4m，外墙装饰为复合铝塑板幕墙。主楼东立面1～2层(部分)、裙房北立面(1～4层)、演播大厅底层为吊挂玻璃幕墙，主楼1～3层东立面(部分)、南立面外墙装饰为干挂花岗石，其余均为复合铝塑板及中空玻璃幕墙。

(一) 结构特点

(1) 该工程主楼为群桩桩基筏板基础，混凝土底板厚1.8m，基坑底标高为－7.340m，消防电梯井部位基坑底标高为－9.740m，主楼北侧紧邻8层高某酒店，距基坑边仅为2.5m左右，工程南、西侧均为私人旧房区，东邻湖滨路。场地土层自上而下依次为杂填土、粉质黏土、粉质黏土夹粉砂、粉土夹粉砂。经分析后，基坑支护体系选择为局部支护桩墙加钢管内支撑(南、北侧)，其余为锚喷混凝土支护体系(东、西侧)。裙房为桩基承台基础，混凝土底板厚0.6m，基坑底标高为－3.740m。

(2) 该工程为混凝土框筒结构，主楼采用C50高强混凝土以减小结构尺寸，26～28层部分梁采用无粘结预应力技术以营造大跨度空间，演播大厅屋盖系统采用螺栓球节点与焊接球节点组合空间网架结构，上覆大型混凝土网板，下悬挂格栅式钢平台。

(3) 裙房和主楼中设计众多弧形梁、墙及圆柱，梁柱、墙柱节点形式复杂，特别是演播大厅周边框架及观众席看台梁均采用多曲率曲线梁及曲线斜梁架，加之网架安装对支座定位的精密要求很高，因而施工难度较大。

(二) 安装工程

1. 电气工程

广电大厦是一幢电气设备(强、弱电)繁多、技术复杂、功能较齐全的建筑，是无锡地区现代化程度较高的智能型建筑，并具有广电专业功能。

设35kV变电所一座，主楼地下1层设10kV变电所一座。本工程电源干线由地下1层变电所经电缆桥架引出，垂直部分采用沿防火电缆桥架于电缆竖井内明敷引上。每层水平部分采用防火电缆桥架于顶棚内暗敷，由桥架至各楼层用户配电箱(柜)，采用阻燃硬质可弯曲塑料管沿墙或顶棚内暗敷。

防雷与接地系统利用桩基筏板基础主钢筋和构造柱、梁主钢筋焊接贯通成为接地整体，引上至建筑物顶，保证了地接电阻小于1Ω，对各金属栏杆、金属门窗及玻璃幕墙等较大金属原体均要与防雷与接地系统可靠地焊接起来。

本工程接地保护方式采用TN-S制式。

在弱电井自下而上安装一根铜排作为逻辑和各弱电接地，并与防雷接地系统可靠连接，组成共用接地系统。强、弱电井缝道根据防火要求进行封堵(楼层面)。

弱电系统包括火灾自动报警联动系统、楼宇自动控制系统(BAS)、综合布线系统(PDS)、保安防盗监控报警系统(SAS)，以及有线电视、演播大厅专业灯光、音响、舞台控制等专业电气部分。

2. 空调与通风工程

(1) 主楼热泵采用4台YORK机组，总容量为400万Kcal，设于主楼屋顶；5台空调水泵设于地下室，立管为同程式，水平管为异程式。1层采用3台新风机组直接送风，18层以上技术用房采用13台组合式空调机组集中送回风，其余楼层为风机盘管加新风系统。

(2) 裙房采用6台风管式热泵机组，总容量为60万Kcal，提供演播大厅和裙房技术用房空调，其中技术用房另设一套风机盘管系统作为备用。

3. 水系统

(1) 1层、2层生活用水由室外管网直接供给，3层以上生活用水采用水泵、屋顶水箱结合方式，屋顶水箱储水量为50t(其中消防用水为18t)，地下室生活水池容量为50t；6层、13层、20层设减压阀组，确保用水设备正常工作。给水立管采用镀锌钢管，水平管采用“永洁”牌铝塑复合管，排水管采用普通铸铁管，每层加装柔性接头。

(2) 消防水系统水源来自地下室消防水池，容量为500t。本工程消火栓系统共设100只室内消火栓，主楼设79套自救式消火栓，裙房采用15套不锈钢双出口消火栓，另在马道上增加6套卷盘。主楼地下1层到10层为低区，11层到26层为高区消火栓系统。

(3) 水喷淋系统分高、中、低3个区，高区和低区采用预作用系统，中区为湿式报警系统，演播大厅区域在舞台上空增加一套雨淋系统，雨淋阀与裙房设在同一层，由低区喷淋泵供水。

4. 电梯安装

(1) 本工程共有三台客梯：三菱GPS-Ⅲ(VFEL)系列电梯，电梯速度为2.5m/s，三台电梯都至25层，其中消防电梯一台可到地下室，两台25站，一台26站。

(2) 一台为演播大厅服务的FX2系统SG-VP货梯(1000kg)，1站。

二、监理机构

监理组共7人承担全部监理工作。设总监理工程师1人，进度控制与协调工作由总监兼作，合同管理与投资控制1人，信息管理由1名土建工程师兼任，质量控制人员为在基础施工期间4人，主体结构、安装阶段和装饰阶段分别对质量控制人员进行调整，其他人员相对稳定。

三、工程特点分析

广电大厦是以广电功能为主的高层建筑，除主楼5～12层为办公、会议室外，均为广电功能建筑，此部分建筑面积不足大厦建筑面积的1/3，因此本工程具有以下工程特点、技术难点、控制重点：

（一）工程特点

（1）大厦内大空间多：有众多演播室及椭圆形大空间结构的1000m^2演播大厅。

（2）安装方面除了一般大楼的水、电、暖外，消防有消火栓系统、雨淋系统、气体灭火系统，弱电有消防报警系统、楼宇自动化系统、综合布线系统、保安防盗系统，还有舞台机械、舞台灯光、音响等。

（3）装饰工程方面除一般大楼的装潢以外尚有很高的声学要求，即使外装修同样要求隔热隔声，以防声桥出现。

（4）由于结构复杂，功能先进导致众多专业施工单位进入施工现场。

（二）监理工作重点

（1）由于广电大厦主楼北侧有一幢距离仅有4m的8层建筑——某酒店，因此对沉降要求很高。

（2）大荷载组合钢网架施工。

（3）大型空调机组置于大厦屋顶，而下层又是大型演播室，要求隔声隔热。

（4）屋顶结构采用大跨度无粘结预应力构件(荷载大)，

（5）大型空调机组的吊装，吊装高度达100m，且塔楼将屋顶分割成南北两块，并且在幕墙施工结束以后进行吊装，如何保护已完成的工程，尤其是幕墙将是本工程的重点之一。

（6）广电大厦采用楼层式舞台机械，故选型、安装是至关重要的。

四、桩基工程的监理

本工程的基础形式为群桩桩基的筏板基础，桩基为$\phi 800$，$L=56$m的钻孔灌注桩。灌注桩的质量又是工程质量的核心问题之一，一根混凝土灌注桩实际上是一个小的单位分部工程，每根桩的质量得到有效控制，那么整个桩基质量就得到了保证。一根混凝土灌注桩实施往往持续数十小时，一个监理人员是不可能持续数十小时来监控这一根桩的全过程，因此要求每个当班的监理人员准确填写监测结果及时间并签字认可责任，因此我们对每根都要做到“六到位”，钻孔灌注桩监理流程及监理用表见图2-1、表2-1。

本工程钻孔灌注桩监控记录表 　　**表2-1**

机号：	放样报验 开钻时间	钻杆长度 机台标高	一清 时间、孔深	二清 时间、孔深	导管长度	终盘 时间、盘数
桩号：						
监理人员						

桩基工程质量验收结果：

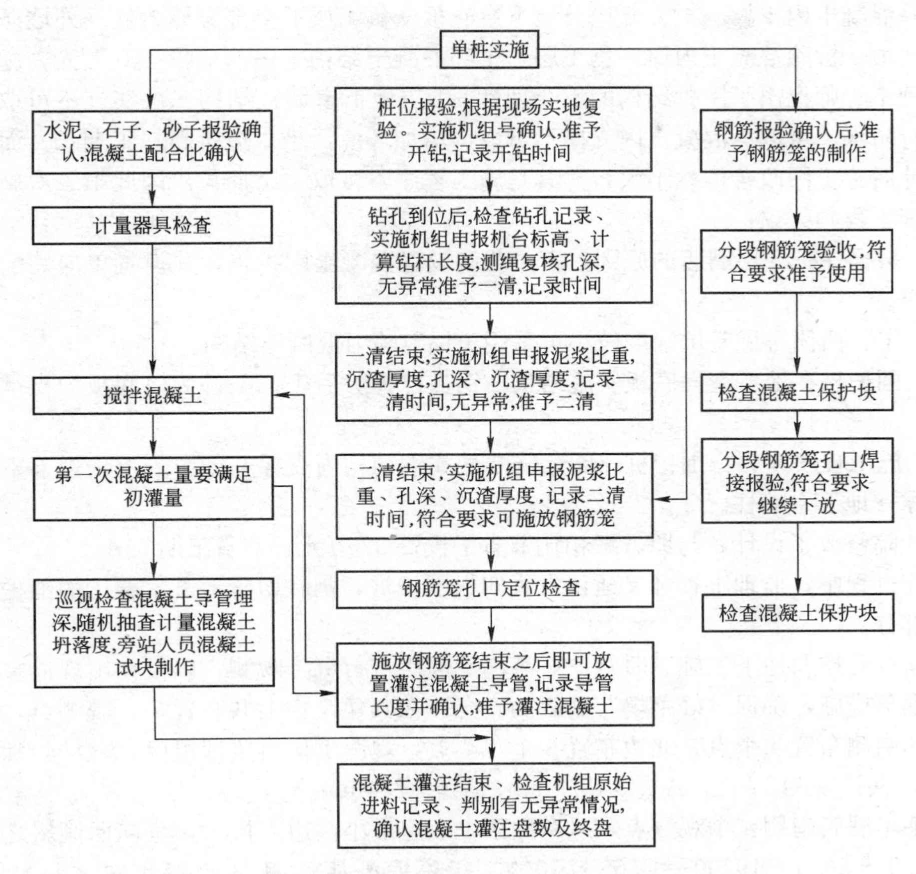

图 2-1 本工程钻孔灌注桩监理工作控制流程

(1) 桩位允许偏差：桩位允许偏差均满足验收规范要求；

(2) 试桩承载力：主楼单桩设计极限承载力为 7890kN，静载实测试验值 8630kN 大于设计值，裙房单桩设计极限承载力为 3000kN，静载实测试验值 3720kN 大于设计值；

(3) 工程桩质量：桩全数做小应变试验，主楼仅 29 号、50 号、75 号为 B 级，其他均为 A 级，裙房均为 A 级；

(4) 无一根烂桩、断桩，桩基一次性验收通过。

五、围护工程施工的质量控制

广电大厦为一幢专业性高层建筑，地下 1 层，地上 25 层，塔楼 3 层，建筑面积 27603m^2，框筒结构，基坑面积 1000m^2 基坑深 6.5m，北侧有一幢 8 层酒店，新老建筑物间距仅 4m。

为了确保在主楼深基础施工时北侧 8 层好莱坞大酒店的安全使用(这也是我们监理的技术服务极其重要的体现)，监理人员通过多次的方案论证，最终的实施方案为：筏板施工前围护桩墙为内支撑式，底板浇筑完成达到强度后围护桩墙为悬臂式，并对好莱坞大酒店及围护桩进行了变形观测。

设计围护结构：钢筋混凝土灌注桩＋圈梁＋钢筋混凝土内支撑。施工程序为，围护桩

→圈梁→混凝土内支撑→土方开挖→地下室底板→负1层下半部分墙、柱→外墙防水工程→坑槽回填→拆除混凝土内撑→负1层上半部混凝土结构……，造价110万元，施工图会审时监理工程师提出了围护结构的不合理性：1层地下室墙柱结构二次实施不可取、墙板二次进行防水不可取、混凝土内支撑不可取，增加环境污染、造价高、工期长。而第二次修改设计后施工图改善依然不大，尤其是施工程序不可取，工期长，因此第二次施工图会审时监理工程师建议：

（1）根据保护8层酒店的原则，南、北侧设置混凝土围护桩，并设置单向装配式钢结构内支撑。

（2）东、西侧考虑基坑深度较小可采用土锚钉喷射混凝土结构。

（3）围护桩在地下室大底板实施结束，钢支撑拆除后工作条件为以底板为支承的悬臂结构。

（4）施工程序改为：围护桩→圈梁→装配式钢结构内支撑→土方开挖→地下室底板→拆除支撑→地下室墙柱。

设计院修改了设计，与原方案相比节省了投资32万元，节省工期65d。

实施过程中，监理工程师又建议省去四根围护桩，割除妨碍地下室施工的围护圈梁上的内凸部分。

在基坑开挖及地下室施工时对“好莱坞”酒店进行沉降观测，以便在出现危害性沉降时采取紧急措施，确保“好莱坞”酒店的安全。在其建筑物上共布置7个观测点，紧靠广电大厦的南侧布置4个点，北边布置3个观测点，观测工作由监理组（另签合同）承担，历时375d，共计观测17次。$\Delta_{max}=18.5mm$，$\Delta_{min}=7.4mm$。

好莱坞酒店南侧4个观测点，从东到西，东边最小西边点最大，呈向西倾斜之势，倾斜为$(18.5-13.4)/19200=2.65\times10^{-4}$，好莱坞酒店西侧呈向南倾斜之势，倾斜为$(18.5-8)/19200=5.47\times10^{-4}$。

沉降情况符合基坑开挖情况，因为好莱坞酒店南、西侧土方被开挖，必然导致建筑物向西南方向倾斜，但沉降值及沉降差均很小，构不成对好莱坞酒店的危害，经对好莱坞酒店的肉眼观测均未发现墙面开裂，保证酒店的正常使用。

六、基础工程的质量控制

本工程筏板厚度达1.8m，电梯井处局部混凝土厚度达3.6m，其温度控制是筏板基础工程质量的重要问题之一，规范规定混凝土内外温差不得超过25℃。本工程采用商品混凝土，水泥用量较多，水化热高，混凝土收缩容易产生裂缝。为了实现混凝土温度控制的目标值，首先将局部混凝土过厚的部位先行浇筑混凝土，避免由此带来的温升过高的难题。混凝土中添加减水剂减少水泥用量，严格控制混凝土水灰比，降低水灰比，混凝土养护采用保湿保温措施。

七、钢网架的监理

演播大厅屋顶结构为椭圆形组合钢网架，即焊接球节点和螺栓球节点组合成的钢网架，本工程的特点是荷载大，网架上部要安装混凝土网板，下部悬挂格式钢平台（安装舞台设备）。长轴48.366m，短轴32.241m，矢高2m，面积1254m²，最大焊接球直径达

D_{max}=500mm，下弦杆直径达 D_{max}=219mm。其监理控制点为：

(1) 土建结构施工的放样复核与验收；

(2) 网架支座预埋件的平面位置及标高要控制得非常准确，以免影响柱的受力状态；

(3) 对钢材和焊接材料的质量验收：

网架工程的材料包括钢管、钢板、焊接球、螺栓球及焊接材料。监理人员对钢材按规范进行验收和见证取样试验。

对焊条、焊丝、焊剂、电渣焊熔嘴等焊接材料与母材的匹配应符合设计要求及国家现行行业标准《钢结构焊接规范》JGJ 81 的规定。巡视时检查焊条、焊剂、药芯焊丝、熔嘴等在使用前是否按产品说明书及焊接工艺文件的规定进行烘焙和存放。

(4) 首先安装螺栓球网架部分，经验收确认后方可进行焊接球网架部分安装。要求单轴构件安装后验收其标高及平面位置，严格检查焊缝，实测焊缝尺寸；对一级焊缝和部分二级焊缝(40%)进行无损探伤，监理人员旁站无损探伤过程。

(5) 监理人员对挠度的测量分为三次，初始挠度量测在网架安装好以后进行，第二次在屋面板安装及下部的格栅钢平台吊装后进行；第三次在水电暖，及格栅钢平台上的舞台机械安装后进行，以验证实际施工的钢网架挠度是否符合设计要求。

演播大厅屋面结构为下弦周边支承、螺栓球与焊接球相结合的正放四角锥网架，支座跨度为 26.572m，面积为 1254m²。网架下弦支座安装标高为 28.4m，网架矢高为 2m。

上弦恒荷载：3.8kN/m²；　　下弦恒荷载：0.5 kN/m²；

上弦活荷载：0.7kN/m²；　　舞台区吊载：5.5kN/m²；观众区吊载：1.5kN/m²

在网架安装结束、屋面网板安装结束及室内装修结束时分别进行了挠度检测(3 次)。依据《空间网格结构技术规程》JGJ 7—2010，网架结构的容许挠度为跨度的 1/250，即本工程网架的挠度为 106mm。2000 年 12 月 28 日网架挠度的最大实测值为 65mm，小于规范的容许挠度 106mm，网架工程挠度符合设计规程要求。

(6) 构件除锈务必除净，涂刷防锈漆之前，监理人员对所有钢结构的除锈情况进行检查，网架除锈时正处于雨季，不断出现阵雨，为了确保工程进度及工程质量，看天气情况除锈完成几根杆件就验收几根杆件，并立即上底漆。采取这项措施后既保证了质量又保证了工程进度；监理人员巡视防锈漆涂刷。

监理人员旁站防火涂料涂刷。钢结构是极容易在高温下失稳的结构，演播大厅又是非常重要的公共活动场所，因此演播大厅钢网架的防火处理是十分重要的，达不到设计要求的防火涂料厚度，也就是整个演播大厅没有达到防火标准，所以此项工作监理人员进行了旁站，并每涂一层验收一层，并实测厚度。此项验收工作共进行 8 次。

八、幕墙工程的监理

广电大厦外墙装饰采用了多种形式组合幕墙，有进口复合铝板幕墙 13703m²、中空玻璃幕墙 6582m²(含夹胶玻璃 40m²)、吊挂玻璃幕墙 1735m²、干挂石材幕墙 889m²，总面积达 22909m²。监理的质量控制点为：

(1) 实测建筑物尺寸，审查有关图纸，关键是检查幕墙尺寸、变形缝是否与结构相符；

(2) 严格控制材料的质量、连接杆形式；

(3) 控制幕墙板块加工工艺及强化单元的进场验收；

(4) 对预埋件位置调整及验收；

(5) 巡视主龙骨、副龙骨安装、防火棉安装、幕墙板块安装过程，发现问题及时指出；

(6) 对主龙骨、副龙骨安装、防火棉安装、幕墙板块安装按照规范和设计要求进行验收；

(7) 对塑料泡沫条填塞(确保打胶厚度)和耐候胶密封进行验收。

九、浮筑基础施工监理

广电大厦25层的演播室在其屋顶上要安装四台大型空调机组，演播室对噪声要求标准很高，空调机的震动及噪声不允许传到演播室，因此采用了浮筑技术。浮筑基础总面积为452m^2。

(一) 浮筑基础施工工艺

(1) 基层面清理干净；

(2) 放线确定升降防震胶垫位置标定中心点，并作出明显标记；

(3) 覆盖6mm厚的防水胶膜(搭接300mm，并与围墙胶贴)；

(4) 将可升降防震垫(使用寿命50年)安装在相应的定位点上；

(5) 绑扎钢筋网(确保保护层15mm，并注意保护防水胶膜)；

(6) 立模、设置落水口；

(7) 设置100mm厚浇筑控制标记；

(8) 浇筑混凝土，养护；

(9) 升板75mm(首先反转一周以确保防震胶垫与基层面接触)；

(10) 周边与围墙接触面安装软性围边，围边与围墙缝隙垫塞细石混凝土；

(11) 安放专用落水口；

(12) 周边与围墙实施柔性防水。

(二) 浮筑基础质量控制

浮筑基础质量控制的主要环节在于浮筑基础弹性支座(升降防震胶垫)定位安装，它决定了该基础是否能够真正防震。为此监理人员重点控制防震胶垫是否能正确的按设计要求准确到位，因为防震胶垫的设计是根据荷载大小确定的，监理做法有：

(1) 检查验收承包商标记在屋面结构层上的升降防震胶垫位置标定中心点；

(2) 旁站施工人员覆盖6mm厚防水胶膜(搭接300mm，并与围墙胶贴)的施工过程；

(3) 旁站升降防震垫安装在相应的定位点上；

(4) 钢筋绑扎好后再次检查验收升降防震垫是否在定位点上；

(5) 混凝土浇筑过程的旁站。

十、大型空调机组的吊装

(一) 吊装方案的审查

约克机组外形尺寸为2m×2.3m×7m，外加包装约7t重。如此庞大的设备在玻璃幕墙已经安装的情况下往百米高的屋顶上吊装确实很难，另外根据现场实际情况，只能在北立面起吊，北立面为悬挑2.1m的结构，增加了吊臂长度。屋面平面情况更是艰难，北立面一共27m宽，中跨9m是3层塔楼，塔楼左右(东西)分别是施工塔吊及施工人货梯。空调机组不能直接用施工塔吊吊装，因为塔吊上部无拉杆、悬臂部分已到极限、起吊重量不够，而且塔吊已使用将近两年设备状态不是太好，所以只能采用扒杆吊装的方案。扒杆吊装方案必须解决如下问题：

(1) 确保玻璃幕墙的成品保护；

(2) 空调机组吊至百米高空只能在塔楼与施工塔吊或施工人货梯之间的夹缝中进入屋面上空；

(3) 扒杆底座不能设在屋面上，因为这么大的集中力不能作用在浮筑基础上，也不能作用在下面大空间结构上，因此采用了如下措施：

1) 实测屋顶平面的所有相关设备与塔楼间的尺寸，准确画出平面图；

2) 扒杆支座取消，将把杆底部固定在塔楼混凝土主柱上，准确计算扒杆长度、回转臂回转角度、回转臂与扒杆的夹角；

3) 幕墙的保护措施；

4) 选择二级风以下的气候条件；

5) 试吊；

6) 统一指挥；

7) 另外建议进行投保。

(二) 空调机组吊装旁站内容

(1) 按方案要求施工人员安装扒杆及其相应的设备措施；

(2) 监督所有相应人员到位；

(3) 检查落实幕墙保护措施；

(4) 监督试吊过程(试件的尺寸、重量和起吊路线)；

(5) 监督正式起吊过程；

(6) 观测天气情况变化。

十一、材料的控制

原材料的控制是确保工程质量的决定因素，不管是主体材料，还是装饰材料均应有效地控制，要真正做到“不合格的材料不得进入施工现场”，对各种材料按照规定进行抽检、复试、测试(包括钢筋的套筒、电渣压力焊、焊接接头)等，并建立台账。

(一) 钢材

主楼钢材共计做复试206次，均一次通过。

裙房钢材共计进行48次复试，均一次通过。

(二) 商品混凝土

商品混凝土的质量控制成为监理工程师质量控制的主要内容。有些人认为混凝土是生产厂家提供的是商品，正质量应由厂家负责，正因为这个观点，导致一些建筑物的主体结构出现重大质量问题，造成巨大经济损失。监理工程师必须把商品混凝土质量控制纳入管理范围，对商品混凝土的控制，说到底主要是对商品混凝土的原材料控制、混凝土现场控制。

1. 监理工程师对商品混凝土的控制

可用图 2-2 表示。

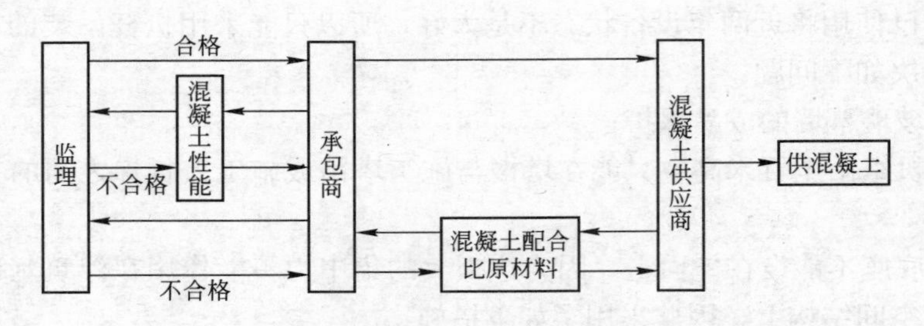

图 2-2　商品混凝土审查程序图

承包商必须根据设计要求、批准的组织设计、环境温度等提出供应商品混凝土的性能要求，如强度指标、抗渗指标等。

混凝土厂商根据要求的混凝土性能，根据混凝土材料设计混凝土配合比，以满足用户要求。并必须提前 24h 将设计的混凝土配合比及使用原材料资料通过承包商向监理工程师申报。

监理工程师审查混凝土配比及原材料时要审查以下内容：

(1) 材料

1) 水泥质量保证书，包括品牌、强度、性能、数量等内容；

2) 水泥复试报告；

3) 掺合材料和添加剂的质量保证书；

4) 砂石材料检查报告；

5) 混凝土配合比。

(2) 混凝土的性能

1) 强度要求；

2) 坍落度，包括不同输送部位，不同环境气温下的坍落度；

3) 不同的环境气温下的初凝时间和终凝时间。

经过监理工程师以上确认后，混凝土厂商在得到承包商通知后即可生产、供应混凝土。

监理工程师对主体结构混凝土施工现场质量控制可用图 2-3 表示。

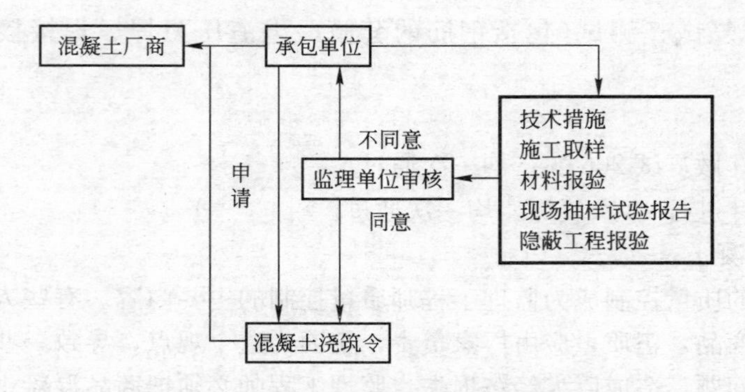

图 2-3　混凝土浇筑令的签发程序图

2. 监理工程师在隐蔽工程施工前要审查及检查内容

(1) 不同部位，不同结构，不同环境采用相应的技术措施。

(2) 主体结构的标高及平面尺寸控制。

(3) 材料主要指钢材，钢材必须有质保书，必须共同取样，复试报告不合格不能使用。

(4) 现场抽检的钢筋接头试验报告，不合格不能隐蔽。

(5) 报验要根据工序进行报验，如柱：先钢筋，后模板，如楼面：先模板后梁中钢筋、再板中钢筋。最后是安装工程预留预埋件。施工单位质检员签字后申报。然后监理人员单独去验收。工序检查合格，应签署允许进行下道工序。

(6) 建立钢筋台账，包括产地、批号、规格、数量、复试报告、质保书等项目。

(7) 钢筋接头试验报告台账。

(8) 监理工程师进行模板、钢筋安装质量评估实测。

(9) 在浇筑措施落实的情况下签发混凝土浇筑令。

承包商得到混凝土浇筑令后即可通知混凝土厂商供应混凝土。

3. 监理工程师在实施隐蔽工程过程中质量控制

可用下图2-4表示。

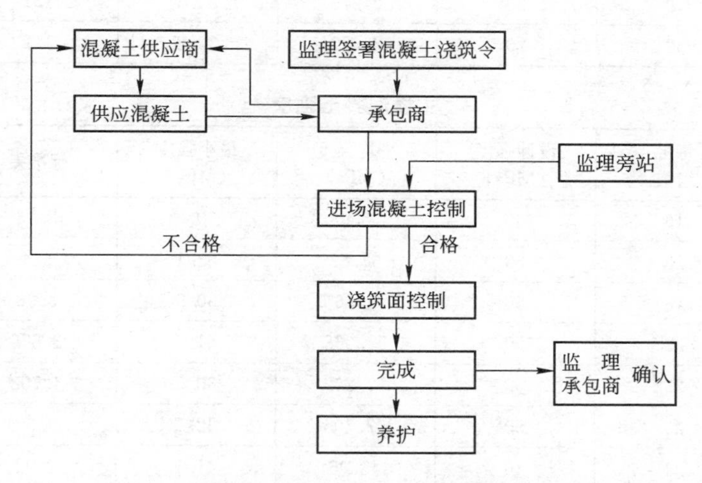

图2-4 混凝土质量的控制过程

在监理工程师确认商品混凝土配比及签发浇筑令之后就可以进入隐蔽工程阶段。

(1) 商品混凝土进场必须进行动态控制。混凝土运输时间、混凝土输送时间、混凝土浇筑时间之和小于混凝土初凝时间。

(2) 浇筑工作面也同时进行动态控制，督促各岗位按约定的技术措施实施。

(3) 在混凝土初凝之前必须进行混凝土收面，如遇雨大必须及时用塑料薄膜覆盖予以保护。

(4) 混凝土浇筑完成之后进入养护阶段，或保温保湿养护、或保湿养护。

(5) 观测混凝土有无异常现象，并及时收集7d强度试验资料，以达到目标的有效控制。

4. 本工程混凝土的控制结果

主楼工程桩共做127组试块(C30)全部合格。

裙房工程桩共做82组试块(C20)全部合格。

主楼主体共做：16组C30试块，98组C50试块，42组C40试块，全部合格。

裙房主体共做69组C30试块全部合格。

其分布见表2-2～表2-5。

主楼工程桩混凝土强度 表2-2

计算批数	每批组数	设计强度(MPa)	平均强度(MPa)	最小强度(MPa)	标准差	结论
1	10	30	37.86	37.3	1.8	合格
2	6	30	37.63	36.5	1.8	合格
3	111	30	36.98	33.7	1.8	合格

裙房工程桩混凝土强度 表2-3

计算批数	每批组数	设计强度(MPa)	平均强度(MPa)	最小强度(MPa)	标准差	结论
1	11	20	25.03	24.2	1.2	合格
2	19	20	24.75	23.5	1.2	合格
3	52	20	24.77	23.8	1.2	合格

主楼混凝土强度 表2-4

计算批数	每批组数	设计强度(MPa)	平均强度(MPa)	最小强度(MPa)	标准差	结论
1	16	30	33.98	30.5	2.13	合格
2	13	50	58.82	53.1	3.4	合格
3	18	50	55.6	50.9	3.93	合格
4	22	50	57.068	51.0	3.676	合格
5	25	50	57.292	50.5	4.758	合格
6	20	50	57.705	52.1	3.32	合格
7	24	40	48.06	41.1	4.02	合格
8	15	40	48.05	40.3	3.5	合格
9	3	40	46.1	44.1	—	合格

裙房混凝土强度 表2-5

计算批数	每批组数	设计强度(MPa)	平均强度(MPa)	最小强度(MPa)	标准差	结论
1	13	30	45.03	38.6	3.565	合格
2	19	30	38.4	33.1	2.04	合格
3	12	30	39.44	34.5	4.02	合格
4	20	30	37.9	30.1	1.8	合格
5	5	30	37.62	32.1	—	合格

5. 混凝土施工的旁站

混凝土施工监理人员必须进行旁站，旁站主要内容：

(1) 浇筑措施是否按申报的落实，包括泵管布置、设备数量、人员配备、现场条件、冬雨季施工的相应措施等；

(2) 检查混凝土来料的登记情况，进行混凝土坍落度检测；

(3) 混凝土泵运行是否正常；

(4) 浇筑工作面是否按方案进行，各岗位上人员工作是否正常；

(5) 处理施工中特殊情况。

十二、施工协调

(1) 本工程后期参与工程建设的单位非常多，因此本工程的协调会分解成“安装协调会”、“装潢、装修协调会”、“专业装修协调会”。协调各专业在施工中存在的技术交接问题。

(2) 每天16：30各单位项目经理在总包单位会议室碰头，协调相互的工作。

(3) 装饰工程是与土建专业、安装专业交叉作业的工作，特别是与安装专业(水、电、暖、综合布线等)互相交叉进行，由后道工序施工单位填专业确认单，由前道工序施工单位签字后方可进行后道工序的施工，此后发现前道工序的遗留项目，由前道工序施工单位自行解决并承担由此发生的其他相关费用。

首先吊顶龙骨方案现场确认(结合安装实际情况)→安装单位施工(水、电、暖)→确认单签字(见表2-6)→吊顶龙骨验收(允许封板)。表2-6由装饰单位操作，监理配合。

装潢面层饰面前各专业确认单会签表 **表2-6**

层位：________ 部位：________ 时间：________

专业	水卫	电气	暖通	消防水	消防电	弱电	电视
完成时间							
签字							

十三、投资控制

投资控制是三大控制中的重要工作之一，首先建立合同台账，投资分解，以控制各合同的工程付款，认真审核月报，做好台账。同时对无标底的工程预算必须进行审核。有条件的进行决算审核。

在具体的审查进度款支付中，有以下几点做法：

(1) 建立投资控制体系，明确投资控制内容及职责，落实人员专人管理，实行投资控制总监负全部责任的制度。

(2) 招投标阶段合理确定标底合同价，施工阶段审核工程进度款，并通过审核施工组织设计和施工方案合理控制施工措施费、赶工措施费的支出。

(3) 按合同、投标报价和定额等合理确定变更所引起的工程价款增减调整，加强验工计价月报审核工作。

(4) 及时审查施工单位的预算。

十四、主动解决工程技术问题

监理工作是一项咨询服务工作，监理人员要积极为工程项目解决各种问题，才能使工程项目顺利进行下去。本工程所解决的问题见表 2-7。

监理解决的技术问题一览表 表 2-7

序号	问题	建议办法	解决途径	效果
1	主楼地下室基坑围护方案	由全围护桩悬臂结构改为：开挖时(及大底板施工时)为桩及内支撑结构系统；地下室施工时为以大底板为支撑的悬臂围护桩结；内支撑由南北向钢筋混凝土内支撑，改为装配式钢结构内支撑	设计采纳，通过业主设计单位修改	节约投资 32 万元、节省工期 67d、减少环境污染，有效控制“好莱坞”大酒店的地基变形
2	试桩桩帽后期施工延长工期	桩帽与桩身一次性完成	施工方采纳，并由其编制施工方案经认可实施	节约工期 10d，节约投资
3	围护桩东端超过基坑外边 2 个桩位	取消 4 根围护桩	业主采纳，发监理指令单	减少 4 根桩，节约投资，节省工期 2d
4	围护桩顶圈梁内凸出部分后期将妨碍地下室施工	取消围护圈梁上的凸出部分	业主采纳，发监理指令单	节约投资，节省工期。解决了地下室外墙板施工难题
5	开挖主楼电梯井部位流砂处理	由排水方案改为封堵办法	业主采纳，通知总包单位改变处理方案	有效控制现场开挖基础轮廓、控制基坑周边的地表变形及建筑物的安全
6	地下室大底板与墙板接缝防渗	建议底板混凝土浇筑时翻边(300mm)，在外侧增加 100mm 厚，并要求拆模后立即用防水砂浆等进行防水处理	施工方采纳，建议总包单位修改施工方案。	达到防水效果减少防水施工难度
7	主楼 1 层③轴梁上翻，导致通道不畅。	建议此梁顶面降低，与 ±0.000 做平	业主采纳，施工中修正	确保建筑功能的实现，通道畅通
8	主楼 2 层结构箍筋使用冷拔钢筋，抗剪钢筋断面不够	理性分析，不得使用。	发指令单	保证了结构抗剪强度维护结构安全
9	裙房 CQL-3、KL-3 配筋太少	经计算配筋确实太少，建议设计院重新核定	设计采纳，通过业主设计单位修改	确保结构安全
10	演播大厅钢箱梁(27m 跨径)两端为固端，不能适应温度变化	建议钢箱梁一端为固端，另一端改为滑动支座	设计单位采纳	保证了钢箱梁温度变形自由及确保结构安全
11	自行车南入口上空空间利用	建议增加楼面	业主采纳，执行业主指令 16-1010	增加建筑面积 22.79m²
12	自行车车库东入口上空空间利用	建议增加楼面	业主采纳，执行业主指令 16-1010	增加建筑面积 11.39m²

续表

序号	问题	建议办法	解决途径	效果
13	KJ* 14 东南端、东北端无法安装幕墙预埋件	建议修改设计	设计采纳 设计变更	解决幕墙预埋铁的放置
14	27层预应力梁影响26层建筑空间，导致设备安装及人流交通困难	建议设计取消（传真1998年11月16日）	设计采纳，设计院传真回复同意取消	解决26层安装空间的问题及人流交通问题，解决了26层房间的使用空间。节约投资，节省工期
15	饰顶标高太低	建议饰顶标高加高900mm	设计采纳，设计人员签字认可	建筑效果
16	演播大厅舞台升降（1500mm）舞台缺少空间	建议做法：采用细螺杆式升降结构，并增加楼层钢结构，以使楼面荷载均化	设计采纳，设计单位修改设计	解决了剪力式升降机将升力过大的问题及荷载集中的问题
17	演播大厅舞台回风口改为地回风口	建议做法：利用原下伸回风管，上口用土建结构做成升罗形，并加穿孔钢板	业主采纳监理设计，执行业主指令16-1048	回风正常
18	⑫轴电梯间门开启不能满足消防通道要求	建议门内装平	业主采纳，执行业主指令16-1059	消防通道顺畅
19	8层西立面阳台与裙房演播大厅交接处幕墙无法连接	建议做法：增加钢结构及砖砌女儿墙	业主采纳，监理设计，执行业主指令16-1088	使演播大厅外围幕墙封闭
20	28层上屋面垂直钢爬梯上下不便	设计成活动式钢爬梯	业主采纳，监理设计，执行业主指令16-1089	便于上下交通
21	24层演播室因变更后没有通向25层的楼梯	设计钢楼梯	业主采纳，监理设计，执行业主指令16-1076	解决上下交通问题
22	8层到演播大厅屋面的交通问题	设计平台	业主采纳，监理设计，执行业主指令16-1148	解决到演播大厅屋面的交通问题
23	主楼地下室外的电缆沟1500mm×2300mm，设计单位不愿做变更设计	电缆沟顶板由固端改为简支	业主采纳，监理设计，执行业主指令16-1128	解决使用功能要求及结构技术问题
24	演播大厅原无转移平台，导致吊顶困难	建议：因网架下弦节点不能直接焊接，增设转移平台，便于下部施工。	业主采纳，设计单位修改	避免网架结构直接电焊，并减少下部施工时的吊筋高度，便于马道、面光的布置
25	转移平台用料太大	建议I25→I14，I20→I12	业主采纳，设计单位修改	节省钢材9.5t
26	东大门台阶无设计	建筑设计	业主采纳，监理设计，执行业主指令16-1132	解决建筑协调问题
27	北大门台阶无设计	建筑设计	业主采纳，监理设计，执行业主指令16-2108	解决建筑协调问题

续表

序号	问题	建议办法	解决途径	效果
28	主楼道具间门口台阶无设计	建筑设计	业主采纳，监理设计，执行业主指令 16-1139	解决建筑协调问题
29	主楼大堂电梯门口无收口线脚设计	建议设计增加装饰线条	业主采纳，监理设计，业主签字，方案回复	解决建筑协调问题
30	货梯机房结构设计不合理	建议①主梁改成短向(7.4m→3.6m)②取消机房顶板	设计采纳	使机房结构合理，节省费用
31	主楼 26 层供回水管主管从⑫轴门中通过影响交通	建议设计修改，利用西侧女儿墙与塔楼处空间	设计院修改设计	⑫轴上门得到利用
32	26 层浮筑基础平台板配筋偏小	建议设计修改	设计采纳，设计将 $\phi6 \rightarrow \phi12$	平台板的强度得到满足，保证结构安全

十五、项目监理过程中出现的问题与处理

在项目监理过程中，总要有各种问题需要处理。本工程所出现的问题与处理见表 2-8。

项目所出现的问题与处理一览表 **表 2-8**

序号	问题	原因分析	处理办法	教训
1	试桩钢筋笼直径小 50mm (约 240m)	厂内加工时加劲环为内设加工，而制作时又将加劲环外套	返工	在工厂制作也需进行中间检查
2	主楼混凝土大底板首次在电梯井部位浇筑的混凝土被退回	乙方钢筋尚未验收通过就通知商品混凝土厂家发货	钢筋返工，撤退 3 车商品混凝土及泵车	强调没有混凝土浇筑令不得浇筑混凝土，混凝土浇筑令在措施落实后签发
3	网架安装杆件允许偏差不合格	中间控制力度不够	返工	加强工序中间控制，逐条验收为好
4	电梯外小门框安装标高误差不合格	过程中没有标高测定	调整地坪饰面厚度、调整小门框安装标高	电梯小门框安装要进行过程控制
5	底层大堂地坪装饰线条歪斜	中间控制力度不够，未进行中线复核	返工	增加重要装饰部位的放线报验，增加中间控制
6	底层大堂雪白银狐干挂墙面不合格	中间控制力度不够，缺少书面指令	返工	在指令无效的情况下应勒令停工
7	消防楼梯原设置送风口导致一处楼梯有 2 个送风口而另一处楼梯无增压送风口	设计错误	电传设计院返工	读图要仔细，要有系统观念

续表

序号	问题	原因分析	处理办法	教训
8	消防联动系统调试不顺畅	火灾自动报警系统的管线敷设和设备安装由“××”施工，而设备供应及调试是由“××”公司承担，但后者介入很晚，对先期的了解不够	协调	调试单位尽可能在安装期进入现场
9	BA系统调试中强电柜与BA系统不匹配	电柜设计制造单位与BA系统设计、安装单位均未沟通	协调整改	电柜设计与BA系统设计应事先协调

十六、本工程的资料编码目录

如表2-9所示。

广电大厦归档资料编码目录 **表2-9**

编码序号	内容
A- - - - - - -	公司归档类资料
A- 1- - - - -	合同类
A- 2- - - - -	图纸、地质报告
A- 3- - - - -	施工技术资料
A- 3- 1- - - -	施工组织设计、方案
A- 3- 2- - - -	其他
A- 4- - - - -	监理管理资料
A- 4- 1- - - -	监理合同、大纲、交底、规划
A- 4- 2- - - -	监理细则
A- 4- 3- - - -	监理日志
A- 4- 4- - - -	监理月报(文字部分、进度部分)
A- 4- 5- - - -	会议纪要(不包括事故会议)
A- 4- 6- - - -	监理指令及回复
A- 4- 6- 1	质量控制类
A- 4- 6- 2	进度控制类
A- 4- 6- 3	投资控制类
A- 4- 6- 4	安全文明类
A- 4- 7- - - -	工程付款资料(包括投资月报)
A- 4- 8- - - -	监理总结、监理工作总结
A- 4- 9- - - -	分部、分项工程验收评估资料及其他资料
A- 4- 10- - - -	工程资料照片、沉降观测资料
A- 4- 11- - - -	事故处理资料

续表

编码序号	内　容
B- - - - - -	移交业主类资料
B- 1- - - - -	土建
B- 1- 1- - - -	桩基资料
B- 1- 1- 1- - -	技术方案
B- 1- 1- 2- - -	定位放线
B- 1- 1- 3- - -	材料设备报验
B- 1- 1- 4- - -	试验报告
B- 1- 1- 5- - -	隐蔽工程验收
B- 1- 1- 5- 1- -	试桩、锚桩
B- 1- 1- 5- 2- -	主楼工程桩
B- 1- 1- 5- 2- 1-	主楼工程桩一
B- 1- 1- 5- 2- 2-	主楼工程桩二
B- 1- 1- 5- 3- -	裙房工程桩
B- 1- 1- 5- 4- -	基坑围护工程
B- 1- 1- 5- 5- -	土方工程
B- 1- 1- 6- - -	临时设施基础
B- 1- 2- - - -	主体工程资料
B- 1- 2- 1- - -	施工技术方案
B- 1- 2- 2- - -	定位放线
B- 1- 2- 3- - -	材料设备报验
B- 1- 2- 3- 1- -	钢材
B- 1- 2- 3- 1- 1-	主楼钢筋
B- 1- 2- 3- 1- 2-	裙房钢筋
B- 1- 2- 3- 2- -	混凝土
B- 1- 2- 3- 2- 1-	主楼商品混凝土
B- 1- 2- 3- 2- 2-	裙房商品混凝土
B- 1- 2- 3- 3- -	砌筑
B- 1- 2- 3- 3- 1-	水泥
B- 1- 2- 3- 3- 2-	砂
B- 1- 2- 3- 3- 3-	砖
B- 1- 2- 3- 3- 3- 1	标准砖
B- 1- 2- 3- 3- 3- 2	多孔砖
B- 1- 2- 3- 3- 3- 3	加气混凝土块
B- 1- 2- 4- - -	试验报告
B- 1- 2- 4- 1- -	钢筋

续表

编码序号	内　容
B- 1- 2- 4- 1- 1-	主楼
B- 1- 2- 4- 1- 2-	裙房
B- 1- 2- 4- 2- -	混凝土
B- 1- 2- 4- 2- 1-	主楼
B- 1- 2- 4- 2- 2-	裙房
B- 1- 2- 4- 3- -	砌筑
B- 1- 2- 4- 3- 1-	主楼
B- 1- 2- 4- 3- 2-	裙房
B- 1- 2- 5- - -	隐蔽工程验收
B- 1- 2- 5- 1- -	主结构
B- 1- 2- 5- 1- 1-	主楼
B- 1- 2- 5- 1- 1- 1	框筒
B- 1- 2- 5- 1- 1- 2	楼梯
B- 1- 2- 5- 1- 1- 3	浇筑令
B- 1- 2- 5- 1- 1- 4	浇筑记录
B- 1- 2- 5- 1- 2-	裙房
B- 1- 2- 5- 1- 2- 1	框架
B- 1- 2- 5- 1- 2- 2	浇筑令
B- 1- 2- 5- 1- 2- 3	浇筑记录
B- 1- 2- 5- 2- -	混凝土分项
B- 1- 2- 5- 2- 1-	主楼
B- 1- 2- 5- 2- 2-	裙房
B- 1- 2- 5- 3- -	外墙
B- 1- 2- 5- 3- 1-	主楼
B- 1- 2- 5- 3- 2-	裙房
B- 1- 2- 6- - -	网架
B- 1- 2- 6- 1- -	技术方案
B- 1- 2- 6- 2- -	材料设备报验
B- 1- 2- 6- 3- -	试验报告(焊缝无损探伤)
B- 1- 2- 6- 4- -	隐蔽工程验收
B- 1- 2- 7- - -	地下室外墙防水
B- 1- 2- 7- 1- -	技术方案
B- 1- 2- 7- 2- -	材料设备报验
B- 1- 2- 7- 3- -	隐蔽工程验收
B- 1- 2- 8- - -	设备基础
B- 1- 2- 8- 1- -	主楼 26 层浮筑平台

续表

编码序号	内容
B- 1- 2- 8- 1- 1-	施工技术方案
B- 1- 2- 8- 1- 2-	施工放样
B- 1- 2- 8- 1- 3-	材料设备报验
B- 1- 2- 8- 1- 4-	隐蔽工程验收
B- 1- 2- 8- 2- -	主楼地下室变电所设备基础
B- 1- 3- - - -	屋面防水工程
B- 1- 3- 1- - -	技术方案
B- 1- 3- 2- - -	材料设备报验
B- 1- 3- 3- - -	隐蔽工程验收
B- 1- 4- - - -	装饰、装潢、幕墙工程保证资料
B- 1- 4- 1- - -	内隔墙(轻质隔墙)
B- 1- 4- 1- 1- -	轻钢龙骨
B- 1- 4- 1- 1- 1-	技术方案
B- 1- 4- 1- 1- 2-	定位放线
B- 1- 4- 1- 1- 3-	材料设备报验
B- 1- 4- 1- 1- 4-	隐蔽工程验收
B- 1- 4- 1- 2- -	石膏砌块隔墙
B- 1- 4- 1- 2- 1-	技术方案
B- 1- 4- 1- 2- 2-	定位放线
B- 1- 4- 1- 2- 3-	材料设备报验
B- 1- 4- 1- 2- 4-	隐蔽工程验收
B- 1- 4- 1- 3- -	金陶板隔墙
B- 1- 4- 1- 3- 1-	技术方案
B- 1- 4- 1- 3- 2-	定位放线
B- 1- 4- 1- 3- 3-	材料设备报验
B- 1- 4- 1- 3- 4-	隐蔽工程验收
B- 1- 4- 2- - -	幕墙
B- 1- 4- 2- 1- -	技术方案
B- 1- 4- 2- 2- -	定位放线
B- 1- 4- 2- 3- -	材料设备报验
B- 1- 4- 2- 4- -	隐蔽工程验收
B- 1- 4- 2- 4- 1-	预埋件
B- 1- 4- 2- 4- 2-	框架
B- 1- 4- 2- 4- 3-	防火棉
B- 1- 4- 2- 4- 4-	幕墙板块安装
B- 1- 4- 3- - -	墙面

续表

编码序号	内容
B- 1- 4- 3- 1- -	技术方案
B- 1- 4- 3- 2- -	材料设备报验
B- 1- 4- 3- 3- -	隐蔽工程验收
B- 1- 4- 4- - -	地面
B- 1- 5- - - -	工程付款资料
B- 1- 5- 1- - -	投资月报
B- 1- 5- 2- - -	签证
B- 1- 6- - - -	事故处理资料
B- 1- 6- 1- - -	桩基浇筑
B- 1- 6- 2- - -	1层混凝土浇筑
B- 1- 6- 3- - -	29层预应力梁

十七、监理工作体会

监理过程中强化监理力度，项目实施过程中监理组向外发出各类指令性文件，由专业监理工程师拟稿，经总监审核签字后向外发出，并均发文登记。本工程发出监理指令单共计541份；监理联系单16份。

(一) 服务全方位，确立监理的地位

监理活动必须坚持守法、诚信、科学、公正的原则，既代表业主的利益，又不损害并维护施工方的合法利益。

(1) “三控制”、管理与协调三方面一样不能少，尤其是投资控制。

(2) 提高服务、技术素质含量，监理人员处理的问题让业主放心，钱该用则用，该省则省。

(3) 全面管理，除了监理规定的方面，还有其他安全、文明方面。

(4) 项目建设监督管理过程中，要以讲理为主，严格执行规范。

(5) 廉政服务，不吃、不喝、不拿、不要。

(6) 确保公正性，不介绍一种材料及一个人员。

(二) 处理好业主、承包单位的关系

(1) 明确业主代表、承包单位代表。

(2) 做好监理工作交底，确保信息的唯一性。

(3) 保持与业主密切联系，领会业主对建筑物的功能要求及设计意图，使本工程能更好地满足使用功能要求。

(4) 确实做到能代表业主的利益工作。

(5) 能让承包单位感到确实从保证质量出发，出谋划策，解决技术难点。

(6) 业主建设行为不规范时，监理人员尤其是总监理工程师应该抓住问题的本质，从有利于工程项目的、替业主考虑的角度向业主建议。如：

1) 业主独立发包时，应设法纳入总包范围，以利用总包单位的管理力量，并严格审查其资质及相关人员的素质。

2）业主供应材料的质量控制：要坚持由乙方进行材料申报，提供材料质保书及复试报告。

3）业主要求抢进度时，专业监理工程师须从科学技术角度论证进度，在保证质量的同时，协助施工单位调整进度计划，以实现工期目标。

4）施工图满足不了施工进度要求，则应坚持没有图纸不可施工的原则。

（三）坚持实行总监负责制

（1）总监理工程师的责任性是做好工作的基本要素，要树立终生责任的观念。

（2）总监理工程师的技术素质是做好工作的重要因素，要在实践中不断思考问题，及早发现问题解决问题。

（3）总监是项目的总监理工程师，不是某专业的负责人，要在实践中不断学习相关专业技术知识，以便比较确切地解决自身专业以外的问题。

（4）总监要脚踏实地掌握工程情况，全面协调工作。

案例3　某综合办公楼安装工程监理案例

【摘要】 本案例以某办公楼工程的安装工程为背景，其安装工程包括通风工程、给排水工程、采暖工程、锅炉房工艺管道工程及成套锅炉安装工程、自动喷淋灭火系统、消火栓系统、气体灭火系统；变配电系统、弱电工程、火灾报警系统、电梯等，重点谈了其工作内容、施工过程中监理质量控制与验收的重点，并给出了一些安装效果照片。

一、工程项目概况

(1) 综合办公楼地上13000m^2，地下1400m^2，总建筑面积14400m^2；基础采用桩承台基础，框架结构；地面9层，夹层1层，坡屋顶；主体总高度为44.10m；

(2) 安装工程概况：办公楼包括通风工程、给排水工程、采暖工程、锅炉房工艺管道工程及成套锅炉安装工程、自动喷淋灭火系统、消火栓系统、气体灭火系统；变配电系统、弱电工程、火灾报警系统、电梯、信息系统等。

二、给排水、消火栓、喷淋、采暖系统安装的监理工作内容

(一) 系统概况

1. 给排水系统

本工程的生活给水分区设置，1～4层采用市政管网供水，市政管网压力约0.30MPa；5～9层采用加压供水，在负一层内设无负压供水装置。最高日用水量为79.44m^3/d，设计最大小时用水量为13.0m^3/h。给水冷热水管均采用衬塑钢管(内塑外钢)，丝扣连接。

室内污水系统经化粪池处理后排入市政污水管网；厨房排出的含油污水经隔油池除油处理后排入市政污水管网。屋面雨水集中后排至市政雨水管网。室内排水立管采用UPVC螺旋消音管，地下室内的排水管采用镀锌钢管，雨水排水管采用UPVC管。

2. 消火栓灭火系统

本工程消防用水水源由市政给水管网提供，消防总用水量为756m^3，消防水池设于本工程地下消防泵房内，室内消火栓系统由地下消防泵房内的消火栓泵供水，火灾初期由屋顶消防水箱供水。消火栓用水量：室外30L/s，室内30L/s，火灾延续时间为3h；四层(含四层)以下采用减压稳压型消火栓，五层以上采用普通消火栓，室外设水泵接合器两套。

室内消火栓泵两台，采用XBD(HL)8/30(Q=30L/s，H=80m)型消防泵；一用一备；消火栓系统采用热镀锌钢管。小于DN100的采用丝扣连接，不小于DN100的采用卡箍连接。

3. 自动喷淋灭火系统

自动喷淋灭火系统由设于本工程地下消防泵房接入。火灾初期用水由屋顶消防水箱供给。设计用水量30L/s，火灾延续时间为1h。消防水泵房设自动喷淋给水泵两台，采用

XBD(HL)8/30(Q=30L/s，H=80m) 一用一备，室外设水泵接合器两套。综合楼屋顶设 18m³ 的消防水箱一座，并设消防稳压泵，其出水管与喷淋管网相连。消防系统采用热镀锌钢管。小于 DN100 的采用丝扣连接，不小于 DN100 的采用卡箍连接。

4. 采暖系统

本工程采暖系统工作压力为：P<0.4MPa。采用自备锅炉房提供的 90/70℃热水作为采暖热媒。采用下供下回式双管采暖系统。供回水干管设在负一层。管道采用热镀锌钢管。不大于 DN32 的采用螺纹连接；不小于 DN40 的采用焊接或法兰连接。

锅炉房供回水干管和分集水器均进行保温，保温材料选用 40mm 离心玻璃棉管壳(导热系数为 0.037W/m·k)，锅炉为国产 A.O 史密斯商用热水炉 DW-1210 型两台，制热量 Q=320kW；耗天然气量 32m³/h；热效率大于 90%，额定燃气压力：P=2000Pa。

(二) 施工过程中监理对质量的控制、检查与验收重点

1. 管道安装施工步骤

熟悉图纸和有关技术资料→施工测量放线→沟槽开挖及管沟砌筑→配合土建预留孔洞及预埋铁件→管件加工制作→支架制作及安装→管道预制及组成→管道敷设安装→管道与设备连接→自控仪表及其管道安装→试压及清(吹)洗→防腐和保温→调试和试运转→竣工验收。

2. 设备的安装

(1) 设备安装前应对其有关资料和文件合格证进行核对检查；

(2) 设备不应有缺件、损坏和锈蚀，而转动部分应灵活无阻滞、无卡住现象和异常声音；

(3) 对设备机组的安装是根据已经确定的水泵机组型号、机组的台数和机组的长度尺寸合理地规划其在水泵房中的安装位置和纵横排列形式。机组布置应使管线最短，弯头最少，管路便于连接和留有一定的走道和空间，以便于管理、操作和维修。

3. 给水管道的安装

(1) 管道安装之前需复测管道地沟，支架是否符合管道安装的高程、坡度和坡向，支架间距是否符合图纸和有关规范的要求；

(2) 引入管与其他管道应保持一定的距离，如与室内污水排出管平行敷设，其外壁水平间距不小于 1m，如与电缆平行敷设，其间距不小于 0.75m；

(3) 法兰焊缝及其他连接件的设置应便于复检，并不得紧贴墙壁、楼板或管架；

(4) 穿过楼板、墙壁、基础、屋面的管道，均应加装套管进行保护，在套管内不得有管道接口。穿过屋面的管道应有防水层(或土建泛水)和防水帽，管道和套管之间的间隙用不燃材料填塞；

(5) 管道安装工作如有间断，应及时封闭敞开的管口；

(6) 管道连接时，不得用强力对口，也不得用加热管子及加偏垫等方法来消除接口端面的空隙偏差、错口或不同心等缺陷；

(7) 管道安装施工过程中及完工后，应及时填写各种施工技术资料表格并经签证记录，埋地铺设的管道，应办理隐蔽工程验收，填写隐蔽工程验收记录并及时回填，这些施工技术资料均应整理存档。

4. 排水管道的安装

(1) 排水塑料管必须按设计要求及位置装设伸缩节，如设计无要求时，伸缩节间距不得大于 4m；

(2) 排水主干管及水平干管管道均应做通球试验，通球球径不小于排水管管径的 2/3，通球率必须达到 100%；

(3) 生活污水管道的坡度必须符合设计或规范要求；

(4) 在立管上应每隔一层设置一个检查口，底层和有卫生器具的最高层必须设置检查口，其中心高度距地面为 1m，允许偏差±20mm，检查口的朝向应便于检修，在暗敷立管上的检查口应安装检查门；

(5) 排水通气管不得与风道或烟道连接，安装应符合规范。

5. 室内管道的布置

管道排列间距及避让的基本原则如下：气体管路排列在上，液体管路排列在下；热介质管路排列在上，冷介质管路排列在下；保温管路排列在上，不保温管路排列在下；金属管路排列在上，非金属管路排列在下。

管路相遇的避让原则：分支管路让主干管路；小口径管路让大口径管路；有压力管路让无压力管路；常温管路让高温或低温管路。

管线间距的确定。管线的间距以利于对管子、阀门及保温层进行安装和检修为原则。管子的外壁、法兰边缘及热绝缘层外壁等管路最突出部位距墙壁或柱边的净距不应小于 100mm，而对于并排管路上的并列阀门的手轮，其净距约为 100mm。

6. 管道支、吊、托架的安装

(1) 位置正确埋设应平整牢固；

(2) 固定支架与管道接触应紧密，固定应牢固可靠；

(3) 滑动支架应灵活，滑托与滑槽两侧间应留有 3～5mm 的间隙，纵向移动量应符合设计要求；

(4) 无热伸长管道的吊架，吊杆应垂直安装；

(5) 有热伸长管道的吊架，吊杆应向热膨胀的反方向偏移；

(6) 固定在建筑结构上的管道支、吊架不得影响结构的安全，钢管水平安装的支架间距应符合规定。

7. 管道接口应符合的要求

(1) 管道采用粘接，管端插入承口的深度应符合规定；

(2) 热熔连接管道的结合应有一个均匀的熔接圈，不得出现局部熔瘤或熔接凹凸不匀现象；

(3) 采用橡胶圈接口的管道，允许沿曲线敷设，每个接口的最大偏转角不得超过 2°；

(4) 法兰连接时衬垫不得凸入管内，以其外边缘接近螺栓孔为宜，不得放双垫或偏垫；

(5) 连接法兰的螺栓长度应符合标准，拧紧后突出螺母的长度不应小于螺杆直径的 1/2；

(6) 螺纹连接管道安装后的管螺纹根部应有 2～3 扣的外露螺纹，多余的麻丝应清理干净并做防腐处理；

(7) 卡箍(套)式连接两管端口应平整无缝隙，沟槽应均匀，卡紧螺栓后管道应平直，卡箍(套)安装方向应一致。

8. 管道系统交付使用前必须进行水压试验记录

各种承压管道系统和设备应做水压试验，非承压管道系统和设备应做灌水试验。室内给水管道的水压试验必须符合设计要求，当设计未注明时，各种材料的给水管道系统试验压力均为工作压力的1.5倍，但不得小于0.6MPa。

检验方法：金属复合给水管道系统在试验压力下观测10min，压力降不应大于0.02MPa，然后降到工作压力进行检查应不渗不漏。

9. 防腐：管道、管件、支架容器和散热器等涂刷底漆前，必须清除表面灰尘、污垢、锈斑和焊渣等。表面除锈后均涂刷两道防锈底漆(第一道安装前涂好，试压合格后再涂第二道)。

10. 冲洗：管道系统使用前必须冲洗，冲洗前应将系统中的过滤器、温度计、恒湿调节阀拆除，待合格后再装上。管道系统必须使用清水冲洗，冲洗时应按最大压力和流量进行，直到出水口水色澄清方为合格。

11. 给排水工程监理质量要求要点

(1) 防水套管预埋：防水套管加工严格按照国标图集进行制作，固定牢固，高程位置准确无误；

(2) 孔洞预留：孔洞位置准确，大小合适；

(3) 管道安装要求管道横平竖直，管道接口处清理干净，管道排列整齐、美观；

(4) 材料选用符合图纸及设计要求，管道支架固定牢靠，管道支架油漆均匀；

(5) 管道各系统经过相对应的管道试压、冲洗、灌水、通球等试验，试验应符合相应相规范要求；

(6) 水泵、设备安装：水泵、设备安装固定稳固，连接管线布置合理。

(三) 监理在质量控制方面要求施工单位采取的主要技术措施举例

1. 防治管道渗漏的技术措施

管道安装时选用管材与管件相匹配的合格产品，并采用与之相适应的管道连接方式，要求严格按照施工方案及相应的施工验收规范、工艺标准，采取合理的安装程序进行施工。

对于暗埋管道应采取分段试压方式。分段试压必须达到规范验收要求，确保管道接口的严密性。

2. 预埋套管技术措施

防水套管在土建主体施工时进行配合预埋，应固定牢靠，在浇筑混凝土时安排专人看护；安装管道时，对于刚性防水套管，套管与管道的环形间隙中间部位填嵌油麻，两端用水泥填塞捻打密实；安装在墙内的套管，宜在墙体砌筑时或浇筑混凝土前进行预埋；如果为砖墙，待墙体砌好后开洞，安装管道时埋设套管，并用砂浆填补密实封堵。过墙套管应垂直墙面水平设置，套管与管道之间的填料采用阻燃密实材料；保温管道预先考虑穿墙、穿楼板的套管，并能满足保温层的厚度。

3. 给水管支(吊)架及支墩安装主要技术措施

管道支、吊、托架的形式、尺寸及规格按标准图集加工制作，型材与所固定的管道相称；焊接处不得有漏焊、欠焊或焊接裂纹等缺陷；金属支、吊、托架应做好防锈处理；支、吊、托架间距按规范要求设置，直线管道上的支架应采用拉线检查的方法使支架保持同一直线。

三、电气工程、火灾报警系统安装的监理工作内容

（一）系统概况

电气工程：本工程安装负荷为882.5kW，计算负荷为451kW，消防负荷为111.5kW，室外设置630kV·A箱式变压器一台。室外管线穿钢管暗敷，其余部分均采用电线管(KBG)视情在现浇板，地面或墙内暗敷。

本工程采用TN-C-S系统，低压电源中性线与接地装置直接连接；防雷系统，弱电系统采用联合接地系统，要求接地电阻不大于1Ω，接地装置引自地下工程的综合接地体，并利用本工程的基础钢筋网利用柱内二至四根主筋做引下线，与地下基础钢筋网焊接；各卫生间做局部等电位联结，在卫生间设一个等电位联结箱。

火灾报警系统：本工程采用控制中心报警联动控制系统，在一楼设火灾报警控制中心，内设火灾报警联动控制器；通过火灾探测器和手报按钮相结合的方式进行火灾自动报警并对消火栓、水喷淋等系统进行监控。

（二）施工过程中监理对质量的控制、检查与验收重点

(1) 电气导管接头处严密，确保混凝土浆不会灌入导管内。

(2) 导管管口不得有毛刺，避免以后穿线时划伤电线。

(3) 导管接线盒内应填塞木屑或其他物品，防止接线盒内灌入水泥浆，接线盒内管口应放置管堵，防止管口灌入水泥浆。

(4) 导管跨接线应牢固，跨接线规格型号不得小于规范要求。

(5) 导管不得出现三层交错现象，导管弯管处不得出现明显变形。

(6) 桥架安装：桥架安装高程位置应正确，桥架变头、三通等配件采用厂家制作成品，避免现场加工制作破坏面层，桥架横平竖直，支架固定牢固。

(7) 电缆敷设：电缆下料长度准确，电缆不得出现中间接头，电缆接头应采用热缩式，电缆敷设时避免破坏电缆绝缘层，同时避免出现破坏性拉力损伤电缆。

(8) 电线敷设：电线敷设时避免破坏电缆绝缘层，同时避免出现破坏性拉力损伤电线，导管内不得出现电线接头。

(9) 配电箱柜安装：配电箱柜固定稳固，横平竖直，箱柜内接线整齐、合理。

(10) 灯具安装：灯具固定牢固，成排灯具在一条直线上。

(11) 开关插座：开关、插座安装高度统一，安装平整、美观。

(12) 空调电源插座、电源插座与照明，应分路设计；厨房电源插座和卫生间电源插座设置独立回路；各回路应设置漏电保护装置。

(13) 避雷带、接地干线等防雷接地系统应采用不易锈蚀的材质。

（三）监理在质量控制方面要求施工单位采取的主要措施举例

1. 电线保护管的敷设主要技术措施

(1) 电线保护管接口处理，保证连接牢固、接口紧密，连接配件配套、齐全，金属导管严禁对口熔焊连接；

(2) 当电线保护管在墙体剔槽埋设时，采用机械切割，采用强度等级不小于M10的水泥砂浆抹面保护，保护层厚度大于15mm；

(3) 直埋于地下或楼板内的刚性导管穿出地面或楼板，加上金属套管作保护；

(4) 沿建筑物、构筑物表面和支架上敷设的刚性绝导管，增设温度补偿装置，保证线路的安全可靠；

(5) 金属或非金属软管与电气设备连接时其长度不大于 0.8m；与照明器具连接时其长度不大于 0.8m。

2. 开关、插座安装及接线主要技术措施

(1) 安装开关、插座之前，先扫清盒内灰渣脏土；安装盒如出现锈迹，再补刷一次防锈漆，以确保质量；土建装修进行到墙面、顶板喷完浆活时，才能安装开关、插座及电气器具；

(2) 穿线时把三相电鉴别好相序，并分好颜色；注意单相电相线、零线、PE 线的颜色区分清楚，加强自检互检，及时纠正错误；

(3) 接地线在插座间不能串联连接，直接从 PE 干线接出单根 PE 支线接入插座；

(4) 同一建筑物、构筑物的开关采用同一系列的产品，开关的通断位置一致，操作灵活、接触可靠。

3. 防雷接地系统主要技术措施

(1) 避雷带、接地干线采用焊接连接时，焊接处焊缝应饱满(圆钢采用双面焊接，扁钢采用三面焊接)，搭接长度符合要求，并有足够的机械强度，焊接处做防腐处理；避雷带支架安装位置准确垂直，水平直线部位间距均匀，固定牢固；

(2) 当避雷带、接地干线跨越建筑物变形缝时，设补偿装置；

(3) 屋面及外露的其他金属物体与屋面防雷装置连接成一个整体的电气通路；

(4) 设备金属外壳及设备基础、设备支架等可接近裸露导体利用就近的金属钢导管或单独与接地干线可靠连接，防止漏电事故；

(5) 总等电位连接线端子箱安装在进线总配电箱近旁，将接地干线和引入建筑物的各类金属管道如上下水、热力、煤气等管道与总等电位连接端子板连接；

(6) 局部等电位连接线端子箱应符合国家技术标准，预留足够的端子连接点，螺帽、防松零件齐全。

4. 电缆桥架安装主要技术措施

(1) 金属电缆桥架及其支架全长不少于 2 处(一般在变配电室、电气竖井各一处)与接地(PE)干线相连接；

(2) 钢制电缆桥架直线段长度超过 30m 设置伸缩节；电缆桥架跨越建筑变形缝处设置补偿装置；

(3) 电缆桥架水平穿越防火隔墙或垂直穿越楼板(包括电气竖井内)的所有孔洞作防火密闭封堵与隔离。

5. 配电箱安装及箱内配线主要技术措施

(1) 箱体安装周正，固定可靠，内外清洁，平整度符合规范要求；进箱管口采用机械开孔器开孔，排列整齐，切口光滑，护口齐全；

(2) 箱内接地、接零排线齐全；箱内排线整齐，导线分色处理，电缆终端应制作电缆头，回路编号齐全、正确，同一接线端子上连接线不多于 2 根。

6. 电井内安装要求清洁、整齐、布置合理，桥架、配电箱、电缆安装固定牢固，接地系统完整，井内预留孔洞和管道穿楼板孔洞采用防火材料填充密实，防火封堵。

四、通风系统安装的监理工作内容

（一）系统概况

本工程防烟楼梯间采用自然排烟，合用前室采用加压送风系统，加压风机设在屋面，合用前室设常闭送风口。办公楼无外窗厕所为机械排风，换气次数为6～8次/h。本工程采用DWT-I型轴流式送风机两台，DWT-I型轴流式排风机一台，HTF型轴流式排风机一台。CF-3-8型厨房排风机一台，CF-3.5-8型锅炉房排风机一台。

（二）施工过程中监理对质量的控制、检查与验收重点

（1）风管加工：风管板材选用符合规范、设计要求，风管成形方正。风管咬口缝必须达到连续、紧密、均匀、无孔洞、无半咬口和胀裂现象，直管拼接的纵向咬缝必须错开；

（2）风管安装：风管连接法兰紧密，风管法兰垫片符合规范要求。风管支架间距合理，支架安装牢固。各种安装材料、部件均为合格产品，风管成品不许有变形、扭曲、裂开、孔洞、法兰脱落、法兰开焊、漏铆、漏打螺栓孔眼等缺陷，辅助材料及螺栓等加固体应符合产品质量要求；

（3）风口安装：风口固定牢靠，安装不得歪斜，成排风口在一条直线上。

（三）监理在质量控制方面要求施工单位采取的主要技术措施举例

（1）工程所使用的主要材料、成品、半成品、配件、器具和设备必须具有质量合格证明文件，规格、型号及性能检测报告应符合国家技术标准或设计要求，进场时必须检查验收。

（2）风管支、吊架宜按国标图集与规范选用强度和刚度相适应的形式和规格。支、吊架不宜设置在风口、阀门、检查门及自控机构处，且离风口或插接管的距离不宜小于200mm；当水平悬吊的主、干风管长度超过20m时，设置防晃支架，并做好绝缘防腐处理。支、吊架安装要求牢固、整齐、间距适当且均匀、相互平行。

（3）风机安装：以测定的轴线、边缘线及高程放出安装基准线；在基础上，用垫铁找正、垫平、测试准确，而后点焊；通风机装在无减振器机座上时，应垫5mm厚橡胶板找正后固定牢；有减振器的风机安装，要按要求使各组减振器承受的荷载压缩量均匀，不偏心，安装后要采取保护措施，防止损坏；通风机的轴心必须保持水平，风机与电机两轴同心度要在一条直线上。

五、监理在施工中发现的问题及整改后效果举例

（1）喷淋管道支架不垂直的整改，如图3-1所示。

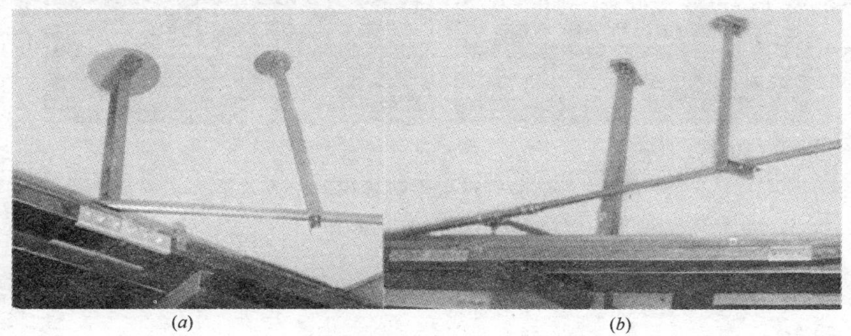

(*a*) (*b*)

图3-1 喷淋管道支架不垂直的整改效果

(*a*)整改前；(*b*)整改后

(2) 喷淋管道末端未做防晃支架，如图 3-2 所示。

(*a*) (*b*)

图 3-2 喷淋管道末端未做防晃支架的整改效果

(*a*)整改前；(*b*)整改后

(3) 穿墙或板管道未封堵，如图 3-3 所示。

(*a*) (*b*)

图 3-3 穿墙或板管道未封堵的整改效果

(*a*)整改前；(*b*)整改后

(4) 部分管道无水流标识，如图 3-4 所示。

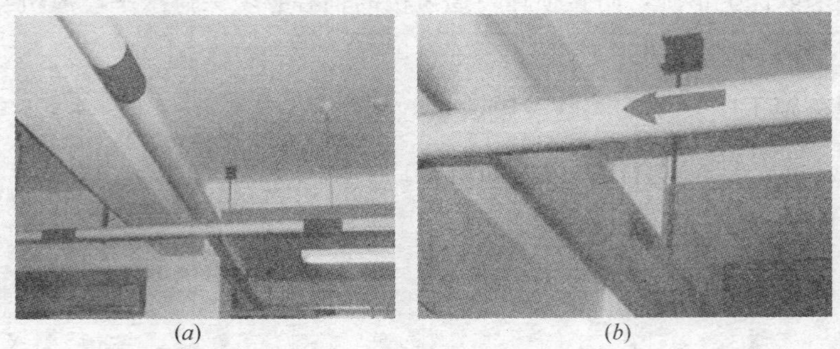

(*a*) (*b*)

图 3-4 部分管道无水流标识的整改效果

(*a*)整改前；(*b*)整改后

六、工程施工中的有关精细做法举例

为争创“××杯”优质工程，监理在工作中始终树立质量第一的思想，坚持样板引路，重点突出“细”和“精”：一是按规范、标准及设计要求，采取多种措施，消除质量通病；二是“粗粮细做”、“细粮精做”，加强细部管理，确保每道工序受控。举例如下：

（1）喷淋头的位置依据吊顶排板定位，确保居中，如图 3-5 所示。

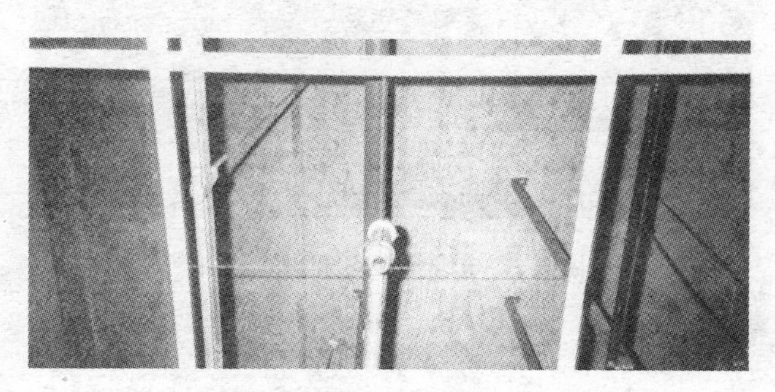

图 3-5　喷淋头的位置依据吊顶排板定位

（2）穿墙管道封堵密闭的做法，如图 3-6 所示。

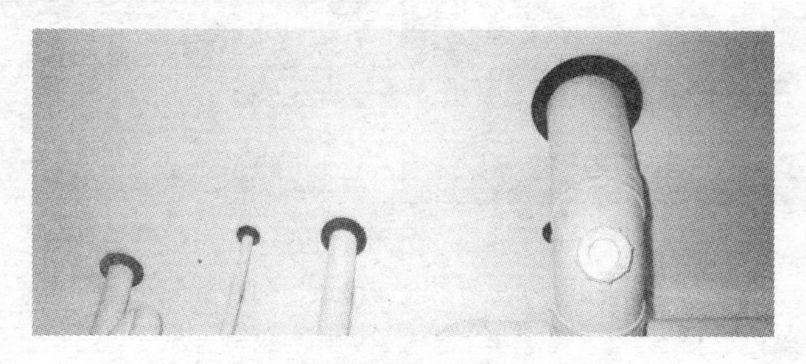

图 3-6　穿墙管道封堵密闭的做法

（3）屋面地漏及室内地漏的做法，如图 3-7 所示。

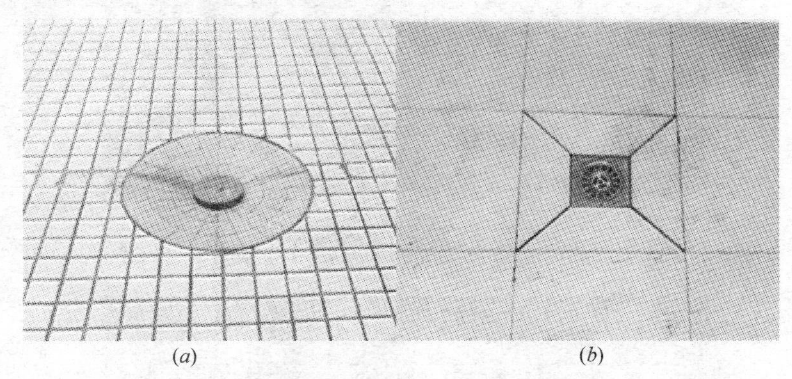

(*a*)　(*b*)

图 3-7　屋面地漏及室内地漏的做法
(*a*)屋面地漏；(*b*)室内地漏

（4）电缆桥架穿楼面的做法，如图 3-8 所示。

（5）接地干线及接地细部做法，如图 3-9 所示。

（6）配电柜的安装，如图 3-10 所示。

（7）成排管道及标识，如图 3-11 所示。

（8）配电箱内部布置，如图 3-12 所示。

图 3-8　电缆桥架穿楼面的做法

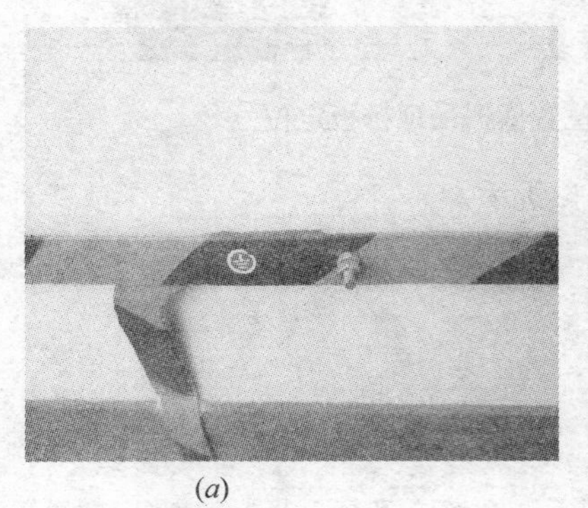

(*a*)

(*b*)

图 3-9　接地干线及接地细部做法

(*a*)接地干线；(*b*)接地测试点

图 3-10　配电柜的安装效果

图 3-11　成排管道及标识效果

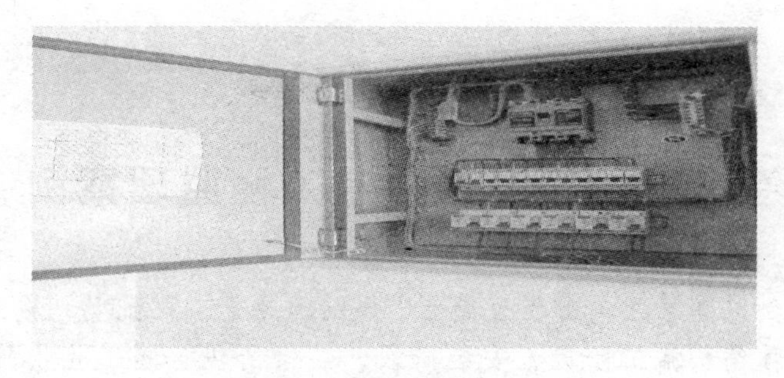

图 3-12 配电箱内部布置

案例4　某高层住宅工程监理案例

【摘要】 本案例以高层住宅工程为背景，详细阐述了工程概况、施工准备阶段、地基基础施工阶段、主体结构施工阶段、安装阶段、装修阶段、竣工验收阶段的主要监理工作。重点突出了第一次工地会议、监理文件资料的收集及整理、地基基础阶段的安全工作、地基基础验槽、地下防水工程施工控制、钢筋工程、混凝土工程、主体结构验收、建筑给排水及采暖工程的质量控制重点、电气工程安装期间的监理、通风与空调工程、装修施工监控要点等方面监理工作，有很强的借鉴作用。

一、工程概况

（一）基本概况

本工程为某经济适用住房，位于北京市朝阳区，总建筑面积33518.2m^2，地下建筑面积2019.9m^2，地上建筑面积为31498.3m^2，地上30层，地下两层，局部地下3层，建筑高度为85.60m；地上为塔式住宅，1层局部为商业用房，如图4-1、4-2所示。地下1层为非可燃物储藏设备用房。地下2层战时为五级专业队队员掩蔽所，平时为活动用房。地下2层为满堂红人防，人员掩蔽面积为568m^2。设计使用年限50年，建筑耐火等级为一级，抗震设防烈度8度。外墙保温为50mm厚挤塑苯板保温板，外墙装修为涂料，门窗设计为断桥隔热铝合金门窗中空玻璃(6mm＋9mm＋6mm)，地下及屋面防水为3mm＋3mm厚SBS聚酯胎改性沥青防水卷材，厨房、卫生间防水为1.5mm厚单组分聚氨酯涂膜防水。

结构设计为1.25m厚筏形基础，主体为钢筋混凝土剪力墙结构，钢筋为HPB235、HRB335、HRB400级钢筋，直径大于等于16mm的钢筋采用直螺纹机械连接，其余搭接绑扎。填充墙为200mm厚陶粒混凝土空心砌块及100mm厚GRC圆孔板。

合同工期587d，质量目标合格，甲方指定专业分包单位从事土方工程、CFG桩、电梯、弱电、燃气、消防工程。

（二）专业设计概况

见表4-1、表4-2。

给排水、暖通设计概况　　表4-1

系统名称	系统概况(系统特点、材质及连接方式)
生活给水系统	室内生活给水分为3区：低区为地下2层～地上4层，由室外市政管网直接供给；中区为地上5层～地上14层；高区为15层～顶层，分别由地下水泵房、中区及高区变频泵组供给，可调试减压阀减压
生活热水系统	热水由户内燃气热水器供给，供水设铜止回阀
中水系统	分区同生活给水系统，给水管同生活给水系统

续表

系统名称	系统概况(系统特点、材质及连接方式)
排水系统	污废水合流至化粪池,排至市政污水处理厂。地下室污水经潜水泵拉升,排至污水检查井
雨水排水系统	雨水采用内排雨水方式,排入室外雨水管,雨水管采用热镀锌管
卫生器具安装	公共卫生间及人防卫生器具安装到位
消火栓系统	地下1层消防水泵组,由消防水池供水。高区1～30层由消火栓加压泵供水,地下1层至地下3层消火栓用加压泵减压阀减压
自动喷洒灭火系统	自动喷洒灭火系统设置在B区办公室、会议室、过道等部位
采暖系统	小区锅炉房供水,温度供回水80℃/60℃,分户独立热计量系统
通风系统	厨卫预留专用通风器,水泥砂浆板通风道,商业部分、公共卫生间、电梯机房设机械通风
人防通风	掩蔽所内设平、战时送风系统,战时清洁式、滤毒式及隔绝式三种通风方式。设一台斜流风机、一台除湿机、两台手控电动两用通风机、设两台粗过滤器
防排烟系统	地下室无自然通风的采用机械加压通风。地上楼梯间设机械加压送风系统。地下1层为两个防火分区,地下2层为一个防火分区,每个分区设一套排烟系统

电气工程设计概况 **表4-2**

系统名称		系统概况
强电	供配电系统	本工程两路电源直埋地下引自小区变电室。地下1层设π接室和配电室,住宅每层电气竖井内设户表箱一个
	设备安装	配电柜靠墙落地安装,所有插座均采用安全型。灯具住宅内采用平灯口,卫生间、厨房采用磁灯口,均采用节能光源,非住宅部分采用荧光灯
	线路敷设	动力、照明干线采用阻燃或耐火YJV电缆,穿钢管敷设于线槽、地沟、地板或墙内,沿墙或顶板内暗配。有装修要求且管线无法暗配时,可采用镀锌钢管(或JDG钢导管)在吊顶内敷设。消防用电设备的配电线路分为暗敷与明敷
防雷接地	防雷接地系统	本工程采用等电位联结。楼内所有进出建筑物的金属管道等金属件,均通过等电位联结水平干线与接地装置相连。楼内所有金属门窗、框架、金属设施管道以及接地扁钢等大尺寸的内部导电物,以最短路径连接到等电位连接线(板、箱)上。利用结构柱及剪力墙内主筋作为防雷引下线,引下线上部与接闪器焊接,下部与接地极焊接形成防雷接地、保护性重复接地共用的接地系统。接地电阻若不满足要求需补设接地极。接地管道采用环形综合接地方式与基础钢筋网接地体连成一体
弱电	有线电视系统	有线电视系统由小区弱电管沟引入至地下1层弱电间内综合电视箱(TV-D1)。箱内根据需要安装分支、分配及放大单元
	综合布线系统	综合布线系统由小区弱电管沟经穿墙保护管引入至地下1层弱电间内综合布线箱(TC-D1)。再由此采用六类UTP网线穿线槽至各层综合布线分箱(过路箱)或信息插座。综合布线系统支路管线,一律穿管在地面或楼板内暗配
	电视监控系统	单体楼内电视监控系统作为一个子系统纳入小区电视监控系统内。在首层门厅设置一个变焦摄像机,在各电梯轿箱内设置一个定焦摄像机
	可视对讲系统	对讲系统主机设在地下1层弱电间内。主入口和车库通往楼内入口处设门口机和电控锁,各出入口均设开锁按钮及门口机。各层电气井内设层分配器,住宅内设对讲终端,主机挂墙明装,层分配器在电气井内墙上明装。门禁系统与消防报警系统联动,由此系统开启相关单元的电控门锁

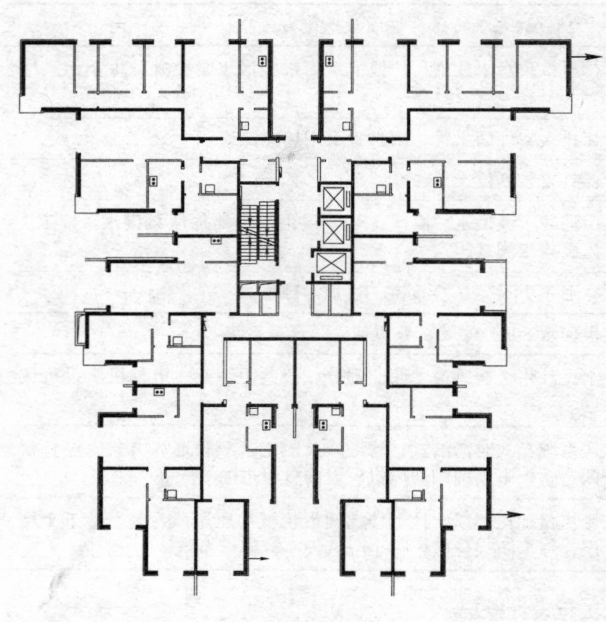

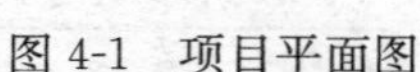

图 4-1　项目平面图

图 4-2　项目建设过程图片

（三）本工程的特点、难点

（1）本工程层数多，基坑深。地面上 30 层，地下两层，加 CFG 桩，基坑开挖需降水。

（2）本楼为塔楼，楼东西向 38.4m，南北向 38.1m，轴线 34 个，轴线复杂，模板规格多，施工难度大。

（3）外装线条多，变化多，施工有一定难度。

（4）甲方分包项目多，劳务队不便管理。

（5）本工程位置在东二环边上，车辆进场受限制多，房屋周边道路窄，居民多，材料进场困难，存在扰民问题。

（6）主楼与车库连在一起，主楼施工，车库不施工，施工留搓多，支模困难。

（7）本工程回填土因车库不随主体一块施工，回填土不能一步到位，对主楼上部装修造成一定影响。

（8）本工程西侧一层设有商店，商店框架柱坐落在主楼基坑肥槽上，商店楼板与主楼连在一起，没有沉降缝，施工时需引起高度重视和有效的措施，否则就会造成商店部分下沉，楼板裂缝，造成质量问题。

二、施工准备阶段的主要监理工作

在监理任务承接到之后，监理单位就根据监理合同的要求，组织监理机构中人员进驻现场，并有序地开展监理业务。在施工准备阶段监理工作主要有组建监理机构；编写监理规划及细则；审查施工单位资质、人员的上岗证；审批施工组织设计及方案；召开第一次工地会议；建立监理工作制度；参加图纸会审工作；签署开工令等。

（一）项目监理部办公环境布置

项目监理部办公环境建设和布置，能体现一个监理企业的良好形象，是项目监理团队工作作风和精神面貌的具体体现。因此，总监理工程师接受项目监理任务后，对项目监理部办公环境布置要着手进行如下工作。

(1) 参加建设单位组织的施工招标文件的编写，在招标文件的条款中，应明确在施工方搭建临时设施用房时免费为建设、监理及设计单位驻场代表提供办公室及宿舍用房，并提供办公桌椅及设备配备目录和清单。

(2) 在审批施工总平面图时，对施工合同中约定需搭设的办公室及宿舍用房平面布置图进行核查，按照监理组织机构设置布置办公室平面图。办公室通常设总监办、土建监理办、设备监理办、资料室等若干间。

【例】监理办公室墙上张贴的职责、程序等，见图4-3。

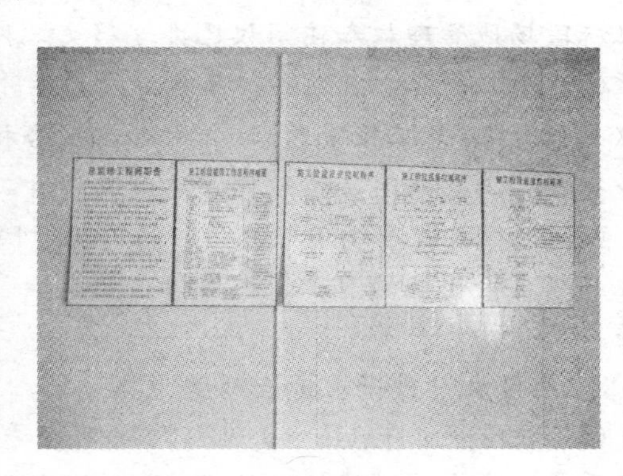

图4-3 墙上张贴的职责、程序

(二) 第一次工地会议监理的准备

在第一次工地会议上，监理应准备以下资料：一是监理企业对总监理工程师及项目监理部负责人的任命书；二是总监理工程师对监理机构人员的委托授权书；三是项目监理机构及监理人员的岗位工作职责；四是项目监理工作程序；五是项目监理工作用表等。

第一次工地会议通常是在总承包单位和项目监理机构进驻现场后、工程开工前召开，并由建设单位主持。第一次工地会议是建设单位、承包人和监理机构建立良好合作关系的一次机会。会议通知一般是由建设单位委托项目监理机构发给各参建单位的。建设单位参加会议的人员有项目主要负责人和有关管理人员；监理单位参加会议的人员有总监、总监代表、各专业监理工程师和其他管理人员；施工承包单位参加会议的人员主要有项目经理、技术负责人、施工员、质检员、安全员、资料员、工长等。在整个会议过程中总监安排监理人员做好详细的会议记录。

第一次工地会议应包括以下主要内容：(1)建设单位、监理单位、承包单位分别介绍各自现场的组织机构、人员职责及其分工情况；(2)建设单位根据委托监理合同宣布对总监理工程师的授权；(3)建设单位介绍工程开工准备情况；(4)承包单位介绍施工准备情况及施工进度计划；(5)建设单位和总监理工程师对施工准备情况及进度计划提出意见和要求；(6)总监理工程师介绍监理规划的主要内容，专业监理工程师介绍经总监批准的监理实施细则；明确工作运行程序并提出有关表格及说明等；(7)研究确定各方在施工过程中参加工地例会的主要人员，召开例会的周期、地点及主要议题和会议纪律。

第一次工地会议纪要由监理机构负责起草。纪要内容应详细完整，文字要言简意赅，用词准确。纪要整理完成后，总监理工程师要亲自校核并征求与会代表的意见，无误后再打印成稿，加盖项目监理机构印章后发给各参建单位。

【例】第一次监理工作交底资料

为了使本项目建设工作能顺利推进，使施工单位工作顺畅，运作规范，忙而不乱，进展有序，手续完备，资料齐全，特进行如下各环节的监理工作交底，请认真解读，不明之处多与监理方联系。

1. 开工报告审批制度

(1) 开工的必备条件：施工图纸已进行会审，并经设计、建设单位确认；施工组织设计(或施工方案)已报审并得到批准；施工合同已签订或施工单位已收到《中标通知书》；施工标段场地管理权和使用权已办理移交给施工单位的手续，现场三通一平工作已具备。

(2) 开工手续申报办法：各施工段具备开工条件时，由施工总承包单位工地项目部填写《工程开工/复工报审表》，并附开工报告和相关证明文件一式4份，报监理方审批，经审查符合开工要求时，监理部下达《工程开工令》。

(3) 工程验收手续申报办法：检验批、隐蔽工程、工序交接、分项和分部工程在施工单位三级自检合格的基础上，履行书面报验手续，只有验收合格通过时才能进行下道工序的施工。

2. 周报表、月报表报告制度

(1) 每周一上午11：00时前向监理方递交书面施工周报表，周报表主要内容：一周施工质量、安全、进度情况的小结，监理例会或专题会议需落实、执行事项的处理落实情况，分析未完事项原因，下一周工作的进度安排和纠偏措施，提出需设计、建设单位、监理单位解决和处理的问题及其他需要告知的事项。

(2) 每月25日中午12：00前向监理方递交正式的施工月报表。

3. 工地例会及重大事项协调制度

(1) 工程项目开工前，监理人员应参加建设单位主持召开的第一次工地会议，研究确定各方参加监理工地例会的主要人员，召开监理工地例会的周期、地点及主要议题。

(2) 工程项目实施过程中，每周应召开监理工地例会。参加监理工地例会的各方包括：发包人、承包人、分包人、监理人、设计人等单位的项目负责人或其代表；监理工地例会会议纪要由项目监理部负责整理并分发。

(3) 监理工地例会应包括以下内容：

检查上次例会议定事项的落实情况，分析未完事项原因；检查分析工程项目进度计划完成情况，分析偏差原因，提出纠偏措施及下一阶段的进度目标；检查分析安全生产和文明施工情况，针对存在的隐患提出改进意见；解决需要协调和处理的其他有关事项。

(4) 重大事项协调可定期或不定期地组织专题会议，建设、监理、施工单位都可根据工程情况，提出召开专题会议的时间、地点和协调的内容及参加人员，由专题会议召集单位负责主持和整理会议记录并分发。

4. 工程技术文件资料管理及收发文制度

(1) 工程技术文件资料管理：各单位都应按照并遵守有关工程技术文件资料管理及收发文制度的一系列规定，认真履行对工程技术文件资料的管理职责，及时做好收集、整理、归档工作。工程完成后，按合同要求向有关单位做好移交工作。

(2) 建设单位与承包单位之间涉及建设工程承包合同有关的联系，一般从施工图纸移交，材料进场检验，工程变更，工程验收，进度、质量的控制到工程进度款支付和工地协调工作，都应该汇集到工地项目监理部，由监理部人员根据建设单位规定的行文和事务处理程序办理。

5. 施工组织设计(方案)报批制度

(1) 各施工单位必须在规定时间内完成施工组织设计(方案)的编制和内部审查批准工作，施工组织设计必须经公司技术负责人审批签名，专项施工方案必须经项目经理和项目技术负责人审批签名，并加盖相关印章，填写“施工组织设计(方案)报审表”报项目监理方审批。

(2) 施工组织设计内容必须包括：总目录、项目组织机构(领导层、管理层、作业层、项目人员配置状况、劳动力进场计划、施工组织架构)、工程概况、编制依据、施工部署(包括工程总体部署、施工准备、现场安全生产、文明施工具体标准及方案、措施、与分包单位的配合、协调、切实可行的施工总平面图和施工总进度控制计划和各标段施工目标计划，明确进度计划的关键线路)、技术措施(包括本工程重点、难点、主要节点大样的详细施工方案及技术措施)、质量保证(包括完善的质量保证体系、质量标准、检测方法、成品保护措施)、施工进度、材料计划(包括编制详细的材料设备清单、制定详细的施工材料计划、明确自购和甲供材料订货、制作、加工、到场期限等)、主要材料样品、关键节点及样板的做法、工程质量通病及防治措施、安全生产文明施工措施、工程技术资料管理和工程验收制度等。

6. 施工图纸会审和设计代表到现场解决设计问题的要求

(1) 施工单位在收到经建设单位确认的施工图纸后，通常情况下7d内应组织参建单位进行图纸会审工作，在收到正式施工图纸48h内应书面向设计、建设单位、监理及其他参建单位发出图纸会审通知，会审通知应明确参加图纸会审的单位、日程安排、时间、地点等事项。

(2) 各参建单位在收到经建设单位确认的施工图纸后，应尽快组织相关专业技术人员阅读图纸并书面提出图纸会审意见，通常情况下各参建单位的图纸会审意见应在会审会召开日期前两天递交建设单位，由其转交设计单位以便做好解答准备；图纸会审纪要、记录由组织图纸会审的施工单位负责整理，完善参加图纸会审的单位及人员签名盖章手续后分发有关单位。

7. 建筑材料、机电安装材料进场前选送样板要求

各种建筑材料、机电安装材料、构配件及设备进场前要严格执行有关“原材料、构配件及设备看样定板及其管理规定”，填写“工程材料/构配件/设备报审表”，及时向监理方和建设单位履行报验手续，未经报验和检验不合格的原材料、构配件及设备不得用于本工程。

8. 原材料、构配件及设备现场见证取样的送检要求

加强对原材料的质量控制，是提高工程质量的首要关键。抓住了原材料的质量，就等于抓住了质量的源头。为了加强工程质量管理，国家及省市相应颁布了一系列关于原材料、构配件及设备现场检验方面的规定，确保只有质量合格的原材料、构配件及设备才能在工程上使用。

(1) 材料进场后见证取样送检的批次、批量。根据工程大小，材料用量差别很大，但

房屋建筑工程装饰装修材料品种多且规格不一，应严格按不同批次、批量分别送检，不能出现有些材料自始至终只有1份检测报告的情况，应按国家、省(市)及当地质监机构的有关具体要求和规定严格执行。考虑到具体情况对室内使用的石材、墙地砖、防火玻璃、吊顶、电线或其他同类材料出现不同规格情况时，可选择用量较多的材料进行送检，通常每个施工单位应有必需、完整、足够的见证取样送检及检测结果报告等资料。

(2) 工程竣工资料中必须有室内空气污染物检测报告。按照《民用建筑工程室内环境污染控制规范》GB 50325有关规定，工程竣工时有关单位应委托有资质的检测单位对室内空气污染物含量进行检测，若不检测或检测不合格则不能交付使用，当地质量监督部门有另行规定或要求时，从其规定或要求执行。

9. 工程造价管理资料

工程造价管理资料一定要随工程各阶段进展及时收集、整理，招投标阶段的招投标文件、施工合同，施工阶段的工程变更，包括设计变更、建设单位指令、施工变更、现场签证、设备、材料选定和价格确定等，都应由专人收集、整理和归档保管。特别要区分设计变更类别和建设单位指令与施工变更和现场签证的关系，通常情况下，设计变更和建设单位指令涉及工程质量、造价、工期变化时，必须执行建设单位有关工程变更管理规定，尤其是项目招标清单以外的、额外的、附加的工程变更事情要征得建设单位领导批准同意，方能实施；施工变更和现场签证必须申报预算和变更的理由及证明材料，首先报监理方审查并出具审查意见，报建设单位代表审核并签署审核意见后，再报建设单位领导批准同意，才能实施。涉及工程造价的签证资料起码要一式3份，经过项目监理部三级审核并加盖项目监理部机构印章后，1份交建设单位留存，1份留存在项目监理部，1份交给施工单位。监理部三级审核制度是：先经过具体负责现场的监理人员初审、签名，再统一交到项目监理部造价管理人员复审签名，最后交给项目监理部总监审核签名并加盖项目监理部印章手续。只有完善这些过程签名盖印手续后，才是项目监理部认可的有效造价文件，才能作为办理工程结算的依据。否则是不完整资料，不能作为办理工程结算的依据。

(三) 监理文件资料的收集、分类及整理

监理文件包括工程准备阶段文件、监理文件、施工文件、竣工验收文件、竣工图纸、声像资料等，是在实施工程建设监理过程中形成的图表、文字、声像等文件和原始记载的总称。

工程建设监理工作是紧紧围绕“三控、三管、一协调”来开展的，因此监理文件的收集、分类、整理也可以以此入手。建筑工程的信息量虽然很大，但以此构建一套监理文件收集、分类、整理原则，使监理文件系统化、规范化也就成为可能。

(1) 监理文件要有明确的分类，便于日后文件的存放、查阅。监理文件可划分为“质量控制、进度控制、投资控制、安全管理、合同管理、信息管理、组织协调、项目监理机构管理”八大类。

(2) 按上述分类存放文件资料，资料盒内还应备存卷内目录或台账，且计算机上也应按此建立相应的文件夹，文件夹下再按资料盒名称进行分类，存放卷内目录或台账及相应文件等。做到盒内和计算机内一一对应，清清楚楚，一目了然。

(3) 监理文件是在工程建设监理过程中逐步形成的。整个项目建设过程繁杂，专业各异，要做好监理文件管理，关键之一是监理人员，尤其是资料员不但要有一定的现场实践经验和较高的素质，更要有高度的责任心，总监也要督促所有监理人员人人重视、个个动手，把监理文件收集好、整理到位。

【例】监理资料整理分类及文件盒的设置

监理资料整理分类及文件盒的设置 表4-3

编号	资料盒名称	建立文件存放说明
B1类 质量控制		
B1-01	施工组织设计(方案)报审	存放报审表及相应施工组织设计(方案)
B1-02	工程材料、构配件、建筑安装设备报审	材料注意收集必要的见证记录和复试报告等
B1-03	工程定位测量记录	存放单位工程轴线、高程/沉降观测资料；测量仪器的检定证书、专职测量人员岗位证书
B1-04	混凝土工程浇灌审批	填写混凝土强度等级、在备注栏内必须填写此次混凝土浇灌量
B1-05	拆除审批表	模板、塔吊、外挑脚手架拆除报审等
B1-06	工程质量事故报告及处理资料	
B1-07	工程竣工质量报告	各分部的评估报告
B1-08	不合格项处置记录	
B1-09	旁站监理记录	旁站内容按旁站监理方案执行
B1-10	监理规划	
B1-11	监理实施细则	
B1-12	图纸会审记录	监理人员、总监应仔细审查签字确认
B1-13	施工实验记录	原材料、试块强度等试验
B1-14	技术交底记录	
B1-15	工程质量保修监理	
B2类 进度控制		
B2-01	工程开工/复工报审	
B2-02	施工进度计划报审	
B2-03	工程暂停令	
B2-04	材料、设备供应计划审核	
B2-05	工程延期审批	
B2-06	工程进度控制	包括存放工期控制措施，进度检查记录、计划与实际进度对比及因果分析和调整、进度协调会议记录等
B3类 投资控制		
B3-01	工程计量报审	存放报审表及相应附件
B3-02	( )月工程进度款报审	存放报审表及相应附件
B3-03	工程洽商、变更索赔费用报审	存放报审表及相应附件
B3-04	工程款支付报审	存放报审表及相应附件
B3-05	工程款支付证书	验工计价台账
B3-06	工程竣工结算审核意见书	
B3-07	工程签证	区分合同内外签证整理

续表

编号	资料盒名称	建立文件存放说明
	B4 类　安全管理	
B4-01	安全隐患通知单、回复单	总监理工程师必须签字
B4-02	安全检查记录	含安全检查评分
B4-03	安全会议纪要	
B4-04	安全文件	含安全监理机构文件
B4-05	施工单位安全文件	安全管理架构、制度等，含安全许可证、特种作业人员上岗审查、安全措施费使用审查等
B4-06	安全专项方案	
B4-07	安全技术交底检查	
	B5 类　合同管理	
B5-01	分包单位资格报审	存放报审表及资质、资格文件
B5-02	工程最终延期审批	
B5-03	单位工程工、料、机动态报表	
B5-04	竣工移交证书	
B5-05	合同文件	各类合同及合同履约、风险分析，预测可能出现的问题
B5-06	工程材料定板	存放包括定板、对版、材料进场时间、数量等资料
	B6 类　信息管理	
B6-01	监理工程师通知单	注意文字严谨，简练，要求注明，要求施工单位的回复日期
B6-02	监理通知回复单	
B6-03	监理工作联系单	
B6-04	会议纪要	分工地例会/专题会议/设计例会/内部会议装盒
B6-05	监理总结	监理月Ⅰ/周Ⅱ/日Ⅲ报/(阶段)监理总结/专题报告/质量评估报告
B6-06	监理日记	
B6-07	监理声像资料	用档案馆专用相册
	B7 类　组织协调	
B7-01	建设单位(业主)文件	全体监理人员应签阅或通过会议传达
B7-02	勘察、设计文件	
B7-03	质量(安全)监督机构文件	含存整改通知书、整改报告
B7-04	工程质量安全巡查记录	存如联合检查、上级检查及整改报告等
B7-05	施工单位文件	管理制度、组织架构等
B7-06	施工总结	分项、分部工程总结等
	B8 类　监理内部管理	
B8-01	监理企业文件	监理招投标文件、监理合同、公司文件及通知单
B8-02	项目监理部内部管理	办公设备、检测试验设备到位和检查合格情况、监理考勤表、收发文记录、内部管理记录等

三、地基基础施工阶段的主要监理工作

总监理工程师签署工程开工令后，工程就进入正式开工阶段，在地基基础分部工程施工阶段，监理所做的工作很多，主要有：工程定位放线验收；基础土方开挖、护坡质量控制；基坑边坡的安全检测；地基基础处理(CFG 桩复合地基施工)；组织基础验槽；地下防水施工控制；基础大体积混凝土施工控制；钢筋工程、混凝土工程、模板工程的验收控制；回填土施工控制；地基基础分部验收、资料的收集等工作。

(一) 地基基础阶段监理抓的安全工作

监理对安全工作的重要性及安全管理的难度是比较清楚的，如何抓好安全管理就是摆在监理面前的一项重要任务。在安全管理方面，我们监理机构重点抓了以下几点：

(1) 认真审查施工方案中的安全技术措施和安全管理内容。特别关注基坑支护与降水、土方开挖与边坡支护、吊装、脚手架安拆等方案中有没有专家论证；有没有健全安全生产责任制；有没有违背国家强制性标准要求等。

(2) 认真核查施工单位的安全资料。查看工人进场后身份证登记情况；施工前的安全教育记录；对工人的安全交底；特种人员的上岗证；机械设备的登记、使用、保养情况及操作管理规定等。

(3) 检查基坑周边的安全情况。基坑周边的安全护栏搭设情况检查；基坑周边挡水墙的砌筑情况；基坑安全的第三方检测；土方开挖、边坡支护过程中施工的安全控制检查；复合地基的静载试验和 CFG 桩桩身质量检测；基础的沉降观测检测；塔吊安装、运行的完整资料情况等。

(4) 检查施工现场临时用电和临时用水的情况。

【例】监理定期组织安全大检查，召开安全专题会议

按照规范要求，每个月监理必须组织一次安全大检查，并召开安全专题会议，形成安全专题会议纪要。在组织安全大检查前，监理最好是下发一个联系单，在联系单中明确安全大检查的时间、要求参加的人员、重点检查的内容等。在安全大检查中，总监最好参加，每次检查分三个小组(临时用电，脚手架及“三宝、四口、五临边”，办公生活环境)进行，要求每个问题逐个落实，整改务必认真，安全隐患整改通知单中有整改责任人、整改时限、整改自检签字栏和现场监理签字栏。如某月的安全联合大检查工作方案：(1)联合检查组织：联合检查成员由建设单位、项目监理部、承包项目部派员组成，组长由副总监担任。承包单位的项目经理、技术负责人、安全负责人及分包专职安全员必须参加。(2)检查工作程序及时间安排：某日下午 14：00，联合检查人员准时到工地现场会议室报到。由组长清点人数、办理签到手续，按照专业特长进行分组；其次是进行工作布置并分发检查工作用表。各检查小组在组长的带领下进行现场安全大检查，按照表中的内容逐项打分，并做好安全隐患及存在问题的记录。现场检查完毕后，各小组回到会议室进行检查结果汇总，并对存在问题或需要改进的事项进行讲评。最后由安全大检查的组长研究确定工地现场存在的问题或安全隐患项，并签发安全隐患整改通知单，督促责任单位限期改进。

【例】建筑工程模板安全检查要点，见表 4-4。

建筑工程模板安全检查要点 **表 4-4**

资料检查							
方案	有专项方案		泵送混凝土时有保证模板支撑系统稳定的措施		施工单位技术负责人审查	经总监批准	
	有演算结果						
	高大模板工程经专家论证，有书面审查报告						
交底	施工前，已组织安全技术交底		验收	有验收手续			
拆模	有拆模申请		拆模申请应附混凝土试压报告				
检测	钢管、扣件按规定进行检测		监理	有专项监理细则			

现场检查				
立杆稳定		底部不垫砖及其他脆性材料	扣件式钢管立杆采用对接	
施工荷载		模板上荷载不超过规定	模板上堆料均匀	
水平拉结及剪刀撑	水平拉结	立柱在 4.5m 以下宜设置不少于两道水平拉杆，其中扫地杆离地 20cm，然后沿竖向每隔不大于 1.5m 设一道		
		立柱在 4.5m 以上，每增高 1.5m 增加水平拉杆一道，水平拉杆与立柱有可靠连接		
	剪刀撑	剪力撑与楼地面成 45°角，从楼地面处一直驳到顶部，与立杆连接牢固		
		支撑主梁的立柱两侧分别设剪刀撑，当跨度大于等于 10m 时，剪刀撑间距不得超过 5m		
作业环境		作业人员不得攀爬支模上下，应搭设工作梯	高空临边有足够的操作平台和安全防护	
		作业面临边防护及空洞防护措施到位	垂直交叉作业上下应有隔离防护措施	
拆模作业	设置警戒区	无未拆净的悬空模板	高度大于 2m 的作业有可靠的立足点	

（二）监理如何组织基础验槽

基础验槽工作是关系到整个建筑安全的关键。每一位工程技术人员，对每一个基槽，都应做到慎之又慎，决不能出现任何疏忽，不能放过任何蛛丝马迹。也就是说验槽这一环节是必不可少的，那如何来组织验槽呢？

基础验槽的前提条件是：(1)土方开挖到设计要求的标高，并经人工清理平整，槽底无浮土、松土的存在；(2)按设计要求进行了钎探，并做好记录表；(3)复合地基已处理完毕，并按要求进行了检测试验(静载和小应变)，检测合格；(4)基础控制轴线、外边线已放线；(5)验槽前的准备工作已完成，如地勘报告、验槽记录、工具准备到位等。

基础验槽的参加人员：基础验槽工作有可能是建设“五方”主体即勘察、设计、监理、施工及建设方第一次坐在一起，对工程建设质量共同把关，各负其责。所以这就要求参加验槽的人员必须符合规范要求，即勘察单位的技术人员必须有岩土工程师证，设计单位的技术人员必须有结构工程师注册证，监理单位的人必须有总监参加，施工单位必须有项目经理和技术负责人参加。另外要邀请质监站来现场监督验槽的整个过程是否合理、合法。

基础验槽的组织一般由监理单位组织，组织程序为先召开验槽会议，再到现场查看基槽情况，最后得出验收意见。验槽会议由总监主持，一般先由施工单位介绍一下施工过程的情况，施工过程中有无异常出现。设计单位可以介绍基础平面和结构说明对地基的要求等。在现场进行验槽时，施工单位要派施工人员跟随设计和勘察人员，他们要求钎探什么地方，工人要按照要求进行操作，直至设计和勘察人员满意为止。有下列情况之一时应推迟验槽或请设计方说明情况：(1)设计所使用承载力和持力层与勘察报告所提供不符；(2)场地内有软弱下卧层而设计方未说明相应的原因；(3)场地为不均匀场地，勘察方需要进行地基处理而设计方未进行处理。

【例】监理在验槽前应注重查看槽底的哪些情况，为顺利验槽提供帮助。

监理在验槽前应着重查明下列情况：(1)基槽开挖后，地质情况与原先提供地质报告是否相符；(2)是否有因雨、雪、天寒等情况使基底岩土的性质发生了变化；(3)边坡是否稳定；(4)场地内是否有被扰动的岩土；(5)基坑应采取必要的措施防止地面水和雨水进入槽内，槽内水应及时排出，使基槽保持无水状态，水浸部分应全部清除；(6)严禁局部超挖后用虚土回填。

（三）地下防水工程施工的控制

本工程地下两层，防水设计等级为Ⅱ级，采用结构自防水和3mm＋4mmSBS聚氨酯防水卷材防水。地下室底板混凝土强度C35，抗渗等级P8；侧墙板混凝土强度等级C40，抗渗等级P8。

1. 在混凝土施工中，监理应主要进行的控制

(1) 加强了原材料的质量控制，对所用材料水泥、砂、石、掺和料都进行了严格检查和验收。如石子选用温度线膨胀系数较小的石灰岩骨料，形状以碎石为佳，粒径尽可能大一些。并在混凝土中掺入一定数量的UEA膨胀剂，并同时掺入20%粉煤灰替代部分水泥。

(2) 加强对地下室外墙钢筋的排列控制，控制好钢筋的保护层和间距，以提高混凝土的抗裂性能。

(3) 加强施工人员责任心的教育，特别对混凝土的振捣、养护人员，进行专门的技术交底，并监督实施。

(4) 监理坚持全过程旁站，及时掌握浇注过程中出现的异常，并采取措施防止混凝土出现施工冷缝。

(5) 对重点部位采取重点管理，在施工缝处、预埋管道根部等重点部位要求技术负责人跟踪检查。

(6) 在地下结构外墙防水混凝土施工时，由于固定模板的需要，往往使用对拉螺杆，螺杆本身必须平直，并设置止水环，螺杆周围的混凝土也要求密实。防水混凝土结构内部设置的各种钢筋、绑扎钢丝及固定模板用的对穿螺栓等不可直接接触模板，此处应作为监理工程师重点旁站部位。

对有地下室部位的施工过程应该是：混凝土垫层→底板导墙→SBS卷材防水施工→防水层的保护层→绑扎钢筋→浇注底板混凝土→地下2层结构施工→地下1层结构施工→地下室外墙防水施工→防水层保护层→回填土。从该过程可以看出，底板外防水层在导墙上有甩头，这个甩头防水卷材成品保护的好与坏，直接决定着防水的质量；另外在这个部位，防水材料接头在同一个截面上，没有相互错开，这样也是无法满足规范要求的。

2. 在外墙外防水的施工过程中，监理要控制的重点

(1) 上部结构的安全防护是否到位，在没有防护的情况下，绝不允许立体交叉施工。

(2) 外墙混凝土是否验收，混凝土的强度和外观质量是否按规定进行了检测。

(3) 防水方案是否已审批，人员上岗证是否已检查等。

(4) 外墙防水施工如何组织、卷材接头如何留、在什么位置留等是否已给工人交底。

(5) 安全交底是否已完善，防火器具是否已准备。

(6) 防水材料是否见证取样，试验报告是否合格。

(7) 底板与外墙之间接缝处防水卷材铺贴加强层施工。

在底板四周，自垫层起砌筑(用砖)永久保护墙。墙顶高出底板顶面 300mm 左右，内侧面抹 15mm 厚水泥砂浆基层，防水卷材自混凝土垫层起向立面铺贴，并高出永久性保护墙 250mm 左右，将高出永久保护墙部分的防水卷材向外翻折，翻折时注意不要损坏防水卷材。然后在永久保护墙顶部防水卷材上面抹砂浆，再临时砌上一层砖作为保护。待地下室外墙施工完成后，将永久保护墙顶部附近的外墙壁清理干净，整平并涂上胶粘剂，然后将临时砌筑的最上一层砖去掉。将翻向永久保护墙外侧的防水卷材小心拉直，不得损坏拉裂，用热熔法紧紧贴在外墙壁上。

【例】监理在外墙外防水施工前的事前控制工作

对于控制的三个阶段——事前、事中、事后，往往以事前控制为主，也就是说地下室外墙外防水的质量控制也不例外，应当采取事前控制。在该工程的实施中，项目监理部就针对工程的实际情况，提前下发工作联系单，把主要的一些注意事项以文字的形式告知施工单位，同时和项目总工、生产经理进行交流，提出防水施工注意事项，哪些环节要引起重视等。下发的联系单内容是表 4-5。

监理工作联系单 **表 4-5**

工作联系单		资料编号	×××
工 程 名 称	×××工程项目	日 期	××年××月××日

致 ×××××(施工单位)：

事由：关于地下室外墙防水施工注意事宜：

内容：

为保证地下室外墙的防水施工质量，现对外墙防水施工提出以下具体要求，希望总包单位高度重视，按照要求进行交底，加强管理，确保防水质量。

1. 底部基层要清理干净，在干燥、干净的环境下进行防水施工。
2. 要分层施工，分层验收，未经验收绝不允许下层施工。
3. 注意铺贴质量，绝不允许有空鼓现象，卷材收口要密实。
4. 卷材搭接位置要错开，不得出现同一位置搭接，严格按规范要求操作。
5. 土建水平、竖向施工缝处必须增加附加层一道。
6. 施工中要高度注意安全，防止高空坠物和火灾的发生。

监理单位名称： 监理工程师(签字)：

总监理工程师(签字)：

四、主体结构施工阶段的主要监理工作

严格工程质量的监控是监理业务永恒的主题，是项目监理工作的中心和重心，为使工程质量能达到和实现预期的质量目标，在做好主动控制的同时，强化施工过程的质量监控，确保施工质量合格，是监理工作的重中之重，更是确保工程质量目标如期实现的根本

所在。受施工过程中人、材、机、法、环等因素的影响，工程质量存在不稳定因素，因此，施工过程质量必须要牢牢抓住不放，特别对重要分部工程的过程施工质量要严格把关，强化监理，做到监理工作到位和规范运作。

（一）钢筋工程

本工程所使用的钢筋采用集中配料、加工成型，并用塔吊运输到使用部位。钢筋接头以滚轧直螺纹连接为主，直径小于16mm的采用绑扎搭接接头，HRB335和HRB400钢筋使用切断机切断，弯曲机成型，HPB235级钢筋采用调直机现场调直，双层双向板筋采用工字型钢筋马镫@1000mm设置。

在对钢筋施工质量的控制中，我们依据规范要求，评定钢筋施工质量，认真实测每1个点，填好每1个数据，重点控制：

(1) 控制钢筋的原材质量：钢筋进场后首先报验，先检查外观质量，合格后再见证取样，直到“三证”齐全了才可以加工使用。

(2) 控制钢筋的加工尺寸：对钢筋的加工尺寸进行实测实量，查看135°弯起是否到位，直线段长度是否满足抗震要求，实测箍筋、拉筋的加工截面，这样就控制了钢筋的保护层。

(3) 控制钢筋的绑扎成型：①检查了纵向受力钢筋、横向钢筋的间距位置等是否正确，基本做到横平竖直，弯钩在一条线上，观感漂亮；②检查接头位置、面积百分率、接头质量等，对接头质量采取现场各个查看，并进行扭力检查；③每处节点的钢筋对照图纸逐项验收，特别是构造筋及附加筋，做到一个也不能少。

(4) 钢筋的验收：在钢筋施工验收中，我们主要用直尺、卷尺、铅锤，测量线等工具进行实测实量。重点查看有效截面、保护层、锚固等，不合格部位不得隐蔽。

（二）混凝土工程

本工程结构混凝土全部采用预拌混凝土，混凝土供应厂家为XX混凝土有限公司，经汽车泵或地泵送入模板，现场振捣成型。基础底板按大体积混凝土方案组织施工，一次浇筑成型。地下室每层分两段组织施工，施工缝采用止水条进行止水。主体结构施工分4段组织流水施工。在对混凝土施工的质量控制中，我们主要认真控制以下几点：

(1) 混凝土原材料的控制：核查预拌混凝土生产企业的质量保证资料(混凝土的配合比、水泥、砂石、外加剂等试验报告、合格证)是否齐全：检查预拌混凝土强度等级是否符合设计，混凝土出厂和进场时间，并测定混凝土的坍落度是否符合规范要求。

(2) 混凝土的振捣成型：对混凝土的浇筑过程进行全过程的旁站，严格控制混凝土的分层浇筑厚度；检查振捣是否及时到位；混凝土浇筑完毕后，对混凝土的养护是否到位。

(3) 控制混凝土的拆模时间：严格控制混凝土的拆模时间，做到没有拆模强度报告不得拆模，没有拆模申请不得拆模，没有监理的批准不得拆模的“三不得”。

【例】在浇筑混凝土的旁站中，监理员如何进行混凝土坍落度测量？

每批次预拌混凝土进场时，监理应督促施工单位在工地交货地点对预拌混凝土进行坍落度的实测检查。其坍落度与坍落扩展度检测方法如下：

(1) 本方法适用于骨料最大粒径不大于40mm、坍落度不小于10mm的混凝土拌合物稠度测定。

(2) 坍落度与坍落扩展度试验所用的混凝土坍落度仪应符合《混凝土坍落度仪》(JG3021)中有关技术要求的规定。

(3) 坍落度与坍落扩展度试验应按下列步骤进行：①湿润坍落度筒及底板，在坍落度筒内壁和底板上应无明水。底板应放置在坚实平面上，并把筒放在底板中心，然后用脚踩住两边的脚踏板，坍落度筒在装料时应保持固定的位置。②把按要求取得的混凝土试样用小铲分3层均匀地装入筒内，捣实后每层只有筒高高度的1/3左右。每层用捣棒插捣25次。插捣应沿螺旋方向由外向中心进行，插捣位置应在截面上均匀分布。插捣筒边混凝土时，捣棒可以稍稍倾斜。插捣底层时，捣棒贯穿整个深度，插捣第二层和顶层时，捣棒应插透本层至下一层的表面，浇灌顶层时，混凝土应灌到高出筒口。插捣过程中，如混凝土沉落到低于筒口，则应随时添加。顶层插完后，刮去多余的混凝土，并用镘刀抹平。③清除筒边底板上的混凝土后，垂直平稳地提起坍落度筒。坍落度筒的提离过程应在5～10s内完成，从开始装料到提坍落度筒的整个过程应不间断地进行，并应在150s内完成。④提起坍落度筒后，测量筒高与坍落后混凝土试体最高点之间的高度差，即为该混凝土拌合物的坍落度值，坍落度筒提离后，如混凝土发生崩裂或一边剪坏现象，则应重新取样另行测定，如第二次试验仍出现上述现象，则表示该混凝土和易性不好，应予记录备查。⑤观察坍落后的混凝土试体的黏聚性及保水性。黏聚性的检查方法是用捣棒在已落的混凝土锥体侧面轻轻敲打，此时如果锥体逐渐下沉，则表示黏聚性良好，如果锥体部分崩裂或出现离析现象，则表示黏聚性不好。保水性以混凝土拌合物稀浆析出的程度来评定，坍落度筒提起后如有较多的稀浆从底部析出，锥体部分的混凝土也因失浆而骨料外露，则表明此混凝土拌合物的保水性能不好，如坍落度筒提起后无稀浆或仅有少量稀浆自底部析出，则表示此混凝土拌合物保水性良好。⑥当混凝土拌合物的坍落度大于220mm时，用钢尺测量混凝土扩展后最终的最大直径和最小直径，在这两个直径之差小于50mm的条件下，用算术平均值作为坍落扩展度值，否则，此次试验无效。如果发现粗骨料在中央集堆或边缘有水泥浆析出，表示此混凝土拌合物抗离析性不好，应予记录。

(4) 混凝土拌合物坍落度和坍落扩展度值以毫米为单位，测量精确至1mm，结果表达修约至5mm。

(5) 到达现场的预拌混凝土坍落度不符合设计要求的，应禁止卸料，督促施工单位做退货处理，监理做好该车混凝土坍落度不符合设计要求的退货处理记录。

【例】在混凝土的浇筑过程中，监理旁站的主要内容

混凝土浇筑过程中，监理人员必须进行跟踪旁站，并填写旁站监理记录，重点要做好以下工作：(1)检查施工单位现场质检人员到岗、特殊工种持证上岗及施工机械，建筑材料准备情况；检查混凝土施工过程中的人员、施工设备机械、材料、施工方法及工艺或施工环境条件是否均处于良好状态。(2)核查商品混凝土质检报告，标准养护、同条件养护试件的留置时间、数量及见证取样情况；抗渗混凝土试件的留置时间、数量及见证取样情况。(3)混凝土的振捣、抹压情况，混凝土坍落度及配合比与实际部位符合情况。(4)模板清理，垫块、预留洞位置。(5)负弯矩钢筋的位置、长度。(6)施工缝留设及接槎处的处理。(7)混凝土浇筑高度及振捣时间，多台泵平行作业时的有效半径。(8)混凝土浇筑完成后的保护。(9)施工缝处理。(10)旁站监理人员实施旁站时，发现承包单位有违反工程强制性标准行为的责令改正。发现其施工活动已经或可能危及工程质量和安全的，应及时向

总监理工程师汇报并采取相应措施，及时制止事态的扩大。(11)跟踪检查现场用电及施工安全。(12)凡旁站监理人员和施工企业现场质检人员未在“旁站监理记录表”上签字的，不得进行下一道工序施工。

(三) 主体结构分部验收

1. 主体分部工程验收应具备的条件

(1) 主体分部验收前，墙面上的施工孔洞须按规定封堵密实，并作隐蔽工程验收记录，未经验收不得进行装饰装修工程的施工。对确需分阶段进行主体分部工程质量验收时，建设单位项目负责人在质监交底上向质监人员提出书面申请，并经质监站同意。

(2) 混凝土结构工程模板应拆除并将其表面清理干净，混凝土结构存在缺陷处应整改完成。

(3) 楼层标高控制线应弹出清晰墨线，并做醒目标志。

(4) 工程技术资料齐全，存在的问题均已悉数整改完成。

(5) 施工合同和设计文件规定的主体分部工程施工的内容已完成，实体检验、检测报告应符合现行验收规范和标准的要求。

(6) 安装工程中各类管道预埋结束，位置尺寸准确，相应测试工作已完成，其结果符合规定要求。

(7) 主体分部工程验收前，可完成样板间或样板单元的室内粉刷。

(8) 主体分部工程施工中，质监站发出整改(停工)通知书要求整改的质量问题都已整改完成，完成报告书已送质监站归档。

2. 主体结构工程验收的程序和要求

(1) 主体分部(子分部)施工完成后，施工单位应组织相关人员检查，在自检合格的基础上报监理机构总监理工程师。

(2) 主体分部工程验收前，施工单位应在分部工程质量控制资料上签注结论和意见并整理成册报送监理机构审查，符合要求后由总监理工程师签署审查意见，于验收前三个工作日通知质监站。

(3) 总监理工程师收到上报的验收报告应及时组织参建四方对主体分部工程进行验收，验收合格后应填写主体分部工程质量验收记录，相关责任人签字加盖公章，并附分部工程观感质量检查记录。

(4) 总监理工程师组织对主体分部工程验收时，必须有以下人员参加：总监理工程师、建设单位项目负责人、设计单位项目负责人、施工单位技术质量负责人及项目经理。

五、安装阶段的主要监理工作

(一) 建筑给排水及采暖工程的质量控制重点

1. 管道预留预埋

(1) 检查预埋套管、预埋件的制作：按照设计图纸及验收规范要求检查预留孔洞、预埋管及预埋件的位置和标高，不符合要求的不能验收更不能隐蔽，经验收合格后方可进入下道工序。

(2) 凡穿梁、穿墙、穿楼板的管道应按规范要求加设套管，在没有防水的房间立管套管应高出地面 200mm，有防水的房间立管套管应高出地面 500mm。

(3) 埋地管道连接方式应符合设计要求，检查坡度是否符合要求，严禁出现倒坡或无坡现象，经验收合格后才可隐蔽。

2. 给水系统

(1) 给水管采用 PPR 管，热熔连接。埋地管道内不允许有接头，管卡的固定间距必须符合规范要求，在隐蔽之前进行水压试验，试验压力为工作压力的 1.5 倍，但不得小于 0.6MPa。在试验压力下，10min 内压力降不大于 0.05MPa，然后降至工作压力进行检查，压力保持不变，不渗不漏为合格。

(2) 立管安装的垂直度和管卡的高度必须符合设计图纸和规范要求，水平管安装的平直度，给水管与排水管平行敷设时，两管间的最小水平净距为 0.5m，交叉敷设时垂直净距为 0.15m，给水管应敷设在排水管上面。

(3) 冷热水平行安装时，热水管应在冷水管上面；给水管水平安装应有 2‰～5‰的坡度坡向泄水装置。

(4) 给水阀门安装的允许偏差符合设计和规范要求。

(5) 给水管道在交付使用前必须冲洗和消毒，并经有关部门取样检验，符合国家标准《生活饮用水卫生标准》GB 5749 方可使用。

3. 排水系统

(1) 重点检查排水管坡度，坡度应满足设计要求或达到标准坡度，尤其是铸铁管的内壁较粗糙，阻力系数大，容易造成杂质沉积而堵塞，所以坡度要比其他管再大一些。

(2) 排水管道在隐蔽前必须做灌水试验，其灌水高度应不低于底层卫生器具的上边缘或底层高度。排水栓和地漏应安装平正、牢固，低于排水表面，周边无渗水，地漏水封高度不得小于 50mm。

(3) 立管与干管连接必须采用两个 45°弯头，不得使用 1 个 90°弯头；立管与支管连接必须采用斜三通不得采用正三通；通气立管高出屋面 300mm，须大于最大积雪厚度，上人屋面伸出高度为 2.0m，通气立管的通气帽不得遗漏。

(4) 排水主立管和水平干管管道均应做通球试验，通球半径不小于排水管径的 2/3，通球率必须达到 100%。

4. 采暖系统

(1) 本系统立管采用镀锌钢管，为丝扣连接，丝扣外露不得超出 2～3 扣；室内埋地管采用 5 层阻氧的 PE 管，为热熔连接，熔接连接管道的结合面不得出现局部熔瘤或熔接圈凹凸不匀现象。

(2) 检查地下室采暖支管坡度坡向是否便于排气、泄水；管道可拆卸件不得使用长丝或活接，应用法兰连接。

(3) 在横干管的最高点应设自动排气阀；立管顶端设自动排气阀。

(4) 热量表、疏水器、除污器、过滤器及阀门的型号、规格、公称压力及安装位置必须符合设计要求。

(5) 地面下敷设的盘管埋地部分不应有接头，应设有固定管卡，直线段固定间距为 0.5～0.7m，弯曲管段固定间距为 0.2～0.3m。盘管在隐蔽前必须进行水压试验，试验压力为工作压力的 1.5 倍，且不小于 0.6MPa，稳压 1h 内不渗不漏为合格。

(二) 电气、机电设备安装期间的监理工作为了使电气、机电设备安装工程的质量、进度和投资得到有效控制，在监理中要注重每一阶段的操作程序，严格按《监理规划》和《监理细则》的要求，依据合同，分步骤抓好相关环节，具体分为下面四个阶段：

1. 材料、设备订货阶段

这个阶段主要控制好设备的品质、价格和进货时间。

(1) 要求施工单位认真填写《主要安装设备报审表》，对照工程设计的要求逐一加以审核，使设备的品种、规格、型号、性能都能满足工程的需要。在此期间监理人员还应尽量收集资料，掌握新产品、新技术、新工艺的最新动向，建议设计、建设单位采用新技术、新产品。

(2) 监理人员要调查了解供应商的生产技术资质、供货能力和售后服务承诺，掌握同类产品的价格和供应站到项目现场的运输状况，协助施工单位搞好招投标工作，以及审核其订货合同。

(3) 要以施工进度计划为依据，掌握设备进场的时间，使进货计划和施工计划相吻合，避免耽误工期。当出现设备图纸尺寸与现场条件不相符造成施工困难，或按图施工不理想时，如低压柜的内部布置、系统的控制方式、电器安装位置、尺寸等，监理人员应及时组织设计、建设单位、供货商、施工单位进行专项图纸会审，形成图纸《会审纪要》。

2. 物质进货阶段

在这个阶段主要把好设备的验收关。

(1) 选择专业的装卸队伍，避免野蛮装卸造成设备损伤。

(2) 确定进货路线，准备合格的保管场所。

(3) 会同建设单位开箱查验，检查外观是否完好，型号是否对口，数量(含配件)是否足够，合格证及相关图纸资料是否齐全，并填写验收单。如发现问题，应及时与供货商协调。

3. 施工安装阶段

安装阶段主要是控制安装的质量。

(1) 要认真审核安装施工单位的资质，检查特殊专业人员的上岗证，审核其《施工组织设计》。

(2) 做好安装前的准备工作，保证基础牢固、定位准确。混凝土基础要平整，抗压、减震、接地符合要求，定位标高允许误差值应符合图纸和技术标准要求。

(3) 旁站监督施工单位是否按安装操作规范操作，对接地保护系统、硬母排连接螺栓的紧固力矩值、设备内部元器件的设定值等，一定要符合设计要求。

(4) 做好同时进场施工的电气、消防、给排水、空调、弱电等专业队伍的协调工作，妥善解决施工场地、接口的矛盾，合理安排施工顺序，并且以《监理通知》的形式发送相关单位，以便在发生进度滞后和出现质量问题时查明原因，分清责任。

4. 调试运行阶段

在安装工程竣工并验收合格后，就可以进入调试阶段。这个阶段监理的主要控制点在检测设备运行是否达到设计指标。为避免忙乱，监理人员要做到：(1)认真审核由总承包单位和各分包施工单位共同制定的《调试方案》，看其调试的时间、步骤、方法是否合理；

(2)检查调试的准备工作，如供电是否到位，排水系统是否完善，承压管道是否试压完毕等；(3)严格遵守调试程序，从无负荷到有负荷，从单机到联机，从主动系统到从动系统，先手控后自控等。一道程序调试成功后，才进入下一道程序，并填写好《工序质量检验记录》，发现问题，及时现场整改；(4)当系统调试完毕后，由参加调试单位共同撰写《调试报告》，并督促施工单位或建设单位到有关主管部门办理验收手续；(5)全部验收合格后，组织施工单位与建设单位办理移交手续，并填写《工程移交证书》。

（三）通风与空调工程

(1) 人防通风采用玻璃钢风管，该风管目前验收规范中对其要求的具体内容比较少，必须参照其他的相关技术资料和厂家的技术说明，所以在质量控制中应注意：材料进场时注意碰撞和扭曲，以防树脂破裂、脱落及起皮分层，对于破坏部分严禁使用。支吊架的安装间距必须符合设计规范要求。

(2) 其他部分使用镀锌铁皮，进场时检查材料是否符合设计规范要求，对外观质量的检查，镀锌层应均匀，有结晶的花纹，不得有裂纹等缺陷。

(3) 风管制作时控制风管的折角应平直，风管连接应牢固，接缝处的粘结牢固、严密。

(4) 支、吊、托架的安装，要求其形式、规格、位置、间距及固定必须符合设计图纸要求或施工规范要求。

(5) 保温风管的支、吊、托架应设在保温层外部，支、吊、托架不得设置在风口、风阀等部位处。

(6) 本工程镀锌风管连接采用法兰连接，风管接口的连接应严密、牢固、平直、不扭曲。风管接口的法兰垫料应采用闭孔海绵橡胶板，不得露出法兰以外，连接法兰的螺母应在同一侧。风管安装的位置、标高、走向应符合设计要求。

(7) 风管与部件的组装要符合规范要求。手动密闭阀的安装，阀门上标志的箭头方向必须与受冲击波方向一致。

(8) 系统的严密性试验，漏风量应符合设计与规范的规定。低压系统风管的严密性试验采用抽检，抽检率为5%，且不得少于1个系统。在加工工艺得到保证的前提下，采用漏光法检测。中压系统风管的严密性试验应在漏光法检测合格后，对系统漏风量测试进行抽检，抽检率为20%，且不得少于1个系统。

(9) 风管与保温材料应粘贴牢固，平整一致，纵向缝应错开。保温后的阀门启闭标记应明确、清晰、美观、操作方便。

【例】水电、设备安装期间相关监理旁站记录表

(1) 阀门试验旁站监理记录表，见表4-6。

阀门试验旁站监理记录表 **表4-6**

工程名称：		编号：
日期及气候：		工程地点：
旁站监理的部位：		
旁站监理开始时间：		旁站监理结束时间：
施工情况	(1) 施工准备工作 (2) 现场质检员到位到岗	

续表

<table>
<tr><td></td><td>试验范围</td><td>试验压力</td><td colspan="4">试验要求</td><td>试验记录</td><td>检查结果</td></tr>
<tr><td rowspan="6">监理情况</td><td rowspan="6">试验应在每批(同牌号、同型号、同规格)数量中抽查10%，且不少于1个，安装在主干管上起切断作用的闭路阀门，应逐个做强度和严密性试验</td><td rowspan="6">阀门强度试验压力为1.5P，严密性试验为1.1P(P为设计压力)，试验压力在试验持续时间内应保持不变，且壳体填料及阀瓣密封面无渗漏</td><td rowspan="3">DN/mm</td><td colspan="3">最短试验持续时间/s</td><td rowspan="6"></td><td rowspan="6"></td></tr>
<tr><td colspan="2">严密性试验</td><td rowspan="2">强度试验</td></tr>
<tr><td>金属密封</td><td>非金属密封</td></tr>
<tr><td>≤50</td><td>15</td><td>15</td><td>15</td></tr>
<tr><td>65～200</td><td>30</td><td>15</td><td>60</td></tr>
<tr><td>250～450</td><td>60</td><td>30</td><td>180</td></tr>
<tr><td rowspan="3"></td><td colspan="8">发现问题：
(1) 有无违反工程建设强制性标准行为?
(2) 有无其他影响施工质量行为?</td></tr>
<tr><td colspan="8">处理意见</td></tr>
<tr><td colspan="8">备注：</td></tr>
<tr><td colspan="5">施工企业：
项目经理：
质检员：</td><td colspan="4">监理企业：
项目监理部：
旁站监理人员(签字)：</td></tr>
</table>

(2) 风管漏光试验旁站监理记录表见表4-7。

风管漏光试验旁站监理记录表 **表4-7**

<table>
<tr><td colspan="2">工程名称：</td><td>编号：</td></tr>
<tr><td colspan="2">日期及气候</td><td>工程地点：</td></tr>
<tr><td colspan="3">旁站监理的部位：</td></tr>
<tr><td colspan="2">旁站监理开始时间：</td><td>旁站监理结束时间：</td></tr>
<tr><td>施工情况</td><td colspan="2">(1) 施工单位现场质检人员到位到岗情况：
(2) 风管制作安装及移动光源准备情况：</td></tr>
<tr><td rowspan="5">监理情况</td><td colspan="2">(1) 检查移动光源是否采用了不低于100W的带保护罩的低压照明灯：□是；□否。
(2) 检查____m长风管共发现漏光点____处，具体情况如下：
第一个10m长风管发现漏光点____处；
第二个10m长风管发现漏光点____处；
第三个10m长风管发现漏光点____处</td></tr>
<tr><td colspan="2">发现问题：
(1) 有无违反工程建设强制性标准行为?
(2) 有无其他影响施工质量行为</td></tr>
<tr><td colspan="2">处理意见：</td></tr>
<tr><td colspan="2">备注：</td></tr>
<tr><td colspan="2">规范要求：
低压系统风管以每10m接缝漏光点不大于2处，且100m接缝平均不大于16处为合格；中压系统风管以每10m接缝漏光点不大于1处，且100m接缝平均不大于8处为合格</td></tr>
<tr><td colspan="2">施工企业：
项目经理部：
质检员(签字)：</td><td>监理企业：
项目监理部：
旁站监理人员(签字)：</td></tr>
</table>

（3）接地电阻测试旁站监理记录表，见表4-8。

接地电阻测试旁站监理记录表　　表4-8

<table>
<tr><td colspan="3">工程名称：</td><td colspan="2">编号：</td></tr>
<tr><td colspan="3">日期及气候：</td><td colspan="2">工程地点：</td></tr>
<tr><td colspan="5">旁站监理的部位：</td></tr>
<tr><td colspan="3">旁站监理开始时间：</td><td colspan="2">旁站监理结束时间：</td></tr>
<tr><td>施工情况</td><td colspan="4">(1) 施工单位现场质检人员到位到岗情况：
(2) 仪表准备情况：
(3) 接地形式：
(4) 仪表型号：</td></tr>
<tr><td rowspan="15">监理情况</td><td>回路编号</td><td>规范要求值</td><td>实测值</td><td>测试结果</td></tr>
<tr><td>1</td><td></td><td></td><td></td></tr>
<tr><td>2</td><td></td><td></td><td></td></tr>
<tr><td>3</td><td></td><td></td><td></td></tr>
<tr><td>4</td><td></td><td></td><td></td></tr>
<tr><td>5</td><td></td><td></td><td></td></tr>
<tr><td>6</td><td></td><td></td><td></td></tr>
<tr><td>7</td><td></td><td></td><td></td></tr>
<tr><td>8</td><td></td><td></td><td></td></tr>
<tr><td>9</td><td></td><td></td><td></td></tr>
<tr><td>10</td><td></td><td></td><td></td></tr>
<tr><td colspan="4">发现问题：
(1) 有无违反工程建设强制性标准行为？
(2) 有无其他影响施工质量行为</td></tr>
<tr><td colspan="4">处理意见：</td></tr>
<tr><td colspan="4">备注：</td></tr>
<tr><td colspan="4">测试要求：所有测点均需测量</td></tr>
<tr><td colspan="3">施工企业：
项目经理部：
质检员(签字)：</td><td colspan="2">监理企业：
项目监理部：
旁站监理人员(签字)：</td></tr>
</table>

（4）室内给水管道试压旁站监理记录表，见表4-9。

室内给水管道试压旁站监理记录表　　表4-9

<table>
<tr><td colspan="2">工程名称：</td><td>编号：</td></tr>
<tr><td colspan="2">日期及气候：</td><td>工程地点：</td></tr>
<tr><td colspan="3">旁站监理的部位：</td></tr>
<tr><td colspan="2">旁站监理开始时间：</td><td>旁站监理结束时间：</td></tr>
<tr><td>施工情况</td><td colspan="2">(1) 施工准备工作：
1) 试压管路中阀门是否开启：
2) 管路空气是否排净：
(2) 现场质检员是否到位到岗：</td></tr>
</table>

续表

	管材材质	试验压力	实验要求	实验记录	检查结论
监理情况	金属管 铸铁管	1.5P且不小于0.6MPa	试验压力下观测10min，压降不大于0.02MPa，然后降到P(P为设计压力)进行检查，应不渗不漏	试验压力____MPa；实测数据____MPa；持续时间____min；压力下降____MPa	
	塑料管		试验压力下稳压1h，压降不大于0.05MPa，然后在1.15P下稳压2h，压力降不超过0.03MPa，各连接处不得渗漏	试验压力____MPa；实测数据____MPa；持续时间____min；压力下降____MPa	
	发现问题：有无违反工程建设强制性标准行为？有无其他影响施工质量行为				
	处理意见：				
	备注：				
施工企业： 项目经理部： 质检员(签字)：			监理企业： 项目监理部： 旁站监理人员(签字)：		

(5) 室内排水管道灌水试验旁站监理记录表，见表4-10。

室内排水管道灌水试验旁站监理记录表 **表4-10**

工程名称：			编号：	
日期及气候：			工程地点：	
旁站监理的部位：				
旁站监理开始时间：			旁站监理结束时间：	
施工情况	(1) 施工准备工作： (2) 现场质检员是否到位到岗：			
监理情况	类别	试验要求	实验记录	检查结论
	排水管	隐蔽或埋地的排水管道在隐蔽前必须做灌水试验，灌水高度应不低于底层卫生洁具的上边缘或底层地面高度，满水15min，液面不降，管道及接口无渗漏为合格		
	雨水管	灌水高度必须到每根立管上部的雨水口，灌水持续1h，不渗不漏		
	发现问题：有无违反工程建设强制性标准行为？有无其他影响施工质量行为			
	处理意见：			
	备注：			
施工企业： 项目经理部： 质检员(签字)：			监理企业： 项目监理部： 旁站监理人员(签字)：	

(6) 室内排水管道通球试验旁站监理记录表，见表4-11。

室内排水管道通球试验旁站监理记录表　　表 4-11

<table>
<tr><td colspan="3">工程名称：</td><td colspan="2">编号：</td></tr>
<tr><td colspan="3">日期及气候：</td><td colspan="2">工程地点：</td></tr>
<tr><td colspan="5">旁站监理的部位：</td></tr>
<tr><td colspan="3">旁站监理开始时间：</td><td colspan="2">旁站监理结束时间：</td></tr>
<tr><td>施工情况</td><td colspan="4">(1) 施工准备工作：
1) 试压管路中阀门是否开启：
2) 管路空气是否排净：
(2) 现场质检员是否到位到岗：</td></tr>
<tr><td rowspan="5">监理情况</td><td>试验范围</td><td>实验要求</td><td>试验记录</td><td>检查结论</td></tr>
<tr><td>排水主立管及水平干管</td><td>通球球径不小于排水管道的 2/3，通球率必须达到 100%</td><td></td><td></td></tr>
<tr><td colspan="4">发现问题：有无违反工程建设强制性标准行为？有无其他影响施工质量行为</td></tr>
<tr><td colspan="4">处理意见：</td></tr>
<tr><td colspan="4">备注：</td></tr>
<tr><td colspan="3">施工企业：
项目经理部：
质检员(签字)：</td><td colspan="2">监理企业：
项目监理部：
旁站监理人员(签字)：</td></tr>
</table>

六、装修阶段的主要监理工作

(一) 监理工作流程

1. 材料监理流程

按照项目管理规定，要求提供三家以上一式两份资料及实物样品报监理机构，由监理机构组织项目实施人员研讨确认，选定的样板作为进场材料复验品质验收的重要观感依据，样板选定后由参见各方负责人及代表在样板资料及实物样品封样单上签名。施工单位保存 1 份，监理单位保存 1 份。饰面材料进场时，监理人员按确定的样板进行验收，确认无误后才准允进场，并分门别类有序堆放并挂好标签，供施工现场领料使用；特殊情况按该项目的有关制度执行。

2. 施工监理流程

基层处理、施工→隐蔽工程报验或工序交验→中层处理、施工→隐蔽报验或工序交验→面层做饰面样板或样板间→报建设、设计、监理、施工单位确认→饰面施工全面展开→及时填写并进行检验批、分项、分部(子分部)、单位(按施工标段)工程自查自纠、预验收等工作。特殊情况按该项目的有关规定运作。

(二) 监理控制工作

1. 材料

(1) 建筑装饰装修工程所用材料的品种、规格和质量应符合设计要求和现行国家标准规定，对须见证取样送检的材料应检测合格后才能使用，严禁使用国家明令淘汰的材料。

(2) 建筑构件和建筑材料的防火性能必须符合国家标准或者行业标准。材料符合现行国家标准《建筑内部装修防火施工及验收规范》GB 50354、《建筑内部装修设计防火规范》

GB 50222、《高层民用建筑设计防火规范》GB 50045 的规定。

(3) 建筑装修工程所用材料应符合国家有关建筑装饰装修材料有害物质限量标准的规定。

(4) 所有材料进场时应根据选定的样板对品种、规格、外观、花色和尺寸进行验收，材料包装应完好，且应有产品合格证书、中文使用说明书及相关性能的具有国家 CMA、CNAL 认证的检测报告；进口产品应提供商检相关证明书并按规定进行商品检验。并按有规定材料见证取样送检，检验合格后方可使用。

2. 施工

(1) 承担建筑装饰装修工程的施工单位应编制施工组织设计并应经过监理机构审查批准。施工单位应按有关的施工工艺标准或经审定的施工技术方案施工，并应全过程实行质量控制。

(2) 承担建筑装饰装修工程施工的人员应有相应岗位的资格证书。

(3) 建筑装饰装修工程的施工质量应符合设计要求和现行建筑工程施工质量验收统一标准及规范。

(4) 建筑装饰装修工程施工中，严禁违反设计文件擅自改动设计图纸、承重结构或主要使用功能；严禁未经批准或确认擅自拆改水、电、空调、综合布线等配套设施。

(5) 施工单位应遵守有关施工安全、劳动保护、防火、防虫和防毒的法律法规，并应建立相应可行的管理制度和配备必要的设备、器具及标识。

(6) 建筑装饰装修工程施工应在基体或基层的质量验收合格后施工。

(7) 建筑装饰装修工程施工前应有主要材料的样板或做样板间(件)，并应经有关各方确认。

(8) 管道、设备等的安装及调试应在建筑装饰装修工程施工前完成，并应经隐蔽检验试验检查合格。当必须同步进行时，应在饰面层施工前完成。装饰装修工程不得影响管道、设备等的使用和维修。

(9) 建筑装饰装修工程施工过程中应做好半成品、成品的保护，防止交叉污染和损坏。验收前应将施工现场清理干净。

(三) 装修施工监控要点

1. 事前质量保证准备工作

(1) 组织设计交底及图纸会审，明确设计构思及施工应注意的事项。

(2) 进行图纸的深化设计，要明确顶棚、墙面、地面的分隔与排列。

(3) 样板间的制作与鉴定：

建筑装饰装修分部工程开工前，施工总承包单位要根据工程的特点、施工难点、工序的重点以及防治工程质量通病措施等方面的需求，组织参与编制和实施该建筑装饰装修工程施工组织设计及专项施工方案的相关技术管理人员，研究制定建筑装饰装修工程质量样板引路的工作方案。工作方案内容应包括：工程概况与特点、需制作实物质量样板的工序和部位(含样板间)、制作实物质量样板的技术要点与具体要求、将质量样板用于指导施工和质量验收的具体安排、理清相关人员的工作职责以及根据工程项目特点所制定的其他相关内容。工作方案经企业有关部门批准和送项目总监理工程师审批后实施。实行专业分包的，分包企业应在施工总承包企业的指导下，制定相关的工程质量样板引路工作方案，经施工总承包企业同意后送项目总监理工程师审批，通过后实施。

2. 施工实施阶段监理工作

(1) 质量检查的内容：开工前的准备工作检查；工序施工中的跟踪监督、检查与控制；对工程质量有重大影响的工序应有施工现场的旁站监督与控制；对工序产品的检查、工序交接及隐蔽工程检查；对有质量问题的停工，要进行复工前的检查；分项、分部工程完成后应经检查、核实质量；对于施工难度大、易产生质量通病的施工对象应进行现场的跟踪检查。

(2) 质量检验的方法：①目测法："看"，就是根据质量标准要求进行外观检查。"摸"，就是通过触摸手感进行检查、鉴别。"敲"，就是运用敲击的方法进行声感检查(可用于检查地板砖)。"照"，就是通过人工光源或反射光照射，仔细检查难以看清的部位(如：管道的背后)。②量测法："靠"，是用直尺、塞尺检查诸如地面、墙面的平整度。"吊"，是指用托线板、线锤检测垂直度。"量"，是指用测量工具或计量仪表等检测断面尺寸、轴线、标高、温度、湿度等数值并确定其偏差。"套"，是指以方尺套方辅以塞尺，检查诸如阴阳角线的垂直度、门窗口及饰物的对角线等。③试验法：理化试验、无损测试或检验。

【例】实施建筑装饰装修工程实物质量样板的工序、部位有哪些？

根据工程的实际，我们从以下方面选择了质量样板：(1)装饰装修工程：外墙防水；外墙饰面；内墙抹灰；楼地面砖铺贴；顶棚安装；厨、厕间防水；有代表性的装饰装修细部。(2)给水排水工程：穿楼板管道套管安装；卫生间给水排水支管安装；屋面透气管安装；管井立管安装。(3)建筑电气工程：成套配电柜、控制柜的安装；照明配电箱的安装；开关插座、灯具安装；电气、防雷接地；线路铺设；金属线槽、桥架铺设。

【例】抹灰工序施工中监理控制的要点

(1) 抹灰所用材料的产品合格证书、性能检测报告、进场验收记录和复验报告。如对水泥的凝结时间和安定性进行复验。

(2) 抹灰工程应对下列隐蔽工程项目进行验收：主体结构验收合格；抹灰总厚度大于或等于35mm时的加强措施；不同材料基体交接处的加强措施。

(3) 抹灰工程应分层施工，各层之间必须粘结牢固，其平整度、垂直度应满足规范要求，墙面、顶棚不得有空鼓现象。

七、竣工验收阶段的主要监理工作

竣工验收阶段的工作不同于主体结构施工期间，但竣工验收阶段是不可缺少的施工阶段，它是整个施工的整理、汇总、移交、备案等工作的终结。在这个阶段，监理工程师要充分利用自身优势和经验，当好建设单位的参谋和助手，协助建设单位完成竣工阶段的各项工作，为顺利完工作出贡献。

1. 竣工验收阶段监理主要工作

(1) 审核承包单位报送的工程技术资料，并对工程质量进行竣工预验收。

(2) 对工程质量进行评估，提出工程质量评估报告。并在承包单位提交的工程竣工报告及工程竣工报验单上签署监理意见。

(3) 参加由建设单位组织的竣工验收。

(4) 在竣工验收会议上，汇报监理合同履约情况及工程质量情况。

(5) 接受有关方面对监理档案资料的审查。

(6) 在验收各方人员共同签署的竣工验收报告及竣工验收备案表上签字。

2. 竣工验收阶段监理协助建设单位的工作

(1) 就竣工验收的程序和内容向建设单位提出建议及咨询，协助建设单位制定竣工验收方案、确定验收组成员名单及竣工验收程序。

(2) 协助取得城乡规划、公安消防、环保等部门的认可文件或准用文件。

(3) 协助通知当地建设工程质量监督机构。

(4) 协助组织竣工验收。

(5) 记录、归纳建设、勘察、设计、施工、监理等参与各方的工程合同履约情况和执行法律、法规和标准等情况的汇总材料。

(6) 协助审阅上述各参与方的工程档案资料。

(7) 协助组织实地工程质量查验。

(8) 协助建设单位对工程勘察、设计、施工、设备安装、质量和管理环节等方面作出全面评价，协调各方意见，起草竣工验收意见。

(9) 协助建设单位向当地建设行政主管部门报送竣工验收备案文件。

3. 竣工验收程序

(1) 竣工预验收：当单位工程达到竣工验收条件时，承包单位应在自审、自查、自评工作完成后，填写工程竣工报验单，并将全部竣工验收资料(质量保证资料、评定资料、施工技术资料、施工管理资料、竣工图)报送项目监理部，申请竣工验收；总监理工程师组织各专业监理工程师对竣工资料及各专业工程的质量情况进行全面检查，对检查出来的问题，应督促承包单位及时整改；验收合格后，由总监理工程师签署工程竣工报验单，并向建设单位提出质量评估报告。

(2) 竣工验收：监理单位参加由建设单位组织的竣工验收；建设单位、勘察单位、设计单位、施工单位、监理单位分别书面汇报工程建设项目质量状况、工程合同履约情况以及执行国家法律、法规和工程建设强制性标准情况；检查工程建设参与各方提供的竣工资料；检查工程实体质量，根据工程具体情况，对建筑工程的使用功能进行抽查检验；对竣工验收情况进行汇总讨论，形成竣工验收意见，填写《建设工程竣工验收备案表》、《建设工程竣工验收报告》。

(3) 竣工验收备案：建设工程竣工验收完毕以后，由建设单位负责，在15d内向备案部门办理竣工验收备案。

【例】监理质量评估报告的编写

工程质量评估报告是监理工程师对工程质量客观、真实的评价，是工程竣工验收时监理单位必须提交的资料。质量评估报告应随工程进展阶段编写，目前通常编写地基与基础分部工程、主体分部工程及单位工程质量评估报告。工程质量评估报告的主要内容有：

(1) 工程概况：建设地点；建筑面积；层数；建筑使用功能；结构形式(地基处理方案，基础及主体结构形式)，抗震设防烈度，结构抗震等级；建筑装饰特色；水、暖、电、通风、空调等设备安装工程的特点；建设单位、勘察单位、设计单位、施工单位和监理单位名称。

(2) 项目监理组织机构：项目监理机构人员组织名单。注册监理工程师岗位证书编号等。

(3) 质量评估依据：设计图纸；施工承包合同；工程建设标准强制性条文房屋建筑部分；现行建筑安装工程质量检验评定标准；施工验收规范；国家、地方有关建设工程质量管理法规。

(4) 工程质量概况：概述工程建设情况，重点说明地基验槽、地基与基础验收、人工地基或桩基检测、主体验收、竣工初步验收等情况；施工过程中有无质量事故及质量事故处理情况；建筑沉降观测情况；建筑主要使用功能情况；设备调试、试运转情况。

(5) 质量等级评定情况：每个分项工程完成后，监理工程师应在承包单位自评自核的基础上，通过讨论保证项目、基本项目、允许偏差项目核查，确认分项工程的质量等级。单位工程的组成划分；各分部工程质量等级的核定；单位工程的综合评定。

(6) 质量评估意见：对于达到竣工验收要求的工程，质量评估意见通常有以下内容：完成工程设计和合同约定的各项内容；工程资料完整有效；完成的工程质量符合有关法律、法规和工程建设强制性标准，符合设计要求和合同要求；质量等级优良或合格；符合竣工验收备案要求；同意竣工验收。

最后，项目总监理工程师及监理单位技术负责人签字盖章。

【例】监理资料的整理与移交，见表 4-12。

监理资料 **表 4-12**

监理资料				
工程资料名称	归档保存单位			
	监理	建设	档案馆	
监理规划	●	●		
监理实施细则	●			
监理月报	●	●		
监理会议纪要	●	●		
监理工作日志	●			
监理工作总结(专题、阶段、竣工总结)	●	●		
见证资料	●			
监理通知	●			
监理抽检记录	●			
不合规项处置记录	●			
工程暂停令	●	●		
工程延期审批表	●	●		
费用索赔审批表	●	●		
工程款支付证书	●	●		
旁站监理记录	●			
质量事故报告及处理资料	●	●	●	
竣工移交证书	●	●	●	
工程质量评估报告	●	●	●	
工作联系单	●			
工程变更单	●	●	●	

案例5　某医院门诊楼监理案例

【摘要】 本案例以医院门诊楼工程为背景，重点从监理的组织实施、监理的旁站方案、各部位的监理旁站、特殊功能要求部位的施工质量监理等方面进行编写。突出了监理旁站的内容、旁站人员职责分工、验收的台账、旁站记录等内容。

一、工程概况

（一）建筑设计概况（表5-1）

项目建筑设计概况 **表5-1**

<table>
<tr><th>序号</th><th>项目</th><th colspan="5">内　容</th></tr>
<tr><td>1</td><td>建筑面积</td><td colspan="3">总建筑面积(m^2)</td><td>23254</td><td>其中地下建筑面积(m^2)</td><td>4442</td></tr>
<tr><td rowspan="3">2</td><td rowspan="3">建筑层数、层高及功能</td><td>层数</td><td colspan="2">地上6层</td><td colspan="2">地下2层</td></tr>
<tr><td>层高(m)</td><td colspan="2">1层3.9m，2层至6层3.4m</td><td colspan="2">4.2m</td></tr>
<tr><td>功能</td><td colspan="2">1层至5层：各科室及病房；
6层：信息科、会议中心等</td><td colspan="2">地下1层：医保、留观室、输液及办公室
地下2层：器材室</td></tr>
<tr><td>3</td><td>建筑高度</td><td colspan="2">基底标高</td><td>−10.200m</td><td>建筑总高</td><td>22.500m</td></tr>
<tr><td>4</td><td>建筑消防设计</td><td colspan="5">建筑耐火等级：一级；建筑物周边设三面消防车道环路；
地下2层3个防火分区，地下1层3个防火分区，地上各层均2个防火分区</td></tr>
<tr><td rowspan="3">5</td><td rowspan="3">建筑防水设计</td><td>地下室</td><td colspan="4">地下室防水等级为Ⅰ级，防水材料采用3mm＋3mm厚SBS改性沥青防水卷材，抗渗等级为P8</td></tr>
<tr><td>屋面</td><td colspan="4">防水等级Ⅱ级，选用SF聚合物水泥防水砂浆，防水层为3mm＋3mm厚SBS防水卷材，另加一道钢性防水</td></tr>
<tr><td>卫生间</td><td colspan="4">防水层为1.5cm厚水泥基防水涂料</td></tr>
<tr><td>6</td><td>保温</td><td colspan="5">外墙：60mm厚挤塑聚苯保温板；屋面：70mm厚挤塑聚苯保温板</td></tr>
<tr><td rowspan="2">7</td><td rowspan="2">外装修</td><td>外墙装修</td><td colspan="4">干挂石材墙面、干挂铝板</td></tr>
<tr><td>门窗</td><td colspan="4">断桥铝合金中空玻璃门窗</td></tr>
<tr><td rowspan="4">8</td><td rowspan="4">内装修</td><td>顶棚</td><td colspan="4">涂料顶棚、铝方板吊顶、纸面石膏板吊顶</td></tr>
<tr><td>楼地面</td><td colspan="4">石塑防滑地砖、花岗石楼地面、防滑地砖地面、抛光砖楼面、水泥地面、PVC卷材楼面</td></tr>
<tr><td>内墙</td><td colspan="4">抗菌涂料墙面、薄型面砖防水墙面、涂料墙面</td></tr>
<tr><td>门窗</td><td colspan="4">断桥铝合金单玻门窗、钢制防火门</td></tr>
</table>

（二）结构设计概况（表 5-2）

结构设计概况 表 5-2

序号	项目	内容	
1	结构类型	基础结构形式	筏板基础
		主体结构形式	钢筋混凝土框架结构
2	抗震设计	抗震设防烈度为 8 度，设计基本地震加速度为 0.20g，设计抗震分组为第一组	
3	地质情况	地基持力层	粉质黏土③层；标准值 f_{ka}＝180kPa
4	混凝土强度等级	地下 2 层至 2 层顶	C50
		3 层至 4 层顶	C45
		5 层以上	C40
5	砌体	轻集料混凝土空心砌块	
6	钢筋类别	Ⅰ级 HPB235；Ⅱ级 HRB335；Ⅲ级 HRB400	
7	钢筋接头形式	绑扎搭接	梁、板、墙、柱
		机械接头	受拉钢筋
8	基坑护坡形式	基坑南侧为长螺旋钻孔灌注桩；其他面为复合土钉支护	

（三）专业工程设计概况（表 5-3）

专业工程设计概况 表 5-3

设计系统	设计要求	系统做法	管线类型
上水	院内两口深井作为生活用水	采用不锈钢管承接焊接	*DN*150 管网
下水	室内污水重力自流污排入室外污水管，地下室污废水采用潜水排污泵提升至室外污水管	采用柔性接口机制铸铁管，埋地排水管采用承接机制铸铁管，潜水泵压力排水管采用热镀锌钢管沟槽连接	生活污水管采用 UPVC 排水管，地下层潜水排污泵管道采用衬塑钢管
雨水	雨水为内排水，屋面雨水经雨水斗和雨水专用管有组织的排入院内雨水管网	柔性接口	排水铸铁管
热水	生活热水由已建锅炉房蒸汽锅炉提供热媒，在锅炉房内经换热器换热提供热水，采用水平机械式全循环	卡环式快装连接	衬塑钢管
通风	所有房间采用多联机系统加新风的空调形式，吊顶内设新风换气扇	丝扣连接	玻璃钢
排风	卫生间设天花板型换气扇，风管选用螺旋铝管，设备间风机机械排风		通风竖井
排烟	地上层楼梯间前室、电梯间自然通风排烟，地下层走廊机械排烟		通风竖井
照明	照明光源选用高效节能光源	采用树干式和放射式结合的配电方式	照明 BV—3×25mm² 钢芯塑料绝缘导线 插座 BV—384mm² 钢芯塑料绝缘导线
避雷	按二级防雷设防，采用 TN—S 保护系统，电位接地采用联合接地装置，其接地电阻须小于 0.5 欧	做总等电位联结，端子箱设在配电室，PE 干线、基础接地网、建筑金属构件和所有进出建筑物的金属管线均与接地极可靠联结	电气竖井内垂直敷设 40×4 热镀锌扁钢，配电室接地线与竖井接地线及桥架接地线敷设 1 根 40×4 热镀锌扁钢可靠连接

续表

设计系统	设计要求	系统做法	管线类型
供配电	采用放射式或树干式配电方式		
电梯	上海三菱自动扶梯 12005S—SE 一部，医用电梯三部，无机房电梯一部		
消防灭火报警联动控制系统	水雾、水喷淋、消火栓	地下明装，其他吊顶内暗装，丝扣、法兰连接	热镀锌钢管
	烟感、温感、可燃气探测器自动报警，适当位置设手动报警按钮		

二、监理的组织实施

（1）组建以总监为核心的监理班子。接到监理任务后，按照招标文件的要求及时选配了总监、总监代表和各专业监理工程师，同时投入了各种检测仪器等，还按规定编写了规划、细则，积极展开工作。

（2）建立各项工作和管理制度

根据建设工程监理和现场管理的需要，认真组织学习新的法律、法规、规范、规程和标准。特别是国家规定的巡视、旁站、材料检验的制度，建设工程安全生产的有关制度和监理例会制度都贯彻得比较严格。如材料考察、验收制度。洽商、变更管理制度。安全监督管理制度——以人为本，安全第一，确保施工安全是每个人员的职责。各方一把手是安全的第一责任人，要把安全当做第一要务来抓，形成人人抓安全的良好局面。所有的技术交底都必须有安全措施和安全交底，使人人明白安全的重要性，个个知道如何确保安全。监理每月至少进行1次安全专题检查和会议。各种制度建立齐全。如图纸会审制度、月报制度、例会制度、隐蔽部位验收制度、资料管理制度、廉洁制度等。

（3）认真开展监理的各项工作

根据项目特点，编写了监理规划和各专业实施细则；组织召开监理例会、专题会议；审查施工组织设计及专项施工方案；旁站监理；见证取样等。①在质量控制方面，坚持预控为主、过程控制的原则。严格实行事前、事中、事后控制，发挥巡检、抽检、工序验收的作用，对需要旁站监督的工序和部位，做好旁站监督工作，对隐蔽工程项目的检查做到全检不漏，保证每个分项工程验收合格后方可进入下道工序施工。②在造价控制方面，派驻专职造价工程师，对施工单位的投标报价进行了认真分析，指出施工方在投标报价中不合理的地方。对洽商变更的费用增加及时审核，做到时时掌握造价的状态。③在进度控制方面，根据工程实际情况，制定切实可行的进度控制目标，按照要求组织实施。

（4）按照规范和合同的要求完成好监理工作

在建设单位的大力支持下，在施工单位的密切配合下，监理人员结合自身的管理水平及能力，能严格按照监理合同及国家规范和法规的要求开展工作，做到了三大(质量、进度、造价)目标的实现。

本监理案例的重点是谈一下监理员的旁站工作和监理资料。

三、监理的旁站方案

旁站监理是监理人员控制质量，保证质量目标实现必不可少的重要手段。在施工过程中，监理应对关键部位、关键工序实施全过程质量监督活动。因此，在旁站监理的过程中，监理人员要严格履行职责，按作业程序及时跟班到位进行监督检查，做好事中控制，并填写旁站记录，以便对施工质量进行真实的见证。要做好旁站监理，监理必须有计划地进行交底安排，并编写好监理旁站实施方案。本工程的旁站方案如下：

（1）工程概况：略。

（2）旁站依据：建设工程有关法律、法规；技术标准、规范、规程；本工程监理合同和施工合同；设计文件：地质勘察资料、设计图纸、设计变更、设计指定的标准图集等；本工程的施工组织设计和监理规划。

（3）旁站监理的范围和内容，见表5-4。

旁站监理的范围和内容 **表5-4**

<table>
<tr><th>工程部位</th><th>旁站监理范围</th><th>旁站监理内容</th><th>检查方法</th></tr>
<tr><td rowspan="4">基础工程</td><td>土方回填</td><td>基底情况、基底标高；土料配比、含水率；回填厚度、接槎、压实情况</td><td>观察、量测、计量、检查记录</td></tr>
<tr><td>土钉墙</td><td>成孔角度、土钉位置；锚杆尺寸、钢筋规格、钢筋支架布置；水灰比；钢筋网绑扎；喷射混凝土厚度、强度</td><td>观察、量测</td></tr>
<tr><td>防水混凝土</td><td>混凝土配合比、外加剂用量、坍落度；分层浇筑、振捣情况；止水带、止水条设置；施工缝、后浇带、穿墙管、埋设件处理；试块留置情况</td><td>检查商品混凝土单据、量测、观察、现场取样、检查施工记录</td></tr>
<tr><td>卷材防水细部处理</td><td>变形缝、转角处附加层施工；穿墙管道外侧处理</td><td>观察检查</td></tr>
<tr><td rowspan="2">主体结构工程</td><td>梁柱节点钢筋隐蔽过程</td><td>钢筋的规格、数量、位置、锚固长度、保护层厚度、箍筋加密设置；模内清理、构件尺寸</td><td>观察、量测</td></tr>
<tr><td>混凝土浇筑</td><td>模板稳定情况、跑模漏浆处理；钢筋保护层厚度及位置固定、混凝土坍落度、浇筑顺序浇筑厚度、振捣情况；试块留置、预埋件、预留洞位置固定</td><td>观察</td></tr>
<tr><td rowspan="2">节能工程</td><td>墙面、屋面保温</td><td>保温层厚度、保温层抹灰、粘贴与铺设、墙体、屋面等保温工程隐蔽前的施工、细部构造等</td><td>观察、量测</td></tr>
<tr><td>铝合金门窗安装</td><td>易产生热桥和热工缺陷的关键部位和工序、见证实验</td><td>观察、量测</td></tr>
<tr><td colspan="2">定位放线、沉降观测</td><td colspan="2">旁站监理人员参与施工单位共同测量</td></tr>
<tr><td colspan="2">建筑材料的见证和取样</td><td colspan="2">全过程跟踪监督，另详见证旁站计划</td></tr>
</table>

（4）旁站监理人员及职责：

旁站监理的人员：专业监理工程师：××× 监理员：×××。

旁站监理人员的职责：①检查施工企业现场质检人员到岗、特殊工种人员持证上岗以及施工机械、建筑材料准备情况。②在现场跟班监督关键部位、关键工序的施工执行施工方案以及工程建设强制性标准情况。③检查现场建筑材料、建筑构配件、设备和商品混凝土的质量检验报告等，并可在现场监督施工企业进行检验或者委托具有资格的第三方进行复验。④做好旁站监理记录和监理日记，保存旁站监理原始资料。

（5）旁站监理的程序和方式：

旁站监理的程序：1)对旁站监理人员进行旁站技术交底、配备旁站监理设施。2)对施工单位人员、机械、材料、施工方案、安全措施及上一道工序质量报验等进行检查。3)具备旁站监理条件时，旁站监理人员按照旁站监理的内容实施旁站监理工作，并做好旁站监理记录。4)旁站监理过程中，旁站监理人员发现施工质量和安全隐患时，应及时上报。5)旁站结束后，旁站监理人员在旁站记录上签字。

旁站监理的方式：采用现场监督、检查的方式。

(6) 隐蔽工程旁站监理计划，见表5-5。

隐蔽工程旁站监理计划 **表5-5**

序号	隐蔽工程旁站监理	旁站监理人员
1	各种原材料见证取样：如钢筋、水泥、砌块等	
2	各种功能性检验：如屋面淋水试验、建筑物沉降观测等	
3	长螺旋钻孔灌注桩	
4	复合土钉支护	
5	筏板基础钢筋绑扎施工	
6	土方回填	
7	基础混凝土浇筑	
8	各层柱、梁板、楼梯等节点钢筋绑扎施工	
9	各层柱、梁板、楼梯等混凝土浇筑	
10	屋面梁板混凝土浇筑	
11	后浇带混凝土浇筑	
12	各层填充墙砌筑、构造柱混凝土浇筑	
13	防水施工全过程	
14	墙体保温层施工	
15	屋面保温层施工	
16	铝合金窗安装	
17	水、电安装工程的见证实验	

(7) 旁站监理记录：

旁站监理记录是监理人员依法行使有关签字权的重要依据。对于需要旁站监理的重要部位、关键工序施工，凡没有实施旁站监理或者没有旁站监理记录的，监理工程师不得在相应文件上签字。因此，旁站监理人员要认真负责地做好监督检查，并及时填好旁站记录。旁站监理记录所需用的表格可以参考本文的第四部分。

四、各部位的监理旁站

(一) 隐蔽工程验收项目内容(表5-6)

隐蔽工程验收项目内容一览表 **表5-6**

分部工程名称	子分部工程名称	检查内容
地基与基础	有支护土方	基槽验收：基底标高、槽底几何尺寸、钎探记录及探点平面布置图、持力层土质；房心回填前检查基底清理；检查锚杆、土钉的品种、规格、数量、质量、位置、插入长度、钻孔直径、深度和角度；检查喷射混凝土的配比、厚度、强度；检查注浆的压力、水浆比；检查钢筋网的规格、间距、搭接位置、保护层厚度；检查土钉与钢筋网的连接等

续表

<table>
<tr><th>分部工程名称</th><th>子分部工程名称</th><th colspan="2">检查内容</th></tr>
<tr><td rowspan="2">地基与基础</td><td>地下防水</td><td colspan="2">检查混凝土施工缝、后浇带、穿墙套管、埋设件等设计的形成和构造；防水层基层、防水材料规格、厚度、铺设方式、阴阳角处理、搭接、细部构造处理等</td></tr>
<tr><td>混凝土基础</td><td colspan="2">基础标高；防水层的保护层；防水混凝土浇筑旁站、试块、抗渗试块；钢筋的品种、规格、接头位置等；模板</td></tr>
<tr><td rowspan="2">主体结构</td><td>混凝土结构</td><td colspan="2">检查用于绑扎的钢筋品种、规格、数量、位置、锚固和接头位置、搭接长度、保护层厚度和防污情况；检查钢筋连接形式、连接种类、接头位置、数量及焊条、焊缝长度、厚度；检查模板的支撑间距、稳定性，模板的垂直度、平整度、临板高差，模板的有效截面等；浇筑混凝土的旁站，检查配合比、坍落度、振捣、试块等；混凝土构件的外观质量检查等</td></tr>
<tr><td>砌体结构</td><td colspan="2">位置放线；断面尺寸；砖、砌体和砂浆配合比及强度等级；构造柱留设、钢筋的绑扎；砌筑的组砌形式；墙体的垂直度、平整度；砂浆的饱满度等</td></tr>
<tr><td rowspan="6">建筑装饰装修</td><td>地面</td><td colspan="2">检查各基层(垫层、找平层、隔离层、防水层、填充层、地龙骨)材料品种、规格、铺设厚度、方式、坡度、标高、表面情况、密封处理、黏结情况</td></tr>
<tr><td>抹灰</td><td colspan="2">检查其加强构造的材料规格、铺设、固定、搭接</td></tr>
<tr><td>门窗</td><td colspan="2">检查预埋件和锚固件、螺栓等的规格、间距、埋设方式、与框的连接方式、防腐处理、密封材料的黏结；检查门窗材料、规格、加工尺寸与质量；门窗的安装质量；密闭性、淋水实验等</td></tr>
<tr><td>吊顶</td><td colspan="2">检查吊顶材料、龙骨及吊件材质、规格、间距、连接方式、表面防火、防腐处理、外观情况、接缝和边缝情况；吊顶的标高，检查洞的留设，表面的平整度等</td></tr>
<tr><td>饰面板(砖)</td><td colspan="2">检查预埋件、后置埋件、连接件规格、数量、位置、连接方式、防腐处理等；有防水构造的部位应检查找平层、防水层的构造做法，同地面工程检查；检查饰面板(砖)的拼缝、临板高差、平整度、坡度、色差等</td></tr>
<tr><td>幕墙工程</td><td colspan="2">检查构件之间以及构件与主体结构的连接点的安装及防腐处理；幕墙四周、幕墙与主体结构之间间隙节点的处理、封口的安装；幕墙伸缩缝、沉降缝、防震缝及墙面角节点的安装；幕墙防雷接地节点的安装</td></tr>
<tr><td>建筑屋面</td><td>涂膜防水屋面</td><td colspan="2">检查基层、找平层、保温层、防水层、隔离层材料的品种、规格、厚度、铺贴方式、搭接宽度、接缝处理、粘接情况；附加层、天沟、檐沟、泛水和变形缝细部做法、隔离层设置</td></tr>
<tr><td rowspan="6">建筑给排水及采暖</td><td>室内给水系统</td><td rowspan="5">直埋于地下或结构中，暗敷的管道和相关设备，以及有防水要求的套管</td><td rowspan="5">检查管材、管件、阀门、设备的材质与型号、安装位置、标高、坡度；防水套管的定位及尺寸；管道连接做法及质量；附件使用，支架固定，以及是否已按照设计要求及施工规范规定完成强度严密性、冲洗等试验</td></tr>
<tr><td>室内排水系统</td></tr>
<tr><td>室内热水供应系统</td></tr>
<tr><td>卫生器具安装</td></tr>
<tr><td>室内采暖系统</td></tr>
<tr><td>自动喷水灭火系统</td><td>有绝热、防腐要求的管道和相关设备</td><td>检查绝热方式、绝热材料的材质与规格、绝热管道与支吊架之间的防结露措施、防腐处理材料及做法</td></tr>
</table>

续表

<table>
<tr><th>分部工程名称</th><th>子分部工程名称</th><th colspan="2">检查内容</th></tr>
<tr><td rowspan="4">建筑电气</td><td rowspan="4">变配电室
供电干线
备用和不间断电源安装
电气动力
防雷及接地安装
电气照明安装</td><td>埋于结构内的各种导管</td><td>检查导管的品种、规格、位置、弯曲度、弯曲半径、连接、接地跨接线、防腐、管道盒固定、管口处理、敷设情况、保护层、需焊接部位的焊接质量</td></tr>
<tr><td>利用结构钢筋做的避雷引下线</td><td>检查轴线位置、钢筋数量、规格、搭接长度、焊接质量、与接地极、避雷网、均压环等连接点的焊接情况</td></tr>
<tr><td>不进入吊顶内的电线导管和线槽</td><td>检查导管的品种、规格、位置、弯偏度、弯曲半径；连接、接地线、防腐、需焊接部位的焊接质量、管道盒固定、管道口处理、固定方法、固定间距；
检查线槽品种、规格、位置、连接、接地、防腐；
固定方法、固定间距及与其他管线的位置关系等</td></tr>
<tr><td>直埋电缆</td><td>检查电缆的品种、规格、埋设方式、埋深、弯曲半径、标志桩埋设情况等</td></tr>
<tr><td rowspan="2">通风与空调</td><td rowspan="2">送排风系统
防排烟系统
除尘系统
空调风系统
净化空调系统
制冷设备系统
空调水系统</td><td>敷设于竖井内、不进入吊顶内的风道</td><td>检查风道的标高、材质、接头、接口严密性，附件、部件安装位置，支、吊、托架安装、固定，活动部件是否灵活可靠、方向正确，风道分支，变径处理是否合理，是否符合要求，是否按照设计要求及施工规范规定完成风管的漏光、漏风检测、空调水管道的水压、冲洗试验等</td></tr>
<tr><td>有绝热、防腐要求的风管空调水管及设备</td><td>检查绝热形式与做法、绝热材料的材质和规格、防腐处理材料及做法。绝热管道与支吊架之间应垫以绝热衬垫或经防腐处理的木衬垫，其厚度应与绝热层厚度相同，表面平整，衬垫接合面的空隙应填实</td></tr>
<tr><td>电梯</td><td></td><td colspan="2">检查电梯承重梁、起重吊环埋设；电梯钢丝绳头应用巴氏合金浇灌而成。电梯井道内导轨、楼层门的支架、螺栓埋设等</td></tr>
<tr><td rowspan="6">建筑节能工程</td><td>墙体节能工程</td><td colspan="2">保温层附着的基层及其表面处理；保温板黏结或固定；保温构造的锚固件；被封闭的保温材料的厚度；各类饰面层的基层施工，面层的黏结或固定，保温层、饰面层的防水及密封处理；增强网铺设；穿墙套管、脚手眼、孔洞等的密封处理等</td></tr>
<tr><td>幕墙节能工程</td><td colspan="2">幕墙密封条镶嵌，板块间的接缝密封；被封闭的保温材料厚度和保温材料的固定；幕墙开启扇的安装；幕墙与周边墙体间的接缝密封处理等</td></tr>
<tr><td>门窗节能工程</td><td colspan="2">外门窗框与周边墙体的接缝密封处理；门窗密封条与玻璃镶嵌密封处理等</td></tr>
<tr><td>屋面节能工程</td><td colspan="2">保温层的敷设方式、厚度，缝隙填充质量；基层处理；防水层的施工、细部防水构造；防水层的保护层等</td></tr>
<tr><td>通风与空调节能工程</td><td colspan="2">风管制作检查；管道绝热层的基层及其表面处理；管道绝热层的铺设、厚度、黏结或固定；管道穿楼板和穿墙处绝热层；管道阀门、过滤器、法兰部位绝热层铺设、厚度；冷热水管道与支、吊架直接的绝热衬垫安装，填缝处理等</td></tr>
<tr><td>空调系统冷热源及管网节能工程</td><td colspan="2">冷热源管道绝热层的基层及其表面处理；冷热源管道绝热层的铺设、厚度，黏结或固定；冷热源管道阀门、过滤器、法兰部位绝热层铺设、厚度；冷热源管道与支、吊架直接的绝热衬垫安装，填缝处理等</td></tr>
</table>

（二）主要材料进场验收

1. 材料进场验收统计台账

见表 5-7。

材料进场验收统计台账表　　表 5-7

工程名称：　　编号：

序号	材料名称及规格	生产厂家	进场日期	进场数量	物资证明材料	外观质量检查	复试情况	见证取样人	结论
1	钢筋Φ16	首钢	×年×月×日	××吨	合格证、质量检测报告齐全	无锈蚀、无裂纹、无油污、无损伤	拉伸试验、冷弯试验	×××	合格
2									
3	……								

监理单位：　　统计人：

2. 混凝土试块留置及试验结果台账

见表 5-8。

混凝土试块留置及试验结果台账表　　表 5-8

工程名称：　　编号：

部位	设计强度值	坍落度		标养试件				同条件试件			结构实体强度检验	
		申请值	实测值	留置时间	留置数量	试验结果	见证人	留置时间	留置数量	试验结果	检验时间	试验结果

监理单位：　　统计人：

3. 进场施工机械设备运行情况统计表

见表 5-9。

进场施工机械设备运行情况统计表　　表 5-9

工程名称：　　编号：

设备名称	型号	功率 kW	生产厂家	购置或租赁	已使用年限	运行状况	备注

监理单位：　　统计人：

4. 电气安装工程主要材料检查内容

见表 5-10。

电气安装工程主要材料检查内容表　　表 5-10

序号	材料名称	出厂合格证	生产许可证	试验检测文件或记录	“CCC”认证标志	认证证书复印件	随机技术文件	安全认证标志	防爆标志、防爆合格证编号
1	低压成套配电柜、动力照明配电箱(盘、柜)查验	√	√	√	√	√	√	√	
2	电力变压器、高压成套配电柜	√	√	√	√	√	√	√	
3	电动机、电动执行机构和低压开关设备	√	√		√	√	√	√	
4	照明灯具开关，插座及复印件	√		√	√	√	√	√	√
5	电线电缆	√	√	√	√	√		√	
6	导管，电缆，桥架和线槽	√	√	√					
7	型钢和电焊条	√		√		√			
8	镀锌制品(支架横担接地避雷钢材)	√		√		√			
9	封闭母线、插线母线		√		√	√	√		
10	裸母线、裸导线、电缆头及接线端子		√			√			

5. 建筑给水、排水、消防、通风工程主要材料检查内容

见表 5-11。

建筑给水、排水、消防、通风工程主要材料检查内容表　　表 5-11

序号	材料名称	产品质量合格证	检测报告	卫生标准检测报告	计量鉴定证书	环保监测报告	随机技术文件
1	管材、各类管材、管件等原材料以及防腐保温、隔热等附件	√	√	√			
2	阀门、调试设备、消防设备、卫生洁具、给水设备、中水设备、排水设备，各类(开闭)式水箱(罐)、安全阀、减压阀、除污器，过滤器	√	√	√	√	√	√
3	镀锌风管板材	√	√				
4	压力表、温度计、流量计、水位计、水表	√	√		√		√
5	风机、消声器、风口、风阀、风罩、自动排气阀	√	√				√

6. 建筑节能工程进场材料和设备的复验项目

见表 5-12。

建筑节能工程进场材料和设备的复验项目表　　表 5-12

序号	分项工程	复验项目
1	墙体节能工程	1. 保温材料：导热系数、密度、抗压强度或压缩强度； 2. 黏结材料：黏结强度； 3. 增强网：力学性能、抗腐蚀性能； 4. 浅色饰面材料：太阳辐射吸收系数
2	幕墙节能工程	1. 保温材料：导热系数、密度； 2. 幕墙玻璃：可见光透射比、传热系数、遮阳系数、中空玻璃露点； 3. 隔热型材：抗拉强度、抗剪强度
3	门窗节能工程	1. 外窗气密性能、传热系数、玻璃遮阳系数、可见光透射比，中空玻璃露点； 2. 抗风压密闭性、淋水性试验
4	屋面节能工程	1. 保温材料：导热系数、密度、抗压强度或压缩强度、燃烧性能； 2. 遮阳装置材料：太阳光透射比、太阳光反射比
5	通风与空调节能工程	1. 风机盘管机组：供冷量、供热量、风量、出口静压、噪声及功率； 2. 绝热材料：导热系数、密度、吸水率
6	空调系统冷、热源和辅助设备及其管网节能工程	绝热材料的导热系数、密度、吸水率
7	配电与照明节能工程	电缆、电线截面和每芯导体电阻值

（三）基坑边坡、护坡工程监理旁站

1. 长螺旋钻孔灌注桩施工验收及台账

见表 5-13。

长螺旋钻孔灌注桩施工验收及台账表　　表 5-13

工程名称：　　编号：

序号	桩编号	桩位复核（mm）	开钻时间	桩机垂直度检查	钻孔结束时间	桩深检查	钢筋笼制作验收	钢筋笼下放时间	混凝土浇筑情况	试块留置	桩的完成时间	其他
1		不大于 $d/6$ 且不大于 200		不超过 $H/100$			钢筋规格、间距、接头、搭接长度、箍筋间距 保护层厚度、钢筋笼长度		配合比、坍落度、强度、混凝土浇筑量			
2												
…												

监理单位：　　统计人：

注：d 为直径，H 为桩长。

2. 复合土钉支护施工验收及台账

见表 5-14。

复合土钉支护施工验收及台账表 **表 5-14**

工程名称： 编号：

序号	部位	锚杆成孔质量	锚杆制作	锚杆安放	钢筋网绑扎	注浆施工	锚杆压筋	喷射混凝土施工	基坑检测	其他
1	×区第×步	角度、间距、孔径、深度	规格、长度、保护层、间距		规格、间距、搭接长度、保护层	时间、压力、注浆量、灰浆比	焊接长度	时间、厚度、强度	位移、沉降	
2										
…										

监理单位： 统计人：

（四）防水层施工监理旁站记录表

见表 5-15。

防水层施工监理旁站记录表 **表 5-15**

工程名称		编号	
日期		天气情况	
旁站监理的部位或工序			
旁站开始时间		旁站结束时间	
施工情况： (1) 防水材料种类： (2) 设计厚度： (3) 施工方式：			
监理情况： (1) 施工资源投入情况： (2) 防水基层细部处理与验收情况： (3) 防水层细部处理情况： (4) 卷材防水层搭接情况： (5) 防水层厚度： (6) 其他： (7) 材料见证取样情况：			
发现问题：有无违反工程建设强制性标准行为？有无其他影响施工质量行为？			
处理意见：			
备注：			
承包单位名称： 质检员（签字）：		监理单位名称： 旁站监理人员（签字）：	

（五）梁柱节点钢筋绑扎监理旁站记录表

见表 5-16。

梁柱节点钢筋绑扎监理旁站记录表 **表 5-16**

<table>
<tr><td>工程名称</td><td colspan="2"></td><td>编号</td><td></td></tr>
<tr><td>日期</td><td colspan="2"></td><td>天气情况</td><td></td></tr>
<tr><td colspan="2">旁站监理的部位或工序</td><td colspan="3"></td></tr>
<tr><td>旁站开始时间</td><td colspan="2"></td><td>旁站结束时间</td><td></td></tr>
<tr><td colspan="5">施工情况：
(1) 钢筋材质是否符合要求：
(2) 模板工程的检验批是否已办理验收手续：
(3) 梁柱截面尺寸、轴线位置是否符合设计要求：
(4) 其他</td></tr>
<tr><td colspan="5">监理情况：
(1) 钢筋的规格、型号是否符合设计要求：
(2) 钢筋的锚固及锚固长度、接头位置是否符合要求：
(3) 梁箍筋是否加密，柱箍筋数量是否准确，布置间距是否均匀：
(4) 双排筋的排列、受力钢筋排距是否均匀：
(5) 弯起筋的弯起点位置是否准确：
(6) 钢筋的保护层措施是否可靠并符合要求：
(7) 其他：</td></tr>
<tr><td colspan="5">发现问题：有无违反工程建设强制性标准行为？有无其他影响施工质量行为？</td></tr>
<tr><td colspan="5">处理意见：</td></tr>
<tr><td colspan="5">备注：</td></tr>
<tr><td colspan="3">承包单位名称：
质检员(签字)：</td><td colspan="2">监理单位名称：
旁站监理人员(签字)：</td></tr>
</table>

（六）混凝土浇筑监理旁站记录表

见表 5-17。

混凝土浇筑监理旁站记录表 **表 5-17**

<table>
<tr><td>工程名称</td><td colspan="2"></td><td>编号</td><td></td></tr>
<tr><td>日期</td><td colspan="2"></td><td>天气情况</td><td></td></tr>
<tr><td colspan="2">旁站监理的部位或工序</td><td colspan="3"></td></tr>
<tr><td>旁站开始时间</td><td colspan="2"></td><td>旁站结束时间</td><td></td></tr>
<tr><td colspan="5">施工情况：
(1) 施工人员投入情况：
(2) 施工准备情况：
(3) 模板、钢筋验收情况：
(4) 其他：</td></tr>
<tr><td colspan="5">监理情况：
(1) 混凝土到场验收情况：
(2) 混凝土浇筑过程中钢筋保护情况：
(3) 混凝土振捣情况：
(4) 施工缝留设情况：
(5) 混凝土浇筑量：
(6) 其他：</td></tr>
</table>

续表

发现问题：有无违反工程建设强制性标准行为？有无其他影响施工质量行为？	
处理意见：	
备注：	
承包单位名称： 质检员(签字)：	监理单位名称： 旁站监理人员(签字)：

（七）砌筑工程监理旁站记录表

见表表5-18。

砌筑工程监理旁站记录表 **表5-18**

工程名称		编号	
日期		天气情况	
旁站监理的部位或工序			
旁站开始时间		旁站结束时间	
施工情况： (1) 墙体、门洞位置已放线验收： (2) 材料准备齐全： (3) 其他：			
监理情况： (1) 砌筑砂浆原材料、砌块的质量情况： (2) 砌筑砂浆的配合比、强度试块留设情况： (3) 墙体拉结筋的留设情况： (4) 墙体的组砌方式： (5) 构造柱及圈梁的留设位置、钢筋绑扎情况： (6) 砌筑灰缝的情况、砂浆饱满度情况： (7) 墙体的平整度、垂直度情况： (8) 其他：			
发现问题：有无违反工程建设强制性标准行为？有无其他影响施工质量行为？			
处理意见：			
备注：			
承包单位名称： 质检员(签字)：		监理单位名称： 旁站监理人员(签字)：	

（八）铝合金门窗安装监理旁站记录表

见表5-19。

铝合金门窗安装监理旁站记录表　　表 5-19

<table>
<tr><td>工程名称</td><td colspan="2"></td><td>编号</td><td></td></tr>
<tr><td>日期</td><td colspan="2"></td><td>天气情况</td><td></td></tr>
<tr><td colspan="2">旁站监理的部位或工序</td><td colspan="3"></td></tr>
<tr><td>旁站开始时间</td><td colspan="2"></td><td>旁站结束时间</td><td></td></tr>
<tr><td colspan="5">施工情况：
(1) 门窗工程分割详图已得到设计认可：
(2) 施工准备情况：
(3) 其他：</td></tr>
<tr><td colspan="5">监理情况：
(1) 预埋件、锚固件的安装、验收情况：
(2) 门窗材料的产品合格证、性能检测报告、进场验收记录等齐全情况：
(3) 门窗框、扇的安装情况：
(4) 密封胶施工质量情况：
(5) 玻璃的安装情况：
(6) 其他：</td></tr>
<tr><td colspan="5">发现问题：有无违反工程建设强制性标准行为？有无其他影响施工质量行为？</td></tr>
<tr><td colspan="5">处理意见：</td></tr>
<tr><td colspan="5">备注：</td></tr>
<tr><td colspan="3">承包单位名称：
质检员（签字）：</td><td colspan="2">监理单位名称：
旁站监理人员（签字）：</td></tr>
</table>

（九）建筑节能工程现场检测项目

见表 5-20。

建筑节能工程现场检测项目表　　表 5-20

序号	分项工程	现场检测项目
1	墙体节能工程	(1) 保温板材与基层的黏结强度现场拉拔试验； (2) 保温层的预埋或后置锚固件锚固力现场拉拔试验； (3) 外墙外保温系统节能构造钻芯检验
2	通风与空调节能工程	(1) 室内温度； (2) 单个风口的风量； (3) 通风与空调系统的总风量、风压； (4) 风管严密性及强度； (5) 全空气空调系统的送、排风机的风量、风压及单位风量消耗功率； (6) 风量平衡
3	空调系统冷、热源和辅助设备及其管网节能工程	(1) 空调机组的水流量； (2) 空调机组的冷冻水供回水温差； (3) 冷冻水系统水力平衡度； (4) 冷却水补水率； (5) 空调系统冷热水、冷却水总流量； (6) 循环水泵的流量、扬程、电机功率及输送能效比(ER)； (7) 冷却塔的热力性能、效率、流量、电机功率

续表

序号	分项工程	现场检测项目
4	配电与照明节能工程	(1) 供电电压偏差； (2) 三相电压不平衡度； (3) 平均照度和功率密度； (4) 母线与母线或母线与电器压接螺栓力矩
5	监测与控制节能工程	(1) 空调的冷热源、空调水的监测控制系统及故障报警功能； (2) 通风与空调的监测控制系统的控制功能及故障报警功能； (3) 监测与计量装置检测计量数据的准确性； (4) 供配电的监测与数据采集系统报警功能； (5) 照明自动控制系统的功能； (6) 综合控制系统的功能； (7) 检测监测与控制系统的可靠性、实时性、可维护性等系统性能

五、特殊功能要求部位的施工质量监理

(一) 有洁净要求的装饰施工监理

(1) 地面施工监理：建筑底层的地面应设置防潮层；地面必须采用耐腐蚀、耐磨和抗静电材料；地面应平整。架空地板施工应满足的要求：架空地板及其支撑结构，应符合设计要求。监理在安装前应复核荷载检验报告，检查土建装饰面层的质量，复核标高、外形尺寸、开孔率与孔径；在施工前应设好基准点和基准边，由地面中间向两边延伸，整体误差应留在建筑周边调整；架空地板上不应设置设备基础。

(2) 墙面施工监理：墙面施工应在完成基底打磨与粉尘清理作业、现场清洁、表面涂刷涂料后进行。涂料应具有耐水、耐磨和耐酸碱特性。当有防霉要求时，应在涂料中加入抑菌剂，按照现行国家标准《漆膜耐霉菌测定法》GB 1741 的规定，进行人工施菌培养，并达到规定的要求。

(3) 吊顶施工监理：吊顶施工应在完成基底打磨与粉尘清理作业、现场清洁、表面涂界面剂和涂刷涂料后进行；吊顶宜根据房间宽度方向按设计要求起拱，吊顶周边应与墙体交接严整并密封；吊顶工程应在吊顶内各项隐蔽工程验收、交接后施工；吊顶内各种金属件均应进行防腐、防锈处理，预埋件和墙体、楼面衔接处均应做密封处理；吊顶的吊挂件不得作为管线或设备的吊架，管线和设备的吊架不得吊挂吊顶；轻质吊顶内部的检修马道应与主体结构连接，不得直接铺在吊顶龙骨上，不得在吊顶龙骨上行走和支撑重物；吊顶内悬挂的有振源的设备，其吊挂方式应满足建筑结构和减震消声的相关规范要求。

(4) 墙角施工监理：地面与墙面的夹角应为曲率半径 R 不小于 30mm 的圆角。当用柔性材料粘贴地面时，在墙面上应延伸至地面以上形成圆角并与墙面平齐，或缩进 2mm～3mm，突出的墙面应圆滑过渡。需经常冲刷的地面，地面材料在墙面上延伸高度应大于150mm。当地面与墙面的夹角用 R 不小于 30mm 的型材过渡形成圆角时，突出墙面、地面的两端处应用弹性材料逐渐过渡并嵌固密封。经常用液体处理地面和墙面的洁净室不宜采用此种形式。洁净室内墙面阳角，宜做成圆角或大于等于 120°的钝角。

(5) 门窗施工监理：门窗构造应平整简洁、不易积灰、容易清洁；成品门、窗必须有合格证书或性能检验报告、开箱验收记录；当单扇门宽度大于 600mm 时，门扇和门框的铰链不应少于 3 副。门窗框与墙体固定片间距不应大于 600mm，框与墙体连接应牢固，

缝隙内应用弹性材料嵌填饱满，表面应用密封胶均匀密封；窗玻璃应用密封胶固定、封严。如采用密封条密封，玻璃与密封条的接触应平整，密封条不得卷边、脱槽、缺口、断裂。

（二）洁净空调工程通风管道的施工监理

1. 风管的配件与制作的监理要点

风管及部件的制作应在相对封闭和清洁的环境中进行，地面应铺橡胶板或其他防护材料；加工风管的板材，在下料前应进行清洗，洗后应立即擦干；加工过程应有措施保证不被二次污染；加工镀锌钢板风管应避免损坏镀锌层，如有损坏应做防腐处理；风管不得有横向接缝，尽量减少纵向拼接缝。矩形风管边长不大于 800mm 时，不得有纵向接缝；风管及部件制作完成后，用无腐蚀性清洗液将内表面清洗干净，干燥后经检查达到要求即进行封口，安装前再拆除封口，清洗后立即安装的可不封口；所有咬口缝、翻边缝、铆钉处均必须涂密封胶。

2. 风管系统安装的监理要点

风管安装前对施工现场彻底清扫，做到无产尘作业，并建立有效的防尘措施；风管连接处必须严密，法兰垫料应采用不产尘和不易老化的弹性材料，严禁在垫料表面刷涂料；法兰密封垫应尽量减少接头，接头采用阶梯或企口形式；经清洗干净并包装密封的风管及部件，安装前不得拆除。如安装中间停顿，应将端口重新封好；风管与洁净室吊顶、隔墙等围护结构的穿越处应严密，可设密封填料或密封胶，不得有渗漏现象发生；消声器、消声弯头在安装时应单独设支、吊架；安装系统新风口处的环境应清洁，新风口底部距室外地面应大于 3m，新风口应低于排风口 6m 以下。当新风口、排风口在同侧高度时，两风口水平距离不应小于 10m，新风口应位于排风口上风侧。

3. 高效过滤器安装监理要点

KLC 高效过滤器的运输、存放应按制造厂标注的方向位置，移动要轻拿轻放，防止剧烈振动与碰撞；高效过滤器的安装必须在洁净室内装修工程全部完成，经全面清洗、擦拭，并在空吹 12h～24h 后进行；高效过滤器应在安装现场拆开包装，其外层包装不得带入洁净室，但其最内层包装必须在洁净室内方能拆开。安装前进行外观检查，重点检查过滤器有无破损漏泄等，合格后进行仪器检漏。安装时要保证滤料的清洁和严密。

4. 洁净空调工程调试时监理要点

调试前，洁净室各部分的外观检查已完成，且符合合同和规范的要求，通风空调系统运转所需要的水、电、气及压缩空气等已具备；调试所有仪表、工具已备齐；洁净室内无施工废料等杂物，且已全部进行了认真彻底的清扫。

洁净空调工程调试包括：单机试运转，试运转合格后，进行带冷（热）源的不少于 8h 的系统正常联合试运行，系统的调试应在空态或静态下进行，其检测结果应全部符合设计要求。综合性能方面全面评定由建设单位负责，设计与施工单位配合；综合性能全面评定的性能检测应由有检测经验的单位担当。

（三）医用气体系统的施工监理

1. 气体系统管材及附件的监理要点

气体系统管道材质及附件，应按设计要求选配，如设计未作明确要求，选用时应与洁净室洁净度级别和输送气体性质相适应，并应符合下列规定：应使用无缝管材；管材内表面吸附、解吸气体的作用小；管材内表面应光滑、耐磨损；应具有良好的抗腐蚀性能；管材金属组织在焊接处理时不应发生变化；负压管道不宜采用普通碳钢管。成品管外包装和相应管端头的管帽、堵头等密封措施应有效、无破损。

2. 管道系统安装监理要点

氧气管道及附件，安装前应按相关规定方法进行脱脂，脱脂应在远离洁净室的地点进行，并做好操作人员的安全与环境保护工作；管道敷设应符合设计要求，设计无要求时，应敷设在人员不易碰撞的高度上，否则应有防护设施；输送干燥气体的管道宜无坡度敷设；针孔吸引管道和含湿气体管道的坡度宜大于或等于0.3%，坡向真空泵站或冷凝水收集器；穿过围护结构进入洁净室的气体管道，应设套管，套管内管材不应有焊接与接头，管材与套管间应用非燃烧材料填充并密封，套管两端应有不锈钢盘型封盖；洁净室内高纯气体与高干燥度气体管道应为无坡度敷设，不考虑排水功能，终端应设放气管；医用气体管道安装后应加色标，不同气体的接口应专用。

3. 管道系统的强度试验监理

可燃气体和高纯气体等特殊气体阀门安装前应逐个进行强度和严密性试验。管路系统安装完毕后应对系统进行强度试验。强度试验应采用气压试验，并应采取严格的安全措施，不得采用水压试验。气压试验应采用洁净度与洁净室等级匹配的惰性气体或压缩空气进行，试验压力为设计压力的1.15倍。试验时应逐步缓慢增加压力，当压力升至试验压力50%时，如未发现异常与泄露，继续按试验压力的10%逐级升压，每级稳压3min，直至试验压力。稳压10min后，再将压力降至设计压力，停压时间应以查漏工作的需要而定，以发泡剂检验无泄漏为合格。真空管道的气压试验压力应为0.2MPa。真空管道在强度试验与泄露试验合格后，应在系统联动运转前，以设计压力进行真空试验，试验宜在气温变化较小的环境中进行，试验实践应为24h，增压率不应大于3%。

案例6 预应力工程施工监理案例

【摘要】 本案例介绍的是预应力工程施工监理，从有粘结预应力施工监理程序、各材料的具体要求、模板安装与拆除的监理要点、钢筋绑扎的监理要点、浇筑混凝土时旁站要点、波纹管留设的监理要点、预应力筋的加工与张拉监理要点、孔道灌浆及端部封裹旁站要点、预应力施工与其他专业施工的协助配合、预应力工程分项验收资料等方面进行编写。

一、工程概况

某省烟草物流配送中心，长136.8m，宽60m，11跨连续布置，①轴～⑤轴单跨13m，⑤轴～⑫轴单跨12m，属大体积混凝土梁板结构，采用后张有粘结和无粘结预应力技术，预应力梁中曲线筋线型为标准抛物线，直线筋分列于截面两侧靠近外边缘箍筋处；板中预应力温度筋线型为直线，在板的1/2高度处，如图6-1所示。

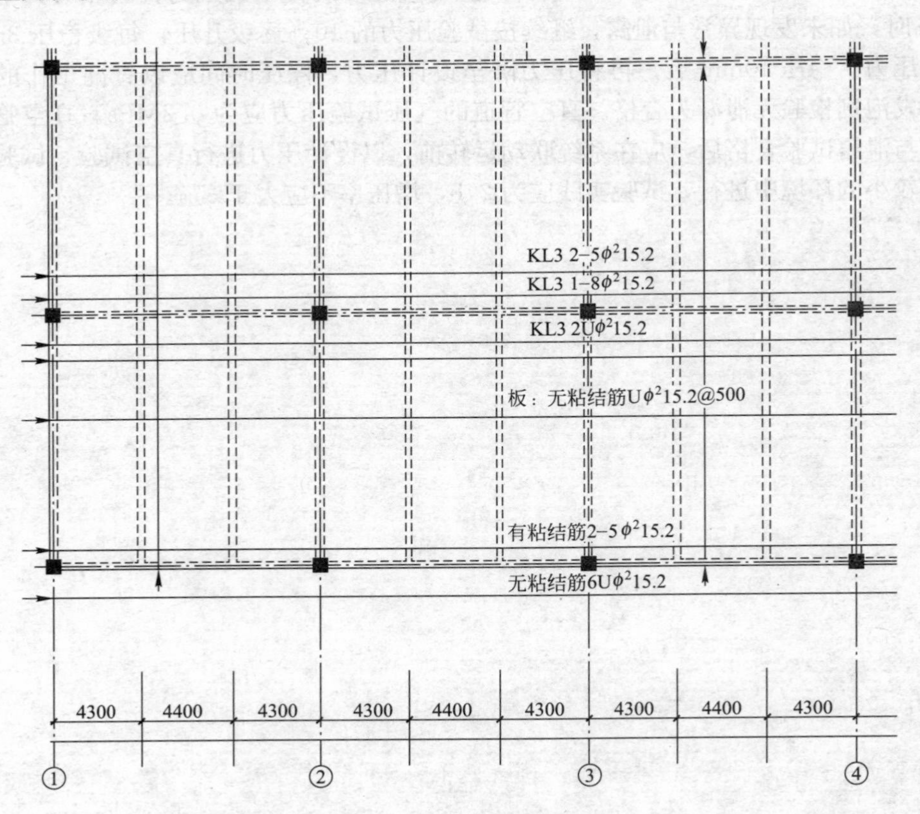

图6-1 预应力筋布置图

本工程后浇带的划分，沿长度方向设置一条施工后浇带，处于⑦轴～⑧轴之间。根据设计要求先张拉后浇带两边的预应力筋，分两批张拉，混凝土浇筑7天后先张拉20%，混凝土强度达到80%后张拉到100%，后浇带两边的各施工区间预应力筋连续布置，后浇带跨预应力筋单跨搭接。x方向板中直线预应力筋与无粘结预应力筋沿长方向分段，单跨搭接布置；⑦轴～⑧轴两侧连续布置；梁中直线无粘结筋通长布置，不分段。有粘结筋在⑦轴～⑧轴单跨搭接布置，采用一端张拉；其余连续布置，超过两跨采用两端张拉。

预应力筋采用1×7－15.20－1860高强低松弛钢绞线，F_{ptk}＝1860MPa，张拉控制应力σ_{con}＝1395MPa。有粘结预应力梁孔道采用金属波纹管留孔，接管采用大1号的波纹管。梁预应力采用两端张拉，板预应力筋不大于30m，采用一端张拉，其余均采用两端张拉。张拉端采用群锚；固定端锚具采用挤压锚。预应力筋短跨搭接处，分段张拉的预应力筋在梁柱端要采用加腋处理，张拉后端部锚具用细石混凝土封裹。预应力筋张拉时机：本工程设计要求混凝土强度达到100%后方可张拉。

预应力梁孔道采用金属波纹管留孔，定制波纹管的管壁厚不小于0.28mm，管径分别为ϕ50、ϕ55、ϕ70、ϕ80。接管采用大1号的波纹管。一端张拉，采用优质的Ⅰ类夹片锚具和端部预埋锚垫板，张拉后波纹管内压力灌注水泥浆，端部用细石混凝土封裹。

二、有粘结预应力施工监理程序

预应力施工结合土建施工方案的要求进行。预应力框架梁的施工顺序和监理程序如图6-2所示。

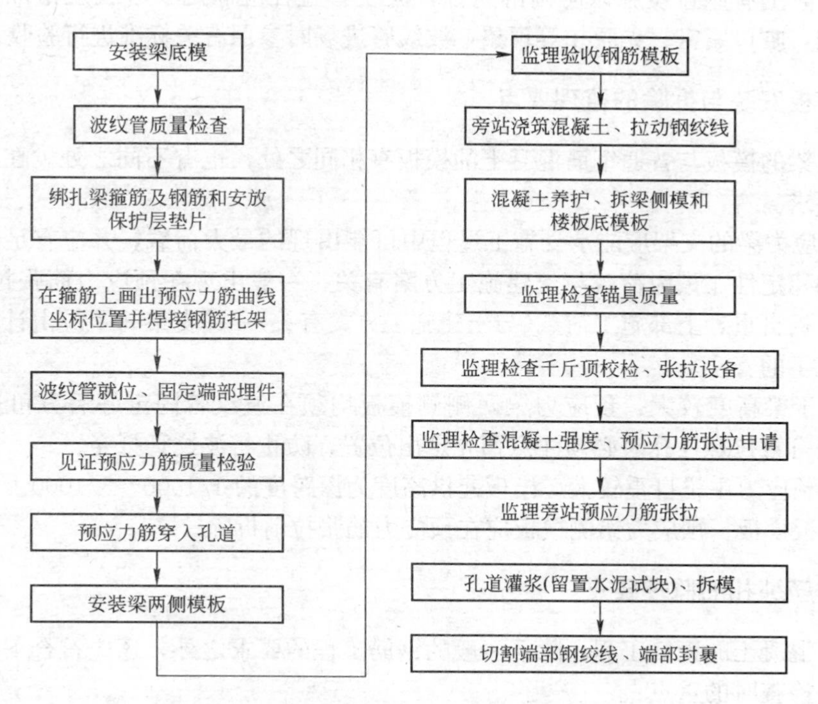

图6-2 预应力框架梁的施工顺序和监理程序

三、材料的具体要求

(一) 有粘结预应力钢绞线

采用1860级低松弛高强钢绞线，使用时应有生产厂家的质量保证书，钢绞线的质量验收参照国家标准。按规定进行力学性能试验，检查钢绞线的屈服强度、破断强度、伸长率，应满足规范要求方能使用。应分批进场，进场后现场储存时应架空堆放在有遮盖的棚内，最好堆放在仓库内。

预应力钢绞线按《预应力混凝土用钢绞线》(GB/T 5224—2003)标准规定的要求，其抗拉强度：$F_{ptk} \geqslant 1860N/mm^2$，延伸率：$\delta_{600} \geqslant 3.5\%$。

(二) 预应力锚具

锚具采用夹片锚，锚具进场时应有生产厂家出厂合格证明。现场应堆放在干燥场所。硬度检查应满足要求，锚固性能应达到Ⅰ类锚具的要求，即其锚固效率系数：$\eta_a \geqslant 0.95$，极限拉力时的总应变：$\varepsilon_{apu} \geqslant 2.0\%$，合格后方可应用。

锚具按《预应力筋用锚具、夹具和连接器应用技术规程》(JGJ 85—2010)的要求，采用Ⅰ类锚具。锚具效率系数 $\eta_a \geqslant 0.95$，试件破断时的总应变 $\varepsilon_{apu} \geqslant 2.0\%$。为确保锚具质量，在锚具进场前先作锚具组装件静载试验。

(三) 金属波纹管

本工程预应力筋束留孔采用壁厚为0.28～0.3mm的镀锌金属波纹管，现场堆放时下部应垫木方，上有遮盖设施以防雨淋锈蚀，波纹管直径应满足要求且规格准确，外观清洁、无孔洞，咬口紧密、无脱扣等现象，波纹管进场时参照有关标准进行验收。

四、模板安装与拆除的监理要点

预应力梁的模板与普通钢筋混凝土的模板有相同之处，也有不同之处。在此只介绍主要的特殊要求。

(1) 预应力梁的支架应能承受施工过程中可能出现的最大荷载，并应有足够的承载能力、刚度和稳定性。最大荷载与土建施工方案有关，一般出现在预应力筋张拉前，包括：大梁自重、板自重、上部施工荷载(与土建施工方案有关)。其支架间距应由计算确定，以确保大梁施工的安全。

(2) 由于梁高度较大，预应力梁两侧侧模板均须在波纹管固定好后方可进行封模安装，在模板打对拉螺栓孔时必须注意预先定出位置，防止将波纹管打穿。

(3) 因预应力主梁自重较大，模板起拱高度为深跨度的1/1000～3/1000。

(4) 楼板模板、预应力梁侧模板应在预应力筋张拉前拆除。

五、钢筋绑扎的监理要点

预应力混凝土的钢筋工程，除了一般的钢筋工程的要求之外，还应符合下列要求，这是监理人员检查时的重点：

(1) 钢筋骨架绑扎好并垫好混凝土的保护层垫片后可在箍筋上弹出波纹管(以管底为准)曲线坐标。

(2) 梁应先绑扎钢筋及箍筋，绑扎钢筋时，应保证预应力孔道(波纹管)坐标位置的正确，若有矛盾时，应在规范允许或满足使用要求的前提下调整普通钢筋的位置，必要时应与设计人员商量后确定。

(3) 在绑扎主筋时应考虑波纹管能顺利通过。钢筋交叉问题，施工时可会同相关人员商讨处理。

(4) 绑扎楼面钢筋、安装管线时，不得移动波纹管的位置，不得压瘪波纹管。

(5) 钢筋工程结束时，应全面检查波纹管并作记录存档，发现问题及时处理。

(6) 为保证端部有足够的承载力，适当增加端部构造钢筋。

六、浇筑混凝土时旁站要点

混凝土工程浇筑时，监理人员应全过程旁站，除了普通混凝土的要求外，监理人员在旁站时还应注意以下几点：

(1) 浇筑混凝土前应检查波纹管和锚垫板的位置是否正确，接头处是否牢固、发现问题应及时处理。

(2) 混凝土入模时，应尽量避免波纹管受到过大冲击，以防波纹管移位和压瘪。

(3) 混凝土应振捣密实，尤其在梁的端部及钢筋密集处更应加倍注意。必要时可适当减小混凝土石子粒径或采取其他合理的措施解决。

(4) 混凝土振动器绝对不能直接振击波纹管，以防振瘪引起波纹管漏浆，影响张拉和孔道灌浆。

(5) 及时制作混凝土试块，并按施工规范要求设同条件养护的混凝土试块，以确定张拉时间。

(6) 混凝土浇筑后应及时养护，并检查和清理孔道、锚垫板及灌浆孔。

七、波纹管留设的监理要点

(1) 波纹管按设计位置固定，其程序如图 6-3 所示。

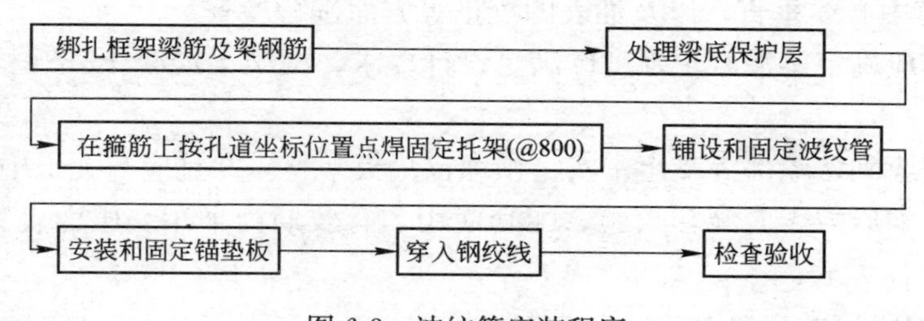

图 6-3 波纹管安装程序

(2) 波纹管安装中特别注意预应力筋曲线的最高点、最低点及反弯点等位置标高的准确性。

(3) 先安放梁部钢筋保护层垫片后，方能开始固定波纹管。波纹管之间可用大 1 号(3～5mm)的波纹管连接，连接管长度为 250～300mm，两端应对称均匀旋入，并用胶带纸封裹接缝。

(4) 必须采取有效的封裹措施，切实保证锚垫板处不漏浆。

(5) 泌水(灌浆)孔采取跨中灌浆，两端喷浆的方案。

(6) 预应力梁端部锚垫板应安放平整、牢固，其预埋锚垫板孔的中心应与孔道中心线同心，端面与孔道中心线垂直。张拉端的锚垫板可视具体情况作凹入处理。

(7) 波纹管坐标位置必须正确。波纹管接头处封裹应严密、牢固、不得漏浆。

(8) 焊接固定架时应防止烧伤波纹管，一旦发生，必须用胶带纸包裹，避免漏浆。

八、预应力筋的加工与张拉监理要点

(一) 预应力筋下料

(1) 下料场地应平整无积水，长度应满足最长束下料的要求。

(2) 预应力筋下料应及时穿入孔道以免生锈。

(3) 预应力筋长度为：孔道的实际长度＋张拉工作长度。

1) 实际孔道曲线长度应事先抽查理论计算，编制每层的钢绞线下料统计表并在现场抽查孔道实际长度进行校核。

2) 工作长度：张拉端应考虑工作锚、千斤顶、工具锚所需长度并留出适当余量，整束张拉时，出于考虑转角张拉等，张拉端的工作长度一般取 0.8m。

(4) 钢绞线要用砂轮切割机切断，严禁用电弧焊熔断。

(5) 钢绞线下料长度应准确，不得短也不得长，否则既浪费了钢材又会引起张拉不便。

(6) 预应力筋的下料长度和根数在施工前给出。

(二) 预应力筋穿束

(1) 待波纹管基本固定后，将钢绞线编束绑扎，并在穿入端头套上钢丝绳帽，逐束穿入。

(2) 穿束后应核对预应力框架梁的预应力配筋，不得穿错。

(3) 张拉钢绞线应平齐并满足张拉所需的工作长度。

(三) 预应力张拉前的检查要求

监理人员在同意施工人员张拉作业前，应对混凝土的强度等级、预埋锚垫板是否平整并且是否与孔道中心线垂直，以及油表的校正等方面进行检查。

(1) 张拉前应确定梁混凝土强度已满足设计要求、框架梁混凝土外观检查合格、表面无裂纹。

(2) 张拉前应确认端部混凝土密实、预埋锚垫板平整，并且应与孔道中心线垂直。

(3) 千斤顶和压力表应配套校验、配套使用，有效期为半年。压力表宜用精度为 0.4 级的标准(精密)压力表。

(四) 预应力张拉旁站要点

(1) 本工程的设计文件要求，悬挑梁混凝土强度达到 100％方可张拉，其他部位达到 75％方可张拉，监理人员根据同条件养护试块的试压报告检查后，同意施工人员张拉作业。

(2) 预应力筋的张拉程序为：

$$0 \rightarrow 0.2\sigma_{con} \rightarrow 0.6\sigma_{con} \rightarrow 1.03\sigma_{con}\text{(最终值)} \rightarrow \text{锚固}$$

(3) 每束预应力筋张拉应力为：$\sigma_{con}=0.75F_{ptk}$

(4) 每束张拉力为 $N=\sigma_{con}\cdot An$

(5) 张拉伸长值应从 $0.2\sigma_{con} \rightarrow 1.03\sigma_{con}$，分两次测量，并做现场记录。

(6) 张拉时油压应缓慢、平稳。

(7) 监理人员要进行预应力筋张拉伸长值计算，并与实际的伸长相比。

预应力筋张拉伸长值按下式计算：

$$\sigma=1302\times\ [1+e^{-(0.003L+\Sigma 0.25\theta)}L_T/(1.95\times 10^5\times 2)]$$

本工程的计算结果从略，但实际伸长量与计算伸长量基本一致。

(8) 张拉时锚具回缩值宜控制在5mm左右。

九、孔道灌浆及端部封裹旁站要点

孔道浆也是实现预应力传递到混凝土结构上的重要一环，监理人员要旁站其压浆的压力和出浆口的出浆情况。其要点如下：

(1) 预应力筋张拉后应尽早灌浆，一般待一施工区段预应力筋全部张拉完毕后一次进行灌浆。灌浆前应先优化配合比设计，检验流动性，做3d和7d的试块强度，定出合理的外加剂及灌浆材料配合比。

(2) 预应力孔道。灌浆孔(泌水孔)均须通顺。灌浆前1d，端部锚具处应用纯水泥浆(或砂浆)封裹锚具夹片间的空隙，仅留出灌浆孔或出气孔。

(3) 灌浆水泥应用强度不小于42.5级普通硅酸盐水泥，水灰比为0.4～0.45，坍落度为15～18cm，灌浆水泥可用人工或机械搅拌。

(4) 灌浆压力宜适中(封闭灌浆嘴时压力约为0.6MPa)，应防止灌浆管接口处炸开，造成水泥浆伤眼。

(5) 从设置在曲线孔道最低点的灌浆孔中均匀地一次灌满孔道，待两端出气孔处冒出浓浆后方可封闭泌水孔(出气孔)并继续加压到0.6MPa，持荷2min后封闭灌浆孔。尽量避免中途停灌，对孔道灌浆要严格控制水灰比，保证灌浆质量。

(6) 灌浆后应及时检查泌水情况并及时进行人工补浆。

(7) 灌浆时应及时制作水泥浆试块。

(8) 灌浆后端部应尽早用细石混凝土封裹，外露钢绞线用砂轮切割切断，应保留30～50mm，也可用气割，但应保留40～50mm，采用湿纱布包裹锚具等降温措施。

十、预应力施工与其他专业施工的协作配合

预应力施工及其他专业施工之间应互相配合、紧密协作，为共同完成本工程的施工任务而积极主动地给对方创造有利的施工条件。监理人员要进行一些协调工作。

预应力施工对其他专业工种施工的配合要求：

(1) 钢筋绑扎时应留有预应力布管穿筋的位置和用于预应力分项施工的时间间隔。

(2) 波纹管布置完成后其他专业施工时不得随意移动波纹管，更不得破坏波纹管。

(3) 梁两侧侧模板施工应待预应力布管穿筋并验收通过之后进行。

(4) 模板的对拉螺栓施工时不得损坏或穿越波纹管。

(5) 预应力张拉前张拉端的模板应及时拆除并清理端部。

(6) 混凝土施工时，不得将振动棒置于波纹管上振动。

(7) 脚手架搭设时要考虑预应力张拉操作所需的空间。

(8) 脚手架以及模板支撑的搭设要确保施工安全。

(9) 预应力布管穿筋时应保护已绑扎成型的钢筋。

(10) 预应力波纹管及穿筋应按照施工进度计划穿插在钢筋绑扎过程中进行，应积极为下道工序的施工创造作业面。

(11) 预应力布管穿筋时应考虑混凝土振捣的影响及振捣浇筑所必需的作业空间。

(12) 预应力张拉应在混凝土达到100%设计强度后进行，以确保混凝土结构的安全和质量。

(13) 预应力施工过程中不得随意变动脚手、模板支撑等施工设施。

十一、预应力工程分项验收资料

(1) 钢绞线出厂保证书、材性试验报告；
(2) 锚具出厂证明、硬度检查报告；
(3) 有粘结预应力筋铺设验收报告；
(4) 预应力施工参数计算书；
(5) 张拉设备配套检验报告；
(6) 预应力筋张拉记录报告；
(7) 预应力施工方案。

案例7 某工程地下室底板大体积混凝土工程施工监理案例

【摘要】 本案例侧重于某工程地下室底板大体积混凝土工程施工监理，从混凝土浇筑施工措施、大体积混凝土质量监理控制措施、施工准备阶段监理控制要点、施工过程中监理控制要点、混凝土养护期间的监理控制要点来编写，为同行在大体积混凝土工程施工监理中提供借鉴。

一、工程概况

常州某商务广场工程位于常州市××路5号。

本工程总用地面积为12750m²、总建筑面积为127220m²、地下室建筑面积为25304.1m²、酒店公寓建筑面积69009.6m²、酒店建筑面积32928.4 m²。

本工程地下2层，地下室结构层高为3.5m和4m；主楼地上54层，建筑结构高度为184m，为框剪结构，屋面停机坪为钢结构，构架最高点为196.8m；酒店地上11层局部12层，结构高度为40.5m；裙房地上3层，高度为14m。建筑标高±0.000相当于黄海标高4.150m，室内外高差0.450m。

本工程采用平板式桩筏基础，筏板厚2.6m，局部厚8.2m(电梯井)，采用C35P6抗渗混凝土，内掺JM-PCA(I)混凝土超塑化剂，混凝土用量为6733m³。本工程属于典型的大体积混凝土施工。

二、混凝土浇筑施工措施

主楼大底板施工时选用4台固定泵和两台手动布料机输送混凝土，混凝土供应应满足连续浇筑的要求。浇筑前应确定泵车布置及行走路线方案。

混凝土浇捣时，配置15台(其中两台备用)*DN*-50插入式振捣器，配ϕ50振捣棒，棒长6m(加长插入式振捣器2台)、小直径振动棒3台(其中1台备用)及1.5m长滚筒两个。同时现场配备4台QY15-36-3型高扬程抽水机辅助抽除浇筑时产生的泌水。

(一) 底板混凝土浇筑

主楼底板计划于5月底进行混凝土浇筑，总方量为6773m³，浇筑时采用4台泵车，每小时混凝土供应量须保证120～180m³，计划72h浇筑完成。

整个底板分为4个浇筑带，从东侧向西浇筑；开浇时先进行电梯基坑下部的混凝土浇筑，然后再从基坑的一侧向另一侧进行浇筑；每个浇筑带由1台泵车负责浇筑，各浇筑带均采用分段定点、一个坡度、薄层浇筑、循序推进、一次到顶的方法。

商品混凝土由自动搅拌运输车运送，由输送泵车泵送混凝土经过输送管卸料到浇筑处，全部泵管同时从基坑一端后退到另一端进行，每层厚度控制在500mm左右，堆坡长度控制在15m左右。若有意外，混凝土输送能力下降，则立刻减小混凝土浇筑厚度，确保在底板混凝土浇筑过程中不出现冷缝。

在浇筑混凝土的斜面前后设置3台振捣器并采用二次振捣的作业方式。

(1) 底板混凝土浇捣前，必须完成砖模(砖模采用页岩砖)砌筑及外侧的混凝土浇筑回填工作。

(2) 混凝土浇筑方法：采用斜面分层分皮下料，每层厚度不超过500mm。

(3) 混凝土浇筑采用固定泵接硬管，主楼大底板浇筑时配备1台固定泵备用，一次性连续浇捣完。

(4) 主楼大底板混凝土浇筑采用大斜面分层下料、分层振捣踏步式向前推进，分皮振捣，每皮厚度为500mm左右，每皮覆盖时间控制在4h内。

(5) 每台泵车供应的混凝土浇筑带范围应能满足不少于3台振动机进行振捣的作业量，要求不出现漏振和夹心层。每台泵的浇筑速度平均每小时不少于35m³。由于混凝土供应速度大于混凝土初凝速度，确保了混凝土在斜面处不出现冷缝(掺高效缓凝剂，初凝时间控制在10h以后)。

(6) 混凝土表面处理做到“三压三平”。

1) 首先按面标高用铁锹拍压密实，长括尺刮平。

2) 其次初凝前用铁滚筒三遍碾压、滚平。

3) 最后，终凝前，用木抹子打磨压实、整平，防止混凝土出现收水裂缝。

(二) 电梯基坑混凝土浇筑

电梯井部位混凝土较厚，最厚位置可达7～8m左右，且电梯井部位面积较大，一次性浇筑时方量很大，容易造成电梯坑中的模板上浮，致使坑底标高不能满足电梯安装的需要，为避免此情况的出现，该部位浇筑时采取大面分层对称浇筑，每分层面在其初凝前继续进行上层的混凝土浇筑。

电梯井部位的浇筑，在大底板浇筑前先分层进行其底板的浇筑，大底板标高以下部分的电梯井分为3个浇筑层进行浇筑，每层布料时必须分层对称进行，厚度不大于500mm，直至浇筑至划分的层面。电梯井部位大底板标高以上部分与底板一起浇筑，浇筑中注意对称布料。每浇筑1层在停歇一定时间(6～8h)后再进行下一层的浇筑。

每只电梯井坑的模板支撑时，在其底模标高位置往上1cm左右，每边各留设两个300mm×300mm的孔洞，同时在底模上开设4个300mm×300mm的孔洞，观察混凝土浇筑时的情况。模板支设时，其固定措施采用螺杆进行拉结，电梯坑内桩体较多，螺杆可以同桩体锚固筋进行焊接，利用螺杆扣住电梯坑模，不让其上浮，电梯井内混凝土浇筑时，进行分皮下料，分层振捣，每皮坑浇筑厚度不超过500mm，并严格控制混凝土坍落度。混凝土振捣：振捣时不能过振，每点振捣时间为15～20s，振动棒间距控制在30cm左右，上皮应插入下皮5～10cm，保证接口完整。泵车输送混凝土时坑内混凝土不能一次灌满，按照分层高度浇筑，当浇筑到模板底部时，混凝土应作适当的停顿，减少混凝土的流动性。泵车输送时前后两侧均应有振捣棒进行振捣，需要连续均匀。

大体积混凝土在浇筑过程中，中心定会产生大量的泌水，如遇下雨天气，水会更多，必须采用水泵或吸泵将流入到低处的混凝土泌水抽除。

混凝土浇筑完毕表面处理做到“三压三平”，认真处理，为4～6h(视气候温度确定)初步按标高用长括尺刮平，在初凝前振捣一边用磨光机磨光，再用木抹子打磨压实，以闭合收水裂缝。混凝土表面达到凝固之后先覆盖两层麻袋和一层塑料布，充分流水润湿养护，电梯基坑井道内采取蓄水养护，上表面覆盖物根据测温记录数据及时调整覆盖层数。

（三）导墙混凝土浇筑

本工程导墙混凝土强度等级为C55，构件厚度为350～450mm，部分为600mm。强度较高，为减少水泥用量，降低水化热，达到降低构件内部温度梯度，减少构件开裂，已与设计协商，外墙板混凝土龄期改为60d。外墙、水池导墙高度为400，该部分埋设采取中埋式4mm厚400mm宽止水钢板。因该部位混凝土强度等级与底板混凝土强度等级相差较大，为保证导墙的混凝土质量，在导墙两侧垂直方向绑扎钢丝网，位置在墙板竖向钢筋内侧，高度为300～400mm，下口与底板上部钢筋绑扎，上口与墙板竖向钢筋绑扎。混凝土振捣采用小直径振动棒，现场配备3台，1台备用。

外墙体导墙混凝土浇筑采用斜面分层法向前赶浇，该部位的混凝土在底板混凝土初凝前进行浇筑。由于泵送混凝土的流动性很大，浇筑时会出现形成的一个坡度的实际情况，但导墙高度不高，在浇筑泵管口卸料点的前、后各布置一道振捣器。第一道布置在混凝土泵管口卸料点前，确保下部混凝土的密实；第二道布置在混凝土泵管口卸料点后，主要解决上部混凝土的捣实。随着混凝土浇筑工作的向前推进，振动器也相应跟上，以确保整个高度混凝土的质量。混凝土浇筑前再次检查该部位的模板的加固情况，下料从一端向另一端连续进，在振捣上一层时，前道振动棒应插入下一层5cm左右，以消除两层之间的接缝；后道必须确保导墙上部的混凝土的振捣密实。每一插点掌握好振捣时间，过短不宜捣实，过长可能引起混凝土产生离析现象，一般每点振捣时间为15～20s，但应视混凝土表面呈水平不再显著下沉、不再出现气泡、表面泛出灰浆为准。

（四）施工技术措施

1. 混凝土温度控制

为了不使混凝土产生由温度应力和收缩应力引起的裂缝，根据混凝土温度应力和收缩应力的分析，必须严格控制各项温度指标在允许范围内。

(1) 控制指标

1）混凝土里外温差不大于25℃。

2）混凝土表面与大气温度差不大于25℃。

3）降温速度不大于1.5～2℃/d。

(2) 添加掺合料及外加剂，减少水泥用量，降低水化热，掺矿渣粉或粉煤灰，抗裂防水剂，替换部分水泥，掺减水剂或缓凝剂，降低水灰比，以达到水泥用量最少的目的，减少水化热总量。

(3) 控制混凝土出罐和入模温度

1）降低出罐温度

为有效控制混凝土出罐温度(不超过26℃)，当气温超过30℃时，粗骨料需浇冷水或使用冰水拌合降温。

2）控制混凝土运输和入模温度

混凝土运输和泵送过程中，要控制温度不超过出罐温度，应在混凝土泵车和输送泵管上，覆盖麻袋以保持混凝土入模温度不超过24℃。混凝土运输车在现场等待中，派专人对混凝土运输车洒水降温。

3）当气温高于入仓温度时，应加快运输和入仓速度，减少混凝土在运输和浇筑过程中的温度回升。

（4）控制混凝土浇筑层厚度

浇注混凝土时，采用薄层浇注，控制混凝土在浇筑过程中均匀上升，避免混凝土拌合物堆积高度过大，混凝土的分层厚度控制在50cm以内，均匀上升，以便于散热。

（5）混凝土内外温差控制

本工程混凝土采用覆盖麻袋及薄膜保湿保温养护，控制其内外温差。覆盖层厚度根据计算要求进行。在升温的一段时间内应加强散热，如减少覆盖、洒水降温等；当混凝土处于降温阶段则要保温覆盖以降低降温速率。在养护期间加强温度监测，及时掌握混凝土内部温度变化，便于调整养护措施。同时根据混凝土内部的温度变化情况可随时增减测温次数。只有当混凝土内外温度不再显著上升而保持基本稳定后才能结束混凝土的测温。

2. 泌水排除方法

大体积混凝土在浇筑过程中必定会产生大量的水，如遇下雨天气，水会更多，为此，排除大体积混凝土浇筑时产生的水也是重点。浇筑混凝土时，所产生的水会流入到电梯井、集水坑内，应配备自动吸水泵及时抽除。

3. 混凝土的振捣

混凝土振捣做到快插慢拔，振捣时将振动棒上下抽动，以便上下振动均匀。在振捣上层混凝土时振动棒插入下层50mm，以消除两层之间的接缝。每点振捣时间15～20s为宜，直至混凝土表面不再明显下沉、不再出现气泡、表面不泛出灰浆为宜。

在振捣界限以前对混凝土进行二次振捣，排除混凝土因泌水而在粗骨料、水平钢筋下部生成的水分和空隙，提高混凝土与钢筋的握裹力，防止因混凝土沉落而出现裂缝，减少内部微裂缝，增加混凝土密实度，使混凝土的抗压强度提高，从而提高抗裂性。

4. 混凝土上表面标高的控制

在浇筑混凝土前，用水准仪在墙、柱插筋上测得高出50cm的标高用红油漆做标志，使用时拉紧细麻线，用1m高的木条量尺寸初步调整标高，水准仪复核即可。

5. 混凝土表面的处理

在混凝土浇筑结束后要认真处理，经8～10h（视气候温度确定），初步按标高用长括尺刮平，在初凝前振捣一边用铁滚筒纵横碾压数次，再用木抹子打磨压实，以闭合收水裂缝。在混凝土浇捣后约12～14h，混凝土表面达到凝固之后先覆盖两层麻袋及一层薄膜，充分浇水润湿养护，其间根据测温记录数据及时调整覆盖层。

6. 大底板混凝土养护，其主要作法是保湿、保温，控制混凝土的内外温差，防止大体积混凝土出现裂缝。具体应在混凝土面层覆盖两层麻袋和一层塑料薄膜；电梯井部位覆盖三层麻袋一层塑料薄膜，井道中采取蓄水养护。覆盖层厚度根据计算要求进行，并根据测温数据，及时调整覆盖层厚度。

该段混凝土预计3d内浇筑完成，每日按两班制进行混凝土的浇筑，一班上午6点至晚上6点，另一班晚上6点至次日早上6点，每班合计人数为58人，其中泵机4人，接料4人，振捣工12人，平仓10人，压光6人，清洗4人，架拆泵管8人，抽水2人，养护4人，测温4人。

三、大体积混凝土质量监理控制措施

采用商品混凝土可以大大提高混凝土的质量，但并不能保证所用的商品混凝土的质量绝对合格，因此，监理人员对商品混凝土的质量要采取控制措施。本工程的措施有：

（一）混凝土配合比的审查

本工程底板混凝土设计为C35P6，混凝土内掺JM-PCA(I)混凝土超塑化剂，由江苏巨凝集团负责生产供应。为降低水泥用量，减少水泥水化热量，充分利用混凝土后期强度，经设计同意，将主楼底版混凝土龄期改为60d。

(1) 按设计要求的混凝土强度和抗渗等级，先进行混凝土配合比配制试验，再选用混凝土的最佳配合比，根据江苏巨凝集团提供的配合比，由设计、建设、监理选用最佳配合比方案。

(2) 混凝土配制选用P. O 42.5普通硅酸盐水泥，为减少水泥的水化热，降低水泥用量，采用双掺法，在规范允许范围内掺入部分粉煤灰和矿粉取代部分水泥。大底板混凝土配置时，为减少混凝土配置用水，提高混凝土性能，掺加适量型号混凝土超塑化剂(在1.2%～1.3%范围内)；在该段混凝土导墙的混凝土中掺入适量聚丙烯纤维(0.9kg/m^3)。

(3) 使用洁净的中粗骨料，即选用粒径较大(5～25mm)，级配良好含泥量小于1%的碎石和含泥量小于3%的中粗砂；掺加S95级矿渣粉和磨细II级粉煤灰掺合料，以代替部分水泥；掺加高效减水剂和缓凝剂；降低水灰比，控制坍落度，坍落度控制在140～170mm之间。外加剂掺量严格按设计及技术规范要求执行。

（二）明确质量控制目标

本工程大体积混凝土施工质量控制目标为：混凝土裂缝控制及保证混凝土连续浇筑。并围绕此目标，监理、施工、混凝土供应商开展相关工作。

1. 混凝土裂缝控制

《高层建筑混凝土结构技术规程》JGJ 3—2010规定：混凝土内外温差不应超过25℃。筏板大体积混凝土产生裂缝的主要原因：(1)水泥在水化过程中产生大量水化热，形成大体积混凝土内外温差，当温差应力超过混凝土抗拉极限强度时，大体积混凝土产生温度裂缝；(2)混凝土在硬化过程中产生收缩，同时混凝土内部自约束及地基(桩基)对筏板的约束，使混凝土产生收缩裂缝。故本工程的监理控制重点是严格控制内外温差，避免温差裂缝的产生。

2. 混凝土连续浇筑

确保混凝土连续浇筑，应做好现场浇筑设备、人员及混凝土连续供应工作。同时为了保证筏板整体性及防水作用，施工时应连续浇筑，不留施工缝。故本工程混凝土浇捣的控制重点是控制好混凝土浇捣过程保证不间歇，确保施工人员、机械、电源及混凝土供应稳定。

四、施工准备阶段监理控制要点

(1) 学习掌握设计、施工采用的规范、规程及标准，同时认真熟悉施工图纸，了解体会设计意图。

(2) 要求施工方编制详细的施工方案(包括温控方案)，并经专家组论证后实施。同时，召开专题会议，论证制定大体积混凝土施工注意事项。

(3) 严格审查施工方报审的施工方案，重点审查混凝土浇筑时间是否恰当、混凝土浇筑方案是否合理，水化热计算方法、大体积混凝土的温度控制方案是否可行。

(4) 严格控制原材料质量及混凝土配合比，具体的混凝土原材料控制指标如下：

1) 水泥。在大体积混凝土施工中，水泥水化热引起的升温较高，当外表混凝土降温幅度大时，容易产生温度裂缝。为减少水泥的水化热，降低水泥用量，本项目采用双掺法，在规范允许范围内掺入部分粉煤灰和矿粉取代部分水泥。同时为提高混凝土性能，掺加适量JM-PCA(Ⅰ)混凝土超塑化剂(1.2%～1.3%)。

2) 粗细骨料。粗骨料采用粒径较大、连续级配、含泥量少的石子，细骨料采用平均粒径较大、含泥量少的中粗砂；本工程采用5～25mm连续级配碎石，针片状颗粒含量不大于10%，含泥量小于1%。砂采用中砂，含泥量小于3%，泥块含量小于1%。

3) 掺合料减水剂。掺加S95级矿渣粉和磨细Ⅱ级粉煤灰掺合料，以代替部分水泥，减少水化热，改善了混凝土的工作性，减少泌水和离析现象，其掺入量为水泥量的20%。

五、施工过程中的监理控制要点

(1) 加强监督管理，落实监理旁站专项方案，督促检查施工方案的落实情况。

经专家论证混凝土浇筑采用"斜面分层浇筑，阶梯式推进"的方式，这种斜面分层浇筑的方式，能保证上下层混凝土浇筑间隔不超过初凝时间。分层厚度控制在500mm以内。故监理过程中，应作旁站重点。

(2) 混凝土浇筑过程中，现场每1h测定坍落度一次，并做好相应记录，便于随时调整坍落度。浇筑过程中，监理单位和施工单位落实了专人检测混凝土坍落度的要求。

(3) 严格控制混凝土浇筑分层厚度，以加快热量散发，同时也便于振捣密实，在下层混凝土初凝之前进行上层混凝土浇筑，做好上层混凝土的覆盖养护工作。督促施工人员及时移动输送管，避免多浇或漏浇，造成分层之间出现冷接头；不留任何施工缝和后浇带，确保一次浇筑成型。

(4) 督促施工人员按施工方案和操作规程振捣混凝土，对振捣人员专门进行技术交底。

(5) 督促施工人员在已浇筑的混凝土初凝后终凝前适时用木抹子压数遍，打磨压实，防止混凝土表面水泥浆较厚，出现龟裂。

(6) 入模温度的高低，与出机温度密切相关，还与运输工具、运距、大气温度有关。施工过程中必须严格控制混凝土入模温度。本工程为5月底6月初施工，当地历史气象资料显示，该月份的平均最高气温为25℃，最低平均气温为15.7℃，所以将本工程混凝土入模温度控制在24～27℃之间。入模温度的测试经有资质的检测单位进行检测，如发现异常现象，及时进行调整。

(7) 做好全过程施工的旁站，并形成记录。

六、浇捣结束后的监理控制要点

(1) 加强混凝土的养护，这是大体积混凝土施工中十分关键的环节。混凝土养护主要是保持适宜的温度和湿度，以便控制混凝土的内外温差，保证混凝土强度的正常增长，防止裂缝的产生和发展。在此阶段，应严格执行施工组织设计中的养护方案。混凝土浇筑完毕后，在其表面及时覆盖一层塑料薄膜两层草袋，要求覆盖严密，并经常检查覆盖保湿效果。

(2) 及时掌握混凝土内部温升与表面温度的变化情况。为此，要求监测单位对本工程的温度变化情况进行监测，并制定详细的监测方案。本工程根据监测方案，在整块底板内埋入了10个测位，竖向5～11层，共计74个测点，根据大体积混凝土早期升温较快，后期降温较慢的特点，采用先频后疏，即混凝土浇筑期间每2h测温一次，混凝土浇筑1～5d内每2h测温一次，混凝土浇筑6～10d内每3h测温一次，混凝土浇筑11～15d内每4h测温一次，混凝土浇筑16～21d内每6h测温一次，混凝土浇筑22d后每12h测温一次。监测期间视温差变化及降温的情况，适时调整测温时间。当混凝土内外温差小于15℃时，可考虑开始撤除保温层，并继续测定2d后停止监测。

(3) 监测结果分析

1) 混凝土入模温度为26℃，混凝土浇捣及养护期间环境温度为14～27℃，日平均温度15.7℃。

2) 混凝土内各根测杆的中心测点热峰值基本在73℃左右，发生混凝土浇筑后4d左右。

3) 测点的温度变化规律。根据本工程的特点，混凝土浇捣后4d内水化热释放最快，7d后速度最慢，温度继续上升，12d后表面温度开始下降。

4) 从混凝土整体变化温度来看，各根测温杆内外温差基本上控制在25℃以内，降温缓慢而稳定，温度陡降未超过10℃。

5) 当筏板面温度与气温温差不大于15℃时，拆除塑料薄膜和草袋。

七、监理体会

(1) 大体积混凝土的施工，是由一系列相互联系，相互制约的工序所构成的系统工程，工序质量是基础，直接影响大体积混凝土的整体质量。要控制大体积混凝土质量，首先必须控制工序质量。从质量控制的角度来看，一方面是人、材料、机械、方法和环境的质量是否符合要求；另一方面是每道工序施工完成的工程产品是否达到有关质量标准。

(2) 大体积混凝土采用泵送工艺，在泵送过程中常会发生输送管堵塞故障，故提高泵的可泵性十分重要。为此，须合理选择泵送压力，泵管直径，合理布置输送管线，并要求混凝土中的砂石要有良好的级配。

(3) 为了控制大体积混凝土裂缝，就必须尽最大可能提高混凝土本身抗拉强度性能。抗拉强度主要决定于混凝土的强度等级及组成材料，抗拉强度的关键在于原材料的优选和配合比的优化。所以优选原材料、优化配合比和合理养护是控制大体积混凝土裂缝，保证大体积混凝土质量的关键。

(4) 温度裂缝的产生一般是不可避免的，重要的是如何把其控制在规范允许的范围之内。

案例8　某钢结构工程质量控制和吊装安全案例

【摘要】 本案例主要介绍钢结构工程施工质量控制和安全管理，从钢结构安装质量的事前控制、事中控制、事后控制三方面阐述了监理对钢结构施工的质量控制。还从审查施工安全专项方案、安全防护措施费使用计划、安全管理制度运行情况、检查巡查情况等方面介绍了钢结构施工中的安全管理知识。

一、工程概况

某美术馆工程位于某艺术学院校园内，东侧面向城市道路；南侧由东向西依次为44号宿舍楼、43号宿舍楼；西侧为舞蹈学院；北侧音乐厅，所处地段较为狭窄；1层地下室局部地下2层，地上3层；下部为混凝土结构，屋盖为钢结构，屋面为铝镁锰板直立锁边系统。美术馆环绕音乐厅建设像巨大的海豚环绕着美丽的贝壳，由于设计中使两幢建筑紧密的结合，给钢结构安装带来极大困难，而多变的外形又使钢结构体系变得极为复杂，钢结构的安装质量是保证建筑效果的基础，如何在保证质量的前提下无安全事故发生是监理工作的目标，因此本案例重点阐述监理工作中的质量控制和安全管理内容。

本项目在音乐厅南侧有5根直径1.2m厚35mm的钢管柱，下部与地下一层底板螺栓固定，上部支撑着钢结构屋盖，钢管柱在楼层位置利用劲性牛腿伸入楼层混凝土梁内与梁行成刚性连接以增加梁的抗剪性能和抗弯承载力；钢柱最大高度26m，钢柱距基坑最远的有49m，钢柱距基坑最近的有17m，每根钢柱根据造型需要存在不同程度倾斜；钢结构屋盖由42榀钢架加钢梁及系杆组成，最大跨度的GF10钢架长度38.5m，而最小跨度的GF42钢架只有3.7m；钢架和梁均为焊接工字钢，由于现场内侧受音乐厅限制，外侧受地下室影响，安装难度较大。

二、钢结构安装方案及施工

（一）钢柱吊装方案及施工

五根直径1.2m厚35mm的钢管柱，依据楼层层高和钢柱节点相关设计要求将柱分成五节，采用汽车吊机将将构件吊入基坑或楼面，再用抬拎吊进行就位安装，此方案经专家论证通过，现场按专家要求试吊合格后再进行安装作业。

钢柱吊装从柱1到柱5依次吊装，完成第二节后交土建队伍完成地下室顶板混凝土结构，将抬拎杆吊到一层楼面后进行第三节柱吊装，由于柱周边环境及抬拎吊起吊高度影响，柱1、柱2、柱3第四、第五节由抬拎吊进行吊装(见图8-1)，柱4、柱5第四、第五节由70t汽车吊负责吊装(见图8-2)。

（二）钢结构屋盖吊装方案及施工

钢结构屋盖由42榀钢架加钢梁及系杆组成，最大跨度的GF10钢架长为38.5m，最小跨度的GF42钢架仅3.7m，钢架和梁均为焊接工字钢，依据钢结构安装图纸，根据本工程施工现场实际情况，分为5个施工段：A区钢梁GF42～GF36及支撑系统、B区GF35～GF26及支撑系统、C区GF25～GF19及支撑系统、D区GF18～GF8及支撑系统，E区GF7～GF1及支撑系统。

(1) 根据A区现场施工场地状况采用25t汽车吊直接起吊，A区钢梁GF42～GF36，钢梁一次吊装到位，吊装水平半径约8m，起吊高度15m，每节重量约为1～2t(见图8-3)。

图8-1 柱1第二节吊装

图8-2 柱5第四节安装

(2) B区GF26～GF35采用50t汽车吊车进行吊装。GF32～GF35分两段进行吊装，先吊装外侧钢架，然后吊装内侧悬挑钢梁，GF26～GF31整根吊装到位。每节的长度约为5m，每节重量约为3～4t。根据现场实际尺寸GF26为B区最不利起吊点，50t汽车吊性能表在16m半径内可起吊4t重物，GF26外侧钢梁重3.05t。悬挑部分重1.95t。吊车在24 m半径内可起吊2t重物，满足要求。见图8-4、图8-5。

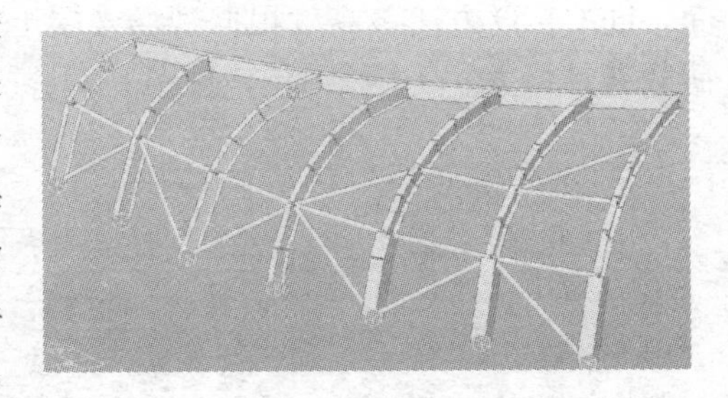

图8-3 A区GF36～GF42吊装示意图

(3) C区GF19～GF25采用80t汽车吊车进行吊装，塔吊配合进行支撑安装，80t汽车使用前在地下室顶板上铺设H型钢道板，防止吊车支撑直接作用于地下室顶板(见图8-6)。

GF19～GF25先在地面拼装完成后GF20分两段进行吊装对接，先吊装外侧钢架然后吊装内侧悬挑钢梁，GF19整根吊装到位。根据现场实际尺寸GF25为C区最不利起吊点，根据80t汽车吊性能表数据在20m半径内汽车吊可起吊4.5t重物，塔吊30m半径内可起吊2.0t重物，而GF25外侧钢梁重4.2t，悬挑部分重1.5t，满足要求。

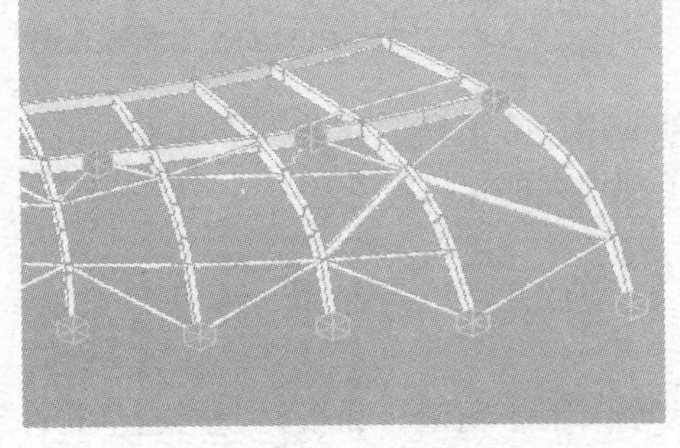

图8-4 B区GF32～GF35吊装示意图

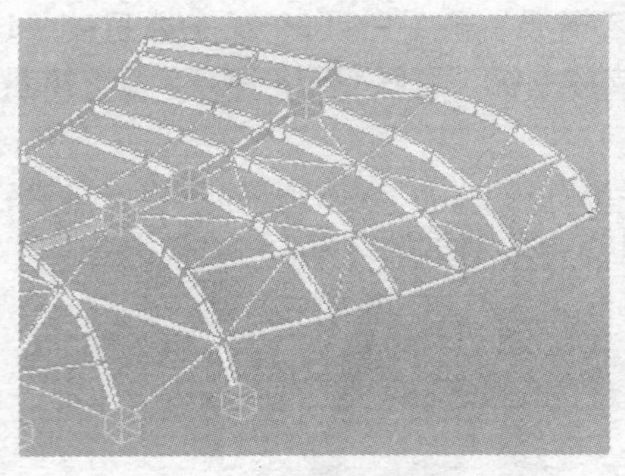

图 8-5　GF26～GF31 吊装示意图

图 8-6　C 区 GF19～GF25 吊装示意图

(4) D 区 GF8～GF18 采用 80t 汽车吊吊装，抬拎吊配合

80t 汽车使用前在地下室顶板上铺设 H 型钢道板，防止吊车支撑直接作用于地下室顶板。GF8～GF18 先在地面拼装完成后分 4 段进行吊装对接，先在楼面放置承重胎架，胎架采用 ϕ89 钢管做成正方形截面，高度根据现场楼层至钢梁下端高度调节。承重支架结构经计算满足构件承重要求，先吊装外侧钢架到位，然后由抬拎吊吊装内侧钢梁和悬挑钢梁。根据现场实际尺寸 GF8 为 D 区最不利起吊点，GF8 分段梁每根约重 3t，80t 汽车吊性能表在 20m 半径内可起吊 4.5t 重物，满足要求(见图 8-7)。

(5) E 区 GF1～GF7 采用 80t 汽车吊车进行吊装，塔吊配合。GF7～GF1 先在地面拼装完成后分 3 段进行吊装对接，先在楼面放置承重胎架，胎架采用 ϕ89 钢管做成正方形截面，同 C、D 方法，高度根据现场楼层至钢梁下端高度调节，承重支架结构经计算后竖向荷载满足最大 4t，满足要求(见图 8-8)。

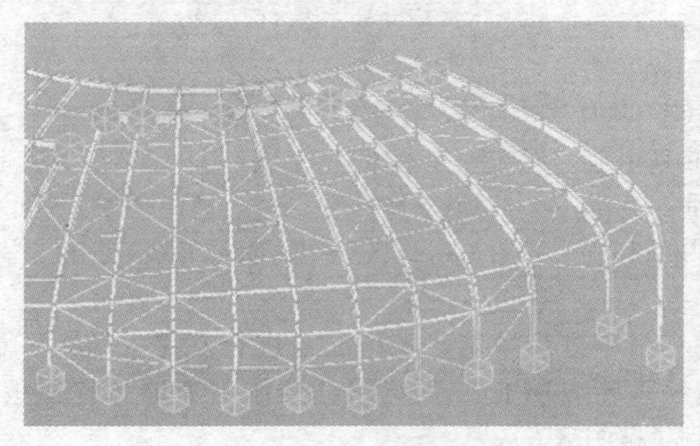

图 8-7　D 区 GF8～GF18 吊装示意

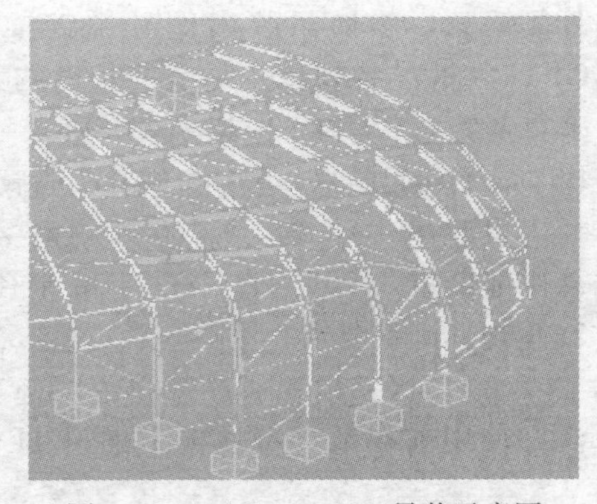

图 8-8　E 区 GF1～GF7 吊装示意图

屋盖吊装以汽车吊为主，汽车吊作业半径以外的用抬拎吊辅助作业，塔吊主要吊装支撑和系杆，在屋盖吊装过程中抬拎吊同样也发挥了相当大的作用。

三、钢结构工程质量监理控制措施

(一) 钢结构工程的技术要点

钢结构工程的特点：钢结构制造的基本元件大多采用热轧型材和板材。用这些元件组成薄壁细长构件，外部尺寸小，重量轻，承载力高。本项目构件的连接以焊接和螺栓连接为主，主要构件在工厂制作并采用焊接，现场以螺栓连接并进行焊接。

本工程的钢结构制作和安装的工程量较大、精度要求高，是本工序的主要技术重点。

由于钢结构自身的特点，在施工焊接中，焊接应力和焊接变形将不可避免地存在，另外钢结构对疲劳较敏感，结构易锈蚀、防火性能差，安装精度要求高，且制作、安装所涉及的影响因素多，既受光照、风力、气候等外界因素的影响，还受仪器、设备和机械附着建筑物的影响等，建设牵涉面广，施工技术难度大。因此，在钢结构的监理过程中，必然涉及多种工艺、多道工序，控制好其施工质量的关键点，保证其施工质量，就显得尤为重要。

（二）钢结构制作工作重点、难点及监理对策

1. 钢结构制作工艺流程

放样→下料→剪、冲、锯、气割→构件平直→弯制、边缘加工、制孔→半成品库分类堆放→拼装、小装配→焊接→矫正→端部铣平、总装配→焊接→矫正→成品钻孔→铲磨、除锈、油漆、包装→发运

2. 钢结构制作事前监理对策

（1）考察钢构件制作厂（承包商）

业主和监理工程师在钢构件生产前，应对厂家按国家标准《焊接质量保证对企业的要求》进行检查。

1）厂家的工艺装备是否合格

原材料加工过程中所需的工艺装备：下料、加工用的定位靠模，各种冲切模、压模、切割套模、钻孔钻模等是否能保证构件符合图纸的尺寸要求；

拼装焊接所需的工艺装备：拼装用的定位器、夹紧器、拉紧器、推撑器，以及装配焊接用的各种拼装胎模、焊接转胎等是否能保证构件的整体几何尺寸和减少变形量；

2）厂家的人员素质、技术管理水平以及质量保证体系；

3）每月的钢构件制作能力（衡量厂家生产能力是保证本工程进度的基础）。

（2）审核钢构件制作工艺

本工程钢构件制作工艺书应包括：施工中所依据的标准，制作厂的质量保证体系，成品的质量保证和为保证成品达到规定的要求而制定的措施，生产场地的布置、采用的加工、焊接设备和工艺装备，焊工和检查人员的资质证明，各类检查项目表格和生产进度计算表。

监理工程师应着重审核如下内容：

1）焊接工艺、焊接组对技术要求；

2）关键构件的精度要求、检查方法和工具；

3）主要构件的工艺流程、工序质量标准，为保证构件达到工艺标准而采用的工艺措施，如组装次序、切割、焊接方法、顺序等；

4）采用的加工设备和工艺装备、模卡具等。

（3）钢材验收

所用材料应符合现行国家标准（如《钢结构工程施工质量验收规范》GB 50205 等）和设计图纸的规定。

钢材进场时，监理工程师应按图纸规定进行钢材验收，进场的钢材，外观质量检查必

须合格，同时应出具相应的钢种、牌号、炉号和规格的出厂质量证明书，其材质技术数据应符合设计要求及有关规范规定。并按相应标准的要求进行抽查复验，监理应现场见证取样和送样。复验结果必须符合现行国家产品标准和设计要求。

监理工程师将详细审查施工单位申报的进场材料和使用记录，并跟踪检查使用记录。做到始终可追溯检查每炉钢的使用情况及使用部位。

本工程若有进口钢材，应符合我国有关标准或根据订货合同条款进行检验，必须进行化学成分检验，不合格者不得使用。

(4) 钢结构深加工图的确认

在钢材下料前，设计院及监理工程师应认真对钢结构深加工图进行审核确认，深加工图应得到设计院的书面认可。主要审核内容：焊缝形式及焊缝高度、节点构造、细部尺寸、板料的拼接方式及位置等。

3. 钢结构制作过程监理对策

(1) 放样与下料

放样与下料是关系到结构杆件几何尺寸准确的关键工序，其质量控制要点：

1) 放样控制

严格核对图纸的安装尺寸和孔距，以 1∶10 的大样放出节点图形；

制作、放样、安装和质量检查所用的钢尺，均应具有相同的精度，并应定期检定；丈量时应采用先量全长后量分尺寸，不得分段丈量相加。

样板有下料样板、加工样板和检查样板。一般用 0.50～0.75mm 的铁皮或塑料板制作。样杆一般用铁皮或扁铁制作。板(杆)上应注明钢种、图号、构件号、数量及加工边、坡口部位、弯折线和弯折方向、孔径和滚圆半径等。

对有铣、刨的加工件要考虑加工余量(一般为 3.0～4.0mm)，焊接构件要按工艺要求预放焊接收缩量。

2) 下料控制

下料是用样板、样杆在钢材上画线，以扁凿印、洋冲印和水粉颜料等做标记。当检查核对后，在钢材上画出切割、铣、刨、弯曲、钻孔等加工位置打冲孔，标出构件编号等。

切割线以扁凿印中心为断线，孔中心点、孔径、轧角线、刨边线、铣端线等，以洋冲眼中心为准线。检查线应离开边端一定距离，也以洋冲眼中心为准。

下料时，要根据材料厚度和切割方法加出适当的切割余量。

气割构件下料：当利用原材料一个边时，构件尺寸加割缝宽度的一半作为气割中心线，当两边进行气割时，以构件尺寸加割缝宽度作为气割中心线。为了便于气割后检查，可以对气割线采用双线下料，在构件尺寸外另画出切割缝宽度线，并标明留线切割。

节点板剪切下料：在构件组合时，应使钢板横向成为直线切断，当有凹切口，为了节料套裁时，也应使两构件组合后的钢板横向成为直通线，以便于剪切后再气割内凹切口。

下料也应同样板一样，对铣、刨、轧角、卷圆的构件，要标明加工符号，对焊接坡口应以符号和草图示意。

(2) 切割

切割前，应将钢材表面切割区域内的铁锈、油污等清除干净，钢材表面锈蚀、麻点或划痕的深度不得大于该钢材厚度负偏差值的一半；切割后，钢材切割面和剪切面应无裂纹、夹渣、分层和大于 1.0mm 的缺棱，并应清除边缘上的熔瘤和飞溅物等；剪切和冲孔时应注意工作地点的温度。

(3) 矫正、弯曲和边缘加工

矫正、弯曲和边缘加工应符合施工规范的要求，尤其对边缘加工中，应尽量采用机械加工；另外，加工后的钢材表面不应有明显的凹面和损伤，表面划痕深度不宜大于 0.5mm；磨光顶紧接触的部位应有大于 75%的面积紧贴。

对卷管应注意防止出现过弯、锥形、卷管收口处出现棱角等常见质量问题。如卷板的厚度大于卷管内径的 1/40 时应采用热卷或温卷，以减少冷加工硬化应力。采用对称三辊卷板机卷板时应注意会出现剩余直边的现象。

如有用火焰矫正必须事前制定矫正工艺方案，矫正工作要由具备丰富的实践经验和灵活的操作技巧的专业人员进行。采用火焰矫正应注意控制加热温度，应采用热电偶温度计或比色高温计来控制温度。

(4) 制孔

精制螺栓孔的直径应与螺栓公称直径相等，孔应具有 H12 的精度。高强螺栓、半圆头铆钉等孔的直径应比螺栓杆、钉杆公称直径大 1.0～3.0mm，螺栓孔应具有 H14 的精度；板上所有螺栓孔、铆钉孔，均应采用量规检查，其通过率应满足有关规范的要求。

(5) 组装

组装工作的质量控制要点：

组装必须按照工艺要求的次序进行，当有隐蔽焊接时，应先予施焊，经检验合格后方可覆盖；

布置组装胎具时，其定位必须考虑预放出焊接收缩量及齐头、加工的余量；

为减少变形，尽量采取小件组装组焊，经矫正后再大件组装。胎具及装出的首件必须经过严格检验，方可进行大批组装工作；

组装好的构件应立即用油漆在明显部位编号，写明图号、构件号和件数，以便查找；

除工艺要求外，构件组装的间隙不得大于 1.0mm。对顶紧接触面应有大于 75%以上的面积紧贴，用 0.3mm 塞尺检查，其塞入面积不得大于 25%，边缘最大间隙不得大于 0.8mm；

用模架(模胎)或按大样(复制)组装的构件，其轴线交点的允许偏差不得大于 3.0mm；

焊接结构的组装允许偏差应参照验收规范。

4. 钢结构焊接监理对策

(1) 焊接施工质量事前监理

1) 本工程钢结构焊接施工前，应根据工艺评定合格的实验结果和数据；编制焊接工艺文件，监理工程师应审核。制作单位的工艺设计要充分考虑焊接变形，并通过试焊验证。

2) 检查焊条、焊剂、焊丝和施焊用的保护气体等，使其必须符合设计要求和钢结构焊接的专门规定。

3) 认真检查和考核已取得相应施焊条件合格证的焊工实际操作水平，严格控制持证焊工在其考试合格项目及其认可范围内施焊。

4) 焊接材料、坡口形式及施焊工艺方法，必须进行工艺性能和力学性能试验，符合要求后方可采用。

5）检查焊接坡口质量、坡口形式，特别是中、厚板的坡口角度以及间隙尺寸，钝边尺寸，监理工程师需对此认真检查。

6）焊接工程质量监理的一个重要内容就是焊接应力和焊接变形的控制。焊接顺序选择得当，可减少结构的焊接应力和焊接变形，提高焊接质量，也可减少焊后的矫正工作量。

7）监理工程师应从以下方法中对此进行监理：

① 设计和构造

在保证结构安全的前提下，不使焊缝尺寸过大；

对称设置焊缝，减少交叉焊缝和密集焊缝；

受力不大或不受力结构中，可以考虑采用间断焊缝。

② 放样和下料

放足电焊后的收缩余量；

大梁等受弯构件，放样下料时，考虑起拱或按设计要求。

③ 装配顺序

小型构件可一次装配，用定位焊固定后，用适当的焊接顺序一次完成；

大型结构尽可能先用小件组焊，再总装配和焊接。

④ 焊接规范和焊接顺序

选用恰当的焊接工艺；

先焊焊接变形较大的焊缝，遇有交叉焊缝，要设法消除起弧点缺陷；

手工焊接长焊缝时，宜用分段退步间断焊法，由工件的中间向两端退焊，焊接人员应分散布置，避免热量集中引起变形；

尽量采用对称施焊，更宜多焊工同时对称施焊；

构件可考虑翻动，使焊接弯曲变形相互抵消；

角焊缝不允许包头，以确保焊缝的有效厚度。

⑤ 反变形法

对角变形，可用反变形法。如钢板对接焊时，可将焊缝外垫高 $1°5'\sim2°5'$ 以抵消角变形。

⑥ 刚性固定法

焊接时在台座上或在重叠的构件上设置夹具，强制焊缝不使变形。

（2）焊接施工过程中质量监理

焊接过程中，监理工程师应严格按照批准的工艺流程进行监理。

监理工程师应对焊接工程进行隐蔽验收。

对承受拉力或压力，且要求与母材等强度的焊缝必须经超声波，X 射线探伤检验，其结果必须符合设计要求、施工规范和钢结构焊接的专门规定。审核超声波探伤报告是监理工程师对焊缝验收的重要内容之一。

（3）焊接技术措施

已经培训持有相应施工焊接条件下压力容器或厚钢板结构合格证的焊工，还需按本工程的实际情况，在业主、监理、设计方的监督下进行附加考试，考试合格后方准上岗正式焊接。

要求施工方制定焊接工艺评定标准，并确定焊接施工顺序。

5. 钢结构涂装监理对策

(1) 涂装施工质量事前监理

1) 防腐涂料及防火涂料的确认

监理工程师应对防腐涂料及防火涂料的名称、型号、颜色进行检查，确认是否与设计的规定相符，产品出厂日期是否超过贮存期，凡与规定不符或超过贮存期的，一律不得使用。

防腐涂料应有产品合格证，并经复验合格，方可使用。防火涂料应有合格证、国家质量监督机构出具的耐火极限检测报告和理化力学性能检测报告、消防监督部门颁发的消防产品生产许可证以及业主对所用产品抽检的粘结强度、抗压强度的检测报告并在符合设计要求和国家规范后方可使用。

2) 除锈等级的确认

除锈是钢结构的钢材、构件等在涂层前的一道重要工序，是直接关系到涂层质量优劣的关键。彻底地除锈能提高防锈漆的附着力，从而延长钢结构的寿命。经喷砂、抛丸工艺处理后的钢材表面，氧化铁皮和锈清除得比较干净，能提高涂层的附着力。

监理工程师应依据设计要求(即除锈质量等级)或有关规范要求，对除锈后的金属表面进行检查确认。

(2) 涂装过程监理

1) 防腐涂料试配与统配

为使设计要求的色调和涂刷后的防腐涂料颜色均匀一致，涂刷前应进行试配。符合要求后再统一配制。涂刷过程中再不允许随意进行稀释。配制中要控制好防腐涂料的工作黏度，一般在涂刷时既不产生流坠又不显出刷纹，则证明工作黏度是合适的。

2) 防腐涂料涂刷及环境要求

环境：涂刷防腐涂料时，要求施工场所应当干净以防止防腐涂料在干燥前被尘土等污染。工作温度控制在5～38℃(室内)，相对湿度不大于85%，风、雨天或构件表面有结露时应严禁作业。

涂刷：涂刷防腐涂料时，必须注意到，后一遍防腐涂料要在前一遍防腐涂料干燥后进行，否则后一遍防腐涂料会把前一遍防腐涂料咬起。涂刷第一遍防腐涂料最佳时间应在除锈后6h开始进行，每日操作最佳时间是在日出3h内开始，日落3h内停止(室内作业不限)。涂装后4h内应保护免受雨淋。

漆膜的厚度：构件上涂膜的道数和各涂层的厚度，严格按设计要求或有关规定进行涂刷。

补刷防腐涂料：构件施涂防腐涂料后，因吊装损坏的涂膜部位和安装节点焊缝部位，均须按设计要求进行补刷防腐涂料。对补刷防腐涂料部位应补完整，且必须按施涂工艺要求分层涂刷，达到涂膜完整，附着良好。

3) 施工图中注明不刷涂层的部位，均不得涂刷，安装焊缝处应留30～50mm宽的范围不涂。经除锈后的高强螺栓摩擦面，70mm范围内严禁涂刷，并采取保护措施。

4) 防火涂层厚度是保证防火质量的关键，监理工程师应严格按照设计要求进行检查验收。

6. 钢结构吊装监理对策

（三）钢结构安装工作重点及监理对策

1. 基本要求及原则

钢结构安装程序必须保证结构的稳定性和不导致永久变形；安装程序必须根据设计要求的受荷状态进行编制，避免因安装施工的原因使结构产生附加的应力、应变。

在钢结构详图设计阶段，设计单位及制作厂家应根据运输设备、吊装机械设备、现场条件及城市交通管理要求，确定钢结构组拼单元的规格尺寸，尽量减少钢构件在现场或高空组拼的工作量。

钢结构安装，应在具有钢结构安装资格的责任工程师指导下进行，从事手工电弧焊，半自动气体保护焊或半自动保护焊的电焊工，必须精通焊接方法。在施工前，应根据施工单位的技术条件，组织进行专业技术培训工作，使参加安装的工程技术人员掌握钢结构的安装专业知识和技术，并经考试取得合格证。

钢结构安装施工前，深化设计图纸必须经设计院审核批准。承包单位应按照施工图纸(包括深化设计图纸)和有关技术文件的要求，结合合同工期的要求和现场条件等认真编制施工组织设计，并将施工组织设计报有关单位审核批准(建设单位、设计单位、监理单位)，施工组织设计应作为指导施工的技术文件。在编制施工组织设计及确定施工方法时，必须与土建、暖通、电气、消防报警等施工结合起来，做好统筹安排、综合平衡工作。

钢结构安装用的连接材料，如焊条、焊丝、焊剂、高强螺栓、普通螺栓、栓钉和涂料等，应具有产品质量说明书，并符合设计图纸和有关规范的规定。必要时，须进行材料复试，并应提供合格的复试报告。

钢结构安装用的专用机具和检测仪器(起重机械、焊接机械、高强螺栓机械、检测仪器、测量仪器等)应满足施工要求，并应定期进行检验。

钢结构工程中土建施工、构件制作和结构安装三个方面使用的测量仪器、量具必须用同一标准进行检查鉴定，使其具有相同的精度。

钢结构安装时的主要工艺，如测量校正、厚钢板焊接、栓钉焊、高强螺栓节点的摩擦面、加工及安装工艺等，必须在施工前进行工艺试验及评定，在试验结论的基础上，确定各项工艺参数，编制出各项操作工艺。

钢结构安装前，必须对构件进行详细检查，构件的外形尺寸、螺孔位置及角度、焊缝、栓钉、高强螺栓节点摩擦面加工质量等，必须进行全面检查，符合图纸和规范规定后，由制作单位与安装单位办理构件交接手续，才能进行安装施工。

钢结构的安装施工，应遵守国家现行的劳动保护和安全技术等方面的规定。

2. 监理要点分析及对策措施

钢结构安装监理流程见图 8-9。

(1) 钢结构安装测量放线技术及监理对策

技术难点：钢结构安装施工的测量放线工作，是各阶段诸工序的前导工序，又是主要工序的控制手段，是保证钢结构安装工程质量的中心环节。

监理对策：测量、安装和焊接必须三位一体，以测量控制为中心，密切协作相互制约。设置联合测量检查组，由监理单位牵头，包括土建总包、钢结构安装单位，联合检查

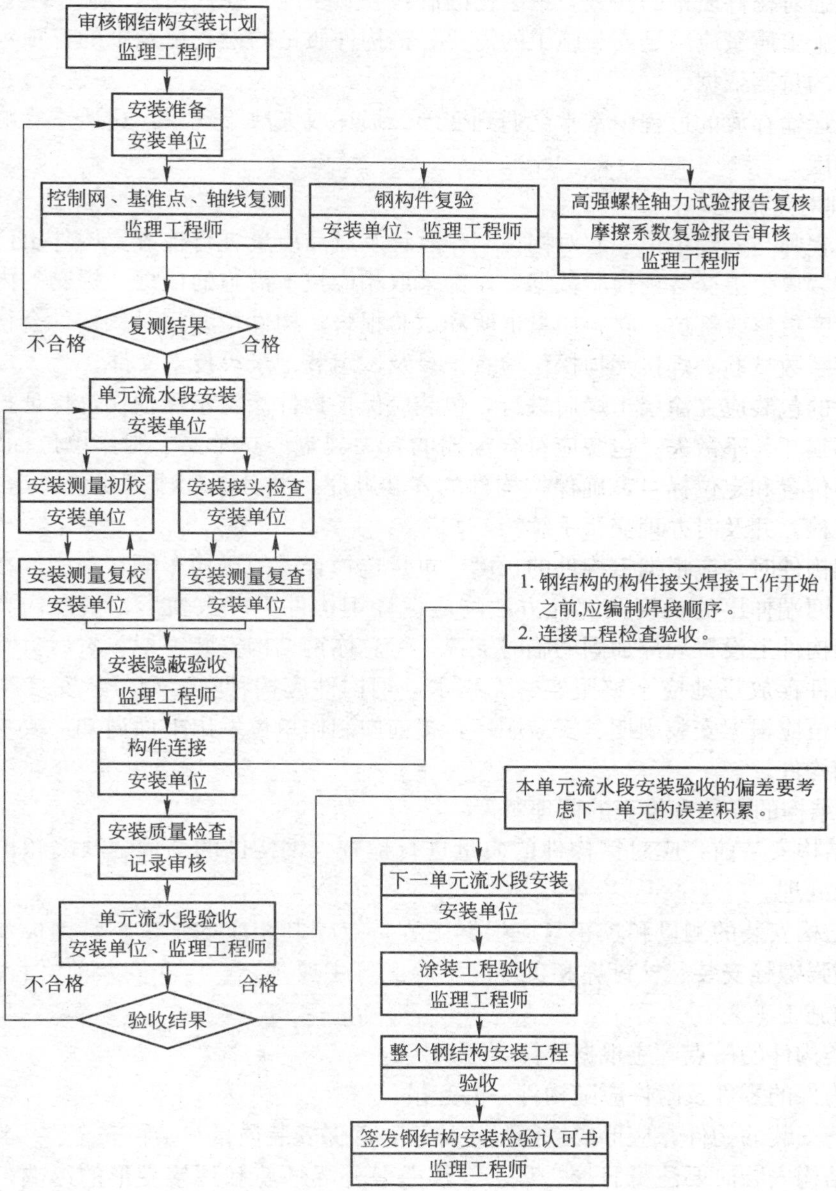

审核钢结构安装计划
监理工程师
安装准备
安装单位
控制网、基准点、轴线复测
监理工程师
钢构件复验
安装单位、监理工程师
高强螺栓轴力试验报告复核
摩擦系数复验报告审核
监理工程师
复测结果
不合格
合格
单元流水段安装
安装单位
安装测量初校
安装单位
安装接头检查
安装单位
安装测量复校
安装单位
安装测量复查
安装单位
1. 钢结构的构件接头焊接工作开始之前,应编制焊接顺序。
2. 连接工程检查验收。
安装隐蔽验收
监理工程师
构件连接
安装单位
本单元流水段安装验收的偏差要考虑下一单元的误差积累。
安装质量检查
记录审核
单元流水段验收
安装单位、监理工程师
不合格
合格
验收结果
下一单元流水段安装
安装单位
涂装工程验收
监理工程师
整个钢结构安装工程
验收
签发钢结构安装检验认可书
监理工程师

图 8-9 钢结构安装监理流程图

组对轴线、高程等复测后进行确认，并及时办理交接验收手续，交付下道工序施工。在施工阶段，制定详细的测量放线监理实施细则，对钢结构安装测量放线方案进行审核认可，并作为全面指导测量放线的依据。主要内容应包括：测量放线的基本要求；合理布置钢结构平面控制网和高程控制网；控制网的竖相投点和标高传递；钢结构安装精度的测控；测量仪器的检定及测工的培训。

(2) 钢结构的质量检查与运输存放：

1) 施工要点及难点

必须加强对构件质量的检查，钢结构的制作和安装施工往往由两个施工单位承担，钢构件的制作施工质量应满足安装施工的需要。钢构件质量的检查记录中的各项数据应作为钢结构安装的重要依据。

构件在运输存放的过程中常常会遇到变形、损坏或失散等现象，这严重影响安装施工的质量和进度。

2）监理对策措施

监理工程师与安装单位一起对构件制作过程及成品质量进行检查。构件出厂时督促制作单位向安装单位提交各项检验数据，作为采取相应技术措施的依据。提交的内容包括施工图中设计变更修改部位；材料质量证明和试验报告；构件检查记录；构件合格证书；高强螺栓摩擦系数试验；焊接无损探伤检查记录及试组装记录等技术文件。

钢构件的包装应在涂层干燥后进行，包装应保护构件涂层不受损伤、保证构件、零件不变形、不损坏、不散失；包装应符合运输的有关规定。同时要求制作单位标定构件号、重量、重心位置和定位标号，确保按构件的安装顺序，并分单元成套供应；运抵现场后，立即进行复检，并及时办理交接手续。

运输钢构件时，应根据钢构件的长度、重量选择合适的运输车辆；钢构件在运输车辆上的支点、两端伸出的长度及绑扎方法均应保证钢构件不产生变形、不损伤涂层；必要时，可在钢构件上设置局部加固的临时支撑，待总体钢结构安装完毕，然后拆除临时加固支撑；钢构件存放场地应平整坚实、无积水，钢构件应按种类、型号、安装顺序分区堆放；安装单位应根据安装周期、安装顺序，提前向制作单位发出书面通知，要求制作单位按时提供钢构件。

(3) 钢结构的安装和校正的监理对策

1）钢结构安装前，应对钢构件的质量进行检查，钢构件的变形、缺陷超出允许偏差时，应进行处理。

2）钢结构安装的测量和校正，应根据工程特点编制相应的工艺。厚钢板及异种钢板的焊接、高强螺栓安装、栓钉焊和负湿度下施工等主要工艺，应在安装前进行工艺试验，编制相应的施工工艺。

3）各类构件的吊点，应根据计算合理确定。

4）钢构件的零件及附件应随构件一并起吊。

5）当天安装的构件，应形成空间稳定体系，确保安装质量和结构安全。

6）钢结构安装时要注意日照、风力、误差等外界环境和焊接变形的影响，采取相应措施调整。

7）构件安装时，先临时固定，然后立即校正。校正完成后，应立即进行永久固定，确保安装质量。

8）钢结构的安装质量检查记录，必须是安装完成后验收前的最后一次实测记录，中间检查记录不得作为竣工验收记录。低合金钢材的构件必须待焊接后 24h 后方可进行检测验收。

(4) 钢结构连接和固定

钢构件的连接接头，应经检查合格后方可紧固或焊接。

1）焊接要点

施工单位对其首次采用的钢材、焊接材料、焊接方法、焊后热处理等，应进行焊接工艺评定，并根据焊接工艺报告确定焊接工艺。

对焊缝的检查重点：实腹钢柱的牛腿部分及相关支承肋受交变荷载的，应采用K型焊并保证工艺焊透。

对接接头、T形接头、十字接头等对接焊缝及对接和角接组合焊缝，应在焊缝的两端设置引弧和引出板。其材质和坡口形式应与焊件相同。

H型钢定位焊必须是没有焊接缺陷的，应用回弧引焊，落弧填满弧坑。焊缝长度如设计未作要求，一般应按7倍焊脚长度施焊，焊缝厚度不宜超过设计焊缝厚度的2/3，且不大于8mm。

钢结构焊接顺序，应从建筑平面中心向四周扩展，采取结构对称，节点对称和全方位对称焊接，即：从焊件的中心向四周扩展；先焊收缩量大的焊缝，后焊收缩量小的焊缝；尽量对称施焊，使产生的变形相互抵消；焊缝相交时，先焊纵向焊缝，待焊缝冷却到常温后，再焊横向焊缝。

负温度下焊接施工，应符合冬期施工的有关规定。

重要节点的工艺试验。为保证重要节点的焊接质量，还需要做重要节点的工艺报告和评定，主要有以下内容：焊接方法、焊接材料；坡口形式、角度、间隙、钝边尺寸；焊接电流、电压、气体流量、送丝速度、进速度；焊接层数、道数、搭接安排；机械性能、焊缝化学成分试验。

2）焊缝质量控制

焊缝外观检查，焊缝缺陷的种类：焊缝尺寸不合要求；咬边；气孔；夹渣；焊瘤；未焊透；焊穿与焊漏；裂缝；焊缝宽窄不齐；弧坑；层状撕裂等。当外观检查有缺陷时用磁粉探伤复验。焊缝质量的检查应在焊缝冷却到常温以后进行，低合金钢的焊缝应在焊接完成24h后进行。

无损探伤检查，主要有：超声波探伤、射线探伤、浸透探伤、磁粉探伤、检验、检验的数量须满足设计及施工规范的要求，监理抽检的数量为15％～30％。

雨、雪天气施焊的焊缝应有防护措施，否则一律清除重焊。

3）高强螺栓连接

高强螺栓的连接形式分为摩擦型、承压型和张拉型三种。

高强度螺栓连接副应按批号分别存放，并应在同批内配套使用。

由钢构件制造厂处理的钢构件摩擦面，安装前应复验所附试件的抗滑移系数，合格后方可安装。

钢构件安装前，清除飞边、毛刺、焊接飞溅物，摩擦面应保持干燥、整洁、不得在雨中作业，使用扭矩扳手紧固高强螺栓时，扳前应进行校核，合格后方能使用。摩擦型高强螺栓在孔内不得受剪。

高强螺栓紧固方法。由于钢结构制作过程中难免会出现翘曲、板层不密贴，为尽量使所有的螺栓轴力均匀，必须采取缩小其相互影响的紧固方法。高强螺栓紧固分初拧(60％～80％)与终拧(100％标准轴力)。高强螺栓的紧固顺序，应从接头刚度大的地方向自由端进行；或从栓群中心向四周扩散方向进行。大六角高强螺栓紧固用的扭矩扳手，扳前必须校正，其扭矩误差不得大于±5％，校正用的扭矩扳手的误差不得大于±3％。每拧一遍均应作出明显的标记，防止漏拧。

四、钢结构安装安全管理

（一）审查吊装施工安全专项方案

（1）重点审查施工单位安全保证体系是否符合要求。

（2）重点审查准备采用的安全技术装备是否满足工程施工的需要。

（3）重点审查准备采取的安全技术措施是否可行且具有针对性。

（4）重点审查生产安全事故应急救援预案是否可行。

（5）重点审查施工安全专项方案是否有编制人、审核人、批准人签字，要有施工企业技术负责人审核同意并签字认可，并加盖施工企业法人章。

（二）审查施工单位申报的工程安全防护措施费使用计划

（1）重点审查施工单位安全防护(文明)措施费使用计划中的总费用、措施子项、子项费用等是否与其投标文件和施工承包合同一致。

（2）重点审查计划报审表是否包含各项安全防护措施费用的使用时间和完成人。

（3）重点审查计划报审表是否经项目经理签字、项目经理部盖章。

（4）安全防护措施费使用计划报审表须经监理审查同意后方可批准开工报告。

（三）对施工单位安全管理制度的运行情况进行检查

检查施工单位现场安全生产责任体系的落实情况，如施工单位安全生产管理机构和专职安全生产管理人员上岗情况、施工单位安全生产责任制、安全交底、安全检查、安全教育制度的执行情况等。

（四）加大现场检查、巡查的力度

对现场施工安全技术措施和专项施工方案的落实情况，执行工程建设强制性标准情况；施工单位安全防护、文明施工措施费用使用计划的落实情况；检查现场特殊工种作业人员是否与申报人员一致。重点关注存在重大危险源钢结构高空涂料施工实施情况，要加大检查、巡查的频度和力度。及时发出通知单，要求立即整改(见表 8-1)。

监理工程师通知单(安全控制类)　　**表 8-1**

单位工程：××美术馆工程　　编号：B24—××××

事由	关于特种作业人员无证上岗问题	签收人姓名及时间	×××

致：××钢结构工程有限公司(承包单位)

经施工现场监理检查核实，贵司部分特种作业人员未持证上岗：

(1) 8 月×日发现共有 3 名架子工在门厅东侧搭设满堂钢管脚手架，现场检查核实此满堂脚手架无方案，搭设 3 人均无证上岗。为保证安全施工，要求贵司立即停止作业，编制脚手架方案报监理审批，安排具有作业资格的架子工搭设脚手架。对现场需搭设脚手架部位均必须补充方案报审。

(2) 8 月×日监理检查核实，三层钢结构施工现场共有 6 名高空作业人员持证上岗，还有部分施工人员无登高作业证。为保证安全施工，要求无证人员停止高空作业，只能安排具备资格的人员进行登高作业。

(3) 钢结构吊装指挥人员无证上岗，要求调换有证人员现场指挥。

附件共____页，请于 2011 年 8 月 × 日前填报回复单(A5)

抄送：××基建处

项目监理机构(章)：____________

专业监理工程师：×××　总监理工程师：×××日期　×××

注：本通知单分为进度控制类(B21)、质量控制类(B22)、费用控制类(B23)、安全文明类(B24)、工程变更类(B25)

（五）建立联合检查和会议制度

建立每周项目所有参建单位安全员参加的安全文明大检查制度和每月一次的安全专题会议制度，形成周检查记录和安全专题会议纪要(见表8-2)。

周安全检查表 **表8-2**

<table>
<tr><td>检查日期：
×年×月×日</td><td>周安全检查表</td><td>编号：×××</td></tr>
<tr><td colspan="3">工程名称：×××美术馆工程</td></tr>
<tr><td colspan="3">施工内容：
(1) 测量放线；
(2) B、C区钢结构安装；
(3) D3安装、悬挑GF26～28及其封边梁吊装；
(4) D区钢结构安装</td></tr>
<tr><td colspan="3">是否存在安全事故隐患：
(1) 高空施工作业的个别工人未佩戴安全带；
(2) 现场巡视发现钢结构施工单位为在音乐厅搭设满堂脚手架而从美术馆三层直接把模板扔到音乐厅屋顶上，砸到了音乐厅的女儿墙。要求施工单位轻放模板，做好临边建筑的保护工作</td></tr>
<tr><td colspan="3">整改要求及整改结果：
监理按要求督促施工单位进行安全生产的自检，及时要求施工单位整改，已整改到位</td></tr>
<tr><td colspan="3">监理注意事项：
(1) 每位监理人员现场巡视是都要有意识地察看现场安全状况；
(2) 巡视人员发现重大安全隐患须制止，并及时向总监汇报</td></tr>
</table>

案例 9　某工程叠板法施工厚板转换层的监理案例

【摘要】 本案例是以某工程叠板法施工厚板转换层的监理为背景，详细阐述了叠板法施工厚板转换层的施工程序、转换层模板支架的组成与基本构造、转换层混凝土施工方案、厚板转换层施工监理控制要点等知识，为叠板法施工厚板转换层的监理提供了技术支持。

一、工程概况

某商住楼工程是一幢地下 2 层，地上 33 层的框支剪力墙结构高层建筑，建筑物高 99.65m，建筑面积 51571.6m^2。该商住楼 1 层～3 层为商业裙房，3 层以上为住宅用房，整体主楼结构为框支剪力墙结构，在 3 层顶板处采用厚板转换，转换板高度 1800mm，另还设有钢筋混凝土暗梁 AL1-AL6，AL 断面尺寸为 800mm×2000mm～2450mm×2000mm 不等，层间高度 5.5m，梁、板混凝土强度等级为 C40。具体结构平面布置如图 9-1 所示。

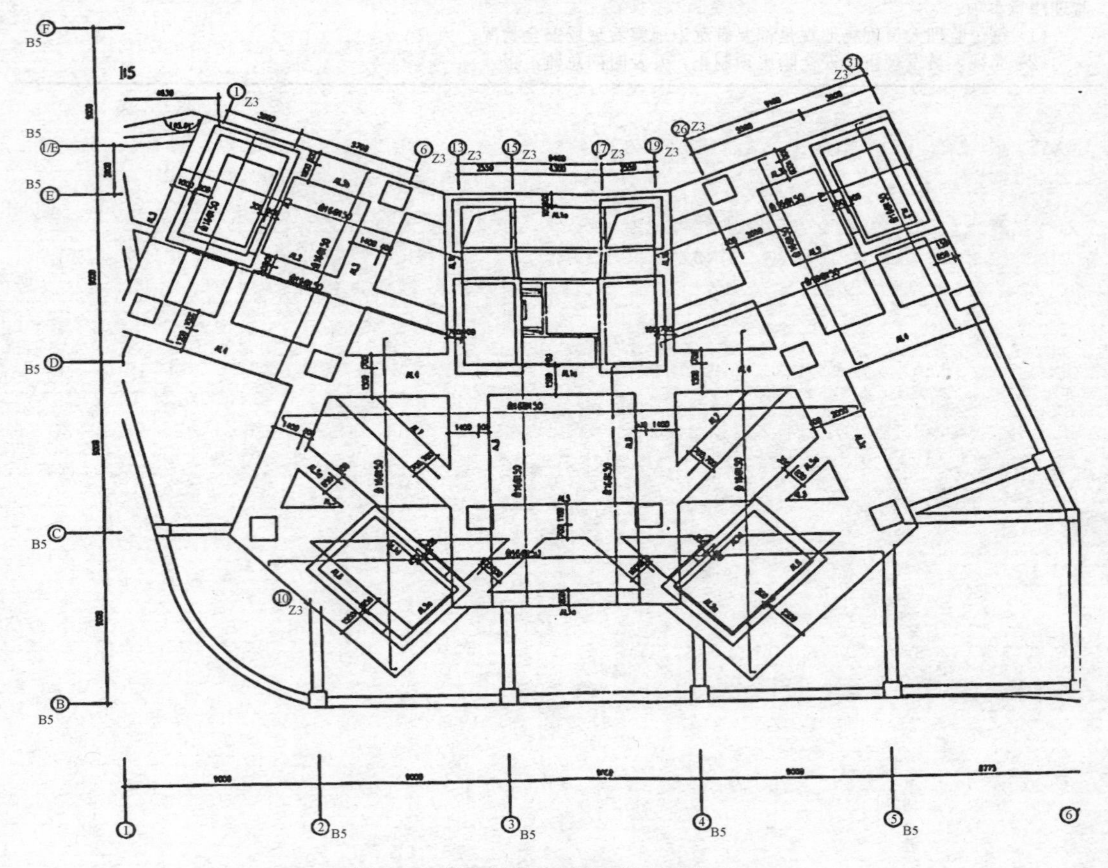

图 9-1　某工程结构转换层结构平面图

转换层以下设有10根2000mm×2000mm钢筋混凝土框支柱(KZZ)及框筒剪力墙，混凝土强度等级为C50，结构转换层下裙房楼板厚150mm，承担容许荷载值6kN/m²，±0.000地下室顶板厚350mm，承担容许荷载值12.2kN/m²。转换层板厚达1800mm，暗梁处达2000mm，一次浇筑荷载很大，下面楼板承载力不足，因此转换层的施工是本工程的重点及难点，而本工程采用叠板法施工有效解决了这个难题，故此本文重点介绍厚板转换叠板法施工的监理案例，供同仁共勉。

二、叠板法施工厚板转换层的监理程序

叠板法施工厚板转换层施工顺序及监理程序如图9-2所示。

三、模板支架材料的具体要求

(一) 钢管

(1) 钢管应采用ϕ48×3.5焊接钢管，其材料性能应符合《普通碳素钢技术条件》GB700中Q235A级钢的规定。

(2) 钢管要有质量证明书，对其质量应抽样检验其机械性能，合格后方可使用。钢管端部应平整，内外表面应光滑，不得有影响使用的变形、裂缝、严重锈蚀等缺陷，不得有超过0.35mm的划痕、刮伤、焊接错位焊伤和结疤。

(3) 钢管严禁用电焊和氧气切割，严禁打孔。

(二) 扣件

(1) 扣件的材质机械性能应不低于KTH330-08，质量应符合《钢管脚手架扣件标准》JGJ22规定。

(2) 扣件不得有裂缝、气孔，不宜有缩松、砂眼和其他影响使用的缺陷，并应将影响外观的粘砂、毛刺、氧化皮等清除干净。

(3) 扣件和钢管贴合面必须严格整平，应保证与钢管扣紧时接触良好，避免油污污染接触面。

(4) 扣件活动部位应能灵活转动，旋转扣件的两旋转面的间隙应小于1mm。

(5) 扣件扣紧钢管时，其开口处的距离应小于5mm。

四、转换层模板支架的组成与基本构造

板式转换层采用一次支模浇筑混凝土成型，需置备大量的模板支撑材料，材料的租赁费、一次购置费太大，且要求支承架立柱每层上下严格对齐，误差不得超过25mm，施工难度大，工期占用时间长。而将厚板分两次浇筑叠合成型，第一次先浇筑梁板600mm厚，利用养护7d后第一次浇筑的混凝土形成的梁板支承第二次浇筑的混凝土(厚度为1200mm)自重及施工荷载。转换层下的模板顶撑仅考虑支承第一次浇筑混凝土自重及施工荷载，并且采用±0.000板及2层板分别承受荷载，因此，从±0.000到三层转换层的3层模板支撑整体搭设，共同作用，具体模板支架系统详如图9-3所示。另本工程在②轴～③轴间转换板下的2层、3层没有8100mm×4100mm自动扶梯预留洞口。该处模板支架高达14.30m，属高大模板支模。为加强该处模板支架的稳定，除正常设置垂直剪刀撑外，另在跨两边再设置两道“之”字形斜撑，在2层、3层结平设置两道水平剪刀撑。该区域的地下

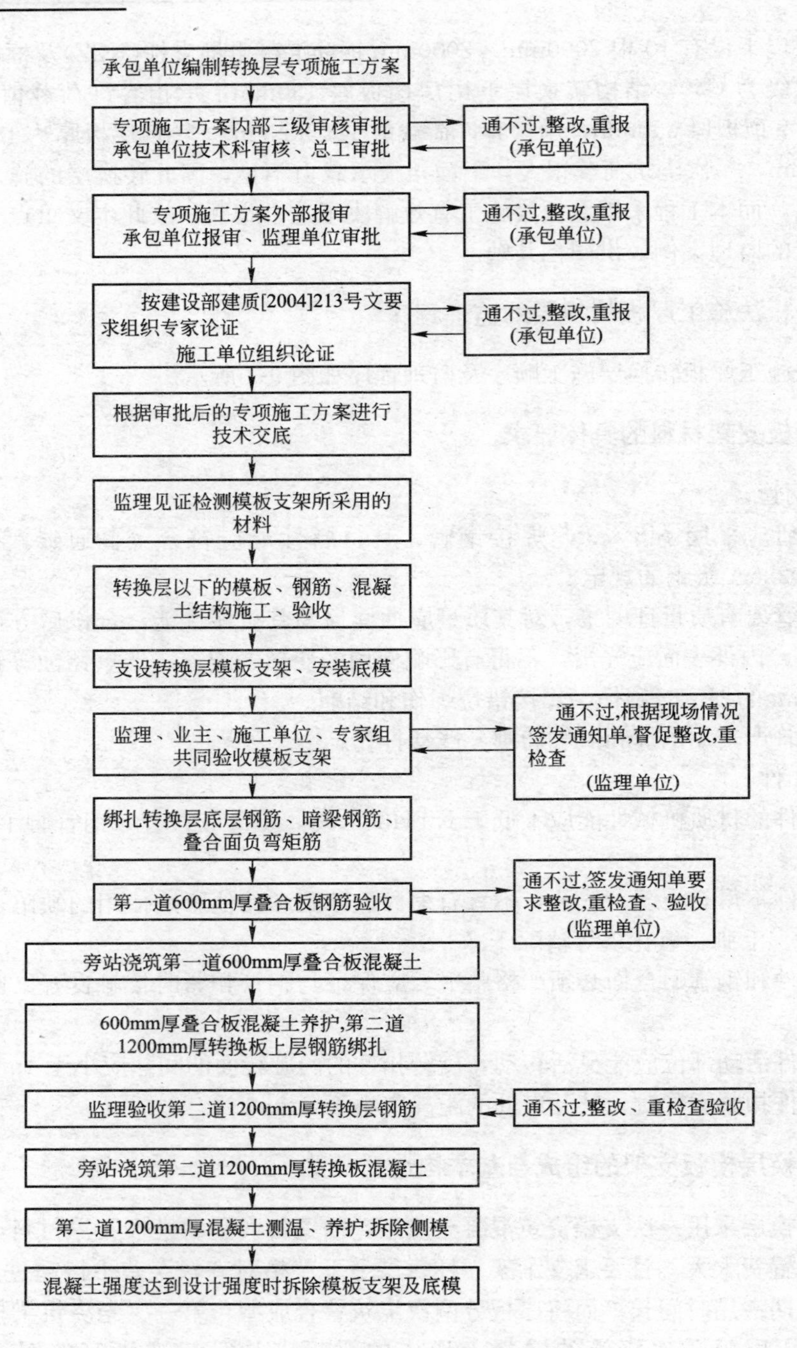

图 9-2　叠板法施工厚板转换层顺序

室模板支撑不拆除，作为该区域模板支架的卸载之用。具体模板支架构造详如图 9-4 所示。具体搭设要点如下：

(1) 底模采用 18mm 厚木胶合板，底模板下铺 50mm×100mm@250mm 木方，模板支架采用 ϕ48×3.5 钢管扣件式脚手架，柱距为 600mm×600mm，步高约为 1.5m，顶层钢管连接采用双扣件；

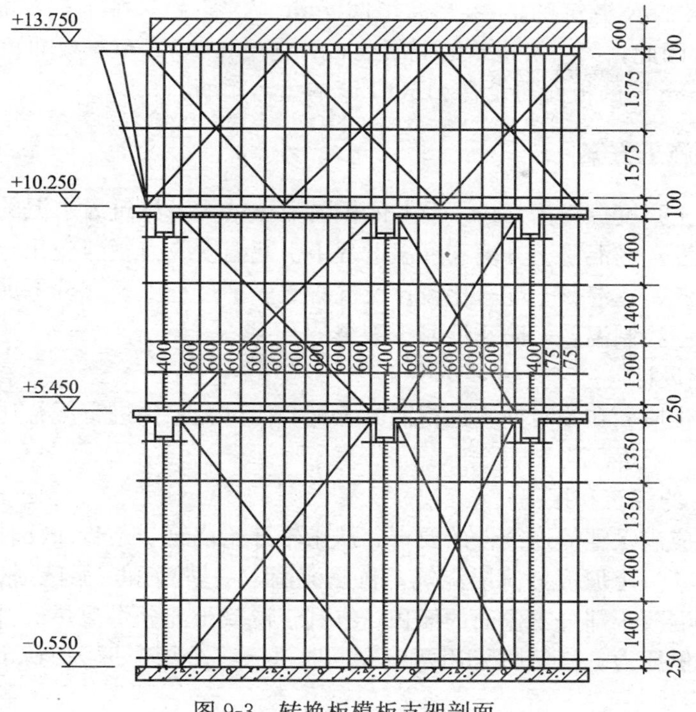

图 9-3　转换板模板支架剖面

(2) 立杆钢管不采用对接或扣接，采用通长的钢管；

(3) 每根钢管的立杆的底部需垫 15cm×15cm×5cm 的木垫块；

(4) 每步立杆节点应设置纵横双向水平杆；

(5) 转换层底板设置的双扣件，其拧紧力矩为 40～65N·m，并作为检查的重点；

(6) 浇筑转换层时立杆支撑于其下 3 层楼板上，因此，下层楼板、梁均应保留原有的支撑来卸载，以免混凝土结构破坏。施工过程中，保留这 3 层模板支架；

(7) 暗梁底部应设置由底至顶竖向剪刀撑；

(8) 对于跨度大于 4m 的楼板模板应起拱，起拱高度为跨度的 1/1000～3/1000；

(9) 混凝土浇筑时应从两平行方向对称浇筑，防止因一个方向的混凝土荷载产生模板的侧压力，破坏模板体系的稳固，并注意控制楼面上的施工荷载；

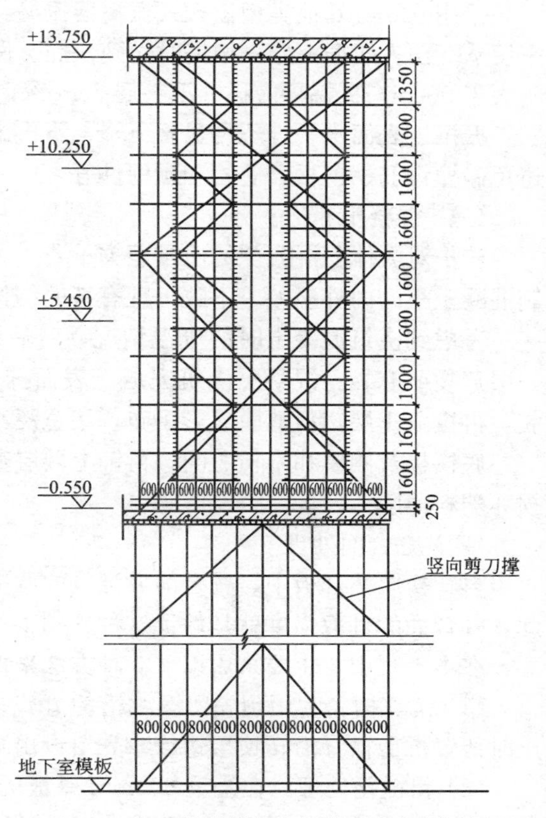

图 9-4　自动扶梯处转换板模板支架剖面图

(10) 由于第二次浇筑的混凝土板(1200mm 厚)需支承在第一次浇筑的混凝土板(600mm 厚)上，因此，第一次浇筑的混凝土板(600mm 厚)需布置板面负弯矩筋，根据计算结果，在 600mm 厚的板面需设置 ϕ16@150 的负弯矩筋。

五、混凝土施工方案

转换层混凝土强度等级为 C40，系大体积混凝土结构，浇筑后水泥的水化热较大，聚集在内部不易散发，在混凝土升温和降温过程中引起温度应力剧烈变化导致混凝土结构产生有害裂缝。因此，在混凝土配合比设计及混凝土养护过程中要充分考虑这一因素，以有效的降低水化热，控制温差，防止混凝土裂缝的开展。

(一) 配合比设计

商品混凝土供应商在施工前应进行混凝土配合比试配，并进行配合比优化设计，确定最优配合比。

(二) 混凝土的浇筑和振捣

混凝土浇筑应满足整体连续性的要求，从①轴开始浇筑，逐步向⑨轴方向推进，采用斜面分层，按照“一个坡度，薄层浇筑，自然流淌，一坡到顶，循序渐进”的原则进行。这样浇筑加大了混凝土部分工作面的面积，有利于混凝土部分水化热的排出，也有利于降低浇筑时模板的侧压力。浇筑时采用两台泵同时浇筑。分层厚度为 50cm，自然流淌坡度控制在 1∶6 内。

采用 ϕ50 或其他类型插入式振捣器振捣，钢筋密集区即墙、柱、梁交界处如有必要可采用 ϕ30 插入式振捣器。振捣时做到快插、慢拔，每点振捣时间约需 20s～30s，振捣间距不大于 50cm，振捣棒应插入下一层 5cm 深，对梁、柱、墙相交部位振捣时应注意振捣密实，振捣以表面水平，不再显著下降，不再出现气泡，表面均匀出现浮浆为准，同时，应避免碰撞钢筋、模板、芯管和预埋件等。

(三) 混凝土养护

养护对大体积混凝土的质量至关重要，一方面要保证水泥的正常水化，另一方面要控制混凝土板的内外温差，不致出现有害的结构裂缝，养护时间应不小于 14d。

考虑到浇筑混凝土时的气温情况，对后浇筑的 1.2m 厚的混凝土表面采用一层薄膜，一层草袋或麻袋。混凝土浇筑完成，表面抹压平整后，约在 12～14h 后，先覆盖 1 层草袋，再覆盖 1 层塑料薄膜或彩条布，注意浇水，使混凝土表面保持湿润。

底模板及侧模和木枋之间，再铺上两层塑料薄膜，以保湿、保温，施工过程中注意不损坏塑料薄膜。

(四) 叠合面处理

再转换层叠合板中，叠合前后浇筑的两部分混凝土应能形成整体截面而共同作用，因此，叠合面的桩剪强度就是保证这种共同工作的关键。

在本工程中，主要采用以下 3 种方法来保证新旧混凝土的协同作用。

(1) 抗剪槽。利用预先留设坑槽的方式来增加抗剪强度，在浇筑 600mm 厚板的混凝土时留置抗剪槽，沿转换层边缘事先留设出宽 1m，深 60mm 的坑槽；

(2) 粗糙化处理。在浇筑 600mm 厚板的混凝土时，在混凝土终凝前用钢筋耙对混凝土表面进行凿毛，使混凝土表面形成凹凸不平的叠合面；

(3) 增设抗剪钢筋。为了增强新老混凝土的黏结性，在叠合面中增设ϕ16 的竖向钢筋，间距为 1m，埋在新老面层中的长度均为 0.5m，要求在终凝前插入。具体叠合面做法见图 9-5。

图 9-5 厚板转换层叠合面处理示意图

(五) 钢筋保洁

在进行混凝土浇筑时钢筋已经绑扎好，所以钢筋难免会受到污染，要特别注意钢筋的保洁问题。如在浇筑混凝土的过程中，暗梁钢筋受到污染，可以在浇筑完成后用高压水对钢筋进行冲洗，如果不能清洗干净，再用钢丝刷处理。

(六) 温度测控

先浇的 0.6m 厚的混凝土可以不进行温度监测，主要对后浇筑的 1.2m 厚的上层混凝土进行温度测控，控制其温度变化。

(1) 测温方法：采用北京建工混凝土发展中心的 JDC-2 型温度测试仪，精度为±0.5℃，温度探头预先埋入大体积混凝土内，在温度测点处，固定温度探头的钢筋应出板面 30cm，以便固定探头导线，同时亦避免浇筑混凝土时损坏，折断探头导线；

(2) 测点布置：测点须具有代表性和可比性，能全面反映的大体积混凝土内各部位的温度，从大体积混凝土高度断面考虑，应包括底面、中心和上表面，从平面考虑应包括中部和边角区。垂直测点间距为 500mm，水平测点间距为 5m；

(3) 测温制度：测温从混凝土浇筑后 24h 开始，升温阶段每 4h 测一次，降温阶段每 4h 测一次，7d 后，每 8h 测一次；

(4) 测试数据：绘制表格，并给每测点编号。

六、厚板转换层施工监理控制要点

(1) 施工方案的审查

项目监理机构要求施工单位编制《厚板转换层结构施工专项方案》，并应具备下列资料：

1) 施工方案应有计算书，包括施工荷载计算，模板及其支撑系统的强度、刚度、稳定性的验算，支撑架顶部扣件的抗滑力验算；

2）方案应有支撑平面布置图，模板及其支撑的立面图和剖面图，节点大样施工图；

3）方案应对混凝土浇筑方法和程序提出要求；

4）方案应对支撑系统安装验收方法和标准予以明确。

由于该工程属于厚重结构支模，施工荷载大，施工难度大，方案编制后，我们提出一定要经过专家组审查，并出具书面论证审查报告，施工单位根据监理提出的要求，特地邀请了以东南大学教授为首的专家组，重新编制了《转换层模板支撑专项施工方案》，并组织了专家论证，得到了专家组的一致认可。

(2) 加强施工前的技术交底工作。施工前，监理机构组织施工单位的技术部、质量部、安全部、各施工处的班组对经专家论证的施工方案进行学习，对施工班组进行技术交底，让每个班组施工前做到心中有数。

(3) 通过工地例会、专题会议等形式将厚板转换层的施工作为重点控制的关键工序。

(4) 加强过程控制。在施工过程中，各专业监理工程师加强现场监控，如发现问题，及时下达监理工程师通知单，要求施工单位及时整改，如监理机构发现 B5-2 转换层支撑系统存在水平钢管未按方案纵横方向设置，斜撑、剪刀撑未与已浇好的混凝土墙、柱有效连接，局部存在使用不合格的扣件，1、2 层已将部分斜撑、剪刀撑拆除等问题，监理机构立即下发了监理工程师通知单，要求施工单位整改。

(5) 要求施工单位邀请有关专家、结构设计人员到场验收，并吸纳专家的意见。东南大学专家组来现场检查支撑系统，并提出一些意见，监理机构根据专家提出的意见督促施工单位整改。

(6) 加强验收程序。模板支撑系统搭设完毕后，监理机构要求施工单位的技术部、质量部、安全部、监理、业主共同验收，合格后参加验收人员共同签字认可，在浇筑前还必须复查，并且必须经过现场总监代表复核合格后方可批准浇筑混凝土。

(7) 完善必备的检查工具。要求施工单位必须配备力矩式扳手，以便检查时用力矩式扳手检查扣件是否达到方案要求的 40～65N·m。

(8) 加强原材料的质量控制。在施工过程中，对进场的钢管、扣件见证取样送检测部门进行检测，经检测合格方可进场使用。

(9) 邀请结构设计人员到现场查看是否符合设计要求。因此，每次在浇筑混凝土前，均有设计人员到现场验收，并根据设计人员提出的要求进行整改。

(10) 严格执行旁站监理制度。在浇筑混凝土前，监理人员必须到现场跟踪旁站，并督促施工单位安排木工查看支撑系统是否有变形，松动现象，一旦有问题，及时处理。

综上所述，一个科学、经济、安全、行之有效的施工方案是厚板转换层安全施工的前提保证。同时，在实施过程中，还必须加强技术交底、严格监督检查，执行验收程序。只有这样，监理人员对于重大危险源结构工程的控制才能做到游刃有余，才能避免一系列重大安全事故的发生。

案例10 某超高层混凝土结构安全生产的监理方案

【摘要】 本案例是以某超高层混凝土结构工程为背景，详细介绍了该工程安全生产方面监督管理的注意事项，并从本工程的安全形势分析入手，介绍了安全生产监理的职责、安全监理工作主要内容与流程、重点危险源的安全监理、安全应急预案监理管理措施等知识，供同行在安全监督管理方面借鉴。

一、安全形势分析

(一) 工程简况

某商务中心工程位于某市中心区，是集办公与商业为一体的超高层民用建筑，地上50层，按规范要求设有避难层及层顶直升机停机坪。裙房部分：南侧裙房为3层，东侧裙房为4层，地下室共3层，用作车库及设备用房，地下3层在战时作为人防地下室。

本工程属一类超高层民用建筑，建筑物(包括地下室)的耐火等级为一级，地下车库的防火分类为Ⅰ类，裙房部分的耐火等级为二级，建筑耐久年限为一级。

该商务中心总建筑面积为150000m²，其中3层地下室总建筑面积20703m²。建筑高度为218m，避难层、标准层层高为3.9m，裙楼1至4层层高分别为6m、4.8m、4.8m和5m，无结构转换层。±0.000相当于绝对标高7m。

主楼为内筒外框劲性混凝土结构，核心筒设计为井字形筒体，外框内十字形钢骨外包钢筋混凝土，从地下1层一直到主体15层。本工程按7度地震烈度设防(近震)，塔楼及南侧裙房框架和筒体抗震等级为一级，东侧裙房框架抗震等级为三级。

(二) 本工程安全生产监督管理主要特点

1. 建筑产品固定，人员流动，安全管理难度大

建筑产品是固定产品，产品体积大，生产周期长，有的需要几年时间。施工过程有桩基、土建、安装、幕墙等多个专业、几百上千名工人同时工作；而且施工队伍中绝大多数施工人员是来自农村的农民工，他们不但要随工程流动，而且要根据季节变化(如农忙、农闲)进行流动；施工队伍和施工人员相对素质低、安全意识差。这些，都给安全生产管理带来了很大难度。

2. 露天作业、高处作业多，手工操作、繁重作业多，工作条件差，安全风险大

建筑施工绝大多数是露天作业，繁重劳工，工作条件差。有些分部分项工程危险性很大，安全风险多，如深基坑施工、高层建筑的外脚手架施工、幕墙施工、高大模板施工、大型施工机械操作、大型设备吊装等。另一方面，大多数工种仍以手工操作为主，任务繁重、体力消耗大、作业环境恶劣，加上光线、雨雪、风霜、雷电影响，易导致操作人员注意力不集中或由于心情不好，违章操作而发生安全生产事故。施工中存在安全事故隐患或发生生产事故的因素多而普遍。

3. 建筑施工变化大，建筑形式差别大，不安全因素随形象进度的变化而变化

每栋建筑物由于用途不同、结构不同、施工方法不同，危险有害因素不相同；同样类型的建筑物，因工艺和施工方法不同，危险有害因素也不同；在一栋建筑物中，基础、主体、安装、装饰装修，不同的施工阶段，危险有害因素也不相同。施工现场的危险有害因素随着工程的形象进度而变化，每个月、每天甚至每小时都在变化，给安全防护带来了困难。

4.《建设工程安全生产管理条例》规定的监理安全责任大，社会上对监理存在错误看法

目前，《建设工程安全生产管理条例》规定的监理安全责任很重，同时社会上还存在一些对监理的错误看法。有的认为“只要施工单位有责任，监理就有责任”；“监理单位必须保证现场不死一个人，不重伤一个人”；“发生了事故，第一追究施工单位，第二追究监理单位”等。在已有的安全事故的处理案例中，有的监理人员被不合理地过分地追究了民事责任、行政责任或刑事责任。因此，对监理而言，安全管理工作责任很重、风险很大。

5. 本工程安全管理存在诸多困难因素

根据以往监理的重点以及对大型工程建设的经验，针对本工程建设的特点，特提出以下安全文明施工的监理措施及建议。

(1) 重大工程，性质重要

本工程是重点工程，一旦出现安全事故，影响将非常巨大。因此对于本工程的安全监理任务，我司将从组织措施、技术措施、经济措施和合同措施等各方面加强管理，确保达到业主提出的安全监理工作目标。

(2) 工程规模大，专业内容多，环境复杂

本工程建筑规模巨大，总建筑面积约150000m²，高度达218m，为超限、超高建筑。其中专业内容多且复杂，给安全监理工作带来相当大的难度。我们认为在工程安全监理方面，主要有以下专业难点：

1) 基坑围护工程

本工程地质条件较为复杂，且基坑基础顶板为－15.000m之多，为地下3层结构，而且基坑四周为道路，环境保护要求极高，这势必给基坑开挖时的边坡稳定、支护施工及土方开挖运输带来难度。针对以上特点，监理拟采取以下措施：

① 基坑开挖施工方应报请组织专家进行方案论证；在对基坑方案论证通过的前提下，把好对施工单位施组的审核关。加强对施工单位施工措施、施工流程安全性的审核，通过PKPM等施工安全设施软件对施工方案进行计算复核，确保施工方案的安全性；施组通过后，监理将在施工过程中督促施工承包方严格按批准的施工组织设计实施。

② 对沉降监测单位的基坑开挖环境监测方案进行审核，确保监测方案能及时准确反映基坑及周边环境的变形情况。

③ 督促沉降监测单位严格按照监测方案对基坑围护及周边环境进行变形监测，监理督促施工单位根据沉降监测数据，调整施工进度及挖土顺序，实现信息化指导下的动态施工，确保基坑围护的安全。

④ 监测数据出现报警情况，组织专家组对报警原因进行分析，采取适当措施进行处理。如调节挖土顺序，禁止边坡上重车行走，坑壁压密注浆、支撑加固等。一旦出现紧急异常情况，立即督促施工单位按照既定抢险预案进行抢险，确保人员安全及国家财产免受

更大损失。

⑤ 将本工程基坑围护纳入重大安全危险源管理，对基坑支护施工进行 24h 旁站跟班检查。

2）滑模提升和垂直运输

本工程为超高层建筑，核心筒钢筋混凝土施工一般采用滑模提升系统，型钢混凝土以及组合楼盖部位一般采用提升脚手系统，其垂直运输设备的选择、安装、验收以及使用过程中定期检查的控制成为监理工作中一大难点和重点；滑模提升系统中液压同步控制系统的安全也是至关重要的。

3）脚手架工程

本工程脚手架工程量大面广，垂直高度较高，且有遇台风正面袭击的可能，如何做好外脚手架的拉结，确保外脚手架的稳定，是安全管理的重点。同时，本工程主体结构均为现浇钢筋混凝土核心筒和钢结构梁板结构体系，结构空间高大。因此，大面积超高层超高的提升脚手平台搭设也是安全监理重点。对此，将本工程的脚手架工程纳入重大危险源进行管理，具体详见本方案脚手架工程安全监理措施及重大危险源控制办法。

4）幕墙安装

幕墙安装时需采用大量吊篮，这给安全施工监理带来较大难度，尤其是单元式幕墙安装时吊篮固定点的设置问题。监理从方案审批、高空作业、吊篮安装及劳动部门检测、施工安全规范等方面严格控制，确保幕墙施工安全。同时，监理将本工程幕墙安装纳入重大危险源进行管理。

5）装饰施工

本工程的特点是工作量大，高空作业、立体交叉施工多，工期紧，要求高。做好装饰施工阶段的排架搭设安全性审核、高空立体交叉作业防坠落、防坠物伤人，装饰材料防火等方面的安全管理工作，是装饰施工安全监理的重点。

6）防台防汛防雷

本工程建筑体量大，建筑高度达到 190m，且施工周期历时 43 个月之久；同时，遇台风概率极大，当台风来临时，危害较大。因此，做好施工场地及现场临时设施（包括办公室及宿舍）防台防汛及防雷工作，是安全监理的重点。

① 要求总包项目部全体管理人员及作业人员，要从思想认识上高度重视防汛防台工作，严阵以待，消除灾害性天气可能带来的不利影响。

② 督促建立以施工单位为主、监理单位、建设单位共同参与的防台防汛工作班子，根据气象部门的信息，及时启动预防灾害性天气的应急预案，处置方案及措施要落实，要服从市防汛部门的统一调度。

③ 在启动预案后，工地必须 24h 有主要负责人留守值班，确保上情下达信息畅通；同时启动建筑工地应急短信群发系统 24h 运作不间断，工地负责人及项目部必须确保通信联络畅通。

④ 有灾害气象警报时，工地必须实行气象一日一报上墙公布制度，重点预报风力及雷电暴雨等灾害性气候。遇到紧急情况，各参建单位领导应在事发半小时内赶到现场，做到预防在先、处置及时。施工现场要加强巡逻检查，遇到险情要立即上报，不得贻误。

⑤ 工地应当配备抽水泵等机具，采取各项预防措施，做到“五个”落实。

第一落实泥浆有序排放措施，做到先沉淀后排放，坚决杜绝随意排放泥浆行为，确保工地排水系统畅通；第二落实工地的各类脚手架、井架的稳固性情况检查，重点是拉结点、缆风索固定等措施完好情况。工地临时工棚、民工宿舍等生活设施要加强管理，检查临时用房与设计方案是否相符，工地临时用房的检查验收制度及验收记录，当前临时用房的稳固状况，楼房内住宿及其他荷载是否超标；工地围墙边严禁堆放土方及建筑垃圾等物品，防止发生坍塌事故；第三落实工地电气设备防护措施，特别是塔吊等高空作业设备的抗台风暴雨能力，严密观测风向风力，随时将塔吊吊臂调整到避风状态，防止大型设备倾覆；下班后应切断各类机械设备的电源，防止发生各类触电事故；第四落实深基坑施工阶段工地维护措施，基坑周边严禁堆物停车，严密跟踪监视施工动态，防止暴雨积水导致的塌方；第五落实作业人员防护措施，防止台风暴雨期间发生高处坠落事故。

(3) 施工单位人员多，分包管理难度大

本工程由于规模大，工种多，各施工分包及专业分包队伍势必很多，如何从安全组织体系上对各支施工队伍进行严加管理，使每个单位都能意识到安全施工的重要性，都能严格按照安全施工规范进行施工，也是本工程安全监理的重点。监理将着重从以下几个方面入手，加强对本工程分包队伍的安全管理：

1) 对施工总包单位选择的分包单位检查其资质等级证书，施工承包范围，注册资金、执照有效期限、企业性质等资料，填写“专业分包、劳务分包单位资质情况汇总表”；

2) 安全监理人员核实分包方的安全人员到位情况，根据建设方与总包单位签订的合同，安全生产协议书中的约定，要求施工承包单位书面明确施工安全管理相应的管理机构和安全管理责任人员。安全协议中明确的安全员要与现场安全员相一致，如安全员有变动，安全部门出具变更书面资料，甲方乙方的法定代表人的签章手续齐全，安全协议的复印件监理项目部留存备案；

3) 监理督促检查总包单位在分包单位进场时，对其所做安全生产总交底，交底后履行交底人与被交底人的签字手续，保存相关交底记录。

二、安全生产监理的职责

(一) 安全生产监督监理的任务

1. 安全生产监督管理的目的

安全生产监督管理的目的是认真落实工程监理单位的安全生产监理责任，确保不因工程监理单位未履行安全生产监督管理责任而发生安全生产事故。施工现场安全由建筑施工企业负责。实行施工总承包的，由总承包单位与分包单位共同负责。分包单位向总承包单位负责，服从总承包单位对施工现场的安全生产管理。监理单位的安全生产监督管理不得替代施工单位的安全管理。

2. 监理单位安全生产监督管理的职责

监理单位安全生产监督管理的职责是积极贯彻执行《建设工程安全生产管理条例》、遵守安全生产法律、法规的规定，做好建设工程安全生产监督管理工作。工程监理单位安全责任如下：

(1) 监理单位应当审查施工组织设计中的安全技术措施或者专项施工方案是否符合工程建设强制性标准。

(2) 监理单位在实施监理过程中，发现存在安全事故隐患的，应当要求施工单位整改；情况严重的，应当要求施工单位暂时停止施工，并及时报告建设单位。施工单位拒不整改或者不停止施工的，监理单位应当及时向有关主管部门报告。

(3) 监理单位和监理工程师应当按照法律、法规和工程建设强制性标准实施监理。

(4) 监理单位应督促施工单位建立、健全安全生产管理机构和安全生产责任制度并使之有效运行。

(二) 安全生产监督管理的依据

(1)《中华人民共和国建筑法》;

(2)《中华人民共和国安全生产法》;

(3)《建设工程安全生产管理条例》(国务院令第549号);

(4)《生产安全事故报告和调查处理条例》(国务院令第493号);

(5)《特种设备安全监察条例》(国务院令第373号);

(6)《江苏省特种设备安全监察条例》(2002年12月17日通过);

(7)《建设工程安全生产监理管理工作导则》(建质[2005]184号);

(8)《关于落实建设工程安全生产监理责任的若干意见》(建市[2006]248号);

(9)《建筑施工安全检查标准》JGJ 59;

(10)《建筑施工高处作业安全技术规范》JGJ 80;

(11)《建筑机械使用安全技术规程》JGJ 33;

(12)《施工现场临时用电安全技术规范》JGJ 46;

(13) 其他建筑安装工程安全技术规程;

(14) 本工程设计文件。

(三) 安全生产监督管理结构和人员职责

1. 总监理工程师职责

(1) 对所监理工程项目监理机构履行监理安全责任;

(2) 确定项目监理机构的安全生产监督管理人员，明确其工作职责;

(3) 主持编写监理规划中的安全生产监督管理方案，审批安全生产监督管理实施细则;

(4) 正确评估施工现场已出现的和可能出现的安全隐患，审核并签发有关安全生产监督管理的《监理工程师通知单》和安全生产监督管理专题报告等文件;

(5) 组织审批施工组织设计和专项施工方案，组织审查和批准施工单位提出的安全技术措施及工程项目安全生产事故应急预案;

(6) 签发《工程暂停令》，必要时向有关部门报告;

(7) 检查监理人员安全检查、巡查情况，检查安全生产监督管理工作的落实情况;

(8) 主持监理履行安全责任情况分析、评估会，对监理的安全风险进行评估;

(9) 主持安全生产监督管理的资料管理、归档工作。

2. 安全生产监督管理人员的职责

(1) 参与编写安全生产监督管理方案和协助专业监理工程师编写安全生产监督管理实施细则;

(2) 审查施工单位的营业执照、企业资质和安全生产许可证;

(3) 审查施工单位安全生产管理的组织机构，查验安全生产管理人员的安全生产考核合格证书、各级管理人员和特殊作业人员上岗资格证书；

(4) 检查施工单位制定的安全生产责任制度、安全检查制度和事故报告制度的执行情况；

(5) 检查施工单位安全培训教育制度和安全技术措施的交底制度的执行情况；

(6) 协助专业监理工程师审核施工组织设计中的安全技术措施和专项施工方案；

(7) 核查建筑施工起重机械设备拆卸、安装和验收的手续及记录；

(8) 检查施工单位有无违章指挥、违章作业的情况；

(9) 对施工现场进行安全巡视检查，发现安全隐患及时要求施工单位整改；填写监理安全检查表、安全监理月报，发现问题及时向专业监理工程师通报，并向总监理工程师报告。

3. 专业监理工程师的职责

(1) 编写本专业安全生产监督管理实施细则相关内容；

(2) 审核施工组织设计或施工方案中本专业的安全技术措施；

(3) 审核本专业的危险性较大的分部分项工程的专项施工方案；

(4) 检查本专业施工安全状况，发现安全事故隐患及时要求施工单位整改，必要时向安全生产监督管理人员通报或向总监理工程师报告。

4. 监理员职责

(1) 检查施工现场的安全状况，发现问题要求整改并及时向专业监理工程师或安全生产监督管理人员报告；

(2) 检查分部、分项工程按施工组织设计和专项施工方案的实施情况；

(3) 认真填写监理日报(日记)，认真记录当天的安全工作情况。

(四) 安全生产监督管理制度

1. 施工单位资质、人员资格审查核验制度

(1) 施工单位应将施工资质、安全生产许可证、项目经理证、安全员B类、C类证等报监理核验。

(2) 未经招投标程序的分包单位，资质审核合格后，监理方可同意其承接相应分包工程。除总承包合同中约定的分包外，分包必须经建设单位认可。

(3) 施工单位应将特种作业人员列表报送监理审查。监理机构应对特种作业人员进行核查核验，并留复印件备案。

2. 施工组织设计安全技术措施审查制度

(1) 施工单位编制施工组织设计应包括安全技术措施的内容。

(2) 施工组织设计的审查，由总监负责，组织专业监理工程师和监理员进行。

(3) 审查内容包括其编制、审核、批准手续是否齐全，安全技术措施是否合理、完善，组织机构、制度、人员、设备等是否落实。审查不符合要求的应通知施工单位修改补充后再报监理审查。

(4) 审查同意后，填写审批意见，由总监签批后返回施工单位实施。

3. 专项施工方案审查制度

(1) 专项施工方案审查由总监组织专业监理工程师和监理员进行。

(2) 施工单位对达到一定规模的危险性较大的分部分项工程应编制专项施工方案。包

括：①临时用电；②基坑支护与降水工程；③土方开挖工程；④模板工程，尤其是滑模施工方案；⑤起重吊装工程；⑥脚手架工程；⑦拆除、爆破工程；⑧国务院建设行政主管部门或者其他有关部门规定的其他危险性较大的工程。

（3）审查内容包括编制人、审核人、批准人是否齐全；重要的专项施工方案应附安全验算结果并经施工单位技术负责人批准；是否符合国家法律法规和强制性技术标准、规范等。

（4）审查同意后，填写审批意见，由总监签批后返回施工单位实施。

4．安全巡视、检查制度

（1）监理人员应注意将日常监理的巡视、检查与安全巡视、检查结合起来。

（2）安全巡视、检查情况应在《监理日记》中进行记录。

5．安全隐患处理制度

（1）监理人员在实施监理过程中，应注意发现施工现场是否存在安全事故隐患。

（2）安全事故隐患主要指：①施工单位无方案施工或未按施工组织设计、专项施工方案施工；②施工单位违反强制性标准，规范施工；③施工单位未按设计图纸施工；④施工单位未按施工规程施工、违章作业；⑤施工现场安全事故先兆；⑥其他不安全的情况等。

（3）监理人员发现安全事故隐患应立即向总监理工程师报告。

（4）总监根据事故隐患的严重程度口头决定或签发《监理工程师通知单》要求施工单位整改。

6．严重安全隐患报告制度

（1）监理机构发现严重安全隐患的总监应签发《工程暂停令》，指令施工单位暂停施工进行整改，并及时向建设单位报告。

（2）检查施工单位的整改情况；安全隐患消除后，经监理检查验收合格，批准施工单位的《工程复工报审表》。

（3）如施工单位拒不整改或不暂停施工，应立即向有关主管部门报告。

（4）对过程资料进行整理归档。

7．执行法律法规和强制性标准制度

（1）监理规划、监理细则、工程质量评估报告等监理文件，必须符合国家法律法规和强制性标准、规范要求。

（2）审核施工单位施工组织设计、专项施工方案，应审核其符合国家法律法规和现行强制性标准规范情况。

（3）建筑材料、建筑构配件和设备以及施工工序必须符合国家法律法规和现行强制性标准规范规定；监理人员认为工程施工不符合法律法规和现行强制性标准规范要求的，应要求施工单位改正。

（4）发现工程设计不符合国家法律法规和强制性标准、规范要求的，应当报告建设单位要求设计单位改正。

（五）安全生产监督管理方法

（1）审查施工企业资质和特种作业人员资质；

（2）审查施工单位安全生产机构建立情况；

（3）审查施工单位安全生产许可证和安全生产管理人员（B类、C类人员）证书；

(4) 审查施工组织设计和专项施工方案；

(5) 审批安全防护、文明施工措施费支付申请；

(6) 监理例会和专题会议；

(7) 检查施工企业安全保证体系的实施情况；

(8) 参加施工企业(总包)组织的安全检查；

(9) 安全隐患整改指令；

(10) 安全隐患的报告。

(六) 安全生产监督管理资料和主要安全生产监督管理用表

(1) 主要安全生产监督管理资料(监理日记、监理月报、监理工程师通知单、施工单位通知单回复单、工程暂停令、施工单位复工申请、例会纪要、专题会议纪要、安全隐患申报单、施工单位安全检查表、施工单位安全整改报告等)。

(2) 危险性较大的分部分项工程一览表

见表 10-1。

危险性较大的分部分项工程一览表 **表 10-1**

序号	危险性较大的分部分项工程名称	监理主要安全管理内容	备注
1	基坑支护	无方案或方案不合理、或方案安全技术措施不合要求；施工过程安全员不在场监督；施工质量不好；漏水、漏砂；监测监控不力；抢救措施不到位	
2	基坑挖土	不对称挖土，不均衡挖土，局部超挖；挖机碰撞基坑支护结构；挖土太快；基坑周边荷载太大	
3	大跨度模板搭设	横距、纵距大；步距超规范；主杆不落地；横杆不连续；缺斜杆、扫地杆；搭设材料差；扣件扭矩不足	
4	外脚手架搭设	与主体连接件不足，横距、纵距大；步距超规范；主杆不落地；横杆不连续；缺斜杆、扫地杆；搭设材料差；扣件扭矩不足	
5	塔吊安装	安装人员资质不符；基础未验算；未经检验检测机构检测合格；未经政府部门备案通过	
6	大型设备吊装	安装人员资质不符；基础未验算；未经检验检测机构检测合格；未经政府部门备案通过	
7	幕墙施工	高空作业；电焊；吊篮施工；石材运输、悬挂作业	
8	主体结构施工	高空作业；交叉作业；临电作业；洞口临边防护	
9	钢结构施工	焊接作业；拼装作业；吊装作业	
10	内装饰施工	消防；临电作业	
11	滑模施工	方案审查；滑模平台拼装；滑模平台拆除；液压同步控制系统的可靠性；滑模平台偏移；风力超标时限制作业	
12	提升脚手架	方案审查；平台搭设；提升系统可靠性；防坠落装置检查；防倾斜装置检查；升降前检查、升降后检查	

(3) 监理必须复核安全许可的建筑施工起重机械、设备一览表(见表 10-2)

监理必须复核安全许可的建筑起重机械、设备一览表(示例，各工程应调整) **表 10-2**

序号	施工起重机械设备名称	监理必须复核安全许可的内容	备注
1	施工塔吊 1	产品出厂合格证；安装(拆卸)企业和人员资格证；安装(拆卸)方案；检验检测合格报告；政府部门备案手续	
2	施工塔吊 2	产品出厂合格证；安装(拆卸)企业和人员资格证；安装(拆卸)方案；检验检测合格报告；政府部门备案手续	
3	施工人货梯 1	产品出厂合格证；安装(拆卸)企业和人员资格证；安装(拆卸)方案；检验检测合格报告；政府部门备案手续	
4	施工人货梯 2	产品出厂合格证；安装(拆卸)企业和人员资格证；安装(拆卸)方案；检验检测合格报告；政府部门备案手续	
5	施工井字架 1	产品出厂合格证；安装(拆卸)企业和人员资格证；安装(拆卸)方案；检验检测合格报告；政府部门备案手续	
6	施工井字架 2	产品出厂合格证；安装(拆卸)企业和人员资格证；安装(拆卸)方案；检验检测合格报告；政府部门备案手续	
7	静力压桩机	产品出厂合格证；安装(拆卸)企业和人员资格证；安装(拆卸)方案；检验检测合格报告；政府部门备案手续	
8	钻孔灌注桩钻孔机	产品出厂合格证；安装(拆卸)企业和人员资格证；安装(拆卸)方案；检验检测合格报告；政府部门备案手续	
9	机械爬升脚手架	产品出厂合格证；安装(拆卸)企业和人员资格证；安装(拆卸)方案；检验检测合格报告；政府部门备案手续	

三、安全监理工作主要内容与流程

（一）施工准备阶段安全监理的主要工作

（1）协助建设单位与施工承包单位签订工程项目施工安全协议书。

（2）审查专业分包和劳务分包单位资质。

（3）审查电工、焊工、架子工、起重机械工、塔吊司机及指挥人员、爆破工等特种作业人员资格，督促施工企业雇佣具备安全生产基础知识的一线操作人员。

（4）督促施工承包单位建立、健全施工现场安全生产保证体系；督促施工承包单位检查各分包企业的安全生产制度。

（5）审核施工承包单位编制的施工组织设计、安全技术措施、高危作业安全施工及应急抢险方案。

（6）督促施工承包单位做好逐级安全交底工作。

（二）施工过程中安全监理的主要工作

（1）监督施工承包单位按照工程建设强制性标准和专项安全施工方案组织施工，制止违规施工作业。

（2）对施工过程中的高危作业等进行巡视检查，每天不少于一次。发现严重违规施工和存在安全事故隐患的，应当要求施工单位整改，并检查整改结果，签署复查意见；情况严重的由总监下达工程暂停令并报告建设单位；施工承包单位拒不整改的应及时向安全监督部门报告。

（3）督促施工单位进行安全自查工作；参加施工现场的安全生产检查。

(4) 复核施工承包单位施工机械、安全设施的验收手续，并签署意见。未经安全监理人员签署认可的不得投入使用。

(5) 安全监理人员应对高危作业的关键工序实施现场跟班监督检查。

(三) 安全监理工作程序及流程

(1) 开工之前，监理组织召开由参建各方参加的安全交底会议，使各参建方了解监理关于安全监督和管理方面的程序和要求，了解在施工过程中，安全监理人员要履行的职责、权限范围等。

(2) 协助建设单位与施工承包单位签订工程项目施工安全协议书。

(3) 总监在编制监理规划时应明确安全监理工作的组织机构、人员职责和权限、工作程序和工作制度，必要时应报建设单位备案。

(4) 安全监理人员应根据工程建设的实际情况、施工总包单位编制的施组，在开工前编制“安全监理工作实施细则”，明确工程的重大危险源及安全监理控制要点，并向施工总包单位进行交底。

(5) 总监及时组织监理人员研究设计文件、有关规定、合同和安全监理工作细则等文件；及时传达建设单位的有关要求，并在监理项目部内部建立起定期学习和交流制度。

(6) 安全监理人员审查总包单位编制的各类安全施工方案，收集复核与安全施工管理相关的“安全协议书”和“施工安全总交底记录”，发现与法律法规和安全施工强制性标准不符处，应要求总包单位调整或补充，并完善签字、盖章手续。

(7) 安全监理员在监理日记中记录每天开展的安全监理工作内容及交接注意事项。日记中涉及书面整改要求的应记录相关文件的备存地点。总监应每周不少于一次进行检查，并签署安全监理日记。

(8) 编制“安全监理工作月报”。经安全监理工程师和总监签署意见后，作为监理工作月报的附件报建设单位、工程所在地安监站。

(9) 总监组织安全监理人员在施工准备阶段、基础工程、结构工程、装饰工程开工前，编制安全监理工作计划表，确定各阶段施工中的安全危险源，并有针对性地明确安全监理工作对策，编制相应的危险源监理工作检查要求，高危作业进行巡视检查每天不少于一次。

(10) 安全监理人员在日常巡视检查中发现的重大安全隐患及时向总监汇报，使用影像的手段正确记录施工现场安全生产情况，作为签发“安全监理通知单”的依据之一。

(11) 在每周召开的工程例会上，要把施工安全工作作为一项主要的议事内容，对所发现的安全施工隐患，应在会上确定整改措施和责任人员。并视情况召开安全工作现场会或专题会。

(12) 对在日常巡视检查过程中发现的安全事故隐患及违反《工程建设施工安全标准强制性条文》规定的情况，安全监理人员及时向施工承包单位开具“隐患整改通知单”，规定整改期限。在施工总包单位按通知单要求整改完毕后，安全监理人员应及时组织复验，并签署整改验收意见。

(13) 出现重大安全事故隐患或未按“安全监理通知单”的要求限期整改的情况，由总监下达工程暂停令，要求施工单位立即对指定部位停工整改。工程暂停令及时抄送建设单位和项目经理部相关负责人，必要时抄报负责监督本工程的安监站。

(14) 对施工现场发生的安全事故和人员伤亡事故，监理项目部按相关规定程序进行报告和处理。

四、重大危险源安全监理

(一) 目的

根据《建筑法》、《建筑工程安全生产管理条例》和江苏省建设工程安全管理相关规定的要求，建立重大危险源监控制度和重大隐患整改制度，以控制好重大危险源，确保工程施工安全管理目标的实现。重大危险源安全监理重点是督促施工单位有效监控危险源和落实对重大危险源的旁站。

(二) 工程重大危险源安全监理工作制度

1. 危险源确定与控制工作交底制度

(1) 总监在工程开工前召集总包单位的项目经理、技术员、安全员等管理人员，并邀请建设单位有关人员参加，召开首次安全生产工作交底会议，分析列出施工过程中各个阶段、分部、分项的危险源及控制办法，由总包单位根据本工程的特点，罗列出各个阶段危险源具体部位及监控点；

(2) 总监应掌握重大危险源监控的内容，明确基础阶段、结构阶段、装饰阶段危险源监控要求和控制措施，填写《安全监理重大危险源计划表》；

(3) 交底会上总监以《重大危险源工程安全控制办法告知书》的形式将控制程序书面对施工总包单位进行告知，并履行签收手续；

(4) 施工单位应根据工程施工特点，凡涉及的分部、分项部位罗列出的重大危险源，在必须编制专项安全技术措施外，还应当包括监控措施，应急方案以及紧急救护措施等内容；

(5) 在项目建设过程中，总监应督促并参加安全生产领导小组定期举行的安全例会。检查落实重大危险源监控措施。

2. 危险源报审制度

(1) 总监、安全监理员对总包单位报送的重大危险源的专项施工方案进行严格审查；

(2) 对重大危险源专项安全技术措施的审批，必须在施工单位上级部门审核手续办理齐全后，监理项目部再进行方案内容审批；

(3) 本工程重大危险源重点监控点主要是桩基施工、基坑施工、大型机械设备的拆装、大型钢结构吊装、大体积模板支撑(连续排架面积 $100m^2$ 以上同时层高 5m 以上)、幕墙安装以及专业性强、施工工艺复杂、危险性大等施工作业；

(4) 涉及施工工艺变更、专项安全技术措施时，应按规定程序重新审批。

3. 重大危险源安全监理监控制度(图 10-1)

(1) 监理项目部在编制安全监理工作细则时，必须将对施工单位列出危险源控制的部位、方法，责任人落实情况纳入工作细则中；

(2) 总监应组织安全监理工程师在工程项目施工准备阶段、基础工程、结构工程、装饰工程开工前，编制《安全重大危险源监理计划表》；

(3) 确定各阶段的施工安全危险源，并有针对性地明确安全监理工作对策，编制相应的监理危险源工作检查要求；

(4) 施工单位按照专项安全技术方案实施后，对应采取防范措施的危险源按要求报监理单位进行复查验收；

(5) 重大危险源工程施工完毕并经验收合格后(如：塔吊、人货两用梯拆除后)，施工单位及时填写危险源销号单，并留存备案。

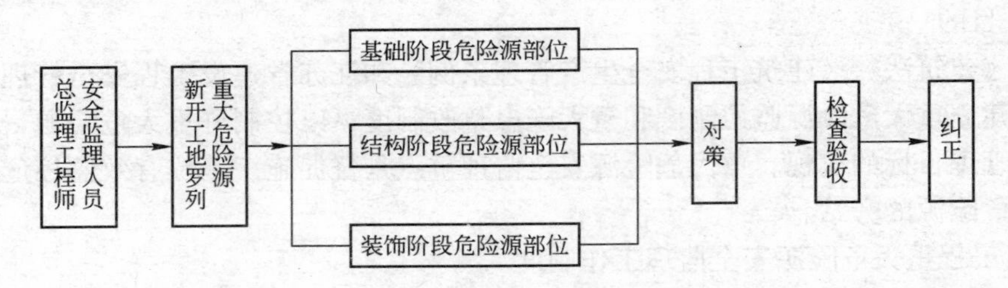

图 10-1 重大危险源监控程序图

4. 重大危险源工程安全交底与验收制度

(1) 总监、专职安全监理员必须了解熟悉重大危险源，以及专项安全技术措施实施的全过程，并对容易引发重大安全事故的工序和部位进行旁站监理，以监督施工单位按照强制性条文及安全技术措施要求严格执行。

(2) 重大危险源施工过程中，编制方案的技术人员应参与首次交底工作，交底人与被交底双方履行签字手续，交底资料收集备案。

(3) 重大危险源措施实施后，对其进行首次验收，符合验收单要求后施工单位技术员，项目负责人、安全员履行签字手续，挂合格牌后方能进行使用；对塔吊人货电梯、特殊脚手架等必须经检测单位检测合格，并发放合格证后才能使用，安全监理应对有关资料收集齐全，并备存。

5. 重大危险源工程定期检查制度

(1) 制定安全生产自查自纠办法，落实定期检查制度，将安全隐患消灭在萌芽状态；

(2) 专职安全监理员坚持日常检查制度，重点抓好对危险源的控制，了解施工现场第一手安全资料，杜绝事故隐患发生，确保施工全过程的安全；

(3) 按照本项目施工特点所罗列出的危险源，安全监理员应每天不少于一次巡视、旁站检查，检查情况可在监理日记中反映；建立每月两次定期检查制度，即：上半月危险源落实情况，下半月危险源预测，并留下相关记录；

(4) 每月将工程的安全生产，文明施工情况进行评价，并制定下月的工作打算，形成安全监理工作月报，在次月 5 日前汇报给机场安监站及相关部门；

(5) 对在危险源日常巡视检查过程中发现的事故隐患及违反《工程建设施工安全标准强制性条文》规定的情况，安全监理工程师应及时向施工承包单位开具“安全监理工程师通知单”，要求限期整改。“安全监理工程师通知单”必须经项目总监或其授权人员签字才能发出。在施工承包单位按通知单要求定时、定人、定措施整改完毕后，安全监理工程师应及时组织验收，并签署整改验收意见；

(6) 出现重大危险源安全事故隐患(指可能直接影响工程质量和人员生命安全的)或未按“安全监理工程师通知单”的要求限期整改的情况，应由总监下达危险部位暂停令，要求施工承包单位立即对指定部位停工整改。工程暂停令应及时抄送建设单位和项目经理部相关负责人，必要时应抄报负责本工程施工监督的安质监站。

6. 重大危险源工程安全监控责任落实制度

根据“管生产必须管安全”的原则，监理要求施工单位针对本工程特点罗列危险源，编制出安全技术措施，明确对重大危险源控制的责任，并要求施工单位、监理单位、受监监督组三方签订《重大危险源安全控制责任书》，以落实重大危险源安全监控办法中相关责任。具体书面文件按照我司制定的《建设工程重大危险源安全监理工作实施细则》的相关规定执行。重大危险源安全监控责任书明确施工单位及监理单位必须遵守以下安全管理程序：

(1) 制定针对重大危险源施工的各项管理制度，建立安全管理体系及实施计划，落实重大危险源工程的施工策划、监控、检查和验收的措施；

(2) 施工前必须完成专项施工方案的编制与审批。专项施工方案除应包括相应的安全技术措施外，还应当包括监控措施、应急方案以及紧急救护措施等内容。经审批的专项施工方案确需修改时，应按原审批程序审批；

(3) 施工前按专项施工方案进行技术交底并有书面记录和签字，要使作业人员清楚掌握施工方案的技术要领；

(4) 凡涉及防护设施验收的项目，方案编制人员应参加验收，并应及时形成验收记录台账；

(5) 施工总承包单位应每周组织分包、专业施工等单位按专项施工方案实施安全检查，做好施工安全检查记录；

(6) 施工总承包单位每周对危险源进行不少于两次的专项检查，并将检查记录纳入台账；

(7) 重大危险源工程施工完毕后，施工单位应及时填写危险源销号单，向总监提出销号。

7. 安全巡视、旁站监理工作制度

监理项目部对容易引发重大安全事故的工序和部位安排安全管理人员进行跟班监理，重点放在那些一旦降低工程质量或违反操作规程就容易引发重大安全质量事故的工序和部位，包括深基础施工、大型现浇混凝土模板工程的搭设与拆除、大型结构构件的吊装等高危作业。旁站监理的工作要求：

(1) 对重大危险源工程，事先识别明确的危险源，列入《危险源监控活动记录表》对其进行旁站安全监理；

(2) 在实施前督促施工方进行交底，并填写《重大危险源交底记录》；

(3) 对重大危险源工程实施旁站监理工作的重点内容是：施工单位现场安保体系的落实情况包括施工安全员到岗和开展安全检查和监督工作情况，特殊工种施工操作人员持证上岗情况，施工操作人员劳动防护用品准确使用情况，施工区域范围内安全防护设置和警戒标识设置情况等；

(4) 关键部位、关键工序应按照施工方案及工程建设强制性标准执行，一旦在施工过程中发现有违规情况应立即阻止，纠正后方能进入下道工序；

(5) 重大危险源工程安装完毕后，督促施工单位进行验收。检测单位检测的设备、设施必须经检测后发放合格证或准用证，挂牌才能使用；

(6) 对重大危险源(高危作业)，安全监理人员每天不少于一次巡视检查，检查情况可反映在监理日记中，或填写《重大危险源跟班检查记录》，发现安全隐患的开具整改通知书；

(7) 安全巡视旁站监理工作清单及工作内容，见表10-3。

旁站监理工作清单及工作内容　　表10-3

序号	控制点	危险源	旁站检查内容
1	桩机移位过程	桩架倾覆	桩机进场验收，移位实施监控，注意桩机四周沟、槽、洞、高压线
2	基坑支护	边坡失稳	检查支护施工是否按方案实施，密切作好沉降变形的监测工作，并对监测值的发展变化情况进行评述
3	附着式塔吊安装、加节、拆除	人、物高处坠落	制订方案，设置警戒区域，专人监控，专职人员持证上岗
4	附着式塔吊安装、加节、拆除	限位的有效性、附墙装置的有效性	安装完毕后，报请检测部门验收合格，验收合格方可使用
5	井架的搭设、拆除	井架倾覆	检查井架搭拆、提升人员操作，按规定设置缆风绳或附墙装置，设置警戒区，经验收后投入使用
6	模板排架安装、拆除	架体失稳、倾覆	检查搭设拆除是否符合规范、要求是否符合施工方案，高处作业人员安全保障措施是否到位
7	滑模提升	滑模提升装置失灵、不同步	检查滑模提升装置的安装质量和控制系统的性能，进行试提升试验；定期对提升装置进行检修，实行严格的检修保养制度
8	钢结构吊装	吊装施工有难度	监督施工单位严格按照专家论证过的专项施组方案进行施工，监理进行跟班安全监理
9	动用明火	靠近易燃易爆物周边动火	必须有动火证，教育生产工人注意监护；严禁在易燃易爆物周边动火，确需要动火的必须有可靠的防护措施，动火证要升级
10	吊篮施工	吊篮堆物超重，钢丝绳锈蚀，防护设施不到位，安全锁限位失灵导致高处坠落	吊篮有产品合格证，有施工方案，安装完毕后应经市检测中心检测合格后发放准用证使用，操作人员安全带必须系在独立设置的生命绳上

8. 重大危险源工程内容及其控制措施

根据对本工程的理解，监理将以下施工控制点作为危险源。在施工准备阶段，就施工危险源的制定，监理与施工总承包单位协商讨论后，最后加以确定。

(1) 桩基与基础施工阶段(表10-4)

桩基与基础施工阶段危险源及对策表　　表10-4

序号	控制点	危险源	对策措施
1★	桩机移位过程	桩架倾覆	桩机进场验收，移位实施监控，注意桩机四周沟、槽、洞、高压线
2	机械挖土	机斗伤人	配合拉铲的清底，清坡人员不准在挖掘机回转半径内工作
3	基坑支护	支撑点松动	对支撑点要有验收，过程做到巡查，支撑上部严禁超荷载堆物，经验收投入使用

续表

序号	控制点	危险源	对策措施
4★	基坑支护	边坡失稳	按照土质情况、基坑深度以及周边环境确定支护方案。密切作好沉降变形的监测工作，并对监测值的发展变化情况进行评述
5	基础施工过程	人、物从基坑坑边坠落	基坑周边必须有防护措施，有上下扶梯斜道。基坑支撑上部严禁有残留物、材料，严禁人在支撑架上行走
6	基础混凝土浇捣	振动机、电源线破损	使用完好的电源线，必要时架空设置，使用“一机、一闸、一漏、一箱”的配电方式

注：“★”表示该项为暂定的重大危险源。

(2) 结构施工阶段(表 10-5)

结构施工阶段危险源及对策表 **表 10-5**

序号	控制点	危险源	对策措施
1★	附着式塔吊安装、加节、拆除	人、物高处坠落	制订方案，设置警戒区域，专人监控，专职人员持证上岗
2★	附着式塔吊安装、加节、拆除	限位的有效性、附墙装置的有效性	安装完毕后，报请检测部门验收，验收合格后方可使用
3★	井架的搭设、拆除	井架倾覆	制订方案，持有井架搭拆、提升工证人员操作，按规定设置缆风绳或附墙装置，设置警戒区，经验收后投入使用
4	井架的搭设、拆除	操作人员高处坠落	高空作业系好安全带，操作人员必须持证上岗
5	井架使用过程	限位、通信装置失效	定期检修、保养
6	井架使用过程	安全外落的层次门敞开，吊篮未停稳就打开楼层防护门	对工人进行相应的教育，落实责任人，进行监控
7	脚手架的搭设	架体失稳	制定专项施组方案，严格按照《脚手架规范》(JGJ 130—2011)及相应的规范执行。分阶段验收，合格后方可投入使用，重点关注拉结点的设置与分布
8★	模板排架安装、拆除	架体失稳、倾覆	有专项施组方案，排架不得与脚手架相连；搭设拆除符合规范要求；经验收合格方可投入下一道工序
9	模板安装过程	人、物高处坠落	严禁在梁模板上行走，超荷载堆物；超高排架下设密目网防坠落
10	钢筋绑扎作业	人、物高处坠落	严禁在柱头钢筋上蹿跳，安全设施要跟上，使用好个人防护用品
11	楼层洞口、临边	无防护措施	防护措施随施工及时跟进
12★	塔吊吊物过程	被吊物超重、松动、一点吊、超重吊	严格按照“十不吊”原则
13★	滑模提升过程	滑模提升装置失灵、不同步	定期检修保养；正常提升之前进行试提升，以检验装置和控制系统的精度和灵敏性
14★	钢结构吊装	吊装施工有难度	严格按照专家论证过的专项施组方案进行施工，监理进行跟班安全监理
15	电梯井洞口	人、物高处坠落	使用定型防护门固定，并经验收。井道内每隔两层或10m 设置一道安全网

续表

序号	控制点	危险源	对策措施
16	高处电焊作业	火花溅落，引起火灾	有防溅措施，使用接火斗或石棉布，符合“二证、一器、一监护”要求
17	中、小型机械的使用	缺少安全防护装置及二级漏电保护器	经验收、挂牌使用，加强日常巡查，及时纠正、加强工人自我保护安全意识

（3）装饰装修阶段(表 10-6)

装饰装修阶段危险源及对策表 **表 10-6**

序号	控制点	危险源	对策措施
1	脚手架的重新验收挂牌	拉结点四排一隔的缺损	组织相关人员进行验收，不符合标准的及时修复，重新设置加固
2	手持电动工具	使用过程未经两级漏电保护，电源线不符合规范	电动工具必须经验收合格，使用过程配置符合要求的开关电箱
3	动用明火	靠近易燃易爆物周边动火	动火必须有动火证，教育生产工人注意监护；严禁在易燃易爆物周边动火，确需要动火的必须有可靠的防护措施，动火证要升级
4	使用的人字扶梯、高凳、活动架	人字扶梯、高凳、活动架倾覆，造成人员伤亡	人字扶梯必须有防滑措施，中间必须有拉结；高凳、活动架必须按标准搭设，使用轮子位移的必须有固定措施
5	木工间、危险品仓库、油漆仓库	管理不当，引起火灾、爆炸	严格仓库管理制度，落实专人负责；多家分包单位，仓库集中设置
6	满堂脚手、移动脚手、内脚手	架体稳定性差，无扶手；缺竹笆板，缺上人扶梯	要有设计图、设计书，做好分部、分项工作交底，搭设完毕后要验收挂牌使用
7★	吊篮施工	吊篮堆物超重，钢丝绳锈蚀，防护设施不到位，安全锁限位失灵导致高处坠落	吊篮有产品合格证，使用编制施工方案；安装完毕后应经检测中心检测合格后发放准用证使用，操作人员必须将安全带系在独立设置的生命绳上

注：1.“★”表示该项为暂定的重大危险源；
2.“二证、一器、一监护”指：上岗证、动火证；灭火器；派人旁站监护。

五、安全应急预案监理管理措施

（一）特殊事件应急预案的程序

由于工程项目的复杂性，在工程中出现特殊事件或突发事件的可能性还是存在的，并且由于特殊事件的危害性较大或影响面较广，因此为减少事故造成的不良后果，给事故救援提供行动指南，制定的特殊事件的预案是非常必要的。

作为项目的管理机构，监理单位首先应督促和组织相关单位编制及落实特殊事件的预案，以使特殊事件出现后能迅速作出反应，控制危害，减小损失及影响。预案的制定将遵循三个原则：一是使任何可能引起的紧急情况不扩大并尽可能地排除它们；二是减少事故造成的人员伤亡和财产损失；三是减少对环境产生的不利影响。特殊事件的应急预案主要包括四大内容：(1)特殊事件处理的组织机构；(2)特殊事件的辨识和分析；(3)应急处理预案的编制；(4)应急处理预案的演习。

（二）特殊事件出现后的应急指挥组织机构

由于工程项目涉及的参建单位较多，特殊事件预案的实施涉及人力、物力、财力的调动以及现场的决策，因此建立强有力的特殊事件预案实施指挥组织机构是非常有必要的。应急指挥组织机构应包括：

（1）业主、监理及主要承包商三方在现场机构的主要领导，使应急组织具备一定的权威，熟悉特殊事件的预案并且具备处理特殊事件的决断能力。

（2）分工应明确，层次分明，以确保决策落实直接而迅速。建议组织机构分三级，第一级为现场总指挥（业主领导或总承包方最具权威及经验的领导或政府安监部门负责人），第二级为指挥部领导小组成员（其他各单位有经验的高级管理人员），第三级为预案执行管理人员（从各单位有经验的管理人员中抽调出来）。

（3）在预案执行中各等级的管理人员应有明显的等级标志，并且应保持通信畅通（可配足够的专用对讲机）。作为特殊事件预案指挥组织机构的管理人员必须具备良好的心理素质、果断的决策能力、丰富的经验、熟悉预案等方面的条件。

（三）特殊事件的辨识和分析

作为特殊事件的处理预案除了有通用性之外，还应有一定的针对性，因此特殊事件的辨识和分析是编制预案的前提，应组织相关专家及有经验的人员对技术、项目环境及项目的管理方面进行分析，尽可能找出项目实施过程中可能出现的特殊事件，并对特殊事件出现的可能性及危害影响进行分析，分级管理。特殊事件的辨识和分析应包括：

（1）可能发生的重大事故或紧急突发事件（重大质量或安全事故、突发事件、重大传染疾病等），一般应特别对如下工程进行分析：桩基施工、基坑支护（包括土方开挖）与降水工程、土方工程、拆撑工程、模板工程、起重设备安装、拆除工程、起重设备吊装工程、脚手架工程；

（2）导致发生重大事故或紧急事件的因素及异常现象；

（3）可能发生重大事故或紧急事件的危害程度，波及的范围。

（四）事故应急处理预案的编制

编制事故应急处理预案是一项细致、庞大而又复杂的系统工程，它涉及施工的工艺、设备、材料、资金、人员等诸多方面；它又是一项技术含量高，政策性强的工作，质量事故及安全事故的处理及上报必须符合《建筑工程质量管理条例》及《建筑工程安全生产管理条例》的要求，因此必须认真严肃地对待。在重大危险潜在事故或紧急事件分析的基础上，编制时应注意如下主要事项：

（1）首先要对重大事故潜在后果进行科学的评估，分级管理。

（2）对于只有一个简单而重大的危险源，事故应急处理预案中可规定让操作工或指挥人员在操作、指挥过程中观察和监控，发现异常时立即采取应对措施并报告应急机构，再由应急机构决定是否采取进一步相应的检查、预防措施。如：塔吊吊物过程。

（3）对于具有复杂施工工艺的，除应编制专项施工方案外，事故应急预案就应更加具体、细致、周到、应充分考虑操作过程每一步骤可能发生的重大危险，以及它们之间可能发生的相互作用和连锁反应。监理工程师应重点审查其安全防患与技术措施。如：拆除作业。

（4）在存在的危险物品和设施的危险源内外，应编制有事故现场的操作人员所采取的紧急补救措施的内容，特别应包括在突发、突变事件起始时能采取的紧急措施。如紧急拉闸停车、关闭物料来源，释放压力等。

（5）事故应急处理预案还应包括召集具有危险性的其他部位和主要专业管理人员在紧急状态下迅速到达现场的相关规定。

（6）事故应急处理预案中应明确规定，各承包商应确保应急处理中所需应急物资能及时、迅速到达或供给。

（7）在事故应急处理预案中必须明确，承包商在需要外部应急机构支援的情况下，应完全掌握这些机构的联系方式及开始进行抢救所需的时间，充分考虑在这段时间内承包商自身能否抑制事故的进一步发展。

（8）在事故应急处理预案中，承包商应充分考虑一些可能发生的意外情况，如操作人员生病、节假日休息、应急设施停运等，以及操作人员不在岗时，要安排和配备足够的备用人员来预防和处理紧急情况的发生。

（9）对于预案报警和通信方面，必须保证所有有关工作人员和非现场的管理人员熟悉报警步骤，可考虑在多处安装报警装置，并达到一定的数量，保证报警系统正常有效地运转；操作人员和现场管理人员必须熟悉事故应急处理的通信电话号码，并能快速地通知场外应急机构，通信系统必须是可靠的、畅通的、完好的。

（10）在事故应急预案中必须明确有关部门和有关人员的责任做到人员到位，责任分明，负责到底。

（11）对于重大传染性疾病的应急措施，首先在施工临设的布置和建设上应考虑卫生设施、简单的医疗设施并配备必要的药品、通风要求与就地隔离的可能性；另外在日常管理上应注意现场的卫生、消毒；在重大传染性疾病发生时，能及时遵照医务人员及防疫部门人员指令进行处理。

（12）现场的道路交通必须保证畅通，并且标识醒目，以确保特殊事件出现时人员的疏散，以及事故处理人员的到达。

（五）预案演习

编制事故应急处理预案的主要目的是及时控制危害范围及危害程度，抢救受伤人员，组织人员正确预防和安全撤离，消除危害后果。它的指导原则是："安全第一，预防为主，自救为主，外援为辅，统一指挥，当机立断"。

编制应急预案并不是为预案而刻意编制，而是为有效地控制事故和突发事件，或者是为了使事故不至于扩大蔓延，最大限度地减少人员伤亡和财产损失。事故应急预案是由管理者和有关专业技术人员以及施工操作人员共同编制出来的，具有一定的指导意义，是预防和控制事故的纲领性文件，必须进行演习拉练，演习是为了避免忙中出错，也是一种实战训练，可使参加应急处理的现场操作人员、救援人员、管理人员以及政府安监部门官员能够统一指挥、统一协调、步调一致；可以发现问题，便于完善预案，使每个参建人员都能熟练掌握并精通程序，体现编制事故应急预案的意义。

一般演习程序如下：

（1）当项目的事故应急处理预案编制完成后，应向所有工程建设参与人员和必要的外部应急机构公布，如有必要预案应报告当地政府主管部门。

（2）预案在演习过程中，各承包商一定要让熟悉特殊事件处理的操作工和相关的管理人员共同参与。

(3) 将特殊事件应急处理预案的内容和程序作为现场安全教育的内容之一，使所有参与人员能熟悉整个程序并掌握其要领。

(4) 项目每年至少组织一次规模较大的演练，所有应急管理人员均应参加，有必要可邀请政府安监部门的管理人员作为观察员监督整个演练过程。

(5) 每次演练后应对整个预案进行核对和检查，找出不足和缺陷，使其趋于完善。检查的主要内容是：

1) 演练期间指挥系统是否运作自如；

2) 是否能快速安全撤离现场；

3) 医务机构是否能及时有效参与抢救；

4) 有效控制事故进一步扩大；

5) 现场是否发生了某些变化。

(6) 对演习中发现的问题，提出解决方案，将解决方案修订于预案中，并及时通知所有与事故应急预案有关的人员和单位，下次演习按修订预案进行。在施工过程中，项目发生安全事故，各级监理人员应严格按照图10-2所示的安全事故处理流程进行事故处理。

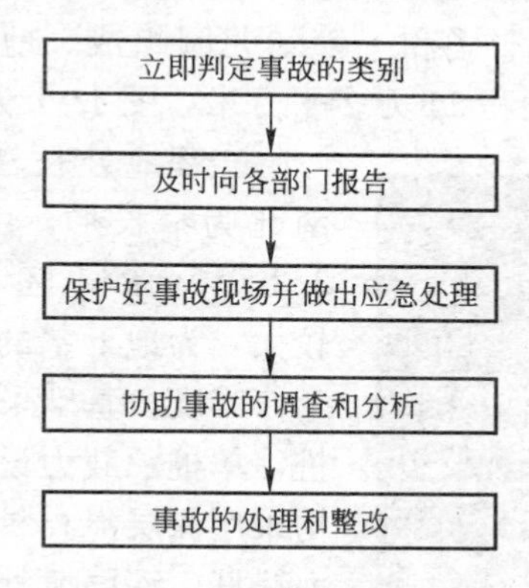

图10-2 安全事故处理流程

案例11　某小区安全生产工作的监理案例

【摘要】 本案例以某小区建筑工程施工为背景，重点针对安全生产监理工作来编写。案例中从工程的安全评估、安全方面的监理工作举措、安全管理工作的分工、安全资料、安全工作制度、安全生产中具体问题的处理等方面介绍了监理的举措，重点突出了在本工程中的安全隐患及其监理措施。

一、工程概况

南京市某工程，共由A、B、C三大区域组成，A区为景观与市民广场，其标志性建筑为两个形似船帆的钢结构塔，B区为七幢25层左右的小高层建筑和五幢3～5层的裙楼组成，整个B区为一个整的面积有6万多平方米的一层地下车库，B区总建筑面积为250000m²。C区由九幢高层住宅楼和一幢幼儿园组成。地下室也是一个整的面积为近30000m²的车库，C区总建筑面积11万多平方米，图11-1为该项目施工现场。

图11-1　某建筑工程施工现场

工程地处长江漫滩地区，地基土质较差，南北为窄长形，由南至北1/3区域为软土区，2/3区域为砂土区，地下水储量丰富且渗透系数较大，为地下室的降水与土方开挖带来较大的工作难度。基础采用静压式PHC-550预应力管桩，单桩承载力设计值为2000kN。基坑围护结构采用深层搅拌桩SMW工法插H型钢加预应力锚杆、深层搅拌桩加放坡和深层搅拌桩加复合式土钉墙结构。地下室底板和顶板钢筋采用HRB400，接头采用直螺纹，竖向钢筋连接采用电渣压力焊。地下室混凝土设计强度等级为C40，留设后浇带。

A、B、C三大区域共有三家总承包单位，三家施工单位均为具有房建工程总承包一级资质的外地施工企业。

项目开发商为成立时间不长的二级房地产开发企业。工期为3年时间。

二、工程的安全评估

该工程是一项房地产开发企业所建设的较大规模的商业楼盘，但该建设单位开发经验不足，资金不充裕，有一定形式的垫资工程行为，有可能过于追求速度或压低工程造价。

该工程A区与C区首先开工，B区滞后约10个月开工。

A区是一个小规模的钢结构项目，合同金额只有数百万元，但高度较高，达到32m。该总承包单位并不具备钢结构的施工与管理能力。安全状况令人担心，尤其是钢结构的吊装施工及高空作业，图 11-2 为该项目钢结构安装现场。

C 区工程的承包单位是近年来很快发展起来的外地一级承包企业，营业规模虽然较大但内部管理并不严格。初步了解，该单位新成立了江苏分公司，其管理并不十分规范，项目经理不到位，项目技术人员、管理人员更换频繁，制度流于形式的现象存在，与此同时该项目部的操作工人全部来自劳务市场，安全操作技能很低。由此得出：该单位工人安全意识不足，安全管理水平低下。

图 11-2 项目钢结构安装现场

从工程本身的技术难度来说，地下室深度虽然不大，有 7m 左右，但是地下室开挖主要处于半流塑状态的淤泥质粉质黏土，流动性较大，对基坑支护的要求很高，基坑安全不容轻视。

该工程高度较高，对外脚手架要求、施工电梯的安全操作较底部的裙楼层要高很多，最高达到 6m，最大柱距也长达 14m，最大梁高达到 1.6m，对模板支撑体系的要求很高。

此外，该工程场地窄小，作业场地紧张，基本的作业防护很难达到规范要求。

鉴于该工程的安全状况，作为总监理工程师对此十分重视，但是业主与监理单位所签订的监理合同中未包括安全方面的管理工作，监理费率也只有标准的 80%，在这样的情况下全体监理人员均要重视安全方面的管理工作。

三、安全方面的监理工作举措

（一）总监理工程师亲自布置与检查安全方面的有关工作

通过安全方面的评估，本工程的安全形势不容乐观，稍有懈怠，可能会发生安全事故。因此总监本人对安全施工始终有一个紧绷的预防心理。定期进行安全方面的工作布置，并经常对监理组的安全工作进行检查。

（二）定期组织学习，要求每个监理人员常抓安全工作

监理组通常每半月进行一次安全学习，学习的专题有安全知识、各种安全规范的要求、国家的安全法规、安全事故的警示。通过学习，每个监理人员均能够做到时时存有安全意识，处处留心安全隐患。

（三）内部检查安全漏洞，分析安全形势

项目监理机构通常每月召开一次安全形势的评估分析会议，重点进行安全形势分析，对施工人员的情况进行分析、对已施工的过程进行分析、对将要施工的重要的施工环节进行预测分析，查找安全漏洞，检查上一阶段的安全方面的监理工作，提出下一阶段的安全工作方面的监理工作要求，尤其要提出下一阶段应该重点监控的重大危险源。

（四）重点审查安全方案，在巡视中加以检查落实

项目监理机构从安全角度出发重点审查了 A 区、B 区及 C 区三个标段的施工组织设计。审查 A 区、B 区的桩基施工方案、支护施工方案、土方开挖方案、地下室施工方案、

主体施工方案、各设备的安装方案、装饰施工方案、安全施工组织设计、临时用电方案、脚手架施工方案、多种模板支撑体系设计施工方案等若干个施工组织设计及专项施工方案。这些方案审查通过以后，组织监理人员进行学习，掌握其关键的技术指标及有关参数，以便监理人员在巡视时能够检查和落实。

（五）在巡视检查中注重检查是否存在安全隐患

项目监理机构的每一个成员在巡视检查时均要环视周边的安全情况，在监理工作初期未进行专门的安全隐患巡视记录，后来总监认为不进行专项的安全记录，监理人员在巡视中容易忽视安全情况，因此在后期实行了专门的安全巡视记录，专门记录安全隐患的发现及处理情况。

四、项目监理机构的安全管理工作分工

以安全生产作为标准化管理重点，严格执行《中华人民共和国建筑法》和《中华人民共和国安全生产法》及有关各项措施，依据《建设工程安全生产管理条例》和已经批准的《监理规划》、施工组织设计和监理实施细则，监督施工单位对安全纪律和《建筑施工高处作业安全技术措施》、《建筑机械使用安全技术规程》JGJ 33、《施工现场临时用电安全技术规范》JGJ 46、《建筑施工扣件式钢管脚手架安全技术规范》JGJ 130、《建设工程施工现场消防安全技术规范》GB 50720、《施工现场机械设备安全管理规定》、《施工现场电气安全管理规定》等文件的执行力度。

项目监理机构人员共13名，包括总监1名，总监代表1名，土建专业监理工程师2名，专职于安全方面的监理工程师1名，安装专业监理工程师2名，测量工程师1名，监理员、见证员、资料员共5名。

（一）总监理工程师及代表的有关职责

总监理工程师是整个监理组的落实监理安全责任的首要责任人，其职责有：

（1）组织安全工作形势评估，制定有关安全工作的监理措施；

（2）定期组织阶段性的安全形势分析，确定应监控的重大危险源；

（3）最终审查有关施工组织设计及专项施工方案的安全性要求；

（4）重大安全隐患的处理与报告；

（5）参与对工程安全事故的分析和处理。

（二）安全工作的专职监理工程师职责

（1）负责落实监理安全责任中的日常工作；

（2）负责牵头组织有关安全方面的施工组织设计及专项施工方案；

（3）负责安排并进行安全巡视检查工作；

（4）提出项目监理机构落实监理安全责任的工作建议与要求，尤其要提出重大危险源监控建议；

（5）负责一般性安全隐患的处理；

（6）定期向项目监理机构汇报有关本工程的安全情况；

（7）负责组织项目监理机构的安全知识学习；

（8）负责有关落实监理安全责任的资料记录与整理工作。

（三）其他专业监理工程师和监理员的职责

(1) 专业监理工程师在审核分部分项施工方案时，对技术方案本身的安全可靠性进行审查，并在审查涉及安全技术方面的内容时与负责安全工作的监理工程师共同审查；

(2) 专业监理工程师和监理员在现场巡视时，应运用所掌握的安全技术知识注重检查是否存在安全隐患，当发现存在安全隐患时，应进行记录，并及时通报负责安全工作的监理工程师处理。

五、项目监理机构安全类相关表格和资料工作

(1) 在工程开工前，由负责安全工作的监理工程师编制《现场落实监理安全责任实施细则》，明确现场各施工阶段的安全控制要点，并报总监理工程师审核批准；

(2) 负责安全工作的监理工程师每日负责填写安全类专项监理日记，其他监理人员协助；

(3) 监理月报中增加本月安全工作报告，向建设单位反映本月工程安全状况，并提出安全建议；

(4) 负责安全工作的监理工程师在现场安全检查时，发现存在的安全隐患，以《监理工程师通知单(安全文明类)》的形式，要求施工单位定期整改，并在完成后回复；

(5) 发现重大安全隐患或发现施工单位对要求整改的安全隐患迟迟不解决时，负责安全工作的监理工程师应建议总监理工程师发《工程暂停令》，进行停工整顿；

(6) 负责安全工作的监理工程师对重大安全隐患，可进行影像记录，并作为监理月报和《监理工程师通知单》的附件使用。

六、落实监理安全责任的工作制度

(1) 方案审查制度。在所有施工组织设计和专项施工方案中必须审查其安全方面的内容。

(2) 巡视检查制度。所有监理人员在巡视现场时均要注重发现安全隐患，发现隐患时要进行记录与汇报。负责安全工作的监理工程师每天巡视主要的施工现场一次，并记录有关安全状况并处理有关安全隐患。

(3) 安全隐患处理制度。安全隐患按危害程度分为重大隐患和一般隐患，按可能发生的概率预计，分为很可能发生事故、可能会发生事故、暂时不会立即发生事故三种情况加以区别处理。重大隐患且为很可能发生事故要立即处理并要求施工单位在2～4h内消除，否则签发隐患影响区域内的停工指令，重大隐患且可能会发生事故应要求施工单位在4～8h内消除隐患，否则签发隐患影响区域内的停工指令等。上述两种情况如果得不到有效控制，立即通过业主向有关主管部门报告。

(4) 安全检查制度。每月进行一次安全检查，书面指出施工现场所存在的安全隐患。书面要求施工单位整改。

七、项目监理机构在分部分项安全工程中具体问题的处理过程

(一) 审查施工组织设计的情况

工程承包合同签订后，承包单位编制了施工组织设计和安全技术措施，报监理组进行审核。监理工程师在第一次审核时发现：《施工组织设计》及《安全生产施工组织设计》

中，针对性措施不多，均为泛泛而谈，没有针对本工程项目的实际情况进行分析并采取措施，要求施工单位重新进行针对性检查与分析，而后再采取相应的安全措施。监理人员在第二次审查时发现存在施工单位的安全负责人由技术负责人兼任，专职安全员数量不足且没有落实到具体的人员姓名，且未经公司技术负责人审核签字，只加盖了项目部印章，未加盖公司印章等问题，上述做法不符合《建设工程安全生产管理条例》中第四章第二十三条“配备专职安全管理人员”和第四章第二十六条“经施工单位技术负责人签字后实施”的规定。监理工程师在签署意见后将《施工组织设计》和《安全生产施工组织设计》退回施工单位，要求重新报审。

施工单位将《安全生产施工组织设计》再次完善后，重新报项目监理机构审核。负责安全工作的监理工程师在重新核对专职安全员的资格证书原件后，签字同意按本施工组织设计实施，报总监审核同意后签字盖章，要求在施工过程中严格执行本施工组织设计，并将施工组织设计存档。

（二）桩基础施工过程中的安全隐患处理

××年6月，工程开始进行基础工程施工，本工程采用PHC—550预应力管桩，施工机械为武汉产液压式静力压桩机。由于施工需要，桩机在施工区域内需要不断行走，然而连接线缆长度有限，要完成整个施工区域的桩基础施工，必须根据需要连接于不同位置的配电箱。同时，因静力压桩机的功率很大，超出《施工现场临时用电安全技术规范》JGJ 46规定的50kW的限值，故要求施工单位编制临时用电的施工设计方案及施工方案，对电源线路架设作出专项施工设计。同时负责安全工作的监理工程师对现场配电箱的保护接地和桩机电缆安全状况进行检查，发现部分配电箱未作接地，且配电箱门未加锁，要求施工单位电工进行整改，当日施工单位即完成整改。

在施工前，负责安全工作的监理工程师对桩基础施工人员中吊装人员和焊工的资质证书进行了审查，审查合格后允许进行施工。同时，负责安全工作的监理工程师签发监理工程师通知单，要求起重机操作人员在每日施工前应检查机械设备的安全性能，尤其是钢缆和制动设备。

本工程存在1层地下室，桩基础桩顶标高为−6.700m，与自然地坪存在6m左右的高差，故在桩基施工后施工现场存在大量送桩所遗留的桩孔，且深度较大，对现场施工人员安全造成威胁，可能存在坠落伤害。监理组吸取有关的事故教训，签发监理工程师通知单，要求桩基施工单位及时回填桩孔，并建议专门安排一台挖土机配合进行回填，每施工完一个承台，等桩机移开后挖土机即进行回填工作；如夜间施工无法及时回填土孔，由施工单位用临时护栏将此区域隔离，待次日进行回填。同时要求施工单位加强门卫管理，严禁非施工人员进入施工现场，造成意外伤害。施工单位接到监理工程师通知单后，遵照执行监理通知对现场进行保护，本项工程未造成人员坠落伤害。

（三）围护工程中保证基坑稳定的工作

本工程有一个地下室面积约26000m^2，深度达7m，部分电梯井和塔吊基础更深。工程地质条件较差，尤其是南部属淤泥质土，表层2m杂填土以下呈半流质状态，且基坑西侧距离市政干道不足30m，东侧距离多层居民小区建筑不足15m，施工难度较大且对基坑安全要求更高。

基坑围护设计方案于××年6月通过南京市专家评审小组评审，同意按此设计施工。

北侧以及东侧北部采用三轴深搅桩加插H型钢，然后采用18m自钻式预应力锚杆固定。经监理组检查，SMW 工法中起吊型钢的起重机驾驶员具有起重工专业资格证书，且起重机有安监手续，同意施工。为保证锚杆的强度能满足设计需要，监理人员要求施工单位做锚杆抗拔试验并现场旁站，确认抗拔强度满足设计要求。

基坑西侧边坡，有一定场地保证放坡条件，设计采用 1∶1.5 放坡，高度－3.000m 位置设 1m 宽二级放坡平台。监理人员现场对坡度进行测量，确保满足设计要求。

在深层搅拌桩施工时，监理人员每 1～2h 使用比重计对现场搅拌的水泥浆进行检测，确认水灰比在正常范围之内，每日制作当日施工段的水泥土试块，60d 后由监理组见证由施工单位委托试验室作抗压试验，试验合格后方可进行此段基坑开挖。

（四）基坑开挖过程中保证基坑安全工作

在基坑开挖前，监理人员要求基坑监测单位进场，埋设测斜孔及水位观测井等，要求基坑监测单位及时提供监测报告，并每日安排监理人员现场巡视，注意观察土壁和基坑边坡的稳定性，一旦发现有裂缝或者坍塌可能，可要求所有人员和机械及时撤离并及时报告处理。

在开挖施工前，负责安全工作的监理工程师和各专业监理工程师对土方开挖方案进行审核，检查土方开挖对边坡的保护，督促施工单位合理安排土方开挖的次序，保证开挖后能及时进行垫层和底板混凝土的浇筑工作，避免某段基坑长期暴露，避免过长的基坑边线暴露。

在土方开挖过程中，深井降水工作一直在进行，监理人员每日两次巡视现场，除了其他的巡视要求之外，还注意检查边坡是否存在渗漏以及坑内外观测井内水位标高。某一天监理工程师现场巡视时发现坑外某观测井水位有较大下降，立即签发监理工程师通知单，要求施工单位对坑外回灌井进行回灌，以防基坑外建筑物发生沉降。施工单位遵照执行后，外侧基坑水位渐恢复正常状态。

在土方开挖时，因施工场地局限及车辆数不足，渣土车不能及时完成土方外运，部分土堆放在基坑边坡外，监理人员现场巡视发现后，认为坑边堆载超过基坑支护方案的规定。这是一个较大的安全隐患，要求施工单位增加运土车辆，不得将土堆放于基坑边坡附近，增加基坑围护结构的荷载，影响边坡稳定。

西侧基坑外边坡距离围墙有约 15m 宽的场地，施工单位为方便施工将此处设为出土运输道路，西侧基坑开挖后，基坑监测报告显示此段边坡有较大位移，累计位移已超过警戒值，且有继续扩大的趋势，监理工程师立即签发监理工程师通知单，要求施工单位立即封闭此段道路，避免动载作用，并在此段边坡外挖土放坡卸载。施工单位遵照此方案处理完毕后，此段边坡位移开始稳定，不再扩大。

基坑南侧西部，原搭设有施工单位临时办公楼。基坑开挖时，此处坡顶出现 2cm 左右裂缝，部分裂缝已蔓延至坡顶排水沟内，但当时未引起施工单位的足够重视。开挖一周后，天降暴雨，雨后基坑监测报告反映此处位移正迅速扩大，且肉眼可见办公楼严重倾斜，楼顶与基础偏差达 10cm 左右 。项目监理机构立即签发监理工程师通知单，内容如下：“你部基坑西南侧办公楼位置处，暴雨后基坑边坡位移已超出警戒范围，且有迅速扩大的趋势，造成办公楼严重倾斜，成为危房。为保证边坡稳定，现要求你部立即对此处办公楼及附近倾斜的挡墙进行拆除，并挖土卸荷。拆除前在办公楼附近设立护栏及警戒标志，避免非拆除人员进入此区域造成危险。”施工单位接监理通知后，于 4d 内拆除掉临时办公楼，并卸去1.2m厚表层土体。经处理后此处边坡渐趋稳定，至地下室施工完毕再未发生事故。

南侧基坑开挖以后，监理人员在现场巡视检查时发现约20m范围内的一段深搅围护桩强度很低，监理人员发现后认为这是严重的安全隐患，一旦支护破坏，会导致附近建筑变形破坏、并影响到坡顶人员及坡底人员的作业安全，于是立即发出监理工程师通知，要求施工单位立即停止此段土方开挖工作，并将已开挖的部分回填以等待补救处理。并通知设计人员现场检查，经各方会商后，认为这是因为原状土体质量较差，为半流质淤泥土，水泥浆与此类土壤结合后，水泥土强度增长缓慢。咨询附近居民得知以前此处为一条污水河，几年前未作清淤处理即草草回填，且在地质勘探报告上未能反映出来。参建各方商讨补救措施，决定在原来围护桩外围加打一排深搅桩并增加搅拌桩的深度，按此方案处理后，养护期满对此段进行开挖，情况稳定。

（五）土方开挖中的有关工作

基坑开挖前，项目监理机构建议业主提供基坑周边的市政管网图纸，并向施工单位交底，以便现场施工时避开管线或加以保护，并要求施工单位在施工过程中如发现未注明的管线及时报告监理组和业主，不得擅自处理。

在基坑开挖前，负责安全工作的监理工程师发出《监理工程师通知单》，对挖土时安全防范工作提出以下几点要求：(1)施工单位在挖土时，机械启动前应检查离合器、钢丝绳等，经空车试运转正常后开始作业；(2)机械操作中进铲不应太深，提升不宜太猛；(3)机械不得在输电线路以下工作，机械任何部位与架空输电线路最近距离应符合安全操作规程要求；(4)机械应停在坚实的土基上，如土质太差，应采取铺设道板等加固措施；(5)配合机械挖土进行清土清坡的工人，不准在机械回转半径下工作；(6)进行分层开挖，确认水位降至开挖深度以下50cm，方可进行本层土方挖运，每层开挖深度应依据开挖方案中的规定，不宜超深。

在负责安全工作的监理工程师和各专业监理工程师审核土方开挖方案通过后，总监签字同意土方开挖。

由于在管桩静压施工中，桩顶标高设计在－6.700m，而实际施工中存在相当一部分的管桩送桩不到位情况，故实际存在大量管桩顶高出基坑底标高。监理人员在现场巡视时发现挖掘机操作人员有野蛮操作行为，可能威胁坑底作业人员的安全，发出监理工程师通知，要求施工单位在挖掘机操作作业时必须在坑底配备安全指挥人员，一是保证挖掘机操作不损坏管桩，二是保证挖掘机操作时坑底有关作业人员避免受伤。

另外，负责安全工作的监理工程师发出《监理工程师通知单》，对挖土过程中的管桩保护提出以下要求：(1)根据土方开挖的分层方案，对高出基坑底的管桩进行分层截除。因部分管桩要截除的长度达4～6m，如等土方开挖全部完成再作截桩，截桩时重心较高会影响稳定性，一旦倾覆可能造成严重安全事故，同样在机械进行此部分土体挖掘时，也存在很大的安全隐患；(2)土方开挖时，必须严格按照方案拟订的分层高度，避免管桩两侧土体落差过高造成管桩倾斜乃至断裂。监理人员在现场施工时巡视，监督施工单位能够按照《监理工程师通知单》的要求执行。

（六）脚手架搭建工程中安全工作

本工程采用金属扣件式双排钢管脚手架。根据《建设工程安全生产管理条例》第四章

第二十六条规定，应编制专项施工方案，并附安全验算结果，经施工单位技术负责人、总监理工程师签字后实施，由专职安全生产管理人员进行现场监督。

负责安全工作的监理工程师在审核施工单位申报的脚手架搭设方案时，发现该方案本该由施工单位技术负责人签字却由项目部项目经理代签，且方案中的计算公式和数据引用有误。监理人员签署审核意见要求施工单位完善后重新报审，将此方案退回施工单位。施工单位在一周后将修改好的方案重新报审，负责安全工作的监理工程师审核通过后，交总监理工程师签字同意按此方案施工，负责安全工作的监理工程师在后续施工中现场监督此方案的执行情况。

关于施工单位技术负责人审查脚手架搭设方案并签字的问题，施工单位项目经理部提出由于是外地企业，来回不便，提出由本地的分公司技术负责人审查签字。总监理工程师没有同意，理由是该项目的施工合同是由总公司与建设单位签订，签订合同的总公司应承担相应的责任。

负责安全工作的监理工程师在脚手架施工前，对现场拟使用的钢管和扣件进行检查，要求施工单位剔除严重锈蚀、弯曲和壁厚不足的钢管，以及严重锈蚀、变形、螺栓螺纹损坏的扣件，并检查脚手架的基础安全以及基础排水工作，之后发出监理工程师通知，要求施工单位按有关技术规程执行。但对于这份监理通知，施工单位并没有很好地执行。事实上监理人员也无法对大量的钢管及扣件进行全面检查。

负责安全工作的监理工程师现场巡视时发现：部分脚手架搭设高度不够，未按规定超过檐口 1.1m 高度；安全通道上的竹笆破碎比较严重；部分安全网漏挂；部分立杆间距偏大。以上均属较严重安全隐患，负责安全工作的监理工程师发出监理工程师通知单，要求施工单位安全管理人员就以上问题立即进行处理。次日再次复检时，以上问题已整改完毕。

根据脚手架施工方案，各幢高层从 6 层起采用悬挑式脚手架。挑梁采用Ⅰ16 工字钢，阳台部分采用 ϕ12.5(6×19)钢索斜拉，同时在 13 层处设置卸荷架。负责安全工作的监理工程师对挑梁的埋设稳定性进行检查，并检查地杆连接保护工作。

负责安全工作的监理工程师现场巡视发现，某幢高层于 13 层处未按已审定的外脚手架施工方案施工，擅自取消了卸荷架，而且搭设高度已超出经审批的方案要求，存在重大安全隐患。于是发出监理工程师通知单要求施工单位必须严格按照审批方案施工，限期对该位置脚手架进行整改加固。但是施工单位在限期内未对监理工程师通知单进行回复，经负责安全工作的监理工程师现场复查发现此部位施工单位的整改工作拖沓，即建议总监理工程师发《工程暂停令》，暂停此幢楼的施工，要求施工单位必须在整改完成后，申报《工程复工报审表》，经项目监理机构审核同意后方可复工。总监理工程师发出《工程暂停令》，施工单位整改完毕经负责安全工作的监理工程师验收通过后，同意进行复工。

（七）塔吊及人货电梯的安全控制

本工程采用轨道式塔式起重机。根据《建设工程安全生产管理条例》规定，起重吊装工程需编制专项施工方案。负责安全工作的监理工程师对塔吊专项施工组织设计进行审查，审核通过后方可施工和使用。

因工程地质条件较差，自然路基承载力不足，本工程塔吊基础采用 4 根钻孔灌注桩锚固入塔吊承台加以处理，经验算满足塔吊地基承载力需要。

负责安全工作的监理工程师在塔吊安全管理中，着重于检查“四限位”和“两保险”的落实情况，对塔吊驾驶人员和指挥人员的操作资格证书进行审查，并督促施工单位在办理塔吊安监合格证后方可使用。

××年11月，本工地某塔吊在吊装脚手架钢管时，因下部工人绑扎钢管不平衡且绑扎不牢，起吊中一根钢管倾斜坠落，幸未造成人员伤亡。针对此安全事故，负责安全工作的监理工程师发出监理工程师通知单重申塔吊使用注意事项：(1)夜间作业必须有充足的照明；(2)塔吊必须有可靠接地，所有电气设备外壳均应与机体妥善连接并接地；(3)司机必须得到指挥人员明确信号后，方可进行操作，操作前司机必须按电铃，发信号；(4)工作休息与下班时，不得将重物悬挂在空中；(5)塔吊必须安装力矩限制器，轨道末端应有止档装置和限位器撞杆，且必须经过有效测试；(6)工作完毕，起重机应驶到轨道中部位置停放，并应夹轨夹固定，吊钩上升到上限位。所有控制器必须扳到停止位，断开电源总开关；(7)吊装钢管、钢筋等细长物体时，必须绑扎牢固且平衡后，指挥人员方可通知司机起吊；(8)恶劣天气下应限制或停止塔吊的使用。

人货电梯须办理安监合格证后方可正常使用。负责安全工作的监理工程师在现场巡视时，发现部分工人为图方便，将电梯外的防护门敞开；并且因无楼层呼叫器，时有工人下楼无法联系电梯，将杂物抛下以引起电梯司机注意；连接电梯与各楼层之间的道板存在破损，且未用防护网封闭。以上情况均属于安全隐患，负责安全工作的监理工程师发出监理工程师通知，责令施工单位立即进行处理。

(八) 钢筋工程

负责安全工作的监理工程师对钢筋制作与绑扎提出以下主要注意事项：(1)钢筋断料、配料、弯料应在地面工作棚进行，不得在高空操作；(2)现场绑扎悬挑大梁钢筋时，不得站在模板上操作，必须在脚手架上操作。绑扎独立柱头钢筋时，不得将钢箍、木料、模板作为钢筋工的站立点；(3)起吊钢筋时，规格必须统一，长短不得参差不齐，不准单点起吊；(4)钢筋竖向电渣压力焊，焊机必须有可靠接地，操作人员有可靠绝缘防护装备；(5)钢筋冷拉时两端必须配备防护设施，严禁在冷拉线两端站人或跨越、触动正在冷拉的钢筋；(6)高空作业时，钢筋不得集中置于脚手板上，以免坠落伤人；(7)钢筋制作场所必须在上部搭设防护棚盖，雨天严禁露天操作，以免雷击伤人。

(九) 模板工程

近年来，建筑施工中因为模板支撑稳定性不够导致的安全事故层出不穷，其主要原因就是施工单位不能正确认识危害，未进行正确的设计与计算，或不按计算要求进行支撑体系施工，以及选用劣质的支撑构件。

项目监理机构高度重视模板支撑的安全问题，要求施工单位在模板工程施工前必须编制专项施工方案，经监理工程师审核通过后方可进行施工。负责安全工作的监理工程师首先对施工单位选用的钢管直径和壁厚进行测量，按实测数据对方案中各种梁高(60cm、80cm、90cm、120cm、140cm)、各种跨度(4m、6m、8m、9m、12m)、板厚(30cm、40cm、50cm)支撑体系稳定性的内容进行审核，并对模板支撑进行力学计算，防止模板垮塌。

项目监理机构还要求凡梁高大于70cm或高度超过8m的模板支撑体系必须组织专家

审查会议进行审查，监理人员必须参加审查会议，并发表有关支撑安全性能的意见供专家审查参考。总监理工程师根据审查会上的情况再对方案进行审查并签署意见。

模板体系方案审查通过后，负责安全工作的监理工程师还应巡视模板支撑施工现场。不出所料，事实上施工单位并没有完全按照审查通过的方案进行支撑支架的施工，主要问题有：间距过大、剪刀撑设置不够、没有双向的扫地杆、梁部的支撑未到地，次要问题更多。监理人员立即签发《监理工程师通知单》，要求施工单位整改，但是施工单位自以为经验丰富，认为方案是理论上的，实际上没有必要完全参照方案中所要求的间距、步距及其他相关要求。负责安全工作的监理工程师向总监理工程师汇报后得到总监的支持，总监理工程师亲自找到施工单位项目经理及技术负责人讲清利害关系，但是项目经理和技术负责人表示可以适当整改，并不同意全部整改，表示出了问题由他们负全部责任，但总监理工程师仍然认为存在安全隐患，亲自再次发出监理工程师通知，要求施工单位全面整改，并召集全体监理人员开会指示："模板支架的整改达不到要求监理人员绝不能同意灌注混凝土，如果施工人员强行灌注混凝土，监理人员应立即制止并向有关部门汇报"。期间总监理工程师还向建设单位有关人员通报有关模板支撑的安全状况争取建设单位的支持。经过一段时间的僵持，最后施工人员对存在主要问题的部分进行了加固，次要问题部分也没有全面加固。事实上监理人员无法对所有次要问题进行验收。经过综合评价，总监理工程师认为主要的重大的隐患已消除，次要的问题还存在，但不至于发生模板垮塌事故。所以同意灌注混凝土。

针对模板施工中经常出现的一般安全隐患，负责安全工作的监理工程师提出以下几点意见，要求施工单位遵照执行：(1)拆装模板时，必须有稳定的登高工具，高度超过3.5m的，必须专门搭设脚手架；(2)模板拆除时，下部不允许站人，应用专用的工具进行拆除，同时应防止模板整体掉落；(3)安装柱墙模板时，应一边安装一边支撑固定，未支撑牢固不得松手以防倾覆；(4)模板支撑必须按照方案规定搭设，间距应符合规定，高模板支撑立杆与立杆之间，应直接用十字扣件连接，不得使用搭接或横杆进行过渡连接，必要时必须加扫地杆；(5)悬挑梁板的模板，必须作稳定支撑，不得将模板支撑立于脚手架之上。

(十) 混凝土工程

负责安全工作的监理工程师就混凝土浇筑过程中可能出现的安全隐患，提出以下注意事项，要求施工单位遵照执行：(1)离地面2m以上的过梁、雨棚、小平台等，操作人员不得站在模板上操作，如无可靠的安全设备，必须系好安全带；(2)使用振动机前应检查电源电压、漏电保护器的电源线是否良好，电源线不得有接头，振动机移动时不得硬拉电线，不得在钢筋等锐物上拖拉；(3)混凝土浇筑时，布料机管口不得指向操作人员，以免冲击人员产生事故；(4)采用汽车泵浇筑混凝土时，悬臂下不得站人，汽车泵应停于可靠地基之上。

(十一) 钢结构安装与吊装工程

本工程的钢结构是公共建筑，总高度为30.15m，底部两层建筑面积798m^2，可作为公共场所使用，两层向上的部分实际为城市地区标志性构筑物，无使用功能。外部装饰为铝塑板加局部隐框玻璃幕墙。

监理组严格审查了钢结构的施工方案，其底部两层为现场拼装，上部的塔身分两段在地面现场预拼装，然后起吊在高空组装。底部两层的拼装主要审查现场的安全作业措施，而上部的吊装方案安全性计算和高空作业措施是审查的重点，经施工单位的技术负责人审查，总监理工程师认为具备了安全要求，同意进行施工。

在吊装过程中监理人员全过程旁站，检查重点是其吊装安全。在吊装初期，一度由于缺少统一有力的吊装指挥人员而导致混乱，同时由于尺寸误差偏大，而又被迫吊回地面重新调整。后来监理人员要求施工单位安排一人作为吊装总指挥，施行正确的旗语和口哨，其他施工人员紧密配合，这才得以顺利吊装成功。

八、日常安全问题的措施和处理

开工时，负责安全工作的监理工程师发出监理工程师通知单，对工地的安全文明标化工作提出了要求："根据现场安全文明管理需要，你部应监理安全标化工作。在醒目位置张贴安全宣传画，安全宣传标语以及现场安全制度。并张贴违规人员的处罚措施，创造工地安全氛围，增加施工人员安全意识。"

××年4月，因市政道路拓宽，本工程围墙内移，并因妨碍道路施工，将临近道路的一幢活动板房工人宿舍拆除。施工单位将拆迁后的工人安置于已施工完毕的某两幢楼地下室居住，给工程建设带来十分严重的安全隐患和不文明因素。现场监理员发现后，通报负责安全工作的监理工程师，负责安全工作的监理工程师获悉后发监理工程师通知单，根据《建设工程安全生产管理条例》第四章第二十九条规定："施工单位不得在尚未竣工的建筑物内设置员工集体宿舍"的规定，要求施工单位迁出已居住在地下室的工人，可暂时分散在其他工人宿舍中，并尽快择地另外搭设新的工人宿舍；一时无法搬迁完毕暂居地下室者，施工单位应检查地下室临时用电线路、防火安全，安装灭火器，并注意防盗；必须在指定时间内搬迁完毕，如逾时不搬，将处大额违规罚款，并将申报当地建设行政主管部门处理。施工单位接到监理组通知后，执行缓慢，负责安全工作的监理工程师再次发出监理工程师通知督促执行，一周后所有工人搬迁完毕。

××年4月，负责安全工作的监理工程师进行现场安全检查时，发现施工单位将大量建筑材料以及部分小型施工机械沿围墙堆放，存在重大安全隐患。负责安全工作的监理工程师发出《监理工程师通知单》要求施工单位进行处理，内容如下："××年4月22日，我项目监理机构对现场进行安全检查时发现，你部在西侧围墙处沿墙大量堆放建筑材料与施工机械，存在重大安全隐患，违反《关于加强施工现场围墙安全深入开展安全生产专项治理的紧急通知(建建［2001］141号)》中第二条的要求。现要求你部立即将此处建筑材料与施工机械移至规定的堆放区域。请你部在4月25日前完成整改并回复。"施工单位在规定时间内完成整改并回复，负责安全工作的监理工程师现场检查确认后，在回复单签字。此后负责安全工作的监理工程师现场检查时，未发现同样问题。

至工程开工以来，监理一直要求施工人员进入施工现场必须戴安全帽，并多次在监理工程师通知单中提出。××年4～8月，监理人员在现场发现未戴安全帽者，平均每月达8次之多，经过现场管理人员多次批评乃至罚款处理，在后续施工时得到较大好转，但仍偶有工人不戴安全帽以及穿拖鞋进场施工的现象存在，对此项目监理机构要求施工单位加强对工人的安全教育，杜绝麻痹思想，将屡次违反安全操作规程的工人清退出场。

××年 7 月，项目监理机构进行安全综合检查时，对施工单位现场日常安全管理工作提出批评，并发监理工程师通知单，要求施工单位针对以下问题进行整改：(1)配电房门锁形同虚设，任何人员都能进入操作；(2)施工临时用电电缆直接铺设于施工道路上，施工车辆直接碾压；(3)施工现场规划凌乱，没有明确的施工道路；(4)搅拌机械没有接地装置；(5)现场没有明显的安全警示标志和警戒线。虽然施工单位当时完成整改并对通知单进行回复，但后续施工中类似问题依然多次出现。××年 11 月、××年 1 月、××年 5 月，负责安全工作的监理工程师在检查现场安全工作时，发现存在以下问题：(1)拆除的模板堆放于人行通道，施工道路和安全通道受阻；(2)大量朝天钉存在，影响安全；(3)配电箱门损坏；(4)现场过路电缆未做套管并掩埋。以上属于累犯错误，虽监理人员多次提出，施工单位也及时整改，但此类问题总不能杜绝，显示施工单位的安全意识仍需加强。

灾害性天气，在政府发布警报后，负责安全工作的监理工程师即应通知施工单位暂停施工，做好安全防范工作。如××年 8 月 5 日，负责安全工作的监理工程师发出监理工程师通知单，内容如下："根据天气预报，今年第 9 号台风即将在今日夜间影响我省，将面临 11 级大风和暴雨。现要求你部提前做好防台风工作，暂停夜间施工，重点对脚手架、塔吊、施工爬梯和工棚等临时建筑进行检查，有需要的可进行拆卸和加固。"霜冻、大风、大雾天气，监理组根据需要，要求施工单位在做好安全防范前提下才可施工，否则如塔吊或高空作业等受气候影响大的工种暂停施工。

工人宿舍等非工作场所，负责安全工作的监理工程师每月综合检查时进行检查，或者与文明建设一起进行检查。主要控制防火和用电安全。××年 6 月，监理组对现场进行综合检查后，提出："部分工人宿舍楼未放置灭火器，部分灭火器已超过使用年限，应安装或替换新的灭火器材。"施工单位执行监理指令，按要求配备了灭火器材。

××年 4 月，现场发生工人斗殴事件。项目监理机构在获悉后，在工地例会以及监理工程师通知单上，明确要求施工单位将参与斗殴的工人一律清退出场，以儆效尤。

九、本工程所提出的安全隐患及其监理措施汇总

本工程所提出的安全隐患及监理工作措施见表 11-1。

值得指出的是，各监理单位对于工程项目安全工作的管理程度是有区别的。在本案例中，项目监理机构根据本监理单位的安全工作要求对安全管理工作做得较为深入，范围较广，也是值得鼓励的。并非每一个监理项目均要达到这样的标准。各监理单位和项目监理机构可以根据本企业的发展战略、能力、信誉及经济效益等方面决定各项目安全工作的管理程度和范围，但至少不应低于《建设工程安全生产管理条例》所规定的要求。

本工程安全隐患及监理措施汇总表

表 11-1

序	作业/活动/设施/场所	危险源	重大	一般	可能导致的事故	监理工作措施	备注
1	土方开挖	施工机械有缺陷		√	机械伤害，倾覆等	进行巡视检查	
2		施工机械的作业位置不符合要求		√	倾覆、触电等	进行巡视检查	
3		挖掘机司机无证或违章作业		√	机械伤害等	督促施工单位进行教育和培训、进行巡视检查	
4		其他人员违规进入挖掘机作业区域		√	机械伤害等	督促施工单位执行安全控制程序、进行巡视检查	
5	基坑支护	支护方案或设计缺乏或者不符合要求	√		坍塌等	督促施工单位编制或修订方案，并组织审查	
6		临边防护措施缺乏或者不符合要求		√	坍塌等	督促施工单位认真落实经过审查的方案或修正不合理的方案	
7		未定期对支撑、边坡进行监视、测量		√	坍塌等	督促施工单位执行安全控制程序、进行巡视检查	
8		坑壁支护不符合要求	√		坍塌等	督促施工单位执行已经批准的方案，进行巡视控制	
9		排水措施缺乏或者措施不当		√	坍塌等	进行巡视检查	
10		积土料具堆放或机械设备施工不合理造成坑边荷载超载	√		坍塌等	督促施工单位执行安全控制程序、进行巡视检查	
11		人员上下通道缺乏或设置不合理		√	高处坠落等	督促施工单位执行安全控制程序、进行巡视检查	
12		基坑作业环境不符合要求或缺乏垂直作业上下隔离防护措施		√	高处坠落，物体打击等	督促施工单位对此危险源制定安全目标和管理方案	
13	脚手架工程	施工方案缺乏或不符合要求	√		高处坠落等	督促施工单位编制设计与修正施工方案，并组织审查	
14		脚手架材质不符合要求		√	架体倒塌，高处坠落等	进行巡视检查	
15		脚手架基础不能保证架体的荷载	√		架体倒塌，高处坠落等	督促施工单位执行已批准的方案，并根据实际情况对方案进行修正	

续表

序	作业/活动/设施/场所	危险源	重大	一般	可能导致的事故	监理工作措施	备注
16	脚手架工程	脚手架铺设或材质不符合要求		√	高处坠落等	进行巡视检查	
17		架体稳定性不符合要求		√	架体倒塌，高处坠落等	督促施工单位执行安全控制程序，进行巡视检查	
18		脚手架荷载超载或堆放不均匀	√		架体倒塌，倾斜等	进行巡视检查	
19		架体防护不符合要求		√	高处坠落等	进行巡视检查	
20		无交底或验收		√	架体倾斜等	督促施工单位进行技术交底并认真验收	
21		人员与物料到达工作平台的方法不合理		√	高处坠落，物体打击等	督促施工单位执行安全控制程序督促施工单位进行教育和培训	
22		架体不按规定与建筑物拉结		√	架体倾倒等	进行巡视检查	
23		脚手架不按方案要求搭设		√	架体倾倒等	督促施工单位进行教育和培训，进行巡视检查	
24	悬挑脚手架	悬挑梁安装不符合要求	√		架体倾倒等	督促施工单位执行安全控制程序，进行巡视检查	
25		外挑杆件与建筑物连接不牢固	√		架体倾倒等	进行巡视检查	
26		架体搭设高度超过方案规定	√		架体倾倒等	督促施工单位执行已经过审查的方案，进行巡视检查	
27		立杆底部固定不牢	√		架体倾倒等	进行巡视检查	
28	悬挑钢平台及落地操作平台	施工方案缺乏或不符合要求	√		架体倾倒等	督促施工单位编制或修改方案，并组织审查	
29		搭设不符合方案要求		√	架体倾倒等	督促施工单位执行已批准的方案，进行巡视检查	
30		荷载超载或堆放不均匀	√		物体打击，架体倾倒等	进行巡视检查	
31		平台与脚手架相连		√	架体倾倒等	进行巡视检查	
32		堆放材料过高		√	物体打击等	督促施工单位进行教育和培训，进行巡视检查	

续表

序	作业/活动/设施/场所	危险源	重大	一般	可能导致的事故	监理工作措施	备注
33	附着式升降脚手架	升降时架体上站人		√	高处坠落等	督促施工单位进行教育和培训，进行巡视检查	
34		无防坠装置或防坠装置不起作用	√		架体倾倒等	督促施工单位执行安全控制程序，进行巡视检查	
35	模板工程	钢挑架与建筑物连接不牢或不符合规定要求	√		架体倾倒等	进行巡视检查	
36		施工方案缺乏或不符合要求	√		倒塌，物体打击等	督促施工单位编制或修改方案，并组织审查，进行巡视检查	
37		无针对混凝土输送的安全措施	√		机械伤害等	要求施工单位针对实际情况提出相关措施	
38		混凝土模板支撑系统不符合要求	√		模板坍塌，物体打击等	督促施工单位执行已批准的方案，进行巡视检查	
39		支撑模板的立柱的稳定性不符合要求	√		模板坍塌等	督促施工单位执行已批准的方案，进行巡视检查	
40		模板存放无防倾倒措施或存放不合要求		√	模板坍塌等	进行巡视检查	
41		悬空作业未系安全带或系挂不符合要求	√		高处坠落等	督促施工单位进行教育和培训，进行巡视检查	
42		模板工程无验收与交底		√	倒塌，物体打击等	督促施工单位进行教育和培训，进行巡视检查	
43		模板作业 2m 以上无可靠立足点	√		高处坠落等	进行巡视检查	
44		模板拆除区未设置警戒线且无人监护		√	物体打击等	督促施工单位执行安全控制程序，进行巡视检查	
45		模板拆除前未经拆模申请批准	√		坍塌，物体打击等	督促施工单位执行安全控制程序督促施工单位进行教育和培训	
46		模板上施工荷载超过规定或堆放不均匀	√		坍塌，物体打击等	进行巡视检查	

续表

序	作业/活动/设施/场所	危险源	重大	一般	可能导致的事故	监理工作措施	备注
47	高处作业	员工作业违章		√	高处坠落等	督促施工单位进行教育和培训	
48		安全网防护或材质不符合要求		√	高处坠落，物体打击等	进行巡视检查	
49		临边与“四口”防护措施有缺陷		√	高处坠落等	进行巡视检查	
50	施工用电作业，物体提升安装，拆除	外电防护措施缺乏或不符合要求	√		触电等	进行巡视检查	
51		接地与接零保护系统不符合要求		√	触电等	进行巡视检查	
52		用电施工组织设计有缺陷		√	触电等	督促施工单位进行教育和培训，进行巡视检查	
53		违反“一机，一闸，一漏，一箱”		√	触电等	督促施工单位进行教育和培训，进行巡视检查	
54		电线电缆老化，破皮未包扎		√	触电等	进行巡视检查	
55		非电工私拉乱接电线		√	触电等	督促施工单位进行教育和培训，进行巡视检查	
56		用其他金属丝代替熔丝		√	触电等	督促施工单位进行教育和培训，进行巡视检查	
57		电缆架设或埋设不符合要求		√	触电等	进行巡视检查	
58		灯具金属外壳未接地		√	触电等	进行巡视检查	
59		潮湿环境作业漏电保护参数过大或不灵敏		√	触电等	督促施工单位执行安全控制程序，进行巡视检查	
60		闸刀及插座插头损坏，闸具不符合要求		√	触电等	进行巡视检查	

续表

序	作业/活动/设施/场所	危险源	重大	一般	可能导致的事故	监理工作措施	备注
61	施工用电作业，物体提升安装，拆除	不符合“三级配电两级保护”要求导致防护不足		√	触电等	进行巡视检查	
62		手持照明未用36V及以下电源供电		√	触电等	督促施工单位执行安全控制程序，进行巡视检查	
63		带电作业无人监护		√	触电等	督促施工单位执行安全控制程序，进行巡视检查	
64		无施工方案或方案不符合要求	√		架体倾倒等	督促施工单位编制施工方案，并严格执行	
65		物料提升机限位保险装置不符合要求	√		吊盘冒顶等	督促施工单位执行安全控制程序，进行巡视检查	
66		架体稳定性不符合要求	√		架体倾倒等	督促施工单位检查架体方案并整改，进行巡视检查	
67		钢丝绳有缺陷		√	机械伤害等	进行巡视检查	
68		装、拆人员未系好安全带及穿戴好劳保用品		√	高处坠落等	督促施工单位进行教育和培训，进行巡视检查	
69		装、拆时未设置警戒区域或未进行监控		√	物体打击等	督促施工单位执行安全控制程序	
70		装拆人员无证作业	√		机械伤害等	督促施工单位进行教育和培训，进行巡视检查	
71		卸料平台保护措施不符合要求		√	高处坠落，机械伤害等	进行巡视检查	
72		吊篮无安全门，自落门		√	机械伤害等	进行巡视检查	

续表

序	作业/活动/设施/场所	危险源	重大	一般	可能导致的事故	监理工作措施	备注
73	施工电梯	传动系统及其安全装置配置不符合要求		√	机械伤害等	进行巡视检查	
74		避雷装置，接地不符合要求		√	火灾，触电等	进行巡视检查	
75		联络信号管理不符合要求		√	机械伤害等	督促施工单位执行安全控制程序，进行巡视检查	
76		违章乘坐吊篮上下	√		机械伤害等	督促施工单位进行教育和培训，进行巡视检查	
77		司机无证上岗作业		√	机械伤害等	督促施工单位进行教育和培训，进行巡视检查	
78		无施工方案或方案不符合要求	√		设备倾覆等	督促施工单位编制设计与施工方案，并认真审查	
89		电梯安全装置不符合要求		√	机械伤害等	督促施工单位执行安全控制程序，进行巡视检查	
80		防护棚，防护门等防护措施不符合要求		√	高处坠落，物体打击等	督促施工单位执行安全控制程序，进行巡视检查	
81		电梯司机无证或违章作业		√	机械伤害等	督促施工单位进行教育和培训，进行巡视检查	
82		电梯超载运行	√		机械伤害等	督促施工单位执行安全控制程序，进行巡视检查	
83		装、拆人员未系好安全带及穿戴好劳保用品		√	高处坠落等	督促施工单位进行教育和培训，进行巡视检查	
84		装、拆时未设置警戒区域或未进行监控	√		物体打击等	督促施工单位执行安全控制程序，进行巡视检查	
85		架体稳定性不符合要求	√		架体倾倒等	督促施工单位执行安全控制程序，进行巡视检查	
86		避雷装置不符合要求		√	触电，火灾等	进行巡视检查	

续表

序	作业/活动/设施/场所	危险源	重大	一般	可能导致的事故	监理工作措施	备注
87	施工电梯	联络信号管理不符合要求		√	机械伤害等	督促施工单位执行安全控制程序，进行巡视检查	
88		卸料平台防护措施不符合要求或无防护门		√	高处坠落，物体打击等	进行巡视检查	
89		外用电梯门连锁装置失灵		√	高处坠落等	督促施工单位执行安全控制程序，进行巡视检查	
90		装拆人员无证作业		√	机械伤害等	督促施工单位进行教育和培训，进行巡视检查	
91	塔吊安装，拆除及作业其他重物吊装作业	塔吊力矩限制器，限位器，保险装置不符合要求	√		设备倾翻等	督促施工单位执行安全控制程序，进行巡视检查	
92		超高塔吊附墙装置与夹轨钳不符合要求	√		设备倾翻等	进行巡视检查	
93		塔吊违章作业		√	机械伤害等	督促施工单位进行教育和培训，进行巡视检查	
94		塔吊路基与轨道不符合要求	√		设备倾翻等	进行巡视检查	
95		塔吊电器装置设置及其安全防护不符合要求		√	机械伤害，触电等	进行巡视检查	
96		多塔吊作业防碰撞措施不符合要求	√		设备倾翻等	督促施工单位执行已批准的方案或修改方案不合理的内容，进行巡视检查	
97		司机，挂钩工无证上岗		√	机械伤害等	督促施工单位进行教育和培训，进行巡视检查	
98		起重物件捆扎不紧或散装物料装的太满		√	物体打击等	督促施工单位执行安全控制程序，进行巡视检查	
99		安装及拆除时未设置警戒线或未进行监控	√		物体打击等	督促施工单位执行安全控制程序，进行巡视检查	
100		装拆人员无证作业	√		设备倾翻等	督促施工单位进行教育和培训，进行巡视检查	
101		起重吊装作业方案不符合要求	√		机械伤害等	督促施工单位重新编制起重作业方案并认真组织审查方案	

续表

序	作业/活动/设施/场所	危险源	重大	一般	可能导致的事故	监理工作措施	备注
102	塔吊安装，拆除及作业其他重物吊装作业	起重机械设备有缺陷		√	机械伤害等	进行巡视检查	
103		钢丝绳与索具不符合要求		√	物体打击等	进行巡视检查	
104		路面地耐力或铺垫措施不符合要求	√		设备倾翻等	督促施工单位执行经过审查的方案，进行巡视检查	
105		司机操作失误	√		机械伤害等	督促施工单位进行教育和培训，进行巡视检查	
106		违章指挥		√	机械伤害等	督促施工单位进行教育和培训，进行巡视检查	
107		起重吊装超载作业	√		设备倾翻等	督促施工单位执行安全控制程序，进行巡视检查	
108		高处作业人的安全防护措施不符合要求		√	高处坠落等	进行巡视检查	
109		高处作业人违章作业		√	高处坠落等	督促施工单位进行教育和培训，进行巡视检查	
110		作业平台不符合要求		√	高处坠落等	进行巡视检查	
111		吊装时构件堆放不符合要求		√	构件倾倒，物体打击等	进行巡视检查	
112		警戒管理不符合要求		√	物体打击等	督促施工单位执行安全控制程序，进行巡视检查	
113	木工机械	传动部位无防护罩		√	机械伤害等	进行巡视检查	
114		圆盘锯无防护罩及安全挡板		√	机械伤害等	督促施工单位执行安全控制程序，进行巡视检查	
115		使用多功能木工机具		√	机械伤害等	督促施工单位执行安全控制程序，进行巡视检查	
116		平刨无护手安全装置		√	机械伤害等	进行巡视检查	
117	手持电动工具作业	保护接零或电源线配置不符合要求		√	触电等	进行巡视检查	
118		作业人员个体防护不符合要求		√	触电等	督促施工单位进行教育和培训，进行巡视检查	
119		未做绝缘测试		√	触电等	督促施工单位执行安全控制程序，进行巡视检查	

续表

序	作业/活动/设施/场所	危险源	重大	一般	可能导致的事故	监理工作措施	备注
120	钢筋冷拉作业	钢筋机械的安装不符合要求		√	机械伤害等	督促施工单位执行安全控制程序，进行巡视检查	
121		钢筋机械的保护装置缺陷		√	机械伤害等	进行巡视检查	
122		作业区防护措施不符合要求		√	机械伤害等	进行巡视检查	
123	电气焊作业	未做保护接零，无漏电保护器		√	触电等	督促施工单位执行安全控制程序，进行巡视检查	
124		无二次侧空载降压保护器或触电保护器		√	触电等	进行巡视检查	
125		一次侧线长度超过规定或不穿管保护		√	触电等	进行巡视检查	
126		气瓶的使用与管理不符合要求		√	爆炸等	督促施工单位进行教育和培训，进行巡视检查	
127		焊接作业工人个体防护不符合要求		√	触电，灼伤等	督促施工单位进行教育和培训，进行巡视检查	
128		焊把线接头超过 3 处或绝缘老化		√	触电等	进行巡视检查	
129		气瓶违规存放		√	火灾，爆炸等	督促施工单位进行教育和培训，进行巡视检查	
130	拌和作业	搅拌机的安装不符合要求		√	机械伤害等	进行巡视检查	
131		操作手柄无保险装置		√	机械伤害等	进行巡视检查	
132		离合器，制动器，钢丝绳达不到要求		√	机械伤害等	督促施工单位执行安全控制程序，进行巡视检查	
133		作业平台的设置不符合要求		√	高处坠落等	督促施工单位执行安全控制程序，进行巡视检查	
134		作业工人粉尘与噪音的个体防护不符合要求		√	尘肺，听力损伤等	督促施工单位执行安全控制程序，进行巡视检查	
135	打桩作业	打桩机的安装不符合要求		√	机械伤害等	督促施工单位执行安全控制程序，进行巡视检查	
136		打桩作业违规操作		√	机械伤害等	督促施工单位进行教育和培训，进行巡视检查	
137		行走路面荷载不符合要求		√	设备倾翻等	督促施工单位执行安全控制程序，进行巡视检查	
138		打桩机超高限位装置不符合要求		√	机械伤害等	督促施工单位执行安全控制程序，进行巡视检查	

续表

序	作业/活动/设施/场所	危险源	重大	一般	可能导致的事故	监理工作措施	备注
139	安全管理	对施工组织设计中安全措施的管理不符合要求		√	各类事故	督促施工单位对此项目危险源制定安全目标和管理方案	
140		未按法规要求建立健全安全生产责任制		√	各类事故	督促施工单位建立责任制	
141		未对分部工程实施安全技术交底		√	各类事故	督促施工单位进行教育与技术交底	
142		安全检查制度的建立与实施不符合要求		√	各类事故	督促施工单位对此项目危险源制定安全目标和管理方案	
143		安全标志的管理不符合要求		√	高处坠落，物体打击等	督促施工单位进行教育和培训，进行巡视检查	
144		防护用品的管理不符合要求		√	各类事故	进行巡视检查	
145	物料储备	易燃易爆及危险化学品的存放不符合要求		√	泄露，火灾等	督促施工单位执行安全控制程序，进行巡视检查	
146		料具违规堆放		√	料具倾倒等	进行巡视检查	
147	消防管理	无消防措施，制度或消防设备		√	火灾等	督促施工单位对此类危险源制定安全目标和管理方案	
148		灭火器材配置不合理		√	火灾等	督促施工单位执行安全控制程序，进行巡视检查	
149		动火作业管理制度不符合要求		√	火灾等	督促施工单位对此种危险源制定安全目标和管理方案	
150	生活设备管理	食堂不符合卫生要求		√	食物中毒等	可以不检查，但是发现要处理	
151		厕所及洗浴设施不符合要求		√	摔倒，传染病等	可以不检查，但是发现问题要处理	
152		活动板房无搭设方案及未验收		√	坍塌	可以不检查，但是发现问题要处理	
153		食堂采购不认真		√	食物中毒	可以不检查，但是发现问题要处理	
154		锅炉等压力容器的管理不符合要求		√	爆炸等	可以不检查，但是发现问题要处理	

编制：　　年　月　日　审核：　　年　月　日　批准：　　年　月　日

案例12　某深基坑支护工程履行监理安全责任实例

【摘要】 本案例以某深基坑支护工程为背景，阐述了在工程施工过程中监理人员应履行的安全监理责任。案例从分析工程特点、难点以及监理人员配备情况入手，详细介绍了如何审查基坑支护方案、塔吊安装方案、临时用电方案等重要事项；在落实方案的实施中，介绍了安全监理的工作程序和工作要点；建立了监理安全检查制度、应急救援制度、安全工作会议制度等。

近年来随着城市建设的快速发展，对建筑空间及交通流量的需求急骤膨胀，人们开始向地下空间寻求发展，对深基坑施工提出了越来越高的要求。而深基坑施工具有地质变化复杂、开挖难度大、工期长、费用高以及对周边环境影响大等问题，是沿海城市建设中一个亟待攻克的难题。因此深基坑施工的好坏，直接影响到基坑工程的造价和对环境的影响，具有重大的经济效益和社会效益。

深基坑工程施工环境条件比较差。由于高层、超高层建筑都集中在城市中心区及主要街道的两旁，建筑密度大，人口密集，交通拥挤，施工场地狭小，基坑开挖越来越深。业主为节约土地，充分利用原有基地面积和地下空间，设置多层地下停车场、人防、机房及消防设施，故地下结构的深度和层数相应增加。

必须设置技术可靠可行的支护结构来确保安全，还要考虑到对周围地下的煤气、上水、下水、电讯、电缆等管线的影响，尽可能减少对这一系列建筑及设施的破坏和影响。

针对深基坑支护工程，从方案审核、落实实施及发挥建设各方的主观能动性等方面阐述了监理组在落实监理安全责任中所做的工作、所采取的应对措施，并对实施过程中提出了如何落实并履行监理安全责任的一些具体做法。

一、工程概况

某工程是位于工业园区30号规划用地上的新建大型商业酒店综合性公建工程，建筑面积为168000m^2，属于单体建筑，两层地下室。该项工程位于工业园区的中央公园与太平湖之间的一处长方形地块。

本工程地下室东西长为187.375m，南北宽为88.685m，基坑东西长190.375m，南北宽91.685m，深度为－10.800～－11.300m，局部加深至－13.450m。根据地质勘察报告，坑底土层主要为粉土夹粉质黏土层，并经分析，该土层易产生突涌及冒顶现象。

本工程基坑根据业主提供的周边环境及管线布置的相关资料显示，在距基坑边缘1.9m～6.9m的范围内，有燃气管线、电信管线、联通管线、给水管线等，周边环境较为复杂，且开挖深度超过10m，依据基坑工程安全等级划分标准，该基坑安全等级为一级。

本工程基坑平面为一长方形，根据每侧的周边环境特点采用不同的支护体系：

(1) 基坑东侧外埋设有众多的重要管道、管线，采用 ϕ850 深 21m 的钻孔灌注桩＋两道拉锚(标高－3.850m，－7.850m，长度分别为 28m、30m)支护体系，灌注桩外侧施工一排 ϕ700 深 19m 的三轴深层搅拌桩作为止水帷幕。

(2) 基坑北侧、南侧及西侧采用加墩式复合土钉墙支护结构，沿基坑周边施工两排 ϕ700 深 19m 的三轴深层搅拌桩作为止水帷幕。每隔 8.6m 设一加墩，加墩由两根 ϕ850 深 21m 的灌注桩及两道拉锚组成，拉锚标高－3.850m 及－7.850m，长为 28m 及 30m，每道拉锚腰梁采用两根 I22a 组成的钢梁。基坑侧壁自上而下设置土钉，根据基坑深度的不同，设 7 道～9 道土钉，土钉长度 11～17m 不等。

(3) 基坑内部采用管井降水的方式进行疏干降水，管井长 18m，管井为 ϕ170 钢管，底板以下 0.5m 为滤管长度，共有设管井 24 口。

本基坑监测按设计方案及有关规范要求对下列项目进行监测：

1) 基坑支护结构的水平位移和沉降；

2) 基坑内外地下水位的变化；

3) 支护结构的深层位移；

4) 周边道路、管线沉降及水平位移；

5) 土钉、锚杆的应力。

二、工程特点、难点

(1) 本工程深基坑周边环境复杂，重要管道、管线多，因此必须加强对周边环境及管道、管线的监测并须在异常情况时及时采取有效措施保证管线、管道的安全运行。

(2) 由于基坑采用多种支护体系，须对不同的支护体系采取针对性的安全保证措施，以确保基坑安全。

(3) 本工程基坑坑底土质易产生突涌及冒顶现象，因此加强对基坑内外水位的控制及异常情况时的应急处理是监理安全工作重点之一。

(4) 本基坑量大面广，土钉层次多、数量大，因此须确保每个检验批合格才能保证基坑安全，否则前功尽弃。

(5) 本基坑工程施工工期紧(××年 5 月～××年 9 月)，仅为 3 个半月，之间穿插施工土方开挖，又需确保每层土钉、锚杆的施工、养护时间，以保证土钉、锚杆施工时的浆液水灰比、注浆压力符合设计要求，达到方案要求，以有效控制基坑的位移，有效保证基坑安全。因此安全工作来不得任何疏忽。

三、项目监理组的人员配备

本工程开工前，项目总监根据项目的工程特点及监理合同的相关规定，组建了直线型的项目监理组织机构：

其中 1 名土建监理师、1 名监理员和电气监理师负责本专业的具体监理安全工作，总监理工程师总负责，总监代表协助管理，并制定了本工程的监理安全工作目标：方案审批无失误，不发布错误指令，及时检查安全隐患，并及时指令整改，及时复查，实现监理安全工作的过程控制。

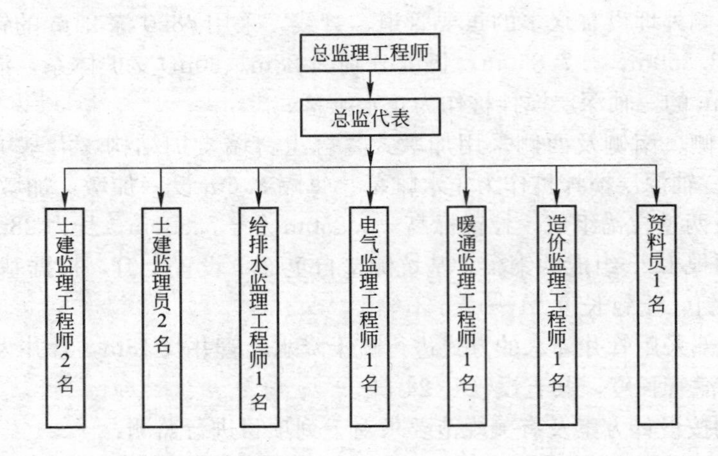

四、把好方案审核关是奠定监理安全工作的基础

（一）审核基坑支护方案

选择一个切实可行、安全可靠的基坑支护方案是基坑支护工程成功与否的关键所在。根据建质［2004］213号文件《危险性较大工程安全专项施工方案编制及专家论证审查办法》及苏建质［2004］37号文件《关于进一步加强深基坑施工安全管理的若干意见》的规定，本工程应编制安全专项施工方案并组织二次专家论证。同时考虑到建设方投资费用方面，项目监理组要求施工方提出多种方案（SMW工法、钻孔灌注桩、土钉墙）供专家分别进行论证、选择。

对深基坑支护，项目监理组审核了施工方案，认为应控制好如下几点：

(1) 计算参数的选取是否正确，结合岩土勘察报告；

(2) 计算过程是否准确；

(3) 选用规范、强制性标准是否正确；

(4) 质量保证措施、安全保证措施是否有效，并具有针对性、可操作性；

(5) 其他（如程序性审查、质保、安保体系的审查等）。

监理组组织建设各方对每种方案从质量保证、经济费用、安全风险等各方面进行分析、评价，结合第一次专家论证的意见最终确定本工程基坑支护方案采用钻孔灌注桩与加墩式土钉墙相结合的支护体系，并考虑土钉墙不适合于一级基坑，确定土层开挖从两侧开始施工，人为地将本工程基坑一分为二，以减小基坑的安全风险。2006年4月28日修改后的支护方案呈给专家二次论证，获得顺利通过。

其次，项目监理组对通过二次专家论证的基坑支护方案所采用的计算模型、计算方法以及计算参数的取值等进行审核和确认，并对方案的计算过程进行周密的审查，提出审核意见。其一，在方案中，施工临时用电部分编制采用的计算依据是老规范《施工现场临时用电安全技术规范》JGJ 46—88，监理组提出须按新规范《施工现场临时用电安全技术规范》JGJ 46重新进行计算和编制。其二，方案中土钉墙的抗隆起验算中，安全系数（Ks）均取自冶金部《建筑基坑工程技术规范》YB 9258，基坑的监测章节中墙顶位移、墙体最大位移、地面最大沉降等数据采用上海地区使用的《基坑工程设计规程》DBJ 08-61-97中的取值和相关数据。项目监理组认为不符合要求，应取自建设部的相关文件、规范或标准，如《基坑土钉支护技术规程》CECS96、《建筑地基基础工程质量验收规范》GB 50202 等，冶金部的相关文件及上海地区的基坑设计规程只能参考使用，而不能作为方案计算与编制的直接依据。其三，方案中未按《江苏省建筑工程安全事故应急救援预案管理规定》中的要求编制环境变化及异常情况时的应急救援预案，项目监理组提出应予以补充编制，包括方案中对于搅拌桩部分，未提出如何控制搅拌机的提升速度及如何保证规定的水泥用量的相关保证措施，即如何保证搅拌桩的施工质量，进而确保止水帷幕发挥作用，保证基坑安全方面未提出可行有效的保证措施，项目监理组提出须加以补充、完善。

方案经过补充修改后，项目监理组结合二次专家论证的意见，并依据相关文件标准、规范的规定再予以重新审核。经过多次审查，反复修改和论证，使本工程基坑支护方案在技术、经济、安全保障方面得到有效的保证，确保了方案的可操作性、安全可靠性。

（二）审核塔吊方案

由于本工程是由 4 层裙房、两幢塔楼组成的单体建筑，两幢塔楼分别为 20 层及 22 层，塔楼外轮廓距基坑约在 10m～20m 不等，且基坑边缘至周边道路最大间距约为 10m，因此本工程塔吊位置的选定较为复杂，塔吊方案也成为监理安全工作的重点。

项目监理组首先结合今后的施工进度、施工安全保障要求对方案中的塔吊位置、数量、基础形式进行深入的推敲，并向施工方建议，最终确定本工程采用两台塔吊［QTZ63(5510)型］，塔吊基础采用高桩承台形式，塔吊机身穿过裙房结构层。其次，项目监理组对施工方申报的塔吊方案进行了细致的审查，并提出自己的审核意见，要求施工方进行修改、补充：

(1) 由于塔吊机身及塔吊基础穿过建筑结构层，施工方应补充及完善结构层塔吊部位的处理详图，并须请设计方认可，而方案中未提供相关的文件及说明。

(2) 方案中未提供塔吊计算中所采用的基础数据的来源、出处(如塔吊的可承受的 X、Y 向弯矩、剪力、自重等)，要求施工方应予以提供。

(3) 方案中未对塔吊基础预埋锚栓进行抗拔、抗剪等验算，项目监理组提出应予以补充。

(4) 方案中未对塔吊桩基础进行沉降、抗拔桩的桩身抗裂验算，要求施工方须进行补充验算。

(5) 由于塔吊的高桩承台基础外露桩长为 5.75m(－9.300～－3.550m)建议施工方考虑在－6.400m 处增加一道圈梁，以增塔吊基础的整体稳定性。

方案经施工方修改、补充后，项目监理组重新对方案中的计算参数、土层地质、计算模型等进行复核和验算。经过两次的修改、补充、讨论，使方案在技术、安全保障方面得到有效的保证。

（三）审核临时用电施工组织设计

本工程根据《施工现场临时用电安全技术规范》JGJ 46 的规定，须编制临时用电施工组织设计，而不是临时用电施工专项方案。项目监理组针对施工方申报的是临时用电方案而非施工组织设计提出了异议，要求施工方按施工组织设计的要求进行重新编制，完善审批手续。并提出考虑到后续单位的施工用电设备应预留出一定的储备用电容量。施工方重新申报后，项目监理组对临时用电系统的负荷、容量、线路布置、走向、用电设备数量、功率、临时用电的安全性等进行审查和复核，审查是否存在违反有关强制性条文的情况，是否能够确保临时用电的安全可靠，并提出监理方的审核意见，要求施工方修改和补充，进而保证了方案的可行性和安全可靠性。

根据《施工现场临时用电安全技术规范》JGJ 46—2005 第 3.1 条：监理组应从以下几方面审核。

(1) 临时用电施工组织设计是否履行了“编制、审核、批准”程序；

(2) 编制人员是否具备电气工程技术资格，及是否经相关部门审核和技术负责人批准；

(3) 是否包括临时用电工程图纸，如用电工程总平面图，配电装置布置图等；

(4) 临时用电施工组织设计是否按规定包含应有的内容，方案中所采取的措施及线路布置等是否合理，具有针对性、操作性；

(5) 其他应审查的方面。

五、落实方案的实施是提供监理安全工作的保障

基坑支护方案、塔吊施工方案及临时用电施工组织设计确定后，项目监理组在总监的主持下，踏勘施工现场，编制详细的《深基坑支护监理安全工作细则》及《××广场监理安全工作操作规程》，确定按照“统一领导，分级管理，专人负责”的原则进行网络化的管理，制定和明确各级监理人员的责权和责任范围，制定了施工监理安全工作的要点及监理安全工作程序：

(一) 本工程施工监理安全工作的要点

如深基坑支护、提升式脚手架、高大模板支撑体系、塔吊、施工电梯等；

(二) 监理安全工作程序

见图 12-1。

其次，由总监主持召开项目组内部会议，学习与本工程相关的安全法律、法规，学习并掌握深基坑支护方案的监理安全工作控制要点及监理安全工作程序和制度，涉及安全方面的法律、法规等内容有：《建筑施工安全检查标准》JGJ 59、《施工现场临时用电安全技术规范》JGJ 46、《建筑工程安全生产管理条例》、《建筑工地施工现场管理规定》、《危险性较大工程安全专项施工方案编制及专家论证审查办法》及有关施工安全的强制性条文等。并根据监理组人员的专业水平、专业类别进行细致的分工，并安排土建专业、电气专业的监理工程师具体负责现场的监理安全工作，其余监理人员协助管理。总之，项目监理组要使工程从一开始就呈现出安全隐患有人查，安全工作有人抓，安全责任有人负的局面，确保工程监理安全工作的顺利展开。

在基坑支护体系中，深层搅拌桩作为基坑的止水帷幕，是深基坑支护成功的关键。因此，项目监理组对深层搅拌桩的施工质量要着重控制，保证深层搅拌桩的匀质性、连续性，达到方案和设计的要求，发挥作用，保证基坑的安全。项目监理组应重点控制：

(1) 复核和检查施工方的测量放线工作，确保深层搅拌桩的互相搭接宽度符合方案的要求；

(2) 对深层搅拌桩施工进行旁站监理，着重控制深层搅拌桩施工机械的下钻与提升速度，保证深层搅拌桩的质量；

(3) 控制水泥的用量，使其达到方案的要求，并及时对其进行取样检测，根据检测结果决定是否需要调整水泥的用量。

在对深层搅拌桩的质量控制中，监理的旁站工作至关重要，要做到及时发现问题以便

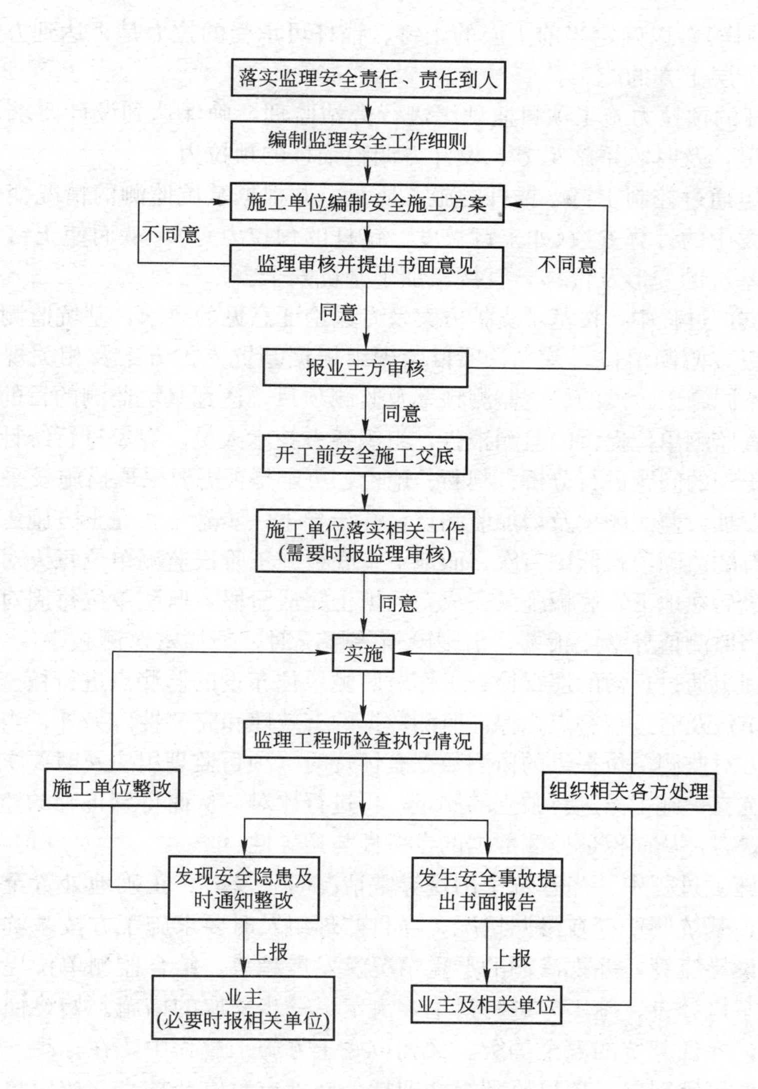

图 12-1 监理安全工作程序

总监及时解决，按照方案的要求，三轴搅拌桩施工机械下钻速度不得大于1m/min，提升速度不得大于0.8m/min，即完成一次下钻和提升至少需要35min。监理方通过旁站监理控制施工机械的施工时间，使深层搅拌桩达到方案要求的匀质性、连续性。

在土钉、锚杆的施工过程中，监理组严格按方案要求施工单位分层开挖，待本层土钉、锚杆施工完毕并达到方案要求的养护时间后，方同意下层土方的开挖。对土钉、锚杆的施工监理组着重控制：

(1) 土钉、锚杆成孔后及时进行注浆，特别是遇到砂土层，防止出现塌孔现象，影响土钉、锚杆的质量；

(2) 注浆时检查浆液的水灰比及注浆压力，并检查端部封口密封性，确保土钉、锚杆的质量。

(3) 在每层土钉、锚杆施工完成并达到养护期后，对本层土钉、锚杆进行抗拉试验

（按 30％进行抽样），以确定当前土层的土钉、锚杆可承受的拉力是否达到方案的要求，符合后方可进行下层土方的施工。

（4）对锚杆的预拉力施工项目监理组进行旁站监理，确保达到设计要求，并根据锚杆的轴力监测情况，及时联系施工方、设计方调整锚杆的预拉力。

项目监理组通过控制土钉、锚杆的施工质量，并根据基坑监测的情况变化及时联系相关各方调整方案中的计算参数（如土钉长度、锚杆的预拉力等），从而使土钉、锚杆充分发挥作用，控制基坑的变形及位移，直接保证了基坑安全。

在深基坑支护过程中，按基坑支护方案及专家论证意见的要求，基坑监测单位是与业主签订合同的第三方监测单位。首先，项目监理组根据基坑支护方案及相关规范、合同的要求，确定基坑不同施工阶段的基坑监测频率及监测项目，达到基坑监测的目的；其次，项目监理组定期审查监测单位提供的监测报告，组织各方技术人员、专家进行统计、分析，针对施工中基坑已出现的问题进行分析、判断、论论，决定是否需要采取措施及采取何种措施来纠偏，是否需要加大监测频率及增加监测点，并指导下一步施工。在土方施工阶段，监测单位每两天对所有的监测项目监测一次；而地下室底板施工阶段监测单位每天对所有的监测项目监测一次，最后在地下室底板施工完成至回填土完成阶段，监测单位每周对所有的监测项目监测一次；当监测值异常或报警，出现险情等情况时，须加密监测频率，确保施工安全；其三、项目监理组通过日常的巡视检查工作对监测单位布设的监测点进行核查，对已破坏的点位要求监测单位及时进行补点，保证监测数据的有效性和完整性。另外，当项目监理组或基坑支护施工方对监测单位提供的监测数据有怀疑时，项目监理组应及时要求监测单位重新测量或联合基坑支护施工方进行独立的测量，再进行比对，从而得到正确的监测数据，了解基坑处于何种状态，从而保证监测数据的参考性与指导性。

基坑支护施工过程中，当基坑中出现异常情况时，及时、正确地处置至关重要，在基坑施工过程中，基坑侧壁存在渗漏情况，项目监理组及时要求施工方按基坑安全应急预案进行封堵并埋设导流管，并视渗漏的严重情况及发展趋势，结合监测单位提供的对该部位的监测数据联系设计方、施工方进行讨论，决定下一步采取的措施。始终使基坑的渗漏处于可控制状态，保证基坑的安全等级。又如坑底土方施工过程中，在标高－13.000m 处发现开始有管涌、流砂现象，项目监理组立即指令施工方暂停开挖，并按应急预案的处置方法立即该部位进行回填，同时召集各方技术人员，专家讨论，研究对策；结合地勘报告，分析发现该部位坑底土质与地勘报告不符，为粉砂夹粉土层，并最终确定在该部位采用压力注浆手段改善土质。后经开挖，未发现管涌、流砂现象的再次发生，效果良好，确保了基坑安全。

在基坑支护工程实施过程中，项目监理组通过严格控制钻孔灌注桩、深层搅拌桩、土钉、锚杆的施工质量，直接保证了基坑安全。并通过第三方基坑监测单位定期提供的基坑监测报告，及时分析基坑当前的安全状态及潜在的安全隐患，定期召集各方技术人员、专家对当前的施工作出评价，提出建设性意见，指导下一步施工，从而实现监理方的过程控制。

对施工现场临时用电的检查是项目监理组履行监理安全责任的重要工作之一。依据《施工现场临时用电安全技术规范》JGJ 46 及《××广场监理安全工作操作规程》，项目监理组把下列工作作为监控要点：

（1）临时用电现场布置是否按施工组织设计中用电平面图进行。

(2) 电线、电缆是否按施工组织设计、规范要求进行埋地或架空；支线架设高度是否大于 2.5m，架空线高度是否大于 4m。

(3) 施工现场照明电线是否架空，其高度是否大于 2.4m，部分危险区域是否使用了安全电压。

(4) 动力开关是否做到"一机、一闸、一漏、一箱"。

(5) 用电设备、机械设备是否有可靠接地装置。

(6) 供电系统是否采用"三相五线制"；配电室是否设置了警示牌等。

监理组通过日常的安全巡视及每周安全大检查，并编制可操作的检查表格(表 12-1)作为内部用表，对施工现场的临时用电及时检查，及时发现隐患，及时通知整改，并跟踪整改过程，达到监理安全工作的闭合，确保用电安全。

施工用电检查记录表 **表 12-1**

<table>
<tr><td colspan="2">工程名称</td><td></td><td>检查部位</td><td colspan="2"></td><td>安全执行标准及编号</td><td></td></tr>
<tr><td colspan="2">施工单位</td><td></td><td>项目经理</td><td colspan="2"></td><td>安全员</td><td></td></tr>
<tr><td colspan="2" rowspan="2">序 号</td><td colspan="2" rowspan="2">检 查 项 目</td><td colspan="2">检查结果</td><td rowspan="2">监理工作措施</td><td rowspan="2">复查结论</td></tr>
<tr><td>合格</td><td>不合格</td></tr>
<tr><td rowspan="14">施工用电作业</td><td>1</td><td colspan="2">外电防护措施缺乏或不符合要求</td><td></td><td></td><td></td><td></td></tr>
<tr><td>2</td><td colspan="2">接地与接零保护系统不符合要求</td><td></td><td></td><td></td><td></td></tr>
<tr><td>3</td><td colspan="2">用电施工组织设计缺陷</td><td></td><td></td><td></td><td></td></tr>
<tr><td>4</td><td colspan="2">违反"一机、一闸、一漏、一箱"</td><td></td><td></td><td></td><td></td></tr>
<tr><td>5</td><td colspan="2">电线电缆老化，破皮未包扎</td><td></td><td></td><td></td><td></td></tr>
<tr><td>6</td><td colspan="2">非电工私拉乱接电线</td><td></td><td></td><td></td><td></td></tr>
<tr><td>7</td><td colspan="2">用其他金属丝代替熔丝</td><td></td><td></td><td></td><td></td></tr>
<tr><td>8</td><td colspan="2">电缆架设或埋设不符合要求</td><td></td><td></td><td></td><td></td></tr>
<tr><td>9</td><td colspan="2">灯具金属外壳未接地</td><td></td><td></td><td></td><td></td></tr>
<tr><td>10</td><td colspan="2">潮湿环境作业漏电保护参数过大或不灵敏</td><td></td><td></td><td></td><td></td></tr>
<tr><td>11</td><td colspan="2">闸刀及插座插头损坏，闸具不符合要求</td><td></td><td></td><td></td><td></td></tr>
<tr><td>12</td><td colspan="2">不符合"三级配电二级保护"要求导致保护不足</td><td></td><td></td><td></td><td></td></tr>
<tr><td>13</td><td colspan="2">手持照明未用 36V 及以下电源供电</td><td></td><td></td><td></td><td></td></tr>
<tr><td>14</td><td colspan="2">带电作业无人监护</td><td></td><td></td><td></td><td></td></tr>
<tr><td colspan="3">监理(建设)单位验收结论</td><td colspan="5">年 月 日</td></tr>
</table>

六、发挥各方能动性是监理安全工作的有力支持

本工程深基坑支护是危险性较大的工作之一，需要建设各方共同参与、共同实施的。因此发挥建设各方的主观能动性、积极性，对监理安全工作的顺利开展和有效控制有着积极的作用。首先，项目监理组定期组织各方召开工程例会做好建设三方主体之间的沟通与交流，统一认识，基坑存在安全隐患或出现异常情况时项目监理组及时组织各方召开专题会议，使建设方、施工方特别是建设方(其一是本工程建设方安全意识薄弱，其二监理的安全工作往往要得到建设方的有力支持)充分认识到工程安全工作的重要性、责任性，认识到只有安全工作到位，才能确保基坑安全，工程才能顺利进行。否则，工程质量、进度以及投资将无法保证，没有任何意义。

其次，负责监理安全工作的监理工程师在施工方作业到有安全隐患的关键工序或薄弱环节时，事先检查施工方的安全、技术交底情况是否已经落实到位，是否针对该工序的安全隐患采取了针对性的保证措施。并定期检查施工方的安全交底，安全教育，安全台账等安全资料是否真正落实到位，落实到责任人，监督施工方的安全工作情况，让施工方项目经理、专职安全员等安全责任人充分认识到安全责任与他们密不可分，充分发挥施工方安全保证体系的作用及功能。

项目监理组通过平时与建设各方的沟通，相互理解，使本工程参建各方形成合力，共同推动本工程安全工作的顺利进行，创造出一个良好的监理安全工作氛围。

七、建立监理安全检查制度是落实监理安全工作的保证

项目监理组根据《监理规划》、《监理安全工作细则》及《××广场监理安全工作操作规程》，建立了每日安全巡视制度及每周安全大检查制度，并制定出一整套相关的检查记录表格(见表 12-2、表 12-3)，由各专业负责监理安全工作的监理工程师负责记录、存档，使项目总监及各级监理人员对施工现场当前的安全状况有一个完整的了解并能及时采取针对性措施(监理工程师通知单、联系单、安全专题会议等)要求责任方进行整改，由负责监理安全工作的监理人员负责跟踪整改过程，必要时联合各方进行复查，达到安全工作的有效闭合。

安全监理工程师日常巡视记录表 **表 12-2**

单位工程	工作面	基坑施工	模板支撑系统	施工用电	三宝四口防护	脚手架搭设	施工机具	操作平台	个人防护	特殊工种	其他
安全监理工程师(签章)： 年 月 日						总监理工程师： 年 月 日					

注：未涉及的内容填入“其他”栏中，无检查内容的用“/”表示

模板安全验收记录表 **表 12-3**

<table>
<tr><td colspan="2">工程名称</td><td></td><td colspan="2">检查部位</td><td></td><td>安全执行标准及编号</td><td></td></tr>
<tr><td colspan="2">施工单位</td><td></td><td colspan="2">项目经理</td><td></td><td>安全员</td><td></td></tr>
<tr><td colspan="2" rowspan="2">序　号</td><td colspan="2" rowspan="2">检　查　项　目</td><td colspan="2">检查结果</td><td rowspan="2">监理工作措施</td><td rowspan="2">复查结论</td></tr>
<tr><td>合格</td><td>不合格</td></tr>
<tr><td rowspan="11">模板工程</td><td>1</td><td colspan="2">施工方案缺乏或不符合要求</td><td></td><td></td><td></td><td></td></tr>
<tr><td>2</td><td colspan="2">无针对混凝土输送的安全措施</td><td></td><td></td><td></td><td></td></tr>
<tr><td>3</td><td colspan="2">混凝土模板支撑系统不符合要求</td><td></td><td></td><td></td><td></td></tr>
<tr><td>4</td><td colspan="2">支撑模板的立柱的稳定性不符合要求</td><td></td><td></td><td></td><td></td></tr>
<tr><td>5</td><td colspan="2">模板存放无防倾倒措施或存放不合要求</td><td></td><td></td><td></td><td></td></tr>
<tr><td>6</td><td colspan="2">悬空存放无防倾倒措施或存放不合要求</td><td></td><td></td><td></td><td></td></tr>
<tr><td>7</td><td colspan="2">模板工程无验收与交底</td><td></td><td></td><td></td><td></td></tr>
<tr><td>8</td><td colspan="2">模板作业 2m 以上无可靠立足点</td><td></td><td></td><td></td><td></td></tr>
<tr><td>9</td><td colspan="2">模板拆除区未设置警戒且无人监护</td><td></td><td></td><td></td><td></td></tr>
<tr><td>10</td><td colspan="2">模板拆除前未经拆模申请批准</td><td></td><td></td><td></td><td></td></tr>
<tr><td>11</td><td colspan="2">模板上施工荷载超过规定或堆放不均匀</td><td></td><td></td><td></td><td></td></tr>
<tr><td colspan="3">监理(建设)单位
验收结论</td><td colspan="5">年　月　日</td></tr>
</table>

另外，项目监理组建立了本工程的安全资料目录(表 12-4)，使项目总监及各级监理人员对监理安全工作中所形成的对外、对内资料、档案有一个整体的了解，并能及时查漏补缺，保证监理安全工作资料的完整性、有效性。

监理安全资料目录 **表 12-4**

序号	名称	出处	备注(文件存放处)
1	施工组织设计(土建、安装)	详 A31-1-19、A31-2-20	《施工方案》文件夹
2	临时用电方案(生产区、生活区)	详 A31-5-15、A31-3-217	《施工方案》文件夹
3	三类人员资质、承包商资质、特殊工种上岗证	详 A1-001	《开工报告》文件夹
4	监理规划、监理细则	《监理规划》内有安全文明施工的监理措施及安全施工监理细则	《受控文件》、《监理规划》文件夹
5	安全监理工作组织机构、安全监理工作程序、工作制度	在《受控文件》第 12、13 项	《受控文件》文件夹
6	监理组配备的安全监理工作所需的设备和设备清单	在《受控文件》第 10 项	《受控文件》文件夹

续表

序号	名称	出处	备注(文件存放处)
7	监理组应急救援预案、施工单位应急救援预案	详 A8-01	《安全台账》、《施工联系单》文件夹
8	建设单位与总包、总包与分包签订的安全协议书或安全交底		《安全台账》
9	施工单位安全保障体系	详 A8-01	《施工联系单》文件夹
10	大型施工机具、设备进场、安装、检查、退场记录	A32-3-1～A32-3-11	《材料报验单》文件夹
11	重大施工方案的审查、备案落实情况	A31-3-03、A31-1-19	《施工方案》文件夹
12	安全巡视记录		《安全台账》文件夹
13	安全检查记录、安全月报	B5-05～B5-08	《监理月报》文件夹
14	安全通知单、联系单、安全例会、专题会议(含安监交底会议)	B32-05、B24-01、04、05、14、17，B62-016	《监理通知单》、《会议纪要》文件夹
15	安全法律、法规		详见安全法律、法规目录
16	行政主管部门在项目检查中提出的安全问题闭合情况		《安全台账》
17	公司主管部门在项目检查中提出的安全问题闭合情况		《安全台账》
18	专家在重大施工方案中的评审意见关于安全文明措施的落实情况	A31-3-03、A31-1-19	《施工方案》文件夹

八、建立安全应急救援及监理安全工作会议制度

建立工程的安全应急预案包括两个方面的内容，一方面项目监理组依据《江苏省建筑施工安全事故应急救援预案管理规定》要求施工方建立自己的安全应急预案，加强施工方对施工过程中的突发安全问题及安全事故的防范，并能在突发安全问题及安全事故发生后有条不紊的采取正确的应对措施和处置办法，明确各相关安全责任人的具体任务，处置程序及需配备的应急物资等；另一方面，项目监理组按公司相关监理安全工作管理规定，建立了项目监理组的应急预案，明确在遇到突发事件时项目监理组各级监理人员的处置程序及具体负责的协调内容，在处理过程中所担负的任务及职责。

项目监理组通过施工方及监理方应急预案的建立、完善，使建设各方明确突发事件时的处置办法及处置程序，并定期召集建设各方的安全工作人员、技术人员，结合施工现场当前施工的具体情况及基坑监测报告，对前期的安全工作作出总体评价，总结经验和教训。更重要的是提出下阶段安全工作重点、要点，使建设各方主体的安全工作都具有目标性、可操作性、针对性，并提出下阶段具体安全工作过程中采取的改进和完善措施，避免重蹈覆辙，使下阶段的安全工作更上一个台阶。

在基坑施工过程中，根据××年 12 月 4 日监测单位提供的第 82 期监测报告显示，在第 8 号测点、9 号测点、10 号测点(均位于基坑北侧)土体位移值与初始值之差为：51.55mm、55.18mm、62.14mm，且在基坑东、北侧道路上出现细微裂缝(裂缝最大

宽度10mm，距基坑边缘约10～15mm)，而根据《建筑地基基础工程施工质量验收规范》(GB 50202—2002)的规定及基坑监测方案，本基坑允许土体最大位移值(累计值)为50mm，最大位移值已超过预警值12.14mm，项目监理组及时按应急预案相关程序召集基坑设计方、施工方及监测方的技术人员进行专题会议讨论、分析：

(1) 土体位移虽超过预警值，但综合前三期的监测报告显示，土体位移的变化速率未超过预警值(即连续3d均为3mm/d)；

(2) 基坑围护墙顶垂直沉降、水平位移、周边道路、管线等监测值均未超过监测预警值。

会议最终确定相关的处理措施：即加大基坑监测频率，由每天一次改为每天两次，待后期监测数据出来再确定进一步的处理措施。后经83～85期的监测报告，基坑的土体位移值已稳定，最大值为62.39mm，未进一步发展，位移变化速率未超预警值，并继续加强监测，根据后期的监测报告显示，基坑土体位移变化已处于稳定，最大值65.13mm，土体位移变化速率未出现超预警值现象，周边道路裂缝未见扩大。

案例13 某大楼工程进度监理案例

【摘要】 本案例主要是介绍进度控制方面的实例，从进度控制的程序，进度控制的主要内容，进度控制的事前、事中、事后措施等方面进行编写，体系合理，内容清晰。

一、工程概况

本工程用地面积约13314m²，建筑面积约43062.42m²，其中地下面积约7874.33m²，±0.000相当于绝对吴淞高程13.650m，室内外高低差为0.150m不等。

本工程地上12层，地下1层，地下室内约2/3面积为平战结合的人防区。结构布置上有多处错层、跃层、大跨空间，存在高支模、预应力等分项工程，施工难度较大。

二、工程特点

(1) 本工程位于市中心，紧邻城市主干道，车辆进出施工场地受限制明显。

(2) 地下室基坑与支护占地面积较大，临设布置用地很紧张，现场可用地不能满足临设布置一步到位的要求，需分阶段布设，生活区须场外布置。

(3) 基坑开挖较深，深基坑安全防范要求高，应急预案与组织抢险要求能力强；地面总高度高，测量精度要求高。

(4) 大楼内楼层多处为跃层空间，局部层高高，预应力梁断面大，至使梁、板模板支撑体系工艺和质量要求高。

(5) 预应力技术、轻钢结构技术、玻璃幕墙、ALC板、APP卷材防水、混凝土加气块砌体等新技术、新工艺、新材料应用较多。

三、监理组织机构

本工程采用直线制监理组织形式，组织结构图见图13-1。

进度控制工作人员的具体分工与职权：

由总监代表×××同志具体负责进度监理方面的工作，在《委托监理合同》授权及《建设工程监理规范》GB 50319的规定条件下行使相应的权力，其具体工作职权有：

(1) 负责进行进度实施情况的评估工作；

(2) 负责组织协调工作；将通过会议协调、现场协调、对业主的积极引导等手段开展进度控制的协调工作；

(3) 在总监工程师的授权之下，签发相关指令、处理工程临时延期的审查工作；

(4) 协助施工单位调整进度计划，负责修改本项目监理部相关的工作目标、阶段目标，组织每周一小结，每月一大结，阶段目标实现以后要有一总结，编写监理月报中的有关部分内容。

(5) 负责协助总监理工程师编制本项目的监理进度计划体系，负责组织本项目的工作

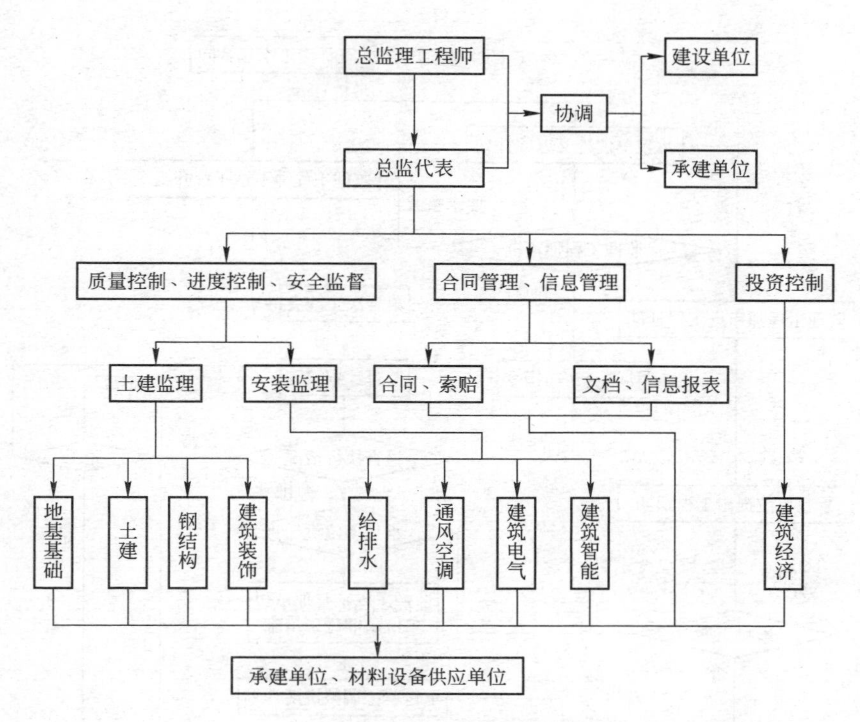

图 13-1 项目组织结构图

人员进行相关的业务学习。

四、进度控制的程序

进度控制的程序如图 13-2 所示。

五、进度控制的主要内容

(1) 协助业主进行工程项目建设周期总目标的分析、论证。

(2) 协助业主制定工程项目总进度计划，并在实施过程中控制其执行，必要时及时与业主协商调整总进度规划。

(3) 审查总承包商提出的施工总进度计划，并控制其执行，必要时要求总承包商作及时调整。

(4) 审查施工方和材料设备商提出的进度实施计划，并检查、督促其执行。

(5) 在项目实施过程中，进行进度计划与实际值比较，发现进度偏差，通过分析原因，提出纠偏措施，并于每月、季、年提交各种进度控制表。

六、进度控制措施

(一) 事前进度控制

(1) 由项目总监组织专业监理工程师审核施工进度计划，审核内容如下：

1) 施工总工期应符合合同工期。

2) 各施工阶段或单位工程包括分部，分项工程的时间安排是否符合工期总目标的要

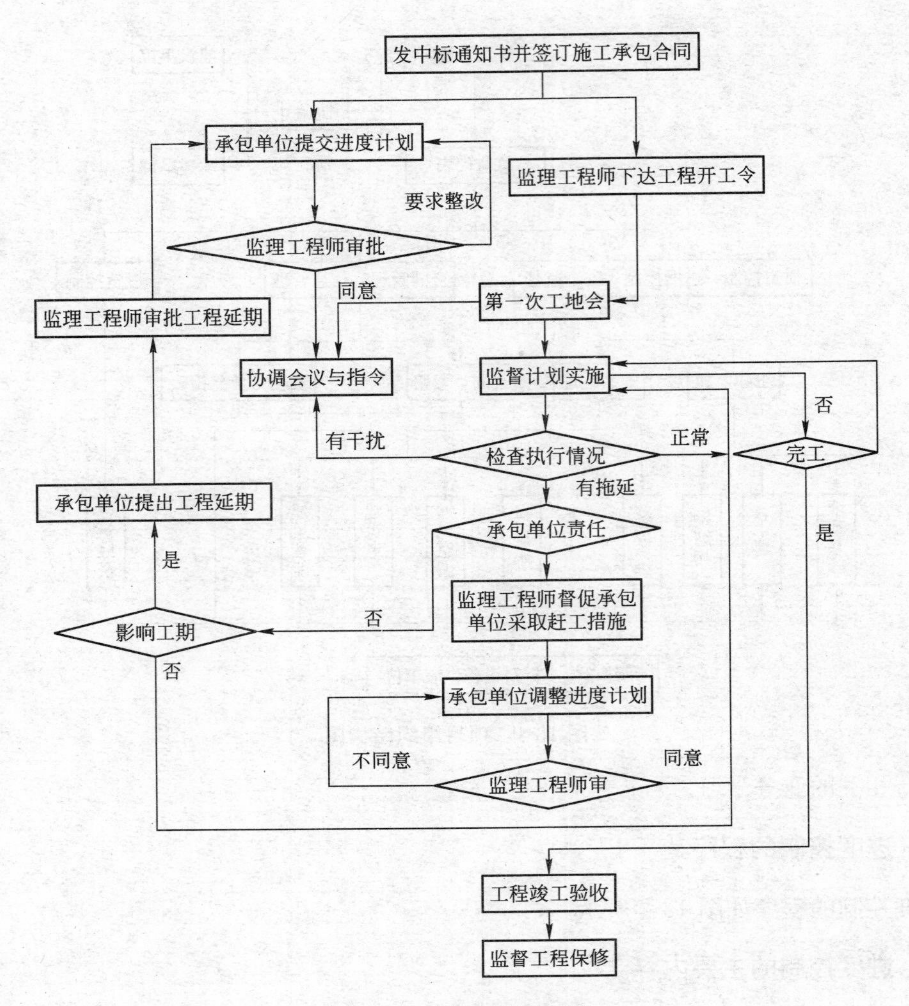

图 13-2　进度控制的程序

求，相互之间的安排是否协调。

3）计划中各施工项目（工作）的顺序是否符合工艺要求，有无逻辑关系错误；与人员、材料、设备等的进场计划是否协调。

4）关键线路是否准确。

5）在夏季、雨季等季节工程施工的合理安排，并应采取有效的预防保护措施。

6）对运行、清扫、假日及天气影响的时间，应有适当的扣除并留有足够的时间富余。

项目总监在确定满足上述要求并与业主协商后，签署《工程进度报审表》（见表 13-1）作为监理的控制目标。

（2）审核承包商提交的施工进度网络图，分项流程图。主要审核是否符合总工期控制目标的要求；审核施工进度计划与施工方案的协调性，合理性。

（3）审核承包商提出的施工方案和施工总平面图。

（4）与业主协商，制定由业主供应材料、设备的采购、供应计划。

(5) 督促并检查承包商做好施工准备工作，其内容如下：

1) 材料和设备的到货日期是否有保证。

2) 主要技术、管理人员及施工队伍的进场日期是否已经落实。

3) 测量标志的复核及施工测量、材料检查及送样检测的工作是否落实。

4) 驻地建设、运输道路、供电、供水等临时设施是否已经解决或已有可靠解决方法。

5) 计划目标与施工能力的适应性。

(6) 项目总监对上述各事项进行审核，可向业主提交《进度控制专题报告》，其主要内容为：

1) 对进度计划的分析，主要分析进度计划是否合理，能否实现。

2) 进度目标实现的风险分析，主要结合本工程的特点，就施工技术、施工力度、施工方案、施工环境等方面进度风险分析。

3) 业主应注意的问题，主要就设计图纸进度、设备供应进度及周边的环境协调、资金到位情况等进行论述。

4) 监理的建议，主要就如何实现进度目标提出设想和建议。

进度控制专题报告采用《监理工程师联系单》的形式，在报送业主的同时报送公司管理部。

(二) 事中进度控制

协调承包商实施进度计划，随时检查施工进度计划的关键控制点，动态了解进度计划的实施情况。

检查和审核施工承包商提交的年度、季度、月度计划，由项目总监审核，施工承包商填写《工程进度计划报审表》(见表13-1)。

工程进度计划报审表 **表13-1**

致：×××(监理单位)

兹报验 × 年 × 月 × 日至 × 年 × 月 × 日的：

□ (1) 工程总进度计划。

□ (2) 工程月进度计划。

□

附件：

□ (1) 上期进度计划完成情况及分析

□ (2) 本期进度计划的示意图表、说明书

□ (3) 本期进度计划完成分部/分项工程工程量

□ (4) 本期进度期间投入的人员、材料(包括甲供材料)、设备计划

承包单位项目经理部(章)：________

项目经理：×××　日期：×××

项目监理机构签收人姓名及时间	×××	承包单位签收人姓名及时间	×××

监理审核意见：

经审核，你方报审的总进度计划满足合同工期要求，同意按此总进度计划执行

项目监理机构(章)：________

专业监理工程师：×××　总监理工程师：×××　日期：×××

注：月进度计划报审表承包单位项目经理部应提前5天提出，一般为每月25日申报。

严格执行进度检查。为了解施工进度的实际情况，一般情况下，监理组采取例会或专题会议的形式检查施工实际进度，并确定下一阶段进度节点要求。会议纪要如表13-2所示。

进度专题会会议纪要　　表13-2

会议主要内容及结论
2010年10月8日14：00监理召集桩基单位、土方单位、土建单位、建设单位为实现春节前完成地下室土建结构施工进行广泛的研究、讨论，各参建单位一致达成如下共识： 一、各参建单位均同意严格按地下室土建结构总控计划实施(附后)。各自编制详细可操作的进度实施计划，于10月15日提交监理和建设单位。 二、各参建单位均同意设定以下里程碑控制节点： 桩基单位：2010年10月10日完成现场16轴～23轴范围内的泥浆处理 2010年10月20日完成现场1轴～16轴范围内的泥浆处理 土方单位：2010年11月6日完成现场16轴～23轴基坑土方开挖 2010年11月16日完成现场1轴～9轴基坑土方开挖 2010年12月6日完成现场9轴～16轴基坑土方开挖 土建单位：2011年1月16日完成16轴～23轴地下室土建结构施工 2011年1月16日完成1轴～9轴地下室土建结构施工 2011年1月24日完成9轴～16轴地下室土建结构施工 三、各参建单位均认可以上里程碑控制节点，各自完成的时间节点若滞后自愿接受建设单位对其3000元/d的罚款(由于上道工序未按节点完成，导致下道工序完成时间超出共同议定节点时间的风险除外)，若提前完成建设单位将按3000元/d进行奖励，奖励、罚款金额列入结算报告中。 四、为加快施工进度，桩机验收将按三块区域分别进行验收，质监站的协调工作由建设单位完成。建设单位、监理单位将全力配合现场施工

为了避免承包商超报已完成的工作量，专业监理工程师或监理员需进行必要的现场跟踪检查，以检查现场工作量的实际完成情况，为进度分析提供可靠的数据资料。

2011年1月月进度计划分析报表　　表13-3

分部分项工程名称	计划进度	实际进度
	1轴～6轴完成至±0.000、6轴～16轴完成至基础底板	1轴～16轴完成至基础底板
月进度完成情况简析	本月计划在春节前1轴～6轴完成至±0.000、6轴～16轴完成至基础底板。 计划能否完成主要取决于施工人员的数量，施工单位至1月10日现场施工人数约110人，难以满足进度需要 经过本月中下旬参建各方的最后赶工春节前实际完成进度如下：1轴～16轴完成至基础底板，16轴～23轴完成至±0.000，距离工程桩完工时计划在春节前1轴～23轴完成至±0.000的年度目标存在一定差距	
进度滞后原因分析	施工单位投入工程施工的劳动力不足	
监理指令	针对临近春节前劳动力组织的特点，要求施工单位从增加劳动力数量、稳定现有施工人员思乡情绪、提高施工效率三方面入手确保进度。 发B21-1101007号进度类监理工程师通知单	

进度分析的重点为：

(1) 计划进度与实际进度的差异；

(2) 形象进度，实物工程量与指标完成情况的一致性。

进度情况表应逐日记载每日形象进度及完成的实物工程量，记录影响施工的各种因素，延误原因，采取措施等。

进行工程进度的动态控制。当实际进度与计划进度发生差异时应分析产生的原因及进度偏差带来的影响并进行工程进度预测，以《监理工程师联系单》向施工承包商提出进度调整措施的建议，要求施工承包商相应调整施工进度计划及设计、材料设备、资金等进度计划，调整工时、人员、机械设备等。

通过与业主及承包商协调，调整工期目标并与业主协商后由项目总监签署《延长工期申报表》，制定重新调整的进度计划并付诸实施。

组织现场进度协调会，主要内容包括：及时分析、通报工程施工进度情况；协调承包商不能解决的内、外关系问题(设计、物资供应、资金、外界干扰等)；检查上报协调会结论执行情况；总结管理上的问题；现场其他有关事宜。

项目总监定期向业主汇报有关工程实际情况，并在每月的《监理月报》中以《月进度计划分析报表》的形式向业主汇报工程进度控制情况，必要时也可以提出专题报告。

（三）事后进度控制

承包商制定保证工期不突破的对策措施：

技术措施：如缩短工艺时间，减少技术间歇期，实行平行流水和立体交叉作业等；

经济措施：如实行包干奖金，提高计价单位，提高奖金水平等；

合同措施：利用合同文件所赋予的权利督促承包商按期完成工程项目，利用合同文件可采取各种手段和措施监督承包商加快工程进度；

其他配套措施：如改善上班配套条件，改善劳动条件，实施强有力的调整等。

因进度差异导致原计划不能如期完成，则项目总监应书面向业主提出报告，提出补救措施等，要求施工承包商调整相应的施工计划、材料计划、资金计划等，并提出新的进度计划，填写《工程进度计划报审表》报项目总监审核。

处理工程索赔与反索赔(主要是处理工期方面的索赔与反索赔)及延期审核工作。

根据实际施工进度，及时修改和调整监理工作计划，以保证下一阶段工作顺利进行。

工程项目进度资料的收集整理。

按合同条款及有关约定对施工单位进度滞后进行处罚，见表 13-4。

监理工程师通知单(进度控制类) **表 13-4**

事由	关于现场施工劳动力不足而影响施工进度的有关事宜	签收人姓名及时间	×××

致：××××建筑集团有限公司(总包单位)

春节临近，本工程工期十分紧张，监理和业主近一个月以来在工地例会、协调会中与贵公司多次协调要求你方增加劳动力，加强管理力度，抢进度。贵公司一直承诺将采取措施增加班组人数。但现场实际状况仍无实质性改观，上周现场仅有 130 人左右。至本周一现场劳动力投入进一步减少，经过现场清点，仅有 120 人，人数相比上周不是增加反而减少。1 轴～6 轴底板混凝土在元月 8 日浇筑完成，元月 9 日仅有 8 个钢筋工在此区域施工，元月 10 日仅有 14 个钢筋工在此施工。这远不能满足现场施工进度要求。

现要求贵公司引起高度重视，若春节前无法完成 1 轴～6 轴地下室结构至±0.000 的进度目标，贵公司将承担由此引起的不利后果。

附件共 / 页，请于×年×月×日×前填报回复单(A5)。

抄送：建设单位

项目监理机构(章)：

专业监理工程师：××× 总监理工程师：××× 日期：×××

注：本通知单分为进度控制类(B21)、质量控制类(B22)、造价控制类(B23)、安全文明类(B24)、工程变更类(B25)

案例14　某演艺教学大楼建筑电气监理案例

【摘要】　本案例是针对电气工程的监理方案，电气工程的设计内容包括供配电系统、照明系统、防雷接地系统等。案例的主要内容有：专项施工方案审查要点，主要材料与设备进场验收，套管预埋与洞口预留控制要点，电气安装控制要点和电气调试控制要点。最后作者还介绍了电气与相关专业配合问题及监理措施和监理工作体会。

一、工程概况

本工程建筑面积约43000m^2，其中地下室面积约8000m^2，地上12层，地下1层，地下室内约2/3面积为平战结合的人防区。结构形式为现浇钢筋混凝土框架-剪力墙结构，结构布置上有多处错层、跃层、大跨空间等。

主要功能包括：地下一层为汽车库、设备用房及舞台台仓部分，地上为教学演奏厅、教学排练厅、练功房、教学实验剧场(约574座)、理论教室、琴房、办公室等。

二、电气专业概况

本工程电气设计范围包括供配电系统、照明系统、防雷接地系统。

(一) 供配电设计

本工程低压配电系统采用三相五线制，220/380V，50Hz，TN-S系统。负荷等级划分为二级负荷、三级负荷，二级负荷包括消防系统(含消防控制室内的火灾自动报警及控制设备、消防泵、排烟风机、消防电梯、应急及疏散照明指示灯等)、安防中心、通信和计算机网络机房等弱电机房等，三级负荷包括：其他电力负荷，空调负荷及一般照明等。

(二) 管线敷设

本工程线路除地下部分穿SC焊接钢管外，其余部分均穿套接扣压式薄壁钢管(KBG)。本工程线路均采用铜芯阻燃低烟无卤交联聚乙烯绝缘电线或电缆(0.45/0.75kV)穿管沿墙，地面及平顶暗敷或沿汇线桥架敷设。消防用电设备配电均采用耐火型电缆穿防火桥架敷设或采用塑料绝缘导线穿钢管沿墙，顶棚或地暗敷，明敷设的(非电井内)应穿金属管并刷防火涂料保护或采用耐火电缆沿防火线槽敷设。双电源箱的两回路电源电缆在电缆桥架内敷设中间用防火隔板分隔。

(三) 照明系统

本工程采用i-bus智能照明控制系统。智能照明控制系统主机设于消防监控中心内。系统采用KNX/EIB，总线制。本工程在大空间活动室、剧场、公共空间等处设置照明的自动控制，系统具有以下功能：手动控制，时间控制，场景控制，根据照度值开闭分区的照明灯具等功能，以达到节约能源，降低管理费用，提高工作效率及管理水平的效能。

本工程采用Ⅰ类灯具，所有灯具底座应设有接地端子。光源：有装修要求的场所视装修要求商定，一般场所采用高效灯具、节能光源，采用的镇流器应符合该产品的国家能效标准。光源色温应在 3300～5000K 之间。灯具类型主要有格栅灯、筒灯、普通日光灯、半圆吸顶灯、壁灯、剧场舞台灯光灯、剧场贵宾厅大型水晶吊灯等。

(四) 防雷、接地保护系统

本建筑物年预计雷击次数为 0.08，按二类防雷建筑物设计。建筑物电子信息系统雷电等级为 B 级。防雷接地，工作接地，保护接地均利用建筑物的基础钢筋网做接地极，联合接地电阻应不大于 1Ω，否则应补打接地极。

本工程做总等电位连接：PE、PEN 干线，配电总箱内 PE 端子，建筑物的金属管线及金属结构，电缆的金属外皮等及用作接地的构造柱内 1 对主筋均应与总等电位箱内接地端子做可靠连接，连接导线采用－25×4 镀锌扁钢暗敷。

三、电气安装监理控制要点

(一) 专项施工方案审查要点

(1) 审批手续是否齐全。

(2) 施工内容是否符合合同及本工程图纸要求。

(3) 施工方法、工艺、流程是否符合现场实际及相关规范的要求。

(4) 施工质保、安保体系是否符合要求。

(5) 电工、电焊工、起重工等特殊工种是否持证上岗，特殊工种证书是否真实有效。

(二) 主要材料、设备进场验收

主要材料、设备进场应具有质量保证书、生产许可证和产品合格证、试验报告等，检验结论应有记录；进场材料的规格、型号符合设计要求，性能良好，附件齐全，外观无损伤确定符合规范规定，才能允许在施工中应用。对有异议的材料、设备、成品和半成品的质量，应送有资质的试验室进行抽样检测，试验室应出具检测报告，确定符合规范和相关技术标准规定，才能在施工中应用。

施工过程中监理对每批进场的材料进行了常规项目检查，如对焊接钢管、套接扣压式薄壁钢导管(KBG)管、桥架等外观、壁厚进行检查。认真核对进场的电线电缆型号是否符合图纸要求，并对电线电缆进行了见证取样送检，取样数量同一品牌不少于两种规格。配电箱重点检查箱内元器件品牌型号是否符合合同要求，特别是电涌保护器是否为备案产品。灯具进场重点检查品牌型号是否符合合同要求等。

(三) 套管预埋、洞口预留控制要点

刚性防水套管制作时重点检查套管规格、壁厚及翼环尺寸、壁厚。

防水套管安装时重点检查套管安装的高程、位置是否符合图纸要求，桥架洞口预留重点检查尺寸及位置。

人防地下室电气管线均采用穿焊接钢管(明敷设时，应热镀锌)。凡穿越围护结构、防护密闭墙、密闭隔墙的电气管线和预留备用管孔，应做防护密闭和密闭处理，管材应采用热镀锌钢管，厚度不小于 2.5mm。

(四) 电气配管控制要点

焊接钢管连接方式采用套管连接，连接管的对口处应在套管的中心，焊口应焊接牢固、严密，严禁对口熔焊连接。钢管进盒(箱)处应采用 $\phi6$ 钢筋做好接地跨接，焊接长度应为 6 倍圆钢直径，双面施焊，焊缝饱满。焊接钢管内壁应做好防腐处理。

套接扣压式薄壁钢导管(KBG)电线管路连接应采用专用工具进行，不应敲打形成压点，严禁熔焊连接。套接扣压式薄壁钢导管电线管路当管径为25mm及以下时每端扣压点不应少于2处当管径为32mm及以上时每端扣压点不应少于3处且扣压点宜对称，间距宜均匀，套接扣压式薄壁钢导管管与管的连接处的扣压点深度不应小于1mm。

明配的导管应排列整齐，固定点间距均匀，安装牢固；在终端、弯头中点或柜、台、箱、盘等边缘距离150～500mm的范围内设有管卡，中间直线段管卡间的最大距离应符合表14-1的规定。

管卡间最大距离 **表14-1**

敷设方式	导管种类	导管直径(mm)				
		15～20	25～32	32～40	50～65	65以上
		管卡间最大距离/m				
支架或沿墙明敷	壁厚>2mm刚性钢导管	1.5	2.0	2.5	2.5	3.5
	壁厚≤2mm刚性钢导管	1.0	1.5	2.0	—	—
	刚性绝缘导管	1.0	1.5	1.5	2.0	2.0

消防用电设备配电线路采用钢管明敷设的(非电井内)应刷防火涂料保护。

金属软管的长度在动力工程中不大于0.8m，在照明工程中不大于1.2m。

钢管在建筑物变形缝处，应设补偿装置。

(五) 桥架安装控制要点

金属电缆桥架及其支架和引入或引出的金属电缆导管必须接地(PE)或接零(PEN)可靠，且金属电缆桥架及其支架在其全长范围内应不少于2处与接地(PE)或接零(PEN)干线相连接；非镀锌电缆桥架间连接板的两端跨接铜芯接地线，接地线最小允许截面积不小于4mm^2。镀锌电缆桥架间连接板的两端不跨接接地线，但连接板两端应有不少于2处带防松螺帽或防松垫圈的连接固定螺栓。

消防用电设备配电线路必须采用防火桥架，两回路电源电缆在电缆桥架内敷设中间用防火隔板分隔。

直线段钢制电缆桥架长度超过30m应设有伸缩节，电缆桥架跨越建筑物变形缝处设置补偿装置。

电缆桥架跨越建筑物变形缝处应设置补偿装置；电缆桥架水平安装的支架间距为1.5～3m；垂直安装的支架间距不大于2m。敷设在竖井内和穿越不同防火区的桥架，应按设计要求位置布置，并有防火隔堵措施。

电缆桥架转弯处的弯曲半径，不小于桥架内电缆的最小允许弯曲半径，电缆最小允许弯曲半径见表14-2。

电缆最小允许弯曲半径 **表14-2**

序号	电缆种类	最小允许弯曲半径
1	无铅包钢铠护套的橡皮绝缘电力电缆	10*D*
2	有钢铠护套的橡皮绝缘电力电缆	20*D*
3	聚氯乙烯绝缘电力电缆	10*D*

续表

序号	电缆种类	最小允许弯曲半径
4	交联聚氯乙烯绝缘电力电缆	15D
5	多芯控制电缆	10D

注：D 为电缆外径

电缆桥架敷设在易燃易爆气体管道和热力管道的下方，当设计无要求时，与管道的最小净距，应符合表 14-3 的规定。

与管道的最小净距(m) **表 14-3**

管道类别		平行净距	交叉净距
一般工艺管道		0.4	0.3
易燃易爆气体管道		0.5	0.5
热力管道	有保温层	0.5	0.3
	无保温层	1.0	0.5

（六）成套配电柜、控制柜(屏、台)和动力、照明配电箱(盘)安装控制要点

柜、屏、台、箱、盘的金属框架及基础型钢必须接地(PE)或接零(PEN)可靠；装有电器的可开启门，门和框架的接地端子间应用裸编织铜线连接，且有标识。

手车、抽出式成套配电柜推拉应灵活，无卡阻碰撞现象。动触头与静触头的中心线应一致，且触头接触紧密，投入时，接地触头先于主触头接触；退出时，接地触头后于主触头脱开。

高压成套配电柜必须按现行国家标准《电气装置安装工程电气设备交接试验标准》GB 50150 的规定交接试验合格，且应符合下列规定：继电保护元器件、逻辑元件、变送器和控制用计算机等单体校验合格，整组试验动作正确，整定参数符合设计要求；凡经法定程序批准，进入市场投入使用的新高压电气设备和继电保护装置，按产品技术文件要求交接试验。

低压成套配电柜交接试验，必须符合下列规定：每路配电开关及保护装置的规格、型号，应符合设计要求；相间和相对地间的绝缘电阻值应大于 0.5MΩ；电气装置的交流工频耐压试验电压为 1kV，当绝缘电阻值大于 10MΩ 时，可采用 2500V 兆欧表摇测替代，试验持续时间 1min，无击穿闪络现象。

柜、屏、台、箱、盘间线路的线间和线对地间绝缘电阻值，馈电线路必须大于 0.5MΩ；二次回路必须大于 1MΩ。

柜、屏、台、箱、盘间二次回路交流工频耐压试验，当绝缘电阻值大于 10MΩ 时，用 2500V 兆欧表摇测 1min，应无闪络击穿现象；当绝缘电阻值在 1～10MΩ 时，做 1000V 交流工频耐压试验 1min，应无闪络击穿现象。

直流屏试验，应将屏内电子器件从线路上退出，检测主回路线间和线对地间绝缘电阻值应大于 0.5MΩ，直流屏所附蓄电池组的充、放电应符合产品技术文件要求；整流器的控制调整和输出特性试验应符合产品技术文件要求。

照明配电箱(盘)安装应符合下列规定：箱(盘)内配线整齐，无绞接现象。导线连接紧

密，不伤芯线，不断股。垫圈下螺丝两侧压住的导线截面积相同，同一端子上导线连接不多于 2 根，防松垫圈等零件齐全；箱(盘)内开关动作灵活可靠，带有漏电保护的回路，漏电保护装置动作电流不大于 20mA，动作时间不大于 0.1s。照明箱(盘)内，分别设置零线(N)和保护地线(PE 线)汇流排，零线和保护地线经汇流排配出。

基础型钢安装应符合表 14-4 的规定。

基础型钢安装允许偏差 **表 14-4**

项目	允许偏差	
	mm/m	mm/全长
不直度	1	5
水平度	1	5
不平行度	/	5

柜、屏、台、箱、盘相互间或与基础型钢间应用镀锌螺栓连接，且防松零件齐全。

柜、屏、台、箱、盘安装垂直度允许偏差为 1.5‰，相互间接缝不应大于 2mm，成列盘面偏差不应大于 5mm。

（七）干式变压器安装控制要点

变压器安装应位置正确，附件齐全。

接地装置引出的接地干线与变压器的低压侧中性点直接连接；变压器箱体、干式变压器的支架或外壳应接地(PE)。所有连接应可靠，紧固件及防松零件齐全。

变压器必须按现行国家标准《电气装置安装工程电气设备交接试验标准》GB 50150 的规定交接试验合格。

有载调压开关的传动部分润滑应良好，动作灵活，点动给定位置与开关实际位置一致，自动调节符合产品的技术文件要求。

绝缘件应无裂纹、缺损和瓷件瓷釉损坏等缺陷，外表清洁，测温仪表指示准确。

变压器应按产品技术文件要求检查器身，当满足下列条件之一时，可不检查器身：制造厂规定不检查器身者；就地生产仅做短途运输的变压器，且在运输过程中有效监督，无紧急制动、剧烈振动、冲撞或严重颠簸等异常情况者。

（八）电线、电缆穿管、桥架内敷设控制要点

三相或单相的交流单芯电缆，不得单独穿于钢导管内。不同回路，不同电压等级和交流与直流的电线，不应穿于同一导管内；同一交流回路的电线应穿于同一金属导管内，且管内电线不得有接头。建筑物的电线绝缘层颜色选择应一致，即保护地线应是黄绿相间色，零线用淡蓝色，相线用：A 相——黄色、B 相——绿色、C 相——红色。电线、电缆的回路标记应清晰、编号准确。

桥架内电缆敷设应符合下列规定：大于 45°倾斜敷设的电缆每隔 2m 处设固定点；电缆出入电缆沟、竖井、建筑物、柜(盘)、台处以及管子管口处等做密封处理；电缆敷设排列整齐，水平敷设的电缆，首尾两端、转弯两侧及每隔 5～10m 处设固定点；敷设于垂直桥架内的电缆固定点间距，不大于表 14-5 的规定。

电缆固定点的间距(mm) 表 14-5

电缆种类		固定点的间距
电力电缆	全塑型	1000
	除全塑形外的电缆	1500
控制电缆		1000

(九) 电缆头制作、接线和线路绝缘测试控制要点

芯线与电器设备的连接应符合下列规定：

截面积在 $10mm^2$ 及以下的单股铜芯线和单股铝芯线直接与设备、器具的端子连接；截面积在 $2.5mm^2$ 及以下的多股铜芯线拧紧搪锡或接续端子后与设备、器具的端子连接；截面积大于 $2.5mm^2$ 的多股铜芯线，除设备自带插接式端子外，接续端子后与设备或器具的端子连接；多股铜芯线与插接式端子连接前，端部拧紧搪锡；多股铝芯线接续端子后与设备、器具的端子连接；每个设备和器具的端子接线不多于 2 根电线。

低压电线和电缆，线间和线对地间的绝缘电阻值必须大于 0.5MΩ。监理应对绝缘电阻测试进行旁站监理，旁站时检查仪表型号、测试方法等符合相关规定并认真做好旁站记录。

(十) 不间断电源安装控制要点

不间断电源的整流装置、逆变装置和静态开关装置的规格、型号必须符合设计要求。内部结线连接正确，紧固件齐全，可靠不松动，焊接连接无脱落现象。

不间断电源的输入、输出各级保护系统和输出的电压稳定性、波形畸变系数、频率、相位、静态开关的动作等各项技术性能指标试验调整必须符合产品技术文件要求，且符合设计文件要求。

不间断电源装置间连接的线间、线对地间绝缘电阻值应大于 0.5MΩ。

不间断电源输出端的中性线(N 极)，必须与由接地装置直接引来的接地干线相连接，做重复接地。

安放不间断电源的机架组装应横平竖直，水平度、垂直度允许偏差不应大于 1.5‰，紧固件齐全。

引入或引出不间断电源装置的主回路电线、电缆和控制电线、电缆应分别穿保护管敷设，在电缆支架上平行敷设应保持 150mm 的距离；电线、电缆的屏蔽护套接地连接可靠，与接地干线就近连接，紧固件齐全。

不间断电源装置的可接近裸露导体应接地(PE)或接零(PEN)可靠，且有标识。

不间断电源正常运行时产生的 A 声级噪声，不应大于 45dB；输出额定电流为 5A 及以下的小型不间断电源噪声，不应大于 30dB。

(十一) 低压电动机、电动执行机构检查接线控制要点

电动机、及电动执行机构的可接近裸露导体必须接地(PE)或接零(PEN)。

电动机、电加热器及电动执行机构绝缘电阻应大于 0.5MΩ。

电气设备安装应牢固，螺栓及防松零件齐全，不松动。防水防潮电气设备的接线入口及接线盒盖等应做密封处理。

除电动机随带技术文件说明不允许在施工现场抽芯检查外，有下列情况之一的电动

机，应抽芯检查：出厂时间已超过制造厂保证期限，无保证期限的已超过出厂时间一年以上；外观检查、电气试验、手动盘转和试运转，有异常情况。

在设备接线盒内裸露的不同相导线间和导线对地间最小距离应大于 8mm，否则应采取绝缘防护措施。

（十二）灯具安装控制要点

灯具的固定应符合下列规定：重量大于 3kg 时，固定在螺栓或预埋吊钩上；灯具固定牢靠，不使用木楔。每个灯具固定用螺钉或螺栓不少于 2 个，当绝缘台直径在 75mm 及以下时，采用 1 个螺钉或螺栓固定。本工程所有灯具外壳必须接地良好，且有标识。

花灯吊钩圆钢直径不应小于灯具挂销直径，且不应小于 6mm。大型花灯的固定及悬吊装置，应按灯具重量的 2 倍做过载试验。

变电所内，高低压配电设备及裸母线的正上方不应安装灯具。

投光灯的底座及支架应固定牢固，枢轴应沿需要的光轴方向拧紧固定。

安装在室外的壁灯应有泄水孔，绝缘台与墙面之间应有防水措施。

应急照明在正常电源断电后，电源转换时间为：疏散照明不大于 15s；备用照明不大于 15s；安全照明不大于 0.5s。

应急照明灯具，运行中温度大于 60℃的灯具，当靠近可燃物时，采取隔热、散热等防火措施。当采用白炽灯，卤钨灯等光源时，不直接安装在可燃装修材料或可燃物件上。

应急照明线路在每个防火分区上有独立的应急照明回路，穿越不同防火分区的线路有防火隔堵措施。

（十三）开关、插座安装控制要点

插座接线应符合下列规定：单相两孔插座，面对插座的右孔或上孔与相线连接，左孔或下孔与零线连接；单相三孔插座，面对插座的右孔与相线连接，左孔与零线连接；接地(PN)或接零(PEN)线在插座间不串联连接。单相三孔、三相四孔及三相五孔插座的接地(PE)或接零(PEN)线接在上孔。插座的接地端子不与零线端子连接。同一场所的三相插座，接线的相序一致。接地(PE)或接零线在插座间不串联连接。

开关边缘距门框边缘的距离为 150～200mm，距地面高度宜为 1.3m。相同型号并列安装同一室内开关安装高度一致，且控制有序不错位。并列安装的开关高度应一致，同一室内的插座安装高度应一致。暗装的开关面板应紧贴墙面，四周无缝隙，安装牢固，表面光滑整洁、无碎裂、划伤，装饰帽齐全。

地插座面板与地面齐平或紧贴地面，盖板固定牢固，密封良好。

（十四）防雷接地施工控制要点

本工程利用建筑物基础钢筋作为自然接地体，要求测试接地装置的接地电阻值不大于 1Ω，监理应对接地电阻测试进行旁站监理，旁站时检查仪表型号、测试方法等符合相关规定并认真做好旁站记录。

接地装置的焊接应采用搭接焊，搭接长度应符合下列规定：扁钢与扁钢搭接为扁钢宽度的 2 倍，不少于三面施焊；圆钢与圆钢搭接为圆钢直径的 6 倍，双面施焊；圆钢与扁钢搭接为圆钢直径的 6 倍，双面施焊；扁钢与钢管，扁钢与角钢焊接，紧贴角钢外侧两面，或紧贴 3/4 钢管表面，上下两侧施焊；除埋设在混凝土中的焊接接头外，要有防腐措施。

避雷引下线敷设是利用立柱内的钢筋，必须保证柱内2根(钢筋直径为16mm以上)钢筋焊接贯通，下与接地装置连接，上用镀锌圆钢引上与屋面避雷带连接。每层用油漆做好标识，不得接错主筋。

45m及以上外墙上的栏杆、门窗等较大的金属物均应通过预埋件与防雷装置连接；竖直敷设的金属管道及金属物的顶端和底端应与防雷装置连接。

屋面设置ϕ10mm热镀锌圆钢避雷带做接闪器以防直击雷，避雷带沿天沟檐口、屋脊、女儿墙敷设，所有凸出屋面的金属管道及构件(如金属通风管、屋顶风机、金属屋面、金属屋架等)均应与防雷接地系统做可靠连接。避雷带应平正、顺直，固定点支持件间距均匀、固定可靠，每个支撑件应能承受大于49N(5kg)的垂直拉力。

变压器室、高低压开关室内的接地干线应有不少于2处与接地装置引出与干线连接。

变配电室内明敷接地干线安装应符合下列规定：便于检查，敷设位置不妨碍设备的拆卸与检修。当沿建筑物墙壁水平敷设时，距地面高度250～300mm；与建筑物墙壁间的间隙10～15mm。当接地线跨越建筑物变形缝时，设补偿装置。接地线表面沿长度方向，每段为15～100mm，分别涂以黄色和绿色相间的条纹。

(十五) 等电位联结控制要点

建筑物等电位联结干线应从与接地装置有不少于2处直接连接的接地干线或总等电位箱引出，等电位联结干线或局部等电位箱间的连接形成环形网路，环形网路应就近与等电位连接干线或局部等电位箱联结。支线间不应串联连接。

等电位联结的线路最小允许截面应符合表14-6的规定：

线路最小允许截面(mm^2) **表14-6**

材料	截面	
	干线	支线
铜	16	6
钢	50	16

等电位联结是一项电气安全防范的重要措施，监理巡视时应对照图纸进行检查验收，图纸若不够详细，可参照国家标准图集《等电位联结安装》02D501-2有关说明与做法图。

为了检验等电位是否有效，根据标准图集02D501-2的说明要求，等电位安装完毕后应进行导通性测试。测试时监理人员应到场参加，检查测试方法是否符合要求，作好测试记录。

等电位联结安装完毕后应进行导通性测试，测试用电源可采用空载电压为4～24V的直流或交流电源，测试电流不应小于0.2A，当测得等电位联结端子板与等电位连接范围内的金属等金属导体末端之间的电阻不超过3Ω时，可认为等电位联结是有效的，若测试得出得电阻超过3Ω时，应对导通不良的管道连接处作跨接线联结。

(十六) 电气调试控制要点

本工程设备繁多，线路复杂，控制种类多样，主要的调试内容包括：变配电系统调试、配电干线系统调试、动力设备系统调试、照明系统调试以及结合各专业的联动调试。其中变配电系统送电调试在供电部门检查、批准、监督下进行，由变电所施工方与接受方共同执行。条件成熟后由接受方接收，监理工程师参加调试与交接。

（1）要求施工单位编制电气调试方案并审查，调试方案应包括调试人员组织机构、工具及仪表准备情况、施工及技术准备情况、调试计划及步骤等内容。

（2）检查调试准备情况

为了保证送电与调试能够顺利而安全地进行，在送电与调试前需要进行精心的组织与准备，具体工作内容见表14-7。

调试的组织与准备　　表14-7

名称	内容
调试人员组织机构	成立调试人员的组织机构： （1）成立调试领导小组，该小组由项目经理、专业技术负责人、专业工长、质安员等组成，负责领导与组织调试工作 （2）成立调试班组，班组人员全部由熟练的电工组成，负责具体的调试工作
调试计划	制定详细的送电与调试计划，包括人员计划、工具与仪具计划、送电与调试日程安排等
施工准备	1. 电气各项工作安装完毕 （1）变配电设备安装完毕 （2）供电干线敷设及其与设备连接完毕 （3）线路标识及保护工作完成 （4）终端设备与照明器具安装完毕 2. 建筑要具备的如下条件 （1）各层强电井、设备房装修完成 （2）门、窗安装完成且能锁门 （3）各层强电井、设备房室内干燥 （4）冷冻泵房、水泵房排水畅通
技术准备	1. 组织调试人员进行学习与培训，让调试人员熟悉以下几个方面的工作 （1）熟悉施工图纸、配电箱（柜）二次接线图 （2）熟悉与电气调试有关的规范、规程、地方标准 （3）熟悉各种工具与仪具的使用方法，能熟练地使用各种工具与仪具 （4）熟悉安全送电、停电的顺序以及火灾、触电事故的急救处理方法 2. 在调试前，配电箱（柜）厂商提供其产品的技术资料，在调试过程中，配电箱（柜）厂商需要派技术人员参与配合调试 3. 系统的联合调试时，设备相关厂家、设备专业技术人员以及弱电系统的技术人员都需参与联合调试
工具与仪具准备	准备调试用的工具与仪具，如兆欧表、变压器直流电阻测试仪、电流表、接地电阻测试仪、万用表、绝缘手套、绝缘鞋、扳手、塞尺等

（3）检查配电干线调试

配电干线送电按下面流程进行：电缆线路、配电箱内部清理→电缆线路、配电箱内部单体测试→正式通电。

电缆绝缘摇测需测试L1与L2、L2与L3、L3与L1、各相与地线之间、各相与零线之间、零线与地线之间的绝缘电阻值，绝缘电阻值大于0.5MΩ。在送电之前，对配电箱需进行测试，检查二次回路接线是否正确，二次回路的绝缘值是否符合规范要求，箱内的元器件的各项参数是否符合产品技术与国家规范要求。箱内的元器件主要包括：低压断路器，双电源切换开关、接触器，中间继电器，电容器，功率因数自动补偿装置，电动机保护控制器，电流互感器，多功能表，电压继电器，时间继电器等。

正式通电前断开配电干线系统的所有开关，送电过程中，从变电所低压配电柜按顺序合闸，每一个开关合闸后立即挂上通电标识，每合一路，送电方要与受电方及时联系，确信回路正确后，方可送下一路。

(4) 检查动力设备系统调试

动力设备系统调试，主要包括动力线路绝缘电阻测试、电机检查、空载负荷调试、满载负荷调试，每项工作具体要求见表14-8。

动力设备系统调试 **表14-8**

测试内容	测试要求
动力线路绝缘电阻测试	L1与L2、L2与L3、L3与L1、各相与地线之间的缘电阻值大于0.5 MΩ
电机检查	对电机的绝缘电阻进行摇测，绝缘电阻值应大于0.5MΩ。电机转子转动灵活，无碰卡现象。电机引出线相位正确，固定牢固，连接紧密。电机外壳油漆完整，保护接地良好
空载负荷调试	空载情况下，运行2h。检查电机的旋转方向符合要求，声音正常，核查电机空载电流是否符合生产商要求；换向器、滑环及电刷的工作情况正常；检查机身和轴承的温升应符合规定；电机的振动符合规范要求
满载负荷调试	手动启动用电设备，调试水泵及风机叶轮运转的正确方向；运转中要无异常震动和声响，紧固连接部位不得松动；测量电机电流，与电机铭牌对照，不得超过电机铭牌额定值；测量电机转速，与电机铭牌对照，不得超过电机铭牌额定值测量电机温度；做好各种数据的记录；手动启动用电设备使用正常后，停止受电设备，然后把自动/手动开关旋到自动挡，让用电设备进入自动控制状态

(5) 检查照明系统调试

照明系统调试，主要包括照明线路绝缘电阻测试、照明器具检查、照明送电、照明全负荷试验，具体要求见表14-9。

照明系统调试 **表14-9**

测试内容	测试要求
照明线路绝缘电阻测试	相线与地线之间、相线与零线之间绝缘电阻值大于0.5MΩ
照明器具检查	主要检查照明器具的接线是否正确，接线是否牢固，灯具的内部线路的绝缘电阻值符合设计要求
照明送电	按照配电箱的顺序对照明器具进行送电，送电后检查灯具开关是否灵活，开关与灯具控制顺序是否对应，插座的相位是否正确
照明全负荷试验	全负荷通电试验时间为24h，所有照明灯具均要开启，每2h记录运行状态1次，连续试运行时间内无故障。同时测试室内照度是否与设计一致，检查各灯具发热、发光有无异常

(6) 检查电气安装是否满足系统联动调试要求

在各系统调试完成后必须进行系统联动调试。通过系统联动调试，对各系统的性能进行测定、调整，让整个系统处于最佳运行状态，达到设计要求，保证各系统稳定、可靠的运行，并让业主在今后运行管理中方便管理、便于维护；其次在系统调试的过程中积累总结系统设备材料的相关数据，为今后的系统运行及保修提供指导性资料。本工程联动调试包括消防系统联动调试和建筑设备监控系统联动调试，主要内容见表14-10。

系统联动调试 表 14-10

系统名称	调试内容
消防系统联动调试	在消防控制室内设置联动控制台，通过联动控制台，实现对消火栓灭火系统、自动喷洒灭火系统、水幕系统、消防炮系统、防排烟系统、电梯、卷帘门等系统的监视和控制，火灾发生时手动/自动切断空调机组、通风机及一般照明等非消防电源，强制点亮应急照明等
建筑设备监控系统联动调试	主要对通风、空调、给排水、变配电、照明、电梯等系统设备进行监控；系统具备的手动/自动状态监视，启停控制，运行状态显示，故障报警等功能

四、电气与相关专业配合问题监理措施

1. 电气与土建配合问题

(1) 洞口预留问题

机电安装管道，特别是风管、桥架等所需要的洞口一般在土建施工图纸上已经反映，由土建人员施工。监理重点检查土建预留洞口的准确性，要与安装施工图纸中的管道走向核对，发现问题后及时与设计单位、施工单位沟通，进行变更调整。主体施工完成后如果发现仍有个别洞口漏留或尺寸、位置不符合要求则必须取得设计单位同意才能在剪力墙或楼板上面开凿洞口。

(2) 作业面冲突问题

由于工期紧，土建在主体施工过程中在底层钢筋绑扎完成后立即进行上层钢筋的绑扎，几乎没有给安装预埋工作留出作业时间，造成安装施工质量无法保证。此外由于地下室模板、脚手架等施工材料土建人员不能及时清理，也造成安装人员在地下室无法大面积展开施工，影响安装进度。针对此情况，监理要求施工单位加强组织管理，合理安排流水施工作业，同时要求增加安装施工人员确保施工进度、质量。

2. 电气与装饰配合问题

(1) 高程冲突问题

本工程除地下室外，其余部位全部要求吊顶，顶棚内管道很多，特别是过道部位管线很密集，水、电、暖图纸中管线走向冲突较多，有些部位因管道安装过低导致吊顶高程不能满足要求。针对此情况，监理会同业主代表、施工单位现场查看确定调整方案，经设计同意后实施，并要求施工单位将吊顶内调整后的管线走向留存照片，便于办理工程签证。

(2) 成品保护问题

在装饰施工阶段，经常出现安装成品或装饰面被相互污染、破坏、丢失的情况，如安装好的开关、插座面板被破坏、污染、丢失，过道圆柱形吸顶灯被油漆污染，乳胶漆墙面被污染、破坏等。针对此情况，监理建立了处罚制度，发现破坏他人成品的情况只要证据充分即对所属的施工单位进行一定的经济处罚，同时要求总包单位加强现场管理力度，增加现场巡视人员。

3. 电气与材料设备供货单位配合问题

由于甲供材料的供货不能满足现场施工进度要求，往往制约现场安装的进度。本工程电线、电缆及配电箱、柜等是甲供材料，施工中由于电缆供货不及时对现场安装进度影响很大，进而导致装饰吊顶封板工作迟迟不能施工，造成总进度严重滞后。针对此情况，监理一方面建议业主对供货单位施加压力，要求压缩生产时间，另一方面要求施工单位细化

供货计划，将现场急需安装部位的电缆计划优先报业主通知厂家生产，分批进货，从而将影响降至最低。

4. 电气与其他安装专业的配合问题

电缆桥架在过道处与水管风管安装位置冲突，建议在冲突位置设立公共支架，减少支吊架占用的空间，经业主同意后实施。

地下室灯具在风管上方，影响照度，监理建议将灯具适当移位后改为吊杆安装，经设计同意后实施。

本工程弱电系统由业主另行委托专业设计单位进行深化设计，由于两家设计单位沟通不畅，造成建筑设备监控系统(BA)与强电配电箱设计不匹配，防排烟系统风机控制箱内没有预留 BA 接口。监理建议调整配电箱设计要求后整改配电箱二次回路满足 BA 控制要求。

五、监理工作体会

公共建筑电气安装工程往往系统复杂、工程量大，监理应重点控制好材料设备进场验收、隐蔽工程验收、系统调试等重要环节，确保建筑电气分部工程的安全性、可靠性、耐久性并满足功能要求。

电气安装材料设备的质量是保证工程质量的前提，监理对所有进场材料设备必须严格检查，发现不合格材料必须要求退场。电气安装专业隐蔽工程较多，如防雷接地装置焊接、等电位连接施工、电管预留预埋、吊顶内管线施工等，隐蔽工程必须经监理签字同意后才能隐蔽，对于不合格项目坚决要求施工单位返工。系统调试是确保使用功能的重要工作，监理应深入跟踪系统调试状态。

此外，监理应充分熟悉图纸，尽量提前发现图纸中问题，特别是电气与弱电图纸、电气与水暖图纸的配合问题，提前发现问题并解决能大大减小施工过程中出现问题对工程进度、造价方面的影响。

案例 15　某综合办公楼给水排水工程监理案例

【摘要】 案例首先介绍了给水排水工程的专业概况，建筑给水排水工程监理一般按照工程前期图纸会审、施工、调试运行三个阶段进行。最后介绍了给水排水工程的监理要点：施工单位资质与施工组织设计审查要点，主要材料与设备进场验收要点，管道及设备安装检查与管道水压试验的要点，消防与喷淋系统调试及验收等。

一、工程概况

本工程占地面积 6500m²，建筑面积 45000m²，地下 2 层，地上 32 层，结构高度 110m，为一类高层建筑，主要功能为办公。

二、给排水专业概况

(1) 生活给水系统：最高日用水量为 190m³，最大时用水量为 25m³；市政给水管网最低压力为 0.30MPa，1～5 层由市政给水管网直接供水，自来水引入管径为 *DN*150，其余部分由水区水箱供水；6～20 层为低区，21～33 层为高区；地下生活水池有效容积 70m³。

(2) 排水系统：室外雨污水分流排放，室外雨水汇总后排入城市合流排水管，污水经化粪池处理后排入城市合流排水管，屋面雨水为内落水，室内污水采用设置专用通气立管的排水系统及单立管排水系统；最高日污水量为 155m³，最大时污水量为 7m³。

(3) 消防系统：消防水量，消防栓室外 30L/S，室内 40L/S，储水 3h；喷淋 40L/S，储水 1h；消防水池容积为 900m³。消防栓给水系统采用临时高压给水系统，实行竖向分区，－2～11 层为 1 区，12～22 层为 2 区，23～32 层为 3 区；闭式自动喷水灭火系统，实行竖向分区，－2～11 层为 1 区，12～22 层分为 2 区，23～32 层为 3 区。

三、监理工作的方法和措施

给水排水监理应以工程的安全性为首要任务，必须确保建筑物与系统设施的安全；第二任务则是保证建筑物和系统的使用功能与运行可靠性，为此给水排水监理人员应根据工程进展的各个阶段确定质量控制的重点。

建筑给水排水工程监理一般分为工程前期图纸会审阶段、施工阶段、调试运行等三个阶段。

(1) 在图纸会审阶段，监理工作的重点是协助业主，确定专业工程总的目标和总的技术性方案，进行相应的可行性论证，一个好的给水排水用专业技术方案，应具有实用性、先进性、可靠性、经济性(性价比高)，应能达到节能环保(高效率、低能耗、低污染)的目的。在制定给水排水专业技术方案时，既要防止使用那些仍处于科研阶段或尚未开发成熟的技术与产品；也要防止片面强调“成熟技术”而选用比较陈旧的技术和产品，对有些开放度较低的国外产品应慎重，少用或最好不用。同时从工程技术的前瞻性出发，要优先选用易于推广的技术方案和产品。

(2) 在建筑给水排水的施工阶段，监理工作的重点是协助业主选用确定合适的给水排水专业工程承包商和对工程进行“三控三管一协调”，在注重施工质量控制的同时，抓好进度控制和造价控制，本阶段监理在方法和措施上主要应强调以下几方面：

1) 根据工程项目的特点，协助业主选择好合适的给水排水专业工程承包商。目前，有的承包商只具有某一子项或某几子项的资质和经验，有的仅仅是供货商和代销商，并不能满足工程的全部要求。在审查专业承包商资质证件的同时，还要审查项目负责人的资质证书，必要时对该承包商，该项目负责人的已完项目进行考察，考察的重点是专业承包商的技术实力、质保体系、服务体系。

2) 组织技术、质量交底。有时当由专业承包商负责深化设计。出施工图时，应要求承包商必须具备相应的设计资格（如消防气体灭火系统等)。施工图纸要求内容齐全，手续完备，图纸应有图签和相关人员签名，加盖工程所在地区设计出图专业章；专业工程设计单位应与土建设计单位沟通协调，专业工程设计方案应征得土建设计单位同意。

3) 强调按图施工，按规范施工。给水排水监理应认真组织有关方面进行图纸会审，审核其施工图和施工预算，将工程可能出现的问题尽可能在工程前期予以解决，避免或减少错漏碰撞的现象，对施工单位提交的施工方案，施工技术措施中存在的问题，要以书面形式提出，并要求施工单位修改后再报，对施工单位的技术保证体系和质量保证体系，要求制度、人员、措施三到位。

4) 严格材料、设备等的审核报验手续，对各种类型的原材料(如管材、管零件)，各种类型的阀门、过滤器、水流指示器和各种设备(如水泵、压力罐、水处理器等)均需认真查验“两证”，并进行现场目测和必要的测量测试，严禁不合格品用于本工程。

5) 加强对施工过程各工序的检查验收，特别应注意预留预埋与定位放线，管道支架与管道连接，管道试压与防腐保温等质量控制点的核验。

6) 分项工程，分部工程进行验收评定。由于目前建筑业的技术更新较快，而现行施工验收规范与质量检验评定标准有的较实际有所滞后，给监理验收带来一定困难，因此，除参照现行的专业规范特准验收外，还需注意以下几方面：

① 有行业归口的验收，以法定验收单位的验收为准。如消防与喷淋系统的验收以消防支队为准。监理对有行业归口的验收，应按监理合同，参照设计，图纸、产品说明书等做好预验工作，为正式验收作好准备。

② 对无行业归口的可参照设计、图纸、产品说明书等进行验收。

③ 注意给水排水专业施工与土建装饰的配合，吊顶内各类水管一律要进行试压和灌水试验，并在吊顶封顶前完成，要注意各类水管的检修口与消防喷淋喷头及消防箱与装饰工程协调一致，要考虑装饰美化问题与装饰效果等。

(3) 在调试运行阶段，监理工作的重点为检查给水排水专业系统的功能是否满足设计要求和业主的使用要求；检查系统的可行性和可操作性以及可扩展行和可维护性，在各子系统调试通过的基础上，要特别注意整个建筑物系统集成的质量评价水平，给水排水的系统集成应在给水排水设备集成的基础上达到功能的综合集成。监理在调试验收时，在注重性能指标验收的同时，也要注意定量指标的验收，各重要部分的主要技术参数，如水压、水量和通水能力及排放能力，渗漏量等都要进行测量测试，并对数据详细记录。

(4) 在给水排水专业监理过程中，要注意严格控制工程变更，为了对工程造价进行控制，防止给水排水专业系统突破概预算目标，必须从严控制，尽量避免或较少工程变更的次数和范围。对所有工程变更(包括设计变更和业主变更)，监理要从技术可行性和经济合理性等方面进行分析，及时提出监理意见供设计或业主参考。

(5) 在给水排水专业监理过程中，要注意工程的协调，给水排水专业工程与强弱电，暖通等安装工程及土建与装饰工程关系密切。监理要抓好给水排水专业承包商和土建，装饰和其他专业承包商及其他有关单位的协调配合工作，给水排水专业承包商，要对土建和其他安装单位的施工的预留孔，预埋管的规格，位置和数量进行核对，尽量避免给水排水专业施工时乱打乱敲，影响建筑物结构的安全性和美观性，在土建结构和其他相关专业设计时，也要充分考虑给水排水专业在设备、管线空间方面的相应需求，以利工程的整体协调。

四、监理工作控制要点

(一) 施工单位资质与施工组织设计审查

给水排水专业监理人员进驻项目现场后，须参加对施工单位资质与施工组织设计的审查。

1. 对施工承包单位的资质重点审查以下内容

(1) 承包、分包范围与其企业资质等级是否相符，了解其相关工程实绩，特殊专业是否有专用的施工许可证件，如压力容器的专业施工，消防系统的专业施工与调试等。

(2) 主要管理人员的资质与业绩是否与合同相符，特殊工种操作人员上岗证是否齐全等。

2. 对施工单位提交的施工组织设计重点审查以下内容

(1) 施工组织设计在总体上对现场施工的人力和物力，技术和组织，时间和空间，环境和场地等各方面，是否做出了相对的合理安排，是否能起到指导现场施工的重要作用。

(2) 施工组织设计中对有关施工的流向和顺序的安排是否正确，有无正确的主要施工过程和施工方法。

(3) 施工组织设计中有无应用流水作业原理和网络计划技术编制的施工进度计划安排，以及合理的人力、物力的配备计划安排。

(4) 对重要的分项工程、特殊工序及新材料新设备的采用应编写相应的施工方案，如卡压式薄壁不锈钢管道安装、排水用柔性接口铸铁管道安装等应有专门的施工方案。

(5) 施工组织设计中的主要施工技术及组织措施是否先进、是否符合本工程的实际情况。

(6) 施工组织设计中对保证工程质量及安全的措施是否建有相应的和有效的质量及安全保证体系。

(7) 对施工中可能遇到的常见工程质量通病，如管道渗漏，或堵塞，阀门失灵，排水管倒坡等，是否有相应的和有效的技术与质量预控措施。

(二) 主要材料、设备进场验收

(1) 对施工单位提交的有关材料、设备供应计划进行审核，审查其规格、型号、数量及技术要求是否与设计相符，进场时间与工程进度计划是否相符。

(2) 凡进场的主要材料、设备必须在进场核验时，应向监理提交符合要求的有关质保书、合格证、生产许可证以及有关安装调试使用技术资料等，并先由施工单位检验合格后，填报进场材料、配件、设备报验单，再向监理进行报验。

(3) 监理接到有关材料、配件、设备进场报验单后，先核对质保文件是否符合要求，规格、型号及相关参数等是否与设计图纸相符，并按以下方法报验：

1) 设备开箱检查主要检查设备外观是否完好无损，辅助设备、附件等是否与开箱清单相符、设备装箱清单技术文件资料及专用工具是否齐全，初步了解设备的完整情况，并根据设备的不同类型进行专项检验和测试。

2) 主要材料应作常规性检查，如镀锌钢管、镀锌钢板、排水用柔性接接口铸铁管、PVC—U 双壁波排水管、卡压式薄壁不锈钢管等材料按标准和规范核查，其中镀锌钢管、镀锌钢板等材料应重点检查壁厚、椭圆度、镀锌层及外观弯曲变形、表面锈蚀裂纹等情况；排水用柔性接口铸铁管等材料应重点检查壁厚、内壁清渣光洁情况、有无裂缝、砂眼及其他缺陷；PVC—U 双壁波排水管、钢骨架塑料复合管等管材，重点检查壁厚、弯曲变形、裂纹、光洁、色差等；卡压式薄壁不锈钢管应重点检查壁厚，内外壁光洁情况，有无变形等。

3) 所有阀门进场后施工单位须按规范规定做耐压强度试验和严密性试验，阀门强度试验压力为公称压力的 1.5 倍，严密性试验压力为公称压力的 1.1 倍，试验压力在试验持续时间内应保持不变，且壳体填料及阀瓣密封面无渗漏。

4) 所有消防器材及有防火要求的产品除检查质量是否符合要求外，还应重点检查其是否系消防部门认可的产品。

(4) 核验后，监理方与甲、乙双方在核验申请单或开箱单上共同签字认可，三方保存归档。

(5) 按规定需要见证取样送检的材料、设备，施工单位按工程进度和施工组织设计、施工方案制定出取样送检方案和计划，报监理、业主审核批准后执行。

(三) 预留、预埋验收

(1) 钢筋混凝土施工中的有关给水排水预留孔洞与预埋管件等，在隐蔽之前(壁柱为合模前，梁板为浇筑混凝土前)均需办理隐蔽工程验收手续。

(2) 验收程序为先由施工班组自检，再由施工单位质检员检验，合格后报监理核验，并附自检合格记录，监理核验合格签字认可后方可封模。

(3) 监理核验主要核对规格、尺寸、轴线、高程等是否符合设计与规范要求，预留、预埋验收时还须注意以下几点：

1) 给水排水施工一般应以水施工图为准，当遇有与土建矛盾或不一致时，应提请甲方与设计院协调。

2) 预留、预埋时，应尽量设法不断或少断钢筋，并在预留、预埋完成后会同土建专业按规定设置加强筋，预留、预埋时不得切断梁、柱主筋，如发生矛盾，应及时提请设计协调。

3) 预埋管的固定须稳固可靠，且不影响土建支模和混凝土浇筑。

4) 穿越有防水要求的构筑物或板时，应采用防水型钢套管(即在钢套管外壁加焊防水翼环)，防水套管在预埋前应检查其加工预制的形式与规格是否符合设计要求，穿越地下人防密闭墙的管道必须按人防的有关要求进行施工。

5) 对于排水，凝结水以及其他有严格坡度要求的管线套管预埋时应严格控制高程，满足设计坡度要求。

6）凡属安装工程但施工中明确由土建负责预留孔洞和预埋件的，应由土建与安装人员互相交验后方允许进入下道工序。

(4)《隐蔽工程验收单》经施工单位与监理签字认可后，由监理与施工单位分别留档保存。

（四）管道安装检查与验收

(1) 管道安装过程中，监理应经常到现场巡视检查，了解工程进展，检查安装质量情况，在巡视中可重点检查以下几方面内容：

1）管道的材质，接口形式以及各种附件，是否均符合设计与规范要求。

2）管道的支、吊架的形式、间距、数量、材质及制作安装质量，固定方式，外观是否符合设计和规范要求。

3）管道安装时不得乱敲乱凿，破坏土建结构，如必须在钢筋混凝土上开凿洞，须经土建专业协商，必要时可请设计院解决。

4）施工中，施工方应有防止杂物落入管内的相应措施。

5）各种管道配件的使用应符合设计和施工规范的规定(如排水系统中45°弯与90°门弯，以及顺水三通、四通的使用，以及水泵吸水管和偏心大小头的使用等)。

6）室外管道的沟槽、地基及管道基础、垫层等应符合设计和施工规范要求。

(2) 室内给水管道安装

1）管道安装施工工艺流程：配合土建预留预埋→管位与支架确定→管道连接→干、支管安装→阀件安装→管道试压→防腐、刷油和保温→系统冲洗和消毒。

2）督促施工单位按以上工艺流程有序进行施工和管理，并监督施工方建立严格的管材阀件等器材进场的质量验收制度，防止劣质器材用于工程。

3）对管线比较复杂的工程，应在图纸会审时及时解决图纸上各类矛盾，并督促施工单位各工种之间加强协调配合，及时解决施工中出现的有关问题。

4）对给水管道安装过程中易出现的套丝、填料、垫片、焊接等方面的质量通病，应督促施工单位及时采取相应预防措施。

(3) 室内排水管道安装

1）管道施工工艺流程

±0.000以下排水管道施工工艺流程：配合土建预留预埋→管道定位与管沟开挖及沟槽处理→管道对口、校直与校坡→接口安装→灌水试验、防腐刷油→回填管沟。

±0.000以上排水管道施工工艺流程：配合土建预留预埋→管道定位、放样预制管段→立管安装、横支管安装→系统通球、通水试验(隐蔽管作灌水试验)→管道刷油。

2）督促施工单位按上述工艺流程有序进行施工和管理，并监督施工方建立严格的器材进场质量验收制度，核对质保文件和作外观检查。

3）埋地和暗装管道的坡度检查和灌水试验，必须在隐蔽前进行，并办理验收手续。

4）排水横管施工时坡度不得小于最小坡度要求，也不宜过大。管件应尽可能选用阻力小，水流条件好的顺水三通、四通、45°弯等。

5）雨水管道不得与生活污水管道相连接，雨水漏斗连接管应固定在屋面承重结构上。

(4) 室外给水、排水管道的安装

1）管道施工工艺流程：测量定位与打桩放线→开挖沟槽、工作坑及排水管道基础施工→散管、下管→管道对口、校直、稳固及排水管校坡→接口安装施工→管道试压、试水→回填管沟→给水管冲洗消毒。

2）督促施工单位按上述工艺流程有序进行施工和管理，并监督施工方建立严格的材料进场质量验收制度，凡用于工程的器材和辅助材料必须符合设计要求和有关产品质量标准。

3）开挖沟槽应确保槽底土层自然结构不被破坏，严禁超挖，如沟底土质松散或遇有块石障碍，应按施工规范要求进行适当处理，经监理认可后，方可继续施工。

4）在地下水位较高，雨期或冬季安装管道，应根据实际情况采取降水，排水或防冻等措施。

5）有防腐要求的管道，下管与回填管沟前应对防腐层进行检查验收，合格后方能下管与回填隐蔽。下管前，施工方应先自检管道基础尺寸，坡度高程和中心位置是否符合设计要求，合格后，报监理验收。

6）各种形式的管道接口，其材料与结构应符合设计要求和施工规范规定，接口完毕后，应采取措施加强养护，承插管道和管件的承口应与水流方向相反。

7）给水管道水压试验前，施工方应编写提交试压方案，试压所用压力表应经核验，水压试验经监理认可后，应及时回填管沟，并按施工规范要求分层夯实。

8）排水管道闭水试验验收合格后，应及时回填管沟，严禁晾沟，管顶上部500mm以内，不得回填直径大于100mm的块石和冻土块，回填土应按施工规范要求分层夯实。

9）阀门井，检查井等井口高程应与地坪或路面施工相配合，且符合施工规范要求；排水检查井、化粪池进出水口的高程必受符合设计要求，其允许偏差为±15mm。

（5）管道安装完毕后，应分系统、分区段进行分项验收，其内容按施工验收规范及质量检验标准进行，其程序为施工单位班组自检并经专职质检员检验合格后，方可报监理工程师核验，并附自检记录，监理核验时重点注意以下几个方面：

1）各种管道试验应在管道安装已经检查验收，符合要求后再进行。

2）各种管道的水压、灌水、通水、通球等试验应按设计要求进行，不明确的按施工规范进行。

3）所有隐蔽管道（如墙、板、柱内、吊顶内、埋地、防腐保温等）的水压、灌水试验和验收须在隐蔽之前进行，未经验收不得隐蔽。

4）管道试验时，要有相应的防止漏水污损各种成品的相关措施，试完的水要集中排放。

（6）管道的水压试验

1）管道试压一般分单项试压和系统试压两种，单项试压是在干管敷设完后或须隐蔽部位的管道安装完毕后，按设计或施工规范要求进行水压试验。系统试压是在全部干、立、支管安装完毕后，按设计和规范要求进行水压试验。

2）系统试压前，应做好试压前的有关各项准备工作，对系统作一次检查，暂拆去与试压无关的阀件、仪表，用堵件堵严各预留口并隔离与试压无关的设备，调整好管路中各处阀门开关状态并考虑好系统排气和泄水需要。

3）试压应根据系统分区、分段情况试压。连接的试压泵宜放在管道系统最低点，或室外管道入口处。系统试压时，压力表应设两个，一个在试压泵出水阀后作测定试验压力用；另一安装于系统末端或顶部，作核对试验压力用，压力表应经校验合格，精度不低于1.5级，刻度值适宜。

4）管道试压时，当压力升到试验压力时，停止加压，检查全部系统。如有渗漏处，做好标记，并进行修理后，之后重新进水试压和复查；如管道不漏，并持续到规定时间，压力降在允许范围内，视为试验合格，施工单位试验时应及时填写试压记录，并报监理验收和办理验收记录。

5）管道试压合格后，应对系统作妥善恢复，拆除试压泵及无关临时管件并断开水源，冬季应把系统内存水放光，以防冻坏管道和设备。

（7）灌水试验

1）室内排水管道埋地及吊顶、管井内隐蔽工程在封闭、归土前，都应进行灌水试验，内排水雨水管，安装完毕亦应作灌水试验。

2）灌水试验前，应将各预留口采取措施堵严，在系统最高点留出灌水口，楼层吊顶内管道灌水试验时应在下一层立管检查口用橡皮球塞或胶囊充气堵严，由本层预留口处灌水试验。

3）试验时，由灌水口将水灌满，按设计或规范要求的规定时间对管道系统的管材及接口进行检查，如有渗漏现象应在及时修理后，重新进行灌水试验，直至无渗漏，方视为试验合格，施工单位试验时应及时填写试验记录，并报监理验收和办理验收记录。

（8）管道系统冲洗

1）管道系统冲洗应在管道试压合格后，调试运行前进行，冲洗前应做好相关准备工作和检查，并暂时拆去阻碍水流通过的相关阀件仪表等。

2）管道冲洗进出水口位置应选择适当，确保管道系统内杂物冲洗干净，排水应接至排水井或沟内。

3）冲洗时，以系统内可能达到的最大压力和流量进行，直到出口处水色、透明度与入口处目测一致方为合格，各种管道经冲洗合格后，应恢复管道系统原状态。

（五）各种管道附件安装检查与验收

管道系统中的各种阀门、水表、水流指示器、消火栓、消防接合器、喷淋头等，在管道附件安装完毕后，应按“班组自检→专职质检员检验→监理核验”的顺序进行分项验收，监理应重点核查型号、规格、安装位置，安装方式是否符合要求，操作是否方便，外观是否整齐美观，附件的严密性在管道系统试验时是否符合要求，监理核验时应注意以下方面：

（1）消防器具安装之前，应督促施工方将图纸，消防器材样品或样本送交当地消防部门审核认可。

（2）消火栓、消防接合器的安装位置、安装方式应符合设计及规范要求，便于操作。

（3）自动喷洒和水消防装置的喷头位置，间距和方向必须符合设计和规范要求，喷头安装应在系统试压，冲洗合格后进行，安装时宜采用管配件，并注意与土建吊顶装饰施工的配合。

（4）消防管路系统中的报警阀组及水力警铃的安装位置应符合设计要求，报警阀组安装应先安装水力控制阀，再进行报警阀辅助管道的连接。水力控制阀，报警阀与配水干管的连接应保证水流方向一致，报警阀及水力警铃的安装应符合有关规定。

(5) 管路系统中的水流指示器，节流装置和减压孔板以及水表等管道附件及配件安装应符合有关规定，并于安装前对管道进行冲洗，除去污物，从而避免造成堵塞；水流指示器安装应在管道试压和冲洗合格后进行，其规格、型号应符合设计要求，安装时应竖直安装于水平管道上侧，其动作方向应和水流方向一致，安装后的水流指示器桨片、膜片应动作灵活，不应与管壁发生碰擦，节流装置和减压孔板应安装在直径大于50mm的水平管段上，减压孔板应安装在管内水流转弯处下游一侧的直管上，且与转弯处的距离不应小于管道直径的2倍。

(六) 设备的安装检查与验收

(1) 设备的安装

1) 水泵、气压罐等设备安装施工工艺流程：基础验收→设备验收→水泵、气压罐等设备必要的解体清洗→水泵、电机、气压罐等设备就位、找正→水泵联轴器调整→灌浆固定、校正→单机试运转→系统联动试运转。

2) 督促施工单位按上述工艺流程有序进行施工和管理，并监督施工方对水泵气压罐等设备进场时加强质量验收，重点核查型号、规格及质保书和安装使用说明书等。

3) 设备混凝土基础施工时应加强与土建专业的配合，进行中间交接检查，主要复核设备基础的高程、位置及预留预埋孔洞数量与大小等是否与设计图纸相符，以及基础混凝土强度是否符合要求。

4) 设备的就位吊装应有专门吊装方案，并提交监理方审查其方案的可行性及安全性，通过后应严格按方案组织施工作业。

5) 设备安装完毕后应及时填写设备安装记录。

(2) 泵、气压罐等设备安装完毕并经施工单位班组自检及专职质检员检验合格后，报监理核验，并附安装记录。监理核验的重点是轴线、高程、水平度与垂直度、底脚螺栓与垫块、二次灌浆及各种附件的连接安装以及水泵联轴器间隙、同心度等是否符合设计与施工规范要求。

(3) 各种设备在安装验收通过后方可进行单机试车，单机试车由施工单位负责进行(由厂家负责安装的有厂家进行)，并应通知监理和甲方代表参加。试车前应做好各项检查和准备工作，试车按施工规范要求进行，试车结束后，由施工单位填写试车记录，报监理认可。

(七) 消防与喷淋系统调试及验收

(1) 消防与喷淋系统调试在系统施工完成后进行，并应编写调试方案和具备下列条件：

1) 消防水池、水箱的储备水量与消防气压给水设备的水位、气压符合设计要求。

2) 湿式喷淋系统管网内已充满水，管网系统无泄漏。

3) 系统内所有设备安装验收和单机试车合格，系统内所有管线安装试压验收合格，与系统配套的火灾自动报警系统处于准工作状态。

(2) 系统调试应包括水源、消防水泵与稳压泵、报警阀、排水装置等项调试及系动联动试验。

(3) 水源测试、消防水泵与稳压泵调试、报警阀与排水装置调试、系统联动试验等均应符合有关消防规定和要求。

(4) 消防与喷淋系统的竣工验收，应由建设单位主持，首先委托消防事务所进行全面检测，取得合格证后再报市消防支队进行消防验收，验收时设计、监理、施工等单位均要参加，验收不合格不得投入使用。

(5) 消防与喷淋系统竣工验收后，应对系统的供水水源、管网、喷头布置以及功能等进行检查和试验。

(6) 消防与喷淋系统竣工验收时，应提供和具备下列有关资料：

1) 设计图纸、公安消防监督机构的审批文件，设计变更单和竣工图；

2) 地下及隐蔽工程验收记录和工程质量事故处理报告；

3) 系统试压、冲洗、调试和联动试验记录；

4) 系统主要材料设备和组件的合格证或现场检验报告；

5) 系统维护管理规章和有关人员登记表及上岗证等。

(7) 系统内的供水源，消防泵房和消防水泵，管网及喷头，报警阀组及消防接合器的验收均应符合有关消防规定和要求。

(8) 消防与喷淋系统进行模拟灭火功能试验时，应符合消防有关要求。

(八) 竣工及竣工图资料审查

(1) 单位工程的竣工验收应在分项、分部工程验收合格的基础上进行，由主管部门组织施工、设计、监理、建设和有关单位联合验收，并应做好记录，签署文件，立卷归档。

(2) 工程竣工验收时，应具有下列有关资料：

1) 施工图，竣工图及设计变更文件；

2) 设备、制品和主要材料的合格证或试验记录；

3) 隐蔽工程验收记录和中间试验记录及工程质量事故处理报告；

4) 设备试运转记录，系统试压、冲洗、调试和联动试验记录；

5) 分项、分部和单位工程质量检验评定记录；

6) 系统调试报告。

(3) 工程竣工后，监理应按施工验收规范规定和有关城建档案管理要求，对施工单位提交的竣工图和上述竣工资料进行审查。

案例16　某综合办公楼通风与空调工程监理案例

【摘要】 本工程通风与空调系统由空调系统、通风系统、防排烟系统、空调冷热源及水系统组成。重点介绍了监理工作控制要点，包括：材料与设备进场验收要点，预留、预埋控制要点，风管、部件制作控制要点，风管及部件安装控制要点，空调机组、通风机安装控制要点，空气源热泵机组与空调循环水泵安装控制要点，风机盘管安装控制要点，空调供水、回水管道、冷凝水管道安装与试压控制要点，铝合金风口安装控制要点，制冷剂管道安装与吹扫试压控制要点，防腐与保温控制要点系统调试控制要点，竣工及竣工图资料审查控制要点等。

一、工程概况

本工程占地面积7000m²，建筑面积50000m²，地下2层，地上33层，结构高度128m，为一类高层建筑，主要功能为办公。

二、通风与空调专业概况

本工程通风与空调系统由空调系统、通风系统、防排烟系统、空调冷热源及水系统组成。中央空调冷热源由空气源热泵机组提供，总空调冷负荷约为4000kW，总空调热负荷约为3500kW，裙房公共区采用全空气集中空调，塔楼办公区采用风机盘管加新风系统的半集中空调方式。空调水系统裙房采用双管异程系统，塔楼采用双管同程系统，均采用高位膨胀水箱补水定压。地下1、2层汽车库、自行车库等设置机械送、排水系统、诱导通风系统，地下设备用房设置机械送、排风系统，厨房设置机械排风排油烟和机械送风系统，大空间办公室、卫生间、开水间、强弱电间设置机械排风系统。6层、22层避难区、消防前室、合用前室、楼梯间设置加压送风系统，地下室汽车库、自行车库结合平时排风、送风系统设置排烟、补风系统。1层入口大厅，1～5层大于100m²的房间及走道，4楼大会议室、塔楼内走道均设置机械排烟系统。

三、监理工作控制要点

（一）材料、设备进场验收

（1）凡进场的主要材料、设备必须在进场核验时，向监理提交符合要求的质保书、合格证、生产许可证等，同时提交核验申请单(或开箱申请单)。

（2）核验内容如下：

1）进场的材料、设备等，其型号、规格、数量、技术要求是否与设计相符，进场时间与进度计划是否相符。

2）设备外观是否完好无损、主要材料的一些常规性检查，如：壁厚、椭圆度、镀锌外观、弯曲变形、裂缝、砂眼等，是否符合要求。

3）辅助设备、附件、备品是否齐全，质保资料和产品使用说明书等是否与开箱单相符。

4）特定的专业产品是否有主管部门认可的生产许可证，如压力容器的制造，消防器材产品等，特别是排风排烟两用风机箱，防排烟风阀，应重点检查是否满足防排烟相关规范要求。

(3) 核验后，监理与甲、乙双方在核验申请单(或开箱单)上共同签字认可，三方分别保存归档。

(二) 预留、预埋控制要点

(1) 凡在钢筋混凝土中预留的孔洞、槽和预埋管件等隐蔽之前(壁、柱为合模前、梁板为浇筑混凝土前)，均须办理隐蔽工程验收。

(2) 验收内容如下：

1）预埋管、盒及预埋件等的位置、大小尺寸、高程及数量是否与设计相符；

2）预埋管、盒及预埋件等的固定是否稳固，预留预埋完成后是否按规定设置加强筋；

3）通风管道预留孔洞的尺寸应比镀锌钢板风管实际截面每边尺寸大 100mm，孔洞中心坐标允许偏差不大于 20mm；

4）在风管穿过需要封闭的防火、防爆的墙体或楼板时，应设预埋管或护套管、其钢板厚度不小于 1.6mm；

5）人防工程风埋管以 δ 不小于 3 钢板卷制，长度为 700mm，两端出混凝土墙 200mm，中间双面满焊密闭肋(δ 不小于 5mm，b 不小于 50mm)不得用现成的钢管截断代替。测压管以 PN15 镀锌钢管焊制、焊接，不得丝接，在混凝土中任意部位焊接密闭肋。

(3) 预埋工作完成并经自检后，施工方填报《隐蔽工程验收单》，监理复检签字认可后方可封模。

(4)《隐蔽工程验收单》经双方签字后，一式两份，由监理及施工方保存归档。

(三) 风管、部件制作控制要点

(1) 镀锌钢板风管

1）所使用的板材、型材等主要材料应符合现行国家有关产品标准的规定，并具有合格证明书或质量鉴定文件。

2）镀锌钢板的厚度应符合设计要求，表面应平整光滑，有镀锌层的结晶花纹。

3）镀锌钢板风管应采用咬接，不得有十字形拼接缝，风管上的测定孔和检查孔应按设计要求的部位在风管安装前装好，结合处应严密牢固。

4）风管的法兰处应严密，法兰的焊缝应熔合良好、饱满，不得有夹渣和孔洞，法兰四角处应设螺栓孔，同一批规格的法兰应具有互换性。风管的翻边应平整，紧贴法兰，宽度均匀，翻边高度不应小于 6mm，咬缝及四角处应无开裂与孔洞。

5）圆形风管直径不小于 800mm，且风管的长度大于 1250mm 或总面积大于 4m^2 均应采取加固措施；矩形风管边长大于 630mm，保温风管边长大于 800mm，管段长度大于 1250mm 或低压风管单边平面面积大于 1.2m^2，中、高压风管大于 1.0m^2，均应采取加固措施。

6）矩形风管弯管的制作，一般应采用曲率半径为一个平面边长的内外同心弧形弯管，采用其他形式的弯管，平面边长大于 500mm 时，必须设置导流片。

(2) 铝箔纤维板风管

1) 风管离心玻璃纤维板材应干燥、平整，板外隔气层应与主体材料粘合牢固，内表面及断面应有防吹散的保护层。

2) 风管的接口应为插入式，接缝粘结严密，并用铝箔胶带密封，每一边的粘贴宽度不应小于 25mm。

3) 风管表面平整，两端面平行，无明显凹穴、变形、起包、破损，铝箔无明显氧化等。

4) 风管制作好后，以每层为单位(或以每建筑单位为单位)按制作数量的 10%进行抽验(不少于 5 件)，检验后监理、施工双方要签字认可。

(四) 风管及部件安装控制要点

(1) 风管及部件安装前，监理应会同施工方按施工规范要求对制作的风管及配件进行检查和验收。

(2) 对安装现场的设备基础、管道预留孔洞、预埋件的大小、高程、位置等进行验核，核对是否与设计图纸相符。

(3) 支、吊、托架的安装，要求其形式、规格、位置、间距及固定方式必须符合设计图纸要求或施工规范的规定，具体检查如下：

1) 矩形保温风管的支、吊、托架应设在保温层外部，其下部垫有厚度与保温层厚度相同的并经防腐处理的垫木，圆形风管应在托架上设托座。

2) 支、吊、托架不得设置在风口、风阀、检视门及测定孔等部位处。吊架不得直接安在法兰上。

3) 支、吊、托架制作、预埋、安装应平整牢固，焊缝应饱满，吊架的吊杆要采用双螺母锁固。

4) 风管支、吊架间距如无设计要求时，对于不保温风管应符合表 16-1 要求，对于保温风管，可按表 16-1 间距要求值乘以 0.85，复合风管的支、吊架安装宜按产品标准的规定执行。

风管间距表 **表 16-1**

圆形风管直径或矩形风管长边尺寸	水平风管间距	垂直风管间距	最少吊架数
≯400mm	≯4m	≯4m	2 副
>400mm	≯3m	≯4m	2 副

(4) 风管安装前应做好清洁及保护工作。

(5) 现场风管接口的配置，不得缩小其有效截面。

(6) 风管安装必须牢固，位置、高程和走向符合设计要求

具体检查如下：

1) 安装的风管，其不平度(或不垂直度)应符合施工规范的规定；

2) 风管接口的连接应严密、牢固，风管法兰的垫片材质应符合系统功能的要求，厚度不应小于 3mm，垫片不应凸入管内，亦不宜突出法兰外；

3) 柔性短管的安装应松紧适度，无明显扭曲，软风管的长度不宜超过 2m，并不应有

死弯或塌凹；

4）各类风阀应安装在便于操作及检修的部位，安装后的手动或电动操作装置应灵活、可靠、阀板关闭应保持严密；

5）风管的法兰连接螺栓必须镀锌，并在法兰两侧垫镀锌垫圈；

6）防火阀、排烟阀等应设独立支托、吊架；

7）安装好的风管(包括阀门等配件)，以楼层为单位，进行安装验收，验收按规范进行，并及时办理验收手续。

（五）空调机组、通风机安装控制要点

(1) 落地安装设备，在安装前应配合有关人员对设备基础进行中间交接检查，主要检查设备基础的高程、位置及预留孔洞数量等是否与设计图纸相符。

(2) 吊装设备应采用减震吊钩，设备与吊架连接处应设置橡胶减震垫。

(3) 通风机转动装置的外露部位以及直通大气的进口必须设置防护罩(网)，或其他安全措施。

(4) 整体机组或现场组装机组的底座放置在基础上，应用成对斜垫铁找平，其纵、横向水平度应符合施工规范要求。

(5) 如底座置于减震装置之上，除要求基础平整外，应注意各组减震器承受荷载的压缩量要均匀，不得偏心，安装后应采取保护措施，不得损坏。

(6) 轴流风机如安装在无减震的支架上，应垫以厚度 4～5mm 的橡胶板，并在找平、找正后固定，注意风机的气流方向。

(7) 组合式空调器各功能段应符合设计规定的顺序和要求，各功能段之间的连接应严密，整体应平整。机组下部冷凝水排放管的水封高度应符合产品技术文件的要求。

（六）空气源热泵机组，空调循环水泵安装控制要点

(1) 安装前应配合有关人员对设备基础进行中间交接验收，合格后方可安装。

(2) 设备安装的位置、高程和管口方向必须符合设计要求。用地脚螺栓固定设备，其垫铁的放置位置应正确，接触紧密，并有防松动的措施，设置弹簧隔振的设备，其隔振器安装的位置应正确、各个隔振器的压缩量，应均匀一致，偏差不应大于 2mm，并应有防止机组运行时水平位移的定位装置。

(3) 设备的吊装和运输应符合产品技术文件和相关规范要求。

(4) 安装完毕后，监理在施工单位自检合格，并提交安装记录单的基础上进行安装验收，检查是否符合设计与施工规范的要求。

（七）风机盘管安装控制要点

(1) 风机盘管安装前应检查电机的型号是否符合设计要求，用手盘动应轻快并检查绝缘是否符合要求；在安装前宜进行单机三速试运转及水压试验。

(2) 风机盘管安装位置应正确，用支、吊架固定，螺栓应配弹簧垫圈。

(3) 水管与风机盘管连接应采用软管，严禁渗漏，机组与风管、回风箱或风口的连接、应严密可靠。

(4) 风机盘管的冷凝水管坡度应符合设计文件的规定，以便凝结水流向指定位置，且应用一节透明塑料软管连接。

(5) 风机盘管与空调供回水管管道应在管道清洗排污后连接以免堵塞盘管。

（八）空调供水、回水管道，冷凝水管道安装与试压控制要点

(1) 设备连接的管道应在设备安装完毕后进行，接管必须为柔性接口，并在管道处设置独立支吊架。

(2) 竖井口的立管每隔2～3层应设导向支架。在安装膨胀节的部位必须设置固定支架。其结构形式和固定位置应符合设计要求(或经设计院认可)并应在补偿预拉伸或预压缩前固定。

(3) 阀门的安装位置进出口方向必须符合设计要求。且阀门在安装前应进行强度和严密性试验。监理进行旁站。

(4) 管道穿墙或楼板处应设置钢制套管，管道接口不得置于套管内，钢制套管应与墙体饰面或楼板底部平齐。上部应高出楼板20mm，并不得将套管作为管道支撑。管道与套管四周间隙应用不燃绝热材料填塞紧密。

(5) 系统最高处及所有可能积聚空气的极高点位置要设置排气阀，在管路最低点应放置排水管及排水阀。

(6) 空调供回水管道应采用分区、分层试压和系统试压相结合的方法

1) 分区、分层试压：在试验压力下，稳压10min，压力不得下降，再将系统压力降至工作压力，60min的压力不得下降且外观检查无渗漏为合格。

2) 系统试压：试验压力以最低点的压力为准，但最低点的压力不得超过管道与组成件的承受压力，压力试验升至试验压力后，稳压12min，压力下降不得大于0.02MPa，再将系统压力降至工作压力，外观检查无渗漏为合格。

(7) 冷凝水管道安装后，可不试压，但应做通水试验，以管道不渗漏、不堵塞为合格。监理实行旁站观察。

（九）铝合金风口安装控制要点

(1) 风口安装位置应正确，转动部分灵活；

(2) 外露部分应平整，同一房间内高程应一致，排列整齐；

(3) 风口与风管的连接应严密牢固，软接连接时须使用压条；

(4) 铝合金风口外露表面严禁用任何螺栓固定，固定螺钉应选用铝制或镀锌螺钉从风口侧面与木框固定；

(5) 铝合金风口水平安装在墙体外，穿过墙体用木框，其木框的宽和高应比风口外径尺寸大5mm；

(6) 固定在顶棚上的风口，应在顶棚上单独固定，不得固定在垂直风管。风口与顶棚固定宜用木框或轻质龙骨，其孔洞不得大于风口外边尺寸。

（十）制冷剂管道安装、吹扫试压控制要点

(1) 制冷剂管道的管材、管件与阀门型号，必须符合设计要求。

(2) 冷凝剂液管不得向上形成“∩”形，气体管道不得向下装成“∪”形；液体支管引出时必须从干管底部或侧面接口。气体支管引出时须从干管顶部或侧面接出。

(3) 铜管管件内外壁应清洁干燥。

(4) 制冷剂管道弯管的弯曲半径不应小于3.5倍D，圆度不应大于8%，且不得使用焊接弯管及褶皱弯管。

(5) 管切口应平整，不得有毛刺、凹凸等缺陷，切口允许倾斜偏差为管径的1%，管

口翻边后应保持同心，不得有开裂及褶皱并应有良好的密封面。

(6) 制冷系统的吹扫排污应采用 0.6MPa 的干燥压缩空气或氮气以浅色布检查 5min 无污物为合格，系统吹扫干净后，应将系统中的阀门阀芯拧下清洗干净。

(7) 管路安装吹扫完毕应进行强度和气密性试验，试验压力必须符合设计，保压时间必须不小于 24h。

（十一）防腐与保温控制要点

(1) 验收油漆涂料或保温材料是否能满足工程规范要求或设计要求，无生产厂家的质保书或合格证的不得使用，必要时做材料试验，不得使用过期产品。绝热保温材料，应采用不燃或难燃材料，其材质、密度、规格与厚度应符合设计要求。

(2) 刷油漆涂料前检查管道是否除油除锈。

(3) 管道保温前，检查是否已经系统强度及严密性试验，查验隐蔽验收记录。

(4) 防腐与保温施工完毕，经施工单位自检后，报监理进行验收，监理重点验收如下内容：

1) 漆膜是否均匀，不得有堆积、皱纹、气泡、掺杂及混色缺陷；

2) 外表美观，颜色一致，无碰撞，脱漆等，且涂层应符合设计要求，支吊架的防腐处理应与风管或管道相一致，其明装部位必须涂面漆；

3) 保温材料是否厚度均匀，表面平整，与管道接触是否牢固或采取加固措施(如扒钉等)；

4) 用各种材料做保护层时，应符合各自的规范要求；

5) 管道穿墙处，与设备交接处以及易产生冷凝水的部位是否做到严密无缝隙，阀门处不要覆盖已标明的启闭方向；

6) 制冷管道的保温，端部和收头处应做封闭处理；

7) 带有防潮隔汽层绝热材料的拼缝处，应用粘胶带封严。粘胶带的宽度不应小于 50mm。粘胶带应牢固地粘贴在防潮面层上、不得有胀裂和脱落。

（十二）系统调试控制要点

(1) 系统调试应包括设备单机试运转、调试及系统无生产负荷下的联合试运转、调试。

(2) 系统调试所使用的测试仪器和仪表，性能应稳定可靠，其精度等级及最小分度值应能满足测定的要求，并应符合国家有关计量法规及检定规程的规定。

(3) 通风与空调工程的系统调试，应由施工单位负责、监理单位监督，设计单位与建设单位参与和配合。

(4) 系统调试前，承包单位应编制调试方案，报送专业监理工程师审核批准；调试结束后，必须提供完整的调试资料和报告。

(5) 通风与空调工程系统无生产负荷的联合试运转及调试，应在制冷设备和通风与空调设备单机试运转合格后进行。空调系统带冷(热)源的正常联合试运转不应少于 8h，当竣工季节与设计条件相差较大时，仅做不带冷(热)源的试运转；通风、除尘系统的连续试运转不应少于 2h。

（十三）竣工及竣工图资料审查控制要点

(1) 单位工程的竣工验收应在分项、分部工程验收合格的基础上进行，由主管单位组织施工设计、监理、建设和有关单位联合验收，并应做好记录、签署文件、立卷归档。

(2) 工程竣工验收时，应具有下列有关资料

1) 施工图、竣工图及设计变更文件；

2) 设备、制品和主要材料的合格证或试验记录；

3) 隐蔽工程验收记录和中间试验记录及工程质量事故处理报告；

4) 设备试运转记录；

5) 系统试压、冲洗、调试和联动试验记录；

6) 分项、分部和单位工程质量检验评定记录；

7) 系统调试报告。

(3) 工程竣工后，监理按施工验收规范规定和有关城建档案管理要求，对施工单位提交的竣工图和上述竣工资料进行审查。

四、监理工作方法及措施

1. 监理方法

严把开工条件审核关。各主要分项工程开工前，认真核查施工单位的项目机构管理体系、质量保证体系、安全保证体系，认真审查施工单位的施工组织设计。

严把工程使用的材料、设备质量检验关。凡工程使用的材料、设备及半成品，无论是业主供货，还是施工单位供货，均由施工单位按规定程序进行报检，必要时监理要进行抽检或试验，未经检验或检验不合格的材料、设备不得在工程中使用。

做好隐蔽工程、分部分项工程的验收。对隐蔽工程的隐蔽过程，下道工序施工完成后难以检查的重点部位进行旁站。本工程对阀门试验、系统试压、漏光试验等关键施工工序进行旁站。对施工中出现的质量缺陷及时要求施工单位予以整改，对施工中出现的重大质量缺陷，可能造成质量事故的，应通过总监及时下达工程暂停令，要求施工单位停工整改。对未经验收或验收不合格的工作，监理不予签证，并禁止施工单位进行下道工序的施工。

正确处理设计变更。工程变更可能由设计单位、业主单位、施工单位或监理工程师提出。经设计单位编制设计变更文件，由总监理工程师审查签认后，交施工单位执行。当工程变更涉及安全、环保等内容时，应按规定报送有关部门审定。

及时处理工程索赔。对施工单位提出的工程索赔要及时处理，如果索赔理由成立，应予以受理，并及时与业主、施工单位协商，确定合理的索赔费用及工期补偿。

2. 主要措施

(1) 组织措施。按照项目监理机构的分工，认真履行各自的职责。

(2) 技术措施。强调按图施工，严格按标准、规范要求组织验收；积极推广使用网络计划技术，并进行人、材、工期的动态控制及优化。

(3) 经济措施。通过对工程进度款的计量签证、工程款结算审查等经济手段来实施控制。

(4) 合同措施。监理委托合同、施工承包合同等合同是监理的重要依据，监理工程师必须认真研究合同，严格执法，在不损害施工单位利益的前提下，保护业主的合法利益。